U0396950

水土保持设计手册

·生产建设项目卷·

中国水土保持学会水土保持规划设计专业委员会
水 利 部 水 利 水 电 规 划 设 计 总 院
主编

中国水利水电出版社
www.waterpub.com.cn
·北京·

内 容 提 要

《水土保持设计手册》是我国首次出版的水土保持设计专业的工具书，分3卷：《专业基础卷》《规划与综合治理卷》《生产建设项目卷》。本书为本手册的《生产建设项目卷》，主要介绍水利、水电、交通、铁路、矿山、电力等生产建设项目中水土保持措施体系及其涉及的弃渣拦挡、斜坡防护、防洪排水、降水蓄渗、植被建设、泥石流防治、土地整治、防风固沙、临时防护、水土保持监测等设计方法和典型案例等。主要内容包括：概述、建设类项目弃渣场、生产类弃渣场、拦挡工程、斜坡防护工程、截洪（水）排洪（水）工程、降水利用与蓄渗工程、植被恢复与建设工程、泥石流防治工程、土地整治工程、防风固沙工程、临时防护工程、水土保持监测设施设计。

本手册可作为各行业从事水土保持设计、研究及应用的技术人员的常备工具书，同时也可作为大专院校相关专业师生的重要参考书。

图书在版编目（CIP）数据

水土保持设计手册. 生产建设项目卷 / 中国水土保持学会水土保持规划设计专业委员会，水利部水利水电规划设计总院主编. -- 北京 : 中国水利水电出版社，2018.12(2022.2重印)
ISBN 978-7-5170-7105-1

Ⅰ. ①水… Ⅱ. ①中… ②水… Ⅲ. ①水土保持—设计—手册 Ⅳ. ①S157-62

中国版本图书馆CIP数据核字(2018)第249124号

书　　名	**水土保持设计手册　生产建设项目卷** SHUITU BAOCHI SHEJI SHOUCE SHENGCHAN JIANSHE XIANGMU JUAN
作　　者	中国水土保持学会水土保持规划设计专业委员会 水利部水利水电规划设计总院　主编
出版发行	中国水利水电出版社 （北京市海淀区玉渊潭南路1号D座　100038） 网址：www.waterpub.com.cn E-mail：sales@waterpub.com.cn 电话：（010）68367658（营销中心）
经　　售	北京科水图书销售中心（零售） 电话：（010）88383994、63202643、68545874 全国各地新华书店和相关出版物销售网点
排　　版	中国水利水电出版社微机排版中心
印　　刷	北京中科印刷有限公司
规　　格	184mm×260mm　16开本　32.75印张　1108千字
版　　次	2018年12月第1版　2022年2月第2次印刷
印　　数	2001—3000册
定　　价	**298.00元**

凡购买我社图书，如有缺页、倒页、脱页的，本社营销中心负责调换

《水土保持设计手册》

编撰委员会*

---

* 《水土保持设计手册》编撰委员会由《关于成立〈水土保持设计手册〉编撰委员会的通知》（水保测便字〔2012〕3号）确定。

《水土保持设计手册　生产建设项目卷》

编　写　单　位

主编单位　水利部水利水电规划设计总院

参编单位　中国电建集团成都勘测设计研究院有限公司
河南省水利勘测设计研究有限公司
中国电建集团华东勘测设计研究院有限公司
浙江省水利水电勘测设计院
山西省水利水电勘测设计研究院
北京市水利规划设计研究院
中国科学院水利部成都山地灾害与环境研究所
北京林业大学
三峡大学
黄河勘测规划设计研究院有限公司
中国电建集团中南勘测设计研究院有限公司
昆明有色冶金设计研究院股份公司
中煤科工集团北京华宇工程有限公司
中水北方勘测设计研究有限责任公司
四川省水利水电勘测设计研究院
青海省水利水电勘测设计研究院
中国电建集团贵阳勘测设计研究院有限公司
湖南省水利水电勘测设计研究总院
广东省水利电力勘测设计研究院
中国电建集团昆明勘测设计研究院有限公司
贵州省水利水电勘测设计研究院
河北省水利水电勘测设计研究院
中国电力工程顾问集团华东电力设计院有限公司
中国电力工程顾问集团西南电力设计院有限公司

中国地质大学（北京）
交通运输部科学研究院
内蒙古自治区水利水电勘测设计院
辽宁省水利水电勘测设计研究院有限责任公司
中铁二院工程集团有限责任公司
中铁第四勘察设计院集团有限公司
中铁第五勘察设计院集团有限公司
湖北省水利水电规划勘测设计院
招商局重庆交通科研设计院有限公司
北京水保生态工程咨询有限公司
中水淮河规划设计研究有限公司
中水珠江规划勘测设计有限公司
广西泰能工程咨询有限公司
新疆博衍水利水电环境科技有限公司
长江水利委员会长江科学院

《水土保持设计手册　生产建设项目卷》

编 写 人 员

主　　编　王治国　闫俊平　李世锋　纪　强

副 主 编　贺前进　邹兵华　杜运领　戴方喜　贺康宁
白中科　赵廷宁　苗红昌　陈华勇　操昌碧
王岁权　韩　鹏　王忠合　朱永刚　赵心畅
项大学　王　伟

技术负责人　王治国　贺康宁

统 稿 人　王治国　邹兵华

主要校核人　孟繁斌　张光灿　王利军　方增强　王春红
郭志全　李　嘉　吕学梅　王　虎　赵　谊
凌文州　刘　涛　阮　正　李建生

主　　审　陈　伟　朱党生　孙保平

前　言

我国疆域广阔，地形起伏，山地丘陵约占全国陆域面积的2/3。复杂的地质构造、多样的地貌类型、暴雨频发的气候特征、密集分布的人口及生产生活的影响，导致水土流失类型复杂、面广量大，是我国突出的环境问题。根据全国第一次水利普查水土保持情况调查，全国水力和风力侵蚀总面积295万km^2，其中水蚀面积129万km^2，风蚀面积166万km^2。同时，在青藏高原、黑龙江、新疆等地还存在相当面积的冻融侵蚀。严重的水土流失导致耕地毁坏、土地退化、生态环境恶化，加剧山区丘陵区贫困、江河湖库淤积和洪涝灾害，削弱生态系统的调节功能，加重旱灾损失和面源污染，严重影响国家粮食安全、防洪安全、生态安全和饮水安全以及区域经济社会的可持续发展。

新中国成立以来，党和政府高度重视水土保持工作，开展了大规模水土流失治理工作。为了加强预防和治理水土流失，保护和合理利用水土资源，减轻水、旱、风沙灾害，改善生态环境，发展生产，1991年国家制定了《中华人民共和国水土保持法》，水土保持开始逐步纳入了法制化轨道。在水土保持规划的基础上，开展了水土流失综合防治工程的设计和有效实施，提高了决策的科学性和治理的效率。在治理水土流失的同时，开展了全国水土保持监测网络建设工作，加强了对水土保持的动态监控，强化了对生产建设项目或活动的水土保持监督和管理。通过60多年长期不懈的努力，水土流失防治取得了显著成效。截至2013年，累计综合治理小流域7万多条，实施封育80多万km^2。全国水土流失面积由2000年的356万km^2下降到2011年的295万km^2，降低了17.1%；中度及以上水土流失面积由194万km^2下降到157万km^2，降低了19.1%。

进入21世纪，党和国家更加重视生态文明建设，水土保持作为生态文明建设的重要组成部分，工作力度不断加大，事业发展迅速，东北黑土区水土流失综合治理、岩溶区石漠化治理、国家水土保持重点工程、丹江口库区水土保持、坡耕地综合治理、砒砂岩沙棘生态工程等一批水土保持生态建设项目正在实施；长江三峡、南水北调东中线一期工程、青藏铁路、西气东输、京沪高铁等国家重大基础设施建设项目水土保持设施顺利通过专项验收，生产建设项目水土保持方案编报、实施和验收工作稳步推进，生产建设项目水土流失防治成效显著。同时，水土保持各类规划、综合治理及专项治理工程设计、生产建设项目水土保持设计的任务越来越繁重。为此，水利部组织制定了一系列水土保持规划设计方面的标准，但尚不能完全满足水土保持工程规划设计工作的需要。经商水利部水土保持司，同意由中国水土保持学会水土保持规划设计专业委员会和水利部水利水电规划设计总院组织有关单位，在总结多年来水土保持规划设计经验的基础上，以颁布的和即将颁布的水土保持规划设计技术标准为依据，参考《水工设计手册》（第2版）以及水土保持相关的国家和行业规范标准，组织编撰《水土保持设计手册 专业基础卷》《水土保持设计手册 规划与综合治理卷》《水土保持设计手册 生产建设项目卷》，以期能够有效地规范和提高水土保持设计人员的技术水平，保证水土保持规划设计成果的质量，提高水土保持规划设计工作的效率。

一

水土保持是一门多学科综合和交叉的科学技术。水土流失综合治理各类工程规模小、形式多，但其相互之间又有机结合，呈整体分散和局部连片分布的特点；而生产建设项目水土保持工程相对复杂多样，立地条件差，植被恢复有较大难度。总结多年来小流域水土流失综合治理与生产建设项目水土保持设计及实施的经验，可以看出，水土保持规划涉及农、林、水、国土、环保等多部门和多行业，而水土保持工程设计则以小型工程设计为主，植物措施设计、工程措施与植物措施相结合的设计更独具特色。因此，水土保持规划设计与水利水电工程规划设计有着明显区别，水工设计方面诸多标准和手册难以完全适用于水土保持设计。在现有水土保持规划设计标准规范的基础上，立足当前，总结经验、抓住机遇、提升理念、直面挑战，编撰一部《水土保持设计手册》，对于水土保持专业发展及其规划设计走向正规化和规范化是十分必要的，其必要性主要体现在以下五个方面。

第一是建设生态文明、实现美丽中国的迫切需要。党中央明确提出包含生态文明在内的中国特色社会主义事业“五位一体”总布局，水土保持工作面临新的更高要求。实现生态文明和美丽中国的宏伟目标，水土保持任务艰巨，必须进一步强化水土保持在改善和促进生态安全、粮食安全、防洪安全、饮水安全方面的作用。从水土保持工程设计与实施看，编撰一部立意深远、理念先进的《水土保持设计手册》显得尤为迫切。

第二是树立水土保持设计新理念的需要。近些年水土保持设计中涌现出了一些新理念、新思路，清洁小流域、生态防护工程、生态型小河小溪整治等不断发展，需要进行梳理和总结；同时深入贯彻落实科学发展观，建设美丽中国，认真贯彻中央水利工作方针，更需要不断创新水土保持设计理念。落实生态文明建设新要求，需要广大技术人员树立水土保持新理念，在水土保持设计中加以应用。

第三是确保设计成果质量的需要。《水土保持设计手册》作为标准规范的延伸和拓展，在现有技术标准体系的基础上，充分总结水土保持工程建设和生产实践经验，对标准和规范如何运用进行详细说明，并提供必要的设计案例，以提高广大技术人员对标准规范的理解水平和应用能力，从而保障和提高设计成果质量。

第四是系统总结经验、促进学科发展的需要。水土保持是一门综合性学科，涉及水利、农业、林业、牧业、国土、环保、水电、公路、铁路、机场、电力、矿山、冶金等多个部门或行业，随着科学技术的进步，水土保持领域有关基础理论研究不断深入，水土保持新技术、新方法和新工艺应用水平稳步提高，信息化和现代化水平显著提升，这些均需要进行系统的总结和归纳，以全面反映水土保持发展最新成果和动态，这也是水土保持学科良性发展的迫切需要。

第五是满足水土保持从业者渴求的需要。水土保持事业迅速发展造就了一大批从事科学研究、技术推广、规划设计、建设管理的水土保持工作人员和队伍，广大从业者迫切需要一本系统阐述水土保持基础理论、规划设计标准和技术应用实践的权威工具书。

二

《水土保持设计手册》是我国首次出版的水土保持设计方面的工具书。同时也是“十三五”国家重点图书出版规划项目，并获得了国家出版基金的资助。它概括了我国水土保持规划设计的发展水平及发展趋势，不同于一般的技术手册，更不同于一般的技术图书，它是一部合理收集新中国成立以来水土保持规划设计经验，符合新时期水土保持工作需要的综合性手册。编写《水土保持设计手册》遵循的原则：一是科学性原则，系统总结、科学归纳水土保持设计的新理念、新理论、新方法、新技术、新工艺，体现当前水土保持工程规划设计、科学研究和工程技术发展的水平；二是实用性原则，全面分析总结水土保持工程规划设计经验，充分发挥生态建设和生产建设项目各行业设计单位的技术优势，从水土保持工具书和辞典的角度出发，力求编撰成为一本广大水土保持从业人员得心应手的实用案头书；三是综合性原则，水土保持设计基础理论涉及多个学科，水土保持工作涉及多个部门和行业，必须坚持统筹兼顾、系统归纳，全面反映水土保持设计所需的理论知识和应用技术体系，并兼顾专业需要和科学普及知识需要，使之成为一本真正的综合性手册；四是协调性原则，手册编撰要充分处理好水土保持生态建设项目和生产建设项目的差异性，遵循建设项目基本建设程序要求，协调处理好不同行业水土保持设计内容、深度和标准问题，对于不同行业水土流失特点和水土保持设计的关键内容，在现有标准体系框架下尽可能予以协调，确有必要时可以结合行业特点并行介绍。

三

为了做好《水土保持设计手册》编撰工作，2012年水利部水土保持司成立了由水利、水电、电力、交通、铁路、冶金、煤炭等行业有关单位和高等院校、科研院所主要负责人担任委员的《水土保持设计手册》编撰委员会，并发布了《关于成立〈水土保持设计手册〉编撰委员会的通知》（水保测便字〔2012〕3号）。水土保持司原司长刘震担任编委会主任，具体工作由中国水土保持学会水土保持规划设计专业委员会和水利部水利水电规划设计总院承担。为了充分发挥水土保持设计、科研和教学等单位的技术优势，在各单位申报编制任务的基础上，由水利部水利水电规划设计总院讨论确定各卷、章主编和参编单位以及各卷、章主要编写人员。主要参与编写的单位有120家，参加人员约500人。

《水土保持设计手册》共分3卷，其中《专业基础卷》由水利部水利水电规划设计总院和北京林业大学负责组织协调编撰、咨询和审查工作；《规划与综合治理卷》由水利部水利水电规划设计总院和黄河勘测规划设计有限公司负责组织协调编撰、咨询和审查工作；《生产建设项目卷》由水利部水利水电规划设计总院负责组织协调编撰、咨询和审查工作。

全书经编撰委员会逐卷审查后，由中国水利水电出版社负责编辑、出版、发行。

四

《水土保持设计手册》是我国首部内容涵盖全面的水土保持设计方面的专业工具书，资料翔实、内容丰富，编入了大量数据、图表和新资料、标准，实用性强，全面归纳了与水土保持设计有关的专业知识，对提高设计质量和水平具有重要意义。

《专业基础卷》主要介绍水土保持相关的专业基础知识，包括气象与气候，水文与泥沙，地质地貌，土壤学，植物学，生态学，自然地理与植被区划，水土保持原理，水土保持区划，力学基础，农、林、园艺学基础，水土保持调查、测量与勘察，水土保持试验与监测，水土保持设计基础。

《规划与综合治理卷》包括规划篇和综合治理篇。规划篇内容包括水土保持规划概述，综合规划，专项工程规划，专项工作规划，专章规划；综合治理篇内容包括综合治理概述，措施体系与配置，梯田工程，淤地坝，拦沙坝，塘坝、滚水坝，沟道滩岸防护工程，截排水工程，支毛沟治理工程，小型蓄引用水工程，农业耕作与引洪漫地，固沙工程，林草工程，封育治理和配套工程等。

《生产建设项目卷》内容包括概述，建设类项目弃渣场，生产类弃渣场，拦挡工程，斜坡防护工程，截洪（水）排洪（水）工程，降水利用与蓄渗工程，植被恢复与建设工程，泥石流防治工程，土地整治工程，防风固沙工程，临时防护工程，水土保持监测设施设计。

五

2011年，水利部水利水电规划设计总院组织有关人员研究制定《水土保持设计手册》编撰工作顺利开展的工作方案，并推动成立了筹备工作组。在此之后，经反复讨论与修改，征求行业各方面意见，草拟了工作大纲。2012年，《水土保持设计手册》编撰委员会成立，标志着编写工作全面启动。全体编撰人员将撰写《水土保持设计手册》当作一项时代赋予的重要历史使命，认真推敲书稿结构，反复讨论书稿内容，仔细核对相关数据，整个编撰工作历时六年之久，召开技术讨论与编撰工作会议达50余次，才最终得以完成。

在编撰《水土保持设计手册》工作中，得到了中国水土保持学会的鼎力支持，得到了有关设计、科研、教学等单位的大力帮助。国内许多水土保持专家、学者、教师及中国水利水电出版社的专业编辑直接参与策划、组织、撰写、审稿和编辑工作，他们殚精竭虑，字斟句酌，付出了极大的心血，克服了许多困难。在《水土保持设计手册》即将付梓之际，谨向所有关怀、支持和参与编撰出版工作的领导、专家、学者、教师和同志们，表示诚挚的感谢，并诚恳地欢迎读者对手册中存在的疏漏和错误给予批评指正。

《水土保持设计手册》编撰委员会

2018年7月

目　录

第3章 生产类弃渣场

第4章 拦挡工程

第5章 斜坡防护工程

第6章 截洪（水）排洪（水）工程

第7章 降水利用与蓄渗工程

第8章 植被恢复与建设工程

第9章　泥石流防治工程

第10章 土地整治工程

第11章 防风固沙工程

第12章 临时防护工程

第 13 章 水土保持监测设施设计

总　论

章主编　王治国　王　晶
章主审　孙保平　余新晓

本章各节编写及审稿人员

节次	编写人	审稿人
0.1	王治国	孙保平 余新晓
0.2	王治国　王　晶	
0.3	王治国　王　晶	

总　论

我国是历史悠久的农业大国，在长期的农业生产实践活动中，劳动人民积累了丰富的平治水土的经验，发展了一系列诸如保土耕作、沟洫梯田、造林种草、打坝淤地等水土保持措施，但是作为水土保持学科，其发展历史却很短。20世纪20年代，受西方科学传入的影响，国内少数科学工作者才开始进行水土流失试验研究，并通过不断实践，提出“水土保持”这一科学术语。新中国成立后，在党和政府的重视与关怀下，水土保持事业进入一个全新的历史时期，水土流失预防、治理、监测和监督管理的技术体系在实践中不断发展丰富，形成了我国独具特色的水土保持学科，并从20世纪80年代起制定并形成一系列的技术标准，水土保持从实践提升凝练到理论，再从理论指导到实践并不断发展、创新，为《水土保持设计手册》的编撰提供了坚实的理论与实践基础。

0.1　我国水土保持实践历程

0.1.1　历史上的水土保持实践

西周以前，我国铁器未普遍时，农业生产以游耕、休耕为主要方式，对自然植被和土壤的扰动与破坏能力有限，水土流失问题很小。随着铁器普遍使用及农业技术发展，人类改造自然的能力增强，林草植被不断被垦殖为耕地，水土流失问题显现，人们开始关注水土流失的治理。秦汉时期，人口增加迅速，黄土高原地区土地开垦面积不断扩大，使一部分草地和林地受到人为干扰的破坏，原始生态环境破坏严重。《汉书·沟洫志》上曾记载有“泾水一石，其泥数斗”“河水重浊，号为一石水而六斗泥”，黄河泥沙含量高的特点已经出现。汉之后，朝代更迭，天下分分合合，虽有短时间的北方游牧民族南迁使北方草原植被得以恢复的情况，但为了镇守边疆，实施屯垦，北方草原与森林植被的破坏情况日益严重。同时东汉后期至宋元时期，大批中原士民为避灾荒战乱而南迁，南方山地丘陵垦殖面积扩大，植被破坏，水土流失加剧。在清代中后期，人口不断增加，1840年达到4亿人，粮食短缺严重，16世纪传入我国的玉米、花生、甘薯、马铃薯等外来作物，因适于山坡地种植而在全国得以普遍推广，山区丘陵区毁林开荒和垦殖加剧，加之伐木烧炭、经营木材、采矿冶炼等导致水土流失十分严重。据史念海教授分析研究，周代黄土高原森林覆盖率为53%，而到20世纪50年代初仅有8%。

水土流失治理实践的发端可追溯到夏商周时期（公元前16—前11世纪），当时山林、沼泽设官禁令，并采用区田法、平治水土等措施来防止水土流失和水旱灾害，使“土返其宅，水归其壑”。据《尚书·舜典》所记，“帝曰：‘俞，咨！禹，汝平水土’”，言平治水土，人得安居也。《尚书·吕刑》篇有“禹平水土，主名山川”的记载。《诗经》中有“原隰既平，泉流既清”的词。从“平治水土”开始，伴随着农业生产发展，我国劳动人民在生产实践中创造了一系列蓄水保土措施，并提出了沟洫治水治田、任地待役、师法自然等有利于水土保持的思想。民国时期，国家内忧外患，政府很难在国家层面上开展水土保持工作，只能开展小范围试验研究，值得一提的是，20世纪30—40年代，针对治黄开展了采取水土保持措施防止泥沙入河的研究试验，既是水土保持实践的重要转折，也为现代水土保持学科的建立奠定了基础。

0.1.2　新中国成立以来水土保持实践

新中国成立之前，尽管在当时的金陵大学和北京大学森林系开设有保土学课程，但水土保持尚不能称为学科。新中国成立之后，党和政府对水土保持工作十分重视，水土保持才成为一门独立的学科。

1952年，政务院发出《关于发动群众继续开展防旱、抗旱运动并大力推行水土保持工作的指示》，1956年成立了国务院水土保持委员会，1957年国务院发布了《中华人民共和国水土保持暂行纲要》，1964年国务院制定了《关于黄河中游地区水土保持工作的决定》，1955—1982年先后召开了4次全国水土保持工作会议。1982年6月30日，国务院批准颁布了《水土保持工作条例》。1991年6月29日，第七届全国人大常委会第二十次会议通过了《中华人民共和国水土保持法》之后，我国水土保持步入法制化建设的轨道。2010年第十一届全国人大常委会第十八次会议对《中华人民共和国水土保持法》进行了修订，进一步强化了水土保持地位和有关要求。

20世纪80年代初，我国开始对水土保持进行全面的总结和推广，国家从1983年开始安排财政专项资金实施国家水土保持重点治理工程，1986年安排中央水利基建投资，实施黄河中游治沟骨干工程，逐步形成了以小流域为单元山水田林路综合治理的一整套技术体系。1988年长江流域发生洪灾，水土保持在治理江河中的作用再次受到关注，1989年国家在长江上中游实施水土保持综合治理工程，经过近20年的努力，形成了以坡耕地整治、坡面水系工程、林草措施相互结合且适应于该地区的综合治理技术体系。1998年长江流域再一次发生特大洪水灾害，水土保持问题引起国家高度重视。1998年以后，国家在继续实施并扩大原有水土保持重点工程建设规模的基础上，又先后启动实施了中央财政预算内专项资金水土保持重点工程、晋陕蒙砒砂岩区沙棘生态工程、京津风沙源区水土保持工程、首都水源区水土保持工程、黄土高原淤地坝工程、黄土高原世界银行贷款水土保持一期及二期项目，重点工程建设进入全面推进阶段。水土保持的任务除治理江河外，仍然是改善农村基础设施条件以及解决农村生产和生活问题，目的是使农民脱贫致富。

2000年之后，随着国家经济发展和综合国力的提升，国家将生态保护提到了议事日程，但粮食安全、“三农”发展仍是国家长久需要解决的问题。为了保护和抢救土壤资源，保障粮食安全，2000年国家又在东北黑土区、珠江上游南北盘江石灰岩区开展水土流失综合防治试点工程。2007年6月，国务院又批准开展西南地区石漠化防治规划，之后又批复开展全国坡耕地水土流失综合治理，重点区域水土保持综合治理工程、京津风沙源综合治理、国家农业综合开发水土保持项目等建设范围进一步扩大，同时还实施了丹江口库区水土流失与水污染防治、云贵鄂渝世界银行贷款水土保持等项目。随着我国生态建设规模和内容的不断扩大与丰富，最终提升到生态文明建设的高度。水土保持也在清洁小流域建设、水源地面源污染防治及水质保护、城市水土保持等方面不断拓展，水土保持进入新的历史发展阶段。但我国老少边穷地区水土流失面积占全国水土流失面积的82%，防治水土流失、保护土壤、提高土地生产力、发展农村经济，仍是水土保持的重要任务。

20世纪90年代中后期，随着国家基本建设规模的不断扩大，生产建设项目水土流失问题引起国家的高度关注。根据《中华人民共和国水土保持法》的规定，预防监督逐步深入。在生产建设项目水土保持方案编制和审批以及水土保持设施建设、监理、监测、执法检查和竣工验收方面形成了一整套完整的制度和技术体系，进一步完善了水土保持学科实践体系。

回顾我国水土保持60多年的历程，不难发现，20世纪50—70年代水土保持主要集中在黄土高原地区，特别是20世纪70年代，兴修水利，大搞基本农田建设，黄土高原水土保持在淤地坝、机修梯田、引水拉沙、引洪漫地等方面技术得到快速发展。此间水土保持的任务主要是减少入河泥沙、整治国土、建设基本农田，促进粮食生产，发展农村经济。20世纪90年代后，水土保持将促进农村经济发展寓于综合治理措施之中，将国家的宏观生态效益寓于农民的微观经济活动中，将治理水土流失与群众治穷致富有机地结合起来，着力改善农村生产生活条件，改变农村面貌，实现水土资源合理开发、利用和保护，促进经济、社会和环境的协调发展。近年来，水土保持不断向改善生态环境、保护水源地、维护人居环境方面拓展。但就全国而言，水库、江河、湖泊普遍存在着泥沙淤积，干旱、洪涝灾害以及由此而引起的粮食安全、农村经济发展滞后等，仍是需要长期解决的问题。

总结我国水土保持实践与发展历程，分析社会经济发展状况和趋势，可以看出我国水土保持内涵是保护和合理利用水土资源，通过小流域水土流失综合治理，充分发挥其在江河整治、耕地保护、粮食安全、生产发展、农村经济发展、生态环境保护等方面的作用。随着国家经济社会的发展，水土保持外延在不断拓展，一是生产建设项目水土保持，即有效遏制因基本建设造成的水土流失，解决边治理边破坏的问题；二是饮用水源地保护，即通过水土保持，维护和增加水源涵养和水质维护功能，在保障饮水安全方面发挥作用；三是结合新农村建设和乡村振兴，通过山水田林草路湖综合整治，改善农村基础设施和生产生活条件。

0.2　我国水土保持的学科体系

水土保持是涉及力学、地质地貌学、生态学、土壤学、气象学、自然地理学等众多基础学科，以及水利工程、林业、农业、牧业、园林、园艺、监督管理等领域的应用学科的交叉性和综合性学科。通过相当长时期的生产实践，在几十年的教学、科研试验的基础上，经过不断地总结提升，水土保持已在勘测、规划、设计、施工、教育、科学、推广等方面形成完整的学科体系。

0.2.1　学科形成与发展过程

我国水土保持学科形成始于20世纪20年代。1922—1927年，受聘南京金陵大学森林系的美国著名林学家、水土保持专家罗德民（Walter Clay Lowdermilk）教授，对山西黄河支流及淮河等地进行森林植被与水土保持的调查研究，对治理黄河提出一些探索性意见，同时也为我国培训了一批水土保持专业人才。1940年李仪祉先生提出治黄方略，认为黄河中游水土流失治理是黄河泥沙的根本措施，故黄河水利委员会成立林垦设计委员会（后改名为水土保持委员会）。1941年我国土壤学家黄瑞采首先提出“水土保持”这一科学术语，当时的黄河水利委员会筹建了我国国内第一个水土保持试验机构——陇南水土保持试验区。之后，在重庆歌乐山建立水土保持示范场，在福建长汀设立水土保持试验场，在甘肃天水设立了水土保持实验区（天水水土保持试验站的前身），同时开展一系列保土植物实验与繁殖、坡田保土蓄水试验、径流小区试验、土壤渗漏测验、沟冲控制、柳篱挂淤示范和荒山造林试验研究等。1945年还在重庆成立了中国水土保持协会。虽然限于历史条件，难以形成真正的一门学科，但当时水土保持科学试验研究为我国水土保持学科的形成与发展奠定了一定的基础。

新中国成立后，黄河水利委员会建立了完整的试验研究机构，中国科学院成立了水土保持研究机构，在水土保持重点省份建立了水土保持研究机构，1958年原北京林学院（现北京林业大学）在“森林改良土壤学”课程的基础上成立了水土保持专业，1980年成立了水土保持系，1992年成立了水土保持学院，1986年之后西北农林科技大学（原西北林学院）、西北农业大学、内蒙古农业大学、山西农业大学等20多所高等院校先后成立水土保持专业，并有多个硕士、博士点及博士后流动站，水土保持学科成为国家生态建设方面重要的学科之一。

2010年12月25日修订颁布的《中华人民共和国水土保持法》明确规定：水土保持是指对自然因素和人为活动造成水土流失所采取的预防和治理措施，水土保持的目的是保护和合理利用水土资源，减轻水、旱、风沙灾害，改善生态环境，发展生产。从法律层面上分析，水土保持包括由自然因素造成的水土流失的防治和由人为因素造成的水土流失的防治，前者实际上就是以小流域为单元的综合治理及相应的配套措施；后者就是生产建设项目水土保持。水土保持的根本任务是保护和合理利用水土资源、减少入河（江、湖、库）泥沙、防灾减灾，最终落足点是改善生态和促进农村发展；同时，明确了我国水土保持工作实行“预防为主、保护优先、全面规划、综合治理、因地制宜、突出重点、科学管理、注重效益”的方针。国家将《中华人民共和国水土保持法》归属于资源法的范畴，充分反映了我国国情。

从水土保持学科划分方面分析：中国科学院将其划入自然地理与土壤侵蚀学科；教育部先将其划入林学科，后改划入环境生态学科；农业部将其划入农业工程学科；水利部将其划入水利工程学科，学科定位问题可谓长期纷争，时至今日仍没有解决，实质上也反映了我国水土保持作为一门新兴交叉学科，尚需不断发展和完善。关君蔚先生很早就提出水土保持学科应具有自己的特色，其是集科学性、生产性和群众性于一体的学科，是以地学、生态学、生物学为基础，农、林、牧、水多方面理论与实践的综合。

《中国大百科全书 水利卷》定义水土保持学为一门研究水土流失规律和水土保持综合措施，防治水土流失，保护、改良与合理利用山丘区和风沙区的水土资源，维护和提高土地生产力，以利于充分发挥水土资源的生态效益、经济效益和社会效益的应用技术科学。从技术角度看，水土保持是一门通过研究地球表层水土流失规律，并采取工程、植物和农业等技术防治水土流失，并达到改善生态环境，改善农民生产生活条件和促进农村经济发展目的的综合性技术学科。目前，我国水土保持学科体系基本建立健全，与美国、英国的土壤保持学、日本的砂防学、德国的荒溪治理学相比内容更为广泛，并独具中国特色。

0.2.2　水土保持学科体系

水土保持学科涉及地质地貌、气象、土壤、植物、生态、水利工程、农业、林业、牧业等多方面，主要包括基础理论与应用技术体系、水土保持规划与设计技术体系、水土保持施工技术体系和水土保持监督管理体系。在实践层面上表现为水土保持规划与设计技术体系、施工技术体系及监督管理体系（图0.2-1）。

0.2.2.1　基础理论与应用技术体系

1. 水土保持原理与区划规划应用技术

水土保持原理是水土保持学科基础理论与应用技术的核心，是以土壤侵蚀学为基础融合地理学、生态学、植物学及工程技术原理而形成的水土流失综合防治的基本原理，主要包括水土流失发生发展规律及影响因素、水土流失预测预报、水土流失防治的生态控制理论及生态经济理论、水土流失防治途径与技术。应用水土保持原理对区域水土流失类型及特点、经济社会发展状况深入研究，建立分级水土保持区划体系，并提出不同分区的水土流失防治方略和工作方

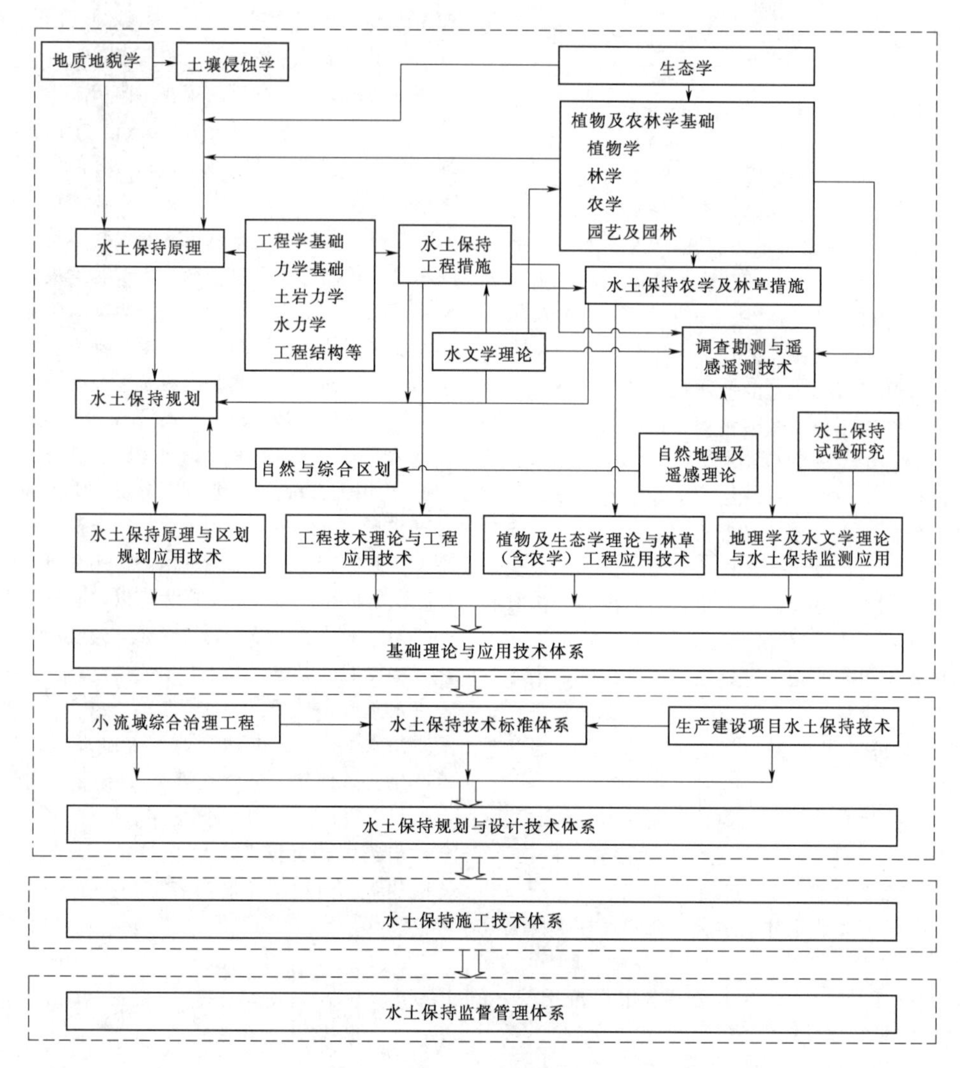

图 0.2-1 水土保持学科体系

向、途径与技术措施及配置。以此为基础，通过应用实地调查统计、地理信息技术、人文科学理论对区域水土保持进行规划。水土保持区划与规划技术是体现水土保持学科综合性的最重要环节，也是水土保持所有应用技术的总纲和指针。

2. 水土保持工程基础理论与应用技术

工程基础理论包括理论力学、材料力学、结构力学等基础力学理论，以及水文学、工程地质、水力学、土力学和岩石力学等专业基础理论，是各类水土保持工程措施的配置与设计原理和方法的基础支撑。水土保持应用技术则是应用工程专业基础理论，吸纳小型水利工程、小流域综合治理经验及生产建设项目水土保持工程的实践经验形成的，主要包括以下几种。

（1）坡面及边坡防护工程：梯田、截水沟埂、水平沟、水平阶、水簸箕、鱼鳞坑、削坡开级、抗滑减载工程等。

（2）沟道治理工程：拦沙坝、淤地坝、谷坊、沟头防护工程。

（3）滩岸防护工程：护地堤、顺坝、丁坝等。

（4）截水排水排洪工程：坡面截流沟、排水沟、截排洪工程等。

（5）小型蓄水用水工程：水窖（旱井）、涝池、蓄水池、塘堰（陂塘）、滚水坝、小型引水和灌溉工程等。

（6）泥石流防治工程：拦沙坝（格栅坝、桩林等）、排导槽、停淤场等。

（7）土地整治工程：引洪漫地、引水拉沙造地、生产建设项目扰动土地整治工程等。

(8) 弃渣场防护工程：弃渣拦挡工程、弃渣坡面防护工程等方面的技术。

3. 植物及生态学理论与林草（含耕作）工程应用技术

林草（含耕作）措施是防治水土流失的根本措施。在吸纳造林学、草（牧草、草坪、草原）学、经济林栽培学、园林植物学等相关学科技术基础上，形成的不同立地或生境条件下各类林草（含耕作）措施的配置原理与技术原理及方法是林草工程设计的重要基础，其基础理论主要包括植物学及植物生理学基础、生态学基础、森林生态学、农田生态学、景观生态学，核心是植物及生态学，重点是生态系统中生物之间和生物与环境相互关系的理论。主要应用技术包括水土保持林、水源涵养林、防风固沙、经济林的营造技术，种草及草原经营管理技术，侵蚀劣地绿化、弃渣场绿化、高陡边坡绿化、废弃土地绿化、景观绿化等技术以及保土保水耕作技术等。

4. 地理学及水文学理论与水土保持监测应用技术

水土保持监测技术是水土保持动态监控、预报和管理的基础，其主要基础理论是地理学与水文学，特别集中体现现代地理学理论、方法和技术的地理信息系统（GIS），水文学相关水文循环、流域的产流汇流、产沙与输沙等方面的理论。地理学及水文学理论与数学及信息技术的结合，使得区域数字地形模型、土壤侵蚀模型、小流域水文动态模型及产流产沙模型，水土保持效益评价模型等广泛应用于水土保持监测预报，同时也应用于生产建设项目水土流失及其防治效果的监测。水土保持监测技术主要包括水土流失调查与动态监测、滑坡泥石流预警预报和水土保持效果监测等技术，主要包括普查、抽样调查、遥感调查、定位观测等技术。

0.2.2.2 水土保持规划与设计技术体系

1. 技术标准体系

我国地域广大，不同区域工作方向、水土流失防治措施不相同，建立规划与设计技术标准体系十分重要。2001 年水利部发布了《水利技术标准体系表》，水土保持技术标准的制定有序进行，近几年对水土保持规划与设计技术标准修订或制定工作基本完成，和规划与设计相关的标准主要有《水土保持规划编制规范》(SL 335)、《水土保持工程项目建议书编制规程》(SL 447)、《水土保持工程项目可行性研究报告编制规程》(SL 448)、《水土保持工程初步设计报告编制规程》(SL 449)、《水土保持工程调查与勘测标准》(GB/T 51297)、《水土保持工程设计规范》(GB 51018)、《水土保持治沟骨干工程技术规范》(SL 289)、《水坠坝设计规范》(SL 302)、《开发建设项目水土保持技术规范》(GB 50433)、《开发建设项目水土流失防治标准》(GB 50434)、《水利水电工程水土保持技术规范》(SL 575）等。鉴于小流域综合治理调查与勘测工作量大，今后仍需根据不同分区小流域治理技术措施及配置模式，建立适应于我国各水土保持分区的小流域治理水土保持设计规范，特别是不同水土保持分区的水土保持植被配置设计规范、生产建设项目水土保持技术规范方面，还需总结现有生态边坡防护技术，研究制定高陡边坡生态防护设计规范。

2. 区划与规划体系

水土保持规划是水土保持工作的顶层设计，而水土保持区划是规划的基础。2015 年国务院批复了《全国水土保持规划》，其中全国水土保持区划采用三级分区体系。全国水土保持区划方案并分级分区制定了水土流失防治方略、工作方向、区域布局，同时以三级区水土保持主导基础功能为依据，拟定了各三级区的防治途径与技术体系。以全国水土保持区划为基础，进一步开展省级水土保持区划，共同构建我国不同层级完整区划体系。以区划体系为基础建立不同区域不同功能条件下水土流失综合防治途径与模式是水土保持规划设计的重要依据。

水土保持规划包括综合规划和专项规划。综合规划主要解决区域总体布局、防治目标与任务、区域与项目布局、综合治理、预防保护和综合监管规划等。综合规划主要包括国家水土保持战略性规划（纲要）、流域规划和区域规划。目前，全国水土保持规划已批复，开展流域、各省（自治区、直辖市)、市、县不同层级的水土保持规划并最终形成分流域、分区域、分层次的统一协调的水土保持规划体系是今后一段时间水土保持工作的重要任务。专项规划包括专项工程规划与专项工作规划，专项工程规划是针对特殊区域水土流失防治工程而进行的，如《东北黑土区水土流失综合防治规划（2006—2020 年)》《丹江口库区及上游水污染防治和水土保持规划（2004—2020 年)》《珠江上游南北盘江石灰岩地区水土保持工程建设规划（2006—2020 年)》《南方崩岗防治规划（2008—2020 年)》等；专项工作规划是针对某专项工作而进行的，如《全国水土保持预防监督纲要（2004—2015 年)》《全国水土保持监测纲要（2006—2015 年)》《全国水土保持科技发展纲要（2008—2020 年)》《全国水土保持信息化发展纲要（2008—2020 年)》等。

3. 设计技术体系

水土保持设计技术体系是水土保持工程建设的基础与保障。水土保持工程措施与林草措施类型宽泛、规模小。受区域范围与地形限制，设计多采用单项设计与典型设计结合，初步设计与施工图设计结合，并以满足施工要求为前提的简化设计方法，即淤地坝、拦沙坝、塘坝、拦渣坝等相对较大的工程采用单项设计；林草措施以及梯田、谷坊、沟头防护等小型工程采用典型设计。需要注意的是，区域水土流失综合治理设计应注重生态与经济相结合，着力将综合治理与生态环境改善与农村生产生活条件改善、农村经济发展相结合，此类除少数淤地坝、塘坝等单项工程需进行单项设计外，大部分措施分布在一定的区域范围内，设计调查与勘测工作量大、设计技术则相对简单，通常在初步设计阶段等需逐小班进行设计；生产建设项目水土保持则应更加注重水土资源与植被的保护，在主体工程安全的前提下，优先考虑生态与植物措施，经济合理地配置各项目措施。

经过多年的实践，水土保持设计技术体系已基本形成。包括两大部分：一是水土保持设计基础，主要包括设计理念与原则、设计阶段划分与要求、工程级别与设计标准、设计计算、工程类型与结构、调查与勘测、工程制图、工程量计算、施工组织设计、工程概预算、效益分析及国民经济评价等；二是区域水土流失综合治理工程设计与生产建设项目水土保持工程的各类措施具体设计原则、原理与方法，详见本手册《规划与综合治理卷》和《生产建设项目卷》。

4. 施工技术体系与监督管理体系

施工技术体系是工程实施建设的关键，主要包括施工方法、施工技术要点；监督管理体系则包括法律法规体系、执法监督体系、工程建设管理体系等，此部分内容不作详细讨论，只是在各项目措施设计中简要介绍施工技术要求。

0.3 《水土保持设计手册》结构与内容

为了加强水土保持规划设计技术体系建设，分析水土保持学科体系及所需知识结构，依据现有水土保持规划与水土保持工程设计技术标准，充分总结水土保持规划设计与工程建设的实践经验，考虑已出版的《生产建设项目水土保持设计指南》《水工设计手册 第3卷 征地、移民、环境保护与水土保持》的应用情况，编写《水土保持设计手册》，以完整建立健全我国水土保持规划设计体系。

鉴于目前我国水土保持规划与工程设计工作集中在两个方面，一是以小流域水土流失综合治理为主的水土保持生态建设；二是生产建设项目水土流失防治。从规划与设计所需专业基础知识方面没有本质的区别，只是在具体措施配置及设计内容和要求方面有所区别。因此，本手册分3卷进行编撰，即《专业基础卷》《规划与综合治理卷》和《生产建设项目卷》。

为了保证水土保持学科知识体系的完整性，《专业基础卷》包括了工程和植物两大方面的专业基础知识，涉及力学、地学、植物学、生态学、农学、林学、牧草、园林、园艺、水利工程等，同时考虑到水土保持生态建设和生产建设水土保持均需相应的工程和林草设计基础，因此将设计理念与原则、设计计算、工程类型与结构、工程制图、施工组织设计、工程管理、水土保持投资编制和效益分析与经济评价等列入。

水土保持规划主要是针对水土保持生态建设工作，同时也涵盖对生产建设项目监督管理的顶层设计。但其主要是服务于小流域综合治理的，因此将其合并为一卷。综合治理与生产建设项目水土保持采取的措施有不同的也有相同的。为了避免重复，根据措施在这两方面工作中使用的频率大小，确定列入。如泥石流防治和滑坡治理技术措施多应用于生产建设项目，个别情况也在小流域治理中应用，故将其列入《生产建设项目卷》；再如防风固沙工程在两个方面均有应用，但大面积应用于水土保持生态建设，所以将其主要内容列入《规划与综合治理卷》。在《生产建设项目卷》做简要说明。

参考文献

[1] 王治国．试论我国水土保持学科的性质与定位——川陕“长治工程”中期评估考察的思考 [J]．中国水土保持科学，2007，5 (6)：87-92.

[2] 王治国，王春红．对我国水土保持区划与规划中若干问题的认识 [J]．中国水土保持科学，2007，5 (1)：105-109.

[3] 王治国，郭索彦，姜德文．我国水土保持技术标准体系建设现状与任务 [J]．中国水土保持，2002 (6)．16-17.

[4] 李贵宝，叶伊兵．水土保持技术标准（一）[J]．南水北调与水利科技，2010 (2)：159-160.

[5] 张长印，陈法扬．试论我国水土保持技术标准体系建设 [J]．中国水土保持科学，2005，3 (1)：15-18.

[6] 王向东，高旭彪，李贵宝．水土保持标准剖析与标准体系完善建议 [J]．水利水电技术，2009，40 (4)：66-69.

[7] 田颖超．关于制定水土保持规划技术标准的探讨 [J]．水土保持通报，1996，16 (1)：32-35.

[8] 王治国，朱党生，张超．我国水土保持规划设计体系建设构想 [J]．中国水利，2010 (20)．

[9] 姜德文．水土保持学科在实践中的应用与发展 [J]．

中国水土保持科学，2003，1（2）：88－91.
[10] 王卫东，孙天星，郑合英．浅谈水土保持学科体系的组成［J］．中国水土保持，2003，9：17－18.
[11] 关君蔚．中国水土保持学科体系及其展望［J］．北京林业大学学报，2002，24（5）：273－276.
[12] 吴发启．水土保持学科教学体系构建的思考［J］．中国水土保持科学，2006，4（1）：5－9.
[13] 全国水土保持规划领导小组办公室，水利部水利水电规划设计总院．中国水土保持区划［M］．北京：中国水利水电出版社，2016.
[14] 史念海．黄土高原历史地理研究［M］．郑州：黄河水利出版社，2001.

第1章 概　述

章主编　王治国　李世锋
章主审　孟繁斌　纪　强

本章各节编写及审稿人员

<table>
<tr><th>节次</th><th>编写人</th><th>审稿人</th></tr>
<tr><td>1.1</td><td>王治国　陈　舟　李世锋</td><td rowspan="2">孟繁斌
纪　强</td></tr>
<tr><td>1.2</td><td>李世锋　王治国　邹兵华　蓝红林　牛俊文　项大学
苏　翔　应　丰　王　伟　周铁军　冠　许　任青山
秦百顺　林祎熙　刘晓路　芦杰丰　李斌斌　王余彦
赵　成　林考焕　张仕艳</td></tr>
</table>

第1章 概　述

由于各类生产建设项目的建设特点和建设内容不同，在建设过程中扰动地表的形式，所造成水土流失的特点、强度及危害，以及针对可能造成的水土流失所采取的水土保持措施等方面不尽相同，因此，要根据各类项目水土流失的特点，开展水土保持措施布局，并以此作为水土保持措施设计的基础。

1.1 生产建设项目分类与水土流失特征

1.1.1 生产建设项目的概念及分类

基本建设项目简称建设项目，指在一个场地或几个场地上，按照一个独立的总体设计兴建的一项独立工程，或若干个互相有内在联系的工程项目的总体。

根据《中华人民共和国水土保持法》以及相应工作任务要求，对建设项目在建设或生产过程中可能引起水土流失的，要采取措施预防、控制和治理生产建设活动导致的水土流失，减轻对生态环境可能产生的负面影响，防止水土流失危害。对这类可能产生水土流失的建设项目，统称为生产建设项目或开发建设项目，本书中统一称为生产建设项目。

根据生产建设项目行业管理和建设生产特点，生产建设项目大体包括：公路工程、铁路工程、涉水交通（码头、桥隧）及海堤防工程、机场工程、电力工程、水利工程、水电工程、工矿企业工程、管道工程、城市建设工程、林纸一体化工程、农林开发工程和移民工程等。

根据生产建设项目平面布置情况，可分为线型工程和点型工程。线型工程是指布局跨度大、呈线状分布的公路、铁路、管道（输水、输油、输气等）、输电线路、渠道等生产建设项目；点型工程是指布局相对集中、呈点状分布的火力发电、核电、水利枢纽、工矿企业等生产建设项目。还有一些项目属点线结合型。

为了计划和管理的需要，生产建设项目可以从不同角度进行分类。按项目的建设阶段，分为前期工作项目、筹建项目、施工（在施）项目、竣工项目和建成投产项目；按建设的性质，分为新建项目、扩建项目、改建项目、迁建项目和重建、技术改造工程项目；按建设规模和对国民经济的重要性，分为大型、中型、小型项目。

根据生产建设项目水土流失的发生过程，可分为建设类项目和建设生产类项目两大类。建设类项目是指基本建设竣工后，在运营期基本没有开挖、取料、弃渣等生产活动的公路、铁路、机场、水工程、港口、码头、水电站、核电站、输变电工程、通信工程、管道工程、城市建设等生产建设项目，其生产建设活动造成的水土流失主要发生在项目建设期间，投产运行后不造成或很少造成水土流失；建设生产类项目是指基本建设竣工后，在运营期仍存在开挖地表、取料、弃渣等生产活动的燃煤电站、建材、矿产和石油天然气开采及冶炼等生产建设项目，其生产建设活动不仅在项目建设期间而且在运行期间都可能产生水土流失。

1.1.2 生产建设项目水土流失特征

生产建设项目水土流失是指项目在工程建设和生产运行过程中，由于开挖、填筑、取料、弃渣（土、石、尾矿、尾砂、矸石、灰渣等）等活动，扰动、挖损、占压土地，导致地貌、土壤和植被损坏，在水力、风力、重力及冻融等外营力作用下造成的岩、土、废弃物的混合搬运、迁移和沉积，其结果导致水土资源的破坏和损失，最终使土地生产力下降甚至完全丧失。生产建设项目水土流失较通常意义上的水土流失更加剧烈，属于人为水土流失的范畴。

1.1.2.1 生产建设项目水土流失的一般特征

生产建设项目的主体工程及配套工程建设区占地面积及涉及破坏和影响范围少则几公顷、数十公顷，多则达几平方千米，甚至数十平方千米。如露天开采矿山、水利枢纽工程本身及建设所需设置的砂、石、土料场，与之相关的临时道路、弃渣场、施工营地、移民安置等，均会直接或间接地扰动地表，破坏植被和水土资源。井工开采项目虽然对地面扰动较小，但掘井可形成较大的地下采空区，形成地表塌陷，影响区域水循环及植物生长，破坏土地资源，降低土地生产力，且破坏强度大，植被恢复难。生产建设项目的水土流失是在人为作用下诱发产生的，它与原地貌条件下的水土流失有着天然的联系，但也存在着明显的区别。归纳起来，具有以下几方面的特征。

1. 地面组成物质复杂，水土流失形式多样

生产建设项目在建设和生产运行中会产生大量的弃土弃渣，其物质组成成分除表层土壤外，还有母质、风化壳及碎屑、基岩、建筑垃圾与生活垃圾、植物残体等。矿山弃渣甚至是深埋地下几十米至数百米的岩石、矿物和其他废弃物，如矸石、毛石、尾矿、尾砂及其他固体废弃物；火电类项目还有粉煤灰、炉渣等；有色金属工程、化工企业等在生产过程中还会排放有害固体废弃物。

另外，由于生产建设项目不同的性质，不同的开挖、堆垫、爆破、钻凿、机械运输和碾压等施工组织、工程设计以及后期运行方式等，导致了对地表的扰动及重塑过程复杂多样。这不仅使地表水土流失的物质组成发生变化，而且使原来的主要侵蚀营力及其组合发生变化，出现水蚀、风蚀、重力侵蚀等的交错和复合。再加之区域气候和地貌类型的影响，使得生产建设项目的水土流失形式变得更为复杂多样。例如，水蚀地区火力发电项目的贮灰场，堆灰可能使该区域的水土流失转变为以风蚀为主，或者是风蚀、水蚀复合侵蚀。再如，在北方丘陵沟壑区公路施工中，路基开挖及填筑、弃渣的堆置往往使单一的水蚀变成风蚀、水蚀的复合侵蚀，如若边坡或堆渣处置不当，还可能发生重力侵蚀。还有像西气东输工程，在新疆地区主要出现风力侵蚀和冻融侵蚀，在黄土高原地区则水蚀、风蚀、重力侵蚀并存，到中原及南方地区则水蚀加重并伴有重力侵蚀。

2. 水土流失强度大，时空分布极不均匀

生产建设项目一般要经历建设期（施工准备期、施工期）和生产（运行）期。建设类项目水土流失主要集中在建设期，建设生产类项目在建设期和生产运行期均有发生。在项目建设期内进行采、挖、填、弃、平等施工活动，使地表土壤原来的覆盖物遭受严重破坏，改变了土壤及其母质的物理结构；同时，开挖边坡打破荷载平衡，甚至使岩层应力释放和结构崩解，而松散的弃土弃渣稳定性差且抗蚀力弱，因此，建设区域内的水土流失强度往往会高出原地面侵蚀强度的3～8倍，甚至更高。特别是集中进行五通一平（指通水、通电、通路、通讯、通排水、平整土地）及建筑、厂房等基础设施建设期，机械化程度高，施工进度比较快，采、挖、填、弃、平等工序往往集中在短时期内进行，对地表扰动强度大、水土保持设施破坏严重，水土流失强度在短时间内成倍增加。可以说，建设期造成的水土流失具有侵蚀历时短、强度大的特点。进入运行期，随着再塑地表松散层的沉降和固结以及采取了有效水土保持工程防护措施和植被恢复措施，水土流失强度逐步变小，进入一个相对缓慢的阶段。但对于建设生产类项目，如电厂工程运行期还需堆弃灰渣；煤矿、铁矿等矿井工程，后期还需堆放矸石、矿渣；冶金化工类工程，生产过程中还需倾倒大量废弃物等，其所产生的水土流失仍然十分严重，需要不断进行治理。

生产建设项目因不同建设场所扰动时间及程度差别很大，因而导致水土流失的时间和空间分布极不均匀。一般开挖和取弃土石方量越大的区段水土流失越严重。如弃土弃渣场、取土取石场、高填深挖段水土流失强度大，而施工生产生活区、永久办公生活区等则水土流失强度相对较小。

3. 水土流失危害严重，具有潜在性

生产建设项目对地表进行大范围及深度的开挖、扰动、取料、弃渣等不可避免地造成水土流失，进而使可利用土地资源不断减少，使土地可利用价值和生产力大大降低。同时，弃土弃渣被冲蚀进入河流，会造成河道淤积，毁坏水利设施，影响正常行洪和水利工程效益的发挥，甚至还会引发更大的洪涝或者地质灾害。而且建设施工扰动和破坏了原有的地质结构，在诱发营力的作用下，极易造成突发性水土流失危害，如滑坡、泥石流等。2006年3月27日，青海省贵德县境内的拉西瓦水电站发生一起滑塌事故，导致3人死亡、2人受伤；重庆市巫溪县中阳村对坡脚的不合理开挖，造成水土流失，于1988年1月10日引发坡体滑塌，导致25人死亡、7人受伤，直接经济损失468.5万元。

生产建设项目产生的上述危害可能是直接的，也可能是间接的，且并非全部立即显现出来，通常是在很多种侵蚀营力共同作用下，首先显现其中一种或者几种所造成的危害，经过一段时间后，其余侵蚀营力造成的危害才慢慢显现出来，即水土流失危害存在潜伏期并很难预测。例如北方地区弃土场使用初期，往往水蚀和重力侵蚀同时存在，在雨季主要表现为水力侵蚀，在大风天气主要表现为风力侵蚀，而重力侵蚀及其他侵蚀形式则随着弃土场使用时间的推进，经过潜伏期后，慢慢显现其侵蚀作用，造成水土流失危害。又如对于大多数地下生产项目，如采煤、采铁、淘金等，从短期来看对地面造成了扰动，从长期来看因地层挖掘、地下水疏干等活动，间接地使地表河流干枯、地下水位下降、地面植被退化、地面塌陷，形成重力侵蚀，从而加剧水土流失。

若生产建设过程中不能采取有效的水土保持措施，潜在的水土流失危害将在特定条件下突显进而造成灾害性人为水土流失事件。如21世纪初，作为煤炭大省的山西省每年弃渣弃土量达1.3亿t，水土流失增加河道泥沙0.6亿t。人为的水土流失不仅对建设区及周围地区水土资源构成破坏，而且也使得崩塌、滑坡、泥石流等灾害性水土流失频频发生，造成人员伤亡和财产损失。

4. 受社会经济因素和技术水平的影响大

生产建设项目的水土流失不同于自然条件下的水土流失，很大程度上受社会经济因素和技术水平的影响。生产建设项目水土流失的影响因素包括自然环境系统与建设生产系统两大部分。自然环境系统决定了产生水土流失的物质基础。建设生产系统则决定人类对水土流失发生的影响能力，这一系统的各种因素是完全由社会经济发展和技术水平来决定的。首先生产规模受社会需求、技术进步的影响，而社会对环境的关注度和居民环境保护意识又影响着决策者采取的对策；其次技术手段和水平决定着生产效率，较为先进的技术手段可使生产建设活动对环境的破坏相对减少。

工程建设技术水平和手段的提高对水土流失防治起着十分重要的作用。如输变电工程，随着张力架线引绳施工专用遥控氦气飞艇及火箭、无人机等架线作业装置等先进施工技术投入生产建设中，输变电架线工程的施工工艺发生了飞跃，不仅解决了输电线路跨越森林、峡谷、经济林带、蔬菜大棚、电力线路、公路、铁路、通航河流等特殊地带张力架线施工的困难，改善了工程施工质量，提高了架线施工效率和综合效益，而且减少了工程建设过程对地表和植被，以及对水土保持设施的破坏，因工程建设造成的水土流失量及其危害也显著减少。

1.1.2.2 不同类型生产建设项目水土流失的特征

1. 公路、铁路工程

公路、铁路属于建设类线型工程，一般具有线路长、跨越地貌类型多、动用土石方量大、沿线取（弃）土场多而分散的特点，同时也表现出水土流失量大、形式多样且阶段性特征明显等特点。总体上，位于山区丘陵区的项目地貌越复杂造成的水土流失越严重。在公路、铁路工程建设过程中，除永久占地（路基、路面、服务区、生活区、立交、互通等穿越交叉工程）因自身安全要求采取了高标准的路基边坡防护、排水工程、防洪工程、路面硬化而水土流失稍轻外，临时占地的水土流失最为严重，主要发生在高填深挖边坡、隧道桥涵段的取料场、弃渣场、施工便道、施工场地、临时堆料场、混凝土拌和站及其他辅助工程区。

受建设条件和投资等因素限制，公路、铁路工程建设中因土石方挖填不平衡而产生大量的弃土弃渣，而且公路、铁路工程多傍河而行，弃渣经常直接入河，甚至导致河道堵塞，还可能引发次生洪涝、滑坡和泥石流灾害。公路、铁路工程路基填垫和边坡砌护中需要大量的土石料，取土场、采石场也是引发水土流失的重要部位，在开采土石料过程中，因破坏原地貌和植被以及开挖边坡常引发严重的水土流失，甚至诱发滑坡和泥石流。

对于城市轨道交通工程而言，多布置在城市中心区，其水土流失的主要区域包括区间线路、车站、车辆段、停车场、换乘停车场等。一般来说，具有项目建设占地面积大、涉及的拆迁及安置量也较大、动用土石方量巨大等特点，特别是大量弃渣及拆迁等常引发严重的水土流失。

2. 涉水交通（码头、桥隧）及海堤防工程

涉水交通（码头、桥隧）及海堤防工程一般由码头及港池工程、陆域站场工程、对外交通工程、场外临时设施区、取料场、排泥场、弃渣场组成，具有占地面积大、施工周期长、土石方量大等特点，水土流失在不同时段亦呈面状、线状和点状结合分布特点。涉水交通（码头、桥隧）及海堤防工程在施工期大规模开山、港池疏浚、陆域吹填、地基处理、码头桩基施工、进港道路与排洪设施建设等环节均存在严重水土流失隐患，在不同时段可能引起陆海生态破坏、影响区域防洪排水体系、岸线淤积、水域水质污染、土地资源损失、土地盐碱化等相关水土流失危害。

3. 机场工程

机场工程一般占地面积较大，根据机场规模，飞行区跑道长度多达数千米，还有航站楼、生活区等建设，需要占用大量的耕地，或是将大范围的山体开挖、平整。开挖、填筑、平整工程量一般均较大，对地表的扰动特别剧烈，加上建设周期也较长，造成水土流失的范围广、时间长、影响大。另外，为配合机场建设和运营，外围配套工程如公路、供水供电管线、输油线路等建设，也将产生大量土地扰动，一些新建机场尤为突出，其造成的水土流失也比较严重。

4. 电力工程

（1）火电工程。火电工程属点型建设生产类项目，一般占地面积不大，建设期和生产运行期均发生水土流失。建设期主要指电厂施工准备过程中的“五通一平”、电厂土建、路基修筑、给排水管道埋设阶段，对原地貌、表土和植被的破坏，挖填土石方工程

形成的取料场和弃渣场受水流冲刷会产生水土流失，由于土石方工程量相对较小，水土流失影响相对较小。生产运行期，发电燃煤所产生的灰渣、石膏等废弃物排放在贮灰场，灰体易产生水蚀、风蚀及重力侵蚀，特别是在北方风沙区风蚀危害较大。

（2）核电工程。核电工程属大型综合性生产建设项目，水土流失主要发生在建设期，从水土保持角度看其属于建设类项目（运行期核废料有专门处置）。由于核电工程在生产运行过程中的特殊安全要求，因此在施工阶段土石方开挖数量巨大，另外在临时施工场地和施工便道等处均会大面积地扰动土地。建设期水土流失较为严重的部位，包括开挖量较大的核岛、料场、给排水管线等区段以及弃渣场，尤其是核岛的山体开挖、冷却水池的围堰修筑需要大量的土石方移动，较易产生水土流失。此外，堆料场堆料量大且堆放时间长也易造成水土流失。该类工程其他场地与火电工程类似，因此水土流失特点也具有相似之处。

（3）风电工程。风电工程属于建设类项目，其建设任务主要是安装风力发电机组，包括风轮（含尾舵）、发电机和铁塔；配套建设工程有升压站、集电线路和施工检修道路。产生的水土流失类型，北方风沙区水土流失以风蚀为主，山区、沿海地区基本上水蚀风蚀并存。工程建设期间，进行土石方开挖、回填、平整必然扰动地表，损坏土壤和植被，并形成松散岩土物质及边坡，易造成新的水土流失。尤其值得注意的是，风速大于4m/s才适宜发电，因此风电工程建设区多存在风力侵蚀，而在开挖、搬运等施工过程中，如果不对扰动的地表进行临时性防护，将加重风力侵蚀的强度。特别在北方风沙区，原生植被一旦被破坏，风蚀沙化就会迅速形成。山区风电场须在山体上修建施工道路和检修道路，因地形陡峭可能造成的水土流失和对生态环境的破坏影响更大，尤其是路基高陡边坡，其植被恢复代价巨大，有的甚至无法恢复。

（4）光伏发电工程。光伏发电工程水土流失呈点状和线状分布，风蚀与水蚀共存。光伏电场大多建在山坡、滩地，施工中的堆土极易随着地表径流的冲刷而流失，植被退化明显，在北方则易成为新的风蚀源地。光伏发电项目点状水土流失主要集中于光伏支架、箱式变压器基础、升压站、施工生产生活区等，线状水土流失则发生于道路区和直埋集电线路区。

（5）输变电工程。输变电工程包括输电线路和变电站两部分，水土流失基本呈有规律的分散式点状分布，主要发生在塔基和站场建（构）筑物施工建设期间。一是场地平整、林木砍伐（常规施工工艺时）、塔基及建（构）筑物基础施工、架线以及牵张等活动，扰动地表、破坏植被，加剧水土流失；二是开挖、堆垫形成的边坡稳定性变差，易造成水蚀和重力侵蚀。另外，土石方及相关建设材料的临时堆放及处置等环节也易造成水土流失。随着张力架线引绳施工专用遥控氦气飞艇及火箭、无人机等架线作业装置等先进施工技术引入工程建设过程，水土流失得到了有效控制。

5. 水利水电工程

水利水电工程建设项目建设周期较长，水土流失主要发生在建设期。对地面扰动大、影响范围广、可能产生严重水土流失，其水土流失不仅直接危害到工程区域、工程下游，由于移民安置、专项设施迁建及水库调洪的季节性变化，水土流失危害还会延伸至上下游及周边更广大区域。其水土流失特点与工程布置有关，以下分点型工程和线型工程分别说明。

（1）点型工程。点型工程主要包括水利水电工程枢纽、电站、闸站、泵站等，其水土流失特点可概括为以下几个方面。

1）建设周期较长，施工准备期是水土流失最严重的时期。如水利水电工程枢纽、电站工程建设地点多为山区，深山峡谷，交通不便，施工场地狭窄，由于建设周期长，特别是施工准备期，要先进行五通一平，围堰、导流等建筑物的建设，进场道路和施工交通道路的修筑、施工场地的平整、施工营地的修建，工程量大，也常需切坡削坡，对地表植被破坏严重。由于施工难度大，防治措施不易到位，所以易产生水土流失。

2）取料、弃渣量大，水土流失危害严重。点型工程单位面积上土石方开挖量大，材料用量和弃渣量大，且较为集中。一旦发生水土流失，泥沙可能直接进入河道，影响防洪，甚至对下游人民生命财产安全造成威胁。

3）工程影响范围潜在危害大，水土流失类型复杂。水利水电枢纽工程除工程建设区外，还包括淹没区、移民安置区。工程占地多为数平方千米或几十平方千米。道路复建改建、移民区建设等均会扰动破坏地表植被，造成水土流失。另外，枢纽工程的库岸再造、水位消落等还可能诱发滑坡崩岸、导致植被退化和景观破坏，且潜在危害大、时间长。

（2）线型工程。线型工程是指工程布局及占地面积呈线状分布的工程，主要包括输水工程、河道工程、灌溉工程、供水工程等。线型工程建设过程中局部点式建筑物如闸站、泵站、倒虹吸等也具有点型工程的水土流失特点。渠线、管线、堤线沿线水土流失还表现在以下几个方面。

1）工程沿线涉及的地形地貌类型多，水土流失类型多样，且呈线状分布。河道工程、输水、灌溉工程渠道等线型工程一般达几十千米至数百千米，沿线可能经过山地、丘陵、平原等地貌类型，水土流失类型多样，而且临河临水，防护条件复杂。

2）取料场、弃渣场多而分散，常在农田附近或临河临水堆置，易产生水土流失且对周边造成危害。如新开河道工程，沿线需设置多处弃渣场和取料场，且常分布于河道两侧，占用农田，破坏土地生产力，同时水土流失对周边影响较大。

3）施工便道区是线型工程的重点防治区域，特别是在山区丘陵区的工程往往切坡削坡工程量大，极易产生水土流失。

6. 工矿企业工程

工矿企业工程是工业和采矿业的总称。一般细分为采掘业（金属、非金属）、加工业、冶炼企业（金属冶炼类）。

（1）采掘业。采掘业是从自然界直接开采各种原料、燃料的工业部门，主要包括各种金属和非金属矿（如煤炭、铁矿、石油与天然气、化学矿等）采选，木材采伐及自来水的生产与供应等。其特点为：①建设扰动范围广、周期长；②土石方挖、填数量大，并可能产生大量的土石废渣；③一般需要配套交通等专项设施。

根据采掘方式的不同，分为地下开采和露天开采。

1）地下开采。地下开采亦称井工开采，主要是通过掘井建巷道进行矿产资源地下开采的项目。该类工程建设内容主要包括矿井工业场地、选矿厂与地面生产系统、废石（尾矿）或煤矸石场（库）、生活区，以及场外公路、铁路与装车站、供排水、供电与通信设施等工程。虽然此类工程的地面建设占地面积比较少，但地下采空区导致地表大面积沉陷，诱发或加剧水蚀、风蚀、重力侵蚀，危害程度大，影响区域水循环及植物生长，破坏土地资源，降低土地生产力。另外，矿井排水可能对矿区及附近的地表河流、浅层地下水造成影响和破坏，加剧土地沙化和植被退化等。工程建设期和运行期持续排放废石（尾矿）或煤矸石，如不采取防护措施，遇外部诱发营力，可能导致滑坡、泥石流等地质灾害发生。工程建设期工业场地区场地平整与建筑物基坑开挖、井筒开挖，以及场外公路、铁路、供排水、供电与通信设施等线性工程施工将扰动地表，使地表裸露、表土破损，加剧水蚀和风蚀。

2）露天开采。露天开采主要是通过剥离掉覆盖在矿产资源上部的岩土，揭露出矿产资源，再直接采掘矿产资源的开采项目。该类工程建设内容主要包括露天采掘场、废石（尾矿）场（库）与内外排土场、选矿厂与地面生产系统、地面运输系统，以及生活区、供排水、供电与通信设施等工程。项目占地面积较大，扰动地貌岩层规模大，扰动程度高，破坏严重，不仅地表土层岩层和植被被破坏，而且会产生大量的弃土（石、渣）高耸堆放，而采掘场则形成大型凹坑。露天采矿的生产建设过程实际是矿区地貌完全再塑过程。开采过程造成的水土流失与自然状态下的水土流失相比，无论从流失类型与强度，还是时空分布上均发生极大变化；排弃物使局部地段高差加大，土体被扰动并疏松，地表植被损失殆尽；采掘场开挖面和排土（石、渣）场松散堆积体裸露时间相对较长，水土流失类型常为水蚀、风蚀、重力侵蚀并存。

采掘场高陡边坡，在外营力作用下易产生坍塌和滑坡；采掘场地下水疏干会引起地表和地下水循环系统破坏；露天矿采掘场生产过程造成扬尘对土地及周边生态环境影响也比较大。

废石（尾矿）场（库）与内外排土场多呈台阶式塔状堆积体，在强降雨、大风和重力的作用下，易产生沉陷、崩塌、滑坡、泥石流等侵蚀类型，产生严重的水土流失，对生态环境影响大。

另外，如水泥工业等，水泥生产线工程往往涉及石灰石矿山，因矿山地理位置处于山区且多为露天开采的特殊性，水泥生产线及矿山建设过程往往也容易引起剧烈的水土流失。

（2）加工业、冶炼企业。加工业、冶炼企业包括冶金、煤产品加工、水泥厂等。此类项目，在施工准备和建设阶段，大量的开挖和回填破坏了地表结构，是造成区内水土流失剧增的重要阶段；在建设末期和运行初期，对地表的挖填扰动基本结束，只有少部分裸露地表容易造成水土流失，但流失强度已大大降低；生产运行期，因生产工艺的不同，各企业可能造成的水土流失影响差异较大，但水土流失危害主要发生于废弃物的运输和堆存过程中。

7. 管道工程

输气（油、水）等管道工程建设项目组成简单，一般可分为站室区、管线区、临时道路、取料场、弃渣场、临时施工区及生产生活区，除站厂、阀室为永久占地外，大部分为临时占地，埋管后可复耕或恢复林草地。管线工程线路较长，穿山越岭、跨河过沟，穿越公路、铁路工程等，水土流失受地貌类型的影响较大。若管线经过土石山坡，易形成水蚀和重力侵蚀；经过丘陵缓坡，易形成轻度的水蚀和重力侵蚀；经过河谷滩川地时，分散堆置的弃土石，易被水流冲刷；经过河道、沟道及平原区时，开挖堆积的废弃物易堵塞河道，影响行洪。

管道工程造成的水土流失主要发生在工程建设期，水土流失多呈线状分布，其形式和强度因管道敷设方式（沟埋敷设、顶管穿越、定向钻穿越、隧道穿越）不同而有所变化，其中大开挖沟埋敷设管道施工产生的水土流失最为严重。在管道开挖和回填过程中，破坏耕作层土壤结构，造成土壤肥力下降、土地生产力降低；尤其值得重视的是山丘区管道大开挖敷设，削坡平整作业平台，对山体和植被破坏十分严重，开挖面、堆垫面及临时堆土在外营力作用下极易产生水土流失，对周边环境不利影响显著；更不能忽视的是纵、横坡度较大的管道敷设区，运行期间依然潜伏水土流失影响，遭遇暴雨会诱发沟蚀、塌陷、塌坡等重力侵蚀，毁坏植被、农田、水渠及河岸等设施，在北方土石山区表现尤为突出。定向钻施工会产生泥浆钻渣，隧洞施工会产生弃渣，处置不当会影响周边环境。

8. 城市建设工程

城市建设工程分居住建筑、公共建筑、市政公用设施等内容。其中与工矿企业等的工业建筑相对应，居住建筑和公共建筑可定义为民用建筑。民用建筑一般包括群体和单体的建筑物，并配套公共设施等。市政公用设施包括给排水、污水处理、通信、广播电视、道路、桥梁、市内公共交通、园林绿化等。

同其他生产建设项目相比，城市建设工程一般位于城镇人口密集的区域，土地裸露、施工排水、堆土、扬尘等产生水土流失危害更加容易对居民的生活环境造成影响；流失土方直接进入城市排水系统和河道，堵塞排水通道，大量地面硬化，导致降雨入渗量减少、地表径流增加，更加重了排水系统的负担，增加了城市防洪压力。

9. 林纸一体化工程

林纸一体化工程主要由厂区和林区两大部分组成。厂区一般由主厂区、厂区道路、渣场区、综合处理池、供排水管线区等部分组成；林区由造林区、林区道路、附属设施、木材堆放场等部分组成。由于生产主要集中在丘陵山区，面积非常大，集中连片，所以，在工程建设期、运行期均会产生水土流失。不仅厂区在建设、生产运行过程中存在水土流失不良影响，在原料林基地建设及生产运行期间的清林、整地、栽植、采伐、运输等过程中均可能造成大面积、严重的水土流失。

10. 农林开发工程

农林开发工程大都地处南方红壤丘陵和西南土石山区，砍伐、运输、整地、栽植等一系列活动造成地表植被和覆盖物被清除，致使表层土壤暴露、土壤松散、造成水土流失。

农林开发工程在规模化生产准备阶段，由于作业道路、施工场地准备及设备搬运活动造成地表植被和覆盖物被清除，致使表层土壤完全暴露，土壤颗粒松散，遇到雨水冲刷及大风吹刮，容易产生大的土壤移动，发生水土流失，导致土层变薄。在生产实施期，由于砍伐、运输、整地、栽植等一系列活动，也会产生新的水土流失。

11. 移民工程

移民工程包括移民安置工程，集镇、城镇、工业企业迁建工程，以及专业项目复建改建工程。

(1) 移民安置工程。移民安置工程的水土流失主要发生在移民安置区的开发建设阶段，主要集中在居民点民居建设和配套设施的建设过程中。土地平整和建（构）筑物建设期间水土流失比较集中，以面蚀、沟蚀为主；供排水、交通道路及供电等配套工程施工建设期间水土流失呈线性分布；随着工程的推进，弃土弃渣综合利用，路面、地面逐步采取防护或植物绿化措施，场内雨水排放系统也建设完成，水土流失得到控制。

(2) 集镇、城镇、工业企业迁建工程。在山区丘陵区，迁建工程建设过程土石方量大，造成的水土流失较为严重；在平原区由于迁建新址地形条件和施工条件一般较好，土地平整过程中的开挖、填筑及弃渣量相对不大，对水土流失的影响也相对较小。

(3) 专业项目复建改建工程。专业项目复建改建主要包括公路、铁路、输变电等项目，水土流失特点同相应类别的工程。

1.2 水土保持措施分类与布局

生产建设项目水土保持是为保护、改良和合理利用生产建设项目区水土资源所采取的预防和治理水土流失的各项措施和工作的总称，包括水土保持措施设计、施工、监理、监测、工程管理、监督执法、制度建设等诸多方面的内容，其中水土保持措施体系确定和措施设计是生产建设项目水土保持的基础，是做好后续工作的保障。

1.2.1 水土保持措施分类

根据《生产建设项目水土保持技术标准》(GB 50433) 等规定，从水土保持措施的功能上来区分，生产建设项目水土保持措施包括拦渣工程、边坡防护工程、土地整治工程、防洪排导工程、降水蓄渗工程、植被恢复与建设工程、防风固沙工程、临时防护工程 8 大类型。

参照水土保持工程概（估）算相关编制规定中的项目划分方法，将水土保持措施分为工程措施、植物措施、监测措施和施工临时工程4个体系。其中拦渣工程、土地整治工程、防洪排导工程、降水蓄渗工程属于工程措施体系；植被恢复与建设工程、防风固沙工程主要属于植物措施体系；边坡防护工程则是工程措施体系、植物措施体系均有所涉及；临时防护工程主要包括临时拦挡、排水、沉沙、覆盖等，均为施工临时工程体系，施工完毕后即不存在或失去原功能，无法形成固定资产；监测措施指项目建设期间为观测水土流失的发生、发展、危害及水土保持效益而修建的土建设施、配置的设备仪表，以及建设期间的运行观测等。

本书为叙述方便，将两种分类方式结合，即将GB 50433的8大类措施作为基础，其中边坡防护工程中涉及工程边坡绿化的，配套工程部分在工程措施体系中设计；涉及植物的部分，在植物措施体系中设计。本书也对水土保持监测设施设计设专章论述。

除此之外，生产建设项目在施工期和生产运行期产生的大量弃土、弃石、弃渣、尾矿和其他废弃固体物质，需布置专门的堆放场地，将其分类集中堆放，并修建拦渣工程，这种专门的堆放场地通常称为弃渣场，工矿企业也叫尾矿库、尾砂库、赤泥库、贮灰场、排土场、排矸场等。弃渣场设计内容主要包括场址选择、安全防护距离和堆置要素确定、防护措施布设等，是生产建设项目水土保持设计的重要内容。

1.2.1.1 拦渣工程

生产建设项目在施工期和生产运行期造成大量弃渣（土、毛石、矸石、尾矿、尾砂和其他废弃固体物质等），必须布置专门的堆放场地，做必要的分类处理，并修建拦渣工程。

拦渣工程要根据弃土、弃石、弃渣等堆放的位置和堆放方式，结合地形、地质、水文条件等进行布设。拦渣工程根据弃渣堆放的位置，分为拦渣坝（尾矿库）、挡渣墙、拦渣堤、围渣堰四种形式。拦渣坝（尾矿库坝、贮灰坝、拦矸坝等）是横拦在沟道中，拦挡堆放在沟道的弃渣的建筑物；挡渣墙是弃渣堆置在坡顶及斜坡面，布设在弃渣坡脚部位的拦挡建筑物；拦渣堤是当弃渣堆置于河（沟）滩岸时，按防洪治导线规划布置的拦渣建筑物；围渣堰是在平地堆渣场周边布设的拦挡弃渣的建筑物。因此，拦渣工程应根据弃渣所处位置及其岩性、数量、堆高，以及场地及其周边的地形地质、水文、施工条件、建筑材料等选择相应拦渣工程类型和设计断面。对于有排水和防洪要求的，应符合国家有关标准规范的规定。

1.2.1.2 边坡防护工程

对生产建设项目因开挖、回填、弃渣（土、石）形成的坡面，应根据地形、地质、水文条件等因素，采取边坡防护措施。对于开挖、削坡、取土（石）形成的土质坡面或风化严重的岩石坡面坡脚以上一定部位采取挡墙防护措施，目的是防止因降水渗流的渗透、地表径流及沟道洪水冲刷或其他原因导致荷载失衡，而产生边坡湿陷、坍塌、滑坡、岩石风化等；对易风化岩石或泥质岩层坡面、土质坡面等采取锚喷工程支护、砌石护坡等工程护坡措施；对超过一定高度的不稳定边坡也可采取削坡开级进行防护；对于稳定的土质或强风化岩质边坡采取种植林草的植物护坡措施；对于易发生滑坡的坡面，应根据滑坡体的岩层构造、地层岩性、塑性滑动层、地表地下水分布状况，以及人为开挖情况等造成滑坡的主导因素，采取削坡反压、拦排地表水、排除地下水及布置抗滑桩、抗滑墙等滑坡整治工程。从水土保持角度看，斜坡稳定情况下，植物措施应优先布设。

1.2.1.3 土地整治工程

土地整治工程是将扰动和损坏的土地恢复到可利用状态所采取的措施，即对由于采、挖、排、弃等作业形成的扰动土地、弃渣场（排土场、堆渣场、尾矿库等）、取料场、采矿沉陷区等，应根据立地条件采取相应的措施，将其改造成为可用于耕种、造林种草（包括园林种植）、水面养殖或商服用地或住宅用地等状态。土地整治包括表土剥离与利用，待施工结束后，对需要复垦的土地进行平整和改造、覆土、深耕深松、增施有机肥等土壤改良措施，并配套必要的灌溉设施。

1.2.1.4 防洪排导工程

防洪排导工程是指生产建设项目在基建施工和生产运行中，当破损的地面、取料场、弃渣场等易遭受洪水和泥石流危害时，布置的排水、排洪和排导泥石流的工程措施。根据建设项目实际情况，可采取拦洪坝、排洪渠、涵洞、防洪堤、护岸护滩、泥石流治理等防洪排导工程。当防护区域的上游有小流域沟道洪水集中危害时，布设拦洪坝；一侧或周边有坡面洪水危害时，在坡面及坡脚布设排洪渠，并与各类场地道路以及其他地面排水衔接；当坡面或沟道洪水与防护区域发生交叉时，布设涵洞或暗管，进行地下排洪；防护区域紧靠沟岸、河岸，易受洪水影响时，布设防洪堤和护岸护滩工程；对泥石流沟道需实施专项治理工程，布设泥石流排导工程及停淤工程。

1.2.1.5 降水蓄渗工程

降水蓄渗工程是指北方干旱半干旱地区、西南缺水区、海岛区，为利用项目区或周边的降水资源而采取的一种措施，其既有利于解决植被用水，也改善了局地水循环。对干旱缺水和城市地区的项目，宜限制项目区硬化面积，恢复并增加项目区内林草植被覆盖率。因此，对于上述地区应根据地形条件，采取措施拦蓄地表径流，主要措施是坡面径流拦蓄措施（如布设蓄水池等），对地面、人行道路面硬化结构宜采用透水形式，也可将一定区域内的径流通过渗透措施渗入地下，改善局地地下水循环。

1.2.1.6 植被恢复与建设工程

植被恢复与建设工程是主要针对主体工程开挖回填区、施工营地、附属企业、临时道路、设备及材料堆放场、取料场区、弃渣场区在施工结束后所采取的造林种草或景观绿化等植被恢复措施，包括植物防护、封育管护、恢复自然植被以及高陡裸露岩石边坡绿化。

对于立地条件较好的坡面和平地，采用常规造林种草；坡度较缓且需适时达到防冲要求的，采取草皮护坡、框格植草护坡等；工程管理区、厂区、居住区、办公区进行园林式绿化；在降水量少难以采取有效措施绿化的地区，则可以采取自然恢复，或配置相应灌溉设施恢复植被。

1.2.1.7 防风固沙工程

防风固沙工程是对生产建设项目在施工建设和生产运行中开挖扰动地面、损坏植被，引发土地沙化，或生产建设项目可能遭受风沙危害时采取的措施。在北方沙化地区一般采取沙障固沙、营造防风固沙林带、固沙草带措施；黄泛区古河道沙地、东南沿海岸线沙带一般采取造林固沙等措施。

1.2.1.8 临时防护工程

临时防护工程是在施工准备期和施工期，对施工场地及其周边、取料场、弃渣场和临时堆料（渣、土）场等采取非永久性防护措施，主要包括临时拦挡、覆盖、排水、沉沙、临时种草等措施。

1.2.2 水土保持措施布局

1.2.2.1 公路、铁路工程

1. 公路工程

公路工程的水土流失防治分区按照工程特点进行划分，可分为主体工程区（含路基工程、桥涵工程、隧道工程和附属工程等）、取料场区、弃渣场区、施工生产生活区和施工道路区。公路工程水土保持措施体系见表1.2-1。

表1.2-1 公路工程水土保持措施体系

防治分区	措施分类	主要措施内容
主体工程区	工程措施	护坡、截排水及消力设施、表土剥离及回覆、场地平整
	植物措施	边坡植草和灌木、空地及管理范围占地园林绿化、桥下植草和灌木绿化
	临时措施	临时拦挡、排水、沉沙、苫盖等
取料场区	工程措施	削坡开级、截排水、表土剥离及回覆、场地平整、复耕
	植物措施	取土平面栽植乔灌木和撒播草籽，边坡植草或灌木
	临时措施	截排水、沉沙、表土临时拦挡、苫盖等
弃渣场区	工程措施	拦挡、截排水、表土剥离及回覆、边坡整治、复耕
	植物措施	顶部栽植乔灌木、边坡植草、撒播草籽等
	临时措施	表土临时拦挡、排水及苫盖
施工生产生活区	工程措施	表土剥离及回覆、场地平整、复耕
	植物措施	栽植乔灌木和撒播草籽
	临时措施	临时拦挡、排水、苫盖等
施工道路区	工程措施	表土保护和利用、场地平整
	植物措施	栽植乔灌木、撒播草籽
	临时措施	临时拦挡、排水、洒水抑尘

2. 铁路工程

通常根据铁路工程建设特点和项目组成，结合工程施工区布局，将项目划分为路基工程区、站场工程区、桥梁工程区、隧道工程区、取料场区、弃渣场区、施工生产生活区及施工便道区等。通过工程措施、植物措施的有机结合，永久措施与临时措施的相互补充，统筹布置水土流失的防治体系。在防治措施具体配置中，以工程措施为先导，充分发挥工程措施的控制作用，同时注重施工期的临时防护措施布设，注重发挥植物措施的后续性、长久性及生态效应，切实恢复改善沿线的生态环境，营造和谐、优美的绿色生态“长廊”。铁路工程水土保持措施体系见表1.2-2。

表 1.2-2　　铁路工程水土保持措施体系

防治分区	措施分类	主要措施内容
路基工程区	工程措施	护坡、路基截排水及顺接工程、表土剥离及回覆、场地平整
	植物措施	边坡绿化、路基两侧绿化美化
	临时措施	边坡临时苫盖、挡水埂、撒播草籽、临时拦挡、排水、沉沙
站场工程区	工程措施	站场边坡防护、站场截排水、表土剥离及回覆、场地平整
	植物措施	站场边坡绿化、站区园林绿化
	临时措施	施工裸露面苫盖、临时堆土拦挡、撒播草籽、临时排水、沉沙
桥梁工程区	工程措施	表土剥离及回覆、场地平整、排水及顺接工程
	植物措施	桥下植草和灌木绿化
	临时措施	沉淀池、泥浆池、临时拦挡、排水、沉沙、撒播草籽
隧道工程区	工程措施	隧道洞口护坡、截排水及顺接工程
	植物措施	隧道洞口绿化美化
	临时措施	洞口仰坡临时拦挡、临时堆土场拦挡、临时排水、沉沙
取料场区	工程措施	截排水、削坡开级、表土剥离及回覆、场地平整
	植物措施	栽植乔灌木、撒播草籽
	临时措施	临时堆土拦挡、苫盖、临时排水、沉沙
弃渣场区	工程措施	拦挡、截排水、表土剥离及回覆、边坡整治、场地平整、复耕
	植物措施	顶部栽植乔灌木、边坡植草、撒播草籽
	临时措施	表土临时拦挡、苫盖、临时排水、沉沙
施工生产生活区	工程措施	表土剥离及回覆、场地平整、硬化地面清除、复耕
	植物措施	栽植乔灌木、撒播草籽
	临时措施	临时堆土拦挡、苫盖、临时排水、沉沙、撒播草籽、洒水抑尘
施工便道区	工程措施	表土剥离及回覆、复耕
	植物措施	边坡绿化、撒播草籽
	临时措施	临时排水、沉沙、洒水抑尘

3. 城市轨道交通工程

城市轨道交通工程一般位于城市建成区或规划区，地形地貌以平原为主。水土保持分区一般分为线路工程区、车站工程区、附属工程区、取料场区、弃渣场区、施工生产生活区、施工道路区等。依据不同建设内容，线路工程区又可分为地下线路工程区（明挖暗埋段）、地面线路工程区和高架线路工程区；车站工程区分为地下车站工程区（明挖暗埋段）、地面车站工程区和高架车站工程区；城市轨道交通的附属工程区一般包括车辆基地（车辆段）、停车场、主变电所、控制中心等；施工生产生活区一般包括铺轨基地、制梁场、拌和站、施工营地、临时堆土场等。城市轨道交通工程水土保持措施体系见表 1.2-3。

表 1.2-3　　城市轨道交通工程水土保持措施体系

防治分区	措施分类		主要措施内容
线路工程区	地下线路工程区（明挖暗埋段）	工程措施	U形槽顶两侧截排水、沉沙
		植物措施	U形槽顶两侧绿化
		临时措施	洗车池、沉淀池、集水井、临时拦挡、排水、沉沙、苫盖、围护等

续表

防治分区	措施分类	主要措施内容	
线路工程区	地面线路工程区	工程措施	护坡、排水、表土剥离及回覆、场地平整
		植物措施	路基边坡植草和灌木、边坡外侧栽植乔灌木
		临时措施	洗车池、临时拦挡、排水、沉沙、苫盖
	高架线路工程区	工程措施	排水、沉沙、表土剥离及回覆、场地平整
		植物措施	桥下植草和灌木绿化
		临时措施	洗车池、沉淀池、临时拦挡、排水、沉沙、苫盖
车站工程区	地下车站工程区（明挖暗埋段）	工程措施	排水
		植物措施	车站出入口、风亭、冷却塔用地范围绿化
		临时措施	洗车池、集水井、临时拦挡、排水、沉沙、苫盖
	地面车站工程区	工程措施	护坡、排水、沉沙、表土剥离及回覆、场地平整
		植物措施	路基边坡植草和灌木、车站范围绿化
		临时措施	洗车池、临时拦挡、排水、沉沙、苫盖
	高架车站工程区	工程措施	排水、沉沙、表土剥离及回覆、场地平整
		植物措施	桥下植草和灌木绿化
		临时措施	洗车池、沉淀池、临时拦挡、排水、沉沙、苫盖
附属工程区		工程措施	护坡、截排水及消力设施、表土剥离及回覆、场地平整
		植物措施	路基边坡植草和灌木、场地绿化
		临时措施	洗车池、临时拦挡、排水、沉沙、苫盖
取土场区		工程措施	削坡开级、护坡、截排水及消力设施、表土剥离及回覆、场地平整、复耕
		植物措施	取土平台栽植乔灌木和撒播草籽、边坡种植草或灌木
		临时措施	表土临时拦挡、排水、苫盖
弃渣场区		工程措施	拦挡、护坡、截排水及消力设施、表土剥离及回覆、场地平整、复耕
		植物措施	顶部栽植乔灌木、边坡植草、撒播草籽
		临时措施	表土临时拦挡、排水、苫盖
施工生产生活区		工程措施	表土剥离及回覆、场地平整、复耕
		植物措施	栽植乔灌木、撒播草籽
		临时措施	临时拦挡、排水、沉沙、苫盖
施工道路区		工程措施	表土剥离及回覆、场地平整、复耕
		植物措施	栽植乔灌木、撒播草籽
		临时措施	临时拦挡、排水、沉沙、苫盖洒水抑尘

1.2.2.2 涉水交通（码头、桥隧）及海堤防工程

涉水交通（码头、桥隧）及海堤防工程的水土流失防治分区一般分为码头及港池工程区、陆域站场工程区、对外交通工程区、场外临时设施区、取料场区、排泥场区、弃渣场区。在措施布局时应充分重视项目的特点与沿海沿河环境特征，采取有针对性的水土保持措施，如吹填区域围堰挡护、预压土方遮盖防护、泥浆收集回用设施、斜坡防护（陆域区边坡宜植物护坡或综合护坡为主，临河临海堤防边坡应考虑船行波浪冲刷，以安全为先，不作硬性植物生态要求）、沿海地区抗盐碱及土壤改良措施、临时排水沉沙设施等。涉水交通（码头、桥隧）及海堤防工程水土保持措施体系见表1.2-4。

表 1.2-4 涉水交通（码头、桥隧）及海堤防工程水土保持措施体系

防治分区	措施分类	主要措施内容
码头及港池工程区	工程措施	岸线表土剥离、边坡覆土
	植物措施	岸线边坡绿化、堤防防护林移栽
	临时措施	泥浆沉淀池（宜钢板结构）、边坡苫盖、陆域吹填围堰
陆域站场工程区	工程措施	表土剥离及回覆、场地平整、截排水、边坡防护，沿海地区抗盐碱工程措施（暗管排盐、石屑隔离、检查井、客土覆盖等）
	植物措施	站场绿化
	临时措施	临时排水、沉沙、预压土方和临时堆土遮盖、表土临时拦挡、苫盖
对外交通工程区	工程措施	表土剥离及回覆、边坡截排水
	植物措施	边坡绿化
	临时措施	临时排水、沉沙、表土临时拦挡、苫盖、沉淀池
场外临时设施区	工程措施	表土剥离及回覆
	植物措施	栽植乔灌木、撒播草籽
	临时措施	临时排水、沉沙、堆土及砂石料拦挡、苫盖
取料场区	工程措施	护坡、拦挡、排水、覆土、土地整治、复耕
	植物措施	栽植乔灌木、撒播草籽
	临时措施	临时排水、表土临时拦挡、苫盖
排泥场区	工程措施	排水、表土剥离及回覆、场地平整、复耕
	植物措施	乔灌草绿化、围堰边坡和顶面绿化
	临时措施	围堰拦挡、临时排水、沉沙
弃渣场区	工程措施	拦挡、截排水、表土剥离及回覆、边坡整治、复耕
	植物措施	栽植乔灌木、撒播草籽
	临时措施	临时拦挡、排水、苫盖

1.2.2.3 机场工程

机场分为军用机场和民用机场，不同机场建设存在地域性差别，山区、丘陵区、平原区和风沙区机场建设工程水土保持措施不尽相同。山区、丘陵区应注重疏通径流、及时对边坡进行防护和合理利用表土资源；平原区应注重合理利用表土资源、废弃土方合理利用及保护林草植被；风沙区干旱少雨，风力强劲，风蚀强烈，应注重控制施工过程中的扰动范围，保护地表结皮层，考虑土壤、水资源和灌溉条件，实施防风固沙林草植被。机场工程的水土流失防治分区分为飞行区（跑道、升降带、滑行道、联络道、站坪机位）、航站区（航站楼、停车位及站前广场）、航油库区、净空处理区、交通道路区、综合管理区、配套设施区（供水、供电、供气等）、取料场区和弃渣场区。机场工程水土保持措施体系见表 1.2-5。

表 1.2-5 机场工程水土保持措施体系

防治分区	措施分类	主要措施内容
飞行区	工程措施	表土剥离及回覆、场地平整、截排水、场外边坡防护、固定流沙（风沙区）
	植物措施	土面区绿化、植物护坡、防风固沙林草植被（风沙区）
	临时措施	临时堆土场拦挡、苫盖和周边排水；施工生产生活区周边排水、沉沙
航站区	工程措施	表土剥离及回覆、场地平整、排水
	植物措施	景观绿化
	临时措施	临时排水、沉沙、苫盖
航油库区	工程措施	表土剥离及回覆、场地平整、截排水
	植物措施	场区绿化、植物护坡、防风固沙林草植被（风沙区）
	临时措施	临时堆土场拦挡、苫盖和周边排水；施工道路区、施工生产生活区临时排水、沉沙
净空处理区	工程措施	表土剥离及回覆、场地平整、边坡防护及坡面排水
	植物措施	植物护坡
	临时措施	临时堆土场拦挡、苫盖和周边排水
交通道路区	工程措施	表土剥离及回覆、场地平整、工程护坡、截排水
	植物措施	路基绿化、植物护坡、防风固沙林草植被（风沙区）
	临时措施	临时堆土场拦挡、排水、苫盖，施工生产生活区周边排水、沉沙

续表

防治分区	措施分类	主要措施内容
综合管理区	工程措施	表土剥离及回覆、场地平整、截排水
	植物措施	景观绿化、防风固沙林草植被（风沙区）
	临时措施	临时堆土场拦挡、排水、苫盖，施工生产生活区临时排水、沉沙
配套设施区	工程措施	表土剥离及回覆、场地平整、固定流沙（风沙区）
	植物措施	绿化、防风固沙林草植被（风沙区）
	临时措施	临时堆土场拦挡、排水、苫盖，施工道路区、施工生产生活区临时排水、沉沙
取料场区	工程措施	表土剥离及回覆、场地平整、拦挡、截排水、沉沙，固定流沙（风沙区）、复耕
	植物措施	绿化、植物护坡、防风固沙林草植被（风沙区）
	临时措施	表土临时拦挡、排水、沉沙、苫盖
弃渣场区	工程措施	表土剥离及回覆、场地平整、拦挡、截排水、沉沙，固定流沙（风沙区）、复耕
	植物措施	绿化、植物护坡、防风固沙林草植被（风沙区）
	临时措施	临时堆土场拦挡、排水、沉沙、苫盖

1.2.2.4　电力工程

1. 火电工程

火电工程的水土流失防治分区分为厂区、厂外道路区、厂外管线区、贮灰场区、施工生产生活区。各区施工前进行表土剥离、集中堆放，并采取临时拦挡、苫盖措施；施工过程中施工区设置临时排水、沉沙措施，厂区设排水管收集厂区雨水，煤场四周、围墙外侧边坡坡脚修建排水沟，场内及围墙外侧边坡采用护坡措施；施工完成后对厂区预留区域进行绿化，美化厂区环境。运灰道路两侧布置排水沟和行道树；灰场布设截排水措施，周边栽植防护林，在灰坝表面恢复植被。火电工程水土保持措施体系见表1.2-6。

表1.2-6　火电工程水土保持措施体系

防治分区	措施分类	主要措施内容
厂区	工程措施	表土剥离及回覆、护坡、排水
	植物措施	厂区绿化
	临时措施	临时排水、沉沙、临时堆土拦挡、苫盖
厂外道路区	工程措施	边坡防护、截排水
	植物措施	栽植行道树及边坡绿化
	临时措施	临时拦挡、排水、沉沙
厂外管线区	工程措施	表土剥离、边坡防护、排水
	植物措施	栽植灌木、撒播草籽及边坡绿化
	临时措施	临时拦挡、排水、沉沙、苫盖
贮灰场区	工程措施	截排水、土地整治、表土资源保护及利用
	植物措施	运灰道路行道树、管理站绿化、灰坝表面绿化、灰场周边防护林
	临时措施	临时拦挡、排水
施工生产生活区	工程措施	表土剥离、土地整治
	植物措施	施工迹地植被恢复
	临时措施	临时拦挡、排水、沉沙、苫盖

2. 核电工程

核电工程的水土流失防治分区一般包括厂区及其附属配套设施。厂区包含核岛、常规岛及辅助系统。附属配套设施含永久办公生活区、施工生产生活区、交通道路区、海工工程区、施工力能工程区、弃渣场区等。永久办公生活区包括办公区、营地等；施工生产生活区包括混凝土搅拌站及砂石料场、施工场地及大件设备中转储存场地；交通道路区包括进场道路、应急道路、场内道路、施工道路等；海工工程区包括防波堤等；施工力能工程区包括施工供水、供电工程等。核电工程水土保持措施体系见表1.2-7。

3. 风电工程

风电工程的水土流失防治分区分为风机组区、升压站区、道路区、集电线路区、施工生产生活区、弃渣场区。其中道路区、弃渣场区是水土流失的重点地区，要做好道路施工过程中的临时拦挡措施，以及弃渣场的拦挡和植被恢复。风电工程水土保持措施体系见表1.2-8。

4. 光伏发电工程

光伏发电工程的水土流失防治分区一般由站场区、进站道路区、集电线路区、施工生产生活区等组成。光伏发电工程水土保持措施体系见表1.2-9。

表 1.2-7 核电工程水土保持措施体系

防治分区	措施分类	主要措施内容
厂区	工程措施	表土剥离及回覆、边坡防护、厂区排水
	植物措施	植物绿化美化
	临时措施	临时排水沉沙、临时堆土拦挡、排水、苫盖
永久办公生活区	工程措施	表土剥离及回覆、边坡防护
	植物措施	植物绿化美化
	临时措施	临时拦挡、排水、沉沙、苫盖
施工生产生活区	工程措施	表土剥离、边坡防护、土地整治
	植物措施	栽植乔灌木植被恢复
	临时措施	临时拦挡、排水、沉沙、苫盖
交通道路区	工程措施	边坡防护、截排水
	植物措施	栽植行道树、路堤路堑边坡绿化
	临时措施	临时拦挡、苫盖
海工工程区	工程措施	排水
	植物措施	
	临时措施	
施工力能工程区	工程措施	边坡防护
	植物措施	管理范围绿化
	临时措施	临时拦挡、排水
弃渣场区	工程措施	表土剥离及回覆、拦挡、排水、护坡、土地整治、复耕
	植物措施	栽植乔灌木、撒播草籽
	临时措施	临时拦挡、排水

表 1.2-8 风电工程水土保持措施体系

防治分区	措施分类	主要措施内容
风机组区	工程措施	表土剥离及回覆、截排水、场地平整
	植物措施	植草绿化、栽植攀援植物
	临时措施	临时拦挡、排水、沉沙、苫盖、临时绿化
升压站区	工程措施	表土剥离及回覆、排水、场地整治
	植物措施	乔灌草绿化
	临时措施	临时拦挡、排水、沉沙、苫盖
道路区	工程措施	表土剥离及回覆、截排水
	植物措施	植树植草绿化、栽植攀援植物
	临时措施	临时拦挡、排水、沉沙、苫盖、临时绿化
集电线路区	工程措施	表土剥离及回覆
	植物措施	植草绿化
	临时措施	临时拦挡、苫盖
施工生产生活区	工程措施	表土剥离及回覆、截排水、场地整治
	植物措施	植被恢复
	临时措施	临时拦挡、排水、沉沙、苫盖、临时绿化
弃渣场区	工程措施	表土剥离及回覆、拦挡、截排水、沉沙、场地整治
	植物措施	栽植乔灌木、撒播草籽
	临时措施	临时拦挡、苫盖

表 1.2-9 光伏发电工程水土保持措施体系

防治分区	措施分类	主要措施内容
站场区	工程措施	表土剥离及回覆、截排水、场地平整
	植物措施	植草绿化
	临时措施	临时拦挡、苫盖
进站道路区	工程措施	表土剥离及回覆、截排水
	植物措施	植树植草绿化、栽植攀援植物
	临时措施	临时拦挡、苫盖
集电线路区	工程措施	表土剥离及回覆
	植物措施	植草绿化
	临时措施	临时拦挡、苫盖
施工生产生活区	工程措施	表土剥离及回覆、截排水、场地整治
	植物措施	植被恢复
	临时措施	临时拦挡、排水、沉沙、苫盖、临时绿化

5. 输变电工程

输变电工程的水土流失分区一般由变电站和输电线路组成，变电站包括站区、进站道路区等；输电线路包括塔基区、牵张场区、人抬道路区等。此类工程要重点做好变电站的截水措施、表土剥离及防护、站内绿化等输电线路塔基区的防护及基础钻渣泥浆、弃渣等的处置。输变电工程水土保持措施体系见表 1.2-10。

表 1.2-10　　　　输变电工程水土保持措施体系

防治分区		措施分类	主要措施内容
变电站	站区	工程措施	表土剥离及回覆、边坡防护、排水
		植物措施	站区绿化
		临时措施	临时堆土拦挡、苫盖
	进站道路区	工程措施	表土剥离及回覆、边坡防护、场地平整
		植物措施	栽植行道树、边坡绿化
		临时措施	临时拦挡、排水
输电线路	塔基区	工程措施	表土剥离及回覆、边坡防护、拦挡、排水
		植物措施	栽植灌木、撒播草籽植被恢复
		临时措施	临时拦挡、苫盖
	牵张场区	工程措施	场地平整、复耕
		植物措施	栽植乔灌木、撒播草籽
		临时措施	临时拦挡、排水
	人抬道路区	工程措施	场地平整
		植物措施	植被恢复
		临时措施	临时拦挡

1.2.2.5 水利水电工程

水利水电工程的水土流失防治分区一般可划分为：主体工程区、永久办公生活区、弃渣场区、取料场区、交通道路区、施工生产生活区、移民安置与专项设施复改建区。考虑到水库淹没区在工程建成后为水面，一般不单独设立水土保持分区，其建设过程中的扰动区域列入相应防治分区。水利水电工程建设扰动土地面积大，应注重表土资源的保护和利用、后期的土地整治和植被恢复措施。水利水电工程水土保持措施体系见表 1.2-11。

表 1.2-11　　　　水利水电工程水土保持措施体系

防治分区		措施分类	主要措施内容
主体工程区	水库（水电站）枢纽区	工程措施	表土资源保护、边坡防护、截排水、灌溉设施
		植物措施	边坡绿化、管理范围绿化美化、防风固沙林带（风沙区）
		临时措施	临时堆场拦挡、排水、沉沙、苫盖
	闸（站）工程区	工程措施	表土剥离及回覆、边坡防护、截排水
		植物措施	管理范围绿化、美化、防风固沙林带（风沙区）
		临时措施	临时堆场拦挡、排水、沉沙、苫盖
	河道、堤防工程区	工程措施	堤防背水坡脚排水、沙障（风沙区）
		植物措施	堤防防护林、护岸绿化
		临时措施	临时堆土及堆料拦挡、排水、沉沙、苫盖
	输水（灌溉）渠道工程区	工程措施	表土剥离及回覆、边坡防护、排水、沙障（风沙区）、灌溉设施
		植物措施	渠道防护林、防风林、护岸绿化
		临时措施	临时堆土及堆料拦挡、排水、沉沙、苫盖
	供水管线（箱涵）工程区	工程措施	表土剥离及回覆、场地平整
		植物措施	栽植灌木、撒播草籽
		临时措施	临时堆土及堆料拦挡、排水、苫盖、临时压盖
	引（输）水隧洞区	工程措施	截排水
		植物措施	洞脸绿化、坡面绿化
		临时措施	临时堆土及堆料拦挡、排水、沉沙、苫盖

续表

防治分区	措施分类	主要措施内容
永久办公生活区	工程措施	表土剥离及回覆、雨水集蓄、截排水、灌溉设施
	植物措施	绿化美化、边坡绿化、防护林
	临时措施	临时堆土及堆料拦挡、排水、沉沙、苫盖
弃渣场区	工程措施	拦挡、护坡、截排水、表土剥离及回覆、场地平整、复耕
	植物措施	栽植乔灌木、撒播草籽
	临时措施	临时拦挡、排水、苫盖、沙障、顶部压盖（风沙区）
取料场区	工程措施	边坡防护、截排水、拦挡、回填、场地平整、表土剥离及回覆、复耕
	植物措施	栽植乔灌木、撒播草籽
	临时措施	临时排水、拦挡、顶部压盖（风沙区）
交通道路区	工程措施	边坡防护、截排水、表土剥离及回覆、沙障（风沙区）
	植物措施	路基绿化、路肩绿化
	临时措施	临时拦挡、排水、顶部压盖（风沙区）
施工生产生活区	工程措施	截排水、场地平整、表土剥离及回覆
	植物措施	栽植乔灌木、撒播草籽
	临时措施	临时拦挡、排水、苫盖
移民安置与专项设施复改建区	工程措施	库岸防护、边坡防护、表土剥离及回覆、截排水、沙障、防风林（风沙区）
	植物措施	道路及公共绿地绿化、其他植被恢复措施
	临时措施	临时拦挡、排水、苫盖

1.2.2.6 工矿企业工程

(1) 矿山工程。矿山开采一般有露天开采和地下开采两种情况。水土流失防治分区大致可分为以下几个区：采矿场区、工业场地区（含选矿厂与地面生产系统、办公生活区、坑口）、弃渣场区（含排土场、废石场、尾矿库与赤泥库、临时转运场地）、供排管线区（含供排水管线、尾矿输送管线）、地面运输系统区（含运输道路、皮带廊道）、供电及通信线路区。依项目所处不同地区的水土流失特点布设水土保持措施，水蚀地区主要采取苫盖、挡护、截排水等措施，风蚀地区主要采取沙障等防治措施。矿山工程水土保持措施体系见表 1.2-12。

表 1.2-12　矿山工程水土保持措施体系

防治分区	措施分类	主要措施内容
采矿场区	工程措施	表土剥离及回覆、场地平整、削坡开级、截排水、沉沙及消力设施、陡坎
	植物措施	种植乔灌草
	临时措施	临时挡护、排水、沉沙、苫盖
工业场地区	工程措施	截排水、拦挡、边坡防护、表土剥离及回覆、土地平整、雨水集蓄
	植物措施	空地绿化、道路植物防护
	临时措施	临时拦挡、排水、沉沙、苫盖
弃渣场区	工程措施	拦挡、边坡防护、削坡开级、截排水、沉沙及消力设施、陡坎、沙障（风沙区）、围埂、表土剥离及回覆、土地平整、复耕
	植物措施	周边种植乔灌木防护带、排土场边坡及平台植物防护、终期渣面复垦或造林
	临时措施	临时拦挡、排水、沉沙、苫盖、临时绿化

续表

防治分区	措施分类	主要措施内容
供排管线区	工程措施	表土剥离及回覆、土地平整、沙障（风沙区）、复耕
	植物措施	造林、植草
	临时措施	临时堆土、拦挡、苫盖
地面运输系统区	工程措施	表土剥离及回覆、拦挡、护坡、截排水、沉沙及消力设施、陡坎
	植物措施	道路两侧防护林、行道树、植草
	临时措施	临时拦挡、排水、沉沙、苫盖
供电及通信线路区	工程措施	表土剥离及回覆、土地平整、沙障（风沙区）、复耕
	植物措施	造林、植草
	临时措施	临时拦挡、苫盖

(2) 冶金工程。冶金工程水土保持措施体系见表1.2－13。

(3) 煤矿工程。煤矿工程水土保持措施体系见表1.2－14。

表1.2－13　冶金工程水土保持措施体系

防治分区	措施分类	主要措施内容
冶炼厂区	工程措施	表土剥离及回覆、截排水、沉沙、拦挡、边坡防护、陡坎、土地平整、雨水集蓄
	植物措施	空地绿化、道路植物防护
	临时措施	临时排水、沉沙、苫盖、表土临时拦挡
施工生产生活区	工程措施	表土剥离及回覆、截排水、沉沙、拦挡、边坡防护、陡坎、土地平整、雨水集蓄
	植物措施	空地绿化、道路植物防护
	临时措施	临时排水、沉沙、苫盖、表土临时拦挡
弃渣场区（含炉渣堆场、浸出渣场、赤泥堆场、临时转运场地）	工程措施	表土剥离及回覆、拦挡、边坡防护、截排水、沉沙及消力设施、陡坎、沙障（风沙区）、围埂和平台网格围埂
	植物措施	周边种植乔灌木防护带、排土场边坡及平台植物防护、终期渣面复垦或造林
	临时措施	表土撒播草籽防护、临时拦挡、排水、沉沙、苫盖
供排管线区	工程措施	表土剥离及回覆、土地平整、沙障（风沙区）、复耕
	植物措施	造林、植草
	临时措施	临时堆土挡护、苫盖
进场道路区	工程措施	表土剥离及回覆、拦挡、护坡、排水、沉沙及消力设施、陡坎
	植物措施	道路两侧防护林、行道树、植草
	临时措施	临时拦挡、排水、沉沙、苫盖
供电及通信线路区	工程措施	表土剥离及回覆、土地平整、沙障（风沙区）、复耕
	植物措施	造林、植草
	临时措施	临时拦挡、苫盖

表 1.2-14 煤矿工程水土保持措施体系

防治分区	措施分类	主要措施内容
矸石场区	工程措施	表土资源保护及利用、拦挡、截排水、沉沙及消力设施、陡坎、围埂和平台网格围埂、削坡开级、沙障
	植物措施	周边种植乔灌木防护带、平台与边坡灌草防护、终期渣面复垦或造林
	临时措施	临时排水、密目网苫盖、挡水围埂
采掘场区	工程措施	表土剥离及回覆、削坡开级、拦挡、截排水、沉沙及消力设施、陡坎
	植物措施	栽植乔灌草
	临时措施	平台挡水围埂、临时拦挡、排水、沉沙
工业场地区（含风井场、洗选厂与煤地面生产系统）	工程措施	表土剥离及回覆、开挖填筑边坡挡护、截排水、消能措施、场地硬化
	植物措施	空地绿化、道路植物防护、场地周边防护林
	临时措施	临时排水、沉沙、临时堆土拦挡、苫盖
地面运输系统区	工程措施	表土剥离及回覆、拦挡、护坡、截排水、沉沙及消力设施、陡坎
	植物措施	道路两侧防护林、种草
	临时措施	临时拦挡、排水、沉沙、苫盖
供排水及供热管线区	工程措施	表土剥离及回覆、沙障（风沙区）、土地平整、复耕
	植物措施	造林、种草
	临时措施	临时堆土拦挡、排水
供电及通信线路区	工程措施	土地整治、沙障（风沙区）、复耕
	植物措施	造林、种草
	临时措施	临时拦挡、排水

(4) 煤化工工程。煤化工工程水土保持措施体系见表 1.2-15。

表 1.2-15 煤化工工程水土保持措施体系

防治分区	措施分类	主要措施内容
厂区	工程措施	表土剥离及回覆、截排水、拦挡、边坡防护、沉沙及消力设施、陡坎、雨水集蓄
	植物措施	空地绿化、道路植物防护
	临时措施	临时拦挡、排水、沉沙、苫盖
施工、生产生活区	工程措施	表土剥离及回覆、截排水、拦挡、边坡防护、沉沙、雨水集蓄
	植物措施	乔灌草
	临时措施	临时拦挡、排水、沉沙、苫盖

续表

防治分区	措施分类	主要措施内容
进厂道路区（专用铁路）	工程措施	表土剥离及回覆、拦挡护坡、截排水、沉沙、陡坎、覆土
	植物措施	道路两侧防护林、种草
	临时措施	临时拦挡、排水、沉沙、苫盖
供排水及输汽（液体）管道区	工程措施	表土剥离及回覆、土地平整、沙障（风沙区）、复耕
	植物措施	造林、种草
	临时措施	临时施工排水及堆土拦挡
弃渣场区	工程措施	表土剥离及回覆、拦挡、截排水、土地平整、复耕
	植物措施	造林、种草
	临时措施	临时施工排水及堆土拦挡、苫盖
供电及通信线路区	工程措施	土地平整、沙障（风沙区）、复耕
	植物措施	造林、种草
	临时措施	临时堆土拦挡、苫盖

（5）水泥工业。水泥工业的水土流失防治分区一般由厂区、道路及皮带走廊区、矿山开采区三部分组成。山区、丘陵区水泥厂应注重疏通径流、保护边坡和合理利用表土资源；风沙区水泥厂处于风力强劲的生态脆弱地区，风蚀强烈，应注重控制风蚀。水泥工业水土保持措施体系见表1.2-16。

表1.2-16　水泥工业水土保持措施体系

防治分区		措施分类	主要措施内容
一级分区	二级分区		
厂区	生产厂区	工程措施	表土剥离及回覆、截排水、边坡防护、土地平整
		植物措施	厂区绿化、周边防护林
		临时措施	施工道路临时硬化、厂区临时拦挡、排水，临时堆土拦挡、排水、苫盖
	管线区	工程措施	土地平整
		植物措施	撒播草籽
		临时措施	临时堆土拦挡、排水、苫盖
道路及皮带走廊区	运输道路区	工程措施	表土剥离及回覆、截排水、边坡防护
		植物措施	两侧防护林、路基绿化
		临时措施	临时堆土拦挡、排水、苫盖
	铁路专用线区	工程措施	表土剥离及回覆、截排水、边坡防护、土地整治
		植物措施	两侧防护林、路基绿化
		临时措施	临时堆土拦挡、排水、苫盖
	皮带走廊区	工程措施	截排水、土地整治
		植物措施	空地绿化
		临时措施	临时堆土拦挡、排水、苫盖
矿山开采区	开采区	工程措施	表土剥离及回覆、边坡防护、截排水、土地平整、复耕
		植物措施	栽植乔灌木
		临时措施	临时排水、沉沙，临时堆土拦挡、排水、苫盖
	废石堆场区	工程措施	表土剥离及回覆、拦挡、截排水、边坡防护、土地平整
		植物措施	栽植乔灌木
		临时措施	临时拦挡、排水、沉沙、苫盖
	工业场地	工程措施	表土剥离及回覆、拦挡、边坡防护、截排水
		植物措施	绿化美化
		临时措施	临时拦挡、排水、沉沙、苫盖

1.2.2.7　管道工程

输气（油、水）等管道工程项目组成相对简单，但一般跨越范围较广，应结合沿线地区的特点，采取针对性的水土保持措施。管道工程的水土流失防治分区一般可分为管道作业带区、山体隧道区、跨（穿）越工程区、站场阀室区、取料场区、弃渣场区、施工道路区等。管道工程水土保持措施体系见表1.2-17。

表1.2-17　管道工程水土保持措施体系

防治分区	措施分类	主要措施内容
管道作业带区	工程措施	表土剥离及回覆、恢复沟渠、恢复田埂、挡墙、防洪工程、护岸、护坡、排水、土地整治、砾石覆盖、沙障（风沙区）、坡改梯
	植物措施	种草、植树
	临时措施	盐结皮保护、管道临时排水、临时覆盖、临时拦挡、临时种草、表土堆场拦挡防护等
山体隧道区	工程措施	挡墙、护坡、排水、土地整治
	植物措施	种草、植树、洞脸绿化
	临时措施	中转堆场拦挡防护等、临时排水、沉沙
跨（穿）越工程区	工程措施	防洪导流护面、护坡、护岸、拦挡、砾石覆盖、恢复排水设施
	植物措施	种草、植树
	临时措施	临时拦挡、排水、沉沙、泥浆池
站场阀室区	工程措施	表土剥离及回覆、排水、护坡
	植物措施	种草、植树
	临时措施	临时排水、沉沙、表土临时拦挡、排水
取料场区	工程措施	表土剥离及回覆、土地整治、复耕
	植物措施	种草、植树
	临时措施	表土临时拦挡防护等
弃渣场区	工程措施	表土剥离及回覆、排水、挡墙、土地整治、复耕
	植物措施	种草、植树
	临时措施	表土临时拦挡、排水
施工道路区	工程措施	表土剥离及回覆、挡墙、护坡、排水、砾石覆盖
	植物措施	种草
	临时措施	临时拦挡、排水、苫盖

1.2.2.8 城市建设工程

城市建设工程中的市政交通、管道等线性工程可参考公路工程、管道工程等水土保持措施体系。对居住建筑、公共建筑等建筑工程的水土保持措施体系的归纳见表1.2-18。

表1.2-18 建筑工程水土保持措施体系

工程类型	措施分类	主要措施内容
建筑物区	工程措施	表土剥离及回覆、排水、边坡防护
	植物措施	屋顶绿化
	临时措施	临时排水沉沙、泥浆池等
道路、广场区	工程措施	表土剥离及回覆、排水、边坡防护
	植物措施	道路两侧及分隔带、交通岛栽植乔灌花草、护路林、园林绿化
	临时措施	洗车池、临时排水、沉沙、临时堆土拦挡及苫盖等
施工生产生活区	工程措施	表土剥离及回覆
	植物措施	绿化
	临时措施	临时排水、沉沙、临时堆土拦挡及苫盖等

1.2.2.9 林纸一体化工程

林纸一体化工程的水土流失防治分区一般分为厂区和林区两部分。林纸一体化工程水土保持措施体系见表1.2-19。

表1.2-19 林纸一体化工程水土保持措施体系

防治分区		措施分类	主要措施内容
厂区	生产厂区	工程措施	表土剥离及回覆、防洪排水、边坡防护、厂区硬化
		植物措施	道路防护林、空地绿化、周边防护林、绿化灌溉
		临时措施	施工道路临时硬化、厂区临时排水、临时堆土场拦挡、排水、苫盖
	道路区	工程措施	表土剥离及回覆、截排水、砌石挡墙、路基防护
		植物措施	砌石框格草皮护坡、两侧防护林、边坡范围绿化
		临时措施	表土拦挡、苫盖
	弃渣场区	工程措施	表土剥离及回覆、挡墙、截排水、复耕
		植物措施	周边绿化、植被恢复
		临时措施	临时堆土场拦挡、苫盖
	管线区	工程措施	
		植物措施	林草措施
		临时措施	临时堆土场拦挡、苫盖
	综合处理池	工程措施	
		植物措施	植被恢复、库岸管理范围内绿化
		临时措施	临时拦挡
林区	造林区	工程措施	表土剥离及回覆、反坡水平阶整地、谷坊、防洪排水
		植物措施	
		临时措施	临时拦挡、排水
	林区道路	工程措施	边坡防护、防洪排水
		植物措施	林草措施
		临时措施	临时拦挡
	附属设施	工程措施	防洪排水、地面硬化、挡墙
		植物措施	林草措施
		临时措施	施工道路临时硬化、临时挡护、排水
	木材临时堆放场	工程措施	边坡防护、防洪排水
		植物措施	林草措施
		临时措施	临时道路硬化、临时拦挡、排水

1.2.2.10 农林开发工程

农林开发工程的水土保持措施重点是针对开发过程中的种植、作业道路建设等进行措施布局，其水土保持措施体系见表1.2-20。

表1.2-20 农林开发工程水土保持措施体系

防治分区	措施分类	主要措施内容
生产种植区	工程措施	梯田（含挡水埂、坎下沟）、带状整地、穴状整地
	植物措施	梯壁植草、梯面植树、种草
	临时措施	表土临时拦挡、覆盖
生产运输及作业道路区	工程措施	表土剥离及回覆、路基边坡工程护坡、排水
	植物措施	边坡植物护坡
	临时措施	
配套水利排灌区	工程措施	截排水、蓄水、沉沙
	植物措施	
	临时措施	

续表

防治分区	措施分类	主要措施内容
生态保护区	工程措施	
	植物措施	林草植被补植等管护措施
	临时措施	

1.2.2.11　移民工程

移民工程的水土流失防治分区主要包括农村移民安置区、集镇及城镇迁建区、工业企业迁建区、专业项目复改建区、防护工程区、取料场区、弃渣场区、施工道路及施工生产生活区等扰动区域。移民工程水土保持措施体系见表1.2-21。

表1.2-21　移民工程水土保持措施体系

防治分区	措施分类	主要措施内容
农村移民安置区	工程措施	表土剥离及回覆、边坡防护、排水
	植物措施	公共绿化
	临时措施	临时拦挡、排水
集镇及城镇迁建区	工程措施	表土剥离及回覆、边坡防护、排水
	植物措施	植物绿化美化
	临时措施	临时遮盖、围挡防护
工业企业迁建区	工程措施	表土剥离及回覆、边坡防护、排水
	植物措施	管理区域周边植物绿化
	临时措施	临时拦挡、排水
专业项目复改建区	工程措施	表土剥离及回覆、拦挡、排水、护坡、土地整治
	植物措施	植被恢复及绿化
	临时措施	临时拦挡、排水
防护工程区	工程措施	边坡防护
	植物措施	管理范围绿化
	临时措施	临时排水
取料场区	工程措施	表土剥离及回覆、土地整治、复耕
	植物措施	边坡植物防护
	临时措施	临时拦挡、排水
弃渣场区	工程措施	表土剥离及回覆、拦挡、边坡防护
	植物措施	边坡及顶部植被恢复
	临时措施	临时拦挡、排水
施工道路及施工生产生活区	工程措施	表土剥离及回覆、拦挡、排水
	植物措施	植被恢复
	临时措施	临时拦挡、排水

参考文献

［1］水利部水土保持监测中心．生产建设项目水土保持技术标准：GB 50433—2018［S］．北京：中国计划出版社，2018.

［2］水利部水土保持司．水土保持术语：GB/T 20465—2006［S］．北京：中国标准出版社，2006.

［3］李文银，王治国，蔡继清．工矿区水土保持［M］．北京：科学出版社，1996.

［4］陈伟，朱党生．水工设计手册：第3卷　征地移民、环境保护与水土保持［M］．2版．北京：中国水利水电出版社，2013.

［5］水利部水土保持监测中心．生产建设项目水土保持准入条件研究［M］．北京：中国林业出版社，2010.

［6］王治国，张云龙，刘徐师，等．林业生态工程学——林草植被建设的理论与实践［M］．北京：中国林业出版社，2000.

［7］王礼先．水土保持工程学［M］．北京：中国林业出版社，2000.

［8］中国水土保持学会水土保持规划设计专业委员会．生产建设项目水土保持设计指南［M］．北京：中国水利水电出版社，2011.

［9］王治国，李世锋，陈宗伟．生产建设项目水土保持设计理念与原则［J］．中国水土保持科学，2011，9（6）：27-31.

第2章 建设类项目弃渣场

章主编 纪 强 孙大东 朱永刚

章主审 王治国 贺前进 闫俊平 赵心畅

本章各节编写及审稿人员

<table>
<tr><th>节次</th><th>编写人</th><th>审稿人</th></tr>
<tr><td>2.1</td><td>纪　强　邹兵华</td><td rowspan="7">王治国
贺前进
闫俊平
赵心畅</td></tr>
<tr><td>2.2</td><td>孙大东　操昌碧　朱永刚</td></tr>
<tr><td>2.3</td><td>纪　强　孙大东　操昌碧　叶三霞</td></tr>
<tr><td>2.4</td><td>孙大东　邹兵华　操昌碧</td></tr>
<tr><td>2.5</td><td>叶三霞　吴文佑　李　媛</td></tr>
<tr><td>2.6</td><td>操昌碧　熊　峰　叶三霞　张　淼　王　莉</td></tr>
<tr><td>2.7</td><td>朱永刚　王晓利　邹兵华　吴文佑　叶三霞　郝连安
张小平　徐志超　应　丰　刘　卫　李志福　朱　文
吴建九　张　帆　张立强　袁　洁　马　永　陈胜利
孙碧飞　孙　源　李　增　鲍　彪　蔡元刚　姜　楠
张　君　宋菊萍　方　斌</td></tr>
</table>

第2章 建设类项目弃渣场

2.1 弃渣场分类

建设类项目对不能利用的开挖土石方、拆除的混凝土或其混合物等，需布置专门的堆放场地，将其分类集中堆放，并修建拦渣工程等进行防护，这种专门的堆放场地通常称为弃渣场。《水土保持工程设计规范》（GB 51018）中按照弃渣堆放位置的地形条件及与河（沟）的相对位置关系，将弃渣场分为沟道型、临河型、坡地型、平地型、库区型5种类型。各类型弃渣场特征及其适用条件见表2.1-1。

表2.1-1 各类型弃渣场特征及其适用条件

弃渣场类型	特征	适用条件
沟道型	弃渣堆放在沟道内，堆渣体将沟道全部或部分填埋	沟底平缓、肚大口小的沟谷
临河型	弃渣堆放在河流或沟道两岸较低台地、阶地和滩地上，堆渣体临河（沟）侧底部低于河（沟）道设防洪水位	河（沟）道两岸有较宽的台地、阶地及滩地
坡地型	弃渣堆放在缓坡地上、河流或沟道两侧较高台地，堆渣体底部高程高于河（沟）设防洪水位	沿山坡堆放，坡度不大于25°且坡面稳定的山坡
平地型	弃渣堆放在平地上，堆渣体底部高程低于或高于弃渣场设防洪水位	地形平缓，场地较宽广的地区
库区型	弃渣堆放在未建成水库库区内河（沟）道、台地、阶地和滩地上，水库建成后堆渣体全部或部分淹没	工程区除未建成水库库区内无合适堆渣场地

2.2 弃渣场选址

2.2.1 技术要求

综合考虑地形、地质和水文条件、周边重要设施、弃渣场容量、占地类型与面积、运渣条件、后期利用方向等因素后进行弃渣场选址。根据GB 51018，并参考《生产建设项目水土保持设计指南》(中国水利水电出版社，2011)，建设类项目弃渣场选址原则如下。

(1) 科学布局、减少占地，力求经济合理。弃渣就近堆放与集中堆放相结合，尽量靠近出渣部位布置弃渣场，以缩短运距，减少投资。尽可能减少渣场占地，本着节约耕地的原则，不占或少占耕地。山区、丘陵区选择工程地质和水文条件相对简单，地形相对平缓的沟谷、凹地、坡台地、滩地等布置渣场；平原区优先选择洼地、取土（采砂）坑，以及裸地、空闲地、平缓滩地等布置渣场；风沙区布置渣场应避开风口和易产生风蚀的地方。

(2) 充分调研、科学比选，确保工程稳定安全。弃渣场选址应考虑主要建（构）筑物基础具有良好的工程地质、水文地质条件，确保工程整体结构稳定安全；避开潜在危害大的泥石流、滑坡等不良地质地段布置弃渣场，如确需布置，应采取相应的防治措施，确保弃渣场的稳定安全。

(3) 全面论证、统筹兼顾，确保人民生命财产安全和周边公共设施正常运行。严禁对在重要基础设施、人民群众生命财产安全及行洪安全有重大影响的区域布设弃渣场。弃渣场选址不得影响主体工程使用功能；不得影响周边工矿企业、居民点、交通干线或其他重要基础设施等安全；不得影响河道行洪安全；不宜在河道、湖泊管理范围内设置弃渣场，确需设置的，应符合河道管理和防洪的要求，并应采取措施保障行洪安全，减少由此产生的不利影响。

(4) 因地制宜、预防为主，最大限度保护环境。对周围环境影响必须符合现行国家环境保护法规的有关规定，特别对大气、土壤及水环境的污染必须有防治措施，并应满足当地环境保护要求；对环境有重大影响的敏感区域不应布设弃渣场。

(5) 超前筹划、兼顾运行，有利于弃渣场防护及后期恢复。避免在汇水面积和流量较大、沟谷纵坡陡、出口不易拦截的沟道布置弃渣场；如无法避免，须经综合分析论证后，采取安全有效的防护措施。在弃渣场布置时须考虑复垦造地的可能性及覆土来源。

2.2.2　安全防护距离

安全防护距离是指弃渣场堆渣坡脚线至保护对象之间的最小安全间距。弃渣场周边存在工矿企业、居民点、交通干线或其他重要基础设施等保护对象的，应根据弃渣场周边环境条件，确定其安全防护距离，确保周边设施安全。根据GB 51018的规定，弃渣场与重要基础设施之间应留有安全防护距离，安全防护距离应满足相关行业要求。安全防护距离计算，以弃渣场坡脚线为起始界线；涉及铁路、公路等建构筑物的，由其边缘算起；航道由设计水位线岸边算起；工矿企业由其边缘或围墙算起。涉及规模较大、人口在0.5万人以上的居住区和建制城镇的，安全防护距离应适当加大。

目前，建设类项目除水利工程以外，其他行业暂无弃渣场安全防护距离的明确规定。表2.2-1中弃渣场堆渣坡脚线与保护对象之间的安全防护距离参考值是根据《水利水电工程水土保持技术规范》（SL 575）并参照《生产建设项目水土保持设计指南》（中国水利水电出版社，2011）提出的。其他行业可参考确定。水电工程待《水电工程水土保持设计规范》正式发布后按其相关规定执行。

表2.2-1　弃渣场堆渣坡脚线与保护对象之间的安全防护距离参考值

保护对象	安全防护距离
国家及省级铁（公）路干线、航道、高压输变电工程（变电站、线路、铁塔）等重要设施	$(1.0\sim1.5)H$
居住区、城镇、工矿企业、水利水电枢纽生活管理区等	$\geqslant2.0H$
水库大坝、水利工程取用水建筑物、泄水建筑物、灌（排）干渠（沟）等	$\geqslant1.0H$

注　1. 表中H值为弃渣场堆置总高度。
2. 不同保护对象的安全防护距离计算方式不同，铁路、公路、输电线路等建构筑物由其边缘算起，航道由设计水位线岸边算起，工矿企业由其边缘或围墙算起。
3. 规模较大（人口在0.5万人以上）的居住区、工矿企业和有建制的城镇应按表中的数据适当加大。
4. 此处的安全防护距离是指在堆渣过程中，弃土、弃石滚落对保护对象造成影响的距离。堆渣体整体失稳对保护对象的影响距离应进行专题论证确定。

2.3　弃渣场级别划分与设计标准

建设类项目弃渣场级别划分与设计标准应满足GB 51018的要求，有行业标准或规定的应遵照执行，但行业标准要求需高于GB 51018的要求。

2.3.1　弃渣场级别划分

弃渣场级别应根据堆渣量、堆渣最大高度及弃渣场失事后对主体工程或环境造成的危害程度分为5个级别，见表2.3-1。

表2.3-1　建设类项目弃渣场级别划分

弃渣场级别	堆渣量V /万m^3	堆渣最大高度H /m	弃渣场失事后对主体工程或环境造成的危害程度
1	$2000\geqslant V\geqslant1000$	$200\geqslant H\geqslant150$	严重
2	$1000>V\geqslant500$	$150>H\geqslant100$	较严重
3	$500>V\geqslant100$	$100>H\geqslant60$	不严重
4	$100>V\geqslant50$	$60>H\geqslant20$	较轻
5	$V<50$	$H<20$	无危害

注　1. 根据堆渣量、堆渣最大高度、渣场失事后对主体工程或环境造成的危害程度确定的渣场级别不一致时，按其中的最大值确定。
2. 渣场失事后对主体工程的危害指对主体工程施工和运行的影响程度；渣场失事对环境的危害指对城镇、乡村、工矿企业、交通等环境建筑物的影响程度。
3. 不同危害程度的含义如下。
严重：相关建筑物遭到大的破坏或功能受到大的影响，可能造成人员伤亡和重大财产损失。
较严重：相关建筑物遭到较大破坏或功能受到较大影响，需进行专门修复后才能投入正常使用。
不严重：相关建筑物遭到破坏或功能受到影响，及时修复可投入正常使用。
较轻：相关建筑物受到的影响很小，不影响原有功能，无需修复即可投入正常使用。

风电场工程弃渣场级别根据《风电场工程水土保持方案编制技术规范》（NB/T 31086）的规定，根据堆渣量、堆渣最大高度以及弃渣场失事后对主体工程或环境造成的危害程度分为2级，见表2.3-2。

2.3.2　弃渣场防护工程建筑物级别划分

弃渣场拦渣工程、排洪工程建筑物级别根据弃渣场的级别分为5级，见表2.3-3。

表 2.3-2　　风电场工程弃渣场级别划分

弃渣场级别	堆渣量 V /万 m^3	堆渣最大高度 H/m	弃渣场失事后对主体工程或环境的危害程度
1	$50>V\geqslant 10$	$50>H\geqslant 20$	有影响
2	$V<10$	$H<20$	影响较小

注　1. 根据堆渣量、堆渣最大高度、弃渣场失事后对主体工程或环境的危害程度确定的弃渣场级别不一致时，按其中的最大值确定。
2. 弃渣场失事对主体工程的危害程度指对主体工程施工和运行的影响程度；弃渣场失事对环境的危害程度指对城镇、乡村、工矿企业、交通等建筑物的影响程度。
3. 不同危害程度的含义如下。
有影响：相关建筑物遭到大的破坏或功能受到影响，及时修复可投入正常使用。
影响较小：相关建筑物遭到的影响较小，无需修复即可投入正常使用。
4. 涉及环境敏感区的弃渣场级别为1级。

表 2.3-3　弃渣场防护工程建筑物级别划分

弃渣场级别	拦渣工程建筑物级别			
	拦渣堤工程	拦渣坝工程	挡渣墙工程	排洪工程
1	1	1	2	1
2	2	2	3	2
3	3	3	4	3
4	4	4	5	4
5	5	5	5	5

注　当拦渣工程高度不小于15m，弃渣场等级为1级、2级时，挡渣墙建筑物级别可提高1级。

风电场工程弃渣场防护工程建筑物级别根据NB/T 31086分为2级，见表2.3-4。

表 2.3-4　　风电场工程弃渣场防护工程建筑物级别划分

弃渣场级别	拦渣工程建筑物级别		
	挡渣墙工程	拦渣堤工程	排洪工程
1	5	4	4
2	5	5	5

注　拦渣堤的级别还需考虑弃渣场所临河道等级和重要程度确定，同时满足《中华人民共和国河道管理条例》的要求。

2.3.3　设计标准

2.3.3.1　防洪标准

（1）拦渣堤、拦渣坝、排洪工程防洪标准根据其相应建筑物级别，按照表2.3-5确定。

表 2.3-5　　弃渣场防护工程防洪标准

拦渣堤（坝）工程级别	排洪工程级别	重现期/a			
		山区、丘陵区		平原区、滨海区	
		设计	校核	设计	校核
1	1	100	200	50	100
2	2	100～50	200～100	50～30	100～50
3	3	50～30	100～50	30～20	50～30
4	4	30～20	50～30	20～10	30～20
5	5	20～10	30～20	10	20

注　1. 防洪标准以重现期表示。
2. 拦渣堤、拦渣坝工程不应设校核洪水标准，拦渣堤防洪标准还应满足河道管理和防洪要求。
3. 排洪工程设校核洪水标准。
4. 拦渣堤、拦渣坝、排洪工程等失事可能对周边及下游工矿企业、居民点、交通运输等基础设施造成重大危害时，2级以下拦渣堤、拦渣坝、排洪工程的设计防洪标准可按表中规定提高1级。

（2）弃渣场临时性防护工程防洪标准取3年一遇至5年一遇；当弃渣场级别为3级以上时，防洪标准可提高到10年一遇。

（3）弃渣场永久性截排水工程的排水设计标准采用3年一遇至5年一遇、5～10min短历时设计暴雨。

（4）风电场工程弃渣场防洪设计标准根据NB/T 31086，按照表2.3-6确定。

表 2.3-6　风电场工程弃渣场防洪设计标准

弃渣场级别	1	2
重现期/a	20～10	10～5

2.3.3.2　弃渣场抗滑稳定安全系数

（1）当弃渣场抗滑稳定分析采用简化Bishop法、摩根斯顿-普赖斯法计算时，抗滑稳定安全系数不应小于表2.3-7中的数值。

表 2.3-7　　弃渣场抗滑稳定安全系数（一）

计算工况	弃渣场级别			
	1	2	3	4、5
正常运用工况	1.35	1.30	1.25	1.20
非常运用工况	1.15	1.15	1.10	1.05

（2）当弃渣场抗滑稳定分析采用瑞典圆弧法、改良圆弧法计算时，抗滑稳定安全系数不应小于表2.3-8中的数值。

表 2.3-8 弃渣场抗滑稳定安全系数（二）

计算工况	弃渣场级别			
	1	2	3	4、5
正常运用工况	1.25	1.20	1.20	1.15
非常运用工况	1.10	1.10	1.05	1.05

2.3.3.3 拦挡工程稳定安全系数

（1）浆砌石、混凝土、钢筋混凝土挡渣墙基底抗滑稳定安全系数应不小于表 2.3-9 规定的允许值。

表 2.3-9 弃渣场挡渣墙基底抗滑稳定安全系数允许值

计算工况	土质地基					岩石地基					
	挡渣墙级别					挡渣墙级别					按抗剪断公式计算时
	1	2	3	4	5	1	2	3	4	5	
正常运用工况	1.35	1.30	1.25	1.20	1.20	1.10	1.08	1.08	1.05	1.05	3.00
非常运用工况	1.10			1.05		1.00					2.30

（2）土质地基挡渣墙抗倾覆安全系数不应小于表 2.3-10 规定的允许值。

表 2.3-10 土质地基挡渣墙抗倾覆安全系数允许值

计算工况	挡渣墙级别			
	1	2	3	4、5
正常运用工况	1.60	1.50	1.45	1.40
非常运用工况	1.50	1.40	1.35	1.30

（3）岩石地基挡渣墙抗倾覆安全系数不应小于表 2.3-11 中的允许值。

表 2.3-11 岩石地基挡渣墙抗倾覆安全系数允许值

荷载条件	弃渣场级别			
	1	2	3	4、5
基本荷载组合条件	1.45		1.40	
特殊荷载组合条件	1.30			

（4）采用计条块间作用力的计算方法时，拦渣堤（土堤或土石堤）抗滑稳定边坡安全系数不应小于表 2.3-12 的数据。

表 2.3-12 拦渣堤抗滑稳定边坡安全系数

计算工况	拦渣堤级别				
	1	2	3	4	5
正常运用工况	1.35	1.30	1.25	1.20	1.20
非常运用工况	1.15	1.15	1.10	1.05	1.05

（5）采用不计条块间作用力的瑞典圆弧法计算边坡抗滑稳定安全系数时，正常运用条件最小安全系数应比表 2.3-12 的数值减小 8%。

2.3.3.4 挡渣墙基底应力

（1）在各种计算工况下，土质地基和软质岩石地基上的挡渣墙平均基底应力不应大于地基允许承载力，最大基底应力不应大于地基允许承载力的 1.2 倍。

（2）土质地基和软质岩石地基上挡渣墙基底应力的最大值与最小值之比不应大于 2.0，砂土地基上挡渣墙基底应力宜取2.0～3.0。

2.4 堆置要素设计

弃渣场堆置要素主要包括弃渣场容量、堆渣量、堆渣总高度与台阶高度、平台宽度、综合坡比及占地面积等。

2.4.1 弃渣场容量及堆渣量

2.4.1.1 定义

弃渣场容量是指在满足稳定安全条件下，按照设计的堆渣方式、堆渣坡比和堆渣总高度，以自然方为基础计算渣场占地范围内所能容纳的弃渣数量。堆渣量是指工程设计或实际堆放于某一弃渣场的弃渣数量。

2.4.1.2 弃渣量计算

弃渣量应以自然方为基础，按弃渣组成折算为松方。无实验资料时，最终松散系数按表 2.4-1 选取。需要考虑碾压及沉降因素进行修正的，应考虑岩土松散系数、渣体沉降因素后，按式（2.4-1）计算：

$$V=\frac{V_o K_s}{K_c} \tag{2.4-1}$$

式中 V——弃渣松方量，m^3；

V_o——弃渣自然方量，m^3；

K_s——岩土初始松散系数；

K_c——渣体沉降系数。

无试验资料时，岩土初始松散系数 K_s 的参考值可按表 2.4-1 选取，渣体沉降系数 K_c 的参考值可按表 2.4-2 选取。

表 2.4-1　岩土松散系数 K_s 的参考值

岩土类别	砂	砂质黏土	黏土	带夹石的黏土	最大边长度小于 30cm 的岩石	最大边长度大于 30cm 的岩石
初始松散系数	1.10～1.20	1.20～1.30	1.24～1.30	1.35～1.45	1.40～1.60	1.45～1.80
最终松散系数	1.05～1.15	1.15～1.20	1.15～1.20	1.20～1.30	1.25～1.40	1.35～1.60

表 2.4-2　渣体沉降系数 K_c 的参考值

岩土类别	沉降系数	岩土类别	沉降系数
砂质岩土	1.07～1.09	砂黏土	1.24～1.28
砂质黏土	1.11～1.15	泥夹石	1.21～1.25
黏土	1.13～1.19	亚黏土	1.18～1.21
黏土夹石	1.16～1.19	砂和砾石	1.09～1.13
小块度岩石	1.17～1.18	软岩	1.10～1.12
大块度岩石	1.10～1.12	硬岩	1.05～1.07

2.4.2 堆渣总高度与台阶高度

2.4.2.1 定义

堆渣总高度是指弃渣场堆渣后坡顶线至坡底线间的垂直距离。台阶高度为弃渣分台堆置后，台阶坡顶线至坡底线间的垂直距离。堆渣总高度即弃渣堆置最大高度，为坡顶线至坡底线间的高度，分台阶堆放时，等于各台阶高度之和。

2.4.2.2 堆渣总高度与堆置要求

1. 堆渣总高度

堆渣总高度根据弃渣物理力学性质、施工机械设备类型、地形地质、水文气象条件等确定。影响弃渣场堆渣总高度的因素较多，其中场地原地表坡度和地基承载力为主要因素。堆渣总高度可按式（2.4-2）计算。

$$H=\pi C\cot\varphi\left[\gamma\left(\cot\varphi+\frac{\pi\varphi}{180}-\frac{\pi}{2}\right)\right]^{-1} \tag{2.4-2}$$

式中　H——弃渣场堆渣总高度，m；

C——弃渣场基底岩土黏聚力，kPa；

φ——弃渣场基底岩土内摩擦角，(°)；

γ——弃渣场弃土（石、渣）容重，kN/m^3。

2. 堆置要求

为增强堆渣体稳定性，堆渣高度较大的弃渣场应分台阶堆放，堆渣坡度需经稳定计算后确定。

弃渣场宜采取自下而上的方式堆置；堆渣总高度小于 10m 的，在采取安全挡护措施前提下可采取自上而下的方式堆置。

2.4.2.3 台阶高度

台阶高度应根据弃渣体物理力学性质、地形及地质条件、气象及水文、施工机械类型等条件综合确定。弃渣堆渣高度超过 40m 时，应分台阶堆置，综合坡度宜取 22°～25°，并应经整体稳定性验算最终确定综合坡度。采用多台阶堆渣时，原则上第一台阶高度按 15～20m 控制，当地基为倾斜的砂质土时，第一台阶高度不应大于 10m；4 级、5 级弃渣场，当缺乏工程地质资料时，堆置台阶高度可按表 2.4-3 确定。

表 2.4-3　弃渣堆置台阶高度

弃渣类别	堆置台阶高度/m
坚硬岩石	30～40(20～30)
混合土石	20～30(15～20)
松软岩石	10～20(8～15)
松散软质黏土	10～15(8～12)
砂土、人工土	5～10

注　1. 括号内数值系工程地质不良及气象条件不利时的参考值。
2. 弃渣场地基（原地面）坡度平缓，弃渣为坚硬岩石或利用狭窄山沟、谷地、坑塘堆置的弃渣场，可不受此表限制。

2.4.3 平台宽度

弃渣堆置平台宽度根据弃渣物理力学性质、地形及工程地质条件、气象及水文等条件确定。按自然安息角堆放的渣体，平台宽度可参考表 2.4-4 选取。

表 2.4-4　弃渣场不同台阶高度对应的最小平台宽度参考值

弃渣类别	台阶高度/m				
	10	15	20	30	40
硬质岩石渣	1.0	1.0～1.5	1.5～2.0	2.0～2.5	2.5～3.5
软质岩石渣	1.5	1.5～2.0	2.0～2.5	2.5～3.5	3.5～4.0
土石混合渣	2.0	2.0～2.5	2.0～3.0	3.0～4.0	4.0～5.0
黏土	2.0～3.0	3.0～5.0	5.0～7.0	8.0～9.0	9.0～10.0
砂土、人工土	3.0	3.5～4.0	5.0～6.0	7.0～8.0	8.0～10.0

按稳定计算结论，需进行整（削）坡的渣体，土质边坡台阶高度宜取 5～10m，平台宽度应不小于2m，且每隔 30～40m 设置一道宽 5m 以上的宽平台；混合的碎（砾）石土台阶高度宜取 8～12m，平台宽度应不小于 2m，且每隔 40～50m 设置一道宽 5m 以上的宽平台。

2.4.4　堆渣坡度

弃渣场渣体堆置坡度（综合坡度）应由弃渣场稳定计算确定。

对 4 级、5 级弃渣场，当缺乏工程地质资料时，稳定堆渣坡度应小于或等于弃渣自然安息角除以渣体正常工况时的安全系数。弃渣堆置自然安息角根据弃渣岩土组成，可按表 2.4－5 确定。

表 2.4－5　　弃渣堆置自然安息角

弃渣岩土组成			自然安息角/(°)	自然安息角对应边坡坡比
岩石	硬质岩石	花岗岩	35～40	1∶1.43～1∶1.19
		玄武岩	35～40	1∶1.43～1∶1.19
		致密石灰岩	32～36	1∶1.60～1∶1.38
	软质岩石	页岩（片岩）	29～43	1∶1.81～1∶1.07
		砂岩（块石、碎石、角砾）	26～40	1∶2.05～1∶1.19
		砂岩（砾石、碎石）	27～39	1∶1.96～1∶1.24
土	碎石土	砂质片岩（角砾、碎石）与砂黏土	25～42	1∶2.15～1∶1.11
		片岩（角砾、碎石）与砂黏土	36～43	1∶1.38～1∶1.07
		砾石土	27～37	1∶1.96～1∶1.33
	黏土	松散的、软的黏土及砂质黏土	20～40	1∶2.75～1∶1.19
		中等紧密的黏土及砂质黏土	25～40	1∶2.15～1∶1.19
		紧密的黏土及砂质黏土	25～45	1∶2.15～1∶1.00
		特别紧密的黏土	25～45	1∶2.15～1∶1.00
		亚黏土	25～50	1∶2.15～1∶0.84
		肥黏土	15～50	1∶3.73～1∶0.84
	砂土	细砂加泥	20～40	1∶2.75～1∶1.19
		松散细砂	22～37	1∶2.48～1∶1.33
		紧密细砂	25～45	1∶2.15～1∶1.00
		松散中砂	25～37	1∶2.15～1∶1.33
		紧密中砂	27～45	1∶1.96～1∶1.00
	人工土	种植土	25～40	1∶2.15～1∶1.19
		密实的种植土	30～45	1∶1.73～1∶1.00

2.4.5　占地面积

弃渣场占地面积是指弃渣场所占用或使用的土地投影面积，包括弃渣及其拦挡工程、截排（洪）水工程等防护建筑物占地面积。

2.5　弃渣场稳定计算

弃渣场稳定计算包括堆渣体边坡及其地基的抗滑稳定计算。抗滑稳定计算需根据渣场等级、地形地质条件，并结合弃渣堆置型式、堆渣高度、弃渣组成及物理力学参数等，选择有代表性的断面进行计算。

2.5.1　计算工况

根据 GB 51018 的规定，弃渣场抗滑稳定计算可分为正常运用工况和非常运用工况两种。

（1）正常运用工况：指弃渣场在正常和持久的条件下运用。弃渣场处在最终弃渣状态时，渣体无渗流或稳定渗流。

（2）非常运用工况：指弃渣场在非常或短暂的条件下运用，即弃渣场在正常工况下遭遇Ⅶ度以上（含Ⅶ度）地震。

多雨地区的弃渣场还应核算连续降雨期边坡的抗滑稳定，其安全系数按非常运用工况采用。

弃渣用于填平坑、塘时可不进行弃渣场稳定计算。

2.5.2　计算方法

弃渣场抗滑稳定计算可采用不计条块间作用力的瑞典圆弧滑动法；对均质渣体，宜采用计及条块间作用力的简化 Bishop 法；对有软弱夹层的弃渣场，宜采用满足力和力矩平衡的摩根斯顿-普赖斯法进行抗滑稳定计算；对于存在软基的弃渣场，宜采用改良圆弧法进行抗滑稳定计算。具体计算方法见本手册《专业基础卷》“14.3.3 稳定计算”内容。

在进行弃渣场稳定计算时，以下特殊情况应

考虑。

(1) 渣脚拦渣工程阻滑作用对弃渣场稳定有利，一般情况下，稳定计算时荷载组合不考虑拦渣工程的阻滑力。

(2) 堆渣场地受限，须采取拦渣坝增加容量时，其荷载组合应考虑拦渣坝的阻滑力。

(3) 沟道型弃渣场和库区型弃渣场在正常工况下外力作用一般主要有渗透力、静水压力及弃渣场表面其他堆载压力。

(4) 临河型弃渣场在正常工况下外力作用一般主要有静水压力和弃渣场表面其他堆载压力。

(5) 坡地型弃渣场和平地型弃渣场在正常工况下外力作用一般主要为弃渣场外部堆载压力。

2.6 防护措施分类与布局

2.6.1 防护措施分类

(1) 按防护措施性质分为永久措施和临时措施。

(2) 按防护措施体系分为工程措施和植物措施。

(3) 按防护措施类型分为拦挡、防洪排导、斜坡防护、土地整治、降水蓄渗、植被恢复或复垦等措施。

2.6.2 防护措施布局

不同类型弃渣场，依据其所处的地理位置和水文条件不同，需采取不同的防护措施，不同类型弃渣场主要工程防护措施体系见表2.6-1。

表2.6-1 不同类型弃渣场主要工程防护措施体系

弃渣场类型	主要工程防护措施体系			渣顶恢复措施	备注
	拦挡工程类型	斜坡防护工程类型	防洪排导工程类型		
沟道型	挡渣墙、拦渣堤、拦渣坝	框格护坡、浆砌石护坡、干砌石护坡、综合护坡等	拦洪坝、排洪渠、泄洪隧（涵）洞、截水沟、排水沟	土地整治、渣顶复垦或植被恢复	
坡地型	挡渣墙	框格护坡、干砌石护坡、综合护坡等	截水沟、排水沟	土地整治、渣顶复垦或植被恢复	
临河型	拦渣堤	浆砌石护坡、干砌石护坡、综合护坡	截水沟、排水沟	土地整治、渣顶复垦或植被恢复	视弃渣场坡脚受洪水影响情况而定
平地型	挡渣墙或围渣堰	植物护坡或综合护坡	排水沟	土地整治、渣顶复垦或植被恢复	
库区型	拦渣堤、挡渣墙	干砌石护坡等	截水沟、排水沟	库区型弃渣场渣顶淹没于水下时，不采取措施，在水面以上部分可进行土地整治、恢复植被或复垦	

2.6.2.1 沟道型弃渣场

根据洪水处置方式与堆渣方式，沟道型弃渣场可分为截洪式、滞洪式和填沟式3种型式。

(1) 截洪式弃渣场的上游洪水可通过隧洞排泄到邻近沟道中，或通过埋涵方式排至场地下游。其防护措施布局应符合以下要求。

1) 渣场上游来（洪）水采取防洪排导措施，包括沟道拦洪坝、岸坡或渣体上的排洪渠（沟）、沟道底部的排水（拱、箱）涵（洞、管）、上游的排洪隧洞等。

2) 渣体下游视具体情况修建拦渣坝、挡渣墙、拦渣堤等。弃渣场边坡应根据洪水影响、立地条件及气候因素，采取混凝土、砌石、植物或综合护坡等措施。

3) 渣场顶面需采取复垦或植物措施。渣场顶面的措施根据原地类及占地性质确定。当原地类为林草地时，采取植物措施；当原地类为耕地时采取复垦措施。

(2) 滞洪式弃渣场下游布设拦渣坝，具有一定库容可调蓄上游来水。其防护措施布局应综合堆渣量、上游来水来沙量、地形、地质、施工条件等因素确定，并符合以下要求。

1) 拦渣坝应配套溢洪、消能设施等。

2) 重力式拦渣坝宜在坝顶设溢流堰，堰型视具体情况采用曲线形实用堰或宽顶堰，堰顶高程和溢流坝段长度应兼顾来沙量、淹没等因素，根据调洪计算确定。

3）采取土石坝拦渣时，筑坝材料宜利用弃渣。

4）弃渣场设计洪水位以上宜采取植物措施。

（3）填沟式弃渣场上游无汇水或者汇水量很小，其防护措施布局应符合以下要求。

1）渣场下游末端宜修建挡渣墙等构筑物。

2）降水量大于800mm的地区应布置截排水沟以排泄周边坡面径流，结合地形条件布置必要的消能、沉沙设施；降水量小于800mm的地区可适当布设排水措施。

3）挡渣墙应设置排水孔。

4）堆渣顶部需采取复垦或植物措施，边坡宜采取综合护坡或植物护坡措施。

2.6.2.2 坡地型弃渣场

坡地型弃渣场防护措施总体布置应符合下列规定。

（1）堆渣坡脚宜设置挡渣墙或护脚、护坡措施。

（2）渣体周边有汇水的，需布设截水沟、排水沟。

（3）弃渣场顶部宜采取复垦或植物措施；坡面优先采取植物措施；坡比大于1∶1的宜采取综合护坡措施。

2.6.2.3 临河型弃渣场

临河型弃渣场防护措施总体布置应符合下列规定。

（1）宜在迎水侧坡脚布设拦渣堤，或设置浆砌石、干砌石、抛石、柴枕等护脚措施。

（2）设计洪水位以下的迎水坡面应采取工程防护措施；设计洪水位以上的坡面应优先采取植物措施，坡比大于1∶1.5的坡面宜采取综合护坡措施。

（3）渣顶和坡面需布设必要的截水、排水措施。

（4）渣顶宜采取复垦或植物措施。

2.6.2.4 平地型弃渣场

平地型弃渣场防护措施总体布置应符合下列规定。

（1）堆渣坡脚一般设置围渣堰；不需设置围渣堰时，可直接采取斜坡防护措施，坡脚适当处理；坡面、坡脚应布设截水、排水措施。

（2）弃渣场顶部需采取复垦或植物措施；坡面优先采取植物措施，坡比大于1∶1的坡面宜采取综合护坡措施或复垦。

（3）填凹型弃渣优先考虑填平复垦或种植物防护；若超出原地面线时，应符合前两条要求。

2.6.2.5 库区型弃渣场

库区型弃渣场应根据渣场所处地形地貌、蓄水淹没可能对永久工程建筑物的影响，按相关规定采取相应工程及临时防护措施。弃渣场顶面、坡面在被淹没的条件下，不采取植物恢复措施。当弃渣堆放于水库岸坡顶部高于正常蓄水位时，渣体边坡应采取植物措施或综合护坡措施防护。

对于西北干旱半干旱地区，上述各类型弃渣场顶面、坡面可根据多年平均降水量，在无法采取植物措施时，采取砾石压盖等工程措施。

2.7 案 例

2.7.1 沟道型弃渣场

2.7.1.1 深溪沟水电站深溪沟弃渣场

1. 弃渣场概况

深溪沟弃渣场位于深溪沟内，距沟口2.8～4.2km，渣顶高程880.00m，最大堆渣高度100m，堆渣量737万m^3，占地面积14.21hm^2，占地类型以灌木林地和草地为主。

自下游端沟口依次分为Ⅰ区、Ⅱ区、Ⅲ区。其中Ⅰ区分为Ⅰ-1、Ⅰ-2两个区块，弃渣量149万m^3；Ⅱ区分为Ⅱ-1、Ⅱ-2两个区块，弃渣量179万m^3；Ⅲ区为一个区块，弃渣量409万m^3。

Ⅰ-1区，沿沟长240m，渣顶高程812.00m，占地面积1.8hm^2，堆渣完成后为一平缓台地；Ⅰ-2区，沿沟长340m，为河床砂砾石堆渣区，堆渣完成后，为一梯台体，渣顶高程853.00m，渣脚高程780.00m，最大堆渣高度73m，渣体采取分台堆放方式，分别在高程800.00m、815.00m、830.00m、845.00m设置4阶马道，马道宽2m，堆渣边坡1∶1.75，占地面积3.3hm^2；Ⅱ-1区和Ⅲ区在挡水坝以下至深溪沟拐弯处，Ⅱ-1区和Ⅲ区整体长550m，宽100m，堆渣完成后整体为渣顶高程在861.70～871.20m的平缓台面，自深溪沟沟内向外平台纵坡比为1.72%，最大堆渣高度70m，占地面积5.44hm^2；Ⅱ-2区场地堆渣完成后为一斜坡，渣顶高程852.00m，渣底部高程812.00m，整个坡面斜向沟外，坡比1∶4，分3个台阶堆放，分别在高程833.00m和845.00m设置2阶马道，马道宽2m，占地面积1.5hm^2。

2. 工程级别及洪水标准

根据GB 51018，深溪沟弃渣场堆渣量为737万m^3，最大堆渣高度为100m，弃渣场失事对下游及周边铁路桥造成的危害程度较为严重，因而确定弃渣场级别为2级。相应的弃渣场挡渣墙工程级别为2级，斜坡防护工程级别为3级。考虑到弃渣场沟口堆渣尾部距成昆铁路桥1.9km，排水洞出口距铁路桥约0.8km，挡渣墙设计洪水标准定为100年一遇；沟水处理工程参考成昆铁路标准，设计洪水标准为100年一遇，相应洪水流量为283m³/s，校核洪水标准为300年一遇，相应洪水流量为345m³/s。

3. 工程地质

弃渣场上游沟水处理工程坝址区基岩岩石较坚硬，沟床覆盖层以漂石、孤块石构成骨架，细颗粒充填少，局部具架空结构，具低压缩性、极强透水性；坝址区构造破坏微弱，排水隧洞进口洞脸边坡岩体整体稳定，岩质边坡岩级总体上以Ⅳ类为主，洞室围岩呈块状结构，以Ⅲ类为主；出口洞脸边坡基岩为弱风化、强卸荷，岩体块度较大，边坡岩体整体稳定；地下水类型主要为基岩裂隙水及第四系松散层孔隙水，主要受大气降水补给，排泄于深溪沟。弃渣场所在区域地震基本烈度为Ⅶ度，根据《中国地震动参数区划图》(GB 18306)，基岩地震动峰值加速度为0.10g。

深溪沟弃渣场基础和渣料岩土物理力学参数建议值见表2.7-1。

表2.7-1 深溪沟弃渣场基础和渣料岩土物理力学参数建议值

岩土名称	干密度/(g/cm³)	天然密度/(g/cm³)	抗剪指标		承载力特征值f_{ak}/kPa
			黏聚力C/MPa	内摩擦角φ/(°)	
弃渣场基础	22.5～22.8	23.2～23.7	0.010	25～30	300～400
覆盖层开挖料	20.1～21.6	21.1～23.0	0	30～35	400～700
石方明挖、洞挖料	25.5～26.5	26.8～27.8	0	30～35	2500～3000

4. 气象水文

项目区多年平均气温16.4℃，多年平均年蒸发量1209.8mm，多年平均年降水量837.5mm，历年最大日降水量157.4mm。深溪沟位于皇木区境内，为大渡河支流，全长17.4km，流域面积65.8km²，天然落差2170m，平均流量2.06m³/s，年径流量0.77亿m³。100年一遇最大洪峰流量283m³/s，300年一遇最大洪峰流量345m³/s。

5. 渣体稳定性分析

因弃渣场平面布置相对复杂，根据弃渣场平面布置，结合地质条件，对弃渣场选取最不稳定坡面，利用理正岩土计算软件，采取不计条块间作用力的瑞典圆弧滑动法，按照正常运用工况和非常运用工况，分别对弃渣场进行抗滑稳定性分析计算，计算结果见表2.7-2。

表2.7-2 深溪沟弃渣场抗滑稳定安全系数计算成果

堆渣边坡坡比	抗滑稳定安全系数			
	正常运用工况		非常运用工况	
	计算值	允许值	计算值	允许值
1∶1.8	1.26	1.2	1.14	1.1

6. 水土保持措施

深溪沟弃渣场为沟道型弃渣场，其防护措施分为两部分，第一部分为专项沟水处理工程，包括挡水坝、排水洞；第二部分为水土保持防护工程，包括拦挡工程、弃渣场排水工程和植被恢复与建设工程。

(1) 沟水处理工程。挡水坝位于弃渣场上游，坝址处谷底宽约60m，坝顶高程875.00m处河谷宽约140m。河床覆盖层厚，且透水性强。考虑到当地石料较为丰富，挡水坝坝型采用土石坝，坝体防渗采用土工布斜墙形式，基础防渗采用土工布铺盖，长40m。坝顶高程875.00m，坝顶宽8m，轴线长度140m，最大坝高42m。坝体迎水面坡比均为1∶2.25，坝体背水面坡比为1∶1.8。

排水洞进口布置在挡水坝上游右岸基岩裸露处，出口布置在覆盖层较薄处。排水洞全长2040m，纵坡坡降$i=0.0825$，进口高程860.00m，出口高程691.70m，断面采用圆拱直墙型式，断面尺寸由进口段5.0m×9.0m（宽×高）向出口段5.0m×6.0m（宽×高）渐变。排水洞采用全断面钢筋混凝土衬砌，衬砌厚度50cm。

排水洞出口为明洞，边墙为重力式，顶拱钢筋混凝土厚1.0m，上覆3.0m厚土石。明洞出口接护坦（长12.566m）和海漫（长45.00m）。护坦段为平坡，采用钢筋混凝土衬砌；海漫段纵坡坡降$i=0.080$，边墙为重力式挡墙，底板采用1.0m厚柔性混凝土板衬砌。

(2) 水土保持防护工程。堆渣前在弃渣场下游渣脚部位即Ⅰ-2区下游段底部设置M7.5浆砌石挡渣墙，挡渣墙在渣堆坡脚外1.5m处，长85m，为重力式结构。Ⅰ-2区边坡采取浆砌石框格护坡，框格断面为30cm×30cm，框格尺寸为2m×2m。在靠近沟道左侧设置一条主排水沟，在弃渣场内部每隔120～160m设置一条排水支沟，并与主排水沟近似垂直相接。主排水沟断面设计仅考虑弃渣场段坡面汇水，采用M7.5浆砌石排水沟，为梯形断面，主排水沟长约1400m；排水支沟一共13条，为矩形断面，底宽0.4m，深0.4m，浆砌块石衬砌厚30cm；在高程800.00m、830.00m马道内侧设置排水沟，排水沟为矩形断面，尺寸为0.3m×0.3m（宽×深），浆砌块石衬砌厚30cm。

弃渣场堆渣完成后，对所有裸露坡面进行植被恢复。在Ⅰ-2区和Ⅱ-2区边坡及马道种植灌木，撒播草籽；在Ⅰ-1区、Ⅱ-1区、Ⅲ区平缓台面采取种植乔灌，撒播草籽措施。乔木有杨树、刺桐、辐射松，灌木有迎春、黄花槐，撒播的草种有狗牙根、百喜草、高羊茅。

深溪沟弃渣场工程防护措施设计图见图2.7-1。

2.7.1.2 李家峡水库灌溉工程10号隧洞1号支洞弃渣场

1. 弃渣场概况

李家峡水库灌溉工程10号隧洞1号支洞弃渣场位于1号隧洞北侧约800m的沟道，为沟道型弃渣场，占地面积0.67hm²，占地性质为临时占地，占地类型为河滩地，主要堆放10号隧洞部分及1号支洞所有弃渣，堆渣量约4.32万m³，渣顶与乡村道路平齐，高程为2160.00m，渣脚高程为2143.00～2150.00m，堆渣高度10～14m，堆渣体边坡坡比1∶1.75。

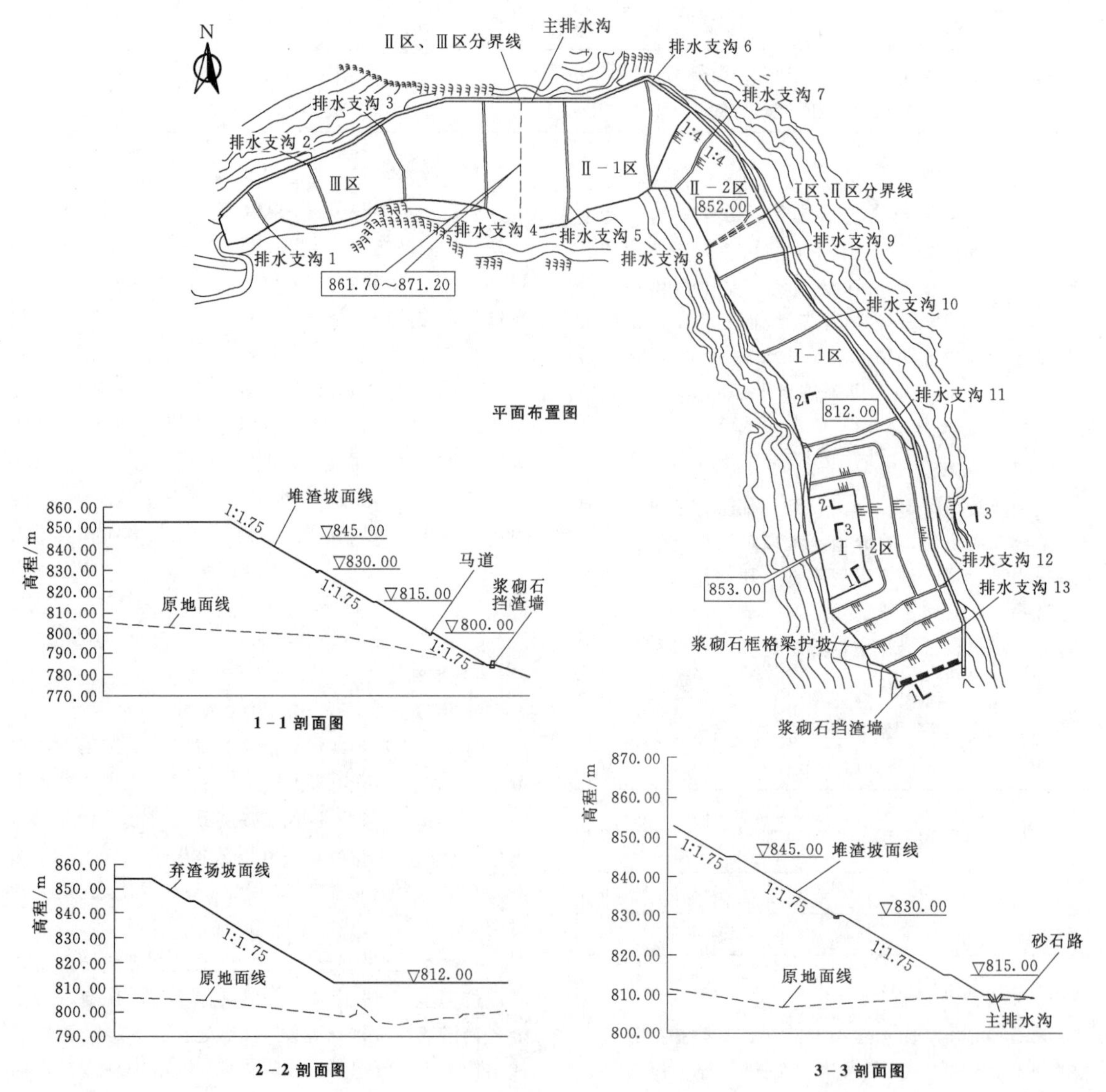

图2.7-1（一） 深溪沟弃渣场工程防护措施设计图（单位：m）

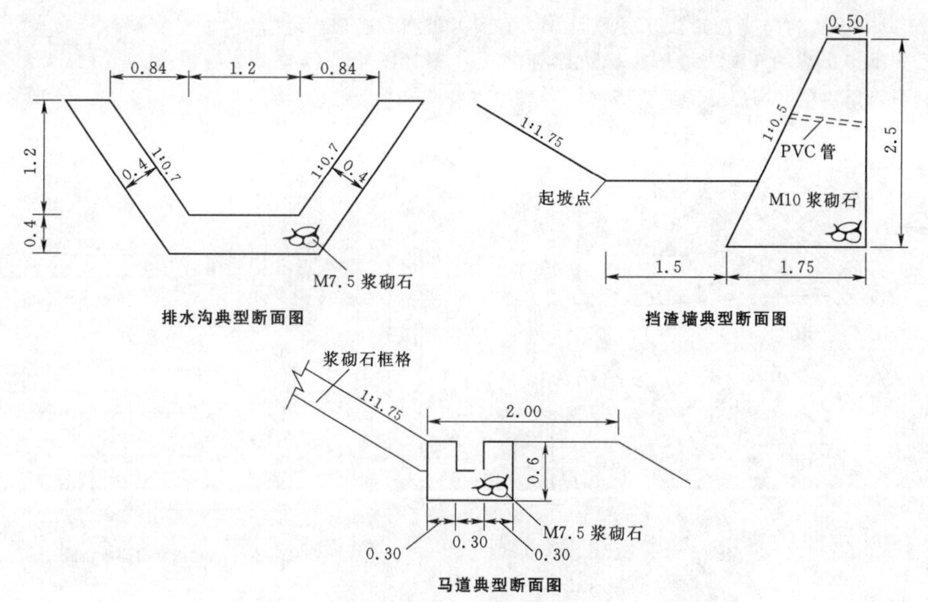

图 2.7-1（二） 深溪沟弃渣场工程防护措施设计图（单位：m）

2. 工程级别及洪水标准

根据 GB 51018 的规定，该弃渣场弃渣量 4.32 万 m^3，最大堆渣高度为 14m，弃渣场失事危害程度较轻，弃渣场失事可能会对下游渡槽有影响，但不会影响渡槽的原有功能，因而确定弃渣场级别为 4 级。相应拦渣工程级别为 4 级，排洪工程级别为 4 级，设计洪水标准采用 30 年一遇，校核洪水标准采用 50 年一遇。

3. 工程地质

弃渣场区域地貌属于构造侵蚀中山、丘陵地貌，弃渣场所在沟道主要由砂砾石组成，表层无粉土和黏土覆盖，砂砾石层厚度大于 10m，沟道断面呈 U 形，两侧山坡较缓。

弃渣主要为支洞开挖的覆盖层、板岩和灰岩。渣体结构不均一，整体结构松散～稍密，局部具有架空结构，最大粒径 0.25m，石渣占的比例较大，渣体黏聚力小，按无黏性土考虑。1 号支洞弃渣场地基和渣料物理力学参数见表 2.7-3。

表 2.7-3 1 号支洞弃渣场地基和渣料物理力学参数

项 目	弃渣场地基（砂砾石）	渣 料
天然容重/(N/m^3)	21.2	19.8
饱和容重/(kN/m^3)	22.5	20.2
内摩擦角/(°)	33.0～35.0	34.1
黏聚力/MPa	0	0
渗透系数/(cm/s)	0.039	1.100
孔隙比	0.25	0.35
地基承载力/kPa	350～400	

工程区地震基本烈度为Ⅶ度，地震动峰值加速度为 0.15g。

4. 气象水文

弃渣场区域多年平均气温 7.8℃、多年平均年蒸发量 1881mm，多年平均年降水量 331mm；沟道集水面积 16.5km^2，沟道长度 14.2km，沟道平均比降 15‰；30 年一遇洪峰流量 12.21m^3/s，50 年一遇洪峰流量 16.22m^3/s。

5. 渣体稳定性分析

采用瑞典圆弧法，按弃渣场满堆方式、堆渣边坡坡比 1∶1.75 计算典型断面弃渣场边坡稳定安全系数。计算工况为正常运用和非常运用，正常运用为自然边坡，非常运用为正常运用情况下遭遇暴雨和地震。

根据上述两个标准规定，4 级弃渣场抗滑稳定安全系数，正常运用工况为 1.15，非常运用工况为 1.05。经计算，堆渣边坡正常运用情况下抗滑稳定安全系数为 1.43；非常运用情况下，遭遇暴雨抗滑稳定安全系数为 1.38，遭遇地震抗滑稳定安全系数为 1.14，均满足规范要求。

6. 水土保持措施

该弃渣场属于沟道型弃渣场。考虑到在堆渣过程中，渣体可能受到沟道洪水冲刷，先在筑坝条件好的地段设置拦渣坝，按坝顶高程 2148.00m 控制堆放第一层弃渣。在汛前完成第一层弃渣的堆放，并在第一层弃渣顶部进行碾压后，修建排洪渠，以排除沟道洪水，然后距排洪渠右岸 10m 处作为渣脚线，向右岸按 1∶1.75 的堆渣边坡坡比堆放第二层弃渣，渣顶高程控制在 2160.00m。为防止沟道洪水冲刷渣脚，在弃渣可能受到洪水影响的弃渣边坡坡脚修建拦渣墙，将洪水顺利引入排洪渠。堆渣完毕后对渣顶及弃渣边坡布设植被恢复措施。1 号支洞弃渣场水土保持措施设计图见图 2.7 - 2。

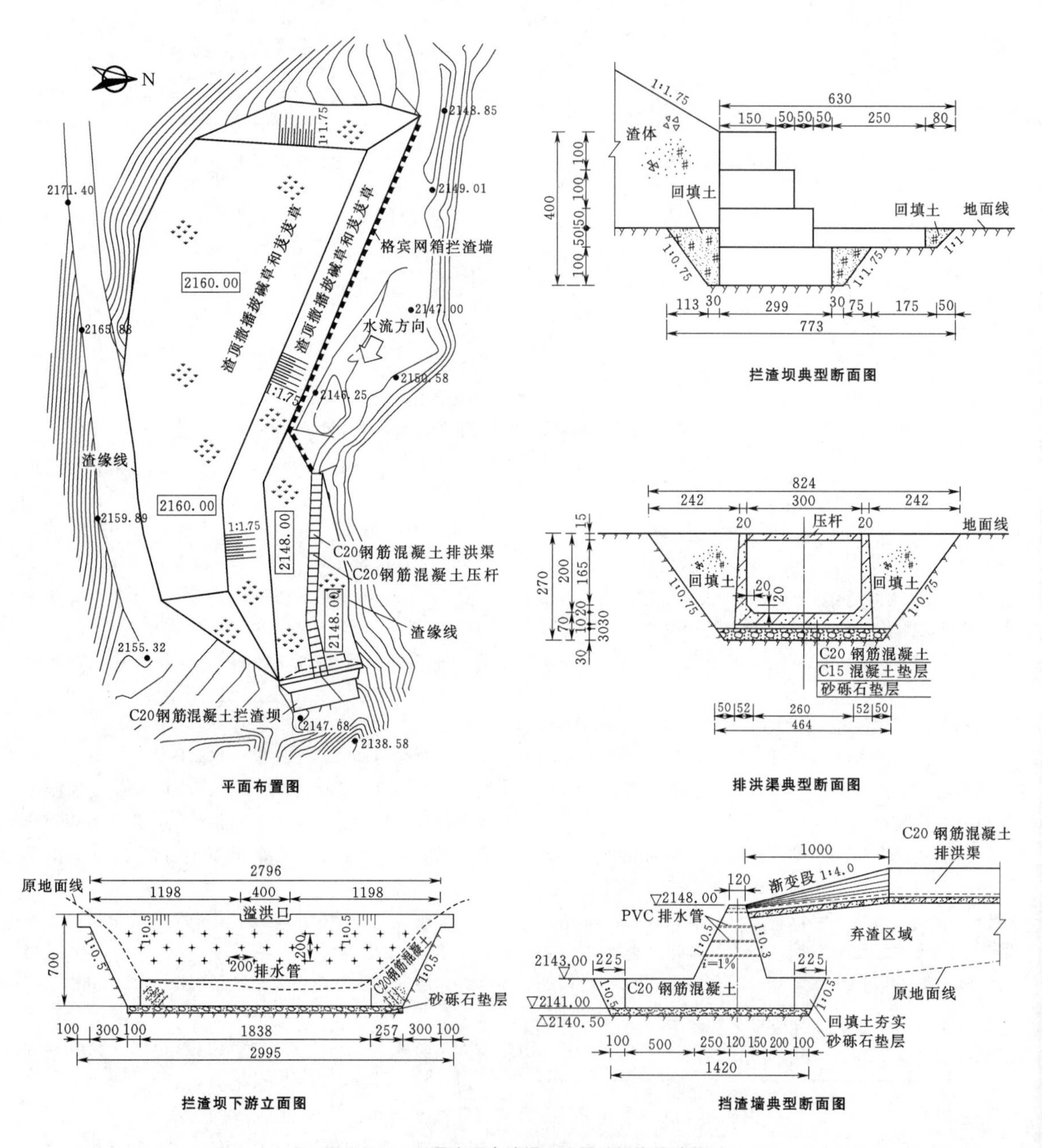

图 2.7 - 2 1 号支洞弃渣场水土保持措施设计图
（高程单位：m；尺寸单位：cm）

（1）拦渣坝。该弃渣场拦渣坝采用钢筋混凝土重力坝，坝顶宽度 1.2m，坝高 7m，基础埋深 2m，上游坝坡坡比 1∶0.3，下游坝坡坡比 1∶0.5，坝体设置 ϕ75mm PVC 排水管，呈梅花形布置，坝基采用 0.5m 砂砾石垫层换基，坝下游设置 5m 长的 C20 钢筋混凝土护坦防冲。

（2）排洪渠。排洪渠比降为 1%，采用宽 3.0m，高 2.0m 的矩形断面，衬砌材料为 C20 钢筋混凝土，排洪渠每2m设置一道压杆，每10m设置一道伸缩缝，缝内填充沥青砂浆，缝宽0.02m。排洪渠与拦渣坝连接处设置10m渐变段，将洪水通过拦渣坝溢洪口排入下游。

(3) 挡渣墙。考虑到当地料源块石丰富，故挡渣墙采用格宾网箱挡渣墙，墙高4.0m，基础埋深1.50m，墙采用格宾网垫水平防冲，格宾网垫长度按冲刷深度的2～3倍取值。格宾网箱尺寸（长×宽×高）分别为：1.5m×1m×1m，2m×1m×1m，2.5m×1m×1m，3m×1m×1m；格宾网垫尺寸为（长×宽×厚）：3m×2m×0.5m。

2.7.1.3 锦屏二级水电站海腊沟弃渣场

1. 弃渣场概况

海腊沟弃渣场位于锦屏二级水电站大水沟厂址上游雅砻江左岸海腊沟内，为沟道型弃渣场，占地面积10.71hm^2，土地类型主要为林地。弃渣场容量约500万m^3，弃渣量443.32万m^3。弃渣场堆渣底高程为1394.00m，堆渣顶高程为1522.00m，主要堆渣坡比为1∶2.0～1∶3.0。每隔10～20m设一级马道，马道宽度3～5m。

2. 工程级别及洪水标准

根据GB 51018的规定，由于弃渣场弃渣量为443.32万m^3，最大堆渣高度为128m，因而弃渣场级别确定为2级。相应的弃渣场坡脚挡渣墙工程级别为3级，防洪设计标准为50年一遇，校核标准为100年一遇。上游挡水坝建筑物等级为2级，防洪设计标准为50年一遇，校核标准为100年一遇。排水洞建筑物等级为2级，防洪设计标准为50年一遇，校核标准为100年一遇。

3. 工程地质

弃渣场区域广泛发育加里东期至燕山期的各类侵入岩和喷出岩，印支-燕山期（中生代）主要发育酸性和碱性侵入岩，分布范围较广泛。工程区的地震基本烈度为Ⅶ度，50年超越概率10%的地震动峰值加速度为0.125g。

挡水坝区域地基沟底区域覆盖层相对较厚，底部为砂岩、板岩分布地段，两侧区域基岩露头好，植被稀疏，覆盖层浅薄。

海腊沟弃渣场弃渣物理力学参数见表2.7-4。

表2.7-4 海腊沟弃渣场弃渣物理力学参数

岩层名称（潜在分层）			重度/(kN/m^3)		抗剪强度	
			干	湿	内摩擦角 φ/(°)	黏聚力 C/MPa
Qs人工堆渣	钻爆法开挖料	上部	18.0～18.5	19.5～20	29～31	0
		下部	19.0～19.5	20.5～21	33～35	0
	TBM开挖料	上部	17.8～18.3	18.5～19	28～30	0
		下部	18.5～19.0	19.5～20	30～33	0
Q_4^{al+pl} 卵石			20.0～21.0	21～21.5	27～29	0
弱风化玄武岩			26.5～26.7	27.5～27.7	33～35①	0.55～0.60①

① 岩石的抗剪断强度。

4. 气象水文

项目区多年平均气温为18.4℃，多年平均年降水量为1002.4mm，多年平均年蒸发量为1438.4mm。区域干湿季分明，每年11月至次年4月为干季，降水很少，只占全年雨量的5%～10%；5—10月为雨季，约占全年雨量的90%～95%，雨季日照少，湿度较大，日温差小。

海腊沟系雅砻江一级支流，沟道集水面积66.5km^2，沟长14.3km，平均坡降138.7‰，沟水长年不断，遇暴雨易形成洪水。根据水文计算，海腊沟50年一遇洪峰流量为192m^3/s，100年一遇洪峰流量为219m^3/s。

5. 渣体稳定性分析

根据《水电水利工程边坡设计规范》（DL/T 5353）对水电水利工程边坡级别的划分，海腊沟弃渣场规模大，划分为Ⅰ级B类边坡，采用简化Bishop法求解最危险滑面和相应安全系数。根据弃渣场渣体物质组成、堆渣高度、堆放坡度，同时依据地质参数，选定渣体黏聚力C、内摩擦角φ值。

按DL/T 5353的规定，分正常运用工况、非常运用工况Ⅰ（暴雨）、非常运用工况Ⅱ（地震）三种设计状况分别进行计算。

海腊沟弃渣场边坡安全稳定计算见表2.7-5。

计算结果表明，在各种工况条件下，海腊沟弃渣场堆渣边坡稳定性满足相关规范要求。

6. 水土保持措施

弃渣场上游进行沟水处理，采用挡水坝及排水

表 2.7-5 海腊沟弃渣场边坡安全稳定计算

计 算 工 况	安全稳定系数 F	
	计算结果	规范要求
正常运用工况	1.928	1.25～1.15
非常运用工况Ⅰ（暴雨）	1.928	1.25～1.15
非常运用工况Ⅱ（地震）	1.835	1.05

洞。挡水坝位于海腊沟内，距沟口约1.4km，采用浆砌块石重力坝。最大坝高20m，坝顶长约40m，顶宽3m，上游坝坡坡比为1∶0.25，下游坝坡坡比为1∶0.4。坝体上游面设C15钢筋混凝土防渗面板，厚度为1m，单层双向配筋。基础设C15混凝土垫层。排水洞布置在海腊沟右岸山体内，主要由进水口、洞身段、出口段及下游泄槽组成。排水洞进水口布置在挡水坝上游约20m处，出口及泄槽位于沟口上游约1.3km处雅砻江左岸，排水隧洞呈折线布置，排水隧洞进口底板高程1495.00m，出口底板高程1450.00m，排水隧洞中心线长973m，设计底坡比降i=6.07%，城门洞形断面，尺寸为8m×6.5m（宽×高）。

弃渣场内部排水采用在弃渣场周边设置截水沟，弃渣场顶部平台、缓坡区域及马道内侧设置排水沟进行排导。弃渣场坡脚设置挡渣墙进行拦挡，挡渣墙采用浆砌石结构，高5.5m。弃渣场按1∶2～1∶3的堆渣坡比进行堆渣，坡面采用浆砌石框格植草护坡，框格内回填耕植土20cm，混播马桑、胡枝子、狗牙根、紫花苜蓿、黑麦草等灌草籽，混播比例1∶1∶2∶2∶2，撒播密度80kg/hm^2。

1522.00m平台区域覆土25cm，缓坡区域（上游迎水面）覆土40cm，栽植乔木，穴植，穴径50cm，穴深75cm，采用混交植麻椰树和小叶榕，株行距3m×3m。林下撒播灌草籽，撒播物种及方式同堆渣坡面区域。

海腊沟弃渣场水土保持防护措施设计图见图2.7-3。

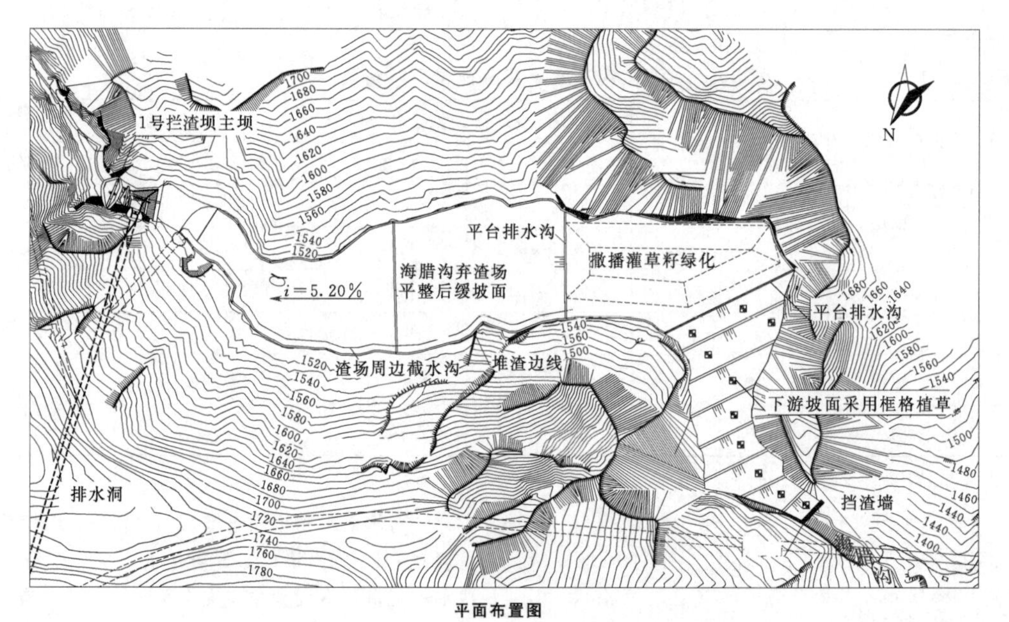

平面布置图

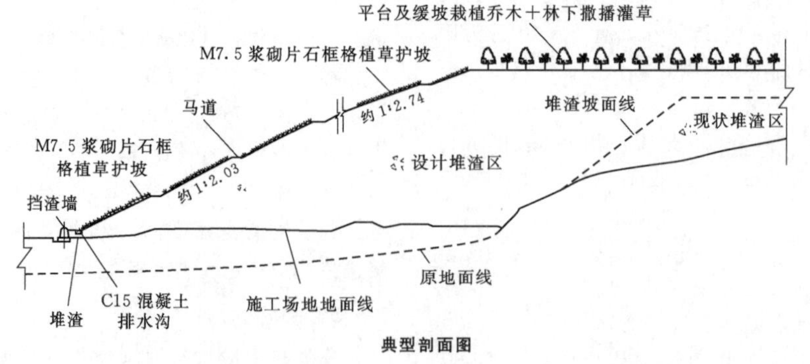

典型剖面图

图2.7-3（一） 海腊沟弃渣场水土保持防护措施设计图（高程单位：m；尺寸单位：cm）

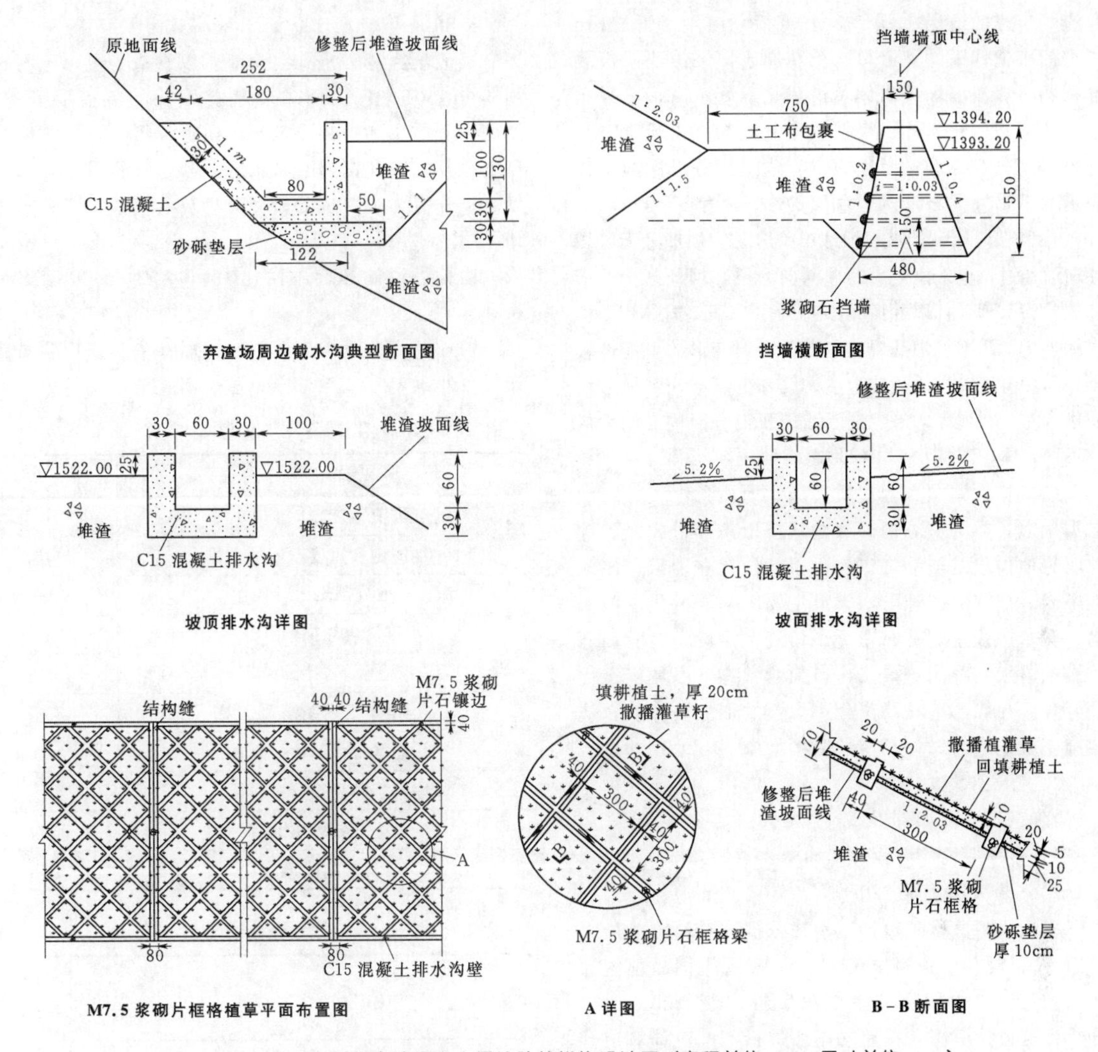

图 2.7-3（二） 海腊沟弃渣场水土保持防护措施设计图（高程单位：m；尺寸单位：cm）

2.7.1.4 某大型沟道型弃渣场

1. 弃渣场概况

弃渣场位于某水利枢纽坝址下游 3.5km 处河道右岸冲沟，属沟道型弃渣场。弃渣场占地面积 26.74hm^2，占地类型为林地。堆渣量 950 万 m^3，堆渣高程 777.50～879.40m，最大堆渣高度 102m，设 4 级马道，每级台阶高度 20m，马道宽度 15m，弃渣场边坡设计坡比 1∶1.54。

2. 弃渣场级别及防护标准

(1) 工程级别划分。

1) 弃渣场及防护工程建筑物级别。根据 SL 575—2012 的规定，由于弃渣场弃渣量为达 950 万 m^3，最大堆渣高度为 102m，因而确定弃渣场级别为 2 级，相应拦渣工程建筑物级别为 2 级，防洪工程建筑物级别为 2 级。

2) 植被恢复与建设工程级别。弃渣场植被恢复与建设绿化工程级别为 3 级，应满足水土保持和生态保护要求，执行生态公益林绿化标准。

(2) 设计标准。根据 SL 575—2012 的规定，防洪工程建筑物级别为 2 级，相应设计洪水标准取 50 年一遇，校核洪水标准取 100 年一遇。弃渣场截排水设计标准采用 5 年一遇 10min 短历时设计暴雨。

3. 工程地质

(1) 弃渣场地质。弃渣场地处 V 形峡谷，两岸基本对称。弃渣场左岸自然坡度 30°～35°，局部略陡；右岸自然坡度 30°～33°，谷底纵坡坡降 5.0%～5.5%，主槽底宽一般 20～30m，局部仅 4～6m；阶地不发育。工程区地震基本烈度为Ⅶ度，地震动峰值加速度为 0.153g；地下水类型主要为表层风化卸荷带裂隙潜水和第四系松散堆积物孔隙水，地下水与地表水对钢筋混凝土中的钢筋以及钢结构均无腐蚀性。

弃渣场出露的地层主要有震旦-寒武系喀纳斯群二段、华力西中期侵入的黑云母二长花岗岩以及第四系松散堆积物。弃渣场场址岩体总体风化程度不高，不存在全风化、强风化岩体。根据国土资源部关于地质灾害危害程度分级标准以及地质灾害危险性分级标准，该沟道为低易发泥石流沟，危险性小。

（2）挡渣坝、挡水坝坝址工程地质。坝址区无区域性断裂通过，也未发现大的顺河向断层，坝址区构造形迹主要为节理，且以陡倾角节理为主。坝基岩体以Ⅲ类岩体为主，两坝肩坝基岩体出现不均匀变形的可能性较小。两坝肩均以岩质边坡为主，仅有少量第四系松散堆积物，左、右坝肩均未发现因结构面组合而构成的大规模不稳定体，天然状态下岸坡稳定性较好。

（3）排洪隧洞工程地质。隧洞地质条件较好，围岩类别以Ⅲ类为主，局部有构造挤压破碎带或岩脉等软弱岩体段以及隧洞进口、出口部位存在少量Ⅳ～Ⅴ类围岩。隧洞沿线地下水类型主要为基岩风化裂隙潜水，含水洞段主要分布在进出口浅埋洞段，对隧洞开挖影响不大。隧洞进口、出口天然状态下岸坡稳定性较好，仅在局部地段易产生小规模的崩塌及掉块，隧洞施工开挖中需做好相应的防护措施。

4. 气象水文

弃渣场区属温带大陆性气候。多年平均气温4.8℃；多年平均年降水量203.8mm；多年平均风速2.4m/s，最大冻土深220cm。

采用暴雨法推求设计洪水，依据《新疆可能最大暴雨等值线图》（资料至1975年）和《中国暴雨统计参数图集》（中国水利水电出版社出版，2006年1月）计算设计暴雨，按照暴雨法进行产汇流计算。计算结果见表2.7-6和表2.7-7。

表2.7-6 弃渣场50年一遇（$P=2\%$）和100年一遇（$P=1\%$）设计面暴雨计算

频率	设计面暴雨/mm			
	10min	1h	6h	24h
$P=1\%$	14.31	28.82	58.12	81.34
$P=2\%$	12.16	25.19	50.81	71.82

表2.7-7 弃渣场50年一遇（$P=2\%$）和100年一遇（$P=1\%$）设计洪水计算

特征值			不同频率设计洪水流量/(m^3/s)	
集水面积/km^2	河长/km	平均坡降/‰	$P=1\%$	$P=2\%$
104.2	22.1	42.4	250	201

5. 弃渣场稳定性分析

弃渣场弃渣为土石混合渣，以石渣为主，土石比约3∶7。其中，土渣主要来自工程的覆盖层开挖，类型为砾质土和棕钙土，土壤质地较粗；石渣主要来自工程开挖的花岗岩、石英岩、砂卵砾石等，以黑云母石英片岩为主要成分。弃渣场及渣体基本参数见表2.7-8。

边坡稳定计算选用简化Bishop法，计算结果见表2.7-9。

经计算，弃渣场边坡抗滑稳定安全系数均满足相关规范要求。

表2.7-8 弃渣场及渣体基本参数

参数	数值
堆渣重度/(kN/m^3)	24
堆渣饱和重度/(kN/m^3)	24.5
堆渣黏聚力/kPa	0
堆渣内摩擦角/(°)	33
堆渣水下黏聚力/kPa	0
堆渣水下内摩擦角/(°)	33
地基重度/(kN/m^3)	27
地基饱和重度/(kN/m^3)	29
地基黏聚力/kPa	750
地基内摩擦角/(°)	43.5

表2.7-9 弃渣场边坡稳定计算结果

计算工况		计算安全系数	允许最小安全系数
正常运用工况	正常运用边坡	1.43	1.30
非常运用工况Ⅰ	正常运用边坡+地震	1.30	1.10
非常运用工况Ⅱ	正常运用边坡+渣体内积水	1.16	1.90

6. 水土保持措施

该弃渣场主要防护措施包括：弃渣场渣脚设堆石混凝土挡渣坝，弃渣场首端设堆石混凝土挡水坝，挡水坝前设排洪隧洞，排导沟内径流；排洪隧洞前布置混凝土实用堰。为避免沟道上游推移质封堵排洪隧洞进口，减少排洪隧洞前沙石堆积，减轻水流对实用堰、挡水坝的冲击力，同时便于工程后期运行管理，在距实用堰上游约102m、187m河床处分别设置两座混凝土拦沙坝；沿弃渣场顶面周边设截水沟，并沿弃渣场顶面间隔100m左右设横向排水沟，截水、排水沟内洪水经挡渣坝坝顶预留缺口排至坝体下游。弃渣场设计图见图2.7-4。

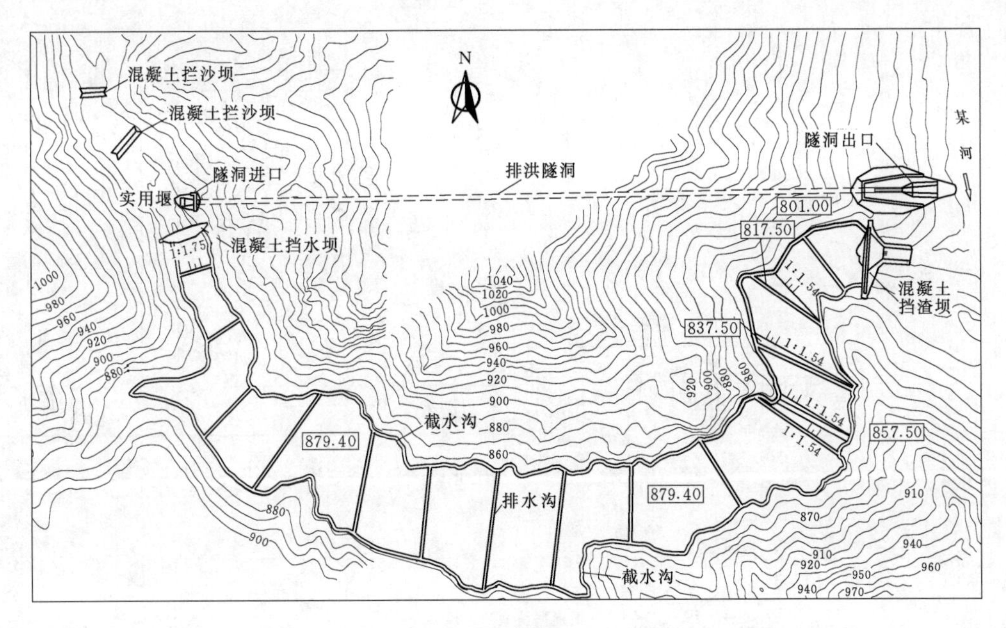

平面布置图

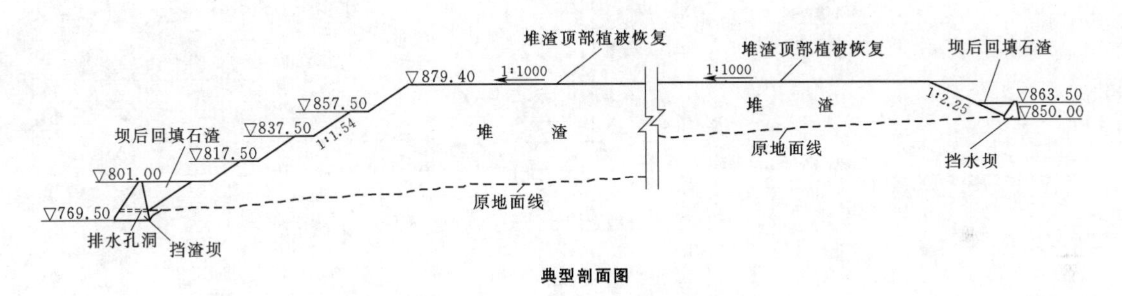

典型剖面图

图 2.7-4　弃渣场设计图（单位：m）

（1）工程措施。

1）土地整治措施。弃渣前，先剥离表土 30cm，剥离料堆成梯形台体，边坡坡比 1∶1.5，高度 3m。弃渣完毕后，将表土覆盖在渣堆的表面。施工结束后对弃渣场施工迹地进行土地整治，土地整治采用 88kW 推土机推平。

2）挡渣工程。挡渣坝为重力坝，坝顶长 88.47m、坝高 31.5m、顶宽 2.5m，上游坝坡坡比 1∶0.2，下游坝坡坡比 1∶0.7。沿坝轴线设 6 道横缝，缝宽 2cm，缝内设闭孔板。坝顶预留缺口，缺口宽 50m。坝身预留 3 个 1.5m 排水孔洞以排除坝后渣体内积水。下游坝坡面设边墙，边墙内设台阶。边墙内坝面设 ϕ200mm 排水管，坝体上游侧设置 1m 厚反滤层。排水管呈梅花形布置，排水管进口、出口端包裹土工布。

挡渣坝后设钢筋混凝土护坦段，护坦纵坡坡比 1∶30。护坦底部设排水管和锚筋，排水管呈梅花形布置；锚筋入岩 2.5m，呈梅花形布置。护坦两侧设边墙。

挡渣坝设计图见图 2.7-5。

挡渣坝稳定分析采用《混凝土重力坝设计规范》（SL 319—2005）计算坝址、坝踵垂直应力，对坝体进行抗滑稳定性分析，计算结果见表 2.7-10。

经计算，在各种荷载组合下，挡渣坝抗滑稳定安全系数均满足规范要求；坝踵垂直应力均为压应力，满足规范不出现拉应力要求；坝趾垂直应力最大为 0.687MPa，小于坝基岩体承载力，满足规范要求。另外，左右坝肩岩体均为坚硬岩，坝体不会出现倾覆现象。

3）沟水处理工程。

a. 堆石混凝土挡水坝。挡水坝为重力坝，坝顶总长 61.9m，坝高 13.5m，上游坝坡坡比 1∶0.2，下游坝坡坡比 1∶0.7，坝顶宽 2.50m，坝底最大宽度为 12.85m。沿坝轴线设 4 道横缝，缝宽 2cm，缝内设闭孔板。挡水坝设计图见图 2.7-6。

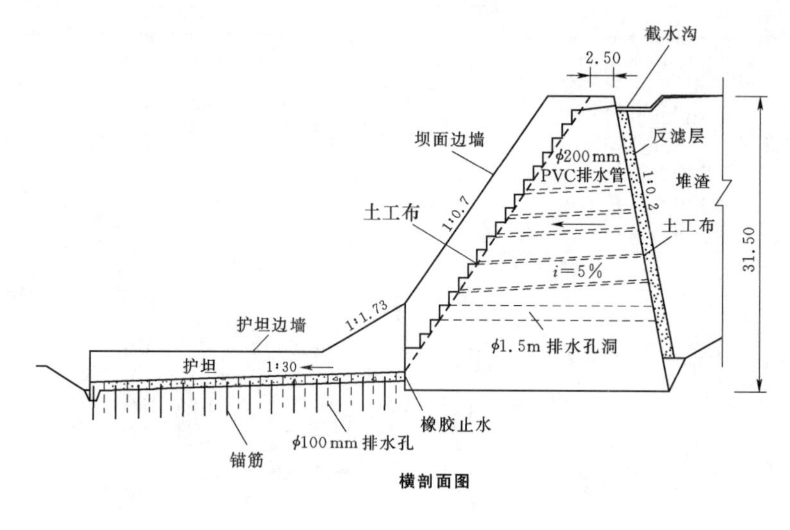

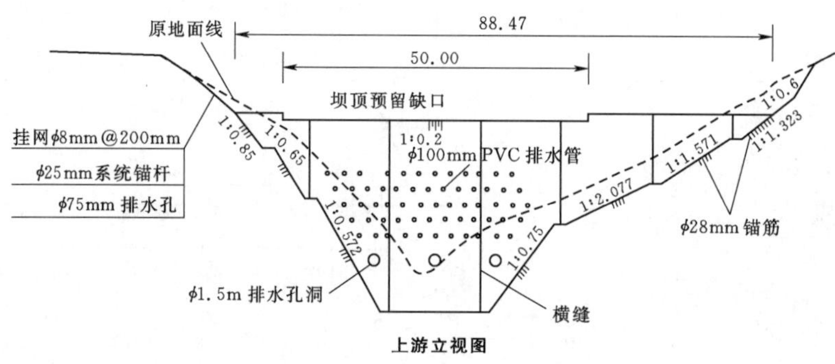

图 2.7-5 挡渣坝设计图（单位：m）

表 2.7-10 挡渣坝坝体抗滑稳定性分析计算结果

荷载组合	基本组合	特殊组合 1	特殊组合 2
计算工况	正常运用工况	非常运用工况Ⅰ	非常运用工况Ⅱ
上游水位/m	778.50	789.70	778.50
下游水位/m	无水	无水	无水
堆渣高程/m	801	801	801
竖向力$\sum W$/kN	−13630	−12000	−14486
水平力/kN	5638	6530	10409
弯矩/(kN·m)	−8914	−23640	−26726
坝基面抗滑稳定安全系数 k'	6.046	4.996	3.350
坝趾垂直应力 σ_y/MPa	0.531	0.580	0.687
坝踵垂直应力 σ'_y/MPa	0.405	0.245	0.308

挡水坝坝体稳定性计算与挡渣坝坝体稳定分析计算方法一致，计算结果见表 2.7-11。

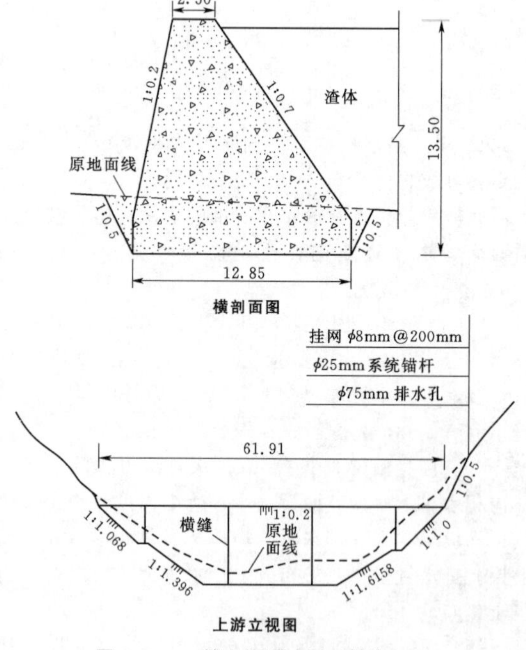

图 2.7-6 挡水坝设计图（单位：m）

表 2.7-11 挡水坝坝体稳定性分析计算结果

荷载组合	基本组合	特殊组合 1	特殊组合 2
计算工况	正常运用工况	非常运用工况Ⅰ	非常运用工况Ⅱ
上游水位/m	861.21	862.02	861.21
下游水位/m	无水	无水	无水
堆渣高程/m	860.00	860.00	860.00
竖向力$\sum W$/kN	−2412	−2372	−2412
水平力/kN	628.3	722.4	754.8
弯矩/(kN·m)	−653.2	−1235.0	−1502.0
坝基面抗滑稳定安全系数 k'	19.867	17.230	16.538
坝趾垂直应力 σ_y/MPa	0.196	0.212	0.223
坝踵垂直应力 σ_y/MPa	0.155	0.133	0.128

由表 2.7-11 可知，在各种荷载组合下，挡水坝抗滑稳定安全系数均满足相关规范要求；坝踵垂直应力均为压应力，满足相关规范不出现拉应力的要求；坝趾垂直应力最大为 0.237MPa，小于坝基岩体承载力，满足相关规范要求。

b. 拦沙坝。拦沙坝采用梳齿式格栅坝型式。两座拦沙坝均坐落于砂砾石地基上，基础埋深 2.0m，断面尺寸相同，坝高 4.0m，坝顶宽 1.0m，上游坝坡坡比 1∶0.5，下游坝坡坡比 1∶0.1，在河床坝段坝趾处设置墙趾。其中上游拦沙坝坝顶长度 22.8m，沿坝轴线设 4 道横缝，缝宽 2cm，缝内设闭孔板。坝体设置 8 个格栅孔，其中河床坝段 4 个格栅孔，两侧 4 个格栅孔；下游拦沙坝坝顶长度 32.3m，沿坝轴线设 6 道横缝，缝宽 2cm，缝内设闭孔板。坝体设置 12 个格栅孔，其中河床坝段 8 个格栅孔，两侧 4 个格栅孔。

上游拦沙坝左岸开挖边坡相对较高，高约 7.5m，下游拦沙坝右岸开挖边坡相对较高，高约 5.1m，开挖坡比均为 1∶0.75。边坡表面挂网 ϕ8mm@200mm，喷 10cm 厚 C25 混凝土，并采用 ϕ25mm@2.0m×2.0m、长 5m 的系统锚杆进行锚固支护，呈梅花形布置。边坡表面设置排水孔，倾角按 15°布置。

拦沙坝设计图见图 2.7-7。

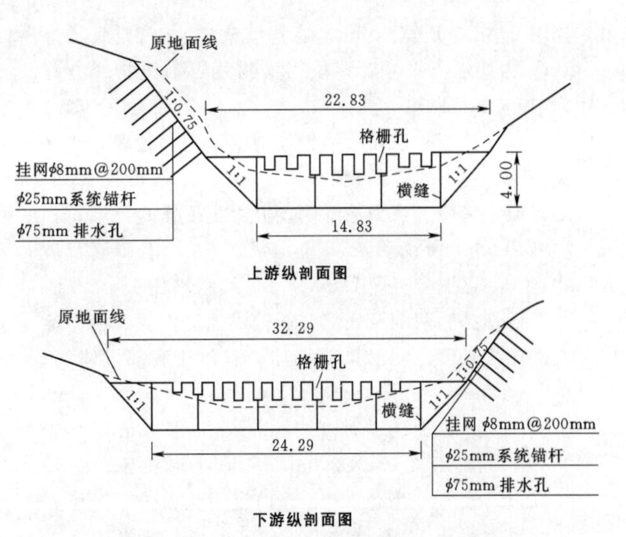

图 2.7-7 拦沙坝设计图（单位：m）

4）排洪工程。

a. 实用堰。在排洪洞进口处设实用堰，以保证排洪隧洞的正常运行。实用堰采用折线形堰，堰宽 11.0m，堰高 4.0m，上游坡垂直，下游坡坡比 1∶1.0。

实用堰两侧设置衡重式混凝土挡墙，后接 U 形挡墙收缩段，挡墙后回填石渣。衡重式挡墙及 U 形挡墙过水断面高度取 6.0m。衡重式挡墙水平长度 11m，其高度由 10m 渐变至 6m。衡重式挡墙两侧、U 形挡墙两侧及底部设排水管，堰底、U 形挡墙底部设锚筋。排水管直径 100mm，呈梅花形布置；锚筋直径 25mm，入岩 2.5m，呈梅花形布置。每隔 10m 设一横缝，缝宽 2cm，缝内设闭孔板。

实用堰横剖面图见图 2.7-8。

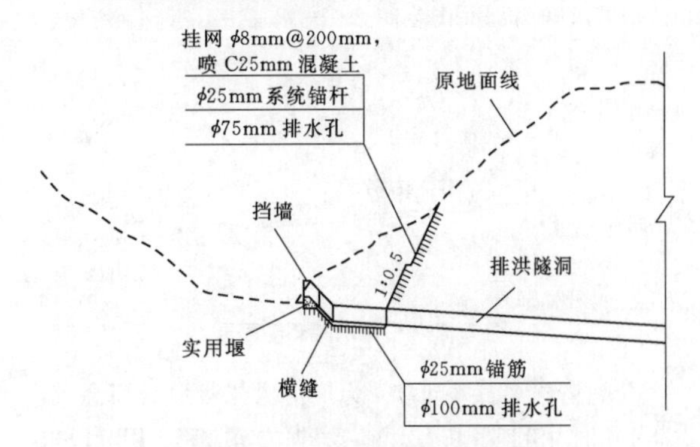

图 2.7-8 实用堰横剖面图

经计算，实用堰宽度取为 11m 时，堰顶水头为 6m 时，可满足挡水坝坝址处 100 年一遇洪峰流量 250m^3/s 的过流能力。故堰宽取 11m，堰高 4m，堰底高程 852.00m，堰顶高程 856.00m，上游坡垂直，下游坡坡比 1∶1.0。

b. 排洪隧洞。排洪隧洞采用城门洞型，进口高程 845.58m，出口高程 779.85m，纵向坡降 0.071。过水断面底宽 4.5m，高 5.8m，其中直墙高 4.5m，顶拱高 1.3m，顶拱圆心角 120°，半径 2.6m。排洪洞出口设 U 形挡墙扩散段，U 形挡墙扩散段过水断面自隧洞出口 4.5m 宽扩散至 10.0m 宽，水平长 34.6m，挡墙高6m，顶宽0.5m，墙背坡比1∶0.1，底板厚1m。为使水流平顺，该段为抛物线形，抛物线方程为 $y=gx^2/1158$。

U形挡墙扩散段后接钢筋混凝土消力池段，水平长50m，池深4.5m，底板厚2.5m，末端设深3.0m的混凝土齿墙。消力池两侧设混凝土衡重式挡墙，挡墙高7.5m，顶宽0.5m，上墙高3.5m，上墙墙背坡比1∶0.3，平台宽度2.5m，下墙墙背坡比1∶0.5。

U形挡墙两侧及底部、衡重式挡墙两侧、消力池底部设排水管，U形挡墙底部、消力池底部设锚筋。排水管直径100mm，长3m，间排距2.0m×2.0m，呈梅花形布置；锚筋直径25mm，长3m，入岩2.5m，间排距2.0m×2.0m，呈梅花形布置。每隔10m设一横缝，缝宽2cm，缝内设闭孔板。

排洪洞进口边坡高度约38m，开挖坡比1∶0.5，洞顶以上15m处设置一条2m宽的马道；出口边坡高度约34m，顺土石分界线进行开挖，开挖坡比约1∶0.85，洞顶以上9m处设置一条2m宽的马道。边坡表面挂网 ϕ8mm@200mm，喷10cm厚C25混凝土，并采用 ϕ25mm@2.0m×2.0m、长5m的系统锚杆进行锚固支护，呈梅花形布置。边坡表面设置排水孔，孔径75mm，间排距2m，孔深3m，倾角按15°布置。

排洪隧洞剖面图见图2.7-9。

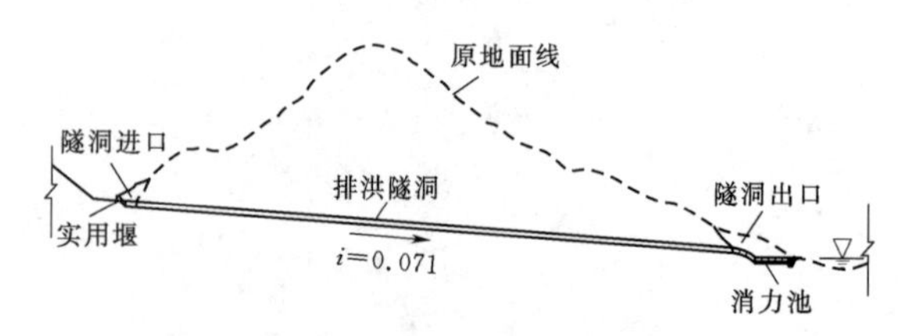

图2.7-9 排洪隧洞剖面图

a）隧洞水面线计算。为确定隧洞边墙墙顶高程，需计算洞内沿程各断面水深，根据能量方程，用分段求和法计算。排洪隧洞各段水面线计算结果见表2.7-12。

根据隧洞水面线计算结果可知，隧洞控制断面为溢流堰后收缩段末端，即隧洞进口部位，按照满足规范要求设计断面尺寸：底宽4.5m，高5.8m（其中直墙高4.5m、顶拱高1.3m），顶拱圆心角120°，半径2.6m。

b）消能计算。排洪隧洞出口布置有大坝施工区，现状地形在隧洞出口位置为上坝公路，为防止挑流消能存在的雾化问题影响施工区及上坝公路，隧洞出口选取底流消能，分别按50年一遇设计消力池深度及长度。消能计算结果见表2.7-13。根据计算结果，结合地质条件，确定消力池池深4.6m，底板厚度2.5m，池长50.0m。消力池横剖面图见图2.7-10。

表2.7-12 排洪隧洞各段水面线计算结果

设计流量	特征参数	计算位置		
		溢流堰末端	隧洞进口	隧洞出口
168m³/s	流速/(m/s)	15.483	15.080	19.430
	不掺气水深/m	0.986	2.476	1.921
	掺气水深/m	1.200	2.999	2.444
201m³/s	流速/(m/s)	15.823	15.230	19.330
	不掺气水深/m	1.155	2.932	2.311
	掺气水深/m	1.411	3.558	2.936
250m³/s	流速/(m/s)	16.288	15.580	20.330
	不掺气水深/m	1.395	3.567	2.732
	掺气水深/m	1.713	4.345	3.510

表2.7-13 消能计算结果 单位：m

收缩断面水深 h_1	跃后水深 h_2	消力池池深 d	消力池长度 L
0.965	8.767	3.99	43.07

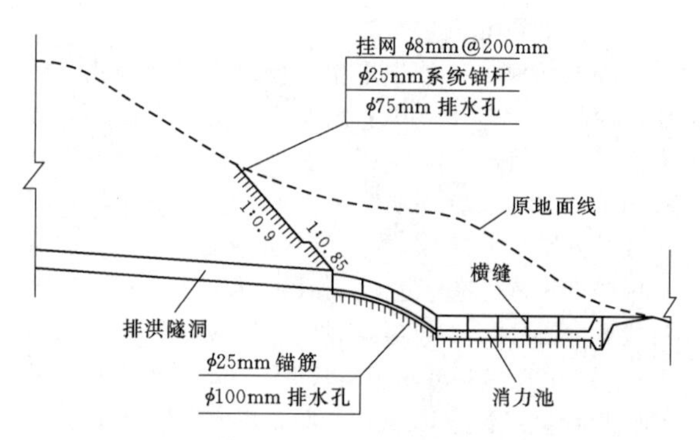

图2.7-10 消力池横剖面图

c）支护形式及断面设计。排洪隧洞总长913.4m，围岩以Ⅲ类为主，其中Ⅲ类围岩长度731.6m，Ⅳ类围岩长度181.8m。根据排洪隧洞沿线不同地层岩性、地下水位、地应力等情况，并参考围岩分类，一次支护参数见表2.7-14。隧洞支护（Ⅳ类围岩）见图2.7-11。

表2.7-14 隧洞一次支护参数

围岩类别	一次支护参数
Ⅲ类	锚杆+钢筋网+喷混凝土：顶拱120°系统锚杆 ϕ25mm@1.5m×1.5m，L=3.5m，呈梅花形布置；单层钢筋网 ϕ8mm@20cm×20cm，喷10cm厚C25混凝土

续表

围岩类别	一次支护参数
Ⅳ类	锚杆＋钢筋网＋喷混凝土：顶拱及边墙系统锚杆 ϕ25mm@1.5m×1.5mm，$L=3.5$m，呈梅花形布置；单层钢筋网 ϕ8mm@20cm×20cm，喷15cm厚C25混凝土；设置I16型拱架钢支撑，榀距1.0m

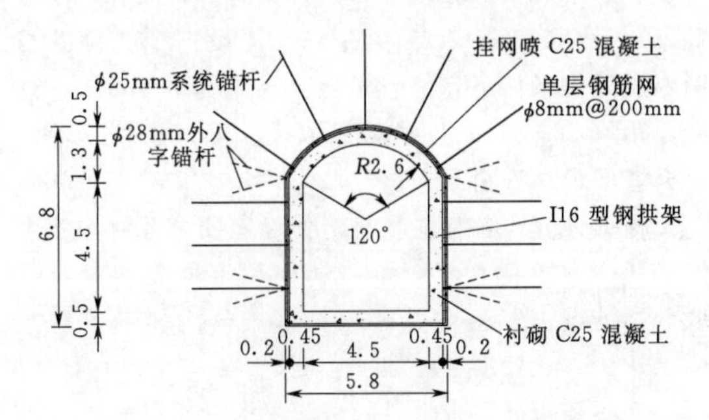

图 2.7-11　隧洞支护（Ⅳ类围岩）（单位：m）

c. 截水、排水沟。为防止山坡汇水对渣面造成冲刷，沿弃渣场顶面周边布设截水沟，并沿弃渣场顶面间隔100m左右布设横向排水沟，其排水计算根据《水力计算手册》（第2版，中国水利水电出版社出版，2006年），采用谢才公式及曼宁公式进行计算。截水沟断面为梯形，其中右岸截水沟过水断面底宽取2.4m，高取1.2m，左、右坡比取1∶1.0，厚度0.3m；左岸截水沟过水断面底宽取1.5m，高取1.2m，左、右坡比取1∶1.0，厚度0.3m。截水沟横剖面图见图2.7-12。

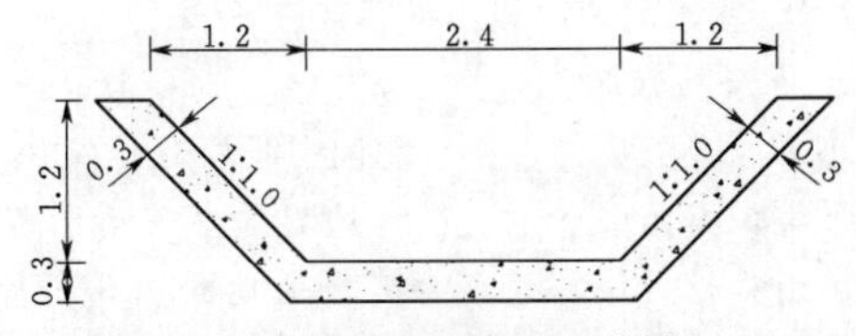

图 2.7-12　截水沟横剖面图（单位：m）

（2）植物措施。弃渣结束并对渣体进行土地整治后，在弃渣顶面和坡面撒播草籽恢复植被，草籽选择黑麦草、针茅、披碱草，混播比例1∶1∶1，撒播量120kg/hm²。

（3）临时措施。将弃渣场的剥离料临时堆放在弃渣场一角，堆渣坡比为1∶2.5，堆高3m。为防止堆渣体流失，在剥离料四周用袋装土进行临时拦挡，袋装土高1m，底宽1m，顶宽0.5m。

2.7.2　坡地型弃渣场

2.7.2.1　福建某抽水蓄能电站上库坝后弃渣场

1. 弃渣场概况

福建某抽水蓄能电站其上库坝后弃渣场位于上库主坝坝后，属于坡地型弃渣场，占地面积17.92hm²，占地类型主要为林地、耕地和园地，堆渣高程770.00～866.00m，最大堆渣高度96m，弃渣场容量380.40万m³，堆渣量373.84万m³。弃渣场堆渣坡比1∶3.0，在高程775.00m、790.00m、805.00m、820.00m、835.00m、850.00m分别设置一级马道，马道宽3m。

2. 工程级别及洪水标准

根据GB 51018的规定，由于弃渣场堆渣量为373.84万m³，最大堆渣高度为96m，弃渣场失事可能造成的影响较严重，因而弃渣场级别为2级。挡渣坝工程等拦挡建筑物级别为2级，防洪设计标准为50年一遇，防洪校核标准为100年一遇。

3. 工程地质

弃渣场工程所在区处于华南加里东褶皱带东部的闽东断陷带。弃渣场场地自然边坡稳定性较好，无崩塌、滑坡、泥石流等不良地质现象，不存在影响弃渣场稳定性的软弱土层，两岸山体雄厚，堆渣不超过山脊高程，弃渣场两侧不存在临空面、滑移面；在弃渣场下游沟谷处地形变得狭窄，左岸下游侧被一连续性好的横向厚实的山脊阻挡，堆渣低于该山脊高程，山脊形成天然的防护挡脚，对弃渣场的稳定性有利。

弃渣场基岩岩性为晶屑熔结凝灰岩，岩石致密坚硬，两岸山坡覆盖层较薄，为残坡积含碎石粉质黏土，厚度一般1～3m，局部有4～5m，沟底零星堆积冲洪积漂卵石，厚约0.5～1m。场地地质构造不发育，仅发育2条小断层，宽度在0.5m内，中陡倾角，带内为碎裂岩、碎粉岩，未发现大的不利构造或软弱夹层，节理较发育，以闭合为主，对场地稳定影响较小。

拦渣坝位置沟底弱风化基岩出露，地形呈V形，两岸覆盖层薄，风化浅，未发现不利结构面或软弱夹层，地质条件较好。

工程场地的地震基本烈度为Ⅶ度，工程区的地震动峰值加速度为0.15g，属区域构造稳定性较差区，近场区构造稳定性较差，但弃渣场场址构造稳定。

4. 气象水文

弃渣场所在区属亚热带海洋性季风气候区，多年平均气温21.1℃，相对湿度78%，多年平均年降水量1526.4mm，多年平均年蒸发量1707.4mm，无霜期326d。

弃渣场实测各频率1h、3h、6h、12h和24h降水量见表2.7-15。弃渣场50年一遇洪峰流量为3.4m³/s。

表 2.7-15　弃渣场实测各频率1h、3h、6h、12h和24h降水量　　单位：mm

时段	频率				
	P=1%	P=2%	P=5%	P=10%	P=20%
1h	119.0	110.0	96.6	85.8	74.4
3h	239.0	215.0	182.0	156.0	129.0
6h	345.0	306.0	254.0	213.0	172.0
12h	488.0	431.0	354.0	295.0	237.0
24h	679.0	595.0	487.0	403.0	319.0

5. 渣体稳定性分析

根据SL 575—2012的规定，弃渣场边坡稳定性分析计算工况为：正常运用工况、非常运用工况Ⅰ（连续降雨）、非常运用工况Ⅱ（正常运用工况+地震）。分别采用瑞典圆弧法和简化Bishop法进行稳定性计算。

根据稳定性计算分析，对靠近堆渣坡面水平距离100m范围内的弃渣分层铺设土工格栅并摊铺碾压，提高该部分堆渣体物理力学性质［使渣（土）体内摩擦角φ提高至26°以上］，以使最不利滑移面后移，提高堆渣体稳定性，施工参数需根据现场生产性试验确定。

计算过程中假定堆料单一均匀，根据地质勘查报告，在自然堆放条件下，渣（土）体黏聚力取15kPa，内摩擦角取21°；在分层铺设土工格栅并摊铺碾压处理条件下，渣（土）体黏聚力取25kPa，内摩擦角取26°。在对堆渣体采取碾压处理条件下计算出弃渣场最小安全系数。

根据计算，各弃渣场堆渣体稳定安全系数均满足SL 575—2012的要求，堆渣体在拟定堆放坡度及采取分层铺设土工格栅并碾压处理条件下能满足稳定要求。

弃渣场边坡稳定性计算成果见表2.7-16。

表 2.7-16　弃渣场边坡稳定性计算成果

基本工况	平均堆渣坡比	渣(土)体容重/(kN/m³)	渣(土)体黏聚力 C/kPa	渣(土)体内摩擦角 φ/(°)	瑞典圆弧法		简化Bishop法	
					计算结果	规范要求	计算结果	规范要求
正常运用工况	1∶3	天然状态18；饱水状态20	25	26	1.316	1.20	1.361	1.30
非常运用工况Ⅰ					1.178	1.10	1.213	1.15
非常运用工况Ⅱ					1.161	1.10	1.195	1.15

注　表中计算结果为在对堆渣体采取分层铺设土工格栅并碾压处理的条件下计算得出。

6. 水土保持措施

弃渣场主要措施包括堆渣前需先清除弃渣场范围内的植被、剥离表土并堆存防护，建设坡脚1号和2号拦渣坝、底部排水箱涵和盲沟、弃渣场周边截水沟以及末端沉沙池，确保做到“先挡（排）后弃”，每级马道形成后建设马道排水沟，并与两侧截水沟衔接，确保渣体坡面来水能较快的引流至截水沟内，堆渣完成后修建弃渣场顶部后缘截水沟，同时进行弃渣场场地平整。

弃渣场应自下而上分层堆渣，同时对靠近堆渣坡面水平距离100m范围内的弃渣分层铺设土工格栅并摊铺碾压，各弃渣场前缘（拦渣设施后至少50m范围内）要求堆填粒径较大的块石、洞渣料，禁止堆放土方或土石混合料。

弃渣场在堆渣结束、场地平整后，进行覆土施工，之后进行弃渣场水土保持林、果林建设或全面整地后复耕，造林后实施抚育管理与封禁治理。

上库坝后弃渣场水土保持防护措施设计图见图2.7-13。

2.7.2.2　南水北调中线小平原弃渣场

1. 弃渣场概况

小平原弃渣场位于南水北调中线总干渠右岸，紧邻总干渠，沿总干渠永久征地边界线呈三角形布置，该处渠道为挖方渠段。该弃渣场征地面积9.87hm²，占地类型主要为梯田、旱地，地势由南向北倾斜，南侧为一局部高地，高程约90.00m，北侧最低，高程约75.00m，平均地面标高约79m。

该弃渣场堆放总干渠渠道弃方，设计堆渣量45万m³，以弃土为主，平均堆高5m，最大堆渣高度7m，弃渣顶面高程84.00m，堆渣边坡坡比1∶2.5，未分台阶堆放。

2. 工程级别及洪水标准

根据SL 575—2012的规定，由于弃渣场堆渣量小于50万m³，最大堆渣高度小于20m，弃渣场失事对主体工程或环境无危害，因而确定弃渣场级别为5级。相应的弃渣场拦渣工程等级为5级，斜坡防护工程级别为5级，防洪设计标准为10年一遇。

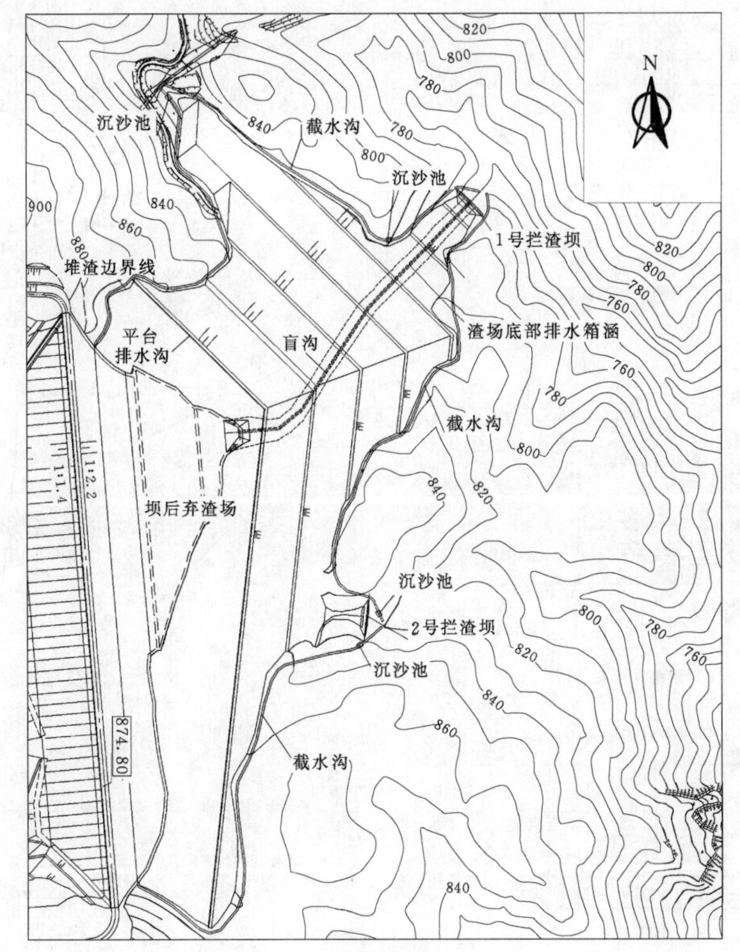

平面布置图

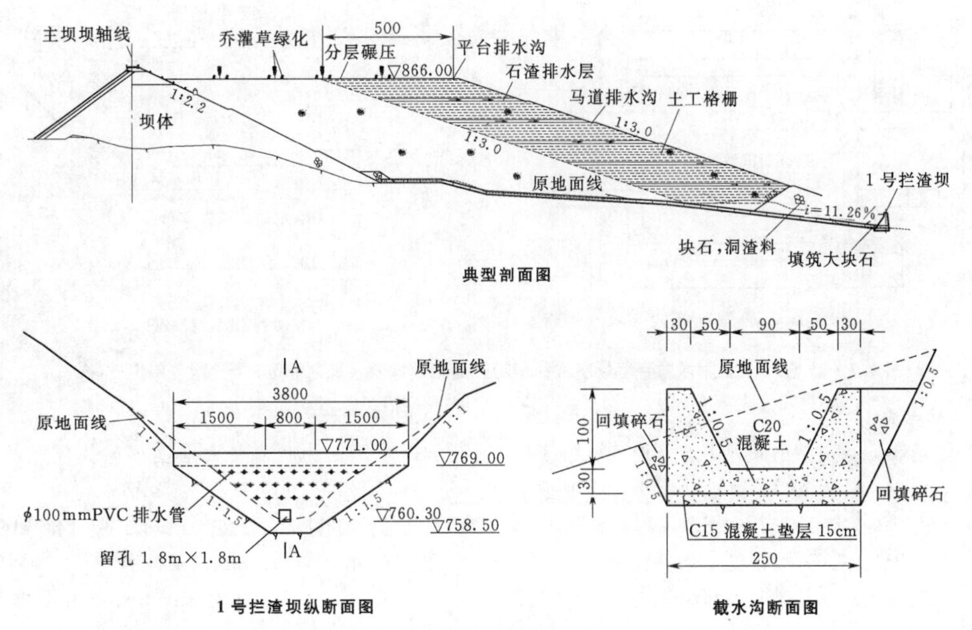

典型剖面图

1号拦渣坝纵断面图

截水沟断面图

图 2.7-13(一) 上库坝后弃渣场水土保持防护措施设计图

(高程单位:m;尺寸单位:cm)

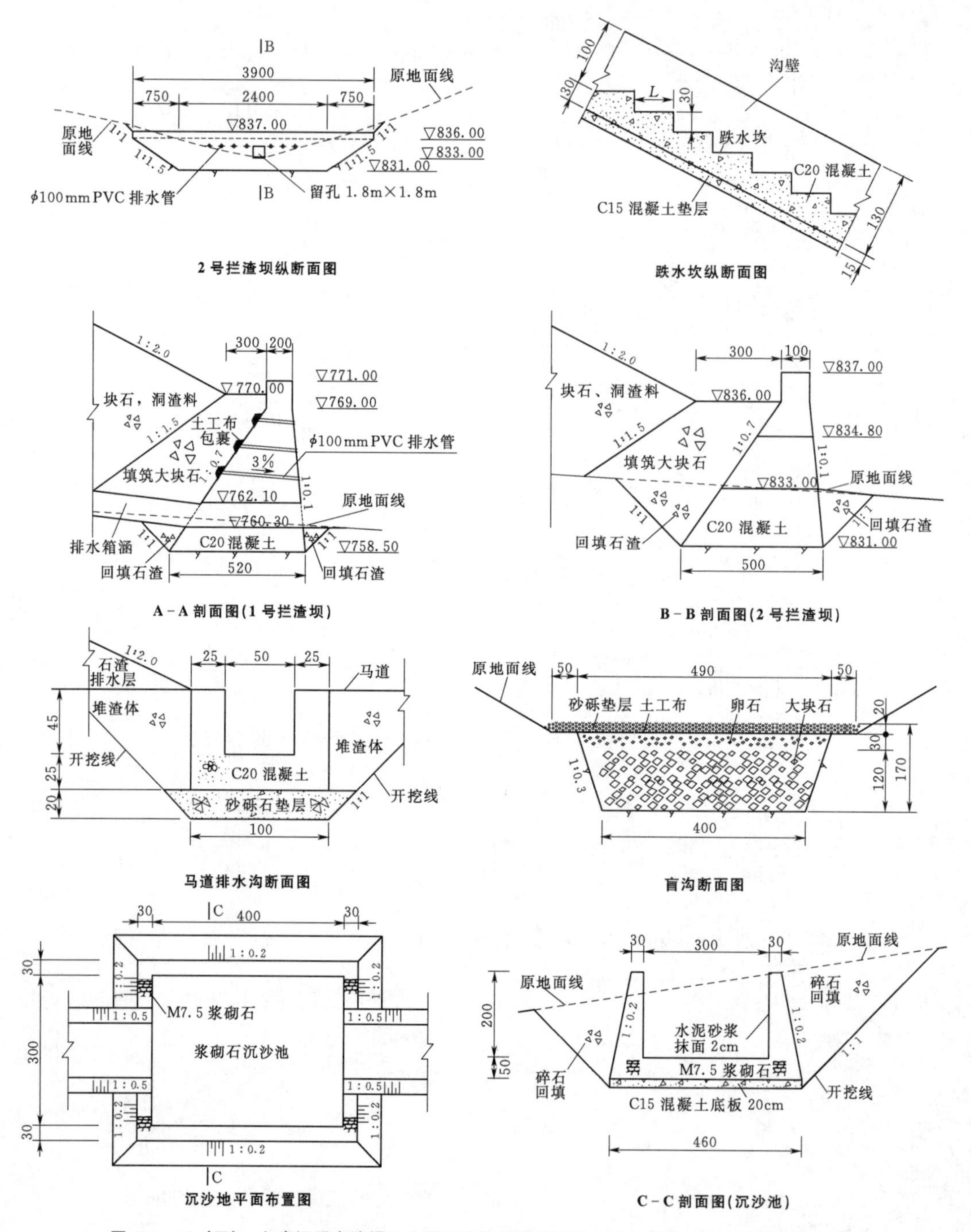

图 2.7-13（二）　上库坝后弃渣场水土保持防护措施设计图（高程单位：m；尺寸单位：cm）

3．工程地质

该弃渣场属太行山山前倾斜平原，地表被第四系地层覆盖，地层岩性为 Q_3^{dl+pl} 黄土状壤土，厚度小于 30m。本区域地下水埋深大于 30m。工程区地震基本烈度Ⅵ度，属于稳定区，场区稳定条件较好。

小平原弃渣场地基基础和渣料岩土物理力学参数见表 2.7-17。

4．气象水文

弃渣场区为暖温带大陆性季风气候区，四季分明。多年平均气温 12.5℃，多年平均风速 2.4m/s，最大冻土深度 80cm；多年平均年降水量 512.0mm，年最大降水量 880.4mm，年降水量的 80%集中在 6—9 月；10 年一遇最大 1h、6h、24h 暴雨分别为 70mm、150mm、197mm；多年平均年蒸发量（ϕ200mm

表 2.7-17 小平原弃渣场地基基础和渣料岩土物理力学参数

项 目	弃渣场地基(黄土状壤土)	渣料	项 目	弃渣场地基(黄土状壤土)	渣料
天然容重/(kN/m³)	16.00	15.53	黏聚力/(kN/m²)	16	12
浮容重/(kN/m³)	10.35	9.76	地基承载力/MPa	0.30	
内摩擦角/(°)	20	16			

蒸发皿)为1832mm。

弃渣场地表径流被南水北调中线总干渠和南部高地阻断，基本不存在洪水威胁，因此弃渣场集雨面积即弃渣场占地面积9.87hm²。

5. 渣体稳定性分析

弃渣场渣体以弃土为主。渣体整体稳定性分析采用瑞典圆弧法，按弃渣场满堆方式，堆渣边坡1∶2.5计算典型断面弃渣场边坡稳定安全系数。计算工况为正常运用工况，因弃渣场位于地震基本烈度Ⅵ度区，因此不考虑非常运用工况。

5级弃渣场抗滑稳定安全系数，正常运用工况下为1.15。经计算，在堆渣边坡坡比为1∶2.5的情况下，抗滑稳定安全系数为1.46，满足渣体抗滑稳定要求。

6. 水土保持措施

根据弃渣场地理位置、弃渣组成和占地地类，其水土保持措施总体布局为：在弃渣前先剥离表层土；在东侧、西侧布置挡渣墙，对挡渣墙顶高程以上弃渣边坡进行综合护坡；弃渣顶面四周设置挡水土埂；弃渣结束时，回铺表土、土地平整后对弃渣场顶部进行复耕。小平原弃渣场水土保持措施设计图见图2.7-14。

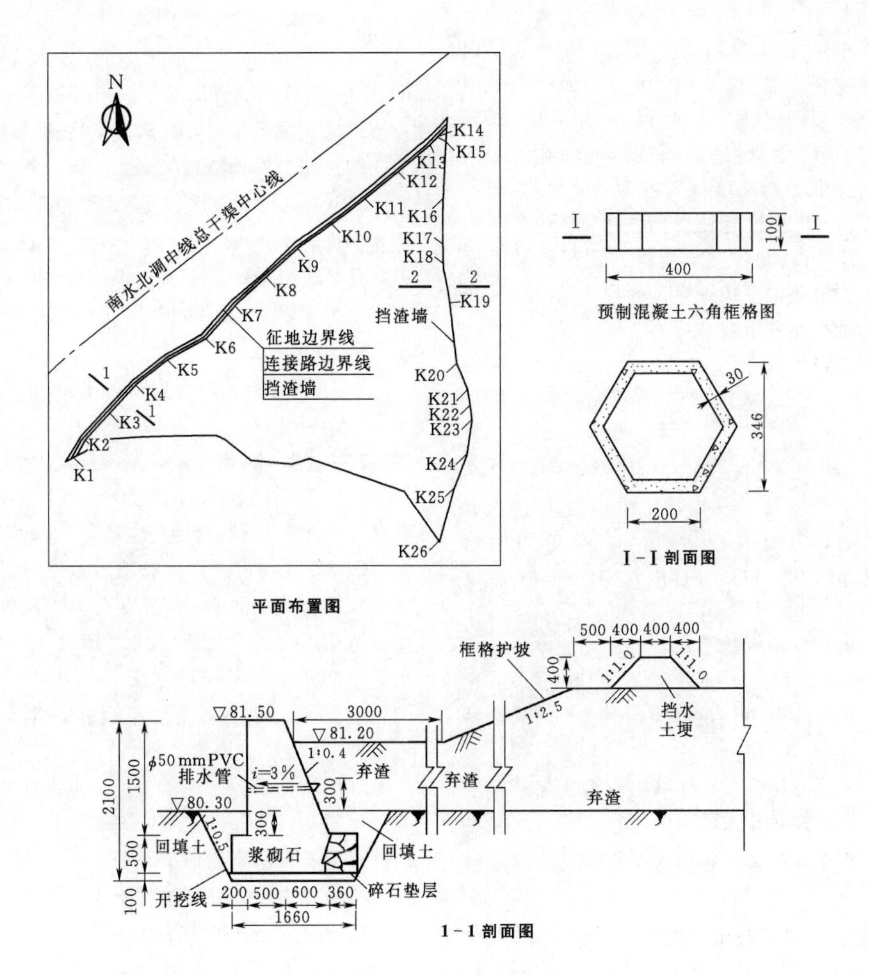

图2.7-14(一) 小平原弃渣场水土保持措施设计图(高程单位：m；尺寸单位：mm)

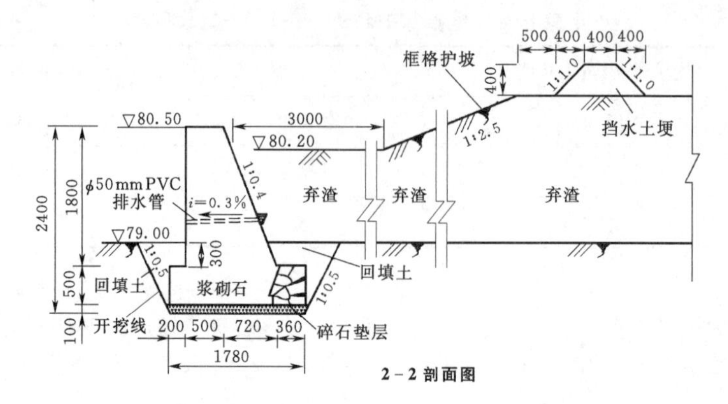

图 2.7-14（二）　小平原弃渣场水土保持措施设计图（高程单位：m；尺寸单位：mm）

（1）表土剥离。弃渣场使用前，先剥离表层土，剥离厚度 50cm，堆放于弃渣场一角，弃土、弃渣结束时回铺表土。

（2）拦渣工程。挡渣墙采用重力式浆砌石挡渣墙结构，浆砌石采用 M7.5 水泥砂浆砌筑，M10 水泥砂浆勾缝。

挡渣墙顶宽 0.5m，墙背边坡坡比 1∶0.4，墙面为直墙，基础埋深在地面以下 0.8m。挡渣墙总长度 1060m，其中东侧长 580m，墙高 1.8m，西侧长 480m，墙高 1.5m。挡渣墙墙后设置 3.0m 宽落淤平台，平台顶高程低于挡渣墙顶高程 30cm，起拦渣和落淤作用。3.0m 外开始起坡堆渣，不再分阶堆放，设计坡比 1∶2.5，边坡防护与南水北调中线总干渠一级马道以上渠坡防护型式一样，为预制混凝土六角框格，框格内植草恢复植被。

挡渣墙底部设 10cm 碎石垫层。挡渣墙水平向设沉降缝，缝宽 2.0cm，采用聚乙烯低发闭孔泡沫板填充。

通过在挡渣墙上布设排水孔降低渣体存水对墙体的水平作用力。排水孔设一排，孔距 3.0m。排水孔采用 PVC 管材，管材直径 10cm，内孔口用两层 $400g/m^2$ 土工布反滤层包裹，排水管向外呈 3% 坡度倾斜。

弃渣场顶面西北两侧边缘设置挡水土埂，防止渣面地表水冲刷坡面，挡水土埂为梯形断面，顶宽 0.4m，高 0.4m，设计坡比 1∶1.0，挡水土埂采取植草护坡。

（3）土地整治与复耕。弃渣堆填时水土保持要求“下渣上土”，即将粒径较大的弃渣堆在底部，弃土堆放在上层。堆渣结束后进行土地整平，回覆表土，弃渣顶面设计复耕。

2.7.2.3　河南沁河河口村水库工程 2 号弃渣场

1. 弃渣场概况

河口村水库 2 号弃渣场位于大坝下游 1km 处 2 号公路东侧左岸山坡，与 2 号公路斜交，属于坡地型弃渣场。弃渣场弃渣量 60 万 m^3，占地面积 $8.6hm^2$，最大堆高 52m，堆渣平台高程 260.00m，渣体边坡 1∶1.4～1∶2，坡面分 3 级，中间设置 2 级马道。该弃渣场区域土地类型以灌木林地为主，有少量耕地。

2. 工程级别及洪水标准

根据 SL 575—2012 的规定，由于弃渣场堆渣量 60 万 m^3，最大堆渣高度 52m，弃渣场失事对主体工程或环境造成的危害程度较轻，因而确定弃渣场级别为 4 级。相应的挡渣墙级别为 5 级，排洪工程级别为 4 级。弃渣场位于山区、丘陵区，其防洪设计标准为 20 年一遇，防洪校核标准为 30 年一遇。弃渣场边坡破坏危害的对象为一般基础设施，边坡破坏造成的危害程度为较轻，斜坡防护工程级别为 5 级。

3. 工程地质

2 号弃渣场原地形地貌为沁河左岸山前坡底一平台，平台高程 254.00～261.00m，坡度小于 5°，地形较为平缓，背靠陡崖和冲沟，前缘为一斜坡，天然坡度一般为 15°～25°。斜坡坡脚为 2 号上坝道路。弃渣场两侧沟谷发育，切割强烈，弃渣场周边多为坡洪积碎石土。

2 号弃渣场大部分区域基岩出露，岩性多为中元古界汝阳群石英砂岩，上部岩体一般呈强风化，局部呈全风化，全风化厚度一般不超过 1.0m；只局部区域有第四系上更新统坡洪积层（Q_3^{dl+pl}）覆盖，岩性为粉质黏土，多呈硬塑～坚硬状，含少量碎石和砾石，厚度大于 4.5m。

弃渣主要来源于溢洪道、泄洪洞开挖料，岩性以灰岩、石英砂岩、板状白云岩为主，2 号弃渣场地层岩性自上至下分别为以下 4 种。

（1）弃渣场上部覆盖物质主要为第四系上更新统冲积层（Q_4^r），岩性一般为棕红色、褐红色粉质黏土、黏土，多呈硬塑～坚硬状，含钙质结核，回填厚度 0.3～1.0m 不等。

(2) 由泄洪洞、溢洪道等开挖弃料组成的碎石，岩性主要为寒武系馒头组，以灰岩、石英砂岩、板状白云岩为主，块径多在 0.02～0.60m，少数大于 1.0m，磨圆度差，含量为 60%～70%。

(3) 第四系上更新统坡洪积层（Q_3^{dl+pl}），主要物质为土夹碎石、漂石、卵石及壤土。

(4) 冲中元古界汝阳群石英砂岩、页岩。

2 号弃渣场岩土物理力学参数见表 2.7-18。

表 2.7-18　2 号弃渣场岩土物理力学参数

地层代号	地层岩性	容重 /(kN/m³)	浮容重 /(kN/m³)	自然快剪（水上）		饱和快剪（水下）	
				黏聚力 C /kPa	内摩擦角 φ /(°)	黏聚力 C /kPa	内摩擦角 φ /(°)
Q_4^r	粉质黏土	14.70～16.66	9.77	18～20	16～18	14～16	13～15
Q_4^{ml}	弃渣（以碎石、砾石为主）	19.60～21.56	11.34	3	34～35	0	32～34
Q_3^{dl+pl}	碎石土（含少量壤土）	17.64～19.60	10.90	3	30～32	0	28～30
Pt	石英砂岩、页岩	24.50		220～250	35～40	220～250	32～35

2 号弃渣场挡墙地基为寒武系白云岩和砂页岩。工程区的地震动峰值加速度为 0.10g，相应的地震基本烈度为Ⅶ度，地震动反应谱特征周期为 0.40s。

4. 气象水文

弃渣场区气候属于暖温带大陆性季风气候，多年平均年降水量为 600.3mm，20 年一遇 24h 最大降水量为 156.3mm，30 年一遇 24h 最大降水量为 185.2mm，降水多集中在夏季 6—8 月。年平均气温 14.3℃，年平均蒸发量 1611mm（ϕ200mm 蒸发皿）。无霜期 180d 左右。2 号弃渣场上游集雨面积为 0.21km²。

5. 渣体稳定性分析

(1) 计算工况与安全系数。根据 SL 575—2012 的要求及工程情况，弃渣场抗滑稳定计算应分为正常运用工况和非常运用工况。

1) 正常运用工况：指弃渣场在正常和持久的条件下运用，弃渣场处在最终弃渣状态时，渣体无渗流或稳定渗流。

2) 非常运用工况：指弃渣场在正常运用工况下遭遇基本烈度Ⅶ度以上（含Ⅶ度）地震。

2 号弃渣场稳定计算工况及规范允许的安全系数见表 2.7-19。

表 2.7-19　2 号弃渣场稳定计算工况及规范允许的安全系数

计算工况	要求安全系数		
	简化 Bishop 法	摩根斯顿-普赖斯法	瑞典圆弧法
正常运用工况	1.20	1.20	1.15
非常运用工况	1.05	1.05	1.05

(2) 计算采用的程序及计算方法。稳定性计算采用黄河勘测规划设计有限公司与河海大学工程力学研究所联合研制的 HH-slope 进行计算，计算方法采用简化 Bishop 法、瑞典圆弧法和摩根斯顿-普赖斯法。

(3) 稳定性计算结果。选取不同工况下最有可能发生滑动的滑面进行渣体稳定性计算，计算结果见表 2.7-20。

表 2.7-20　2 号弃渣场渣体稳定性计算结果

计 算 工 况	设计要求安全系数		计算安全系数		
	简化 Bishop 法、摩根斯顿-普赖斯法	瑞典圆弧法	简化 Bishop 法	瑞典圆弧法	摩根斯顿-普赖斯法
正常运用工况	1.20	1.15	1.42～1.48	1.37～1.45	1.41～1.48
非常运用工况（地震，Ⅶ度）	1.05	1.05	1.28～1.34	1.24～1.30	1.28～1.33

从以上结果可以看出，在各种工况下，计算的各个工况的安全系数均满足相关规范的要求，弃渣场边坡处于稳定状态。

6. 水土保持措施

弃渣场水土保持工程主要有坡面网格护坡、挡渣墙工程、防洪排导工程。弃渣场顶面以上有一小支沟，防洪排导工程考虑了沟水排导和坡面排水措施。2号弃渣场水土保持工程措施设计图见图2.7-15、浆砌石网格护坡设计图见图2.7-16。

(1) 坡面网格护坡。主堆渣边坡坡比1∶2，靠近10号路段边坡坡比1∶1.4，坡面分3级，中间设置2级马道。坡面采用菱形网格护坡，材质为M7.5砂浆砌MU30块石，网格尺寸主要为4.0m×4.0m，靠10号路侧网格尺寸为2.0m×2.0m，网格骨架高0.5m，其中有0.15m嵌入坡面以下。网格每隔10～15m于肋柱处设置一条伸缩缝。

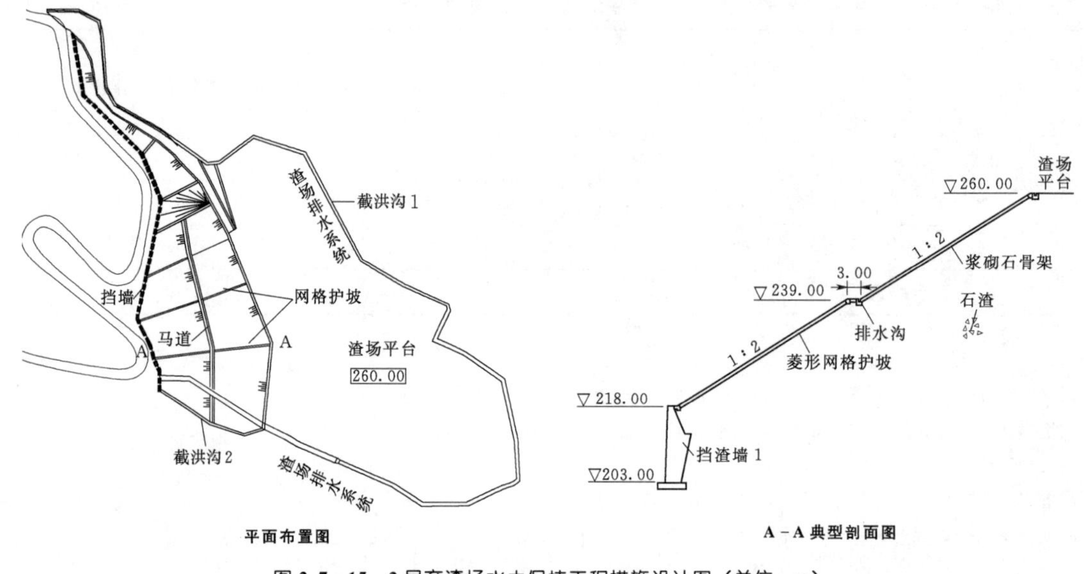

图2.7-15 2号弃渣场水土保持工程措施设计图（单位：m）

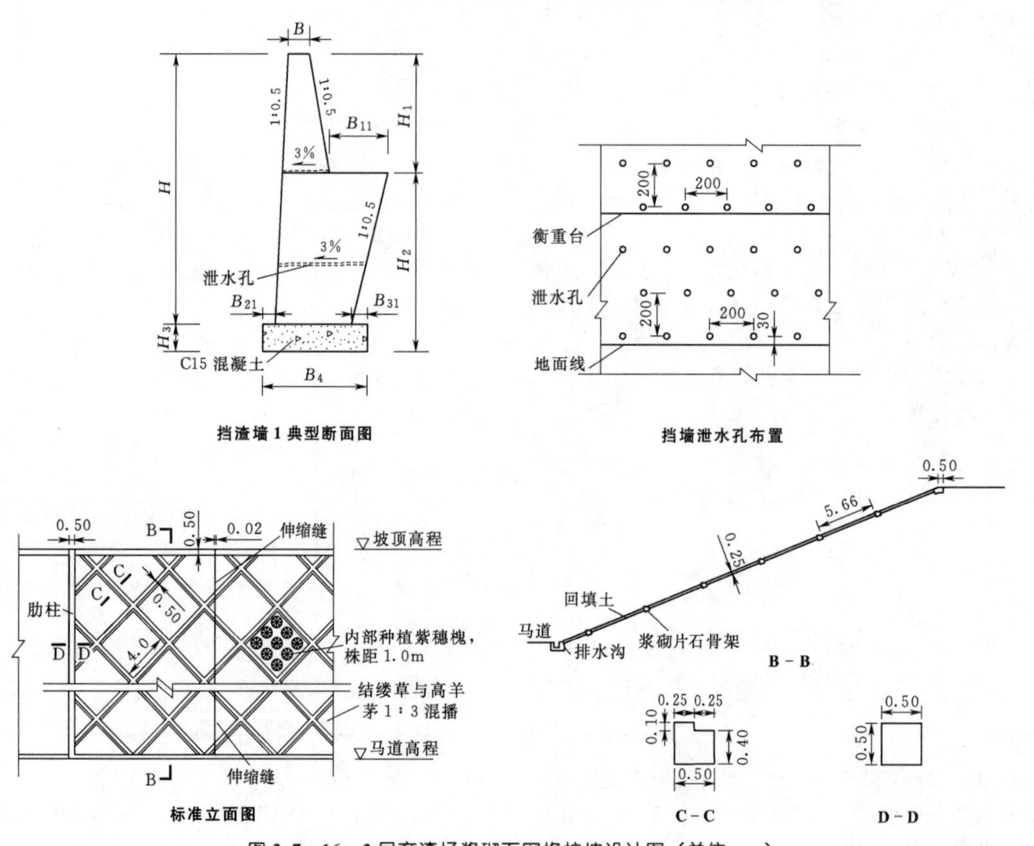

图2.7-16 2号弃渣场浆砌石网格护坡设计图（单位：m）

(2) 挡渣墙工程。2号弃渣场坡脚处分别建设3道挡渣墙，挡渣墙材质为M7.5砂浆砌MU30块石，墙体设置泄水孔，泄水孔呈梅花形布置，间排距2m。沿挡渣墙长度方向不超过10m设置一道伸缩缝，缝宽2cm。

挡渣墙1采用衡重式，最大尺寸为：墙身底宽7.7m，顶宽1.5m，墙身高度15.0m，上墙高4.1m，台宽3.22m，面坡坡比1∶0.05，上墙背坡坡比1∶0.5，下墙背坡倾斜坡度-1∶0.25，基础厚1.5m，基础向墙身前延伸2.0m，向墙身后延伸0.6m。挡渣墙2和挡渣墙3采用仰斜式，最大尺寸为：墙身底宽2.05m，顶宽1m，墙身高度4.2m，面坡坡比1∶0.5，墙背坡坡比-1∶0.25，基础厚0.5 m。

(3) 防洪排导工程。2号弃渣场南端边坡设急流槽一座，上游与弃渣场平台周边排水沟连接，出口与2号路过水涵洞连接。坡面急流槽材质为M7.5砂浆砌MU30块石，矩形断面，底宽4m，高2m，内设台阶宽0.8m，高0.4m；与挡渣墙1结合段急流槽同样采用矩形断面，底宽6m，高2m，内设台阶宽1m，高2m，出挡渣墙1后通过消力池与下游2号道路涵洞连接。

消力池布置在挡渣墙1墙脚处，结合原2号路涵洞进口段布置，矩形断面，长12m，宽4m，池底高程同原涵洞进口高程，侧墙在原进口段边墙上加高形成，池底及侧墙采用M7.5砂浆砌MU30块石。

2号弃渣场防洪排导工程设计见本书6.2.6.2。

(4) 植物措施。施工结束后，对弃渣场坡面及渣顶平台进行绿化，根据SL 575—2012的规定，植被恢复和建设工程级别取3级，满足水土保持和生态保护要求，执行生态公益林绿化标准。

2号弃渣场坡面菱形网格内绿化采用紫花苜蓿和麦冬，马道上增设栽植2排或3排黄杨球，穿插种植茶树，黄杨球下满铺红花草。2号路、10号路三角地带坡面种植红花草和海桐球。渣顶平台种植果树及红花草。乔木株行距为3m，灌木株行距为1m。

2.7.3 临河型弃渣场

2.7.3.1 西南某水电工程5号弃渣场

1. 弃渣场概况

5号弃渣场位于库区右岸距坝址9.96km处，紧临S211下游侧。弃渣场占地面积3.76hm²，以灌木林地和草地为主。设计最大堆渣高度28.59m，堆渣量14.5万m³，渣脚高程1734.01～1734.89m，渣顶高程1760.81～1762.60m。弃渣体分2台堆放，在高程1750.00m处设置一宽2m台阶，堆渣边坡坡比为1∶1.6。

2. 工程级别及洪水标准

根据SL 575—2012的规定，由于弃渣场堆渣量为14.5万m³，最大堆渣高度为28.59m，弃渣场周边无特别敏感威胁对象，弃渣场失事对主体工程或环境造成的危害程度不严重，因而确定弃渣场级别为3级。相应的弃渣场拦渣堤防护工程级别为3级；斜坡防护工程级别为4级；拦渣堤防洪设计标准为30年一遇至50年一遇，弃渣场设计洪水标准为50年一遇。

3. 工程地质

弃渣场区位于川滇南北向构造带北端与北东向龙门山构造带、北西向构造带和金汤弧形构造带的交接复合部位。

弃渣场区所在的大渡河河谷谷底及两岸基岩岩性较单一，以厚层白云质灰岩、变质灰岩为主。无区域性断裂通过，其构造形迹主要为次级小断层、层间挤压破碎带及节理裂隙等。

弃渣场工程区出露地层为崩坡积的孤块石、碎石，现代河床冲积的漂卵石、卵石及砂。

(1) 块碎石土。分布于弃渣场表层，成分为灰白色中风化的花岗岩、板岩和变质灰岩，粒径为0.5～10.0m不等，块石为0.2～0.5m，夹粉土和粉质黏土。

(2) 砂层 (Q_4^{al}) (粉细砂、细中砂)。分布不连续，呈透镜状，颜色多为黄灰色和灰色，松散，成分以长石、石英为主，含少量云母片，粒径一般为0.25～2mm；分布于弃渣场地表和夹于砂卵石层中。

(3) 砂卵石层 (Q_4^{al})。弃渣场主要的分布层，成分主要为花岗岩、闪长岩、辉绿岩等，磨圆度较好，呈次圆～圆状，漂石直径2～20cm，含砂量5%～10%。

5号弃渣场基础及渣料物理力学参数见表2.7-21和表2.7-22。

表2.7-21 5号弃渣场基础物理力学参数

岩土名称	天然密度 ρ /(g/cm³)	压缩模量 E_s/MPa	抗剪指标		承载力特征值 F_{ak}/kPa	抗渗比降 J_a
			黏聚力 C /MPa	内摩擦角 φ /(°)		
块碎石土	1.95～2.05	20～25	0.005	25～28	250～300	0.11～0.14
砂层	1.75～1.85	8～12	0	15～18	120～150	0.50
砂卵石层	2.25～2.27	22～30	0	25～35	220～300	0.12～014

表 2.7-22　5号弃渣场渣料物理力学参数

项　目	覆盖层开挖料	石方明挖、洞挖料
天然密度/(t/m^3)	2.0	2.1～2.4
饱和密度/(t/m^3)	2.15	2.20～2.50
内摩擦角/(°)	25～27	30～36
黏聚力/MPa	0.005	0

工程区50年超越概率10%基岩场地水平峰值加速度为141g，对应的地震基本烈度为Ⅶ度。本工程抗震设计标准为基本烈度Ⅶ度，区域构造稳定性相对较差。

4. 气象水文

弃渣场区多年平均气温14.3℃，多年平均年蒸发量2553mm（ϕ200mm蒸发皿）、相对湿度52%；多年平均风速3.5m/s，多年平均年降水量593.8mm，5年一遇最大24h降水量41.7mm，10年一遇最大24h降水量47.7mm，20年一遇最大24h降水量53.2mm。据1956—1959年、1983—2005年资料，实测最大1h、6h、24h降水量分别为48.2mm、48.4mm、51.9mm。

根据实测径流资料统计，弃渣场临近河流多年平均流量为773m^3/s，年径流深为462.8mm，年径流模数为14.7L/(s·km^2)。流域主汛期为6—9月，年最大流量多出现在6月、7月，以7月出现的机会最多，约占50%，8月出现年最大流量的机会较少，约占10%，9月又相对较多，约占20%。

某水电工程坝址洪水成果见表2.7-23，某水电工程围堰挡水前、后5号弃渣场河段50年一遇洪水水位成果见表2.7-24和表2.7-25。

表 2.7-23　某水电工程坝址洪水成果

集雨面积/km^2	Q_p/(m^3/s)				
	2.00%	3.33%	5.00%	10.00%	20.00%
54189	5590	5240	4950	4450	3920

表 2.7-24　某水电工程围堰挡水前5号弃渣场河段50年一遇洪水水位成果

断面	距坝/km	天然水位/m	堆渣后水位/m	水位差/m	断面	距坝/km	天然水位/m	堆渣后水位/m	水位差/m
5-1	10.303	1749.14	1749.58	0.44	5-2	10.117	1748.39	1748.71	0.32
H11	10.283	1749.11	1749.56	0.45	5-3	9.960	1747.37	1747.57	0.20

注　断面编号为水文计算断面编号。

表 2.7-25　某水电工程围堰挡水后5号弃渣场河段50年一遇洪水水位成果

断面	距坝/km	天然水位/m	围堰挡水		水位差/m	断面	距坝/km	天然水位/m	围堰挡水		水位差/m
			堆渣前水位/m	堆渣后水位/m					堆渣前水位/m	堆渣后水位/m	
5-1	10.303	1749.14	1749.14	1749.58	0.44	5-2	10.117	1748.39	1748.39	1748.71	0.32
H11	10.283	1749.11	1749.11	1749.56	0.45	5-3	9.960	1747.37	1747.37	1747.57	0.20

注　断面编号为水文计算断面编号。

5. 渣体稳定性分析

采取不计条块间作用力的瑞典圆弧法，按照正常运用工况和非常运用工况，分别对弃渣场进行稳定性分析计算。

正常运用工况为弃渣场在运行条件下，考虑渣顶面加载和渣体渗流影响工况。

非常运用工况为弃渣场在正常运用工况下，遭遇Ⅶ度地震，计算结果见表2.7-26。

表 2.7-26　5号弃渣场边坡稳定安全系数

堆渣边坡坡比	安全系数			
	正常运用工况		非常运用工况	
	计算值	允许值	计算值	允许值
1∶1.6	1.25	1.20	1.18	1.05

6. 水土保持措施

堆渣前在弃渣场坡脚设置了浆砌石拦渣堤，基础采用片石混凝土砌筑，并用大块石护脚防淘，防淘深度3.11m。拦渣堤为衡重式，墙身总高7m，墙顶宽0.5m，台宽1.24m，面坡坡比1∶0.1，上背墙坡比1∶0.25，下背墙坡比－1∶0.25，墙趾宽0.3m，墙趾高 1m。

1750.00m 以下边坡采取浆砌块石护坡，护坡厚 50cm。堆渣完成后，对弃渣场顶面和 1750.00m 以上坡面植草恢复植被。

弃渣场顶部临近交通道路，渣顶截水、排水措施与道路工程已有截水、排水措施共用，可以满足弃渣场排水要求。

5 号弃渣场工程防护措施设计图见图 2.7-17。

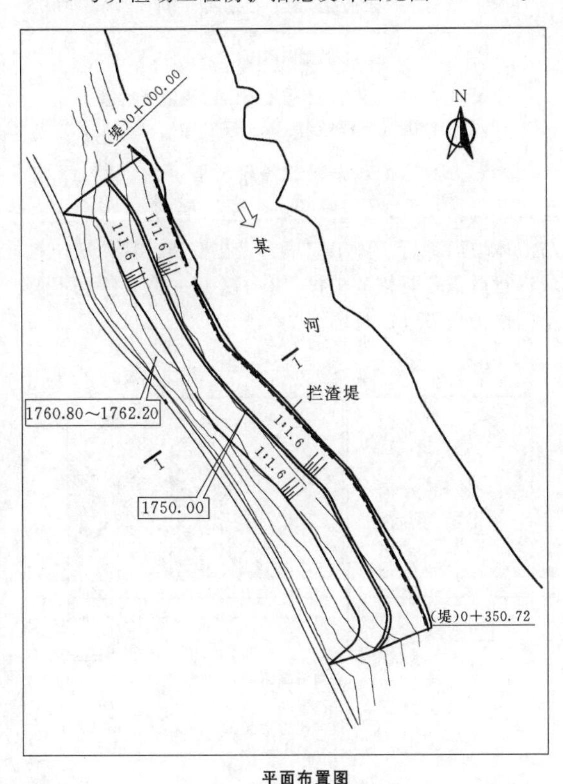

平面布置图

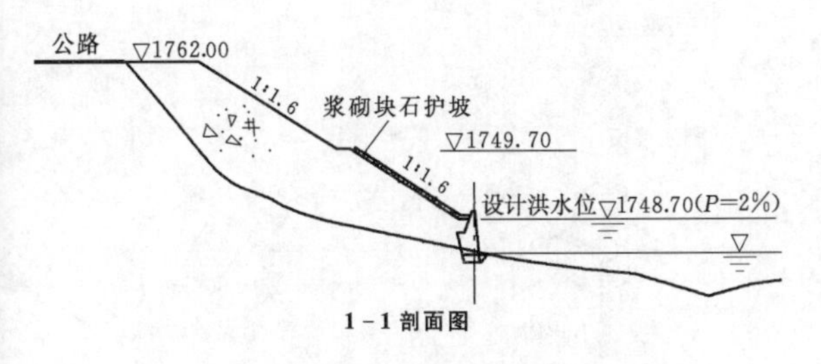

1-1 剖面图

图 2.7-17 5 号弃渣场工程防护措施设计图
(高程单位：m；尺寸单位：cm)

2.7.3.2 拉西瓦灌溉工程 8 号隧洞进口弃渣场

1. 弃渣场概况

8 号隧洞进口弃渣场位于隧洞进口西侧 50m 处，占地面积 0.93hm^2，属于临河型弃渣场，堆渣容量为 15.4 万 m^3，弃渣来源于洞脸开挖，主要为黄土。渣顶高程为 2411.00～2413.00m，最大堆渣高度为 8.0m，堆渣边坡坡比为 1∶1.0，堆渣方式为分层碾压。

2. 工程级别及洪水标准

根据 GB 51018 的规定，由于弃渣场规模为 15.4 万 m^3，最大堆渣高度为 8m，弃渣场失事后对渡槽基础影响小，属于较轻危害，因而确定弃渣场级别为 4 级。相应的拦渣工程级别为 4 级，防洪标准采用 30 年一遇。

3. 工程地质

弃渣场区位于青藏高原东部，属黄土高原与青藏高原的过渡地带，主要为黄河水系切割改造下的断陷盆地地貌。盆地内沟壑纵横，山川相间，地势南北高，中间低，形成四山环抱的河谷盆地即贵德盆地。区域地貌按地貌的成因类型和形态特征，可划分为构造侵蚀中高山、构造侵蚀中低山丘陵、山前冲洪积倾斜平原及河谷冲洪积带状平原，区域地震基本烈度为Ⅶ度。8 号隧洞进口段山体地形陡峭，表层为黄土覆盖，厚度达 10～20m。弃渣场所处河漫滩为全新统冲洪积砂砾石层，厚 1～8m，以卵砾石为主（约占 70%），最大粒径 30cm，承载力 350～400kPa，地下水位埋深 0.3～0.5m，挡渣堤基础开挖受地下水影响，应做好排水工作。

8 号隧洞进口弃渣场地基和渣料物理力学参数见表 2.7-27。

表 2.7-27 8 号隧洞进口弃渣场地基和渣料物理力学参数

项 目	弃渣场地基（砂砾石）	渣料
天然容重/(kN/m^3)	21.2	18.0
饱和容重/(kN/m^3)	22.5	19.5
内摩擦角/(°)	33～35	32
地基承载力/kPa	350～400	

4. 气象水文

弃渣场区多年平均气温为 7.2℃，多年平均年蒸发量为 1252.4mm；多年平均年降水量为 244.1mm，30 年一遇洪峰流量为 157m^3/s。弃渣场前侧河床水位平均高程为 2400.50m，渣脚高程为 2401.00m，30 年一遇洪水水位高程为 2401.70m，挡渣堤墙顶高程为 2403.70m，墙高满足行洪要求。

5. 渣体稳定性分析

采用瑞典圆弧法，按弃渣场满堆、堆渣边坡坡比

1∶1.0计算典型断面弃渣场边坡稳定安全系数。计算工况为正常运用工况和非常运用工况，正常运用为自然边坡，非常运用为正常运用情况下遭遇暴雨和地震。

根据GB 51018规定，4级弃渣场抗滑稳定安全系数，正常运用工况为1.15，非常运用工况为1.05。经计算，堆渣边坡正常运用工况下抗滑稳定安全系数为1.30；非常运用工况下，遭遇暴雨抗滑稳定安全系数为1.25，遭遇地震抗滑稳定安全系数为1.10，均满足规范要求。

6. 水土保持措施

根据弃渣场所处地形和选址，渣体存在河道上游洪水冲刷的影响，设计考虑在汛前对现状渣脚进行拦挡防护，拦挡措施以混凝土拦渣堤为主，挡渣堤结构依据《堤防工程设计规范》（GB 50286）进行确定。堆渣完毕后，对渣顶面进行整治恢复植被；对坡面采取混凝土网格护坡，网格内覆土撒播草籽恢复植被，草籽选用披碱草和芨芨草，撒播密度为45kg/hm²，按1∶1比例混合播种。

（1）拦渣堤：拦渣堤结构型式依据弃渣场处河道水位计算和冲刷深度确定，该弃渣场拦渣堤采用C20现浇混凝土，墙顶宽度0.6m，墙高4.0m，基础埋深2.0m，换基厚度0.8m，墙体迎水面坡比1∶0.4，坝体设置ϕ75mm PVC排水管，分两层呈梅花形布置。8号隧洞进口弃渣场拦渣堤设计图见图2.7-18。

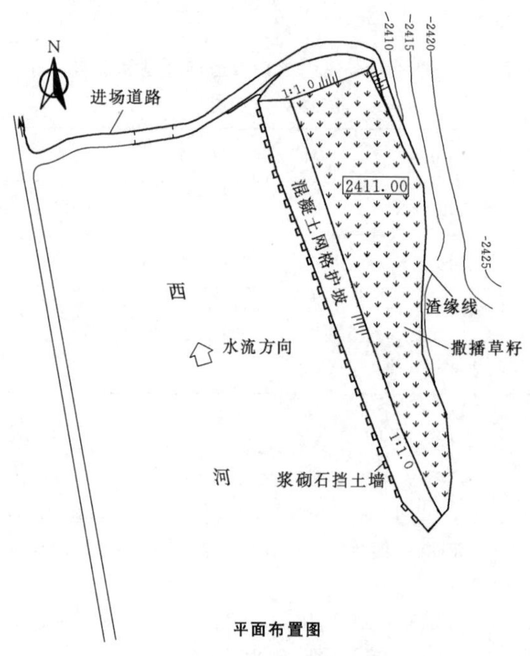

图2.7-18（一） 8号隧洞进口弃渣场拦渣堤设计图（高程单位：m；尺寸单位：cm）

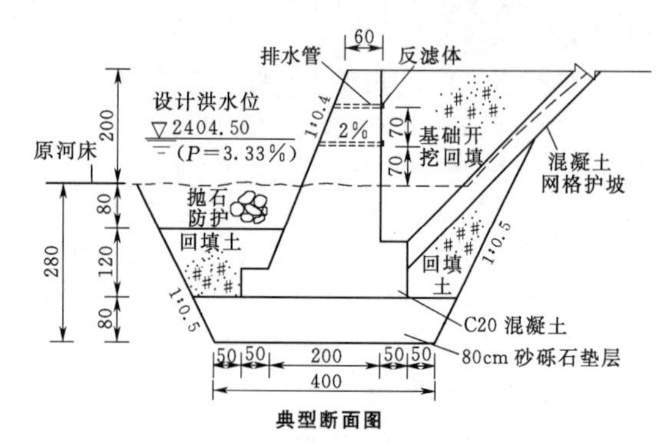

图2.7-18（二） 8号隧洞进口弃渣场拦渣堤设计图（高程单位：m；尺寸单位：cm）

（2）混凝土网格护坡：网格护坡采用C20混凝土浇筑，网格呈菱形，规格为1.5m×1.5m，框梁表面与渣体坡面平行。施工完毕后，在框格内部回填土区域进行撒播草籽恢复植被。8号隧洞进口弃渣场混凝土网格护坡设计图见图2.7-19。

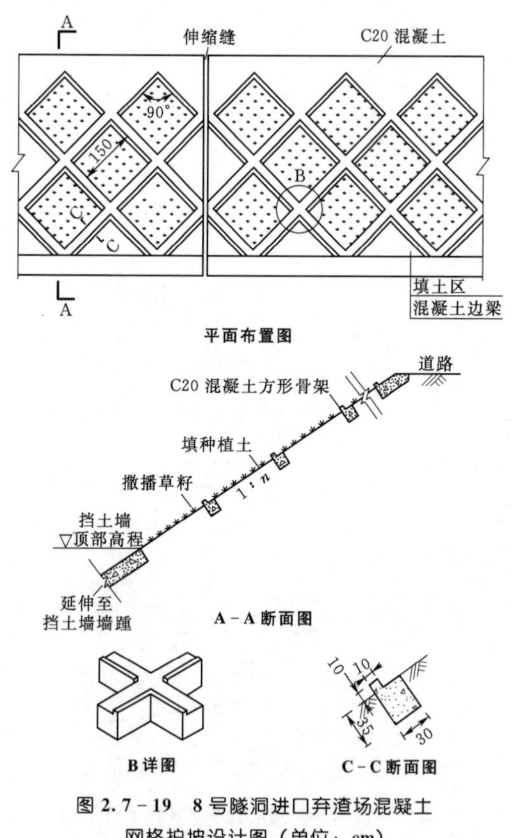

图2.7-19 8号隧洞进口弃渣场混凝土网格护坡设计图（单位：cm）

2.7.4 平地型弃渣场

2.7.4.1 南水北调中线工程潮河段谢庄南弃渣场

1. 弃渣场概况

谢庄南弃渣场为南水北调中线工程的一处弃

渣场，位于新郑市，南距总干渠右岸约150m，东北侧距京港澳高速公路约40m，弃渣前原状地形高程119.00～122.90m，总体地势南高北低，土地类型主要为耕地及少量林地，设计弃渣量173.53万m^3，占地面积21.33hm^2。弃渣分两级堆放，由下而上每级高度分别为7m和5m，边坡坡比均为1∶2.0，两级中间设置宽2.8m的戗台，最大弃渣高度13m。

2. 工程级别及洪水标准

根据SL 575—2012的规定，由于弃渣场堆渣量大于100万m^3，最大堆渣高度小于20m，弃渣场失事危害程度较轻，因而确定弃渣场级别为3级。相应的挡渣墙级别为4级，防洪排导工程级别为3级，设计洪水标准采用20年一遇，校核洪水标准为30年一遇。

3. 工程地质

弃渣场区位于华北准地台之黄淮海拗陷的南部，新构造分区属豫皖隆起-拗陷区，主要构造线方向以北西向为主；地层岩性上部为第四系中、上更新统、全新统粉质黏土、壤土、黄土状壤土及细砂，下部为第三系中新统洛阳组黏土岩、砂岩和砾岩。弃渣场主要堆放总干渠的开挖土方，以黄土状轻壤、中壤土和细砂为主，弃渣天然干密度为1.52g/cm^3，黏聚力为8kPa，内摩擦角为16°。

谢庄南弃渣场基础岩土物理力学参数建议值见表2.7-28。

表2.7-28　谢庄南弃渣场基础岩土物理力学参数建议值

地层代号	地层岩性	天然干密度/(g/cm^3)	承载力标准值/kPa	饱和快剪		饱和固结快剪	
				黏聚力C/kPa	内摩擦角φ/(°)	黏聚力C/kPa	内摩擦角φ/(°)
Q_4^{al}	细砂	1.53	130	0	20	0	22
Q_3^{al}	细砂	1.55	170	0	23	0	24
Q_3^{al}	黄土状中壤土	1.54	130	12	17	12	18
Q_3^{al}	黄土状轻壤土	1.48	130	9	17	10	19
Q_3^{dl+pl}	中壤土	1.60	160	13	18	12	19

弃渣场区地震基本烈度为Ⅶ度，地震动峰值加速度0.10g。

4. 气象水文

弃渣场区处于豫西山地向豫东平原过渡地带，属暖温带大陆性季风气候，多年平均气温14.2℃，≥10℃积温5498℃；多年平均风速2.1m/s，多年平均年蒸发量1476mm；多年平均年日照时数2114h、无霜期208d，最大冻土深度20cm；多年平均年降水量676mm，6—9月降水量占全年的80%，10年一遇24h最大降水量160.5mm，20年一遇24h最大降雨量192.9mm。弃渣场区位于北方土石山区中的伏牛山山地丘陵保土水源涵养区，水土流失以水力侵蚀为主，兼有风蚀，现状侵蚀强度以微度、轻度为主，容许土壤流失量为200t/(km^2·a)。弃渣场集雨面积为0.21km^2。

5. 渣体稳定性分析

采用不计条块间作用力的瑞典圆弧滑动法进行计算，计算工况为正常运用工况和非常运用工况，正常运用工况为最终弃渣状态时渣体无渗流，非常运用工况为正常运用工况下遭遇基本烈度Ⅶ以上地震。以坡脚为原点，经计算，在正常运用工况下，其最小滑动安全系数为1.36，非常运用工况为1.23，均大于SL 575—2012规定的3级弃渣场瑞典圆弧法抗滑稳定安全系数1.20（正常运用工况）和1.05（非常运用工况），满足抗滑稳定要求。

6. 水土保持措施

该弃渣场属平地型弃渣场，弃渣场顶面设计高程132.00～133.00m，弃渣顶面平整后以4%坡度由西南向东北缓倾。在弃渣场顶西、北、东部临坡面一侧设置挡水土埂，土埂表面种羊茅草防护，顶面植1排紫穗槐；戗台内侧设置排水沟，坡面每间隔50m设一道排水沟；在距高速公路较近的北侧弃渣坡脚设置挡渣墙，其余坡脚修筑坡脚排水沟，坡面、坡脚排水沟交汇处设置抛石防冲槽，汇集的雨水经对外连接排水沟排入西北侧的原有道路排水系统；由于该弃渣场位于潮河风沙区，需加强水土保持措施的配置，坡面铺植被毯防护，弃渣顶面植灌草防护。潮河段谢庄南弃渣场水土保持措施设计图见图2.7-20。

（1）拦渣工程。弃渣北侧坡脚设挡渣墙，墙身采用M7.5浆砌石，直墙高3.4m，墙顶宽0.4m，底板厚0.5m、宽2.9m，前趾宽0.5m，后趾宽0.8m，墙身埋设ϕ60mm PVC排水管，内侧设碎石反滤层，排水孔间距2m，呈梅花形布置，挡墙每隔15m设一道伸缩缝，缝宽2cm，缝内填聚氨酯材料。

（2）防洪排导工程。坡面及戗台排水沟，矩形断面，深和宽均为0.3m，壁厚0.1m，采用C15预制混凝土凹形槽砌筑而成，单槽长0.5m，衔接时用M5水泥砂浆勾缝。坡脚排水沟采用M7.5浆砌石，梯形断面，上口宽1.5m，底宽0.5m，深0.5m，边坡坡比1∶1，砌筑厚度0.3m，下铺0.1m厚的碎石垫层。

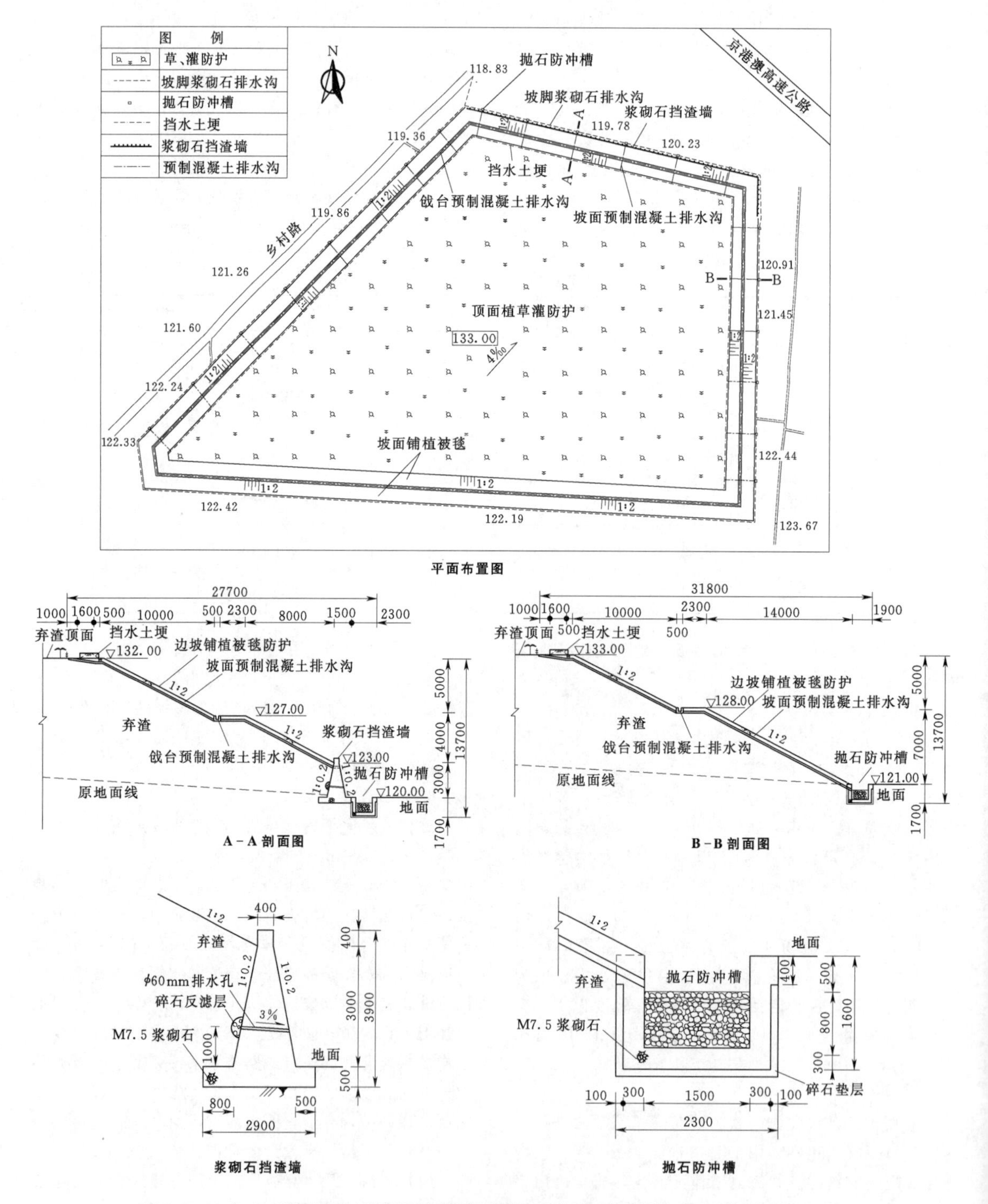

图2.7-20（一） 潮河段谢庄南弃渣场水土保持措施设计图（高程单位：m；尺寸单位：mm）

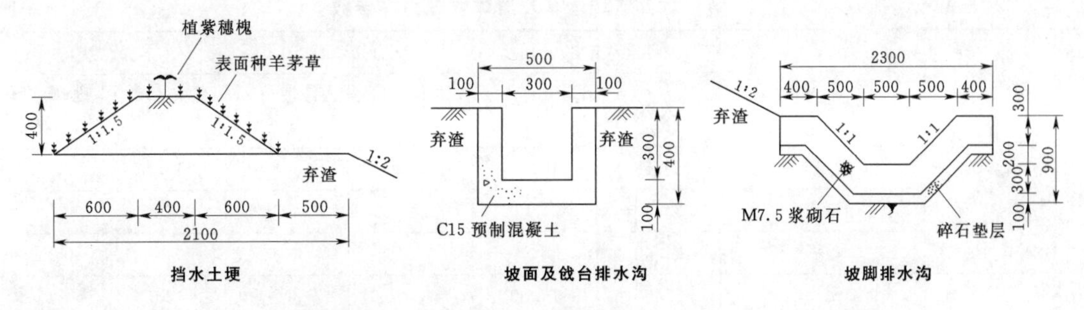

图 2.7-20（二） 潮河段谢庄南弃渣场水土保持措施设计图（高程单位：m；尺寸单位：mm）

抛石防冲槽位于坡面、坡脚排水沟交汇处，采用 M7.5 浆砌石，砌石厚 0.3m，矩形断面，顶口宽 1.5m，深 1.3m，槽长 2m，抛石厚 0.8m。

(3) 植被恢复与建设工程。灌木种植采用紫穗槐，穴状整地，挖坑穴径 0.3m，坑深 0.3m，控制在 2 株/m^2，苗木采用一年生，高度不低于 60cm，宜春季栽植。植被毯由上网、植物纤维层、种子层、木浆纸层、下网 5 层组成，铺设前清理、整治边坡，用木、竹或金属固定桩固定，两张植被毯边缘、末端衔接处均需重叠 4～5cm，边坡上下两端要埋压 20～30cm。撒播种草采用羊茅草，播种量 5～8g/m^2，宜晚春、夏、秋播种，播种后覆盖 2～4cm 混合有肥料的细土及时镇压，以使土壤与种子充分接触。草、灌成活率不足 90%时需及时补植。

2.7.4.2 台山核电厂黄竹坑弃渣场

1. 弃渣场概况

黄竹坑弃渣场位于台山核电厂北线道路（K1+080～K2+490 段）内侧，原黄竹坑村区域。弃渣场为北线道路内侧至山体之间的区域，弃渣区域沿北线道路长约 1400m，宽约 400m，面积约 50hm^2，出露地表高程由内侧山体至外侧海滩递减，部分占地类型原为海域。黄竹坑弃渣场规划弃渣顶部高程 20.00～25.00m，最大堆渣高度 25m，内侧与山体自然地形衔接，外侧堆填边界为北线道路路基，其堆渣量约 650 万 m^3，主要消纳台山核电海水库及排水暗涵挖方中的碎石和淤泥。

弃渣场在道路内侧利用弃渣碾压形成土石拦渣堤，堤后进行堆渣。拦渣堤顶高程 20.00m，顶宽 3m；临海侧边坡坡比为 1∶2，在高程 15.00m 处设置 10m 宽肩台；内侧边坡坡比 1∶2，在高程 7.50m、15.00m 处设置 3m 宽肩台。

2. 工程级别及洪水标准

弃渣场属沿海平地型弃渣场，根据 GB 51018 的工程级别划分和设计标准，由于弃渣场堆渣量 650 万 m^3，最大堆渣高度 25m，弃渣场一旦失事将对紧邻其下游的重要交通运输道路等设施造成较为严重的危害和影响，因而确定弃渣场级别为 2 级。相应的排洪工程级别为 2 级，防洪标准取本等级工程的上限，即设计防洪标准为 50 年一遇，校核防洪标准为 200 年一遇。

3. 工程地质

弃渣场区原始地貌类型为剥蚀残丘及滨海浅滩，弃渣场地为滨海浅滩，地形平坦。区域未发现规模较大的断裂，仅局部岩体存在少量节理，不影响地基的稳定性。弃渣场地第四纪地层较发育，上覆地层为第四纪的人工填石（土）层（Q_4^s）、海积层（Q_4^{mi}），下伏基岩为晚侏罗世第一阶段第二次侵入二长花岗岩（$J_3^{1b}\eta\gamma$）。场地内存在的软土分布范围及厚度不大，对拟建防护工程影响不大。除此之外未发现其他不良地质现象或对工程不利的埋藏物。场地地下水及普通地表水对混凝土结构及混凝土中的钢结构均具弱腐蚀性。

该地区抗震设防烈度等于基本烈度Ⅵ度，属建筑抗震有利地段。场区内无不良地质构造作用。

黄竹坑弃渣场地基及渣体物理力学参数见表 2.7-29。

4. 气象水文

工程区域为亚热带海洋性季风气候，年平均气温 22.3℃，最热的月（7 月）平均气温 28.4℃，最冷的月（1 月）平均气温 14.2℃，多年平均年降水量 2200mm，年暴雨日有 10d，雨季正常始于 4 月上旬、中旬，结束于 10 月上旬，降雨集中在 4—9 月，占全年雨量的 85%；年均有 3～4 个热带气旋影响台山；年平均风速 5.0m/s，因冷空气、热带气旋造成 8 级以上的大风，平均每年约 30d。

弃渣场临海，50 年一遇高潮位 4.02m，50 年一遇低潮位－1.50m。

5. 渣体稳定性分析

由于弃渣场占地面积、堆渣容量较大，堆填区域和堆填时间存在不均匀性，堆填范围沿北线道路方向为 K1+080～K2+490，长约 1.4km。K1+080～K1+

表 2.7-29　黄竹坑弃渣场地基及渣体物理力学参数

部位	材料参数	容重/(kN/m³)		直接快剪		固结快剪	
		天然	饱和	黏聚力 C_q /kPa	内摩擦角 φ_q /(°)	黏聚力 C_{cq} /kPa	内摩擦角 φ_{cq} /(°)
渣体	素填土	15.68	16.00	6.9	3.8	14.0	16.0
	填石	22.00	23.00	0	38.0		
	抛石	24.00	25.00	0	38.0		
地基	淤泥质土	15.68	16.00	7.9	3.2	16.0	18.0
	粉细砂	18.62	19.62	1.0	27.0		
	中砂	20.58	21.58	0	30.0		
	砾砂	20.58	21.58	0	33.0		
	粉质黏土	17.64	18.64	16.9	21.3	38.0	27.0

780段弃渣主要为土石方，淤泥较少，而K1＋780～K2＋490段弃渣存在大量淤泥。结合钻孔勘察成果，选定K1＋580处及K2＋250处两个代表断面进行稳定性分析。

弃渣场边坡稳定计算采用不计条块间作用力的瑞典圆弧法，黄竹坑弃渣场边坡抗滑稳定安全系数见表2.7-30。

表 2.7-30　黄竹坑弃渣场边坡抗滑稳定安全系数

计算工况		K1＋580处安全系数	K2＋250处安全系数	规范允许值
正常运用工况	设计低潮（水）位	1.25	1.26	1.20
	水位降落	1.22	1.23	1.20
非常运用工况	连续降雨	1.12	1.16	1.10
	地震	1.15	1.18	1.10

通过对K1＋580及K2＋250处边坡进行了极限平衡分析法的抗滑稳定计算，设计断面的抗滑稳定性满足相关规范要求，作为对极限平衡分析法的补充和参考，采用有限差分法对K1＋580处边坡进行抗滑稳定分析，经计算，其安全系数均为1.19。

综上所述，黄竹坑弃渣场其边坡抗滑稳定满足规范要求，但该场地边坡的主要土层为填石层，填石未压密，松散，局部存在架空，稳定性极差，所以一定要对路基及拦渣副堤进行强夯加固处理，同时做好截排水工程，防止场外洪水直接冲刷弃渣，影响边坡稳定。

6. 水土保持措施

弃渣分层堆放，在原路堤后分层堆填土、石等形成副堤。弃渣外围设截水、排水工程，原山坡冲沟位置设排洪沟连通至弃渣场外部入海，弃渣结束后填铺表土，土地平整后对弃渣场顶部进行植被恢复。

（1）拦渣堤。在原路基上分层堆填土、石等形成拦渣堤，堤顶高程20.00m，顶宽3m。临海侧边坡坡比为1∶2，在高程15.00m处设置10m宽肩台。内侧边坡坡比为1∶2，在高程15.00m处设置3m宽肩台。

黄竹坑弃渣场拦渣堤设计图见图2.7-21。

（2）防洪排水措施。弃渣场占地范围约50hm²，靠近山体侧有三处较大冲沟，由西向东分别为冲沟A、冲沟B、冲沟C，如图2.7-22所示。

为保证渣体稳定及防治水土流失，在渣料与弃渣场坡面结合处设置排洪沟拦截坡面来水，在渣体东西两侧及渣面设置四条排洪渠（从西到东依次为Ⅰ、Ⅱ、Ⅲ、Ⅳ）排洪，并在渣体的各级马道上设置马道排水沟与周边排洪渠相连，汇集后通过北线道路盖板涵排至大海。由于排水流量相对较大，直接向下游排放会造成一定的冲刷，从而造成新的水土流失，因此，在各冲沟出口及排洪渠尾部设置消力池兼做沉沙池。为充分利用工程渣料，排洪渠采用浆砌石砌筑。

设计洪水洪峰采用广东省洪峰流量经验公式及最大1h暴雨成峰的控制原则，黄竹坑弃渣场排洪渠（沟）设计流量计算结果见表2.7-31。

表 2.7-31　黄竹坑弃渣场排洪渠（沟）设计流量计算结果　单位：m³/s

排洪渠	不同频率洪峰流量	
	$P=2\%$	$P=0.5\%$
排洪渠Ⅰ	42.8	56.6
排洪渠Ⅱ	41.3	54.7
排洪渠Ⅲ	36.5	48.3
排洪渠Ⅳ	31.6	41.9
排洪沟	31.0	41.0

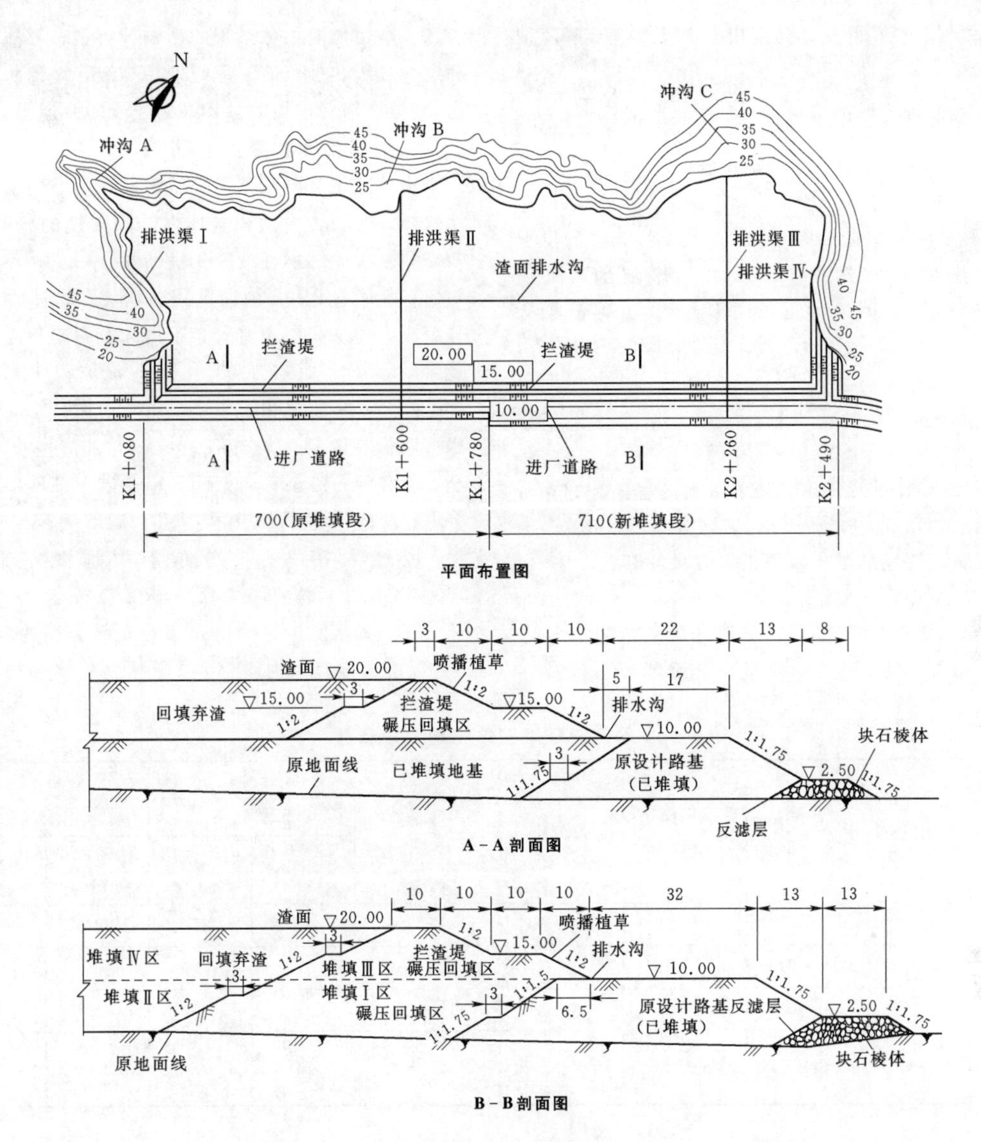

图 2.7-21　黄竹坑弃渣场拦渣堤设计图（单位：m）

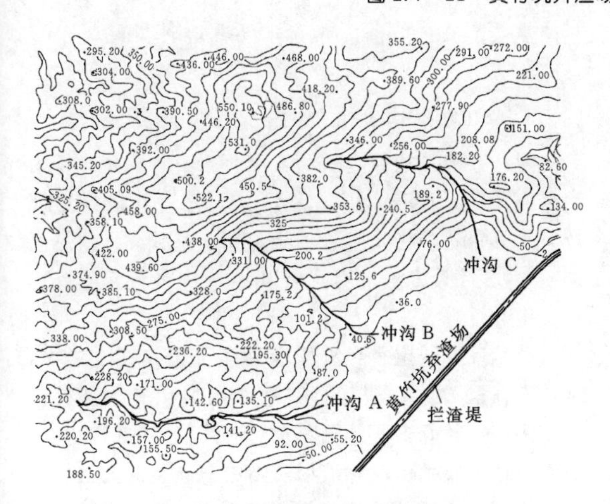

图 2.7-22　黄竹坑弃渣场原有冲沟示意图（单位：m）

从偏于工程安全和方便施工角度考虑，排洪渠Ⅰ至排洪渠Ⅳ采用同一断面。黄竹坑弃渣场排洪渠（沟）设计断面见表 2.7-32。

表 2.7-32　黄竹坑弃渣场排洪渠（沟）设计断面

名称	断面形式	底宽/m	沟深/m	边坡坡比	糙率	底坡/‰	设计过水能力/(m^3/s)
排洪渠	梯形	4.0	2.5	1∶1	0.018	2.5	58.30
排洪沟	梯形	2.5	2.5	1∶1.5	0.018	5.0	74.70

（3）植被恢复与建设工程。弃渣场拦渣堤坡面使用浆砌石框格草皮护坡，马道平台栽种垂吊植物。

渣顶面主要栽植小叶桉、马占相思，撒播糖蜜草及狗牙根草籽。

2.7.5 库区型弃渣场

2.7.5.1 西藏某水电站1号弃渣场

1. 弃渣场概况

西藏某水电站位于某河中游，其1号弃渣场位于某河左岸坝址上游约3.5km沿江缓坡地，海拔3400.00～3525.00m，地形坡度13°～28°。弃渣场从沿江3410.00m高程开始起堆，每20m设一级马道，马道宽3m，堆渣坡比1：1.8；弃渣场占地面积18.45hm^2，弃渣场容量272.7万m^3，堆渣量225.71万m^3。

弃渣场位于水库库区，渣顶最大高程3490.00m；水电站正常蓄水位3447.00m，即该弃渣场3410.00～3447.00m高程渣体处于水库正常蓄水位以下。

2. 工程级别及洪水标准

根据GB 51018的规定，弃渣场堆渣量为225.71万m^3，最大堆渣高度为80m，考虑弃渣场规模及弃渣场失事可能对主体工程的影响等因素，弃渣场级别确定为2级，挡渣墙工程级别为3级，设计防洪标准为50年一遇，校核防洪标准为100年一遇。

3. 工程地质

项目区位于西藏某河中游河段，区域内新构造运动强烈，表现为大面积整体性、间歇性的急剧抬升，断裂和断块的继承性或新生性活动。

1号弃渣场主要由冲洪积、崩坡积、冰水堆积体等组成。冲洪积层主要分布于河床及两岸河漫滩，河漫滩局部分布细砂，厚3～10m；崩坡积层主要为混合土碎石，主要分布于左岸、右岸岸坡，厚3～10m；冰水堆积层主要由块碎石组成，局部夹厚度2～6m不等的含碎石砂层，骨架间充填中砂～细砂，可见斜层理，块碎石呈弱风化状为主，局部为全～强风化状，胶结紧密，主要分布于坝址区左岸高程3600.00m以上斜坡，厚41.3～92.0m。

弃渣场堆渣体主要以碎块石及石方明挖料组成。1号弃渣场堆渣体物理力学参数见表2.7-33。

表2.7-33 1号弃渣场堆渣体物理力学参数

层号	层位	容重/(kN/m^3)	压缩模量Es/MPa	孔隙比	渗透系数/($\times10^{-2}$cm/s)	抗剪强度			
						天然状态		饱水状态	
						黏聚力C/kPa	内摩擦角φ/(°)	黏聚力C/kPa	内摩擦角φ/(°)
①	中细砂	16.0～17.0	20～22	0.7～0.8	1～2	0	27	0	25
②	漂卵石	22.4～22.6	22～26	0.6～0.7	2～5	0	32	0	30
③	碎块石	22.0～23.0	28～30	0.6～0.7	10～20	0	35	0	32
④	混合土块石	22.3～22.5	20～24	0.7～0.8	5～8	31	33	28	31

挡渣墙位于某河岸边缓坡（台）地，沿河漫滩布设，由于多年冲刷，地基主要为碎块石及大块石等，条件相对好；其地基物理力学参数可参照表2.7-33中堆渣体③层，地基承载力为400～420kPa。

场址区无活动断裂分布，50年超越概率10%的基岩水平地震动峰值加速度为179g，地震基本烈度为Ⅷ度。区域构造稳定性分级为稳定性较差。

4. 气象水文

弃渣场区属于高原温带季风半湿润气候，多年平均气温9.3℃、相对湿度51%；多年平均年降水量527.4mm，历年最大日降水量51.3mm，降水年内不均，每年11月至次年4月为旱季，降水少且多风；5—10月为雨季，降雨量占全年70%以上。年日照时数2770h，无霜期125～153d，多年平均风速1.6m/s，历年最大风速13.8m/s。历年最大冻土深度19.0cm。

1号弃渣场汇水面积为0.31km^2，50年一遇设计洪峰流量为1.43m^3/s，100年一遇设计洪峰流量为1.57m^3/s。

5. 渣体稳定性分析

（1）弃渣场边坡级别及安全标准。1号弃渣场为永久弃渣场，参考DL/T 5353的规定，弃渣场边坡按B类Ⅱ级边坡考虑，边坡稳定安全系数允许值见表2.7-34。计算方法采用简化Bishop法进行弃渣场边坡稳定性计算。

（2）计算假定。弃渣场堆渣体按无黏性土考虑，不计渣体黏聚力；渣体材料单一均匀；渣体材料松散，渗透性较好，不计孔隙水对渣体稳定的影响；考虑清除地表腐殖土及弃渣场前沿中细砂层，抗剪强度参数采用堆渣体参数代替。

表 2.7-34　　1号弃渣场堆渣边坡稳定安全系数允许值

工况序号	组合情况	状　态	稳定安全系数允许值
1	正常运用工况	沿江侧天然河床水位	1.15～1.05
2		沿江侧正常蓄水位	
3	非常运用工况Ⅰ（短暂状况）	暴雨	1.10～1.05
4		沿江侧正常蓄水位＋暴雨	
5		运行期水位骤降	
6	非常运用工况Ⅱ（偶然状况）	沿江侧天然河床水位＋地震	1.05～1.00
7		沿江侧正常蓄水位＋地震	

（3）计算结果。1号弃渣场堆渣边坡稳定性计算成果见表2.7-35。

表 2.7-35　1号弃渣场堆渣边坡稳定性计算成果

运行状况	计算工况	整体稳定系数
正常运用工况	天然河床水位	1.411
	正常蓄水位	1.321
非常运用工况Ⅰ（短暂状况）	天然河床水位＋暴雨	1.175
	正常蓄水位＋暴雨	1.165
	水位骤降	1.152
非常运用工况Ⅱ（偶然状况）	天然河床水位＋地震	1.162
	正常蓄水位＋地震	1.151

计算结果表明，在各种工况条件下，1号弃渣场堆渣边坡稳定性满足相关规范要求。

6. 水土保持措施

弃渣场主要防护措施包括拦挡、排水、渣面防护、堆渣边坡及平台整治、后期覆土绿化等。

弃渣场坡脚设置衡重式挡墙，C15埋石混凝土结构，挡墙高度4～8m；弃渣场坡顶及两侧设置截水沟，采用M7.5浆砌石砌筑，底宽及深度均为0.6m，两侧坡比1∶0.5，截水沟陡坡段设置跌水坎；弃渣场底部设置排水盲沟。水电站正常蓄水位为3447.00m，堆渣边坡在高程3410.00～3430.00m采用钢筋石笼护坡，在高程3430.00～3450.00m堆渣边坡采用干砌石护坡，在高程3450.00～3490.00m坡面采用覆土后撒播灌草籽。弃渣场顶面穴植乔木、林下撒播灌草籽，乔木选择藏白杨、深山柏，林下撒播沙生槐、紫穗槐、云南沙棘、固沙草、蒿草、紫花苜蓿等灌草籽。

1号弃渣场水土保持措施设计图见图2.7-23。

2.7.5.2　托口水电站厂房副坝弃渣场

1. 弃渣场概况

厂房副坝弃渣场位于托口水电站引水渠上游，距大坝厂房3.5km，紧邻对外交通厂坝公路段布置。弃渣场区原始地面坡度在20°左右，弃渣场西北至东南走向长1.35km，西南至东北走向宽约0.4km，总占地面积43.27hm²，弃渣场容量1000万m³，实际堆渣820万m³（弃渣组成为黏土夹碎石，含有少量大块石），渣脚最低高程220.00m，渣顶高程262.00m，最大堆渣高度42m，堆渣坡比1∶2～1∶3，弃渣土石比约为6∶4。弃渣场位于水库库区，且弃渣场的一部分位于水库正常蓄水位以下。

2. 工程级别及洪水标准

根据GB 51018的规定，由于弃渣场弃渣量为820万m³，最大堆渣高度为42m，因此确定弃渣场级别为2级。相应的拦渣工程（挡渣墙）级别为3级，设计防洪标准为50年一遇。

3. 工程地质

弃渣场区分布的基岩地层为二叠系梁山组、栖霞组、茅口组、白垩系红层。场区地层除沟底表层分布的阶地堆积物、残坡积物外，主要由K^{1-1}砾岩和二叠系地层组成，岩层平缓。场址地下水位埋深较大，约19～20m。项目区地震动峰值加速度小于0.05g，地震动反应谱特征周期为0.35s，相应地震基本烈度小于Ⅵ度。

4. 气象水文

弃渣场区属亚热带季风气候区，暖湿多雨，冬冷夏热。该区多年平均气温15.7℃；多年平均年降水量1285mm，其中5—7月降水量占全年的44.7%；弃渣场上部汇水面积0.26km²。弃渣场位于库区，工程正常蓄水位250.00m、汛期限制运行水位246.00m、死水位235.00m。

5. 渣体稳定性分析

受到地表径流冲刷，堆渣体边坡将受到侧向压力；水库蓄水后，受库水消落、水压力增减影响，以及渣体中含水量或孔隙水压力变化等因素，可能造成堆渣体崩塌、滑动。因此，堆渣体稳定性将影响场地防护措施布置和水土保持效果。

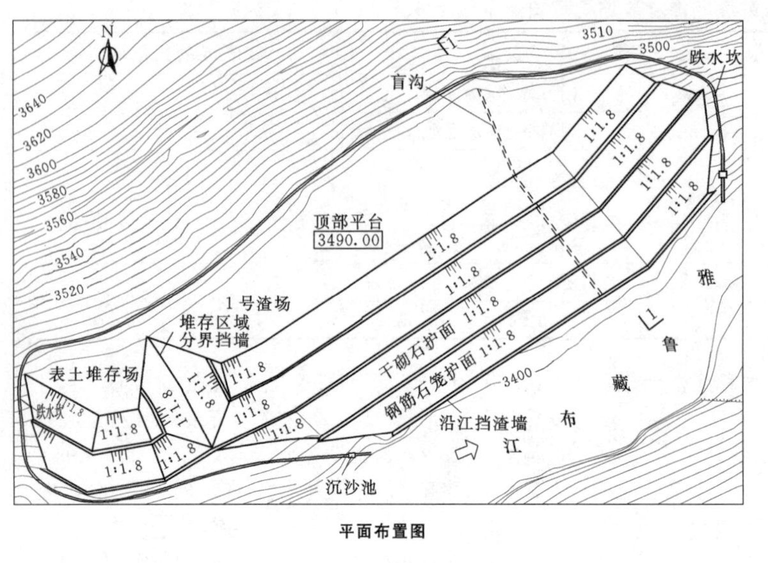

平面布置图

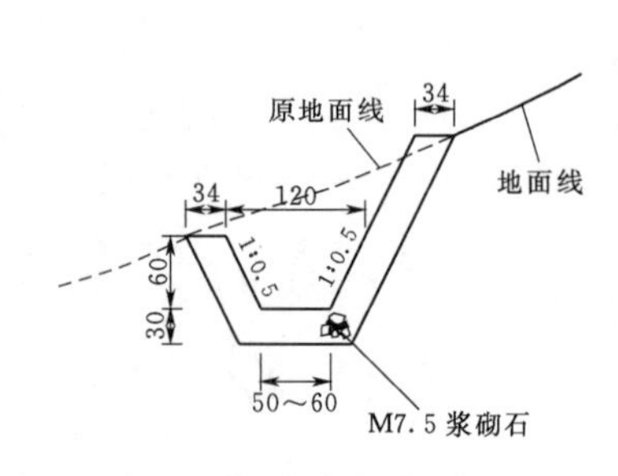

截水沟典型断面图

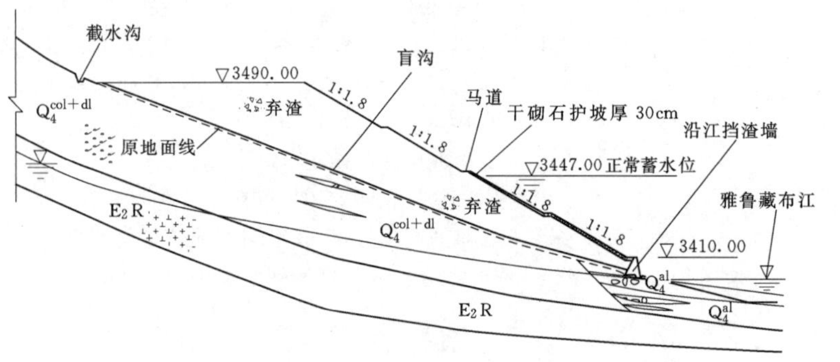

1-1 典型剖面图

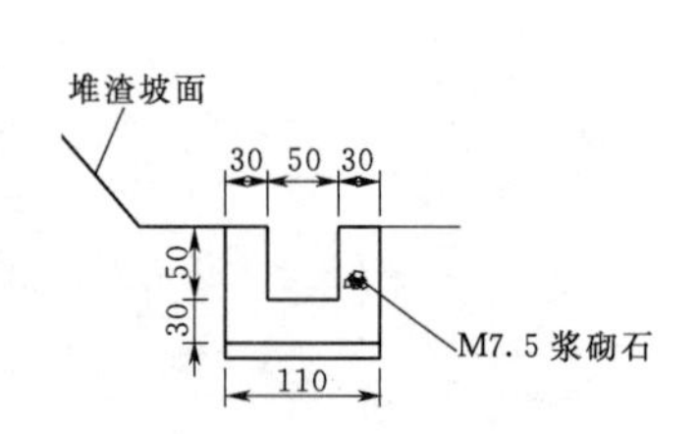

马道排水沟典型断面图

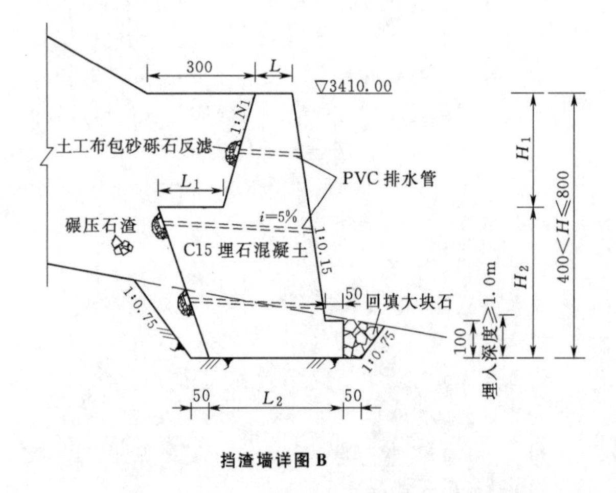

挡渣墙详图 B

原地面线 50 430 50 原地面线
卵石垫层 土工布 碎石 0.7m 大块石
20 30 70
1∶0.5
300

盲沟典型断面图

图 2.7-23 1 号弃渣场水土保持措施设计图（高程单位：m；尺寸单位：cm）

(1) 计算方法。采用瑞典圆弧法对堆渣体稳定性进行试算分析，并采用安全系数法对堆渣体表面稳定性进行计算分析。正常运用工况下渣体抗滑动稳定系数应大于 1.20，其他主要计算参数见表 2.7-36。

(2) 计算工况。渣体抗滑稳定分析计算分以下 3 个工况。

工况 1：正常蓄水位 250.00m。

工况 2：初期蓄水位 233.00m。

工况 3：运行期由正常蓄水位 250.00m 突降至汛限水位 246.00m。

表 2.7-36　弃渣场堆渣体稳定性评价参数选取表

堆渣体高度/m	填土容重 γ/(kN/m³)	高程 251.00m 以下坡比	高程 251.00m 以上坡比	水上填土内摩擦角 φ/(°)	水上黏聚力 C/kPa	水下填土内摩擦角 φ/(°)	水下黏聚力 C/kPa
42	18	1∶3.5	1∶3.0	20	15	16.5	12.5

(3) 计算结果。经过计算，在设计渣体边坡坡比取值：高程 251.00m 以下边坡坡比 1∶3.5，高程 251.00m 至渣顶平台边坡坡比 1∶3；并于高程 236.00m、246.00m、251.00m 处分别设置 4m、2m、4m 宽马道，3 种工况的安全稳定系数分别为 1.536、1.236 和 1.262，符合相关设计规范要求。

6. 水土保持措施

在渣体稳定性计算的基础上，根据托口水电站水库水位运行规律，渣脚设置混凝土挡渣墙，在高程 234.00～236.00m 处设置钢筋石笼护脚墙，在高程 220.00～246.00m 的边坡采用干砌石防护，在高程 246.00～251.00m 的边坡采用混凝土网格梁＋植草砖护坡，在高程 251.00～262.00m 的边坡采用草皮护坡；在高程 262.00m 平台靠近库岸侧采用混凝土块压顶；在高程 235.00m（死水位）、262.00m（渣顶高程）结合护坡布设纵向浆砌石排水沟。对堆渣后的弃渣场顶部平台进行复耕。

厂房副坝弃渣场水土保持措施设计图见图 2.7-24。

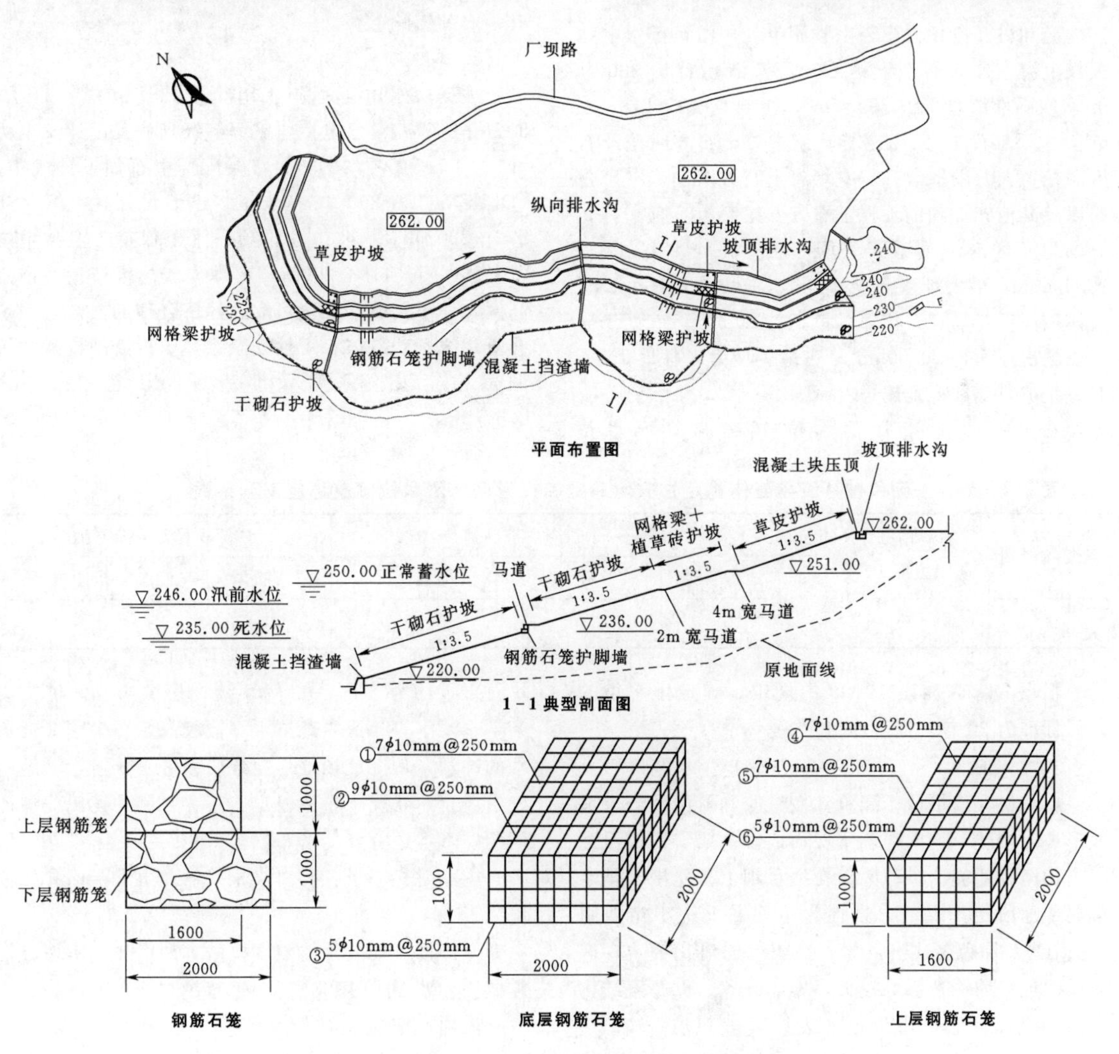

图 2.7-24（一）　厂房副坝弃渣场水土保持措施设计图
（高程单位：m；尺寸单位：mm）

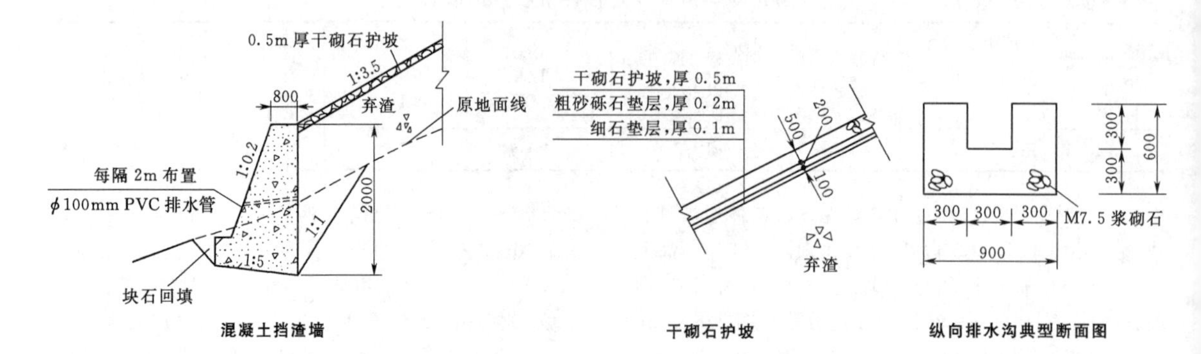

图 2.7-24（二） 厂房副坝弃渣场水土保持措施设计图
（高程单位：m；尺寸单位：mm）

2.7.5.3 黄登水电站应和村弃渣场

1. 弃渣场概况

应和村弃渣场位于云南省澜沧江中游黄登水电站大坝上游左岸，距坝址约5km，弃渣场容量300万m^3，实际堆渣量215.79万m^3，折合松方296.93万m^3，主要堆置1号、2号导流洞进口土石方明挖及石方洞挖、上游围堰清基、左坝肩土石方明挖、左岸公路以及其他施工辅助工程土石方开挖弃渣。应和村弃渣场为库区内沟道型弃渣场，堆渣高程1510.00～1650.00m，最大堆渣高度140m，堆渣坡比1∶1.5。渣体坡面设置马道，相邻马道高差20m，马道宽5m。弃渣场占地面积20.09hm^2，占地类型为以林地为主，有少量坡耕地和裸地。

水电站水库正常蓄水位1619.00m，死水位1586.00m；弃渣场高程1586.00m以上边坡位于水位变幅区内，水流对边坡有淘刷作用，对边坡安全稳定具有一定的影响。

2. 工程级别及洪水标准

根据《水电工程施工组织设计规范》（DL/T 5397—2007)、《水电枢纽工程等级划分及设计安全标准》（DL 5180—2003)、《碾压式土石坝设计规范》(DL/T 5397—2007)、《水工挡土墙设计规范》（SL 379—2007）及《水电建设项目水土保持方案技术规范》(DL/T 5419—2009)，考虑弃渣场堆渣量、堆渣高度、失事影响和安全可靠、经济合理的原则，确定弃渣场级别、渣体稳定性安全系数、拦渣坝抗滑和抗倾覆稳定安全系数及弃渣场防洪标准，见表2.6-37。

表 2.7-37 应和村弃渣场渣体稳定性安全系数和拦渣坝抗滑和抗倾覆稳定安全系数

建筑物级别	弃渣场设计防洪标准 P/%	渣体稳定安全系数（瑞典圆弧法）			拦渣坝稳定安全系数	
		正常运行工况	暴雨工况	地震工况	抗滑	抗倾覆
4	5	1.15	1.05	1.05	1.20～1.00	1.40～1.30

根据DL/T 5419—2009的规定，确定排水渠的设计标准为20年一遇洪峰流量24.3m^3/s。

3. 工程地质

应和村弃渣场位于澜沧江左岸应和村沟内，岸坡地形坡度较陡，沟内切割不深，地貌上属于构造侵蚀中高山河谷地貌。工程区仅在拦水坝上游左岸、排水渠局部地段出露基岩，岩性为三叠系上统小定西组（T_3xd）灰绿色变质玄武岩，地表以弱风化为主，区内受附近区域构造影响较大，岩体破碎，以碎裂结构为主；应和村河两岸山坡地表以残坡积层（Q^{el+dl}）为主，组成物质为碎石、块石、粉土混杂，碎石粒径一般为1～8cm，块石块径一般为30～50cm，碎石、块石含量约为50%～60%，结构松散，坡面植被为杂草、灌木等。区内地下水埋藏较深，属于季节性流水的冲沟。从弃渣场地形、地质条件来分析，场地两岸山坡自然状况下整体稳定，不存在制约性工程地质问题，基本适宜弃渣场布置。

应和村弃渣场各类岩（土）物理力学指标参数取值见表2.7-38。

弃渣场区地震设防烈度按基本烈度Ⅶ度考虑，抗震概率水准采用基准期50年超越概率5%，基岩水平峰值加速度为0.16g。

4. 气象水文

（1）气象条件。弃渣场区多年平均年降水量

表 2.7-38 应和村弃渣场各类岩（土）物理力学指标参数取值

岩(土)类型	天然容重/(kN/m³)	饱和容重/(kN/m³)	黏聚力 C'/MPa	内摩擦系数 f'
渣体	18.0	18.5	0.018	0.59
坡积层	19.5	20.5	0.035	0.51
洪积层	18.5	19.0	0.027	0.53
弱风化、弱卸荷	25.0	26.0	0.950	1.07
微～新、未卸荷	27.0	27.3	1.250	1.28

662.3mm，最大1日降水量为54.6mm；多年平均年日照时数1580.8h，多年月平均气温18.2℃；多年平均相对湿度63%；多年平均风速2.1m/s，最大风速20.0m/s。

(2) 水文条件。应和村河为澜沧江一级支沟，沟道总长2517m，纵坡坡降 i 为3%～5%，汇雨面积3.54km²，应和村河设计洪水分析计算成果见表2.7-39。

表 2.7-39 应和村河设计洪水分析计算成果表

频 率	1%	2%	3.33%	5%	10%	20%
设计洪峰流量/(m³/s)	36.2	31	27	24.3	18.8	13.4

5. 渣体稳定性分析

(1) 计算方法。弃渣场稳定采用二维刚体极限平衡法进行平面型边坡稳定性分析。

(2) 基本假定。

1) 渣体稳定分析中，主要考虑的荷载可分为基本荷载和特殊荷载。

基本荷载：包括渣体自重、孔隙水压力和作用在边坡表面的外荷载。

特殊荷载：暴雨作用产生的孔隙水压力。在暴雨工况时，考虑渣体下伏基岩相对不透水（具滞水性），假定各滑面上孔隙水压力水头按滑面以上1/4滑体高度水头（最大不超过5m）取值计算。

2) 计算假定弱风化及以下岩体里不存在非结构面控制大滑体。

3) 弃渣场的拦渣坝主要起护脚的作用，计算将拦渣坝对渣体的阻滑作用作为安全裕度来考虑，计算中未计拦渣坝对渣体的阻滑作用。

(3) 计算工况。根据DL/T 5180—2003，并结合本工程实际，正常运用工况和施工工况合为一项，考虑计算正常运用、暴雨及地震3种工况。

1) 正常运用工况：考虑到渣体透水性较好，渣体内滞水水头很低。

2) 暴雨工况：渣体内的滞水水头按滑面以上1/4滑体高度水头（最大不超过5m）取值计算。

3) 地震工况：地震设防烈度为基本烈度Ⅶ度，抗震概率水准采用基准期50年超越概率5%，基岩水平峰值加速度为0.16g。

选取最大坡高剖面稳定计算简图见图2.7-25。

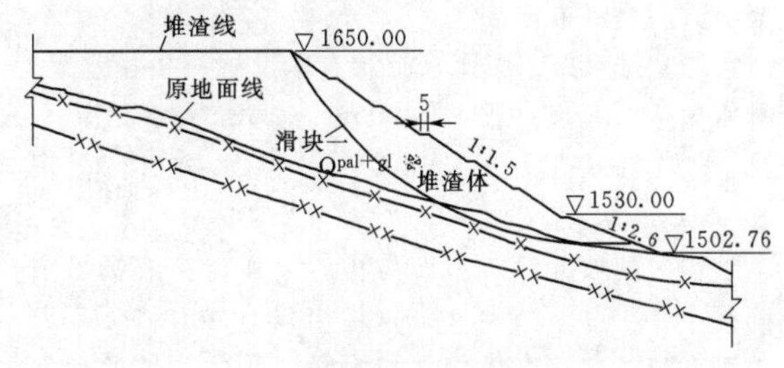

图 2.7-25 剖面稳定计算简图（单位：m）

(4) 应和村弃渣场边坡稳定性计算成果。应和村弃渣场边坡稳定性计算成果见表2.7-40。

表 2.7-40 应和村弃渣场边坡稳定性计算成果

运行工况	滑块高程/m	安全系数		
		正常运用工况	暴雨工况	地震工况
正常蓄水位工况	1510.00～1650.00	1.194	1.144	1.115
死水位工况	1510.00～1650.00	1.215	1.172	1.156
安全控制标准		1.150	1.050	1.050

从表2.7-40可见，应和村弃渣场的整体稳定安全系数满足相关规范要求。

6. 水土保持措施

应和村弃渣场是处于库区内的沟道型弃渣场，为防止因水流冲刷而引起渣体塌陷，在渣脚部位布设拦渣坝，弃渣场上游布设挡水坝，并配合排水渠，对堆渣边坡采取防护，对堆渣顶面进行整治、植被恢复和建设。

(1) 拦渣坝。弃渣场下游侧底部采用浆砌石拦渣坝进行防护，拦渣坝顶宽2m，最大坝高6m，坝顶高程1518.50m，内侧（临渣面）坝坡坡比为1∶0.5，外侧（临空面）坝坡坡比为1∶0.2，坝体预留20cm×20cm排水孔，3m×2m(水平×竖直)，交错布置。坝后铺设碎石反滤层，以防止弃渣阻塞排水孔。拦渣坝所采用的石料极限抗压强度不低于50MPa。拦渣坝基础铺设20cm厚C15混凝土垫层。

(2) 挡水坝。在弃渣场顶部（即沿江公路靠山体侧）修建C25混凝土重力挡水坝，最大坝高22.4m，坝顶高程1650.00m，坝顶宽2m，上游坝坡1：0.1，下游坝坡1：0.5。坝基设置C25钢筋混凝土基础，厚1.5m；锚筋桩3ϕ28mm，L=9m，外露1m，间排距4m，垂直坡面，交错布置；设置1排帷幕灌浆ϕ50mm，L=8～10m，间排距2m，竖直方向交错布置；固结灌浆ϕ80mm，L=8～10mm，间排距2m，竖直方向交错布置。

（3）排水渠。拦水坝上游右岸设置一条排水渠，排水渠进口底板高程1643.00m，全长542m，其中，排水渠缓坡段长356.11m，排水渠泄槽段长185.89m。

（4）削坡开级、斜坡防护。应和村弃渣场堆渣高程1510.00～1650.00m，堆渣设计坡比1：1.5。由于弃渣场堆渣高度较大，为保证渣体边坡的稳定和安全，同时便于渣体坡面施工机械运行、坡面维护等，在渣体坡面上设置马道，相邻马道高差20m，马道宽5m。对高程1510.00～1630.00m的堆渣坡面采用0.4m厚的干砌块石护坡。

（5）植物措施。对弃渣场平台和高程1630.00～1650.00m边坡进行植被恢复。全面整地后，覆土厚30cm，乔木穴状整地60cm×60cm，灌木穴状整地30cm×30cm。平台采用乔灌草的形式，乔木选择尖叶木樨榄，灌木选择三角梅，株行距3m×3m，草种选择白车轴草、三叶草按1：1混播，撒播密度100kg/hm^2。边坡进行撒播种草，草种选择三叶草和车桑子按1：1混播，撒播密度100kg/hm^2。种植后进行幼林抚育2～3年。

应和村弃渣场水土保持措施设计图见图2.7-26。

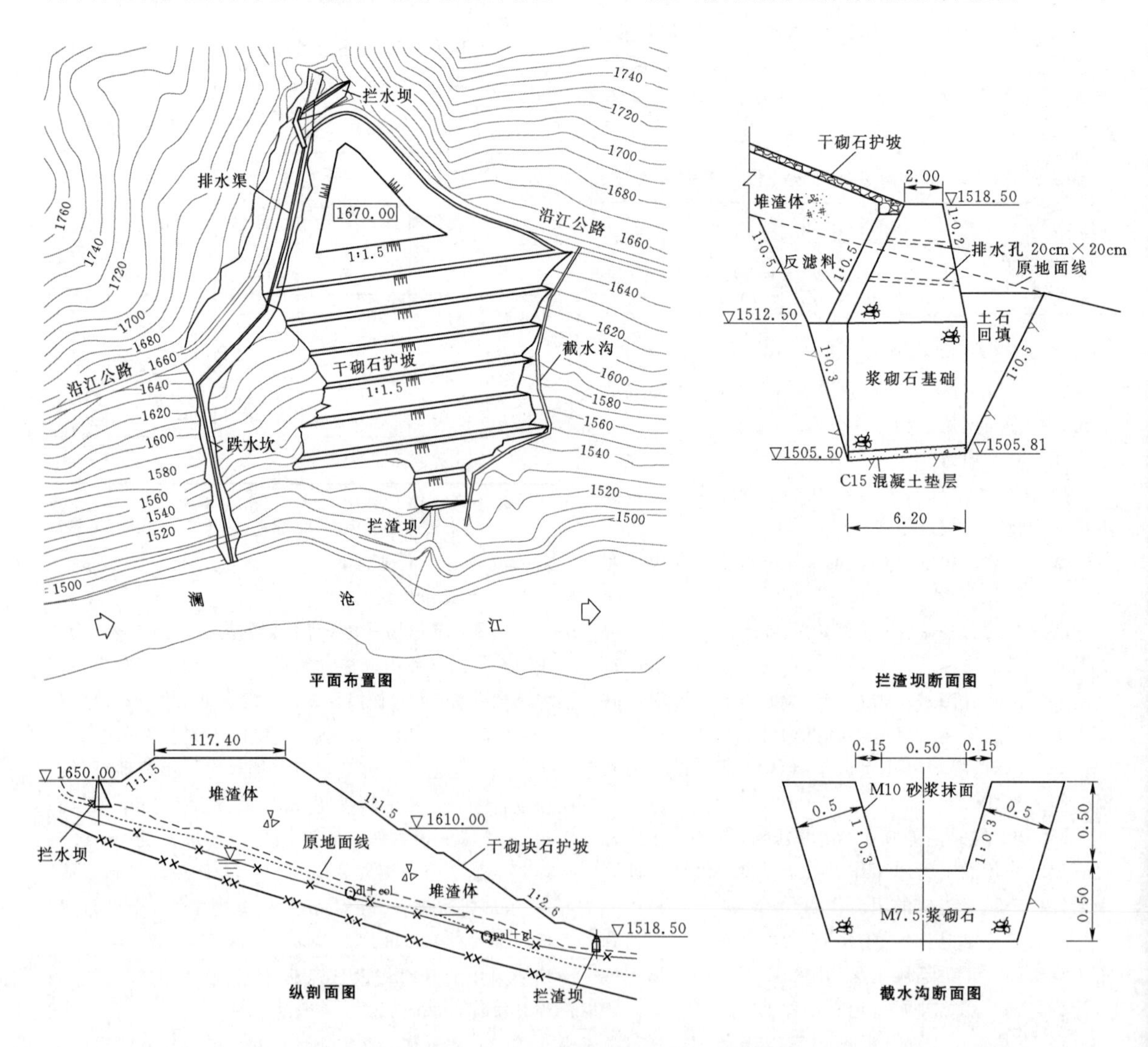

图2.7-26（一） 应和村弃渣场水土保持措施设计图（单位：m）

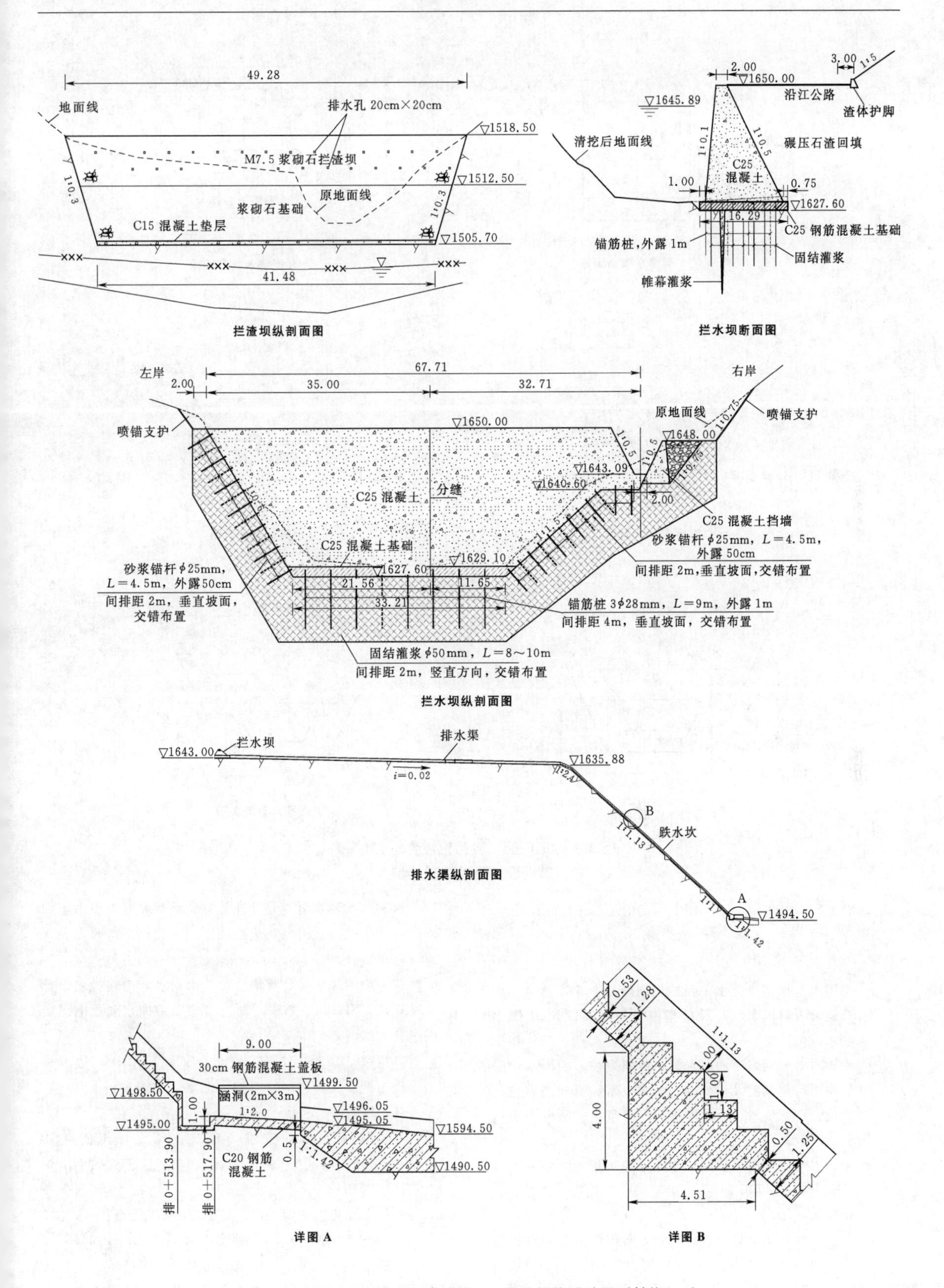

图 2.7-26（二） 应和村弃渣场水土保持措施设计图（单位：m）

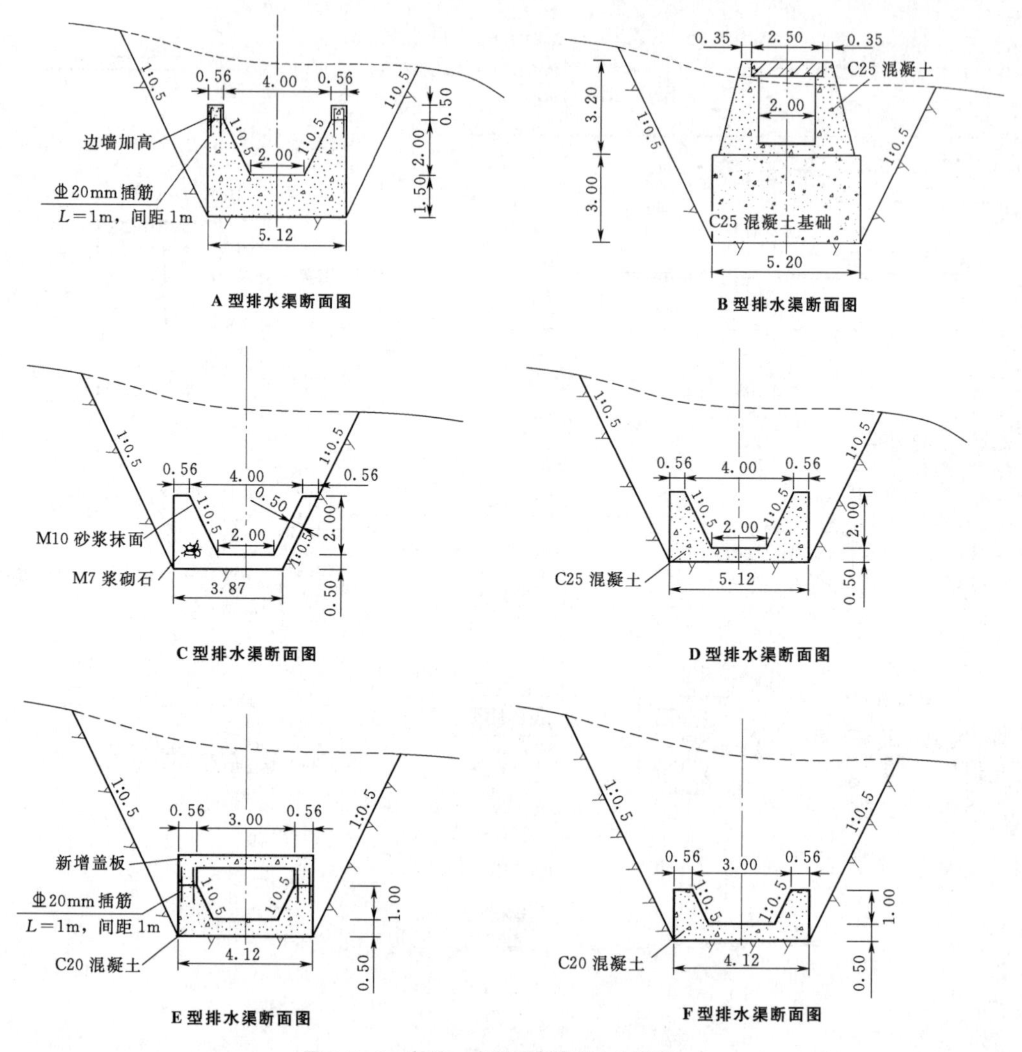

图2.7-26（三） 应和村弃渣场水土保持措施设计图（单位：m）

参考文献

［1］ 中国水土保持学会水土保持规划设计专业委员会．生产建设项目水土保持设计指南［M］．北京：中国水利水电出版社，2011.

［2］ 中国水电顾问集团西北勘测设计研究院，中国水电顾问集团贵阳勘测设计研究院．水电水利工程边坡设计规范：DL/T 5353—2006［S］．北京：中国电力出版社，2007.

［3］ 中国水电顾问有限公司．水电枢纽工程等级划分及设计安全标准：DL 5180—2003［S］．北京：中国电力出版社，2003.

［4］ 水利部水利水电规划设计总院，黄河勘测规划设计有限公司．水土保持工程设计规范：GB 51018—2014［S］．北京：中国计划出版社，2014.

［5］ 水利部水利水电规划设计总院．水利水电工程水土保持技术规范：SL 575—2012［S］．北京：中国水利水电出版社，2012.

［6］ 黄河勘测规划设计有限公司．水利水电工程边坡设计规范：SL 386—2007［S］．北京：中国水利水电出版社，2007.

［7］ 冯树荣，彭土标．水工设计手册：第10卷 边坡工程与地质灾害［M］．2版．北京：中国水利水电出版社，2011.

［8］ 中国建筑科学研究院．建筑抗震设计规范：GB 50011—2010［S］．北京：中国建筑工业出版社，2010.

［9］ 中国电建集团中南勘测设计研究院有限公司．风电场工程水土保持方案编制技术规程：NB/T 31086—2016［S］．北京：中国电力出版社，2016.

［10］ 水电水利规划设计总院，中国水电顾问集团华东勘测

设计研究院，水电建设项目水土保持方案技术规范：DL/T 5419—2009 [S]. 北京：中国电力出版社，2009.

[11] 中国水电工程顾问集团公司，中国水电顾问集团西北勘测设计研究院，中国水电顾问集团昆明勘测设计研究院，等. 水电工程施工组织设计规范：DL/T 5397—2007 [S]. 北京：中国电力出版社，2007.

[12] 江苏省水利勘测设计研究院有限公司. 水工挡土墙设计规范：SL 379—2007 [S]. 北京：中国水利水电出版社，2007.

[13] 水利部水文局，南京水利科学研究院. 中国暴雨统计参数图集 [M]. 北京：中国水利水电出版社，2006.

[14] 水利部长江水利委员会长江勘测规划设计研究院. 混凝土重力坝设计规范：SL 319—2005 [S]. 北京：中国水利水电出版社，2005.

[15] 水利部水利水电规划设计总院，长江勘测规划设计研究院等. 堤防工程设计规范：GB 50286—2013 [S]. 北京：中国计划出版社，2013.

第3章 生产类弃渣场

章主编 王岁权 项大学 凌文洲
章主审 王治国 贺前进

本章各节编写及审稿人员

节次	编写人	审稿人
3.1	凌文洲 刘 敏 芦杰丰	王治国 贺前进
3.2	项大学 欧应花	
3.3	王岁权 寇 许	

第3章　生产类弃渣场

生产类弃渣场按照所属行业的不同，主要分为火电厂的贮灰场、有色金属矿山的尾矿库（赤泥堆场）、采掘业的排土场（矸石场）等。弃渣场的主要建（构）筑物分别为灰坝、尾矿坝（赤泥坝）、拦渣坝三种。

3.1　贮　灰　场

3.1.1　分类、级别及设计标准

3.1.1.1　分类

贮灰场根据自然条件、地貌类型划分为山谷、平原和滩涂贮灰场；按贮灰场灰渣处理方式划分为干式贮灰场和湿式贮灰场。用以贮存干灰渣及脱硫副产品等的堆放场简称干灰场；用以贮存水力除灰、沉积灰渣及除灰水的场地简称湿灰场。

3.1.1.2　设计级别及设计标准

山谷灰场是充分利用山谷的自然地形，缺口部分采用筑坝与自然边坡围合成库盆；平原灰场是在受到自然地形限制的条件下，只能修筑围堤形成库区；滩涂灰场是建设在河岸附近，主要有江、河、湖、海滩（涂）灰场。

贮灰场的设计标准应根据灰场类型、容积、最终坝高和灰场失事对下游的危害程度综合考虑多方面因素确定。

1. 山谷灰场

根据灰场的总容积和最终坝高进行等级划分，划分为三个级别，其中山谷灰场级别和设计标准见表3.1－1。

表3.1－1　　山谷灰场级别和设计标准

设计级别	分级指标		洪水重现期/a		坝顶安全加高/m		抗滑安全系数			
							下游坡		上游坡	
	总容积 V/亿 m^3	最终坝高 H/m	设计	校核	设计	校核	正常运行条件	非常运行条件	正常运行条件	非常运行条件
一	$V>1$	$V>70$	100	500	1.0 (1.5)	0.7	1.25 (1.30)	1.05 (1.10)	1.15	1.00
二	$0.1<V\leqslant1$	$50<V\leqslant70$	50	200	0.7 (1.0)	0.5	1.20 (1.25)	1.05	1.15	1.00
三	$0.01<V\leqslant0.1$	$30<V\leqslant50$	30	100	0.5 (0.7)	0.3 (0.4)	1.15 (1.20)	1.00 (1.05)	1.15	1.00

注　1. 采用灰渣筑坝时，灰场的坝顶安全加高和抗滑稳定安全系数应采用表中括号内的数值。
2. 当灰坝下游有重要工矿企业或居民集中区时，通过论证可提高一级设计标准。
3. 当最终坝高与总容积分级不同时，一般以高者为准，当级差大于一个级别时，按高者降低一个级别确定。
4. 对于山谷湿灰场的一级灰坝至少应有1.5m的坝顶超高，二级、三级灰坝应有1.0～1.5m的坝顶超高。

2. 平原灰场和滩涂灰场

平原灰场和滩涂灰场根据灰场总容积划分为两个级别建设围堤。围堤建设标准与当地堤防工程一致。围堤设计按GB 50286执行。其级别与当地堤防工程的级别相同。此外还应符合表3.1－2的规定。

3.1.2　贮灰场选址

贮灰场选址必须本着节约耕地和保护自然生态环境的原则，不占、少占或缓占耕地、果园和树林，避免迁移居民；应符合当地城乡建设总体规划要求；并应选在工业区和居民集中区主导风向下风侧，厂界距

表 3.1-2　　平原灰场和滩涂灰场设计标准

设计级别	总容积 V /亿 m^3	堤外设计高水位重现期/a		堤外风浪重现期/a		堤内汇入洪水重现期/a		堤顶（或防浪墙顶）安全加高/m				抗滑稳定安全系数			
								堤外侧		堤内侧		下游坡		上游坡	
		设计	校核	设计	校核	设计	校核	设计	校核	设计	校核	正常运行条件	非常运行条件	正常运行条件	非常运行条件
一	$V>0.1$	50	100	50	50	50	200	0.4	0.0	0.7 (1.0)	0.5	1.20 (1.25)	1.05	1.15	1.00
二	$V\leqslant 0.1$	30	100	50	50	30	100	0.4	0.0	0.5 (0.7)	0.3 (0.4)	1.15 (1.20)	1.00 (1.05)	1.15	1.00

注　1. 采用灰渣筑坝时，灰场的堤顶安全加高和抗滑稳定安全系数应采用表中括号内的数值。
2. 滩涂湿灰场的灰堤顶或防浪墙顶在限制贮灰高程以上至少应用 1.0m 超高。
3. 对于海滩灰场，设计波高的累积频率采用标准：①确定堤顶高程时取 13%；②计算护面、护底块体稳定性时取 13%；③计算胸墙、堤顶方块强度和稳定性时取 1%。

居民集中区 500m 以外。

禁止选在自然保护区、风景名胜区、江河、湖泊、水库最高水位线以下的滩地和洪泛区和其他需要特别保护的区域；贮灰场的主要建（构）筑物地段宜具有良好的地质条件，库区宜具有良好的水文地质条件，坝址应满足承载力要求并应避开断层、断层破碎带、溶洞区、天然滑坡或泥石流影响区、地下水主要补给区和饮用水源含水层。宜选用山谷、洼地、荒地、河（海）滩地、塌陷区、废矿井、大型工矿企业和城镇的下游，并宜设在工业区和居民集中区常年主导风向的下方、容积大、滞洪量少、坝体工程量小、便于布置排水建（构）筑物的地形处。灰场内或附近应贮有足够的筑坝材料，并宜有提供贮满后覆盖灰面的土源。

贮灰场征地应按国家有关规定和当地的具体情况办理；贮灰场对周围环境影响必须符合现行国家环境保护法规的有关规定。特别对大气环境、地表水、地下水的污染必须有防治措施，并应满足当地环保要求。

3.1.3　堆置要素设计

贮灰场堆置要素主要包括灰坝的坝顶标高、灰坝高度、场地防渗、堆灰方式及堆灰结束后的植被恢复方式等。

3.1.3.1　山谷灰场

山谷灰场一般不占或少占农田，动迁居民少，而且能获得较大的贮灰容积，国内选用山谷灰场较为普遍。由于山谷灰场往往山洪历时短、流量大，因此山谷灰场设计上必须重视洪水问题，对洪水应予以妥善处理，以确保灰场的安全运行，还应防止洪水带走粉煤灰，以保护环境。

对于山谷湿灰场的一级灰坝至少应有 1.5m 的坝顶超高，二级、三级灰坝应有 1.0～1.5m 的坝顶超高；灰坝高度超过 10m 时坝坡宜设置马道；坝顶宽度一般不宜小于 4m。当坝坡采用变坡设计时，上下游坝坡在坡度变化处均宜设置马道，对于下游坡，若坡度无变化且坝高小于 10m 时可不设马道。坝高大于 10m 且小于 20m 时，可仅在坝中部设一条马道；坝高大于 20m 时，第一条马道设在 10m 处，往上每隔 10～20m 高增设一条马道。上游坝坡若坡度无变化，可不设马道。马道宽度不宜小于 1.5m。

山谷干灰场应根据规划分期建设，当最终贮灰高度超过 100m 或区域地震基本烈度为Ⅸ度及有其他特殊情况时，应进行专题研究；宜采用从沟口向库尾堆放的方式贮灰。

当采用土工布为反滤材料时，应满足设计要求的物理性能、力学性能、水力学性能及耐久性能，并按照《土工合成材料应用技术规范》（GB 50290）的规定执行。

3.1.3.2　平原灰场

由于平原灰场不受客水影响或客水的影响较小，因而其挡灰堤一般仅考虑灰场内雨水影响，防止灰水外溢污染环境而设置。堆灰高度由堆灰作业机械运行要求以及周围环境要求确定。

平原湿灰场围堤轴线在转折处的圆曲线半径不小于 15m；围堤的内坡根据排水口位置、主导风向等情况设置护面；灰堤高度超过 10m 时坝坡宜设置马道。第一条马道距坝底基准面不宜超过 10m，以上每隔 15～20m 高度增设一条马道。马道的宽度不宜小于 1.5m。

平原干灰场的堆灰高度根据占地面积与堆灰高度的影响关系，通过技术经济比较确定，并与周围环境相协调；当采用汽车运输时堆灰高度宜为 10～15m，当采用管带输送时堆灰高度可为12m、24m和36m。

3.1.3.3 滩涂灰场

滩涂（江、河、湖、海滩）干灰场在沿海、沿江地区采用较多，其设计特点是灰场挡灰堤的迎水面应满足防洪（潮）和防浪要求，而挡灰堤内堆灰顶标高由贮灰容积、运行及周围环境要求确定。

滩涂湿灰场围堤轴线在转折处的圆曲线半径不小于15m；围堤应在临水面的外坡坡脚处设置防冲刷和消浪设施，并在坡脚以上部分设置护面；灰坝高度超过10m时坝坡宜设置马道。第一条马道距坝底基准面高差不宜超过10m，以上每隔15～20m高度增设一条马道，马道宽度不宜小于1.5m。

当挡灰堤高度超过5m或灰场失事对周围环境影响较大时，滩涂灰场堤体应进行抗滑稳定计算。

3.1.3.4 贮灰场附属设施

贮灰场附属设施主要为灰场管理站，其占地面积南方地区不宜大于2000m^2，北方地区不宜大于2500m^2，并设置运灰道路。运灰道路两侧应设置排水沟，道路两侧宜种植绿化带。

3.1.3.5 防渗处理设计

为满足《一般工业固体废物贮存、处置场污染控制标准》（GB 18599）的要求，干灰场应有防渗处理措施。防渗措施应根据灰场区域地质情况，通过技术经济比较确定。

当贮灰场工程环境影响报告书要求贮灰场底部必须构筑防渗层时，防渗层可采用碾压黏土层或土工膜。当地质条件适宜时可采用垂直防渗措施。

当采用黏性土防渗时，其渗透系数不大于1.0×10^{-7}cm/s，厚度不小于1.5m；采用其他防渗措施时，其防渗能力应不低于黏性土的防渗能力。

贮灰场工程中一般采用铺设土工膜防渗。土工膜的渗透系数应不大于1.0×10^{-11}cm/s，一级灰坝厚度不应小于0.75mm，二级、三级灰坝厚度不应小于0.50mm。初期所需的防渗工程量宜与初期灰场年限相匹配，即可随贮灰进度逐步实施。

土工膜有关技术指标要求参见《土工合成材料聚乙烯土工膜》（GB/T 17643）。

3.1.4 稳定计算与水文计算

3.1.4.1 稳定计算

对坝体应进行沉降和抗滑稳定计算。地震基本烈度为Ⅶ度及以上地区的坝体应进行抗震分析，必要时考虑渗流的影响。坝体渗流稳定应满足允许临界坡降和渗透稳定的要求；抗滑稳定计算应包含地基、初期挡灰坝、一般碾压灰渣、子坝或永久边坡；当分期筑坝时，应分别对各期和最终坝体进行抗滑稳定计算，计算方法可采用有效应力法或总应力法，根据坝型、筑坝材料、坝基地质条件及工程重要性确定。计算方法宜采用瑞典圆弧法或简化Bishop法。当采用简化Bishop法时，最小安全系数允许值宜提高10%，经过专家论证，可采用其他计算方法和判断标准，计算所采用的强度指标测定方法应与计算方法相符。抗剪强度指标测定方法可根据《碾压式土石坝设计规范》（DL/T 5395）选用。坝体应采用拟静力法或动力法进行抗震稳定计算。抗震计算和抗震措施应按照《水工建筑物抗震设计规范》（DL 5073）执行，坝体沉降计算应按照《堤防工程设计规范》（GB 50286）执行。

坝体边坡抗滑稳定计算工况见表3.1-3。

表3.1-3 坝体边坡抗滑稳定计算工况

<table>
<tr><th>地点</th><th>运行情况</th><th>山谷灰场</th><th>滩涂灰场</th><th>平原灰场</th></tr>
<tr><td rowspan="2">内坡</td><td>正常运行</td><td>灰坝建成＋尚未贮灰</td><td rowspan="2">围堤建成＋尚未贮灰＋堤外设计洪水（潮）位</td><td rowspan="2">围堤建成＋尚未贮灰</td></tr>
<tr><td>非常运行</td><td>（1）灰坝建成＋尚未贮灰＋地震；
（2）灰坝建成＋尚未贮灰＋设计洪水陡降</td></tr>
<tr><td rowspan="2">外坡</td><td>正常运行</td><td>灰场贮满灰＋渗流（当考虑渗流影响时）</td><td>（1）围堤建成＋尚未贮灰＋堤外设计洪水（潮）位骤降；
（2）灰场贮满灰＋堤内设计水位＋堤外多年平均低水（潮）位</td><td>灰场贮满灰＋堤内设计水位</td></tr>
<tr><td>非常运行</td><td>（1）灰场贮满灰＋最高调洪水位＋渗流；
（2）正常运行条件＋地震</td><td>（1）灰场贮满灰＋堤内校核水位＋堤外多年平均低水（潮）位；
（2）灰场贮满灰＋地震＋堤外多年平均水（潮）位</td><td>灰场贮满灰＋堤内校核水位
灰场贮满灰＋地震</td></tr>
</table>

山谷贮灰场可考虑调洪作用。各运行阶段的调洪水深应按洪水过程线经调洪演算确定，但必须保证各阶段的坝顶安全超高和坝体稳定。贮（除）灰形式（干式、湿式及分期筑坝）应根据技术经济比较后择优选用。经济计算可采用年费用最小法。

3.1.4.2　水文计算

电力工程拟建灰场位于山谷等洼地时，除应推算灰坝坝址处设计洪水外，尚需根据拟定的排洪系统平面、断面资料，对入流洪水过程进行调洪演算，其目的是为了确定灰坝坝高并对排洪系统进行调整，以满足防洪需要。

贮灰场常建于小流域甚至特小流域（流域面积小于 $10km^2$）内；小流域设计洪水可通过推理公式法进行推算；排洪系统宜采用在库底和坝下铺埋排洪涵（管）的方式布置；调洪演算详见《电力工程水文气象计算手册》（湖北科学技术出版社，2011 年）第 5 章 5.2.4 节贮灰场调洪演算。

3.1.5　防护措施布局及拦挡工程设计

3.1.5.1　防护措施布局

贮灰场水土流失防治措施主要包括工程措施、植物措施及临时措施，其中工程措施主要包括斜坡防护工程、土地整治工程、防洪排导工程、临时防护工程、植被建设工程等措施，见表 3.1-4。

表 3.1-4　　不同类型贮灰场的工程防护措施体系

贮灰场类型	主要工程防护措施体系				
	斜坡防护工程	土地整治工程	防洪排导工程	临时防护工程	植被建设工程
山谷贮灰场	框格护坡、浆（干）砌石护坡	灰面平整、碾压	截洪沟	砂土、草袋、土工材料临时覆盖等	复耕、种草等
平原贮灰场	植物护坡或综合护坡	灰面平整、碾压	截（排）水沟	砂土、草袋、土工材料临时覆盖等	植树造林
滩涂贮灰场	植物护坡或综合护坡	灰面平整、碾压	截（排）水沟	砂土、草袋、土工材料临时覆盖等	植树造林

3.1.5.2　拦挡工程设计

贮灰场拦挡工程主要用于燃煤火力发电厂堆存废渣的拦挡。根据贮灰场地形不同，拦挡工程分为灰坝和灰堤两类，灰坝用于山谷灰场的拦挡，灰堤用于平原及滩涂灰场的拦挡。

1. 基本要求

燃煤火力发电厂的贮灰场灰坝选择应当根据灰场类型、容积大小、最终坝高和灰坝失事后对附近和下游的危害程度综合考虑确定。目前，我国已有的设计规范以湿式贮灰场为主，本节以湿式贮灰场灰坝设计进行阐述，干式贮灰场可参照执行。

（1）山谷湿灰场灰坝。

1）山谷湿灰场灰坝的高度较高，一般应本着分期建设的原则以节省工程投资，先建造初期坝，满足电厂初期贮灰的要求；随着灰渣的贮存，后期在沉积灰渣上分期建造子坝，并逐级加高灰坝，直至达到最终设计坝高，因此山谷湿灰场贮灰的过程就是灰渣筑坝的过程。

2）山谷湿灰场灰坝由初期坝、子坝加高、灰渣沉积层三部分构成，山谷湿灰场的设计包括初期坝和子坝加高两部分设计，常分两个阶段开展。

a. 初期坝。宜尽量采用透水坝或分区透水坝，可能条件下宜在灰渣沉积层中设置排渗系统，从而充分降低灰坝与贮灰场灰渣沉积层的浸润面，提高灰坝的抗滑稳定安全性和渗流稳定安全性。

b. 子坝加高。

a）子坝加高应按灰场总体规划进行。子坝分级及每级高度应在灰坝渗流计算和稳定计算的基础上综合考虑贮灰年限、灰场地形、子坝材料、灰渣层固结程度、施工条件、坝体稳定、电厂运行经验及工程费用等因素，在确保灰坝抗滑和渗流稳定的条件下确定。

b）每级子坝的高度一般考虑贮灰年限 3 年左右，按增加 3 年容积的限制贮灰高程以及设计蓄洪深度来确定，坝顶高程计算公式与初期坝坝顶高程计算公式相同。

c）子坝轴线宜紧靠前期坝的坝顶上游侧平行布置，一般坝轴线中心距离为 4～5 倍子坝高度，视前期坝与加高子坝的坝坡和加高子坝的抗滑稳定性而定。当坝体稳定性不能满足要求时，可将子坝向上游方向移动。

d）子坝加高施工应考虑汛期和冰冻期的影响，一般要求在汛期前完成坝体填筑，至少坝体填筑高度能满足设计标准的防洪要求。在寒冷地区，子坝加高土方填筑应避开冬季施工，在初春施工时，注意检查灰渣坝基内是否存在冰层，若有应进行处理。

e）子坝加高设计时，应分析原坝体的浸润线观测资料，与设计浸润线对比分析，确定排渗设施的效果和计算参数的合理性。

f）对灰渣沉积层进行勘探试验，作为子坝加高设计依据。

c. 灰渣沉积层。各级子坝下面的灰渣沉积层既是子坝的坝基，也是整个灰坝的一部分，各级子坝基和坝前灰渣沉积层的力学性质对整个灰坝的稳定性起到关键的作用。水力输送的灰渣在坝前沉积，灰渣层中浸润线的位置高低直接影响灰渣的固结效果及其力学性质。初期坝的透水性是降低灰渣层浸润线的重要因素，初期坝和灰渣层的排渗效果是整个灰坝稳定安全的关键。

（2）滩涂湿灰场灰堤。

1）滩涂湿灰场灰堤应按不透水堤设计，以防止灰水外渗污染江、河、湖、海。

2）灰堤设计标准除满足贮灰要求外，还需要满足挡潮防浪要求。堤顶高程的确定除根据设计贮灰顶面高程外，还要根据堤防的级别，依据设计潮位和设计波浪爬高来确定，取两者的较大值。

3）滩涂湿灰场灰堤大都在水中进行填筑施工，灰堤施工直接受到潮水或洪水影响，堤型设计应考虑其施工特点与之适应。

4）在沿海滩涂湿灰场灰堤临水坡波浪爬高较大时，在灰堤堤顶宜设置防浪胸墙，可以有效降低堤顶高程，防浪胸墙高度一般控制在1.5m以内。

5）灰堤外坡应设置可靠的防浪设施，堤脚设置防冲刷设施，若按越浪标准设计时，堤顶和内坡防护设计要考虑到越浪的冲刷。

6）根据筑堤材料的性质和来源，地基条件和地基处理的方法以及波浪、潮流和水深条件，合理确定堤型。

7）位于江河滩涂上的灰堤，需要计算外侧处于洪水期高水位，内侧处于堆灰运行初期较低水位时的渗流稳定性。

（3）平原湿灰场灰堤。

1）平原湿灰场初期灰堤应考虑贮灰年限、地形条件、地质条件、占地面积、后期子坝加高、施工条件、环境影响等因素，以圈围面积与堤高为优化对象进行技术经济比较确定。

2）当考虑分期筑堤坝时，初期堤坝所形成的灰场有效容积应能容纳电厂实际贮放3～5年的灰渣量。不考虑后期加高时，围堤所形成的灰场有效容积应能容纳电厂实际贮放10年的灰渣量。

3）平原湿灰场围堤宜按不透水堤设计。堤身填筑材料不能满足防渗要求时，须在堤身设置人工防渗材料，例如沿坡面铺设防渗复合土工膜。

4）围堤若按透水堤设计，必须在堤脚设置可靠的渗水收集系统，收集灰场渗出的灰水，避免灰水污染环境地下水或地表水。

5）一般来说，平原湿灰场围堤的护面不需进行防浪设计，堤顶不需设防浪墙。

2. 湿式灰坝设计

（1）山谷湿灰场灰坝。

1）初期坝。初期坝坝体结构应符合《火力发电厂灰渣筑坝设计规范》（DL/T 5045）和《水文资料整编规范》（SL 247）的要求。

a. 坝顶高程。山谷湿灰场的初期坝的坝顶高程根据贮灰场初期限制贮灰高程以及设计蓄洪深度来确定，分别按以下3个公式进行计算，取3个计算结果的较大值。

$$E=e+h_1+\Delta_1 \tag{3.1-1}$$

$$E=e+h_2+\Delta_2 \tag{3.1-2}$$

$$E=e+\Delta_3 \tag{3.1-3}$$

式中 E——坝顶高程，m；

e——灰场限制贮灰高程，即满足电厂设计灰渣量（计入容积利用系数）在灰场内所占容积的相应高程，m；

h_1——设计蓄洪深度，即设计洪水经调洪演算后在限制贮灰高程以上的高度，m；

h_2——校核蓄洪深度，即校核洪水经调洪演算后在限制贮灰高程以上的高度，m；

Δ_1——设计坝顶安全加高值（按设计标准选取），m；

Δ_2——校核坝顶安全加高值（按设计标准选取），m；

Δ_3——坝顶超高值，m。

其中，限制贮灰高程根据灰场的容积特性曲线求得，容积利用系数是表示灰场内的充满程度，与灰场形状和灰渣沉积程度有关，一般为0.75～0.95，初期坝宜取低值。Δ_3是坝顶高程不以洪水位加安全加高为控制时，坝顶高程距限制贮灰高程应有的超高值，一级灰坝至少应有1.5m的坝顶超高，二级、三级灰坝应有1.0～1.5m的坝顶超高。

为节约初期投资，初期坝的坝高一般按贮灰年限不少于3年来计算确定。然而有些灰场设计洪水量较大，山谷地形较狭窄，需要坝顶超高很大，致使子坝加高的费用增加，这种情况下可以增加初期坝的坝高。其原则是通过技术经济比较、选取满足贮灰10年要求的筑坝总费用（含子坝）最省的初期坝坝高。

b. 坝顶宽度。坝顶宽度应满足在运行阶段坝顶要敷设灰管和运行检修道路，以及在施工阶段机械化施工的要求，坝顶宽度一般不宜小于4m。

当坝顶兼作贮灰场运行检修以外的公用交通道路时，宽度应满足道路设计标准。当运行要求坝顶设置照明设施时，应按有关规定执行。

c. 坝坡。坝坡根据坝高、坝体材料的压实程度和力学性质、坝基土的力学性质、浸润线位置、抗震设防烈度等因素，经坝坡抗滑稳定计算确定，初期坝的抗滑稳定计算应结合子坝加高一并考虑。坝坡设计除了要考虑坝体自身的稳定，还要考虑到坝基的稳定。

在非强震区、没有软弱土层的地基条件下，根据挡水土石坝的经验，在设计前期初估坝坡时，以下的经验值可供参考：级配不很好、碾压干密度为1.75～1.90g/cm^{3}的砂砾石，坝坡可取1：2.0～1：2.5；级配良好、碾压干密度为1.90～2.10g/cm^{3}的砂砾石，坝坡可取1：1.5～1：2.0；碾压干密度1.85～2.10g/cm^{3}的弱风化石渣，坝坡可取1：1.6～1：2.5；碾压干密度1.90～2.20g/cm^{3}的堆石，坝坡可取1：1.3～1：2.0；碾压干密度1.70～1.80g/cm^{3}的均质土坝，坝坡可取1：2.0～1：3.5。

d. 护面。坝顶应铺以盖面材料，可采用碾压密实的砂砾石、碎石石渣、干砌块石或泥结石等材料。灰坝下游坝体由块石、卵石、碎石等材料构筑时，下游坝坡可不设专门护坡结构，可选用筑坝材料中粗颗粒或超粒径块石料做护坡，其他情况灰坝下游坝坡应设护坡结构。

考虑到上游坡面是随灰场内灰渣的贮存而逐渐被覆盖的，受到灰渣的保护，上游坝体由块石、卵石和碎石等石料组成时可不设护坡结构；上游坝体由黏土、粉土和砂土等土料组成时，在灰场内经常蓄水或难于保持干滩长度的区域，或在坝坡放灰管两侧一定范围内，或在灰场最低排放口上面1m以下的区域，应设护坡结构，其他情况可不设护坡结构。堆石、砌石护坡与被保护坝料不满足反滤层间关系要求时，护坡下应按反滤层间关系要求设置垫层。山谷灰场灰坝下游坡面应设置人行踏步。

e. 排水。坝体下游坡可能产生坡面径流时，应布置竖向及横向排水沟。竖向排水沟沿坝长每隔50～100m设置一条，纵向排水沟宜设置在马道内侧。坝体与山坡连接处也应设置排水沟。排水沟采用砌石或混凝土构筑。

f. 设计标准。山谷湿灰场灰坝的设计标准参见表3.1-1。

2）子坝加高。

a. 子坝坝高。子坝坝高的确定应考虑经济坝高和贮灰容积要求两个因素。子坝的高度包含了防洪所需蓄洪深度，子坝高度越小，加高所获得的贮灰容积越小，但坝顶超高的工程量所占比例越大，因此设计时按多个坝高方案进行优化计算，采用"贮存每立方米灰渣所耗费用"指标来确定子坝的经济高度。子坝坝高的确定尚应考虑贮灰场容积因素，使子坝形成的贮灰容积能存放3年左右的实际排入的灰渣量。经济子坝高度的贮灰年限一般在3年左右或以上。

b. 坝顶宽度。子坝的坝顶宽度根据敷设灰管、运行检修道路、机械施工等要求确定，若无其他特殊要求一般取4m。

c. 坝体防渗体。子坝坝体填筑材料可采用当地土石料或灰场内沉积的灰渣。为防止浸润线从子坝下游坡逸出，确保子坝渗流安全性，在子坝上游面宜设置土质防渗体或人工防渗体。

d. 坝坡。子坝的坝坡应根据加高子坝稳定性和贮灰场灰坝整体稳定性确定。一般情况下，各级子坝坡度上游边坡不宜陡于1：1.5，下游边坡不宜陡于1：2.0，初期坝以上的各级子坝的下游平均坡度不宜陡于1：3.5。

e. 护面。子坝坝面、坝坡上下游坡面均需护面，护面要求参照初期坝护坡设计要求。

f. 子坝的连接处理。为防止子坝下游坡脚处的渗透破坏，保证足够的渗径和压重，子坝下游坡坡脚与前期坝坡的接触面应紧密结合，结合厚度不小于2m。如厚度不足2m时，可将坝前沉积灰渣挖除其不足深度，使子坝下游坡脚嵌入。

（2）滩涂湿灰场灰堤。滩涂湿灰场包括江滩、河滩、湖滩和海滩灰场，滩涂湿灰场的灰堤设计标准应与当地堤防工程相协调。灰堤设计应按GB 50286执行，其级别与当地堤防工程的级别相同。滩涂湿灰场的设计应符合《海港水文规范》（JTJ 213）和《防波堤设计与施工规范》（JTJ 298）的相关规定。

1）灰堤级别。灰堤工程级别见表3.1-5。

表3.1-5　灰堤工程级别

设计重现期 T/a	T≥100	50≤T<100	30≤T<50	20≤T<30	10≤T<20
工程级别	1	2	3	4	5

2）灰堤设计。

a. 堤顶高程。滩涂湿灰场灰堤顶高程应分别按贮灰要求和堤防要求计算，取两者中较大值。按贮灰要求堤顶高程用式（3.1-3）计算，堤顶超高一般取

1.0m；按堤防要求堤顶高程用式（3.1-4）计算：

$$E=H_{WL}+R+\Delta \quad (3.1-4)$$

式中 E——堤顶高程，m；

H_{WL}——设计高水位（潮位），m；

R——设计高水位时波浪爬高，m；

Δ——设计堤顶安全加高值（按设计标准选取），m。

表 3.1-6 灰堤工程安全加高值

灰堤工程级别		1	2	3	4	5
安全加高值/m	不允许越浪的堤防工程	1.0	0.8	0.7	0.6	0.5
	允许越浪的堤防工程	0.5	0.4	0.4	0.3	0.3

若无特殊防护要求，波浪爬高计算时设计波高重现期为50年，波列累积频率取13%。当地堤防工程另有要求时，按当地堤防要求选取。对于断面复杂的复式灰堤，波浪爬高需要通过模型试验确定。

滩涂湿灰场灰堤一般不考虑后期加高，堤顶高程首先要满足堤防要求，然后配合灰堤轴线的优化布置，在湿灰场总容积满足贮灰要求的前提下，优化灰堤圈围面积、灰堤长度和高度，通过技术经济比较确定。一般情况下灰堤堤顶高程应与邻近堤防工程高程协调一致。

b. 堤顶宽度。湿灰场灰堤堤顶宽度要满足施工、运行及后期堤防管理要求，施工阶段要考虑机械化施工的基本宽度要求，运行阶段要考虑堤顶敷设灰管并兼作检修道路的要求。灰堤堤顶最小宽度不宜小于4m，一级堤防不宜小于8m，二级堤防不宜小于6m。

c. 消浪平台。受风浪作用的灰堤的临水侧宜设置消浪平台，平台宽度宜为波高的1～2倍，且不小于3m，平台高程设置在设计高潮位附近。消浪平台应采用浆砌大块石、竖砌条石和现浇混凝土等进行防护。

d. 堤坡。堤坡根据堤防等级、堤身结构、地基、堤身高度、波浪、筑堤材料、施工及运行条件，经稳定计算确定。一级、二级土堤的堤坡不宜陡于1∶3。滩涂灰堤临水侧堤坡参考值见表3.1-7。

一般土堤的背水坡，黏性土堤不陡于1∶2，砂性土堤不陡于1∶2.5。当背水坡护面采用干砌块石、浆砌块石、混凝土预制板（块）等圬工结构时，其坡度可参照临水侧边坡选取，但可适当稍陡。

e. 设计标准。滩涂湿灰场灰堤设计标准见表3.1-2。

表 3.1-7 滩涂灰堤临水侧堤坡参考值

护面型式	参考边坡
抛填或安放块石	1∶1.5～1∶3
干砌块石	1∶1.5～1∶3
干砌条石	1∶0.8～1∶2
混凝土灌砌块石、混凝土护坡	1∶2～1∶2.5
安放人工块体	1∶1.25～1∶3
抛填方块	1∶1～1∶2.5

（3）平原湿灰场灰堤。

1）堤顶高程。按式（3.1-3）计算，堤顶超高一般取1.0m。

2）设计标准。平原湿灰场灰堤设计标准见本章"3.1.1 分类、级别及设计标准"。堤顶距限制贮灰高程应留有一定的超高值。

3）子堤加高。可参考山谷湿灰场灰坝设计。

3. 施工要求

（1）一般要求。

1）坝基处理要求。灰场初期坝及山谷湿灰场子坝坝基和岸坡清基后，应有勘测设计人员参与验槽。必须对坝基处理及隐蔽工程验收合格后方可进行下道工序的施工。坝基和岸坡的开挖范围、坡度、高程等均应符合设计要求。坝肩岸坡开挖清理工作应自上而下一次完成，不得采用自下而上或造成岩体倒悬的开挖方式。黏性土坝基开挖后不能立即进行坝体填筑时，宜预留保护层或采取其他保护措施，在坝体填筑时再进行消除。冬季施工时，保护层厚度应考虑地基土遭受冻害的影响。

2）灰场内取料要求。山谷灰场坝肩上下游附近不宜取土。取土范围必须在坝体规划范围坡脚线50m以外，取土后坝肩仍应保持稳定并不影响到灰坝的稳定安全。需要在灰坝坡脚外取土时，应离开坡脚边线3倍坝高以上，取土深度不宜大于0.5倍坝高，否则离开坡脚的距离应通过计算确定。需要在灰场内取用灰渣时，应不影响到灰坝的稳定安全，取灰坑距坝脚应有足够距离，一般大于40m，且深度不宜超过5m。取用灰渣不能造成灰渣层坍塌或滑坡。

3）黏性土坝雨季施工要求。做好雨情预报。雨前应采用碾压设备快速压实表层松土，并应保持填筑面平整，防止雨水下渗和避免积水。雨后应进行适当晾晒。宜在雨前为大型施工机械作业开出作业面。下雨时和雨后应注意坝面保护，不得踩踏或在其上通行车辆。

4）冬季施工要求。坝体在气温0℃以下施工时应制定保护措施，检查填筑面的防冻措施，已压实土层有无冻结现象，填筑面上的积雪是否清除，对气温、土温、风速进行观测记录以及在春季复查冻结深度以内的已填筑土层质量。

(2) 坝体填筑要求。

1) 坝体填筑一般要求。坝体填筑应严格按照设计所确定的压实参数进行控制。坝体施工应加强各工序的衔接管理，严密组织，区分层次，均衡上升，减少接缝。土料铺筑及碾压，应沿平行坝轴线方向依次向外扩展，铺筑均匀，及时平整，不得在垂直坝轴线方向填筑碾压。均质土坝、砂砾石坝、石渣坝等坝体上下游的铺料宜留有余量，并在铺筑坝体护坡前，按设计断面进行削坡。土质防渗体应与坝体、反滤料同步填筑，按顺序铺设各区坝料。

2) 坝体填筑质量控制。坝体填筑的质量控制，应重点检测和检查下列项目：各种筑坝材料的质量控制指标（包括：干密度、孔隙率或相对密度、含水率和颗粒级配等）；每层压实土体的表面情况，如黏性土的洒水湿润情况等；铺土厚度，碾压参数；填筑含水率与压实机械碾量是否合适，检查有无层间光面、剪力破坏、弹簧土、漏压、欠压和土层裂缝等情况；坝体与坝基、岸坡、刚性构筑物、坝下埋管的连接，纵横接触面的处理；各分区坝料的施工质量检查；坝坡坡度；冬季、雨季施工措施执行情况。

3) 护坡施工要求。护坡垫层材料和尺寸应符合设计要求。铺筑护坡面层时，不得损坏垫层。

干砌块石护坡施工要求护坡石材的质量及尺寸应符合设计要求，不得使用风化、开裂的石料；长度在30cm以下的石块，连续使用不得超过4块，且两端需加“丁”字石；长条形石块应呈“丁”字形砌筑，不得顺长使用；砌筑护坡应做到自下而上、错缝砌筑、塞垫稳固、紧靠密实、表面平整。

浆砌块石护坡施工要求浆砌块石除符合干砌块石护坡的要求外，还应对砌筑采用坐浆法施工；砂浆原材料、配比、强度应符合设计要求；砂浆随拌随用，未砌筑砂浆达到初凝时，应作废料处理；浆砌石勾缝所用砂浆应采用较小的水灰比。混凝土预制板（块）护坡时混凝土预制板的强度要符合设计要求；混凝土预制板铺砌平整、稳定，缝隙紧密，缝线规则。

4) 反滤土工布和防渗土工膜施工要求。反滤土工布和防渗土工膜土工材料的种类、规格、物理力学性质、渗透性等应符合设计要求，对分批到达现场的材料分批进行抽样检验。铺设前进行外观检查，不得有孔洞和破口；土工材料基面必须平整，不得有尖角、树根，防止在铺设过程中受损；土工布拼接可用缝合和搭接。缝接宜采用“包缝”或“丁缝”，所用尼龙线的强度不得小于150N。当采用搭接时，搭接宽度应不小于300mm；土工膜应采用黏结搭接，黏结缝的宽度应不小于100mm，已黏结好的土工膜应予以保护，防止受损。对黏结质量进行检查；土工合成材料上的覆盖材料应及时铺设，其暴露时间不得超过产品技术要求的规定值；铺设覆盖材料宜采用进占法。斜坡上宜由下往上铺设。砂砾石的卸料高度不宜大于1.5m，有棱角石料卸料高度不宜大于0.5m。铺设人员作业时必须穿软底鞋。

(3) 质量控制要求。

1) 坝体压实检查要求。坝体压实检查项目和取样次数见表3.1-8。

表3.1-8　坝体压实检查项目和取样次数

坝料	部位	检查项目	取样次数
黏性土	边角夯实	干密度、含水率	2～3次/层
	坝体碾压	干密度、含水率	0.0002～0.0005次/m^3
砾质土	边角夯实	干密度、含水率、砾石含量	2～3次/层
	坝体碾压	干密度、含水率、砾石含量	0.0002～0.0005次/m^3
反滤料	坝体碾压	干密度、颗粒组成、含泥量	0.0002～0.0005次/m^3
堆石料	坝体碾压	孔隙率、颗粒组成	0.0001次/m^3
砌石料	坝体碾压	孔隙率	0.0001次/m^3
石渣	坝体碾压	干密度、含水率	0.0010～0.0025次/m^3
灰渣	坝体碾压	干密度、含水率	0.002～0.005次/m^3

2) 灰坝施工验收标准。坝体施工验收包括施工期间分部工程验收及竣工验收。验收时主要项目施工验收允许偏差应符合表3.1-9的规定。

表3.1-9　施工验收允许偏差

项次	项　目	允许偏差
1	坝顶高程	不大于20cm，不低于设计高程
2	坝体埋管中心高程	可低于设计高程5cm，不得高于设计高程
3	坝体埋管长度	不得小于设计长度
4	坝顶宽度	±10cm
5	坝坡	±2%
6	护坡厚度	±15%
7	干密度	合格率不小于90%，不合格的压实度不小于0.95
8	施工含水率与最优含水率之差	−4%～+2%

续表

项次	项目	允许偏差
9	碾压（非碾压）堆石孔隙率	2%（5%）
10	岸坡削坡坡度	不陡于设计坡度
11	坝轴线	按二级导线精度测设

3.1.6 案例

1. 贮灰场概况

(1) 建设规模。某热电公司贮灰场贮灰至高程1477.00m（设计堆灰高程）时，库容约为150.27万m^3，可满足本工程2×150MW机组贮放设计灰渣约3年（不考虑综合利用），满足国家相关规定要求；某贮灰场用地面积约21.6hm^2。

(2) 灰场等别。灰场最终堆灰高程1477.00m时，最大堆灰高度约30m，灰场总库容约150.27万m^3，灰场级别确定为四级。

(3) 灰场平面布置。灰场的主体工程包括初期坝、灰场防渗系统、灰场地表水截排系统、地下水导排系统、地下水监测系统、灰场运灰公路、灰场管理系统（含灰场喷洒系统的水源管的租地）等，见图3.1-1。

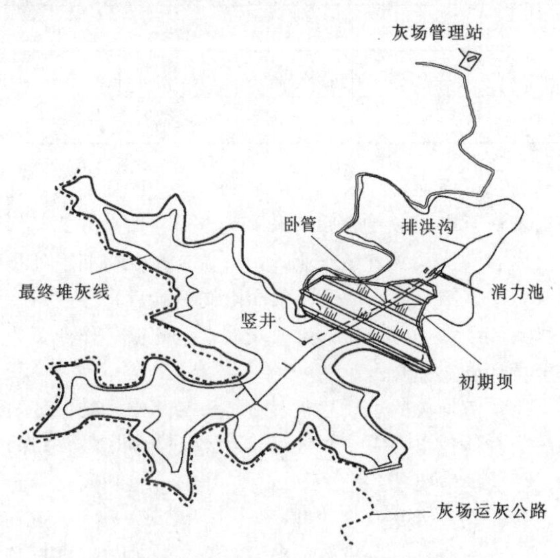

图3.1-1 某灰场平面布置图

(4) 灰场地形地貌。灰场所在区域位于云贵高原中部，属低中山地貌。高程1440.00～1533.00m，相对高差约93m。整个库区由一条U形主沟和几条树枝状支沟组成，沟底宽约50～60m，两侧为山地斜坡，坡度20°～35°，植被不发育。谷底主要为水田，两侧山坡以耕地、林草地为主，库区内无居民房屋。

2. 水文条件

灰场流域呈树枝形，灰场内两边山坡较陡，沟槽两侧多为稻田，两侧山坡植被一般，有松树、杂草、灌木等；灰场局部有基岩出露，土壤为粉质黏土。流域最低处高程约为1444.00m，最高处高程约为1585.00m。

(1) 设计防洪标准。根据灰场总库容和灰渣子坝高度，按照《大中型火力发电厂设计规范》（GB 50660）和《火力发电厂水工设计规范》（DL/T 5339）有关规定，灰场最终坝高$H=1477-1445=32m<50m$，故灰场按四级标准设计。灰场排洪设施的设计标准：洪水重现期按30年一遇设计、100年一遇校核。坝顶安全超高：设计为0.5m，校核为0.3m。

(2) 流域地理参数。采用1∶2000地形图勾绘出某灰场流域的汇水面积，并进行了设计暴雨、暴雨衰减指数、产汇流参数、设计山洪量算，确定了流域的地理参数。

3. 灰场地表水截洪、排洪系统设计

(1) 排洪系统水力计算。根据排洪系统的水文气象资料，计算的灰场设计山洪成果见表3.1-10，灰场灰库区设计洪水流量过程线成果见表3.1-11。

(2) 地表水截洪、排洪系统设计。根据灰场水文条件，灰场排洪系统设场外和场内两套系统。

场外排洪系统采用在灰场外设置截洪沟的形式；场外截洪沟按10年一遇洪水标准设计。截洪沟断面1500mm×1500mm（宽×深），最小纵坡0.8%，总长约1900m。

截洪沟断面图见图3.1-2。

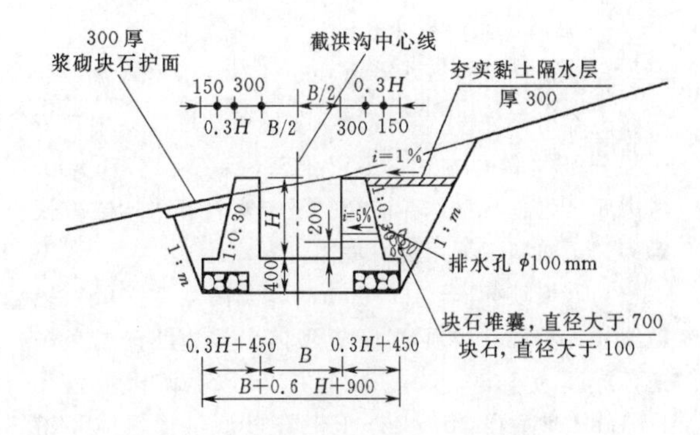

图3.1-2 截洪沟断面图（单位：mm）

场内排洪系统采用排水竖井-卧管-调节水池（兼作回收泵房）系统，设计标准为洪水重现期按30年一遇设计、100年一遇校核。

灰场设置1座排水竖井，排水竖井直径$D=4.0m$，最低排水窗口标高1454.50m，井顶标高约1476.00m，根据计算，场内排洪卧管采用直径$D=1.6m$，总长约700m。

表 3.1-10　某灰场设计山洪计算成果

项目		面积/km^2	频率 P/%					
			0.2	0.5	1	2	3.3	10
设计洪水流量 $Q_m/(m^3/s)$	全流域	0.4660	22.00	19.80	18.00	16.50	15.10	
	灰库区（含截洪沟超10%洪水）	0.2398	19.34	16.57	14.26	12.19	10.25	
	南侧截洪沟1	0.0736						3.12
	南侧截洪沟2	0.0286						1.28
	西侧截洪沟1	0.0604						3.81
	西侧截洪沟2	0.0636						3.26
蓄滞水量 W/万 m^3	全流域	0.4660	8.34	7.53	5.88	5.36	4.93	
	灰库区（含截洪沟超10%洪水）	0.2398	5.02	4.37	3.37	2.99	2.67	

表 3.1-11　某灰场灰库区设计洪水流量过程线成果

P=0.2%		P=0.5%		P=1%		P=2%		P=3.3%	
T/h	$Q_m/(m^3/s)$	T/h	$Q_m/(m^3/s)$	T/h	$Q_m/(m^3/s)$	T/h	$Q_m/(m^3/s)$	T/h	$Q_m/(m^3/s)$
0	0	0	0	0	0	0	0	0	0
0.20	1.81	0.20	1.63	0.20	1.49	0.20	1.36	0.20	1.25
0.34	8.49	0.35	8.03	0.36	7.68	0.37	7.33	0.38	7.01
0.40	19.34	0.40	16.57	0.40	14.26	0.40	12.19	0.40	10.25
0.82	8.30	0.76	7.89	0.65	7.57	0.60	7.26	0.54	6.97
1.80	1.28	1.80	1.15	1.60	1.05	1.60	0.96	1.60	0.88
4.50	0	4.50	0	3.90	0	3.80	0	3.80	0

4. 灰场初期坝方案设计

根据灰场可行性研究设计文件及其审查意见，灰场在山谷出口处设置初期坝，灰场后期堆放采用灰渣子坝分级加高的方式，最终堆灰标高为1477.00m。考虑库区附近石材、石渣料贮量丰富且开采运输方便等因素，初期坝采用堆石坝体。

初期坝顶标高1460.00m，最大高度约20m，纵轴线长约90m，坝顶宽4m；坝体上游边坡设一条马道，标高为1450.00m，马道宽2m，上游边坡坡比1∶1.8，坡面设400g/m^2土工布过滤层。坝体下游边坡设一条马道，标高为1450.00m，马道宽2m，边坡坡比1∶1.8；坡面设干砌块石护面，顶部采用浆砌块石护面，坝下游设岸坡及坡脚浆砌块石排水沟接至截洪沟。

综上所述，灰场地表水截洪、排洪系统及初期坝的设计满足灰场堆灰和排洪要求。

5. 灰渣堆放设计

灰渣堆放设计为库前堆灰方式。堆灰填筑设计原则为自下而上，分区、分层堆灰作业，逐渐加高，逐渐堆灰至库尾，并靠后期采用灰渣子坝加高方式，增加库容堆灰。灰渣场作业开始时，首先在初期坝处堆灰，堆至第一级灰渣子坝加高限制标高后，加高第一级灰渣子坝，再向库内堆放灰渣，以此循环作业，直至设计堆灰标高。

灰渣堆放的永久边坡按1∶3.5设计，以保证灰场的整体稳定和安全。同时为防止雨水冲刷和破坏，需考虑护坡要求。

6. 封场生态修复

生态修复应在封场工程完毕及场地稳定性满足要求后进行，应按固体废物的特性及生态修复植被特点合理确定覆土层厚度。

(1) 贮存、处置场封场后应进行复垦，不应复耕及作为建设用地。

(2) 生态修复应与周边土地利用方式及景观相协调，不应使用外来物种和深根系植物。

(3) 在生态修复过程中，不应对生态环境造成二次污染和破坏。

3.2 尾矿库及赤泥堆场

尾矿库是用以贮存金属或非金属矿山进行矿石选别后排出尾矿的场所，赤泥堆场是用以堆存氧化铝厂排出赤泥的场所。赤泥堆场的堆存方法同尾矿库也可细分为湿式堆存和干法堆存两种。其中湿式堆存的赤泥堆场的设计执行《尾矿设施设计规范》（GB 50863），因此，本节将湿式堆存的赤泥堆场视为尾矿库的一种。

GB 50863适用于金属和非金属矿山的新建、改建和扩建尾矿设施及氧化铝厂湿式堆存的赤泥堆场的设计（不适用于核工业有放射性物质的尾矿、采用特殊处置方式的尾矿及电厂灰渣等具有特殊性质的尾矿处理设施的设计）。赤泥堆场的干法堆存现行设计标准为《干法赤泥堆场设计规范》（GB 50986），适用于新建、改建和扩建的干法赤泥堆场设计以及将湿法赤泥堆场改造为干法赤泥堆场的设计。

3.2.1 尾矿库及干法赤泥堆场类型、等别及设计标准

3.2.1.1 尾矿库及干法赤泥堆场分类

1. 尾矿库的类型

按布置位置的地形条件划分，尾矿库一般可分为山谷型、傍山型、平地型、截河型等四类尾矿库，见图3.2-1。

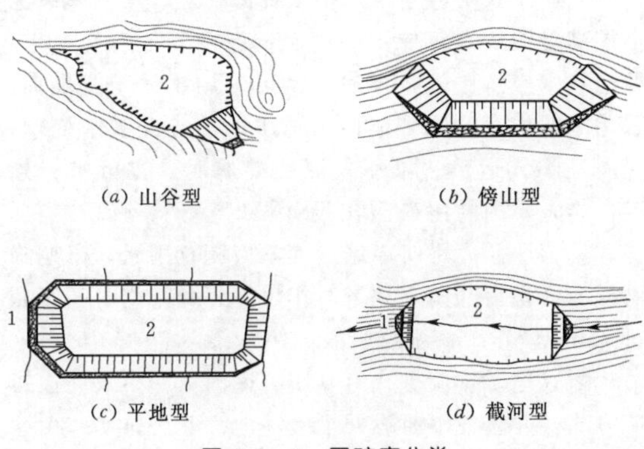

图3.2-1 尾矿库分类

1—尾矿坝；2—库区

（1）山谷型尾矿库是在山谷谷口处筑坝形成的尾矿库，主要特点为初期坝轴线相对较短，坝体工程量较小，库区纵深较长，汇水面积较大，排洪设施工程量大。

（2）傍山型尾矿库是在山坡脚下依山筑坝所围成的尾矿库，主要特点为初期坝轴线相对较长，初期坝和后期尾矿堆坝工程量较大，库区纵深较短，汇水面积小，调洪能力小，排洪设施工程量较大。

（3）平地型尾矿库是在平缓地形周边筑坝围成的尾矿库，主要特点为初期坝和后期尾矿堆坝工程量大，堆坝高度受到限制一般不高，汇水面积小，排水构筑物尺寸相对较小。

（4）截河型尾矿库是截取一段河床，在其上游、下游两端分别筑坝形成的尾矿库，主要特点为库区汇水面积不大，但尾矿库上游的汇水面积通常很大，库内和库上游都要设置排洪系统，该库型在国内受环保约束，已极少新建。

2. 干法赤泥堆场分类

按布置位置的地形条件划分，干法赤泥堆场一般可分为山谷型、傍山型、平地型等三类。干法赤泥堆场型式及特点与尾矿库相同。

3.2.1.2 尾矿库及干法赤泥堆场等别确定

1. 尾矿库等别确定

一般情况，尾矿库等别根据尾矿库的最终全库容及最终坝高确定。

当以全库容和坝高分别确定的尾矿库等别的等差为一等时，以高者为准。当等差大于一等时，应按高者降一等确定。除一等库外，当尾矿库失事将使下游重要城镇、工矿企业、铁路干线或高速公路等遭受严重灾害者，经充分论证，设计等别可提高一等。在利用露天废弃采坑及凹地储存尾矿，且周边未建尾矿坝时，可不定等别。尾矿库各使用期的设计等别见表3.2-1，尾矿库构筑物的级别见表3.2-2。

表3.2-1 尾矿库各使用期的设计等别

等别	全库容 V/万 m^3	坝高 H/m
一	$V \geqslant 50000$	$H \geqslant 200$
二	$10000 \leqslant V < 50000$	$100 \leqslant H < 200$
三	$1000 \leqslant V < 10000$	$60 \leqslant H < 100$
四	$100 \leqslant V < 1000$	$30 \leqslant H < 60$
五	$V < 100$	$H < 30$

表3.2-2 尾矿库构筑物的级别

尾矿库等别	构筑物的级别		
	主要构筑物	次要构筑物	临时构筑物
一	1	3	4
二	2	3	4
三	3	5	5
四	4	5	5
五	5	5	5

注 主要构筑物指尾矿坝、排水构筑物等失事后将造成下游灾害的构筑物；次要构筑物指除主要构筑物以外的永久性构筑物；临时构筑物指施工期临时使用的构筑物。

2. 干法赤泥堆场等别确定

干法赤泥堆场等别确定标准与尾矿库等别相同，取决于堆场全库容及最终坝高，按照表3.2-1确定。

3.2.1.3 设计标准

尾矿库及湿式赤泥堆场设计按GB 50863执行；干法赤泥堆场设计按GB 50986执行。

尾矿坝稳定计算的荷载组合和坝坡抗滑稳定最小安全系数值分别见表3.2-3和表3.2-4。

表3.2-3 尾矿坝稳定计算的荷载组合

运行条件	荷载类别 计算方法	1	2	3	4	5
正常运行	总应力法	√	√	—	—	—
	有效应力法	√	√	√	—	—
洪水运行	总应力法	—	√	—	√	—
	有效应力法	—	√	√	√	—
特殊运行	总应力法	√	√	—	—	√
	有效应力法	√	√	√	—	√

注 1. 荷载类别1指运行期正常库水位时的稳定渗透压力。
2. 荷载类别2指坝体自重。
3. 荷载类别3指坝体及坝基中的孔隙水压力。
4. 荷载类别4指设计洪水位时有可能形成的稳定渗透压力。
5. 荷载类别5指地震荷载。
6. 表中“—”表示无此项荷载。

表3.2-4 坝坡抗滑稳定最小安全系数值

计算方法	运行条件	坝的级别			
		1	2	3	4、5
简化Bishop法	正常运行	1.50	1.35	1.30	1.25
	洪水运行	1.30	1.25	1.20	1.15
	特殊运行	1.20	1.15	1.15	1.10
瑞典圆弧法	正常运行	1.30	1.25	1.20	1.15
	洪水运行	1.20	1.15	1.10	1.05
	特殊运行	1.10	1.05	1.05	1.00

3.2.2 尾矿库及干法赤泥堆场选址

1. 尾矿库选址

尾矿库选址应满足国家现行相关法律法规要求，不能设在风景名胜区、自然保护区、饮用水源保护区以及国家法律禁止的矿产开采区域。应避开地质构造复杂、不良地质现象严重区域；必须考虑到对大型工矿企业、大型水源地、重要铁路和公路、水产基地和大型居民区的不利影响；库址不宜位于居民集中区主导风向的上风侧，同时，应不占或少占农田，并应不迁或少迁居民；库址不宜位于有开采价值的矿床上面；在满足库容需求的同时汇水面积应小。选址过程中还应根据工程总体布置及地形情况，力争达到“筑坝工程量小、生产管理方便、尾矿输送距离短、输送能耗低”的目标。并综合地质、气象、工矿企业、重要设施和拆迁等多方面因素考虑，库址应经多个方案比选确定。

在同一沟谷内建设两座或两座以上尾矿库时，后建尾矿库应充分论证各尾矿库之间的相互关系与影响。利用废弃的露天采坑及凹地储存尾矿时，应进行安全性专项论证；露天采坑下部有采矿活动时，不宜储存尾矿。

2. 干法赤泥堆场选址

干法赤泥堆场根据堆存工艺的不同可分为浆体干法赤泥堆场和滤饼干法赤泥堆场，滤饼干法赤泥堆场选址同尾矿库选址要求；浆体干法赤泥堆场的选址除应满足滤饼干法赤泥堆场选址要求外，还应满足其堆场使用期间的堆存面积能满足赤泥浆体的摊晒需要以及满足气象条件有利于赤泥浆的干燥固结、降雨量较小、蒸发量较大的要求。

3.2.3 尾矿库及干法赤泥堆场堆放工艺及要求

1. 尾矿库堆放工艺及要求

尾矿库分为湿式堆存和干式堆存两种堆存方式，其中湿式堆存参数取决于各级子坝经稳定计算后的构造参数，详见本章“3.2.5.2 拦挡工程设计”。

尾矿干式堆存通常用于水资源缺乏、尾矿库纵深不能满足湿式堆存要求的情况；在有其他特殊要求，并经技术经济比较合理时，也可采用尾矿干式堆存。采用干式堆存的尾矿在排出选矿厂前应经脱水处理，在满足干式运输、堆积及碾压要求时，方可进行堆存。排入库内的尾矿应按设计及时整平、碾压堆存。干式堆存尾矿库平时库区表面不应积存雨水，汛期降雨时库区积存的雨水须及时排出库外，排空时间不超过72h，禁止干、湿尾矿混排。

干式尾矿排放方式有库尾、库前、库中及周边排矿方式，并应在下游设回水澄清池。库尾排矿，由库区尾部（上游）向库区前部（下游）排放的方式，排矿时自上而下，按设计要求设置台阶并碾压，台阶高度不宜超过15m，平台始终保持1%～2%的坡度坡向拦挡坝方向；库前排矿，类似上游法筑坝，排矿自拦挡坝前向库尾推进，边堆放边碾压并修整边坡；库中排矿，排矿自库区中部向库尾和库前推进，边堆放边碾压，设计最终堆高时一次修整堆积坝外坡；周边排矿，排矿自库周向库中间推进，始终保持库周高、库中低，边堆放边碾压并修整边坡。

此外，堆积坝最终外坡面每5～10m高设一道平台，平台上修建永久性纵向、横向排水沟；并对堆积坝坡进行覆土及植被绿化。

2. 干法赤泥堆场堆放工艺及要求

根据堆存工艺的不同，干法赤泥堆场可分为浆体干法赤泥堆场和滤饼干法赤泥堆场。其中，浆体干法赤泥堆场由分隔坝分为至少3个相对独立、大小相近的库区，并轮流进行布料、晾晒、筑坝作业，分隔坝坝顶宽度不应小于5m，待初期分隔坝堆满后可采用干赤泥碾压加高，分隔坝加高高度与相应堆积坝相同。滤饼干法赤泥堆场可不分区。

浆体干法赤泥堆场选择四周轮换放料、中间排水的排放方式，并应使运行过程中赤泥滩面始终保持外高里低的坡向，其堆存参数取决于各级子坝参数，详见本章“3.2.5.2 拦挡工程设计”。滤饼干法赤泥堆场排放方式可用库尾、库前、库中及周边排矿方式，要求及工艺同干式尾矿排放方式。

3.2.4 尾矿库及干法赤泥堆场防洪标准及排洪要求

3.2.4.1 尾矿库防洪标准及排洪要求

1. 防洪标准

尾矿库各使用期的防洪标准应根据该使用期尾矿库的等别、库容、坝高、使用年限及对下游可能造成的危害程度等因素确定。

当确定的尾矿库等别的库容或坝高偏于该等下限，尾矿库使用年限较短或失事后对下游不会造成严重危害者可取下限，反之应取上限。对于高堆坝或下游有重要居民点的，防洪标准可提高一等。尾矿库失事后对下游环境造成极其严重危害的尾矿库，其防洪标准应予以提高，必要时可按可能最大洪水进行设计。对于露天废弃采坑及凹地储存尾矿的，周边未建尾矿坝时，防洪按100年一遇的洪水设计；建尾矿坝时，根据坝高及其对应的库容确定库的等别，并由此查得防洪标准，见表3.2-5。

表3.2-5　尾矿库防洪标准

尾矿库各使用期等别	一	二	三	四	五
洪水重现期/a	1000～5000或PMF	500～1000	200～500	100～200	100

注　PMF为可能最大洪水。

2. 排洪方式及要求

尾矿库的排洪方式及布置应根据地形、地质条件、洪水总量、调洪能力、尾矿性质、回水方式及水质要求、操作条件与使用年限等因素，经技术经济比较确定。

(1) 上游式尾矿库宜采用排水井（或斜槽）-排水管（或隧洞）排洪系统。

(2) 一次建坝的尾矿库在地形条件许可时，可采用溢洪道排洪，同时宜以排水井（或斜槽）控制库内运行水位。

(3) 当上游汇水面积较大，库内调洪难以满足要求时，可采用上游设拦洪坝截洪和库内另设排洪系统的联合排洪系统。拦洪坝以上的库外排洪系统不宜与库内排洪系统合并；当与库内排洪系统合并时，必须进行论证，合并后的排水管（或隧洞）宜采用无压流控制。若采用压力流控制时应进行可靠性技术论证，必要时应通过水工模型试验确定。

(4) 三等及三等以上尾矿库（库尾排矿的干式尾矿库除外）不得采用截洪沟排洪。

(5) 当尾矿库周边地形、地质条件适合时，四等及五等尾矿库经论证可设截洪沟截洪分流。

3. 水文、水力及调洪计算

尾矿库水文、水力及调洪计算应遵循如下规定。

(1) 尾矿库洪水计算应根据各省水文图集或有关部门建议的特小汇水面积的计算方法进行计算，当采用全国通用的公式时，应采用当地的水文参数。有条件时应结合现场洪水调查予以验证，对于三等及三等以上尾矿库宜取两种以上方法计算，原则上以当地水文计算手册推荐的计算公式为准或选取大值；当库内水面面积不超过流域面积的10%，可按全面积陆面汇流计算。否则，水面和陆面面积的汇流应分别计算。

(2) 设计洪水的降水历时应采用24h计算，经论证也可采用短历时计算。

(3) 计算调洪库容时，取$0.8i_t \sim 1.0i_t$（i_t为尾矿沉积滩面的坡度）。

(4) 尾矿库排洪构筑物型式及尺寸应根据水力计算和调洪计算确定，满足设计流态和防洪安全要求。对特别复杂的排洪系统，宜进行水工模型试验验证。

(5) 排洪构筑物的设计最大流速不应大于构筑物材料的容许流速。

(6) 调洪计算应采用水量平衡法按式（3.2-1）计算。

$$\frac{1}{2}(Q_S+Q_Z)\Delta t-\frac{1}{2}(q_S+q_Z)\Delta t=V_Z-V_S \tag{3.2-1}$$

式中　Q_S、Q_Z——时段始、终尾矿库的来洪流量，m^3/s；

q_S、q_Z——时段始、终尾矿库的泄洪流量，m^3/s；

V_S、V_Z——时段始、终尾矿库的蓄洪量，m^3；

Δt——该时段的时间，h。

（7）尾矿库的一次洪水排出时间应小于72h。

（8）尾矿库不得采用机械排洪。

3.2.4.2 干法赤泥堆场防洪标准及排洪要求

1. 防洪标准

干法赤泥堆场各使用期的防洪标准应与尾矿库防洪标准确定所考虑的因素及执行标准一致，见表3.2-5。

2. 排洪方式及要求

赤泥堆场的排洪方式与尾矿库排洪方式及要求类似，根据地形条件、地质条件、洪水总量、调洪能力、回水方式、操作条件与使用年限因素，经技术经济比较确定。除滤饼干法赤泥堆场外，三等及三等以上赤泥堆场不得采用截洪沟排洪，赤泥堆场不得采用机械排洪。

3. 水文、水力及调洪计算

干法赤泥堆场水文、水力及调洪计算应遵循如下规定。

（1）干法赤泥堆场洪水计算应根据当地水文计算手册或适用于特小汇水面积的计算公式进行计算。当采用全国通用的公式时，应采用当地的水文参数。有条件时，应结合现场洪水调查予以验证。

（2）设计洪水的降雨历时应采用24h计算，经论证也可采用短历时计算。

（3）干法赤泥堆场排水构筑物形式及尺寸应根据水力计算和调洪演算确定，满足设计流态和防洪安全要求。当滤饼干法赤泥堆场采用库尾排放方式时，可不进行调洪演算。

（4）浆体干法赤泥堆场各级赤泥坝坝顶与设计洪水位的高差和滩顶至设计洪水位边线距离不应小于表3.2-6的最小安全超高值和最小干滩长度值。

表3.2-6 浆体干法赤泥堆场赤泥坝的最小安全超高值与最小干滩长度值

坝的级别	1	2	3	4	5
最小安全超高/m	1.5	1.0	0.7	0.5	0.4
最小干滩长度/m	150	100	50	35	25

注 干滩长度是指由滩顶至库内水边线的水平距离。最小干滩长度是指设计洪水位时的干滩长度。

（5）滤饼干法赤泥堆场采用库前、库中或四周排放方式时，其各级赤泥坝坝顶与设计洪水位的高差不应小于表3.2-6的最小安全超高值。同时，滩顶至设计洪水位边线的距离不应小于表3.2-7的最小干滩长度值。

表3.2-7 滤饼干法赤泥堆场赤泥坝的最小干滩长度值

坝的级别	1	2	3	4	5
最小干滩长度/m	100	70	50	35	25

（6）调洪计算仍采用水量平衡法按式（3.2-1）计算。

（7）浆体干法赤泥堆场分隔为多个库区时，各库区应分别设置排水构筑物，并分别进行洪水计算和调洪演算。

（8）堆场一次洪水排出时间应小于72h。

（9）滤饼干法赤泥堆场采用库前、库中或四周排放方式时，可在进水构筑物附近设置调洪池，其容量应满足赤泥堆场各使用期降雨时调蓄洪水的需要。库区赤泥层表面应按不小于1%的坡度坡向调洪池。调洪池边坡比不宜大于1：6，边坡上适当位置应设置供操作人员上下的台阶。

（10）滤饼干法赤泥堆场采用库尾排放方式时，排洪构筑物设置应符合下列规定。

1）库前应建设拦挡坝。其高度应满足储存一次洪水冲刷挟带的赤泥量，该量应根据赤泥滤饼冲刷试验确定，缺少资料时，可按式（3.2-2）估算确定：

$$W_{CH}=1000H_P \cdot a \cdot F \cdot P \tag{3.2-2}$$

式中 W_{CH}——最大一次冲泥量，m^3；

H_P——设计频率的最大24h的降雨量，mm；

a——赤泥细度系数，可取0.25；

F——终期赤泥堆积区面积，km^2；

P——赤泥堆场等级系数，一等库取0.45，二等库取0.35，三等库取0.30，四等库取0.25，五等库取0.20。

2）在拦挡坝前应设置排水井-排水管排洪系统，排水井进口底标高应高于设计赤泥淤积标高0.50m以上。

3）在赤泥堆积区应设临时截水沟，排入两侧截洪沟；在赤泥堆积体最终的下游坡面应设置永久性纵横向截排水沟，被截径流汇至拦挡坝前，经井、管排出坝外。

4）拦挡坝未设置坝肩溢洪道时，排水井-排水管排洪系统的泄洪能力不应低于堆场设计频率的洪峰流量；拦挡坝设置了坝肩溢洪道时，溢洪道的泄洪能力不应低于场地设计频率的洪峰流量。

3.2.5 防护措施布局及拦挡工程设计

3.2.5.1 防护措施布局

尾矿库水土流失防护措施主要包括工程措施、植物措施和临时措施。不同类型尾矿库水土流失防护措施布局见表3.2-8。除拦挡工程措施设计外，其他类型措施设计参见本手册相关章节。

表3.2-8 不同类型尾矿库水土流失防护措施布局

类型	主要工程防护措施体系		
	拦挡工程类型	斜坡防护工程类型	防洪排导工程类型
山谷型	尾矿坝（赤泥坝）	混凝土、砌石、植物或综合护坡等	排水井、泄洪隧（涵）洞、斜槽、溢洪道、截水沟、消力池、排水沟、沉沙池
傍山型	尾矿坝（赤泥坝）	混凝土、砌石、植物或综合护坡等	排水井、泄洪隧（涵）洞、斜槽、溢洪道、截水沟、消力池、排水沟、沉沙池
平地型	尾矿坝（赤泥坝）	混凝土、砌石、植物或综合护坡等	排水沟、沉沙池
截河型	尾矿坝	混凝土、砌石、植物或综合护坡等	排洪渠（沟）、排洪隧（涵）洞、排水沟

3.2.5.2 拦挡工程设计

1. 定义与作用

尾矿库及干法赤泥堆场的拦挡一般包含尾矿坝、赤泥坝、初期坝和堆积坝等。尾矿坝是拦挡尾矿和水的尾矿库外围构筑物，通常指初期坝和尾矿堆积坝的总体；赤泥坝是赤泥堆场中用于挡赤泥浆或泥滤饼的建筑物，通常指赤泥堆场初期坝和堆积坝的总体；初期坝是用土、石材料等筑成，作为尾矿或赤泥堆积坝的排渗体或支撑体的坝；堆积坝是生产过程中用尾矿或赤泥堆积而成的坝。

2. 规划与布置

(1) 尾矿坝。

1）初期坝坝址选择。尾矿坝坝址的选择应以筑（堆）坝工程量小，以及形成的库容大和避免不良的工程、水文地质条件为原则，并结合筑坝材料来源、施工条件、尾矿澄清距离及排水构筑物的布置等要素，经综合论证确定；当遇到易产生尾矿渗漏的砂砾石地基，易液化土、软黏土和湿陷性黄土地基、岩溶发育地基以及涌泉及矿山井洞时，应对尾矿坝坝基进行专门研究处理。

2）初期坝坝型及筑坝。初期坝宜采用当地材料构筑。在坝型选择方面，上游式尾矿库的初期坝宜选用透水坝型；中线式、下游式尾矿库的初期坝坝型可根据需要确定；对于有特殊要求的尾矿库可采用不透水坝型。一次建坝的尾矿坝可分期建设，第一期坝应符合初期坝的有关规定，后期筑坝高度应始终大于尾矿堆积高度。

3）初期坝坝高。初期坝在保证尾矿水得以澄清的同时，初期库容量满足至少贮存选矿厂投产后半年以上的尾矿量的要求，当尾矿堆积坝沉积滩顶与初期坝顶齐平时，应满足相应等级尾矿库防洪标准要求，投产初期需利用尾矿库调蓄生产供水时，应贮存所需的调蓄水量。在冰冻地区还应满足冰下排矿的要求。新建上游式尾矿坝初期坝高与总坝高之比宜采用1/8～1/4。

4）尾矿堆积筑坝方式选择。地震设防烈度为7度及7度以下的地区，宜采用上游式筑坝；地震设防烈度为8～9度的地区，宜采用下游式或中线式筑坝，采用上游式筑坝时应采取抗震措施。

5）沉积滩的最小安全超高和最小干滩长度。

a. 上游式尾矿堆积坝沉积滩顶与设计洪水位的高差应符合表3.2-9的最小安全超高的规定。同时，滩顶至设计洪水位水边线的距离，应符合表3.2-9的最小干滩长度的规定。

b. 下游式和中线式尾矿坝坝顶外缘至设计洪水位水边线的距离即最小干滩长度宜符合表3.2-10的规定；同时，坝顶与设计洪水位的高差，应符合表3.2-9的最小安全超高值的规定。

表3.2-9 上游式尾矿堆积坝的最小安全超高与最小干滩长度

坝的级别	1	2	3	4	5
最小安全超高/m	1.5	1.0	0.7	0.5	0.4
最小干滩长度/m	150	100	70	50	40

注 1. 3级及3级以下的尾矿坝经渗流稳定论证安全时，表内最小干滩长度最多可减少30%。
2. 地震区的最小干滩长度尚应符合现行国家标准《构筑物抗震设计规范》(GB 50191)的有关规定。

表3.2-10 下游式和中线式尾矿坝的最小干滩长度

坝的级别	1	2	3	4	5
最小干滩长度/m	100	70	50	35	25

注 地震区的最小干滩长度尚应符合《构筑物抗震设计规范》(GB 50191)的有关规定。

c. 尾矿库挡水坝坝顶与设计洪水位的高差，不应小于最小安全超高值（表3.2-9）、最大风壅水面高度和最大波浪爬高三者之和。最大风壅水面高度和最大波浪爬高可按现行行业标准SL 274的有关规定计算。

d. 地震水平加速度不小于0.05g的地震区尾矿库，尾矿堆积坝滩顶与正常生产水位的高差，不应小于最小安全超高值（表3.2-9）和地震沉降值、地震壅浪高度之和。挡水坝和一次性筑坝尾矿坝坝顶与正常生产水位的高差，不应小于最小安全超高值（表3.2-9）和地震沉降值、地震壅浪高度、最大风壅水面高度及最大波浪爬高值之和。地震壅浪高度应按《水工建筑物抗震设计规范》（SL 203）的有关规定确定。

6）尾矿坝构造。

a. 当无行车要求时，初期坝坝顶最小宽度宜符合表3.2-11规定的数值；当有行车要求时，坝顶宽度及路面构造应符合现行国家标准《厂矿道路设计规范》（GBJ 22）的规定。

表3.2-11 初期坝坝顶最小宽度

坝高/m	<10	10～20	20～30	>30
坝顶最小宽度/m	2.5	3.0	3.5	4.0

b. 下游式、中线式尾矿筑坝坝顶宽度应满足分级设备和管道安装及交通的需要，不宜小于20m。最终下游坝坡应设置维护平台和排水设施，维护平台的宽度不宜小于3m。

c. 透水堆石坝堆石体上游坡坡比不宜陡于1∶1.6；土坝上游坡坡比可略陡于下游坡。初期坝下游坡坡比在初定时可按表3.2-12确定。

表3.2-12 初期坝下游坡坡比

坝高/m	土坝下游坡坡比	透水堆石坝下游坡坡比	
		岩基	非岩基（软基除外）
5～10	1∶1.75～1∶2.0	1∶1.6～1∶1.75	1∶1.75～1∶2.0
10～20	1∶2.0～1∶2.5		
20～30	1∶2.5～1∶3.0		

d. 透水初期坝上游坡面采用土工布组合反滤层时，宜设置嵌固平台，高差宜为10～15m，宽度不宜小于1.5m。土工布嵌入坝基及坝肩的深度不应小于0.5m，并应填塞密实。

e. 上游式尾矿坝的初期坝下游坡面应沿标高每隔10～15m设一条马道，宽度不宜小于1.5m。尾矿堆积坝有行车要求时，下游坡面应沿标高每隔10～15m设一条马道，宽度不宜小于5m。

f. 尾矿坝下游坡与两岸山坡结合处应设置坝肩截水沟，并宜在初期坝设置踏步，踏步宽度不宜小于1.0m。

g. 上游式尾矿坝的堆积下游坡面上，应结合排渗设施每隔5～10m高差设置排水沟。

h. 初期坝上游坡面应有防止初期放矿直接冲刷初期坝的措施。

i. 尾矿堆积坝下游坡与两岸山坡结合处应设置截水沟。

j. 尾矿堆积坝下游坡面宜采用碎石、废石或山坡土坡面进行覆盖；有条件的地区可采用植草或灌木类植物对坡面进行防护；为顺利排导坡面汇水，在堆积坝下游坡面应设置坡面排水沟，排水沟宜做成“人”字沟或网状排水沟。

7）中线式及下游式尾矿坝的堆筑。中线式及下游式尾矿坝因堆筑工艺不同，在堆筑及建设过程中除遵守尾矿坝一般规定外，尚需要满足以下条件。

a. 中线式和下游式尾矿筑坝宜采用水力旋流器分级后的粗尾矿堆筑。粗尾矿中颗粒$d \geqslant 0.074$mm的含量不宜少于75%，$d \leqslant 0.020$mm的不宜大于10%，否则应进行筑坝试验。

b. 中线式及下游式尾矿坝均应设置初期坝和滤水拦沙坝，滤水拦沙坝可设多座，在初期坝与拦沙坝之间的坝基范围内应设排渗设施。

c. 中线式、下游式尾矿坝和滤水拦沙坝之间的洪水应通过滤水拦沙坝渗出坝外，也可在滤水拦沙坝前设置排洪设施，排洪标准宜按50年一遇洪水设计。

d. 初期坝除应符合一般规定外，尚应满足下游粗料尾矿与上游剩余尾矿平衡升高速度的要求。

e. 滤水拦沙坝坝高可根据实际需要确定。

f. 坝基排渗设施的型式可采用褥垫、盲沟（管）或其他型式，其断面尺寸应满足排出渗水的要求。

g. 对尾矿库全部运行期内的粗尾矿堆坝量与库内堆存量应按高度进行平衡计算，坝顶上升速度应满足库内沉积滩面的上升速度和防洪安全的需要，并由此确定各阶段需要的粗砂产率。所选设备和分级工艺的最终成品粗砂的产率不宜少于各堆坝阶段需要的最大粗砂产率的1.2倍。

h. 当采用旋流器底流尾矿直接充填筑坝时，可调整底流尾矿的排放浓度以调整下游充填坝坡和密实度，但不应小于不分选浓度。

i. 尾矿坝的下游坝坡应经稳定计算确定，在初步估算时，下游坝坡坡比不宜陡于1∶3。

j. 尾矿坝坝顶宽度应满足分级设备和管道安装及交通的需要，不宜小于20m最终下游坝坡应设置维护平台和排水设施，维护平台的宽度不宜小于3m。

k. 尾矿分级设备宜采用水力旋流器，分级设备的选型、工作压力和设备参数宜根据设计确定的沉沙粒度、产率和浓度要求由设备厂商提供并经试验复核。

l. 根据需要设置一定备用量的分级设备。

8）尾矿坝稳定计算。尾矿库初期坝与堆积坝的抗滑稳定性应根据坝体材料及坝基的物理力学性质经计算确定，计算方法应采用简化 Bishop 法或瑞典圆弧法，地震荷载应按拟静力法计算；结合工程设计阶段和尾矿库使用进程，进行稳定分析和计算。三等及三等以下的尾矿库在尾矿坝堆至 1/2～2/3 最终设计总坝高，一等及二等尾矿库在尾矿坝堆至 1/3～1/2 最终设计总坝高时，应对坝体进行全面的工程地质和水文地质勘查；对于尾矿性质特殊，投产后选矿规模或工艺流程发生重大改变，尾矿性质或放矿方式与初步设计相差较大时，可不受堆高的限制，根据需要进行全面勘查；根据勘查结果，由设计单位对尾矿坝进行全面论证，以验证最终坝体的稳定性和确定后期的处理措施。

尾矿坝稳定计算的荷载，可根据不同运行条件按表 3.2-13 进行组合。

表 3.2-13　尾矿坝稳定计算的荷载组合

运行条件	荷载类别／计算方法	1	2	3	4	5
正常运行	总应力法	√	√	—	—	—
	有效应力法	√	√	√	—	—
洪水运行	总应力法	—	√	—	√	—
	有效应力法	—	√	√	√	—
特殊运行	总应力法	√	√	—	—	√
	有效应力法	√	√	√	—	√

注　1. 荷载类别 1 指运行期正常库水位时的稳定渗透压力。
2. 荷载类别 2 指坝体自重。
3. 荷载类别 3 指坝体及坝基中的孔隙水压力。
4. 荷载类别 4 指设计洪水位时有可能形成的稳定渗透压力。
5. 荷载类别 5 指地震荷载。
6. 表中“—”表示无此项荷载。

9）坝坡抗滑稳定的安全系数不应小于表 3.2-14 规定的数值。

表 3.2-14　坝坡抗滑稳定最小安全系数值

计算方法	运行条件	坝的级别			
		1	2	3	4、5
简化 Bishop 法	正常运行	1.50	1.35	1.30	1.25
	洪水运行	1.30	1.25	1.20	1.15
	特殊运行	1.20	1.15	1.15	1.10
瑞典圆弧法	正常运行	1.30	1.25	1.20	1.15
	洪水运行	1.20	1.15	1.10	1.05
	特殊运行	1.10	1.05	1.05	1.00

（2）赤泥坝。

1）初期坝坝址选择。赤泥坝初期坝轴线应根据坝址区域的地形、地质条件，并应依据后期堆积坝加高、排水系统、施工条件和环境影响因素，通过技术经济比较确定；当遇到特殊地质条件时应对尾矿坝坝基进行专门研究处理。

2）初期坝坝型及筑坝材料。初期坝坝型的选择应根据坝址区域的地质和抗震设防烈度、堆场下游环境条件及环境保护要求并结合当地可用筑坝材料的种类、性质、储量、分布、埋深和开采运输条件及工程量、工期和总造价等因素进行综合的技术经济比较论证后确定。

初期坝在选用筑坝材料，应充分利用当地材料，优先在堆场内取料，少占或不占堆场外农田。

3）初期坝坝高。初期坝坝高可按初期赤泥堆存年限要求计算确定，当堆场设计洪水量很大且地形较特殊时，宜在设计阶段通过技术经济比较论证确定。

4）初期坝构造。初期坝坝顶最小宽度应根据坝顶敷设布料管、运行检修道路、机械施工、作业机械通行要求确定，不宜小于 5m，当坝顶兼作公用交通道路时，宽度应由道路通过标准确定和设计，坝顶应铺以盖面材料，可采用压密的砂砾石、石渣、浆砌片石或泥结石，当坝顶设有布料管时，布料管线宜靠近坝顶上游侧，为便于排水，坝顶面应设坡向两侧或一侧的排水坡，坡度宜为 2%～3%。

坝体坡比应结合坝高、坝体材料、坝基条件、浸润线位置和抗震设防烈度，经稳定验算后确定；上游、下游坝坡马道的设置应根据坝面排水、检修、观测、道路、增加护坡和坝基稳定要求确定；当坝体下游坡材料易遭受雨水冲刷、大风剥蚀、冻胀干裂和人为踩踏的破坏时，可考虑设计护坡进行防护，护坡遵循“就地取材、经济适用”的原则，可选用抛石、干（浆）砌块石、铺卵石或碎石、种植草皮、混凝土框格填土、土工格栅填土、模袋混凝土，同时，为方便堆场管理，在坝体下游坡面宜设置上坝人行踏步，踏步宽度不宜小于 1m；当坝体下游坡可能产生坡面径流时，考虑布置竖向及横向排水沟进行截流和排导，竖向排水沟沿坝长每隔 50～100m 设置一条，横向排水沟宜设在马道内侧，坝体下游坡与岸坡结合处设置坝肩截水沟。

5）堆积坝加高规定。赤泥堆积坝加高宜采用上游式筑坝，并根据堆场地形、使用年限、施工条件、赤泥固结程度和坝体稳定因素综合确定堆积坝分级及每级高度，堆积坝加高应在汛期或冰冻前完成；通常每级堆积坝高度宜采用4～6m，并应满足至少1年的使用年限及防洪要求。

堆积坝加高通过采用碾压法进行施工，堆积坝轴线宜紧靠前期坝的坝顶上游侧平行布置，并应满足平均堆积坡比要求。

当采用浆体干法堆存工艺时，各级堆积坝加高前，均应对原坝体和赤泥地基进行勘察和试验，并应由设计单位复核原设计堆积坡比的稳定性，当经检测赤泥滩面上不能直接加筑堆积坝时，应对坝基进行加固处理。

对于滤饼干法赤泥堆场，应在一级堆积坝加高前对原坝体和赤泥地基进行勘察和试验，由设计单位复核原设计各级堆积坝加高的稳定性。

6）堆积坝筑坝材料选择。堆积坝筑坝材料优先考虑采用干赤泥进行填筑，在浆体干法赤泥堆场堆筑堆积坝时，若干赤泥数量不能满足堆积坝填筑要求时，亦可采用土石料填筑。

7）堆积坝构造。堆积坝坝坡坡比应综合坝高、堆积坝材料、坝基赤泥固结程度和抗震设防烈度等因素，根据坝体稳定性计算确定，通常情况，各级堆积坝上游边坡不宜陡于1∶1.5，下游边坡不宜陡于1∶2.0。

堆积坝坝顶宽度应按敷设布料管、运行检修道路和机械施工要求确定，并不应小于5m，坝顶应铺以盖面材料，可采用压密的砂砾石、碎石、单层干砌块石或泥结石材料，当堆积坝坝顶设有布料管时，布料管线宜靠近坝顶上游侧，堆积坝坝顶面应有坡向库内的排水坡，坡度宜采用2%～3%，堆积坝与岸坡的连接应妥善处理，堆积坝下游坡和岸坡连接处以及堆积坝下游坡脚处应设排水沟；堆积坝下游坡面应设草皮护坡。

8）赤泥坝稳定计算。赤泥堆场初期坝与堆积坝的抗滑稳定性应根据堆场的等级、坝址所处地区的抗震设防烈度结合坝型、坝体材料、堆存工艺及地基土的物理力学性质和各种运行工况，根据各种荷载组合计算确定，计算方法应采用瑞典圆弧法或简化Bishop法。结合工程设计阶段和赤泥堆场使用进程，进行稳定计算。

a. 设计应对初期坝坝高、各等级特征坝顶标高和最终堆积标高相应的堆积坝体最大坝高断面分别进行抗滑稳定计算。

b. 在堆场设计阶段，可按类似堆场赤泥的物理力学性质，进行初期坝体和堆积坝加高后的抗滑稳定计算。

c. 堆积坝加高前进行稳定分析时，应具有该堆场赤泥堆积体的物理、力学特性试验资料及现场原位测试资料，综合判断赤泥的工程性质。

d. 三等及三等以下的赤泥堆场赤泥坝稳定计算要求同尾矿坝。赤泥坝稳定计算的荷载，可根据不同运行条件按表3.2-15进行组合。

表3.2-15 荷载组合

运行条件	荷载类别 / 计算方法	坝体自重	坝体及坝基中的孔隙压力	地震荷载
正常运行	总应力法	√	—	—
	有效应力法	√	√	—
洪水运行	总应力法	√	—	—
	有效应力法	√	√	—
特殊运行	总应力法	√	—	√
	有效应力法	√	√	√

注 表中"—"表示无此项荷载。

坝体抗滑稳定计算工况应按表3.2-16采用。

表3.2-16 坝体抗滑稳定计算工况

运行条件	地震荷载
正常运行	库内无降雨、无自由水面
洪水运行	库内水面达到最高洪水位
特殊运行	正常运行条件遇地震

注 滤饼干法赤泥堆场采用库尾排放方式时，稳定计算可不计算洪水运行工况。

9）坝坡抗滑稳定最小安全系数不应小于表3.2-14规定的数值。

3.2.6 施工及维护

1. 一般规定

（1）适用于尾矿库碾压式土石坝的施工、验收。

（2）在编制施工组织设计时，应对施工导流进行规划，并应提出非正常情况下的临时处理措施的方案，同时应确保工程及下游地区度汛安全。施工期间，应保证导流和泄水建（构）筑物的正常运行。

（3）施工导流宜利用永久性排水设施。当采用其他临时导流设施时，应取得设计单位同意，并应在工程竣工前拆除或封堵，不得影响永久工程的质量与运行。

（4）尾矿库施工期临时度汛洪水标准应根据尾矿库等级按表3.2-17确定，洪水标准可根据其失事后对下游的影响程度提高或降低。

表3.2-17 尾矿库施工期临时度汛洪水标准

尾矿库等别	一、二	三	四	五
洪水重现期/a	>50	30～50	20～30	10～20

(5) 开工前，应在坝轴线两端、坝体以外不受施工、滑坡或爆破等影响的位置设置永久性标石，并应标明桩号和架设标架。

(6) 坝的平面控制和高程控制应符合DL/T 5129的有关规定。

2. 坝基的开挖及岸坡处理

(1) 坝基开挖、基坑和岸坡处理等隐蔽工程应按设计要求施工。

(2) 清基前应进行测量放线。清理坝基、岸坡和铺盖地基时，应将树木、草皮、树根、乱石、坟墓以及各种建筑物等全部清除，并应处理水井、泉眼、地道和洞穴等。坝基和岸坡表层的粉土、细砂、淤泥、腐殖土、泥炭等均应按设计要求和有关规定处理。对于强风化岩石、坡积物、残积物、滑坡体等应按设计要求和有关规定处理。

(3) 库区范围内的工程地质钻孔、试坑等均应按工程地质布孔图逐一检查和处理。

(4) 坝肩岸坡的开挖清基工作宜自上而下一次完成，不宜边填筑边开挖。清出的杂土应全部运出坝外，并应堆放在指定的场地。

(5) 凡坝基和岸坡易风化、易崩解的岩石和土层，开挖后不能按时回填者，应预留保护层或喷水泥砂浆或喷混凝土保护。

(6) 坝基和岸坡处理过程中，发现新的地质问题或检验结果与勘察有较大出入时，应报监理工程师，并应会同设计，勘察单位共同研究处理措施，同时应由建设单位委托设计单位变更设计。

(7) 灌浆法处理坝基时，灌浆工作除应进行室内必要的材料性能试验外，还应在施工现场进行灌浆试验，同时应通过检查孔以验证灌浆效果。

(8) 天然黏性土作为坝基时，可预留保护层，并应在开始填筑前清除。冰冻期应在冻结前处理完毕，并应预先填筑1～2m厚的坝体或采取其他防冻措施。

(9) 坝基中的软黏土、湿陷性黄土、软弱夹层、中细砂层、膨胀土、岩深构造等应按设计要求进行处理，并应符合DL/T 5129的有关规定。

(10) 坝基清基完毕回填前应进行坝基地质编录，地质编录应真实反映坝基所揭露的地质情况，并应绘制地质平面图，地质纵、横断面图，以及地质展示图等。对不同岩层应取样检测其物理力学性质指标，并应验证坝基能否满足设计要求。

3. 坝体填筑

(1) 坝体填筑前，应在排水、坝基、岸坡及隐蔽工程等验收合格及碾压试验完成并经监理工程师批准后再填筑。

(2) 坝体填筑材料的种类、土石料质量、颗粒级配、含水率、含泥量、超径、软弱颗粒及相应填筑部位、压实标准、取样试验结果等均应符合设计要求。

(3) 坝体填筑前，应根据设计要求明确压实标准。最优含水率和最大干密度应通过击实试验确定。

(4) 坝体压实质量应控制压实参数，并应取样检测密度和含水率。检验方法、仪器和操作方法应符合DL/T 5129和SL 237的要求。上坝坝料应符合设计规定，不合格的坝料不得上坝，并应符合下列规定。

1) 黏性土现场密度检测宜采用环刀法、表面型核子水分密度计法。

2) 砾质土现场密度检测宜采用灌砂（灌水）法。

3) 土质不均匀的黏性土和砾质土的压实度检测宜用三点击实法。

4) 反滤料、过渡料及砂（砾）石料现场密度检测宜采用挖坑灌水法或辅以表面波压实密度仪法。试坑直径不应小于最大粒径的3倍，试坑深度应为碾压层厚度。

5) 堆石料现场密度检测宜采用挖坑灌水法，也可辅以表面波法、测沉降法等快速方法。挖坑灌水法测密度的试坑直径不应小于坝料最大粒径的2～3倍，最大不应超过2m，试坑深度应为碾压层厚度。

6) 黏性土含水率检测宜采用烘干法，也可用核子水分密度计法、酒精燃烧法、红外线烘干法。

7) 砾质土含水率检测宜采用烘干法或烤干法。

8) 反滤料、过渡料和砂（砾）石料含水率检测宜采用烘干法或烤干法。

9) 堆石料含水率检测宜采用烤干和风干联合法。

(5) 坝体填筑指标应根据压实标准和碾压试验的要求确定，施工中应控制含水率、土石类别、压实功能、压实厚度及压实时的自然和人为因素等，不得随意更改。压实土石类应控制其含水率在最优含水率的-2%～3%。填筑土石厚度不得超过碾压试验提供的松铺厚度。

(6) 坝体填筑可采用进占法或后退法卸料，砂（砾）石料宜用后退法卸料，不应在填筑断面内的岸坡上卸料。特殊情况下必须从岸坡上卸料时，应采取分区卸料、逐层清基等措施，并应做好岸坡和卸料场地的清理，现时应设置原地面标识。

(7) 坝体各部位填筑应按设计断面进行分层填筑和分层压实，地面起伏不平时，应按水平分层由低处开始逐层填筑，不得顺坡铺填，同时应保证防渗体和反滤层的有效设计厚度。

(8) 坝体填筑应沿坝轴线方向进行，宜采用定点测量方式，不得超厚。

(9) 坝体碾压应符合下列规定。

1) 坝体碾压前应对填料层的松铺厚度、平整度和含水率进行检查，符合要求后再进行碾压。

2) 分段填筑时，各段土层之间应设立标志，上层、下层分段位置应错开，应防止欠压、漏压和过压。

3) 坝体碾压应沿平行坝轴线方向进行，不得沿垂直坝轴线方向碾压。

4) 分段碾压时，相邻两段交接带碾迹应彼此搭接，顺碾压方向搭接长度不应小于0.5m，垂直碾压方向搭接宽度应为1.0～1.5m。

5) 坝体碾压宜采用振动碾，振动碾工作重量宜大于10t，振动频率应为20～30Hz，行驶速度不应超过4km/h，并应检查振动碾的实际工作性能。

6) 机械碾压不到的部位，应辅以夯实，夯实时应采用连环套打法，并应采取夯迹双向套压，夯压夯应为1/3，行压行应为1/3；分段、分片夯实时，夯迹搭压宽度不应小于夯径的1/3。

7) 坝体应碾压合格后再铺筑上层新料。

(10) 黏性土坝的施工应符合下列规定。

1) 填筑与碾压应连续进行。当气候干燥，土层表面水分蒸发较快或需短时间停工时，其表面风干土层及填筑应经常洒水湿润，并应使含水率保持在设计控制的范围以内，需长时间停工时，应铺设保护层。复工时应予以清除，并应经监理工程师验收后再填筑。

2) 横向接缝的接合比不应大于1：3.0，高差不宜大于10.0m。当横向接缝陡于1：3.0时，在接合处应采取专门措施压实，压实宽度不应小于2.0m，距接合面2.0m以内不得用夯板夯实。除高压缩性地基上的土坝外，可设置纵向接缝，但宜采用不同高度的斜坡和平台相间形式，平台间高差不宜大于15.0m。

3) 坝体接缝坡面的处理应随坝体填筑上升，接缝应陆续削坡，并应直至合格面，应经监理工程师验收合格后再填筑。黏性土或砾质土的接合面削坡取样检查合格后，应边洒水、边刨毛、边摊铺、边压实，并宜控制其含水率为施工含水率的上限。

4) 铺土时，上游、下游坝坡应留有削坡余量，并应在铺筑护坡前按设计断面削坡。铺土与岩石岸坡相接时，岩坡削坡后不宜陡于1：0.75，不得出现反坡。

5) 雨季施工时，应有可靠的排水设施，其填筑面可中央凸起，并应向上游、下游倾斜。雨后填筑面可根据未压实表土含水率情况，分别采用翻松、晾晒或清除处理，并应经监理工程师检查合格后再复工。有积水、泥泞和运输车辆走过的坝面上不得填土。下雨及复工前，严禁施工机械穿越和人员践踏坝面。

6) 负温下施工时，应进行气温、土温、风速的测量、气象预报及质量控制工作。摊铺、碾压和取样等应采用快速连续作业，并应做好压实土层的防冻保温工作。压实时土料温度应在－1℃以上，当最低气温在－10℃以下，或在0℃以下且风速大于10m/s时，应停止施工。

7) 在摊铺中严禁夹有冰雪，不得含有冰块。黏性土的含水率不应大于塑限的90%，砂（砾）石料的含水率应小于4%。因下雪停工时，复工前应清理坝面冰雪和冰块，并应经监理工程师检查合格后再复工。

(11) 堆石坝的施工应符合下列规定。

1) 堆石和砂（砾）石料等粗粒岩土的卸料高度不宜大于2.0m。粗粒岩土卸料发生分离现象时，应将其拌和均匀。

2) 堆石和砂（砾）石料铺料后应加水。在无试验资料情况下，砂（砾）石的加水量宜为其填筑量的20%～40%。中砂、细砂的加水量应按其最优含水量控制。堆石和砂（砾）石料的加水应在压实前进行一次，并应边均匀加水边碾压。对于软弱石料，碾压后应适当洒水。

3) 砂（砾）石、堆石及其他坝壳料纵横向接合部位宜采用台阶收坡法，每层台阶宽度不应小于1.0m。接缝的坡度不应大于其稳定坡度，并应满足设计要求。在岸坡接合时，不应有超径块石和块石集中、架空及分离现象，并应对边角处加强压实。

4) 碾压堆石上游、下游坝坡填筑时，可不留削坡量，只按设计断面留出块石护坡的厚度，并应边填筑、边整坡。

(12) 填筑的坝顶应预留沉陷余量。当设计未规定时，沉陷余量可根据坝基和坝体岩土的密实度取为坝高的1%～3%。

(13) 坝体、防渗体、坝基、岸坡、坝埋管、齿墙的接合部位应按设计要求处理。

(14) 填筑过程中，应保证观测仪器埋设与检测工作的正常进行，并应采取保护埋设仪器和测量标志完好无损的措施。

4. 反滤层铺筑

(1) 反滤层的材料、级配、不均匀系数、含泥量及铺筑位置和有效宽度均应符合设计要求。加工好的反滤料应经检验合格再使用。

(2) 在挖装和铺筑过程中，应防止反滤料颗粒分离以及杂物与其他物料混入，反滤料宜在挖装前洒水。

(3) 铺料应自下向上进行，不得从坡顶向下倾倒。

(4) 反滤层内不得设置纵缝。反滤层横向接坡应清至合格面，不得发生层间错位、中断和混杂。

(5) 铺好的反滤层上不得自上向下滚石或其他物料，施工人员行走应铺跳板。

(6) 负温下施工时，反滤料应呈松散状态，不应含有冻块。下雪天应停止铺筑，并应遮盖。雪后复工时应仔细清除积雪。

(7) 土工布反滤层铺筑应按 GB 50290 的有关规定执行，并应符合下列规定。

1) 土工布铺设方向应符合设计要求。坡面上铺设宜自下而上进行，在顶部和底部应固定。当施工需改变铺设方向时，应取得设计单位的同意。土工布铺设前应保护、防止曝晒、冷冻、损坏、穿孔、撕裂。

2) 土工布铺设应平顺、松紧适度、避免织物张拉受力及不规则折皱，并应采取防止损伤和污染的措施。土工布的幅间连接宜采用缝纫机缝合。当采用手工缝合时，针距不得大于 20mm，且应缝合两道。幅间搭接宽度不应小于设计要求的最小宽度。

3) 土工布嵌入坝基和岸坡齿槽的结合部位应符合设计要求，其回填土应用人工夯实。

4) 对已铺好的土工布应进行保护，并应避免长时间曝晒和极细颗粒泥土堵塞孔隙。

5) 土工布上下部保护层的颗粒级配及厚度应按设计要求进行。

5. *护坡砌筑*

(1) 砌筑护坡前，坝坡应按设计要求的断面进行削坡。

(2) 采用石料护坡时，石料的抗水性、抗冻性、抗压强度、几何尺寸等均应符合设计要求。

(3) 砌筑护坡块石时应按设计要求进行，不得破坏保护层。

(4) 采用草皮护坡时，应选用易生根、能蔓延、耐干旱的草类均匀铺植，不得采用白毛根草作草皮护坡。草皮铺植后应进行洒水护理。

(5) 现浇混凝土护面宜采用无轨滑模浇筑，其厚度应符合设计要求，并应按设计要求分缝，同时应设置排水孔。

(6) 当采用抛石、混凝土预制块、水、泥土等护坡形式及采用土工织物作垫层时，均应按设计要求执行。

3.2.7 案例

1. *尾矿库概况*

尾矿库属中山地貌，地势西北低，东南高，由南向北倾斜，海拔为 2300.00～2480.00m，海拔相对高差约 180.00m。区域上沟谷十分发育，地形切割强烈，地面起伏非常明显，设计的尾矿库位于一条北东向的冲沟，冲沟呈 V 形，沟底宽 20～260m，两侧沟壁斜坡坡度较陡，多为 20°～30°，局部达 50°，沟底纵向坡度 10°～15°，库区最低点高程 2300.00m，最高点高程 2480.00m，初期坝位于冲沟下游段。

2. *尾矿库等别*

初期坝坝高 61m（含清基 4.0m），标高 2334～2395m，尾矿堆坝高 85.0m，标高 2395～2480m，总坝高 146m，有效库容 987.8 万 m^3，按 ZBJ 1，工程尾矿库属二等库。主要构筑物（设施）为 2 级，如初期坝和排洪设施等；次要构筑物（设施）为 3 级或相同的建筑工程等级，如回水泵房等。

3. *防洪标准*

按 ZBJ 1 该尾矿库防洪标准取二等的下限值：初期为 100 年一遇设防，中期、后期为 500 年一遇设防。

4. *尾矿坝*

(1) 初期坝。

1) 坝址条件、筑坝材料。坝址选择应以筑坝工程量小、形成库容大、利于后期堆坝和避开不良地质条件为原则。依库区地形条件，坝址选择在冲沟中段相对狭窄处，据坝址钻孔资料坝址区稳定性较好，以辉绿岩为基础持力层，适宜建筑，清基深度 4.0m。

左坝肩清基深度 3～4.0m 至辉绿岩，清基边坡坡比 1∶1.9；右坝肩清基深度 2～3.0m 至辉绿岩，清基边坡坡比 1∶1.3。坝基两岸无不良地质现象，稳定性较好。

根据工程勘查成果，初期坝坝型确定为碾压式堆石坝，筑坝石料来源于尾矿库尾部东南部，运距约 100～800m，筑坝料主要为中风化的白云岩，备选料为辉绿岩。

2) 坝高。据 ZBJ 1，初期坝高内的库容应满足选厂贮存投产后半年以上的尾矿量，根据库容与坝顶标高关系，当坝顶标高 2395m 时，有效库容 60.15 万 m^3，可满足选厂 1 年生产排放要求，坝体地表标高 2338m，清基至黏土层，清基深度为 4.0m（标高 2334m），则初期坝实际坝高 $H=61.0$m。

3) 坝体结构及外形尺寸。初期坝顶顶宽 4.5m，坝轴线长 194.6m，上游坡比 1∶2.0，下游坡比 1∶2.5，内坡设置由土工布、砾石构成的反滤层，沿坝体下游坡两侧设置砖砌截水沟，防止雨水对坝肩、坝面冲刷。

初期坝下游坡每间隔15m高设置一条马道。共设置了5条，其中2365m的马道宽度为7.0m，作为库区道路间的连接使用。

（2）尾矿堆坝。采用上游法进行尾矿堆坝，尾矿库放矿的方式为坝顶分散排放，粗颗粒沉积坝前，细颗粒排向库尾，当堆至初期坝顶时将利用尾矿进行堆坝。

采用沉积于库前的粗颗粒尾砂筑成子坝形成库容，子坝高2.0m，顶宽1.0m，内外坡比1∶1.5。子坝顶放置放矿管，放矿管随尾矿的上升而上移，堆坝外坡坡比1∶5。最终堆积标高2480m，堆高85.0m，尾矿库最大坝高146.0m。

（3）尾矿坝稳定安全可靠性分析。初期坝清基后坝高61m，尾矿堆高85.0m，总坝高146m，有效库容987.8万m^3，按ZBJ 1，本工程尾矿库属二等库。相应尾矿库主要构筑物（尾矿坝、库内排洪设施）的级别为2级，尾矿坝坝坡抗滑稳定最小安全系数：正常工况1.25，洪水工况1.15。

1）目前，尾矿坝的稳定分析方法有多种，本案例尾矿库（坝）稳定性计算主要采用极限平衡法（相关的设计规范和安全规程中推荐的方法）。

2）计算剖面及材料分区

尾矿库属于山谷型，设计堆坝方式为上游法，见图3.2-2。考虑到计算剖面能反映出坝体稳定性最不利情况，根据库区地形和尾矿堆积坝的形状，沿着主沟选择一个折线型剖面（图3.2-2所示A′-O-A′剖面）进行稳定性计算。

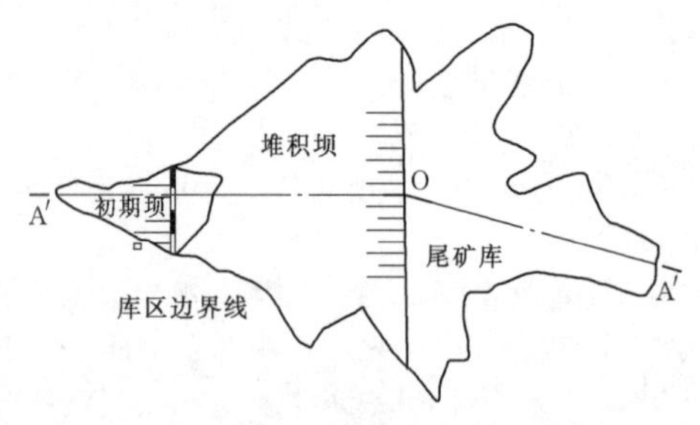

图3.2-2 尾矿坝稳定性计算平面示意图

本案例尾矿库的稳定性计算是为新建尾矿库的设计规划阶段提供参考。堆积坝体部分的尾矿分层等情况，按照堆坝模型试验测试结果和筑坝方式来确定，局部进行概化处理。整个尾矿库划分为5种不同材料区，即初期坝的堆石体、地基、尾粉土、尾粉砂、尾中砂，如图3.2-3所示。

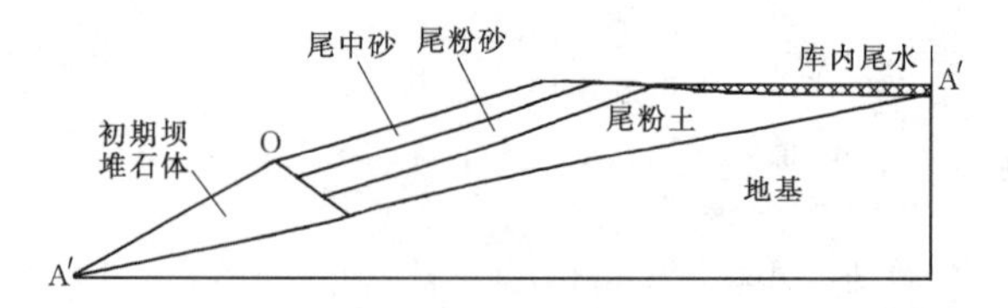

图3.2-3 尾矿坝稳定性计算剖面示意图（A′-O-A′剖面）

坝体的浸润线采用数值模拟和堆坝模型试验两种方法确定。

（4）荷载工况和稳定系数规范要求值。尾矿库稳定性计算的各种荷载、工况及其组合工况和尾矿坝抗滑稳定的安全系数按照ZBJ 1和AQ 2006要求确定，见表3.2-3和表3.2-4。

（5）尾矿坝稳定性计算与结果分析。

1）坝体各材料的物理力学指标。坝体各材料的物理力学指标计算值见表3.2-18。

表3.2-18 坝体各材料的物理力学指标计算值

材料名称	容重γ/(kN/m^3)	抗剪强度		渗透系数（垂直K_v）/(m/s)
		黏聚力C/kPa	内摩擦角φ/(°)	
尾中砂	21.4	3.13	31.87	2.52×10^{-5}
尾粉砂	20.7	3.72	27.59	3.19×10^{-6}
尾粉土	20.0	8.36	27.25	2.14×10^{-7}
初期坝（堆石）	21.5	5.0	35.0	2.0×10^{-4}
地基（辉绿岩）	27.0	6.49	43.4	0

2）计算成果及结论。按不同堆积高度，选择了5个典型标高进行计算，各工况计算结果见表3.2-19。

表3.2-19 不同坝高尾矿坝稳定系数计算结果

坝高	项目	运行条件					
		正常工况		洪水工况		特殊工况	
		瑞典圆弧法	简化Bishop法	瑞典圆弧法	简化Bishop法	瑞典圆弧法	简化Bishop法
125m	数值模拟地下水位	2.927	3.074	2.927	3.074	1.624	1.708
	模型试验确定地下水位	2.353	2.623	2.381	2.623	1.218	1.356
	结论	满足规范要求		满足规范要求		满足规范要求	

续表

坝高	项目	运行条件					
		正常工况		洪水工况		特殊工况	
		瑞典圆弧法	简化 Bishop 法	瑞典圆弧法	简化 Bishop 法	瑞典圆弧法	简化 Bishop 法
130m	数值模拟地下水位	2.894	3.036	2.751	2.979	1.499	1.616
	模型试验确定地下水位	2.277	2.523	2.159	2.404	1.178	1.305
	结论	满足规范要求		满足规范要求		满足规范要求	
135m	数值模拟地下水位	2.867	2.999	2.675	2.892	1.465	1.567
	模型试验确定地下水位	2.209	2.439	2.084	2.311	1.139	1.258
	结论	满足规范要求		满足规范要求		满足规范要求	
140m	数值模拟地下水位	2.848	2.962	2.650	2.830	1.444	1.543
	模型试验确定地下水位	2.151	2.372	2.017	2.228	1.106	1.217
	结论	满足规范要求		满足规范要求		满足规范要求	
146m	数值模拟地下水位	2.829	2.934	2.546	2.727	1.393	1.493
	模型试验确定地下水位	2.106	2.292	1.943	2.130	1.060	1.169
	结论	满足规范要求		满足规范要求		满足规范要求	
规范值（二等库）		1.25	1.35	1.15	1.25	1.05	1.15

(6) 水土保持措施布局。

1）项目区水土保持措施布局设计总的指导思想。开挖、排弃、堆填的场地须采取拦挡、护坡、截排水以及其他整治措施，工程施工过程需有临时防护措施，施工迹地应及时进行土地整治，采取水土保持措施，恢复其利用功能。工程措施和植物措施有机结合，点、线、面水土流失防治相互辅佐，充分发挥工程措施的控制性和时效性，保证在短时期内减少水土流失，利用水土保持林草和土地整治措施蓄水保土，保护新生地表，实现防治新增水土流失的要求。

对各防治分区采用工程措施、植物措施和临时防护措施进行综合防治，使施工中开挖面产生的水土流失在“点”上集中拦蓄；施工中形成的新生面（如场地边坡等）采用修筑挡土墙等措施来保护区域和坡脚稳定，同时使水土流失在“线”上有效控制，减少地表径流冲刷，使土、石“难出场地、不下沟”；对边坡进行防护，形成“面”的防治。这样，通过点、线、面防治措施的有机结合、相互作用，形成立体的综合防治体系，达到保护地表、防止水土流失、改善生态环境的目的。

2）水土保持防护措施体系。根据水土流失防治分区原则、方法及项目建设内容，将该尾矿库分为尾矿库区、尾矿坝区、排洪设施区、尾矿输送管线区、道路区、施工营地区6个防治分区。水土保持防治措施体系见表3.2-20。

表3.2-20　水土保持防治措施体系

防治分区	防治措施
尾矿库区	施工前进行表土剥离，对集中堆存的表土采用拦挡和截排水等措施，并对表土采用撒播草籽进行临时防护
尾矿坝区	施工前进行表土剥离，施工过程中采用临时排水、临时沉沙池进行防护
排洪设施区	主体设计设置了排水管、排水井和排洪隧洞，在隧洞口上部设置截水沟，并在开挖坡面设置挡墙及护坡
尾矿输送管线区	主体设计了浆砌石挡墙、网格植草护坡、浆砌石排水沟，对空置场地进行绿化，方案考虑在施工过程中设置临时排水及沉沙措施。施工结束后对输送管线施工迹地进行土地整治，并恢复植被

续表

防治分区	防治措施
道路区	主体设计了浆砌石挡墙、网格植草护坡、浆砌石截水沟和排水沟。方案考虑进行表土剥离，并完善周边截水沟与外部沟道或天然冲沟的顺接，设置跌水及消力池等消能设施。道路两侧布设行道树，对剥离的表土进行临时堆存，表土堆存前采用编织袋装土进行挡护并做临时覆盖
施工营地区	施工前对表土进行剥离并进行保存，施工营地周边设置临时排水沟和沉沙池，施工营地使用结束后进行场地平整并进行植被恢复

3.3 排土场（矸石场）

3.3.1 分类、等级及设计标准

3.3.1.1 分类

1. *有色金属矿山排土场*

（1）按《有色金属矿山排土场设计规范》（GB 50421）划分。有色金属矿山采矿类排土场分类可按设置地点、台阶数量、投资阶段等特征进行分类，并符合表3.3-1的要求。排土场根据矿山所采用的排土设施，按排土方式进行分类，并符合表3.3-2的要求。

（2）按《冶金矿山排土场设计规范》（GB 51119）划分。根据地形条件、排土堆置方式、运输与排土方式、地基土特性、周边环境及其他分类进行划分，见表3.3-3。

表3.3-1 排土场分类特征及使用条件

分类		特征	使用条件
按设置地点划分	内部排土场	在露天采场或地下开采境界内，不另征地，剥离物运距较近	一个采场内有两个不同标高平面的矿山，露天矿群或分区开采的矿山，合理安排开采顺序，可实现部分内部排弃
	外部排土场	剥离物堆放在采场境界以外	无采用内部排土场条件的矿区
按地形划分	山坡型排土场	初始沿山坡堆放，逐步向外扩大堆放	地形起伏较大的山区和重丘区
	山沟型排土场	剥离物在山沟堆放	优先选择沟底平缓，肚大口小的沟谷
	平地型排土场	在平缓的地面修筑较低的初始围堤，然后交替排放	地形平缓的地区
按台阶划分	单台阶排土场	在同一场地单层排弃，有利于尽早复垦	剥离量少，采场出口仅一个，运距短的矿山
	多台阶排土场	在同一场地有两层以上同时排弃，能充分利用空间	多台阶同时剥离的山坡露天矿，需充分利用排弃空间的矿山
按时间划分	临时性排土场	剥离物需要二次搬运	有综合利用的岩土，剥离物堆置在采场周边或后续开采矿体上，也可能是可复垦的表层土
	永久性排土场	剥离物长期堆存	排弃不再回收的岩土
按投资划分	基建排土场	基建剥离期间堆置剥离物的场地	堆置费用列入基建投资
	生产排土场	矿山生产期间堆置剥离物的场地	堆置费用列入生产成本

表 3.3-2 排土场按排土方式分类

序号	类别	作业程序	适用条件
1	人工排土	窄轨铁路运输机车牵引（或人力推或自溜），人工翻车、平整、移道	(1) 单台阶排土场堆置高度高； (2) 矿车容量小； (3) 运输量小
2	推土机排土	窄轨铁路运输，推土机转排	(1) 排土宽度不大于 25m； (2) 块度大于 0.5m 的岩石不超过 1/3； (3) 排土场有效长度宜为 1～3 倍列车长
3	推土机排土	汽车运输自卸，推土机配合	(1) 工序简单，排放设备机动性大，各类矿山都适用； (2) 岩土受雨水冲刷后能确保汽车正常作业或影响作业时间不长
4	铲运机推土	铲运机装、运、排土	(1) 被剥离的岩土质松层厚，含水量不大于 20%； (2) 铲斗容积为 4.5～40m³，运距为 100～1000m； (3) 运行坡度：空车上坡不大于 18°，重车上坡不大于 11°
5	电铲（或推土犁排土）	准轨铁路运输，电铲或推土犁排土③④	(1) 排土场基底稳定，其平均原地面坡度不大于 24°；① (2) 所排岩土力学性质较差； (3) 排土段高：电铲不大于 50m，推土犁不大于 30m；② (4) 排土场有效长度不小于 3 倍列车长
6	转载机转排	准轨铁路运输，转载机排土③④	(1) 排土场基底工程地质情况复杂，原地面坡度大于 24°； (2) 所排岩土力学性质较差； (3) 排土场台阶高度大于 50m； (4) 排土场有效长度宜为 1～3 倍列车长
7	排土机排土	胶带机运输，排土机排土	(1) 排土场基底稳定，其平均原地面坡度不大于 24°；① (2) 所排岩土力学性质较好，排土工艺有破碎-胶带机配合； (3) 排土机下分台阶的阶段高度小于或等于排料臂长度的 0.5 倍；⑤ (4) 排土线的有效长度能使移道周期控制在 2～3 个月
8	架空索道排土	架空索道运输	适用于小型露天矿或地下开采窄轨运输的矿山
9	斜坡道排土	(1) 斜坡道提升翻车架卸排； (2) 转运仓箕斗提升，卸载架排土	矿车沿斜坡道逐步向上排土形成锥形废石山，适于 1000t/d 以下废石排放企业
10	水利排土	水利剥离自流或压力管道输送排放	(1) 采矿场采用水利剥离； (2) 有适宜的水力排土场
11	高强胶带输送机排土	胶带机运输，排土机转排	运量大，需扩大堆置容量而用地受限的排土场，胶带坡度 16°～18°，适于大型矿山

注 水利排土场的技术条件参见尾矿库有关技术规范。

① 适合单台阶排土场和多台阶排土场下部台阶的地形坡度。

② 当推土犁作为电铲或装载机的辅助排土设备时，不受此限。

③ 排土电铲和装载机的斗容，不得小于剥离电铲的斗容。

④ 序号 5、序号 6 排土方式的主要技术条件，亦适用于窄轨铁路。

⑤ 有可靠的安全实施时不受此限。

表 3.3-3　　排土场分类与说明

分类条件	分　类	说　明
地形条件	(1) 山坡型排土场； (2) 沟谷型排土场； (3) 平地型排土场	前两种较为常见，大多数冶金矿山排土场都包含这两种类型。平地排土场一般常见于西北戈壁滩上和草原等宽广平坦地区，国外很多
排土堆置方式	(1) 单台阶排土场； (2) 压坡脚式排土场； (3) 护堤式排土场； (4) 覆盖式排土场	过去单台阶排土场和覆盖式排土场较为常见。随着安全要求的提高，排土场逐渐开始采用以安全为前提的压坡脚式排土场和护堤式排土场
运输与排土方式	(1) 汽车-推土机排土场； (2) 铁路-装载机排土场； (3) 胶带-排土机排土场	汽车直接排土对排土场分级有利，但存在排土安全问题，要求采用汽车-推土机联合排土工艺。装载机排土场主要用于铁路排土场，排土段高不大。排土机排土，大型矿山采用较多，排土高度大
地基土特性	(1) 不良地基土； (2) 复杂条件地基土； (3) 一般地基土； (4) 良好地基土	在戈壁滩或基岩出露地区（第四系覆盖层较薄）应属于良好的地基土条件。第四系土层较厚，在湿陷性黄土和软弱土层地区，排土场应属于软弱地基土。很多情况下，排土场地基土属于既有软弱土层，又有良好的地基土条件，需要根据勘察资料分析
周边环境	(1) 独立排土场； (2) 周边存在建（构）筑物设施； (3) 与尾矿库在一起	独立排土场一般周围不存在村庄、工业设施、采场等，安全要求较低。大多数排土场不属于此类。与尾矿库在一起的排土场越来越多，有时尾矿库在排土场上游，也有时在排土场下游

2. 煤矿矸石场（排土场）

煤矿的弃渣场主要为井采煤矿的矸石场、露采煤矿的排土场。矸石场主要排放井采煤矿的掘井矸石和洗选矸石；根据地形可分为沟谷型矸石场、坡地型矸石场和平原型矸石场。排土场主要排放露天矿采掘场的剥离物，根据与采掘场的位置关系可分为外排土场和内排土场。

煤矿弃渣场特征及适用条件见表 3.3-4。

表 3.3-4　　煤矿弃渣场特征及适用条件

弃渣场类型		特　征	适用条件
矸石场	沟谷型矸石场	矸石堆放在沟道内，堆矸将沟道全部或部分填埋	适用于沟底平缓，肚大口小的沟谷。其拦挡工程为拦矸坝，同时考虑排水消能设施
	坡地型矸石场	矸石堆放在自然坡面上，堆矸体底部高程高于下部沟道防洪水位	沿自然坡面堆放，坡度不大于 25°且坡面稳定的山坡，其拦挡工程为拦渣墙，同时考虑排水消能设施
	平原型矸石场	矸石堆放在平地上，应避免堆矸体坡脚受到洪水影响	地形平缓，场地较宽阔地区，其拦挡工程为四周拦渣墙，同时考虑排水设施
排土场	外排土场	设于露天开采区域外部，在原始地貌上排弃剥离物，一般临近露天矿采掘场、占地面积较大、排弃高度较高	用于露天矿前期生产采掘场剥离堆放，其拦挡工程为拦渣坝、拦渣墙，同时考虑排水消能设施
	内排土场	设于露天开采区域内部，利用露天矿开采后的采空区进行剥离物排弃	用于露天矿后期生产采掘场剥离堆放，不设拦挡工程，应考虑排土场内排水消能设施

煤矿矸石场级别及防洪标准根据库容、堆渣最大高度以及矸石场失事后对主体工程或环境造成的危害程度，参照 GB 51018 相关规定确定。

3.3.1.2 设计等级及设计标准

1. 设计等级

(1) 按 GB 50421 确定。排土场的设计等级应根据其总库容、堆置高度按表3.3-5的规定划分。

表3.3-5 按GB 50421确定的排土场等级划分标准

等级	单个排土场总库容 V/万 m^3	堆置高度 H/m
一	$V \geqslant 1000$	$H \geqslant 150$
二	$500 \leqslant V < 1000$	$100 \leqslant H < 150$
三	$100 \leqslant V < 500$	$50 \leqslant H < 100$
四	$V < 100$	$H < 50$

注 1. 剥离物堆置整体稳定性较差，排水不良，且具备形成泥石流条件的排土场，其设计等级可提高一级。
2. 排土场失事可使下游居民区、工矿或交通干线遭受严重灾害者其设计等级可提高一级。

(2) 按GB 51119确定。排土场的等级应根据场地地质条件、排土场堆置高度及排土容积按照表3.3-6的规定划分。

表3.3-6 按GB 51119确定的排土场等级划分标准

等级	场地地质条件	堆置高度 H/m	单个排土场总库容 V/万 m^3
一	不良	$H > 180$	$V > 20000$
二	复杂	$120 < H \leqslant 180$	$5000 < V \leqslant 20000$
三	一般	$60 < H \leqslant 120$	$1000 < V \leqslant 5000$
四	良好	$H \leqslant 60$	$V \leqslant 1000$

注 1. 排土场分级应按场地地质条件进行分级，然后按照排土场堆置高度和排土容积进行等级调整。
2. 当排土场场地地质条件为不良时，排土场等级为一级，当排土场场地地质条件为复杂、一般和良好时，应按照排土场堆置高度和容积进行等级调整。
3. 当按照场地地质条件划分，排土场等级低于排土场堆置高度和容积划分的排土场等级时，应按照排土场的堆置高度与容积进行划分。排土场堆置高度和容积划分等级两者的等差为一级时，采用高标准；两者的等差大于一级时，采用高标准降低一级使用。
4. 场地地质条件可分为下列4类。
不良：地形坡度≥24°、场地内存在大范围软弱地基土或湿陷性黄土、易发生泥石流灾害。
复杂：12°≤地形坡度<24°、场地内部分存在软弱地基土或湿陷性黄土、低易发生泥石流灾害。
一般：6°≤地形坡度<12°、场地内部不存在软弱地基土或湿陷性黄土、非易发生泥石流灾害。
良好：地形坡度<6°，场地地基良好。

2. 设计标准

(1) 按GB 50421确定设计标准。排土场排洪设施设计频率对于大型、中型矿山宜为25年一遇，对于小型矿山宜为15年一遇；设计流量应通过调查并结合地区经验公式或推理公式确定。排土场构筑物排洪级别应根据排土场的等级及其在工程中的作用和重要性可按表3.3-7规定划分确定。

表3.3-7 排土场构筑物等级划分

排土场等级	构筑物的级别		
	主要构筑物	次要构筑物	临时构筑物
一	1	3	4
二	2	3	4
三	3	4	4
四	4	4	—

注 1. 主要构筑物系指失事后使村镇、主要工业场地遭受严重灾害或主要交通干线运输中断的构筑物，如整治滑坡、泥石流的主要构筑物。
2. 次要构筑物系指失事后不致造成人员伤害或经济损失不大的构筑物，如护坡、谷坊、地表排水设施。
3. 临时构筑物系指防洪工程施工期使用的构筑物。

(2) 按GB 51119确定设计标准。对排土场防洪设施设计洪水频率，一级、二级排土场洪水重现期不应小于50年，三级、四级排土场洪水重现期不应小于20年，临时性排洪工程可降低标准，但洪水重现期不应小于10年。

3.3.2 选址

3.3.2.1 一般规定

1.《有色金属矿山排土场设计规范》(GB 50421—2007) 中的相关规定

(1) 排土场场址的选择必须与采矿设计同步进行。选址时应考虑采掘和剥离物的分布，采掘顺序，剥离量大小，场址宜靠近采矿场。

(2) 排土场的容量应能容纳矿山服务年限内所排弃的全部岩土体；排土场可为一个或多个。在占地多、占地先后时间不一时，则宜一次规划，分期征用或租用。初期征用土地时，大型矿山不宜小于10年的库容，中型矿山不宜小于7年的库容，小型矿山不宜小于5年的库容。

(3) 堆存有回收利用价值的岩土和耕植土的排土场应按要求分排、分堆，并应为其回收利用创造有利条件。

(4) 项目可行性研究、初步设计文件应对排土场设计方案优缺点和技术经济进行论证比较，并应包括以下内容。

1) 排弃土石数量。

2) 排弃工艺、运距。

3) 排弃土场址方案。

4) 原地貌特征、环境因素、占用土地概况。

5) 压占耕地及损坏林木面积。

6) 安全措施及防护林技术保证。

7) 可能造成的环境保护问题和水土流失危害。

8) 复垦安排。

(5) 排土场场址方案的比较应包括以下内容。

1) 场址的地形、工程地质及水文地质。

2) 建设的自然条件。

3) 排弃物的运输方式、运距、容量、用地。

4) 对暂不能利用的资源日后利用回收的条件。

5) 安全与卫生的防护距离。

2.《冶金矿山排土场设计规范》(GB 51119—2015) 中的相关规定

(1) 排土场场址应满足与采矿场、工业场地（厂区)、居民点、铁路、公路、输电及通信干线、水域、隧洞等设施的安全防护距离的要求。

(2) 排土场不宜设在工程地质和水文地质不良地带。

(3) 不得将排土场选在水源保护区、江河、湖泊、水库上，排土场不得侵占名胜古迹保护区和自然保护区。

(4) 排土场宜充分利用山坡、沟谷的荒地。

(5) 排土场场址不宜设于居民区和工业厂区常年主导风向的上风侧和生活水源的上游。

(6) 排土场的容量应大于矿山服务期内所排弃的全部岩土量。

(7) 排土场应一次规划，分期实施。

(8) 有回收利用价值的岩土和表土应单独堆存。

3.《煤炭工业露天矿设计规范》(GB 50197—2015) 中的相关规定

(1) 应不占或少占耕地、经济山林、草地和村庄。

(2) 排土场基地应稳定。

(3) 应根据地形条件合理确定排土场地高度，并应缩短运输距离。

(4) 剥离的表土、次生表土应分运、分排堆放。

(5) 排土场的排弃总高度、排土场边帮角等技术参数，应结合工程地质及水文地质、地形坡度、排弃物料性质、排气方式、设备类型以及降雨等条件确定。必要时可采取确保排土场整体稳定的措施。

(6) 当排土场地面顺向坡度大于10%或基地有弱层活动时，应采取防止滑坡的措施。

(7) 应符合环境保护要求。

3.3.2.2 外部排土场的选址

1. GB 50421 中的相关规定

(1) 外部排土场场址的选址应根据剥离物的运输方式，在保证开拓运输便捷通畅的前提下，因地制宜利用地形，适当提高堆置高度，并应合理确定各排土场平台设计标高。

(2) 外部排土场应充分利用沟谷、洼地、荒坡、劣地、不占良田，少占耕地；应避开城镇生活区。

(3) 严禁将水源保护区、江河、湖泊作为排土场；严禁侵占名胜古迹、自然保护区。

(4) 外部排土场场址宜选择在水文地质条件相对简单，原地形坡度相对平缓的沟谷；不宜设在工程地质与水文地质不良地带；不宜设在汇水面积大，沟谷纵坡陡，出口又不易拦截的山沟中，也不宜设在主要工业厂房、居住区及交通干线临近处。当无法避让时，必须采取有效措施，防治泥石流灾害的发生。

(5) 外部排土场不应设在居民区或工业场地的主导风向的上风侧和生活水源的上游，并不应设在废弃物扬散、流失的场所以及饮用水源的近旁。对有可能造成水土流失或泥石流的排土场，必须采取有效的拦截措施，防治水土流失，预防灾害的发生。

(6) 宜利用山冈、山丘、竹木林地等有利地形地貌作为排土场的卫生防护带，无地形利用时，在排土场与居住区之间按卫生、安全、防灾、环境保护等要求建设防护绿地。

(7) 建于沟谷的外部排土场，设计时应设防洪设施、避免因排土场的设置而影响山洪的排泄及农田灌溉。

(8) 外部排土场的复垦规划必须与排土场规划同时进行，设计文件中应有包括土地复垦和恢复良好生态系统的工程措施。

2.《冶金矿山排土场设计规范》(GB 51119—2015) 中的相关规定

(1) 排土场不应布置在具有形成泥石流条件、排水不良、可能危及露天采矿场、井（硐）口、工业场地、居住区、村镇、交通干线等重要建（构）筑物的上游。

(2) 排土场场址宜设置在原地形坡度不大于12°、场地条件简单的沟谷、不宜设置在汇水面积大、沟谷纵坡陡、出口不易拦截的山谷中。当无法避开时，应采取截排水及安全防护措施。

(3) 排土场应靠近采场。

3.3.2.3 内部排土场的选址

1.《有色金属矿山排土场设计规范》(GB 50421—2007) 中的相关规定

(1) 有采空区或塌陷区的矿山，在条件允许时，应将其采空区或塌陷区开辟为内部排土场。

(2) 采用充填法开采的矿山，宜将剥离物用作充填料。

(3) 一个采场内有两个不同标高底平面的矿山，应考虑采用内部排土场。

(4) 露天矿群和分区分段开采的矿山，应合理安排采掘顺序，选择易采矿体先行强化的开采，腾出采空区用作内部排土场。

(5) 分期开采的矿山，可在远期开采境界内设置临时的内部排土场，但应与外部排土场进行技术经济比较后确定。

2.《冶金矿山排土场设计规范》(GB 51119—2015) 中的相关规定

(1) 具有多个露天采场的矿山，可按采场开采顺序，将开采结束后的采场作为内部排土场；露天采场进行分期开采，并有两个以上不同标高露天底时，具备内排条件的可利用已靠最终帮的露天采场作为内部排土场。

(2) 露天开采缓倾斜矿床矿山，可通过合理安排开采顺序实现内部排弃。

(3) 分期开采的露天矿山，经过技术经济比较确定后，可在远期开采境界内布置临时排土场。

(4) 地下开采的矿山，可将地表错动区域作为内部排土场，但应充分考虑错动区域塌陷可能对排土作业造成安全影响，并应根据塌陷范围安排排土计划和排土工艺。

(5) 露天转地下开采矿山，可利用靠最终帮的露天采场作为地下开采阶段的排土场。

3.3.2.4 煤矿排土场的选址

根据现行相关规定，露天煤矿排土场应首先选择内部排土场，当选择外部排土场时不得设置在自然保护区、风景名胜区和其他需要特别保护的区域。一般应设置在无可采煤层及其他可采矿产资源的区域，尽量避免压覆矿产资源或重复剥离。应不占或少占耕地、经济山林、草地和村庄。

同时露天煤矿排土场选址宜符合 GB 51018、GB 50433 以及现行相关法规的要求。

3.3.2.5 煤矿矸石场的选址

根据现行相关规定，煤矿矸石应优先进行综合利用，不得设置永久性排矸场，原则上煤矿宜设置一个矸石场，配套建设的矿井、选煤厂应共用矸石场地，矿区内相邻的矿井有条件时可联合设置矸石场。其用地应能满足总容量不大于生产期三年的排矸量（包括矿井掘进矸石和选煤厂洗选矸石）的需要，且应符合《煤炭工程项目建设用地指标》。矸石场的选址应从敏感目标、地质条件、综合利用三个方面进行考虑。

敏感目标对排矸场选址的相关要求：不得设置在自然保护区、风景名胜区和其他需要特别保护的区域。尽量避免在水源地上游设置排矸场。不得占用和影响农田水利设施（水井、灌渠等）。与居民区的距离不宜小于 500m，且布置在对其污染最小的地点。与标准轨距铁路、公路的距离不宜小于 40m。与进风井口的距离不得小于 80m。同时应符合《一般工业固体废物贮存、处置场污染控制标准》(GB 18599)。

地质条件对排矸场选址的相关要求：应选在满足承载力要求的地基上，并应避开断层破碎带、溶洞区及天然滑坡或泥石流影响区。不应选在江河、湖泊、水库最高水位线以下的滩地和洪泛区。不得设置在表土 10m 以内有煤层的地面上。不得设置在有漏风的采空区上方的沉陷范围内。

综合利用对排矸场选址的相关要求：应选择在便于运输、堆存和今后进行综合利用的地点。

同时煤矿矸石场选址还需符合 GB 51018、《开发建设项目水土保持技术规范》(GB 50433) 以及现行相关法规的要求。

3.3.2.6 安全与卫生防护距离

1.《有色金属矿山排土场设计规范》(GB 50421—2007) 中的相关规定

(1) 排土场最终坡底线与其相邻的铁路、道路、工业场地、村镇等之间应有安全防护距离，并应根据下列因素确定。

1) 剥离物的颗粒组成及其性质，运输排土方式，堆置台阶高度及其边坡坡度。

2) 排土场地基的稳定性和相邻建筑物及设施的性质。

3) 安全防护地带的原地面坡度、植被情况和工程地质。

4) 安全防护对象的地面与排土场最终堆置高度的相对高差。

5) 气象条件。

(2) 剥离物堆置整体稳定、排水良好、原地面坡度不大于 24°的排土场，其设计最终底线与主要建(构)筑物等的安全防护距离按下列要求确定。

1) 当采取防护工程措施时，应根据所采取工程措施的不同由设计确定。

2) 当未采取防护工程措施时，应按表 3.3-8 执行。

表3.3-8 排土场设计安全防护距离

序号	保护对象名称	安全防护距离
1	国家铁（公）路干线、航道、高压输电线路铁塔等重要设施	1.00H～1.50H
2	矿山铁（公）路干线（不包括露天采矿场内部生产线路）	不宜小于0.75H
3	露天采矿场开采终了境界线	根据边坡稳定状况及坡底线外地面坡度确定，但应不小于30m
4	矿山居住区、村镇、工业场地等	≥2.00H

注 1. 安全防护距离：航道由设计水位岸边线算起；铁路、公路、道路由其设施边缘算起；建（构）筑物由其边缘算起；工业场地由其边缘或围墙算起。
2. 表中H值为排土场设计最终堆置高度。
3. 规模较大的（0.7万人以上）矿山居住区、有建制的镇，应按表列数值适当加大。
4. 排土场采取分层堆置，各层间留有宽20～30m安全平台时，序号1、序号2可取表列距离的75%；零星建（构）筑物及分散的个别农舍，可取表列序号4距离的75%；20～30m安全平台系指各台阶最终平台的宽度。
5. 序号1排土场坡度底线外地面坡度不大于24°时，取下限值，大于24°时，应根据需要设置防滚石危害的措施，并在滚石区加设醒目的安全警示标志。

（3）剥离物堆置整体稳定性较差，排水不良且具有形成泥石流条件的排土场，严禁布置在有可能危及工程场地、村镇、居民区及交通干线的上游。

（4）具有第（3）条情况的排土场，有特殊要求需要在其下方布置一般性建（构）筑物而又无法满足安全距离要求时，必须采取可靠的安全防护工程措施，并征得有关部门同意后方可布置。

2.《冶金矿山排土场设计规范》（GB 51119—2015）中的相关规定

（1）不具有形成泥石流条件，基底工程地质或水文地质条件良好的排土场，设计最终坡底线与主要设施、场地、居住区等的安全距离应满足下列规定。

1）当不设置防护工程时，排土场设计安全防护距离应按表3.3-9确定。

2）当设置防护工程时，应按采取的工程措施要求确定。

（2）复杂及不良场地条件的排土场，其设计最终坡底线与主要设施、场地、居住区等的安全距离应根据所采取的安全措施论证确定，一般场地排土场设计安全防护距离应满足GB 51119表3.3-8的要求。

（3）设置在露天开采境界周边的排土场应分析对露天采场边坡稳定性的影响。

3.3.3 堆置要素设计

1.《有色金属矿山排土场设计规范》（GB 50421—2007）中的相关规定

（1）排土场需要有效库容。排土场需要有效库容按式（3.3-1）计算：

$$V=V_0K \tag{3.3-1}$$

式中 V——有效库容，m^3；

V_0——剥离岩土的实方量，m^3；

K——剥离岩土经下沉后的松散系数。

各类剥离物的松散系数宜按表3.3-10选取。

表3.3-9 排土场设计安全防护距离

保护对象名称	排土场等级			
	一	二	三	四
国家铁（公）路干线、航道、高压输电线路铁塔等重要设施	≥1.5H	≥1.5H	≥1.25H	≥1.0H
矿山铁（道）路干线（不包括露天采矿场内部生产线）	≥1.0H	≥1.0H	≥0.75H	≥0.75H
露天采矿场开采终了境界线	应根据边坡稳定性及坡底线外地面坡度情况确定，当地面坡度逆坡时，不应小于30m；当地面坡度顺坡时，不应小于1.0H			
矿山居住区、村镇、工业场地等	≥2.0H	≥2.0H	≥2.0H	≥2.0H

注 1. 表中H值为排土场设计最终堆置高度。
2. 安全防护距离：航道由设计水位的水位岸边线算起；铁路、公路由其设施边缘算起；建（构）筑物由其边缘算起；工业场地由其边缘或围墙算起。

表 3.3-10 剥离物的松散系数

类 别	松散系数
砂	1.01～1.03
带夹石的黏土岩	1.10～1.20
砂质黏土	1.03～1.04
块度不大的岩石	1.20～1.30
黏土	1.04～1.07
大块岩石	1.25～1.35

（2）剥离物堆置台阶高度。排土场堆置高度与各台阶高度应根据剥离物的物理力学性质、排土机械设备类型、地形、工程地质、气象及水文等条件进行确定，见表 3.3-11。

（3）平台宽度。排土场工作平台宽度可按表 3.3-12 确定。

（4）剥离物堆置安息角。剥离物堆置的自然安息角应根据其物理力学性质和含水量，按表 3.3-13 的规定进行选取，多台阶排土场剥离物堆置的总边坡角应小于剥离物堆置自然安息角。

表 3.3-11 剥离物堆置台阶高度 单位：m

排土方式	铁路运输					汽车运输	斜坡卷扬
岩土类型	人工排土	推土机推土	推土犁排土	电铲排土	装载机排土	推土机推土	废石山
坚硬岩石	40～60 （30～40）	40～50 （20～30）	20～30 （15～20）	40～50 （20～30）	≤200	≤200	<150
混合土石	30～40 （20～30）	30～40 （20～30）	15～20 （10～15）	30～40 （20～30）	≤100	≤100	<150
松散硬质黏土	15～20 （12～15）	15～20 （10～15）	10～15 （10～12）	15～20 （10～15）	15～30 （15～20）	15～30 （15～20）	70～80
松散软质黏土	12～15 （10～12）	12～15 （10～12）	10～12 （8～10）	12～15 （10～12）	12～15 （10～12）	12～15 （10～12）	50～60
砂质土			7～10	10～15			

注 1. 括号内数值系工程地质及气象条件差时的参考值。
2. 当采用窄轨铁路运输时，表列数值可略微提高。
3. 地基土壤（黏土类或淤泥类软土）含水量大，排土堆置后可能不稳定的排土场，初始台阶高度可适当减少。
4. 排土场地基（原地面）坡度平缓，剥离物为坚硬岩石或利用狭窄山沟、谷地堆置的排土场，可不受此表限制。
5. 剥离物运来时土石类别明显的，排土时的台阶高度可根据其不同的土石类别，分别采用各自不同的台阶高度。当基底稳定，台阶高度可做如下估算：堆置坚硬岩石时宜为 30～60m（山坡型排土场高度不限）；堆置砂石时宜为 15～20m；堆置松软岩土时宜为 10～20m。
6. 多台阶排水的总高度可经过验算确定，在相邻台阶之间应留有安全平台，基底第一台阶的高度宜为 10～25m。

表 3.3-12 排土场工作平台宽度参考值

单位：m

段高/m 运输方式	15	15～25	30～40
汽车推土机	40～55	45～60	50～65
窄轨推土机	20～25	25～30	30～40
准轨装载机	30～40	40～50	50～60
准轨电铲	40～50	45～55	50～60
准轨推土犁	30～35	35～40	40～45

表 3.3-13 剥离物堆置安息角

类 别	自然安息角/(°)	平均安息角/(°)
砂质片岩（角砾、碎石）与砂黏土	25～42	35
砂岩（块石、碎石、角砾）	26～40	32
砂岩（砾石、碎石）	27～39	33
片岩（角砾、碎石）与砂黏土	36～43	38
页岩（片岩）	29～43	38
石灰岩（碎石）与砂黏土	27～45	34
花岗岩	35～40	37

续表

类别	自然安息角/(°)	平均安息角/(°)
钙质砂岩		34.5
致密石灰岩	32～36	35
片麻岩		34
云母片岩		30
各种块度的坚硬岩石	30～48	32～45

(5) 占地面积。堆土场的用地面积，除应按有效容积结合实际地形和剥离物堆置要素计算用地外，尚应增加排水设施、稳定性措施等工程用地，且应适当增加堆场外最外坡脚至用地边界的防护距离。

矿山建设中排土场占地为矿山总占地的50%左右，由于排土场占地面积大，使用时间长，故其用地应满足矿山总体规划需要，一次规划，分期征用，避免土地资源的闲置与浪费。

排土场用地除考虑排土场终了坡脚内实际占用土地面积外，尚应根据排土场的最终堆置高度，排土场的物料性质及结合排土场坡脚处的自然地形条件等因素把废石滚动距离内的占用土地作为排土场的终了用地。在目前条件下，对于大型排土场的征地范围一般按照排土场设计前缘（或堆石坝坡脚）外扩50m范围考虑。小型排土场或地形坡度平缓、段高小的排土场，征地面积可适当减小，但应满足滚石防护的要求。

2.《冶金矿山排土场设计规范》(GB 51119—2015) 中的相关规定

(1) 排土场需要有效库容。排土场的容积应根据岩土剥离总量、体重、松散系数和沉降系数确定。

1) 排土场有效库容计算应按下式计算，其中剥离岩土的松散系数 K_s 的取值应参考表3.3-14选取，剥离岩土的沉降系数 K_c 的取值应参考表3.3-15选取。

$$V_y = V_s \times K_s / (1 + K_c) \quad (3.3-2)$$

式中 V_y——排土场的设计有效库容，m^3；

V_s——剥离岩土的实方数，m^3；

K_s——剥离岩土的松散系数；

K_c——剥离岩土的沉降系数。

2) 排土场的设计总库容应按式(3.3-3)计算：

$$V = K_1 \times V_y \quad (3.3-3)$$

式中 V——排土场设计总库容，m^3；

K_1——容积富余系数，取1.02～1.05；

V_y——排土场的设计有效库容，m^3。

表3.3-14 剥离岩土的松散系数参考值

岩土种类	砂	砂质黏土	黏土	带夹石的黏土岩	块石不大的岩石	大块岩石
岩土类型	Ⅰ	Ⅱ	Ⅲ	Ⅳ	Ⅴ	Ⅵ
初始松散系数	1.10～1.20	1.20～1.30	1.24～1.30	1.35～1.45	1.40～1.60	1.45～1.80
终止松散系数	1.01～1.03	1.03～1.04	1.04～1.07	1.10～1.20	1.20～1.30	1.25～1.35

表3.3-15 剥离岩土的沉降系数参考值

岩土种类	沉降系数/%	岩土种类	沉降系数/%
砂质岩土	7～9	硬黏土	24～28
砂质黏土	11～15	泥夹石	21～25
黏土质	13～15	粉质黏土	18～21
黏土夹石	16～19	砂和砾石	9～13
小块度岩石	17～18	软岩	10～12
大块度岩石	10～20	硬岩	5～7

注 服务年限短的排土场可不考虑下沉率。

(2) 剥离物堆置台阶高度。排土场台阶高度、总堆置高度、边坡角度、平台宽度应按照排土工艺、剥离物的物理力学性质、地形、水文地质及工程地质、气候条件等因素通过排土场稳定性计算分析确定。

(3) 占地面积。排土场的用地面积应按总库容计算出占地面积，排土场防排洪设施及其他安全防护措施等工程用地，还应包括排土场最外坡脚的滚石防护距离。

3. 煤矿矸石场

煤矿矸石场根据堆放形式可分为平原型矸石场、坡面型矸石场和沟谷型矸石场，堆置要素主要是堆放容积、最大堆放高度、堆放台阶高度、矸石边坡以及矸石特殊要求。

(1) 堆放容积。按照煤炭行业相关规定，矸石场堆放容积不得超过3年的生产期矸石量。

(2) 最大堆放高度。根据地基承载力计算矸石堆放的最大高度。

(3) 堆放台阶高度。矸石场采用下排式排矸时，宜采用分台阶的方式排放，矸石排弃台阶高度不宜高于15m。沟谷型矸石场宜采用上排式排矸，矸石由沟口向沟头逐层排放，排弃矸石应分层碾压密实。

(4) 矸石边坡。矸石场最终边坡在边坡验算稳定的前提下，应按水土保持和土地复垦工程的需要进行修正，以便进行土地复垦和植被恢复。

(5) 矸石特殊要求。高自燃倾向性的矸石应采取分层堆积方式。根据实践经验，对于易自燃的矸石每层3～5m碾压，覆盖0.5～1m厚黄土。

4. 煤矿排土场

煤矿排土场根据堆放形式可分为外排土场和内排土场，堆置要素主要是堆放容积、最大堆放高度、堆放台阶高度以及边坡。

(1) 堆放容积。排土场的总容积应保证容纳采掘场的全部剥离量，当选煤厂选后矸石需排入排土场时，排土场容积应包括该排弃量。排土场总容积应留有10%的备用量。

(2) 最大堆放高度。根据地基承载力计算排土堆放的最大高度。

(3) 堆放台阶高度。排放台阶高度根据物料的物理力学性质、运输及排弃方式、设备类型等确定，排放台阶高度参考表3.3-16的规定。

表3.3-16 排放台阶的高度参考表 单位：m

物料种类 排弃方式	土、砂	软岩	中硬岩	坚硬岩
推土犁	8～10	12～14	15～20	20～25
挖掘机	10～14	14～16	20	30
推土机	15～17	25～30	35～50	40～50

(4) 边坡。排土场的排弃总高度、排土帮坡角等技术参数，应结合工程地质及水文地质、地形坡度、排弃物料性质、排弃方式、设备类型以及降雨等条件确定。

非倒堆开采工艺，最下部台阶有采掘运输设备作业时，内排土场最下一个排土台阶的坡底线与最下部采煤台阶坡底线的安全距离，不应小于50m。

最终边坡在边坡验算稳定的前提下，应按水土保持和土地复垦工程的需要进行修正，以便进行土地复垦和植被恢复。

3.3.4 稳定计算

1.《有色金属矿山排土场设计规范》(GB 50421—2007) 中的相关规定

建于陡坡场地的排土场应进行稳定性验算。当地面横坡大于24°时，除应保证排土场边坡的稳定外，还应预防整个场地沿陡山坡下滑。排土场稳定性验算方法应根据边坡类型和可能的破坏形式，按下列原则确定。

(1) 土质边坡和较大规模的碎裂结构岩质边坡，宜采用圆弧滑动法验算。边坡稳定性系数可按式(3.3-4)～式(3.3-7)计算。

$$K_s=\frac{\sum R_i}{\sum T_i} \tag{3.3-4}$$

$$R_i=N_i\tan\varphi_i+C_il_i \tag{3.3-5}$$

$$N_i=(G_i+G_{bi})\cos\theta_i-P_{wi}\sin(\alpha_i-\theta_i) \tag{3.3-6}$$

$$T_i=(G_i+G_{bi})\sin\theta_i+P_{wi}\cos(\alpha_i-\theta_i) \tag{3.3-7}$$

式中 K_s——边坡稳定性系数；

R_i——第 i 计算条块滑动面上的抗滑力，kN/m；

T_i——第 i 计算条块滑体在滑动面切线上的反力，kN/m；

N_i——第 i 计算条块滑体在滑动面法线上的反力，kN/m；

φ_i——第 i 计算条块滑动面上岩土体的内摩擦角标准值，(°)；

C_i——第 i 计算条块滑动面上岩土体的黏结强度标准值，kPa；

l_i——第 i 计算条块滑动面长度，m；

G_i——第 i 计算条块单位宽度岩土体自重，kN/m；

G_{bi}——第 i 计算条块滑体地表建筑物的单位宽度自重，kN/m；

θ_i——第 i 计算条块底面倾角，(°)；

α_i——第 i 计算条块地下水位面倾角，(°)；

P_{wi}——第 i 计算条块单位宽度的动水压力，kN/m。

(2) 对可能产生平面滑动的边坡宜采用平面滑动法计算。边坡稳定性系数按式(3.3-8)计算。

$$K_s=\frac{\text{抗滑力}}{\text{下滑力}}=\frac{\gamma V\cos\alpha\tan\varphi+AC}{\gamma V\sin\alpha} \tag{3.3-8}$$

式中 A——结构面的面积，m^2；

γ——岩土体的重度，kN/m^3；

V——岩体的体积，m^3；

α——滑动面的倾角，(°)；

φ——滑动面的内摩擦角，(°)；

C——排土场基底接触面间的黏聚力，亦称结构面的黏聚力，kPa。

(3) 对可能产生折线滑动的边坡宜采用折线滑动法计算。边坡稳定性系数按式(3.3-9)、式(3.3-10)计算。

$$K_s=\frac{\sum R_i\Psi_i\Psi_{i+1}\cdots\Psi_{n-1}+R_n}{\sum T_i\Psi_i\Psi_{i+1}\cdots\Psi_{n-1}+T_n} \tag{3.3-9}$$

$$\Psi_i=\cos(\theta_i-\theta_{i+1})-\sin(\theta_i-\theta_{i+1})\tan\varphi_i \tag{3.3-10}$$

式中 Ψ_i——第 i 计算条块剩余下滑推力向第 $i+1$ 计算条块的传递系数。

上述3种滑动法计算的边坡稳定系数 K_s 取值，宜取1.15～1.30，并应根据被保护对象的等级而定。当被保护对象为失事后使村镇或集中居民区遭受严重灾害时，K_s 应取1.30；当被保护对象为失事后不致造成人员伤亡或者造成经济损失不大的次要建筑物时，K_s 应取1.20；当被保护对象为失事后损失轻微时，K_s 应取 1.15。

2.《冶金矿山排土场设计规范》（GB 51119—2015）中的相关规定

（1）计算方法。

1）排土场稳定性计算方法应根据排土工艺、堆置要素和潜在的破坏模式选取。

2）计算方法应包括定性分析和定量计算。

3）采用工程地质类比法时应结合排土场破坏机理、主要影响因素判别破坏模式。

4）定量计算方法应包括极限平衡法或数值分析方法。采用极限平衡法计算时，应根据破坏模式选择计算方法。

5）排土场稳定性论证应采取极限平衡法与数值计算法综合进行分析。

（2）计算模型与参数。

1）排土场稳定性计算模型应综合地形地貌、地基特征、水文地质特征、物料特征、排土场堆置要素、堆积过程等因素确定。

2）排土场稳定性计算参数选取应符合下列规定。

a. 排土场地基力学指标应按照排土场工程地质勘查试验成果，并应结合地层结构特征综合确定。

b. 排弃物料力学指标宜根据筛分试验和三轴试验成果确定。

c. 新建矿山排土场，可根据岩体特征和开采工艺、排土工艺，通过工程类比选取。

3）排土场稳定性计算工况应符合下列规定。

a. 排土场稳定性计算工况应根据重力、降雨及地下水、地震或爆破震动影响确定为自然工况、降雨及地下水工况、地震或爆破震动工况3种。

b. 当排土场影响范围内存在重要设施时，荷载也应考虑在内。

（3）安全稳定性标准。

1）安全稳定性标准应根据排土场等级和计算工况确定。

2）在自然工况条件下，排土场整体安全稳定性标准应符合表3.3-17的规定。

表3.3-17　排土场整体安全稳定性标准

排土场等级	安全系数
一	1.25～1.30
二	1.20～1.25
三	1.15～1.20
四	1.15

注　1. 自然工况条件指重力、稳定地下水位、正常施工荷载的组合。
2. 排土场下游存在村庄、居民区、工业场地等设施时，相应区域排土场安全系数应取上限值。
3. 排土场的整体稳定性应校核降雨工况。降雨工况，整体排土场安全系数可在本表规定的基础上降低0.05，最低安全系数不得低于1.10。
4. 地震基本烈度为Ⅶ度及Ⅶ度以上地区的排土场，整体稳定性应校核地震工况。地震工况作用下，排土场整体安全系数可在本表规定的基础上降低0.05～0.10，但最低安全系数不得低于1.10。
5. 排土场台阶安全系数宜根据物料特性、地基条件、排土方式，通过控制阶段高度和排弃强度保证。

3.《煤炭工业露天矿设计规范》（GB 50197—2015）中的相关规定

排土场最终边坡角的确定，应符合下列规定。

（1）应根据排土场基地的稳定性、地形坡度、排弃物性质采用极限平衡法进行计算。对于外排土场，当服务年限大于20年时，边坡稳定系数取1.2～1.5。对于内排土场，当服务年限小于10年时，边坡稳定系数取1.2，当服务年限大于等于10年时，边坡稳定系数取1.3。

（2）对具有水压的边坡应计算水压对边坡稳性的影响，必要时应进行有水压变化的边坡稳定性敏感度分析。

（3）对弱层强度随不同含水率有明显变化的边坡应进行强度随含水率变化的边坡稳定性敏感度分析。

（4）对复杂形状边坡应对其轮廓形状进行计算分析。

4. 煤矿矸石场的稳定计算

煤矿矸石场堆体稳定按无黏性土考虑，不计堆体间的黏聚力，采用瑞典圆弧法分条块进行计算，边坡稳定系数取1.2～1.5。

3.3.5　防护措施布局及拦挡工程设计

1.《有色金属矿山排土场设计规范》（GB 50421—2007）中的相关规定

（1）排土场必须有可靠的截流、防洪、排水设施。防治水土流失，淤塞河道、淹没农田，影响周边环境。

（2）沿山谷或山坡堆置的排土场，应在场外周边设置截水沟或排洪渠。沟渠类型可根据沟渠坡降及流速大小分别采用土质、三合土、浆砌石、预制块等形式。

（3）排土场分台阶排弃时，其平台应设2%～3%的逆坡，场内的地表水应有组织排至场外。有条件时，在排土场坡脚处宜采用大块石填筑高5～10m的渗水层。

（4）对有大量松散物质排放的陡坡场地，或具有丰富水源的排土场，必须采取坡脚防护或拦渣工程，防治水土流失。

（5）坡脚防护及拦渣工程可采取以下措施。

1）当坡面砂石对山沟下方可能造成危害时，应设置一级或多级挡沙堤（或坝)，用地紧张时可采用坡脚挡渣墙。

2）当小规模泥石流对山沟下方可能造成危害时，应在沟谷的收口部位设置拦渣坝等拦蓄、排导、防治构筑物。

3）当滚石对山沟下方可能造成危害时，应设置拦石堤或沟渠，并应留有足够的安全距离。拦石堤可使用当地土（或干砌片石）筑成，宜采用梯形，其内坡陡于外坡；当拦石堤后的落石沟或落石平台有较宽的用地时，亦可采用较缓的内侧边坡，堤顶高出计算撞点的安全高度应为1m。

4）当小规模滑坡对山沟下方可能造成危害时，应设置重力式抗滑挡土墙、抗滑片石垛或抗滑桩等抗滑支挡构筑物。

(6）当山坡或沟渠与排土场发生交叉时，必须设置相应排洪设施。

1）排土场上游洪水较小，可采用截水沟或排洪渠排导。

2）排土场上游洪水较大，应在上游加修拦截上游洪水的挡水坝，或视其地形特征，沿山坡修排洪渠或在排土场底部修暗涵将其排出场外。挡水坝的安全超高不应小于1m。

3）兼顾挡渣与防洪功能的拦渣坝，应有一定的拦泥库容。

(7）排土场内的地下水和滞留水，在排弃物透水性弱、对稳定性不利情况下，应根据潜水大小，采用盲沟、透水管或涵洞形式将水引出场外。

(8）排土场在排弃作业过程中所形成的边坡，可根据边坡高度和坡度等不同条件，分别采取下列措施。

1）对于弃石不易风化的边坡，当粒径较大或粒径虽小但土石能自然胶结，坡脚无水流淘刷的边坡，可不予加固。

2）对于坡比小于1：1.5、土层较薄的土质或砂质坡面，可采取种草护坡。种草护坡应先将坡面进行整治，宜选用生长快的低矮匍匐型草种。

3）对于坡比缓于1：2、土层较厚的土质或砂质坡面，在南方坡面土层厚15cm以上或北方坡面土层厚40cm以上的地方可采用造林护坡。造林护坡应采用根深与根浅相结合的乔灌混交方式，同时宜选用适合当地速生的乔灌木树种。坡面采用植苗造林，宜带土栽植。

4）在路旁或景观要求较高的土质或砂土质坡面，可采用浆砌块石格构或钢筋混凝土格构，在坡面上做成网格状。网格内种植草皮。

2.《冶金矿山排土场设计规范》(GB 51119—2015）中的相关规定

(1）防排洪措施。

1）排土场外围汇水面积较大时，应设置防排洪系统。

2）排土场防洪设施设计洪水频率应满足以下要求：一级、二级排土场洪水重现期不应小于50年，三级、四级排土场洪水重现期不应小于20年，临时性排洪工程可降低标准，但洪水重现期不应小于10年。

3）截洪、排洪沟洪峰流量应根据当地水文站的实测资料计算，缺乏当地水文站的实测资料时，可采取下列方法之一进行计算。

a. 形态调查法。

b. 公路科学研究所简化公式法。

c. 当地验算公式法。

4）排土场平台应有2%～5%的反坡，场内的地表水应有组织排至场外。

5）排土场坡脚处宜采用大块石填筑高5～10m的渗水层。

6）山坡或沟谷与排土场发生交叉时，应设置防洪设施，并应符合下列规定。

a. 当排土场上游洪水量较小时，可采用截洪沟。

b. 当排土场上游洪水量较大时，应在上游设置导流堤，并应根据地形条件，沿山坡设置防洪渠或在排土场底部设置暗涵。

7）排土场内的地下水和滞留水，宜采用盲沟、透水管或涵洞形式将水引出场外。

8）沟谷型排土场可在山谷间利用岩性坚硬、耐水性较好的大块岩石先进行填筑，形成排渗盲沟或泄流基底。

(2）排土场灾害防治。

1）排土场泥石流防治措施应符合下列规定。

a. 排土场的上游区域或周边区域应设置截洪、排洪沟。

b. 排土场应设置多级坝体控制主沟谷纵坡降。

c. 排土场区宜采取排渗盲沟、泄流基底等控制排土场物料含水量的措施。

2）排土场滑坡防治措施应符合下列规定。

a. 排土场应清理地表植被层及软弱地基。

b. 地形坡度较大的地段应改造成为阶梯状。

c. 在底部应排弃大块岩石。

d. 排土场设计应安排排土顺序和设置排土高度。

e. 排土场的上游区域或周边区域应设置截洪、排洪沟。

f. 沟谷型排土场应设置压坡脚排土方式。

g. 排土场滑坡防止措施应设置重力式挡土墙、

中立式抗滑挡土墙、抗滑片石垛或抗滑桩等抗滑支挡构筑物。

3）排土场坍塌与沉陷防治措施应符合下列规定。

a. 应避免含土量大的岩石同一时间段、同一部位排弃。

b. 应增加排土线长度、控制排土强度，并应采用间歇式排土。

c. 应进行排土过程的动态和连续性监测。

4）距离排土场底部设计边界 20m 应停止排土。

5）堆置高度大于 120m 的沟谷型排土场必须在底部设置挡石坝。

3. 煤矿矸石场和排土场防护措施布局及拦挡工程设计

（1）水土保持措施布局。煤矿矸石场的水土保持措施布局见表 3.3-18；煤矿排土场水土保持措施布局见表 3.3-19。

表 3.3-18 煤矿矸石场水土保持措施布局

类型	工程措施			植物措施	
	拦挡工程类型	斜坡防护工程类型	防洪排导工程类型	边坡绿化	平台绿化
山坡型	挡渣墙	综合护坡	截洪沟	灌草结合	乔灌草结合
山沟型	拦矸坝	综合护坡	排水暗涵、排水竖井	灌草结合	乔灌草结合
平地型	挡渣堤	综合护坡	截洪沟、排洪沟	灌草结合	乔灌草结合

表 3.3-19 煤矿排土场水土保持措施布局

类型	工程措施			植物措施	
	拦挡工程类型	斜坡防护工程类型	防洪排导工程类型	边坡绿化	平台绿化
山坡型	挡渣墙	综合护坡	截洪沟	灌草结合	乔灌草结合
山沟型	拦渣墙	综合护坡	拦水坝、排洪暗涵	灌草结合	乔灌草结合
平地型	土堤	植草护坡	截洪沟、排洪沟	灌草结合	乔灌草结合

（2）《煤炭工业露天矿设计规范》（GB 50197—2015）中的相关规定。

1）露天煤矿的防水和排水系统应具备与当地的自然水体、防洪排涝及农业灌排等水利系统联网的可行性。

2）中小河流、天然沟壑等洪水流量应根据当地水文站实测资料确定。当缺乏当地水文站实测资料时，可选用下列方法之一进行计算，并应用另外两种方法进行校核。

a. 形态调查法。

b. 公路科学研究所简化公式法。

c. 当地经验公式法。

3）防洪标准应根据露天煤矿的规模、服务年限等因素确定，并应符合表 3.3-20 的规定。

表 3.3-20 防洪标准

露天煤矿规模	重现期/a			
	小河改道及堤坝		排水沟	
			Ⅰ类	Ⅱ类
	设计	校核	设计	设计
大型	50～100	100～300	50～100	20～50
中型	20～50	50～100	20～50	20

注 1. Ⅰ类排水沟系指洪水泛滥时危及采掘场安全的排水沟。
2. Ⅱ类排水沟系指洪水泛滥时不危及采掘场安全的排水沟。
3. 服务年限短、受淹后果不严重，取下限值。

3.3.6 案例

3.3.6.1 陕西某煤矿矸石场

1. 平面布置

陕西某煤矿矸石场（以下简称矸石场），平面布置图见图 3.3-1。

2. 概况及选址

（1）概况。矸石场位于煤矿工业场地以东约 1.7km 处窟野河二级支沟蛮赖沟中下游，矸石场挡渣墙以上流域面积 1.10km^2，主沟长 839m，平均比降 7.5%，沟道呈 V 形，沟内无常流水。矸石场最大堆渣高度 30m，设计库容 75 万 m^3。

矸石场占地面积 5.40hm^2，区域地貌属黄土丘陵盖沙区，主要的土壤为沙质壤土，区域地形支离破碎，沟道两侧可见有基岩出露，沟坡有黄土覆盖，厚度约 5～10m。征地范围内植被稀少，以天然牧草为主，零星分布有乔灌木，植被覆盖率约 20.5%。矸石场技术特征见表 3.3-21。

（2）地质条件。根据矸石场岩土工程勘察报告，本场地位于鄂尔多斯盆地陕北台向斜的东北部，新生界以下地层总体为一轴面走向 NNE、倾向 NW、倾角较小的单斜构造，无大的褶皱与断裂，地层平缓，第四纪覆盖层厚度大，基地稳固，地壳稳定，构造行迹比较简单。岩土工程勘察期间未发现影响稳定的其他不良地质作用，场地适宜建筑。矸石场抗震等级为三级，场地属可以进行建设的一般场地，建筑场地类别为Ⅱ类，场地地震动峰值加速度值为 0.05g，相当于基本烈度Ⅵ度，地震动反应谱特征周期为 0.35s。

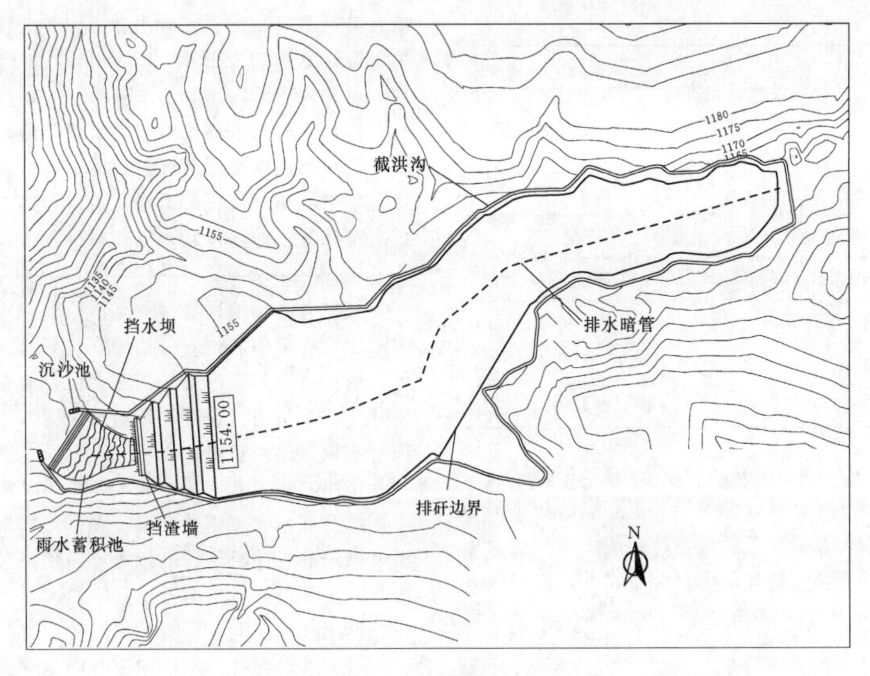

图 3.3-1 矸石场平面布置图

表 3.3-21 矸石场技术特征

项目	技术特征
占地面积	5.40hm²
占地类型	草地
布置形式	沟道型矸石场
场址位置	工业场地以东 1.7km
汇水面积	1.10km²
距河流距离	距勃牛川约 1.8km
距村庄距离	距下游村庄约 1.2km
容量	75 万 m³
堆高	30m
矸石场周边情况	矸石场北侧边坡坡顶为本工程风井场地

3. 设计等级及标准

矸石场最大堆渣高度 30m，设计最大库容 75 万 m³。根据 GB 51018 确定工程等级为Ⅳ级，防洪标准按 50 年一遇设计，200 年一遇校核。

4. 要素设计

(1) 挡渣墙设计。工程矸石场为沟道式矸石场，拦渣工程采用重力式挡渣墙，布置在矸石场沟道下游沟口处，墙体采用 M7.5 浆砌石砌筑，挡渣墙坐落在石质基础上。挡渣墙高设计一般考虑矸石场使用第 1 年的矸石产量以及适当的洪水流入量，经过库容曲线确定挡渣墙高度为 9m。挡渣墙结构见图 3.3-2，挡渣墙设计尺寸及物理参数见表 3.3-22。

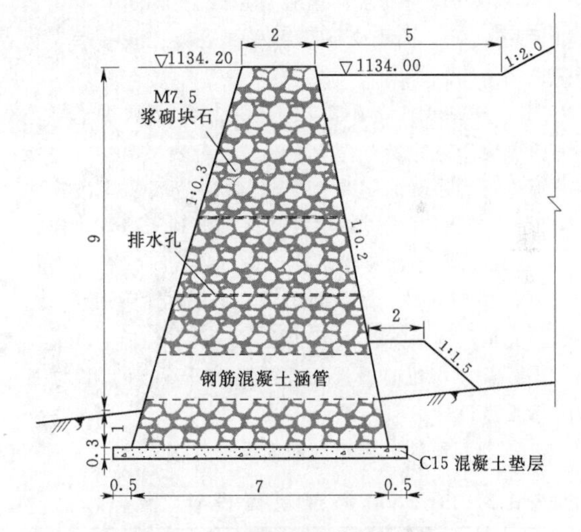

图 3.3-2 挡渣墙结构（单位：m）

表 3.3-22 挡渣墙设计尺寸及物理参数

参数	数值
挡渣墙类型	重力式
墙高/m	10.0（含基础埋深 1.0m）
墙顶宽/m	2
面坡倾斜坡比	1∶0.2
背坡倾斜坡比	1∶0.3
墙底倾斜坡比	0.18∶1

续表

参 数	数 值
墙后堆渣坡比	1∶2.5
砌石体容重/(kN/m³)	23
地基土摩擦系数	0.5
墙后填土内摩擦角/(°)	35
墙后填土容重/(kN/m³)	17
墙背于墙后填土摩擦角/(°)	17.5
墙后填土黏聚力/kPa	0
墙底摩擦系数	0.4

1）伸缩沉陷缝。根据地形地质条件、气候条件、墙高及断面尺寸等，设置伸缩缝和沉陷缝、防止因地基不均匀沉陷和温度变化引起墙体裂缝。为了便于施工，本次设计将伸缩缝和沉陷缝合并设计，沿墙线方向每隔12.0m设置一道缝宽2cm的伸缩沉陷缝，缝内填塞沥青麻絮。

2）基础埋深及清基削坡。

a. 基础埋深要求：挡渣墙基础应开挖1.5m，基础埋深1.0m，挡渣墙下部用C15混凝土找平后，再砌筑挡渣墙。

b. 清基和削坡要求：施工过程中必须将基础范围内风化严重的岩石、杂草、树根、表层腐殖土、淤泥等进行清除，深度为0.5m。对挡渣墙两岸坡比大于1∶0.75的石质边坡进行削坡，以利于墙体稳定。

（2）矸石场截排水措施设计。

a. 布设位置。截洪沟布设在矸石堆积平面外侧，水流经截洪沟最终排入沉沙池中，截水沟长710m。

b. 防洪标准。设计标准按照20年一遇、平均1h降雨强度设计。

c. 断面设计。截洪沟断面设计见表3.3-23。

表3.3-23 截洪沟断面设计

工程名称	设计洪峰流量/(m³/s)	底宽/m	坡比	糙率	比降	安全超高/m	设计深度/m	设计过流能力/(m³/s)
截洪沟	0.993	0.5	1∶0.3	0.025	0.05	0.15	0.7	1.029

截洪沟采用M7.5浆砌石梯形断面，断面底宽0.5m，深0.7m，边坡坡比1∶0.3，采用梯形断面，M7.5浆砌片石结构，衬砌厚0.3m，M10水泥砂浆抹面2cm。

（3）排矸场排水暗管。为排出上游沟道汇水及降雨时渣体内雨水，在矸石场底部布设排水暗管。排水暗管沿矸石场主沟道及南侧支沟走向，在沟底布设，采用混凝土预制管形式，管径1m，在挡渣墙处接导排管后排入下游沟道。

（4）下游雨水蓄积池。如果设计排矸场下游涉及水井、水源地保护区等保护设施，排矸场渗滤液需要进行集中收集，工程矸石渗滤液进行集中收集后，由泵送至矿井工业场地污水处理站处理。

5. 总体布局

根据矸石场地形地貌和堆渣要求，对不同区域新增水土流失部位进行对位治理，建立起了工程防治措施、植物措施与临时防护措施相结合的综合防治措施体系，有效防治工程建设新增水土流失，恢复和改善项目建设区生态环境。

按照“先拦后弃”的原则，在煤矿建设期首先完成拦挡及截排水工程的建设。在矸石场所在沟道下游布设挡渣墙，并沿堆矸高程边界修建一道截洪沟，水流经截洪沟最终排入沉沙池经下游沟道外排，且在出口布设沉沙池。同时，为排出上游沟道汇水及降雨时渣体内雨水，在矸石场主沟道及南侧支沟底部布设排水暗管，接拦矸坝下埋设的导排管排入下游。当矸石开始排弃并达到设计标高后，完善矸石场平台挡水埂、上游沟头拦水坝及渣体覆土等措施，并进行顶平台及边坡绿化。

3.3.6.2 山西某煤矿矸石场

1. 概况

山西省某煤矿矸石场选址于司马矿井东北方向，距离工业场地约为9km。行政区划属于长治县苏店镇，位于苏店镇北天河村东面山坡处的自然冲沟内。

该区域属于黄土高原山地盆地地貌区，地处长治盆地东南边缘地带，地势由东南向西北倾斜，东南高西北低，区域地面标高在995～1040m之间，相对最大高差48m。该地区属于黄土丘陵阶地中度侵蚀区，黄土地面被侵蚀冲沟切割得支离破碎。黄土广泛分布于丘陵盆地和沟谷中，黄土层总厚达50余m。冲沟两侧多为丘陵台地，台地顶平坡陡。

该矸石场初期坝以上流域面积0.3km²，流域长度724m，平均宽194m，平均纵坡坡降为7%。排矸场设计容量68万m³，服务年限为5年。

2. 工程级别及洪水标准

参照SL 575—2012的规定，矸石场级别为5级，拦渣工程级别为5级。其设计洪水标准取20年一遇，校核洪水标准取50年一遇。

3. 水土保持措施

矸石场属于沟谷型，采用下游设初期坝，后期坝体以矸石分层填筑的方式由下游至上游逐渐填埋库区，同时于矸石场内设排洪系统。排洪系统主要结合矿井排矸规模以及区域水文条件，在初期坝上游分期设拦洪坝临时拦蓄上游来水，并于坝前设排水溢流竖井与排水管道相结合，将矸石场上游洪水及时排至初期坝下游自然沟道内。矸石场建筑物主要包括矸石场下游初期坝、上游拦洪坝和排水涵管、溢流竖井等。

鉴于工程场地现状及井田排矸规模，初期坝上游分设三期拦洪坝及坝前排洪系统，一期、二期拦洪坝位于三期拦洪坝下游主沟道内，分别建于初期坝上游110m、260m处，三期拦洪坝位于二期拦洪坝上游距离160m的南、北支沟内。拦洪坝前排洪系统均采用排水溢流竖井与沟底排水涵管相结合的方式，矸石场断面图见图3.3-3。

矸石场分三期实施，首先进行初期坝、一期拦洪坝和相应排水设施的建设，然后根据堆矸进度分别进行二期、三期拦洪坝和相应排水设施的建设。

（1）初期坝。结合场区周围黄土层深厚的条件，设计初期坝为均质土坝，坝轴线长72.5m，最大坝高12m，坝顶宽3m，坝顶高程为1001.00m，上游、下游边坡坡比均为1∶2.5，坝体排水为棱体排水。坝体结构见图3.3-4。

（2）拦洪坝。拦洪坝坝型亦为均质土坝，一期排洪坝坝轴线长38m，最大坝高4.5m，坝顶高程998.00m，上游、下游边坡坡比均为1∶2.5。其他各期排洪坝结构型式均与一期排洪坝相同，见图3.3-5。

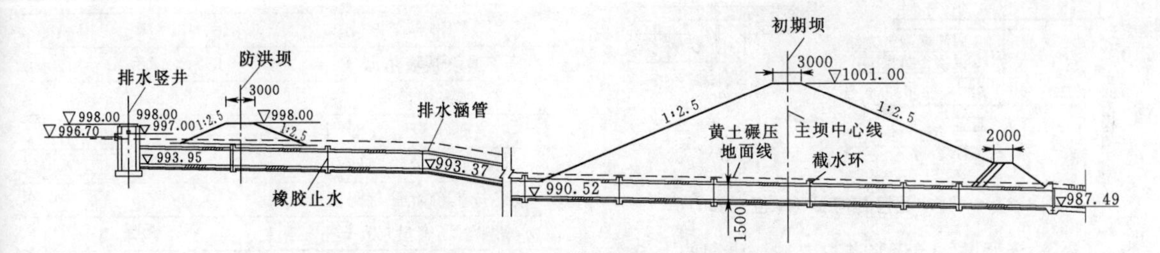

图3.3-3　矸石场断面图（高程单位：m；尺寸单位：mm）

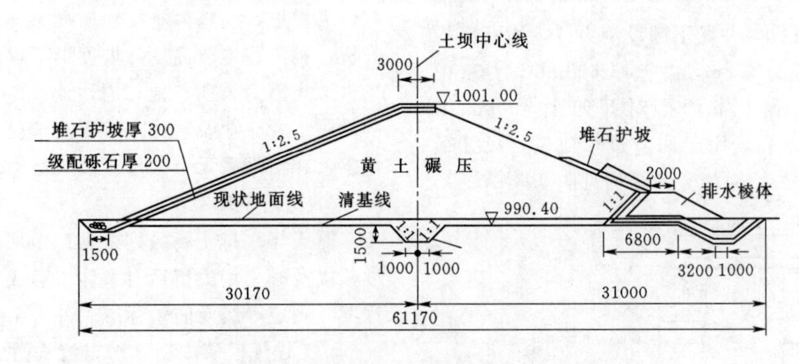

图3.3-4　初期坝结构（高程单位：m；尺寸单位：mm）

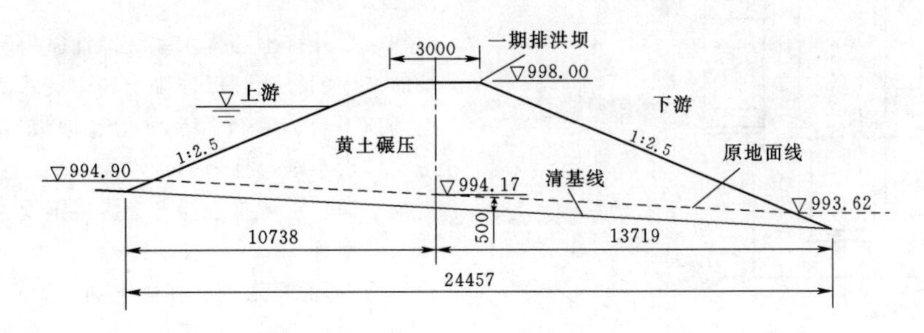

图3.3-5　一期排洪坝结构图（高程单位：m；尺寸单位：mm）

（3）排水涵管。排水涵管由三期排洪坝上游开始，经南、北支沟后汇至下游主沟道，一直延伸至初期坝下游，于末端接初期坝下游的浆砌石消力池，贯穿整个排矸场区。排水涵管采用C25钢筋混凝土方涵，断面尺寸为1.5m×0.9m（高×宽）。涵管延伸至初期坝下游，末端接有浆砌石消力池，消力池下游接直径为1.0m和1.2m的水泥管，见图3.3-6。

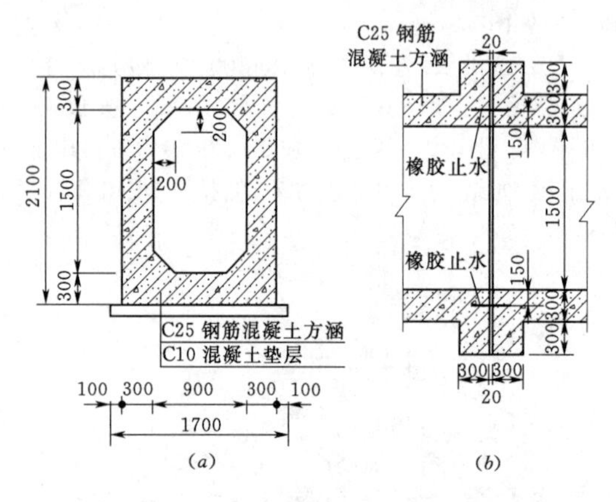

图3.3-6 排水涵管结构图（单位：mm）

（4）溢流竖井。溢流竖井主要截取汛期的上游表层洪水，通过连接涵管下泄至初期坝下游沟道内。根据场区布置，共设溢流竖井4座，各溢流竖井结构型式基本相同，均采用浆砌石砌筑，竖井分为上下两部分，上部为溢流井筒，井筒下部设消力井，横断面均为圆形，中空直径为1.5m，井壁厚600mm，井壁中上部自上而下设置上下两排对开四个400mm×400mm的方形进水孔，用于调节过水流量，设计最大泄洪量0.947m³/s。溢流竖井结构见图3.3-7。

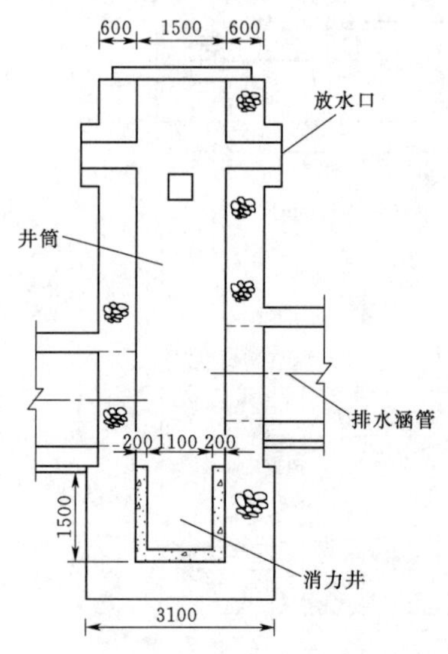

图3.3-7 溢流竖井结构（单位：mm）

3.3.6.3 内蒙古某煤矿外排土场

1. 总平面布置

内蒙古某露天煤矿外排土场（以下简称外排土场），平面布置图见图3.3-8。

2. 外排土场概况及选址

外排土场布置在首采区的西侧，占地面积209hm²，最终排弃高度70m，设计台阶高度10～20m，最终帮坡角18°，台阶坡度33°，设计外排土场容量9882万m³。外排土场主要技术特征见表3.3-24。

表3.3-24 外排土场主要技术特征

项目	技术特征
占地面积/hm²	209
最终排弃高度/m	70
最终帮坡角/(°)	18
最终松散系数	1.15
最终排土台阶数量/个	4
最终排土台阶高度/m	10～20
最终排土台阶平盘宽度/m	75
排土场容量/万m³	9882
计划排弃量/万m³	8593
排土场容量备用系数	1.1

外排土场选择在首采区的西侧，距采场较近。区域内无滑坡、崩塌等不良地质现象，经主体设计计算分析，剥离物堆放高度与坡度形不成滑坡体。外排土场占地类型为天然草地，周边500m范围内无重要基础设施工业企业及居民点，事故情况下不会造成较大危害，在治理后无重大水土流失隐患。

3. 设计等级及标准

露天煤矿排土场级别根据矿山规模、堆渣最大高度，以及排土场失事后对主体工程或环境造成的危害程度，确定等级及防洪标准。外排土场最大排土高度90m，工程规模属中型，水土流失危害程度较轻。同时参照主体工程工业场地防洪标准，外排土场防洪标准提升为100年一遇设计，300年一遇校核。

4. 要素设计

（1）外排土场排水系统设计。为及时排出平台及坡面产生的径流，保证排土场边坡的稳定性，需在排土场顶平台、各台阶及排土边坡坡脚处布设排水系统。排水系统包括地面排水沟、平台主排水沟、平台支排水沟、水泥排水涵管、焊接钢管、消力池、平台挡水围埂等。

1）地面排水沟。在排土场坡脚处设地面排水沟，将排土场雨水径流排至排土场征地界外自然地表，为土质梯形断面，底宽1.2m，坡比1∶1，沟深1.5m。

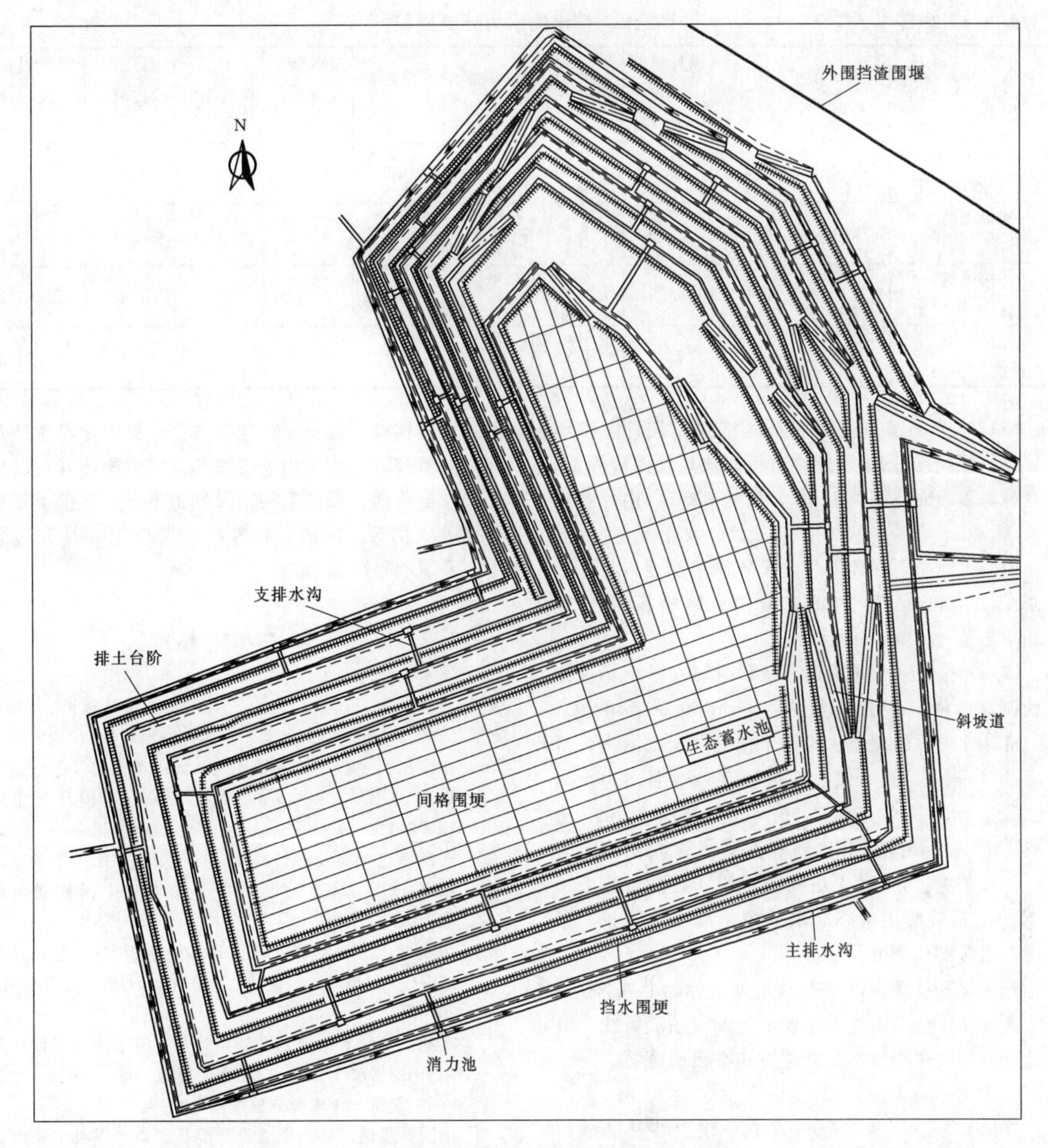

图 3.3-8 外排土场平面布置图

2）平台主排水沟。为拦截、排导降雨径流，沿各平台坡脚外3m处与等高线平行按自然地形布设排水沟，为土质梯形断面，底宽1.2m，坡比1∶1，根据流量大小，沟深分为1.0m、1.2m、1.5m三种型式。

3）平台支排水沟。平台支排水沟与主排水沟垂直相接。为浆砌石梯形断面，底宽1.2m，坡比1∶1，壁厚0.30m，根据流量大小，沟深分为1.0m、1.2m、1.5m三种型式。

4）水泥排水涵管。当支排水沟穿越平台路面时，路面下设水泥排水涵管与支排水沟相接。根据流量大小，水泥排水涵管断面选择ϕ1000mm。

5）焊接钢管。水泥排水涵管穿越平台路面后，与焊接钢管相接，焊接钢管与边坡等高线垂直将径流排至下一级平台排水沟。根据流量大小，焊接钢管断面选择DN500mm、ϕ800mm两种型式。

6）消力池：在焊接钢管与下级平台主排水沟交汇点设浆砌石消力池。其中Ⅰ型消力池规格为5m×3m×1.2m（长×宽×深）；Ⅱ型消力池规格为5m×3m×1.5m（长×宽×深）。壁厚均为0.3m。

7）平台挡水围埂：在各平台坡顶设挡水围埂。挡水埂高度1.0m，顶宽1.0m，底宽3.0m，内外坡比1∶1。

截水、排水沟水力计算成果见表3.3-25。

表 3.3-25 截水、排水沟水力计算成果

截水、排水沟名称	汇水面积/km²	径流系数	设计洪峰流量/(m³/s)	底宽/m	沟深/m	安全超高/m	过水断面面积/m²	粗糙系数	比降	设计过流能力/(m³/s)
外排土场平台排水沟Ⅰ型	0.35	0.3	1.34	1.2	0.7	0.3	1.33	0.025	0.005	2.10
外排土场平台排水沟Ⅱ型	0.60	0.3	2.29	1.2	0.9	0.3	1.89	0.025	0.005	3.39
外排土场平台排水沟Ⅲ型	0.94	0.3	3.59	1.2	1.2	0.3	2.88	0.025	0.005	5.97
外排土场地面排水沟	1.30	0.3	4.97	1.2	1.2	0.3	2.88	0.025	0.005	5.97

（2）外排土场挡渣围堰及网格围埂设计。按照“先拦后弃”的原则，沿外排土场征地界设挡渣围堰，围堰为梯形断面，高度1.5m，顶宽1.5m，内外坡比1∶1.5。

为留蓄降雨，在顶层平台设置网格围埂，将平台分割成长100m，宽30m的畦块。网格围埂高度0.3m，顶宽0.5m，内外坡比1∶1。

（3）外排土场蓄水灌溉系统设计。在排土场最终平盘顶部西南部设置容量为5000m³生态蓄水池1座，蓄存处理后的疏干水，用于排土场绿化灌溉。蓄水池开口采用矩形形式，蓄水池有效容量5000m³，水池深3.1m，有效水深2.5m，安全超高0.6m，边坡坡比1∶2。开挖后对池壁和池底去除大块碎石等杂质，覆盖40cm厚砂土后铺防渗膜，在防渗膜上覆土50cm，边坡使用生态袋填种植土后填筑防护。蓄水池占地面积0.2hm²。

其余灌溉系统将以生态蓄水池为水源供应中心，在已到达设计标高的外排土场平台铺设喷灌管线，分段设置出水口和喷头，灌溉边坡和平台的植物。

5. 稳定性计算

外排土场边坡高为70m左右，该边坡基底顺层倾向1°，设计分别从不同角度进行了稳定性计算。

根据《煤炭工业露天矿设计规范》（GB 50197），本设计推荐的安全系数$F_s \geqslant 1.20$。经分析计算，边坡角在18°时，该边坡有最小安全系数，为1.354，为圆弧-直线型滑面，该剖面选取的位置是外排土场南帮。

6. 总体布局

按照“先拦后弃”原则，在外排土场征地边界设挡渣围堰。排土过程中，随着排土高度的逐渐增加，逐步完善分级平台上的排水设施，在排土场最终顶平台上设置围埂，并对排土坡面和平台上覆土以便进行绿化，并布设灌溉措施。绿化措施主要布置在排土坡面及坡顶等处，包括排土坡面设置沙柳沙障并撒播草籽恢复植被，堆填形成的排土顶平面撒播草籽并种植灌木恢复植被，排土场征地界内扰动裸露地段撒播草籽恢复植被，已施工边坡侵蚀细沟填筑生态袋，已施工边坡坍落面、侵蚀毛沟铺设生物笆以及对排土场裸露坡道绿化等。同时，在外排土场施工和排弃过程中，采取洒水降尘措施。

参考文献

［1］ 西南电力设计院．火力发电厂水工设计规范：DL/T 5339—2006［S］. 北京：中国电力出版社，2006.

［2］ 中国电力工程顾问集团公司．大中型火力发电厂设计规范：GB 50660—2011［S］. 北京：中国计划出版社，2011.

［3］ 长沙有色冶金设计研究院．有色金属矿山排土场设计规范：GB 50421—2007［S］. 北京：中国计划出版社，2007.

［4］ 中冶北方工程技术有限公司．冶金矿山排土场设计规范：GB 51119—2015［S］. 北京：中国计划出版社，2016.

［5］ 水利部水利水电规划设计总院，黄河勘测规划设计有限公司．水土保持工程设计规范：GB 51018—2014［S］. 北京：中国计划出版社，2015.

［6］ 中国煤炭建设协会勘察设计委员会，中煤科工集团沈阳设计研究院有限公司．煤炭工业露天矿设计规范：GB 50197—2015［S］. 北京：中国计划出版社，2015.

［7］ 中国煤炭科工集团南京设计研究院有限公司，中国煤炭建设协会勘察设计委员会．煤炭工业矿井设计规范：GB 50215—2015［S］. 北京：中国计划出版社，2015.

［8］ 水利部水利水电规划设计总院．水利水电工程水土保持技术规范：SL 575—2012［S］. 北京：中国水利水电出版社，2012.

［9］ 中国电力工程顾问集团中南电力设计院，中国电力工程顾问集团华东电力设计院，中国电力工程顾问集团．电力工程水文气象计算手册［M］. 黄冈：湖北科学技术出版社，2011.

第4章 拦 挡 工 程

章主编　贺前进　李俊琴　陈　凡　阮　正　李建生
章主审　操昌碧　苗红昌　邹兵华

本章各节编写及审稿人员

节次	编写人	审稿人
4.1	李俊琴　闫俊平　贺前进	操昌碧 苗红昌 邹兵华
4.2	陈　凡　纪　强　应　丰　易仲强　赵　俊　李　鑫 袁　洁	
4.3	阮　正　张海涛　朱茂宏	
4.4	贺前进　李俊琴　孟繁斌　邹兵华　周　鹏　顾小华	
4.5	李建生　孙碧飞　陈平平	

第4章 拦 挡 工 程

4.1 分类、等级及设计标准

拦挡工程主要包括挡渣墙、拦渣堤、围渣堰、拦渣坝和拦洪坝等5类。

围渣堰适用于平地型弃渣场的渣脚拦挡防护。围渣堰按外侧是否受水流影响分成两类：不受水流影响时按挡渣墙设计；受水流影响时按拦渣堤设计。

拦挡工程构筑物级别应根据弃渣场级别、拦渣工程高度分为5级，按表4.1-1中的规定确定，并应符合以下要求。

(1) 拦渣堤、拦渣坝、挡渣墙构筑物级别应按对应的弃渣场级别确定。

(2) 当拦渣工程高度不小于15m，弃渣场等级为1级、2级时，挡渣墙建筑物级别可提高1级。

表4.1-1 弃渣场拦挡工程构筑物级别

弃渣场级别	拦渣工程构筑物级别			排洪工程级别（含拦洪坝）
	拦渣堤	拦渣坝	挡渣墙	
1	1	1	2	1
2	2	2	3	2
3	3	3	4	3
4	4	4	5	4
5	5	5	5	5

4.2 挡 渣 墙

4.2.1 定义与作用

挡渣墙是指支撑和防护弃渣体，防止其失稳滑塌的构筑物。一般适用于生产建设项目弃渣堆置于台地、缓坡地上，渣脚不受河（沟）道洪水影响的弃渣场坡脚拦挡，如坡地型渣场和不受洪水影响的平地型渣场的防护，主要用来拦挡弃渣体，防止渣体向外滑动和散落。

4.2.2 分类与适用范围

挡渣墙通常适用于生产建设项目弃渣堆置于台地、缓坡地上，渣脚不受河（沟）道洪水影响的弃渣场坡脚防护。对于开挖、削坡、取土（石）形成的土质坡面或风化严重的岩石坡面的坡脚，也可采取挡渣墙防护。

挡渣墙按断面结构型式及受力特点分为重力式、半重力式、衡重式、悬臂式、扶臂式等，常用型式有重力式、衡重式等。

4.2.3 规划与布置

挡渣墙应布置在原地形斜坡面或弃渣场坡脚处，轴线平面走向宜顺直，转折处应采用平滑曲线连接。

挡渣墙基底纵坡坡降不宜大于5%，当大于5%时，应在纵向将基础做成台阶式，台阶高度不宜大于0.5m。

4.2.4 工程设计

4.2.4.1 断面型式及稳定性计算

1. 断面型式

挡渣墙断面型式选择的原则包括：①挡渣墙应根据弃渣堆置型式、地形地质条件、降水与汇流条件、建筑材料等选择适宜的断面型式。②选择断面型式时应在防止水土流失、保证墙体安全稳定的基础上，按照经济、可靠、合理、美观的原则，进行方案比选后确定最优断面型式。③挡渣墙断面设计时，应根据地基条件、渣体岩性、挡墙高度、当地材料及施工条件等通过经济技术比较后确定断面尺寸。先根据经验初步拟定主要断面尺寸，然后进行抗滑稳定、抗倾覆稳定和地基承载力验算。当拟定的断面尺寸既符合稳定计算要求又经济合理时即为设计断面尺寸。主要断面型式介绍如下。

(1) 重力式。重力式挡渣墙一般用浆砌石砌筑或混凝土浇筑，依靠自身重量维持稳定。通常墙高小于6m时较为经济。重力式挡渣墙构造由墙背、墙面、墙顶等组成。在交通要道、地势陡峻地段的挡渣墙应设置护栏。

1) 墙背。重力式挡渣墙墙背有俯斜式、仰斜式、垂直式等型式，见图4.2-1。仰斜式墙背通体与渣体边坡贴合，所受土压力小，开挖回填量较小，墙身断面面积小。但在设计与施工中应注意仰斜墙背的坡比不得缓于1∶0.3，以便于施工。在地面横坡陡峻，俯斜式挡渣墙墙背所受的土压力较大时，俯斜式挡渣墙采用陡直墙面，以减小墙高，俯斜墙背可砌筑成台阶形，从而增加墙背与渣体间的摩擦力。当墙后允许开挖边坡较陡，或为获得好的水流条件，可采用由俯斜到仰斜过渡的扭曲翼墙。垂直式挡墙使用较少，一般与其他竖直墙背的支挡结构顺接。

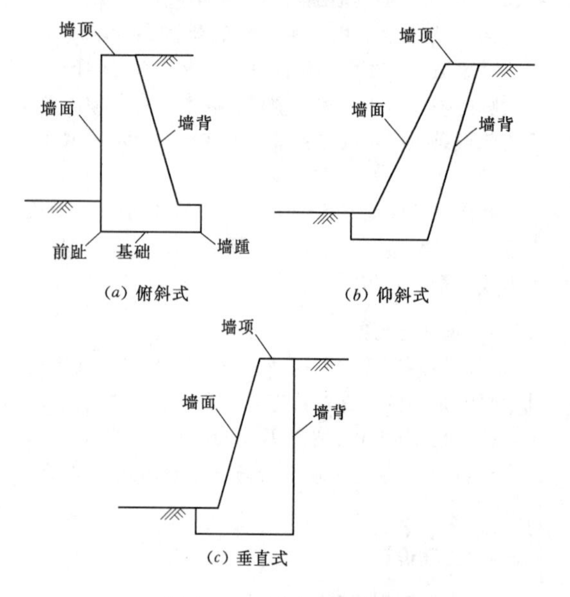

(a) 俯斜式　(b) 仰斜式　(c) 垂直式

图4.2-1　重力式挡渣墙

2）墙面。一般墙面均为平面，其坡度与墙背协调一致，墙面坡度直接影响挡渣墙的高度，在地面横坡较陡时墙面坡比一般为1∶0.05～1∶0.2，矮墙采用陡直墙面，地面平缓时坡比一般采用1∶0.2～1∶0.35。

3）墙顶。混凝土重力式挡墙墙顶宽度不应小于0.3m；浆砌石重力式挡渣墙墙顶宽度不小于0.5m，另需砌筑厚度不小于0.4m的顶帽，若不砌筑顶帽，墙顶应以大块石砌筑，并用砂浆勾缝。

(2) 半重力式。半重力式挡渣墙是为减少圬工砌筑量而将墙背建造为折线型的重力式挡渣建筑物，采用混凝土建造，适用范围同重力式，同等地基条件下其高度可大于重力式。半重力式挡渣墙可分整体型半重力式和轻型半重力式两种，见图4.2-2。半重力式挡渣墙断面一般比重力式挡渣墙断面小40%～50%，因而可充分利用混凝土的抗拉强度，与重力式挡渣墙相比，同样高度的挡渣墙其地基应力小，且分布较均匀。同样地基条件下建筑高度可大于重力式挡渣墙。

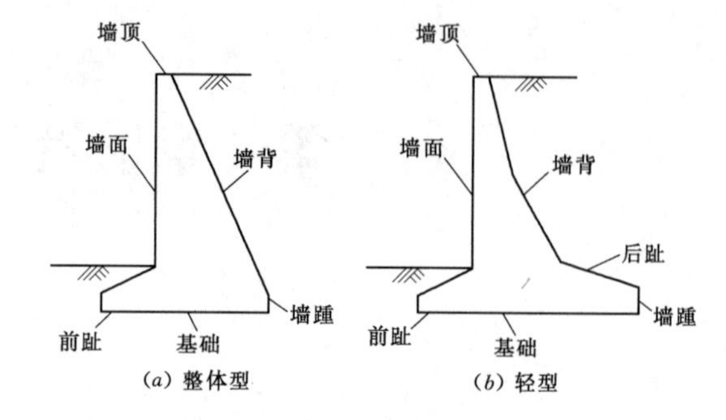

(a) 整体型　(b) 轻型

图4.2-2　半重力式挡渣墙

(3) 衡重式。衡重式挡渣墙多采用混凝土或浆砌石建造，上下墙之间设置衡重台，采用陡直的墙面，适用于山区地形陡峻处的边坡。衡重式挡渣墙由上墙、衡重台与下墙三部分组成，见图4.2-3，采用陡直的墙面，上墙俯斜墙背的坡比1∶0.25～1∶0.45，下墙仰斜墙背坡比1∶0.25，上下墙高之比采用2∶3。由于衡重台有减少土压力作用，夹断面一般比重力式小，应用高度比重力式大。

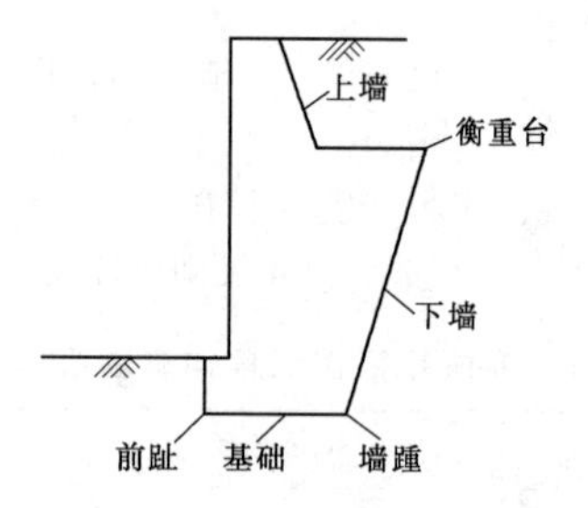

图4.2-3　衡重式挡渣墙

(4) 悬臂式。悬臂式挡渣墙属轻型钢筋混凝土结构，适用于墙高超过5m，地基条件较差，当地石料缺乏，在堆渣体下游有重要工程时的情况。悬臂式挡渣墙由立墙、底板组成，具有三个悬臂即立墙、前趾板和踵板，见图4.2-4。主要依靠踵板上的填土重量维持稳定，墙身断面面积小，自重轻，节省材料。

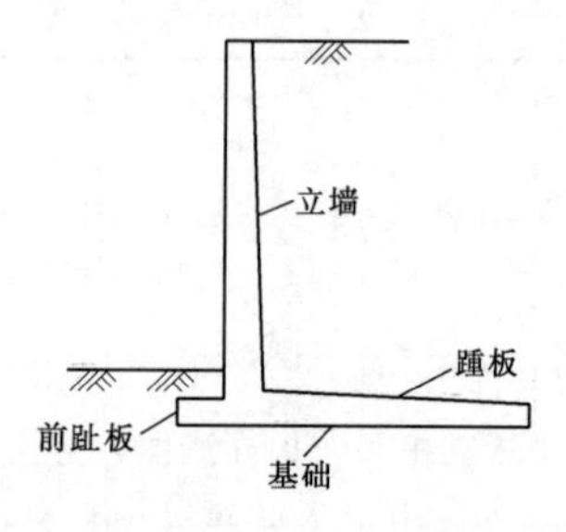

图4.2-4　悬臂式挡渣墙

(5) 扶臂式。扶臂式挡渣墙属轻型钢筋混凝土结构，适用于防护要求高，墙高大于10m的情况。扶臂式挡渣墙由底板及固定在底板上的墙面板和扶臂构成，主要依靠底板上的填土重量维持稳定；其主体是悬臂式挡渣墙，沿墙长度方向每隔一定距离布置一个扶臂，以保持挡渣墙的整体性，增加挡渣量。墙体为钢筋混凝土结构，见图 4.2-5。扶臂式挡渣墙在维持结构稳定、断面面积等方面与悬臂式挡渣墙基本相似。

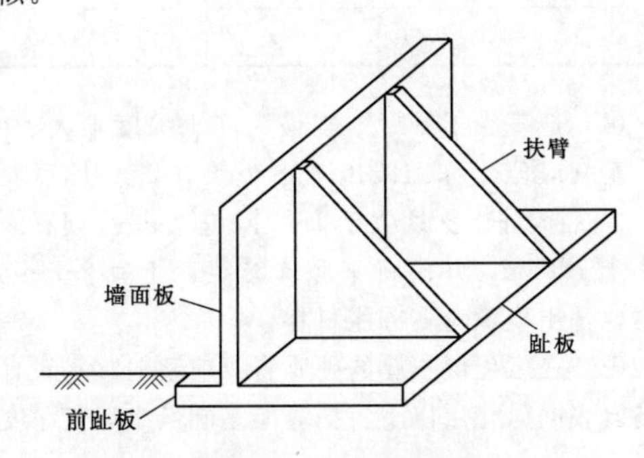

图 4.2-5 扶臂式挡渣墙

2. 稳定性计算

挡渣墙稳定计算包括抗滑稳定计算、抗倾覆稳定计算和基底应力计算。

(1) 荷载组合。作用在挡渣墙上的荷载可分为基本组合和特殊组合两类，按表 4.2-1 采用。

1) 基本组合。挡渣墙结构及其底板以上填料和永久设备自重，墙后填土破裂体范围内的车辆、人群等附加荷载，相应于正常挡渣高程的土压力，墙后正常地下水位下的水重、静水压力和扬压力，土的冻胀力，其他出现概率较大的荷载。

2) 特殊组合。多雨期墙后土压力、水重、静水压力和扬压力、地震荷载、其他出现概率很小的荷载。墙前有水位降落时，还应按特殊荷载组合计算此种不利工况。

(2) 抗滑稳定计算。

1) 土质地基抗滑稳定计算按本手册《专业基础卷》中式 (14.3-168) 或式 (14.3-169) 计算。

表 4.2-1 作用在挡渣墙上的荷载组合

荷载组合		主要考虑情况	荷载类别										附注
			自重	附加荷载	土压力	水重	静水压力	扬压力	土的冻胀力	冰压力	地震荷载	其他荷载	
基本组合		正常挡渣情况	√	√	√	√	√	√	—	—	—	—	按正常挡渣组合计算水重、静水压力、扬压力、土压力
		冰冻情况	√	√	√	√	√	√	√	√	—	—	按正常挡渣组合计算水重、静水压力、扬压力、土压力及冰压力
特殊组合	Ⅰ	施工情况	√	√	√	—	—	—	—	—	—	√	应考虑施工过程中各个阶段的临时荷载
		长期降雨情况	√	√	√	√	√	√	—	—	—	—	考虑渣体饱和含水
	Ⅱ	地震情况	√	—	√	√	√	√	—	—	√	—	按正常挡渣组合计算水重、静水压力、扬压力、土压力

注 1. 应根据各种荷载同时作用的实际可能性，选择计算中最不利的荷载组合。
2. 分期施工的挡渣墙应按相应的荷载组合分期进行计算。
3. 表中"—"表示无此项荷载。

2) 岩石地基抗滑稳定计算按本手册《专业基础卷》中式 (14.3-170) 或式 (14.3-171) 计算。

f'为挡渣墙基底面与岩石地基之间的抗剪断摩擦系数，C'为挡渣墙基底面与岩石地基之间的抗剪断黏聚力，无资料时 f'、C'可按表 4.2-2 选用。

挡渣墙基底抗滑稳定安全系数根据挡渣墙工程级别，不应小于表 4.2-3 规定的允许值。

(3) 抗倾覆稳定计算。抗倾覆稳定计算按本手册《专业基础卷》中式 (14.3-172) 计算。

表 4.2-2 f'、C' 推荐值

岩石地基类别		f'	C'/MPa
硬质岩石	坚硬	1.5～1.3	1.50～1.30
	较坚硬	1.3～1.1	1.30～1.10
软质岩石	较软	1.1～0.9	1.10～0.70
	软	0.9～0.7	0.70～0.30
	极软	0.7～0.4	0.30～0.05

注 如岩石地基内存在结构面、软弱层（带）或断层的情况，f'、C'应按《水利水电工程地质勘察规范》(GB 50487) 的规定选用。

表 4.2-3　　挡渣墙基底抗滑稳定安全系数允许值

计算工况	土质地基					岩石地基					按抗剪断公式计算时
	挡渣墙级别					挡渣墙级别					
	1	2	3	4	5	1	2	3	4	5	
正常运用	1.35	1.30	1.25	1.20	1.20	1.10	1.08	1.08	1.05	1.05	3.00
非常运用	1.10	1.10	1.10	1.05	1.05	1.00					2.30

当地基为土质地基时，挡渣墙抗倾覆稳定安全系数根据挡渣墙工程级别不应小于表 4.2-4 规定的允许值；岩石地基上 1～2 级挡渣墙，在基本荷载组合条件下，抗倾覆安全系数不应小于 1.45，3～5 级挡渣墙抗倾覆安全系数不应小于 1.40；在特殊荷载组合条件下，不论挡渣墙的级别，抗倾覆安全系数不应小于 1.30。

表 4.2-4　土质地基上挡渣墙抗倾覆稳定安全系数允许值

计算工况 \ 挡渣墙级别	1	2	3	4、5
正常运用	1.60	1.50	1.50	1.40
非常运用	1.50	1.40	1.40	1.30

（4）基底应力计算。

1）偏心矩计算公式如下：

$$e=\frac{B}{2}-\frac{\sum M_y-\sum M_0}{\sum G} \tag{4.2-1}$$

式中　e——竖向荷载合力偏心矩，m；

B——挡渣墙基底宽度，m；

M_y——稳定力系对墙趾的总力矩，kN·m；

M_0——倾覆力系对墙趾的总力矩，kN·m；

G——作用于基础底面的铅直分力，kN。

2）基底应力计算。按本手册《专业基础卷》中式（14.3-173）计算。

3）基底应力验算。挡渣墙（浆砌石、混凝土、钢筋混凝土）基底应力验算应满足以下 3 个条件。

a. 在各种计算工况下，土质地基和软质岩石地基上的挡渣墙平均基底应力不大于地基允许承载力。

b. 最大基底应力不大于地基允许承载力的 1.2 倍。

c. 土质地基和软质岩石地基上挡渣墙基底应力的最大值与最小值之比不应大于 1.5，砂土宜取 2.0～3.0。

4.2.4.2　埋置深度

挡渣墙基底的埋置深度应根据地形、地质、结构稳定、地基整体稳定、最大冻结深度等确定。

（1）地基为土基时，当最大冻土深度不大于 1m 时，基底应位于冻结线以下不小于 0.25m 且不大于 1m；当最大冻土深度大于 1m 时，基底最小埋置深度不小于 1.25m，并应将基底冻结线以下 0.25m 范围内的地基土换填为弱冻胀材料。

（2）在风化层不厚的硬质岩石地基上，基底宜置于基岩表面风化层以下。挡渣墙基础最小埋置深度见表 4.2-5。

表 4.2-5　　挡渣墙基础最小埋置深度

地层类别	埋置深度/m	距斜坡地面水平距离/m
较完整的硬质岩层	0.25	0.25～0.50
一般硬质岩层	0.60	0.60～1.50
软质岩层	1.00	1.00～2.00
土层	≥1.00	1.50～2.50

4.2.4.3　分缝与排水

1. 分缝

挡渣墙应每隔 10～15m 设置变形缝。挡渣墙轴线转折处，地形变化大，地质条件、荷载和结构断面变化处，应增设变形缝。变形缝宽 2～3cm，缝内填塞沥青麻絮、沥青木板、聚氨酯、胶泥或其他止水材料。

2. 排水

当墙后水位较高时，应将渣体中出露的地下水以及由降水形成的渗透水流及时排出，有效降低墙后水位，减少墙身水压力，增加墙体稳定性。应设置排水孔等排水设施，排水孔孔径 5～10cm，间距 2～3m，排水孔从墙背至墙面纵坡坡降不小于 3%，通常取 5%，排水孔出口应高于墙前水位。

在渗透水向排水设施逸出地带，为防止排水带走细小颗粒而发生管涌等渗透破坏，可在水流入口管端包裹土工布起反滤作用，土工布包裹长度不小于 15cm。

4.2.5　施工要求

4.2.5.1　测量放线

根据施工设计图纸，准确计算挡土墙的轴线位置，然后进行轴线放样，并测量出挡渣墙边线和基础开挖尺寸。

4.2.5.2 地基处理

施工过程中必须将基础范围内风化严重的岩石、杂草、树根、表层腐殖土、淤泥等杂物清除。当地基开挖发现有淤泥层或软土层时，需进行换填处理。

4.2.5.3 墙体砌筑

砌石底面应卧浆铺砌，立缝填浆捣实，不得有空缝和贯通立缝。砌筑中断时，应将砌好的石层空隙用砂浆填满，再砌筑时石层表面应清扫干净，洒水湿润。

砌筑外露面应选择有平面的石块，且大小搭配、相互错叠、咬接牢固，使砌体表面整齐，较大石块应宽面朝下，石块之间应用砂浆填灌密实。

4.2.5.4 勾缝

砌体勾缝一般采用平缝或凸缝。勾缝前须对墙面进行修整，再将墙面洒水湿润，勾缝的顺序是从上到下，先勾水平缝后勾竖直缝。勾缝宽度应均匀美观，深（厚）度为10～20mm，缝槽深度不足时，应凿够深度后再勾缝。

4.2.5.5 养护

挡渣墙墙体应在砂浆初凝后开始养护，洒水或覆盖4～14d，养护期间应避免碰撞、振动或承重。

4.2.6 案例

4.2.6.1 重力式挡渣墙，不涉及地震工况

1. 工程概况

贵州省某水库工程坝区3号弃渣场位于工程石料场的附近冲沟内，为沟道型渣场，占地面积4.93hm²，占地类型为耕地和林地，规划容量25.4万m³，堆渣高程685.00～715.00m，堆渣边坡坡比1∶2，每10m高差设一级宽2m的马道。

2. 地形地质条件

工程3号弃渣场地势西高东低，地形平缓，坡度5°～15°。工程区出露地层由老至新为：三叠系中统关岭组第三段（T_2g^3），总厚度252.4m；三叠系上统二桥组（T_3e），总厚度298.1m；第四系残坡积（Q^{edl}）黏土夹碎块石，厚3.0～5.0m；第四系冲积（Q^{al}）砂卵砾石层，厚4～6m。渣场场地基础为土质地基，地震基本烈度为Ⅵ度。

3. 工程级别及标准

渣场规模小于50万m³，最大堆渣高度30m，渣场失事对主体工程或环境造成的危害程度较轻，渣场级别确定为4级，挡渣墙工程级别为5级。

4. 挡渣墙设计

(1) 规划与布置。挡渣墙墙址选择在沟道出口狭窄处，沿渣脚布置，挡渣墙轴线为直线，长度21m。

(2) 墙型选择。考虑渣场所处地形地质条件、施工条件以及3号弃渣场位于石料场旁边，石料充足等因素，经技术经济比较后选择重力式浆砌石挡渣墙。

(3) 断面设计。根据重力式浆砌石挡渣墙初拟断面尺寸：顶宽1.2m，背坡垂直，面坡坡比1∶0.4；最大墙高7m，墙趾宽100cm。挡渣墙典型断面图见图4.2-6。

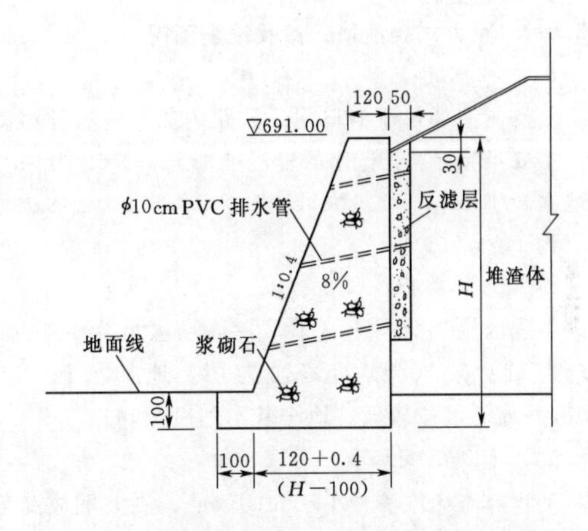

图4.2-6 贵州省某水库工程坝区3号弃渣场挡渣墙典型断面图（高程单位：m；尺寸单位：cm）

(4) 基础埋置深度。渣场位于西南地区，不考虑冻土深度。考虑渣场地基为土质地基，挡渣墙基础埋置深度设置在天然地面以下1.0m。

(5) 稳定性计算。

1) 计算工况。工程区地震基本裂度为Ⅵ度，故计算时不考虑地震工况。即计算工况为正常工况。

2) 计算参数。挡渣墙材料为M7.5浆砌石，容重23.0kN/m³；堆渣体容重19.0kN/m³，基底面与地基之间的摩擦系数0.4～0.5，渣体内摩擦角28°，不考虑黏聚力。

3) 稳定性安全系数及地基承载力容许值。挡渣墙工程级别为5级，抗滑稳定安全系数为1.20，抗倾覆稳定安全系数为1.40，地基承载力容许值为450kPa。

4) 计算结果。抗滑稳定安全系数K_s=1.37，K_s大于1.20，抗倾覆稳定安全系数K_t=2.22，K_t大于1.40，地基最大压应力为310.77kPa，小于1.2×450kPa，最小压应力235.43kPa，平均压应力为273.10kPa，小于450kPa，最大应力与最小应力的比值为1.32，小于2.0。经过对挡渣墙的抗滑稳定、抗倾覆稳定和地基承载力分析计算，结果表明，挡渣墙

设计断面满足稳定要求。

(6) 分缝与排水。

1) 分缝与止水设计。挡渣墙的变形缝沿轴线方向每隔10m设置一道，缝宽2～3cm，缝内堵塞沥青麻絮。

2) 排水设计。渣场堆渣为土石渣料，考虑在挡渣墙内部设置排水孔，排水孔行距、排距为2m，呈梅花形布置，排水孔纵坡坡降8%，孔内预埋ϕ10cm PVC管材，同时在挡渣墙后部考虑设置50cm厚的块石或碎石层作为反滤料以利于渣体排水。

4.2.6.2 重力式挡渣墙，涉及地震工况

1. 工程概况

某支洞渣场位于洞口附近公路内侧，为坡地型渣场，主要堆放支洞开挖弃渣，堆渣量12.50万m^3，占地面积1.15hm^2，最大堆渣高度47.5m，渣体边坡坡比约1∶1.7。

2. 地形地质条件

工程区位于西南土石山区，渣场区域为一坡地，渣场基础为块（漂）碎石覆盖层，地基承载力为300Pa。地下水位较低，地震基本烈度为Ⅷ度。

3. 工程级别及标准

工程弃渣场堆渣量小于50万m^3，最大堆放高度为47.5m，渣场失事对主体工程或环境造成的危害程度较轻，确定渣场级别为4级，挡渣墙工程级别为5级。

4. 挡渣墙设计

(1) 墙型选择。该挡渣墙属于外侧不挡水、一般挡墙情况。

渣场所在区域块石料丰富，同时考虑渣场所处地形地质条件、施工条件等，经技术经济比较后选择重力式浆砌石挡渣墙。

(2) 平面布置。渣场临省级公路，渣脚距离该公路15m以上，且渣脚低于公路路面2～3m，挡渣墙沿渣脚布置，墙底高程与该处地面高程基本一致，转折处采用平滑曲线连接，挡渣墙长度约415m。

(3) 断面设计。根据渣场地形条件、挡渣要求等，初拟浆砌石挡渣墙断面尺寸：顶宽0.5m，墙高1.5m，面坡直立，背坡坡比1∶0.5，见图4.2-7。

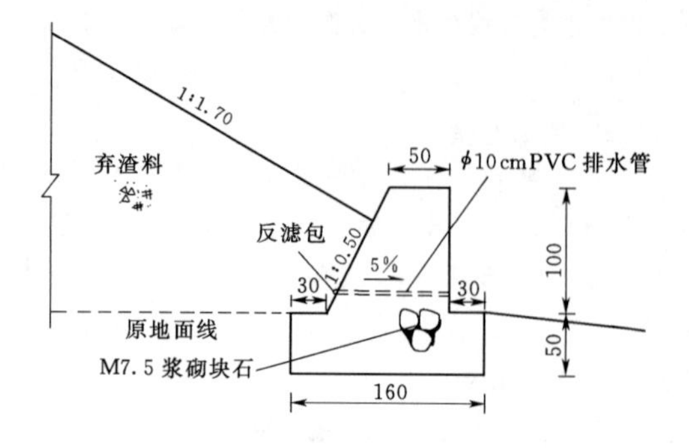

图4.2-7 某支洞渣场挡渣墙典型断面图（单位：cm）

5. 稳定性分析

(1) 计算工况及荷载组合。工程区地震基本烈度为Ⅷ度，挡渣墙稳定性分析须考虑正常工况和地震工况两种工况。

本渣场区地下水位较低，可不考虑地下水位产生的水重、静水压力和扬压力，西南土石山区土的冻胀不严重，也不必考虑土的冻胀力，渣体上无其他荷载。因此，正常运用工况下，考虑墙体自重、墙后渣土压力组合；地震工况下，考虑墙体自重、墙后渣土压力和地震荷载组合。

(2) 稳定性安全系数。本工程拦渣工程建筑物级别为5级，抗滑稳定安全系数为正常运用工况1.20，地震工况1.05；抗倾覆稳定安全系数为正常运用工况1.40，地震工况1.30；地基允许承载力为300kPa。

(3) 抗滑稳定计算。根据地质勘探资料，本渣场基础为块（漂）碎石覆盖层，基础内无软弱面，基底面与地基之间的摩擦系数$f=0.50$，计算不同工况的抗滑稳定性结果如下。

1) 正常运用工况：滑移力$\sum H=21.66$kN，抗滑力$f\sum G=33.69$kN；抗滑稳定验算：$K_c=1.56$，K_c大于1.20，满足要求。

2) 地震工况：滑移力$\sum H=30.74$kN，抗滑力$f\sum G=35.86$kN；抗滑稳定验算：$K_c=1.17$，K_c大于1.05，满足要求。

(4) 抗倾覆稳定计算。

1) 正常运用工况：相对于墙趾点，墙身重力的力臂$Z_w=0.95$m，土压力铅直分力的力臂$Z_x=1.71$m，土压力水平分力的力臂$Z_y=0.62$m。验算挡渣墙绕墙趾的倾覆稳定性：倾覆力矩$\sum M_H=13.47$kN·m，抗倾覆力矩$\sum M_V=84.39$kN·m；抗倾覆稳定验算：$K_o=6.27$，K_o大于1.40，满足要求。

2) 地震工况：相对于墙趾点，墙身重力的力臂$Z_w=0.95$m，土压力铅直分力的力臂$Z_x=1.71$m，土压力水平分力的力臂$Z_y=0.62$m。验算挡渣墙绕墙趾的倾覆稳定性：倾覆力矩$\sum M_H=19.34$kN·m，抗倾覆力矩$\sum M_V=91.79$kN·m；抗倾覆稳定验算：$K_o=4.75$，K_o大于1.30，满足要求。

(5) 地基承载力验算。正常运用工况、地震工况地基承载力验算过程、内容基本一致，本书仅以正常

运用工况为例进行验算。

本渣场地基较密实，容许承载力 [R]=300kPa。基底平均应力应小于地基容许承载力，最大基底应力不大于地基允许承载力的1.2倍；正常工况与地震工况下基底应力的最大值与最小值之比分别不大于2.00、2.50。

经计算，在正常运用工况下，作用于基础底面的总铅直分力 $\sum G=67.39$kN，作用于墙趾的总弯矩 $\sum M=70.92$kN·m，基础底面宽度 $B=2.0$m，单位长度（1m）的挡渣墙基底面面积 $A=1\times2=2$m^2，挡渣墙基底面对于基底面平行前墙墙面方向形心轴的截面矩 $W=14.03$m^3，偏心距 $e=-0.05$m，基础底面合力作用点距离基础趾点的距离 $Z_n=1.05$m。基底压应力：墙趾点 $\sigma_{\min}=28.64$kPa，墙踵点 $\sigma_{\max}=38.75$kPa。

基底平均应力 $\sigma_{cp}=33.70$kPa，σ_{cp} 小于 300kPa，满足地基容许承载力要求。

最大基底压应力为38.75kPa，小于360kPa（1.2×300kPa），满足要求。

最大应力与最小应力的比值为 38.75/28.64=1.35，小于2.00，满足要求。

经对挡渣墙的抗滑、抗倾覆稳定和地基承载力稳定性分析，初拟的挡渣墙设计断面可以满足稳定要求。

6. 基础埋置深度

本渣场位于南方地区，不考虑冻结问题。挡渣墙基础底面应设在天然地面以下至少0.5m，以保证地基稳定性。

7. 分缝与排水

（1）分缝设计。挡渣墙的沉降缝和伸缩缝合并设置，沿轴线方向每隔10～15m设置一道缝宽2～3cm的横缝，缝内填塞沥青麻絮。

（2）排水设计。本渣场堆渣以块石渣为主，挡渣墙基础为块碎石土层，透水性较强，只需考虑墙身排水即可。

为使挡渣墙后积水易于排出，在墙身内布置1排排水孔，沿水平间距为2.0m，排水孔比降为5%，孔内预埋 ϕ10cm PVC 管材。

在渗透水向排水设施逸出地带，为了防止发生管涌，在水流入口管端设置反滤包以起反滤作用。

4.2.6.3 衡重式挡渣墙

1. 工程概况

贵州省都匀经济开发区大坪片区城市棚户区改造工程，一期场地位于贵州省都匀市大坪镇牛场，由于改造工程开挖，形成了5段边坡，其中岩质边坡最高20.1m，土质边坡最高13.8m。

2. 地形地质条件

工程场地为单面斜坡地段，基础为中风化白云岩。地下水埋藏较深，对工程影响较小。

3. 工程级别及标准

参照《建筑边坡工程技术规范》（GB 50330），边坡工程安全等级为1级，由此确定挡渣墙工程级别为1级。

4. 挡渣墙设计

（1）墙型选择。为了防止边坡出现局部垮塌，同时也为拦截边坡坠石，经技术经济比较后选择衡重式C15混凝土挡渣墙。

（2）断面设计。根据边坡高度、地形条件及拦挡要求等，初拟混凝土挡渣墙断面尺寸：最大墙高12.5m，上墙高5m，墙顶宽1.5m，台宽1.8m，面坡倾斜坡坡比1∶0，上墙背坡倾斜坡坡比1∶0.4，下墙背坡倾斜坡坡比1∶0.25，采用扩展墙址台阶，墙趾台阶宽1.0m，墙趾台阶高1.0m，墙趾台阶与墙面坡坡比相同，墙底倾斜坡坡比0.1∶1，见图4.2-8。

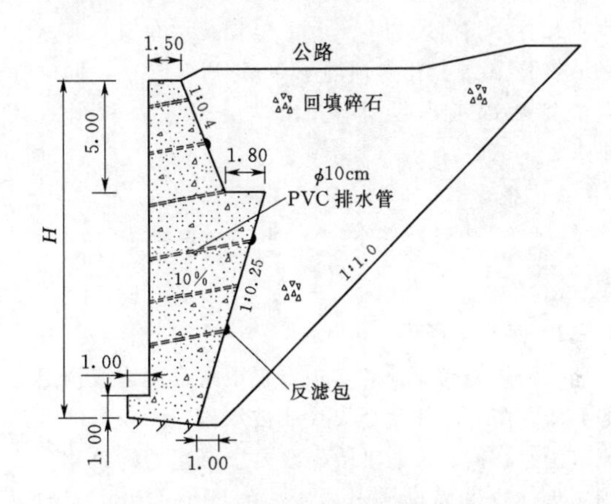

图4.2-8 衡重式挡渣墙典型断面图（单位：m）

（3）稳定性计算。

1）计算工况及荷载组合。工程区地震基本烈度为Ⅵ度，故计算时不考虑地震工况。即计算工况为正常工况。经分析，正常工况下考虑墙体自重、墙后渣土压力、车辆荷载组合，其中车辆荷载换算为容重与墙后填土相同的均布土层。

2）计算参数。挡渣墙材料采用C15混凝土，容重24.0kN/m^3；堆渣体容重22.0kN/m^3，基底面与地基之间的摩擦系数0.4～0.5，渣体内摩擦角35°，不考虑黏聚力。

3）稳定性安全系数及地基承载力容许值。挡渣墙工程级别为1级，基本荷载组合下抗滑稳定安全系数为1.10，抗倾覆稳定安全系数为1.00，地基基础为中风化白云岩，地基承载力容许值为4500kPa。

4）计算结果。抗滑稳定安全系数 $K_s=5.247$，K_s 大于 1.10，抗倾覆稳定安全系数 $K_t=1.996$，K_t 大于 1.00，墙趾处基底压应力=487.09kPa，墙踵处基底压应力为 524.74kPa，基底平均压应力为 505.91kPa，小于 4500kPa。

经过对挡渣墙的抗滑稳定、抗倾覆稳定和地基承载力分析计算，结果表明，挡渣墙设计断面满足稳定要求。

5. 基础埋置深度

工程位于西南地区，不考虑冻土深度。考虑地基整体稳定性，挡渣墙基础埋置深度设置在天然地面以下 1.0m。

6. 分缝与排水

（1）分缝。挡渣墙设沉降缝和伸缩缝，沿轴线方向每隔 10～15m 设置一道缝宽 2～3cm 的伸缩缝，在地形、地质及墙高变化较大处设置沉降缝，沉降缝和伸缩缝的缝内堵塞沥青麻絮。

（2）排水设计。考虑在挡渣墙内部设置排水孔，排水孔行距、排距为 2～3m，呈梅花形布置，排水孔纵坡坡降 10%，孔内预埋 ϕ10cm PVC 管材，同时在挡渣墙后部考虑设置 50cm 厚反滤包以利于渣体排水。

4.3 拦　渣　堤

4.3.1 定义与作用

拦渣堤是指支撑和防护堆置于河道岸边或沟道旁的弃渣，防止堆体变形失稳或被水流、降雨等冲入河流（沟道）内，按防洪治导线要求修建的构筑物。适用于生产建设项目涉水弃渣场的挡护，如临河型渣场、沟道型渣场、库区型渣场和受洪水影响的平地型渣场的挡护，拦渣堤兼具拦渣和防洪双重作用，应结合防洪堤进行布设。拦渣堤拦挡的弃渣堆积体或堤后填筑物中，不应含有易溶于水的有毒有害物质，如生活垃圾、医疗废弃物等，也不宜含有大量粉状物料等，以免污染河流水质。

4.3.2 分类与适用范围

拦渣堤可分为墙式拦渣堤和非墙式拦渣堤。墙式拦渣堤按几何断面形状和受力特点可分为重力式、半重力式、衡重式、悬臂式、扶臂式、空箱式、板桩式、加筋土式等；按筑堤材料又可分为砌石堤、土石堤、混凝土或钢筋混凝土堤、新型材料堤（如格宾石笼）等。水土保持工程多采用墙式拦渣堤。墙式拦渣堤按 GB 51018 进行设计，非墙式拦渣堤参照 GB 50286 进行设计。

对于墙式拦渣堤，选型应综合考虑筑堤材料种类及开采运用条件、地形地质条件、气候条件、施工条件、基础处理、抗震要求等因素，经技术经济比较后确定。

4.3.3 工程布置

拦渣堤除拦渣外还兼有防洪作用，因此拦渣堤平面布置相对于非涉水渣场的拦挡工程还应遵循以下原则。

（1）满足河流治导规划或行洪要求。

（2）应布置在弃渣场渣坡坡脚，并使拦渣堤位于相对较高的地面上，以便降低拦渣堤高度。

（3）堤线应与河势流向相适应，并与洪水主流线大致平行，应力求平顺，各堤段平缓连接，不得采用折线和急弯。

（4）应沿等高线布置，尽量避免截断沟谷和水流，否则应考虑沟谷排洪设施。

（5）堤基宜选择新鲜不易风化的岩石或密实土层，并考虑地基土层含水量和密度的均一性，避免不均匀沉陷，满足地基承载力要求。

4.3.4 工程设计

4.3.4.1 工程级别和防洪标准

根据 GB 51018，拦渣堤防洪标准应根据其相应构筑物级别确定，见表 4.3-1。

拦渣堤设计防洪标准应按表 4.3-1 确定。拦渣堤防洪标准除满足拦渣功能外，还应满足拦渣段河道管理和两岸保护对象的防洪要求，并取较大者。

表 4.3-1　拦渣堤设计防洪标准

拦渣堤工程级别	防洪标准（重现期）/a			
	山区、丘陵区		平原区、滨海区	
	设计	校核	设计	校核
1	100	200	50	100
2	100～50	200～100	50～30	100～50
3	50～30	100～50	30～20	50～30
4	30～20	50～30	20～10	30～20
5	20～10	30～20	10	20

拦渣堤失事可能对周边及下游工矿企业、居民点、交通运输等基础设施造成重大危害时，2 级以下拦渣堤的设计防洪标准可按表 4.3-1 提高一级。

4.3.4.2 断面设计及稳定分析

拦渣堤断面设计主要包括堤顶宽、堤高、堤面及堤背坡比等内容，一般先根据工程区的地形、地质、水文条件及筑堤材料、堆渣量、堆渣高度、堆渣边坡、弃渣物质组成及施工条件等，按照经验初步选定堤型、初拟断面主要尺寸，经试算满足技术要求且经济合理的堤体断面为设计断面。

水土保持工程中多采用重力式拦渣堤，其结构型式和断面尺寸一般应通过抗滑、抗倾覆和基底应力计算确定，具体计算方法见本章"4.2.4 工程设计"。

4.3.4.3 基础埋置深度

由于涉水渣场的特殊性，拦渣堤基础受到水流冲刷，除按挡渣墙确定基础埋置深度外，还须考虑洪水对堤脚淘刷影响，堤脚须采取相应防冲（淘）措施。

1. 冲刷深度及防冲刷措施

为了保证堤基稳定，基础底面应设置在冲刷线以下一定深度。拦渣堤冲刷深度根据 GB 50286 计算，并类比相似河段淘刷深度，考虑一定的安全裕度确定。对于水流平行于岸坡的情况，局部冲刷深度按式(4.3-1)～式(4.3-3)计算。

$$h_s = H_0\left[\left(\frac{U_{cp}}{U_c}\right)^n - 1\right] \quad (4.3-1)$$

$$U_{cp} = U\,\frac{2\eta}{1+\eta} \quad (4.3-2)$$

$$U_c = \left(\frac{H_0}{d_{50}}\right)^{0.14}\sqrt{17.6\,\frac{\gamma_s-\gamma}{\gamma}d_{50} + 0.000000605\,\frac{10+H_0}{d_{50}^{0.72}}} \quad (4.3-3)$$

式中 h_s——局部冲刷深度，m；

H_0——冲刷处的水深，m；

U_{cp}——近岸垂线平均流速，m/s；

U_c——泥沙起动流速，m/s，

U——行近流速，m/s；

η——水流流速不均匀系数；

γ_s、γ——泥沙与水的容重，kN/m^3；

d_{50}——河床砂的中值粒径，m。

拦渣堤通常采取的防冲（淘）措施包括：①抛石护脚；②堤趾下伸形成齿墙，并在堤外开挖槽内回填大块石等抗冲物；③堤岸外侧铺设钢筋石笼或格宾石笼等。

2. 埋置深度的确定

拦渣堤底板的埋置深度应根据地形、地质、水流冲刷条件，以及结构稳定和地基整体稳定要求、冻结深度等确定。

(1) 当拦渣堤堤前有可能被水流冲刷的土质地基，拦渣堤墙趾埋深宜为计算冲刷深度以下 0.5～1.0m，否则应采取可靠的防冲措施。

(2) 对于土质地基，拦渣堤底板顶面不应高于堤前地面高程；对于无底板的拦渣堤，其墙趾埋深宜为堤前地面以下 0.5～1.0m。

(3) 在冰冻地区，除岩石、砾石、粗砂等非冻胀地基外，堤基底部应埋置在冻结线以下，并不小于 0.25m。

4.3.4.4 堤顶高程及安全超高

拦渣堤堤顶高程应满足挡渣要求和防洪要求，因此堤顶高程应按满足防洪要求和安全拦渣要求二者的高值确定。按防洪要求确定的堤顶高程应为设计洪水位（或设计潮水位）加堤顶超高，堤顶超高按式(4.3-4) 计算。

$$Y = R + e + A \quad (4.3-4)$$

式中 Y——堤顶超高，m；

R——设计波浪爬高，可按 GB 50286—2013 附录 C 计算确定，m；

e——设计风壅水面高度，可按 GB 50286—2013 附录 C 计算确定，对于海堤，当设计潮水位中包括风壅水面高度时，不另计，m；

A——安全超高值，按表 4.3-2 确定，m。

表 4.3-2 拦渣堤安全超高值

拦渣堤工程级别		1	2	3	4	5
安全超高值/m	不允许越浪	1.0	0.8	0.7	0.6	0.5
	允许越浪	0.5	0.4	0.4	0.3	0.3

拦渣堤高度不宜大于 6m；当设计堤身高度较大时，可根据具体情况降低堤身高度，如采取拦渣堤和斜坡防护相结合的复合形式。斜坡防护措施的材料可视具体情况采用干砌石、浆砌石、石笼或预制混凝土块等。当采用拦渣堤和斜坡防护措施时，拦渣堤高度可仅满足常年防洪要求，堤顶以上防洪任务由护坡承担。

4.3.4.5 细部构造设计

1. 排水

(1) 堤身排水。为排除堤后积水，需在堤身布置排水孔。孔眼尺寸一般为 5cm×10cm、10cm×10cm 或直径 5～10cm 的圆孔。孔距为 2～3m，呈梅花形布置，最低一排排水孔宜高出地面 0.3m 以上。

排水孔进口需设置反滤层。反滤层由一层或多层无黏性土构成，并按粒径大小随渗透方向增大的顺序铺筑。反滤层的颗粒级配根据堆渣的颗粒级配确定。近年来，随着土工布的广泛应用，常在排水管入口端包裹土工布，以起反滤作用。

(2) 堤后排水。为排除渣体中的地下水及由降雨形成的积水，有效降低拦渣堤后渗流浸润面，减小堤身水压力，增加堤体稳定，可在拦渣堤后设置排水。排水位置一般选在堤脚较低处，并与渣场的排水系统相结合。

若弃渣以石渣为主，可不考虑堤后排水。

(3) 堤背填料选择。为了有效排导渣体积水，降低堤后水压力，拦渣堤后一定范围内需设置排水层，选用透水性较好、内摩擦角较大的无黏性渣料，如块石、碎石等。

(4) 堤基排水。为降低堤基扬压力，常用竖向排水孔、褥垫、减压井等进行排水，排水形式有层状排水、带状排水和垂直排水3种方式。

2. 分缝及止水

一般沿堤线方向每隔10～15m设置一道宽2～3cm的横缝，缝内填塞沥青麻絮、沥青木板、聚氨酯、胶泥等材料，填料距离拦渣堤断面边界深度不小于0.2m。堤线转折处，地形变化大，地质条件、荷载及结构断面变化处，应增设沉降缝。

4.3.5 案例

1. 工程概况

山西省万家寨引黄北干线工程1号隧洞5号渣场位于平鲁区下乃河村东约750m的支北04洞口以西，分布于乃河堡沟沟道两侧，场区有乡村道路与平万公路相接。该渣场由乃河堡沟北侧渣场及乃河堡沟南侧渣场两部分组成，占地合计约1.09hm^2，堆渣量合计约8万m^3，最大堆渣高度8m。

2. 地质条件

5号渣场位于偏关河的支沟乃河堡沟两岸，沟底有常年性水流。地貌上位于偏关侵蚀黄土丘陵区。乃河堡沟底宽度15～65m，两岸为厚层黄土覆盖，属于梁峁地貌，地面高差一般在10～25m；渣场组成物质主要为灰绿、浅红色砂岩和紫红色泥岩、页岩碎石块、碎石土等隧洞开挖的石渣，结构疏松。

右岸渣场地基为第四系上更新统风积堆积(Q_3^{eol})，岩性为淡黄色低液限粉土夹低液限黏土，土质均匀、疏松，垂直节理发育，属于中等～高压缩性土，中密～稍密，渗透系数为2.18×10^{-4}～9.66×10^{-4}cm/s，平均值为5.01×10^{-4}cm/s，属于中等透水性。左岸渣场地基为全新统洪冲积(Q_4^{pal})，岩性主要为卵砾石混合土；存在的主要工程地质问题是地基黄土具湿陷性。

3. 工程级别及标准

根据渣场级别确定拦渣堤的级别，该弃渣场堆渣量小于20万m^3，堆渣高度小于10m，弃渣场级别确定为5级，拦渣堤的工程等级确定为5级，防洪标准采用10年一遇设计。

4. 工程设计

(1) 工程布置。乃河堡沟南侧渣场紧邻河道，对临河段设浆砌石拦渣堤。西、北两侧拦渣0+000～0+183段由于临河，为尽量少占河道，采用M7.5浆砌石仰斜式。根据渣场地形条件、挡渣要求等，初拟浆砌石拦渣堤断面尺寸：顶宽0.5m，堤高3.2m，背坡垂直，面坡坡比1∶0.4，见图4.3-1。

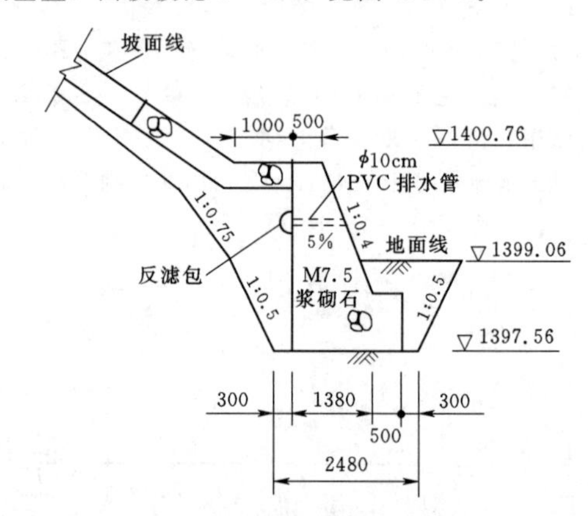

图4.3-1 拦渣堤断面设计图
(高程单位：m；尺寸单位：mm)

(2) 水文计算。上游流域面积为26.38km^2，河道长度为8.45km，比降47.22‰。采用山西省地方水文计算公式进行计算，确定该渣场位置的10年一遇设计流量为113m^3/s。

(3) 水力计算。

1) 沟道水深计算。沟道水深计算按明渠均匀流公式计算，计算公式见本手册《专业基础卷》中式(14.3-37)～式(14.3-40)。

计算参数和计算结果见表4.3-3。

表4.3-3 沟道水深计算表

洪峰流量/(m^3/s)	底宽/m	糙率	纵坡坡降	边坡系数	计算流速/(m/s)	计算水深/m
113	12	0.04	0.013	0.3	4.04	2.21

2) 沟道冲刷计算。水流平行于岸坡产生的冲刷深度按式(4.3-1)～式(4.3-3)计算，计算结果见表4.3-4。

表4.3-4 冲刷深度计算结果

h_s/m	U_{cp}/(m/s)	U_c/(m/s)	U/(m/s)	H_0/m	d_{50}/m	γ/(kN/m^3)	γ_s/(kN/m^3)	n	η
0.93	5.39	1.32	4.04	2.21	0.06	9.8	15.68	0.25	2

经计算，水流平行于岸坡产生的冲刷深度，从河床面起算为0.93m，根据SL 379有关规定，结合渣场建筑物工程等级以及当地冻土深度，确定防洪堤基础埋深为1.5m。

(4) 分缝与排水。

1) 分缝设计。拦渣堤的变形缝沿轴线方向每隔10m设一道，缝宽2cm，缝内填塞沥青油毡。

2) 排水设计。在拦渣堤内部设置排水孔，设置1排，距离地面线0.5m，行距3m，排水孔纵坡坡降5%，孔内预埋ϕ10cm PVC管材，同时在排水口进口处设50cm反滤包以利于渣体排水。

5. 稳定计算

对拦渣堤进行抗滑稳定、抗倾覆稳定及基底应力计算，见本手册《专业基础卷》中式（14.3-168）～式（14.3-173）。选择桩号挡渣0+183段对应横断面进行计算，代表性断面参数见表4.3-5。

表4.3-5　　拦渣堤代表性断面参数

工程等级	断面型式	基础	墙高/m	顶宽/m	背坡边坡坡比	面坡边坡坡比	基础埋深/m	墙后填土水平段长度/m	墙后渣坡高度/m	渣坡边坡坡比
5级	仰斜式	砂砾石	3.2	0.5	1∶0.4	1∶0	1.5	1	4.26	1∶1.5

(1) 计算工况。根据实际运行情况，挡渣堤计算工况主要有正常运行工况及地震工况。

(2) 荷载分析。作用于挡渣堤的荷载可分为基本荷载和特殊荷载两类，各种计算工况下的荷载组合见表4.3-6。

(3) 计算结果。稳定计算结果见表4.3-7，K_s大于1.05，K_t大于1.5，$\bar{\sigma}$小于地基承载力150kPa，断面抗滑、抗倾覆及基底应力均满足相关规范要求。

表4.3-6　　计算荷载组合

计算工况	自重	静水压力和扬压力	土压力	水重	地震荷载
正常工况	√	√	√	√	—
地震工况	√	√	√	√	√

注　表中“—”表示无此项荷载。

表4.3-7　　稳定计算结果

正常工况					地震工况				
抗滑安全系数K_s	抗倾覆安全系数K_t	基底应力/kPa			抗滑安全系数K_s	抗倾覆安全系数K_t	基底应力/kPa		
		σ_{max}	σ_{min}	$\bar{\sigma}$			σ_{max}	σ_{min}	$\bar{\sigma}$
1.63	5.19	64.24	32.23	48.24	1.15	4.05	56.30	42.46	49.38

4.4 拦 渣 坝

4.4.1 定义与作用

拦渣坝是拦挡堆置于沟道内弃土、弃渣等开挖废弃物的构筑物，具有拦挡和防洪双重作用，其目的是减少水土流失、避免淤塞河道、防止引发山洪及泥石流灾害。设计时要妥善处理好沟道排洪问题。

4.4.2 分类与适用范围

1. 分类

拦渣坝布置在堆渣体下游，按防洪方式分为滞洪式拦渣坝和截洪式拦渣坝两种类型，主要适用于沟道型弃渣场渣脚的拦挡。滞洪式拦渣坝既有拦渣作用，又有滞蓄上游洪水作用。截洪式拦渣坝仅拦渣不滞洪，其上游洪水通过排洪涵洞汇入下游沟道。一般采用低坝，截洪式拦渣坝坝高不超过15m，滞洪式拦渣坝坝高不超过30m。

按筑坝材料分为土石坝、浆砌石坝和混凝土坝等。

2. 适用范围

(1) 土石坝。土石坝对地形适应性较强，一般修建在相对宽阔的沟道型弃渣场，因其坝体断面较大，主要适用于坝轴线较短、库容大，便于施工场地布设的沟道型弃渣场；对工程地质条件的适应性较好，对大多数地质条件，经处理后均可采用。但对厚的淤泥、软土、流沙等地基需经过论证；密实的、强度高的冲积层，不存在引起沉陷、管涌和滑动危险的夹层时亦可以修建。对于岩基，地质上的节理、裂隙、夹层、断层或显著的片理等可能造成重大缺陷的，需采取相应处理措施。

（2）浆砌石坝。浆砌石坝的地形条件应满足堆渣要求，在工程量小，并便于施工的场地布置。基础一般要求坐落于岩石地基上，适用于筑坝石料丰富的地区。

（3）混凝土坝。混凝土坝宜修建在岩基上，适用于堆渣量大、基础为岩石的截洪式弃渣场，具有排水设施布设方便、便于机械化施工、运行维护简单的特点，但筑坝造价相对较高。

4.4.3　规划与布置

4.4.3.1　坝址选择

拦渣坝坝址选择应综合考虑以下几方面因素确定。

（1）坝址处沟谷狭窄，坝轴线较短；上游沟谷平缓、开阔，拦渣库容较大。

（2）浆砌石和混凝土拦渣坝坝址应选择在岔沟、弯道的下游或跌水的上方，坝肩不宜有集流洼地或冲沟。

（3）坝基宜为新鲜、弱风化岩石或覆盖层较薄，无断层破碎带、软弱夹层等不良地质状况，无地下水出露，两岸岸坡不宜有疏松的坡积物、陷穴和泉眼等隐患，坝基处理措施简单有效；坝轴线宜采用直线式布置，且与拦渣坝上游堆渣坡顶线平行。

（4）具有布置排水洞、溢洪道或排洪渠等排水设施的地形地质条件。

（5）筑坝所需土、石、砂等建筑材料充足，且取料方便。

（6）设置拦渣坝堆渣后，不影响沟道行洪和下游防洪，也不会增加下游沟（河）道的淤积。

（7）坝址附近地形条件适合布置施工场地，内外交通便利，水、电来源条件能满足施工要求。

（8）筑坝后不应影响周边公共设施、重要基础设施及村镇、居民点等的安全。

4.4.3.2　坝型选择

（1）应根据坝址区地形、地质、水文、施工及运行条件，结合弃土、弃石、弃渣等排弃物的物质组成及力学指标，综合分析确定坝型。

（2）土石料来源丰富的地区，推荐采用土石坝，以降低工程造价；也可利用弃土、弃石、弃渣等修筑碾压式土石坝。当基础为坚硬完整的新鲜岩石，弃石中不易风化的块石含量较多时，宜选择浆砌石坝。

（3）采用放水建筑物、溢洪道布置方案时，应根据坝址地形地质条件、泄洪流量等因素确定坝型。

4.4.3.3　总库容确定

滞洪式拦渣坝总库容由拦渣库容、滞洪库容、拦泥库容三部分组成。坝顶高程应按总库容在水位-库容曲线上对应水位加上安全超高确定。截洪式拦渣坝不考虑滞洪库容。

1. 拦渣库容确定

根据弃渣场地形地质条件及堆置方案等，确定该弃渣场需要堆放的最大弃渣量（松方）即拦渣库容。

2. 滞洪库容

根据来洪量与排洪量确定滞洪库容。来洪量和排洪量根据相应的防洪标准确定，其水文计算详见本手册《专业基础卷》中“14.3.1 水文计算”部分。

3. 拦泥库容

拦泥库容按式（4.4-1）进行计算。

$$V=\frac{NW}{\gamma_s} \tag{4.4-1}$$

式中　V——拦泥库容，m^3；

N——淤积年限，a；

W——多年平均输沙量，t；

γ_s——淤积泥沙干密度，t/m^3。

4. 多年平均输沙量

多年平均输沙量按本手册《专业基础卷》中“14.3.1.6 输沙量计算”中公式计算。

4.4.4　工程设计

4.4.4.1　工程级别及设计标准

根据GB 51018，拦渣坝构筑物级别按其所在的弃渣场级别确定，见表4.1-1。

拦渣坝不设校核洪水标准，其设计防洪标准根据拦渣坝的工程级别按表4.3-1确定。

拦渣坝工程失事可能对周边及下游工矿企业、居民点、交通运输等基础设施造成重大危害时，2级以下拦渣坝的设计防洪标准可按表4.3-1提高1级。

4.4.4.2　坝体设计

1. 坝高确定

（1）滞洪式拦渣坝。滞洪式拦渣坝最大坝高按式（4.4-2）计算：

$$H=H_{ZH}+H_L+H_Z+\Delta H \tag{4.4-2}$$

式中　H——拦渣坝最大坝高，m；

H_{ZH}——拦渣库容对应的坝高，m；

H_L——拦泥坝高，m；

H_Z——滞洪坝高，m；

ΔH——安全超高，m。

坝高与超高的关系见表4.4-1。

表 4.4-1　拦渣坝安全超高经验值

坝高/m	<10	10～20	>20
安全超高/m	0.5～1.0	1.0～1.5	1.5～2.0

(2) 截洪式拦渣坝。截洪式拦渣坝坝高根据地形、堆渣坡比和堆渣量分析确定，一般为 8～10m。位于高山峡谷库区的拦渣坝，兼具防洪要求时，其防护顶高程为坝高、护坡高程与安全超高之和。

2. 坝体断面及结构设计

(1) 土石坝。轴线布置应根据地形地质条件，按便于弃渣、易于施工的原则，经技术经济比较后确定，坝轴线宜布置成直线。

1) 土石坝断面及结构设计主要包括坝高和坝顶宽度设计、坝体排水设计、边坡防护设计、下游坡面纵向和横向排水设计等，具体设计参照《水土保持治沟骨干工程技术规范》(SL 289)、《碾压式土石坝设计规范》(SL 274) 进行。

2) 坝顶宽度。坝顶宽度根据稳定计算结果确定，一般不宜小于 2m；坝顶兼作道路时，宽度应满足相应道路设计等级标准。

3) 坝坡。坝坡根据坝高、坝体材料的压实程度和力学性质、坝基的力学性质、浸润线位置、抗震设防烈度等因素，经抗滑稳定计算确定。坝坡设计除要考虑坝体自身的稳定外，还需考虑坝基的稳定。

位于非强震区、无软弱夹层地基条件下，坝坡设计时，以下经验值可供参考：级配不很好、碾压干密度 1.75～1.90g/cm^3 的砂砾石，坝坡坡比可取 1∶2.0～1∶2.5；级配良好、碾压干密度 1.90～2.10g/cm^3 的砂砾石，坝坡坡比可取 1∶1.5～1∶2.0；碾压干密度 1.85～2.10g/cm^3 的弱风化石渣，坝坡坡比可取 1∶1.6～1∶2.5；碾压干密度 1.90～2.20g/cm^3 的堆石，坝坡坡比可取 1∶1.3～1∶2.0；碾压干密度 1.70～1.80g/cm^3 的均质土坝，坝坡坡比可取 1∶2.0～1∶3.5。

4) 护面。

a. 坝顶护面。坝顶应铺以盖面材料，可采用碾压密实的砂砾石、碎石石渣、干砌块石或泥结石等材料。

b. 坝坡护面。拦渣坝下游坝体由块石、卵石、碎石等材料构筑时，下游坝坡可选用筑坝材料中粗颗粒或超粒径块石料做护坡；其他情况拦渣坝下游坝坡应设护坡结构。

当上游坝体由块石、卵石和碎石等石料组成时可不设护坡结构；上游坝体由黏土、粉土和砂土等土料组成时，在弃渣场内经常蓄水或难于保持干滩长度的区域，或在渣场最低排放口上面 1m 以下的区域，应设护坡结构，其他情况可不设护坡结构。

堆石、砌石护坡与被保护坝料不满足反滤层间关系要求时，护坡下应按反滤层要求设置垫层。

拦渣坝下游坡面应设置人行踏步。

5) 反滤层和过渡层。为了防止坝前堆渣随渗水向坝体和下游流失而影响坝体透水性和稳定性，需在上游坝坡设置反滤层。

反滤层一般由砂砾垫层（反滤料）和土工布组成，厚度一般不小于 0.5m，机械施工时不小于 1.0m，随着坝高而加厚，一般设一层，两侧为砂砾石层，中间为土工布。当堆渣与碾压堆石粒径差别较大时，需设粗、细两种颗粒级配的反滤层。

当反滤料和堆石体之间的颗粒粒径差别相当大时，在堆石体和反滤层之间还需设置过渡层，过渡层设置要求可参照反滤层的规定。

6) 排水。坝体下游坡可能产生坡面径流时，应布置竖向及纵向排水沟。竖向排水沟沿坝长每隔50～100m 设置一条，纵向排水沟宜设置在马道内侧。坝体与山坡连接处应设置排水沟。排水沟采用浆砌石或混凝土构筑。

(2) 浆砌石坝和混凝土坝。浆砌石坝和混凝土坝设计的主要任务包括确定坝高、坝顶宽度、上下游坝坡坡比，拟定泄洪方式（溢流坝或溢洪道）及泄洪建筑物主要尺寸，需进行溢流或泄水建筑物的水力计算、消能防冲设施设计、坝体稳定及应力计算、防渗设计。混凝土重力坝还应进行坝体防裂及温控设计等。具体设计分别参照《砌石坝设计规范》(SL 25)、《混凝土重力坝设计规范》(SL 319) 进行。

1) 坝体非溢流坝段的基本断面为三角形，三角形顶点宜在正常蓄水位以上。基本断面上部设坝顶结构，坝顶宽度应根据设备布置、运行、交通等需要确定。

2) 各坝段上游面宜协调一致，利于防渗体的连接和布置。溢流坝段下游坝面应保持一致，其与非溢流坝面之间应用导墙隔开。

3) 上游坝面可为铅直面、斜面或折面。上游坝坡坡比可采用 1∶0.05～1∶0.2，当采用折面时应注意与坝身和泄水建筑物的进水口的布置协调；下游坝坡应根据应力和稳定要求确定。

4) 浆砌石坝。为了满足拦渣功能，浆砌石坝的平面布置根据地形条件采用直线式、曲线式，或直线与曲线组合式等；为防止渣体内排水不畅，影响坝体安全稳定，坝前堆渣体应保持良好的透水性，在坝前不小于 50m 距离范围内堆置透水性良好的石料或渣料。

常见浆砌石坝断面尺寸见表 4.4-2。

表 4.4-2 常见浆砌石坝断面尺寸

坝高/m	坝顶宽度/m	上游边坡坡比	下游边坡坡比（土基）	下游边坡坡比（岩基）	坝底宽度（土基）/m	坝底宽度（岩基）/m
3.0	1.0	1∶0	1∶0.45	1∶0.25	2.35	1.75
5.0	1.2	1∶0	1∶0.60	1∶0.40	4.20	3.20
8.0	2.0	1∶0.03	1∶0.60	1∶0.40	7.04	5.44
10.0	2.8	1∶0.05	1∶0.50	1∶0.35	8.30	6.80
15.0	3.5	1∶0.05	1∶0.50	1∶0.35	11.75	9.50

5）浆砌石坝溢流段宜采用开敞式。

6）混凝土坝。

a. 坝坡。坝体上游、下游坝坡根据稳定和应力等要求确定，上游坝坡可采用1∶0.4～1∶1.0，下游坝面可为铅直面、斜面或折面。下游坝面采用折面时，折坡点高程应结合坝体稳定和应力以及上下游坝坡选定；当采用斜面时，坝坡坡比可采用1∶0.05～1∶0.2。

b. 坝顶宽度。坝顶宽度主要根据其用途并结合稳定计算等确定，坝顶最小宽度一般不小于2.0m。

c. 坝体分缝。坝体分缝根据地质、地形条件及坝高变化设置，将坝体分为若干个独立的坝段。横缝沿坝轴线间距一般为10～15m，缝宽2～3cm，缝内填塞胶泥、沥青麻絮、沥青木板、聚氨酯或其他止水材料。在渗水量大、坝前堆渣易于流失或冻害严重的地区，宜采用具有弹性的材料填塞，填塞深度一般不小于15cm。

由于混凝土拦渣坝一般采用低坝，混凝土浇筑规模较小，在混凝土浇筑能力和温度控制等满足要求的情况下，坝体内一般不设置纵缝。

d. 坝前排水。为减小坝前水压力，提高坝体稳定性，坝体上应设置排水沟、排水孔、排水管及排水洞等排水设施。

当坝前渗水量小，在坝身设置排水孔，排水孔径5～10cm，间距2～3m，干旱地区间距可稍予增大，多雨地区则应减小。当坝前填料不利于排水时，宜结合堆渣要求在坝前设置排水体。

当坝前渗水量较大或在多雨地区，为了快速排除坝前渗水，坝身可结合堆渣体底部盲沟布设方形或城门洞形排水洞，并采用钢筋混凝土对洞口进行加固。排水洞进口侧采用格栅拦挡，后侧填筑一定厚度的卵石、碎石等反滤材料。考虑到排水洞出口水流对坝趾基础产生的不利影响，坝趾处一般采用干砌石、浆砌石等护面措施，或布设排水沟、集水井。

为尽可能降低坝前水位，坝前填渣面以及弃渣场周边可根据要求设置截流和排除地表水的设施，如截水沟、排水明沟或暗沟等。对于渣体内渗水，可设置盲沟排导。

e. 坝体混凝土。混凝土除应满足结构强度和抗裂（或限裂）要求外，还应满足抗冻和抗侵蚀等要求。

坝体混凝土强度根据《水工混凝土结构设计规范》（SL 191）采用，亦参考表4.4-3取值。

表 4.4-3 混凝土强度标准值

拦渣坝混凝土	强度等级					
	C7.5	C10	C15	C20	C25	C30
轴心抗压 f_{ck}/MPa	7.6	9.8	14.3	18.5	22.4	26.2

坝体混凝土应根据气候分区、冻融循环次数、表面局部小气候条件、水分饱和程度、结构构件重要性和检修的难易程度等综合因素选定抗冻等级，并满足《水工建筑物抗冰冻设计规范》（SL 211）的要求。

当环境水具有侵蚀性时，应选用适宜的水泥及骨料。

坝体混凝土强度等级主要根据坝体应力、混凝土龄期和强度安全系数确定，坝体内不容许出现较大的拉应力。坝体混凝土宜采用同一强度等级，若使用不同强度等级混凝土，不同等级之间要有良好的接触带，施工中须混合平仓加强振捣，或采用齿形缝结合，同时相邻混凝土强度等级的级差不宜大于两级，分区厚度尺寸最小为2m。

f. 坝前堆渣设计。坝前堆渣宜分区堆放，按照一定坡度分级堆置，并设置马道或堆渣平台。

堆渣应注意渣体内排水。坝前堆渣体应保证有良好的透水性，一般在坝前不小于50m的范围内堆置透水性良好的石渣料，作为排水体。同时堆渣设计需保证堆渣体自身处于稳定状态。

3. 稳定及应力计算

（1）碾压堆石拦渣坝。

1）坝坡稳定计算。碾压堆石拦渣坝可能受坝前堆渣体的整体滑动影响而失稳，此时的抗滑稳定验算需将拦渣坝和堆渣体看作一个整体进行验算。

对于坝坡抗滑稳定分析，由于坝上游坡被填渣覆盖，不存在滑动危险，只要保证坝体施工期间不滑塌即可，因此可不予进行稳定分析；本节内容主要针对坝下游坡（临空面）的抗滑稳定进行分析计算说明。

a. 安全系数。坝坡稳定分析计算应采用极限平衡法。当假定滑动面为圆弧面时，可采用计及条块间作用力的简化Bishop法和不计条块间作用力的瑞典圆弧法；当假定滑动面为任意形状时，可采用郎畏勒法、詹布法、摩根斯顿-普赖斯法、滑楔法。坝坡抗滑稳定安全系数见表 4.4-4。

表 4.4-4　坝坡抗滑稳定安全系数

计算方法	荷载组合	坝的级别			
		1	2	3	4、5
计及条块间作用力的方法	基本组合	1.50	1.35	1.30	1.25
	特殊组合	1.20	1.15	1.15	1.10
不计条块间作用力的方法	基本组合	1.30	1.24	1.20	1.15
	特殊组合	1.10	1.06	1.06	1.01

注　表中基本组合指不考虑地震作用，特殊组合指考虑地震作用。

b. 稳定计算方法。采用简化 Bishop 法与瑞典圆弧法进行稳定计算，简化 Bishop 法参照本手册《专业基础卷》中的式（14.3-102）计算。

瑞典圆弧法计算公式：

$$K=\frac{\sum\{[(W\pm V)\cos\alpha-ub\sec\alpha-Q\sin\alpha]\tan\varphi'+c'b\sec\alpha\}}{\sum[(W\pm V)\sin\alpha+M_c/R]} \tag{4.4-3}$$

式中　K——安全系数；

W——土条重量，kN；

Q、V——水平和垂直地震惯性力（向上为负、向下为正），kN；

u——作用于土条底面的孔隙压力；

α——条块重力线与通过此条块底面中点的半径之间的夹角，(°)；

b——土条宽度，m；

c'、φ'——土条底面的有效应力抗剪强度指标；

M_c——水平地震惯性力对圆心的力矩，kN·m；

R——圆弧半径，m。

c. 应用说明。

a）坝坡抗滑稳定分析采用有效应力法计算。

b）计算时，孔隙压力 u 用 $u_1-\gamma_w Z$ 代替，u_1 为稳定渗流时的孔隙压力（采用流网法确定，具体参考 SL 274—2001 附录 C）；γ_w 为水的容重；Z 为条块底部中点至坡外水位的距离（见图 4.4-1）。

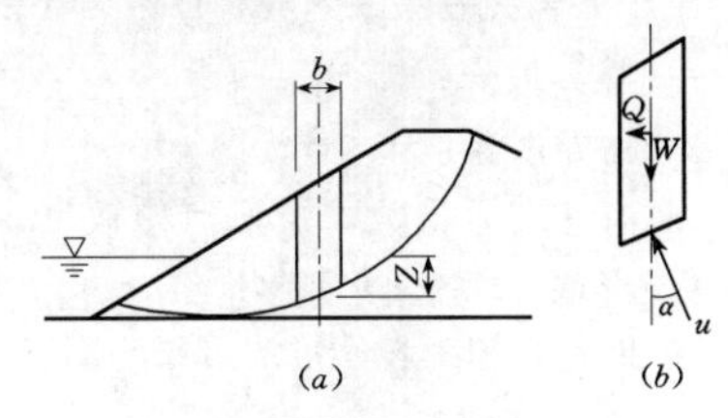

图 4.4-1　瑞典圆弧法计算示意图

c）条块重 $W=W_1+W_2$，W_1 为外水位以上条块实重，浸润线以上为湿重，浸润线和外水位之间为饱和重；W_2 为外水位以下条块浮重。

2）坝的沉降、应力和变形计算。

a. 坝的沉降。坝的沉降是指在自重应力及其他外荷载作用下，坝体和坝基沿垂直方向发生的位移。对碾压堆石拦渣坝而言，其沉降主要包括由于堆石料的压缩变形而产生的坝体沉降量以及基础在坝体重力作用下的坝基沉降量，影响沉降的因素包括以下几个。

a）材料的物理力学性质及粒径级配。当堆石料质地坚硬、软化系数小，能承受较大的由堆石体自重所产生的压应力，不仅可以减少堆石体在施工期内的沉降，同时也可以减少运行期间堆石体材料的蠕变软化所产生的变形，堆石料粒径级配良好与否，对碾压密实度的影响很大，从而对变形的影响也很大，使用粒径级配良好的石料，碾压后密实度和变形模量较大，可相应减小施工期和运行期的位移。

b）碾压密实度。对堆石料所采取的碾压方法不同，坝体密实度差异较大。用振动碾压的堆石体密实度明显提高，变形也小得多。

c）坝体高度。堆石体高度越大，坝前主动土压力和自重力越大，引起的堆石体变形也越大。

d）地基土性质。坝基础为岩基或密实的冲积层且承载力满足要求时，变形较小，否则容易沉降变形。

对于竣工后的验收合格的碾压堆石拦渣坝，应加强观测，当坝顶沉降量与坝高的比值大于 1%时，应论证是否需要采取工程防护措施。

b. 应力和变形。对于碾压堆石拦渣坝而言，由于其规模和高度与水工碾压土石坝相比均较小，坝体失事产生的危害也相对较小，因此对于一般的碾压堆石拦渣坝而言，不需进行应力和变形验算；对于特殊要求的高坝或涉及软弱地基时，可参考水工建筑物碾压土石坝方法进行验算。

对于竣工后的验收合格的碾压堆石拦渣坝，应加强变形观测，一旦坝体发生变形破坏，须立即论证是否需要采取工程防护措施。

3）坝的渗透计算。碾压堆石拦渣坝类似于水工建筑物渗透堆石坝，本章的计算方法、公式和相关参数参考《混凝土面板堆石坝设计规范》（DL/T 5016）和《堆石坝设计》（水利电力出版社出版，1982 年）中的渗透堆石坝。

a. 堆石中渗流速度。堆石中的渗流并不服从达西定律，其渗透流速与水力坡降之间呈非线性关系，不同粒径的渗透流速计算公式如下。

a）大粒径石料（$D>30$mm）。对于粒径大于 30mm 的碎石，其过水断面平均渗透流速公式如下：

$$v=CP(DJ)^{1/2} \quad (4.4-4)$$

$$C=20-14/D，0.1<J<1.0$$

式中 C——谢才系数；

P——堆石孔隙率；

D——石块化成球体的直径，cm；

J——水力坡降。

式（4.4-4）是针对磨圆的石块而言，对于有棱角的石块，可将式（4.4-4）写为

$$v=APJ^{1/2} \quad (4.4-5)$$

$$A=CD^{1/2}$$

式中 A——系数，由试验确定；

其他符号意义同前。

b）小粒径石料（$D<30$mm）。对于粒径不大的碎石，渗透流速公式为

$$v=APJ^{1/m} \quad (4.4-6)$$

当 $J<0.1$ 时

$$m=1.7-0.25/D_m{}^{3/2} \quad (4.4-7)$$

当 $0.1<J<0.8$ 时

$$m=2-0.30/D_m{}^{3/2} \quad (4.4-8)$$

式中 D_m——堆石平均粒径，cm；

m——计算常数，其值介于1～2之间，可按照式（4.4-7）和式（4.4-8）计算；

其他符号意义同前。

c）简化公式。若令前述公式中 $AP=k$，则

$$v=kJ^{1/2} \quad (4.4-9)$$

式中 k——渗透系数，是决定坝体渗透特性的重要指标，可查表4.4-5获得；

其他符号意义同前。

表4.4-5 堆石渗透系数 k 值

石块特性	按形状	圆形的	圆形与棱角之间的	棱角的
	按组成	冲积的	冲积与开采之间的	开采的
孔隙率		0.40	0.46	0.50
球状石块的平均直径 d/cm		渗透系数 k/(m/s)		
5		0.15	0.17	0.19
10		0.23	0.26	0.29
15		0.30	0.33	0.37
20		0.35	0.39	0.43
25		0.39	0.44	0.49
30		0.43	0.48	0.53
35		0.46	0.52	0.58
40		0.50	0.56	0.62
45		0.53	0.60	0.66
50		0.56	0.63	0.70

b. 坝的渗流方程式及渗透流量。

a）渗流基本方程（浸润线方程式）。参考《堆石坝设计》（水利电力出版社出版，1982年）中的渗透堆石坝，碾压堆石拦渣坝渗透计算典型断面图见图4.4-2。

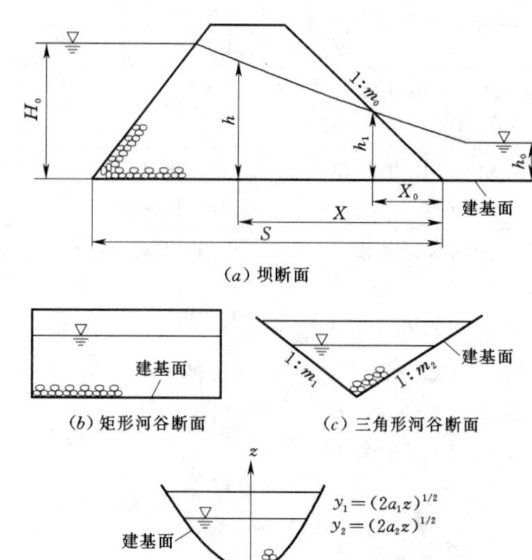

图4.4-2 碾压堆石拦渣坝渗透计算典型断面图

当河谷为不同形状时，碾压堆石拦渣坝渗透水流不等速流运动的基本方程式为（式中有关符号的意义见图4.4-2）

$$\frac{i_k}{h_k}(X-X_0)=\frac{1}{y_0+1}\left[\left(\frac{h}{h_k}\right)^{y_0+1}-\left(\frac{h_1}{h_k}\right)^{y_0+1}\right] \quad (4.4-10)$$

矩形断面的河谷［图4.4-2（b）］：

$$h_k=\sqrt[3]{\frac{\alpha Q^2}{gP^3\varepsilon^2B^2}} \quad (4.4-11)$$

三角形断面的河谷［图4.4-2（c）］：

$$h_k=\sqrt[5]{\frac{2\alpha Q^2}{gP^2\varepsilon^2B^2}} \quad (4.4-12)$$

抛物线形断面的河谷［图4.4-2（d）］：

$$h_k=\sqrt[4]{\frac{3\alpha Q^2}{2gP^2\varepsilon^2A^2}} \quad (4.4-13)$$

$$A=2(\sqrt{2a_1}+\sqrt{2a_2})/3 \quad (4.4-14)$$

式中 i_k——临界坡降；

h_k——临界水深；

y_0——河槽水力指数，矩形河槽取2，抛物线形取3，三角形取4；

P——堆石孔隙率；

B——河谷顶宽，m；

ε——考虑到堆石孔隙中有一部分停滞水的系

数，$\varepsilon \approx 0.90$；

A——抛物线形河谷的一个形状系数，按式(4.4-14)计算；

a_1、a_2——河谷两岸抛物线的常数；

m——三角形河谷的边坡平均坡率[图4.4-2(c)]，$m=(m_1+m_2)/2$；

α——水流动能系数，取1.0～1.1；

g——重力加速度，m/s^2；

Q——渗流量，m^3/s。

b）简化公式。对于一般河槽的纵向底坡 i_0，通常小于0.01，当 $0 \leqslant i_0 \leqslant 0.01$ 时，浸润线方程式和渗透流量计算公式可简化如下。

①浸润线方程式。

矩形断面的河谷：

$$X-X_0=\frac{h^3-h_1^3}{3Q^2}B^2k^2 \tag{4.4-15}$$

抛物线形断面的河谷：

$$X-X_0=\frac{h^4-h_1^4}{4Q^2}B^2A^2k^2 \tag{4.4-16}$$

三角形断面的河谷：

$$X-X_0=\frac{h^5-h_1^5}{5Q^2}B^2k^2m^2 \tag{4.4-17}$$

式中 k——堆石的平均渗透系数；

其他符号意义同前。

②渗透流量。

矩形断面的河谷：

$$Q=kB\sqrt{\frac{H^3}{3S}} \tag{4.4-18}$$

抛物线形断面的河谷：

$$Q=\frac{1}{3}kB\sqrt{\frac{H^3}{S}} \tag{4.4-19}$$

三角形断面的河谷：

$$Q=kB\sqrt{\frac{H^3}{20S}} \tag{4.4-20}$$

式中 H——水头，即上下游水位差，m；

S——坝底宽度，m；

其他符号意义同前。

如果坝基为土层时，应验算其渗透稳定性，各类土的容许水力坡降见表4.4-6。

表4.4-6 各类土的容许水力坡降

坝基土种类	容许的水力坡降值
大块石	1/3～1/4
粗砂砾、砾石、黏土	1/4～1/5
砂黏土	1/5～1/10
砂	1/10～1/12

c. 坝的渗流稳定性。碾压堆石拦渣坝按透水坝设计，透水要求为既要保证坝体渗流透水，又要使坝体不发生渗透破坏。

为了防止堆石坝渗流失稳，要求通过堆石的渗透流量应小于坝的临界流量，即

$$q_d=0.8q_k \tag{4.4-21}$$

式中 q_d——渗透流量，m^3/s；

q_k——临界流量，临界流量与下游水深、下游坡度和石块大小有关，m^3/s。

为了提高堆石坝的渗流稳定，可对下游坡面采取干砌石护坡、大块石码砌护坡、钢筋石笼护坡和抛石护脚等防护。

对竣工后验收合格的碾压堆石拦渣坝，应加强渗透破坏观测，坝体一旦发生渗透破坏现象，应立即论证是否需要采取工程防护措施。

(2) 混凝土拦渣坝。混凝土拦渣坝由于布设坝前排水设施，一般坝前地下水位控制在较低水平，可不进行坝基抗渗稳定性验算，必要时采取坝基防渗排水措施即可。混凝土拦渣坝基础要求坐落在基岩上，条件较好的岩石地基一般不涉及地基整体稳定问题，当地基条件较差时，需对地基进行专门处理后方可建坝。以下内容主要介绍混凝土拦渣坝的抗滑稳定和应力计算。

1）荷载组合及荷载计算。

a. 荷载组合。混凝土拦渣坝承受的荷载主要包括：坝体自重、静水压力、扬压力、坝前土压力、地震荷载以及其他荷载等。作用在坝体上的荷载可分为基本组合与特殊组合。基本组合属正常运用情况，由同时出现的基本荷载组成；特殊组合属校核工况或非常工况，由同时出现的基本荷载和一种或几种特殊荷载组成。

a）基本荷载。基本荷载包括：坝体及其上固定设施的自重、稳定渗流情况下坝前静水压力、稳定渗流情况下的坝基扬压力、坝前土压力、其他出现机会较多的荷载。

b）特殊荷载。特殊荷载包括：地震荷载、其他出现机会很少的荷载。

混凝土拦渣坝荷载组合见表4.4-7。

b. 荷载计算。

a）坝体自重。坝体自重按式(4.4-22)进行计算。

$$G=\gamma_0 V \tag{4.4-22}$$

式中 G——坝体自重，作用于坝体的重心处，kN；

γ_0——坝体混凝土容重，kN/m^3；

V——坝体体积，m^3。

表 4.4-7 混凝土拦渣坝荷载组合

<table>
<tr><td rowspan="2">荷载组合</td><td rowspan="2" colspan="2">主要考虑情况</td><td colspan="6">荷载</td><td rowspan="2">备注</td></tr>
<tr><td>自重</td><td>静水压力</td><td>扬压力</td><td>土压力</td><td>地震荷载</td><td>其他荷载</td></tr>
<tr><td>基本组合</td><td colspan="2">正常运用</td><td>√</td><td>√</td><td>√</td><td>√</td><td>—</td><td>√</td><td>其他荷载为出现机会较多的荷载</td></tr>
<tr><td rowspan="2">特殊组合</td><td>Ⅰ</td><td>施工情况</td><td>√</td><td>—</td><td>—</td><td>√</td><td>—</td><td>√</td><td rowspan="2">其他荷载为出现机会很少的荷载</td></tr>
<tr><td>Ⅱ</td><td>地震情况</td><td>√</td><td>√</td><td>√</td><td>√</td><td>√</td><td>√</td></tr>
</table>

注 1. 应根据各种荷载同时作用的实际可能性，选择计算中最不利的荷载组合。
2. 施工期应根据实际情况选择最不利荷载组合，并应考虑临时荷载进行必要的核算，作为特殊组合Ⅰ。
3. 当混凝土拦渣坝坝前有排水设施时，坝前地下水位较低，荷载组合可不考虑扬压力计算。
4. 表中“—”表示无此项荷载。

b）坝前静水压力。坝前静水压力按式（4.4-23）进行计算。

$$p=\gamma_1 H_1 \tag{4.4-23}$$

式中 p——静水压力强度，kN/m²；

γ_1——水的容重，kN/m³；

H_1——水头，m。

c）坝基扬压力。坝基扬压力一般由浮托力和渗透压力两部分组成。拦渣坝设计中，当下游无水位时（或认为水位与坝基齐平），扬压力主要为渗透压力。

当坝基未设防渗帷幕和排水孔时，对下游无水的情况，坝趾处的扬压力为0，坝踵处的扬压力为γH_1，其间以直线连接，见图4.4-3。

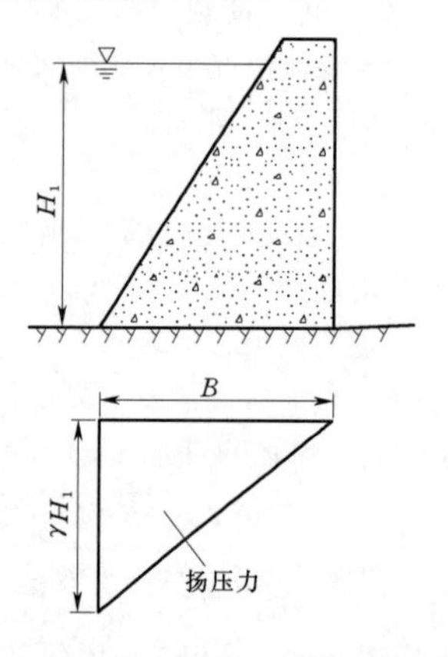

图 4.4-3 混凝土拦渣坝坝基面上的扬压力分布

d）坝后土压力。弃渣场弃渣一般按非黏性土考虑。当坝后填土面倾斜时，坝后土压力按库仑理论的主动土压力计算，见图4.4-4；当坝后填土面水平时，坝后土压力按朗肯理论的主动土压力计算，见图4.4-5；坝体下游面若有弃渣压坡，土压力按照被动土压力计算。当拦渣坝在坝后土压力等荷载作用下产生的位移和变形都很小，不足以产生主动土压力时，应按照静止土压力计算。此处仅考虑坝后主动土压力的计算。

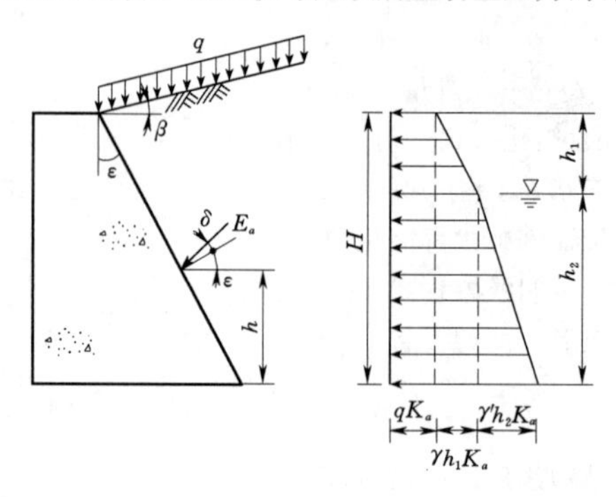

图 4.4-4 坝后库仑主动土压力图（坝后填土面倾斜）

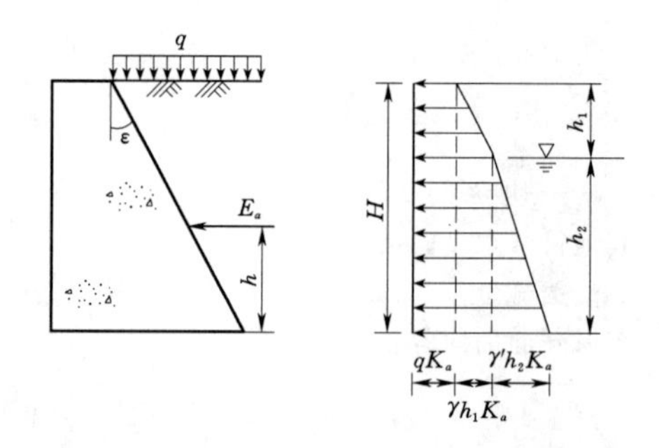

图 4.4-5 坝后朗肯主动土压力图（坝后填土面水平）

作用于坝后的主动土压力按下式计算：

$$E_a=qHK_a+\frac{1}{2}\gamma h_1^2 K_a+\gamma h_1 h_2 K_a+\frac{1}{2}\gamma' h_2^2 K_a \tag{4.4-24}$$

当坝后填土倾斜时：

$$K_a=\frac{\cos^2(\phi-\varepsilon)}{\cos^2\varepsilon\cos(\varepsilon+\delta)\left[1+\sqrt{\frac{\sin(\phi+\delta)\sin(\phi-\beta)}{\cos(\varepsilon+\delta)\cos(\varepsilon-\beta)}}\right]^2} \tag{4.4-25}$$

当坝后填土水平时：

$$K_a=\tan^2(45°-\phi/2) \tag{4.4-26}$$

式中 E_a——作用在坝体上的主动土压力，kN/m；

q——作用在坝后填土面上的均布荷载，如护坡、框格等的压力，kN/m²；

H——土压力计算高度，m；

K_a——主动土压力系数；

γ——坝后填土容重，一般应根据试验结果确定，无条件时根据回填土组成和特性等综合分析选取；

γ'——坝后地下水位以下填土浮容重，kN/m^3；

h_1——坝后地下水位以上土压力的计算高度，m；

h_2——坝后地下水位至基底面土压力的计算高度，m；

ϕ——坝后回填土的内摩擦角，可参照表4.4-8根据实际回填土特性选取，(°)；

ε——坝背面与铅直面的夹角，(°)；

δ——坝后填土对坝背面的摩擦角，可参照表4.4-9根据实际情况采用，(°)；

β——坝后填土表面坡度，(°)。

表 4.4-8　岩土内摩擦角（H.A. 费道洛夫）

岩石种类	内摩擦角 ϕ/(°)
绢云母、炭质	43
薄层页岩	42
粉碎砂岩	30
粉碎页岩	28
破碎砂岩	28
裂隙粉砂岩	30
破碎粉砂岩	30
第四系黄土物质	25
绿色黏土	50
泥灰质黏土	27

表 4.4-9　坝后填土对坝背面的摩擦角

坝背面排水状况	δ值
坝背光滑，排水不良	$(0\sim0.33)\phi$
坝背粗糙，排水良好	$(0.33\sim0.50)\phi$
坝背很粗糙，排水良好	$(0.50\sim0.67)\phi$
坝背与填土之间不可能滑动	$(0.67\sim1.00)\phi$

e）地震荷载。地震荷载一般包括坝体自重产生的地震惯性力和地震引起的动土压力。当坝前渣体内水位较高时还需考虑地震引起的动水压力。当工程区地震设计烈度高于7度时，应按抗震相关规范的规定进行地震荷载计算。对于设计烈度高于8度的大型混凝土拦渣坝应进行专门研究。

常规的混凝土拦渣坝地震作用效应采用拟静力法，一般只考虑顺河流方向的水平向地震作用。

①根据SL 203，沿坝体高度作用于质点i的水平向地震惯性力代表值按式（4.4-27）计算：

$$F_i=\alpha_h\xi G_{Ei}\alpha_i/g \tag{4.4-27}$$

式中　F_i——作用于质点i的水平向地震惯性力代表值；

α_h——水平向设计地震加速度代表值，当地震设计烈度为7度时取$0.1g$、地震设计烈度为8度时取$0.2g$、地震设计烈度为9度时取$0.4g$；

ξ——地震作用的效应折减系数，除另有规定外，取0.25；

G_{Ei}——集中在质点i的重力作用标准值；

α_i——质点i的动态分布系数，按式（4.4-28）进行计算；

g——重力加速度，m/s^2。

$$a_i=1.4\frac{1+4(h_i/H)^4}{1+4\sum_{i=1}^{n}\frac{G_{Ej}}{G_E}(h_j/H)^4} \tag{4.4-28}$$

式中　h_i、h_j——质点i、j的高度，m；

H——坝高，m；

n——坝体计算质点总数；

G_{Ej}——集中在质点j的重力作用标准值；

G_E——产生地震惯性力的建筑物总重力作用的标准值。

②根据SL 203，水平向地震作用下的主动动土压力代表值按式（4.4-29）～式（4.4-32）进行计算，其中C_e应取式中按“+”“−”号计算结果中的大值。

$$F_E=\left[q_0\frac{\cos\phi_1}{\cos(\phi_1-\phi_2)}H+\frac{1}{2}\gamma H^2\right](1-\zeta a_v/g)C_e \tag{4.4-29}$$

$$C_e=\frac{\cos^2(\varphi-\theta_e-\phi_1)}{\cos\theta_e\cos^2\phi_1\cos(\delta+\phi_1+\theta_e)(1\pm\sqrt{Z})^2} \tag{4.4-30}$$

$$Z=\frac{\sin(\delta+\varphi)\sin(\varphi-\theta_e-\phi_2)}{\cos(\delta+\phi_1+\theta_e)\cos(\phi_2-\phi_1)} \tag{4.4-31}$$

$$\theta_e=\tan^{-1}\frac{\zeta a_h}{g-\zeta a_v} \tag{4.4-32}$$

式中　F_E——地震主动动土压力代表值；

q_0——土表面单位长度的荷重，kN/m^2；

ϕ_1——坝坡与垂直面夹角，(°)；

ϕ_2——土表面和水平面夹角，(°)；

H——土的高度，m；

γ——土的重度的标准值，kN/m^3；

ζ——计算系数，拟静力法计算地震作用效应时一般取0.25；

φ——土的内摩擦角，(°)；

θ_e——地震系数角，(°)；

δ——坝体坡面与土之间的摩擦角，(°)；

a_h——水平向设计地震加速度代表值，m/s^2；

a_v——竖直向设计地震加速度代表值，m/s^2。

2）抗滑稳定计算。

a. 计算方法。坝体抗滑稳定计算主要核算坝基面滑动条件，根据 SL 319 按抗剪断强度公式或抗剪强度公式计算坝基面的抗滑稳定安全系数。

a）抗剪断强度的计算采用本手册《专业基础卷》中的式（14.3-158）。

b）抗剪强度的计算采用本手册《专业基础卷》中的式（14.3-159）。

当坝基内存在缓倾角结构面时，尚应核算坝体带动部分坝基的抗滑稳定性，根据地质资料可按单滑动面、双滑动面和多滑动面进行抗滑稳定分析。双滑动面为最常见情况，见图 4.4-6，其抗滑稳定计算采用等安全系数法，按抗剪断强度公式或抗剪强度公式进行计算。

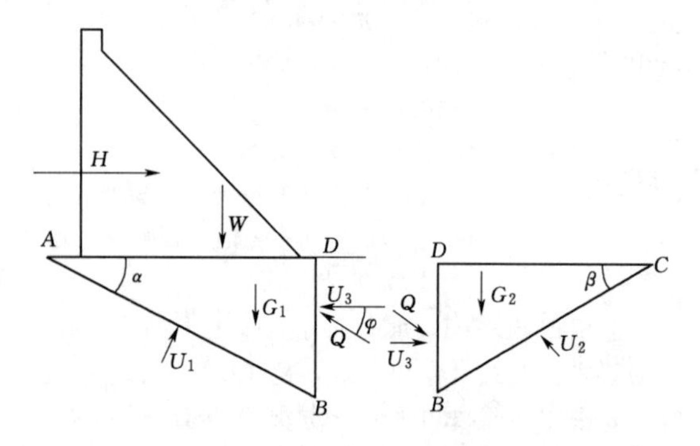

图 4.4-6　双滑动面计算示意图

采用抗剪断强度公式计算。考虑 ABD 块的稳定，则有

$$K_1'=\frac{f_1'[(W+G_1)\cos\alpha-H\sin\alpha-Q\sin(\varphi-\alpha)-U_1+U_3\sin\alpha]+c_1'A_1}{(W+G_1)\sin\alpha+H\cos\alpha-U_3\cos\alpha-Q\cos(\varphi-\alpha)}\tag{4.4-33}$$

考虑 BCD 块的稳定，则有

$$K_2'=\frac{f_2'[G_2\cos\beta+Q\sin(\varphi+\beta)-U_2+U_3\sin\beta]+c_2'A_2}{Q\cos(\varphi+\beta)-G_2\sin\beta+U_3\cos\beta}\tag{4.4-34}$$

式中　K_1'、K_2'——按抗剪断强度计算的抗滑稳定安全系数；

f_1'、f_2'——AB、BC 滑动面的抗剪断摩擦系数；

W——作用于坝体上全部荷载（不包括扬压力）的垂直分值，kN；

G_1、G_2——岩体 ABD、BCD 重量的垂直作用力，kN；

α、β——AB、BC 面与水平面的夹角，(°)；

H——作用于坝体上全部荷载的水平分值，kN；

Q——BD 面上的作用力，kN；

φ——BD 面上的作用力 Q 与水平面的夹角，夹角 φ 值需经论证后选用，从偏于安全考虑 φ 可取 0°；

U_1、U_2、U_3——AB、BC、BD 面上的扬压力，kN；

c_1'、c_2'——AB、BC 滑动面的抗剪断凝聚力，kPa；

A_1、A_2——AB、BC 面的面积，m^2。

通过式（4.4-33）和式（4.4-34）及 $K_1'=K_2'=K'$，求解 Q、K'值。

当采用抗剪断强度公式计算仍无法满足抗滑稳定安全系数要求的坝段，可采用抗剪强度公式计算抗滑稳定安全系数。

考虑 ABD 块的稳定，则有

$$K_1=\frac{f_1[(W+G_1)\cos\alpha-H\sin\alpha-Q\sin(\varphi-\alpha)-U_1+U_3\sin\alpha]}{(W+G_1)\sin\alpha+H\cos\alpha-U_3\cos\alpha-Q\cos(\varphi-\alpha)}\tag{4.4-35}$$

考虑 BCD 块的稳定，则有

$$K_2=\frac{f_2[G_2\cos\beta+Q\sin(\varphi+\beta)-U_2+U_3\sin\beta]}{Q\cos(\varphi+\beta)-G_2\sin\beta+U_3\cos\beta}\tag{4.4-36}$$

式中　K_1、K_2——按抗剪强度计算的抗滑稳定安全系数；

f_1、f_2——AB、BC 滑动面的抗剪摩擦系数。

通过式（4.4-35）和式（4.4-36）及 $K_1=K_2=K$，求解 Q、K 值。

对于单滑动面和多滑动面情况及坝基有软弱夹层的稳定计算可参照相关规范。

b. 岩基上的抗剪、抗剪断摩擦系数 f、f'和相应的凝聚力 c'值。

根据试验资料及工程类比，由地质、试验和设计人员共同研究决定。若无条件进行野外试验时，宜进行室内试验。岩基上的抗剪、抗剪断摩擦系数和抗剪断凝聚力可参照表 4.4-10 所列数值选用。

表 4.4-10　岩基上的抗剪、抗剪断参数

岩石地基类别		抗剪断参数		抗剪参数
		f'	c'/MPa	f
硬质岩石	坚硬	1.5～1.3	1.5～1.3	0.65～0.70
	较坚硬	1.3～1.1	1.3～1.1	0.60～0.65
软质岩石	较软	1.1～0.9	1.1～0.7	0.55～0.60
	软	0.9～0.7	0.7～0.3	0.45～0.55
	极软	0.7～0.4	0.3～0.05	0.40～0.45

注　如岩石地基内存在结构面、软弱层（带）或断层的情况，抗剪、抗剪断参数应按 GB 50487 的规定选用。

c. 抗滑稳定安全系数。按抗剪强度计算公式和抗剪断强度计算公式计算的安全系数应不小于表4.4-11中的最小允许安全系数。坝基岩体内部深层抗滑稳定按抗剪强度公式计算的安全系数指标可经论证后确定。

表 4.4-11　　抗滑稳定安全系数

荷载组合	级别	1	2	3	4、5
抗剪强度计算	基本组合	1.10	1.05～1.08	1.05～1.08	1.05
	特殊组合Ⅰ	1.05	1.00～1.03	1.00～1.03	1.00
	特殊组合Ⅱ	1.00	1.00	1.00	1.00
抗剪断强度计算	基本组合	3.00	3.00	3.00	3.00
	特殊组合Ⅰ	2.50	2.50	2.50	2.50
	特殊组合Ⅱ	2.30	2.30	2.30	2.30

注　抗滑稳定安全系数主要参考 SL 319。

d. 提高坝体抗滑稳定性的工程措施。

a）开挖出有利于稳定的坝基轮廓线。坝基开挖时，宜尽量使坝基面倾向上游。基岩坚固时，可以开挖成锯齿状，形成局部倾向上游的斜面，但尖角不要过于突出，以免产生应力集中。

b）坝踵或坝趾处设置齿墙。

c）采用固结灌浆等地基加固措施。

d）坝前增设阻滑板或锚杆。

e）坝前宜填抗剪强度高、排水性能好的粗粒料。

3）应力计算。

a. 坝基截面的垂直应力计算。拦渣坝坝基截面的垂直应力计算采用本手册《专业基础卷》中的式(14.3-160)。

b. 坝体上游、下游面垂直正应力计算。坝体上游、下游面垂直正应力计算采用本手册《专业基础卷》中的式（14.3-161）。

c. 坝体上游、下游面主应力计算。坝体上游、下游面主应力计算采用本手册《专业基础卷》中的式(14.3-162)～式（14.3-165）。

d. 应力控制标准。

a）坝踵、坝趾的垂直应力。运行期，在各种荷载组合下（地震荷载除外），坝踵垂直应力不应出现拉应力，坝趾垂直应力应小于坝基容许压应力；在地震荷载作用下，坝踵、坝趾的垂直应力应符合 SL 203 的要求。

施工期，硬质岩石地基情况坝基拉应力不应大于 100kPa。

b）坝体应力。施工期，坝体任何截面上的主压应力不应大于混凝土的容许压应力值，坝体下游面主拉应力不应大于 200kPa。

运行期，坝体上游面的垂直应力不出现拉应力（计扬压力），坝体最大主压应力不应大于混凝土的允许压应力值；在地震荷载作用下，坝体应力控制标准应符合 SL 203 的要求。

c）混凝土强度安全系数。混凝土的容许应力应按混凝土的极限强度除以相应的安全系数确定。

坝体混凝土抗压安全系数：基本组合不应小于 4.0；特殊组合（不含地震情况）不应小于 3.5；当局部混凝土有抗拉要求时，抗拉安全系数不应小于 4.0；地震情况下，坝体的结构安全应符合 SL 203 的要求。

（3）浆砌石拦渣坝。浆砌石拦渣坝的稳定计算方法、应力计算方法与混凝土拦渣坝坝体基本相同，荷载及其组合等亦可参考混凝土拦渣坝。

1）抗滑稳定计算。浆砌石拦渣坝坝体抗滑稳定计算，应考虑下列 3 种情况：沿垫层混凝土与基岩接触面滑动；沿砌石体与垫层混凝土接触面滑动；砌石体之间的滑动。

抗剪强度指标的选取由下述两种滑动面控制：胶结材料与基岩间的接触面、砌石块与胶结材料间的接触面，取其中指标小的参数作为设计依据。前一种接触面视基岩地质地形条件，其剪切破坏面可能全部通过接触面，也可能部分通过接触面，部分通过基岩，或者可能全部通过基岩。后一种情况由于砌体砌筑不可能十分密实、胶结材料的干缩等原因，石料或胶结材料本身的抗剪强度一般均大于接触面的抗剪强度，其剪切破坏面往往通过接触面；应进行沿坝身砌体水平通缝的抗滑稳定校核，此时滑动面的抗剪强度应根据剪切面上下都是砌体的试验成果确定。

2）应力计算。浆砌石拦渣坝坝体应力计算应以材料力学法为基本分析方法，计算坝基面和折坡处截面的上游、下游应力，对于中坝或低坝，可只计算坝面应力。浆砌石拦渣坝砌体抗压强度安全系数在基本荷载组合时，应不小于 3.5；在特殊荷载组合时，应不小于 3.0。用材料力学法计算坝体应力时，在各种荷载（地震荷载除外）组合下，坝基面垂直正应力应小于砌石体容许压应力和地基的容许承载力；坝基面最小垂直正应力应为压应力，坝体内一般不得出现拉应力。实体重力坝应计算施工期坝体应力，其下游坝基面的垂直拉应力不大于 100kPa。

4. 坝基处理设计

拦渣坝的坝基处理设计应根据地质条件、地基与其上部结构之间的相互关系、拦渣坝布置、筑坝材料和施工方法等因素综合比选后确定。建基面应根据坝体稳定、地基应力、岩体的物理力学性质、基础变形和稳定性、上部结构对基础的要求、基础加固处理效果、工期和费用等技术经济比较后确定。

拦渣坝基础应具有足够的强度，以承受坝体的压力；具有足够的整体稳定性和均匀性，以满足坝基抗滑稳定和减少不均匀沉降；具有足够的抗渗性，以满足渗透稳定，控制渗流量；具有足够的耐久性，以防止岩体在水的长期作用下发生恶化。

设计时根据不同的拦渣坝坝型，参照相应设计规范进行坝基处理设计，对不能满足要求的基础，应按照相应设计规范要求采取相应的基础处理措施，以达到坝基要求。

4.4.5 施工要求

对于有常流水的沟道宜在枯水期施工，通常应在一个枯水期内完成。

4.4.5.1 施工准备

1. 制定施工计划

编制合理可行的施工计划，包括任务细化、分解，进度要求，相应的材料、机械、劳务等配置计划等。

2. 做好施工场地的布置

合理安排交通道路、材料堆放、工棚位置、土石材料场等。

3. 做好施工导流和排水计划

(1) 施工导流。对于流量较大的沟道可采用二次导流。在施工初期，在河沟一侧开挖明渠进行导流；在河沟另一侧修建上游、下游围堰，进行基础清理、截水槽开挖、基础砌石等施工。第二期是利用第一期工程过水，在初期导流明渠上游、下游修建围堰开展施工。对小流量的沟道，可采用一次导流，先在一侧修好排水洞，然后在上游、下游修围堰，用导流洞排水，围堰内进行全断面施工，导流洞最后可以封堵，也可以改造为排水孔使用。

(2) 施工排水。施工排水是指排除施工期基坑中的地下水和天然降水，以保证施工的正常进行。

(3) 泉水处理。在拦渣坝施工中若坝底、坝肩遇有裂缝渗水和泉水，一般处理是设置反滤体，将泉水导出基坑以外。

4.4.5.2 施工放线与基础处理

1. 施工放线

(1) 对坝轴线和中心桩的位置、高程进行认真的校核，然后根据坝址地形确定放线的步骤方法。

(2) 对固定的边线桩、坝轴线两端的混凝土桩以及固定水准点应妥善保护，以利测量放线使用。

2. 基础处理

(1) 碾压堆石拦渣坝。碾压堆石拦渣坝对基础处理的要求较低，砂砾层地基甚至土基经处理后均可筑坝，同时由于碾压堆石拦渣坝体按透水设计，对基础不均匀沉降方面的要求较低，小范围的坝体变形不会对坝体整体安全造成影响。

碾压堆石拦渣坝坝基处理主要包括地基处理和两岸岸坡处理。

1) 地基处理。对于一般的岩土地基，建基面须有足够的岩石强度，并避开活动性断层、夹泥层发育的区段、浮渣、深厚强风化层和软弱夹层整体滑动等基础，可直接进行坝基开挖，将覆盖层挖除，使建基面达到设计要求即可。坝壳底部基础处理要求不高，对于强度和密实度与堆石料相当的覆盖层一般可以不挖除；反滤层和过渡层的基础开挖处理要求较高，尽可能挖到基岩；当覆盖层较浅（一般不超过 3m）时，应全部挖除达到基岩或密实的冲积层。

对于易液化地基、湿陷性黄土地基、透水地基等不良地基，需查明软层厚度、分布范围、物理力学性质、液化性质，采用相应的措施处理后作为建基面。对于透水性好的地基，可采用设置截水墙、设置水平铺盖、挖槽回填等方式进行处理。对于节理、裂隙发育、风化严重的岩基，当风化层或裂隙发育岩石层厚度不大，可对其进行清理，开挖至新鲜岩面并进行平整；当风化层或裂隙发育岩石层厚度较大、可能影响坝体稳定时，可以适当清理后，采用灌浆措施处理，减少通过地基的渗透水量，防止细颗粒冲入基岩裂隙或经基岩裂隙冲走引起冲蚀管涌，降低坝基下游部位的渗水压力。对于存在软土、易液化、湿陷性黄土等透水性较差的软土地基，可采用换填、铺排水垫层的方式进行处理。

坝基开挖一般采用人工或机械开挖，特殊情况下亦可使用爆破开挖。

2) 两岸岸坡处理。对于坝肩与岸坡连接处，开挖时，一般岩质边坡坡比控制在缓于 1：0.5，土质边坡控制在缓于 1：1.5，并力求连接处坡面平顺，不出现台阶式或悬坡，坡度最大不陡于 70°。

如果岸坡为砂砾或土质，一般应在连接面设置反滤层，如砂砾层、土工布等形式。

如果岸坡有整体稳定问题，可采用削坡、抗滑桩、预应力锚索等工程措施处理，并加强排水和植被措施。如果局部有稳定问题，可采用削坡处理、浆砌块石拦挡、锚杆加固等形式加固。

(2) 浆砌石拦渣坝。浆砌石拦渣坝高度一般小于 30m，基础宜建在弱风化中部至上部基岩上。对于较大的软弱破碎带，可采用挖除、混凝土置换、混凝土深齿墙、混凝土塞、防渗墙、水泥灌浆等方法处理。

浆砌石拦渣坝与基岩连接时，在坝体与基岩之间设一层较坝底宽度稍大的垫层，宜采用 C15 混凝土，厚度一般大于 0.5m；当基岩完整坚硬，基岩面较规整，可将坝身砌体直接与基岩连接。基岩与坝体接触面之间可采用反坡斜面、锯齿形连接、设置沟槽等措施以增强抗滑稳定性。

对全风化带岩石予以清除，强风化带或弱风化带可根据受力条件和重要性进行适当处理，对裂隙发育的岩石地基，可采用固结灌浆处理。对岩石地基中的泥化夹层和缓倾角软弱带，应根据其埋藏深度和地基稳定的影响程度采取不同的处理措施。对岩基中的断层破碎带，应根据其分布情况和对结构安全的影响程度采取不同的处理措施。基础中存在表层夹泥裂隙、风化囊、断层破碎带、节理密集带、岩溶充填物及浅埋的软弱夹层等局部工程地质缺陷时，应结合基础开挖予以挖除，或局部挖除。浆砌石拦渣坝不良地基处理措施可参考混凝土拦渣坝有关内容。

(3) 混凝土拦渣坝。混凝土拦渣坝宜建在岩基上，对于存在风化、节理、裂隙等缺陷或涉及断层、破碎带和软弱夹层等时，应采取有针对性的工程处理措施。

1) 坝基的开挖与清理。一般情况下，混凝土拦渣坝坝基只需挖除基岩上的覆盖层及表层风化破碎岩石，使坝体建在弱风化中部至上部基岩上，两岸岸坡随高程的增加坝体高度减小，基础较高坝段对坝基防渗、基岩强度等的要求相对较低，其利用基岩的标准可适当放宽。当坝体修建在非均质岩层、薄层状或片状岩层、水平裂隙发育的岩层上时，地基开挖深度应较上述要求加大，达到较完整的基岩。

靠近坝基面的缓倾角软弱夹层应予清除。顺河流流向的基岩面尽可能略向上游倾斜，基岩面如向下游倾斜，坚固均质岩石可以开挖成大的水平台阶，台阶的宽度和高度应与混凝土浇筑块大小和下游坝体的厚度相适应。在坝体上游部分可加深开挖，形成坡度平缓的齿槽，以利于坝体稳定。两岸岸坡如倾角较大时，为了坝段的横向稳定，通常在斜坡上按坝体的分段开挖成台阶，台阶宜位于坝体横缝部位，台阶的尺寸和数量在满足应力及稳定的条件下结合岩石节理裂隙情况决定，应避免开挖成锐角或高差较大的陡坡，开挖台阶的宽度一般为坝段宽度的30%～50%，且不宜小于2.0m。

2) 固结灌浆。灌浆的范围主要根据岩石的工程地质条件并结合坝高参照水泥灌浆试验资料确定，一般布置在应力较大的坝踵和坝趾附近，以及节理裂隙发育和破碎带范围内。

灌浆孔一般呈梅花形或方格状布置，孔排距和孔深取决于坝高和基岩地质条件。灌浆施工的各项参数如孔排距、灌浆压力、水灰比等通过现场生产性试验确定。

3) 断层破碎带的处理。当坝基有倾角较陡的断层破碎带时，可用混凝土塞处理，其高度可取断层宽度的1.0～1.5倍，且不小于1.0m。如破碎带延伸至坝体上游、下游边界线以外，则混凝土塞也应向外延伸，延伸长度取为1.5～2.0倍混凝土塞的高度。对于缓倾角断层破碎带，应根据其性状采用混凝土塞、灌浆或以上综合措施处理。

4) 软弱夹层的处理。对埋藏较浅的软弱夹层，多采用将夹层挖除，回填混凝土。对埋藏较深的软弱夹层，应根据夹层的埋深、产状、厚度、充填物的性质，采取深齿墙、混凝土塞等措施处理。

4.4.5.3 坝体施工

1. 土石坝

土石坝施工主要包括以下内容。

(1) 筑坝材料应就地、就近取材，优先选择崩岗削级、修坡开挖料。

(2) 防渗土料渗透系数不宜大于1×10^{-4}cm/s。

(3) 坝壳料可利用无黏性石料、风化料和砾石土。

(4) 黏性土的填筑密度应按压实度确定，压实度不应小于94%；无黏性土填筑标准按相对密度确定，相对密度不得小于0.65。

(5) 坝断面范围内应清除坝基与岸坡上的草皮、树根、含有植物的表土、卵石、垃圾及其他废料，并应将清理后的坝基表面土层压实。

(6) 坝基覆盖层与下游坝壳粗粒料接触处应符合反滤要求，不符时应设置反滤层。

(7) 坝体填筑。坝体填筑应在基础和岸坡处理结束后进行。堆石填筑前，需对填筑材料进行检验，必要时可配合做材料试验，以确保填筑材料满足设计要求。

坝体填筑时需配合加水碾压，碾压设备以中小型机械为主。堆石料分层填筑、分层碾压。

2. 重力坝

重力坝施工主要要求如下。

(1) 浆砌石重力坝所用砌石应新鲜、完整、质地坚硬，不得有剥落层及裂纹。胶凝材料可采用水泥砂浆或者一、二级配混凝土。

(2) 混凝土重力坝的混凝土标号不宜低于R_{90}100。

4.4.6 案例

4.4.6.1 工程概况

八里泉渣场位于黄河支流偏关河右岸八里泉沟下游，弃渣量15.3万m^3，坝址以上流域面积13.8km^2，流域长度7.3km，流域平均宽1.89km，流域平均坡降38.9‰。

坝址位于偏关河右岸八里泉沟的中下游，八里泉渣场下游约50m处，右岸为黄土台地，左岸为黄土梁，沟道横断面为U形，谷底平坦，宽12m左右，高程1279.00m左右，与两岸相对高差大于50m。

沿坝址左岸坝肩处，出露地层为Q_3^{apl}，下伏地层为Q_3^{eol}的风积黄土，Q_3^{apl}的粉土承载力［R］为

0.1MPa；坝基为八里泉沟底，探井深7m未见基岩，揭露地层为第四系全新统洪积物，存在渗透变形、产生管涌破坏等问题，承载力［R］为0.2MPa。开挖基坑临时边坡坡度为1：0.75～1：1；右坝肩分布地层为第四系上更新统（Q_3）风积黄土，属中压缩中湿陷性黄土，承载力［R］为0.1MPa。

4.4.6.2 规划与布置

根据工程地质条件，考虑到弃渣以石渣为主，且附近能购买到片石，故该拦渣坝宜修建碾压土石坝；坝体用石渣分层填筑、碾压，要求干容重不低于18.62kN/m³。为防止渗透变形，利用坝内弃土（黏性土）在坝上游20m河床范围内覆1m厚黏性土形成铺盖。

4.4.6.3 工程级别及设计标准

根据GB 51018，拦渣坝工程级别为5级，设计洪水标准取20年一遇。

4.4.6.4 拦渣坝工程设计

1. 设计洪水

采用当地水文计算公式确定该渣场20年一遇设计洪峰流量为150m³/s，洪量为126万m³。

2. 拦渣坝设计

（1）工程布置。根据地形及堆渣情况，拟定拦渣坝总长45m，坝顶宽4m，坝顶高程1289.00m，坝底高程1278.00m，最大坝高11m，设计洪水位1287.76m。

大坝分为三段，0＋000～0＋007为非溢流坝段，0＋007～0＋039为溢流坝段，0＋039～0＋045为非溢流坝段，溢流堰顶高程1285.00m。坝上游边坡坡比为1：2.5，下游边坡坡比为1：3.0，从上游坝坡1283.40m高程开始至坝下游消力坎全部用铅丝石笼防护，铅丝石笼厚1.0m，铅丝石笼下设反滤。消力坎用浆砌石砌筑，顶宽0.5m，底宽1.5m，高3.0m，消力坎之后设长5m、厚1.0m铅丝石笼防冲海漫。铅丝网用ϕ8mm铅丝，网格大小为8cm×8cm。石料选用质地坚硬、表面无风化的新鲜岩石，粒径不小于10cm。

（2）坝体设计。八里泉拦渣坝为碾压土石坝。溢流段坝顶高程1285.00m，坝基开挖1m深，下游消力坎高程1277.70m，坝体为碾压石渣，其干容重不小于18.62kN/m³，坝体表层铺设厚1m的塑料格栅石笼，溢流堰顶宽28m，上游坝坡坡比1：2.5，下游坝坡坡比1：3.0。在坝顶及下游坡的塑料格栅石笼下铺设厚70cm的反滤层。

拦渣坝段坝顶高程为1289.00m，顶宽4.0m，坝体构造和溢流段相同。

（3）设计成果。八里泉渣场典型设计图见图4.4-7。

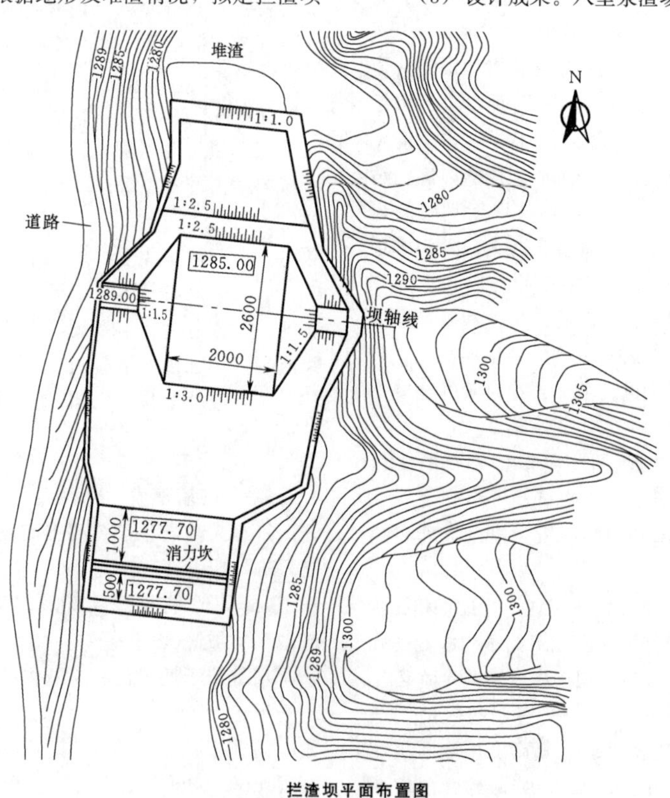

拦渣坝平面布置图

图4.4-7（一） 八里泉渣场典型设计图
（高程单位：m；尺寸单位：cm）

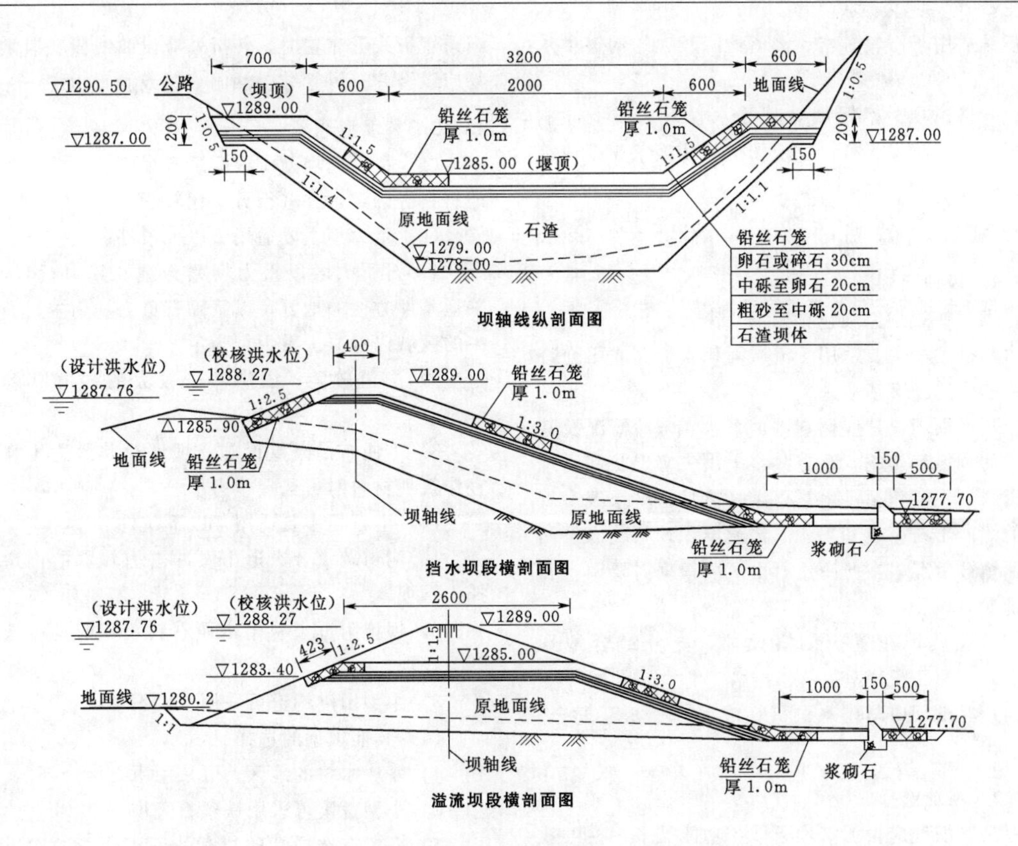

图4.4-7（二） 八里泉渣场典型设计图
（高程单位：m；尺寸单位：cm）

4.4.6.5 施工组织设计

1. 施工条件

八里泉渣场位于偏关河右岸八里泉沟内，场内外均有施工便道，可用以施工。所需石料均为就近购买，砂由河曲砂场购买，水泥等材料可于县城购买。工程施工用电及用水可就近解决。

2. 施工方法

土方、石渣开挖采用挖掘机、推土机配合，土方、石渣回填采用推土机推平、碾压，打夯机夯实。排水沟砂砾开挖、回填均采用人工。筑坝石渣现场开采，采用自卸汽车运输，振动碾分层碾压。

渣场施工时地基若有渗水，需做集水井，用水泵抽排。

3. 施工布置

根据各渣场的具体情况，在地势较平坦开阔，交通方便处布置成品料场、水泥仓库、材料仓库、混凝土拌和系统等生产系统；施工人员施工期住房全部租用附近民房。

施工用水从附近村庄取水并分别设置储水箱。施工用电由附近变压器接线至用电点。

4. 施工进度

施工工期为2个月。

4.5 拦 洪 坝

4.5.1 作用

拦洪坝主要用于拦蓄截洪式弃渣（石、土）场上游来水，并导入隧洞、涵、管等放水设施。

4.5.2 分类与适用范围

拦洪坝的坝型主要根据山洪的规模、地质条件及当地材料等决定，可采用土坝、堆石坝、浆砌石坝和混凝土坝等型式。按结构分，主要坝型有重力坝、拱坝。按建筑材料可分为砌石坝（干砌石坝和浆砌石坝）、混合坝（土石混合坝和土木混合坝）、铅丝石笼坝等。常用坝型主要为土石坝、重力坝和格栅坝。

（1）土石坝。坝体采用土料、石料、土石料结合碾压、砌筑而成，适用于汇水面积小、洪水冲击力小的沟道洪水拦挡。

（2）重力坝。根据砌筑材料，可分为浆砌石重力坝、混凝土重力坝；根据来洪情况，采用透水坝和不透水坝。适用于石料丰富、沟道比降较大的沟道洪水拦挡。

(3) 格栅坝。格栅坝具有透水性好、坝下冲刷小、坝后易于清淤、可以在现场拼装和施工速度快等优点。

4.5.3 规划与布置

4.5.3.1 规划原则

拦洪坝的规划原则包括以下几个。

(1) 拦洪坝主要适用于流域面积大、弃渣不允许被浸泡的沟道型弃渣场。

(2) 拦洪坝设计应调查沟道来水、来沙情况及其对下游的危害和影响，重点收集山洪灾害现状和治理现状资料，主要包括洪水量、洪峰流量、洪水线、洪水中的泥沙土石组成和来源、沟道堆积物状况以及两岸坡面植被情况。在西南土石山区应根据需要调查石漠化情况。

(3) 拦洪坝布置应因害设防，充分结合地形条件。

(4) 拦洪坝应与排水洞（管或涵）等相互配合，联合运用。

4.5.3.2 坝址选择

拦洪坝坝址应根据筑坝条件、功能需求、拦洪效益等多种因素综合分析确定。

1. 基本条件

(1) 地质条件。坝址处地质构造稳定，两岸无疏松的塌土、滑坡体，断面完整，岸坡不大于60°。坝基应有较好的均匀性，其压缩性不宜过大。岩石要避免断层和较大裂隙，尤其要避免可能造成坝基滑动的软弱层。坝址应避开沟岔、弯道、泉眼，遇有跌水应选在跌水上游。

(2) 地形条件。坝址选择应遵循坝轴线短、库容大、便于布设排洪、泄洪设施的原则。坝址处沟谷狭窄，坝上游沟谷开阔，沟床纵坡较缓，建坝后能形成较大的拦洪库容。

(3) 建筑材料。坝址附近有充足或比较充足的石料、砂等当地建筑材料。

(4) 施工条件。离公路较近，从公路到坝址的施工便道易修筑，附近有布置施工场地的地形，有水源等。

2. 布局及设计条件

根据基本条件，初步选定坝址后，拦洪坝的具体位置还需按下列原则布置。

(1) 与防治工程总体布置协调。与泄洪建筑物以及下游拦渣坝、挡渣墙合理衔接。

(2) 满足拦洪坝本身要求。坝轴线宜采用直线，当采用折线形布置时，转折处应设曲线段。泄洪建筑物应以竖井、卧管结合涵洞（管或涵）为主。

4.5.3.3 坝型选择

(1) 拦洪坝坝型应根据洪水规模、地质条件、当地材料等确定，并进行方案比较。

(2) 重力坝主要适用于以下条件。

1) 石质山区以重力坝型为主。其中石料丰富、采运条件方便的地方，以浆砌石重力坝为主；石料较少的区域以混凝土重力坝为主。

2) 沟道较陡、山洪冲击较大的沟道以重力坝为主。

3) 不便布设溢洪设施、坝址及其周边土料不适宜作筑坝材料时可选择重力坝。

(3) 土石坝主要适用于以下条件。

1) 沟道较缓、沟道山洪冲击力较弱的沟道可选择土石坝。

2) 坝址附近土料丰富而石料不足时，可选用土石混合坝。

3) 小型山洪沟道可采用干砌石坝。

(4) 其他坝型的选择。

1) 盛产木材的地区，可采用木石混合坝。

2) 小型荒溪可采用铁丝石笼坝。

3) 需要有选择性的拦截块石、卵石的沟道可采用格栅坝、钢索坝。

4.5.3.4 库容与坝高

1. 总库容

拦洪坝总库容包括死库容和调蓄库容两部分，死库容根据坝址以上来沙量和淤积年限综合确定，一般按上游1～3年来沙量计算。调蓄库容根据设计洪水、校核洪水与泄水建筑物泄洪能力经调洪演算确定。在工程实践中，常受地形、地质等条件的影响，可不考虑死库容。

2. 洪峰计算

拦洪坝工程设计洪峰流量、设计洪水总量应根据已有资料采用相应水文公式计算，参照本手册《专业基础卷》14.3.1.3部分内容。

调洪应按式（4.5-1）、式（4.5-2）计算。

$$V_1+\frac{1}{2}(Q_1+Q_2)\Delta t=V_2+\frac{1}{2}(q_1+q_2)\Delta t \quad (4.5-1)$$

$$q_P=Q_P\left(1-\frac{V_Z}{W_P}\right) \quad (4.5-2)$$

式中 V_1、V_2——时段初、时段末库容，万 m^3；

Q_1、Q_2——时段初、时段末入库流量，m^3/s；

Δt——时段长度，h；

q_1、q_2——时段初、时段末出库流量，m^3/s；

q_P——频率为 P 的洪水时溢洪道的最大下泄流量，m^3/s；

Q_P——区间面积频率为 P 的设计洪峰流量，m^3/s；

V_Z——滞洪库容，万 m^3；

W_P——频率为 P 的设计洪水总量，万 m^3。

3. 拦泥库容

拦泥库容按式（4.4-1）计算。

4. 多年平均输沙量

多年平均输沙量按本手册《专业基础卷》"14.3.1.6 输沙量计算"中的公式计算。

5. 坝高

拦洪坝最大坝高按式（4.5-3）计算。

$$H=H_L+H_Z+\Delta H \tag{4.5-3}$$

式中 H——拦洪坝最大坝高，m；

H_L——拦泥坝高，m；

H_Z——滞洪坝高，m；

ΔH——安全超高，m。

4.5.4 工程设计

4.5.4.1 工程级别与设计标准

拦洪坝的防洪标准应与其下游渣场的排洪标准相适应，按照 GB 51018 的规定确定，其工程级别、构筑物的防洪标准见表 4.1-1 和表 4.3-1。

拦洪坝抗滑稳定安全系数的确定分别见表4.5-1和表 4.5-2。

表 4.5-1 土石坝坝坡的抗滑稳定安全系数

荷载组合或运用状况		拦洪坝建筑物的级别		
		1	2	3
基本组合（正常运用）		1.25	1.20	1.15
特殊组合（非常运用）	非常运用条件Ⅰ（施工期及洪水）	1.15	1.10	1.05
	非常运用条件Ⅱ（正常运用＋地震）	1.05	1.05	1.05

注 1. 荷载计算及其组合应满足现行行业标准 SL 274 的有关规定。
2. 特殊组合Ⅰ的安全系数适用于特殊组合Ⅱ以外的其他非常运用荷载组合。

4.5.4.2 坝体设计

坝体设计主要根据坝体材料，经稳定分析试算和经济比较确定。设计步骤通常有坝高确定、初拟断面、稳定与应力计算等过程。

表 4.5-2 重力坝抗滑稳定安全系数

安全系数	采用公式	荷载组合		1～3级坝抗滑稳定安全系数	备注
K'	抗剪断公式	基本		3.00	
		特殊	非常洪水状况	2.50	
			设计地震状况	2.30	
K	抗剪公式	基本		1.20	软基
		特殊	非常洪水状况	1.05	
			设计地震状况	1.00	
		基本		1.05	岩基
		特殊	非常洪水状况	1.00	
			设计地震状况	1.00	

1. 坝高确定

（1）坝顶高程应为校核洪水加坝顶安全超高，坝顶安全超高值可取 0.5～1.0m。

（2）坝高 H 应由拦泥坝高 H_L、滞洪坝高 H_Z 和安全超高 ΔH 三部分组成，拦泥高程和校核洪水位应由相应库容查水位-库容关系曲线确定。坝高具体计算详见式（4.5-3）。

2. 初拟断面

坝高确定后，根据不同的坝体材料，先拟定断面尺寸，试算后再调整。坝顶宽度还应满足交通需求。常见均质土坝断面尺寸见表 4.5-3，浆砌石重力坝断面尺寸见表 4.4-2。

表 4.5-3 均质土坝断面尺寸

坝高/m	坝顶宽度/m	坝底宽度/m	坝坡坡比	
			上游	下游
3	2.0	11.00	1:1.50	1:1.50
5	3.5	19.75	1:1.75	1:1.50
8	3.5	33.50	1:2.00	1:1.75
10	4.0	46.50	1:2.25	1:2.00
15	4.0	67.75	1:2.25	1:2.00

3. 稳定与应力计算

重力坝主要进行抗滑、抗倾稳定分析计算；土石坝需进行坝坡稳定、渗透稳定、应力和变形分析计算。

（1）坝的荷载。作用在坝体上的荷载，按其性质分为基本荷载和特殊荷载两种。

1）基本荷载。

a. 坝体自重按式（4.5-4）计算。

$$G=S\gamma_d b \quad (4.5-4)$$

式中 G——坝体重力，kN；

S——坝体横断面积，m^2；

γ_d——坝体容重，kN/m^3；

b——单位宽度，$b=1m$。

b. 淤积物重力按式（4.5-5）计算。

作用在上游面上的淤积物重力，等于淤积物体积乘以淤积物容重。

$$W=V_1\gamma_1 \quad (4.5-5)$$

式中 W——坝上游面淤积物重力，kN；

V_1——淤积物体积，m^3；

γ_1——淤积物容重，kN/m^3。

c. 静水压力按式（4.5-6）计算。

$$P=\frac{1}{2}\gamma h^2 b \quad (4.5-6)$$

式中 P——静水压力，kN；

γ——水的容重，kN/m^3；

h——坝前水深，m；

b——单位宽度，$b=1m$。

d. 相应于设计洪水位时的扬压力。

主要为渗透压力，即由于水在坝基上渗透所产生的压力。

当坝体为实体坝，而下游无水的条件下，下游边缘的渗透压力为0，上游边缘的渗透压力按式（4.5-7）计算。

$$W_\phi=\frac{1}{2}\gamma HBa_1 b \quad (4.5-7)$$

式中 W_ϕ——渗透压力，kN；

γ——水的容重，kN/m^3；

H——坝前水深，m；

B——坝体宽度，m；

a_1——基础接触面积系数；

b——单位宽度，$b=1m$。

下游有水条件下：

$$W_\phi=\frac{1}{2}\gamma(H+H_{下})Ba_1 b \quad (4.5-8)$$

式中 $H_{下}$——下游水深，m；

其他符号意义同前。

e. 泥沙压力。坝前泥沙压力（主动土压力）可按散体土压力公式计算，即

$$P_{泥沙}=\frac{1}{2}\gamma_c H^2\tan^2(45°-\phi/2)b \quad (4.5-9)$$

式中 $P_{泥沙}$——坝前泥沙压力，kN；

γ_c——泥沙容重，kN/m^3；

H——前淤积物的高度，m；

ϕ——淤积物的内摩擦角，与堆沙容重有关；

b——单位宽度，$b=1m$。

作用在下游坝基上的泥沙压力（被动土压力）可用下列公式计算，即

$$E=\frac{1}{2}\gamma_c H_1^2\tan^2(45°+\phi/2)b \quad (4.5-10)$$

式中 E——被动土压力，kN；

其他符号意义同前。

2）特殊荷载。包括校核洪水位时的静水压力、相应于校核洪水位时的扬压力和地震荷载。

荷载组合分为基本组合和特殊组合。基本组合属设计情况或正常情况，由同时出现的基本荷载组成，特殊组合属校核情况或非常情况，由同时出现的基本荷载和一种或几种特殊荷载所组成。拦洪坝的荷载组合见表4.5-4。

表4.5-4 拦洪坝的荷载组合

荷载组合	主要考虑情况	荷载						
		自重	淤积物重力	静水压力	扬压力	泥沙压力	冲击力	地震荷载
基本组合	设计洪水情况	√	√	√	√	√	√	—
特殊组合	校核洪水情况	√	√	√	√	√	—	—
	地震情况	√	√	√	√	√	—	√

注 表中“—”表示无此项荷载。

（2）重力坝坝体稳定计算。坝体稳定计算见本手册《专业基础卷》中“14.3.3.4 重力坝稳定计算分析”内容。

（3）土石坝坝坡稳定计算。坝坡抗滑稳定计算应采用刚体极限平衡法。对于非均质坝体，宜采用不计条块间作用力的圆弧滑动法；对于均质坝体宜采用计及条块间作用力的简化Bishop法；当坝基存在软弱夹层时，土坝的稳定分析通常采用改良圆弧法。当滑动面呈非圆弧形时，采用摩根斯顿-普赖斯法（滑动面呈非圆弧形）计算。具体见本手册《专业基础卷》“14.3.3.2 土石坝的稳定计算”内容。

4.5.4.3 排水建筑物设计（含卧管排水、竖井排水）

当拦洪坝内有安全需求时，拦洪坝内可设排水建筑物。拦洪坝设置排水建筑物的目的主要是利于拦洪坝内泥沙固结，以降低安全风险。排水设施通常分为卧管排水、竖井排水、涵管简易排水等形式。

小型拦洪坝排水可参照山塘放水管经验设计。较

大拦洪坝排水可参照淤地坝排水标准，按3～5d排完拦洪库容的蓄水量设计。低矮的拦洪坝（通常指小于4m）可通过埋设排水涵管排水。

卧管、竖井排水、简易排水以及溢洪道见本书“第5章 斜坡防护工程”。

4.5.5 施工要点

拦洪坝施工宜在枯水期施工，通常应在一个枯水期内完成，主要包括施工准备、施工放线与基础处理、坝体施工，施工要点与拦渣坝要求一致，具体内容参见本章“4.4.5 施工要求”。

4.5.6 案例

1. 工程概况

某水电站工程移民安置点右侧设置了一个沟道型弃渣场，堆渣容量5万m^3，堆渣高度10m。渣场上游需设置一道拦洪坝，渣场右侧设置排水沟，将上游汇水截引至渣场下游冲沟内。

2. 坝址选择

根据弃渣场的堆渣范围，上游拦洪坝选择在距离弃渣场上游堆渣线外约10m处，坝轴线垂直冲沟流向布置。坝基的河床冲积层为0.5～1.0m，基岩埋深较浅。

3. 坝型选择

根据地形、地质条件，拟选择M7.5浆砌石重力坝作为拦洪坝。

4. 工程级别及设计标准

根据GB 51018，弃渣场级别为5级，拦洪坝建筑物级别为5级，相应的防洪设计标准为10年一遇至20年一遇洪水，因位于安置点附近，设计洪水标准取上限20年一遇，即$P=5\%$。

5. 工程设计

(1) 水文计算。采用洪峰流量公式$Q_B=0.278KIF$，查询当地暴雨径流查算图表，计算见表4.5-5。

表4.5-5 最大洪峰流量计算表

径流系数K	20年一遇最大1h暴雨强度I/(mm/h)	汇水面积F/km^2	最大洪峰流量Q/(m^3/s)
0.5	65.9	0.50	4.58

经计算，弃渣场拦洪坝防洪设计标准$P=5\%$时，最大洪峰流量$Q=4.58m^3/s$。

(2) 拦洪坝坝顶高程。初拟渣场的浆砌石排水沟位于拦洪坝右侧，由谢才公式$Q=AC\sqrt{Ri}$计算后，确定排水沟过流断面尺寸为1.2m×1.2m（宽×高），梯形断面，边墙坡比1：0.5。排水沟进口底板高程为1520.00m。由宽顶堰流量公式$Q=\sigma_s\sigma_c mnb\sqrt{2g}H_0^{3/2}$计算坝前水深$h=1.94$m，相应的坝前水位$H_0=1520.00+1.94=1521.94$(m)，考虑安全超高、波浪高度、波浪爬高等因素，确定坝顶高程$H=1521.94+0.5+1.06=1523.50$(m)。

(3) 坝体结构及断面设计。根据地形地质情况，参考类似工程经验，坝基开挖至基岩高程1518.50m，坝顶高程1523.50m，坝高5m，坝顶宽1m，坝体迎水面坡比为1：0.1，背水面坡比为1：0.6。拦洪坝采用M7.5浆砌石砌筑，坝顶及迎水面采用M10砂浆抹面，厚3cm。拦洪坝每隔10～15m或地质条件变化处设置沉降缝，缝宽2cm，沥青麻絮填缝。两岸坝肩开挖至基岩，坝肩开挖坡比为1：1。

(4) 坝体结构稳定性分析。拦洪坝结构稳定性分析采用理正软件进行分析计算，坝体按抗剪强度计算抗滑稳定安全系数，见表4.5-6。

表4.5-6 拦洪坝抗滑稳定安全计算成果

项目	安全系数		
	正常运行工况	暴雨工况	地震工况
拦洪坝	1.85	1.52	1.35
控制标准	1.05	1.00	1.00

由表4.5-6计算结果可知，拦洪坝抗滑稳定安全系数满足相关规范要求。

拦洪坝典型设计图见图4.5-1。

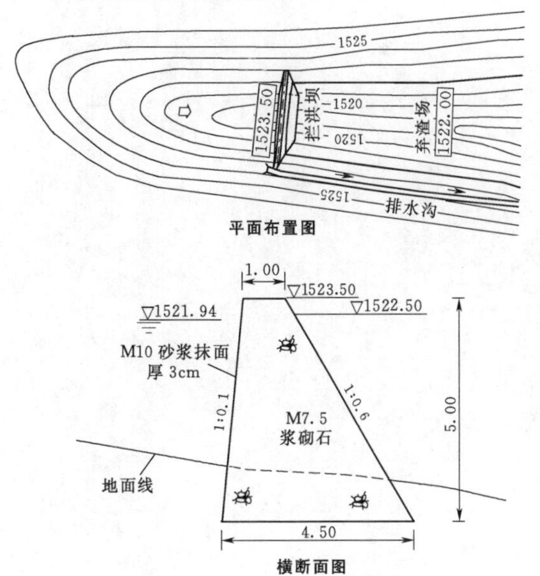

图4.5-1（一） 拦洪坝典型设计图（单位：m）

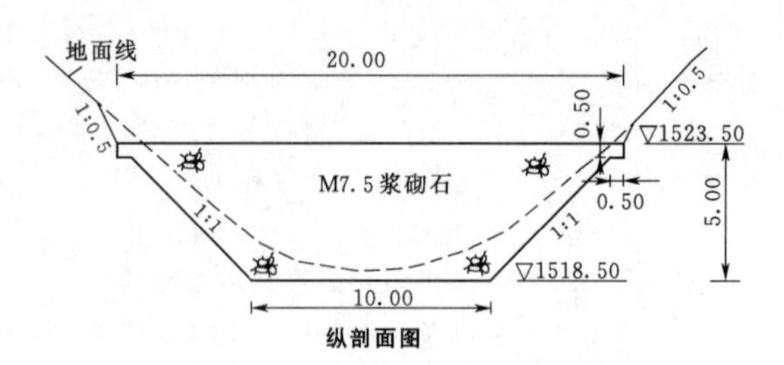

图 4.5-1（二） 拦洪坝典型设计图
（单位：m）

参 考 文 献

[1] 水利部水利水电规划设计总院，黄河勘测规划设计有限公司．水土保持工程设计规范：GB 51018—2015［S］．北京：中国计划出版社，2014.

[2] 水利部水利水电规划设计总院．堤防工程设计规范：GB 50286—2013［S］．北京：中国计划出版社，2013.

[3] 陈伟，朱党生．水工设计手册：第3卷 征地移民、环境保护与水土保持［M］．2版．北京：中国水利水电出版社，2013.

[4] 中国水土保持学会水土保持规划设计专业委员会．生产建设项目水土保持设计指南［M］．北京：中国水利水电出版社，2011.

[5] 熊峰．生产建设项目临河型弃渣场拦渣堤防洪标准确定探讨［J］．四川水泥，2017（1）：306-307.

第5章 斜坡防护工程

章主编　杜运领　苗红昌　邹兵华　纵　霄
章主审　贺前进　操昌碧　李　嘉

本章各节编写及审稿人员

节次	编写人	审稿人
5.1	杜运领　邹兵华　应　丰　吴东国	贺前进 操昌碧 李　嘉
5.2	马　力　邹兵华　方　斌	
5.3	陈胜利　孙碧飞　邹兵华　郝连安	
5.4	高宝林　周　全　邹兵华	
5.5	杜运领　纵　霄　何彦锋　周铁军　戴鹏礼　赵心畅　吴文佑　袁　洁　应　丰　张　翼　王　硕　陈胜利　易仲强　王伟伟　白占雄　费小霞　秦一博　孙碧飞　谢艾楠　尹华伟　郝连安　秦　杨　吴　军　毛思禹　卢自恒　赵　俊	
5.6	王忠合　纪　强　高志亮	
5.7	韩　鹏　黄炬斌	
5.8	吴东国　冷光义　郝春华	

第5章 斜坡防护工程

5.1 概 述

5.1.1 定义与作用

斜坡防护是为了稳定斜坡，防止边坡风化、面层流失、边坡滑移、垮塌而采取的坡面防护措施，措施类型包括工程护坡、植物护坡和综合护坡。

斜坡防护的对象是人工开挖或堆填土石方形成的边坡，也可为不稳定的自然斜坡；可按照组成物质、形成过程、固结稳定状况进行分类。按照组成物质可分为土质边坡、石质边坡、土石混合边坡3类；按照形成过程可分为堆垫边坡、挖损边坡、构筑边坡、滑动体边坡、塌陷边坡和自然边坡等6类；按照固结稳定状况可分为松散非固结不稳定边坡、坚硬固结较稳定边坡和固结非稳定边坡3类。

斜坡防护的首要目的是固坡，对扰动后边坡或不稳定自然边坡具有防护和稳固作用，同时兼具边坡表层治理、美化坡面等功能。

5.1.2 综合分类

斜坡防护工程分为3类，包括工程护坡、植物护坡和综合护坡。

(1) 工程护坡的主要目的是防治滑坡。坡面上岩土体在重力的作用下，沿着一定的贯通面整体向下滑动的现象，称为滑坡。工程护坡包括削坡开级、削坡反压、抛石护坡、圬工护坡、锚杆固坡、抗滑桩、抗滑墙、边坡排水和截水等工程类措施，边坡排水和截水措施见本书“第6章 截洪（水）排洪（水）工程”。

1) 削坡开级。削坡是通过削掉边坡上部分坡体，改变坡形，减缓坡度，保持坡体稳定；开级是通过开挖坡体成阶梯或平台，达到截短坡长，改变坡型、坡度，降低荷载重心，维持边坡稳定。

2) 削坡反压。削坡反压是在不稳定坡体上部岩（土）体进行局部开挖，减轻荷载，同时对不稳定坡体下部坡脚前面的阻滑部分堆土加载，以增加抗滑力，填土可筑成抗滑土堤。通过削坡挖除不稳定坡体上部不稳定的岩（土）体，减少上部岩（土）体重量造成的下滑力；同时通过边坡下部反压，以增大抗滑力，保证边坡的整体安全稳定。

3) 抛石护坡。抛石护坡是坡脚在沟岸、河岸以及雨季易遭受洪水淘刷的地段，采用抛石的方式对坡面和坡脚进行防护，防止水流对坡面和坡脚的冲刷。将块石抛填至河床一定高程，使其在河床达到一定的覆盖厚度，发挥防止岸坡受冲、失稳等作用。

4) 圬工护坡。圬工护坡指在坡面采用圬工全面护坡或框格护坡进行固坡的一种措施。全面护坡指对全坡面采用浆砌石、混凝土、干砌石等整体式护砌措施。框格护坡指采用浆砌石框格护坡、混凝土框格护坡、多边形空心混凝土预制块护坡等措施。

5) 锚杆固坡。锚杆固坡就是通过在边坡岩土体内植入受拉杆件，提高边坡自身强度和自稳能力的一种边坡加固技术，其作用是通过埋设在地层中的锚杆，将结构物与地层紧紧地联结在一起，依赖锚杆与周围地层的抗剪强度传递结构物的拉力或使地层自身得到加固，从而增强被加固岩土体的强度、改善岩土体的应力状态，以保持结构物和岩土体的稳定性。

6) 抗滑桩。抗滑桩是防治滑坡的一种工程结构物，设置于滑坡体的适当部位，一般完全埋置在地面下，有时也可露出地面。抗滑桩凭借桩与周围岩、土的共同作用，把滑坡推力传递到稳定地层，利用稳定地层的锚固作用和弹性抗力来平衡滑坡推力，使滑体保持稳定。

7) 抗滑墙。抗滑墙是指支撑斜坡面填土或山坡岩土体，防止岩土体垮塌或变形失稳的构筑物。

(2) 植物护坡包括坡面植树种草，设置植生带、植生毯及生态植生袋，铺植草皮，喷混植生，客土植生，开凿植生槽，液力喷播，三维网植被护坡，厚层基材植被护坡等植物类措施，涉及植物类措施见本书“第8章 植被恢复与建设工程”，本章不予详述。

(3) 综合护坡为各类工程护坡措施和植物护坡措施的组合。如边坡削坡开级、削坡反压后实施坡面绿化，如采用植树种草、三维网喷播等植物措施，喷浆（混凝土）护坡后实施厚层基材植被护坡等植物措施，浆砌石或混凝土框格护坡后坡面实施各类植物措施等。

综合护坡各措施组合和适用范围见表5.1-1。

表5.1-1　　综合护坡各措施组合和适用范围

防护型式	适用范围		
	边坡要求	坡比	每级坡高
削坡开级或削坡反压＋植树种草	经处理后稳定的土质、软质岩和全风化硬质岩边坡、土石混合边坡	<1∶1.0	<20m
削坡开级或削坡反压＋植生带或植生毯	经削坡开级或削坡反压处理后的稳定土质边坡、土石混合边坡	<1∶1.5	不限
削坡开级或削坡反压＋喷混植生	经削坡开级或削坡反压处理后的稳定土石混合边坡或岩质边坡	<1∶0.5	不限
削坡开级或削坡反压＋客土植生	经处理后的保证稳定的漂石土、块石土、卵石土、碎石土、粗粒土和强风化的软质岩及强风化、全风化、土壤较少的硬质岩石路堑边坡，或由弃土（石、渣）填筑的路堤边坡	<1∶1.0	不限
削坡开级或削坡反压＋厚层基材喷播	经处理后的保证稳定的边坡，一般适用于无植物生长所需的土壤环境，也无法供给植物生长所需的水分和养分的坡面	<1∶0.5	<10m
削坡开级或削坡反压＋液力喷播	一般土质路堤边坡、处理后的土石混合路堤边坡、土质路堑边坡等稳定边坡	<1∶1.5	<10m
削坡开级或削坡反压＋三维网喷播	经处理后稳定的各类土质边坡、强风化岩石边坡和土石边坡	<1∶1.25	<10m
喷浆（混凝土）护坡＋厚层基材喷播	经处理后的保证稳定的边坡，一般适用于无植物生长所需的土壤环境，也无法供给植物生长所需的水分和养分的坡面	<1∶0.5	<10m
喷浆（混凝土）护坡＋三维网喷播	经处理后稳定的各类土质边坡、强风化岩石边坡和土石边坡	<1∶1.25	<10m
浆砌石（混凝土）框格或现浇、预制构件骨架＋植灌草	泥岩、灰岩、砂岩等岩质路堑边坡，以及土质或沙土质道路边坡、堤坡、坝坡等稳定边坡	<1∶1.0	<10m
浆砌石（混凝土）框格或现浇、预制构件骨架＋铺草皮	土质和强风化、全风化岩石边坡，沙土质道路边坡、堤坡、坝坡等稳定边坡	<1∶1.0	<10m
浆砌石（混凝土）框格或现浇、预制构件骨架＋生态袋技术	土质边坡和风化岩石、沙质边坡，特别适宜于不均匀沉降、冻融、膨胀土地区和刚性结构等难以开展边坡绿化的区域	<1∶0.75	不限
浆砌石（混凝土）框格或现浇、预制构件骨架＋液压喷播	一般土质路堤边坡、处理后的土石混合路堤边坡、土质路堑边坡等稳定边坡	<1∶1.5	<10m
浆砌石（混凝土）框格或现浇、预制构件骨架＋三维网喷播	经处理后稳定的各类土质边坡、强风化岩石边坡和土石边坡	<1∶1.25	<10m
浆砌石（混凝土）框格或现浇、预制构件骨架＋客土植生	经处理后的保证稳定的漂石土、块石土、卵石土、碎石土、粗粒土和强风化的软质岩及强风化、全风化、土壤较少的硬质岩石路堑边坡，或由弃土（石、渣）填筑的路堤边坡	<1∶1.0	不限
直接挂网＋水力喷播植草	石壁	<1∶1.2	<10m
挂高强度钢网＋水力喷播植草	石壁	1∶1.2～1∶0.35	<10m
钢筋混凝土框架＋厚层基材喷射植被护坡	浅层稳定性差且难以绿化的高陡岩坡和贫瘠土坡	<1∶0.5	不限
预应力锚索框架地梁＋厚层基材喷射植被护坡	稳定性很差的高陡岩石边坡，且无法用锚杆将钢筋混凝土框架地梁固定于坡面的情况	<1∶0.5	不限
预应力锚索＋厚层基材喷射植被护坡	浅层稳定性好，但深层易失稳的高陡岩土边坡	<1∶0.5	不限

5.1.3 设计理念与技术发展

(1) 设计理念和原则。斜坡防护工程主要目的是为了稳定开挖或填筑所形成的不稳定边坡，有时也要对局部非稳定自然边坡进行加固，或者对存在滑坡危险、局部垮塌、浅层流失等问题的坡面采取护坡措施。边坡的失稳是多种因素复杂作用的结果，不同环境下的影响因素各不相同，因此，设计时必须首先明确边坡灾害、存在问题、灾害的产生机理，再选择相适宜的防护措施。工程设计应考虑不同工况，根据地质条件等进行稳定分析，确定边坡的坡形。

1) 斜坡防护在灾害治理方面，主要是以预防为主，防重于治。治理强调统一考虑边坡稳定的各个影响因素，并根据各因素所起的作用，按照先后主次，有主有次，有选择性的对边坡进行防治。

2) 应优先考虑改变坡形法（削坡开级、削坡反压）和排水法，在仍难以保证边坡稳定的情况下，再选用支挡措施（如抗滑桩、抗滑墙、锚杆固坡等)。

3) 护坡措施类型的选择，主要根据边坡条件、水文特点，以及下游保护目标的重要程度，从经济、安全、生态角度综合比较后确定，护坡结构物应满足稳定要求。斜坡防护工程一般应使用几种防治措施，达到固坡和美化环境的效果。

4) 斜坡防护设计理念已从传统的浆砌石、干砌石或喷混等硬质、单调的护坡形式向植物护坡或综合护坡形式转变，尽可能创造恢复植被的条件，体现边坡生态效益，在维护坡面稳定的同时，兼顾生态环境。

(2) 技术发展方向和趋势。

1) 斜坡防护技术越来越综合化，各类技术组合使用，共同发展。综合护坡措施不仅具有增加坡面强度、提高边坡稳定性的作用，而且具有绿化美化的生态功能，适于条件较为复杂的不稳定坡段。综合护坡是目前斜坡防护技术当中最有效的手段，也是未来防护技术的发展趋势。

2) 防护理论的研究沿着多学科交叉，由定性研究向定量方向发展，如边坡的水力学特性、侵蚀机理、特殊土滑坡分析评价方法研究等。

3) 防护技术沿着多样化的方向发展。例如，目前的微型桩技术、可再张拉锚索技术、生态型土体改良技术等，虽然不尽完善，却代表了将来多样化发展的趋势。

4) 随着地质雷达、GPS、TDR、光纤传感等技术的迅速发展，人们可以更加准确地探明边坡的地质条件，监控和预警可能出现失稳的边坡地段，及时开展防治措施的反馈及修正工作，因此辅助技术的水平提升也是边坡防治及防护工作将来的发展方向。

5.1.4 工程级别及设计标准

(1) 水利水电工程。根据 SL 575，弃渣场、料场、临时道路等区域的边坡，其斜坡防护工程级别应根据边坡对周边设施安全和正常运用的影响程度、对人身和财产安全的影响程度、边坡失事后的损失大小、社会和环境等因素，按表 5.1-2 的规定确定。

表 5.1-2　水利水电工程斜坡防护工程级别

边坡破坏危害的对象	边坡破坏造成的危害程度		
	严重	不严重	较轻
工矿企业、居民点、重要基础设施等	3	4	5
一般基础设施	4	5	5
农业生产设施等	5	5	5

注　1. 本表中所列斜坡防护工程级别 3～5 级，对应《水利水电工程边坡设计规范》(SL 386) 的相应边坡级别。

2. 不同危害程度的含义如下。

严重：指危害对象、相关设施遭到大的破坏或功能受到大的影响，可能造成人员伤亡和重大财产损失。

不严重：指相关设施遭到破坏或功能受到影响，经修复仍能使用。

较轻：指相关设施受到很小的影响或间接受到影响，不影响原有功能的发挥。

水利水电工程斜坡防护工程的抗滑稳定安全系数标准执行 SL 386 中相应规定，见表 5.1-3。

表 5.1-3　边坡抗滑稳定安全系数标准

运用条件	斜坡防护工程级别		
	3	4	5
正常运用条件	1.20～1.15	1.15～1.10	1.10～1.05
非常运用条件Ⅰ	1.15～1.10	1.10～1.05	1.10～1.05
非常运用条件Ⅱ	1.10～1.05	1.05～1.00	1.05～1.00

(2) 水电水利工程。根据 DL/T 5353，水电水利工程边坡按其所属枢纽工程等级、建筑物级别、边坡所处位置、边坡重要性和失事后的危险程度，划分边坡类型和安全级别，见表 5.1-4。

表 5.1-4　水电水利工程边坡级别划分

级别 \ 类别	A 类枢纽工程区边坡	B 类水库边坡
Ⅰ级	影响 1 级水工建筑物安全的边坡	滑坡产生危害性涌浪或滑坡灾害可能危及 1 级建筑物安全的边坡

续表

类别 级别	A类枢纽工程区边坡	B类水库边坡
Ⅱ级	影响2级、3级水工建筑物安全的边坡	可能发生滑坡并危及2级、3级建筑物安全的边坡
Ⅲ级	影响4级、5级水工建筑物安全的边坡	要求整体稳定而允许部分失稳或缓慢滑落的边坡

注 枢纽工程区边坡失事仅对建筑物正常运行有影响而不危害建筑物安全和人身安全的，经论证，该边坡级别可以降低一级。

水电水利工程边坡稳定分析应区分不同的荷载效应组合或运用状况，采用极限平衡法中的下限解法时，其设计安全系数应不低于表5.1-5中所列数值。

表5.1-5 水电水利工程边坡设计安全系数

类别及工况 级别	A类枢纽工程区边坡			B类水库边坡		
	持久状况	短暂状况	偶然状况	持久状况	短暂状况	偶然状况
Ⅰ级	1.30～1.25	1.20～1.15	1.10～1.05	1.25～1.15	1.15～1.05	1.05
Ⅱ级	1.25～1.15	1.15～1.05	1.05	1.15～1.05	1.10～1.05	1.05～1.00
Ⅲ级	1.15～1.05	1.10～1.05	1.05	1.10～1.00	1.05～1.00	≤1.00

注 针对具体边坡所采用的设计安全标准，应根据对边坡与建筑物关系、边坡工程规模、工程地质条件复杂程度以及边坡稳定分析的不确定性等因素的分析，从本表中所给范围内选取。对于失稳风险度大的边坡，或稳定分析中不确定因素较多的边坡，设计安全系数宜取上限值，反之取下限值。

(3) 公路行业。根据《公路路基设计规范》(JTGD 30)，公路工程路基边坡分高路堤与陡坡路堤、路堑边坡两种情况确定安全系数。边坡稳定性计算应考虑下列3种工况。对季节性冻土边坡，尚应考虑冻融的影响。

正常工况：边坡处于天然状态下的工况。

非常工况Ⅰ：边坡处于暴雨或连续降雨状态下的工况。

非常工况Ⅱ：边坡处于地震等荷载作用状态下的工况。

1) 高路堤与陡坡路堤边坡。各等级公路高路堤与陡坡路堤稳定安全系数不得小于表5.1-6所列稳定安全系数值。对非常工况Ⅱ，高路堤与陡坡路堤边坡稳定性分析方法及稳定安全系数应符合《公路工程抗震规范》(JTGB 02)的规定。

表5.1-6 高路堤与陡坡路堤稳定安全系数

分类	地基强度指标	运行工况	稳定安全系数	
			二级及二级以上公路	三级、四级公路
路堤的堤身稳定性、路堤和地基的整体稳定性	采用直剪的固结快剪或三轴固结不排水剪指标	正常工况	1.45	1.35
		非常工况Ⅰ	1.35	1.25
	采用快剪指标	正常工况	1.35	1.30
		非常工况Ⅰ	1.25	1.15
路堤沿斜坡地基或软弱层滑动的稳定性		正常工况	1.30	1.25
		非常工况Ⅰ	1.20	1.15

2) 路堑边坡。各等级公路工程路堑边坡稳定安全系数不得小于表5.1-7所列稳定安全系数值。对非常工况Ⅱ，路堑边坡稳定性分析方法及稳定安全系数应符合JTGB 02的规定。

表5.1-7 公路工程路堑边坡稳定安全系数

公路等级	运行工况	安全系数
高速公路、一级公路	正常工况	1.20～1.30
	非常工况Ⅰ或Ⅱ	1.10～1.20
二级及二级以下公路	正常工况	1.15～1.25
	非常工况Ⅰ或Ⅱ	1.05～1.15

注 1. 路堑边坡地质条件复杂或破坏后危害严重时，稳定安全系数取大值；地质条件简单或破坏后危害较轻时，稳定安全系数可取小值。
2. 路堑边坡破坏后的影响区域内有重要建筑物（桥梁、隧道、高压输电塔、油气管道等）、村庄和学校时，稳定安全系数取大值。
3. 施工边坡的临时稳定安全系数不应小于1.05。

(4) 建筑工程。根据GB 50330，建筑工程边坡应按其损坏后可能造成的破坏后果（危及人的生命、造成经济损失、产生社会不良影响）的严重性、边坡类型和坡高等因素，根据表5.1-8确定边坡安全等级。

表 5.1-8 建筑工程边坡安全等级

边坡类型		边坡高度 H/m	破坏后果	安全等级
岩质边坡	岩体类型为Ⅰ类或Ⅱ类	$H \leqslant 30$	很严重	一级
			严重	二级
			不严重	三级
	岩体类型为Ⅲ类或Ⅳ类	$15 < H \leqslant 30$	很严重	一级
			严重	二级
		$H \leqslant 15$	很严重	一级
			严重	二级
			不严重	三级
土质边坡		$10 < H \leqslant 15$	很严重	一级
			严重	二级
		$H \leqslant 10$	很严重	一级
			严重	二级
			不严重	三级

注 1. 一个边坡工程的各段，可根据实际情况采用不同的安全等级。
2. 对危险性极严重、环境和地质条件复杂的特殊边坡工程，其安全等级应根据工程情况适当提高。

边坡稳定安全系数应不小于表 5.1-9 中的规定值。

表 5.1-9 边坡稳定安全系数

计算方法 \ 边坡工程安全等级	一级边坡	二级边坡	三级边坡
平面滑动法或折线滑动法	1.35	1.30	1.25
圆弧滑动法	1.30	1.25	1.20

注 对地质条件很复杂或破坏后果极严重的边坡工程，其稳定安全系数宜适当提高。

其他行业的斜坡防护工程等级和标准应按照现行、有效的相关标准执行。

5.2 削 坡 开 级

5.2.1 定义与作用

削坡开级主要通过削坡和开级改变边坡几何形态，维持边坡稳定。削坡是削掉边坡非稳定部分，减缓坡度，削减滑动力；开级是通过开挖坡体成阶梯或大平台等，截短坡长，达到改变坡型，降低荷载重心，提高稳定性的目的。

5.2.2 分类与适用范围

土质边坡、岩质边坡削坡开级形式有所区别，同类边坡也会因边坡高度、土体的物理力学性质不同而形式各异。

1. 土质边坡削坡开级分类与适用范围

土质边坡削坡开级分为直线形、折线形、阶梯形和大平台形 4 种形式，主要有以下适用条件。

(1) 直线形：从上至下削成同一坡度，削坡后坡比变缓至该类土质边坡的稳定边坡。直线形适用于高度小于 10m、结构紧密的均质土坡或高度小于 12m 的非均质土坡。

(2) 折线形：重点是削缓上部边坡，削坡后变坡点上部相对较缓、下部相对较陡。坡高和坡比应根据土质结构确定。折线形适用于高度在 12～20m、结构比较松散的土坡，特别适用于上部结构松散，下部结构紧密的土坡。

(3) 阶梯形：将边坡削坡开级形成多级“边坡＋马道”。每一级边坡的高度、马道宽度等，均需根据土质结构、密度及当地暴雨径流情况确定。阶梯形适用于高度大于 12m 结构较松散，或高度大于 20m 结构较紧密的均质土坡。

(4) 大平台形：将高土质边坡的中部开挖或堆垫成大平台，平台宽度 4m 以上。平台具体位置与宽度，需根据土质结构、密度及边坡高度等情况确定。大平台形适用于高度大于 30m，或在Ⅷ度以上高烈度地震区的土坡。

2. 岩质边坡的削坡开级分类与适用范围

岩质边坡削坡开级可分为直线形、折线形和阶梯形 3 种形式。岩质边坡削坡开级适用于坡度陡直、坡型呈凸型或存在软弱交互岩层，且岩层倾向与坡面倾向相同的非稳定边坡治理。

5.2.3 工程设计

削坡开级工程设计除削坡开级本身外，还需包括配套工程设计。对于含有膨胀性岩、土的边坡治理，可根据地质情况采取预留开挖保护层、盖压、砌护封闭、保湿和置换等措施。配套工程设计包括排水和防渗、坡面防护、坡脚支挡等，配套工程设计详见本章相关内容。

削坡开级设计内容主要包括削坡范围、削坡开级类型、削坡坡比、开级高度、马道宽度等。当堆积体或土质边坡高度超过 10m、岩质边坡高度超过 20m 时，应设马道。

1. 确定削坡范围

凡是经稳定性判别可能失稳的边坡体均为削坡范围，需进行削坡开级处理。

2. 削坡开级类型与削坡坡比选择

根据边坡岩土体类别、边坡高度、土体物理力学性质确定削坡开级类型和削坡坡比。除岩质坚硬、不易风化的坡面外，一般要求削坡后的坡比应缓于1∶1；马道间高度为5～10m，马道间坡比可陡于1∶0.5；采取人工植被护坡的，削坡坡比宜结合植物措施分析确定，不应陡于1∶0.75。

3. 马道宽度与台阶宽度、高度确定

根据边坡岩土体性质、地质构造特征，并考虑边坡稳定、坡面排水、防护、维修及安全监测等需要综合确定马道宽度与高度。

（1）马道与台阶宽度。马道与台阶的最小宽度：土质边坡不宜小于2m，岩质边坡宜不小于1.5m。采取植物措施的边坡，开级台阶的宽度还应结合植物配置要求确定。

（2）台阶高度。黄土边坡不宜高于6m，石质边坡不宜高于8m，其他土质和强风化岩质边坡不宜高于5m。

5.2.4 施工要求

（1）削坡施工程序：测量放线→削坡开挖→开挖土料的堆存、处理和利用→人工削坡→清渣→边坡检查、处理与验收→特殊问题处理。

（2）在削坡开挖前做好施工测量严格控制清方工作量。为了减少超挖及对边坡的扰动，机械开挖必须预留0.5m厚的保护层，人工开挖至设计位置。

（3）削坡应由后向前逐层开挖，应及时将土方清理出现场，严禁在施工范围内进行土方堆置。

（4）削坡施工过程中，若实际情况与地质资料出入较大，施工单位应及时通过监理单位通报业主单位、勘查单位、设计单位。

（5）削坡开级施工应自上而下进行。土质边坡开挖高度大于8m、岩质边坡开挖高度大于15m时应分段开挖，必要时边开挖边采取适当的护坡措施，具体要求如下。

1）削坡开级一般包括削除表层滑体或变形体、不稳定坡体后缘以及设置马道等，达到降低坡度、减载作用。

2）削坡减载后形成的边坡高度大于8m时，应分段开挖，不应一次开挖到底；边开挖边支护，支护之后才允许开挖至下一个工作平台。

3）为了减少超挖及对边坡的扰动，机械开挖应预留0.5～1.0m保护层，人工开挖可不考虑保护层。

5.3 削坡反压

5.3.1 定义与作用

削坡反压是边坡治理和加固措施之一，通过对不稳定坡体上部岩（土）体进行局部开挖，减轻荷载，减少下滑力，同时在不稳定坡体下部坡脚前部抗滑地段堆土，加载阻滑，增大抗滑力，保证边坡的整体安全稳定。

削坡反压示意图见图5.3-1。

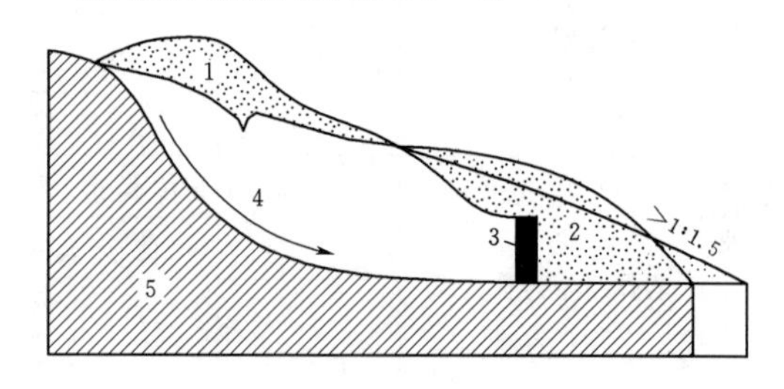

图5.3-1 削坡反压示意图

1—削土减重部位；2—卸土修堤反压；3—渗沟；4—滑坡体；5—不透水层

5.3.2 适用范围

削坡反压适用于推移式不稳定滑坡体，特别是滑动面上陡下缓、接近圆弧形或滑坡体前缘较厚的边坡治理。

5.3.3 稳定性分析及预应力分析

极限平衡分析法是边坡稳定分析的基本方法，适用于滑动破坏类型的边坡。对1级、2级边坡应采取两种或两种以上的计算分析方法，包括有限元等方法进行变形稳定分析，综合评价边坡变形与抗滑稳定安全性。

边坡安全系数应根据边坡类别、边坡级别按照边坡设计相关规范确定。

当采用土料和堆石料填筑岩质边坡的压坡时，对于需要严格限制变形的边坡，压坡体提供的抗力应按主动土压力计。

5.3.4 工程设计

削坡反压工程应包括削坡与反压范围确定、削坡马道、削坡坡比、反压堆土体型设计等。削坡反压工程实施后坡面采用植物防护，坡脚常采用挡土墙进行护脚。

（1）削坡与反压范围。当条件允许时，边坡开挖、减载和压坡措施宜配合使用。采用削坡减载方法治理边坡，应根据潜在滑动面的形状、位置、范围确定减载方式，避免因减载开挖引起新的边坡失稳。

削坡与反压范围需根据稳定分析计算和边坡安全系数确定。经稳定性判别可能失稳的边坡体上部岩土体均为削坡范围，不稳定坡体下部，坡脚前部平缓地段均可为堆土反压范围。减载范围应尽量控制在主滑段，压坡体应尽量控制在阻滑段。

(2) 削坡马道与坡比。削坡马道与坡比应根据稳定分析计算确定，见本章“5.2 削坡开级”中相关内容。

(3) 反压堆土体型设计。反压堆土可筑成抗滑土堤。土堤的高度、长度和坡比等需经压坡体局部稳定和边坡整体稳定计算确定。压坡材料宜与边坡坡体材料的变形性能相协调。回填土堤的土需分层夯实，外露边坡应进行干砌片石或植草皮护坡。土堤内侧需修建渗沟，土堤和老土间需修隔渗层，填土时不能堵塞原来的地下水出口，应先做好地下水引排工程。

土堤设计见《水工设计手册》（第2版）第4卷《土石坝》。

5.3.5 施工要求

(1) 削坡工程施工要求见本章“5.2 削坡开级”。

(2) 回填反压工程施工。

1) 回填土料选择：同一填方工程应尽量采用同类土回填，碎石、砂石作表层以下的填料。做好级配比，材料进场后先进行检验，不得含有树根、杂草等有机杂质、含泥量不得超过5%。

2) 边坡回填反压工艺流程：现场测量放线→清理场地→检验回填土质→先从底部分层铺土→再分层碾压密实→检验密实度→修整、找平、验收。

(3) 边坡维护。对削坡反压后的边坡应进行边坡稳定安全监测，坡面在永久防护措施完成前应进行临时苫盖，边坡开口线外设置相应的截水、排水措施。

5.3.6 案例

1. 边坡基本情况

某水电工程场内公路局部段，路基为土质边坡，边坡上陡下缓，从路基到坡顶高程范围为1500.00～1520.00m，其中，高程1510.00～1520.00m边坡平均坡比为1∶0.95，高程1500.00～1510.00m边坡平均坡比为1∶1.3。工程区地震基本烈度为Ⅶ度。公路设计中需对原始边坡稳定进行复核，若不满足要求，则需进行边坡治理措施设计。

2. 原始边坡稳定性分析

据现场调查，公路边坡滑塌后对下部路面不会造成损坏，但会影响路面行车通行的安全。根据SL 386，边坡级别定为5级。

对于土质边坡，采用简化Bishop法进行稳定分析，削坡反压前边坡示意图见图5.3-2，计算成果见表5.3-1。

由表5.3-1分析可知，公路边坡在暴雨工况与地震工况下稳定系数均不满足相关规范要求，需采取工程措施处理。

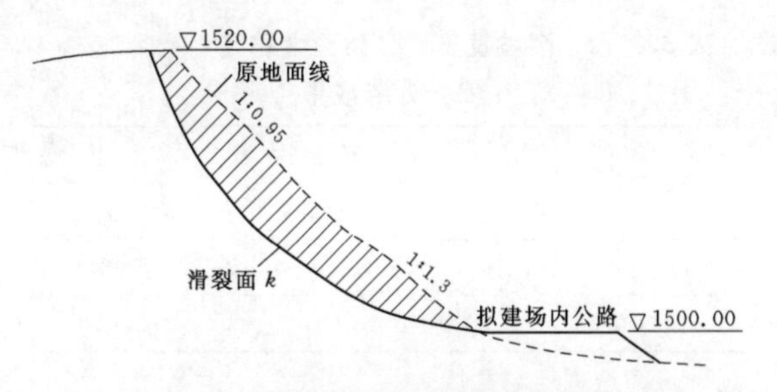

图5.3-2 削坡反压前边坡示意图（单位：m）

表5.3-1 公路原始边坡稳定安全计算成果

名 称	安全系数		
	正常运行工况	暴雨工况	地震工况
5级边坡标准	1.10～1.05	1.10～1.05	1.05～1.00
计算值	1.06	0.95	0.89

3. 边坡处理措施设计

根据边坡上陡下缓的实际情况，拟定采取削坡反压和坡脚挡土墙工程措施进行治理。即对高程1510.00～1520.00m范围内的较陡边坡进行削坡，削坡后坡比1∶1.2；对高程1500.00～1510.00m边坡进行回填反压，反压后坡比为1∶1.5，坡脚设置浆砌石挡墙护脚，墙外接场内公路路面削坡反压措施设计示意图见图5.3-3。

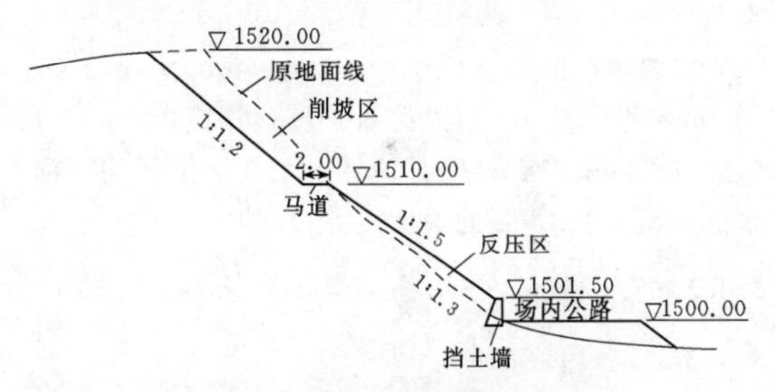

图5.3-3 削坡反压措施设计示意图（单位：m）

4. 削坡反压后边坡稳定性分析

对于削坡反压后的公路边坡采用简化Bishop法进行稳定分析，削坡反压后边坡稳定计算示意图见图5.3-4。计算成果见表5.3-2。

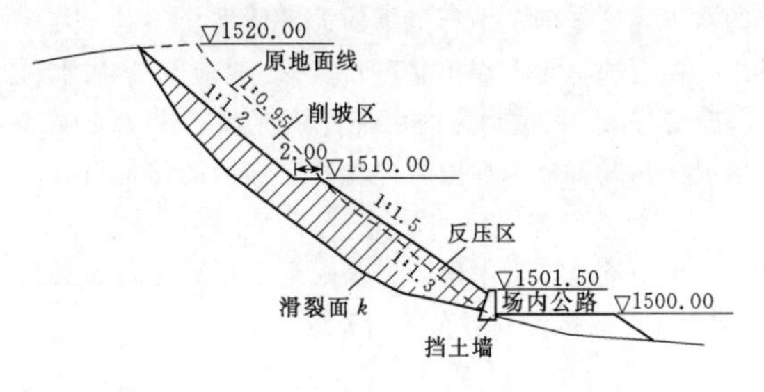

图5.3-4 削坡反压后边坡稳定计算示意图（单位：m）

表 5.3-2　削坡反压后公路边坡稳定安全计算成果

名　称	安全系数		
	正常运行工况	暴雨工况	地震工况
5级边坡标准值	1.10～1.05	1.10～1.05	1.05～1.00
计算值	1.23	1.18	1.12

由上述分析计算可知，公路边坡经削坡反压后，边坡稳定系数满足相关规范要求，并有一定的安全裕度，边坡安全稳定。

5.4　抛石护坡

5.4.1　定义与作用

抛石护坡是在沟岸、河岸以及雨季易遭受洪水淘刷的地段，采用抛石的方式对坡面和坡脚进行防护，防止水流冲刷。主要采用将块石抛填至河床一定高程，使其在河床达到一定的覆盖厚度，发挥稳固河床、防止岸坡受冲等作用。

5.4.2　分类与适用范围

抛石护坡主要分为散抛块石和石笼抛石两种类型。

散抛块石护坡一般适用于在沟（河）水流流速小于 3m/s 的岸坡段。石笼抛石护坡适用范围广，一般岸坡都可以采用石笼抛石护坡，尤其适用于沟（河）水流流速大于 3m/s 的岸坡段。

5.4.3　工程设计

5.4.3.1　散抛块石

1. 抛护范围

散抛块石护坡的范围应根据实际水下地形情况具体确定，应能满足在水流淘刷下，保证整个护坡工程具有足够的稳定性。根据经验，抛石护岸底部范围为深泓离岸较近河段，抛石至河道中泓线。深泓离岸较远河段，抛石至河岸坡缓于 1∶4～1∶5 范围。准确的水下测量是确定抛石范围的关键依据。

抛石护岸工程的顶部平台，一般应高于枯水位 0.5～1.0m。根据河床的可能冲刷深度、岸床土质等情况，在抛石外缘加抛防冲和稳定加固的储备石方。

2. 抛石粒径

考虑抗冲、动水落距、级配等因素，抛石粒径按 GB 50286 的抗冲粒径公式计算：

$$d=\frac{v^2}{2gC^2\,\dfrac{\gamma_s-\gamma}{\gamma}} \tag{5.4-1}$$

式中　d——石块折算直径（按球形折算），m；

v——水流流速，m/s；

C——石块运动的稳定系数，水平底坡 $C=0.9$，倾斜底坡 $C=1.2$；

γ_s——石块的容重，kN/m^3；

γ——水的容重，kN/m^3。

为了使抛石堆有一定的密度，抛石的粒径应为不小于计算尺寸的大小不同的石块掺杂抛投。

3. 抛石厚度

为避免抛石空档及分布不均匀，适应河床冲刷变化，保证块石下的河床砂粒不被水流淘刷。根据工程实践经验，一般抛石厚度不小于抛石粒径的 2 倍，在水深流急的部位，抛石厚度一般采用抛石粒径的 3～4 倍，取 0.8～1.2m。

4. 抛石坡度控制

根据工程实践经验，抛石护坡的坡比应控制在1∶1.5 以内，对于岸坡陡于 1∶1.5 的边坡按 1∶1.5～1∶1.8 的坡比抛石还坡。当水较深，水流较大时，不宜陡于 1∶2～1∶3。

5.4.3.2　石笼抛石

石笼抛石护坡柔性好，承担变形能力强，与河床面接合紧密，利于防冲，且施工简单，易于绑扎。石笼护坡设计见本章“5.5.7 石笼护坡”。

5.4.4　施工要求

以下施工要求主要针对散抛块石，石笼护坡施工要求见本章“5.5.7 石笼护坡”，本节不再详述。

1. 抛石质量控制

抛石施工的材料比较单一，主要为块石，块石质量控制要求包括以下几个方面。

（1）石质坚硬，遇水不易破碎或水解，湿抗压强度大于 50MPa，软化系数大于 0.7，密度不小于 $2650kg/m^3$。

（2）不允许使用风化石、泥岩和薄片、条状、尖角等形状的块石。

（3）块石的粒径并非越大越稳定。抛投的块石只要能抵御水底最大流速的冲击，能保持在河坡上的稳定即可，小粒径级配适宜的抛投块石可以增加覆盖层次，减少孔隙，防止河床泥沙淘刷，增强对河床的护岸效果。

2. 准确确定冲距（漂距）

块石在抛到江底过程中，因水流的带动，块石向下游移动，因此在抛投前要计算出块石的冲距，以便算出抛石在水流的作用下，所移动的距离，确保抛投位置的准确。抛石冲距经验公式见式（5.4-2）：

$$S=\frac{0.8VH}{W^{\frac{1}{6}}} \tag{5.4-2}$$

式中 S——冲距，m；

V——测速仪测定抛投点水面流速，m/s；

H——用测深仪测定抛投点水深，m；

W——块石重，施工中可采用代表块石重量测算，kg。

3. 抛前水下地形测量及网格划分

在施工前需要进行水下地形图测量，并根据测量的断面图和设计要求进行网格划分。不同的抛石方法和抛石船只网格划分也不相同，一般人工抛投网格宽度为1～2m，机械抛投网格宽度为2～3m。

4. 抛投成果复核

在抛石护坡结束后，需要对抛投区域及相邻的部分水域进行水下地形测量，并绘制水下地形图，将抛前抛后的水下地形图进行对比，确定抛投成果，定点测量增厚应控制在70%～130%。

5.4.5 案例

1. 工程概况

汉江是长江中游的最大支流之一，干流总落差1964m，治理河段兴隆至汉川段位于汉江下游河段的中段，地处江汉平原腹心地带，干流流经潜江市、天门市、仙桃市和汉川市，全长189.7km。原河道主要问题为河段通航条件和通航能力差，整治工程按照内河Ⅲ（2）级航道标准建设。

按照兴隆至汉川不同河段的河道条件和河型特性、水文特性、河势及浅滩演变特点、航道建设条件，确定航道整治工程主要采取以筑坝、护岸护坡、疏浚工程为主，辅以护滩带工程，以消除浅滩、浚深和拓宽航槽，固定边滩，稳定枯水河势，达到整治的预期目的。以下主要对抛石护坡工程进行设计。

2. 抛石护坡工程设计

工程护坡主要采用水下抛石型式。对水下坡比陡于1：2.0的岸段，按1：2.0的水下坡比进行抛石加固；对水下坡度较缓的护岸段采取等厚抛石防护。

（1）抛护范围。枯水位以下坡比缓于1：2的岸段，视其水流、边界条件和崩岸强度，抛石的水平距离控制在10m左右；坡比陡于1：2的岸段，视岸坡坡度及近岸水流情况，自设计枯水位以下按1：2的坡比抛至深泓或河床横向坡比1：3～1：4处。对于岸坡较平缓的河段，抛石水平距离控制在10m以内。抛石护坡设计图见图5.4-1。

（2）抛石粒径。考虑抗冲、动水落距、级配等因素，抛石粒径按式（5.4-1）计算，式中取v=3.5m/s、C=1.2，取r_s=24kN/m³、r=9.81kN/m³。

经计算，抗冲粒径为0.15m，结合工程实际，确定抛石粒径范围为0.15～0.30m，平均粒径为

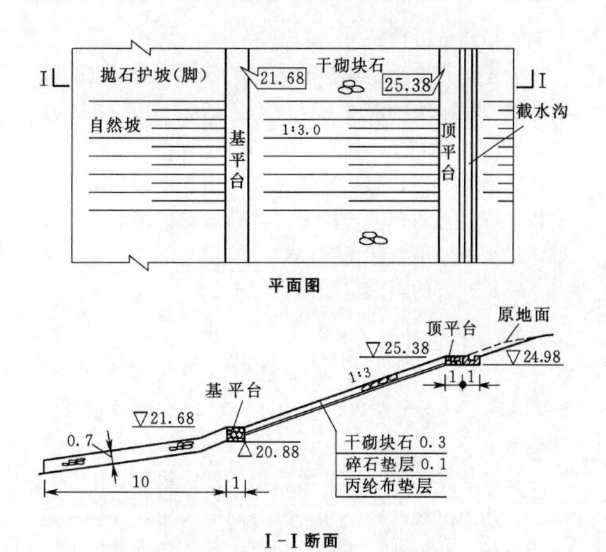

图5.4-1 抛石护坡设计图（单位：m）

0.20m，相应质量约30～110kg。抛护时，块石应有一定的级配，最小粒径不得小于0.15m。

（3）抛石厚度。为避免抛石空档及分布不均匀，适应河床冲刷变化，保证块石下的河床砂粒不被水流淘刷。本工程设计中，各护岸险工段多位于河道弯道弯顶部位，顶冲强烈，根据河势变化及水流条件，水下抛石厚度按0.7m控制。

5.5 圬 工 护 坡

5.5.1 定义与作用

圬工护坡主要包括干砌石、浆砌石、混凝土等材料的全面护坡和浆砌石、混凝土框格或骨架护坡。

全面护坡包括干砌片石护坡、浆砌片石护坡、水泥混凝土预制块护坡、护面墙、喷混（浆）护坡等，采用全坡面、整体式的圬工护坡措施。

框格护坡主要采用浆砌石框格护坡、混凝土框格护坡、多边形空心混凝土块护坡等，坡面采用骨架护坡，骨架材料可现浇、可预制，骨架内配套三维网、植物护坡等，植物护坡见本书“第8章 植被恢复与建设工程”。

5.5.2 分类与适用范围

根据JTGD 30等规程规范，喷浆（混）护坡适用于坡率缓于1：0.5，易风化但未遭强风化的岩石边坡。

干砌石护坡适用于坡比缓于1：1.25的土（石）质路堑边坡。

浆砌片石护坡适用于坡比缓于1：1的易风化岩

石和土质路堑边坡。

水泥混凝土预制块护坡适用于石料缺乏地区的边坡防护。预制块的混凝土强度不应低于C15，在严寒地区不应低于C20。

护面墙适用于防护易风化或风化严重的软质岩石或较破碎岩石的挖方边坡以及坡面易受侵蚀的土质边坡，边坡坡比不宜陡于1∶0.5。

框格护坡的适用范围见表5.1-1。

5.5.3　工程设计

（1）计算标准。边坡的稳定计算标准参照SL 386的规定，安全系数见本章“5.1.4 工程级别及设计标准”。

（2）计算工况。边坡的运用条件应根据其工作状况、作用力出现的几率和持续时间的长短，分为正常运用条件、非常运用条件Ⅰ和非常运用条件Ⅱ3种。

1）正常运用条件包括如下工况。

a. 临水边坡应符合以下规定。

a）水库水位处于正常蓄水位和设计洪水位与死水位之间的各种水位及其经常性降落。

b）除宣泄校核洪水位以外各种情况下的水库下游水位及其经常性降落。

c）水道边坡的正常高水位与最低水位之间的各种水位及其经常性降落。

b. 不临水边坡投入运用后经常发生或持续时间长的状况。

2）非常运用条件Ⅰ包括以下工况。

a. 施工期。

b. 临水边坡的水位非常降落。

c. 校核洪水位及其水位降落。

d. 由于降雨、泄水雨雾和其他原因引起的边坡体饱和及相应的地下水位变化。

e. 正常运用条件下，边坡体排水失效。

3）非常运用条件Ⅱ应为正常运用条件下遭遇地震。

（3）边坡荷载。本节所列圬工护坡主要对边坡进行浅表层防护，稳定性计算主要针对边坡的整体稳定性。按正常运用条件、非常运用条件Ⅰ、非常运用条件Ⅱ等3种工况考虑边坡荷载，主要包括边坡岩土体土压力、边坡上的恒载、水压力，以及特殊或偶然情况下因降雨等引起的坡后水位变化或地下水渗流引起的荷载、地震力、施工临时荷载、其他特殊力等。

（4）计算参数。各类岩（土）体的天然容重γ_d、饱和容重γ_s、内摩擦角θ、黏聚力C、地震烈度及相应的地震动峰值加速度等。

（5）计算方法。边坡抗滑稳定计算应以极限平衡方法为基本计算方法。

1）对于土质边坡和呈破裂结构、散体结构的岩质边坡，当滑动面呈圆弧形时，宜采用简化Bishop法和摩根斯顿-普赖斯法进行抗滑稳定计算，当滑动面呈非圆弧形时，宜采用摩根斯顿-普赖斯法和不平衡推力传递法进行抗滑稳定计算，计算方法见本手册《专业基础卷》“14.3.3.3 边坡抗滑稳定计算分析”。

2）对于呈块体结构和层状结构的岩质边坡，宜采用萨尔玛法（Sarma）和不平衡推力传递法进行抗滑稳定计算，计算公式见SL 386中附录D。

3）对于两组及其以上节理、裂隙等结构面切割形成楔形潜在滑体的边坡，宜采用楔体法进行抗滑稳定计算，计算公式见SL 386中附录D。

5.5.4　干砌石护坡

5.5.4.1　定义与作用

干砌石护坡是采用块石、毛石等干砌形成的护坡结构，通常有单层干砌石护坡和双层干砌石护坡。干砌石护坡施工工艺简单，造价较低，能在一定程度上预防边坡滑移、溜坍。

5.5.4.2　适用范围

（1）因雨水冲刷，可能出现沟蚀、溜坍、剥落等现象的坡面。

（2）临水的稳定土坡或土石混合堆积体边坡，坡面坡比为1∶2.5～1∶3.0、流速小于3.0m/s。

5.5.4.3　工程设计

1. *石料质量要求*

用于干砌石护坡的石料有块石、毛石等。块石要求质地坚硬、无风化，尺寸应满足：上下两面平行，且大致平整，无尖角、薄边，块厚大于20cm，单块质量不小于25kg。毛石质地坚硬，无风化，尺寸应满足：单块质量大于20kg，中部厚度大于15cm。

2. *护坡表层石块直径估算*

在水流作用下，干砌石护坡保持稳定的抗冲粒径计算公式见式（5.4-1）。

3. *其他设计要求*

干砌石护坡厚度一般为0.4～0.6m。坡面有涌水现象时，应在护坡层下铺设10cm及以上厚度的碎石、粗砂或砾石作为反滤层，封顶用平整块石砌护。

4. *护坡稳定安全计算*

护坡稳定安全计算可参照GB 50286附录D的相关内容。

5.5.4.4　施工要求

1. *砌筑方法*

干砌石的砌筑方法一般分为平缝砌筑法和花缝砌

筑法。

(1) 平缝砌筑法。平缝砌筑法多用于干砌块石施工，砌筑时，石块分层砌筑，横向保持通缝，层间纵向缝应错开，避免形成通缝。

(2) 花缝砌筑法。花缝砌筑法多用于干砌毛石施工，纵横缝插花交错。

2. 技术要求

(1) 坡面整治。干砌石工程施工前，应对边坡坡面进行整治，保证边坡平整，处于稳定状态，符合干砌石护坡坡度要求。应用打夯机或其他夯实机械进行夯实，达到一定压实度方能进行下道工序施工。

(2) 铺设反滤层。干砌石与边坡土之间应设反滤层。

1) 铺设土工织物。土工织物铺设应自下而上，下游侧依次向上游侧进行。相邻土工织物拼接可用搭接或缝接，搭接宽度水平面应不小于30cm，坡面应不小于50cm。

2) 砂石垫层铺设。砌石底部砂石垫层厚度应不小于10cm，应视边坡情况和石料情况合理确定，垫层的粒径应不大于50mm，含泥量小于5%，垫层应与干砌石铺砌层配合砌筑，随铺随砌。

3) 基础布设。河岸采用干砌石护坡时，护坡基础应设于冲刷线以下，冲深小于1.0m时，基础采用干砌石，冲深大于1.0m时，宜采用浆砌石或混凝土。

4) 石材选择。石块应选用新鲜坚硬、无风化剥落层或裂纹、表面无污垢、水锈等杂质。块石应大致方正，上下面大致平整，无尖角，石料的尖锐边角应凿去，外露面的镶面石的表面凹陷深度不得大于20mm；石料最小尺寸不宜小于40cm。

5) 砌体要求。干砌石砌体应紧靠密实，塞垫稳固，大块封边，表面平整。缝宽不大于1cm、严禁架空、大小石块牢固、尽量少用片石填塞，严禁出现缝口不紧、底部空虚、鼓肚凹腰、蜂窝石等缺陷。砌体外露面的坡顶和侧面，应选用较整齐的石块砌筑平整。明缝均应用小片石料填塞紧密。

3. 施工工序

(1) 施工工艺。施工准备→技术交底→测量放样→削坡整顺→块石选料→块石干砌→质量检查及验收。

(2) 砌石要求。

1) 平整。砌体的外露面应平顺和整齐。要求块石大面朝外，其外缘与设计坝坡线误差不超过±10cm。

2) 稳定。石块的安置必须自身稳定。

3) 密实。砌体以大石为主，选型配砌，必要时可以小石搭配，干砌石应相互卡紧。

4) 错缝。同一砌层内相邻的及上下相邻的砌石应错缝。

(3) 块石砌筑要求。

1) 坡面应有均匀的颜色和外观，不要求加水和碾压。下游坡面块石护坡应随坡面上升逐层砌筑。

2) 干砌石砌体铺砌前，应将地基平整夯实。坡面修整平顺。大块石抛填前，将基础表面浮渣清理干净并夯实处理，分层抛填。

3) 砌石应垫稳填实，与周边砌石靠紧，严禁架空。

4) 坡面上的干砌石砌筑应采用错缝锁结方式铺砌。护坡表面砌缝的宽度不应大于25mm，砌石边缘应顺直、整齐牢固，严禁出现通缝、叠砌和浮塞，抛填大块石表面应人工修面，表面质量标准同坝后块石护坡。

5) 砌体外露面的坡顶和侧边，应选用较整齐的石块砌筑平整。

6) 不得在外露面用块石砌筑，而中间以小石填心；不得在砌筑层面以小块石、片石找平；护坡顶应以大石块压顶。

7) 为使沿石块全长方向有坚实支承，所有前后的明缝均应用小片石料填塞紧密。

8) 应由低向高逐层铺砌，块石间嵌紧、整平，铺砌厚度达到设计要求。

5.5.4.5　案例

(1) 工程概况。某治理河道长396m，治理河道岸坡距河床中心7.0～15.0m，高度3.5～5.0m，岸坡坡比1：2.0～1：3.0。治理河段原河堤为人工填筑土堤，坡比1：2.5，原有堤坎和堤防的防洪标准满足10年一遇设计洪水，河堤自身稳定。原堤顶高程1369.60m，由于修建堤防侵占现有道路，为减少堤后新建道路占地，利用堤顶作为交通道路使用，并铺填厚20cm泥结石路面。河水对该岸坡进行冲刷、淘蚀，造成岸坡局部垮塌，因此采用干砌石护坡。干砌石护坡设计图见图5.5-1。

(2) 工程地质。治理河段河床整体较平，河床宽为35～100m，为河道的迎水凹岸。河岸为冲洪积地层，含卵砾石粉土砂夹漂孤块及崩坡碎积石土夹孤石等，岸坡稳定性好。根据GB 18306，工程区地震动峰值加速度为0.2g，相应地震基本烈度为Ⅷ度。

(3) 自然条件。工程区海拔高程介于1351.00～1369.00m之间，年平均气温16℃，多年平均降水量1215.3mm，无霜期达280多d。洪水主要由暴雨形成，主要集中在7—9月。

(4) 工程级别。治理河段堤防工程为5级，相应

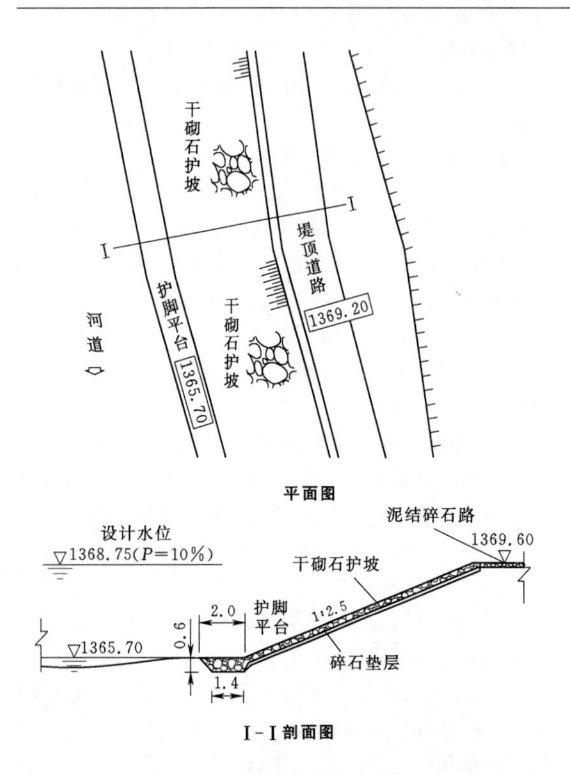

图5.5-1　干砌石护坡设计图（单位：m）

坡面防护工程也为5级，设计防洪标准与堤防工程一致，采用10年一遇（$P=10\%$）设计水位1368.75m，流速2.9m/s。

（5）干砌石护坡设计。拟采用干砌石进行坡面防护，护坡厚度0.3m，护坡底面设置0.1m厚的碎石垫层。坡脚修筑墁石铺砌式基础，基础埋置深度为0.6m。石块选用未经风化的坚硬岩石，容重不小于$20kN/m^3$。根据式（5.4-1）进行护坡表层石块粒径计算。河段呈倾斜底坡，$C=1.2$，$\gamma_s=25.97\times10^3kN/m^3$，$\gamma=9.8\times10^3kN/m^3$，经计算得出在水流作用下，工程护坡保持稳定的抗冲粒径$d=0.181m$，即该河段护坡表层块石直径约为20cm。

5.5.5　浆砌石护坡

5.5.5.1　定义与作用

浆砌石护坡是通过在砌石之间填充砂浆，在砂浆凝固后与砌石形成一个统一的整体，从而达到边坡防护的目的。

浆砌石护坡由面层和起反滤作用的垫层组成。面层厚度25～35cm；垫层分单层和双层两种，单层厚度5～15cm，双层厚度15～25cm。原坡面为砂、砾、卵石，可不设垫层。对面积较大的浆砌石护坡，应沿纵向设置伸缩缝，并用沥青麻絮、沥青木条等填缝材料填塞。

5.5.5.2　适用范围

适用于一般坡面坡比范围为1∶1～1∶2，坡面位于沟岸、河岸，下部可能遭受水流冲刷，且水流冲刷强烈的边坡加固。

5.5.5.3　工程设计

1. *石料质量要求*

用于浆砌石护坡的石料有块石、毛石、粗料石等。所用石料必须质地坚硬、新鲜、完整。

块石质量及尺寸应满足：上下两面平行，大致平整，无尖角、薄边，中部厚大于20cm，面石要求质地坚硬，无风化，单块质量不小于25kg，最小边长不小于20cm。毛石质量及尺寸应满足：单块质量大于25kg，中厚大于15cm，质地坚硬，无风化。

粗料石质量及尺寸应满足：棱角分明，六面大致平整，石料长度宜大于50cm，块高宜大于25cm，长厚比值不宜大于3。

2. *胶结材料*

浆砌石的胶结材料为水泥砂浆，主要有M5水泥砂浆、M7.5水泥砂浆、M10水泥砂浆。

胶结材料的配合比必须满足砌体设计强度等级的要求，工程实践常根据实际所用材料的试拌试验进行调整。

3. *分缝*

根据地形条件、气候条件、弃渣材料等，设置伸缩缝和沉降缝，防止因边坡不均匀沉陷和温度变化引起护坡裂缝。设计和施工时，一般将二者合并设置，每隔10～15m设置一道缝宽2～3cm的伸缩沉降缝，缝内填塞沥青麻絮、沥青木板、聚氨酯、胶泥或其他止水材料。

4. *排水*

当护坡区水位较高时，应将出露的地下水以及由降水形成的渗透水流及时排除，以有效降低水位，减少渗透水压力，增加护坡稳定性。排水设施通常采用排水孔，一般排水孔径5～10cm，纵横向间距2～3m，底坡5%，呈梅花形交错布置。为了防止排水带走细小颗粒而发生管涌等渗透破坏，在水流入口管端包裹土工布起反滤作用。

5. *护坡稳定安全计算*

浆砌石护坡稳定安全计算可参照GB 50286的相关内容。

5.5.5.4　施工要求

1. *砌筑方法*

浆砌石砌筑采用坐浆法，先铺砂浆再砌，无架空、通缝、叠砌现象，达到平整、稳定、密实、错缝及设计护坡厚度等要求。

2. 技术要求

在基础开砌前将基础表面泥土、石片及其他杂质清除干净，以免结合不牢。铺放第一层石块时，所有石块都必须大面朝下放、用脚踏踩不动为止。大石块下面不能用小块石头支垫，应使石面能直接与垫层或土面接触。填放腹石时，应根据石块自然形状，交错放置，尽量使块石间的空隙最小，然后将砂浆填在空隙中，做到大孔用大块石填，小孔用小块石填。在浆缝中尽量用小片石或碎石填塞以节约砂浆，挤入的小块石不高于砌石面。

根据情况考虑是否铺设反滤层，反滤层考虑土工布和砂砾石两种。土工布铺设应自下而上，自下游侧依次向上游侧进行。相邻土工织物拼接可采用搭接或缝接法，搭接宽度平地应不小于30cm，坡面应不小于50cm。砂砾石反滤层垫层厚度应不小于10cm，应视边坡情况和石料情况合理确定，垫层的粒径应不大于50mm，含泥量小于5%，垫层应与砌石铺砌层配合砌筑，随铺随砌。

勾缝砂浆应比砌筑砂浆高一个标号等级，按照设计要求严格控制。勾缝砂浆要单独拌制，严禁与砌石体的砌筑砂浆混用。清缝要在砌体砌筑24h内进行，清缝深度不应小于缝宽的2倍，且将勾缝深度范围内冲洗干净。不得残留灰渣和积水，并保持缝面湿润。水泥砂浆砌石护坡勾缝的形式最好采用凹缝，勾好的缝应比石料周边线略低2～3mm。勾缝完毕后，应对砌体进行养护，常采取简单有效的塑料薄膜覆盖法。

3. 施工组织设计

(1) 施工工序。施工准备→技术交底→测量放样→边坡土方清理→浆砌石（埋设排水管）→勾缝→表面清理→伸缩缝填嵌→质量检查及验收。

(2) 基面清理、碾压。基面清理范围包括坡面及阶面，顶部其边界应在设计基面边线外30～50cm。避免对已清理的基面造成人为破坏，基面表层不合格土、杂物等必须清除，坑、槽、沟等应按填筑要求进行回填处理。

基面碾压至放坡坡度，无法采用平面碾压设备进行施工时，采用振捣设备进行表面振捣。发现局部“弹簧土”、层间光面、层间中空、松土层或剪切破坏等质量问题时，应及时进行处理，并经检验合格后，方准铺填新土。

(3) 浆砌石砌筑应符合下列要求。

1) 砌筑前，应在砌体外将石料上的泥垢冲洗干净，砌筑时保持砌石表面湿润。

2) 应采用坐浆法分层砌筑，铺浆厚宜3～5cm，随铺浆随砌石，砌缝需用砂浆填充饱满，不得无浆直按贴靠，砌缝内砂浆应采用扁铁或钢筋插捣密实；严禁先堆砌石块再用砂浆灌缝。

3) 上下层砌石应错缝砌筑；砌体外露面应平整美观，外露面上的砌缝应预留约4cm深的空隙，以备勾缝处理；水平缝宽应不大于2.5cm，竖缝宽应不大于4cm。

4) 砌筑因故停顿，砂浆已超过初凝时间，应待砂浆强度达到2.5MPa后才可继续施工；在继续砌筑前，应将原砌体表面的浮渣清除；砌筑时应避免振动下层砌体。

5) 勾缝前必须清缝，用水冲净并保持缝槽内湿润，砂浆应分次向缝内填塞密实；勾缝砂浆标号应高于砌体砂浆；应按实有砌缝勾平缝，严禁勾假缝、凸缝；砌筑完毕后应保持砌体表面湿润做好养护。

6) 砂浆配合比、工作性能等，应按设计标号通过试验确定，施工中应在砌筑现场随机制取试件。

7) 砌石体应采用铺浆法砌筑，水泥砂浆沉入度应为4～6cm，当气温较高时，应适当增大沉入度。

8) 在铺砌灰浆前，石料应洒水湿润，使其表面充分吸收，但不得残留积水。砌筑时不得采用外面侧立石块，中间填芯的砌筑方法。砂浆应饱满，石块间较大的空隙应先填塞砂浆，后用碎石或片石嵌实，不得先摆碎石后填砂浆或干填碎石块的施工方法，石块间不应相互接触。

9) 当最低气温在0～5℃时，砌筑作业应注意表面覆盖保护，当最低气温在0℃或最高气温超过30℃时，应停止砌筑。无防雨棚的仓面，遇大雨应立即停止施工并妥善保护表面，雨后应先排除积水，并及时处理受雨冲刷部位。

(4) 操作步骤包括：铺浆（坐浆）、摆放石料、竖缝灌浆、振捣、二次砌筑等，应满足相关规范要求。

(5) 砌筑质量应达到：平整、稳定、密实、错缝的要求。

(6) 养护：砌体外露面，在砌筑后12～18h之间应及时养护，经常保持外露面的湿润，水泥砂浆砌体的养护时间，超过14d。冬期水泥的水化反应较慢，初凝时间延长，砌体一般不宜洒水养护，而采取覆盖麻袋、草袋、草帘、塑料膜等保温防冻措施。

5.5.5.5 案例

(1) 工程概况。云南某河道工程全长4.10km，治理河道岸坡距河床中心3.4～5.0m，高度4.0～6.0m，岸坡坡比1∶1～1∶2。治理河道原河堤采用人工堆积土堤，坡比1∶1.25，原有堤坎和堤防的防洪标准满足10年一遇设计洪水标准，河流流速5.0～

6.5m/s，河水对该岸坡进行冲刷、淘蚀，局部河堤堤脚被淘空。由于水流流速较大，岸坡较陡，拟采用浆砌石护坡。

(2) 工程地质。治理段沿线涉及的主要岩性为第四系人工堆积碎石土、粉砂土、一级阶地粉砂土及河床砂卵砾石层、三叠系洱源岩群石照碧组结晶灰岩、结晶白云岩、千枚岩、片岩、结晶白云质灰岩，及前寒武系千枚岩、片岩、结晶白云质灰岩、大理岩夹绿泥片岩。根据GB 18306，工程区地震动反应谱特征周期为0.4s，地震动峰值加速度为0.2g，地震基本烈度为Ⅷ度。本工程为5级堤防，根据GB 50286，可不考虑地震作用。

(3) 自然条件。治理河段属北亚热带高原湿润季风气候，每年5—10月为雨季，降水量占全年降水的90%左右，11月至次年4月为旱季，受西风干暖环流所控制，天气晴朗干燥，雨量稀少。多年平均气温为13.9℃，极端最高气温为31.8℃，极端最低气温为−8.1℃。多年平均蒸发量为2058.8mm，多年平均降雨量为734.6mm。

(4) 工程级别。治理河段堤防工程为5级，相应坡面防护工程也为5级，设计防洪标准与堤防工程一致，采用10年一遇（P=10%）设计水位1363.50m，流速5.5m/s。

(5) 浆砌石护坡设计。坡面拟采用浆砌石护坡，岸坡脚采用浆砌石挡墙进行拦挡，基础埋深1.5m，底面设置0.5m厚的碎石垫层，回填块石防护，墙后回填砂卵砾石形成平台，沿平台至坡面贴坡砌筑浆砌石进行护坡，坡比1∶1.25，浆砌石厚度0.45～0.90m，护坡每10m设置一道伸缩缝，缝内填塞沥青麻筋、沥青木板或泡沫板等材料。为减少护坡水压力，增加护坡稳定性，设置排水孔，排水孔采用ϕ50mm PVC管，间排距3m×2m，倾角5°，呈梅花形布置，为了防止排水带走细小颗粒而发生管涌等渗透破坏，在水流入口管端包裹土工布起反滤作用。基底土质有变化处设置沉降缝。浆砌石护坡断面图见图5.5-2。

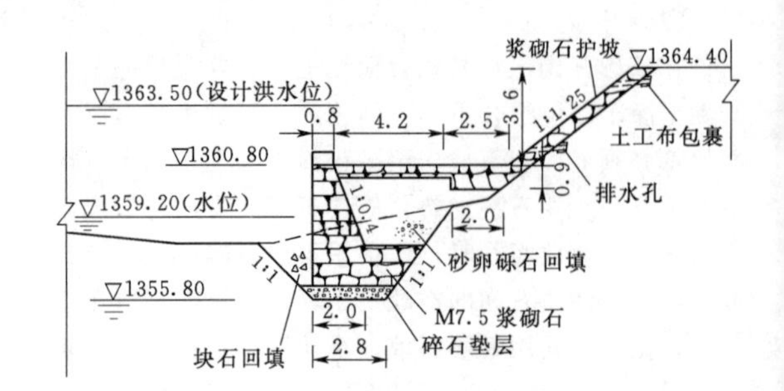

图5.5-2 浆砌石护坡断面图（单位：m）

5.5.6 混凝土护坡

5.5.6.1 现浇混凝土和预制混凝土护坡

1. 定义与作用

现浇或预制混凝土护坡是为防止边坡受水流冲刷，在坡面上铺砌预制混凝土砌块结构或直接在坡面现浇混凝土进行防护的护坡型式。

2. 适用范围

现浇混凝土和预制混凝土护坡主要适用于因水流、雨水等冲刷，可能出现沟蚀、溜坍、剥落等现象的坡面。适用于临水的稳定土坡或土石混合堆积体边坡，一般坡面坡比缓于1∶1。

3. 工程设计

预制混凝土护坡采用C15及以上标号混凝土，严寒地区不应低于C20，厚度不小于0.1m。铺砌层下应设置砂砾或碎石垫层，厚度不应小于0.1m。封顶用平整混凝土预制块砌护。预制混凝土砌块满足设计强度、抗冻、抗渗等要求。

现浇混凝土护坡，设计要求采用C15及以上标号混凝土，严寒地区不应低于C20，厚度不小于0.1m。护底底面应设置反滤层。顶部设置0.5m宽压顶。沿坡面纵向（水流方向）每5m设置一道伸缩缝，缝宽2～3cm。

4. 施工要求

(1) 预制混凝土护坡。

1) 施工准备。施工前先对边坡进行修整，清刷坡面杂质、浮土，填补坑凹，夯拍，使坡面密实、平整、稳定。核对填料的类别、分布，进行填料复查和试验，不符合设计要求的填料严禁用于填筑。

2) 施工材料。砌筑、勾缝砂浆，混凝土预制块满足护坡的强度、抗冻、抗渗等要求。

3) 测量放样。结合边坡填筑高度，直线段间隔20m、曲线段间隔10m放桩确定护坡坡率、护脚基坑开挖位置和深度。

4) 坡面整修。采用挂线法将边坡坡面按设计坡度刷平，坑凹不平部分填补夯实，合格后进行下道工序施工。

5) 基坑开挖。护脚基坑开挖前用石灰洒出开挖边界，采用小型挖机配合人工进行开挖。基底设计高程以上10cm区域采用人工进行挖除。肋柱和护脚基坑按设计形式尺寸挂线放样，开挖沟槽。保证基坑开挖尺寸符合设计及相关规范要求。

6) 坡面砌筑。护坡的坡脚打桩、挂线，确定边坡混凝土预制块的坡面标高和线型。

两肋柱之间坡面应自下而上铺设混凝土预制块，

要求混凝土预制块组合成完整的拱形和排水沟，铺设时使用橡皮锤击打使预制块和坡面密贴，铺砌前，铺10cm厚砂砾反滤层。

7）砌体养护。砌体砌筑完毕应及时覆盖，并经常洒水保持表面湿润，常温下养护期不得小于7d。

（2）现浇混凝土护坡。

1）施工准备。首先做好边坡土方开挖、回填夯实等前期准备，边坡修整宜在现浇前一天进行。削坡时应严格控制高程及表面平整度，采用人工挂线精削。

2）施工材料。注意水泥、砂、碎石、外加剂、水等原材料严格按设计要求，注意控制混凝土配合比，现场混凝土的配合比应满足强度、抗冻、抗渗及和易性要求。控制最大水灰比和坍落度。

3）混凝土现浇施工。做好模板安装，模板安装是现浇混凝土护坡施工的关键工序之一。模板安装后进行混凝土浇筑，混凝土浇筑应先坡后底，最后浇筑压沿。浇筑开始前应在精削后的边坡上安放钢模板并固定闭孔泡沫塑料伸缩缝。混凝土运到浇筑现场后应及时流槽入仓。

4）混凝土养护。混凝土浇筑完毕12h后以草帘覆盖、洒水养护2～3d。结合空间施工段划分，待混凝土达到1.2MPa强度时，方可拆模进行补空板的浇筑。

5）伸缩缝处理。在混凝土强度满足以上要求后，对相邻板缝进行清理，清理深度符合设计要求，按设计要求进行填缝。

5.5.6.2 喷混护坡

1. 定义与作用

喷混护坡是利用压缩空气或其他动力，将由水泥、骨料、水和其他掺合料按一定配比拌制的混凝土混合物，以较高速度喷射于坡面，依赖喷射过程中水泥与骨料的连续撞击、压密而形成的一种混凝土护坡形式。主要用于坚硬易风化，但未严重风化的岩石边坡，形成保护层，保持边坡稳定。

2. 分类和适用范围

喷混凝土按施工工艺的不同，可分为干法喷混凝土、湿法喷混凝土和水泥裹沙喷混凝土。按照掺加料和性能的不同，还可细分为钢纤维喷混凝土、硅灰喷混凝土，以及其他特种喷混凝土等。

除成岩作用差的黏土边坡不宜采用外，喷浆、喷射混凝土护坡主要适用于以下情况。

（1）坡面岩体切割破碎、易风化但未遭严重风化的岩石边坡，坡面较干燥。

（2）高而陡的边坡，上部岩层较破碎而下部岩层完整的边坡和需大面积防护的边坡。

（3）地下水不发育的较干燥、坚硬的边坡。

3. 工程设计

（1）喷混凝土的设计强度等级。喷混凝土的设计强度等级不应低于C15；喷混凝土1d龄期的抗压强度不应低于5MPa。钢纤维喷混凝土的设计强度等级不应低于C20。

不同强度等级喷混凝土的设计强度应按表5.5-1采用。

表5.5-1　喷混凝土的设计强度值 单位：MPa

喷混凝土强度等级	C15	C20	C25	C30
轴心抗压	7.5	10	12.5	15
弯曲抗压	8.5	11	13.5	16.5
抗拉	0.9	1.1	1.3	1.5

（2）喷混凝土的体积密度及弹性模量。喷混凝土的体积密度可取2200kg/m^3，弹性模量按表5.5-2采用。

表5.5-2　喷混凝土的弹性模量

喷混凝土强度等级	C15	C20	C25	C30
弹性模量/万MPa	1.8	2.1	2.3	2.5

（3）喷混凝土与岩体的黏结强度。喷混凝土与坡面岩体的黏结强度：Ⅰ级、Ⅱ级岩体不应低于0.8MPa，Ⅲ级岩体不应低于0.5MPa。

（4）喷混凝土支护的厚度。喷混凝土支护的厚度，最小不低于50mm，最大不应超过200mm。

含水岩层中的喷混凝土支护厚度，最小不低于80mm，喷混凝土的抗渗强度不应低于0.8MPa。

（5）喷浆及材料等要求。喷浆厚度不小于5cm，砂浆强度不小于M10，喷浆、喷射混凝土分2～3次喷射，喷浆和喷混凝土防护坡面应设置泄水孔和伸缩缝。

（6）力学指标要求如下。

1）确定原则。经由不同类型力学试验所获得的岩石力学指标，不能为边坡稳定性计算直接采用，要考虑影响岩体力学性质的诸因素（如岩性、结构面、地下水、爆破震动和时间效应等），与类型相近的岩石或岩石试验指标进行类比，并根据具体条件综合分析，加上经验判断综合确定。对于经滑坡体反分析或自然边坡调查分析求得的岩体强度指标，一般可直接采用，或对比使用。

2）岩石试验指标。岩体的强度远小于岩块的强度，其减弱程度主要与不连续面发育程度有关。根据边坡岩体不连续面的密度，可以对岩石的力学指标进行弱化，即将岩块的试验指标用岩体强度的预测经验公式［式（5.5-1）和式（5.5-2）］及表5.5-3、表5.5-4的参数换算成岩体指标。

$$C_m=\frac{C_k}{1+\alpha\ln\frac{H}{L}} \quad (5.5-1)$$

$$C_m=\lambda C_k \quad (5.5-2)$$

式中 C_m——减弱的岩体黏聚力，$\times10^5$ Pa；

C_k——岩块试验的黏聚力，$\times10^5$ Pa；

α——取决于岩体强度与岩体结构面分布的特征系数，见表5.5-3；

H——岩体破坏高度，取边坡高度，m；

L——破坏岩体被切割的岩块尺寸，取节理裂隙间距，m；

λ——岩体结构减弱系数，见表5.5-4。

表5.5-3 岩体强度与岩体结构面分布特征系数 α

岩石类别及结构面特征	α
不密实的砂质黏土沉积层	0
不太密实的有些裂隙的砂质黏土沉积，强烈风化的完全高岭土化的喷出岩	0.5
以垂交裂隙为主的密实的砂质黏土沉积层，强烈高岭土化的喷出岩	2
以斜交裂隙为主的密实的砂质黏土沉积岩，高岭土化的喷出岩	3
以垂交裂隙为主的坚硬层状岩石	4
以垂交裂隙为主的坚硬喷出岩	7
斜交裂隙较发育的喷出岩	10

表5.5-4 岩体结构减弱系数 λ

裂隙情况	λ	
	范围	平均
岩石各个方向由清晰的裂隙网把岩体分割成单独的且不联系的岩块	0～0.0010	0.0005
在各个方向上有密度极大的强烈隙网	0.0010～0.0100	0.0050
有极密的裂隙	0.0100～0.0400	0.0200
中等程度以上的裂隙	0.0400～0.0800	0.0600
张开与闭合的中等程度的裂隙，裂隙间距20～30cm	0.0800～0.1200	0.1000
中等程度以下的裂隙	0.1200～0.3000	0.2000
间距20～30cm，深度不大的裂隙，为数不多的张开裂隙	0.3000～0.4000	0.3500
裂隙不多的极少数的闭合裂隙	0.4000～0.6000	0.5000
仅有细微的裂隙，几乎没有可见的裂隙	0.6000～0.8000	0.7000
整岩体，无裂隙标志	0.8000～1.0000	0.9000

4. 施工要求

喷浆或喷混凝土防护的周边与防护坡面衔接处应严格封闭，可在顶部作20cm×20cm的小型截水沟，亦可凿槽嵌入岩层内，嵌入深度不小于10cm，并和衔接坡面平顺。坡面防护两侧凿槽嵌入坡面岩层内不小于10cm。

护坡岩石风化严重时，应作高1～2cm、顶宽40cm、5号水泥砂浆片石护裙。

喷浆和喷混凝土前应将坡面浮土碎石清除，并用水冲洗。

机械喷浆和喷混凝土作业前应进行试喷，以调节适中的水灰比。水灰比过小，灰表面颜色灰暗，出现干斑，回弹量大，粉尘飞扬，水灰比过大，则灰体表面起皱、拉毛、滑动、甚至流淌，适中的水灰比，其灰体成黏糊状，表面光滑平整，骨料分布均匀，回弹量小。

喷射作业应自下而上分层喷射，喷枪嘴应垂直于坡面，并与坡面保持1m的距离。

为防止堵塞，输料管长以20～30m为宜，喷射工作压力1.5～1.7MPa，喷嘴供水压力（2.5MPa）要比工作压力大0.8～1.0MPa以保证水和干拌合物均匀混合。

喷射灰体达到初凝后，立即开始洒水养生，持续7～10d。

喷浆及喷混凝土防护工程应经常检查维修，杂草要及时清除，开裂时要及时灌浆勾缝，脱落要尽早补喷。

喷射作业严禁在结冰季节及大雨天气进行。

5.5.6.3 模袋混凝土护坡

1. 定义与作用

模袋混凝土是用高压泵等设施将流动性混凝土（或砂浆）充灌入模袋中，多余的水分从织物空隙中渗出后凝固形成的整体结构。模袋是由锦纶、涤纶、丙纶、聚丙烯等土工合成材料制成的有一定厚度的袋状物。

2. 分类及适用范围

（1）按充填料分类。按充填料分类分为充填砂浆型和充填混凝土型两种类型。充填砂浆型适用于一般坡面及渠道、江河、水库的护坡等。充填混凝土型适用于有较强水流和波浪作用的岸坡、海堤等。

（2）按模袋材质和加工工艺分类。分为机织模袋和简易模袋两种类型。机织模袋一般适用于坡比缓于1∶1.0的护坡，在水中充灌时允许水流流速一般小于1.5m/s。简易模袋一般适用于坡比缓于1∶1.5的水上护坡或较浅的静水下护坡。

3. 工程设计

（1）模袋设计。

1）单位重量。模袋的单位重量宜大于250g/m²，国内常用的模袋单位重量250～550g/m²。

2）抗拉强度。模袋的抗拉强度计算公式为

$$T=\beta\gamma_m h_1 h_2 \quad (5.5-3)$$

式中 T——模袋允许抗拉强度，kN/m；

β——混凝土或砂浆的侧压力系数，取值0.6～0.8；

γ_m——混凝土或砂浆的容重，kN/m³；

h_1——护坡的最大厚度，取平均厚度的1.5～1.6倍，m；

h_2——1h内护坡充填高度，一般取4～5m。

3）渗透系数。模袋的渗透系数应满足$K=0.001$～0.01cm/s。

4）等效孔径。等效孔径$O_{95}<d_{85}$，d_{85}为砂粒粒径。

5）延伸率。灌填后模袋延伸率应小于30%。

（2）混凝土（砂浆）设计。

1）平均厚度。模袋混凝土平均厚度一般情况根据波浪要素确定，在寒冷地区还应考虑初冬冰推力作用计算后取大值。

a. 根据波浪要素计算平均厚度公式为

$$\overline{h}=0.07CH_O\sqrt[3]{\frac{L}{B}}\cdot\frac{\gamma}{\gamma_m-\gamma}\cdot\frac{\sqrt{1+m^2}}{m} \quad (5.5-4)$$

式中 $\overline{h}$——模袋混凝土平均厚度，m；

C——面板系数，对整体大块混凝土板护面$C=1$，有排水点的护面$C=1.5$；

H_O——波浪高度，m；

L——波长，m；

B——垂直于水面线的护面板边长，m；

γ_m——混凝土或砂浆容重，kN/m³；

γ——水的容重，kN/m³；

m——护坡的边坡系数。

b. 根据初冬冰推力计算平均厚度公式为

$$\overline{h}=\frac{\frac{pt}{\sqrt{1+m^2}}(km-f_1)-H_1C_1\sqrt{1+m^2}}{\gamma_m H_1(1+mf_1)} \quad (5.5-5)$$

验证剪切破坏的公式为

$$\overline{h}>\frac{\frac{pt}{\sqrt{1+m^2}}\sqrt{1+m^2}t[\sigma]}{2[\sigma]-\gamma_m(1+\sqrt{1+m^2}t)} \quad (5.5-6)$$

式中 $\overline{h}$——模袋混凝土平均厚度，m；

p——设计水平冰推力，kN；

t——计算冰盖厚度，m；

m——护坡的边坡系数；

k——护坡抗滑安全系数，取1.2～1.3；

f_1——水上护面与基土之间的摩擦系数；

H_1——冰盖下界面以上护坡高度，m；

C_1——反滤层水上部分和土壤之间的凝聚系数，kN/m²；

γ_m——混凝土或砂浆容重，kN/m³；

$[\sigma]$——地基许可耐压力，kN/m²。

2）稳定计算。在边坡自身稳定的条件下，模袋混凝土与土坡之间的抗滑稳定计算公式为

$$F_s=\frac{L_3+L_2\cos\alpha}{L_2\sin\alpha}f_{cs} \quad (5.5-7)$$

$$L_2=\sqrt{1+m^2}H \quad (5.5-8)$$

式中 F_s——抗滑稳定安全系数；

L_3——坡脚以外模袋长度，m；

L_2——坡面模袋长度，m；

α——斜坡倾角，(°)；

f_{cs}——模袋与土壤的摩阻系数，一般取0.5；

m——边坡系数；

H——护面高度，m。

3）排渗计算。模袋混凝土排渗能力计算公式为

$$q_g\geqslant F_s q \quad (5.5-9)$$

$$q_g=naK_g i \quad (5.5-10)$$

式中 q_g——每延米宽度模袋排水点的排水量，m³/s；

F_s——安全系数，一般取$F_s\geqslant1.2$；

q——每延米坡长的单宽出流量，m³/s；

n——每延米有效排水的排水点个数；

a——排水点的面积，m²；

K_g——排水点的渗透系数，m/s；

i——排水点处的平均水力比降。

（3）混凝土（砂浆）配合比设计。为满足混凝土设计强度、耐久性、抗渗性等要求与施工需要，应进行混凝土（砂浆）配合比优选试验，经综合分析比较后选定。国内常用的混凝土（砂浆）配合比如下。

1）模袋混凝土平均厚度小于15cm时一般充灌砂浆，常用砂浆配合比见表5.5-5。

2）模袋混凝土平均厚度大于15cm时一般充灌细砾混凝土，常用细砾混凝土配合比见表5.5-6。

表5.5-5　　常用砂浆配合比

配合种类	水泥和砂比例	水灰比	流动值/s	用量/(kg/m³)			备　注
				水泥	细粒料	水	
M-2	1∶2.0	0.6	20±2	600	1200	360	细度模数为2.8的引气减水剂
M-3	1∶3.0	0.7		461	1383	323	

表5.5-6　　常用细砾混凝土配合比

配合种类	粗粒料最大粒径/mm	坍落度/cm	含气率/%	水灰比	细粒料比	用量/(kg/m³)			
						水泥	细粒料	粗粒料	水
C-10	10	23±2	8	0.65	0.65	382	938	637	248
C-15	15		7		0.6	365	963	654	237
C-25	25	21±2	5	0.65	50	326	851	867	212
C-25W				0.55	55	386	909	785	212

（4）配筋设计。一般每列模袋混凝土中配置一根ϕ12mm钢筋。

（5）护坡边界处理设计。为了防止模袋混凝土护坡因侧翼、顶部、坡趾等边界侵蚀破坏，须进行边界处理。上游、下游侧部边界（包括临时边界）开挖锚固槽，把部分模袋混凝土埋入槽中，上游侧槽深15～45cm，下游侧槽深60～75cm。护坡顶部处理采取平封或锚固型式，平封型式延伸长度一般取0.5～1.0m，锚固型式深度应大于45cm，上部用混凝土板压盖。护坡基部处理采取平铺或锚固型式，平铺型式从坡脚向外延伸距离一般不小于3.0m，锚固型式深度应大于冲刷深度以下50cm。护坡边界处理示意图见图5.5-3。

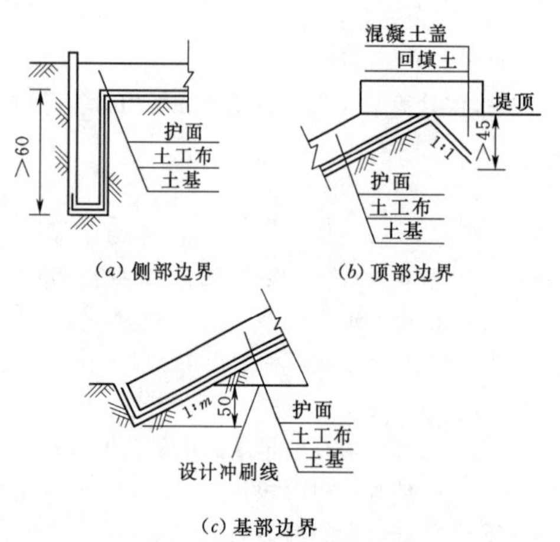

(a) 侧部边界　　(b) 顶部边界

(c) 基部边界

图5.5-3　护坡边界处理示意图（单位：cm）

4. 施工要求

（1）边坡：整坡后坡基坡比容许偏差±5%，坡底高程容许偏差±5cm，坡面平整度应小于10cm。

（2）模袋：不可有破损、断纱等。模袋上下层的扣带间距应经现场试验确定，采用20cm×20cm为宜。模袋上下两层边框缝制应采用4层叠制法，缝制宽度不应小于5cm，针脚间距不大于0.8cm。

（3）模袋铺展：应边展模袋边压砂袋或碎石袋。对于受风浪影响较大的坡面，砂石袋宜用绳索衔接成串，间距一般为1～2m。若有配筋时，插筋时应防止刺破模袋。

（4）填料要求：严格控制混凝土或砂浆配合比，正确进料，充分拌和，使强度、坍落度达到设计要求，并做好施工记录。

（5）填料充灌：填料充灌应遵循"先下部后上部、先两侧后中间、先上游后下游、先标准断面后异形断面"的顺序。充灌前，水上部分的模袋应洒水润湿。充灌时，混凝土（砂浆）喷射管插进模袋灌口深度不小于30cm，并应扎紧。泵送填料距离不宜超过50m，充灌速度宜控制在10～15m³/h，泵的出口压力以0.2～0.3MPa为宜。充灌填料应持续进行，停机时间不得超过20min，当模袋内填料充灌将近饱满时暂停5～10min，待水分析出后再灌至饱满。充灌时随时检查坡顶固定桩，防止模袋下滑，随时检查混凝土配合比、坍落度，防止过粗骨料堵塞管道和泵管进入空气造成堵管或气爆。

(6) 充灌后：模袋混凝土达到整体稳固后立即松开坡顶固定点，使顶部模袋混凝土落入锚固槽中，辅以人工压踩，使其与锚固槽截面充分接触。充灌后顶部宽度容许偏差±20mm，顶部、底部高程容许偏差－20～40mm，混凝土坡面平整度不大于5cm。填料平均厚度容许偏差－5%～8%。及时清洁模袋表面灰渣，填料养护至少7d。

5. 案例

(1) 项目概况。2000年澧河流域连降暴雨，澧河最大洪峰流量达到6000m³/s，远超河道泄洪能力，造成35km河段漫堤10多处堤段决口和60多处河段堤岸坍塌。根据冲毁现状进行了澧河险工整修工程，堤防决口堵复长度734m，培修冲毁堤防长度3397m，险工护砌长度7604m。根据险情及地形地质条件，妖潭和洛潭两处险工坡脚采用了模袋混凝土防护。

(2) 自然条件。工程区属暖温带季风气候，多年平均气温14.6℃，多年平均降水量约800mm，多年平均水面蒸发量为1100mm。治理河段地形较平坦，地势西高东低。工程区勘探深度范围内地层广泛分布第四系上更新统、全新统及上第三系中新统，岸坡多为黏砂双层和黏砂多层结构，稳定性较差。工程区地震动峰值加速度为0.05g，相应地震基本烈度为Ⅵ度。

(3) 模袋混凝土护坡设计。模袋混凝土布置在高程53.00m以下坡面。模袋为250g/m²的聚丙烯土工布缝制成的20cm×20cm的方块，抗拉强度20kN/m，充灌填料后模袋延伸率15%。袋内填充水泥砂浆，平均厚度根据波浪要素计算确定为15cm，水泥和砂的比例1∶2.0，水灰比0.6。为了防止模袋混凝土护坡因侧翼、顶部、坡趾等边界侵蚀破坏，上游、下游侧部边界开挖锚固槽把模袋混凝土埋入槽中，上游侧槽深30cm，下游侧槽深60cm；护坡顶部锚固处理，锚固槽深度50cm；坡脚将模袋混凝土向河道内平铺5m以免坡脚受洪水淘刷。

模袋混凝土施工首先进行坡面整平，后开挖上锚固沟，把模袋展开后在其上下缘插入挂袋钢管，铺于坡面，拉紧固定；采用泵车进行砂浆充填，充填自下而上，从两侧向中间进行充灌，充灌时模袋不得下滑，连续充灌，充填速度为10～15m³/h，充填压力0.2～0.3MPa；水下施工由潜水员配合控制充灌和铺设质量。模袋混凝土护坡设计图见图5.5-4。

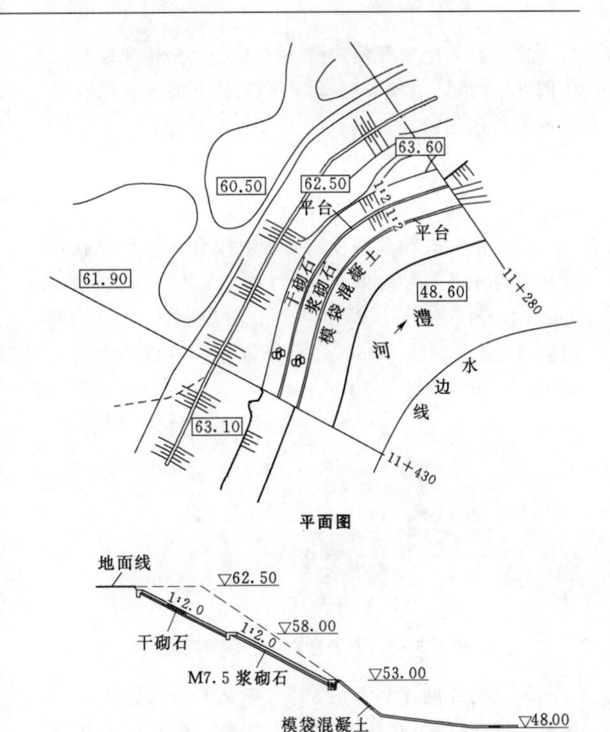

图5.5-4　模袋混凝土护坡设计图（单位：m）

5.5.7　石笼护坡

5.5.7.1　定义与作用

石笼护坡是以古代广泛采用的柳条框及竹笼为基本原理，采用专用设备将镀锌或稀土合金（高尔凡）的冷拔低碳钢丝等金属线材编织成六边形双绞合金属网片，或采用钢管连接成主骨架并用钢筋焊接（绑扎）成网片，按设计尺寸组装成箱笼状，填充符合要求的块石或鹅卵石等材料，封口形成格网防护结构，用作堤防、河岸、路基、临河弃渣场边坡等部位的防护；习惯上用于护坡及护底的铅丝石笼又称为雷诺护垫或格宾护垫。

石笼按照网片材质一般可分为铅丝石笼、钢筋石笼、竹石笼等。

5.5.7.2　适用范围

与传统护坡结构相比，石笼护坡属柔性蜂巢型结构，透水性能、生态环保等性能良好，是常用的圬工材料。主要优点包括以下几个。

(1) 石笼透水性强，其多孔隙构造既易于生物栖息，又能有效防止流体静力损害，宜适用于有绿化、景观要求的生态边坡防护建设。

(2) 石笼抗冲刷力强，石笼防护工程的防冲系数约为抛石防护工程的2倍，适用于急流变缓流的边坡或易于被水流冲刷、淘刷的渣场坡脚防护。

(3) 石笼柔韧性好，能承受一定程度的冻胀应力、不均匀沉降与变形，不受季节性限制，季节性浸水、长期浸水的边坡或北方结冰河流岸坡均可适用，并可在填筑体沉实之前施工。

(4) 石笼施工简便快捷，施工速度是传统刚性结构的3～5倍，是应急抢险、压护水下坡面、防止急流冲刷常用的解决方案。

5.5.7.3 工程设计

1. 设计参数

(1) 网片。铅丝网片网孔为双绞合六边形，孔径尺寸多为6cm×8cm、8cm×10cm、8cm×12cm、9cm×9cm、10cm×12cm、12cm×15mm，见图5.5-5，网格容许公差-4%～16%，孔径偏差应控制在20mm以内。

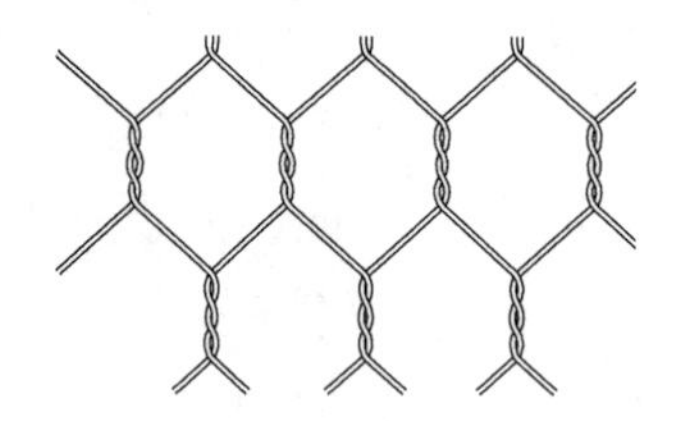

图5.5-5 双绞合六边形金属网格

钢筋网片网孔多为正方形、长方形、等边直角三角形，钢筋纵横间距以10cm为基数，按5cm整倍数递增，一般顶部钢筋间距稍密，底部钢筋间距稍大一些，侧面堵头间距最大。常见的顶部网片钢筋纵横间距30cm，底部及堵头网片钢筋纵横间距50cm。

竹石笼编制孔格尺寸约10～12cm，竹筋搭接长度应大于3个孔格。对受力较大部分的竹笼，顶盖宜用双筋，延伸长度大于2.0m。

(2) 箱笼。铅丝石笼规格视工程具体情况进行定做，挡墙及固基石笼常用尺寸为2m×1m×1m、3m×1m×1m、4m×1m×1m、2m×1m×0.5m、4m×1m×0.5m，石笼笼体长度、宽度、高度允许偏差±100mm；护坡及护底石笼常用尺寸为4m×2m×0.17m、5m×2m×0.17m、6m×2m×0.17m、4m×2m×0.23m、5m×2m×0.23m、6m×2m×0.23m、4m×2m×0.30m、5m×2m×0.30m、6m×2m×0.30m，内部每隔1m采用隔板隔成独立的单元，长度、宽度公差±3%，高度公差±2.5%。格宾护垫(或雷诺护垫)示意图见图5.5-6。

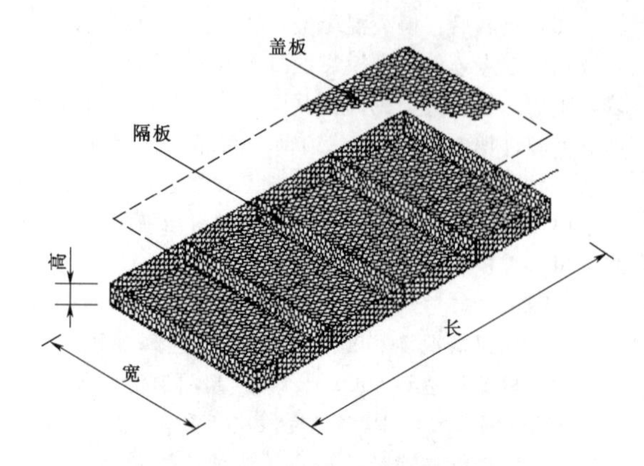

图5.5-6 格宾护垫(或雷诺护垫)示意图

钢筋石笼规格视工程具体情况，尺寸多以1m×1m×0.5m为基数，长、高、宽按500mm整倍数递增，工程上以3m×3m×1m、2m×2m×0.5m为常用规格。

(3) 填料。不同地域使用材料类别不同，常见的有鹅卵石、片石、碎石砂、砂砾(土)石等，一般按网孔大小的倍数1:1或1:2选择，片石可分层人工填充，添加20%碎石或砂砾(土)进行密实填充，严禁使用锈石、风化石。石料粒径7～15cm，$d_{50}=$12cm，在不放置在石笼表面的前提下，大小可以有5%变化，超大的石块尺寸必须不妨碍用不同大小的石块在石笼内至少填充两层的要求。在特殊地区使用黄土或砂砾土时，需用透水土工布包裹。

2. 材质要求

(1) 网片。铅丝笼网片：采用钢丝编制，按钢丝性能分一般钢丝和高强钢丝，一般钢丝选用高抗腐蚀、高强度、具有延展性的优质低碳钢丝，钢丝直径2.0～4.0mm，钢丝抗拉强度及延伸率必须符合国际相关标准要求，抗拉强度350～500N/mm²，延伸率不低于10%；高强钢丝多为锌-铝-混合稀土合金镀层钢丝，也叫高尔凡钢丝，是一种近年来国际新兴的材料，耐腐蚀性是传统纯镀锌材料的3倍以上，钢丝直径可达1.0～3.0mm，钢丝抗拉强度不小于1380MPa。

钢筋石笼网片按结构分为框架部分和网片部分，框架一般采用50mm钢管，网片一般采用HPB300钢筋，钢筋直径因工程部位及网片部位不同而不同，防护工程顶部及迎水立面端头钢筋直径稍大，侧面堵头及底部钢筋直径稍小，常见的顶部及迎水立面端头钢筋直径为12mm，堵头及底部钢筋直径为8mm。

竹石笼网片采用竹筋(即处理后的竹条)编制，竹筋宽度约2～3cm，厚度以3mm为宜，使用期超过1～2年或受力较大时，须经防腐处理。制作竹筋的竹材从外形看，以长而挺直，竹竿粗细均匀，皮色青而带黄，表皮附白色蜡质，质地坚硬，肉厚，敲其声音清晰，无开裂损伤、腐烂、虫蛀等缺陷者为佳；从竹龄来看，以4～6年生毛竹为好，以6年生冬竹最佳；从采伐时间看，冬季采伐为好，不易虫蛀，农历白露至次年谷雨为最佳采伐期。

(2) 防腐材料。石笼网铅丝防腐应根据环境情况，按相关规范要求采取不同的防腐等级，按现状生产水平，铅丝防腐分为涂层防腐和包覆PVC防护层两类。

无强酸、碱等腐蚀物质的一般环境，钢丝表面主要采用镀锌、涂聚氯乙烯等方式进行防腐处理；在有强酸、碱等高腐蚀物质的环境，石笼网铅丝多采用镀高尔凡进行防腐处理；钢丝表面镀锌、镀高尔凡处理后，还可包覆PVC保护层做进一步处理，以保障防腐效果。

钢丝的镀锌或高尔凡镀层质量按照国际相关标准的最低上镀层质量选用，见表5.5-7，同时保证钢丝环绕4倍于钢丝直径的圆棒6周后，镀锌层不得剥落、断裂；钢丝的外覆PVC保护层抗拉强度不小于2016MPa，伸长率不小于200%。防腐处理后钢丝在编制石笼网过程中，其双线绞合长度不小于50mm，绞合部分的金属镀层和PVC包层不得破坏。

表5.5-7　　最低上镀层质量

类型	钢丝直径/mm	公差/mm	最低镀层质量/(g/m²)
绞边钢丝	2.20	0.06	215
网格钢丝	2.00	0.05	215
边端钢丝	2.70	0.06	245

(3) 填料。石笼填料严禁使用锈石、风化石，在特殊地区可选用黄土或砂砾土，用透水土工布包裹，不得添入淤泥、垃圾和影响固结性的土壤。填料必须按试验标准、设计要求及工程类别确定，在填充时应尽量不损坏石笼上的镀层。填料石材应坚实，无锈蚀、风化剥落层或裂纹，且优先选用卵石，石料密度应大于$25kN/m^3$，抗压强度应大于60MPa，粒径按大于石笼网网孔1倍以上选择。

3. *石笼体厚度*

石笼体厚度的确定需要通过抗滑稳定和抗悬浮稳定计算确定。

(1) 抗滑所需要的厚度，按式(5.5-11)计算：

$$t_1=\frac{H}{2.8(1-P)\nabla\cot\alpha} \tag{5.5-11}$$

式中　t_1——抗滑所需要的石笼填石厚度，m；

H——该处最大的波高，m；

P——块石孔隙率，要求孔隙率不大于20%；

∇——块石在水中的比重，t/m^3；

α——石笼护底与水平面交角，(°)。

(2) 抗悬浮所需要的厚度，按式(5.5-12)计算：

$$t_2=\frac{H}{7(1-P)\nabla(\cot\alpha)^{\frac{1}{3}}} \tag{5.5-12}$$

式中　t_2——抗悬浮所需要的石笼填石厚度，m；

H——该处最大的波高，m；

P——块石孔隙率，要求孔隙率不大于20%；

∇——块石在水中的比重，t/m^3；

α——石笼护底与水平面交角，(°)。

单个石笼体的厚度，必须大于抗滑、抗悬浮厚度。

4. *护坡厚度*

采用石笼作为护坡（格宾护垫）结构，其厚度应根据工程部位的水流冲刷和波浪高度及岸坡倾角影响等水力特性，通过计算，并考虑一定的安全裕度，取大值确定，一般在0.15～0.30m之间。

(1) 考虑水流冲刷影响时，格宾护垫厚度的计算公式为

$$\Delta D=0.035\frac{\Phi K_T K_h V_c^2}{C^0 K_s 2g} \tag{5.5-13}$$

$$K_s=\sqrt{1-(\sin\theta/\sin\phi)^2}$$

$$\sin\theta=1/\sqrt{1+m^2}$$

式中　Δ——格宾护垫的相对密度，$\Delta\approx1.0$；

D——格宾护垫的厚度，m；

Φ——稳定参数，对于格宾护垫取$\Phi=0.75$；

K_T——紊流系数，取$K_T=1.0$；

K_h——深度系数，取$K_h=1.0$；

V_c——平均流速，m/s；

C^0——临界防护参数，对于格宾护垫取$C^0=0.07$；

K_s——坡度参数；

g——重力加速度，$g=9.81m/s^2$；

θ——岸坡角度，(°)；

ϕ——格宾护垫内填石的内摩擦角，(°)；

m——岸坡坡率。

(2) 考虑波浪高度及岸坡倾角影响时，格宾护垫厚度的计算公式为

$$\left.\begin{aligned} t_m\geqslant\frac{H_s\cos\alpha}{2},\tan\alpha\geqslant\frac{1}{3}\\ t_m\geqslant\frac{H_s(\tan\alpha)^{\frac{1}{3}}}{4},\tan\alpha<\frac{1}{3}\end{aligned}\right\} \tag{5.5-14}$$

$$\tan\alpha=\frac{1}{m}$$

式中　t_m——格宾护垫的厚度，m；

H_s——波浪设计高度，m；

α——岸坡倾角，(°)；

m——岸坡坡比。

风浪要素计算可根据GB 50286，波浪的平均波高和平均波周期采用莆田试验站公式计算。

(3) 护坡厚度确定。采用上述两种方法计算结果

中的大值，同时，还应考虑一定的安全裕度，并应依照笼箱体的规格选用石笼护坡厚度。

5. 水平铺设长度

格宾护垫在坡脚处水平铺设长度主要与坡脚处的最大冲刷深度（图 5.5-7）和护坡沿坡面的抗滑稳定性两个因素有关，即水平段的铺设长度 L 应大于或等于坡脚处最大冲刷深度 ΔZ 的 1.5～2.0 倍，并满足格宾护垫沿坡面的抗滑稳定系数 $F_s \geqslant 1.5$ 的要求，以上两个数值中取大者作为水平段的铺设长度。

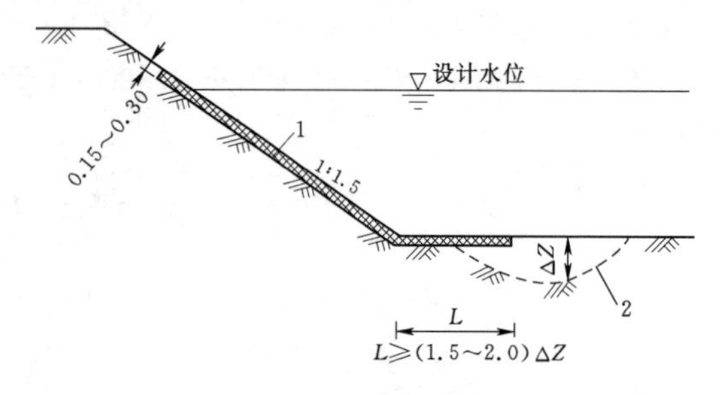

图 5.5-7 格宾护垫水平铺设长度示意图（单位：m）

1—格宾护垫护坡；2—最大冲刷线

(1) 坡脚处冲刷深度计算。坡脚处冲刷深度计算见 GB 50286。

(2) 石笼护坡抗滑稳定性分析。平铺型石笼护坡不允许在自重的作用下沿坡面发生滑动，并要求抗滑安全系数 $F_s \geqslant 1.5$，F_s 可根据静力平衡条件按式（5.5-15）～式（5.5-18）计算：

$$F_s = \frac{R}{T} = \frac{L_1 + L_2\cos\alpha + L_3}{L_2\sin\alpha} f_{cs} \geqslant 1.5 \tag{5.5-15}$$

$$\cos\alpha = m/\sqrt{1+m^2} \tag{5.5-16}$$

$$\sin\alpha = 1/\sqrt{1+m^2} \tag{5.5-17}$$

$$f_{cs} = \tan\theta \tag{5.5-18}$$

式中 R、T——格宾护垫沿坡面的抗滑力与滑动力，kN/m；

L_1、L_2、L_3——格宾护坡的长度（图 5.5-8），m；

α——岸坡角度，(°)；

m——岸坡坡比；

f_{cs}——格宾护坡与边坡之间的摩擦系数，当格宾护坡下部铺设土工布时，建议将 f_{cs} 减少 20%；

θ——坡土的内摩擦角，(°)。

格宾护垫稳定性分析计算简图见图 5.5-8。

通过上述计算，选用满足冲刷和稳定性要求的长度作为护脚长度。

(3) 特殊情况处理。在水流流速不大的情况下，

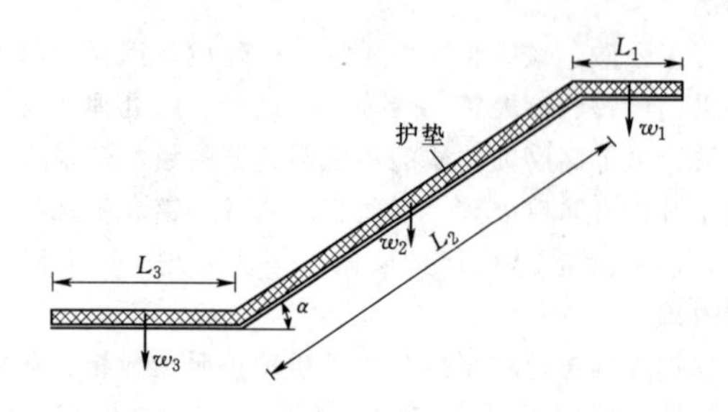

图 5.5-8 格宾护垫稳定性分析计算简图

石笼水平段平铺长度由其抗滑稳定性决定，且水平段平铺长度相对较大，相对于采用固脚（箱形或梯形结构）抗滑显得不经济，因此当稳定控制计算结果较大时，可考虑采用格宾网箱，格宾网箱内填石块做固脚替代平铺段格宾石笼方案。

6. 护底石笼质量

根据《堤坝防浪护坡设计》（水利电力出版社出版，1987 年）中介绍，对于护底块石所需最小质量，采用伊士巴许公式进行计算：

$$W = \frac{\pi}{6}\frac{V^6\gamma_M\gamma^3}{K^6(2g)^3(\gamma_M-\gamma)^3(\cos\alpha-\sin\alpha)^3} \tag{5.5-19}$$

式中 W——块石稳定所需最小质量，kg；

V——作用在块石上的水流速度，m/s；

γ_M——块石容重，25.48×10^3 kN/m³；

γ——水容重，9.8×10^3 kN/m³；

α——石笼护底与水平面交角，(°)；

g——重力加速度，$g=9.81$ m/s²；

K——伊士巴许常数，对于嵌固块石 $K=1.2$，对于非嵌固块石 $K=0.86$。

单个石笼体所形成的质量，大于此值，即满足要求。

5.5.7.4 施工要求

1. 组装工艺

石笼组装工艺根据防护部位、工作环境不同而不同，主要分为以下两种形式。

(1) 先组装后定位连接：石笼网片组装→装填石料→封盖→铅丝石笼定位连接。多用于固基或水下防护工程。

(2) 一次性定位组装：铅丝石笼网片定位组装连接→装填石料→封盖。多用于干地施工的护底、护坡工程。

2. 铅丝石笼组装

(1) 石笼网片绑扎：先绑扎石笼的四个角点后，再用绑扎丝或者金属环扣将隔片和网身进行连接。

(2) 装填石料：石料填充至少分两层，不得一次填满，以保证铅丝石笼形状完整；石料装填两人一组配合施工，一人运料、一人铺砌，铺砌时先从笼底部四角开始，大小石块均匀放置依次向上铺砌。一次性定位组装时，每个铅丝石笼必须分次同时均匀投料，以保证外观不变形。

(3) 封盖绑扎：顶部石料铺砌平整后封盖绑扎。一次性定位组装时，检查每个箱笼填充石料高度一致才能封盖绑扎。

3. 钢筋石笼组装

(1) 框架加工：按设计尺寸，采用扣件连接各部位钢管。

(2) 网片加工：按设计规定的顶部、底部、侧面堵头钢筋网钢筋型号、纵横间距、连接方式，分别加工钢筋网片。

(3) 网片初装：在预制场预先将石笼框架及底部网片安装连接牢固。

(4) 石笼就位：将初装网片与顶部、堵头网片运至施工现场，由人工配合汽车吊，按照自下而上的顺序摆放初装网片、堵头网片，分单元绑扎网片成为单元石笼，绑扎时钢筋节点位置必须绑扎，端头处需加密绑扎。

(5) 充填石料：采用自卸汽车将块石填入石笼，并反铲压实，顶层石块由人工摆放整齐。

(6) 封顶：顶层网片就位，与框架焊接牢固。

4. 格宾护垫组装

(1) 安装格宾箱体。按设计要求完成坡面平整后，格宾网放置在坚固和平整的地面上，然后展开并压平成原形状。将前后面板、底板、隔板立起到一定位置，呈箱体形状。相邻网箱组的上下四角以双股组合丝绑扎连接，并使用螺旋固定丝绞绕收紧联结。格宾网由隔板分成若干单元格，为了加强网垫结构的强度，所有的面板、边端均采用直径更大的钢丝绑扎。

(2) 填料（含覆土）。将满足要求的石料充填到网箱中，并适当捣实，表面叠放平整。填料可采用机械和人工相配合的施工方法，先用机械装填料不超过石笼高度的1/2，再用人工将周边的块石摆放整齐，用细石填缝密实，然后再继续填料。填料时填缝小石料应主要在内部，外露面不宜用小石料。护坡工程石笼填料粒径可以小一些，坡脚防洪工程石笼挡墙填料粒径应大些。填料过程中不能破坏防腐层，有景观绿化要求的坡面，覆土不能暴露于表面。

(3) 封口及固定。

1) 封口。填料（含覆土）完成后，覆上网盖，将网盖向下折，拉到位，并与同网身接触的框线按规定进行绑扎。网子上末端所有突出的尖锐的部分都要尽量弯向笼内，使其平滑美观。

2) 固定。格宾石笼护坡坡面及顶端固定木桩或土钉施工需在供货方指导下进行。

5. 施工质量要求

(1) 材质质量：进场材料物理力学性质均应符合设计要求，铅丝不得有锈迹，防腐层不得有破损；石料质地坚硬，不易风化，最小边尺寸不得小于笼体的孔眼尺寸，使用材料必须按要求检验、检测，合格后方可使用。

(2) 石料填充：填充块石必须由下至上施工，石料摆放必须自身稳定，大面朝下，适当摇动或敲击，使其平稳、牢固、结实。石笼内表面碎石堆积厚度超过10cm部位，需清理置换大粒径块石。防护工程表层必须确保平整，凹凸面高差不得大于10cm。

(3) 笼体：不得有掉笼、散笼、架空现象，笼体接缝应错开，笼与笼之间的联系应牢固，绑扎点间距允许偏差±50mm，笼体的高程允许偏差±100mm。钢筋网片与框架焊接点的焊缝长度不得小于规范规定长度，焊点个数满足设计要求。

(4) 组装好的铅丝石笼运到施工作业面，应按照每一排铅丝石笼的位置线将铅丝石笼自下而上依次就位，上下左右绑扎锚固连接可靠，尤其圆弧部分要连接自然，底边与护坡基础严密靠拢，网片连接要缝制式连接，同一砌筑层内，相邻石笼应错缝砌筑，不得存在顺向通缝，上下相邻石笼也应错缝搭接，避免竖向通缝。

5.5.7.5 案例

1. 某临河渣场石笼护坡

(1) 工程概况。某临河渣场岸坡受大洪水淘刷、洪流顶冲、河势变化等影响拟采用铅丝石笼进行固基。

(2) 工程地质。工程区勘探深度范围内广泛分布第四系上更新统及全新统地层，岸坡多为黏砂双层和黏砂多层结构，稳定性较差。根据GB 18306，工程区地震动峰值加速度为0.05g，反应谱特征周期值为0.35s，相应地震基本烈度为Ⅵ度。工程为4级堤防，根据GB 50286，可不考虑地震作用。

(3) 自然条件。工程区处于南北气候过渡带，即北温带向亚热带过渡地区，受季风影响明显，年均温27.4℃，多年平均降水量1074mm，无霜期超过220d。河道流域内暴雨呈现季节性分布，连降暴雨多，流域暴雨历时一般3～7d。洪水主要由暴雨造成，与之相应，径流在年内分配也不很均匀，一般是7月最大，8月次之，7月、8月洪水总量约占年径流量的40%，大洪水年可达70%以上。

(4) 工程级别。依据GB 50201和GB 50286，该

段堤防工程为4级，相应防护工程为4级，设计防洪标准与堤防工程一致，采用20年一遇设计洪水，设计流量7000m³/s。渣场防护标准同堤防工程。

（5）铅丝石笼固基设计。该段土质为砂质，抗冲刷能力差，沿河地下水水位变动较大，综合分析后采用铅丝笼抛石固基方案。

根据计算结果，满足基础抗冲刷沉陷稳定的铅丝笼抛石横断面面积应不小于8.0m²，因此铅丝石笼单元块体尺寸采用2m×1m×0.5m（长×宽×高），同时为了保证铅丝石笼抛石面积满足抗冲要求，顶部平台宽度为2m，顶部平台高程高于枯水位0.5～1.0m，铅丝石笼基础迎水坡坡比为1：1.5，背水坡坡比1：1.0，每层按迎水坡的坡比长度递增至河底。铅丝石笼护基见图5.5-9。

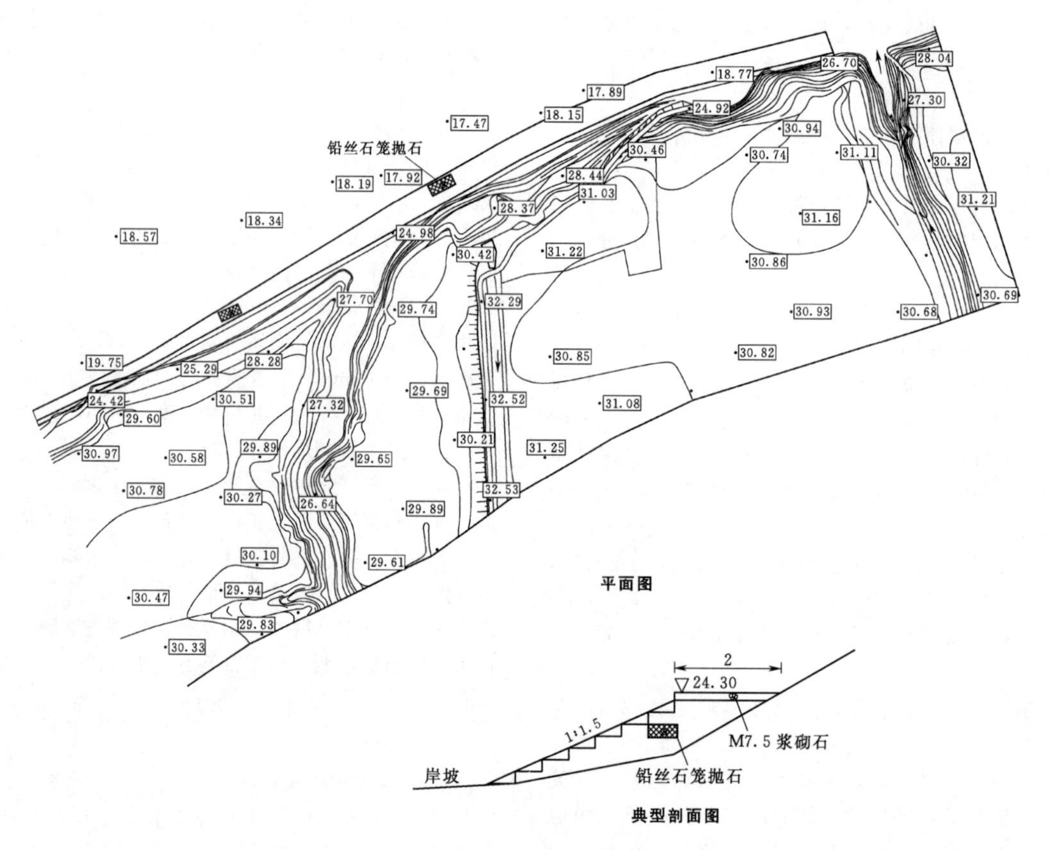

图5.5-9 铅丝石笼护基（单位：m）

2. 某调蓄水库工程导流明渠边坡石笼护坡

（1）工程概况。某调蓄水库工程由枢纽大坝、引水建筑物组成，其中大坝全长510m，坝高50m，引水口及引水隧洞长约80m，水库工程等别为Ⅰ等，主要建筑级别为1级，临时建筑级别为4级。

（2）自然条件。工程所在地地形开阔，岸坡平缓，最大自然坡度12°，自然河道宽约70m，左岸有天然阶地，最小自然坡度5°，岸坡主要由黏土、砂质黏土、粉质黏土及壤土组成，局部冲沟处可见中细砂层及砂壤土，地表覆盖层最小厚度0.5m。

（3）导流方案设计。综合分析工程布置方案、坝址条件因素，确定在左岸阶地采用明渠导流方案。导流明渠工程级别为4级，导流标准$P=5\%$、$Q=1500m^3$，设计渠长375m，底宽30m，渠底纵坡坡降3‰，明渠左岸边坡坡比1：1.25，右岸边坡坡比1：2，明渠过水断面和出口扩散段均采用1m厚钢筋石笼防护，左侧岸坡坡面摆放石笼3层，右侧岸坡坡面摆放石笼4层。

钢筋石笼设计规格为3m×3m×1m，框架采用ϕ50mm钢管，框架节点采用连接件加固。网片采用HPB300钢筋，顶部网片钢筋型号为ϕ12mm，钢筋纵横间距25cm；底部及侧立面堵头网片钢筋型号均为ϕ8mm，底部钢筋纵横间距35cm，堵头网片钢筋纵横间距50cm，迎水立面网片钢筋型号为ϕ12mm，钢筋纵横间距50cm，网片钢筋均采用8号铁线绑扎。框架与底部及侧面网片采用8号铁线连接，与顶层网片采用焊接连接。钢筋石笼填充石料粒径10～30cm，面层碎石堆积厚度不得超过10cm，顶部块石铺设凹凸高差不得大于10cm。

明渠开挖自下游向上游方向分层推进，便于底板和边坡成形后进行钢筋石笼防护施工。石笼摆放应先边坡后渠底，边坡防护应先自下游向上游推进，自坡脚向坡顶分层施工；待两侧护坡工程结束，再沿明渠上游向下游倒退进行护底施工。钢筋石笼示意图见图5.5-10，导流明渠钢筋石笼防护顺序示意图见图5.5-11。

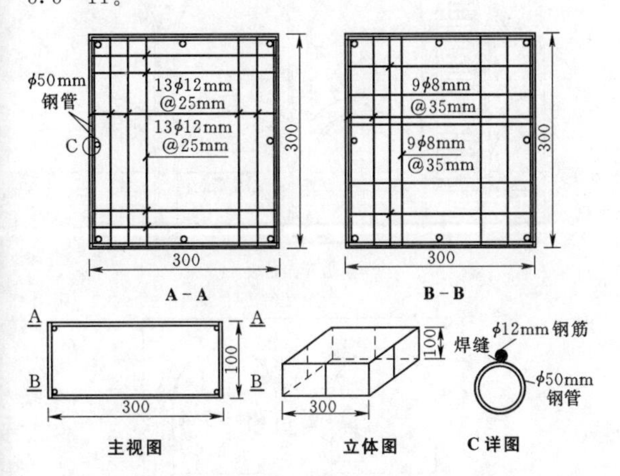

图5.5-10 钢筋石笼示意图（尺寸单位：cm）

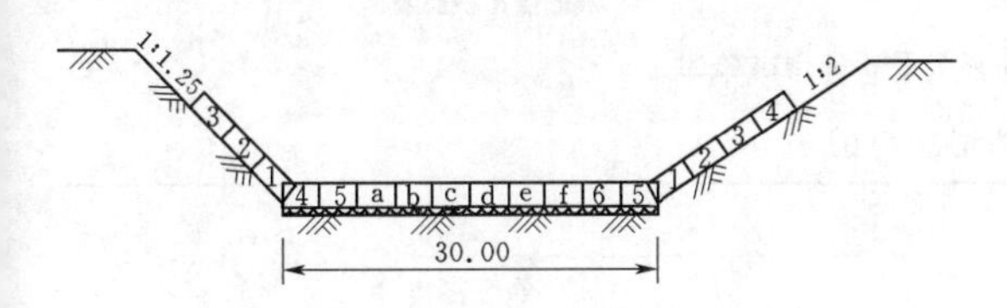

图5.5-11 导流明渠钢筋石笼防护顺序示意图（单位：m）

1～6—明渠坡面及坡底脚处钢筋石笼施工顺序；
a～f—明渠底部钢筋石笼倒退施工顺序

3. 某项目1号弃渣场格宾护坡

(1) 弃渣场及边坡基本概况。某项目1号弃渣场位于坝址上游6.05km河道右岸河漫滩和Ⅰ级阶地，属临河型弃渣场。该渣场渣料主要为施工道路及导流洞开挖弃渣，堆渣量20.7万m^3（松方），渣场占地3.06hm^2，占地类型以林地为主。1号渣场堆渣基本完成，最大堆渣高度23.23m，部分堆渣坡度较陡。

(2) 地质条件。该渣场处于河漫滩和Ⅰ级阶地上。地基物质组成主要为碎石土和砂卵石，局部段表层有细砂透镜体，现状基本稳定；后缘覆盖层斜坡和基岩斜坡整体稳定性较好，覆盖层斜坡位于场地上游段，坡角为30°～40°；由于河漫滩和Ⅰ级阶地砂卵石土及中细砂层缺乏胶结性，抗冲刷能力较差。砂卵石层压缩性低，其变形和承载力满足设计要求，可作为持力层，工程地质条件属Ⅰ类。工程区地震基本烈度为Ⅶ度。

(3) 堆渣边坡处理方案。采用1∶1.6边坡进行削坡处理后，经验算，削坡后渣场边坡满足稳定性要求。考虑本弃渣场位于坝址上游，工程建成后将被淹没于死水位下，但大坝施工期长达几年，施工时间较长，根据施工期防洪要求，为减少弃渣水土流失，进一步增强渣体边坡稳定性，仍需对渣体边坡采取防护措施，经综合分析拟采用格宾护垫对渣体坡面进行防护，以减轻洪水对渣体的冲刷。

(4) 格宾护垫设计。

1) 防护标准与高度。格宾护垫防护高度根据设计洪水$P=2\%$对应的设计洪水位进行防护，洪水位高于渣顶，护坡铺设至渣顶高度。坡面防护面积2.09hm^2。

2) 格宾护垫厚度确定。根据水流流速、波浪高度及岸坡的倾角，并考虑一定的安全裕度，经计算后格宾护垫厚度为0.3m。

3) 坡脚处格宾护垫水平铺设长度。渣脚处，格宾护垫伸入河底4m，可有效地起到渣脚防护作用。

格宾护垫规格为1m（长）×1m（宽）×0.3m（高）及3m（长）×2m（宽）×0.3m（高）。

5.5.8 框格护坡

5.5.8.1 定义与作用

框格护坡是指用浆砌石或混凝土等材料砌筑成的框架式（骨架式）构筑物，框架（骨架）内部可植乔灌草的一种综合护坡。

框格护坡可分散坡面径流，提高边坡的粗糙系数，降低坡面径流流速，减轻径流对坡面的冲刷程度，同时可提高框格内所覆表土的稳定性，利于边坡植物措施的实施，防治水土流失。加锚杆、锚管或预应力锚索的框格护坡还可提高边坡的稳定性。

5.5.8.2 分类与适用范围

1. 框格护坡分类

根据框格砌筑材料的不同，框格护坡可分为预制水泥混凝土空心块护坡、混凝土框格护坡、浆砌石框格护坡、钢筋混凝土框格护坡等。

根据砌筑的形状的不同，可分为方形、菱形、"人"字形、弧形护坡；预制水泥混凝土空心块护坡可分为正方形和六边形。

根据边坡的加固形式分为锚固型框格护坡和非锚固型框格护坡。锚固型框格护坡是在框格节点设置锚杆、锚管或预应力锚索，以提高边坡的稳定性。

图5.5-12为典型的混凝土护坡类型示意图。

2. 框格护坡的适用范围

框格护坡的适用范围见表5.5-8。

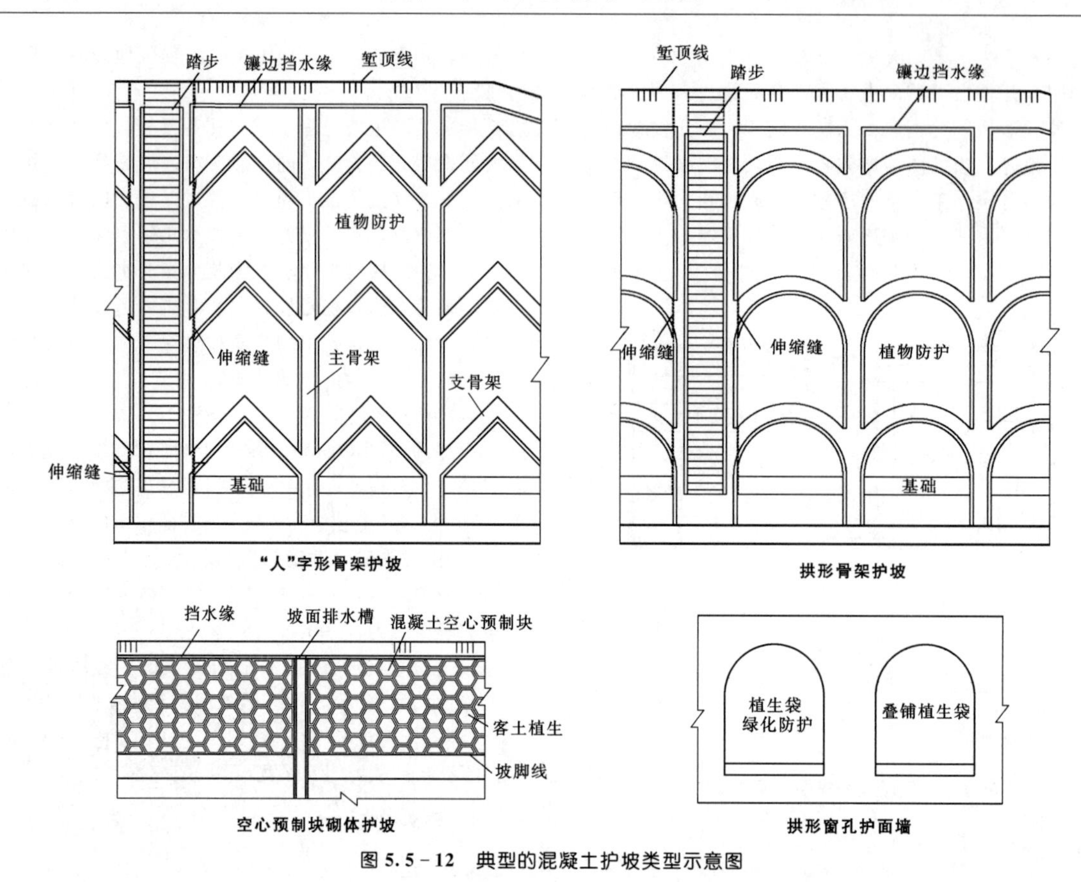

图 5.5-12 典型的混凝土护坡类型示意图

表 5.5-8 框格护坡的适用范围

<table>
<tr><th colspan="2" rowspan="2">分　类</th><th colspan="3">适　用　范　围</th><th rowspan="2">绿化方式</th></tr>
<tr><th>边坡类型</th><th>坡比</th><th>单级高度/m</th></tr>
<tr><td colspan="2">预制水泥混凝土空心块</td><td>泥岩、灰岩、砂岩等岩质边坡，以及土质或沙土质道路边坡，堤坡、坝坡等稳定边坡</td><td><1∶1.0</td><td><10</td><td>铺种草灌、铺植草皮</td></tr>
<tr><td colspan="2">混凝土框格护坡</td><td>泥岩、灰岩、砂岩等岩质边坡，以及土质或沙土质道路边坡，堤坡、坝坡等稳定边坡</td><td><1∶1.0</td><td><10</td><td>铺种草灌、铺植草皮</td></tr>
<tr><td rowspan="2">浆砌石框格护坡</td><td>非锚固型框格护坡</td><td>泥岩、灰岩、砂岩等岩质边坡，以及土质或沙土质道路边坡，堤坡、坝坡等稳定边坡</td><td><1∶1.5</td><td><10</td><td>铺种乔灌草、铺植草皮</td></tr>
<tr><td>锚固型框格护坡</td><td>较为破碎、易溜滑的岩体，或浅层稳定性较差的土质边坡</td><td><1∶1.0</td><td><10</td><td>铺种草灌、铺植草皮</td></tr>
<tr><td rowspan="2">钢筋混凝土框格护坡</td><td>非锚固型框格护坡</td><td>泥岩、灰岩、砂岩等岩质边坡，以及土质或沙土质道路边坡，堤坡、坝坡等稳定边坡</td><td><1∶1.0</td><td><10m</td><td>铺种草灌、铺植草皮</td></tr>
<tr><td>锚固型框格护坡（带锚杆、锚管或锚索）</td><td>浅层稳定性差且难以绿化的高陡岩坡和贫瘠土坡</td><td><1∶0.5</td><td></td><td>植草</td></tr>
</table>

5.5.8.3 设计与计算

锚固型框格梁护坡的设计与计算应包含以下几个方面。

（1）边坡稳定性分析和荷载计算。边坡的稳定计算需考虑的荷载应包括边坡体自重、静水压力、渗透压力、孔隙水压力、地震力等。

(2) 选择框格护坡型式及加固方案。

(3) 拟定框格的尺寸，确定锚杆、锚管、预应力锚索的锚固荷载。用锚杆加固不稳定边坡时，锚杆材料、直径、数量的选择应按照 GB 50086，锚管加固可参照锚杆设计。用预应力锚索加固不稳定边坡时，锚固力的确定、预应力锚索的布置、结构设计参考《水工设计手册》（第 2 版）第 10 卷《边坡工程与地质灾害防治》。

(4) 锚杆、锚管、预应力锚索的设计计算。

(5) 框格内力计算及结构设计。

(6) 加固后边坡的稳定性验算。

加固后的边坡的稳定性验算需考虑的荷载包括边坡体自重、静水压力、渗透压力、孔隙水压力、地震力、锚固力。

5.5.8.4 工程设计

(1) 预制水泥混凝土空心块护坡：正方形框格骨架的方格大小（高×宽）一般为 600mm×600mm～800mm×800mm，六边形框格的内切圆直径一般为 500～650mm，框格高度视回填覆土厚度而定，框格梁宽一般取 50～100mm。框格钢筋应采用 ϕ8mm 以上直径的Ⅱ级螺纹钢筋，框格混凝土强度等级不应低于 C20，框格间用 U 形钉固定在坡面上。

(2) 混凝土框格护坡：采用的断面（高×宽）一般取 300mm×200mm～300mm×300mm；框格高度视回填覆土厚度而定，框格梁宽取 300～500mm，每隔 10～25m 宽度设置伸缩缝，缝宽 2～3cm，填塞沥青麻筋或沥青木板。

(3) 浆砌石框格护坡：采用的断面（高×宽）一般取 300mm×200mm～300mm×300mm；框格高度视回填覆土厚度而定，框格梁宽取 350～1000mm，宽度设计与梁内截排水设计有关，为了保证框格的稳定性，可根据岩土体结构和强度在框格节点设置锚杆，长度一般 3～5m，全黏结灌浆。当岩土体较为破碎和易溜滑时，可采用锚管加固，全黏结灌浆，注浆压力一般为 0.5～1.0MPa。浆砌石框格护坡每隔 10～25m 宽度设置伸缩缝，缝宽 2～3cm，填塞沥青麻筋或沥青木板。

(4) 钢筋混凝土框格护坡：采用的断面（高×宽）一般取 300mm×250mm～500mm×400mm；框格高度视回填覆土厚度而定，框格梁宽取 300～500mm。框格纵向钢筋应采用 ϕ14mm 以上直径的Ⅱ级螺纹钢筋，箍筋应采用 ϕ6mm 以上直径的钢筋。框格混凝土强度等级不应低于 C25。为了保证框格护坡的稳定性，根据岩土体结构和强度在框格节点设置锚杆。锚杆应采用 ϕ25～40mm 的Ⅱ级螺纹钢加工，长度一般 4m 以上，全黏结灌浆，并与框格钢筋笼点焊连接。若岩土体较为破碎和易溜滑时，可采用锚管加固，锚管用 ϕ50mm 架管加工，全黏结灌浆，注浆压力一般为 0.5～1.0MPa，同样应与框格钢筋笼点焊连接。ϕ50mm 架管设计拉拔力可取为 100～140kN。锚杆（管）均应穿过潜在滑动面。如果是整体稳定性差或下滑力较大的滑坡，应采用预应力锚索加固。钢筋混凝土框格护坡每隔 10～25m 宽度设置伸缩缝，缝宽 2～3cm，填塞沥青麻筋或沥青木板。

当边坡高于 10m 时，应设置马道，马道宽 1.5～3.0m，后采取框格护坡设计。

框格内植物措施设计通常为局部块状整地，覆土后植乔灌草或局部块状整地，覆土后植草皮护坡；具体植物措施设计见本书“8.2 常规绿化”。

5.5.8.5 施工要求

混凝土护坡施工应满足下列要求。

(1) 水泥砂浆或混凝土用的砂、碎石、水泥及外加剂等原材料应符合现行规范的有关要求。

(2) 水泥砂浆或混凝土应按设计强度等级进行配合比设计，确定施工配合比。

(3) 混凝土预制件应采用工厂（场）化生产，预制应满足设计要求并符合现行规范的有关要求。

(4) 混凝土预制件拼装排列应整齐、平顺、紧密、美观，并与坡面密贴、稳固。

(5) 反滤层或垫层应随垫随砌，其材料及厚度应满足设计要求。

(6) 浆砌片石或现浇混凝土应与边坡密贴，骨架护坡嵌入坡面的深度应符合设计要求，骨架流水面应平顺，表面应与坡面顺接。

(7) 混凝土护坡工程基础的埋置深度除应满足冻胀要求外，还应按现场情况采取必要措施保护坡脚。

(8) 实体式护面墙泄水孔的位置、布置形式应符合设计要求，并做到排水畅通。

(9) 挖方边坡的混凝土护坡应开挖一级防护一级。护坡施工期间严禁在边坡顶堆积集中荷载。

5.5.8.6 案例

某高速铁路路堤土质边坡高度为 8m，边坡坡比为 1∶1.5，设计使用年限为 100 年，年降雨量超过 600mm，拟采用混凝土骨架护坡对该边坡坡面进行防护设计。

(1) 结构选型。路堤边坡为土质边坡，边坡坡比为 1∶1.5，考虑到边坡高度较高，年降雨量超过 600mm，为缓解雨水对边坡的冲刷，可采用“人”字形截水骨架护坡。

(2) 工程设计。采用如图 5.5-13 所示“人”字形截水骨架护坡对该路基边坡进行防护。具体工程措施包括以下几个。

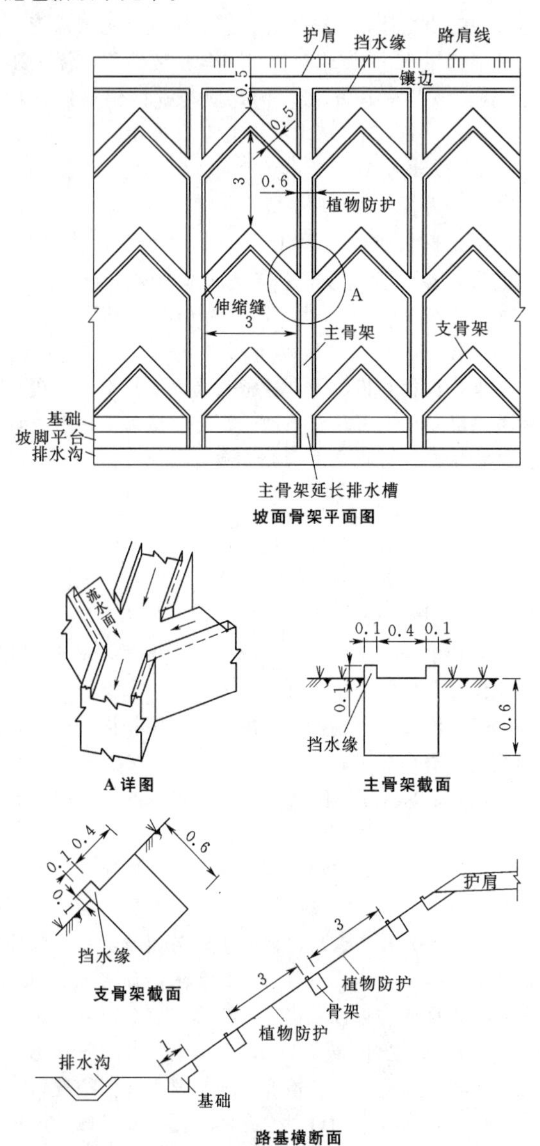

图5.5-13 “人”字形截水骨架设计示意图（单位：m）

1）“人”字形截水骨架由主骨架和支骨架组成，采用C30混凝土现浇而成。骨架内种植灌木和草。

2）截水骨架的主骨架做成槽形，纵向净距3m，骨架厚0.6m，宽0.5m，顶面两侧设置0.1m厚混凝土挡水缘；支骨架做成L形，与主骨架成45°，按“人”字形设置，支骨架横向净距为3m，厚度同主骨架，宽0.5m，顶面下侧设0.1m厚挡水缘。

3）为便于养护作业，每隔50～100m沿坡面设现浇混凝土或浆砌片石砌筑踏步一道，踏步净宽1.0m，厚度同骨架厚度，两侧分别设置0.1m混凝土挡水缘，踏步台阶高度宜为15～20cm，台阶深度不小于25cm。

4）线路方向每隔15～20m在支骨架与主骨架连接处及对应基础、镶边、护肩等位置设置一道伸缩缝，设置踏步处伸缩缝应结合踏步设置，缝宽2cm，缝内全断面采用沥青麻筋填充，伸缩缝均为贯通缝。

5）骨架护坡顶部设镶边和底部设基础，应放置在稳定地层上。

6）主骨架排水槽必须延长顺接至水沟、形成完整排水系统。延长排水槽基础采用0.2m厚C30混凝土现场浇筑，两侧设置挡水缘，排水槽成型后及时进行光面处理，保证整体美观及排水顺畅。

（3）施工要求。

1）施工顺序：布置骨架位置→开槽→施工基础→浇筑主、支骨架节点处→浇筑主骨架→浇筑支骨架→浇筑镶边→植物防护。

2）施工前清刷坡面浮土，填补坑凹，使坡面大致平整。

3）浇筑（或砌筑）骨架前，应预先布置骨架位置，路堤按从上到下布置，最上一级支骨架顶部距离路肩挡水缘按0.5～1.0m布置，路堑按从下到上布置，自坡脚基础顶面开始设置主、支骨架连接节点，依次向上布置。按布置位置在每条骨架起讫点放控制桩、挂线放样，然后人工开挖骨架沟槽，骨架嵌入坡面，应保证主、支骨架埋深。边坡骨架开槽挖到土工格栅时，应将骨架位置处的土工格栅局部剪断。

4）施工时先浇筑（或砌筑）骨架节点处，再浇筑其他部位骨架。

5）施工时应自下而上浇筑骨架，骨架应与边坡密贴，骨架流水面应平顺。踏步基础和骨架开槽底部应夯拍密实，骨架周边回填土应夯填密实。骨架表面应与骨架间植物防护良好衔接。

6）骨架采用混凝土浇筑时，嵌入坡面以下部分采用土模，外露部分及其挡水缘宜立模施工。

7）镶边及挡水缘施工过程中应与骨架基础衔接好，避免形成急流后冲刷边坡，保证边坡稳定。

8）施工过程中应保证外表面平整，以利于美观。

（4）质量验收要点。

1）骨架混凝土或砌体所用材料的品种、规格、质量应进场检验。

2）骨架混凝土、砂浆强度等级应符合设计要求。

3）骨架应按设计要求嵌入坡面，骨架厚度、伸缩缝的设置、缝宽与缝的填封应符合设计要求。

5.6 锚杆固坡

5.6.1 定义与作用

锚杆固坡是通过在边坡岩土体内植入受拉杆件，

提高边坡自身强度和自稳能力的一种边坡加固技术。其作用是通过埋设在地层中的锚杆，将结构物与地层紧紧地联结在一起，依赖锚杆与周围地层的抗剪强度传递结构物的拉力或使地层自身得到加固，从而增强被加固岩土体的强度、改善岩土体的应力状态，以保持结构物和岩土体的稳定性。

5.6.2 分类与适用范围

锚杆按是否进行预应力张拉可分为预应力锚杆和非预应力锚杆两大类。

1. 预应力锚杆

预应力锚杆由锚固段、张拉段、外锚结构组成，通过锚杆张拉锁定对边坡岩土体进行加固，锚固段应位于稳定的岩土层中。预应力锚杆适合加固高边坡、陡坡、危岩、滑坡体等。常见预应力锚杆组合支护型式包括：锚索框架梁、锚拉桩等。

(1) 锚索框架梁适用于为避免剥山皮刷坡或降低边坡和挡墙高度，而采用陡于岩土稳定坡比开挖的土质及软岩深路堑。

(2) 锚拉桩是由锚索和桩共同作用用于抵抗边坡土压力的结构，锚索一般布置于桩体上部，可设一排或多排。锚拉桩通过锚索张拉主动施加预应力使边坡滑面处压力增大、摩阻力增大从而提高边坡稳定性。

2. 非预应力锚杆

非预应力锚杆由普通钢筋、垫板和螺母组成，单独使用时适合加固不陡于稳定坡比的边坡，也可和混凝土面板、框架梁等结合使用，用以加固土质、破碎岩质边坡。非预应力锚杆不分锚固段、张拉段，一般由普通螺纹钢筋制成，孔内灌满水泥浆凝固后不进行张拉，直接用螺母锁定。常见非预应力锚杆组合支护型式包括：喷锚支护、喷锚加筋支护、锚杆框架梁护坡、土钉墙、锚杆挡墙等。

(1) 喷锚支护适用于具有较好自稳能力的岩土体边坡，比如可塑～硬塑黏性土层、全～弱风化的基岩，流塑的黏性土、砂类土不适合采用喷锚支护。

(2) 喷锚加筋支护适用于具有一定自稳能力的岩土体边坡，且边坡坡比应缓于稳定边坡坡比，特别适合岩体破碎、易掉块的岩质边坡的加固防护。

(3) 锚杆框架梁护坡适用于土质路堑边坡和无不良结构面但岩性破碎或软硬互层的岩石路堑边坡。

(4) 土钉墙是由边坡土体及打入边坡土体内的土钉、喷射混凝土面层等共同组成的支护结构。

(5) 锚杆挡墙是利用锚杆、混凝土面板及肋柱共同作用形成的一种挡土结构物。锚杆一端与工程面板联结，另一端锚固在稳定的地层中，边坡土压力由面板传递给锚杆，从而利用锚杆与地层间的锚固力来维持结构物的稳定。

5.6.3 工程设计

5.6.3.1 锚杆支护概述

1. 喷锚支护

喷锚支护是由坡面喷射混凝土层与坡体内锚杆相连形成的一种支护型式。它的作用机理是把边坡岩土体视为具有黏性、弹性、塑性等物理性质的连续介质，同时利用岩土体中开挖后产生变形的时间效应这一动态特性，适时采用既有一定刚度又有一定柔性的薄层支护结构与围岩紧密黏结成一个整体，既能对边坡变形、表层剥落起到某种抑制作用，又可与边坡“同步变形”来加固和保护边坡，使边坡岩土体成为支护的主体，充分发挥岩土体自身承载能力，从而增加边坡的稳定性。

喷锚支护结构型式见图 5.6-1。

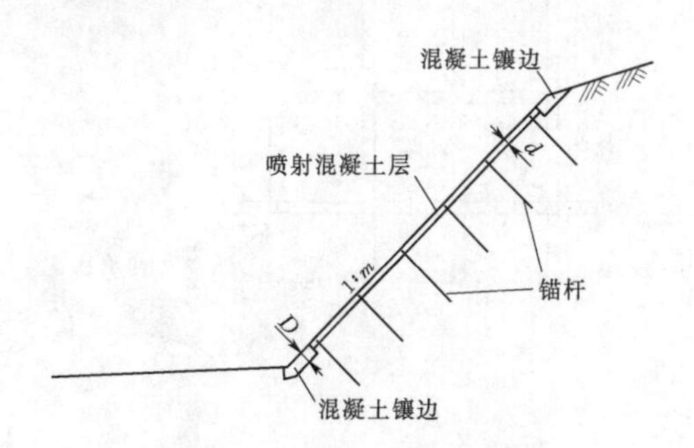

图 5.6-1 喷锚支护结构型式

d—喷射混凝土层厚度；D—镶边混凝土厚度

2. 喷锚加筋支护

喷锚加筋支护是喷射混凝土、锚杆以及坡面或坡体内加筋联合支护结构的总称，是一种先进的支护加固技术。它是通过在岩土体内布设一定长度和分布的锚杆、在坡面设置钢筋网或土工格栅网加筋喷射混凝土，起到约束坡面变形的作用，并与岩土体共同作用形成复合体，发挥锚拉作用弥补土体强度不足，使整个坡面形成一个整体，并使岩土体自身结构强度潜力得到充分发挥，提高边坡的稳定性。

喷锚加筋支护结构型式见图 5.6-2。

3. 非预应力锚杆框架梁护坡

非预应力锚杆框架梁护坡是将锚杆固定于坡面钢筋混凝土框架上，对框架内坡面进行植物防护，加强边坡的抗冲蚀和抗风化能力，并满足景观绿化要求。采用锚杆框架梁护坡可有效地增强边坡的整体性、稳定性。钢筋混凝土框架梁一般采用钢筋混凝土制作。非预应力锚杆框架梁护坡结构型式见图 5.6-3。

4. 锚索框架梁护坡

坡面支护措施采用锚索框架梁，必要时坡面采用(挂网)锚喷或厚层基材植生护坡，不仅可确保高陡

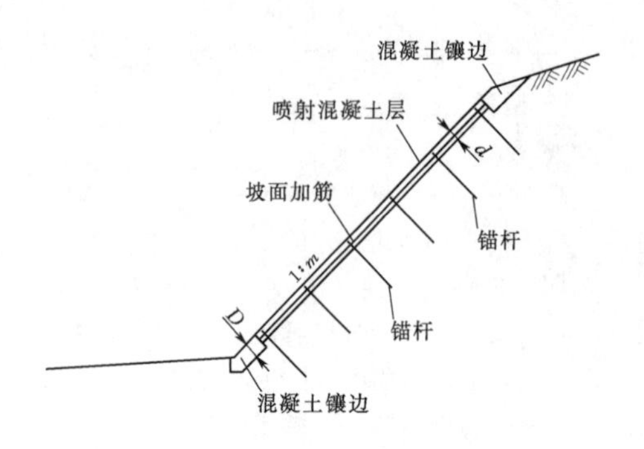

图 5.6-2 喷锚加筋支护结构型式

d—喷射混凝土层厚度；D—镶边混凝土厚度

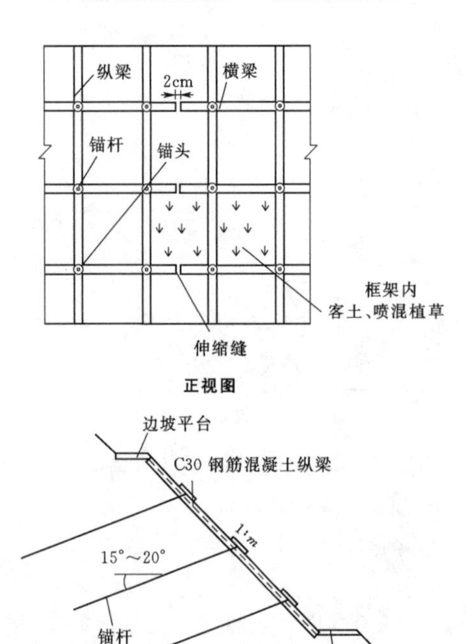

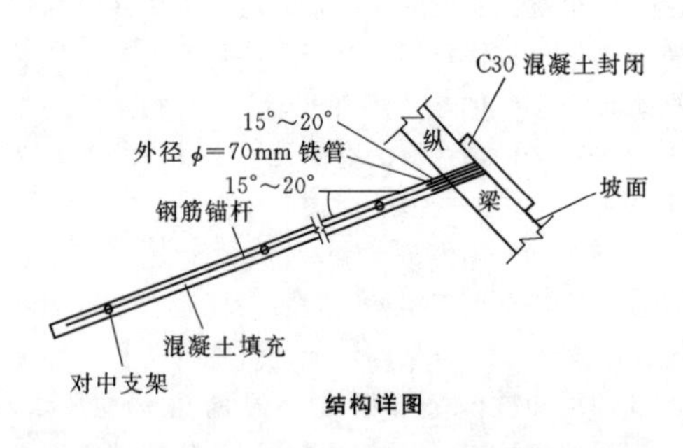

图 5.6-3 非预应力锚杆框架梁护坡结构型式

边坡的稳定性、加强边坡的抗冲蚀和抗风化能力，也能满足景观绿化的要求。锚索框架梁护坡边坡坡比可陡于岩土体稳定坡比，设计应进行稳定性验算。锚索框架梁护坡结构型式见图 5.6-4。

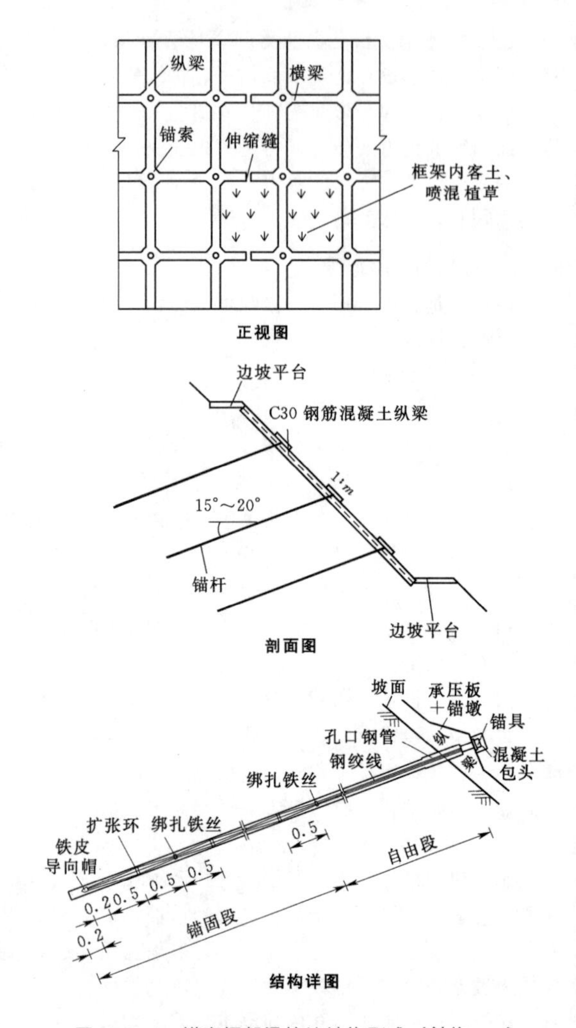

图 5.6-4 锚索框架梁护坡结构型式（单位：m）

5. 土钉墙

土钉墙是将土钉插入土体内部全长度与土体黏结，并在坡面上喷射混凝土，从而形成加筋土体加固区带，用以提高整个边坡原位土体的强度、抵抗墙后传来的土压力和其他力，并限制其位移，同时增强边坡体的自身稳定性。土钉墙支护结构型式见图 5.6-5。

6. 锚杆挡土墙

锚杆挡土墙按墙面结构型式可分为柱板式挡土墙和壁板式挡土墙。柱板式挡土墙是由挡土板、肋柱和锚杆组成，肋柱是挡土板的支座，锚杆是肋柱的支座，墙后的侧向土压力作用于挡土板上，并通过挡土板传递给肋柱，再由肋柱传递给锚杆，由锚杆与周围地层之间的锚固力即锚杆抗拔力与之平衡，以维持墙身及墙后土体的稳定；壁板式挡土墙是由墙面板和锚杆组成，墙面板直接与锚杆连接，并以锚杆为支撑，土压力通过墙面板传给锚杆，依靠锚杆与周围地层之

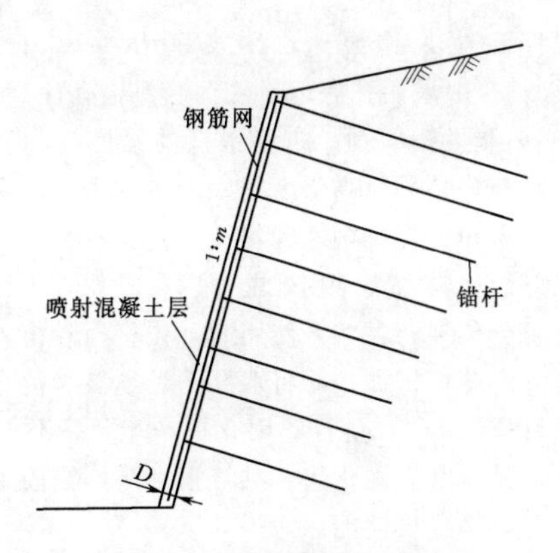

图 5.6-5　土钉墙支护结构型式

D—喷射混凝土层厚度

间的锚固力（即抗拔力）抵抗土压力，以维持挡土墙的平衡与稳定。目前多用柱板式挡土墙，锚杆挡土墙支护结构型式见图 5.6-6。

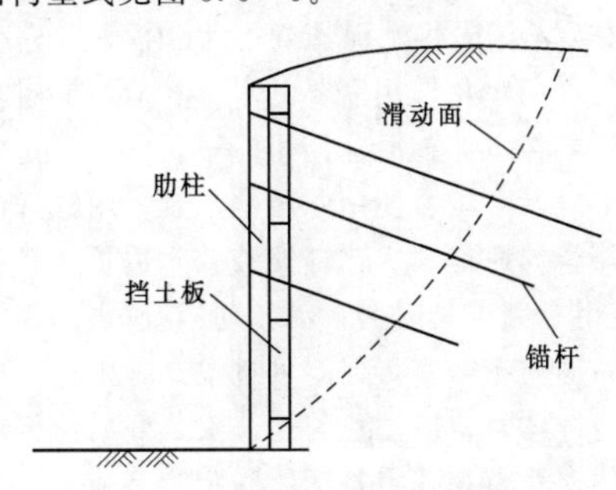

图 5.6-6　锚杆挡土墙支护结构型式

7. 锚拉桩

与抗滑桩相比，锚拉桩改变了桩悬臂端的受力状态，降低了桩身内力和力矩，大大减小了桩截面尺寸和桩长，节约了材料，优势明显。锚拉桩支护结构型式见图 5.6-7。

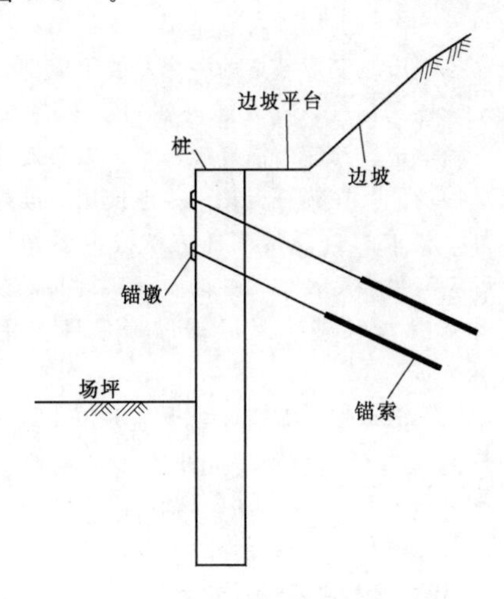

图 5.6-7　锚拉桩支护结构型式

5.6.3.2　锚杆规格

1. 锚杆类别和技术指标

按锚固机理可分为摩擦型锚杆、黏结型锚杆、端头锚固型锚杆和混合锚杆；按力的传递方式可分为压力型锚杆、拉力型锚杆、剪力型锚杆；按是否预先施加应力可分为预应力锚杆和非预应力锚杆；按锚固段构造形态可分为圆柱型锚杆、端部扩大头型锚杆、连续球体型锚杆；按材质可分为木锚杆、金属锚杆（钢筋、钢管、钢绞线）；按锚固剂材料可分为水泥砂浆锚杆、水泥药包锚杆、树脂锚杆等类型。目前，国内边坡加固工程中常用的锚杆根据其材料、施工工艺等不同，主要类别包括：水泥砂浆锚杆、自钻式中空注浆锚杆、树脂锚杆、水泥药卷锚杆、打入式锚杆、锚索等。

（1）水泥砂浆锚杆。水泥砂浆锚杆由钢筋杆体、垫板和螺母组成，锚固剂为水泥砂浆，杆体多采用圆钢或螺纹钢筋。通过锚固砂浆与锚杆的黏结力和砂浆与岩层间的黏结作用提供锚固力来加固边坡，单孔锚固力可达 30～100kN。

杆体采用钢筋直径 16～28mm，可由 1～2 根钢筋制作，锚杆长度一般 1.5～12m。锚孔直径 42～110mm。锚孔注浆利用注浆管孔底返浆法，注浆压力为 0.2～0.5MPa。水泥砂浆标号一般为 M30、M35，水灰比 1：0.4～1：0.5，灰砂比 1：1.5～1：2。

水泥砂浆锚杆安装简便，成本较低廉，施工方便，适合在允许适当变形量的边坡支护中使用。

（2）自钻式中空注浆锚杆。自钻式锚杆是将钻孔、锚杆安装、注浆、锚固合而为一的锚杆，特制的中空钻杆打入地层后不再收回，钻杆即锚杆体，注浆通过钻杆中孔进行。自钻式中空注浆锚杆由钻头、中空杆体、垫板和螺母组成。杆体外径 25～51mm，锚孔直径 42～110mm。

自钻式中空注浆锚杆特别适用于风化岩、碎石层、回填层、砂砾层和卵石层等难以成孔的地层，单孔锚固力可达 30～100kN。由于锚杆体按需要可切割成任意的长度并可使用连接器接长，所以可用于场地狭窄的施工环境。但自钻式锚杆成本较水泥砂浆锚杆稍高。

（3）树脂锚杆。树脂锚杆由不饱和树脂卷锚固剂、钢筋杆体、垫板、螺母组成，树脂锚杆的头部黏结在锚杆内，其锚固力达 30～150kN，金属锚杆的头部加工成反螺旋麻花形或其他形状。树脂锚杆具有承载快、锚固力大、安全可靠、施工操作简便、适用范围广等优点，且控制围岩位移和抗震性能好，可对围岩施加预压应力。树脂锚固剂可以工业化生产，但其储存期有限，一般为 3 个月左右。

(4) 水泥药卷锚杆。水泥药卷锚杆由水泥药卷、钢筋杆体、垫板、螺母组成。水泥药卷锚杆一般以早强型水泥为原料，用特制的袋子灌装成圆筒状，水中浸泡后放入锚孔内代替水泥砂浆，后插入钢筋，水泥药卷膨胀凝固后提供锚固力，其锚固力达30～100kN。

水泥药卷锚杆制作简便，材料来源广泛，成本低且便于机械化操作，安装速度快，无粉尘危害，适合各类边坡、基坑支护。

(5) 打入式锚杆。打入式锚杆一般采用等径钢管制作，利用机械打入土体内的钢管与土体间摩擦力提供锚固力来加固坡体，也可在钢管上预留透浆孔，打入钢管后通过钢管注浆来提高锚固力。打入式锚杆单孔锚固力较低，一般为30～100kN。打入式锚杆具有施工速度快、锚固及时的特点，特别适用于卵石层、砂砾石层、杂填土等难以成孔的地层。

(6) 锚索。锚索是将锚索体外端固定于坡面，另一端锚固在滑动面以内的稳定岩体中，通过施加预应力张拉并锁定锚索体使潜在滑面处于压紧状态，通过提高滑面处的压力来增大抗滑摩阻力，能有效地控制潜在滑体位移，提高边坡稳定性。通常用于顺层滑坡、危石以及高大边坡的加固。

锚索结构一般由内锚头、锚索体和外锚头三部分组成。内锚头又称锚固段或锚根，是锚索锚固在岩体内提供预应力的根基，按其结构型式分为机械式和胶结式两大类，胶结式又分为砂浆胶结和树脂胶结两类；外锚头又称外锚固段，是锚索借以提供张拉和锁定的部位，其种类有锚塞式、螺纹式、钢筋混凝土圆柱体锚墩式、墩头锚式和钢构架式等；锚索体是连接内外锚头的构件，也是张拉力的承受者，通过对锚索体的张拉来提供预应力，锚索体由高强度钢筋、钢绞线或螺纹钢筋构成。锚索在钻孔的同时于现场进行编制，内锚固段采用波纹形状，张拉段采用直线形状。

2. 锚杆材料

锚杆材料通常由杆体材料、锚固材料、外锚结构等组成。

(1) 杆体材料。圆钢和螺纹钢是制作各种普通锚杆杆体的主要材料，其力学性能应满足相关规范要求。

(2) 锚固材料。

1) 水泥砂浆。水泥制作锚固剂时，一般采用不低于P·O 32.5号的普通硅酸盐水泥制作成M30或M35标号的水泥砂浆，搅拌均匀后灌注入锚杆孔内。

为了改善水泥浆体在施工中和硬化后的性能，通常在水泥浆中加入一定比例的外加剂，如早强剂、缓凝剂、减水剂等。

锚杆注浆采用泵送，注浆压力一般为0.2～0.5MPa。一般采用孔底返浆法，确保锚孔注满。

2) 树脂类锚固剂。树脂锚杆的锚固剂为树脂药包。树脂药包是采用高强度锚固剂专用不饱和聚酯树脂与大理石粉、促进剂和辅料按一定比例配制而成的胶泥状黏结材料。用专用聚酯薄膜将胶泥与固化剂分割成双组分包装药卷状。使用时，先将药卷植入锚孔底部，反麻花锚杆插入时将双层药卷搅破、混合，发生化学反应后5min左右即固化，产生锚固作用。树脂锚固剂具有常温固化快、黏接强度高、锚固力可靠及耐久力好等优良性能。

3) 水泥药卷。水泥药卷一般用早强型水泥为原料，用特制的袋子灌装成圆筒状，直径与钻孔相仿(要保证能顺利塞入，比锚孔直径小2～4mm为宜)，因其形状与普通炸药的药卷相似，而主要材料为水泥，故名水泥药卷。

在安装前，先将水泥药卷在水中浸泡2～2.5min，保证吸足水泥水化作用需要的水分。但不能过久，保证水泥药卷在水泥初凝前使用完毕。

施工时，可配合使用专用的工具，用锚杆的杆体将水泥药卷匀速地顶入锚杆安装孔，边顶边转动杆体(配合使用专用工具时会自动转动)，使水泥药卷水泥在杆体周围均布密实，但不可过搅。施工过程中，顶入和转动杆体时，应注意匀速。安装好后，可用钢筋头或其他楔块，在孔口将杆体固定。

需要安装后立即起作用的，还可在水泥中加速凝剂等。另外，还可以在水泥中加水泥微膨胀剂等。必须注意的是：钢筋混凝土中不可使用的添加剂，在水泥药卷中同样不能添加。

(3) 外锚结构。

1) 锚杆螺母与垫板。螺母是固定垫板、锚杆等支护材料的一个重要构件，它是锚杆支护结构中形成支护力，控制边坡变形破坏的一个重要组成部分。特别是对于端锚式锚杆，没有螺母就构不成锚杆支护。因此，正确地选择和使用锚杆螺母，可以有效地实现锚杆的支护功能。在锚杆支护中一般使用标准件粗制六角螺母，要求螺母满足锚杆抗拉拔力的作用，因此，螺母应满足强度及耐久性的要求。目前，也逐渐出现了球形螺母和塑料阻尼螺母等多种专用锚杆螺母。

钢板、铸铁板均可做锚杆垫板。永久性锚杆一般采用钢垫板，钢垫板有圆形和正方形，直径(或边长)一般100～150mm，厚6～12mm，中间预留比锚杆直径稍大的圆孔(比锚杆外径大2mm)。

2) 锚具。在预应力锚杆锚固中，锚具张拉后将随杆体固定在预应力锚固工作单元中，被永久使用，根据形式可分为群锚夹片式、螺杆式、锥锚式和镦头式4种。群锚夹片式锚具由锚环、夹片组成，其性能优良、适应性强、操作简单方便，目前应用最广。

锚具、夹具及连接器的承载能力不应低于锚杆杆体极限承载能力的95%，且能满足锚杆张拉、补偿张拉和松弛等使用要求。

3）锚墩与承压板。当坡面为强度高且较完整的岩质边坡时，预应力锚杆可设锚墩或承压板锚固。锚墩和承压板的作用是将锚头的锚固力传递到坡面上，还可以保护锚头结构，均采用C30钢筋混凝土制作。承压板一般采用正方形，边长1.0～1.5m，厚0.2～0.3m。

4）框架梁。当边坡为土质、极软岩或破碎岩体时，也可采用钢筋混凝土框架梁传递锚固力，并增强边坡锚固的整体性。框架梁截面采用矩形，混凝土标号不低于C30。框架梁尺寸与配筋应结合结构检算确定，锚杆框架截面边长一般300～400mm，锚索框架梁截面边长一般400～600mm。框架梁应全部埋入坡面，也可外露10～15cm用以在框架梁内客土植草或基材植生绿化。

5.6.3.3 断面设计

在锚杆固坡工程设计时，应进行垂直于坡面走向的横断面设计，并在横断面图上明确以下内容：边坡的坡比形式，锚杆长度、材料、间距、倾角，锚孔直径、深度，锚固材料。锚杆与其他结构物共同作用时，还应明确其他结构物的材料性能、尺寸及二者作用关系。下面就几种常见的锚杆固坡工程类型分别加以说明。

1. 喷锚支护

喷锚支护按作用时效可分为永久性喷锚支护和临时喷锚支护两类。

（1）永久性喷锚支护。永久性喷锚支护主要用于坡比不陡于稳定坡比的土质、软岩、破碎岩质边坡的加固。

锚杆一般采用直径16～22mm的螺纹钢筋制作，锚杆长度1.5～4.0m，间距一般1.0～2.0m，对Ⅰ类、Ⅱ类岩体边坡最大间距不得大于3m，对Ⅲ类岩体边坡最大间距不得大于2m。岩体破碎地段可适当加密、加长。

锚孔倾角宜为10°～20°，锚孔直径40～70mm，孔内灌注M30水泥砂浆。

喷射混凝土强度等级不宜低于C20，厚度不小于10cm。永久性喷锚支护单级边坡高度不宜超过8.0m，边坡坡比应缓于稳定坡比。锚杆头可采用钢筋连接以提高边坡整体锚固效果。喷射混凝土的物理力学参数见表5.6-1。

表5.6-1 喷射混凝土的物理力学参数

物理力学参数	混凝土强度等级		
	C20	C25	C30
轴心抗压强度设计值/MPa	10.0	12.5	15.0
弯曲抗压强度设计值/MPa	11.0	13.5	16.5
轴心抗拉强度设计值/MPa	1.1	1.3	1.5
抗压强度设计值/万 MPa	2.1	2.3	2.5
容重/(kN/m^3)	22		

（2）临时喷锚支护。施工过程中的基础开挖会形成临时边坡，为了增加其稳定性，常采用喷锚支护。它是在临时边坡形成后及时通过锚杆和坡面喷射混凝土层的共同作用，提高边坡的强度，延缓边坡变形的速率，保证永久加固工程完工前临时边坡具有一定的自稳能力。因为临时边坡一般较稳定边坡陡，所以临时喷锚一定要及时实施。

临时喷锚支护的土质、极软岩边坡高度不宜超过6m、坡比不宜陡于1∶0.5，锚杆长度按坡高的0.5～0.8倍为宜，间距0.5～1.5m，锚杆倾角宜为10°～20°；软岩、强风化硬质岩临时边坡高度不宜超过8m，坡比不宜陡于1∶0.3，锚杆长度按坡高的0.3～0.6倍为宜，间距1～2.0m。喷射混凝土层厚度一般6～10cm。

临时喷锚支护锚杆一般采用螺纹钢筋，直径12～22mm。

2. 挂网喷锚支护

挂网喷锚支护主要用于坡比不陡于稳定坡比的土质、软岩、破碎岩质边坡的加固。混凝土层内加筋材料一般采用镀锌铁丝网或土工格栅，喷射混凝土层较厚时可设双层网。

镀锌铁丝网铁丝直径0.9～1.6mm，网眼直径10～20cm，钢筋网片网格直径15～25cm。土工格栅要求抗拉强度不小于25kN/m，网格尺寸小于15cm。锚杆一般采用直径16～22mm的螺纹钢筋制作，锚杆长度1.5～4.0m，间距一般1.0～2.0m，岩体破碎地段可适当加密、加长。锚杆倾角宜为10°～20°。喷射混凝土标号不宜低于C20，厚度一般10～20cm。永久性喷锚支护单级边坡高度不宜超过8.0m，边坡坡比应缓于稳定坡比。

挂网喷锚支护适应于具有一定自稳能力的岩土体边坡，且边坡坡比应缓于稳定边坡坡比，特别适合岩体破碎、易掉块的岩质边坡的加固防护。

3. 锚杆框架梁护坡

锚杆框架梁护坡边坡坡比不陡于岩土稳定坡比，且不陡于1∶0.75。

锚杆与水平面的夹角为15°～20°，一般采用直径22～32mm的螺纹钢筋制作，必要时可采用两根钢筋并联制作，也可采用自钻式中空注浆锚杆。锚杆间距通常3.0m或4.0m，长度一般8～12m。锚孔直径一般110mm，孔内灌注M30水泥砂浆。

框架梁一般采用C30钢筋混凝土现浇，构造配筋，其尺寸大小由地层情况及边坡高度按构造要求确定，其厚度和宽度一般均采用0.3～0.4m。

4. 锚索框架梁护坡

锚索框架梁护坡边坡坡比应根据边坡工程地质条件、边坡荷载、外部环境因素进行稳定性验算确定。

锚索一般采用直径12.7mm或15.2mm的高强度预应力钢绞线制成，锚索间距、长度及钢绞线根数应根据边坡稳定性计算要求确定，锚固段必须位于稳定岩土层内。锚索总长度由锚固段、自由段及锚头组成，锚拉桩锚索结构示意图见图5.6-8。锚索自由段长度受稳定地层界面控制，在设计中应考虑自由段伸入滑动面或潜在滑动面的长度不应小于1.5m，自由段长度不应小于5m。张拉段长度应根据张拉机具决定，锚索外露部分长度宜为1.5m左右。

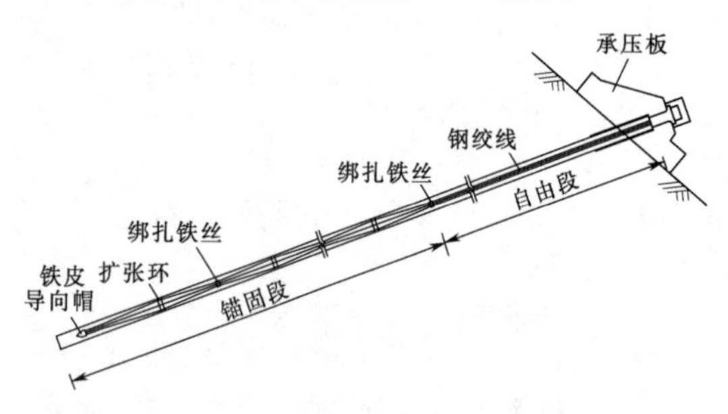

图5.6-8 锚拉桩锚索结构示意图

锚索水平、竖直向间距一般分别采用3.0m、4.0m，锚索与水平面的夹角为15°～20°。

锚固体的直径应根据设计锚固力、地基性状、锚固类型、张拉材料根数、造孔能力等因素确定，宜采用110mm、130mm、150mm等。

锚索孔注浆材料宜采用M35水泥砂浆。

框架梁一般采用C30钢筋混凝土，构造配筋，其尺寸大小由地层情况、边坡高度、单孔锚索荷载、间距等因素计算确定，横梁厚度、宽度均不宜小于0.4m，纵梁厚度、宽度一般均不小于0.5m。

5. 土钉墙

(1) 土钉墙支护的选型应根据边坡高度、地层性质、周边环境条件等因素确定，土钉墙构造设计应符合下列要求。

1) 土钉墙墙面坡比宜为1∶0.2～1∶0.4。

2) 土钉必须和面层有效连接，应设置承压板或加强钢筋等构造措施，承压板或加强钢筋应与土钉螺栓连接或钢筋焊接连接。

3) 土钉的长度宜为边坡高度的0.5～1.2倍，间距宜为1～2m，与水平面夹角宜为10°～20°向下的方向；对于密实的砾石层，土钉长度不宜小于3.0m；对于支护基坑，坑深中部及上部的土钉长度宜大一些，底部土钉长度可小些，但不宜小于0.5倍坑深。

4) 土钉钢筋宜采用HRB400钢筋，钢筋直径宜为16～25mm，钻孔直径宜为70～120mm。

5) 注浆材料宜采用水泥浆或水泥砂浆，其强度等级不宜低于M10。

6) 喷射混凝土面层宜配置钢筋网，钢筋直径宜为6～10mm，间距宜为150～300mm。喷射混凝土强度等级不宜低于C20，面层厚度不宜小于80mm。

7) 坡面上下段钢筋网搭接长度应大于300mm。

8) 当地下水位高于基坑底面时，应采取降水或截水措施。土钉墙墙顶应采用砂浆或混凝土护面，坡顶和坡脚应设排水措施，坡面上可根据具体情况设置泄水孔。

9) 对流塑状态的黏性土、松砂等难以成孔的软弱松散地层，宜采用打入式钢管，钢管管壁应设置注浆孔，打入后再行注浆。

(2) 对基底以下有软土的土钉墙及复合土钉墙支护，应按式(5.6-1)进行坑底土层的承载力验算：

$$K\left(q+\sum_{i=1}^{n}\gamma_i\Delta h_i\right)\geqslant f_{uk} \tag{5.6-1}$$

式中 K——抗隆起安全系数，取1.6；

q——地面荷载；

n——坑深范围内土层数；

γ_i——坑深范围内各土层容重；

Δh_i——坑深范围内各土层厚度；

f_{uk}——坑底土层极限承载力标准值。

(3) 应根据各个不同施工阶段的工况进行整体稳定性验算。土钉及其与预应力锚杆复合支护的整体稳定验算考虑土钉和锚杆的受拉作用，整体稳定安全系数可按式(5.6-2)计算，整体稳定性验算示意图见图5.6-9。每一工况的安全系数应取该工况下各种可能滑移面所计算安全系数的最小值。

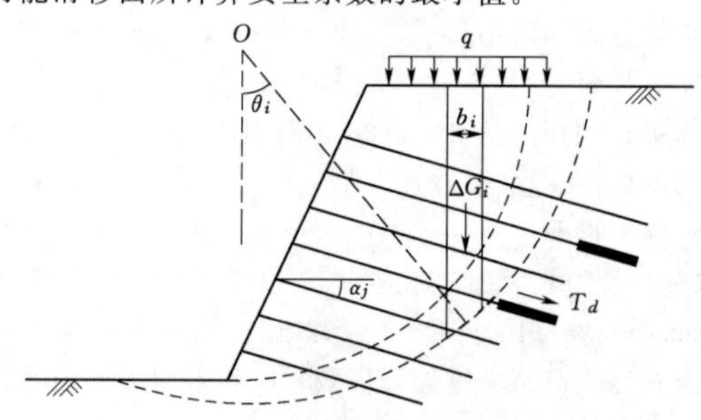

图5.6-9 土钉墙整体稳定性验算示意图

$$K=\frac{\sum_{i=1}^{n}c_il_i+\sum_{i=1}^{n}(q_ib_i+\Delta G_i)\cos\theta_i\tan\phi_i+\sum_{j=1}^{m}T_{dj}[\sin(\theta_i+\alpha_j)\tan\phi_i]/S_j+\sum_{j=1}^{m}T'_{dj}\cos(\theta_i+\alpha_j)/S_j+\sum_{j=1}^{m}\eta T'_{dj}[\sin(\theta_i+\alpha_j)\tan\phi_i]/S_j}{\sum_{i=1}^{n}(q_ib_i+\Delta G_i)\sin\theta_i-\sum_{j=1}^{m}T_d\cos(\theta_i+\alpha_j)/S_j}\tag{5.6-2}$$

$$l_i=b_i/\cos\alpha$$

式中 K——圆弧滑动稳定安全系数，按建筑边坡技术规范取值；

n——滑动土体分条数；

m——滑动体内土钉及预应力锚杆数；

c_i——第 i 条土条滑动面处内聚力标准值，kPa；

l_i——第 i 条土条沿滑弧面的弧长，m；

q_i——第 i 条土条地面荷载标准值，kN；

b_i——第 i 条土条宽度，m；

ΔG_i——第 i 条土条自重标准值，kN/m^3；

θ_i——第 i 条土条滑弧中点的切线和水平线的夹角，(°)；

ϕ_i——第 i 条土条滑动面处内摩擦角标准值，(°)；

T_{dj}——第 j 层锚杆的受拉承载力设计值，kN；

S_j——第 j 层土钉或锚杆的水平间距，m；

α_j——第 j 层土钉或锚杆与水平面间夹角，(°)；

η——土钉抗力法向分量降低系数，取 0.6；

T'_{dj}——第 j 层土钉的受拉承载力设计值，kN。

(4) 喷射混凝土面层强度等级不小于 C20，3d 龄期强度应不小于 12MPa。混凝土面层厚度不应小于 80mm，面层内置钢筋网直径宜为 6～10mm，网眼尺寸宜为 150～300mm。当面层厚度大于 120mm 时，宜设 2 层钢筋网，土钉头应采用直径 14～20mm 加强钢筋连接。

6. 锚拉桩（墙）

(1) 锚拉桩（墙）结构的设计应进行结构内力计算、边坡整体稳定性验算、抗倾覆计算。开挖工况的结构内力计算，应包括锚拉桩（墙）内力、锚杆拉力等，锚拉桩（墙）锚结构内力及变形计算宜采用弹性抗力法。边坡水平变形情况也应进行计算。

(2) 锚杆水平刚度系数 K_T 可由锚杆基本试验确定，当无试验资料时，可按式（5.6-3）、式（5.6-4）计算：

$$k_T=\frac{EA}{L_{ft}}\tag{5.6-3}$$

$$k_H=\frac{EA}{L_{ft}}\frac{1}{s}\cos^2\theta\tag{5.6-4}$$

式中 k_T——锚杆的刚度系数，kN/m；

k_H——非锚固段长度支护结构水平支点刚度系数，kN/m/m；

E——锚固体组合弹性模量，kN/m^2；

A——杆体截面面积，m^2；

L_{ft}——锚杆的自由段长度，对于拉力型锚杆取其自由段与 1/3 锚固段长度之和，对于荷载分散型锚杆取最前端的单元锚杆杆体的非黏结长度，m；

s——锚杆间距，m；

θ——锚杆倾角，(°)。

(3) 锚拉桩（墙）截面、配筋、钢材型号或强度等级，以及锚杆的锚固长度、杆体材料及截面等应按锚拉桩（墙）结构施工及使用过程中的最不利内力考虑。

(4) 支护结构设计应符合现行国家标准《混凝土结构设计规范》（GB 50010）及《钢结构设计规范》（GB 50017）的有关规定，结构设计计算应采用荷载基本组合，结构的内力设计值 S_d 按支护结构内力标准值的 1.25 倍计算。

(5) 锚杆拉力标准值应根据支护结构水平支点力，并按式（5.6-5）计算：

$$N_k=\frac{F_k}{\cos\theta}s\tag{5.6-5}$$

式中 N_k——锚杆拉力标准值；

F_k——挡土结构支点力标准值，kN/m；

s——锚杆水平间距，m；

θ——锚杆的倾角，(°)。

(6) 锚杆拉力设计值，锚杆锚固段长度、直径及杆体截面计算参阅前述锚杆设计部分内容进行。

(7) 锚杆的自由段长度应超过潜在滑裂面 1.5m，且不宜小于 5m，潜在滑裂面位置应根据整体稳定计算确定。锚杆的自由段长度可按式（5.6-6）计算（图 5.6-10）：

$$L_f=\frac{b}{\cos\theta}+\frac{(s_1-b\tan\theta+s_2)\sin(45°-\phi/2)}{\cos(45°-\phi/2-\theta)}+1.5\tag{5.6-6}$$

式中 L_f——锚杆的自由段长度，m；

b——排桩或地下连续墙总厚度，m；

θ——锚杆的倾角，(°)；

s_1——锚杆的锚头中点至坡脚的距离，m；

s_2——坡脚至排桩或地下连续墙嵌固段土压力为零点（即 O 点）的距离，若没有土压力零点时，取1/3嵌固深度，m；

ϕ——O点以上各土层按土层厚度加权的内摩擦角平均值，(°)。

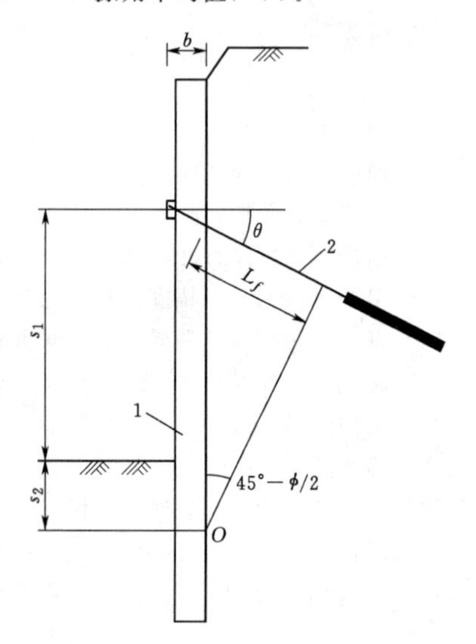

图5.6-10 锚杆自由段长度计算简图

1—排桩或地下连续墙；2—锚杆

(8) 锚拉桩（墙）的整体稳定性验算可采用条分法按式（5.6-7）进行验算（图5.6-11）：

$$K=\frac{\sum(q_ib_i+\Delta G_i)\cos\theta_i\tan\phi_i+\sum c_il_i+\sum T_{d,j}\sin(\theta_i+\alpha_j)\tan\phi_i/s_j}{\sum(q_ib_i+\Delta G_i)\sin\alpha_j-\sum T_{d,j}\cos(\theta_i+\alpha_j)/s_j} \tag{5.6-7}$$

式中 K——整体滑动稳定安全系数，根据边坡等级取1.2～1.3；

q_i——作用在第i土条上的附加分布荷载值，kN；

b_i——第i土条的宽度，m；

ΔG_i——第i土条的天然重力，地下水位以下采用浮容重，kN/m³；

θ_i——第i个支点的锚杆与水平面的夹角，(°)；

ϕ_i——第i土条滑弧面上土层的内摩擦角，(°)；

c_i——第i土条滑弧面上土层的黏聚力，kPa；

l_i——第i土条滑弧面上的弧长，m；

$T_{d,j}$——第j个支点的锚杆受拉承载力设计值，kN；

α_j——第j个锚杆与水平面间夹角，(°)；

s_j——第j个支点的锚杆水平间距，当支点（锚杆位置）两侧的水平间距不同时取$s=(s_1+s_2)/2$，此处s_1与s_2分别为该支点与相邻两支点的间距，m。

当有地下水作用时，锚拉桩（墙）支护整体稳定性验算应在式（5.6-7）分母项中加入由地下水压力对圆弧滑动体圆心的滑动力矩M_w，M_w可按式

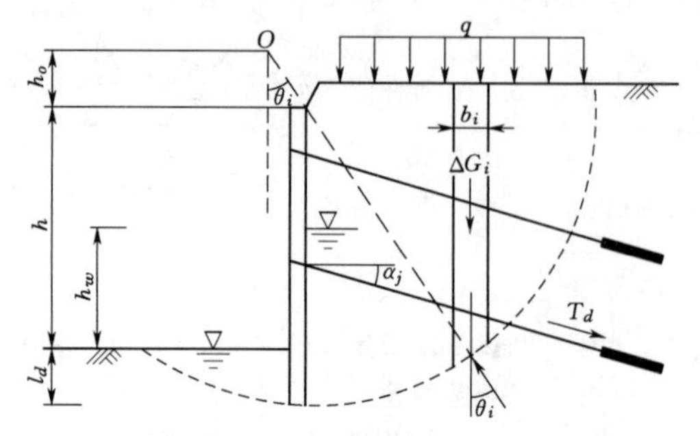

图5.6-11 锚拉桩（墙）整体稳定性验算示意图

h—桩顶平面至基坑底的垂直距离，m；h_o—滑弧圆心点至桩顶平面的垂直距离，m；h_w—基坑底以上水头高度，m；l_d—锚拉桩（墙）埋深，m

（5.6-8）计算：

$$M_w=\gamma_wh_w\left[\frac{\left(h_o+h-\frac{h_w}{3}\right)h_w}{2}+\left(h_o+h+\frac{l_d}{2}\right)l_d\right] \tag{5.6-8}$$

式中 γ_w——水容重，取10kN/m³；

其他符号意义同前。

(9) 锚杆挡墙支护中锚杆的布置应符合下列规定：锚杆的水平间距不宜小于1.5m；多排锚杆竖向间距不宜小于2.0m；锚杆的倾角宜取15°～45°；锚杆锚固段置于稳定土层中。

(10) 锚杆锁定拉力应根据锚固地层及支护结构变形控制要求确定，一般可取设计轴向拉力值的0.70～0.85倍。

(11) 锚拉桩（墙）悬臂端长度不宜大于16m，桩上锚索竖向间距不宜小于2m。锚固段应置于稳定岩土层内。桩截面、长度、间距及锚索间距、长度等参数应经计算后确定。

5.6.4 边坡稳定性分析及锚固结构设计

锚杆固坡结构的破坏分为外部稳定破坏和内部稳定破坏。外部稳定破坏发生在锚固体之外，是锚杆固坡结构整体失稳破坏；内部稳定破坏发生在锚杆固坡结构之内，多表现为锚杆的拔出、拉断等破坏形式。锚固结构设计应确保边坡的整体稳定和锚杆等结构物的稳定。下面主要介绍锚杆固坡工程的边坡稳定性计算、锚杆锚固力计算、预应力锚杆设计参数计算等内容。

5.6.4.1 边坡稳定性计算

极限平衡法是当前国内外应用最为广泛的边坡稳定分析方法。它是传统边坡稳定分析方法的代表。其基本思路是：假定岩土（体）破坏是由于滑体内滑面上发生滑动而造成的，滑动体被看成刚体，不考虑其变形，滑面上岩土（体）处于极限平衡状态，并且满

足摩尔-库仑准则。滑面的形状可以为平面、圆弧面、对数螺旋面或其他不规则面，然后通过由滑面形成的隔离体的静力平衡方程，确定沿滑面滑动可能性大小，即该滑面上安全系数 F_s 值的大小。假定不同的滑面就可以得到不同的安全系数值，其中安全系数 F_s 值最小的滑面就是最危险滑动面，其对应的安全系数值为该边坡稳定的安全系数值。

在工程情况复杂的情况下，需要结合数值模拟结果进行边坡稳定性的综合分析和对极限平衡法计算结果的验证。近几十年来，随着计算机应用的发展，数值计算方法在岩土工程问题分析中得到了广泛应用，大大推动了岩土（体）力学的发展。在岩土（体）力学中所用的数值方法主要有以下几种：有限差分法、有限元法、边界元法、加权余量法、半解析元法、刚体元法、非连续变形分析法、离散元法、无界元法和流形元法等。在锚杆加固工程中常用的有限元软件有ANSYS、FLAC^{3D}、ADINA等。

结合《建筑边坡技术规范》（GB 50330—2013）中的简化方程，采用极限平衡法计算边坡稳定性的常用方法主要有以下几种。

（1）圆弧形滑面的边坡稳定性系数可按式（5.6-9）～式（5.6-11）计算，计算简图见图5.6-12。

$$F_s=\frac{\sum_{i=1}^{n}\frac{1}{m_{\theta_i}}[c_i l_i\cos\theta_i+(G_i+G_{b_i}-U_i\cos\theta_i)\tan\varphi_i]}{\sum_{i=1}^{n}[(G_i+G_{b_i})\sin\theta_i+Q_i\cos\theta_i]} \tag{5.6-9}$$

$$m_{\theta_i}=\cos\theta_i+\frac{\tan\varphi_i\sin\theta_i}{F_s} \tag{5.6-10}$$

$$U_i=\frac{1}{2}\gamma_w(h_{w_i}+h_{w_{i-1}})l_i \tag{5.6-11}$$

式中 F_s——圆弧滑动稳定安全系数，Ⅱ级边坡为1.25，Ⅲ级边坡为1.2；
n——滑动土体分条数；
i——条块编号，从后方编起；
m——土体内土钉及预应力锚杆数；
c_i——第 i 计算条块滑动面的黏聚力，kPa；
l_i——第 i 计算条块沿滑弧面的弧长，m；
θ_i——第 i 计算条块滑弧中点的切线和水平线的夹角（滑面倾向与滑动方向相同时取正值，相反取负值），(°)；
G_i——第 i 计算条块自重，kN/m；
G_{b_i}——第 i 计算条块单位宽度竖向附加荷载（方向指向下方时取正值，指向上方时取负值），kN/m；
U_i——第 i 计算条块滑面单位宽度总水压力，kN/m；
φ_i——第 i 计算条块滑动面处内摩擦角标准值，(°)；
γ_w——水的容重，取10kN/m^3；
h_{w_i}、$h_{w_{i-1}}$——第 i 计算条块、第 $i-1$ 计算条块滑动面前段水头高度，m；
Q_i——第 i 计算条块单位宽度水平荷载（方向指向坡外时取正值，指向坡内时取负值），kN/m。

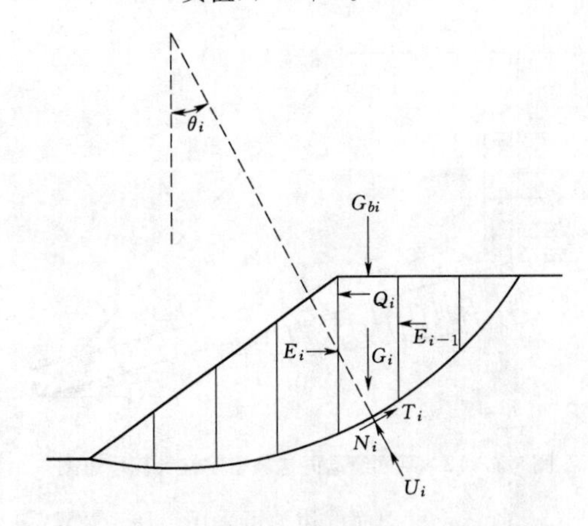

图5.6-12 圆弧形滑面边坡稳定性计算示意图

E_{i-1}—第 $i-1$ 计算条块剩余下滑力；E_i—第 i 计算条块剩余下滑力；N_i—第 i 计算条块作用于滑面的压力；T_i—第 i 计算条块与滑面间的摩擦力

（2）平面滑动面的边坡稳定性系数可按式（5.6-12）～式（5.6-15）计算，计算简图见图5.6-13。

$$F_s=R/T$$

$$R=[(G+G_b)\cos\theta-Q\sin\theta-V\sin\theta-U]\tan\varphi+cL \tag{5.6-12}$$

$$T=(G+G_b)\sin\theta+Q\cos\theta+V\cos\theta \tag{5.6-13}$$

$$V=0.5\gamma_w h_w^2 \tag{5.6-14}$$

$$U=0.5\gamma_w h_w L \tag{5.6-15}$$

式中 R——滑体单位宽度重力及其他外力引起的抗滑力，kN/m；
T——滑体单位宽度重力及其他外力引起的下滑力，kN/m；
G——滑体单位宽度自重，kN/m；
G_b——滑体单位宽度竖向附加荷载（方向指向下方时取正值，反之取负值），kN/m；
θ——滑面倾角，(°)；
Q——滑体单位宽度水平荷载（方向指向坡外时取正值，指向坡内时取负值），kN/m；

V——后缘陡倾裂隙面上的单位宽度总水压力，kN/m；

U——滑面单位宽度总水压，kN/m；

φ——滑面的内摩擦角，(°)；

c——滑面的黏聚力，kPa；

L——滑面长度，m；

γ_w——水的容重，取10kN/m³；

h_w——后缘陡倾裂隙充水高度（根据裂隙情况及汇水条件确定），m。

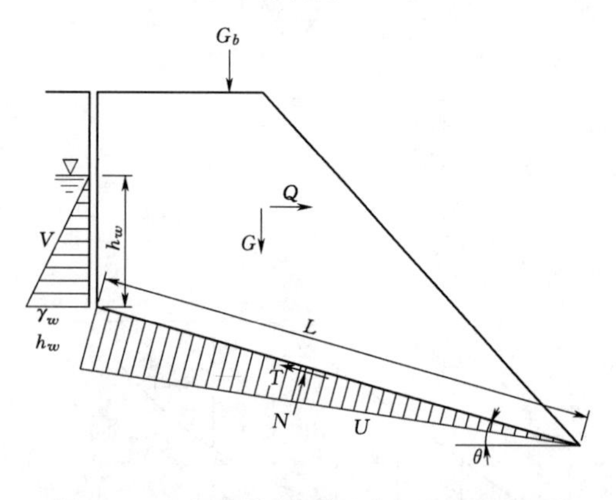

图5.6-13 平面滑动面边坡稳定性计算示意图

(3) 折线形滑动面的边坡可采用传递系数法隐式解，边坡稳定性系数可按式(5.6-16)～式(5.6-20)计算，计算简图见图5.6-14。

$$P_n=0 \tag{5.6-16}$$

$$P_i=P_{i-1}\psi_{i-1}+T_i-R_i/F_i \tag{5.6-17}$$

$$\psi_{i-1}=\cos(\theta_{i-1}-\theta_i)-\sin(\theta_{i-1}-\theta_i)\tan\varphi_i/F_i \tag{5.6-18}$$

$$T_i=(G_i+G_{bi})\sin\theta_i+Q_i\cos\theta_i \tag{5.6-19}$$

$$R_i=c_il_i+[(G_i+G_{bi})\cos\theta_i+Q_i\sin\theta_i-U_i]\tan\varphi_i \tag{5.6-20}$$

式中 P_n——第n条块单位宽度剩余下滑力，kN/m；

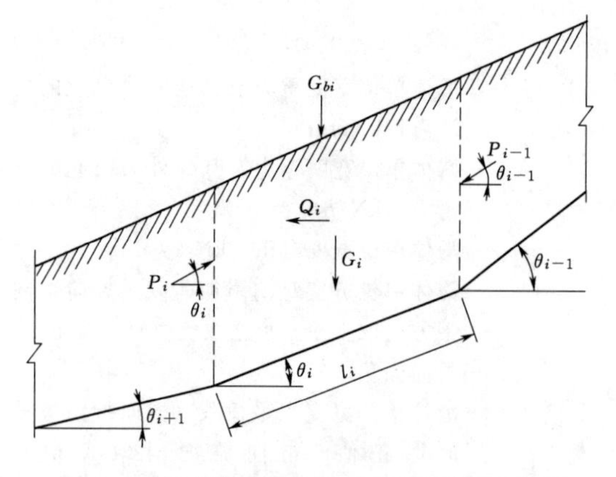

图5.6-14 折线形滑动面边坡稳定性计算示意图

P_i——第i计算条块与第$i+1$计算条块单位宽度剩余下滑力［当$P_i<0$ ($i<n$)时取$P_i=0$］，kN/m；

T_i——第i计算条块单位宽度重力及其他外力引起的下滑力，kN/m；

R_i——第i计算条块单位宽度重力及其他外力引起的抗滑力，kN/m；

ψ_{i-1}——第$i-1$计算条块对第i计算条块的传递系数；

其他符号意义同前。

在用折线形滑动面计算滑坡推力时，应将式(5.6-17)和式(5.6-18)中的稳定系数F_i替换为安全系数F_{st}，以此计算的P_n，即为滑坡的推力。

5.6.4.2 锚杆锚固力计算

作用在锚杆结构物上的荷载可按表5.6-2进行组合。

表5.6-2 锚杆荷载组合

荷载分类	荷载名称
主力	(1) 边坡岩土体主动土压力； (2) 边坡上的恒载； (3) 滑坡荷载及摩擦力； (4) 常水位时静水压力及浮力
附加力	(1) 设计水位的静水压力和浮力； (2) 水位退落时的动水压力； (3) 波浪压力； (4) 冻胀力和冰压力
特殊力	(1) 地震力； (2) 施工临时荷载； (3) 其他特殊力

在进行预应力锚杆设计时，一般情况可只计算主力，在浸水和地震等特殊情况下，尚应计算附加力和特殊力。

锚杆作为承受侧向土压力的支挡工程或用于边坡加固时，其设计荷载应按重力式挡墙有关规定计算，结构物承受的侧向土压力应按主动土压力的1.2～1.4倍计算。

锚固力设计计算应符合下列规定。

(1) 滑坡加固时，应通过对边坡稳定性分析、计算滑坡的下滑力确定锚固力。设计锚固力可按下式计算：

$$P_t=\frac{F}{\lambda\sin(\alpha+\beta)\tan\varphi+\cos(\alpha+\beta)} \tag{5.6-21}$$

式中 P_t——设计锚固力，kN；

F——滑坡下滑力或边坡动土压力[详见式(5.6-17)]，kN；

λ——折减系数，对土质边坡及松散破碎的岩质边坡，应进行折减。

α——锚索与滑动面相交处滑动面倾角，(°)；

β——锚索与水平面的夹角，以下倾为宜，不应大于45°，宜为15°～30°；

φ——滑动面内摩擦角，(°)。

(2) 设计锚固力 P_t 应小于容许锚固力 P_a，锚固钢材容许荷载应满足表5.6-3的要求。

表5.6-3　锚固钢材容许荷载

设计荷载作用时	$P_a \leqslant 0.6P_u$ 或 $0.75P_y$
张拉预应力时	$P_{at} \leqslant 0.7P_u$ 或 $0.85P_y$
预应力锁定中	$P_{ai} \leqslant 0.8P_u$ 或 $0.9P_y$

注　表中 P_u 为极限张拉荷载，kN；P_y 为屈服荷载，kN；P_{at} 为张拉预应力时锚固钢材容许荷载，kN；P_{ai} 为预应力锁定中锚固钢材容许荷载，kN。

根据每孔锚杆设计锚固力来选定锚杆材料和根数 n。

$$n = F_{s1} P_t / P_u \quad (5.6-22)$$

式中　F_{s1}——抗拉安全系数，根据GB 50330—2013，按表5.6-4取值；

P_u——锚固钢材极限张拉荷载。

表5.6-4　岩土锚杆锚固体抗拉安全系数

边坡工程安全等级	安全系数	
	临时性锚杆	永久性锚杆
一级	1.8	2.2
二级	1.6	2.0
三级	1.4	1.8

(3) 对于永久性锚固结构，设计中应考虑预应力钢材的松弛损失及被锚固岩（土）体蠕变的影响，决定锚索的补充张拉力。

5.6.4.3　预应力锚杆设计参数计算

锚杆作为承受侧向土压力的支挡工程或用于边坡加固时，主要对滑体或边坡提供向坡体内的拉力，将锚杆视为一刚体，不考虑锚杆自身受力后的弹性变形，其在锚固力、摩擦力作用下处于静力平衡状态。结合静力平衡理论和弹性力学理论、材料力学理论可以推导出预应力锚杆锚固段、自由段相关参数的计算方法。

1. 锚固段长度计算

锚索或单元锚索的锚固段长度按式(5.6-23)～式(5.6-25)计算，宜小于10m。

(1) 根据水泥砂浆与锚索张拉钢材黏结强度确定的锚固段长度按式(5.6-23)、式(5.6-24)计算。

$$L_{sa} = F_{s2} P_t / (\pi d_s \tau_u) \quad (5.6-23)$$

当锚索锚固段为枣核状时：

$$L_{sa} = F_{s2} P_t / (n\pi d \tau_u) \quad (5.6-24)$$

(2) 根据锚固体与孔壁的抗剪强度确定的锚固段长度按式(5.6-25)计算。

$$L_{sa} = F_{s2} P_t / (\pi d_h \tau) \quad (5.6-25)$$

式中　F_{s2}——抗拔安全系数；

P_t——设计荷载，kN；

d_s——张拉钢材外表直径，m；

τ_u——锚索张拉钢材与水泥砂浆的黏结强度设计值，MPa；

n——每孔锚索钢绞线根数；

d——单根张拉钢材直径，m；

d_h——锚固体（即钻孔）直径，m；

τ——锚孔壁与注浆体之间黏结强度设计值，MPa。

岩土锚杆锚固体抗拔安全系数 F_{s2} 可参照表5.6-5取值。

表5.6-5　岩土锚杆锚固体抗拔安全系数

边坡工程安全等级	安全系数	
	临时性锚杆	永久性锚杆
一级	2.0	2.6
二级	1.8	2.4
三级	1.6	2.2

2. 锚杆钢筋或钢绞线截面积计算

锚杆的杆体截面积应按式(5.6-26)计算确定：

$$A_s = F_{s1} T / f_y \quad (5.6-26)$$

式中　A_s——杆体横截面面积，m^2；

F_{s1}——杆体抗拉安全系数；

T——单孔锚杆承载力设计值，kN；

f_y——杆体抗拉强度设计值，MPa。

3. 自由段长度计算

锚杆自由段长度应满足：自由段伸入滑动面不小于1.0m且长度不小于5m。

另外，将锚杆视为弹性杆件，则其张拉后会产生一定的轴向变形，且其变形必须控制在弹性变形阶段。假设锚杆自由段长度为 L，锚固段未发生变形，由此可以得出锚杆张拉时不会发生塑性变形的自由段长度 L 应满足：

$$L \geqslant F_{s1} P_t / (\delta A E) \quad (5.6-27)$$

式中　L——锚杆自由段长度，mm；

F_{s1}——杆体抗拉安全系数；

P_t——锚杆设计荷载，N；

δ——锚杆伸长率；

A——锚杆截面积，mm^2；

E——锚杆弹性模量，N/mm^2。

5.6.5 施工要求

5.6.5.1 水泥砂浆锚杆施工

水泥砂浆锚杆施工工序：开挖坡面→放线→钻孔→锚杆安装→注浆→锁定。以下为主要工序施工要求。

(1) 钻孔应按设计图所示的位置、孔径、长度和方位进行，并不得破坏周边地层。

(2) 锚杆严格按设计要求制备杆体、垫板、螺母等锚杆部件，除摩擦型锚杆外，杆体上应附有居中隔离架，间距不应大于2.0m；锚杆杆体放入孔内或注浆前，应清除孔内岩粉、土屑及积水。

(3) 注浆尚应符合下列规定。

1) 根据锚孔部位和方位，可先注浆后插杆或先插杆后注浆。

2) 先注浆后插杆时，注浆管应插入孔底，然后拔出50～100mm开始注浆，注浆管随浆液的注入缓慢匀速拔出，使孔内填满浆体。

3) 对仰斜孔先插杆后注浆时，应在孔口设置止浆器及排气管，待排气管或中空锚杆空腔出浆时方可停止注浆。

4) 当遇塌孔或孔壁变形，注浆管插不到孔底时，应对锚杆孔进行处理或择位补打锚孔。

5) 自钻式锚杆宜采用边钻边注水泥浆工艺，直至钻至设计深度。

(4) 锚杆安装后，在注浆体强度达到70%设计强度前，不得敲击、碰撞或牵拉。

(5) 自钻式锚杆采用中空钻杆作为锚杆，钻孔完成后钻杆留置孔中，注浆通过锚杆进行，应确保锚杆中孔和钻头水孔畅通。

5.6.5.2 水泥药卷和树脂卷锚杆施工

水泥药卷及树脂卷锚杆施工工序：开挖坡面→放线→钻孔→药卷预处理→安置药卷→锚杆安装搅动→锁定。以下为主要工序的施工要求。

(1) 树脂卷锚杆的树脂卷贮存和使用应遵守下列规定。

1) 树脂卷。锚杆宜存放在阴凉、干燥和温度在5～25℃的防火仓库中。

2) 树脂卷应在规定的贮存期内使用。

3) 使用前应检查树脂卷质量，变质者不得使用，超过使用期者应通过试验合格后方可使用。

(2) 树脂卷锚杆的安装应遵守下列规定。

1) 锚杆安装前，施工人员应先用杆体量测孔深，做出标记，然后用锚杆杆体将树脂卷送至孔底。

2) 搅拌树脂时，应缓慢推进锚杆杆体。

3) 树脂搅拌完毕后应立即在孔口处将锚杆杆体临时固定。

4) 安装托板应在搅拌完毕15min后进行，当现场温度低于5℃时，安装托板的时间可适当延长。

(3) 快硬水泥药卷的贮存应严防受潮，不得使用受潮结块的水泥卷。

(4) 快硬水泥卷锚杆的安装应符合下列要求。

1) 水泥卷浸水后应立即用锚杆杆体送至孔底，并在水泥初凝前将杆体送入搅拌完毕。

2) 连续搅拌水泥卷的时间宜为30～60s。

3) 安装托板和紧固螺帽必须在水泥石的强度达到10MPa后进行。

4) 安装端头锚固型锚杆的托板时，螺帽的拧紧扭矩不应小于100Nm。

5) 托板安装后，应定期检查其紧固情况，如有松动应及时处理。

5.6.5.3 预应力锚杆（锚索）施工

预应力锚杆（锚索）施工工序：开挖坡面→放线→钻孔→锚索制安→注浆→张拉→锁定。以下为主要工序的施工要求。

1. 一般规定

(1) 锚杆工程施工前，应根据锚固工程的设计条件、现场地层条件及环境条件，编制出能确保安全及有利于环保的施工组织设计。

(2) 施工前应认真检查原材料和施工设备的主要技术性能是否符合设计要求。

(3) 在裂隙发育以及富含地下水的岩层中进行锚杆施工时，应对钻孔周边孔壁进行渗水试验。当向钻孔内注入0.2～0.4MPa压力水10min后，锚固段钻孔周边渗水率超过0.01m^3时，则应采用固结注浆或其他方法处理。

2. 钻孔

(1) 钻孔应按设计图所示位置、孔径、长度及方向进行，并应选择对钻孔周边地层扰动小的施工方法；钻孔应保持直线和设定的方位；向钻孔安放锚杆杆体前，应将孔内岩粉和土屑清洗干净。

(2) 在不稳定土层中，或地层受扰动导致水土流失会危及邻近建筑物或公用设施的稳定时，宜采用套管护壁钻孔。

(3) 在土层中安设荷载分散型锚杆和可重复高压注浆型锚杆宜采用套管护壁钻孔。

3. 杆体制作、存储及安放

(1) 杆体组装宜在工厂或施工现场专门作业棚内的台架上进行。

(2) 杆体组装应按设计图所示的形状、尺寸和构造要求进行组装，居中隔离架的间距不宜大于2m；杆体自由段应设置隔离套管，杆体出露于结构物或岩土体表面的长度应满足地梁、腰梁、台座尺寸及张拉锁定的要求。

(3) 在荷载分散型锚杆杆体结构组装时，应对各单元锚杆的外露端作出明显的标记。

(4) 在杆体的组装、存放、搬运过程中，应防止筋体锈蚀、防护体系损伤、泥土或油渍的附着及过大的残余变形。

(5) 根据设计要求的杆体长度向钻孔内插入杆体，杆体正确安放就位至注浆浆体硬化前，不得被晃动。

4. 注浆

(1) 注浆材料应根据设计要求确定，并不得对杆体产生不良影响，对锚杆孔的首次注浆，宜选用水灰比为0.50：1～0.55：1的纯水泥浆或灰砂比为1：0.5～1：1.0的水泥砂浆，对改善注浆料有特殊要求时，可加入一定量的外加剂或外掺料；注入水泥砂浆浆液中的砂子直径不应大于2mm；浆液应搅拌均匀，随搅随用，浆液应在初凝前用完。

(2) 注浆设备应具有1h内完成单根锚杆连续注浆的能力。

(3) 对下倾的钻孔注浆时，注浆管应插入距孔底300～500mm处。

(4) 对上倾的钻孔注浆时，应在孔口设置密封装置，并应将排气管内端设于孔底。

(5) 采用密封装置和袖阀管的可重复高压注浆型锚杆的注浆，同时还应遵守下列规定。

1) 重复注浆材料宜选用水灰比0.45：1～0.55：1的纯水泥浆。

2) 对密封装置的注浆应待初次注浆孔口溢出浆液后进行，注浆压力不宜低于2.0MPa。

3) 一次注浆结束后，应将注浆管、注浆枪和注浆套管清洗干净。

4) 对锚固体的重复高压注浆应在初次注浆的水泥结石体强度达到要求后，分段依次由锚固段底端向前端实施，重复高压注浆的劈开压力不宜低于2.5MPa。

5. 张拉和锁定

(1) 锚杆的张拉和锁定应符合下列规定。

1) 锚杆锚头处的锚固作业应使其满足锚杆预应力的要求。

2) 锚杆张拉时注浆体与台座混凝土的抗压强度值不应小于表5.6-6的规定。

表5.6-6 锚杆张拉时注浆体与台座混凝土的抗压强度值 单位：MPa

锚杆类型		抗压强度值	
		注浆体	台座混凝土
土层锚杆	拉力型	15	20
	压力型及压力分散型	25	20
岩石锚杆	拉力型	25	25
	压力型及压力分散型	30	25

3) 锚头台座的承压面应平整，并与锚杆轴线方向垂直。

4) 锚杆张拉应有序进行，张拉顺序应防止邻近锚杆的相互影响。

5) 张拉用的设备、仪表应事先进行标定。

6) 锚杆进行正式张拉前，应取0.1～0.2倍的拉力设计值，对锚杆预张拉1～2次，使杆体完全平直，各部位的接触应紧密。

7) 应做好锚杆的张拉荷载与变形的记录。

(2) 锚杆应通过多循环或单循环验收试验后，以50～100kN/min的速率加荷至锁定荷载值时锁定。锁定时张拉荷载应考虑锚杆张拉作业时预应力筋内缩变形、自由段预应力筋的摩擦引起的预应力损失的影响。

(3) 荷载分散型锚杆的张拉锁定应遵守下列规定。

1) 当锁定荷载等于拉力设计值时，宜采用并联千斤顶组对各单元锚杆实施等荷载张拉并锁定。

2) 当锁定荷载小于锚杆拉力设计值时，可采用由钻孔底端向顶端逐次对各单元锚杆张拉后锁定。分次张拉荷载值的确定，应满足锚杆承受拉力设计值条件下各预应力筋受力均等的原则。

5.6.5.4 土钉墙施工

土钉墙施工工序：开挖坡面→钻孔→植入土钉→注浆→喷射第一层混凝土→挂网→喷射第二层混凝土。以下为主要工序的施工要求。

(1) 钻孔。成孔工艺和方法取决于地质条件、设备能力及施工单位的经验。成孔设备主要有人工洛阳铲、水平地质钻、螺旋钻等干法成孔设备。对于易塌孔的砂性地层，宜采用套管跟进等措施。孔位允许偏差±50mm，孔径允许偏差±5mm，孔深允许偏差±100mm，成孔倾角偏差±2°。

(2) 置筋。首先清除孔内杂物和泥浆，置入钢筋一般采用 HRB400 螺纹钢筋，在钢筋上每隔 2～3m 设置一个定位架。钢筋不得有锈蚀和油脂。

(3) 注浆。注浆时，宜在孔口设置止浆塞并与孔壁紧密贴合。注浆宜采用从孔底开始注浆的方法。浆液中可适当加入减水剂、早强剂、缓凝剂或膨胀剂。注浆参数可参照锚杆施工部分。

(4) 挂网。将镀锌铁丝网或土工格栅网悬挂于土钉之上，并确保网面平整，搭接处绑扎牢固。

(5) 喷射混凝土。按设计厚度喷射混凝土，混凝土标号满足设计要求。喷射混凝土应满足如下技术要求。

1) 喷浆机压力以 0.4～0.6MPa 为宜。

2) 喷嘴距坡面以 0.6～1.0m 为宜，喷射方向应尽量垂直坡面。

3) 喷射混凝土层内置钢筋保护层厚度不小于 20mm。

4) 喷射混凝土 2h 后应洒水养护，周期 3～7d。

5.6.5.5 锚杆挡墙的施工

锚杆挡墙的施工工序：肋柱、挡板预制→边坡开挖→放样→钻孔→锚杆制安→灌浆→肋柱挡板安装→铺设反滤层泄水孔→墙后土石回填→分级平台封闭。以下为主要工序的施工要求。

1. 边坡开挖

(1) 锚杆挡土墙应自下而上进行施工，施工前，应清除岩面松动石块，整平墙背坡面。

(2) 边坡开挖一般要跳槽开挖，除尽量缩短工期外，还应根据情况考虑临时支撑，以免山坡坍塌，影响锚杆抗滑力。

2. 施工放样

(1) 复测定线，恢复中心线，定出肋柱的基线桩，准确定出挡土墙的位置和高程。

(2) 测定孔位，用仪器测出各个锚孔的位置，并设置孔位方向桩，以便校正。

3. 钻孔

(1) 根据施工图所规定的孔位、孔径、长度与倾斜度可采用冲击钻或旋转钻钻孔，钻孔采用作业法，要做好钻孔地质记录，成孔孔壁必须顺直、完整。

(2) 钻孔深度须超过挡土墙后的主动土压力区和已有的滑动面，并需在稳定土层中达到足够的有效锚固长度。当岩层风化程度严重或其性质接近土质地层时，可加用套管钻进，以保证钻孔质量。

(3) 在岩石低端钻至要求的深度成孔后，用高压风清孔，将孔内残留废土清除干净。严禁用水冲洗。

4. 锚杆制作安装

(1) 锚杆类型、规格及性能应与设计相符合，应按施工图尺寸下料、调直、除污、制造。

(2) 插入钻孔的锚杆要顺直，并应除锈，在锚固段部分一般用水泥砂浆防护；锚杆孔外部分需做防锈层，采用在钢筋表面涂防锈底漆，再包扎沥青麻布两层或塑料套管及化学涂料等方法进行防锈。如防锈层局部遭到破坏，应及时加以处理。

(3) 锚杆放入孔内为使其在孔内居中，可沿锚杆长度间隔 2m 左右焊接一对定位支架。孔位允许偏差 ±50mm，深度允许偏差 ±100mm。

(4) 清孔完毕后应及时安装锚杆，把预制好的锚杆钢筋缓慢地送入钻孔内，定位支架在锚杆下部撑住孔壁，插入锚杆时应将灌浆管与锚杆钢筋同时放至钻孔底部。预制的锚杆钢筋应保持顺直。

(5) 有水地段安装锚杆，应将孔内水排除或采用早强速凝药包式锚杆。

5. 灌浆

(1) 按施工配合比采用搅拌机拌制砂浆，随拌随用，经过 2.5mm×2.5mm 的滤网倒入储浆桶，桶内水泥砂浆在使用前仍需低速搅拌，以防止砂浆离析。

(2) 压浆用砂以中砂为宜，水泥砂浆灰砂比一般为 1：1.0（质量比）、水灰比不大于 0.5：1，同时尽可能采用膨胀水泥。为避免孔内产生气垫，压浆泵料仓内要始终有一定的砂浆。

(3) 采用重力灌浆与压力灌浆相结合的方法灌注。先将内径 5cm 胶管与锚杆同时送入距锚孔底 10cm 处，用灌浆泵（灌浆压力为 0.3MPa 左右）使砂浆在压力下自孔底向外充满。随浆灌筑，把灌浆管从孔底朝孔口缓慢匀速拔出，但要保持出管口始终埋入砂浆 1.5～2.0m。当砂浆灌至孔口时立即减压为零，以免在孔口形成喷浆。灌浆管拔出后立即将制作好的封口板塞进孔口，灌浆结束。

(4) 砂浆锚杆安装后，不得敲击、摇动，普通砂浆在 3d，早强砂浆在 12h 内不得在杆体上悬挂物体。

6. 肋柱挡板安装

(1) 待锚杆孔内砂浆达到施工图标示强度 70% 以后，方可进行立柱和挡板安装工作。安装挡板时，应随时作反滤层和墙背回填。

(2) 挡板安装前应将飞边打掉，防止安装后超出柱顶，对立柱、挡板的倒运、安装应符合混凝土强度要求并防止碰撞和震动，以免损坏构件。

(3) 锚杆挡土墙立柱间距应测量准确或用卡尺固定，以使挡板和立柱搭接部分尺寸符合施工图要求；挡板与立柱搭接部分接触面应保持平整，可填入少量砂浆，避免产生集中受力。

(4) 锚杆焊接、锚固及防锈是锚杆施工中的关键工序，应严格按施工工艺操作。

当现浇肋柱时，锚杆头嵌入肋柱的长度应符合要求并与骨架钢筋按设计连接；当采用拼装面板或肋柱时，锚头与肋柱、面板的连接方式及长度应满足设计要求。

7. 铺设反滤层泄水孔

泄水孔按施工图要求设置，直径为100mm，当墙背土为非渗水土时，应在最低排泄水孔至墙顶以下0.5m高度内，填筑不小于0.3m厚的砂砾石等反滤层。

8. 墙后土石回填

挡板后填料应均匀，不应填入大块石料以免挡墙集中受力。

9. 分级平台封闭

分级式挡土墙平台应回填密实，并做好泄水坡或设排水护板。

5.6.5.6 锚杆的试验与验收

1. 一般规定

(1) 锚杆工程应进行基本试验、验收试验，最大试验荷载不宜超过锚杆杆体极限承载力的0.8倍。

(2) 试验用计量仪表（压力表、测力计、位移计）应满足测试要求的精度。

(3) 试验用加荷载千斤顶、油泵的额定压力必须大于试验压力。

(4) 荷载分散型锚杆的试验宜采用等荷载法，也可根据具体工程情况制定相应的试验规则和验收标准。

2. 基本试验

(1) 基本试验的地层条件、锚杆材料和施工工艺等应与工程锚杆一致。

(2) 基本试验时最大的试验荷载不应超过杆体标准值的0.85倍，普通钢筋不应超过其屈服值0.90倍。

(3) 锚杆基本试验应采用循环加荷、卸荷法、加荷、卸荷等级和位移观测时间应符合表5.6-7的规定。

(4) 锚杆试验出现下列情况之一时，可视为破坏，应终止加载。

1) 锚头位移不收敛，锚固体从岩土层中拔出或锚杆从锚固体中拔出。

2) 锚头总位移量超过设计允许值。

3) 土层锚杆试验中后一级荷载产生的锚头位移增量，超过上一级荷载位移增量的2倍。

(5) 试验完成后，应根据试验数据绘制：荷载-位移（$Q-s$）曲线、荷载-弹性位移（$Q-s_e$）曲线、荷载-塑性位移（$Q-s_p$）曲线。

表5.6-7 锚杆基本试验循环加荷、卸荷与位移观测时间

加荷标准循环数	预估破坏荷载/%												
	每级加载量						累计加载量	每级卸载量					
第一循环	10	20	20				50				20	20	10
第二循环	10	20	20	20			70			20	20	20	10
第三循环	10	20	20	20	20		90		20	20	20	20	10
第四循环	10	20	20	20	20	10	100	10	20	20	20	20	10
观测时间/min	5	5	5	5	5	5		5	5	5	5	5	5

注 1. 每级荷载施加或卸除完毕后，应立即测读变形量。
2. 在每级加荷等级观测时间内，测读位移不应少于3次，每级荷载稳定标准为3次百分表读数的累计变位量不超过0.10mm；稳定后即可加下一级荷载。
3. 在每级卸荷时间内，应测读锚头位移2次，荷载全部卸除后，再测读2～3次。

(6) 拉力型锚杆弹性变形在最大试验荷载作用下，所测得的弹性位移量应超过该荷载下杆体自由段理论弹性伸长值的80%，且小于杆体自由段长度与1/2锚固段之和的理论弹性伸长值。

(7) 当锚杆试验数量为3根，各根极限承载力值的最大差值小于30%时，取最小值作为锚杆的极限承载力标准值；若最大差值超过30%，应增加试验数量，按95%的保证概率计算锚杆极限承载力标准值。

(8) 基本试验的钻孔，应钻取芯样进行岩石力学性能试验。

3. 蠕变试验

(1) 对塑性指数大于17的土层锚杆、极度风化的泥质岩层中或节理裂隙发育张开且充填有黏性土的岩层中的锚杆，应进行蠕变试验。用作蠕变试验的锚杆不得少于3根。

(2) 锚杆蠕变试验的加载分级和锚头位移观测时间见表5.6-8。在观测时间内荷载必须保持恒定。

表5.6-8 锚杆蠕变试验的加载分级和锚头位移观测时间

加载分级	$0.50N_k$	$0.75N_k$	$1.00N_k$	$1.20N_k$	$1.50N_k$
观测时间 t_2/min	10	30	60	90	120
观测时间 t_1/min	5	15	30	45	60

注 表中 N_k 为锚杆轴向拉力标准值。

(3) 在每级荷载下按时间间隔 1min、5min、10min、30min、45min、60min、90min、120min 记录蠕变量。

(4) 试验结果可按荷载-时间-蠕变量整理，并绘制蠕变量-时间对数（$s-\lg t$）曲线。蠕变率可由式（5.6-27）计算：

$$k_c=\frac{s_2-s_1}{\lg t_2-\lg t_1} \quad (5.6-28)$$

式中 k_c——锚杆蠕变率；

s_1——t_1 时所测得的蠕变量，mm；

s_2——t_2 时所测得的蠕变量，mm。

(5) 锚杆的蠕变率不应大于 2.0mm。

4. 验收试验

(1) 锚杆验收试验的锚杆数量不得少于锚杆总数的 5%，且不得少于 3 根。对有特殊要求的工程，可按设计要求增加验收锚杆的数量。

(2) 永久性锚杆的最大试验荷载应取锚杆轴向拉力设计值的 1.5 倍；临时性锚杆的最大试验荷载应取锚杆轴向拉力设计值的 1.2 倍。

(3) 验收试验应分级加荷，初始荷载宜取锚杆轴向拉力设计值的 0.10 倍，分级加荷值宜取锚杆轴向拉力设计值的 0.50 倍、0.75 倍、1.00 倍、1.20 倍、1.33 倍和 1.50 倍。

(4) 在验收试验中，每级荷载均应稳定 5～10min，并记录位移增量。最后一级试验荷载应维持 10min。如在 1～10min 内锚头位移增量超过 1.0mm，则该级荷载应再维持 50min，并在 15min、20min、25min、30min、45min 和 60min 时记录锚头位移增量。

(5) 加荷至最大试验荷载并观测 10min，待位移稳定后即卸荷至 $0.1N_k$，然后加荷至锁定荷载时锁定。绘制荷载-位移曲线。

(6) 当符合下列要求时，应判定验收合格。

1) 拉力型锚杆在最大试验荷载下所测得的总位移量，不超过该荷载下杆体自由段长度理论弹性伸长值的 80%，且小于杆体自由段长度与 1/2 锚固段长度之和的理论弹性伸长值。

2) 在最后一级荷载作用下 1～10min 锚杆蠕变量不大于 1.0mm，如超过，则 6～60min 内锚杆蠕变量不大于 2.0mm。

5.6.5.7 锚杆的监测与维护管理

1. 一般规定

(1) 应在设计阶段制定监测计划，由业主委托有资质的监测单位编制监测方案，并在施工阶段及完工后的运行阶段对锚杆和锚固结构定期进行检查和监测。

(2) 岩土锚杆工程竣工后，应严格按照设计条件和运行要求对锚固结构进行管理和维护，锚杆的锚头、防腐保护系统和监测系统应严加保护。

(3) 应事先制定应急处理方案，根据监测结果及时对锚固结构采取修补和治理措施。

(4) 在检查测定锚杆的承载力和腐蚀状况时被临时拆除的锚头混凝土和注浆体，应及时修复。

2. 监测项目

(1) 永久性锚杆锚固工程应进行下列项目的监测：锚杆拉力、锚固结构的变形、锚杆腐蚀状况。

(2) 根据工程需要，必要时可对锚杆承载力、锚杆应力和变形、锚固地层变形、地质环境变化等项目进行检验或监测。

3. 预应力锚杆拉力长期监测

(1) 永久性预应力锚杆和破坏后果严重的临时性预应力锚杆应进行锚杆拉力长期监测。

(2) 预应力锚杆的监测数量，对永久性锚杆应为工程锚杆总量的 5%～10%，临时性锚杆应为工程锚杆总量的 3%，且均不得少于 3 根。

(3) 锚杆拉力的监测，在安装测力计后的最初 10d 内宜每天测定一次，第 11～30d 宜每 3d 测定一次，以后每月测定一次。但当遇有降雨、临近地层开挖、相邻锚杆张拉、爆破震动以及拉力测定结果发生突变等情况时，应加密监测频率。锚杆拉力监测时间不宜少于 12 个月。

(4) 锚杆拉力的监测宜采用钢弦式、电阻应变式或液压式测力计，监测仪器应具有良好的稳定性和长期工作性能。使用前应进行标定，合格后方可使用。

(5) 对可重复张拉锚杆，还可采用再张拉方法进行锚杆拉力和承载力测定。

4. 锚杆腐蚀检查分析

(1) 对腐蚀环境中的永久性锚杆，在其使用期内应进行锚杆腐蚀状况的检查分析。

(2) 检查分析腐蚀状况的锚杆数量，可根据锚固工程的工作环境和工作状态（被锚固地层和结构物的变形等）确定。

(3) 应重点对锚头和邻近锚头自由段的锚杆腐蚀状况进行检查。可拆除锚头保护钢罩、混凝土保护层以及距锚头 1.0m 范围的自由段注浆体进行外观检查，或取样进行物理化学分析。

5. 监测信息反馈和处理

(1) 对锚杆的监测结果应及时反馈给设计、施工单位或工程管理部门。

(2) 当所监测锚杆初始预应力值的变化大于锚杆轴向拉力设计值的 10%时，应采取重复张拉或适当卸荷的措施。

(3) 锚头或被锚固结构的变形明显增大并接近容

许变形值时，应增补锚杆或采用其他措施予以加强。

(4) 当锚杆防腐保护体系存在缺陷或失效时，应采取修补措施，并根据锚杆腐蚀情况进行补强处理。

5.6.6 案例

1. 向莆铁路尤溪站深挖方边坡预应力锚索框架梁支护工程

(1) 工程概况。向莆铁路尤溪站位于福建省尤溪县城以北约4km，车站为客货两用车站，总用地面积8.08hm²，站房建设规模4000m²。由于场地位于中低山区，地形起伏较大，造成车站边坡高填深挖，其中，DK395＋500～DK395＋700段线路中心挖深10～20m，由于地形左低右高，横断面为斜坡状，坡度30°～40°，造成右侧挖方边坡较高，需加强支护并尽量收坡。

(2) 工程地质条件。地表为残坡积硬塑粉质黏土，夹少量碎石；下伏侏罗系梨山组粉砂岩、砂岩，灰黄～青灰色，强风化层厚25～32m，以下为弱风化层。右侧堑坡不存在顺层。地下水主要为裂隙水，水量贫乏。地震动峰值加速度值为0.05g。

(3) 加固方案与设计参数的选取。由于右侧自然坡高度较大，若采用一般放坡开挖方案，则边坡高度过大，开挖土石方、占地面积均过大，经研究比选，采用锚索抗滑桩＋预应力锚索框架梁＋框架锚杆防护，将边坡高度控制在70m。以下为主要设计参数。

1) 强风化岩石容重γ＝21kN/m³，内摩擦角φ＝45°，抗剪强度τ＝250kPa，地基系数为60MPa/m。

2) 边坡框架锚索Pt＝350kN，1860级ϕ15.2mm钢绞线，锚孔直径D＝150mm；M35砂浆，压力分散型锚索采用M40砂浆。

(4) 主要设计措施。

1) 坡脚设一排抗滑桩，桩间距5m，桩长20m，悬臂端8m，桩身截面尺寸为2.0m×2.5m，桩身采用C40钢筋混凝土现浇，桩间设C35钢筋混凝土挡土板。

2) 桩顶以上边坡坡比1:1.0，每10m高设边坡平台一处，宽2.5～4.0m。共7级边坡。其中，第1～第5级边坡采用预应力锚索框架梁内基材植生防护；每级边坡锚索竖向、水平向间距均为4m；每根锚索采用4根直径15.24mm、钢绞线强度为1860MPa、张拉控制应力为930MPa的高强度低松弛无黏结PE钢绞线；锚具采用OVM15-4型，锚孔直径为150mm，锚索长19.5～29.5m，设计张力为350kN，锚索倾角15°。第6级边坡采用锚杆框架梁内基材植生防护，锚杆框架梁为C30钢筋混凝土，坡肋宽0.3m，肋厚0.3m，间距为4m×4m；锚杆孔深10.2m，锚杆体与水平面的夹角为15°，锚杆用1根自钻式中空锚杆，直径为32mm，锚孔直径53mm；第7级边坡喷播植草防护。

3) 为了降低地表水、地下水对边坡工程的不利影响，在堑坡顶以外5m设置混凝土天沟一道，拦截上游边坡汇水至两端排水沟；每级边坡平台上设截水沟引排坡面汇水至两端天沟；桩板墙背设砂砾石反滤层。

向莆铁路尤溪站框架预应力锚杆支护设计见图5.6-15。

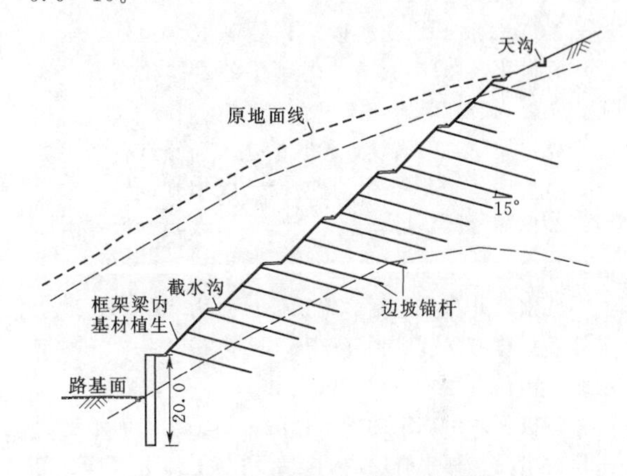

图5.6-15 向莆铁路尤溪站框架预应力锚杆支护设计图（单位：m）

(5) 施工与运营情况。尤溪站工程于2009年3月10日正式开工，2010年12月25日完成全部土建工程。在施工过程中，严格按照规范要求，逐级开挖，逐级支护，待上一级边坡锚杆达到锚固强度的80%后，方开始下一级边坡的开挖；采用抗滑桩跳2桩开挖一孔的模式进行，第一轮桩混凝土强度达到设计强度的80%方进行桩上锚索施工，桩上锚索张拉完成后再进行下一轮跳桩开挖施工。规范有序的施工确保了施工过程中高大铁路边坡的安全。

尤溪站于2014年9月下旬正式通车运营，目前，坡体稳定，运营状况良好。向莆铁路尤溪站框架预应力锚杆应用实景图见图5.6-16。

图5.6-16 向莆铁路尤溪站框架预应力锚杆应用实景图

2. 赣龙铁路DK123＋904～DK123＋990路堑边坡复合式锚索墙加固工程

(1) 工程概况。工程位于福建省长汀县西部古城北面，属于剥蚀低山区地貌单元。低山区地势起伏大，地面较陡，山体自然坡度35°～45°，山坡植被较发育。山间谷地呈狭长状，蜿蜒曲折。线路最大挖深为18.3m，右侧堑坡高大于25m。其左侧为深谷，右侧为山坡，交通极为不便。

(2) 工程地质条件。山坡表层为第四系残坡积粉质黏土，褐红色～褐黄色，硬塑，厚约0～2m；其下基岩为寒武系下统变质砂岩、砂砾岩，灰色，全风化～强风化，厚度约5m；弱风化的岩体较完整。地下水主要为裂隙潜水，不发育。

(3) 加固方案与设计参数的选取。路基右侧山坡陡，自然坡度35°～45°，且交通运输困难，经综合比较，为保证路基边坡稳定，采用复合式锚索墙对右侧边坡加固防护。

锚索设计参数包括：锚索设计张力400kN，砂浆与孔壁的抗剪强度τ=400kPa，1860级ϕ15.24mm钢绞线，锚孔直径D=110mm。

按极限平衡理论的楔形体法分析锚索墙面承受的土压力状况。其中岩层内的破裂角与上部土体破裂角形成折线形，根据力多边形计算锚索墙面承受的土压力，确定锚索的横向、纵向方向间距布置和每孔锚索的设计吨位。

(4) 主要设计措施。本路堑右侧边坡下部设12m高锚索挡土墙，墙顶以上边坡挂网喷锚支护。设计断面如图5.6-17所示，主要措施如下。

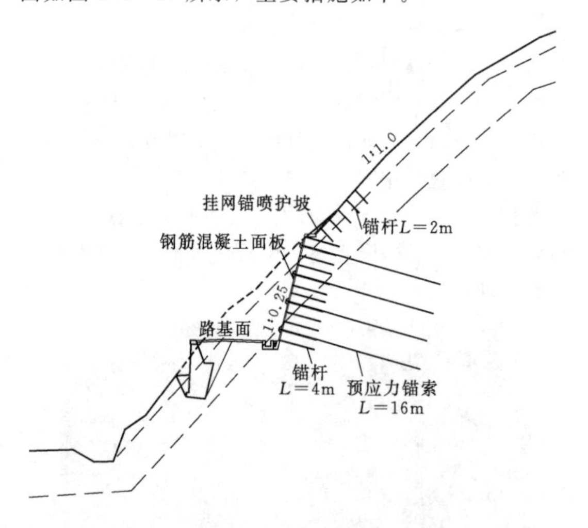

图5.6-17　赣龙铁路DK123+904～DK123+990路堑坡锚索墙+挂网锚喷支护设计图

1) DK123+904～DK123+990右侧设计复合式锚索墙，墙高10～12m，坡比1:0.25，墙顶留1.0～1.5m宽平台，C20片石混凝土加固。墙体设预应力锚索3～4排，锚索长16m，锚固段长度8.0m。

2) 复合式锚索墙共设置预应力锚索109根，按正方形布置。锚索纵向间距3m，横向间距3m，锚孔深度16.5m，锚孔内灌注M40水泥砂浆。每根锚索由四根钢绞线组成，钢绞线用1860级高强度低松弛钢绞线，最小拉断力259kN，直径15.24mm，锚索锚具采用OVM15-4型。采用C30钢筋混凝土锚墩。锚索倾角15°，设计预应力吨位400kN，张拉段范围套波纹管，钢绞线锚固段每隔1.0m设计一个对中支架。

3) 设抗拔试验孔3个，钻孔深度分别为16.0m、16.5m、17.0m，锚固长度分别为1.0m、1.5m、2.0m，以验证水泥砂浆与孔壁的实际剪切强度，并用以校验设计选取的参数（设计值为400kPa），若有出入可作为修改锚索长度的依据。

4) 锚索间设长4m锚杆，锚杆间距1m，锚杆孔内灌注M40水泥砂浆，复合墙墙面设挂ϕ8mm钢筋网喷混凝土防护，喷浆厚度0.2m，坡脚设C20片石混凝土基础。

5) 复合式锚索墙坡面路肩以上沿线路方向每隔10m设仰斜排水孔一个，内置软式排水管，孔径ϕ=0.1m，管内充填中粗砂，其位置与锚杆、锚索位置应错开。

6) 复合式锚索墙墙身沿线路方向每隔15m设伸缩缝一道，缝宽0.02m，深0.2m，缝内沿周边满塞沥青麻筋或沥青木条。

7) 右侧墙顶上边坡，采用挂铁丝网喷混凝土防护，坡比1:1，挂网锚杆长2m，间距1m，坡面喷浆厚度0.08m；在堑顶2m宽范围内封闭，封闭部分嵌入堑顶地层深度不小于0.3m。

(5) 施工与运营情况。赣龙铁路2001年7月开工建设，2004年10月竣工验收，2005年3月通车。运营以来，DK123+904～DK123+990路堑边坡复合式锚索墙加固工程结构稳定，运营状况良好。

赣龙铁路DK123+904～DK123+990堑坡锚索墙+挂网锚喷支护实景图见图5.6-18。

图5.6-18　赣龙铁路DK123+904～DK123+990堑坡锚索墙+挂网锚喷支护实景图

5.7 抗 滑 桩

5.7.1 定义与作用

抗滑桩是防治滑坡的一种工程结构物，设置于滑坡的适当部位，一般完全埋置在地面下，有时也可露出地面。无论是前者还是后者，桩的下段均设置在滑动面以下稳定地层一定深度。抗滑桩凭借桩与周围岩、土的共同作用，把滑坡推力传递到稳定地层，即利用稳定地层的锚固作用和弹性抗力来平衡滑坡推力，使滑体保持稳定。

5.7.2 分类与适用范围

抗滑桩类型较多：按施工方法分打入桩、钻孔桩和挖孔桩；按材料分木桩、钢桩和钢筋混凝土桩；按截面形状分圆桩、管桩和矩形桩；按桩与土的相对刚度分刚性桩和弹性桩；按结构型式分排式单桩、承台式桩和排架桩等。抗滑桩除了用于滑坡防治外，也可用于山体加固、特殊路基支挡等，实践证明抗滑桩作为支挡加固工程效果良好。用于滑坡防治的抗滑桩通常指的是矩形截面人工挖孔钢筋混凝土桩，采用其他类型抗滑桩的工程实例较为少见。

5.7.3 工程设计

5.7.3.1 设计原则

抗滑桩的设计应保证提高滑坡体的稳定系数，满足规范规定的安全值；滑坡体不越过桩顶或从桩间滑动；不产生新的深层滑动。桩的平面布置、桩间距、桩长和截面尺寸等的确定，应综合考虑，达到经济合理。

（1）桩的布置。抗滑桩的桩位在断面上应设在滑坡体较薄、锚固段地基强度较高的地段。平面布置一般为一排，排的走向与滑体的滑动方向垂直成直线形或曲线形。桩间距决定于滑坡推力大小、滑体土的密度和强度、桩的截面大小、桩的长度和锚固深度，以及施工条件等因素。两桩之间在能形成土拱的条件下，土拱的支撑力和桩侧摩擦力之和应大于一根桩所能承受的滑坡推力。桩间距宜为 6～10m。通常在滑坡主轴附近间距较小，两侧间距稍大。对于较潮湿的滑体和较小截面的桩，也可布置 2～3 排，按“品”字形或梅花形交错布置。一般上下排的间距为桩截面宽度的 2～3 倍。

（2）桩的锚固深度。桩埋入滑面以下稳定地层内的适宜锚固深度，与该地层的强度、桩所承受的滑坡推力、桩的刚度以及如何考虑滑面以上桩前抗力等有关。原则上由桩的锚固段传递到滑面以下地层的侧向压应力不得大于该地层的侧向容许压应力，桩基底的最大压应力不得大于地基的容许承载力，对于一般土层或风化成土、砂砾状的岩层地基还应满足不得大于被动土压应力和主动土压应力之差。

（3）桩的截面形状和强度。抗滑桩的截面形状有矩形、圆形。桩的截面形状要求使其上部受力段正面能产生较大的摩擦力，并使其下部锚固段能抵抗较大的反力，其截面具有最好的抗弯和抗剪强度，设计中一般采用矩形，受力面为短边，侧面为长边。桩的截面尺寸应根据滑坡推力的大小、桩间距以及锚固段地基的横向容许抗压强度等因素确定。为了便于施工，桩最小边宽度不宜小于 1.25m。

5.7.3.2 设计荷载及反力

抗滑桩的设计荷载主要包括滑坡推力、土压力、结构自重、地震地区的地震力；反力主要包括桩前滑体抗力（抗滑段）、锚固地层的抗力、侧摩阻力以及桩底反力。一般情况下桩侧摩阻力、结构重力和桩底反力可不计算，但对于悬臂长、截面大的悬臂桩，桩身自重不应忽略。

1. 滑坡推力和桩前滑体抗力的应力分布

（1）作用于每根桩上的滑坡推力应按设计的桩间距计算。滑坡推力应根据其边界条件（滑动面与周界）和滑带土的强度指标由计算确定。

（2）滑动面（带）的强度指标，可采用试验资料或用反算值以及经验数据等综合分析确定。

（3）滑坡推力可采用传递系数法计算：

$$T_i = KW_i\sin\alpha_i + \psi_i T_{i-1} - W_i\cos\alpha_i\tan\varphi_i - c_i L_i \tag{5.7-1}$$

$$\psi_i = \cos(\alpha_{i-1} - \alpha_i) - \sin(\alpha_{i-1} - \alpha_i)\tan\varphi_i \tag{5.7-2}$$

式中 T_i——第 i 个条块末端的滑坡推力，kN/m；

K——安全系数，视工程的重要性、外界条件对滑坡的影响、滑坡的性质和规模、滑动的后果及整治的难易等因素综合考虑，可采用 1.05～1.25；

W_i——第 i 个条块滑体的重力，kN/m；

α_i——第 i 个条块所在滑动面的倾角，(°)；

α_{i-1}——第 $i-1$ 个条块所在滑动面的倾角，(°)；

φ_i——第 i 个条块所在滑动面上的内摩擦角，(°)；

c_i——第 i 个条块所在滑动面上的单位黏聚力，kPa；

L_i——第 i 个条块所在滑动面上的长度，m；

ψ_i——第 i 个条块的传递系数。

滑坡的稳定分析见《铁路工程设计技术手册——路基》第十章“第三节 滑坡的稳定分析与计算”。地震区应考虑地震力的影响；浸水地区视具体情况考虑浸水压力、动水压力和浮力的影响。

（4）作用于桩上的滑坡推力，可由设置抗滑桩处的滑坡推力曲线（图5.7-1）确定。滑坡推力可假定与滑面平行。滑坡推力的应力分布图形应根据滑体的性质和厚度等因素确定。对于液性指数较小、刚度较大和较密实的滑体，如为黏性土时，抗滑桩上滑坡推力的分布图形视为矩形；对于液性指数较大、刚度较小和密实度不均匀的塑性滑体，如砾石类土或块石类土时，滑坡推力的分布图形视为三角形；对于界于上述两者之间的情况可假定分布图形为梯形。

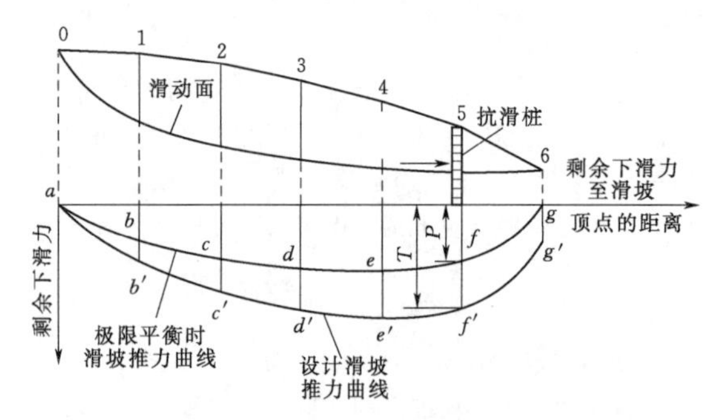

图5.7-1　滑坡推力曲线

T—桩上滑坡推力；P—桩前滑体抗力

（5）滑动面以上桩前的滑体抗力，可由极限平衡时滑坡推力曲线（图5.7-1）、桩前被动土压力或桩前滑体的弹性抗力确定，设计时选用其中小值。桩前抗力的应力分布图形可根据实际情况采用与滑坡推力相同的分布图形或抛物线分布图形。桩前滑坡体可能滑走时，不应计及其抗力，按悬臂桩计算。

2. 滑动面以下锚固地层的抗力

（1）基本假定。

1）锚固地层岩层从受力到破坏的各阶段。滑动面以下的桩将滑体中未平衡的滑坡推力传递至桩周的岩土。此时锚固段前、后的岩土受力后随应力的大小而变形：弹性阶段时，应力和应变成正比；超过此界限则应力增加不多而变形增加剧烈，此时为塑性阶段；当应力不再增大而变形不停止时则达到破坏阶段。

2）锚固地层岩土的抗力，当岩土变形在弹性阶段时，可按弹性抗力计算，视地层为弹性介质，具有随地层性质不同的弹性抗力系数，受荷地层的岩土的弹性抗力等于该地层的弹性抗力系数乘以相应的与变形方向一致的岩土的压缩变形值。

3）当岩土变形在塑性阶段时，抗力等于该地层的弹性抗力系数乘以相应的与变形方向一致的岩土在弹性极限时的压缩变形值，或用该地层的侧向容许承载力值代替之。

4）为了简化计算，一般不考虑桩身自重、桩侧摩阻力（包括黏聚力的作用）及桩底反力。

5）只有在计算作用于桩身的侧向弹性抗力时采用桩的正面计算宽度。桩的正面宽度 B_p 计算公式为

矩形桩：

$$B_p=1.0\left(1+\frac{1}{b}\right)b=b+1 \qquad (5.7-3)$$

圆形桩：

$$B_p=0.9\left(1+\frac{1}{d}\right)d=0.9(d+1) \qquad (5.7-4)$$

式中　b——矩形截面桩宽度，m；

　　　d——圆形桩直径，m。

（2）锚固地层的弹性抗力系数。在弹性阶段时，滑动面以下锚固地层的弹性抗力系数（简称弹性抗力系数），其意义可理解为单位土体或岩体在弹性限度内产生单位压缩变形所需施加于单位面积上的力。应根据地层的性质和深度按下列条件确定。

1）自滑面沿桩身至桩底，在同一高程处的桩前后围岩的弹性抗力系数一般是相等的；当桩前桩后有高差时（如悬臂桩，桩后滑体厚，桩前滑体薄或缺失），对一般土层和严重风化破碎及其他第四纪松散堆积地层而言围岩的弹性抗力系数不相等。在同一地层中沿桩轴的地基弹性抗力系数的分布图形有矩形、抛物线形、梯形（三角形）和反抛物线形，见图5.7-2。

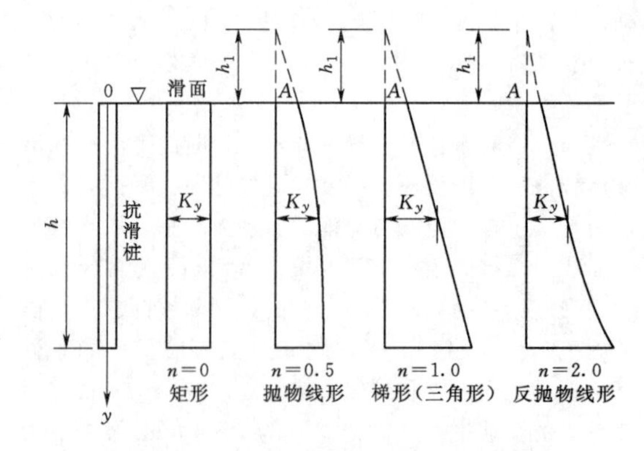

图5.7-2　锚固地层的弹性抗力分布图

h—抗滑桩自滑面沿桩身至桩底的高度；y—自滑面沿桩轴向下的距离；K_y—弹性抗力系数；A—滑面处弹性抗力系数（三角形时为0）；h_1—虚点高度；n—线性指数

当锚固地层为硬塑～半干硬的砂质黏土及碎石类土、风化破碎的岩块时：桩前滑动面以上无滑坡体和超载时，弹性抗力系数应为三角形分布；桩前滑动面以上有滑坡体和超载时，弹性抗力系数应为梯形分布；当岩层较完整或为硬质黏土时，弹性抗力系数应

为矩形分布。

2）当岩层较完整或为硬质黏土时，认为侧向弹性抗力系数是常数（不随深度而变化），相应的弹性地基梁的计算方法为 K 法。水平方向的弹性抗力系数以 K_H 表示，垂直方向的弹性抗力系数以 K_V 表示。弹性抗力系数宜采用试验资料值，若无实测资料，可按表 5.7-1 采用。

表 5.7-1 完整岩层的弹性抗力系数 K_V

序号	饱和极限抗压强度/kPa	K_V/(kN/m³)
1	10000	$(1.0\sim2.0)\times10^5$
2	15000	2.5×10^5
3	20000	3.0×10^5
4	30000	4.0×10^5
5	40000	6.0×10^5
6	50000	8.0×10^5
7	60000	12.0×10^5
8	80000	$(15.0\sim25.0)\times10^5$
9	>80000	$(25.0\sim28.0)\times10^5$

注 一般水平方向 K_H 值为垂直方向 K_V 值的 0.6～0.8 倍，当岩层为厚层或块状整体时 $K_H=K_V$。

3）当地基为硬塑～半干硬的砂质黏土、密实土、碎石土或风化破碎的岩层时，认为弹性抗力系数是随深度而变化的，即

水平方向的弹性抗力系数：

$$K_H=A_H+m_Hy^n \tag{5.7-5}$$

垂直方向的弹性抗力系数：

$$K_V=A_V+m_Vy^n \tag{5.7-6}$$

式中 A_H、A_V——滑面处地层水平和垂直方向的弹性抗力系数，kN/m³；

m_H、m_V——水平和垂直方向弹性抗力系数随深度变化的比例系数，kN/m⁴；

y——自滑面沿桩轴向下的距离，m；

n——线性指数，设计中一般取 $n=1$。

由于弹性抗力系数随深度变化的比例系数（常数）以 m 表示，相应的计算方法称为 m 法。弹性抗力系数随深度变化的比例系数宜采用试验资料值，若无实测资料，可参考表 5.7-2 采用。

4）对于同一种岩层，在考虑采用 K 法或 m 法计算地基弹性抗力系数时，应注意以下几点。

a. 饱和极限抗压强度为 10000～20000kPa 的半岩质层或位于构造破碎影响的岩质岩层，应根据实际情况可采用 $K_H=A_H+m_Hy$，相当于 m 法。

表 5.7-2 土层弹性抗力系数随深度变化的比例系数 单位：kN/m⁴

序号	土 的 名 称	m_H	m_V
1	$0.75<I_L<1.0$ 的软塑黏土及粉质黏土、淤泥	1000～2000	500～1400
2	$0.5<I_L<0.75$ 的软塑粉质黏土及黏土	2000～4000	1000～2800
3	硬塑粉质黏土及黏土、细砂和中砂	4000～6000	2000～4200
4	坚硬的粉质黏土及黏土、粗砂	6000～10000	3000～7000
5	砾砂、碎石土、卵石土	10000～20000	5000～14000
6	密实的大漂石	80000～120000	40000～84000

注 I_L 为土的液性指数，m_V 为垂直方向土层弹性抗力系数，m_H 为水平方向土层弹性抗力系数。

b. 断层破碎带、岩层风化壳、残积层及密实土层沿桩轴的 K_H 值，视压密状态与上部松弛现象而异：曾受过历史荷载有压密作用的一段，在桩前后围岩的 K_H 值可假定相等；松弛的一段若上部堆积厚度有差别，在同一高程处其 K_H 值不等。

c. 一般堆积层的 K_H 值因上部土的厚度而异：在地面处为零，可假定随埋深按直线增大，即 $K_H=m_H\times y$，y 自地面向下量取。

d. 如滑面系沿断层带发育，自滑面以下为断层影响带时，在滑面处 $K_H\neq0$，可假定沿桩轴 $K_H=A_H+m_H\times y$，y 自地面向下量取。若桩前后地面有高差，在同一高程的桩周围岩的 K_H 值将因 A_H 与 $m_H\times y$ 之间相对的比值而异，当 A_H 值特大时可认为 K_H 值相等。

e. 通常裂隙密闭、较完整的块状或中厚层的岩质和半岩质岩层，少节理的半岩质和岩质岩层，及无裂隙较完整的半成岩岩层或岩性裂隙均匀的岩层等，除表层受风化影响的厚度外，可假定桩周围岩的 K_H 值为常数。

（3）桩底的约束条件。抗滑桩桩底支承可采用自由端、固定端或铰支端。根据试验资料及以往实践经验，一般宜按自由端或铰支端进行设计。

1）根据抗滑桩破坏试验和室内模型试验，当锚固段为松散介质或较完整的基岩时，地层抗力均呈两个对顶的三角形，桩底弯矩为零，桩底支承条件符合自由端。通过进一步的试算表明，桩底支承条件按自由端考虑时，桩身变位和弯矩的计算值基本吻合，证明桩底支承条件按自由端考虑是符合实际的。

2）当锚固段上部为土层，桩底嵌入一定深度的较完整基岩时，此情况与桩下部嵌入一定深度的完整基岩时相类似。但考虑到目前这种边界条件的实测资料较少和过去的计算习惯，保留了桩底为绞支端的支承条件，可按两种桩底支承条件中的任何一种情况计算。当采用自由端计算时，各层的弹性抗力系数必须根据具体情况选用；当采用绞支端计算时，应把计算“绞支点”选在嵌入段的深度。

3）当围岩为同种岩层或虽然是不同的岩层但岩层刚度相差不大时，桩底可视作自由端，即桩底弯矩 $M=0$，剪力 $Q=0$，有水平变位 x 及角变位 ϕ。

4）同种围岩当沿桩轴的 K_H 值急剧增大为 y 的多次方时，可相对的按固定端计算，即桩底的水平变位 x、角变位 ϕ 为零，弯矩 M 和剪力 Q 不为零；不同种岩层刚度比大于10倍以上者，可按固定端计算，此时下层岩层必须坚硬、完整，而桩底嵌入该层之内需有一定深度，侧应力一定要小于侧向容许压应力，且较上层的相对位移量及角变位量为小。

5）只有在桩底附近围岩的侧向 K_H 值巨大，而桩底基岩的 K_v 值相对较小等条件下才有出现铰支端的可能。此时桩底水平变位 x 为零、弯矩 M 为零、剪力 Q 不为零，角变位 ϕ 不为零。

6）在同一高程，桩前后的 K_H 值不等时，如采用桩前的 K_H 值计算，对固定端而言结果无出入；对自由端则偏于安全。但在计算桩的内力时应充分估计到最大弯矩和最大剪力点的位置有变化，在桩身的配筋方面亦需考虑到这一变化。

5.7.3.3 内力及变形计算

滑动面以上的桩身内力，应根据滑坡推力和桩前滑体抗力计算。滑动面以下的桩身变位和内力，应根据滑动面处的弯矩和剪力，及地基的弹性抗力进行计算。内力及变形计算可根据锚固地层条件按 m 法或 K 法进行计算确定。

5.7.3.4 地基强度校核和桩身变位控制

（1）地基强度校核。

1）对于较完整的岩质岩层及半岩质岩层的地基，桩的最大横向压应力 σ_{max} 应小于或等于地基的横向容许承载力。桩截面为矩形截面时，地基的横向容许承载力 $[\sigma_H]$ 可按式（5.7-7）计算：

$$[\sigma_H]=K_{RH}\eta R_c \tag{5.7-7}$$

式中 $[\sigma_H]$——地基的横向容许承载力，kPa；

K_{RH}——在水平方向的换算系数，根据岩层构造，可采用0.5～1.0；

η——折减系数，根据岩层的裂缝、风化及软化程度，可采用0.30～0.45；

R_c——岩石单轴抗压极限强度，kPa。

桩身作用于围岩的侧向压应力，一般不应大于容许强度。桩周围岩的侧向允许抗压强度，必要时可直接在现场试验取得，一般按岩石的完整程度、层理或片理产状、层间的胶结物与胶结程度、节理裂隙的密度和充填物、各种构造裂隙面的性质和产状及其贯通等情况，分别采用垂直允许抗压强度的0.5～1.0倍。当围岩为密实土或砂层时其值为0.5倍；较完整的半岩质岩层为0.60～0.75倍；块状或厚层少裂隙的岩层为0.75～1.00倍。

2）对于一般土层或风化成土、砂砾状的岩层地基。抗滑桩在侧向荷载作用下发生转动变位时，桩前的土体产生被动土压力，而在桩后的土体产生主动土压力。桩身对地基土体的侧向压应力一般不应大于被动土压力与主动土压力之差。

当地面无横坡或横坡较小时，地基 y 点的横向容许承载力可按式（5.7-8）计算：

$$[\sigma_H]=\frac{4}{\cos\varphi}[(\gamma_1 h_1+\gamma_2 y)\tan\varphi+c] \tag{5.7-8}$$

式中 γ_1——滑动面以上土体的重度，kN/m³；

γ_2——滑动面以下土体的重度，kN/m³；

h_1——设桩处滑动面至地面的距离，m；

y——滑动面至计算点的距离，m；

φ——滑动面以下土体的内摩擦角，(°)；

c——滑动面以下土体的黏聚力，kPa。

当地面横坡 i 较大且 $i\leqslant\varphi_o$ 时，地基 y 点的横向容许承载力可按式（5.7-9）计算：

$$[\sigma_H]=4(\gamma_1 h_1+\gamma_2 y)\frac{\cos^2 i\ \sqrt{\cos^2 i-\cos^2\varphi_o}}{\cos^2\varphi_o} \tag{5.7-9}$$

式中 φ_o——滑动面以下土体的综合内摩擦角，(°)；

i——地面横坡坡度，(°)；

其他符号意义同前。

3）围岩在不同部位的极限抗压强度，一般都尽可能取代表样品做试验，其垂直允许值常用极限的 $\frac{1}{4}\sim\frac{1}{10}$，对软弱或破碎岩层一般采用较大的系数，对坚硬岩层则取小些。

如桩身作用于地基地层的侧向压应力大于围岩的允许强度，则需调整桩的埋深或截面尺寸和间距，重新设计；但围岩有随深度而逐渐增大强度的情况时，可允许在滑面以下1.5m以内产生塑性变形现象，而在塑性变形深度内围岩抗力采用其侧向允许值，故对于一般土层或风化成土、砂砾状的岩层地基，通常需检查 $\pm\sigma_y$ 为最大处的侧向压应力，根据《铁路路基支挡结构设计规范》（TB 10025）和《铁路桥涵地基和基础设计规范》(TB 10002.5)也可只检算滑动面以下深度为$\frac{1}{3}h_2$和h_2(滑动面以下桩长)处的横向压应力是否小于或等于相应地基的容许压应力。

地基强度若不满足要求，则应调整桩的埋深或桩的截面尺寸，重新设计。

以上两公式仅适合于埋式抗滑桩。

(2)桩身变位控制。计算中除了满足强度校核外，地面处桩的水平位移不宜大于10mm。当桩的变位需要控制时，应考虑最大变位不超过容许值。根据多年的工程经验，抗滑桩的锚固深度一般为总桩长的$\frac{1}{2}\sim\frac{1}{3}$，对于完整的基岩，一般为总桩长的$\frac{1}{4}$。

5.7.3.5 结构设计

抗滑桩为钢筋混凝土结构时，应按《混凝土结构设计规范》(GB 50010)进行承载能力极限状态设计。抗滑桩一般允许有较大的变形，桩身裂缝超过允许值后，钢筋的局部锈蚀对桩的强度不会有很大的影响，因此，当无特殊要求时，可不做“正常使用极限状态验算”。

抗滑桩承载能力极限状态设计应满足式(5.8-10)和式(5.8-11)的要求：

$$\left.\begin{array}{l}\gamma_0 S\leqslant R\\ R=R(f_c,f_s,a_k,\cdots)\end{array}\right\}\tag{5.7-10}$$

$$S=\gamma_G S_{G_k}+\sum_{i=1}^{n}\gamma_{Q_i}\psi_{c_i}S_{Q_{ik}}\tag{5.7-11}$$

式中 γ_0——结构的重要性系数，破坏后果严重时取1.0，破坏后果很严重时取1.1，在抗震设计中，不考虑结构构件的重要性系数；

S——承载能力极限状态的荷载效应组合的设计值，kN；

R——结构构件的承载力设计值，可按GB 50010的有关规定进行计算，kN；

$R(\cdots)$——结构构件的承载力函数；

f_c、f_s——混凝土、钢筋的强度设计值，MPa；

a_k——几何参数的标准值，当几何参数的变异性对结构性能有明显的不利影响时，可另增减一个附加值；

γ_G——永久荷载分项系数，一般取1.35；

S_{G_k}——按永久荷载标准值G_k计算的荷载效应值，N·m；

γ_{Q_i}——第i个可变荷载的分项系数，一般取1.4；

ψ_{c_i}——可变荷载的组合系数，一般取0.7，列车及汽车荷载取1.0；

$S_{Q_{ik}}$——按可变荷载标准值Q_{ik}计算的荷载效应值，N·m。

5.7.4 施工要求

5.7.4.1 桩井开挖

抗滑桩通常为矩形截面的人工挖孔钢筋混凝土桩，桩井开挖时满足以下要求。

(1)开挖及支护应尽量避免在雨季施工，严禁在桩顶以上边坡设置施工便道。

(2)开挖施工采取自上而下、间隔跳桩、由两侧向中部推进的施工顺序，各桩混凝土浇筑完毕1d后，方能进行邻桩的开挖。

(3)井口应设置钢筋混凝土锁口，桩井位于土层和风化破碎的岩层时宜设置钢筋混凝土护壁。

(4)桩井应分节开挖，每节开挖深度宜为0.6～2.0m，并及时浇筑钢筋混凝土护壁，护壁混凝土应紧贴围岩，浇筑前应清除孔壁上松动的石块、浮土。地层松软、破碎或有水时，分节不宜过长。严禁在土石层分界处或滑动面处分节。

(5)滑动面处的护壁应加强、承受较大推力的护壁和锁口混凝土应增加钢筋。

(6)下一节桩孔开挖应在上一节护壁混凝土拆模后，且其强度达到设计强度的80%后进行。

(7)桩井爆破采用浅眼爆破法，严格控制用药量。桩井较深时，禁止用导火索和导爆索起爆，孔深超过10m时，应经常检查井内有毒气体的含量，当二氧化碳浓度超过0.3%或发现有害气体时，应增加通风设备。

(8)桩井不允许欠挖，超挖值不大于20cm，桩井护壁横断面尺寸偏差只能为正，不应大于5cm，垂直度误差不大于1%。

(9)桩井中开挖的弃渣不得随意堆放在滑坡体内，特别是在路堑上方的桩井开挖弃渣必须运至滑坡体外，以免引起新的滑坡。

5.7.4.2 钢筋混凝土施工

抗滑桩钢筋混凝土施工应满足以下要求。

(1)混凝土的强度测试应符合GB 50010的有关要求。

(2)施工中桩横截面的误差只能为正，不能为负，以保证钢筋的混凝土保护层厚度满足耐久性要求。

(3)混凝土浇筑前，应检查桩孔基底及断面尺寸，凿毛混凝土护壁，清理孔底松动的石块、浮土，抽干积水，并检查净空断面尺寸，符合要求后绑扎安装钢筋笼。

(4)钢筋笼宜预先绑扎成型，可在桩孔内搭接，搭接接头不应设在土石分界面处，主筋必须放置在承受下滑力一侧。钢筋笼绑扎时应同时绑扎声测管，浇筑混凝土时应采取措施避免声测管堵塞。

(5) 混凝土浇筑应连续进行，中途不得中断。滑坡体有滑动迹象或需要加快施工进度时，宜采用速凝、早强剂。

(6) 抗滑桩桩身质量应进行无损检测。

5.7.5 案例

1. 工程概况

兰渝线童家溪滑坡工点位于重庆市北碚区同心镇境内，属构造剥蚀低山-丘陵地貌，地形起伏较大，总体上呈西高东低，相对高差296m。自然坡度呈上陡下缓之势，上部一般坡度20°～35°，局部接近直立，植被发育，多为松林；下部一般坡度5°～18°，植被较发育，多被当地居民开垦为耕地。

本段上覆第四系全新统滑坡堆积层（Q_4^{del}）粉质黏土，松散～稍密，约含10%～20%的砂、泥岩碎石角砾等，主要分布于滑坡体表层较平缓地带；块石土，密实，稍湿～潮湿，石质成分主要为泥岩、页岩、灰岩等，含量约80%，粒径200～800mm，余为粉黏粒充填，主要分布于滑坡体内。下伏基岩为侏罗系中统新田沟组（J_2x）泥岩夹砂岩，泥岩，泥质胶结，薄～中厚层状，砂岩多呈中厚层状，钙、泥质胶结。童家溪滑坡平面图如图5.7-3所示。

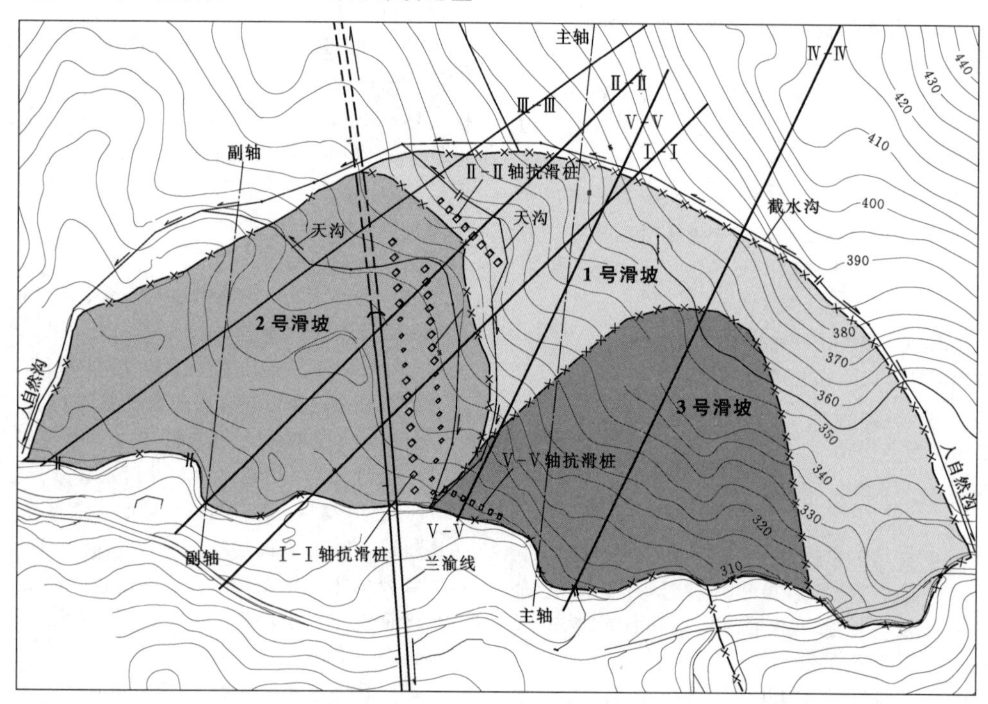

图5.7-3 童家溪滑坡平面图

2. 滑坡特征

(1) 滑坡概况。滑坡位于常年性溪沟右岸单面斜坡下部，由一巨型古滑坡（1号滑坡）及古滑体表层两个次一级浅层滑坡（2号、3号滑坡）组成。DK937+490～DK937+671段线路穿过童家溪滑坡1号滑坡体及其表层次一级浅层2号滑坡，童家溪滑坡面积约9.3万m^2，方量约195.3万m^3，为巨型基岩滑坡。DK937+490～DK937+600为路基开挖段，最大中心挖深12.8m；DK937+600为童家溪二号隧道洞口里程；DK937+600～DK937+671.07为隧道洞身段。

1号滑坡前缘直抵溪沟，主滑方向为N54°E，纵向长约170～230m，前缘横向宽约550m，钻孔揭露滑体厚6.45～29.10m（平均厚约21.00m），为巨型基岩滑坡。滑体主要由泥岩块（块石土）组成。从地质钻探钻孔中见有粗糙擦痕。滑坡体上部较陡，多为灌木林，下部较缓，多为当地居民旱地和果园，现状稳定。

2号滑坡位于1号滑坡右侧，平面上地形扭曲较严重，陡缓相间，平台、陡坎、沟槽等微地貌发育。主滑方向为N85°E，纵向上长约145m，横向上宽约200m，钻孔揭露滑体厚2.0～9.4m，平均厚约5.0m，为中型堆积层滑坡。滑体主要为粉质黏土和块石土组成，滑带为粉质黏土。滑坡体上为居民集居地、旱地和果园，局部为水田、池塘，现状稳定。

3号滑坡位于1号滑坡左侧，主滑方向为N46°E，纵向上长约160m，横向上宽约170m（滑坡中部），钻孔揭露滑体厚4.0～6.5m，平均厚约5.0m，为中型堆积层浅层滑坡。平面上呈古钟形，断面上呈舟形，滑体主要由粉质黏土和块石土组成，滑带为粉质黏土。滑坡坡面上部以旱地和灌木林为主，下部以水田为主，目前仍然处于变形破坏中，可见明显的滑动变形迹象（前缘鼓丘、倾斜的树木、电线杆以及部分滑体推移至溪沟对面，形成隆起土丘等）。

(2) 滑坡形成机制。滑坡位于无名溪沟右侧斜坡下部，总体上呈西高东低之势，自然坡度上陡下缓，形成高差约为110m的滑体，为滑坡的形成提供了有利空间。

基岩为侏罗系中下统自流井群和下统珍珠冲组地层组成，岩性以泥质岩类为主。因泥岩的矿物成分以水云母为主，含量为50%～80%，其他矿物含量甚微，且水云母具有较强的亲水性，其遇水易膨胀、软化（据本次取样分析，区内珍珠冲地层泥岩具膨胀性，自流井群地层局部泥质岩具膨胀性），导致岩体强度大大降低。加之测区紧邻中梁山背斜轴部，地质构造较复杂，在深部岩体多发育节理裂隙密集带、挤压带和剪切带，有利于地下水活动，并在水的作用下，发生膨胀、软化等现象，形成泥化夹层（主要形成在泥岩与砂岩、灰岩的结合面上），在滑移至弯曲变形演化过程中形成滑移面。

3. 滑坡稳定性分析

(1) 天然状态滑坡稳定性。对于1号、2号、3号滑坡，分别选取代表性断面按滑面 $\varphi_{综合}=16°$ 计算各自天然状态的稳定性，计算结果见表5.7-3，滑坡代表性轴断面示意图见图5.7-4。

表5.7-3 1号、2号、3号滑坡体天然状态稳定性

滑坡	检算轴断面	滑面 $\varphi_{综合}$	稳定系数 F_s
1号	Ⅰ-Ⅰ	16°	1.098
	Ⅱ-Ⅱ	16°	1.298
2号	Ⅰ-Ⅰ	16°	1.274
	Ⅱ-Ⅱ	16°	1.530
3号	Ⅳ-Ⅳ	16°	1.074

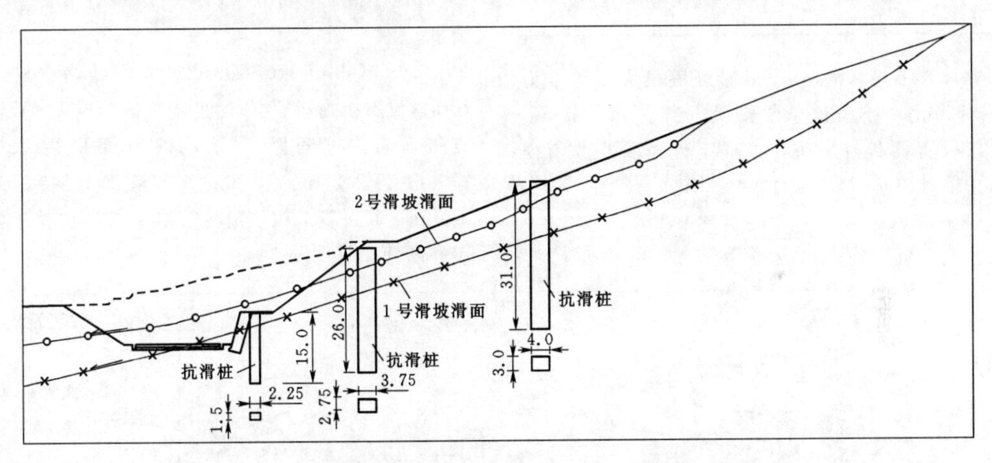

图5.7-4 童家溪滑坡代表性轴断面示意图（Ⅱ-Ⅱ轴）（单位：m）

由表5.8-3计算结果可知，天然状态下滑坡处于基本稳定～稳定状态，与实际情况相符。

(2) 边坡开挖后滑坡稳定性。

1) 稳定系数。DK937+490～DK937+600段路基以路堑形式穿过1号滑坡体及其表层次一级浅层2号滑坡体，路堑开挖将造成1号、2号滑坡体前缘减载，并在坡脚形成临空面，不利于滑坡体稳定。经计算，路基边坡开挖后1号、2号、3号滑坡体稳定性见表5.7-4。

路基边坡开挖后1号滑坡稳定系数0.808～1.101，2号滑坡稳定系数0.806～0.895，3号滑坡稳定系数0.91～0.96。1号、2号、3号滑坡均处于不稳定状态，需进行加固处理，其中3号滑坡体仅对靠近兰渝正线部分进行局部加固处理。

表5.7-4 边坡开挖后1号、2号、3号滑坡体稳定性

滑坡	检算轴断面	滑面 $\varphi_{综合}$	稳定系数 F_s
1号	Ⅰ-Ⅰ	16°	1.101
	Ⅱ-Ⅱ	16°	0.808
2号	Ⅰ-Ⅰ	16°	0.806
	Ⅱ-Ⅱ	16°	0.895
3号	Ⅴ-Ⅴ轴上滑面	16°	0.910
	Ⅴ-Ⅴ轴下滑面	16°	0.960

2）下滑推力。对于1号滑坡体，取滑面 $\varphi_{综合}=16°$，安全系数 $K=1.10\sim1.15$ 计算下滑推力；2号滑坡体，取滑面 $\varphi_{综合}=16°$，安全系数 $K=1.15$ 计算下滑推力；3号滑坡体及其范围内的部分1号滑坡体，按照1号滑坡体天然状态下稳定系数为1.05反算 $\varphi_{综合}$，安全系数 $K=1.10$ 计算下滑推力。计算得到的下滑推力见表5.7-5。

表5.7-5 边坡开挖后1号、2号、3号滑坡体下滑推力

滑坡	检算轴断面	滑面 $\varphi_{综合}$	安全系数 K	下滑推力 /kN
1号	Ⅰ-Ⅰ	16°	1.15	1100
	Ⅱ-Ⅱ	16°	1.10	3620
2号	Ⅰ-Ⅰ	16°	1.15	630
	Ⅱ-Ⅱ	16°	1.15	700
3号（含其范围内的1号滑坡体）	Ⅴ-Ⅴ	17.4°	1.10	1003

根据计算结果，滑坡Ⅱ-Ⅱ轴断面最大下滑推力达到了3620kN，抗滑桩悬臂长度达到了14.5m。整治设计时设置两排抗滑桩，根据工程经验及数值模拟，考虑前排桩承担40%的推力。

4. 工程措施

（1）抗滑桩工程。

1）DK937+496.07～DK937+594.69线路右侧设置抗滑桩。抗滑桩Ⅰ-Ⅰ轴断面方向桩间距7.0m，桩截面采用1.50m×2.25m、2.5m×3.5m、2.75m×3.75m矩形截面，桩长15.0～33.5m，共设置12根抗滑桩。

2）DK937+494.10～DK937+621.67线路右侧堑顶及一级路堑平台处设置抗滑桩。抗滑桩Ⅰ-Ⅰ轴断面方向桩间距为6.0m，桩截面采用1.50m×2.25m、1.5m×2.5m、2.75m×3.75m矩形截面，桩长10.0～33.0m，共设置14根抗滑桩。

3）DK937+603.90～DK937+638.99线路右侧设置抗滑桩。抗滑桩Ⅰ-Ⅰ轴断面方向桩间距7.0m，桩截面采用2.5m×3.5m、2.75m×3.75m矩形截面，桩长29.0～32.0m，共设置5根抗滑桩。

4）DK937+620.53～DK937+658.77线路右侧设置抗滑桩。抗滑桩Ⅱ-Ⅱ轴断面方向桩间距7.0m，桩截面采用2.0m×3.0m、2.50m×3.75m、3.0m×4.0m矩形截面，桩长19.0～31.0m，共设置8根抗滑桩。

5）DK937+510～DK937+515线路右侧约50～70m，设置抗滑桩。抗滑桩分布方向与Ⅴ-Ⅴ轴断面方向垂直，桩间距5.5m，桩截面采用2.00m×3.00m至2.25m×3.00m矩形截面，桩长25.0～27.0m，共设置7根抗滑桩。童家溪滑坡整治路基代表性断面图见图5.7-5。

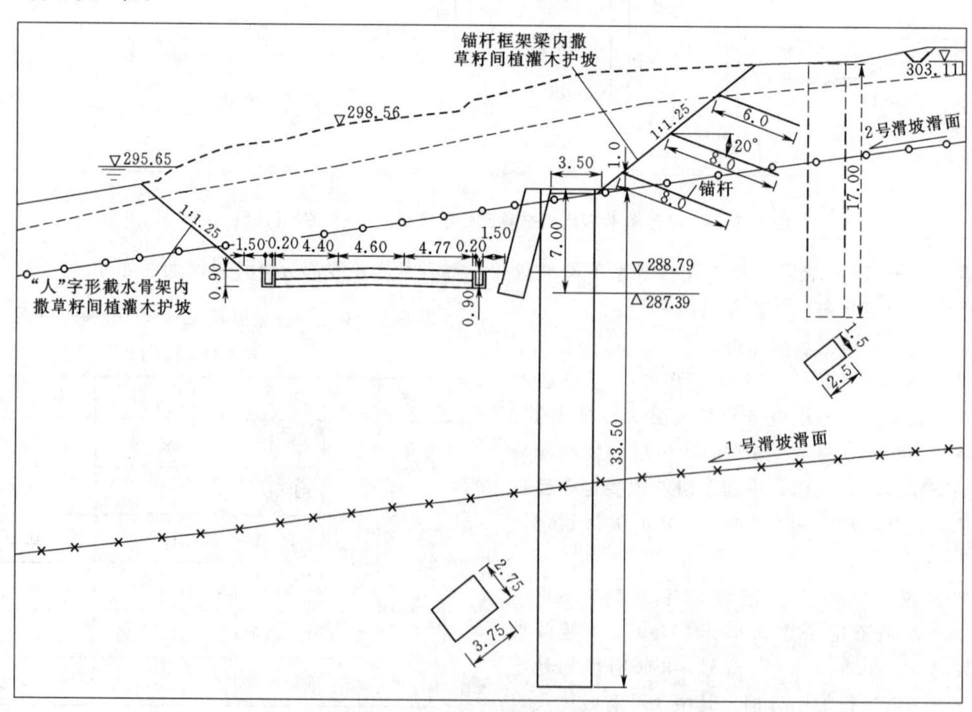

图5.7-5 童家溪滑坡整治路基代表性断面图（单位：m）

（2）桩间挡土墙工程。DK937＋490～DK937＋595线路右侧设置桩间重力式路堑挡土墙，挡土墙最大墙高8.0m，最小墙高3.0m。

（3）边坡工程。墙顶边坡设置锚杆框架梁、“人”字形截水骨架护坡进行防护。

（4）排水工程。1号、2号滑坡外缘设置M7.5浆砌片石截水沟，采用梯形截面，截水沟底全断面铺设0.1m中粗砂夹一层复合土工膜。截水沟水排至既有自然沟渠。

5. 工程整治效果及经验总结

滑坡工点地质情况较为复杂，采取了以两排抗滑桩为主的加固措施。整治工程于2011年施工完成，竣工后经受了3个雨季的考验。从监测情况来看，加固后的滑坡体及开挖后的路堑边坡未出现异常，整体处于稳定状态，效果良好。通过本工程案例得到如下经验。

（1）应预先做好地质调查工作，尽早发现严重不良地质体，为铁路线路方案的比选提供依据；大型滑坡应尽量绕避，当线路绕避困难、必须通过时，线路选择仍应以不恶化滑坡并增强其稳定性为原则。本工程案例中，童家溪巨型滑坡由于发现较晚，且地质前期工作对滑坡规模大小、危害性认识不足，线路选择于巨型滑坡体前缘以挖方通过，对滑坡前缘进行了减载，并形成临空面，导致滑坡体稳定性不满足要求。线路选择上的不成功，导致后期滑坡整治设计方案复杂，费用巨大，且有一定的安全风险。

（2）由于大型滑坡体下滑推力较大、滑面较深，整治设计时，宜采取两排或多排桩的措施，并注意合理确定各排桩所承担的滑坡推力，选取合适的桩型及合理布置桩位。

（3）施工中应对工程活动可能诱发的次生滑坡引起高度重视，并采取必要的预防措施。

5.8 抗　滑　墙

5.8.1 定义与作用

5.8.1.1 定义

抗滑墙是指支承斜坡面填土或山坡岩土体，防止岩土体垮塌或变形失稳的构筑物。

5.8.1.2 作用

抗滑墙是整治中小型不稳定边坡中应用广泛且较为有效的措施之一。采用抗滑墙治理不稳定边坡的优点是坡面破坏少、施工工期较短、施工简便。在具体工程中，应根据不稳定边坡的性质、类型、滑动面的位置等采取相应的抗滑墙类型。

5.8.2 分类与适用范围

5.8.2.1 分类

抗滑墙可分为以下类型。

（1）从结构型式上分，有重力式抗滑墙、锚杆式抗滑墙、加筋土抗滑墙、竖向预应力锚杆式抗滑墙等型式。

（2）从材料上分，有浆砌石抗滑墙、混凝土抗滑墙、钢筋混凝土抗滑墙、加筋土抗滑墙等型式。

选取何种类型的抗滑墙，应依据项目所在地的自然地质、当地的材料供应情况等条件，综合分析，合理确定，以期达到在整治滑坡的同时降低费用的目的。

5.8.2.2 适用范围

采用抗滑墙整治滑坡，对于小型滑坡，可直接在滑坡下部或前缘修建抗滑墙，对于中型、大型滑坡，抗滑墙常与排水工程、刷坡减载工程等整治措施联合使用。其优点是山体破坏少，稳定滑坡收效快，尤其对于由于斜坡体因前缘崩塌而引起大规模滑坡，抗滑墙会起到良好的整治效果。

5.8.3 工程设计

5.8.3.1 位置选择

（1）对于中型、小型滑坡，一般将抗滑墙布设在滑坡前缘。

（2）对于多级滑坡或滑坡推力较大时，可分级布设抗滑墙。

（3）对于滑坡有稳定岩层锁口时，可将抗滑墙布设在锁口处，锁口处以下部分滑体另作处理，或另设抗滑墙等整治工程。

（4）当滑动面出口在构筑物（如公路、桥梁、房屋建筑）附近，且滑坡前缘距建筑物有一定距离时，应尽可能将抗滑墙靠近建筑物布置。

（5）对于道路工程，当滑面出口在路堑边坡时，可按滑床地质情况决定布设抗滑墙的位置。

（6）对于滑坡的前缘面向溪流或河岸时，抗滑墙可设置于稳定的岸滩地，或将抗滑墙设置在坡脚。

（7）对于地下水丰富的滑坡地段，在布设抗滑墙前，应先进行辅助排水工程，并在抗滑墙上设置好排水设施。

（8）对于水库沿岸，由于水库蓄水水位的上升和下降，除在浸水斜坡可能崩塌处布设抗滑墙外，在高水位附近还应设抗滑桩或二级抗滑墙。

（9）在修建抗滑墙时，应尽量避免或减少对滑坡体前缘的开挖。

5.8.3.2 断面拟定

根据不同滑坡的特点及地质情况，确定滑坡的平面设置位置后，根据滑坡下滑力的大小、地质情况等拟定抗滑墙的断面。

1. 滑坡推力的计算

作用在抗滑墙上的土体侧压力称为滑坡推力，它主要表现在滑坡推力的大小、方向、分布和合力作用点等。

(1) 计算滑坡推力时，作如下假定。

1) 滑坡体是不可压缩的介质，不考虑滑坡体的局部挤压变形。

2) 块间只传递推力不传递拉力。

3) 块间作用力（即推力）以集中力表示，其方向平行于前一块滑动面。

4) 垂直于主滑方向取1m宽的土条作为计算单元，忽略土条两侧的摩阻力。

5) 滑坡体的每一计算块体的滑动面为平面，并沿滑动面整体滑动。

(2) 在计算滑坡推力的同时，还需考虑附加力的影响。附加力主要包括以下几种。

1) 滑坡体上的外荷载加在相应的滑块自重之中。

2) 对于水库岸坡等地带的滑坡，应考虑动水压力和浮力。

3) 在地震基本烈度大于Ⅶ度的地区，应考虑地震力的作用。

滑坡下滑力的计算是在已知滑动面形状、位置和滑动面（带）上土的抗剪强度指标的基础上进行的，计算方法一般采用传递系数法计算剩余下滑力。

下滑力分布和作用点与滑坡的类型、部位、地层性质等有关。一般来说，当滑坡体黏聚力较大，内摩擦角较小时，下滑力呈矩形分布，当滑坡体黏聚力较小，内摩擦角较大时，推力呈三角形分布，当滑坡体黏聚力和内摩擦角介于上述之间的，推力呈梯形分布。

2. 抗滑墙墙后设计推力的确定

当滑坡推力小于主动土压力时，应把主动土压力作为设计推力，但当滑坡推力合力作用点位置较主动压力的作用点高时，抗滑墙的抗倾覆稳定性取其力矩大者进行计算。

3. 抗滑墙断面的拟定

抗滑墙承受的是滑坡推力，不同于普通的重力式挡土墙（一般情况下，滑坡下滑力远大于作用于普通挡墙上按库仑理论或郎金理论计算的土压力）。由于滑坡下滑力普遍比墙后的土压力大，因此抗滑的断面设计具有墙面坡度缓、外形矮胖等特点。这样才有利于抗滑墙自身的稳定。抗滑墙墙面坡度常采用1∶0.3～1∶0.5，有条件时可缓至1∶0.75～1∶1.0，基底常做成反坡或锯齿形。而为了增加抗滑墙的抗倾覆稳定性和减少墙体圬工材料用量，有时可在墙后设置1～2m宽的衡重台或卸荷平台。

常见的抗滑挡墙断面见图5.8-1。

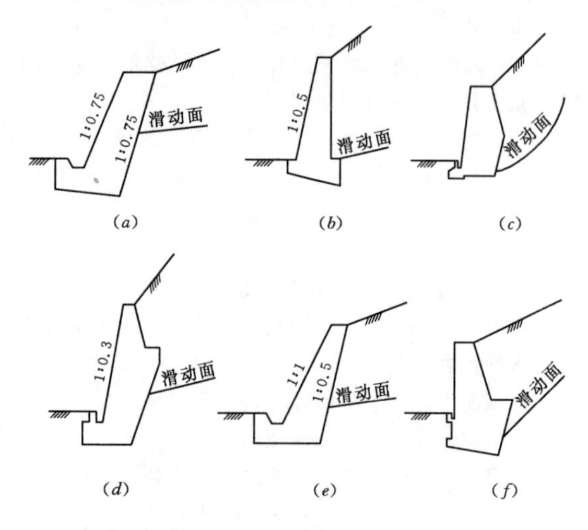

图5.8-1 常见的抗滑挡墙断面

4. 抗滑墙的稳定性及强度验算

抗滑墙的抗滑稳定、抗倾覆、墙身截面强度、基地应力等验算见本书“4.2 挡渣墙”。

5.8.3.3 基础的埋深

基础的埋深应通过计算予以确定。一般情况下，无论何种型式的抗滑墙，其基础必须埋入到滑动面以下的完整稳定的岩（土）层中，并且设计埋深时应考虑潜在滑动面（由于设置了抗滑挡墙后，导致滑坡产生新的滑动面）的位置。

5.8.4 施工要求

5.8.4.1 施工方法

抗滑墙的工艺流程：施工准备→测量放样→基坑开挖→基础施工→墙身施工→其他附属工程（台背填筑）。主要包括以下施工方法。

(1) 施工前应清理挡墙施工的场地，确定使用的材料符合设计和国家规定的要求，合理布置堆料场地，严禁将堆料放置在放坡体上。

(2) 抗滑墙基础开挖前应按照设计规定的抗滑墙基础形式及埋深进行施工放样。基坑的开挖尺寸应满足基础施工的要求，基坑底的平面尺寸应大于设计基础尺寸1m。如抗滑墙有地下水时，在基坑开挖前应提前做好临时排水措施。

(3) 基坑开挖后应加强现状滑坡体的变形观测，如发现滑坡体有继续发生变形的情况，应立即停止施工，并及时通知相关单位进行处置。

(4) 基坑开挖后，应对现状基底地质情况与设计的地质情况进行对比，若发现有出入时，应现场进行记录和取样，及时提交设计单位进行变更设计。

(5) 基础及墙身应采用设计要求的材料进行施工，墙身采取分节施工。基础施工前，若为岩石基底，应先将基底润湿。墙身施工中，沿线路方向每10～15m设置一道沉降缝，缝宽2cm，缝内沿墙顶、内、外三边填塞沥青麻絮，深20cm，地面以上部分每隔1～2m上下左右交错设置泄水孔，泄水孔采用ϕ10mm PVC管，泄水孔设置为4%～5%排水横坡，泄水管墙背端用无纺土工布包裹，防止管口堵塞。

(6) 养护拆模时间以不破坏结构边角为准，拆模后尽快覆盖无纺土工布并洒水养护，使无纺土工布保持湿润状态。当混凝土强度达到2.5MPa前，不得使其承受行人、运输工具、模板、支架等荷载。

5.8.4.2 施工注意事项

(1) 抗滑墙施工，应按设计要求采用跳槽的施工方法，不宜全断面连通开挖，进坑开挖后应及时进行抗滑墙基础施工，不得长时间暴露、扰动或浸泡。

(2) 基坑开挖接近设计底高程时，宜保留20～30cm的厚度，采用人工开挖。

(3) 在对抗滑墙进行施工时，要合理选择填料。当填土容量不断增大时，土压力也会随之不断增大，因此，选择的填料应该具备较小的容重和较大的摩擦力。

(4) 填料的选择也要具有易于排水、较强的透气性以及稳定的抗剪强度等特点。

(5) 在选择滑坡抗滑墙填料时，应按就近原则选择填料，以便控制工程造价，也可以将施工中遗留下来的弃土进行有效的利用。但在利用弃土时，需要根据工程的实际情况，将其进行处理并满足填料要求后再使用，以便使抗滑墙的质量和稳定性得到有效的保障。

(6) 在滑坡处修建抗滑墙时，应制定科学合理的施工组织设计方案，集中力量施工，减少施工时间。

(7) 在对抗滑墙工程进行施工时，要尽量避免雨季。尤其是在开挖滑坡脚基坑和修建建筑物时，如果是在雨季进行施工，会加剧滑坡的危害程度。

(8) 为了使得滑坡体的下滑力得到有效的降低，在有条件的地方应在滑坡体的上部进行刷方减载施工，同时要严格按照自上而下的原则。当滑坡体的前缘出现极为松散的现象时，要对滑坡体的前缘进行及时有效的处理和清理工作，同时也要严格按照自上而下的原则。

(9) 当地下水较为丰富时，要对主体工程做好相关的辅助工程。比如在进行墙后排水沟以及墙身泄水孔施工时，都需要防止工程出现质量事故，同时也要防止前后积水的现象。

(10) 在对墙体进行施工时，必须要确保墙体的施工质量得到有效的保障，浆砌片石挡土墙和浆砌块石挡土墙必须要严格按照设计的相关要求，对砂浆的饱满程度和强度进行仔细的审核，确保其符合设计的要求，从而使得墙体的整体性和刚度得到有效的保障。

(11) 在对抗滑墙进行施工过程中，必须要严格按照设计的要求，进行基础开挖工作。同时也要保证，抗滑墙基础应开挖达到滑动面以下岩土层中，因为滑动面下的岩土具备着较高的稳定性，对抗滑墙能够起到一定的稳固作用。

5.8.5 案例

1. 工程概况

工程边坡位于广安市某二级公路道路的东侧，边坡长120m，坡高45m，边坡为土、岩双层结构，上部土层为崩坡积成因的粉质黏土局部夹少许碎石及块石，由于该段岩土界面较陡，在右侧边坡开挖过程中，上部土质边坡变形破坏加剧，坡肩分布有贯通性拉裂缝，裂缝最宽约45cm，导致边坡开挖后形成了如图5.8-2所示的滑坡边坡坡面口。如果不对滑坡进行治理，在暴雨的冲刷下道路的边坡极易产生大的滑坡。

图5.8-2 滑坡边坡坡面口照片

根据地质勘察，滑坡为土、岩双层结构边坡，上部土层为崩坡积成因的粉质黏土局部夹少许碎石及块石，由于道路路基爆破开挖等原因，从而形成了贯通性软弱面，加上暴雨，使边坡土体力学性质大大降低，使边坡产生变形破坏。

2. 剩余下滑力计算

根据地质勘察报告，选取下滑力计算典型剖面如图5.8-3所示，经计算，该滑坡剩余下滑力为265.6kN/m。计算结果见表5.8-1。

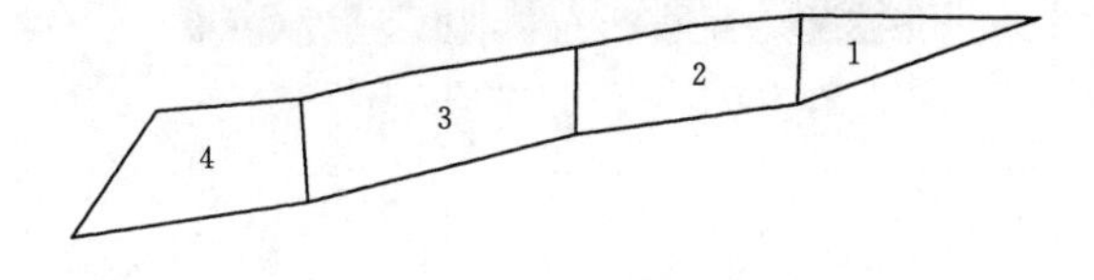

图5.8-3 典型剖面

1、2、3、4—边坡条块号

表 5.8-1　　滑坡剩余下滑力计算结果

条块号	容重 /(kN/m³)	面积 /m²	总重量 /(kN/m)	长度 /m	倾角 /(°)	黏聚力 /kPa	内摩擦角 /(°)	下滑力 /(kN/m)	累积下滑力 /(kN/m)	抗滑力 /(kN/m)	累积抗滑力 /(kN/m)	传递系数	安全系数为1.25时剩余下滑力 /(kN/m)
1	20.0	15.3	305.0	9.95	35	17.2	11.6	174.9	174.9	222.4	222.4	0.95	−3.7
2	20.0	28.5	570.0	8.71	25	17.2	11.6	240.9	240.9	255.9	255.9	1.02	41.7
3	20.0	37.8	755.4	10.52	31	17.2	11.6	389.1	633.8	313.9	573.8	0.97	214.8
4	20.0	30.4	608.0	8.81	25	17.2	11.6	257.0	873.7	264.6	823.0		265.6

3. 抗滑墙设计

根据计算的剩余下滑力，设计采用混凝土抗滑墙，采用C20结构，顶宽1.9m，高4.37m，见图5.8-4。经对该抗滑墙的抗倾覆、抗滑移稳定性、抗滑墙的强身截面强度和基底应力等进行验算后，满足相关规范要求。

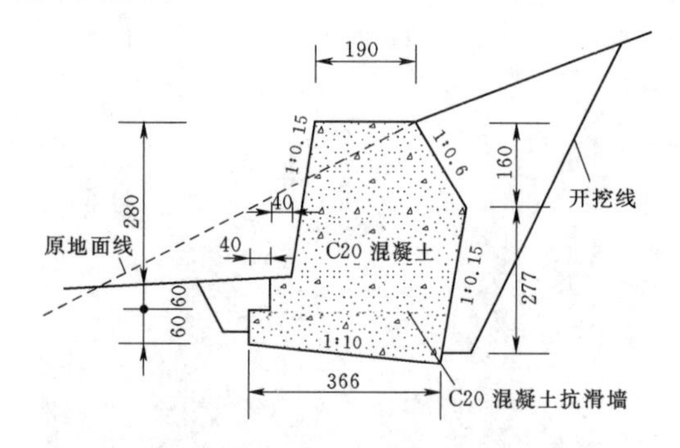

图 5.8-4　抗滑墙设计图（单位：cm）

4. 治理效果

该滑坡治理完成已有多年，抗滑墙运行效果良好，有效治理了滑坡，防止了水土流失。治理效果见图5.8-5。

图 5.8-5　施工完毕的抗滑挡墙

参考文献

[1] 中交第二公路勘察设计研究院有限公司．公路路基设计规范：JTG D30—2015 [S]. 北京：人民交通出版社股份有限公司，2015.

[2] 水利部水利水电规划设计总院．水利水电工程水土保持技术规范：SL 575—2012 [S]. 北京：中国水利水电出版社，2012.

[3] 黄河勘测规划设计有限公司．水利水电工程边坡设计规范：SL 386—2007 [S]. 北京：中国水利水电出版社，2007.

[4] 中国水电顾问集团西北勘测设计研究院，中国水电顾问集团贵阳勘测设计研究院．水电水利工程边坡设计规范：DL/T 5353—2006 [S]. 北京：中国电力出版社，2006.

[5] 重庆市设计院，中国建筑集团有限公司．建筑边坡工程技术规范：GB 50330—2013 [S]. 北京：中国建筑工程出版社，2002.

[6] 冯树荣，彭土标．水工设计手册：第10卷　边坡工程与地质灾害防治 [M]. 2版．北京：中国水利水电出版社，2013.

[7] 水利部水利水电规划设计总院．堤防工程设计规范：GB 50286—98 [S]. 北京：中国计划出版社，1998.

[8] 冶金部建筑研究总院．锚杆喷射混凝土支护技术规范：GB 50086—2001 [S]. 北京：中国计划出版社，2001.

[9] 铁道部第一勘测设计院．铁路工程设计技术手册　路基 [M]. 北京：中国铁道出版社，1992.

[10] 中交第二公路勘察设计研究院有限公司．公路挡土墙设计与施工技术细则 [M]. 北京：人民交通出版社，2008.

[11] 陈忠达．公路挡土墙设计与施工及国家标准图集实施手册 [M]. 北京：人民交通出版社，2008.

第6章　截洪（水）排洪（水）工程

章主编　杨伟超　王　虎　阮　正

章主审　苗红昌　操昌碧　曾怀金　郭志全

本章各节编写及审稿人员

节次	编写人	审稿人
6.1	李俊琴　马　芳　陈文辉	苗红昌 操昌碧 曾怀金 郭志全
6.2	杨伟超　张　帆　刘冠军　王　硕　邹兵华　杨永恒 王　晶　王小芳　甄　斌	
6.3	阮　正　宁　杨　张　帆	
6.4	杜运领　应　丰　张　淼	
6.5	王　虎　杨永恒　王　硕	
6.6	王　虎　邹兵华　杨永恒	
6.7	李春英　李志福　李鸿靖	
6.8	李志福　申雪娇　吴建九	

第6章 截洪（水）排洪（水）工程

6.1 放水建筑物与溢洪道

6.1.1 定义与作用

放水建筑物是指在弃渣场、拦洪坝工程中布置的泄水建筑物，其作用是用来排泄弃渣场内部或上游洪水。放水建筑物还包含贮灰库内的竖井及其配套建筑物，尾矿库和赤泥库的澄清水放水设施及配套建筑物（如斜井）等。

溢洪道亦是一种泄水建筑物，其作用是泄放弃渣场及挡洪坝内的洪水。

6.1.2 分类与适用范围

（1）放水建筑物分类与适用范围。放水建筑物由取水建筑物、涵洞、消能等设施组成。根据取水建筑物的不同常采用卧管和竖井两种形式。

卧管常用于滞洪式弃渣场，布置在拦渣坝上游岸坡上，上端高出最高滞洪水位。

竖井适用范围较广，用于滞洪式弃渣场、弃渣场上游拦洪坝内。因水流在竖井内跌落的高差较大，底部设消力井。

（2）溢洪道分类与适用范围。溢洪道按其构造类型可分为开敞式和封闭式两种类型。开敞式溢洪道按所在位置可分为河床式溢洪道和河岸式溢洪道。河床式溢洪道经由坝身泄洪，适用于滞洪式弃渣场的浆砌石坝和混凝土坝，以挑流消能为主。河岸溢洪道泄洪时水流具有自由表面，它的泄流量随水位的增高而增大很快，运用安全可靠，因而被广泛应用，根据溢流堰与泄槽相对位置的不同，又分为正槽溢洪道与侧槽溢洪道。水土保持工程常采用正槽溢洪道，其优点是构造简单，水流顺畅，施工和运用都比较简便可靠，当坝址附近有天然马鞍形垭口时，修建这种型式的溢洪道更为有利。溢洪道主要适用于汇流面积较大的弃渣场、排矸场、贮灰场、尾矿库和赤泥库。

6.1.3 工程级别及防洪标准

放水建筑物与溢洪道均根据所在的弃渣场、排矸场、贮灰场、尾矿库和赤泥库等工程确定相应的工程级别及防洪标准。本手册仅说明与弃渣场相关的建筑物级别及防洪标准，鉴于目前煤炭行业无规范要求，实践中排矸场亦可参照执行；但贮灰场、尾矿库和赤泥库等应按行业相关规范确定。

（1）工程级别。根据弃渣场的级别，放水建筑物与溢洪道建筑物级别亦分为5级，按表6.1-1确定。

表6.1-1 放水建筑物与溢洪道建筑物级别

弃渣场级别	放水建筑物与溢洪道建筑物级别
1	1
2	2
3	3
4	4
5	5

（2）防洪标准。防洪标准根据建筑物级别，按表6.1-2确定。

表6.1-2 放水建筑物与溢洪道防洪标准

放水建筑物与溢洪道工程工程级别	防洪标准（重现期）/a			
	山区、丘陵区		平原区、滨海区	
	设计	校核	设计	校核
1	100	200	50	100
2	100～50	200～100	50～30	100～50
3	50～30	100～50	30～20	50～30
4	30～20	50～30	20～10	30～20
5	20～10	30～20	10	20

6.1.4 放水建筑物与溢洪道设计

放水建筑物与溢洪道设计，包括调洪演算、水力计算及建筑物体、结构计算等内容，最终设计成果是确定放水建筑物与溢洪道的平面位置、过流能力（设计和校核流量）、建筑物结构型式和断面尺寸等，如卧管管身或竖井的断面尺寸、放水孔型式及孔径、涵洞过水断面型式和尺寸等，其设计原理同本手册《规划与综合治理卷》淤地坝相关内容，当遇到复杂问题时可参阅《水工设计手册》（第2版）相关内容。

6.1.5　案例

6.1.5.1　工程概况

沁城煤矿井田位于山西省沁水煤田的南部，沁水县县城的东部，行政隶属山西省晋城市沁水县龙港镇。项目业主为山西省监狱管理局。矿井工业场地位于沁辉公路南侧杨河北岸滩地上，排矸场位于工业场地东南方向约1km处，为不规则V形。

该冲沟为南北走向的V形沟，该排矸场位于平坡沟的沟头位置，周围除了山坡雨水外，无其他支沟汇入，汇流面积为14hm²。该排矸场治理时布设放水建筑物，包括排水竖井、排水管和消力池，平面布置图见图6.1-1。

6.1.5.2　工程级别及标准

该排矸场的库容为52万m³，堆高为84m，参照弃渣场确定级别，根据表6.1-1和表6.1-2确定工程级别防洪标准，该矸石场的级别为3级。由于排矸场下游1km处为工业场地，将该排矸场的防洪标准提高，采用与工业场地一致的防洪标准，即100年一遇设计，500年一遇校核。

6.1.5.3　水文计算

该排矸场矸石堆放距分水岭较近，周围除了山坡雨水外，无其他支沟汇入，汇流面积为14hm²，沟道纵坡比降为0.18。

设计暴雨量的计算采用《山西省洪水计算手册》（黄河水利出版社出版，2011年），设计洪峰流量计算采用GB 50433中的经验公式进行计算。

该排矸场水文计算分渣顶以上范围、渣顶以下范围及挡墙上游三部分，渣顶以上范围100年一遇的设计流量$Q_{1\%}$为1.32m³/s，500年一遇的校核流量$Q_{0.2\%}$为1.73m³/s；渣顶以下范围100年一遇的设计流量$Q_{1\%}$为0.99m³/s，500年一遇的校核流量$Q_{0.2\%}$为1.30m³/s；挡墙上游100年一遇的设计流量$Q_{1\%}$为2.31m³/s，500年一遇的校核流量$Q_{0.2\%}$为3.03m³/s。

渣顶以上范围洪水通过排水竖井收集并通过排水管汇入下游排水沟；渣顶以下范围洪水通过马道排水沟和纵向排水沟收集汇入岸坡排水沟后排入下游排水沟，下游排水沟最终经消力池消能后汇入下游沟道。

6.1.5.4　水力计算

1. 排水竖井

（1）放水流量确定。由于矸石不能浸泡，放水流量按即来即排，不考虑滞洪放水设计流量为1.32m³/s。

（2）放水孔径计算。采用上下6对排水孔同时放水，每排设3对排水孔。

放水孔径：

$$d=4\sqrt{\left(0.174\times\frac{q/3}{\sqrt{H_1}+\sqrt{H_2}}\right)}/\sqrt{3.14}/4$$

$$=4\sqrt{0.174\ \frac{2.31/3}{\sqrt{1}+\sqrt{0.5}}}/\sqrt{3.14}/4=0.158(\text{m}) \qquad (6.1-1)$$

取放水孔径为0.2m。

反推实际放水流量得$q=2.42\text{m}^3/\text{s}$

（3）排水竖井断面尺寸的确定。竖井、排水管输水流量由于水位变化而导致的放水孔调节比正常运用时应加大20%，即$Q_{加}=2.42\times1.2=2.90(\text{m}^3/\text{s})$。满足排矸场渣顶以上范围500年一遇的校核流量1.73m³/s的过流要求。

2. 排水管

该排水管通过竖井积水后排水，为有压流，利用式（6.1-2）进行计算。

$$Q=\mu_c\omega\ \sqrt{2gH} \qquad (6.1-2)$$

式中　Q——流量，m³/s；

μ_c——管道流量系数（经估算为0.85）；

ω——管道断面面积，m²；

H——作用水头，取$1.5\text{m}\leqslant H\leqslant29\text{m}$。

根据上述公式，当排水管直径为0.8m、作用水头达到1.5m时，排水管的过流量可达到2.32m³/s，满足排矸场渣顶以上范围500年一遇的校核流量1.73m³/s的过流要求。

3. 消力池

（1）判断是否需要设消力池。判断排水沟下游是否需要设消力池，跃后水深采用公式：

$$h_2=\frac{h_1}{2}\left(\sqrt{1+\frac{8aq^2}{gh_1^3}}-1\right) \qquad (6.1-3)$$

式中　h_2——消力池的跃后水深，m；

h_1——排水沟末端水深，取$h_1=0.24\text{m}$；

α——流速不均匀系数，取$\alpha=1.1$；

g——重力加速度，取$g=9.81\text{m/s}^2$；

q——单宽流量，取$q=1.15\text{m}^3/(\text{s}\cdot\text{m})$。

即

$$h_2=\frac{0.24}{2}\left(\sqrt{1+\frac{8\times1.1\times1.15^2}{9.81\times0.24^3}}-1\right)=1.00(\text{m})$$

跃后水深1.0m，大于下游水深0.22m，下游排水沟末端设消力池。

（2）池深计算。池深计算的公式为

$$d=\delta h_2-h \qquad (6.1-4)$$

式中　δ——淹没安全系数，取$\delta=1.1$；

d——消力池深度，m；

h_2——消力池跃后水深，取$h_2=1.0\text{m}$；

h——下游水深（根据沟道的宽度按明渠均匀流确定为0.22m）。

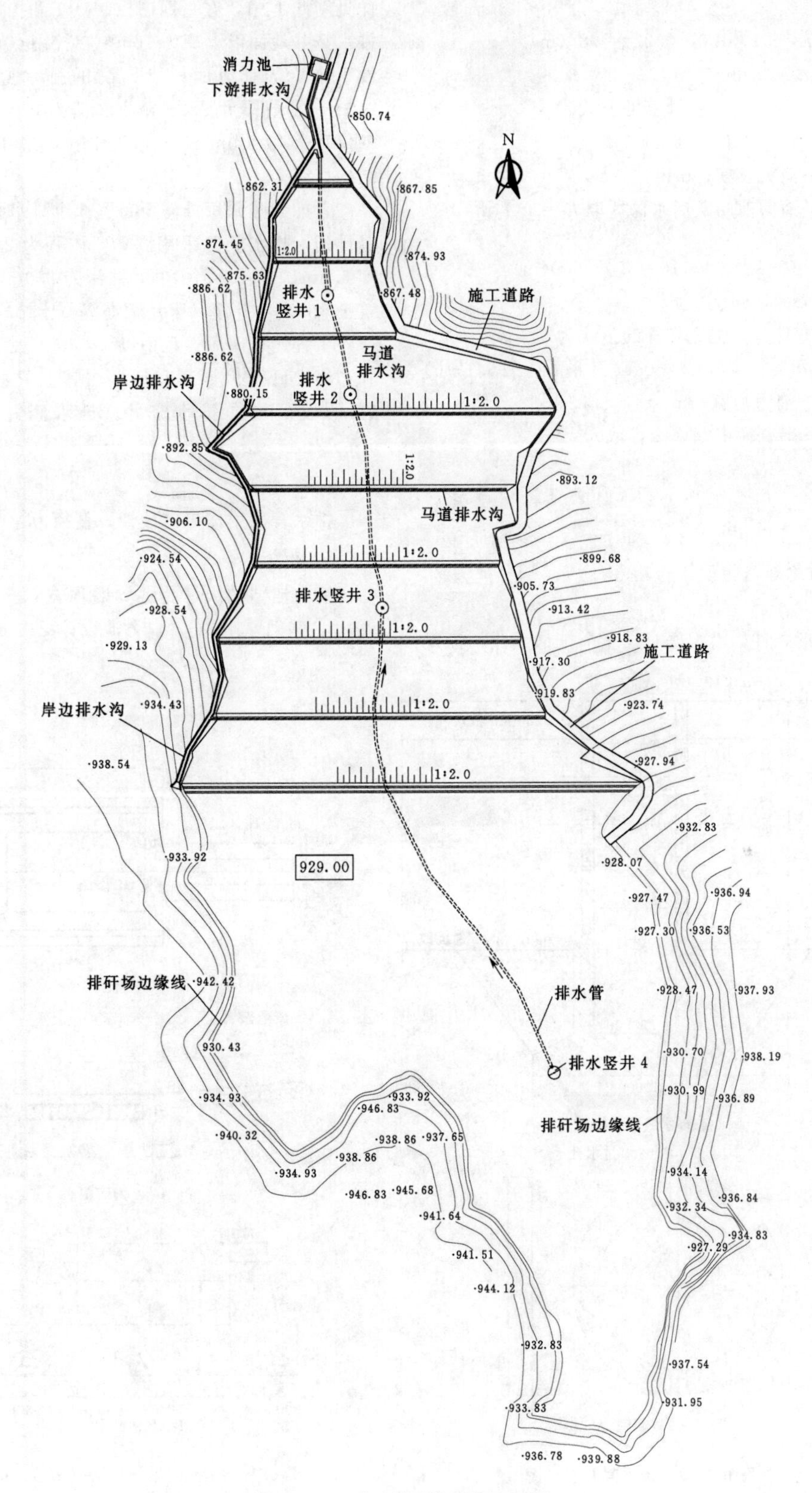

图 6.1-1　放水建筑物平面布置图

即

$$d=1.1\times1.0-0.22=0.89(\mathrm{m})$$

取池深 $d=1.0\mathrm{m}$。

（3）池长计算。池长计算的公式为

$$L=(3\sim5)h_2 \qquad (6.1-5)$$

式中　L——消力长度，m；

h_2——消力池的跃后水深，取 $h_2=1.44\mathrm{m}$。

即

$$L=(3\sim5)\times1.110=3.0\sim5.0(\mathrm{m})$$

取池长 $L=4.5\mathrm{m}$。

（4）池宽计算。池宽计算的公式为

$$b_0=b+0.5 \qquad (6.1-6)$$

式中　b_0——消力池宽，m；

b——渐变段末端底宽，取 $b=2\mathrm{m}$。

即

$$b_0=2+0.5=2.5(\mathrm{m})$$

取池宽 $b_0=2.5\mathrm{m}$。

6.1.5.5　放水建筑物设计

1. 排水竖井

根据地形条件，沿沟底布设 4 个排水竖井，位置详见图 6.1-1，在平面图控制点 1 和控制点 2 布设的排水竖井地面以上高为 16m，在控制点 3 和 4 处各布设 1 个 29m（地面以上）高的排水竖井，内径为 2.0m，井壁厚度 0.3m，井底消力井深为 2.0m，井壁每垂直高 1.0m 设 3 对放水孔，采用钢筋混凝土结构。

考虑到竖井每排需要布置 6 个排水孔，并相对交错排列，排水竖井采用圆形，内径为 2.0m，井壁厚度 0.3m，井底设消力井，井深为 2.0m，并在井底砌筑 1.0m 高的井座。采用钢筋混凝土结构。

工程运行碾压过程中以 1∶30 的坡比坡向排水竖井，当堆矸至设计高程后，在其上层覆土，覆土以 1% 的坡度坡向排水竖井。排水竖井设计图见图 6.1-2。

2. 排水管

排水管采用球墨铸铁管，直径为 800mm。

3. 消力池

消力池结构尺寸为：侧墙顶宽 0.6m，侧墙底宽 1.4m，基础厚 0.8m。消力池设计见图 6.1-3。

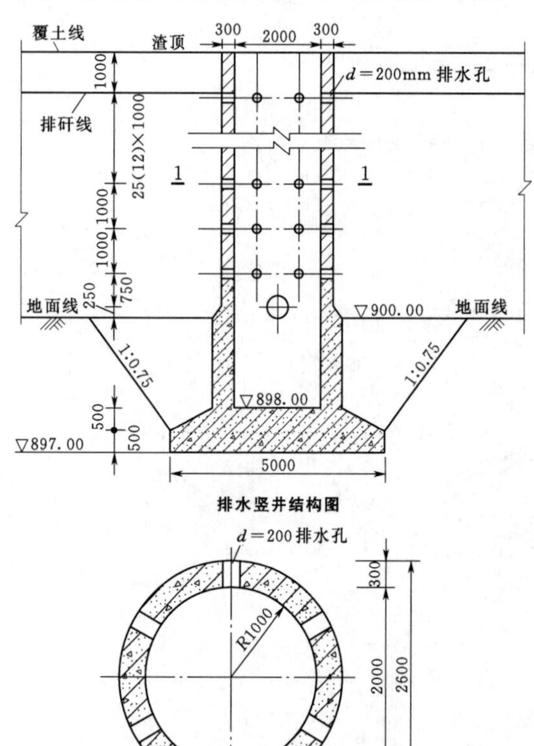

图 6.1-2　排水竖井设计图
（高程单位：m；尺寸单位：mm）

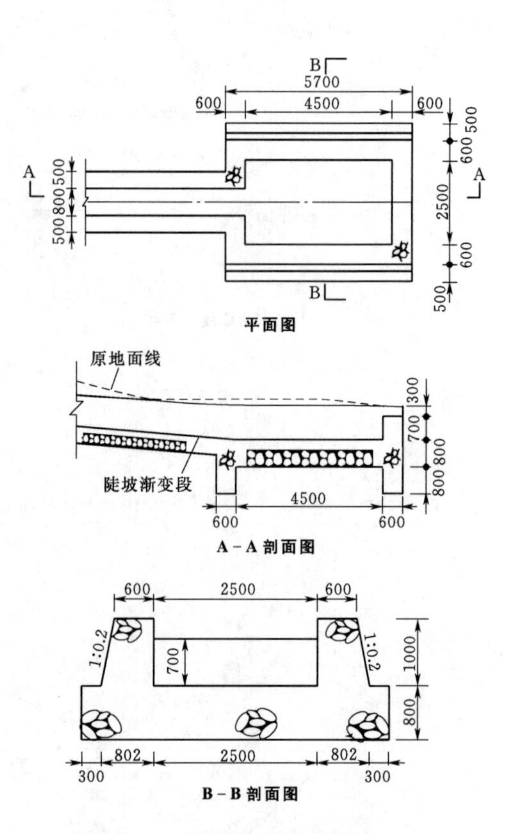

图 6.1-3　消力池设计图（单位：mm）

6.2 截洪排水沟

6.2.1 定义与作用

截洪排水沟包括截洪沟和排水沟。截洪沟是指为了预防洪水灾害，在坡面上修筑的拦截、疏导坡面径流的沟渠工程，常用于排除渣场等项目区上游沟道或周边坡面形成的外来洪水；排水沟是指用于项目区内部排除坡面、天然沟道、地面径流的沟渠。

6.2.2 分类与适用范围

按其断面形式一般可采用矩形、梯形、U形和复式断面。梯形断面适用广泛，其优点是施工简单，边坡稳定，便于应用混凝土薄板衬砌。矩形断面适用于坚固岩石中开凿的石渠、傍山或塬边渠道以及宽度受限的渠道等。U形断面适用于混凝土衬砌的中小排水沟，其优点是具有水力条件较好、占地少，但施工比较复杂。复式断面适用于深挖方渠段，渠岸以上部分可将坡度变陡，每隔一定高度留一平台，以节省开挖量。

按蓄水排水要求，可分为多蓄少排型、少蓄多排型和全排型。北方少雨地区，应采用多蓄少排型；南方多雨地区，应采用少蓄多排型；东北黑土区如无蓄水要求，应采用全排型。

按建筑材料分，截洪排水沟可分为土质截洪排水沟、衬砌截洪排水沟和三合土截洪排水沟三类。土质截洪排水沟，结构简单、取材方便、节省投资，适用于比降和流速较小的沟段，多用于临时排水；用浆砌石或混凝土将截洪排水沟底部和边坡加以衬砌，适用于比降和流速较大的沟段；三合土截洪排水沟，适用范围为介于前两者之间的沟段。

6.2.3 工程级别及标准

截洪排水沟工程级别及设计洪水标准根据防护对象等级确定。

弃渣场场界截洪排水沟设计洪水标准有行业标准的按其标准执行，无行业标准时均参照 SL 575 确定，见表 6.2-1。

表 6.2-1 弃渣场截洪排水沟设计洪水标准

弃渣场级别	工程级别	重现期/a			
		山区、丘陵区		平原区、滨海区	
		设计	校核	设计	校核
1	1	100	200	50	100
2	2	100～50	200～100	50～30	100～50
3	3	50～30	100～50	30～20	50～30
4	4	30～20	50～30	20～10	30～20
5	5	20～10	30～20	10	20

当应用于弃渣场场内或坡面排水时工程级别及设计标准根据 GB 51018 确定，弃渣场场内或坡面截排水工程的设计标准详见表 6.2-2。

表 6.2-2 弃渣场场内或坡面截排水工程设计洪水标准

级别	设计洪水标准	超高/m
1级：配置在坡地上具有生产功能的1级林草工程、1级梯田的截排水沟	5年一遇至10年一遇短历时暴雨	0.3
2级：配置在坡地上具有生产功能的2级林草工程、2级梯田的截排水沟	3年一遇至5年一遇短历时暴雨	0.2
3级：配置在坡地上具有生产功能的3级林草工程、3级梯田以及其他设施的截排水沟	3年一遇短历时暴雨	0.2

6.2.4 工程设计

1. 设计径流量计算

(1) 截洪沟设计洪峰流量计算。生产建设项目水土保持工程多属于小型工程，其场址一般均无实测水文资料，截洪沟设计洪峰流量可采用当地水文手册推荐的相关计算方法推求，亦可采用中国水利水电科学研究院的推理公式进行计算，具体计算方法见本手册《专业基础卷》“14.3.1 水文计算”。

(2) 场内排水沟设计流量。水土保持工程场址内汇流面积一般较小，应采用小流域设计流量公式进行流量计算，具体计算方法见本手册《专业基础卷》“14.3.1 水文计算”。

2. 截洪排水沟断面确定

(1) 截洪排水沟断面尺寸确定。截洪排水沟设计一般先根据地形、地质条件、设计经验等初步确定其断面结构型式、尺寸等。然后，按照明渠均匀流流量公式式(6.2-1)计算截洪排水沟的过流能力。当算得过流能力满足设计要求，同时截洪排水沟排水流速应大于不淤允许流速，小于不冲允许流速，且断面符合安全超高要求，该断面尺寸即为合理尺寸。

$$Q=\frac{\omega R^{\frac{2}{3}} i^{\frac{1}{2}}}{n} \tag{6.2-1}$$

式中 Q——需要排泄的最大流量，m^3/s；

ω——过水断面面积，m^2；

R——断面水力半径，m；

i——沟道纵坡；

n——糙率，见表 6.2-3。

表 6.2-3　常见沟壁的糙率 n

截洪排水沟过水表面类型	糙率 n
岩石质明沟	0.035
植草皮明沟（v=0.6m/s）	0.035～0.050
植草皮明沟（v=1.8m/s）	0.050～0.090
浆砌石明沟	0.025
浆砌片石明沟	0.032
水泥混凝土明沟（抹面）	0.015
水泥混凝土明沟（预制）	0.012

（2）主要技术要求。

1）断面形状：土质坡面截（排）水沟断面宜采用梯形，岩质坡面截（排）水沟断面可采用矩形。

2）断面设计：断面设计应考虑渠床稳定或冲淤平衡、有足够的排洪能力、渗漏损失小、施工管理及维护方便、工程造价较小等因素。矩形、梯形截洪排水沟断面的底宽和深度不宜小于0.40m。梯形土质截洪排水沟，其内坡按土质类别宜采用1∶1.0～1∶1.5，用砖石或混凝土铺砌的截洪排水沟内坡可采用1∶0.75～1∶1。排水沟比降取决于沿线地形和土质条件，设计时宜与沟沿线的地面坡度相似，以减小开挖量。排水沟比降不宜小于0.5%，土质排水沟的最小比降不应小于0.25%，衬砌排水沟的最小比降不应小于0.12%。

3）流速：截洪排水沟的最小允许流速为0.4m/s。截洪排水沟水深0.4～1.0m时，其最大允许流速按表6.2-4选用，在此水深范围外查表6.2-5进行修正。在陡坡或深沟地段的截洪排水沟，宜设置跌水构筑物或急流槽，急流槽可采用矩形断面形式，槽深不应小于0.2m，槽底宽度不应小于0.25m，采用浆砌片石时，矩形断面槽底厚度不应小于0.2m，槽壁厚度不应小于0.3m。

表 6.2-4　截洪排水沟最大允许流速

土 壤 类 别	允许最大流速/(m/s)
亚砂土	0.8
亚黏土	1.0
干砌卵石	2.5～4.0
浆砌块石、混凝土	3.0～5.0
黏土	1.2
草皮护坡	1.6

表 6.2-5　最大允许流速的水深修正系数

水深 h/m	$h<0.40$	$0.40<h\leqslant1.00$	$1.00<h<2.00$	$h\geqslant2.00$
修正系数	0.85	1.00	1.25	1.40

4）安全超高：截洪沟安全超高可根据建筑物级别参考表6.2-6确定，在弯曲段凹岸应考虑水位壅高的影响。排水沟按表6.2-2的规定设置安全超高。

表 6.2-6　截洪沟建筑物安全超高

截洪沟建筑物级别	1	2	3	4	5
安全超高/m	1.0	0.8	0.7	0.6	0.5

5）弯曲半径：截洪排水沟弯曲段弯曲半径不应小于最小允许半径及沟底宽度的5倍。最小允许半径可按式（6.2-2）计算：

$$R_{\min}=1.1v^2\sqrt{A}+12 \qquad (6.2-2)$$

式中　$R_{\min}$——最小允许半径，m；

v——渠道中水流流速，m/s；

A——渠道过水断面面积，m^2。

6）防冲要求：截洪排水沟的出口衔接处，应铺草皮、抛石或做石料衬砌防冲。

6.2.5　施工及维护的注意事项

6.2.5.1　施工放样

截洪排水沟工程分段施工，分段放样，按设计图纸要求及测量定位的中心线，依据沟槽开挖计算尺寸，放出中线及边线，用石灰线标记。

6.2.5.2　沟槽开挖

沟槽利用人工配合挖掘机械开挖，自卸汽车运输，开挖至距设计尺寸10～15cm时，改以人工挖掘。人工修整至设计尺寸，不能扰动沟底及坡面原土层，不允许超挖。开挖结束后清理沟底残土。开挖应严格控制标高，防止超挖或扰动槽底。开挖施工中随时做成一定的坡势，以利排水，开挖过程中尽量保持开挖面平整，边坡按设计边坡随土层开挖形成，避免在边坡稳定范围内形成积水。沟槽开挖土方尽量堆放在沟槽一侧，堆土坡角距槽口上缘距离不宜小于0.8m，堆土高度不宜超过1.5m。开挖沟道顺直，平纵面形态圆顺连接，不设死弯硬折，沟底顺坡平整，不留倒坎。局部需回填地段土体应夯实。

6.2.5.3　材料要求

（1）石料：石料选用厚度不小于15cm具有一定

长度和宽度的片石或块石，石料质地强韧、密实，无风化剥落、裂纹和结构缺陷，表面清洁无污染。

(2) 砂浆：采用现场拌和，材料使用中（粗）砂，过筛后机拌3～5min后使用。砂浆随拌随用，保持适宜稠度，在拌和3～5h使用完毕；在运输过程或存贮过程中发生离析、泌水的砂浆，砌筑前重新拌和，已凝结的砂浆不得使用。

(3) 混凝土：垫层混凝土标号选用C10，底板和沟壁混凝土标号不低于C20，使用的水泥标号不低于实际混凝土强度标号。混凝土配合比应符合设计要求。粗、细骨料必须颗粒均匀、不含泥团杂物、级配合理。

(4) 模板：采用断面尺寸满足设计要求的木模。

6.2.5.4 施工方法

1. 浆砌石截洪排水沟

(1) 砌筑：截洪排水沟采用挤浆法分层砌筑，工作层应相互错开，不得贯通。较大的石料使用于下层且大面朝下，砌筑时选取形状及尺寸较为合适的石料，尖锐突出部分敲除，竖缝较宽时，在砂浆中塞以小石块，砌缝宽度不大于2cm，砌筑过程中要注意选用较大、较平整的石块作为外露面和坡顶、边口，石块使用时应洒水湿润，若表面有泥土、水锈应先冲洗干净，尤其下层砌石不能偏小，砂浆要饱满。石缝以砂浆和小碎石充填，石料挤浆要符合要求，不能紧贴且无砂浆，宽度要一致，各段水平砌缝一致，砌筑中的三角缝不得大于20mm。在砂浆凝固前将外露缝勾好，勾缝深度不小于20mm，若不能及时勾缝，则将砌缝砂浆刮深20mm为以后勾缝做准备。所有缝隙均应填满砂浆。

(2) 砂砾垫层：沟底砂砾垫层摊铺厚度约15～25cm，并进行平整压实。

(3) 伸缩缝和沉降缝：伸缩缝和沉降缝设在一起，缝宽2cm，缝内填沥青麻丝。

(4) 勾缝及养护：勾缝一律采用凹缝，勾缝采用的砂浆强度M7.5，砌体勾缝嵌入砌缝20mm深，缝槽深度不足时应凿够深度后再勾缝。每砌好一段，待浆砌砂浆初凝后，用湿草帘覆盖，定时洒水养护，覆盖养护7～14d。养护期间避免外力碰撞、振动或承重。

2. 混凝土截洪排水沟

(1) 浇筑：沟槽开挖完成后，先行进行垫层混凝土浇筑，并采用振捣器振捣，混凝土振捣密实后，检查平整度，用刮械配合人工抹平；垫层验收合格后，先进行底板模板支护，然后进行底板混凝土浇筑，为保证底板整体性，混凝土应一次连续浇筑完毕；在沟壁混凝土浇筑以前，应将模板先进行湿润，然后在模板底部先填一层与设计混凝土配合比相同标号的水泥砂浆进行封堵。水泥砂浆凝固后进行沟壁混凝土浇筑。

(2) 支模及拆模：混凝土浇筑前进行支模，一般采用木模板，模板尺寸满足设计要求。混凝土浇筑达到一定强度后方可拆模，使用的模板拆除后应及时清理表面残留物，进行清洗。

(3) 振捣：混凝土捣固密实，不出现蜂窝、麻面，同时注意设置伸缩缝，伸缩缝可采用沥青木板。

(4) 养护：垫层及底板混凝土浇筑后立即铺设塑料薄膜对混凝土进行养护，沟壁混凝土拆模后立即用塑料薄膜将沟壁包裹好进行养护，养护时间不少于7d。

6.2.6 案例

6.2.6.1 辽宁某输水工程弃渣场截洪排水工程

1. 工程概况

辽宁省某输水工程弃渣场位于朝阳市朝阳县东大屯乡，弃渣场等级为4级，为沟道型弃渣场。本渣场渣体类型为土方，弃渣分台阶堆放，台阶边坡1∶2，渣面最高点高程为191.50m，弃渣结束后渣场表面采取植草绿化。为防止弃渣场上游坡面汇水对弃渣场的冲刷，并排除弃渣场渣面地表径流。设计在弃渣场占地边界修建场界截洪沟，同时在弃渣场第一台面下游布设场内排水沟，排水沟两端出口与截洪沟衔接，排水沟出口控制高程为183.50m。弃渣场平面布置图见图6.2-1。

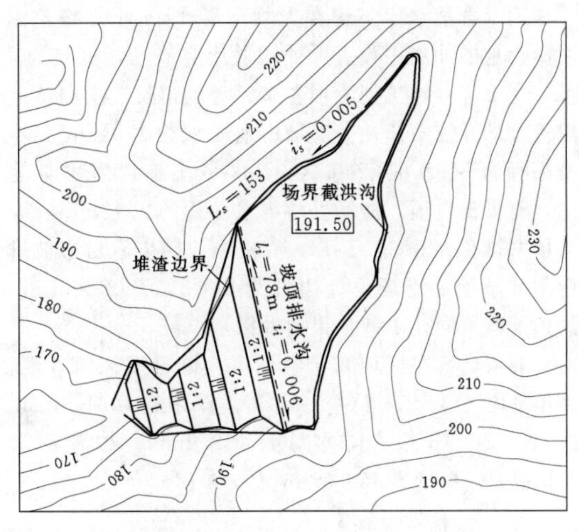

图6.2-1 弃渣场排水沟平面布置图（单位：m）

2. 截洪排水沟设计标准

根据SL 575的规定，确定场界截洪沟设计洪水标准为10年一遇，场内排水沟设计洪水标准为5年一遇。

3. 水文计算

（1）截洪沟水文计算。截洪沟洪峰流量根据《辽宁省中小河流（无资料地区）设计暴雨洪水计算方法》进行计算。经计算，弃渣场左侧截洪沟10年一遇设计洪峰流量为$3.82m^3/s$，右侧截洪沟10年一遇设计洪峰流量为$4.09m^3/s$。

（2）排水沟水文计算。排水沟流量采用短历时设计暴雨公式计算。本工程排水沟按5年一遇10min短历时暴雨设计，重现期转换系数$C_p=1.0$（查SL 575—2012表5.3.1-2获取）；降雨历时转换系数C_t根据降雨历时$t=24.6+1.4=26.0$min（$t=t_{坡面}+t_{沟管}$）及$C_{60}=0.37$（查SL 575—2012图5.3.1-3获取），通过内插计算$C_t=0.74$（查SL 575—2012表5.3.1-3获取）；$q_{5,10}=2.0$（根据SL 575—2012图5.3.1-1获取）。

通过计算，$q=C_pC_tq_{5,10}=1.0\times0.74\times2.0=1.48$(mm/min)。

径流系数$\varphi=0.5$（弃渣面按细粒土坡面考虑，查SL 575—2012表5.3.1-1获取）；汇水面积$F=0.009km^2$（根据坡面排水方向，用地形图量测坡面汇水面积较大的区域作为计算的汇水面积）。

$$Q_m=16.67\varphi qF=16.67\times0.5\times1.48\times0.009=0.11(m^3/s)$$

（3）截洪排水沟设计。截洪排水沟设计断面根据公式计算和SL 575的规定，截洪排水沟设计流速应满足淤积流速和冲刷流速的要求。浆砌石截洪排水沟设计流速范围为0.4～5.0m/s，同时应满足截洪排水沟断面设计、安全超高等基本要求。通过试算，弃渣场截洪排水沟断面设计见表6.2-7。

表6.2-7 弃渣场截洪排水沟断面设计

名称		结构型式	设计洪峰流量/m^3	断面设计			比降	糙率	计算结果	
				沟底宽/m	沟深/m	边坡坡比			过水流量/(m^3/s)	流速/(m/s)
场界截洪沟	左侧	浆砌石	3.82	0.6	0.85	1∶1	0.065	0.025	3.97	4.89
	右侧	浆砌石	4.09	0.7	0.85	1∶1	0.061	0.025	4.26	4.85
场内排水沟		浆砌石	0.11	0.4	0.50	1∶1	0.006	0.025	0.19	0.91

6.2.6.2 河南某水库弃渣场截洪排水沟工程

1. 工程概况

河南省某水库工程在大坝下游1km处公路东侧左岸山地的冲沟中设置一处沟道型弃渣场，等级为4级，主要堆存施工期大坝左岸、溢洪道及泄洪洞施工建筑物的开挖石渣。弃渣场占地面积约$3.34hm^2$，堆渣高程为210.00～260.00m，区域土地以灌木林为主，有少量耕地，渣场上游集水面积约$1.12km^2$，弃渣场共堆存弃渣60万m^3。弃渣堆放结束后对边坡进行削坡整治，渣场设计边坡为1∶2，设2级马道，渣顶面恢复绿化，栽植果树并撒播草籽。

弃渣场所在区域属于暖温带大陆性季风气候区，多年平均气温为14.3℃，多年平均降水量为646.4mm。10年一遇24h最大降水量为138.9mm，20年一遇24h最大降水量为156.3mm。

2. 截洪排水沟布置

弃渣场位于冲沟内，为避免弃渣场上方的坡面洪水对弃渣造成冲刷威胁弃渣场安全，拟设计在弃渣场弃渣平台与冲沟原地面结合部位设计一道截洪沟（以下称截洪沟1）。为防止雨水在渣场平台及弃渣场坡面汇集造成冲刷，拟设计在弃渣场平台边缘设计一道排水沟（以下称排水沟1），在各级边坡的坡脚处设置排水沟（以下称排水沟2）。共设置截洪沟2条，2种断面尺寸，为使场内排水顺利排出，在弃渣场最南端设计1条截洪沟，各级边坡坡脚处的排水沟与截洪沟连接，出口与下游道路过水涵洞连接将水导出，平面布置图见图6.2-2。

3. 设计标准

根据SL 575的规定，确定场界截洪沟设计洪水标准为20年一遇，场内排水沟设计洪水标准为5年一遇。

4. 截洪排水沟设计

（1）截洪沟设计。截洪沟1主要排出的是渣场上游沟道来水。渣场上游沟道为山地，植被以灌木为主。

1）洪峰流量计算。洪峰流量计算采用中国水利水电科学研究院水文研究所的推理公式进行计算，计算得20年一遇设计洪峰流量为$16.58m^3/s$。

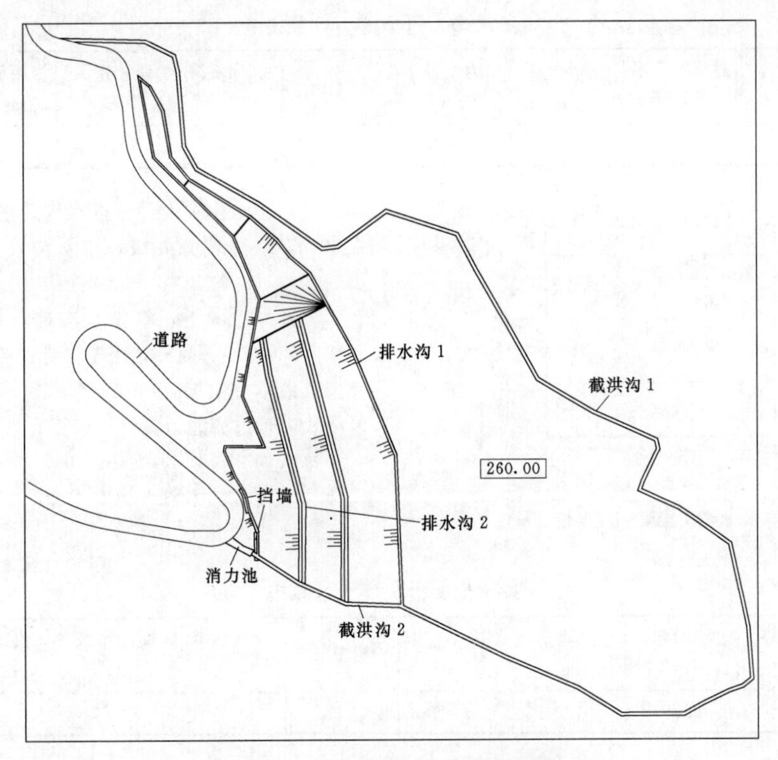

图 6.2-2 弃渣场截洪排水沟布置图

2）截洪沟断面确定。截洪沟断面应根据地形、地质条件、设计经验等初步确定其断面结构型式、尺寸，截洪沟选取矩形断面，M7.5 砂浆砌 30 号块石衬砌，断面尺寸 2.8m×2.0m，按明渠均匀流流量公式进行过流能力验算。计算成果见表 6.2-8。

按设计标准取 0.2m 超高，因此，最终排水沟尺寸为 2.8m×2.0m，满足过流要求，并满足截洪沟不冲不淤流速要求。

表 6.2-8 截洪沟 1 过流能力计算表

底宽 B /m	水深 H /m	过流面积 A/m²	湿周 χ /m	水力半径 R /m	糙率 n	纵向坡降 i	谢才系数 C	流量 Q /(m³/s)	流速 /(m/s)
2.8	1.8	5.04	6.4	0.79	0.025	0.01	38.44	17.19	3.41

截洪沟 1 总长 232m，采用 M7.5 砂浆砌 30 号块石衬砌，用量为 4.92m³/m，断面形式见图 6.2-3。截洪沟每隔 10～15m 设置一道 2cm 宽伸缩缝，缝内用沥青麻絮或其他防水材料填充。

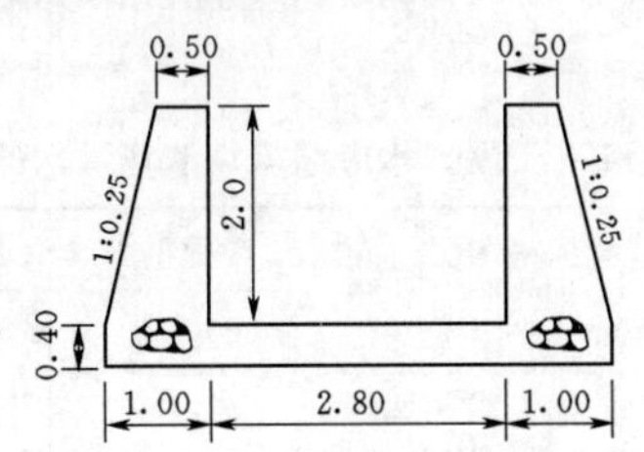

图 6.2-3 截洪沟 1 断面图（单位：m）

（2）排水沟 1 设计。排水沟 1 主要排除渣顶坡面汇水。按 5 年一遇 10min 短历时暴雨设计，计算坡面汇流历时 $t_1=19.60$min，t_1 即为降雨历时；经查，中国 5 年一遇 10min 降雨强度 $q_{5,10}$ 等值线图得 $q_{5,10}=2.0$mm/min，查 SL 575—2012 表 5.3.1-2 和表 5.3.1-3 得 $C_P=1.0$，$C_t=0.75$，经计算，排水沟 1 设计排水流量为 0.3m³/s。

排水沟 1 选取矩形断面，M7.5 砂浆砌 30 号块石衬砌，断面尺寸 0.5m×0.5m，按明渠均匀流流量公式进行过流能力验算。计算成果见表 6.2-9。

按设计标准取 0.2m 超高，因此，最终排水沟尺寸为 0.5m×0.7m，满足过流要求，并满足排水沟不冲不淤流速要求。

排水沟 1 总长 102m，采用 M7.5 砂浆砌 30 号块石衬砌，用量为 0.95m³/m，断面形式见图6.2-4。

表 6.2-9　排水沟1过流能力计算表

底宽 B /m	水深 H /m	过流面积 A /m²	湿周 χ /m	水力半径 R /m	糙率 n	纵向坡降 i	谢才系数 C	流量 Q /(m³/s)	流速 /(m/s)
0.5	0.5	0.25	1.5	0.167	0.025	0.01	29.67	0.30	1.21

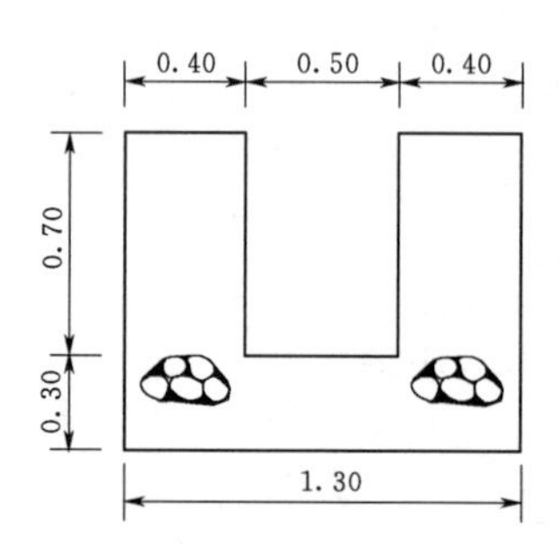

图 6.2-4　排水沟1断面图（单位：m）

（3）排水沟2设计。排水沟2主要排出弃渣边坡汇水，弃渣边坡分3级，排水沟设置于各级边坡坡脚处。

设计方法同上，本排水沟选取矩形断面，M7.5砂浆砌30号块石衬砌，由于设计过流量较小，断面尺寸选取最小施工断面0.5m×0.5m，按明渠均匀流流量公式进行过流能力验算。计算成果见表6.2-10。

排水沟2尺寸为0.5m×0.5m，过流能力已超出设计流量较多，不再考虑安全超高，满足排水沟不冲不淤流速要求。

表 6.2-10　排水沟2过流能力计算表

底宽 B /m	水深 H /m	过流面积 A /m²	湿周 χ /m	水力半径 R /m	糙率 n	纵向坡降 i	谢才系数 C	流量 Q /(m³/s)	流速 /(m/s)
0.5	0.5	0.25	1.5	0.167	0.025	0.01	29.67	0.30	1.21

排水沟2总长366m，采用M7.5砂浆砌30号块石衬砌，用量为0.63m³/m，断面形式见图6.2-5。

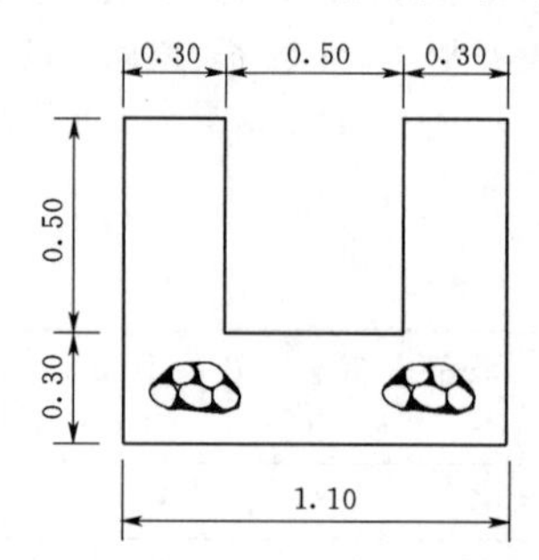

图 6.2-5　排水沟2断面图（单位：m）

（4）截洪沟2设计。渣场最南端设置截洪沟2与各级排水沟平顺连接，用于排除南侧山体边坡汇水及各级排水沟汇流，经计算截洪沟设计流量为17.30m³/s。断面尺寸通过计算过流能力进行确定，方法同截洪沟1过流能力验算。

排洪沟2设在坡面上，坡比为1：2，断面采用截洪沟1形式即可满足过流要求，由于流速较大，应在排水沟内增设台阶进行消能。

6.2.6.3　土溪口水库堰塘坝弃渣场截洪工程

1. 工程概况

土溪口水库工程位于四川省达州市宣汉县境内前河干流中上游距渡口乡约1km处的百里峡景区峡谷口，坝址下游距樊哙镇约7.7km，距宣汉县城约100km，距达州市135km。土溪口水库工程开发任务主要为防洪，并兼顾发电。正常蓄水位562.00m，防洪高水位562.50m，校核洪水位562.80m，死水位526.00m，汛期限制水位526.00m。总库容1.60亿m³，防洪库容1.05亿m³，兴利库容1.03亿m³，装机容量57MW。工程等别为Ⅱ等工程。

土溪口水库枢纽工程初步设计阶段布置1个弃渣场即堰塘坝渣场，渣场类型为坡地型。工程永久弃渣量459.15万m³（松方），规划渣场占地20.16hm²。

2. 洪峰流量

渣场所在的堰塘坝为一溶蚀洼地，四周封闭。渣场周边共有耳厂包沟、罗家瓦房沟、李家梁沟共3条支沟洪水汇入渣场。渣场洪水计算成果见表6.2-11。

表 6.2-11　土溪口水库堰塘坝渣场洪水计算成果表

断　面	集雨面积 /km²	各频率洪峰流量/(m³/s)	
		1.0%	2.0%
罗家瓦房截洪沟	1.88	39.2	34.5
耳厂包截洪沟	0.310	8.10	7.20
李家梁截洪沟	0.500	11.9	10.5
堰塘坝渣场	2.69	59.5	52.4

3. 截洪沟断面计算

为了保证渣场上方坡面洪水及沟道洪水的排出，避免水流冲刷造成水土流失并危及渣场安全，弃渣前，需在场地周边布设截洪沟。

根据沟道汇水方向及所处位置共设置三条截洪沟、一条排水洞、一座集水池及一座调蓄池。三条截洪沟最终汇流到集水池，经由排洪洞排至天然冲沟。

通过表6.2-12计算，耳厂包截洪沟和李家梁截洪沟设计流速分别为3.56m/s、5.27m/s、3.91m/s，均小于修正后的混凝土渠道最大允许流速。

表6.2-12　土溪口水库堰塘坝渣场截洪沟水力计算表

项　目	耳厂包截洪沟	罗家瓦房截洪沟	李家梁截洪沟
设计流量 $Q/(m^3/s)$	7.20	34.50	10.50
糙率 n	0.013	0.013	0.013
边坡系数（左岸）m_1	0.5	0.5	0.5
边坡系数（右岸）m_2	0.5	0.5	0.5
排洪沟纵坡 i	0.005	0.005	0.005
底宽 b'/m	1.50	3.00	1.50
水深 h/m	1.01	1.70	1.26
过水断面面积 ω/m^2	2.03	6.55	2.68
湿周 χ/m	3.76	6.80	4.32
水力半径 R/m	0.54	0.96	0.62
流速 $v/(m/s)$	3.56	5.27	3.91
校核 $Q'/(m^3/s)$	7.29	34.70	10.63

4. 截洪沟断面设计

工程截洪沟级别为2级，安全超高取为0.8m，考虑安全超高后各截洪沟设计断面参数见表6.2-13。

表6.2-13　土溪口水库堰塘坝渣场截洪沟结构参数表

项　目	耳厂包截洪沟	罗家瓦房截洪沟	李家梁截洪沟
底宽 b'/m	1.50	3.00	1.50
边坡系数（左岸）m_1	0.5	0.5	0.5
边坡系数（右岸）m_2	0.5	0.5	0.5
截洪沟纵坡 i	0.005	0.005	0.005
截洪沟深 h/m	1.90	2.50	2.10

（1）耳厂包截洪沟。耳厂包截洪沟位于渣场西北侧，用于引导耳厂包沟上游来水，使其经耳厂包排水洞排至自然沟道。

耳厂包截洪沟长431.25m，断面为梯形，底宽1.5m，深度1.90～3.66m，边坡坡比1：0.5，纵坡比降i采用0.005，采用C15混凝土衬砌，衬砌厚度为0.30m，接入集水池。

耳厂包截洪沟设计见图6.2-6。

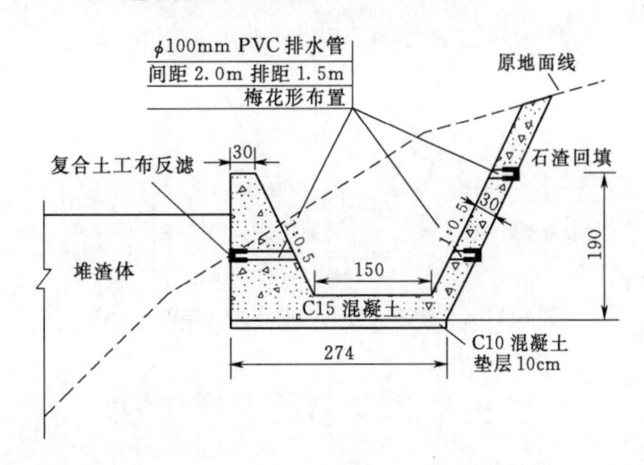

图6.2-6　耳厂包截洪沟设计图（单位：cm）

（2）罗家瓦房截洪沟。罗家瓦房截洪沟位于渣场东南侧，用于拦截罗家瓦房沟来水，并直接接入大垭口排水洞排至自然沟道。

罗家瓦房截洪沟长808.92m，其中罗沟0+000.00～0+733.00为明渠，其后为多级跌坎。明渠断面为梯形，断面尺寸（底宽×净深）为3.0m×2.5m，边坡坡比1：0.5，纵坡比降i采用0.005，采用C15混凝土衬砌，衬砌厚度为0.30m。多级跌坎共设置三种跌坎形式：Ⅰ型跌坎高度15m，长度25m，宽度5m，消力坎高度2.3m，长度4.5m，宽度10m，衬砌厚度1m；Ⅱ型跌坎高度7m，长度20m，宽度10m，消力坎高度1.9m，长度4.5m，宽度5m，衬砌厚度1m；Ⅲ型跌坎高度7m，长度30.92m，宽度5m，消力坎高度1.9m，长度4.5m，宽度5m，衬砌厚度1m。多级跌水直接跌入集水池中。

罗家瓦房截洪沟设计见图6.2-7。

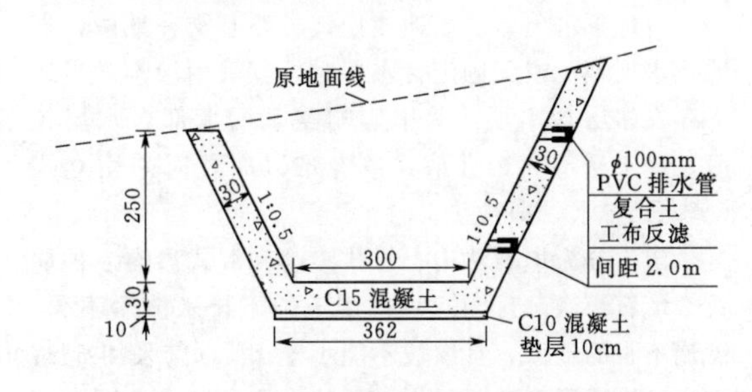

图6.2-7　罗家瓦房截洪沟设计图（单位：cm）

（3）李家梁截洪沟。李家梁截洪沟位于渣场东北侧，用于拦截坡面来水，并引入自然沟道。

李家梁截洪沟长248.77m，断面为梯形，断面尺寸（底宽×净深）为1.50m×2.10m，边坡坡比1：0.5，纵坡比降i采用0.005，采用C15混凝土衬砌，衬砌厚度为0.30m。

李家梁截洪沟设计见图6.2-8。

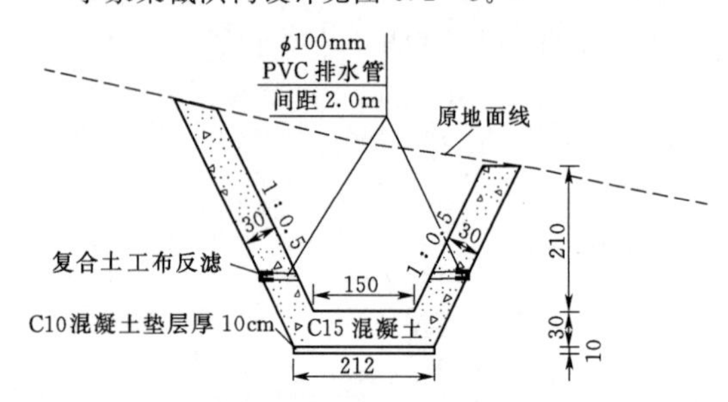

图6.2-8　李家梁截洪沟设计图（单位：cm）

6.3　暗沟（管）与渗沟

6.3.1　定义与作用

暗沟（管）和渗沟均是设在地面以下或路基内，引导水流排出场地范围的沟（管）状结构物，可拦截、引排含水层地下水，降低地下水位或疏导坡体内地下水。暗沟无渗水和汇水功能，主要是把水流从一个地方疏导到另外一个地方（属于点对点排水）。渗沟采用渗透方式将地下水汇集于沟内，具有渗透汇集水流的功能，沿程必须是"开放的"，主要是由沿路渗水汇流到另外一个地方（属于面对点排水）。

6.3.2　分类与适用范围

要根据地下水类型、含水层埋藏深度、地层渗透性、地下水对环境的影响，并考虑与地表排水设施协调等，选用适宜的地下排水设施。

当地下水位较高，潜水层埋藏不深，场地或路基基底范围有泉水外涌时，宜设置暗沟（管）截流地下水及降低地下水位，将水引排至场地外或场地边沟内。包括暗沟和暗管两种形式。

有地下水出露的场地或挖填方路基交替地段，当地下水埋藏浅或无固定含水层时，宜采用渗沟。当地下存在多层含水层，其中影响路基的上部含水层较薄，排水量不大，且平式渗沟难以布置时采用立式（竖向）排水，即渗井。

渗沟分为填石渗沟、管式渗沟和洞式渗沟三种形式。填石渗沟（盲沟）只适用于地下排水流量不大、渗流不长的地段，且纵坡不能小于1%，宜采用5%；管式渗沟适用于地下引水较长的地段；洞式渗沟适用于地下水流量较大的地段。三种渗沟均应设置排水层（管、洞）、反滤层、封闭层。

6.3.3　工程设计

6.3.3.1　暗沟（管）

1. 暗沟

暗沟的尺寸要根据外涌水的流量，按照本手册《专业基础卷》水文计算所述方法计算确定。暗沟一般采用矩形断面，井壁和沟底、沟壁宜采用浆砌片石或水泥混凝土预制块砌筑，沟顶应设置混凝土或石盖板，盖板顶面上的填土厚度不应小于0.5m。并应采取有效措施以防止暗沟淤塞。

2. 暗管

在水土保持工程中，常在局部闭流洼地和低洼水线处布设暗管，以消除场地内涝。布设暗管的间距一般在50～100m，但在局部闭流洼地和低洼水位线处应适当加密，间距可取10～30m，地形平缓时可适当加大。暗管的坡降应按照地形情况和选定的管径等因素确定，一般取0.2%～2%。

（1）排水暗管管径一般取60～100mm，应满足设计排渍流量要求，且不应形成满管出流。排水管内径按式（6.3-1）计算确定。

$$d=2(nQ/\alpha\sqrt{i})^{\frac{3}{8}} \qquad (6.3-1)$$

式中　d——排水管内径，m；

n——排水管内壁糙率，可从表6.3-1查得；

Q——设计排渍流量，m^3/s；

α——与排水管内水的充盈度a有关的系数，可从表6.3-2查得；

i——排水管道水力比降，可采用管线的比降。

排水管道比降应满足管内最小流速不低于0.3m/s的要求。管内径$d\leqslant100$mm时，i可取1/300～1/600；$d>100$mm时，i可取1/1000～1/1500。

表6.3-1　排水管内壁糙率

排水管类别	陶土管	混凝土管	光壁塑料管	波纹塑料管
内壁糙率	0.014	0.013	0.011	0.016

表6.3-2　系数α和β取值

a	0.60	0.65	0.70	0.75	0.80
α	1.330	1.497	1.657	1.806	1.934
β	0.425	0.436	0.444	0.450	0.452

注　排水管内水的充盈度a为管内水深与管的内径之比值。管道设计时，可根据管的内径d值选取充盈度a值：当$d\leqslant100$mm时，a取0.6；当$d=100\sim200$mm时，a取0.65～0.75；当$d>200$mm时，a取0.8。

（2）排水暗管平均流速按式（6.3-2）计算确定。

$$V=\frac{\beta}{n}\left(\frac{d}{2}\right)^{\frac{2}{3}}i^{\frac{1}{2}} \qquad (6.3-2)$$

式中　V——排水暗管平均流速，m/s；

β——与管内水的充盈度a有关的系数，可从

表 6.3-2 查得；

其他符号意义同前。

6.3.3.2 渗沟

1. 设计流量计算

渗沟设计流量与渗沟所处土层及渗沟的结构型式有关，计算方法如下。

(1) 设计流量可按式（6.3-3）和式（6.3-4）计算确定。

$$Q=CqA \tag{6.3-3}$$

$$q=\frac{\mu\Omega(H_0-H_t)}{t} \tag{6.3-4}$$

式中 Q——设计流量，m^3/d；

C——排水流量折减系数，可从表 6.3-3 查得；

q——地下水排水强度，m/d；

A——排水控制面积，m^2；

μ——地下水面变动范围内的岩土平均给水度，经验值可从表 6.3-4 查得；

Ω——地下水面形状校正系数，取 0.7～0.9；

H_0——地下水位降落起始时刻排水地段的作用水头，m；

H_t——地下水位降落到 t 时刻排水暗管排水地段的作用水头，m；

t——设计要求地下水位由 H_0 到 H_t 的历时，d。

表 6.3-3 排水流量折减系数

排水控制面积/hm^2	≤16	16～50	50～100	>100
排水流量折减系数 C	1.00	1.00～0.85	0.85～0.75	0.75～0.65

表 6.3-4 各种岩土给水度经验值

岩土	给水度	岩土	给水度
黏土	0.020～0.035	细砂	0.080～0.110
亚黏土	0.030～0.045	中细砂	0.085～0.120
亚砂土	0.035～0.060	中砂	0.090～0.130
黄土状亚黏土	0.020～0.050	中粗砂	0.100～0.150
黄土状亚砂土	0.030～0.060	粗砂	0.110～0.150
粉砂	0.060～0.080	黏土胶结的砂岩	0.020～0.030
粉细砂	0.070～0.010	裂隙灰岩	0.008～0.100

(2) 渗沟沟底设在不透水层上或不透水层内，且不透水层的横向坡度较小时，可采用地下水自然流动速度近于零的假设，按式（6.3-5）～式（6.3-8）计算单位长度渗沟由沟壁一侧流入沟内的流量，如图 6.3-1 所示。当水由两侧流入渗沟内时，渗沟流量应乘以 2。

$$Q_s=\frac{k_h(h_c^2-h_g^2)}{2L_s} \tag{6.3-5}$$

$$h_g=\frac{I_0}{2-I_0}h_c \tag{6.3-6}$$

$$L_s=\frac{h_c-h_g}{I_0} \tag{6.3-7}$$

$$I_0=\frac{1}{3000\sqrt{k_h}} \tag{6.3-8}$$

式中 Q_s——单位长度渗沟一侧沟壁的地下水渗入量，$m^3/(s\cdot m)$；

k_h——含水层材料的渗透系数，见表 6.3-5，m/s；

h_c——含水层内地下水位的高度，m；

h_g——渗沟内的水流深度，当渗沟底位于不透水层内，且渗沟内水面低于不透水层顶面时，按式（6.3-6）取用，m；

L_s——地下水位受渗沟影响而降落的水平距离，可按式（6.3-7）确定，m；

I_0——地下水位降落曲线的平均坡度，可按含水层材料的渗透系数由近似公式(6.3-8)估算。

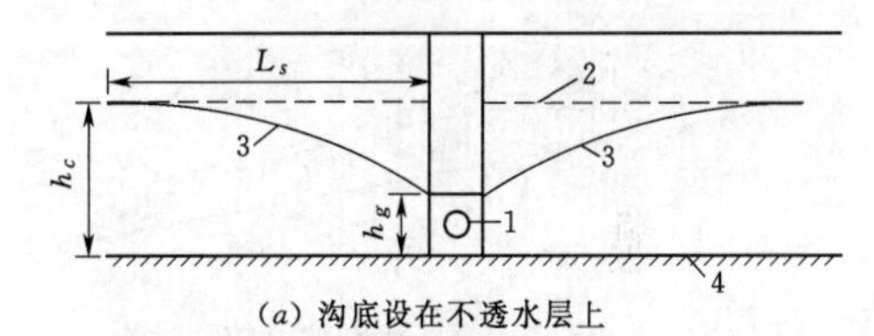

(a) 沟底设在不透水层上

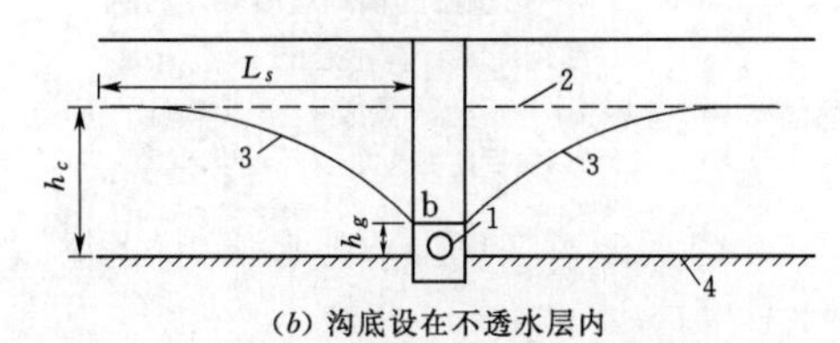

(b) 沟底设在不透水层内

图 6.3-1 不透水层坡度平缓时的渗沟流量计算示意图

1—渗沟；2—地下水位；3—地下水降落曲线；4—不透水层

表 6.3-5 代表性岩土渗透系数 k_h 经验值

岩土名称	k_h/(mm/s)	岩土名称	k_h/(mm/s)
黏土	<0.00006	中砂	0.06～0.2
粉质黏土	0.00006～0.001	粗砂	0.2～0.6
粉土	0.001～0.006	砾石	0.6～1
粉砂	0.006～0.01	卵石	1～6
细砂	0.01～0.06	漂石	6～1000

（3）渗沟沟底距不透水层顶面较远时，位于含水层内的单位长度渗沟的流量 Q_s 可按式（6.3-9）计算确定，如图6.3-2所示。

$$Q_s=\frac{\pi k_h h_s}{2\ln\left(\frac{2L_s}{L_l}\right)} \tag{6.3-9}$$

式中　L_l——两相邻渗沟间距的一半，m；

h_s——渗沟处地下水位的下降幅度，m；

其他符号意义同前。

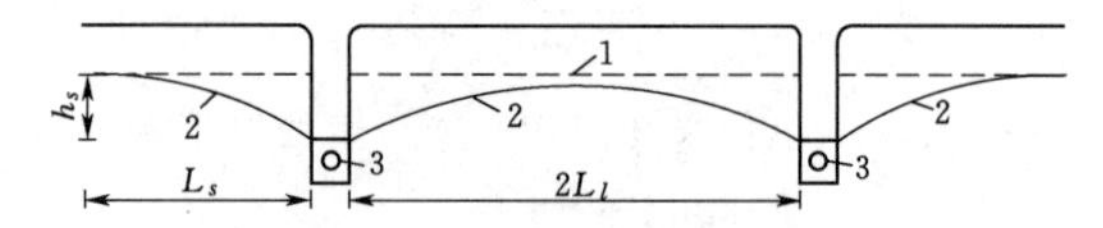

图6.3-2　渗沟沟底距不透水层顶面较远时渗沟流量计算示意图

1—原地下水位；2—降低后地下水位；3—渗沟

（4）不透水层的横向坡度较陡时，可按式（6.3-10）计算单位长度渗沟由沟壁一侧流入沟内的流量 Q_s，如图6.3-3所示。

$$Q_s=k_h i_h h_s \tag{6.3-10}$$

式中　i_h——沟或过水断面的横向坡度。

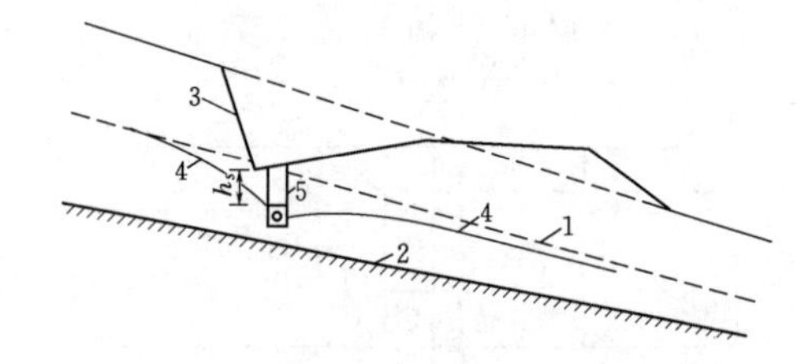

图6.3-3　不透水层的横向坡度较陡时的渗沟流量计算示意图

1—原地下水位；2—不透水层；3—坡面；4—设渗沟后地下水位；5—渗沟

（5）填石渗沟（盲沟）泄水能力 Q_c 应按式（6.3-11）计算。

$$Q_c=\omega k_m\sqrt{i_z} \tag{6.3-11}$$

式中　ω——渗透面积，m^2；

k_m——紊流状态时的渗流系数，m/s；

i_z——基层纵坡。

当已知填料粒径 d(cm) 和孔隙率 n(%) 时，k_m 按式（6.3-12）计算，也可参考表6.3-6确定。

$$k_m=\left(20-\frac{14}{d}\right)n\cdot\sqrt{d} \tag{6.3-12}$$

设每颗填料均为球体（体积$=\frac{1}{6}\pi d^3$），则 N 颗填料的平均粒径 d（cm）可按式（6.3-13）计算。

$$d=\sqrt[3]{\frac{6G}{\pi N\gamma_S}} \tag{6.3-13}$$

式中　G——N 颗填料的重力，kN；

γ_s——填料固体粒径的容重，kN/m^3。

表6.3-6　排水层填料渗透系数

换算成球形的颗粒直径 d/cm ＼ 排水层填料孔隙率/%	0.40	0.45	0.50
5	0.15	0.17	0.19
10	0.23	0.26	0.29
15	0.30	0.33	0.37
20	0.35	0.39	0.43
25	0.39	0.44	0.49
30	0.43	0.48	0.53

（6）洞（管）式渗沟的泄水能力 Q_c 可按式（6.3-14）计算。

$$Q_c=vA \tag{6.3-14}$$

式中　v——沟或管内的平均流速，m/s；

A——过水断面面积，m^2。

（7）当水平渗沟难以布置时可采用立式（竖向）排水，即渗井。位于含水层内单位长度渗井的设计流量 Q_s 应按式（6.3-15）计算确定，如图6.3-5所示。

$$Q_s=1.36\frac{k_h(h_j^2-h_d^2)}{\lg\frac{R}{r_0}} \tag{6.3-15}$$

$$R=3000S\sqrt{k_h}$$

式中　h_j——井内水深，m；

h_d——地下水位高于井底的高度，m；

R——影响半径，可根据抽水试验确定，或用经验公式（6.3-17）计算，m；

r_0——渗井半径，m；

S——抽水降深，即地下水位与井内水位的高差（对于渗水井：$S=h_j-h_d$），m；

其他符号意义同前。

2. 渗沟埋置深度 h_2

渗沟埋置深度 h_2 应按式（6.3-16）计算，如图6.3-4所示。

$$h_2=Z+p+\varepsilon+f+h_3-h_1 \tag{6.3-16}$$

$$f=B_0/I_o$$

式中　h_2——渗沟埋置深度，m；

Z——沿场地或路基中线的冻结深度，非冰冻地区取0，m；

p——冻结地区沿中线处冻结线至毛细水上升曲线的间距，可取0.25m；非冰冻地区路床顶面至毛细水上升曲线的距离，可取0.5m；

ε——毛细水上升高度，m；

f——场地或路基范围内水力降落曲线的最大高度，m；

B_0——路基宽度，m；

h_3——渗沟底部的水柱高度，一般取 0.3～0.4m；

h_1——自场地或路基中线顶高计算的边沟深度，m；

其他符号意义同前。

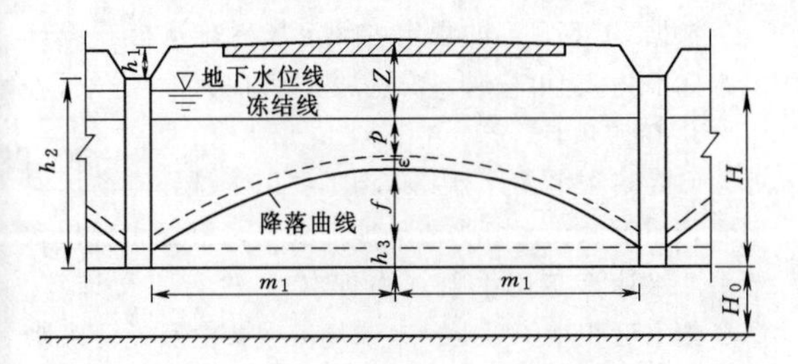

图 6.3-4 渗沟埋置深度计算示意图

H—地下水位高度；H_0—隔水层高度；m_1—渗沟边缘至场地中线的距离

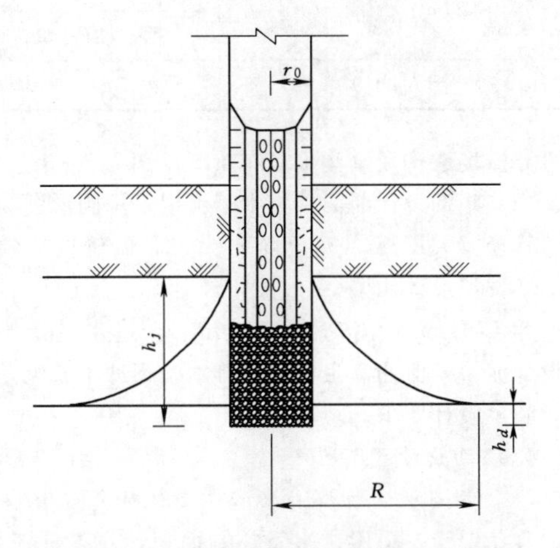

图 6.3-5 含水层内渗井的流量计算示意图

6.3.3.3 构造要求

1. 暗沟

暗沟沟底的纵坡坡降宜大于 1%，条件困难时，沟底纵坡坡降宜大于 0.5%，出水口处宜加大纵坡，并高出地表排水沟常水位 20cm。寒冷地区暗沟应做好防冻保温措施，出水口处也宜进行防冻保温措施，坡降宜大于 5%。

暗沟采用混凝土或者浆砌片石时，在沟壁与含水层以上的高度处布设一排或者多排向沟中倾斜的渗水孔，沟壁外侧应填以粗粒透水材料或土工合成材料作反滤层。沿沟槽地每隔 10～15m 或者在软硬岩层分界处设置沉降缝或者伸缩缝。在暗沟的平面转弯、纵坡变坡点等处及直线段每隔一定间距，应设置检查井。

2. 渗沟

管式渗沟的排水管管径不宜小于 150mm，可选用带孔的 PVC、PP、PE 塑料管、软式透水管、无砂混凝土管或带孔的水泥混凝土管等材料。管式渗沟的纵坡一般不大于 1%，最小纵坡坡降不宜小于 0.5%。

填石渗沟渗沟的纵坡坡降一般采用 5%，最小纵坡坡降不宜小于 1%，出水口底面高程应高出沟外最高水位 0.2m。

洞式渗沟可采用较大纵坡，最小纵坡坡降不宜小于 0.5%。

沟壁外侧应设置反滤层，反滤层的砂砾石应洁净，小于 0.15mm 的颗粒含量不得大于 5%。无砂混凝土反滤层厚度宜为 0.1～0.2m。当沟壁土质为黏性土、粉土或粉细砂时，在无砂混凝土块外侧，还应设置厚度 0.1～0.15m 的中粗砂或土工织物反滤层。土工织物反滤层宜采用无纺土工织物，当沟壁为黏性土、粉土或粉细砂时，可在土工织物与沟壁之间增设一层厚度 0.1～0.15m 的中砂反滤层。防渗层可采用复合土工膜等材料。

在渗沟的平面转弯、纵坡变坡点等处及直线段每隔一定间距，应设置检查井。检查井的设置间距不宜大于 30m，直径应满足疏通的需要，且不宜小于 1m，井内应设检查梯，井口应设井盖，当深度大于 20m 时，应增设护栏等安全设备。

渗井孔径可根据渗井的最大排水量（设计流量 Q_s），按式（6.3-17）估算 D。

$$D=\frac{Q_s}{65\pi h_j\sqrt[3]{k_h}} \tag{6.3-17}$$

式中 Q_s——设计流量，m^3/s；

其他符号意义同前。

当需要排除的水量较多，单个井点的孔径又不宜过大时，可采取群井分担排水，井点的数量按式（6.3-18）估算，且平面间距不宜大于两倍影响半径（$2R$）。

$$N=\frac{1}{\beta}\frac{W}{Q_s t_p} \tag{6.3-18}$$

式中 N——井点的数量，个；

W——降低地下水所需的总排水量，m^3；

β——群井的相互干扰系数，一般取 0.24～0.33；

Q_s——单井的排水能力，m^3/h；

t_p——达到预定下降水位所需的排水时间，h。

6.3.4 施工及维护的注意事项

6.3.4.1 暗沟

暗沟采用混凝土或者浆砌片石时，在沟壁与含水层以上的高度处布设一排或者多排向沟中倾斜的渗水孔，沟壁最下一排渗水孔宜高出沟底不小于0.2m，沟壁外侧应填以粗粒透水材料或土工合成材料，以此作为反滤层。沿沟槽每隔10～15m或者在软硬岩层分界处设置沉降缝或伸缩缝。暗沟顶面必须设置混凝土盖板，板顶覆土厚度应大于50cm。

排水暗管周围应设置外包滤料，并就地取材，选用耐酸、耐碱、不易腐烂、对农作物无害、不污染环境、方便施工的透水材料。外包滤料的渗透系数应比周围土壤大10倍以上，其厚度可根据当地实践经验选取。

暗管埋深一般取0.7～0.9m，条捆直径应大于0.2m，并应用砂卵石、麦秸、稻草和芦苇回填0.1～0.4m，踩实，其上回填土壤0.2m。

在暗管出口段宜设置长度2m的硬塑料管，伸出长度0.15～0.2m，出口下缘距固定沟道水面间距不应小于0.3m。暗管排水进入明沟处要采取防冲措施。

6.3.4.2 渗沟

渗沟基底应埋入不透水层，渗沟沟壁的一侧应设反滤层汇集水流，另一侧用黏土夯实或浆砌片石拦截水流。如含水层很厚，沟底不能深入不透水层时，两侧沟壁均应设置反滤层。在冰冻地区，渗沟埋深不得小于当地最小冻结深度。

渗沟沟内用作排水和渗水的填充料常用的有碎石、卵石和粗砂等，使用前须经筛选和清洗，粒料中粒径小于2.36mm的细粒料含量不得大于5%。渗沟位于基础或路基范围外时，透水性回填料顶部应覆盖厚度不小于0.15m的不透水填料。

渗沟顶部应设置封闭层，封闭层通常采用浆砌片石、干砌片石水泥砂浆勾缝，用黏土夯实，厚约50cm，下面铺双层反铺草皮或铺土工布。寒冷地区沟顶填土高小于冰冻深度时，应设置保温层，并加大出水口附近纵坡。保温层可采用炉渣、砂砾、碎石或草皮铺筑。

渗沟的开挖宜自下游向上游进行，并应随挖随即支撑和迅速回填，不可暴露太久，以免造成坍塌。支撑渗沟应间隔开挖。当渗沟开挖深度超过6m时，须选用框架式支撑，在开挖时自上而下随挖随加支撑，施工回填时应自下而上逐步拆除支撑。

6.3.5 案例

1. 工程简况

贵州省某水库工程弃渣场位于贵州省兴义市猪场坪乡，弃渣场等级为5级。受渣场南侧现有公路高程控制，渣体分两级台阶堆放。第一级台阶渣体在拦渣坝坝后高程1576.00m以上按1：5坡度堆放，至1582.00m高程。第二级台阶渣体在渣场库尾凹地垭口处按1：4坡度堆放，至渣面高程1590.00m。弃渣结束后渣场将进行复垦。为防止渣场内部积水，形成内涝，影响农业种植，拟在弃渣场内部设置填石渗沟，将场内积水汇入渣场底部集水池后，由暗沟将积水导入拦渣坝下游落水洞中。

2. 暗沟和渗沟设计标准

根据SL 575等的规定，确定场界排水措施设计洪水标准为20年一遇，校核洪水标准为30年一遇。

3. 暗沟设计

（1）暗沟水文计算。暗沟主要用于排导渣场场内积水，积水源头主要为渣场坡面来水，根据《贵州省暴雨洪水计算实用手册（修订本）》进行水文计算。渣场集水面积小于10km^2，渣场流域参数及设计洪水成果见表6.3-7。

表6.3-7　洪水计算成果表

集水面积 F /km^2	河长 L /km	比降 J /‰	设计流量 Q/(m^3/s)	
			$P=5\%$	$P=3.33\%$
0.15	1.019	213.8	3.9	4.2

弃渣场渗沟及暗沟平面布置图见图6.3-6。

（2）暗沟设计断面。排水暗沟拟采用圆形混凝土管，管径$d=1.2$m，充盈度$a=0.7$，暗管内壁糙率$n=0.013$，设计比降$i=0.02$，经计算，该断面过水流量为4.61m^3/s，流速为5.46m/s，过水流量略大于设计流量，流速满足混凝土排水管不冲不淤流速范围，满足设计要求。

4. 渗沟设计

（1）渗沟水文计算。渗沟主要用于汇集场内积水，避免内涝，采用排水管控制面积计算设计流量，按式（6.3-3）和式（6.3-4）计算确定。

根据地形图中渣场地形走向及渗沟布置情况，量算单条渗沟平均排水控制面积$A=21067$m^2。查表6.3-3得排水流量折减系数$C=1.00$，土层平均给水度$\mu=0.15$，地下水面形状校正系数$\Omega=0.9$，设计要求地下水位降落水头$H=0.5$m，历时$t=0.25$d。

经计算，填石渗沟设计流量$Q=0.061$m^3/s。

（2）渗沟设计断面。渣场渗沟拟采用填石渗沟，长、宽均为0.3m，内层穿孔渗透管管径$d=0.1$m，充盈度$a=0.7$，渗透管管内壁糙率$n=0.011$，设计比降$i=0.05$，外层填石厚0.2m，最外层采用250g/m^{2}复合土工布反滤。按式（6.3-11）计算填石渗沟泄水能力。

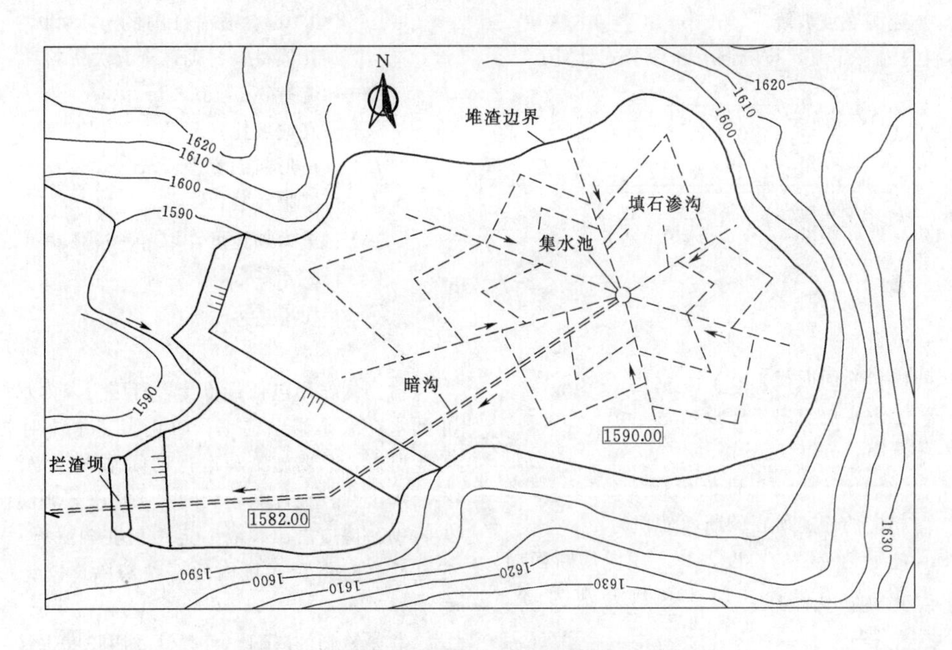

图 6.3-6 弃渣场渗沟及暗沟平面布置图（单位：m）

经计算，该填石渗沟泄水能力为 0.064m^3/s，泄水流量略大于设计流量，满足设计要求。

6.4 排 水 隧 洞

6.4.1 定义与作用

在水利工程中为了输水或泄洪，在山体中或地下开凿建成封闭式的过水洞，称为排水洞，又称隧洞。一般用于沟水处理工程，常与拦洪坝配合使用。在水土保持工程中，排水洞主要用于排泄截洪式弃渣场的上游来水，适用于地质、地形条件适宜布置隧洞的沟道型弃渣场。

6.4.2 分类与适用范围

根据水力条件，排水洞可分为有压洞和无压洞。前者水流充满全洞，且受到一定的内水压力；后者水流不充满全洞，在水面上保持着与大气接触的自由水面。有压洞适用于纵坡受进出口高程限制的情况；无压隧洞适用范围较广，其底坡根据水力计算确定。

6.4.3 规划与布置

排水洞由洞身、进口和出口建筑物三部分组成。进口建筑物由进口翼墙（或护锥）、护底和进口前铺砌构成。洞身位于山体内，是排水洞过水的主要部分。排水洞出口建筑物由出口翼墙（或锥体）、护底和出口防冲铺砌或消能设施构成。通常无压缓坡排水洞出口流速不大，故出口常做一段防冲铺砌。有压、半有压或无压陡坡排水洞出口流速较大，常需设消能设施。

排水洞平面布置首先考虑尽可能布置成短而直的洞线，且排水洞进口和出口位置合理、岩体边坡稳定。排水洞轴线位置，应根据进口和出口水位、水力条件、地形地质条件、洞线及其横断面尺寸等，进行技术经济比较后确定。

6.4.4 工程设计

6.4.4.1 工程级别及标准

排水洞工程级别根据所在的弃渣场等级，确定相应的排洪工程级别，并确定相应的排洪工程防洪标准。具体按 GB 51018 执行。

6.4.4.2 横断面型式及尺寸计算

1. 横断面型式

常用的横断面型式有圆形、方圆形（城门洞形）、马蹄形、高壁拱形、方形等。

2. 水力计算

根据《水力计算手册》公式判别，当进口水深与洞高之比 $H/a<1.2$ 时，隧洞内出现无压流，按明渠均匀流公式计算：

$$Q=\omega C\sqrt{Ri} \tag{6.4-1}$$

式中 ω——洞内过流断面积，m^2；

C——谢才系数；

R——水力半径，m；

i——隧洞底坡坡降。

当隧洞内为有压流，按隧洞有压流公式计算：

$$Q=\mu\omega\sqrt{2g(H_0-a)} \tag{6.4-2}$$

$$\mu=\frac{1}{\sqrt{1+\sum\zeta_i\left(\frac{\omega}{\omega_i}\right)^2+\sum\frac{2gl_i}{C_i^2R_i}\left(\frac{\omega}{\omega_i'}\right)^2}} \tag{6.4-3}$$

式中　μ——流量系数；

ω——出口断面面积，m^2；

H_0——上游水位与出口底板之差，m；

a——洞高，m；

ζ_i——隧洞第 i 段的局部能量损失系数，与之相应的流速所在的断面面积为 ω_i；

l_i——隧洞第 i 段的长度，与之相应的断面面积、水力半径和谢才系数分别为 ω_i'、R_i、C_i。

3. 断面设计

选择隧洞的横断面型式和尺寸时，主要根据地质、施工和运用条件经技术经济比较后确定。为了施工掘进及进人的需要，横断面尺寸：一般至少宽1.5m，高1.8m；圆形断面的隧洞，内径以不小于1.8m为宜。隧洞的高度通常采用1～1.5倍隧洞的宽度。隧洞的断面形状对过水能力有一定的影响，但是在选择断面形状时并不主要决定于过水能力，而常依据地质和施工条件来确定。

初步拟定排水洞横断面尺寸时可用式（6.4-4）～式（6.4-6）估算：

无压隧洞：

$$D=\left(\frac{nQ}{0.284\sqrt{i}}\right)^{\frac{3}{8}}\text{或 }B=\left(\frac{nQ}{0.336\sqrt{i}}\right)^{\frac{3}{8}} \tag{6.4-4}$$

一般泄水隧洞：

$$D=0.2834\sqrt[6]{\lambda}\cdot\sqrt{Q}\approx(1.0\sim1.5)\sqrt{Q} \tag{6.4-5}$$

$$\lambda=\frac{8g}{C^2}$$

有压隧洞：

$$\sqrt[7]{\frac{5.2Q_{max}^3}{H}} \tag{6.4-6}$$

式中　D——圆形断面直径，m；

n——洞壁糙率，普通混凝土衬砌的 $n=0.013\sim0.017$，喷锚衬砌的 $n=0.019\sim0.027$，其他材料衬砌，查有关资料；

Q——流量，m^3/s；

i——底坡坡比；

B——矩形断面宽度，m；

λ——摩阻系数；

g——重力加速度，取 $g=9.81m/s^2$；

C——谢才系数；

H——作用水头，m。

4. 衬砌型式

衬砌的作用包括：承受岩石压力、内水压力；防止漏水；减小洞壁糙率；防止高速水流对岩石冲蚀等。所以，只要施工和运行期间围岩稳定、不坍塌、不漏水，并且允许有较大的水头损失，则隧洞可以不做衬砌，但应沿洞线隔一定距离在洞底设一集石坑，定期检修时将积在坑内的石块清除，以免影响过水能力。

需要衬砌的隧洞，可以沿隧洞长度选择一种或数种不同型式的衬砌。常用的衬砌型式主要有护面衬砌或平整衬砌、混凝土衬砌和砖石衬砌、钢筋混凝土衬砌、组合式衬砌、装配式衬砌、喷锚衬砌。

6.4.5　案例

1. 渣场基本情况

四川某水电站位于雅砻江干流上，其渣场位于雅砻江干流一侧沟道内，该沟道位于厂址下游右岸约6km，集水面积76.0km^2，沟长16km，平均坡降115.9‰，在高程2127.00～2170.00m附近有泉眼出露，沟水长年不断，遇暴雨易形成洪水。

该弃渣场占地面积24hm^2，占地类型主要为林地。渣场设计容渣量约为1100万m^3，弃渣主要来自引水系统东段、场内道路、施工临时设施及施工支洞等。

根据DL 5180，结合主体工程等别和弃渣规模，确定该弃渣场排水洞按4级次要永久建筑物标准设计，防洪设计标准采用50年一遇，按100年一遇防洪标准校核。

2. 排水洞设计

（1）排水洞布置。弃渣场排水隧洞布置在冲沟右岸山体内，主要由进水口、洞身段及出口段组成。排水洞横断面尺寸按式（6.4-1）～式（6.4-3）进行初拟，再进行水力计算调试复核，并最终确定相应的断面。

隧洞进水口布置在挡水坝上游50m，出口位于雅砻江右岸，排水隧洞洞线按N41.7°W布置，隧洞全长约1225.7m，纵坡坡降为0.12%，断面为5.4m×

5.5m（宽×高）城门洞形。

进水口部位基岩裸露，为一岩体完整的近直立基岩陡壁，节理不发育，仅见有平行层面节理较为发育，未见卸荷现象。进水口底板高程为1604.00m，为防止大块滚石进入洞内，进口设一道粗格拦污栅，上设拦污栅检修平台，平台高程为1614.00m。进水口设7m长的渐变段过渡，保证进流平顺。

隧洞出口底板高程为1602.50m，出口接泄水槽，泄水槽顺山坡布置，底宽5m，深3m，汛期洪水通过泄水槽流入雅砻江。

（2）水力计算。排水隧洞按有压洞设计，经计算，50年一遇设计洪峰流量为241m³/s，100年一遇校核洪峰流量为276m³/s。

根据该沟道洪水过程，排水洞泄流能力按隧洞无压流、有压流及半有压流公式计算。

排水隧洞洞长1255.7m，底坡坡降为0.12%，为缓坡长洞。

因排水隧洞为缓坡长洞，半有压流亦可采用有压流公式计算。

排水隧洞水力计算成果见表6.4-1。

表6.4-1　　排水隧洞水力计算成果

上游水位/m	1605.20	1606.60	1608.00	1608.70	1609.10	1610.00	1613.50
流量/(m³/s)	10.0	30.0	50.0	62.0	82.0	121.9	160.6
上游水位/m	1617.50	1619.50	1613.75	1626.00	1629.60	1634.50	1640.00
流量/(m³/s)	195.7	211.1	240.6	254.8	276.0	302.5	329.7

（3）结构及支护设计。排水隧洞最大埋深大于500m，沿线无区域性断层和其他较大规模的断裂构造发育，其围岩岩性大多为白山组中厚层状中、细晶大理岩，岩体完整性好，围岩类别以Ⅱ类为主，局部为Ⅲ类。

排水洞洞身断面尺寸5.4m×5.5m，开挖尺寸5.4m×5.75m，在开挖中对局部断层破碎带和不利结构面采用喷混凝土或随机锚杆做临时支护。洞内顶拱永久支护采用喷混凝土，喷层厚10cm，局部系统锚杆加挂网喷混凝土，系统锚杆：ϕ22mm@1.5m×1.5m，L=3m；挂网：ϕ6.5mm@15cm×15cm。排水隧洞进出口各30m范围内采用40cm厚钢筋混凝土衬砌；洞身段为保护围岩不受高速水流的冲刷破坏及平整洞段，两侧洞壁根据围岩地质情况采取局部喷混凝土，喷层厚5cm，底板采用15cm厚C25素混凝土抹底。衬砌段顶拱进行固结灌浆，灌浆压力0.3MPa。

排水隧洞进出口洞脸边坡均采用喷混凝土支护，喷层厚10cm，洞脸周围做锚杆支护，以便顺利进洞和使边坡稳定，锚杆参数：ϕ22mm@1.5m×1.5m，L=4.5m；进水口前明渠底板采用混凝土抹底，厚20cm；出口底板采用10cm厚素混凝土抹底。

该弃渣场排水洞平面布置图见图6.4-1、剖面布置及典型断面图见图6.4-2。

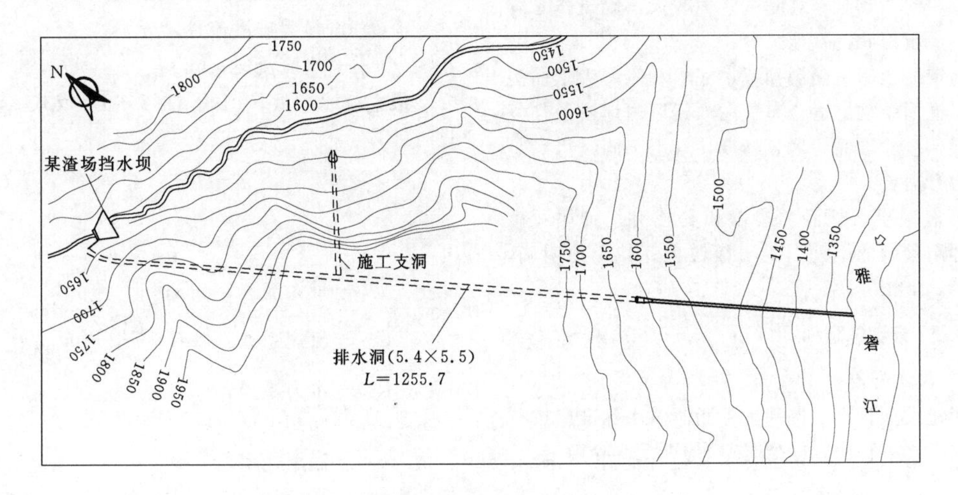

图6.4-1　弃渣场排水洞平面布置图（单位：m）

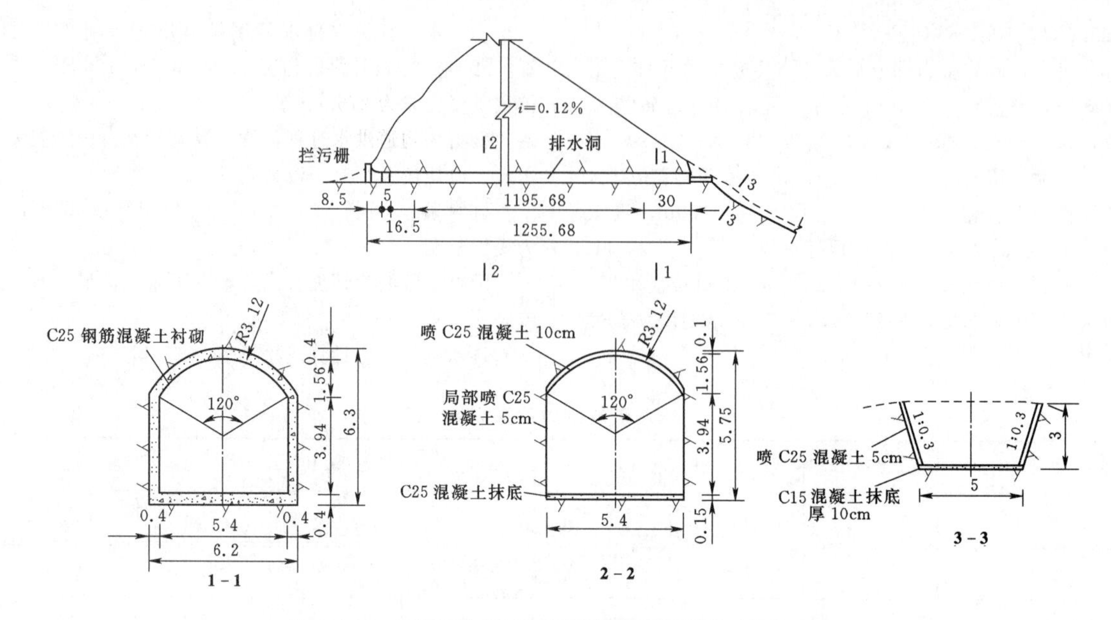

图 6.4-2　弃渣场排水洞剖面布置及典型断面图（单位：m）

6.5　涵　　洞

6.5.1　定义和作用

埋设在填土下面的输水洞称为涵洞。在水土保持设计中，涵洞主要用于填土（或渣体）下方排泄洪水。

6.5.2　分类与适用范围

按照构造形式和建筑材料分类，涵洞一般可分为浆砌石拱形涵洞、钢筋混凝土箱形涵洞、钢筋混凝土盖板涵洞三种类型。

浆砌石拱形涵洞底板和侧墙用浆砌块石砌筑，顶拱用浆砌粗料石砌筑。其超载潜力较大，砌筑技术容易掌握，便于修建。

钢筋混凝土箱形涵洞顶板、底板和侧墙为钢筋混凝土整体框形结构，适合布置在项目区内地质条件复杂的地段，排除坡面和地表径流，其上部同时可满足人、车通行需要。

钢筋混凝土盖板涵洞边墙和底板由浆砌块石砌筑，顶部用预制的钢筋混凝土板覆盖。其受力明确，构造简单，施工方便。

6.5.3　设计流量确定

6.5.3.1　洪水标准

生产建设项目水土保持工程涵洞洪水标准应按行业标准执行，本行业无标准时参照 SL 575 等确定。

6.5.3.2　设计流量确定

涵洞设计流量计算方法与本章“6.2 截洪排水沟”相同。

6.5.4　断面设计

6.5.4.1　断面尺寸计算

水土保持设计中，涵洞多采用无压流态，无压流态涵洞中水流流态按明渠均匀流计算。由于边墙垂直、下部为矩形渠槽，其过水断面面积按式（6.5-1）或式（6.5-2）计算。

$$A=bh \tag{6.5-1}$$

$$A=Q/v \tag{6.5-2}$$

式中　A——过水断面面积，m^2；

b——涵洞底宽，m；

h——最大水深，m；

Q——最大排洪流量，m^3/s；

v——水流流速，m/s。

最大流速 v 可采用式（6.5-3）或式（6.5-4）进行计算：

$$v=C(Ri)^{\frac{1}{2}} \tag{6.5-3}$$

$$v=\frac{R^{\frac{2}{3}}i^{\frac{1}{2}}}{n} \tag{6.5-4}$$

式中　v——最大流速，m/s；

C——流速系数，取 $C=\frac{R^{1/6}}{n}$，$m^{1/2}/s$。

R——水力半径，m；

i——涵洞纵坡比降；

n——涵洞糙率。

由式（6.5-1）求得最大水深后，应加净空超高，即涵洞净高。无压涵洞洞内设计水面以上的净空面积宜取涵洞内横断面面积的 10%～30%，且涵洞内顶点至最高水面之间的净空高度应符合表 6.5-1 的规定，并应不小于 0.4m。

表 6.5-1 无压涵洞的净空高度

进口净高/m	不同类型涵洞的净空高度		
	圆涵	拱涵	矩形涵洞
≤3	≥D/4	≥D/4	≥D/6
>3	≥0.75m	≥0.75m	≥0.5m

注 D 为涵洞内侧高度或者圆涵内径，m。

6.5.4.2 纵坡比降确定

排水涵洞应有较大的比降，以利于淤积物的下泄。沟道入口衔接段在涵洞进口前需有 15～20 倍渠宽的直线引流段，与涵洞进口平滑衔接。

6.5.4.3 涵洞结构组成

涵洞由进口、洞身和出口建筑物三部分组成。进口建筑物由进口翼墙（或护锥）、护底和涵前铺砌构成。洞身位于填土（或渣体）下面，是涵洞过水的主要部分。涵洞出口建筑物由出口翼墙（或锥体）、护底和出口防冲铺砌或消能设施构成。通常无压缓坡涵洞出口流速不大，故出口常做一段防冲铺砌。涵洞出口流速较大，需设消能设施。

6.5.5 施工及维护

6.5.5.1 基础埋置深度

涵洞进出口翼墙基础、洞身基础埋置深度主要应考虑防冲刷的需要来确定。在冻胀土地基上，还应考虑基础防冻的要求。通常洞身基础埋深不应小于 1.0m，且应埋置到冻土深度以下不小于 0.5m 处。

6.5.5.2 沉降缝

除岩石地基外，一般洞深基础应根据地基土情况，每隔 4～6m 设置一道沉降缝；在地基土质发生变化、基础埋置深度不一、基础填挖交界处也应设置沉降缝。沉降缝缝宽 2～3cm，应做止水处理。

6.5.6 案例

武都引水第二期灌区工程主要包括西梓干渠、金峰囤蓄水库、武都水库直灌区取水工程、中小型骨干渠系（一条分干渠、两条支渠、十四条分支渠）及田间工程。二期灌区工程的开发任务为农田灌溉、城乡生活及工业供水，设计灌溉面积 105.32 万亩，包括西梓灌区 90.37 万亩和武都水库直灌区 14.95 万亩（左岸直灌区 12.45 万亩，右岸直灌区 2.5 万亩）。

武都引水第二期灌区工程 1 标段 1 号渣场为沟道型渣场，渣场占地 1.63hm^2，堆放弃渣 4.56 万 m^3。经计算，20 年一遇沟道洪水洪峰流量为 1.46m^3/s。

为排除沟道洪水，在渣场底部设置排水涵洞。排水涵洞采用 C25 钢筋混凝土结构，涵洞净宽 1.00m，水力计算见表 6.5-2。通过计算，排水涵洞净宽 1.00m，水深 0.50m，最大流速 3.05m/s。设计断面时涵洞净高在最大水深的基础上加上 0.5m 超高，最终涵洞断面取为净宽 1.00m，净高 1.00m。

武都引水第二期灌区工程 1 标段 1 号渣场排水涵洞设计见图 6.5-1。

表 6.5-2 排水涵洞水力计算表

项目	数值
设计流量 Q(m^3/s)	1.50
糙率 n	0.013
涵洞纵坡比降 i	0.01
净宽 b/m	1.00
水深 h/m	0.50
过水断面面积 A/m^2	0.50
水力半径 R/m	0.25
流速系数 C/(m$^{1/2}$/s)	61.05
流速 v/(m/s)	3.05
校核 Q'/(m^3/s)	1.53

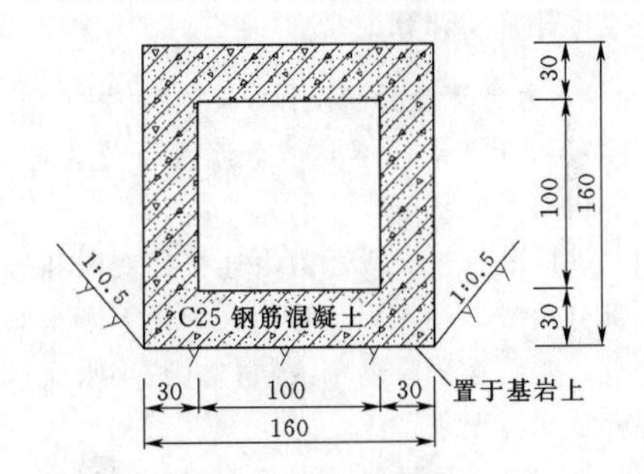

图 6.5-1 武都排水涵洞设计图（单位：cm）

6.6 急 流 槽

6.6.1 定义与作用

急流槽是指在陡坡或深沟地段设置的坡度较陡、水流不离开槽底的沟槽。急流槽一般布设在需要排水的高差较大而距离较短、坡度陡峻的地段。它的主要作用是在很短的距离内、水面落差很大的情况下进行排水，多用于涵洞的进出水口。在公路工程中，急流槽常被建在坡路两边，用来排水以及达到减缓水流速度的目的。

6.6.2 分类与适用范围

按衬砌材料分，一般分为浆砌片（块）石、混凝土急流槽；临时工程急需，如有条件可用木槽或竹槽。在中、小流量且石料和劳动力缺乏的地区，也可采用铸铁圆管急流槽。按断面类型分，一般分为矩形或梯形断面急流槽，以矩形断面居多。

6.6.3 工程设计

6.6.3.1 洪水标准

生产建设项目水土保持工程急流槽洪水标准应按行业标准执行，若无行业标准时，参照 SL 575 等确定。

6.6.3.2 急流槽布置

急流槽的布置应因地制宜，结合地形、地质、天然水系、当地材料和施工条件进行综合考虑。急流槽底的纵坡应与地形相结合，进水口应予防护加固，出水口应采取消能措施，防止冲刷。当急流槽较长时，槽底可采用多个纵坡，一般是上段较陡，向下逐渐放缓。

为防止基底滑动，急流槽底可设置防滑平台，或设置凸榫嵌入基底中。

6.6.3.3 排水设计流量计算

急流槽排水设计流量依照本手册《专业基础卷》“14.3 设计计算”计算。

6.6.3.4 水力计算及断面设计

根据水力计算条件不同，急流槽可分为进口段、槽身段、出口段三部分。

(1) 进口段。进口段通常由连接渐变段和进口控制端两部分组成。在实际工程中，为使上游水面不壅高或降低，常将控制端缩窄成缺口，减小水流过水断面，以保证水深要求。

矩形缺口和台堰缺口一般采用式（6.6-1）进行水力计算：

$$Q=Mb_cH_0^{\frac{3}{2}} \tag{6.6-1}$$

式中 Q——流量，m^3/s；

M——第二流量系数，与结构型式、水头等有关；

b_c——缺口宽度，m；

H_0——计入行进流速的水头，m。

梯形缺口一般采用式（6.6-2）进行水力计算：

$$Q=Mb_{avg}H^{\frac{3}{2}} \tag{6.6-2}$$

式中 b_{avg}——当水流厚度为 $0.8H$ 时梯形缺口的平均宽度，m；

H——上游水深，m。

(2) 槽身段。急流槽槽身段水力计算时首先应确定起始断面和水深，然后按恒定渐变流水面曲线进行计算；若水流发生掺气，则计算时应考虑掺气影响。当槽身段存在收缩段、扩散段和弯道段等连接时，则应按急流收缩段、扩散段和弯道段分别进行水力计算，具体计算方法可参考水力计算手册。

(3) 出口段。急流槽出口段为消能及出水设施。设计时应通过计算确定消力池的深度和长度。

1) 消力池深度的确定。

消力池深度 s 可由式（6.6-3）确定：

$$s=h_c''-h_t \tag{6.6-3}$$

式中 h_c'——槽身段末端收缩水深 h_c 的共轭水深，m；

h_t——急流槽出口处的正常水深，m。

2) 消力池长度的确定。

消力池长度可由式（6.6-4）估算：

$$l_s=6.5h_c'' \tag{6.6-4}$$

若在消力池中加设消力齿、导流墩等辅助消能工时，池长可缩短，并按式（6.6-5）确定：

$$l_s=4.6h_c'' \tag{6.6-5}$$

6.6.3.5 一般构造要求

(1) 急流槽槽深不应小于 0.2m，槽底宽度不应小于 0.25m。槽壁应高出计算水深至少 0.2m。采用浆砌片石护砌时，护砌厚度一般为 0.25～0.40m，槽壁厚度一般为 0.25～0.40m（混凝土时为 0.2m）。

(2) 急流槽的基础要稳固，其底部可每隔 1.5～2.5m 设一齿墙，以防止滑动。

6.6.4 施工及维护

6.6.4.1 衬砌材料

常见的急流槽一般采用浆砌片（块）石、混凝土衬砌，在中、小流量且石料和劳动力缺乏的地区，也可采用铸铁圆管急流槽。

6.6.4.2 施工工艺及技术要求

急流槽施工工序主要包括：施工放线、开挖沟槽、铺设反滤层、浆砌片石砌筑、抹面、勾缝。

当急流槽很长时，应分段开挖、分段砌筑，每段长度一般为 5～10m，接头用防水材料填塞，密实无空隙。

急流槽底宜砌成粗糙面，或嵌入约 10cm×10cm 的坚硬小石块，以消能和减小流速。

6.7 导 流 堤

6.7.1 定义与作用

导流堤是用以平顺引导水流或约束水流的建筑

物，也称导水堤或引水坝。

导流堤主要作用是平顺引导水流和约束水流，使水流在行洪口门内均匀顺畅地通过，减小洪水对路（渠）堤引道的淘刷破坏和河床的不利变形，保障跨河建筑物正常运行。

6.7.2 分类与适用范围

根据上游堤端（头部）与河道堤岸是否连接，将导流堤分为非封闭式导流堤、封闭式导流堤。非封闭式导流堤分直线形和曲线形，曲线形堤水流绕堤流动较为理想，对水流压缩较大而平缓，梨形堤为曲线形导流堤的一种。直线形堤堤旁水流与堤分离，对水流压缩大，在堤旁形成回流区，回流区内可能产生泥沙淤积。

导流堤主要适用于路（渠）堤跨（穿）越大型河道时的路（渠）堤引道上。导流堤的设置应根据路（渠）堤引道阻断流量占总流量的比例确定。单侧河滩阻断流量占总流量的15%以上，或双侧河滩阻断流量占总流量的25%以上时，应设置导流堤；小于上述数值且大于5%时应设置梨形堤；小于5%或河滩阻断流量的天然平均流速小于1.0m/s时，可不设置导流堤。

封闭式导流堤一般用于变迁性河段和冲击漫流河段上，按水流条件和地形条件进行对称或不对称布置，因封闭式导流堤造价高、易冲毁，实际工程中较少应用。

在河流滩地上，还可采取植树造林等植物措施配合导流堤引导水流。

6.7.3 工程设计

6.7.3.1 设计标准

（1）防洪标准：导流堤的设计洪水频率一般与跨（穿）河路（渠）建筑物的设计洪水频率相同。

（2）导流堤级别：跨（穿）河路（渠）主体建筑物级别确定后，导流堤的级别按次要建筑物查相关规范确定。

6.7.3.2 平面布置

导流堤的平面布置应根据河段特性、水文、地形、地质、建筑物布置等，综合考虑工程总体布置和河道治导线，情况复杂时应进行水工模型试验加以论证确定。

1. 非封闭式导流堤

（1）路（渠）堤与河道正交。两侧有滩且对称分布时，口门两侧布置对称的曲线形导流堤，使口门内河滩冲刷后与河槽连成一片，促使口门水深均化，见图6.7-1（*a*）。

两侧有滩而不对称时，导流堤一般布置成口朝上的喇叭形，大滩侧多布置曲线形导流堤，小滩侧多布置两端带曲线，近口门处为直线形导流堤，见图6.7-1（*b*）。

在弯道上，凹岸布置直线形导流堤，凸岸布置曲线形导流堤，见图6.7-1（*c*）。

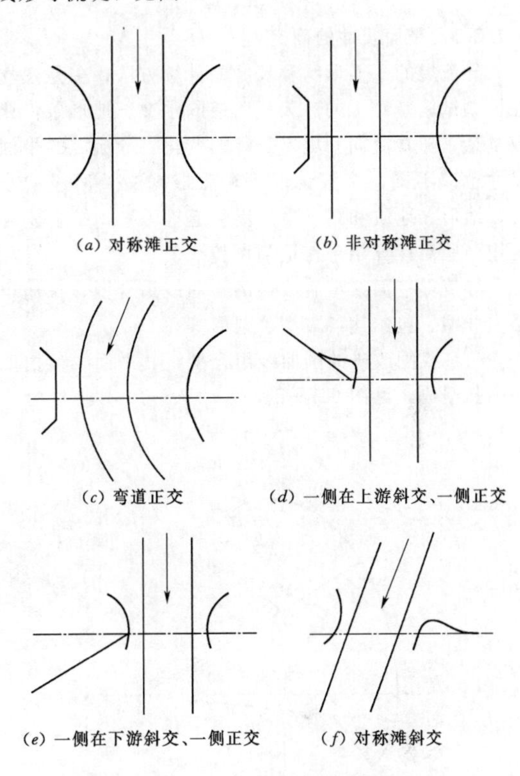

图6.7-1 非封闭式导流堤

一侧引道伸向上游与河滩斜交，另一侧引道与河滩正交。在斜交侧布置梨形堤，引道上游侧设置短丁坝群等加强防护，当水深小于1m，流速小于1m/s时，可不设丁坝；在正交侧布置直线形导流堤，见图6.7-1（*d*）。

一侧引道伸向下游与河滩斜交形成“水袋”，另一侧引道与河滩正交，在斜交侧布置曲线形导流堤，引道上游侧加强边坡防护，并在适当位置设置小型排水建筑物以排除“水袋”内积水，在正交侧布置直线形导流堤以使两侧堤头水位接近，见图6.7-1（*e*）。

（2）路（渠）堤与河道斜交。两侧有滩且对称分布，导流堤根据河槽流向布置，通常锐角侧布置梨形堤，另一侧布置两端为曲线的直线形导流堤。见图6.7-1（*f*）。斜交位上的导流堤布置比较复杂，一般应通过模型试验确定。

2. 封闭式导流堤

路（渠）堤位于出山口附近的喇叭形河段上，封闭地形良好，宜对称布置封闭式导流堤；引道阻断支汊，上游可能形成“水袋”，为控制洪水摆动，防止支汊水流冲毁引道路（渠）堤，视单侧或双侧有汊及其地形情况，可不对称或对称布置封闭式导流堤；交叉河段洪水含沙量大而足以形成泥流时，应布置封闭式导流堤。

6.7.3.3　平面尺寸的确定

导流堤的平面形状和尺寸的计算方法，多是建立在模型试验基础上的。天然河道的水文、地形条件比较复杂，随着流向和堤岸条件的变化，导流堤的平面尺寸也应不同，多数情况下，需根据交叉河段的水文、地形、地质和路（渠）堤引道等因素，结合实际运用经验对计算结果作适当调整。

导流堤平面线型有改进的圆曲线组合型、拉迪申科夫线型、包尔达科夫型、梨形等。

（1）我国改进的圆曲线组合型。其平面线型由四条圆弧组成，见图6.7-2。

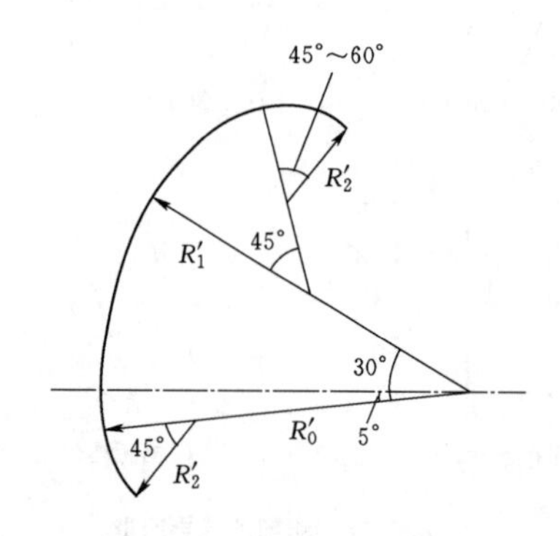

图6.7-2　圆曲线组合堤线图

图6.7-2中：

$$R_1'=0.5R_0'$$

$$R_2'=0.25R_0'$$

$$R_0'=\frac{B_{td}}{k}\left(1+\frac{1-E}{10}\right)\left(\frac{Q_{te}}{Q_{td}}\right)^{7/8}\qquad(6.7-1)$$

$$E=1-\frac{Q_{xi}}{Q_{ds}}$$

式中　R_0'——基本半径；

B_{td}——导流堤所在一侧的河滩宽度，m；

k——与宽深比有关的系数，见表6.7-1；

E——口门偏置率；

Q_{te}——导流堤所在一侧的路（渠）堤拦阻流量，m^3/s；

Q_{td}——天然状态下河滩流量，m^3/s；

Q_{xi}——口门两侧河滩中被阻挡较小一侧的天然流量，m^3/s；

Q_{ds}——口门两侧河滩中被阻挡较大一侧的天然流量，m^3/s。

表6.7-1　系数 k 取值表

B/h	＞1000	1000～500	500～200	＜200
k	30	25	20	15

注　表中 B 为设计洪水时水面宽度，m；h 为导流堤头部冲刷前水深，m。

（2）拉迪申科夫型。其平面线型由一段椭圆、段圆曲线、两段圆弧和一段直线组成，见图6.7-3。

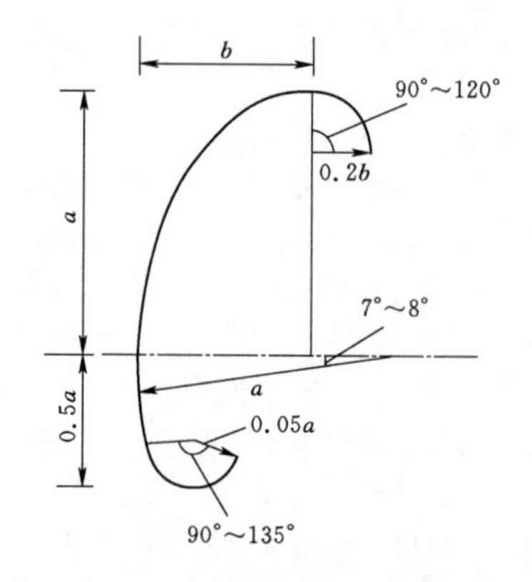

图6.7-3　拉迪申科夫堤线图

上游为椭圆形，椭圆半长轴 a 与半短轴 b 之比 $K=1.5～2.5$，K 值是根据被引道阻断的河滩流量与总流量之比 λ 而定，K 与 λ 的关系见表6.7-2。椭圆上游端头用一圆曲线与之相接，半径 $0.2b$，圆心角90°～120°。

下游与椭圆相接的是圆弧段，半径 a，中心角7°～8°，以后按圆弧末端的切线延长，下游导流堤的投影长度为 $0.5a$，其末端为一小圆弧，半径约为 $0.05a$，中心角为90°～135°。

表6.7-2　系数 K 与 λ 关系表

λ	0.15	0.16～0.25	0.26～0.35	0.36～0.45	0.50以上
$K=a/b$	1.50	1.67	1.83	2.00	2.25

$$\left.\begin{array}{ll}\text{一侧河滩：} & \lambda=\dfrac{Q_n}{Q_p}\\ \text{两侧河滩：} & \lambda=\dfrac{Q_n}{Q_t+0.5Q_c}\end{array}\right\}\qquad(6.7-2)$$

式中　Q_p——设计流量，m^3/s；

Q_n——左岸或右岸的引道阻断的河滩流量，m^3/s；

Q_t——左岸或右岸的河滩流量，m^3/s；

Q_c——河槽流量，m^3/s。

半短轴 b 的计算公式为

$$b=AB_0$$

式中 B_0——基本河槽宽度，m；

A——系数，可查表 6.7-3。

表 6.7-3 系数 A 取值表

λ		0.10	0.15	0.20	0.25	0.30	0.35	0.40	0.45	0.50	0.55
A	双侧河滩	0.106	0.150	0.186	0.215	0.240	0.265	0.290	0.315	0.340	0.365
	单侧河滩	0.112	0.170	0.222	0.275	0.327	0.378	0.429	0.481	0.533	0.584

注 双侧河滩应分别计算左滩及右滩的 λ 值、A 值和 b 值。

(3) 包尔达科夫型。其平面线型由不同半径的圆弧组成，有时也可插入直线段，分非通航和通航两种［图 6.7-4 (a)、(b)］。

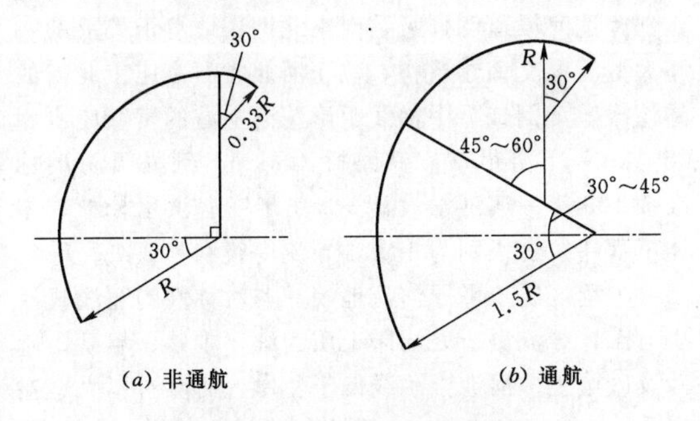

(a) 非通航　　(b) 通航

图 6.7-4 包尔达科夫堤线图

$$R=\alpha\lambda L$$

式中 L——行洪口门净宽度，m；

λ——系数，与天然状态下通过口门的流量占总流量的百分比有关，可按表 6.7-4 查取；

α——系数，对于单侧河滩 α=1，对于双侧河滩按表 6.7-5 查取。

表 6.7-4 λ 取值表

天然状态下经过口门的流量/%	50	55	60	65	70	75	80	90	100
λ	1.0	0.9	0.7	0.6	0.5	0.3	0.2	0.1	0

表 6.7-5 α 取值表

Q_2/Q_3	1.0	0.8	0.6	0.4	0.2	0.1	0
α	0.6	0.6	0.7	0.7	0.8	0.9	1.0

注 表中 Q_2 为较小河滩流量；Q_3 为较大河滩流量。

(4) 梨形。主要用于河滩流量不大或引道凹向上游的交叉位置上。它的平面尺寸，临口门一侧可按上述三种曲线导流堤的尺寸确定，在河滩末端与路(渠)堤引道衔接时用反向圆弧连接或再插入一段直线。接拉迪申科夫线型和包尔达科夫线型确定的梨形堤，见图 6.7-5。

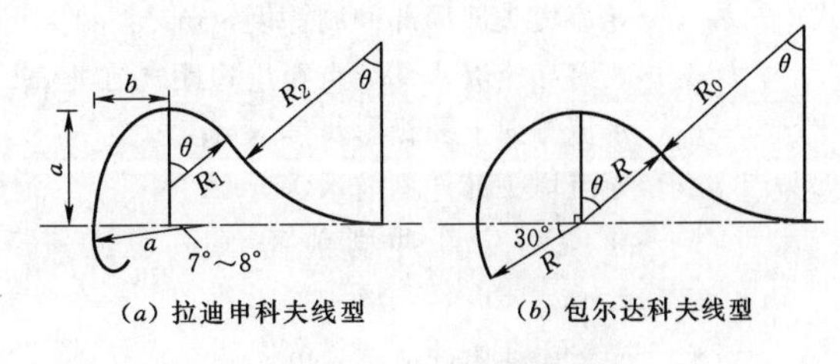

(a) 拉迪申科夫线型　　(b) 包尔达科夫线型

图 6.7-5 梨形堤线图

图中 θ 角宜采用 45°～60°。R_2 值、R_0 值的大小与 a/b、R、θ 角的大小有关。在两反向圆弧间，视情况可插入直线。

临口门部分可采用拉迪申科夫线型或包尔夫科夫线型计算，并结合引道阻断河滩宽度、地形条件等综合考虑后确定。

6.7.3.4 堤顶高程的确定

导流堤在与路（渠）堤轴线交叉处的顶面高程按式（6.7-3）计算：

$$H_{min}=H_p+\Delta Z+h_s+\sum\Delta h+0.25 \quad (6.7-3)$$

式中 H_{min}——堤顶最低高程，m；

H_p——设计水位［相应于路（渠）堤设计洪水频率的水位］，m；

ΔZ——路（渠）堤前壅水高度，m；

h_s——波浪侵袭高度，m；

$\sum\Delta h$——诸因素影响水面高的总和，如河湾超高、河床淤积高等，设计时按实际情况取值，m。

导流堤各断面的顶面高程，可根据路（渠）堤轴线处高程按路（渠）堤在河槽中泓线上的投影位置及水面比降推求。

6.7.3.5 堤坡防护底高程的确定

导流堤堤坡防护的基础底面在河槽部分应在局部冲刷线以下 1.0～2.0m，河滩部分应在局部冲刷线以下 0.5m。

导流堤附近的河床冲刷，除考虑河床自然演变冲刷外，还应计算自身的局部冲刷。导流堤头部局部冲刷应尽量调查类似河段上既有导流堤的最大冲刷深度，并参照式（6.7-4）计算。

$$h_b=1.45\left(\frac{D_t}{h}\right)^{0.4}\left(\frac{V-V_0'}{V_0}\right)hK_m \quad (6.7-4)$$

$$V_0=\left(\frac{h}{d_{50}}\right)^{0.14}\left(29.04d_{50}+6.05\times10^{-7}\frac{10+h}{d_{50}^{0.72}}\right)^{0.5}$$

$$V_0'=0.75\left(\frac{d_{50}}{h}\right)^{0.1}V_0$$

$$K_m=2.7^{-0.2m}$$

式中 h_b——导流堤头部局部冲刷深度，m；

D_t——上游导流堤头部端点至岸边距离在垂直水流方向上的投影长度，m；

h——导流堤头部冲刷前水深，m；

V——导流堤头部冲刷前垂线平均流速，m/s；

V_0'——堤头泥沙始冲流速，m/s；

V_0——河床泥沙起动流速，m/s；

K_m——导流堤头部边坡对冲刷深度的折减系数；

d_{50}——按质量计累积分布百分数达到50%时对应的粒径，m；

m——导流堤头部边坡系数。

6.7.3.6 堤身断面及材料

导流堤断面一般为梯形，其堤顶宽度和边坡一般可按表6.7-6采用。

表6.7-6 导流堤顶宽度和边坡

堤顶宽度/m		边坡		
堤头	堤身	堤头	堤身	
			迎水面	背水面
3～4	2～3	1∶2～1∶3	1∶1.5～1∶2	1∶1.5～1∶1.75

堤身材料应因地制宜、就地取材，一般可用轻亚黏土、亚黏土、砂性土、砾石或卵砾石、漂石、片石和块石填筑，土质堤应分层夯实或压实。堤身应视填筑材料和地基的透水性，决定是否采用防渗措施；边坡应进行稳定分析，根据流速大小选择合适的防护形式，常用的防护形式有草皮、干砌石、浆砌石、混凝土板、石笼、土工织物等。

6.7.4 施工及维护

6.7.4.1 施工

导流堤的施工首先应按平面坐标放线，放线后，在堤基范围内清基，以清除表层的腐殖土及杂物；再进行堤身填筑、迎水面护坡、护脚施工。导流堤的施工须满足设计技术要求。

6.7.4.2 维护

对导流堤应进行日常维护和管理，确定管理范围和保护范围，严禁在管理范围和保护范围内进行采砂、取土、堆土、倾倒垃圾等有碍导流堤和主体建筑物运行安全的活动。在洪峰时和洪峰前后对导流堤不同部位应进行局部冲刷观测，对于导流堤附近的局部冲刷坑，待洪水过后应及时填平。

6.7.5 案例

1. 工程概况

滹沱河渠道倒虹吸是南水北调中线总干渠上的一座大型河渠交叉建筑物，位于河北省石家庄市北郊的滹沱河上，倒虹吸中轴线距滹沱河上游的黄壁庄水库25.5km，下游距京广铁路桥4.6km。倒虹吸防洪标准按100年一遇洪水设计，300年一遇洪水校核；主体工程建筑物级别为1级，导流堤级别为3级。

工程区属于平原河流地貌、非对称性的宽浅式沙质河床，导流堤所处河床土质为细—中砂、粗砂、砾砂及砂壤土。河道中泓线偏于左岸，河滩右岸大、左岸小，河道总宽6900m，其中主槽宽1600m，过渡段宽1300m，河滩宽4000m。100年一遇设计洪峰流量14050m^3/s，300年一遇校核洪峰流量19200 m^3/s。主槽和过渡段为主要过水断面，天然河道水位-流量见表6.7-7。

表6.7-7 天然河道水位-流量表

重现期/a	水位/m	流量/(m^3/s)			
		总流量	主槽	过渡段	河滩
300	77.34	19200	11288	3166	4747
100	76.82	14050	8567	2347	3136

经综合考虑，规划河道行洪口门宽度为2000m。由于河道束窄率大，行洪口门附近水流分布不均，流速加大，需设置导流堤引导滹沱河洪水通过行洪口门。为验证交叉断面附近河道的水流流态和河床的冲淤变化规律，河北省水利水电勘测设计研究院与清华大学黄河研究中心合作，模拟河道地形地质条件进行了动床河工模型试验，试验提供了在设计和校核洪水条件下导流堤前的洪水位、壅水高度、壅水长度、最大流速和不同部位的冲刷深度等特征值，作为工程设计的依据。

2. 导流堤平面布置

交叉断面河道100年一遇设计洪峰流量

14050m³/s，天然状态下经过口门的流量为 10600 m³/s，被总干渠引道阻断流量 3450m³/s，阻断流量占总流量的 24.6%，口门左、右侧均采用梨形导流堤［图 6.7-5 (b)］。

左侧河滩阻断流量 $Q_2=450m^3/s$，右侧河滩阻断流量 $Q_3=3000m^3/s$；

查表 6.7-4 得，$\lambda=0.3$，右侧 $\alpha=0.85$，左侧 $\alpha=0.6$；

根据 $R=\alpha\lambda L$ 计算得圆弧半径，右侧 $R=510m$，左侧 $R=408m$。

由于河道宽浅，计算半径偏大。根据地形条件和工程经验对导流堤平面尺寸作调整，调整后的右侧梨形堤半径 R 采用 200m，反弧段半径 472.4m，θ 角为 41.644°；下游导流堤呈半圆形，半径 100m。左侧梨形堤半径 R 采用 100m，反弧段半径 244m，θ 角为 41.406°。右侧、左侧导流堤平面图见图 6.7-6。根据滹沱河河工模型试验观测，在布置上述导流堤后，行洪时的河道水流流态有较大改善，口门附近横向水流与主流交汇平稳，水流基本顺畅。

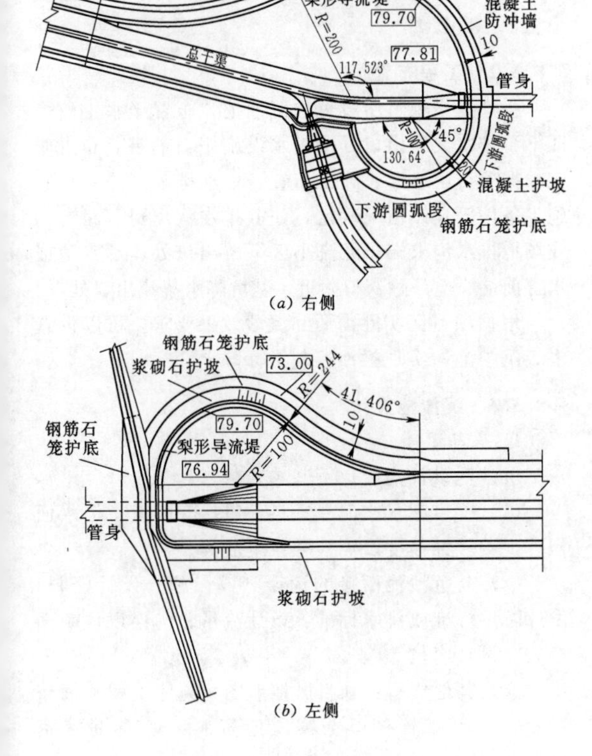

图 6.7-6 导流堤平面图
(高程、尺寸单位：m)

3. 堤顶高程的确定

导流堤前水位有水力学公式计算和模型试验两组结果，见表 6.7-8。比较两组结果，堤前水位的试验值略大，堤顶高程按试验值设计，见表 6.7-9。

表 6.7-8 堤前水位表 单位：m

	重现期/a	100	300
水位/m	水力学公式计算值	76.99	77.58
	模型试验值	左岸 77.3，右岸 77.4	左岸 77.7，右岸 77.82

表 6.7-9 导流堤堤顶高程计算表

位置	重现期/a	设计水位 H_p/m	波浪侵袭高度 h_s/m	壅水高度 Δz/m	安全加高 A'/m	堤顶高程 H/m
右侧	100	77.4	0.81	0.02	1.50	79.73
	300	77.82	0.56	0.01	0.70	79.09
左侧	100	77.3	0.91	0.03	1.50	79.74
	300	77.7	0.66	0.02	0.70	79.08

根据表 6.7-9，取左侧、右侧导流堤顶高程一致为 79.7m。

4. 堤坡防护底高程的确定

河工模型试验表明，交叉断面附近天然河床是槽冲滩淤的趋势，右侧梨形堤附近基本无自然演变冲刷，左侧梨形堤附近在设计洪水和校核洪水条件下一般冲刷深度为 0.6m 和 1.8m。

导流堤局部冲刷深度有公式计算和模型试验两组结果。

(1) 局部冲刷深度计算结果。300 年一遇洪水左侧、右侧导流堤堤端头部局部冲刷深度为 3.05m 和 10.78m。

(2) 河工模型试验结果。导流堤局部最大冲深发生在堤端头部，右侧导流堤 300 年一遇洪水时堤端头部局部冲刷深度为 8.2m，反弧段冲刷深度 3.0m，堤端头部至下游段冲刷深度递减。

比较两组结果，冲刷深度的计算值略大，防护工程按计算冲深设计。

5. 防护

模型试验表明，导流堤不同部位流速差异很大，300 年一遇洪水时堤端头部最大流速 5.01m/s，根据流速和冲刷深度的变化情况，对不同部位采用不同的防护形式。

右侧导流堤上游反弧段采用 0.3m 厚浆砌石护坡和 10m 宽钢筋石笼水平防护；主圆弧段采用 0.2m 厚

钢筋混凝土护坡、0.8m厚钢筋混凝土连续墙垂直防护和10m宽钢筋石笼水平防护；下游圆弧段采用0.2m厚钢筋混凝土护坡和20m宽钢筋石笼水平防护；下游小圆弧段采用0.3m厚浆砌石护坡和20m宽钢筋石笼水平防护。护坡的分缝处采用闭孔聚乙烯泡沫板填塞。

导流堤平面图见图6.7-6、横剖面图见图6.7-7。

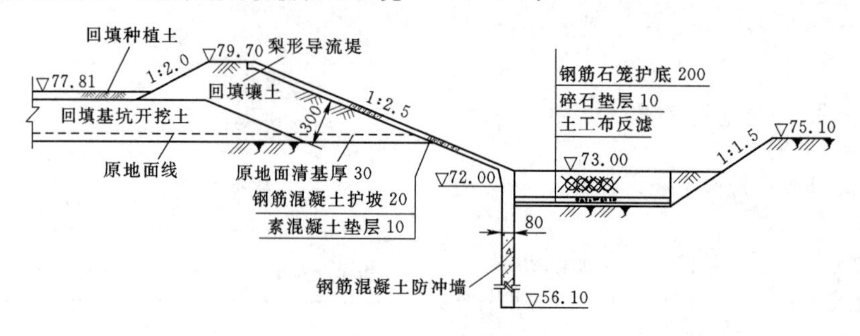

图6.7-7　导流堤横剖面图
（高程单位：m；尺寸单位：cm）

6. 导流堤填筑

导流堤迎水侧通过稳定计算确定边坡为1∶2.5，顶宽取3.0m，堤身迎水坡3.0m厚的填料采用壤土，其余部位以砂料填筑为主。导流堤与南水北调总干渠围成的封闭区域作为滹沱河渠道倒虹吸的弃土场，弃土场平台顶高程设计为77.81m，同时作为建筑物管理用地和景观用地。

6.8　沉　沙　池

6.8.1　定义与作用

沉沙池是用以沉淀挟沙水流中颗粒大于设计沉降粒径的泥沙，降低水流中泥沙含量、控制土壤流失的设施。

生产建设项目水土保持中的沉沙池，主要作用是通过沉沙设施，调节泥沙颗粒移动速度，将水力侵蚀产生的泥沙停积、落淤到指定地点，实现拦截泥沙、减少水土流失。沉沙池是生产建设项目常用的水土保持设施之一。

沉沙池对设计沉降泥沙粒径和设计沉沙率没有具体要求。

6.8.2　分类与适用范围

按使用时段或服务期限将沉沙池分为永久沉沙池和临时沉沙池；按池箱结构型式分为混凝土（钢筋混凝土）、浆砌石、砖砌结构。根据进入池体水水质可能对环境的影响，可采取防渗措施。沉沙池的清淤一般按人工清淤考虑。

生产建设项目水土保持中的沉沙池，主要适用于沉淀处理排水沟、截流沟、引水渠、基坑及径流小区等地表径流中的泥沙。

6.8.3　工程设计

6.8.3.1　设计标准

（1）洪水标准：沉沙池的洪水标准与其所连接的沟渠（或设施）的防洪、排水标准相同。

（2）设计沉降粒径：设计沉降粒径指的是在沉沙池内设计沉淀的最小粒径。根据有关研究成果，考虑设计沉沙效果和技术经济因素，设计沉降粒径一般不小于0.1mm。

6.8.3.2　工程布置

生产建设项目所设置的沉沙池，布置于水土流失区下游排水设施出口处或集水设施进口前端。布置时应根据项目区地形、施工布置、集水排水措施布局和施工条件等具体情况确定，如截排水沟出口、路边沟或场地排水沟末端、径流小区下游出口处、蓄水池或水窖前端、电厂除灰口附近、基坑降水集流出口处等。

根据项目区实际需要和沉沙效果要求，可以设置多级沉沙池，实现拦沙控制指标。

6.8.3.3　沉沙池设计

1. 基本资料

沉沙池设计需要以下基本资料。

（1）项目区水文泥沙资料：包括降雨量、汇水面积、土壤侵蚀强度及泥沙颗粒组成等。

（2）与沉沙池衔接的沟渠（或设施）设计资料：设计防洪标准或排水标准、设计流量、沟渠设计断面参数、设计水位等。

（3）其他资料：项目区地形图、主体工程平面布置图、施工布置图、土壤质地资料、地质勘察资料等。

2. 基本要求

（1）工程设计上一般按泥沙颗粒匀速沉降考虑。

(2) 人工沉沙池采用箱体，池箱横断面宜取矩形或梯形，矩形沉沙池的池箱平面形状为长方形，长宽比值一般为 2.0～3.5。当利用天然低洼地作为沉沙池时，因形状不规则，计算时可概化为箱型尺寸进行校核。

(3) 沉沙池进口段应设置扩散段，以利于水流扩散，提高泥沙沉淀效率。进口扩散段单侧扩散角不宜大于 9°～12°，进口段长可取 15～30m；出口段应设置收缩段，单侧收缩角不宜大于 10°～20°，出口段长可取 10～20m。

3. 沉沙池箱体计算及设计步骤

(1) 箱体计算。

1) 进入沉沙池的泥沙量 W_s。

$$W_s=\lambda M_s F/\gamma \tag{6.8-1}$$

式中 W_s——进入沉沙池的泥沙量，m^3；

λ——输移侵蚀比，根据经验，大型场平工程因难以布设拦挡、苫盖措施，λ 可取 0.45，其他工程 λ 可取 0.2；

M_s——上游汇水区土壤侵蚀模数，取水土流失预测中的施工期土壤侵蚀模数，$t/(km^2 \cdot a)$；

F——沉沙池控制的汇水面积，km^2；

γ——淤积泥沙的容重，t/m^3。

当施工工期不足一年时，在使用式 (6.8-1) 时应考虑时间修正，具体修正方法可参照水土流失预测时段的相关规定。

2) 沉沙池有效沉沙容积。

$$V_s=\psi W_s/n \tag{6.8-2}$$

式中 V_s——沉沙池有效沉沙容积，m^3；

ψ——设计沉沙率；

n——每年清淤次数；

其他符号意义同前。

3) 沉沙池池体结构尺寸确定。以矩形沉沙池为例，池体结构尺寸按下列方法确定：

a) 沉沙池池长：

$$L=10^3 \xi v H_P/\omega \tag{6.8-3}$$

$$H_P=H_2+0.3$$

式中 L——沉沙池池长，m；

ξ——安全系数，可取 1.2～1.5；

v——池中水流平均流速，可根据沉沙池内设计沉降粒径查表 6.8-1，m/s；

H_P——工作水深，即池中有效沉降静水深，m；

ω——泥沙沉降速度，泥沙沉降速度与设计沉降粒径、水温关系可查表 6.8-2，mm/s；

H_2——下游连接段水深。

表 6.8-1 沉沙池池中水流平均流速表

泥沙粒径/mm	≤0.10	0.10～0.25	0.25～0.40	0.40～0.70	>0.70
平均流速/(m/s)	≤0.15	0.15～0.20	0.20～0.30	0.50～0.75	>0.75

表 6.8-2 泥沙沉降速度 单位：mm/s

泥沙粒径/mm \ 水温/℃	0	10	20	30
0.05	0.946	1.290	1.670	2.080
0.06	1.360	1.850	2.400	3.170
0.07	1.850	2.520	3.500	4.050
0.08	2.420	3.410	4.410	5.130
0.09	3.060	4.190	5.550	6.180
0.10	3.700	4.970	6.120	7.350
0.15	7.690	9.900	11.800	13.700
0.20	12.300	15.300	17.900	20.500
0.25	17.200	21.000	24.400	27.500
0.30	22.300	26.700	30.800	34.400
0.35	27.400	32.800	37.100	41.400
0.40	32.900	38.700	43.400	48.000
0.50	43.300	50.800	56.700	61.900
0.60	54.300	52.800	69.200	75.000
0.70	65.200	74.200	81.200	83.500
0.80	75.000	85.500	93.700	102.000
0.90	85.500	96.000	106.000	114.000
1.00	96.200	107.000	117.000	125.000
1.50	143.000	160.000	172.000	177.000
2.00	190.000	206.000	206.000	205.000
2.50	229.000	229.000	229.000	229.000
3.00	251.000	251.000	251.000	251.000
3.50	271.000	271.000	271.000	271.000
4.00	290.000	290.000	290.000	290.000
5.00	324.000	324.000	324.000	324.000

b. 沉沙池池宽：

$$B=Q_p/H_p v \tag{6.8-4}$$

式中 B——沉沙池池宽，m；

Q_p——进入沉沙池的流量，等于上游排（截）水沟设计流量，m^3/s。

c. 沉沙池池深：

$$H = H_s + H_P + H_0 \qquad (6.8-5)$$

$$H_s = \frac{V_s}{LB}$$

式中　H——沉沙池深度，m；

H_s——池中泥沙淤积厚度，m；

H_0——沉沙池设计水位以上超高，一般取0.3m；

其他符号意义同前。

（2）设计步骤。

1）根据汇水面积、土壤侵蚀强度和输移侵蚀比由式（6.8-1）确定可能进入沉沙池泥沙总量W_s。

2）根据年清淤次数、设计沉沙率，由式（6.8-2）确定沉沙池有效沉沙容积V_s。

3）先确定设计沉降粒径，考虑经济因素，确定的设计沉降粒径不宜小于0.1mm。再根据设计沉降粒径和水温，由表6.8-1、表6.8-2查得池中平均流速v和泥沙沉降速度ω；将H_P、v、ω代入式（6.8-3）确定沉沙池池长L。

4）由式（6.8-4）确定沉沙池池宽B；

5）根据沉沙池有效沉沙容积V_s和L、B，求得池中泥沙淤积厚度H_s；由式（6.8-5）得沉沙池深度H。

6.8.4　施工及维护

根据水土保持措施总体布局，确定沉沙池平面位置。放线后，箱体基坑一般采用$1m^3$挖掘机挖土，装8t自卸汽车运输至指定地点，待挖至设计池底高程以上0.3m时，改用人工开挖和整修边坡，防止基坑超挖。箱体边墙采用人工砌筑和抹面。

沉沙池清淤选择非降雨时段，先通过潜污泵抽干池中水，实现干场作业。测出淤泥厚度和方量后，开始清淤作业，一般采用人工清淤，清出的淤泥运至指定地点堆放。

6.8.5　案例

1. 项目概况

深圳市龙华镇某地块开发为房地产项目。项目区属于丘陵地貌，地形起伏较大，地面坡度较陡，自然纵坡约1/100。项目区土壤为南方花岗岩风化而成的赤红壤，土壤侵蚀以水力强烈侵蚀为主，施工期土壤侵蚀模数7500t/(km^2·a)。项目区年均气温为22.5℃，多年平均降水量1966.5mm，其中汛期4—9月年均降水量为1654.2mm，约占全年降水量的84%，5年一遇最大1h暴雨量60mm。

根据主体工程设计和施工组织，正式开工前先进行大型场地平整，场地平整工期为5个月，时间安排在2—6月，场平最大挖深9m，挖填动土和扰动较大。项目受房地产政策影响，场平尚未完成即停工，导致地表裸露，水土流失严重。项目场地平整面积$10hm^2$。

2. 工程地质

项目区地层岩性为花岗岩风化而成的赤红壤。根据地质勘察和土壤筛分，项目区土壤颗粒级配组成见表6.8-3。

表6.8-3　　项目区土壤颗粒级配组成

粒径/mm	>1.0	>0.1	>0.05	>0.01	>0.005	>0.001	>0
累计百分比/%	1.85	45.75	62.75	73.95	78.00	94.00	100.00

3. 工程等级及洪水标准

根据SL 575的规定，水土保持工程等级确定为Ⅴ级，排水沟的排水标准为5年一遇，排水沟末端设计流量为$1.524m^3/s$。根据排水沟的设计标准和工程等级，确定沉沙池的工程等级为Ⅴ级，沉沙池的洪水标准与排水沟相同为5年一遇。

4. 沉沙池布置

由于场地平整期间降水量较大，水力侵蚀严重，又难以仅靠临时拦挡、苫盖措施解决水土流失问题，因此，在红线范围内沿场地下游侧布设排水沟，实现项目区场平期间地表径流的有序排放，在排水沟出口末端布设1座沉沙池，携沙水流汇入沉沙池沉淀后才能排入城市雨水管网。末端排水沟设计流量为$1.524m^3/s$，沉沙池出口收缩段可以概化成标准断面来确定平均水深为0.9m。

5. 沉沙池设计

该项目场平期间的主要水土保持措施包括场地截排水沟、沉沙池。沉沙池按单箱设计，布置在场地排水沟末端。

（1）设计沉沙率及设计沉降粒径：设计沉沙率取70%。根据表6.8-3，设计沉沙率取70%时，对应设计沉降粒径为0.01mm，而根据设计沉降粒径不宜小于0.1mm的要求，取设计沉降粒径0.1mm。

（2）沉沙池泥沙总量W_s：输移侵蚀比λ取0.45，将汇水面积F、土壤侵蚀模数M_s和输移侵蚀比λ代入式（6.8-1），求得进入沉沙池的泥沙总量W_s

为 281m³。

(3) 沉沙池有效沉沙容积 V_s：按每年清淤 1 次计算，将设计沉沙率代入式 (6.8-2) 求得 $V_s=197m^3$。

(4) 沉沙池池长 L：先根据下游连接段水深得工作水深 $H_P=1.2m$；再根据设计沉降粒径查表 6.8-1、表 6.8-2 得池中平均流速 v、泥沙沉降速度 ω，ξ 取 1.2，水温取 25℃，代入式 (6.8-3)，求得池长 $L=32.1m$，根据实际取 30m。

(5) 沉沙池池宽 B：按式 (6.8-4) 计算的池宽 $B=8.5m$；按长宽比 $L/B=3.0$，得池宽 $B=10.7m$，根据实际取 10m。

(6) 沉沙池深度 H：根据式 (6.8-5) 求得池深 $H=2.2m$，取 2.5m。

(7) 池箱结构：沉沙池池箱结构型式为开敞式矩形箱体，边墙为砖砌直墙，墙厚 240mm，水泥砂浆抹面厚 20mm，池底为 C15 厚 200mm 现浇混凝土底板。

单箱沉沙池的平面布置见图 6.8-1。

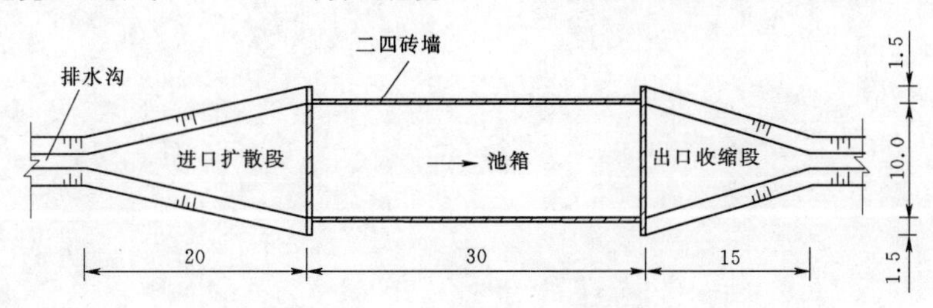

图 6.8-1 单箱沉沙池平面布置图 (单位：m)

参 考 文 献

[1] 水利部水利水电规划设计总院，黄河勘测规划设计有限公司．水土保持工程设计规范：GB 51018—201 [S]．北京：中国计划出版社，2014.

[2] 陈伟，朱党生．水工设计手册：第 3 卷 征地移民、环境保护与水土保持 [M]．2 版．北京：中国水利水电出版社，2013.

[3] 中国水土保持学会水土保持规划设计专业委员会．生产建设项目水土保持设计指南 [M]．北京：中国水利水电出版社，2011.

[4] 中交路桥技术有限公司．公路排水设计规范：JTG/T D33—2012 [S]．北京：人民交通出版社，2012.

[5] 河北省水利水电勘测设计研究院．南水北调中线京石段应急供水工程（石家庄至北拒马河段）滹沱河倒虹吸初步设计报告 [R]．2003.

[6] 吴长文，王富永，何伟．城市化开发场平工程沉沙池设计的原理与方法 [J]．水土保持学报，2002 (4)：155-158.

[7] 水利部水土保持监测中心．开发建设项目水土保持技术规范：GB 50433—2008 [S]．北京：中国计划出版社，2008.

[8] 水利部水利水电规划设计总院．水利水电工程水土保持技术规范：SL 575—2012 [S]．北京：中国水利水电出版社，2012.

[9] 武汉大学水利水电学院，水力学流体力学教研室，李炜．水力计算手册 [M]．2 版．北京：中国水利水电出版社，2006.

第7章　降水利用与蓄渗工程

章主编　王利军　王艳梅　任青山
章主审　王治国　方增强　纪　强　李世锋

本章各节编写及审稿人员

节次	编写人	审稿人
7.1	王利军　王艳梅　张　彤　沈来新　靳新红	王治国 方增强 纪　强 李世锋
7.2	王利军　王艳梅　沈来新　靳新红	
7.3	王利军　李文宇　王艳梅　沈来新　靳新红	
7.4	任青山　王利军　邹兵华　刘　涛　郭明凡　王艳梅 张　彤　孟琳琳　董晓军　高晓薇　王　伟　侯杰萍 张晓峰　陈　兵　苏强平　陈　琳　秦一博　张峻峰	

第7章 降水利用与蓄渗工程

7.1 概 述

我国是一个水资源贫乏的国家，水资源时空分配极为不均，占国土面积50%以上的干旱半干旱地区水资源尤为贫乏。随着城市化进程的加快，生产建设活动直接改变了区域下垫面条件，地表不透水面积增加，使得雨水自然下渗量减少，地表径流量加大，加重了区域雨水排泄负担，内涝频发。为改善现状，在生产建设项目建设过程中应注重降水利用与蓄渗工程的建设，在水资源贫乏地区，采取适宜的措施将雨水滞留并适当加以利用，在降水丰沛以及易发生内涝区域增加雨水入渗措施，以此促进地下水资源储备。

7.1.1 降水利用与蓄渗要求

我国降水南方多、北方少，东部多、西部少，山区多、平原少，且从东南沿海向西北内陆逐渐减少。全国年降水量的分布由东南的超过3000mm向西北递减至少于50mm；时间分布上亦极不均衡，夏秋多，冬春少，总体表现为降水量越少的地区，年内集中程度越高。北方地区汛期4个月径流量占年径流量的比例一般在70%～80%，其中海河流域、黄河流域等地区超过了80%，西北诸河流域部分地区可达90%。南方地区多年平均连续最大4个月径流量占全年的60%～70%。

根据各地实际情况，合理有效地利用雨水资源是缓解区域水资源缺乏的途径之一；长江、珠江、松花江流域、西南诸河流域以及南方沿海地区，由于特殊的地理和地质环境等出现天然降水存不住、蓄水设施建设跟不上而留不住水的情况，导致区域水资源供需失衡，形成工程性缺水，尤以西南诸省较为严重；而在一些现状水资源比较丰沛区域，尤其是地处沿海经济发达地区的部分区域，则由于水资源受到各种污染，存在水质恶化不能使用而产生的水质性缺水状况。

鉴于此，在上述区域开展生产建设项目时，应根据所在区域特点强化降水利用与蓄渗工程的设置。

在资源性和工程性缺水地区建设工程，应加强雨水蓄存利用工程的设计和建设，利用天然降水或者收集蓄存后作为可用水源，或者采取入渗措施补充地下水等，在减少地表径流控制水土流失的同时，可有效利用雨水为植物生长等提供一定的水源补给。

在水质性缺水地区建设工程，应加强场区雨水入渗、水质净化等配套工程的设计和建设。注重场区初期径流污染控制、净化水质，以及限制雨水流失、增加雨水下渗缓解内涝等措施，这些是缓解工程建设对区域雨水资源所带来负面效应的有效手段。

7.1.2 海绵城市建设和降水利用与蓄渗工程

传统的城市建设模式，处处为硬化地面。每逢大雨，主要依靠管渠、泵站等“灰色”设施来排水，以“快速排除”和“末端集中”控制为主要规划设计理念，往往造成逢雨必涝，旱涝急转。

海绵城市是新一代城市雨洪管理概念，通过综合采取“渗、滞、蓄、净、用、排”等措施，使城市在适应环境变化和应对雨水带来的自然灾害等方面具有良好的“弹性”。近年兴起的海绵城市主要是通过加强城市规划建设管理，充分发挥建筑、道路和绿地、水系等生态系统对雨水的吸纳、蓄渗和缓释作用，有效控制雨水径流，实现自然积存、自然蓄渗、自然净化的城市发展方式。在城市建设中，应强调优先利用植草沟、透水砖、雨水花园、下沉式绿地等“绿色”措施来组织排水，以“慢排缓释”和“源头分散”控制为主要规划设计理念，既避免了洪涝，又有效地收集了雨水。

结合国内水资源短缺现状，以及现阶段海绵城市的建设情况，在各地工程项目建设中，应结合地域、降雨时空分布不均以及水资源短缺特点等，注重实施符合要求、改善区域状况的降水利用与蓄渗工程。

7.1.3 降水利用与蓄渗工程定义

降水利用与蓄渗工程主要是对工程建设区域内原有良好天然集流面、增加的硬化面（坡面、屋顶面、地面、路面）形成的雨水径流进行收集，并用以蓄存利用或入渗调节而采取的工程措施。降水利用与蓄渗工程通常包括蓄水工程和入渗工程两部分内容，本章分别按照蓄水和入渗工程设计内容进行介绍，同时辅以部分工程案例略作说明。在具体设计使用时，可根据项目建设区域的不同要求，将蓄水和入渗工程或单独设置、或配合使用。

7.2 蓄水工程设计

7.2.1 定义与作用

蓄水工程是指为了存蓄雨水径流而设置的收集蓄存雨水设施，既可以应用于资源性和工程性缺水地区进行雨水收集，用于植被灌溉、城市杂用和环境景观用水等，又可以作为雨水调蓄设施辅助缓解内涝、强化入渗等。

由于降水利用与蓄渗工程应用的季节性较为明显，蓄水工程应根据当地的水资源情况和经济发展水平统筹布设。工程设计应尽量简化处理工艺，减少投资和运行费用。有条件时，可利用其他水源作为补充水源以提高蓄水工程的利用率。

7.2.2 分类与适用范围

1. 分类

蓄水工程按照应用区域分为雨水集蓄工程、建筑小区及管理场站雨水收集回用工程。

雨水集蓄工程多应用于非城镇建设项目区，以收集蓄存坡面、路面和大范围地面雨水为主，该类工程是西北地区解决人畜饮水的一项重要措施；建筑小区及管理场站雨水收集回用工程主要以收集蓄存场区范围内的屋顶、绿地及硬化铺装地面雨水为主，现阶段海绵城市建设中"滞、蓄"等治理措施均属于此类蓄水工程设施。

2. 适用范围

(1) 蓄水工程适用于多年平均降雨量小于600mm的北方地区，云南、贵州、四川、广西等南方石漠化严重地区，海岛和沿海地区淡水资源短缺地区。

(2) 地区多年平均降雨量小于600mm且位于城镇区域内的水利水电工程，可根据项目运行管理和城镇规划的要求设置蓄水工程。

(3) 蓄水工程亦可以作为雨水调蓄设施应用于降雨量较大地区。

7.2.3 工程设计

蓄水工程由集流系统、雨水收集输送系统、雨水蓄存设施及初期弃流和过滤净化等附属设施组成。具体设计时，应首先对受水对象需水量和区域可集雨量进行水量平衡计算，据此确定项目区雨水收集和蓄存建筑物的规模，然后再进行收集和蓄存的结构设计。雨水集蓄工程规模确定以及设施设计可参照本手册《规划与综合治理卷》相关内容。本节主要针对雨水收集回用工程进行说明，叙述时按照收集和蓄存设施两方面进行，同时，对其雨水初期弃流、过滤、沉淀等附属设施进行简要说明，详细设计内容请参考相关书籍。

7.2.3.1 设计所需基本资料

1. 气象水文资料

工程所在地应有10年以上的气象站或雨量站的实测资料。当实测资料不具备或不充分时，可根据当地水文计算手册进行查算或采用当地市政暴雨强度公式计算。

2. 地形地质资料

(1) 满足工程平面布置及建筑物布置要求的1：500～1：1000地形图。

(2) 拟建蓄水建筑物区域地勘资料，城镇区域工程还应有其周边现状地下管线和地下构筑物的资料。

3. 其他资料

(1) 各类集流面的面积，如屋面、地面、道路及坡面的面积。

(2) 需灌溉养护的植被类型、种植面积及相应植被耗水定额等。若有其他用水要求，还应包括其他用水的需水类型、耗水定额及频次调查资料。

(3) 项目区周边已建蓄水工程类型，相关蓄水设施型式及设计参数等。

(4) 项目建设区建筑材料类型及来源等。

7.2.3.2 设计标准

生产建设项目蓄水工程设计标准是指能够控制和利用的降雨标准，通常利用降雨重现期反映。雨水收集回用工程的雨水收集标准通常按照1～2年一遇24h降雨量设计。

屋面雨水收集系统设计降雨重现期不宜小于表7.2-1中规定的数值。

表7.2-1 屋面雨水收集系统设计降雨重现期

建筑类型	设计重现期/a
采用外檐沟排水的建筑	1～2
一般性建筑	2～5
重要公共建筑	10

向各类雨水收集蓄存设施输水或集水的管渠设计重现期应不小于该类设施的雨水利用设计重现期。建设用地雨水外排管渠的设计重现期，应大于雨水利用设施的雨量设计重现期，并不宜小于表7.2-2中规定的数值。

表 7.2-2　各类雨水收集用地降雨设计重现期

汇水区域名称	设计重现期/a
车站、码头、机场等	2～5
民用公众建筑、居住区和工业区	1～3

7.2.3.3　工程规模确定

鉴于雨水利用的季节性，蓄水工程的处理工艺和结构设计，应充分考虑雨水利用的时效性，慎重确定工程规模，以保证投资和运行费用的合理性。蓄水工程设计时，首先需对受水对象需水量和区域可集雨量进行水量平衡分析计算，根据计算结果确定经济合理的雨水收集、蓄存设施规模。

1. 受水对象需水量与区域可集雨量水量平衡分析

水量平衡分析是确定雨水利用方案、设计雨水利用系统和相关构筑物的一项重要工作，是蓄水工程经济性与合理性的重要保证。水量平衡分析包括受水对象需水量、区域可利用水量和外排雨水量等内容。

(1) 受水对象需水量。蓄水工程一般用于项目管理区（主体工程永久占地区、永久办公生活区、道路等）植被种植、养护用水的收集利用，当渣场、料场等特殊区域有植被养护需求时，可根据实际情况和场区特点选择使用，当工程项目中含有移民安置方面的内容时，亦可考虑移民安置区内的水源综合利用要求设置。当蓄水工程作为海绵城市建设中的“滞、蓄”设施时，可根据项目区所需调蓄水量而设，而不需要进行受水对象需水量计算。

设计时受水对象需水量分两种情况进行。水土保持工程中的蓄水利用主要服务方向为作物灌溉和植被种植、养护。需水量计算时根据区域种植养护植物的需水特性，采用非充分灌溉的原理，确定补充灌溉的次数及每次补灌量。具体方法参照本手册《规划与综合治理卷》相关内容进行计算；当蓄水工程作为移民安置区综合利用水源时，移民安置区内的需水对象为居民用水、公共建筑用水、饲养畜禽用水、浇洒道路和绿地用水等，具体用水量可根据各地区用水定额标准、《村镇供水工程技术规范》(SL 310)、《建筑给水排水设计规范》(GB 50015) 中的相关规定及计算公式确定。

(2) 区域可利用水量。区域可利用水量通常包括可收集雨水径流量和其他可利用水源。由于雨水利用的季节性，应充分考虑雨水利用的时效性，尽量创造条件将区域其他可利用水源作为蓄水工程的补充水源，以提高蓄水工程使用效率；本章仅对可收集雨水径流量进行分析。

可收集雨水径流量通常根据是否接受集流面以外的客水分两种情况进行计算。当可集雨量包括直接受水面积以外的客水时，采用水利工程的计算方法，根据排洪标准、流域面积及所收集客水区域的特征参数确定相应的可收集雨量；当仅收集直接受水面积上的雨水时，通常采用市政工程的计算方法，根据地区暴雨洪水标准，按多年平均降雨量、汇水面积及综合径流系数估算区域内可收集雨量。前者通常应用于道路、坡面以及有特殊要求的渣场和料场等区域雨水收集量计算，其计算方法适用于雨水集蓄工程；而后者则主要应用于主体工程永久占地区、永久办公生活区以及移民安置区内的屋面、绿地、硬化地面等的雨水回用工程的雨水收集量计算。

雨水回用工程的雨水收集量仅为直接受水面积上的降水，雨水设计径流量按式 (7.2-1) 计算。

$$W=10\psi HF \tag{7.2-1}$$

式中　W——雨水设计径流量，m^3；

ψ——径流系数，可根据表 7.2-3 选取；

H——设计降雨量，降雨重现期宜取 1～2 年，mm；

F——汇水面积，hm^2。

式 (7.2-1) 中的径流系数为同一时段内流域径流量与降雨量之比，径流系数为小于 1 的无量纲常数。具体计算时，当有多种类集流面时，可按 $\psi=\dfrac{\sum\psi_i F_i}{\sum F_i}$ 计算，其中 ψ_i 为每部分汇水面的径流系数，可参考表 7.2-3 的经验数据选用，F_i 为各部分汇水面的面积。

表 7.2-3　不同集流面径流系数

集流面种类	径流系数 ψ
硬屋面、未铺石子的平屋面、沥青屋面	0.80～0.90
铺石子的平屋面	0.60～0.70
绿化屋面	0.30～0.40
混凝土和沥青路面	0.80～0.90
块石等铺砌路面	0.50～0.60
干砌砖、石及碎石路面	0.40
非铺砌的土路面	0.30
绿地和草地	0.15
水面	1.00
地下建筑覆土绿地（覆土厚度不小于 500mm）	0.15
地下建筑覆土绿地（覆土厚度小于 500mm）	0.30～0.40

2. 收集与蓄存构筑物规模确定

蓄水工程设计通常按收集雨水区域内既无雨水外排又无雨水入渗考虑，即按照可集雨量全部接纳的方式确定雨水收集与蓄存设施的规模。当建设区域内的可收集雨水量超过区域内受水对象的需水量时，可参照其他相关设计手册考虑增加雨水溢流外排或入渗设施。

根据求得的总需水量和可集雨量按式（7.2-2）和式（7.2-3）确定相应雨水收集与蓄存设施的工程规模。

$$W_{td} \geqslant 0.4W_d \qquad (7.2-2)$$

$$V = 0.9W_d \qquad (7.2-3)$$

式中　W_{td}——雨水收集回用系统最高日用水量，m^3；

W_d——日雨水设计径流量，有初期弃流时雨水总量应扣除设计初期雨水弃流量，m^3；

V——蓄水池有效容积，m^3。

7.2.3.4　雨水收集设施设计

工程设计中，对主体工程永久占地区、渣场、料场、道路以及工程永久办公生活区内硬化的空旷地面、路面、坡面、屋面等可集雨面进行雨水收集；雨水收集设施设计时，应根据不同的雨水径流收集面，采取不同的雨水输送措施。雨水收集设施主要包括集流面、集水沟（管）槽、输水管等。

1. 集流系统计算

在雨水收集系统中，首先需确定集流面，然后按照区域内汇水面积、降雨强度等进行汇流流量计算，再根据汇流流量确定各集水沟（管）槽、输水管等的规模。

（1）集流面有效汇水面积。集流面有效汇水面积通常按汇水面水平投影面积计算。当集流面所收集雨水包括直接受水面积以外的客水时，还应计入客水的汇流面积。主体工程永久占地区内硬化的空旷地面、坡面、渣场、料场、道路等的有效汇水面积通常按汇水面水平投影面积计算；在进行屋面汇水面积计算时，对于高出屋面的侧墙，应附加侧墙的汇水面积，计算方法执行 GB 50015 的规定；若屋面为球形、抛物线形或斜坡较大的集水面，其汇水面积等于集水面水平投影面积附加其竖向投影面积的1/2。屋面雨水有效汇水面积计算示意图见图7.2-1。

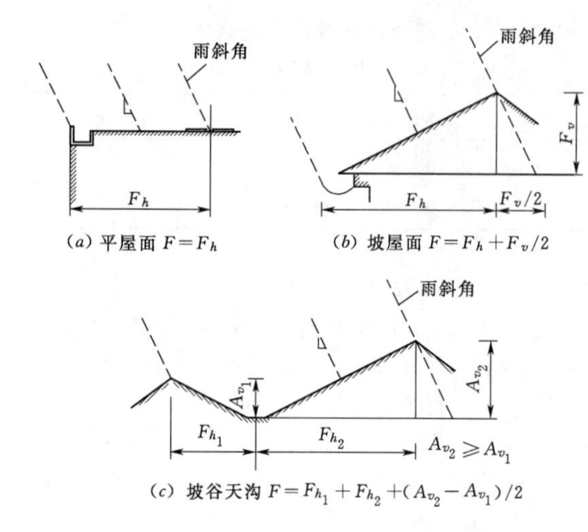

图7.2-1　屋面雨水有效汇水面积计算示意图

（2）雨水输送设施。雨水输送设施主要为集水沟（管）槽、输水管等。雨水输送设施主要根据确定的集流面，按照区域内汇流面积、降雨强度等进行汇流流量计算，通过汇流流量确定各集水沟（管）槽、输水管等的规模。

雨水收集回用工程的集流面与蓄水建筑物通常采用集水管连接，集水管设计主要为管径和配套系统的选择，其计算选型根据《室外排水设计规范》（GB 50014）和《给水排水工程管道结构设计规范》（GB 50332）中的相关规定进行。

2. 集流设施及构造要求

（1）屋面雨水收集设施。屋面雨水收集系统主要适用于项目建设区内较为独立的建筑，通过屋面收集的雨水污染程度较轻，可直接回用于浇灌、地面喷洒等杂用。

屋面的典型材料为混凝土、黏土瓦、金属、沥青以及其他木板或石板，作为集流面的屋顶应保持适当的坡度，以避免雨水滞留。由于沥青屋面雨水污染程度较深，设计中尽量避免使用。

屋面雨水收集可采用汇流沟或管道系统。对于城镇项目建设区域的屋面雨水收集通常采用管道系统。收集时，屋面径流经天沟或檐沟汇集进入管道（收集管、水落管、连接管）系统，经初期弃流后由储水设施储存。屋面排水沟应有足够的坡度以利于排水，并需定期维护和清洗，防止发生堵塞；排水沟进入落水管的进出口处可设置滤网或过滤器防止树叶和树屑进入。管材可采用金属管或者塑料管，其中镀锌铁皮管断面多为方形，铸铁管或塑料管多为圆形。

（2）路面雨水收集及输水设施。可作为集流面的路面通常有混凝土路、沥青公路、砾石路面等。修建雨水输送设施时应注意保护道路原有排水系统并需满足公路的相关技术要求。雨水输送设施通常采用雨水管、雨水暗渠和明渠等。雨水管通常埋深较大，相应储水设施深度也较大，工程造价一般比较高；雨水暗渠或明渠埋深较浅，便于清理和衔接外管系。水土保持工程中多采用雨水暗渠和明渠，也有利用道路两侧绿地或有植被的自然排水浅沟的，后两种形式与明渠类似；雨水暗渠和明渠的断面尺寸根据路面集流量的大小确定，断面多采用混凝土现浇、预制或浆砌石砌筑的梯形、方形或U形；渠道纵向坡度一般不宜小于1/300，渠道应进行防渗处理。

路面雨水采用雨水口收集时，通常选用具有拦污截污功能的成品雨水口，雨水口的形式和数量按照汇水面积所产生的径流量和雨水口的泄水能力确定，其计算及选型可参照相关市政设计规范进行。当系统设置弃流装置且连接多个雨水斗时，为防止不同流程的初期雨水相互混合导致初期冲刷效应减弱，各雨水斗至弃流装置的管长宜接近。

因路面收集的初期雨水含有较多的杂质，应设置沉淀池及初期弃流设备，有条件的也可将初期雨水排入污水管道至污水处理厂进行处理，以改善被利用的雨水水质。

7.2.3.5 雨水初期弃流、过滤、沉淀等附属设施设计

考虑雨水蓄集使用目的不同，在雨水收集设施末端应考虑设置初期雨水弃流装置、雨水沉淀和雨水过滤等常规水质处理附属设施。附属设施主要包括过滤、沉淀和初期弃流装置。当集流面收集雨水含沙量较大时，输水末端需设沉沙设备，污染程度较大时，还应设计过滤装置。除绿化屋面外，其他集流方式均应布设初期雨水弃流装置。

1. 雨水内杂物截留

为防止初期雨水中树叶、杂草、砖石块等漂浮物进入过滤、沉淀及弃流等设施内，通常于输水末端设筛网、格栅等拦截。道路集流需设格栅和筛网以去除雨水中较粗的悬浮物质，利用屋面集流只采用筛网过滤即可。

格栅、筛网形式多样，可选用成品，亦可就地取材。制作格栅时以细格栅为宜（栅条间距为2～5mm），栅条材料多为金属，或可直接用型钢焊接。筛网为平面条形滤网，倾斜或平铺放置，滤网孔径2～10mm。

2. 初期雨水弃流设施

一般情况下，弃流池根据雨水初期弃流量采用容积法设计，汇水面较大时，由于弃流收集效率不高且池容大需斟酌使用。初期雨水弃流量一般应按照建设用地实测收集雨水的污染物浓度变化曲线和雨水利用要求确定。当无资料时，屋面弃流厚度2～3mm，地面弃流厚度3～5mm，间隔3日以内的降雨不需弃流。初期弃流量按式（7.2-4）计算。

$$W_i=10\delta F \tag{7.2-4}$$

式中 W_i——雨水净产流量，m^3；

δ——初期雨水弃流厚度，mm；

F——汇水面积，hm^2。

常见的初期弃流方法包括容积法弃流、小管弃流（水流切换法）等，弃流装置见图7.2-2，弃流形式包括自控弃流、渗透弃流、弃流池、雨落管弃流等。适用于屋面雨水的雨落管、径流雨水的集中入口等设施的前端。弃流池可参照蓄水池及《建筑与小区雨水利用工程技术规范》（GB 50400）有关规定进行结构设计。弃流池一般为砖砌、混凝土现浇或预制，通常设于室外，可单独设置在蓄水设施前端，亦可与蓄水设施连通设置。降雨结束后，初期弃流可排入雨水、污水管道或就地排入绿地。

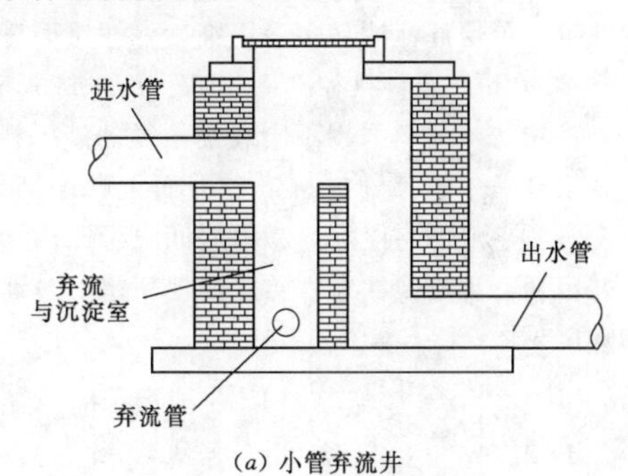

(a) 小管弃流井

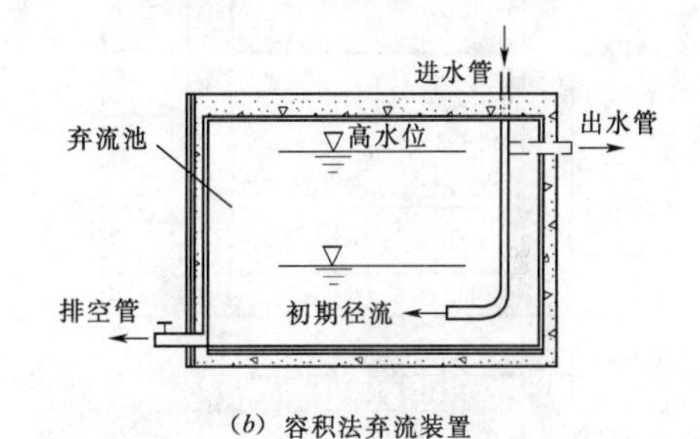

(b) 容积法弃流装置

图7.2-2 初期弃流装置示意图

3. 沉沙设施

当集蓄雨水含沙量较大时，集流输水末端需设置沉沙池。有泥沙资料时，沉沙池利用式（7.2-5）和式（7.2-6）进行估算，池深h一般取0.6～1.0m。

$$L=\sqrt{\frac{2Q}{v_c}} \tag{7.2-5}$$

$$v_c=0.563D_c^2(\gamma-1) \tag{7.2-6}$$

$$B=\frac{L}{2}$$

式中 Q——上游排水沟设计雨水流量，m^3/s；

v_c——设计标准粒径的沉降速度，m/s；

D_c——设计标准粒径，mm；

γ——泥沙颗粒密度，g/m^3；

L、B——沉沙池长、宽，m。

沉沙池多为矩形，根据多年已建工程经验，宽度约为上游排水沟宽度的2倍，池体长度约为池体宽度的2倍，池深通常为1.5～2.0m。沉沙池底应下倾一定坡度，并预留排沙孔、溢流口，进水口底高程宜高于池底100～150mm，出水口宜高于进水口底150mm以上，溢流口底高程低于沉沙池顶100～150m。

沉沙池与蓄水构筑物间距应大于3m，池前需设拦污栅栏截漂浮物。

4. 过滤设施

雨水经初期弃流后，若需进一步去除前期处理后剩余的悬浮物、胶体物质及有机物等，则需设置过滤池。雨水利用设施中多为简易滤池，可采用单层滤池或多层滤池。单层滤池滤料多采用细砂，滤层厚度通常为80～200mm，滤料粒径0.5～1.2mm，或1.5～2.0mm。多层滤池滤料采用不同级别粒径的砂砾料按照卵石、粗砂、中砂三种材料依自下而上顺序铺设，滤层厚度参考单层滤料厚度，滤料层间设聚乙烯塑料密网，并定期清理更换滤料，防止滤池堵塞。过滤池断面结构图见图7.2-3。

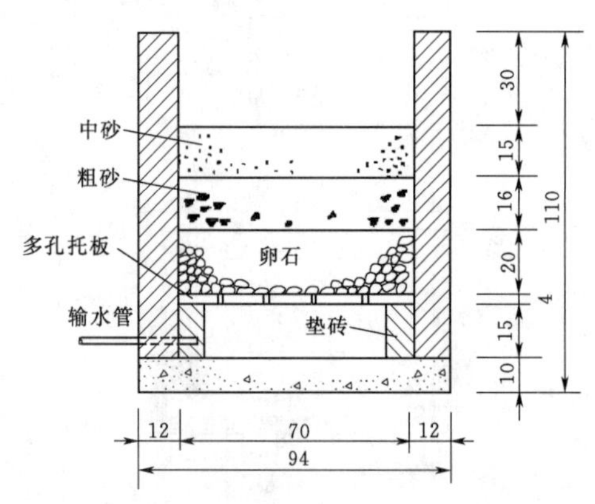

图7.2-3 过滤池断面结构图（单位：cm）

7.2.3.6 雨水蓄存设施设计

雨水蓄存设施主要是为满足雨水利用要求而设置的雨水蓄存空间，所选择蓄水设施形式通常根据地形、土质、用途、建筑材料和社会经济等因素确定。比较常用的有水窖、蓄水池、集雨箱等。蓄水构筑物布置时应避开填方或易滑坡地段，并保证有足够的集流面积，尽量使收集雨水自流入构筑物内。

水窖、蓄水池设计参照本手册《规划与综合治理卷》相关内容进行设计，本节不再赘述。除水窖、蓄水池外，城镇建设项目区或工程管理场站院所内，以收集蓄存场区范围内的屋顶、绿地及硬化铺装地面雨水为主时，由于用地所限多采用地埋式封闭蓄水池以及一些蓄水设施定型产品。

封闭式蓄水池池体设计通常采用标准设计的钢筋混凝土结构，参考符合使用条件的蓄水池定型图集进行结构选型，结构设计应满足《给水排水工程钢筋混凝土水池结构设计规程》（CECS 138）的要求。

蓄水设施定型产品包括玻璃钢、金属或塑料制作的地上式定型储水设备，主要在建设项目永久占地区内的管理场站使用，通常用于收集屋面雨水。该种集雨箱（桶）可根据要求选材制作，亦可选用成品，安装简便，维护管理方便，但需占地，水质不易保障，不具备防冻功能，使用季节性较强。

7.2.4 施工及维护注意事项

7.2.4.1 雨水收集设施施工及管护

雨水收集设施主要包括集流面、集水沟（管）槽、输水管等。

1. 雨水收集设施施工

（1）集流面。集流面尽量利用场区内天然径流面，清理平整后或直接用于雨水收集。集流面与集水管沟的连接宜采用适宜的方式。

（2）集水沟（管）槽、输水管。

1）集水沟（管）槽测量放线，一般每隔20m设中心桩，集水管检查井处、变换管径处均应设中心桩，必要时要设置护桩或控制桩。并保存测量详细记录。

2）沟槽开挖后，必须进行沟槽地基承载力测定，地基承载能力满足设计要求后方可施工，如地基承载能力不满足设计要求，必须采取夯实措施进行处理，处理后再进行地基承载能力确定。

（3）集水沟（管）槽基础施工。

1）基础施工前必须复核坡度和高程，一般在沟槽底部每隔5m左右打一样桩，用样桩控制挖土面、垫层面和基础面。

2）管道垫层及基础不得铺筑在淤泥或松填土上，管道基础应表面平整，两检查井之间应顺直。

3）遇软湿地基必须进行地基处理，处理完成后，根据设计要求检验地基承载力，满足要求后方可进行下道工序施工。

2. 雨水收集设施维护

（1）雨水口、屋面雨水斗应定期清理，防止被树叶、垃圾等堵塞。雨季时应增大清理排查频率。

（2）截污挂篮内拦截的废弃物，应定期进行倾倒。

（3）雨水收集设施中防止误接、误用、误饮的措施应保持明显和完整，严禁擅自移动、涂抹、修改雨水回用管道和用水点标记，雨水利用设施处理水质应进行定期检测。

7.2.4.2 雨水蓄存设施施工及管护

1. 蓄水池施工

蓄水池的主要作用就是储存水源，因此，在蓄水池工程施工中一定要把握施工的要点，并注意常见的问题，以提高蓄水池工程施工的质量。

(1) 钢筋混凝土蓄水池。在实际工程中，由于施工技术等各种问题的影响导致蓄水池工程漏水、渗水的问题长期无法得到有效的解决，导致水源浪费，并且存在极大的安全隐患。为了提高蓄水池施工质量，需要做好关键部位的施工质量控制工作。根据长期实践经验，混凝土蓄水池的施工缝、池体混凝土的密实度、预埋管件工程、防水工程以及后浇带施工为其关键施工部位，施工中应重点关注。

合理留设施工缝是蓄水池工程顺利施工建设的重要保障，施工缝一般设置在底板顶面以上500mm高的蓄水池池壁位置以及导流墙顶标高位置。在蓄水池池壁的水平施工缝上居中位置设置一道钢板止水带，钢板需要焊接在池壁钢筋的中间位置，并注意保证钢板止水带位于施工缝之间；然后对施工缝继续进行浇筑时，应该要注意进行凿毛、扫浆以及湿润处理。另外，还需要对施工缝进行再次浇筑，需要敷设一道比例为1：1、厚度为20mm的水泥砂浆。

池体混凝土的密实度和蓄水池防渗水能力息息相关，因此要注重提高池体混凝土的密实度。首先，在施工之前需要做好混凝土配比实验。其次，严格按照操作规范对混凝土进行振捣，并提高振动的均匀性。最后，对墙体进行浇筑时，需要使用分层浇筑的方法，并保证各层混凝土之间黏合密实。

在进行混凝土浇筑和支模之前一定要对预埋或预留孔以及预留管件进行检查，防止出现遗漏和错埋的情况，进而保证蓄水池的施工质量。

后浇带是防止现浇钢筋混凝土结构由于自身收缩不均或沉降不均可能产生的有害裂缝，按照设计或施工相关规范的要求，在基础底板、墙、梁相应位置留设的临时施工缝。规模较大蓄水池的底板、侧墙等的后浇带两侧需要设置凹形槽，并在中间设置钢板止水带。在底板浇筑完成之后，一定要及时对后浇带进行清洁，并防止杂物以及污水进入后浇带。底板、侧墙等后浇带的两侧混凝土强度达到要求之后才可以进行后浇带施工。具体可按照《地下工程防水技术规范》(GB 50108) 及不同版本的建筑结构构造图集中对后浇带的构造要求进行施工。

(2) 浆砌石蓄水池。

1) 基础处理。施工前应首先了解地质资料和土壤的承载力，并在现场进行坑探试验。如土基承载力不够时，应根据设计提出对地基的要求，采取加固措施，如扩大基础，换基夯实等措施。

2) 池墙砌筑。池墙采用的各种材料质量应满足有关规范要求。浆砌石应采用坐浆砌筑，不得先干砌再灌缝。池墙砌筑时要沿周边分层整体砌石，不可分段分块单独施工，以保证池墙的整体性。池墙砌筑时，要预埋（预留）进、出水管（孔），在出水管处要做好防渗处理。防渗止水环要根据出水管材料或设计要求选用和施工。

3) 池墙、池底防渗。池底混凝土浇筑好后，要用清水洗净清除尘土后即可进行防渗处理，防渗措施多种多样。可采用水泥加防渗剂作为池墙和池底防渗材料，也可喷射防渗乳胶。

4) 附属设施安全施工。蓄水池的附属设施包括沉沙池、进水管、溢水管、出水管等。

2. 蓄水池管护

(1) 蓄水池除及时收集天然降水所产生的地表径流外，还可因地制宜引蓄外来水，以提高蓄水设施利用率。外来水可考虑渠道水、井泉水、回用中水等，以提高蓄灌功能的可持续性。

(2) 要定期检查维修工程设施。蓄水前后要对池体进行全面检查，并定期观测蓄水期水位变化情况，做好记录。开敞式蓄水池若未设置保温防冻设施，冬季不允许蓄水，放水后要及时排除池内积水。冬季降雪后及时清扫池内积雪，防止池体冻胀破裂。封闭式蓄水池除进行正常的检查维修外，还要对池顶保温防冻铺盖和池外墙填土厚度进行检查维护。

(3) 及时清淤。开敞式蓄水池可结合灌溉排泥，池底滞留泥沙用人工清理。封闭式矩形池清淤难度较大，除利用出水管引水冲沙外，应定期人工清除，当淤积量不大时，可两年清淤一次。

7.3 入渗工程设计

7.3.1 定义与作用

入渗工程是为了解决城镇建设规模日益增加，建筑物逐渐增多，区域硬化地面过多，使得区域雨水无法回到地下而采取的一种增加雨水入渗、削减区域外排径流量和洪峰流量的工程措施。入渗工程的主要作用在于控制初期径流污染，减少雨水流失、增加雨水下渗等。

7.3.2 分类与适用范围

1. 分类

结合现阶段海绵城市中“渗、滞、蓄”的理念，入渗工程设施初步分为与区域景观和雨水净化功能相结合的入渗设施、强化雨水就地入渗设施等两类。其中，前者通常有雨水花园、蓄水湿地、湿塘、生物滞留池、调节塘、植草沟等；强化雨水就地入渗设施主要包括绿地入渗、透水铺装地面入渗、渗透浅沟、渗透洼地、渗透管、入渗井、入渗池等，当地面入渗方式不能满足要求时，可采用组合入渗方式。

2. 适用范围

入渗工程适用于土壤渗透系数为 1.0×10^{-6}～1.0×10^{-3}m/s，且渗透面距地下水位大于1.0m的区域。存在陡坡坍塌和滑坡灾害的危险场所以及自重湿陷性黄土、膨胀土和高含盐土等特殊土壤区域不允许设置入渗工程，且不得对居住环境和自然环境造成危害。

7.3.3 工程设计

入渗工程通常以集流面、雨水收集输送设施和渗透设施组合的形式构成。入渗工程所涉及的集流面、雨水收集输送设施与蓄水工程设计相同，具体可参照蓄水工程中集流系统的相关内容配置，本节仅对渗透设施设计进行相关说明。

7.3.3.1 设计所需基本资料

1. 气象水文资料

工程所在地应有10年以上的气象站或雨量站的实测资料。当实测资料不具备或不充分时，可根据当地水文计算手册进行查算或采用当地市政暴雨强度公式计算。

2. 地形地质资料

(1) 满足工程平面布置及建筑物布置要求的1∶500～1∶1000地形图。

(2) 拟建入渗设施区域地勘资料，城镇区域工程还应有其周边现状地下管线和地下构筑物的资料。此外，还应有建筑区域滞水层及地下水分布、土壤类型及渗透系数等方面的资料。

3. 其他资料

(1) 各类集流面的面积，如屋面、地面、道路及坡面的面积。

(2) 与区域景观、雨水净化功能相结合的入渗设施还应有设施内种植植被类型、种植面积及相应植被耗水定额等资料。

(3) 项目区周边已建入渗工程类型，相关入渗设施型式及设计参数等。

(4) 项目建设区建筑材料类型及来源等。

7.3.3.2 渗透设施计算

在设计绿地、透水地面、渗透浅沟等入渗设施时，可根据区域进水量和渗透能力直接计算出所需渗透面积，而后确定长度、宽度等尺寸。

1. 渗透设施进水量按式（7.3-1）计算：

$$W_c=1.25\left[60\,\frac{q_c}{1000}(F_y\psi_m+F_0)\right]t_c \quad (7.3-1)$$

式中 W_c——降雨历时内，进入渗透设施的设计总降雨径流量，m^3；

q_c——渗透设施产流历时对应的暴雨强度，$L/(s\cdot hm^2)$；

F_y——渗透设施服务的集水面积，hm^2；

ψ_m——平均径流系数；

F_0——渗透设施的直接受水面积（埋地渗透设施 $F_0=0$），hm^2；

t_c——降雨历时，min。

当暴雨强度为平均降雨强度时，式（7.3-1）中取消1.25的系数。

2. 渗透设施的渗透量

渗透设施的日渗透能力依据日雨水量当日渗透完的原则而定。渗透设施的日渗透能力，不应小于其汇水面上重现期为2年的日雨水设计径流总量，其中入渗池、入渗井的日入渗能力应不小于汇水面上的日雨水设计径流总量的1/3。下凹式绿地所接受的雨水汇水面积不超过该绿地面积2倍时，可不进行入渗能力计算。

渗透量按式（7.3-2）计算：

$$W_s=\alpha KJA_st_s \quad (7.3-2)$$

式中 W_s——渗透量，m^3；

α——综合安全系数，一般可取 $\alpha=0.5\sim0.8$；

K——土壤渗透系数，m/s；

J——水力坡降，一般可取 $J=1.0$；

A_s——有效渗透面积，m^2；

t_s——渗透时间，s。

(1) 土壤渗透系数的确定。以实测资料为准，在无实测资料时，可参照表7.3-1选用。

(2) 渗透设施的有效渗透面积的确定。计算渗透设施的有效渗透面积时，水平渗透面按投影面积计算，竖直渗透面按有效水位高度的1/2计算，斜渗透面按有效水位高度的1/2所对应的斜面实际面积计算，位于地下的渗透设施不计顶板的渗透面积。

3. 渗透设施的有效贮水容积

渗透设施的有效贮水容积按式（7.3-3）计算：

$$V_s\geqslant\frac{W_p}{n_k} \quad (7.3-3)$$

式中 V_s——渗透设施的有效存贮容积，m^3；

W_p——产流历时内的蓄积水量，m^3；

n_k——存贮层填料的孔隙率，孔隙率应不小于0.3，无填料者取1。

表 7.3-1　土壤渗透系数

地层	地层粒径		渗透系数 K/(m/s)
	粒径/mm	重量比/%	
黏土			$<5.7\times10^{-8}$
粉质黏土			$5.7\times10^{-8}\sim1.16\times10^{-6}$
粉土			$1.16\times10^{-6}\sim5.79\times10^{-6}$
粉砂	>0.075	>50	$5.79\times10^{-6}\sim1.16\times10^{-5}$
细砂	>0.075	>85	$1.16\times10^{-5}\sim5.79\times10^{-5}$
中砂	>0.25	>50	$5.79\times10^{-5}\sim2.31\times10^{-4}$
均质中砂			$4.05\times10^{-4}\sim5.79\times10^{-4}$
粗砂	>0.50	>50	$2.31\times10^{-4}\sim5.79\times10^{-4}$
圆砾	>2.00	>50	$5.79\times10^{-4}\sim1.16\times10^{-3}$
卵石	>20.00	>50	$1.16\times10^{-3}\sim5.79\times10^{-3}$
稍有裂隙的岩石			$2.31\times10^{-4}\sim6.94\times10^{-4}$
裂隙多的岩石			$>6.94\times10^{-4}$

7.3.3.3　入渗设施布置

入渗工程可单独设置，以雨水收集输送设施和渗透设施组合的形式构成，亦可与蓄水工程配套设置，作为蓄水工程超规模外排水量的吸纳设施。

在综合考虑入渗工程适用范围的基础上，渗透设施布置应保证其周围建筑物及构筑物的安全，具体应该避开地下结构物、生活基础设施管线以及地下水作为饮用水的区域及陡坡区，且与建筑物基础边缘距离应大于 3.0m，避免建在建筑物回填土区域内，距建筑物基础回填区域的距离应不小于 3.0m。

地面入渗设施内的植物配置应与入渗系统相协调，绿地内的植物应具备一定的耐水性，通常各种花卉的耐水性较差，灌木和草类具有较强的耐浸泡能力，入渗设施与景观绿化相结合时，应避免在低洼处种植大量花卉。

入渗工程应设置溢流设施。雨季连续降雨、渗透设施渗透能力下降，当发生超过入渗设计标准的降雨时，可通过溢流设施将积水排走。

7.3.3.4　区域景观和雨水净化功能相结合的入渗设施

区域景观和雨水净化功能相结合的入渗设施通常有雨水湿地、生物滞留设施、渗透塘、湿塘、调节塘、植被缓冲带等。

1. 雨水湿地

雨水湿地利用物理、水生植物及微生物等作用净化雨水，是一种高效的径流污染控制设施。雨水湿地分为雨水表流湿地和雨水潜流湿地，无论哪种类型湿地，通常均设计成防渗型以便维持雨水湿地植物所需要的水量，雨水湿地常与湿塘合建并设计一定的调蓄容积。

雨水湿地一般由进水口、前置塘、沼泽区、出水池、溢流出水口、护坡及驳岸、维护通道等构成。进水口和溢流出水口应设置碎石、消能坎等消能设施，防止水流冲刷和侵蚀；前置塘主要对径流雨水进行预处理；沼泽区包括浅沼泽区和深沼泽区，是雨水湿地主要的净化区，其中浅沼泽区水深范围一般为 0～0.3m，深沼泽区水深范围一般为 0.3～0.5m，根据不同水深种植不同类型的水生植物；雨水湿地的调节容积应在 24h 内排空；出水池主要起防止沉淀物的再悬浮和降低温度的作用，水深一般为 0.8～1.2m，出水池容积约为总容积（不含调节容积）的 10%。

雨水湿地典型构造示意图见图 7.3-1。

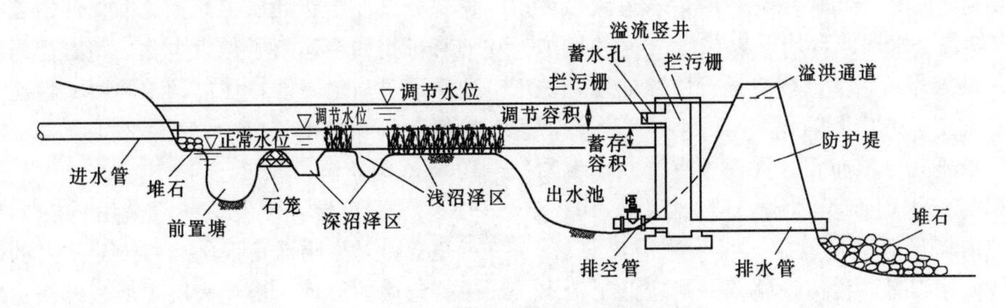

图 7.3-1　雨水湿地典型构造示意图

2. 生物滞留设施

生物滞留设施指在地势较低的区域，通过植物、土壤和微生物系统蓄渗、净化径流雨水的设施。生物滞留设施形式多样、适用区域广、易与景观结合，径流控制效果好，建设费用与维护费用较低。

（1）生物滞留设施类型和适用区域。生物滞留设施分为简易型生物滞留设施和复杂型生物滞留设施。生物滞留设施按应用位置不同可称作雨水花园、生物滞留带、高位花坛、生态树池等。

生物滞留设施主要适用于建筑与小区、道路及停车场的周边绿地，以及城市道路绿化带等城市绿地内。对于径流污染严重、设施底部渗透面距离季节性最高地下水位小于 1m 及距离建筑物基础小于 3m（水平距离）的区域，可采用底部防渗的复杂型生物滞留设施。

简易型和复杂型生物滞留设施典型构造示意图见图 7.3-2 和图 7.3-3。

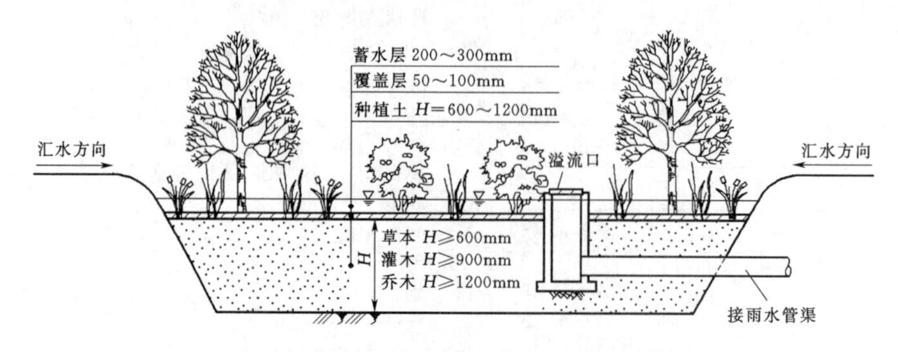

图 7.3-2 简易型生物滞留设施典型构造示意图

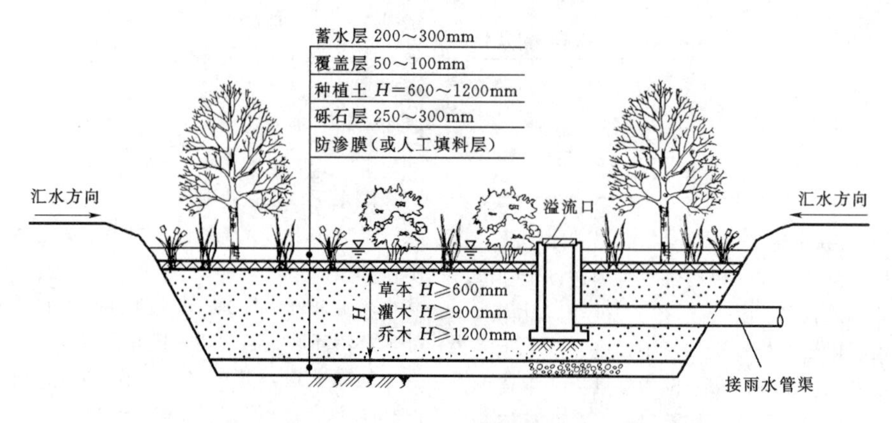

图 7.3-3 复杂型生物滞留设施典型构造示意图

（2）生物滞留设施布置。生物滞留设施对屋面径流雨水、道路径流雨水等进行蓄渗时，屋面径流雨水通过雨落管接入生物滞留设施，道路径流雨水通过路缘石豁口进入，路缘石豁口尺寸和数量应根据道路纵坡等经计算确定。应用于道路绿化带时，若道路纵坡大于 1%，应设置挡水堰或台坎，以减缓流速并增加雨水渗透量；设施靠近路基部分应进行防渗处理，防止对道路路基稳定性造成影响。

生物滞留设施宜分散布置且规模不宜过大，生物滞留设施面积与汇水面面积之比一般为 5%～10%。生物滞留设施内需设置溢流设施，可采用溢流竖管、盖箅溢流井或雨水口等，溢流设施顶一般应低于汇水面 100mm。

复杂型生物滞留设施结构层外侧及底部应设置透水土工布，防止周围原土侵入。如经评估认为下渗会对周围建（构）筑物造成塌陷风险，或者拟将底部出水进行集蓄回用时，可在生物滞留设施底部和周边设置防渗膜。

（3）生物滞留设施结构要求。生物滞留设施一般由蓄水层、覆盖层、植被及种植土层、人工填料层和砾石层等 5 部分组成。

1）蓄水层。蓄水层为暴雨提供暂时的储存空间，使部分沉淀物在此层沉淀，进而促使附着在沉淀物上的有机物和金属离子得以去除。蓄水层深度应根据周边地形、当地降雨特性以及植物耐淹性能和土壤渗透性能等因素来确定，一般为 200～300mm，并应设 100mm 的超高。

2）覆盖层。覆盖层一般采用树皮等有机材料进行覆盖，对生物滞留设施起着十分重要的作用，可以保持土壤的湿度，避免表层土壤板结而造成渗透性能降低。同时，覆盖层还在树皮土壤界面上营造了一个微生物环境，有利于微生物的生长和有机物的降解，也还有助于减少径流雨水的侵蚀。其最大深度一般为 50～80mm。

3）植被及种植土层（换土层）。种植土层一般选用渗透系数较大的砂质土壤，其主要成分中砂含量为

60%～85%，有机成分含量为5%～10%，黏土含量不超过5%。种植土层厚度根据植物类型而定，当采用草本植物时一般厚度为250 mm左右。种植在生物滞留设施内的植物应是多年生的可短时间耐水涝的植物，如大花萱草、景天等。

4）人工填料层。人工填料层多选用渗透性较强的天然或人工材料，其厚度应根据当地的降雨特性、生物滞留设施的服务面积等确定，多为0.5～1.2m。当选用砂质土壤时，其主要成分与种植土层一致。当选用炉渣或砾石时，其渗透系数一般不小于10^{-5}m/s。

5）砾石层。砾石层起到排水作用。砾石层由直径不超过50mm的砾石组成，厚度250～300mm。可在其底部埋置管径为100～150mm的穿孔排水管，砾石应洗净且粒径不小于穿孔管的开孔孔径，经过渗滤的雨水由穿孔管收集进入邻近的河流或其他排放系统。为提高生物滞留设施的调蓄作用，在穿孔管底部可增设一定厚度的砾石调蓄层。

通常填料层和砾石层之间应铺一层土工布，目的是为了防止土壤等颗粒物进入砾石层，但是这样容易引起土工布的堵塞。也可在人工填料层和砾石层之间铺设一层150mm厚的砂层，既能防止土壤颗粒堵塞穿孔管，还能起到通风的作用。

3. 渗透塘

渗透塘是一种用于雨水下渗补充地下水的洼地，具有一定的净化雨水和削减峰值流量的作用。渗透塘典型构造示意图见图7.3-4。

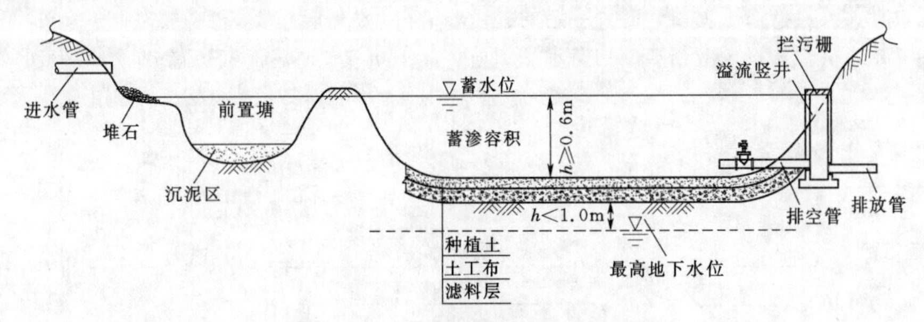

图7.3-4 渗透塘典型构造示意图

渗透塘前应设置沉沙池、前置塘等预处理设施，去除大颗粒的污染物并减缓流速；有降雪的城市，应采取弃流、排盐等措施防止融雪剂侵害植物。渗透塘边坡坡度一般不大于1∶3，塘底至溢流水位一般不小于0.6m。渗透塘底部一般为200～300mm的种植土、透水土工布及300～500mm的过滤介质层，过滤介质层主要为砾石、碎石等。渗透塘排空时间不应大于24h。

渗透塘出水口分单级和多级出水口，应结合渗透塘的控制目标具体选用。出水口主要包括竖管、放空管和排放管。排放管管径应根据设计流量及出水口是自由出流或淹没出流进行计算，竖管管径不宜小于排放管管径。放空管的管径应根据设计流量计算确定，放空管应采取防止淤泥堵塞的措施，在放空管上应设平时常闭的阀门。

渗透塘应设溢流设施，并与城市雨水管渠系统和超标雨水径流排放系统衔接，渗透塘外围应设安全防护措施和警示牌。

4. 湿塘

湿塘指具有雨水调蓄和净化功能的景观水体，雨水同时作为其主要的补水水源。湿塘有时可结合绿地、开放空间等场地条件设计为多功能调蓄水体，即平时发挥正常的景观及休闲、娱乐功能，暴雨发生时发挥调蓄功能，实现土地资源的多功能利用。

湿塘一般由进水口、前置塘、主塘、溢流出水口、护坡及驳岸、维护通道等构成。湿塘典型构造示意图见图7.3-5。

进水口和溢流出水口应设置碎石、消能坎等消能设施，防止水流冲刷和侵蚀。前置塘为湿塘的预处理设施，起到沉淀径流中大颗粒污染物的作用；池底一般为混凝土或块石结构，便于清淤；前置塘应设置清淤通道及防护设施，驳岸形式宜为生态软驳岸，边坡坡度一般为1∶2～1∶8；前置塘沉泥区容积应根据清淤周期和所汇入径流雨水的悬浮固体（SS）污染物负荷确定。

主塘一般包括常水位以下的永久容积和储存容积。永久容积水深一般为0.8～2.5m；储存容积一般根据所在区域相关规划提出的"单位面积控制容积"确定；具有峰值流量削减功能的湿塘还包括调节容积，调节容积应在24～48h内排空；主塘与前置塘间宜设置水生植物种植区（雨水湿地），主塘驳岸宜为生态软驳岸，边坡坡度不宜大于1∶6。

溢流出水口包括溢流竖管和溢洪道，排水能力应根据下游雨水管渠或超标雨水径流排放系统的排水能力确定。

湿塘应设置护栏、警示牌等安全防护与警示措施。

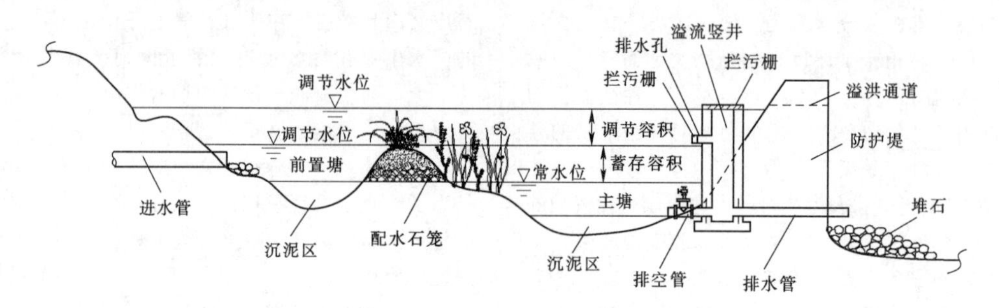

图 7.3-5　湿塘典型构造示意图

5. 调节塘

调节塘也称干塘，以削减峰值流量功能为主，一般由进水口、调节区、出口设施、护坡及堤岸构成，也可通过合理设计使其具有渗透功能，起到一定的补充地下水和净化雨水的作用。调节塘典型构造示意图见图 7.3-6。

6. 植被缓冲带

植被缓冲带为坡度较缓的植被区，经植被拦截及土壤下渗作用减缓地表径流流速，并去除径流中的部分污染物，植被缓冲带坡度一般为 2%～6%，宽度不宜小于 2m。植被缓冲带通常为以乔灌草相结合的复层绿地结构为主。植被缓冲带典型构造示意图见图7.3-7。

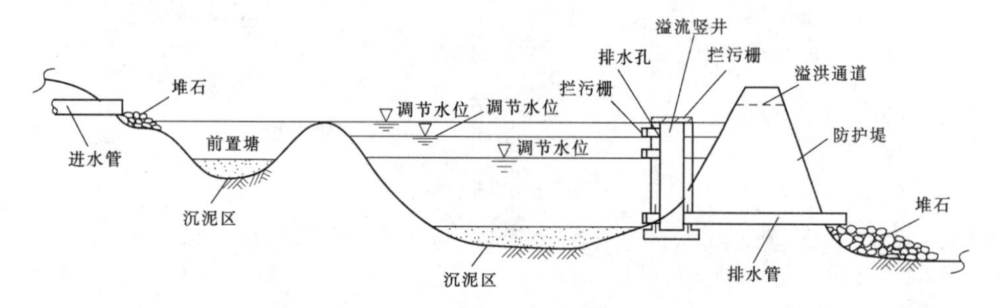

图 7.3-6　调节塘典型构造示意图

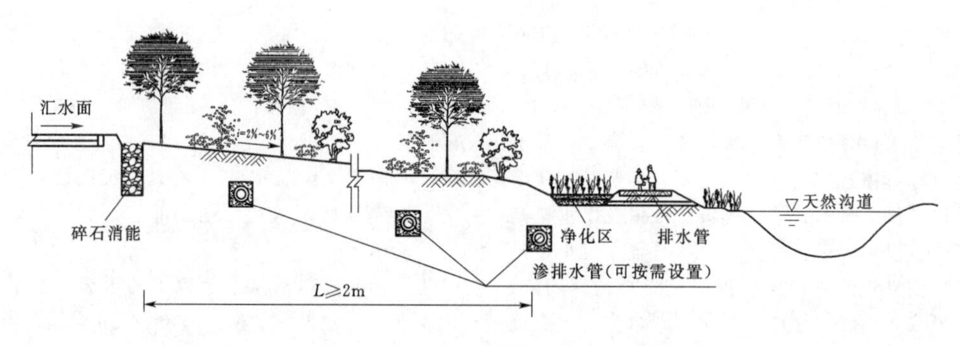

图 7.3-7　植被缓冲带典型构造示意图

7.3.3.5　强化雨水就地入渗设施

强化雨水就地入渗设施主要包括绿地入渗、透水铺装地面入渗、渗透浅沟、渗透洼地、渗透管、入渗井、渗透池等。

1. 绿地入渗

(1) 绿地入渗结构设计。绿地雨水入渗不适用于土壤渗透系数小于 1.0×10^{-6} m/s 或大于 1.0×10^{-3} m/s 的区域，以及地下水位高、距渗透面距离小于 1.0m 的场所。入渗设计应采用分散、小规模就地处理原则，尽可能就近接纳雨水径流，条件不允许时，可通过管渠输送至绿地。

对于已建成绿地，只考虑削减自身的雨水；对新建下凹式绿地，应尽量将屋面、道路等各种铺装表面的雨水径流汇入绿地中蓄渗，以增大雨水入渗量。

新建绿地应根据地形地貌、植被性能和总体规划要求布置，需建为下凹式，一般与地面竖向高差在 100～200mm。绿地内一般应设置溢流口（如雨水口），使超过设计标准的雨水经雨水口排出。雨水口通常采用平箅式，宜设在道路两边的绿地内，其顶面标高宜低于路面 20～50mm。且不与路面连通，设置间距不宜大于 40m。

(2) 植被选择。下凹式绿地植物应选用耐淹品种，种植布局应与绿地入渗设施布局相结合。植物建议选择种植大羊胡子、早熟禾、黑麦草、高羊茅等耐淹性植物。

2. 透水铺装地面入渗

透水铺装地面入渗是指将透水良好、孔隙率高的材料用于铺装地面的面层与基层，使雨水通过人工铺筑的多孔性地面，直接渗入土壤的一种渗透设施。通常应用于人行、非机动车通行的硬质地面、工程管理场所内等不宜采用绿地入渗的场所，透水铺装地面通常不接纳客地雨水入渗，仅接纳自身表面的雨水。

(1) 设计标准确定。透水铺装地面最低设计标准为 2 年一遇 60min 暴雨不产生径流。

(2) 透水铺装地面结构设计。

1) 路面结构。透水人行道路面结构总厚度应满足透水、储水功能的要求。厚度计算应根据该地区的降雨强度、降雨持续时间、工程所在地的土基平均渗透系数、透水铺装地面结构层平均有效孔隙率进行计算。地面结构厚度计算见式 (7.3-4)。

$$H=(0.1i-3600q)t/(60v) \qquad (7.3-4)$$

式中 H——透水铺装地面结构总厚度（不包括垫层的厚度），cm；

i——土基的平均渗透系数，cm/s；

q——地区降雨强度，mm/h；

t——降雨持续时间，min；

v——透水铺装地面结构层平均有效孔隙率，%。

透水砖铺装地面结构一般由面层、找平层、基层、垫层等部分组成，详见图 7.3-8。

2) 路面结构层材料。面层材料可选用透水砖、多孔沥青、透水水泥混凝土等透水性材料，面层厚度宜根据不同材料和使用场地确定，应同时满足相应的承载力、抗冻胀等。透水砖各项性能指标应符合《透水砖》(JC/T 945) 的规定，其渗透性能应达到 1.0×10^{-2}cm/ s；多孔沥青地面表层避免使用细小骨料，沥青比重为 5.5%～6.0%，孔隙率为 12%～16%，多孔混凝土地面构造与多孔沥青地面类似，其表层为无砂混凝土，孔隙率为 12%～16%。

找平层可以采用干砂或透水干硬性水泥中砂、粗砂等，其渗透系数必须大于面层渗透系数，厚度宜为 20～50mm。

基层应选用具有足够强度、透水性能良好、水稳定性好的材料，推荐采用级配碎石、透水水泥混凝土、透水水泥稳定碎石基层，其中级配碎石基层适用于土质均匀、承载能力较好的土基，透水水泥混凝土、透水水泥稳定碎石基层适用于一般土基。设计时基层厚度不宜小于 150mm。

垫层材料宜采用透水性能较好的中砂或粗砂，其渗透系数必须大于面层渗透系数，厚度宜为 40～50mm。

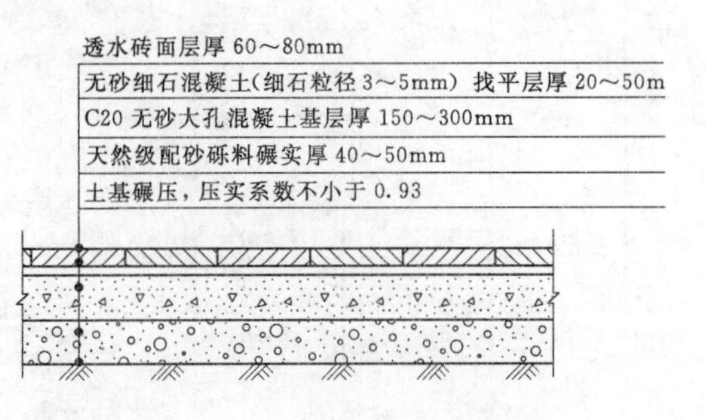

图 7.3-8 透水砖铺装地面结构图

3. 渗透浅沟

渗透浅沟是底部采用多孔材料铺设或利用表层植被增大入渗效果的一种渗透设施。当项目区土质渗透能力较强时，采用植被覆盖的渗透浅沟，以避免径流中的悬浮固体堵塞土壤颗粒间的空隙，保持原土壤的渗透力；当浅沟土壤渗透系数较差，可以采用人工混合土或下部采用碎石调蓄区，提高渗透性和调蓄能力。

海绵城市建设中较常用的植草沟也属于渗透浅沟的一种。植草沟主要是利用种有植被的地表沟渠，对径流雨水进行收集、输送和排放，同时具有一定的雨水净化作用，可用于衔接其他海绵城市建设中各单项设施以及城市雨水管渠系统和超标雨水径流排放系统。植草沟经常应用于建筑与小区内道路，广场、停车场等不透水面的周边，城市道路及城市绿地等区域，还可作为生物滞留设施、湿塘等低影响开发设施的预处理设施。

(1) 浅沟断面型式、断面尺寸。植被浅沟断面型式多采用三角形、梯形或倒抛物线形，断面型式示意图见图 7.3-9。三角形适用于低流速小流量的情况；梯形植草排水沟适用于大流量低流速的情况；抛物线形植草排水沟增加了可利用的空间，适用于排放更大的流量。浅沟边坡坡度应尽可能小于 1∶3，纵向坡度 0.3%～5%。纵坡较大时宜设置为阶梯形浅沟或在中途设置消能坎。

浅沟流量可采用明渠均匀流公式计算。根据相关数据，入渗浅沟最大允许抗冲流速 $v_{允}=0.8$m/s，由拟定的断面尺寸进行试算，直至满足要求。

(2) 浅沟植物选择。当浅沟中进行植被种植时，应选择恢复力较强，比较坚韧，适宜当地生长且需肥少，并能在薄砂和沉积物堆积的环境中生长的植物，并优先选用具有净化功能、抗水流冲击的植物。转输型植草沟内植被高度宜控制在100～200mm。

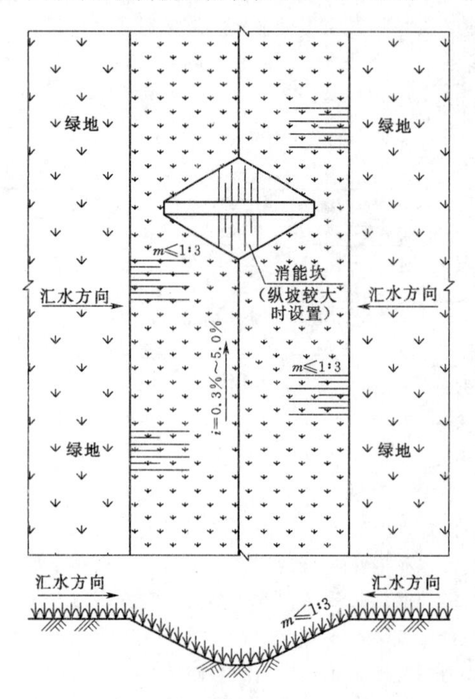

图7.3-9　植被浅沟断面型式示意图

4. 渗透洼地

洼地入渗系统是利用天然或人工洼地蓄水入渗。一般在表面入渗所需要的面积不足，或土壤入渗性太小时采用。

洼地的积水时间应尽可能短，一般最大积水深度不宜超过30cm。积水区的进水应尽量采用明渠，并多点均匀分散进水。入渗洼地种植植物时，植物应在接纳径流之前成型，具备抗旱耐涝的能力，且适应洼地内水位的变化。

洼地结构型式基本与渗透浅沟相似，设计时可参照进行。洼地入渗系统示意图见图7.3-10。

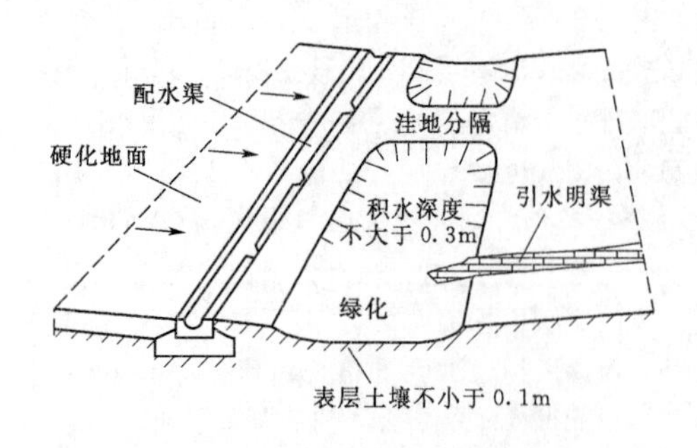

图7.3-10　洼地入渗系统示意图

5. 渗透管

渗透管是在传统雨水排放的基础上，将雨水管改为穿孔管，管材周围回填砾石或其他多孔材料，使雨水通过埋设于地下的多孔管材向四周土壤层渗透的一种设施。渗透管适用于雨水水质较好，表层土渗透性较差而下层有透水性良好的土层区域。渗透管结构示意图见图7.3-11。

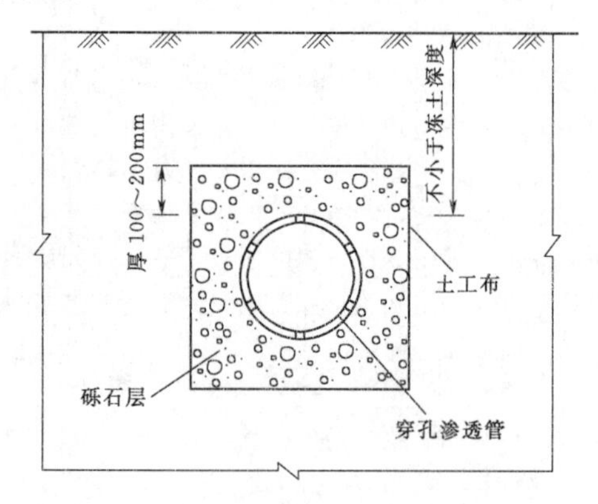

图7.3-11　渗透管结构示意图

渗透管主要由中心渗透管、管周填充材料及外包土工布组成。中心渗透管一般采用PVC穿孔管、钢筋混凝土穿孔管或无砂混凝土管等制成，管径一般不小于150mm，其中塑料管、钢筋混凝土穿孔管的开孔率不应小于15%，无砂混凝土管的孔隙率不应小于20%。

管周填充材料可选用砾石或其他多孔材料，厚度宜为10～20cm，填充材料孔隙率应大于管材孔隙率。

填充材料外应采用土工布包覆，透水土工布应选用无纺土工织物，规格可选用100～300g/m^2，渗透性应大于所包覆填充材料的最大渗水要求，同时应满足保土性、透水性和防堵性的要求。

地面雨水进入管沟前应设渗透检查井或集水渗透检查井，同时沿管线敷设方向设渗透检查井，检查井间距不应大于渗透管管径的150倍。渗透检查井的出水管高程应高于入水管口高程，但不应高于上游相邻井的出水管口高程。渗透检查井应设0.3m深沉沙室。

6. 渗透池

渗透池亦称入渗池，是利用地面低洼地水塘或地下水池对雨水实施渗透的设施。

当土壤渗透系数大于1.0×10^{-5}m/s，项目建设区域可利用土地充足且汇水面积较大（≥1hm^2）时，通常采用地面渗透池（图7.3-12），地面用地紧缺时可考虑地下渗透池（图7.2-13）。

地面渗透池有干式和湿式两种，干式渗透池在非

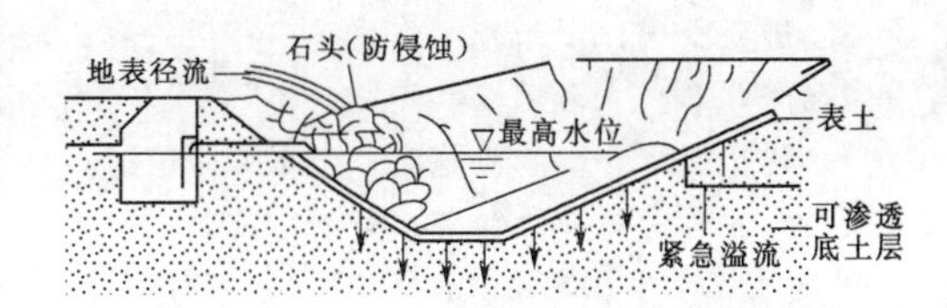

图 7.3-12 地面渗透池结构示意图

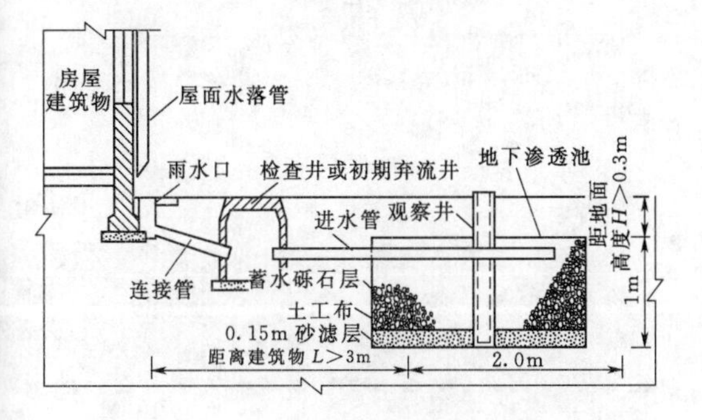

图 7.3-13 地下渗透池结构示意图

雨季通常无水，雨季则满足入渗量要求。湿式渗透池则常年有水，类似水塘，但应保持一定入渗量的要求。渗透池一般与绿化和景观结合设计，在满足功能性要求的同时，美化周围环境。

地面渗透池大小根据区域降水及汇水面积而定。渗透池断面多为梯形或抛物线形，渗透池边坡坡度不应大于1∶3，表面宽度和深度比例应大于6∶1。池岸可以采用块石堆砌、土工织物覆盖或自然植被土壤覆盖等方式。渗透池表面宜种植植物，干式渗透池因季节性限制可考虑种植既耐水又耐旱的植物，而湿式渗透池因常年有水，与湿地相似，宜种植耐水植物。

地下渗透池可以使用无砂混凝土、砖石、塑料块等材料进行砌筑，其强度应满足相应地面承载力的要求。为防止渗透池堵塞，渗透材料外部应采用土工布等透水材料包裹。渗透材料有砾石、碎石及孔隙贮水模块等。

渗透池需设溢流装置，以使超过设计渗透能力的暴雨顺利排出场外，确保安全。

7. 入渗井

入渗井主要有深井和浅井两类，水土保持工程中常用的入渗井主要为浅井，适用于地面和地下可利用空间小、表层土壤渗透性差而下层有渗透性好的土层区域，同时要求雨水水质较好，不能含过多的悬浮固体。

入渗井一般用混凝土浇筑或预制，其强度应满足地面荷载和侧壁土压力要求。渗井的直径可根据渗透水量和地面的允许占用空间确定，若兼作管道检查井，还应兼顾人员维护管理的要求。井径通常小于1.0m，井深由地质条件决定，井底滤层表面距地下水位的距离不小于1.5m。

入渗井通常有井外设过滤层和井内设过滤层两种结构型式，过滤层的滤料可采用0.25～4.0mm的石英砂，其渗透系数应小于1×10^{-3}m/s。图7.3-14(a)所示为井外设过滤层的入渗井，井由砾石及砂过滤层包裹，井壁周边开孔，雨水经砾石层和砂过滤层过滤后渗入地下，雨水中的杂质大部分被过滤层截留。图7.3-14(b)所示为井内设过滤层的入渗井，雨水只能通过井内过滤层后才能渗入地下，雨水中杂质大部分被井内过滤层拦截。

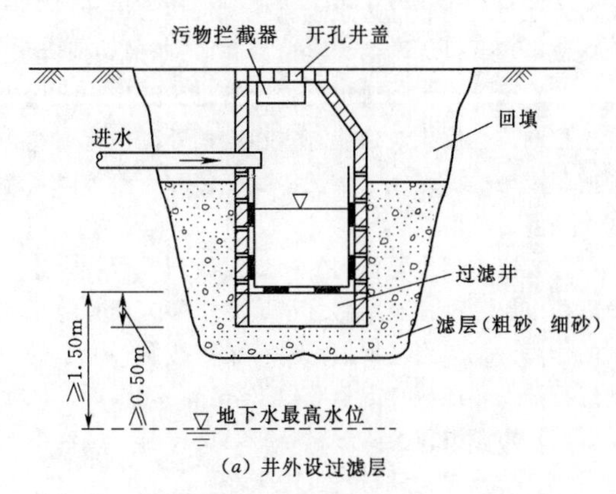

(a) 井外设过滤层

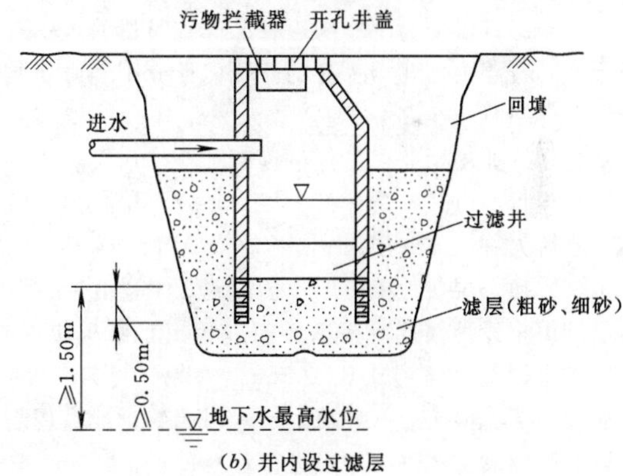

(b) 井内设过滤层

图 7.3-14 入渗井结构示意图

7.3.4 施工及维护要求

7.3.4.1 区域景观、雨水净化功能相结合的入渗设施施工要求

1. 雨水湿地施工要求

(1) 雨水湿地场地清理、平整必须满足水重力自流条件，以确保湿地内布水均匀，满足植物生长条件。

(2) 湿地底部土方开挖完成后应平整并夯实，湿地周边也须进行夯实或加固处理。

（3）湿地下游挡水堰应保证水平，确保湿地区域布水均匀，施工应严格控制高度，保证挡水堰上游湿地区域在旱季具有一定的水位，以满足湿地植物良好生长的需要。

（4）植物栽植时首先应保证一定的栽种密度和成活率，并满足优势水生植物的良性循环和生长，其次植物种植应保证一定的层次感。

2．生物滞留设施施工要求

（1）生物滞留设施宜在其汇水面施工完成后进行，如汇水区域范围内的绿地种植、道路结构层等施工均已完成。生物滞留设施沟槽周边应设置挡土袋、预沉淀池等，防止周边水土流失对沟槽渗透性能、深度造成影响。已完工的入水口设施应进行临时封堵。

（2）入渗型生物滞留设施沟槽机械开挖、水泥混凝土拌和与挡墙砌筑作业等宜在沟槽外围进行，避免沟槽因重型机械碾压、水泥混凝土拌和作业等降低基层土壤渗透性能。

（3）覆盖层主要作用为初步过滤细颗粒物，避免设施换土层（种植土层）过早堵塞，同时具有防止冲刷的作用。覆盖层应根据植物种植，按照不漏土的原则进行铺设，还应考虑景观效果。

（4）防渗膜作为防渗材料时，铺设前应将沟槽内的石块、树枝等尖锐材料清理干净。

（5）砾石层应为洗净的碎石、砾石等材料，不含杂土。砾石层内穿孔排水管的开孔孔径应小于砾石粒径，开孔率不小于2%，穿孔排水管端头和侧壁应用透水材料（如滤网等）进行包裹。砾石排水层应采用土工布包裹的方式，避免换土层（种植土层）内土壤随雨水流失进入排水层。

（6）换土层（种植土层）土壤或人工过滤介质应分层回填至设计高度。换土层四周用土工布包裹时，土工布搭接宽度不应小于200mm，以避免周边土壤进入换土层。换土层（种植土层）回填到设计高度后一段时间内发生沉降时，应进行补充回填。

（7）植物种植应按种植设计图纸施工，也可按照实际景观效果最优的原则进行适当调整；进水口及溢流口处的种植密度可适当加密，利用植物拦截较大颗粒物及垃圾。

3．渗透塘、湿塘、调节塘等施工要求

（1）塘底滤料层的砾石、碎石必须洗净使用，其厚度可根据基础条件不同适当加深。塘底应采用小型机械夯实。宜采用双环法测试其土壤渗透率，如果土壤渗透率不满足设计要求，应设置防渗层。

（2）塘底要求平坦，纵坡坡降一般不超过1%。塘底种植土应铺设均匀，种植土和滤料层之间的透水土工布应铺设平整并固定。

（3）进口、出口设施施工时，进口宜设置碎石堆等消能措施，防止水流冲刷和侵蚀。

（4）建造进水、出水设施时，出水设施应进行浮力校核，出水管穿过岸体时应采取防渗措施。

4．植被缓冲带施工要求

植被缓冲带通常为以乔灌草相结合的复层绿地结构为主。施工中种植要求包括以下几点。

（1）种植深度要求：草地要求不少于30cm；花灌木要求不少于50cm；乔木则要求在种植土球四周有不少于60cm的土层。

（2）草地要求：表层15cm内的土壤中粒径大于1cm的石块少于3%。

（3）灌木要求：表层50cm内的土壤中粒径大于3cm的石块少于5%。

（4）进场苗木应具备生长健壮、枝叶繁茂、冠形完整、色泽正常、无病虫害、枝干根系无机械损伤等基本质量要求。

（5）绿化种植前应处理好基层种植土。

（6）施工时对各种花草树木均应施足营养土，以弥补绿地土壤肥力不足，改良土壤，以使花草树木恢复生长后能尽快见效。

（7）植被缓冲带内植被受到破坏时，应及时补种修剪植物、清除杂草等。

（8）植被缓冲带内积有沉积物时，应及时清理垃圾与沉积物。

7.3.4.2　强化雨水就地入渗设施施工要求

1．下凹式绿地铺设

（1）绿地与硬化地面或小区路面连接，下凹深度一般为5～10cm，路面一般不设立道牙。

（2）对于土壤渗透性较差的绿地，可采用下凹式绿地内建设增渗设施，增渗设施的形式和技术参数应依据地形、土壤和植被等情况确定。

（3）在绿地内建设超渗雨水溢流口。

（4）下凹式绿地内植物品种应能耐受雨水浸泡，种植布局要与绿地入渗设施布局相结合。

2．透水性地面铺设

（1）透水性地面铺设的施工工序为：面层开挖→基层→透水垫层→找平层→透水面层→清扫整理→渗透能力的确认。

（2）基础开挖应达到设计深度，并将原土层夯实，基层纵坡、横坡和边线应符合设计要求。

（3）透水垫层采用连续级配砂砾料垫层、单级配砾石垫层等透水性材料。连续级配砂砾料垫层粒径5～40mm，无粗细颗粒分离现象，碾压压实，压实系数应大于65%；单级配砾石垫层粒径5～10mm，含泥量不应大于2%，泥块不大于0.7%，针片状颗粒含量不大于2%，夯实后现场干密度应大于最大干密度的90%。

（4）找平层宜采用粗砂、细石、细石透水混凝土等材料。粗砂细度模数宜大于2.6，细石粒径为3～5mm；单级配时1mm以下颗粒体积比含量不大于35%；细石透水混凝土宜采用3～5mm的石子或粗砂，其中含泥量不大于1%，泥块不大于0.5%，针片状颗粒含量不大于10%。

（5）透水面砖抗压强度应大于35MPa，抗折强度应大于3.2MPa，渗透系数应大于0.1mm/s，磨坑长度不应大于35mm。在北方有冰冻地区，冻融循环试验应符合相关标准的规定；铺砖时应用橡胶锤敲打稳定，但不得损伤砖边角，铺砖平整度允许偏差不大于5mm，铺砖后养护期不得少于3d。

（6）透水混凝土应有较强的透水性，孔隙率不应小于20%；每隔30～40m² 设一接缝，养护后灌注接缝材料。

3. 透水管沟铺设

（1）渗透管宜采用穿孔塑料管、无砂混凝土管等透水材料。塑料管的开孔率应大于15%，无砂混凝土管的孔隙率应大于20%。渗透管的管径不应小于150mm，敷设坡度可采用0.01～0.02。

（2）渗透层宜采用砂砾石，外层应采用土工布包覆。

（3）渗透检查井的间距不应大于渗透管管径的150倍。渗透检查井的出水管标高可高于入水管口标高，但不应高于上游相邻井的出水管口标高。渗透检查井应设沉沙室。

（4）渗透管沟设在行车路面下时覆土深度应不小于0.7m。

7.4 案　例

7.4.1 蓄水工程

7.4.1.1 万家寨水利枢纽移民安置区雨水集蓄工程

1. 工程概况

万家寨水利枢纽位于内蒙古与山西交界处，属于国家"九五"重点工程。工程主要由大坝、泄洪排沙、厂房、开关站、引黄取水口等建筑物组成；大坝为混凝土重力坝，最大坝高105m，坝顶长443m，坝顶高程982.00m；水库总库容8.96亿m³，设计年供水量14亿m³；坝后式厂房内装设6台单机容量180MW的发电机组，装机容量1080MW；工程静态总投资42.98亿元，动态总投资60.58亿元。工程于1994年11月开工建设，2002年通过竣工验收。

工程建设搬迁人口5078人，以后靠安置为主。安置区地貌属黄土高原丘陵沟壑区，地形支离破碎。多年平均气温7.2℃，极端最高气温36.8℃，极端最低气温－29℃；≥10℃有效积温2958℃；多年平均降水量408mm，7—9月降水占65%，24h最大降雨量124.80mm，以短历时降水为主；多年平均蒸发量2546mm；年平均风速3.4m/s，大风日数25d，全年主导风向为NW；最大冻土深度1.50m，无霜期136d。

2. 雨水集蓄工程布置

移民安置区域地表水、地下水资源匮乏，移民生产和生活用水主要依靠简便易行的雨水集蓄工程来解决。

（1）雨水集蓄工程由集流面、输水及蓄水设施组成。集流面多利用庭院、路面、自然坡面等；输水设施将集流面所汇集的雨水引入蓄水设施，由截流沟、沉沙池、拦污栅和输水管组成；蓄水设施为旱井（图7.4-1）。

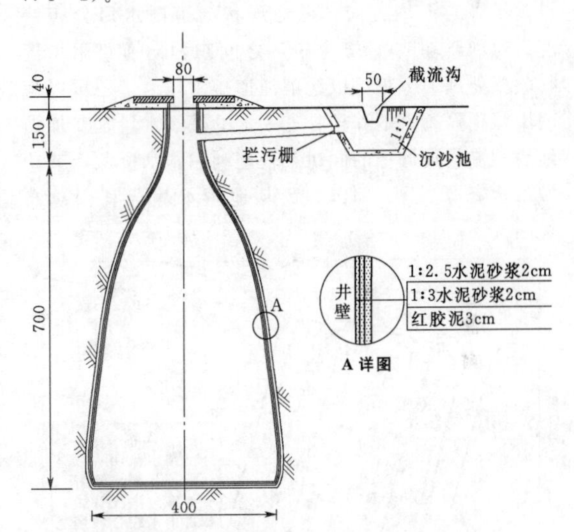

图7.4-1　标准旱井剖面图（单位：cm）

（2）建筑物结构。

1）集流面：将庭院、路面及自然坡面等表面堆积物进行清理，保持平整。

2）截流沟：梯形断面，底宽20～30cm，深20～30cm，边坡1∶0.5，长5～20m，浆砌石、混凝土或砖衬砌。

3）沉沙池：梯形或矩形断面，底宽40～80cm，深40～100cm，长200～300cm，采用浆砌石、混凝土或砖衬砌。与旱井距离不小于200cm。

4）拦污栅：由直径8mm钢筋焊接而成。

5）输水管：采用聚乙烯管或铁管，直径15～25cm。

6）旱井：井口直径60～80cm，高出地面40～

50cm，预制混凝土；直筒直径80～130cm，深100～160cm；井筒直径3～5m，深5～8m。用红胶泥做衬里，外挂2层水泥砂浆。

（3）旱井运用方式：户均2眼旱井，1眼使用，另1眼蓄水，井水经1年的沉淀、自净，隔年使用。

7.4.1.2　北京某创新基地降水蓄渗工程

1. 工程概况

北京某创新基地范围内安排有高新技术产业用地、研发用地、服务设施用地和多功能混合用地，并根据不同的用途由道路分割划分为独立的地块。创新基地园区建设时，规划在各单独地块范围内，根据硬化及绿化面积分别修建蓄水池，用以拦蓄雨水，供给绿化、道路浇洒使用；公共区域仅有道路两侧透水铺装的人行步道及河滨带绿地能够在降水时利用少量的下渗雨水。区域降水主要排放于园区的创新河。

为了减轻创新基地3号桥区附近河道及市政雨水管网排水压力，有效利用雨水资源，结合园区内已铺设雨洪管的汇聚方向，考虑现状河道雨水口分布情况，对创新基地2～3号桥区之间东西向道路雨水进行收集处理，不仅可以缓解河道排洪压力，还可以为两岸绿化隔离带的养护补充一定的灌溉水量，在加强地表径流收集调控的同时，合理利用雨水资源，节约城市水资源。图7.4-2为基地雨水综合利用总布置图。

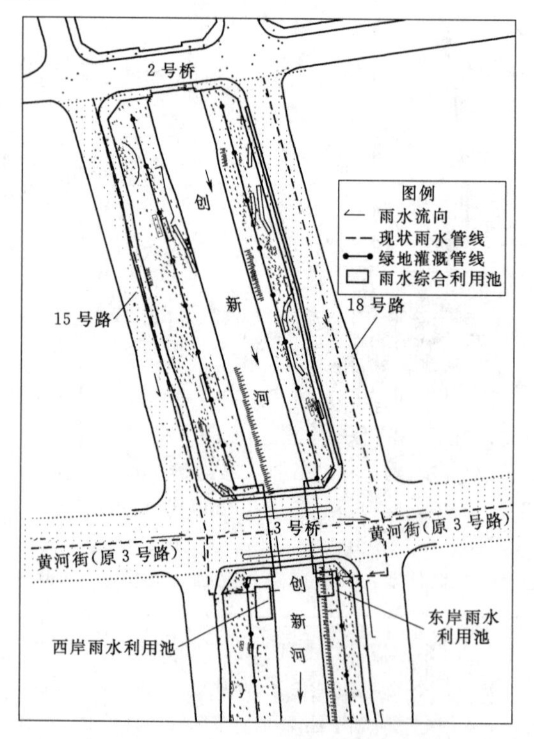

图7.4-2　基地雨水综合利用总布置图

2. 措施布置

由于所收集雨水来源于市政道路，比屋面等收集的雨水污染重，设计对管网收集后的雨水实施弃流、缓冲调节、蓄存使用以及回用净化等步骤，以满足雨水蓄存以及回用水质要求。

雨水综合利用工程在创新河东西两岸分别设置雨水综合利用池1座，东岸雨水综合利用池用于收集蓄存3号桥区东侧18号路以及3号路东段的路面雨水，西岸雨水综合利用池用于收集蓄存3号桥区西侧15号路以及3号路西段的路面雨水；东岸、西岸雨水综合利用池共用一个清水池及设备控制间，集水池、蓄水池各自独立设置。集水池与现状两岸雨水管连接，池内雨水管下方设置初期雨水弃流装置，初期弃流后的雨水进入集水池下部缓冲调解后，经潜污泵提升至蓄水池；储存在蓄水池中的雨水通过设备间内的净化设备进行过滤、净化和消毒后作为灌溉补充水源回用。

工程布置时，西岸雨水综合利用池总长21.0m、宽10.3m，包括集水池、蓄水池（池中含1座清水池）和控制设备间三部分，东岸雨水综合利用池总长14.6m、宽10.3m，包括集水池、蓄水池两部分。同时考虑现状绿化隔离带内没有灌溉设施，为避免将来开挖破坏绿化植被及设施，绿化隔离带内预铺设灌溉管线1320m，完善园区灌溉设施。

3. 措施设计

（1）雨水综合利用池规模。治理区域汇集雨水主要来自于创新河2号桥至3号桥段西侧15号路路面和东侧18号路路面雨水，以及沙河西区3号路在3号桥东西两端的部分路面雨水。

现状雨水收集区域下垫面类型主要有河滨绿化带、透水砖人行道和沥青道路等，其中透水砖人行道自身表面上的雨水可就地入渗；河滨绿化带设计时，步道及平台均采用透水材料铺设，绿化带外缘靠近市政主干道侧设置雨水渗滤带；场区沥青路面上的降水则主要通过道路两侧的雨水口收集进入雨洪管排入创新河。

设计利用路面进行雨水收集，创新河道东西两岸路面面积及径流系数如表7.4-1所示。

表7.4-1　雨水收集区域面积及径流系数

地表类型	面　积/hm^2		径流系数
	河道西侧区域	河道东侧区域	
沥青路面	1.33902	1.35198	0.8

（2）雨水综合利用池容积计算。根据GB 50400，雨水储存设施的有效储水容积不宜小于集水面重现期1～2年的日雨水设计径流量，扣除设计初期径流弃流量。

1）雨水设计径流量按式（7.2-1）计算。根据《雨水控制与利用工程设计规范》（DB 11/685），北京地区年径流总量控制率为90%时，对应的1年一遇典型频率降雨量为40.8mm。据此计算，河道西侧区域产生地表径流量为437.06m³，河道东侧区域产生地表径流量为441.29m³。

2）初期弃流量按式（7.2-4）计算。依据DB 11/685，市政路面取7～15mm，考虑该区域道路机动车流量较少，取7mm。计算的初期弃流量河道西侧区域为93.73m³，河道东侧区域为94.64m³。

3）雨水可回用量。按照DB 11/685，雨水可回用量按雨水径流总量的90%计算，并应扣除初期弃流量。因此，项目雨水可回用量河道西侧区域为299.62m³，河道东侧区域为302.52m³。依据计算结果，项目设计在创新基地3号桥区南侧，创新河河道东西两岸分别布设蓄水设施，单座蓄水设施有效储水量确定为310m³。

（3）雨水综合利用池结构设计。雨水综合利用池分东西两岸布置，均采用地下矩形箱式封闭结构。西岸雨水综合利用池总长21.0m、宽10.3m，分集水池、蓄水池、清水池及设备间4部分；东岸雨水综合利用池总长14.6m、宽10.3m，分集水池和蓄水池2部分。

雨水综合利用池结构设计将图7.4-3（*a*）和图7.4-3（*b*），蓄水池顶板覆土厚度1.0m。

图7.4-3为西岸、东岸雨水综合利用池布置图。

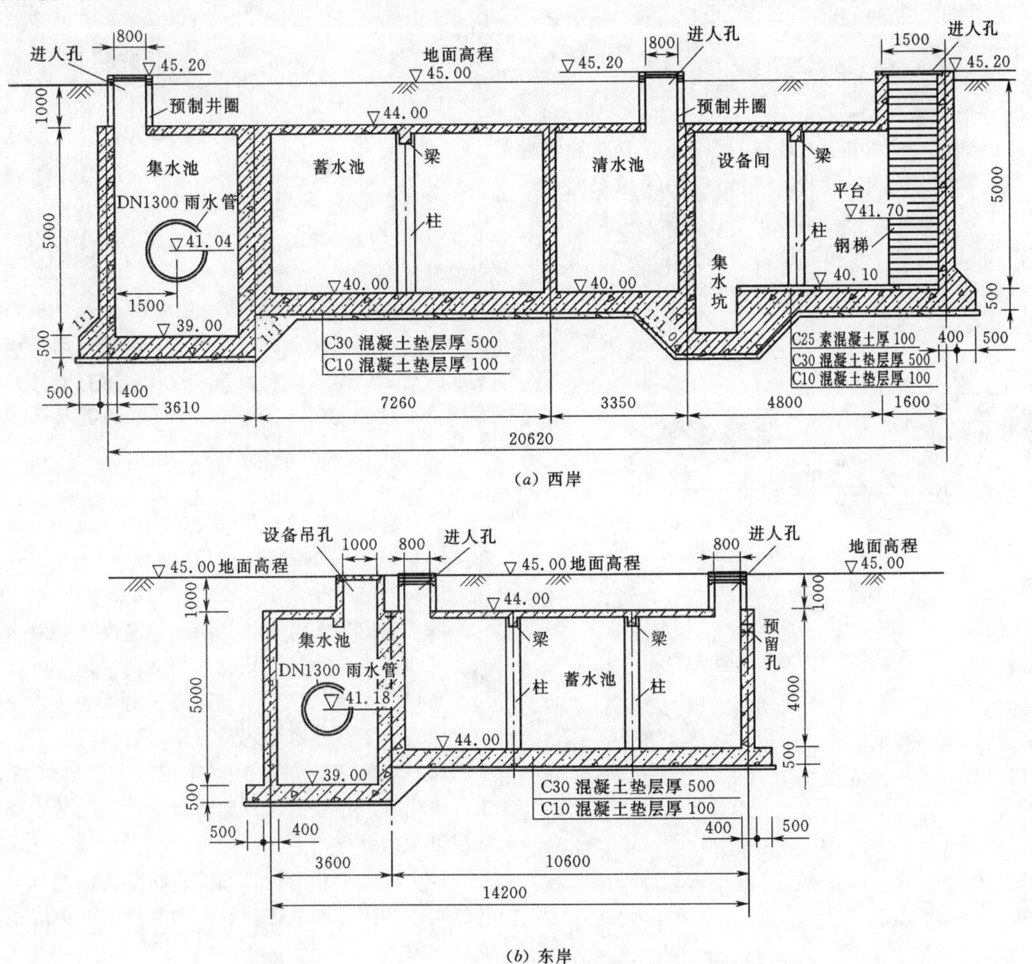

图7.4-3　西岸、东岸雨水综合利用池布置图（单位：mm）

7.4.2　雨水净化与入渗设施相结合工程

7.4.2.1　河北石家庄市石环辅道下凹式绿地入渗排水工程

1. 工程概况

河北石家庄市石环辅道下凹式绿地入渗排水工程位于河北石家庄市城乡结合部。石环辅道为石环公路主线与县乡级道路的联络线，辅道两侧多为乡村和农田，道路沿线及周边尚无健全的排水管网体系，且上下游雨水管道及出路均不能在短期内实现。因此，设计时在考虑道路远期排水规划的同时，将道路形式与绿地入渗相结合，缓解雨水排放不畅的现状。

2. 总体平面布局

设计时将路面设计与绿地入渗的目标相结合，道路采用单向横坡的形式将人行道及路面雨水汇至一侧道路边缘，通过过水侧缘石将雨水排入绿地内，同时将道路沿线周围绿化带作下凹处理，通过下凹绿地辅助净化排水以减小雨水的径流系数，并将雨水口设置在绿化带内，增加雨水的入渗量，削减洪峰流量。雨水排放入渗流程见图7.4-4。

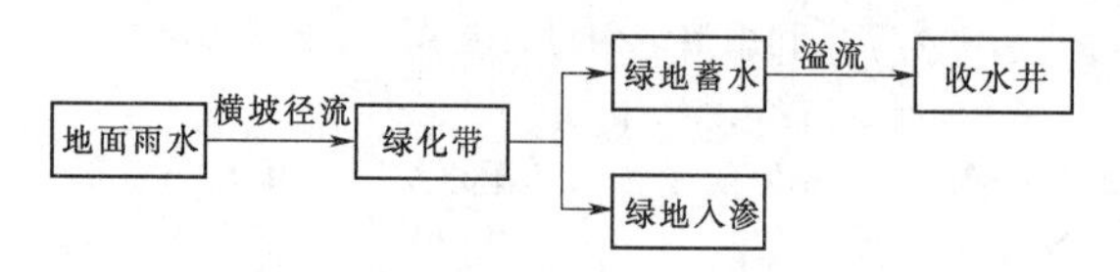

图7.4-4　雨水排放入渗流程示意图

3. 渗水工程设计

(1) 辅路工程。由于占地范围限制，采用道路沿线单侧设置下凹绿地的形式，辅路结构采用单向横坡，向下凹绿地倾斜；采用混凝土过水侧石，既满足了道路的交通功能，又可将路面雨水快速、顺畅的导流入绿化带。标准路段道路横断面见图7.4-5。

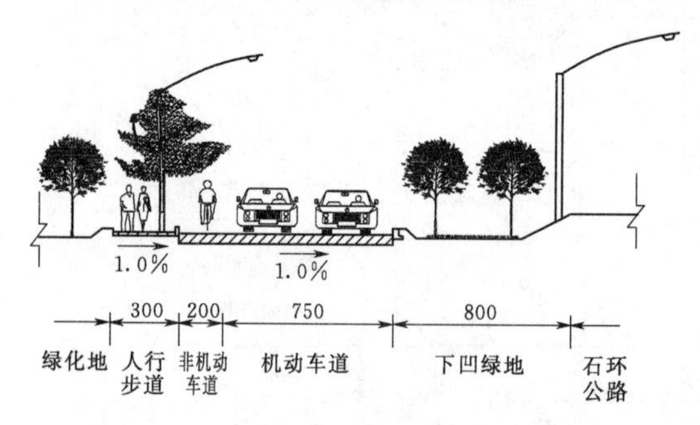

图7.4-5　下凹绿地与道路布置图（单位：cm）

(2) 绿地工程。工程中将辅路周围的绿地做下凹处理，使绿地高程低于路面高程，同时于绿地内设置雨水口。具体将绿地在纵向上每30m作为一个控制单元，每个单元在平面上处理为两侧高而中间下凹的碟形，形成每30m为一个单元的碟形微地形，同时将雨水口设于各绿地单元之间；雨水口高程按低于路面高程30cm控制，并高于绿地高程。下凹绿地碟形地势示意图见图7.4-6。上述绿地结构型式既满足了汇集路面雨水径流与蓄渗，又达到了高低起伏的园林效果。

(3) 排水工程。根据现有路面结构、路面与绿地的相对位置关系及绿地内雨水蓄渗的影响，选取径流系数及雨水流行时间，并计算雨水设计流量，根据设计流量确定排水设施规格及尺寸。

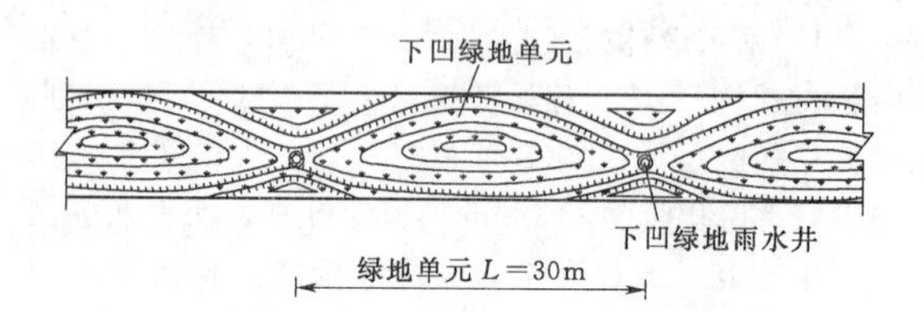

图7.4-6　下凹绿地碟形地势示意图

1) 径流系数选取。道路面层结构型式径流系数选用0.85～0.95；因利用下凹绿地排水，雨水径流先后在路面及绿地里流行，径流系数按加权平均计算，采用0.60。

2) 雨水流行时间确定。地面集水时间由路面雨水流行距离、地形坡度和地面覆盖情况而定，一般采用5～15min。设计中考虑了雨水自路面沿道路横坡流入下凹绿地，汇入下凹绿地并渗蓄至一定高度后溢流入雨水口，地面集水时间按20min计取。

3) 设计管道流量。根据确定的设计参数，在重现期 $P=1$a 的情况下分别计算，采用下凹绿地排水方式计算的设计流量是不采用该方式排水的43%，也就相当于绿化带内的雨水管道比道路上布设的雨水管道管径缩小了2～3级。

4) 排水设施。将下凹绿地中的检查井和雨水口合二为一，检查井盖做成井箅式。为避免雨水渗蓄高度过高对辅道路基产生影响，设计收水检查井井箅高出绿化带地面10～15cm，既有一定的蓄水功能，又可以防止绿地内杂物的进入。

4. 应注意的问题

(1) 设计时应注意将绿化带内雨水口的位置布置在下凹绿地单元的最低点，且使雨水口高于周围地坪，以达到利用绿地容蓄雨水的目的。

(2) 确定蓄水量大小及雨水口高度时应以绿化带内土壤渗透系数为控制依据，使下凹绿地既可以容蓄入渗必要的蓄水量以缓解辅路降水排放的压力，同时又避免绿地蓄存雨水影响道路路基安全。

(3) 绿化带的纵向设计应满足蓄水和排水的要求，绿化带内种植的草本植物宜选用蒸散量小及雨水利用量大的品种。

(4) 在施工及运行管理中应注意过水侧石的数量和位置；并应定期清理侧石及雨水口，以免堵塞，影响排水效果。

7.4.2.2　新疆、宁夏高速公路示范路段蓄渗工程

1. 方案布置

在新疆乌尔禾至阿勒泰高速公路工程、新疆克拉玛依至塔城高速公路工程以及宁夏省道304线盐池至红井段一级公路工程设计中，结合新疆及宁夏降雨的不同进行雨水利用设计。对于道路不设置排水沟的路

段，采用渗透的理念设置渗透式卵石草沟，强化路面雨水入渗；设置排水沟的路段，对排水沟表面进行防渗和绿化处理，在构成良好雨水通道的同时，起到防止风蚀、降低盐碱以及净化路面径流的作用；对于高速公路互通三角区则采用设置下凹式土壤持水系统——下凹形绿地的方式强化路面径流入渗；对于相对降水量比较丰富的宁夏地区，则采用入渗及蓄水设施相结合的方式对季节性降雨进行入渗或蓄存使用。示范路段蓄渗工程方案布置见表 7.4-2。

表 7.4-2 示范路段蓄渗工程方案布置

项目名称	路堤渗透式卵石草沟长度/m	互通下凹式土壤持水系统面积/m²	边沟位置连续箱式水窖容积/(m³/套)
新疆乌阿高速公路	500	8360	
新疆克塔高速公路	1000	4550	
宁夏 304 省道盐池—红井	200		32

2. 措施设计

(1) 渗透式卵石草沟。渗透式卵石草沟主要应用于新疆乌阿高速 K331+800～K332+300 路基左侧填方段，以及新疆克塔高速公路 K131+000～K132+000 填方路段左侧。渗透式卵石草沟设计方案包括 3 种，设计断面见图 7.4-7～图 7.4-9。

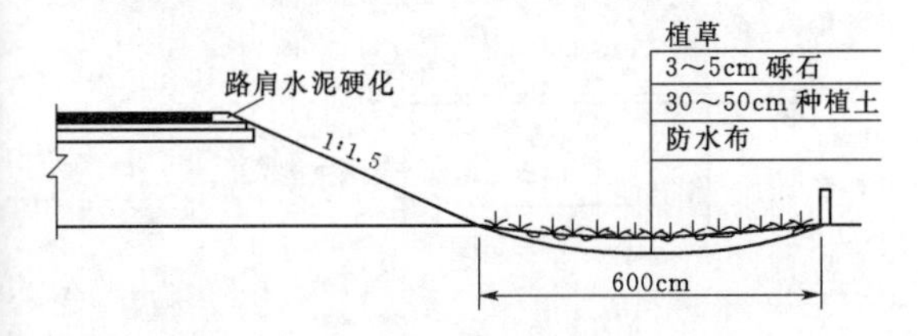

图 7.4-7 填方路段渗透式卵石草沟方案

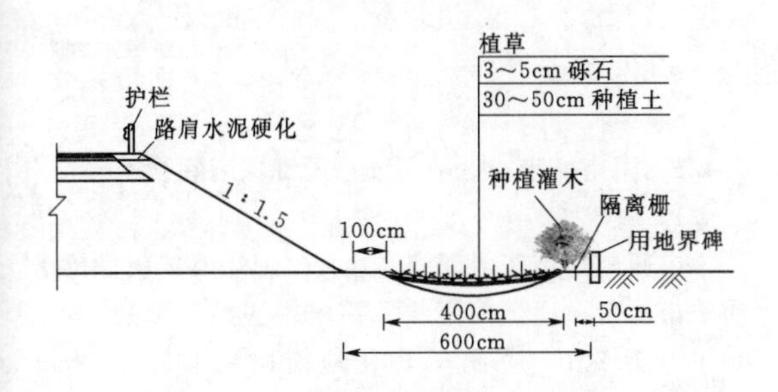

图 7.4-8 填方路段渗透式边沟方案

1) 设计断面。方案 1 适用于不设置排水沟的路段；方案 2 适用于设置梯形排水沟的不同断面路基；设计浅碟形断面形式，断面底部铺设防水布防止雨水下渗，顶部铺设砾石镇压保墒，起到防止风蚀和降低盐碱的作用，同时播种乡土草本植物绿化并净化路面径流。

方案 3 取消原有路段梯形排水沟，设置一套完整的雨水收集利用系统，包括集水区（单侧路面）、输水装置（水渠）、过滤装置、贮水装置（水窖）、配水装置、净化装置等六个部分。

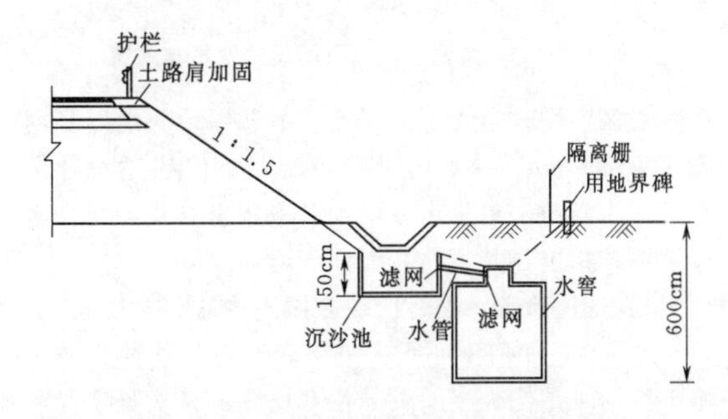

图 7.4-9 填方路段连续箱式水窖方案

2) 施工步骤。在水沟底部铺设不透水渗膜，防止地下的盐碱上升；地表采用砂石覆盖，降低盐碱，同时起到保墒的作用；采用回填草甸土作为土壤持水层；选用当地乡土植物，以草本为主。实施后恢复效果见图 7.4-10。

图 7.4-10 渗透式卵石草沟实施后恢复效果

(2) 互通下凹式土壤持水系统。互通下凹式土壤持水系统主要布置于新疆乌阿高速丰庆湖互通三角区和新疆克塔高速公路库鲁木苏互通 A 匝道、B 匝道和主线夹角的三角区段。利用滞留和净化的理念，将互通区广场改造成下凹形绿地，见图 7.4-11。

1) 设计方案。根据互通三角区地形地貌特点，

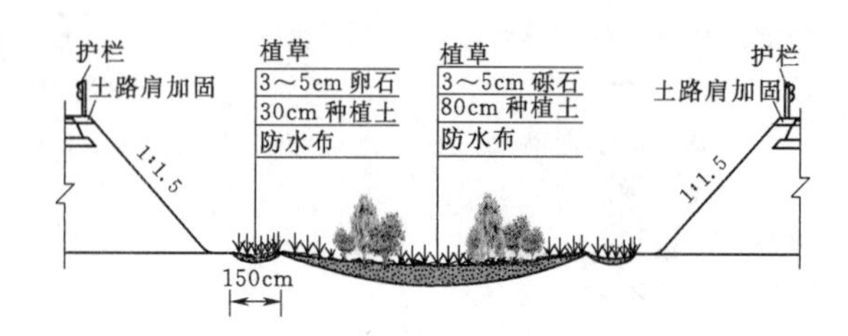

图7.4-11　互通区广场下凹式土壤持水系统

将互通区广场改造为下凹绿地。下凹绿地与地面竖向高差为200mm。绿地内设置溢流口，使超过设计标准的雨水经雨水口排出。雨水口采用平箅式，与高速排水系统相连，其顶面高程低于路面50mm。

2）植物筛选。项目所在区域土壤盐分含量较高，达到0.6%，如何保证所选植物能够在高盐渍化的土壤上存活，是优先要解决的技术难题；其次是项目所在区域雨水少，蒸发量大，能够抵御干旱也是一个关键性的指标。植物选择原则：尽量选用乡土植物，少用经过驯化后适应当地的品种。

该区域可选择植物的种类有胡杨、沙枣、白柳、柽柳、白刺、芦苇、盐爪爪、猪毛菜、沙蒿、芨芨草、盐节木、肥叶碱蓬、碱茅、盐穗木、驼绒藜、刺藜、小叶锦鸡儿、沙拐枣等乡土植物。

3）实施效果。实施一年后，库鲁木苏互通的D匝道合围的互通区广场内，植被出现了水平分布的现象。从公路边坡向广场依次分布有人工建植的植被、酸模+碱蓬、刺藜三个层次，颜色由绿变黄，生物量以酸模+碱蓬群落最大。

（3）边沟连续箱式水窖。宁夏省道304线盐池至红井段填方路基段EK0+190～EK0+270段采用连续箱式水窖方案，并配套渗透式卵石草沟200m。按高速公路单侧2车道，每个车道宽3.75m，沥青路面径流系数为0.9，道路纵坡取0.3%，长度1000m，降雨重现期为2年，降雨历时通过相关计算为12.82min，最大水深取2m，计算出水窖的容积为31.5m^3。边沟连续箱式水窖布局图、设计图7.4-12、图7.4-13。

图7.4-12　边沟连续箱式水窖布局图

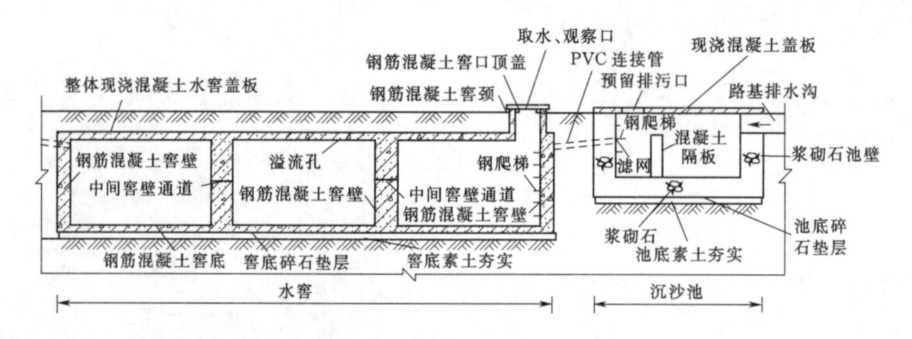

图7.4-13　边沟连续箱式水窖设计图

图7.4-14　边沟连续箱式水窖模型图

7.4.3　南方城市小区改造项目海绵城市建设工程

1. 项目概况

广西南宁市酱料厂及周边片区旧城改造项目位于南宁市南伦街西侧附近（原南宁市酱料厂地块），规划用地为20119.03m^2，净用地面积为19662.22m^2。项目区共有6栋商住楼，总建筑面积126015m^2（其中地上100656.79m^2，地下25358.21m^2），建筑占地面积5467.6m^2，建筑密度25.41%，容积率3.80，机动车停车位606个，绿地率31.1%。改造项目总平面布置图见图7.4-15。

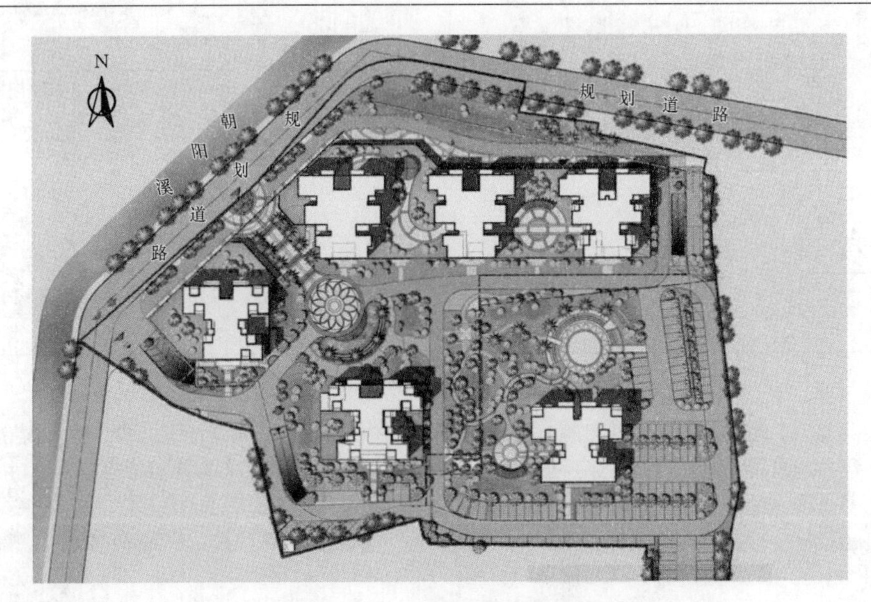

图 7.4-15 改造项目总平面布置图

项目区整个地块比较平整，场地汇水面积 19662.22m²。项目区现状未采取降水蓄渗措施，场地绝大部分雨水经屋面雨水斗及地面雨水口汇集，经小区室外雨水管网收集后，直接排入市政雨水管网。

2. 措施布置

项目在总平面规划和排水系统设计中结合了海绵城市的建设理念，合理利用原有场地的高差，通过对不渗透硬质路面与绿地空间和景观水体布局进行优化，保持广场、道路和建筑周边有消纳径流雨水的绿地和景观水体，通过设置下沉式绿地、雨水湿地、植草沟等“海绵体”，对雨水进行自然调节，结合集水井和排水管网作为项目区绿地内的集中调蓄设施，形成完整的降水蓄渗体系，达到雨水利用以及径流控制的目的。

3. 措施设计

各栋裙楼屋面均设计有截排水，在建筑单体周围设置雨水花园及树池消纳缓冲屋面径流；绿地周边人行道、车道边布置植草沟引导路面雨水进入调蓄生态设施；小区道路及单体周边绿地设计成下沉式绿地滞渗雨水；绿地下及部分透水铺装下的排水系统采用渗排一体化系统，有效增加雨水入渗率；暴雨时未能及时入渗的部分雨水经室外雨水管网收集，汇入雨水调蓄设施中储存，做绿化及道路浇洒等用。

(1) 雨水设计径流总量控制。根据广西南宁市径流总量控制率 80%对应的设计控制雨量来确定雨水设施规模和方案，分别计算滞留、调蓄和收集回用等措施实现的控制容积，达到设计控制雨量对应的控制规模要求。根据本项目特点，设置雨水蓄水池回收利用设施，同时利用简易生物滞留、下凹式绿地、透水地面下渗滞留雨水，并考虑使用雨水渗排一体化系统，雨水可以通过自身的孔洞渗入地下，从而提高场地的年径流总量控制率。

1) 雨水设计径流量按式 (7.2-1) 计算。

2) 雨水初期弃流量按式 (7.2-4) 计算。

3) 渗透设施的渗透量按式 (7.3-2) 计算。

4) 渗透设施进水量按式 (7.3-1) 计算。

5) 雨水径流总量控制计算。

a. 年径流总量控制率 80%对应的径流总量 $W=10\psi HF=10\times0.4\times33.4\times1.97\approx263.19(m^3)$。

b. 项目收集雨水主要回用在绿化及道路浇洒和地下车库冲洗，绿化及道路浇洒按 2L/(m²·d)，车库冲洗按 2L/(m²·次)。三日需水量约 127m³。

c. 硬质屋面径流总量 $W=10\psi HF=10\times0.85\times8.6\times0.34857\approx25.48(m^3)$。

初期弃流量 $W_i=10\delta F=10\times2.5\times0.34857\approx8.71(m^3)$。

d. 经计算，渗透系统产流历时内积蓄的雨水量大于日雨水设计总量，故取两者小值为渗透系统积蓄雨水量 $W=10\psi HF=10\times0.403\times8.6\times1.966222\approx68.15(m^3)$。

e. 雨水可回用量 $W=(25.59-8.75+67.77)\times0.9\approx76.15(m^3)$。

(2) 设计指标。根据雨水径流总量计算和场地条件综合考虑，项目设计调蓄容积与雨水回用共用 100m³ 调蓄水池，并设计 1757m² 下凹绿地及雨水花园（渗透量为 170m³），场地雨水总调蓄容积为 270m³，可达到年径流总量控制率 80%的要求（径流总量为 263.19m³）。项目相关海绵城市设计特性指标见表 7.4-3。

表 7.4-3　　项目相关海绵城市设计特性指标

地表类型	面积/m^2	径流系数	综合径流系数	年径流总量控制率80%对应的控制容积/m^3	雨水回用及调蓄总量/m^3	下凹绿地及雨水花园（1754m^2）渗透量/m^3
硬屋面	3485.7	0.90	0.403	264.7	100	170
绿化屋面	1981.9	0.30				
地面绿化	7794.4	0.15				
水泥铺装	1874.3	0.90				
透水铺装	3560.6	0.20				
普通铺装	1061.0	0.55				

（3）场地布置。项目在总平面规划设计中，合理利用原有场地的高差。通过对不渗透硬质路面与绿地空间和景观水体布局进行优化，保持广场、道路和建筑周边有消纳径流雨水的绿地和景观水体。项目采用的绿色雨水基础设施主要包括：屋顶绿化1981.9m^2、下凹式绿地及雨水花园1754m^2、地面绿化7794.4m^2、透水地面3560.6m^2，均匀设置集水井等集中调蓄设施，并开发地下空间，合理设置雨水回收池，达到控制城市径流和雨水的利用。

（4）道路设计。对道路的断面进行优化设计成一定的坡向，便于径流雨水汇入绿地内；硬质路面大部分采用透水铺装材料，既能满足路用要求，又能使雨水渗入下部土壤；停车场采用植草砖铺装，增加降雨入渗。项目的硬质铺装地面（不包括建筑占地、绿地、水面）为6157m^2，其中透水砖铺装面积为3560.6m^2。透水铺装的面积占总硬质路面面积的57.8%。单幅路LID低影响开发典型设计图见图7.4-16。

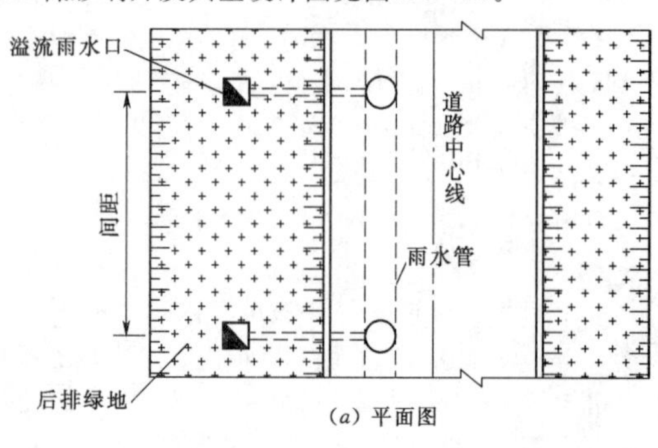

(a) 平面图

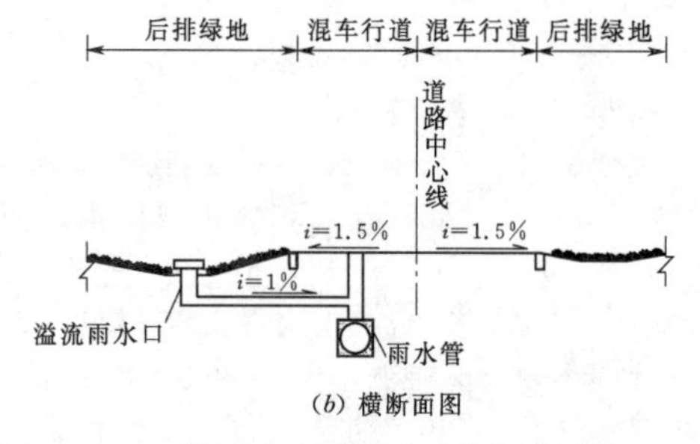

(b) 横断面图

图 7.4-16　单幅路LID低影响开发典型设计图

（5）场地绿化。在满足要求情况下，场地内尽可能进行绿化，同时设计下沉式、植草沟等雨水基础设施，区内的绿化植物考虑种植一些耐盐、耐淹的品种。

1）平屋面种植。平屋面种植典型设计图见图7.4-17。

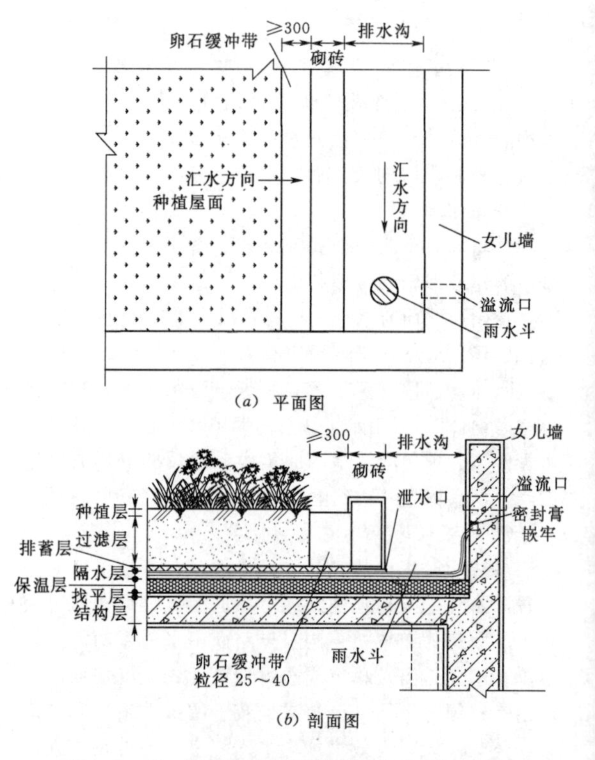

图 7.4-17　平屋面种植典型设计图（单位：mm）

2）绿化带及树池。绿化带大样图见图7.4-18，树池大样图见图7.4-19。

3）下沉式绿地。下沉式绿地典型设计图见图7.4-20。

4）简易生物滞留设施。简易生物滞留设施典型设计图见图7.4-21。

5）植草沟。植草沟典型设计断面图见图7.4-22。

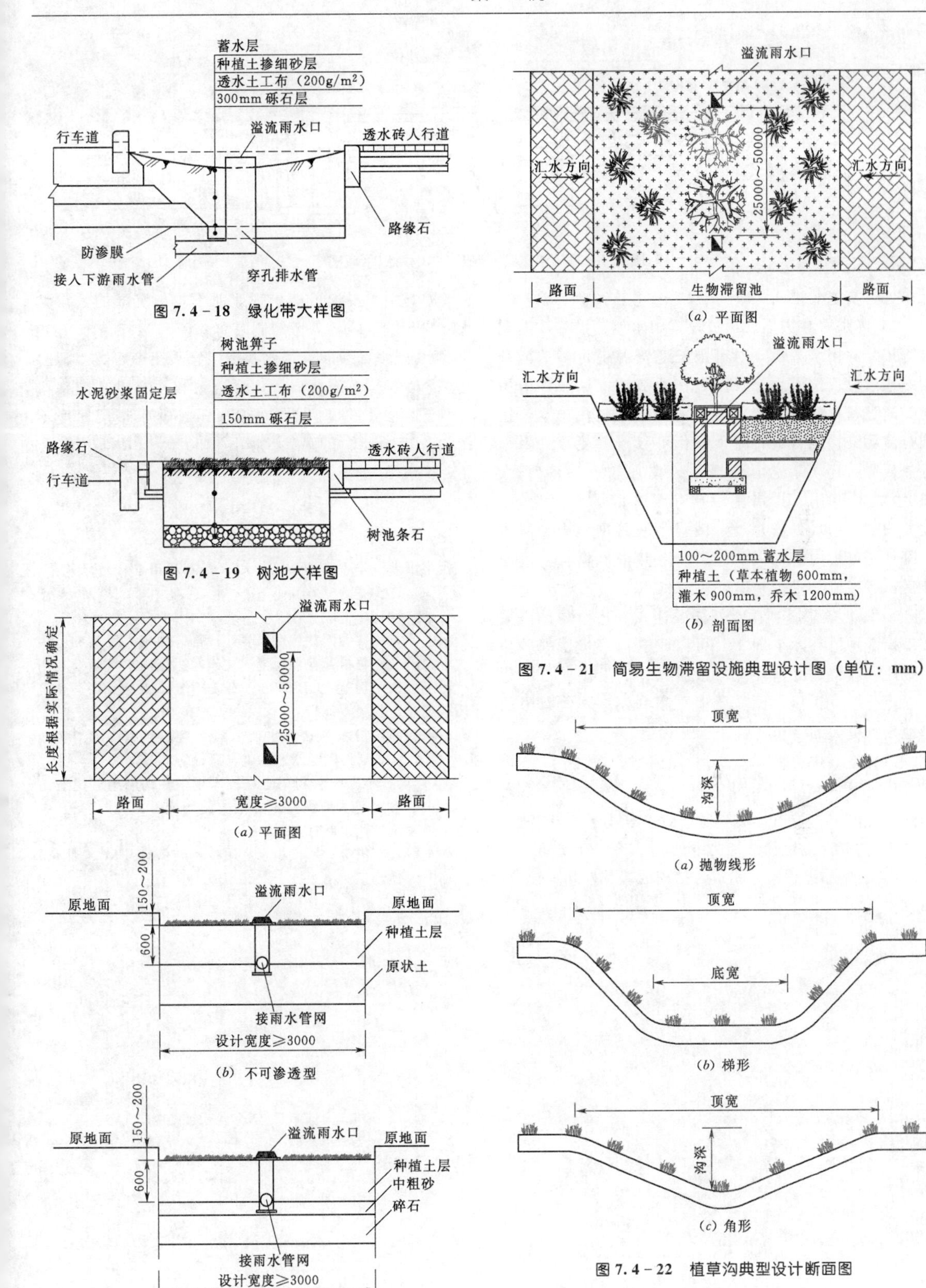

图 7.4－18　绿化带大样图

图 7.4－19　树池大样图

(*a*) 平面图

(*b*) 不可渗透型

(*c*) 可渗透型

图 7.4－20　下沉式绿地典型设计图（单位：mm）

(*a*) 平面图

(*b*) 剖面图

图 7.4－21　简易生物滞留设施典型设计图（单位：mm）

(*a*) 抛物线形

(*b*) 梯形

(*c*) 角形

图 7.4－22　植草沟典型设计断面图

6）渗透管-排放一体化系统。渗透管-排放一体化系统示意图见图 7.4－23。

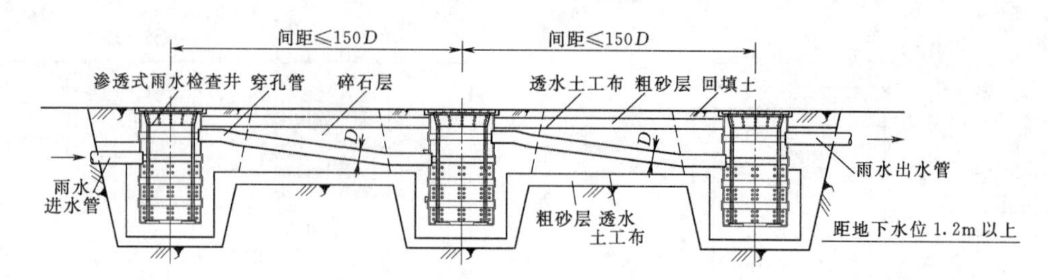

图7.4-23　渗透管-排放一体化系统示意图

(6) 实施效果。

1) 降水蓄渗方面。通过设置雨水调蓄设施，达到统筹规划利用水资源，对有限土地资源进行多功能开发；通过设置地面生态设施，在地势较低区域种植植物，通过植物截留、土壤过滤滞留处理径流雨水，达到径流污染控制目的；屋顶绿化可以改善屋顶的保温隔热效果，还可有效截留雨水。在采取了一系列渗、滞、蓄、净、用、排措施后，有效降低了雨水快排，大大减少了雨水外排总量，减轻市政管网压力，从源头降低了城市内涝的风险。经改造并采取降水蓄渗措施后，年径流总量控制率可达到80%。

2) 绿化效果。在雨水花园、建筑周边及绿地区域合理搭配种植乔木、灌木，可以改善风环境、削弱热岛效应，获得更舒适环境；屋顶绿化的设置使得绿化更立体化、空间化，提高绿地空间利用率，使有限的绿地发挥更大的生态效益和景观效益。

(7) 施工注意事项。

1) 生物滞留设施、渗透型植草沟、植物池等低影响开发设施中的种植土壤厚度一般不宜小于0.6m，不宜大于1.5m。土壤渗透能力一般为2.5～20cm/h。

2) 对于靠近道路、建筑物基础或者其他基础设施，或者因为雨水浸泡可能出现地面不均匀沉降的入渗型低影响开发设施，需考虑侧向防渗。

3) 透水铺装时，透水找平层宜采用细石透水混凝土、干砂、碎石或石屑等，渗透系数及有机孔隙率应不小于面层，厚度宜为20～50mm。透水垫层厚度不宜小于150mm，孔隙率不应小于30%。

参考文献

[1] 中国灌溉排水发展中心. 雨水集蓄利用工程技术规范：GB/T 50596—2010 [S]. 北京：中国计划出版社，2010.

[2] 中华人民共和国住房和城乡建设部，中华人民共和国国家质量监督检验检疫总局. 建筑与小区雨水控制及利用工程技术规范：GB 50400—2016 [S]. 北京：中国建筑工业出版社，2017.

[3] 水利部农村水利司农水处. 雨水集蓄利用技术与实践 [M]. 北京：中国水利水电出版社，2001.

[4] 《建筑与小区雨水利用工程技术规范》编制组. 建筑与小区雨水利用工程技术规范实施指南 [M]. 北京：中国建筑工业出版社，2008.

[5] 车伍，李俊奇. 城市雨水利用技术与管理 [M]. 北京：中国建筑工业出版社，2006.

第8章 植被恢复与建设工程

章主编 贺康宁 赵廷宁 戴方喜 吕学梅
章主审 王治国 张光灿 李世锋

本章各节编写及审稿人员

节次	编写人	审稿人
8.1	贺康宁 闫俊平 纪 强 邹兵华 李世锋 朱春波 王 晶	王治国 张光灿 李世锋
8.2	贺康宁 孟繁斌 闫俊平	
8.3	戴方喜 赵廷宁 杨建英 王忠合 陈宗伟 赵方莹 操昌碧 赵 平 阮 正 李建生 周述明 吴文佑 李俊琴 刘 涛 项大学 晁建强 柳小杨 魏科梁 汪 婷 陈 雪 王明同 王余彦 王建军 周 祥 申新山 张春禹 刘 永 易 泽 陈 琳 李宏钧	
8.4	吕学梅 何 滢 安增强 李 嘉 牛贺道 王 伟 赵 平 李江峰 史常青 王志明 胡明月 陈 琳 曹 波 刘 涛 王 硕 王新钢 周 剑 武 勇 位蓓蕾 李宏钧 苟占涛 郎春龙 石其旺 冯 旭 苟丽晖	

第8章 植被恢复与建设工程

8.1 概 述

20世纪80年代中期以前，受工程建设投资及人们思想认识等的限制和影响，大部分生产建设项目的植被恢复与建设工程尚未成为主体工程的重要组成部分。自20世纪90年代以来，我国经济迅猛发展，人民生活水平日益提高，对生态环境保护的意识也大大加强。尤其是随着生产建设项目水土保持方案等制度的建立，生产建设项目水土保持工作的技术手段及水平不断提高，植被恢复与建设工程从一开始简单的植树种草发展到现在，在提升工程整体环境效果、打造工程整体形象、提高工程安全运行管理质量等方面发挥着越来越重要的作用，一些植被恢复与建设新技术、新工艺、新方法也不断涌现，并日臻完善。

总结多年来的实践经验，现大体上将植被恢复与建设工程分为绿化美化、植物防护、植被恢复等三个类型，并根据生产建设项目主体工程所处的自然及人文环境、气候条件、立地条件、征地范围、绿化要求等综合情况，制定了植被恢复与建设工程的工程级别和设计标准。在工程设计中，不同级别标准可分别采取不同的措施、不同的技术方案达到，各类型措施应搭配使用。

为论述方便，本章分为常规绿化、工程绿化、园林式绿化三个部分。在实际应用中，由于项目条件的复杂性，设计人员应在总体布局要求下，根据具体情况论证分析可行性技术，或者采取多种技术组合应用，以满足功能要求、标准要求。

8.1.1 总体布局原则和要求

8.1.1.1 基本原则

生产建设项目植被恢复与建设工程的总体布局应遵循以下基本原则：

（1）统筹规划。应统筹规划，使植被恢复与建设工程的布局满足工程等级划分要求，符合各行业涉林规定，与主体工程设计要求相协调，满足为项目区生产、生活服务的功能要求。

（2）生态优先。应在不影响主体工程安全的前提下，优先考虑生态与景观，尽可能恢复植被。

（3）景观协调。应符合当地生态环境建设等规划要求，与周边自然景观、项目所在区域条件相协调，兼顾生态和景观，合理配置树草种。

（4）因地制宜。应与项目区自然环境条件相适应，特别是与工程扰动后的植被恢复的实际条件相协调，按对水土资源的扰动程度和潜在危害程度，配合水土保持工程措施，因地制宜地布置植被恢复与建设措施。

（5）经济合理。应与当前经济条件及工程建设投资相适应，在节约成本、方便管理的基础上，以最少的投入获得最大的生态效益和社会效益。

8.1.1.2 基本要求

生产建设项目植被恢复与建设工程的布置根据总体布局的原则，综合考虑生产建设项目的特点（如线性、点状等）、措施布置位置、等别要求、功能定位、立地条件和工程扰动状况等，选择措施类型，做到适地适树（草）、景观协调、草灌乔优化配置、因地制宜、经济合理。

（1）根据统筹规划原则和主体工程设计要求，合理划分防治分区，通常可分为主体工程区、工程永久办公生活区、弃渣场区、料场区、交通道路区、施工生产生活区、移民安置与专项设施复建区等。根据不同分区确定植被恢复与建设工程的设计标准和要求。如对主体工程区、永久办公生活区等的林草工程布局，多采用绿化美化类型，施工生产生活区等施工临时占地则采取植被恢复类型等。

不同类型的工程运行管理对植物种有不同的要求，措施布局时要注重树种生物学特性，优化植物配置，满足主体工程和行业的相关要求。如供水明渠两侧最好种植常绿树种，落叶应不对水质产生较大影响；精密仪器设备厂区不能采用有飞絮的植物；公路两侧有弯道的地方不能种植高大乔木以防止遮挡视线；冶炼化工厂应选择种植抗污性强的植物；埋设输油输气管的上方不能选择根系发达的乔灌木等。

（2）根据生态优先原则，生产建设项目所涉及的各类裸露土地均应进行绿化。宜加大林草措施比例，通过合理布局，利用乔木、灌木、花草合理地覆盖空地区、线性工程两侧边坡等一切可绿化的用地。不符合立地条件的要采取改良措施，满足绿化要求。如在建设过程中产生的开挖和堆垫边坡防护，为了追求质量高、稳定安全，传统上多采用硬防护措施，但在保障工程安全的前提下，应坚持生态优先，在措施布局中尽量采取林草措施，或植物与工程相结合的措施，着力提高植被覆盖率，恢复和改善生态环境。

(3) 大型工程应开展景观规划，在景观规划指导下，使植被恢复与建设工程的布局与主体工程布局、周边环境及社会经济、人文环境等相协调。

1) 措施布局与所在区域条件和景观要求相适应，与自然环境相协调。如主体工程区位于城镇范围的，林草工程应与该城镇的景观规划相结合；线性工程通过风景名胜区时，植物措施布局应与风景名胜区的景观相适应，如树型选择、颜色搭配等。

2) 要统筹考虑主体建（构）筑物的造型、色调、外围景观，包括周边河湖水体、植物、土壤等，使之在微观尺度和宏观尺度上与周边环境相协调和融合，如应利用植物外部形态、色彩、季相、意境等合理选择和配置植物种及其结构，并辅以布置园林小品，形成富有内涵的生态景观，着重突出不同项目和环境条件下的景观特色，提升景观效果。

3) 要充分考虑植物种类的选择、数量的组合、平面与立面的构图、色彩的搭配、季相的变化以及园林意境的创造，使其与周边景观环境相协调。

(4) 要根据生产建设项目的水土流失特点及设计场地生态环境条件，因地制宜地选择适当的措施类型和植物种类，使植物本身的生态习性和布设地点的环境条件基本一致。要对设计场地的主导限制因子，包括温度、湿度、光照、土壤和空气等进行调查和综合分析，了解立地分类，还要考虑当地的人文条件，包括社会经济状况、历史背景和遗迹、文化特征、宗教、民俗、风情等因素，再确定具体的措施布局及设计，做到因地制宜。

1) 在树种选择方面，优先选择乡土树种。

2) 根据立地条件选择合适的植物种类，将喜光与耐阴、慢生与速生、高与矮、深根与浅根等不同类型的植物科学合理地搭配，做到适地适树（草）。

3) 施工临时占地，如弃土（石、渣）场、料场等区域的立地条件一般较差，应根据土地整治后的具体条件实施植树或者植草，恢复植被。不具备土地整治条件的困难立地，如石料场边坡、坝肩等高陡边坡，可采用工程绿化技术或植被恢复工法，恢复植被。

(5) 对措施布局等要进行技术经济方案比选，在达到设计要求的情况下，选择造价比较低的方案。如在满足功能需求等情况下，多选用寿命长、生长速度中等、耐粗放管理、耐修剪的植物，以减少资金投入和管理费用。

8.1.2　行业基本要求

1. 林业行业及城建绿化标准

林业行业及城建绿化标准包括：《造林技术规程》(GB/T 15776)、《生态公益林建设　导则》(GB/T 18337.1)、《生态公益林建设　规划设计通则》(GB/T 18337.2)、《生态公益林建设　技术规程》(GB/T 18337.3)、《开发建设项目水土保持技术规范》(GB 50433)、《水土保持工程设计规范》(GB 51018)、《城市绿地草坪建植与管理技术规程　第 1 部分：城市绿地草坪建植技术规程》(GB/T 19535.1)、《城市绿地设计规范》(GB 50420)、《城市道路绿化规划与设计规范》(CJJ 75)、《城市绿化和园林绿化用植物材料　木本草》(CJ/T 34)、《北方地区裸露边坡植被恢复技术规范》(LY/T 2771)、《水利水电工程水土保持技术规范》(SL 575)。

2. 水利水电工程涉林要求

(1) 涉及行洪及堤防安全。

1) 植被恢复与建设工程布设应不影响水利水电工程防洪安全。在不影响工程行洪安全的前提下，植被恢复与建设工程布设应符合相关技术标准对工程周边植被配置的规定。

2) 为保护堤防安全，河道堤防不应采用乔木等深根性植物防护；根据洪水期堤防巡查需要，背水坡不应采用高秆植物；当无防浪要求时，不宜在迎水侧种植妨碍行洪的高秆阻水植物。

3) 河道整治工程和护岸工程宜加大生物护岸工程的比例，体现水系的近自然治理理念；涉及城市范围的植被建设应以观赏型为主，偏远区域应以防护型为主。

(2) 管理区、生活区和永久道路林草措施设计。

1) 管理区、生活区一般应按 1 级绿化标准设计。

2) 应满足运行管理和功能要求，不影响交通安全。永久道路区应选择抗污染、吸尘、降噪树种，并兼顾景观要求。

(3) 饮用水输水明渠。饮用水输水明渠两侧的绿化树种，应尽量选择常绿、无落花落叶树种，避免枯落物进入水体影响水质。

3. 交通行业涉林标准

交通运输建设项目主要包含铁路、公路、港口、民用机场等，其绿化需满足相关行业标准要求。

(1) 铁路工程。《铁路工程环境保护设计规范》(TB 10501) 有如下规定。

1) 铁路经过景观要求较高的区域时，应采取植物措施与周边景观相协调。

2）铁路工程可绿化区域的绿化设计应与周边环境相协调，并应符合下列规定。

a. 铁路路基边坡宜采用灌草结合、灌木优先的方式。

b. 铁路桥下绿化应以植草为主，两侧宜采用种植灌木或灌草结合的方式。

c. 隧道洞口边仰坡绿化应以植草为主，明洞顶部宜采用栽植灌木或灌草结合的方式。

d. 站场办公区宜采用具有观赏效果的常绿灌木、乔木和花卉进行绿化。生产区宜选用常绿、落叶、阔叶、针叶树木复合混交进行绿化。站区栅栏和围墙宜采用藤本植物覆盖或高绿篱覆盖。

e. 取土（石、料）场、弃土（石、渣）场边坡和场坪具备绿化条件时应采用植草或灌、草结合的方式进行绿化。

（2）公路工程。《公路环境保护设计规范》（JTG B04）有如下规定。

1）改善环境绿化应以改善视觉环境、有利行车安全为重点。

a. 在小半径竖曲线顶部且平面线形左转弯的曲线路段，为诱导视线，宜在平曲线外侧以行植方式栽植中树或高树。

b. 在隧道洞口外两侧光线明暗变化段，宜栽植高大乔木进行过渡。

c. 在中央分隔带、主线与辅道或平行的铁路之间，可栽植常绿灌木、矮树等，以隔断对向车流的炫光。

d. 在低填方且没有设护栏的路段或互通式立交出口端部，可栽植一定宽度的密集灌木或矮树，对驶出车辆进行缓冲保护。

e. 对公路沿线各种影响视觉的物体，宜栽植中低树进行遮盖；有条件时，公路声屏障宜采用攀援植物予以绿化或遮蔽。

f. 在公路用地边缘的隔离栅内侧，宜栽植刺篱、常绿灌木及攀援植物等，以防止人或动物进入。

2）公路绿化应与沿线环境和景观协调，并考虑总体环境效果。

a. 公路通过林地、果园时，除因影响视线、妨碍交通或砍伐后有利于获得景观者外，应充分保留原有树木。

b. 公路通过草原和湿地时，应选择乡土物种进行绿化。

c. 公路绿化宜结合当地区域特性，分段栽植不同的树木，但应避免不同树种、不同高度、不同冠形与色彩频繁变换而产生视觉的混乱。

d. 公路管理养护区、服务区、停车区和互通式立交等区域的绿化设计，应根据总体布局，结合当地自然景观，与周围环境协调。

3）中央隔离带绿化应与当地的自然和经济条件相适应。

a. 绿化植物种类应选择低矮缓生、抗逆性强、耐修剪的植物，有条件时应选择四季常绿的植物。

b. 中央分隔带宽度小于或等于 3m 时，绿化植物宜采用规则式布置；中央分隔带宽度大于 3m 时，绿化植物宜采用自然式布置。

（3）港口工程。《港口工程环境保护设计规范》（JTS 149－1）有如下规定。

1）港区应进行绿化，绿化面积不应小于可绿化面积的 85%，绿化树种应为当地常见树种。码头生产区至辅助生产区和生活区的卫生防护距离内可种植乔、灌木相结合的植被。煤炭、矿石码头的树种选择应满足吸尘和减弱风速的要求；散装液体化学品码头的树种选择应有吸附化学有害气体和减弱风速的作用。

2）煤炭、矿石码头和油品、散装液体化工品码头的卫生防护距离内宜设防护林，生活区与码头前沿之间必须布设防护林带。防护林带的宽度宜为 5～15m。

3）辅助生产区的环境绿化应满足吸尘、消声和景观的要求。

4）客运码头的环境绿化应满足吸尘、消声和景观的要求。

5）进港公路和港口干道两侧应设置绿化带。在道路叉口的视距三角形内，不应栽植高大乔木、灌木，绿化高度不应超过 0.75m。

（4）民用机场。《民用机场总体规划规范》（MH 5002）有如下规定。

在机场规划方面宜加强绿化，植树造林；但应防治鸟害，应减少为鸟类提供遮蔽场所的可能。由于鸟类需寻找遮蔽、栖息、筑巢场所，为此，可采取一些减少其获得遮蔽的针对性办法。

a. 跑道和滑行道中线两侧 150m 范围内应没有树木。

b. 机场植树造林时，选择不会生长吸引鸟类的浆果或草籽，或者不能提供大量遮蔽、栖息和筑巢场所的树种。

c. 种植草皮时，选用能限制生长为中等高度并且生长期较慢的专门混合的草籽；同时，草地施肥应减至最低限度以减缓生长速度与刈割周期。

d. 机场草地割草时保持草的高度在 20cm 或更高一些，使鸟没有良好的视野，也不易在草中觅食。

4. 矿采行业涉林标准

（1）矿井。《煤炭工业矿井设计规范》（GB 50215）有如下规定。

1）行政办公及生活服务设施用地面积不得超过工业项目总用地面积的7%；绿地率不得超过20%。

2）场前区内各建筑物、道路、广场、绿化设施等应统一布置、相互协调。

3）工业场地内不宜设置露天储煤场；必须设置露天储煤场时，储煤场与其他区域间应设绿化带或挡风抑尘墙；在储煤场堆煤边界线外侧3～5m处应设雨水明沟，并应设沉淀池。

4）绿化布置应结合场地分区、建（构）筑物功能、环境保护、道路及管线布置统一规划，应采用集中与分散，点、线、面相结合的绿地系统，并宜保留和利用场地内原有树木和绿地。工业场地宜立体绿化，并宜提高绿化覆盖率，同时应符合下列规定。

a. 绿地率不应超过20%，且不宜小于15%。

b. 场前区和主要出入口的绿化布置应具有较好的观赏和美化效果。道路两侧应布置行道树，并应满足道路视距的要求。主干道两侧可由树木、花卉组成多层次的行道绿化带。地面及地下管线附近的绿化布置应满足安全生产及检修的要求。加油站内可种草坪、设置花坛，但不得种植油性植物。

c. 绿化植物的选择应符合当地自然条件，并应按乔木与灌木、速生树与慢生树、常绿树与落叶树等树种兼顾的要求搭配种植。同时应根据所处位置，分别选择具有抗污、吸滞粉尘或隔声能力的树种。有条件时，工业场地内可设置“生态水池”，其用地应计入绿化用地。

d. 绿化树木与建（构）筑物及地下管线的最小间距应符合表8.1-1的规定。

e. 对露天储煤场、矸石周转场，应设置洒水、喷水设施，其周围应种植树木或设置抑尘围挡设施，并应形成隔尘带。

f. 矿井工业场地应进行绿化，绿化应符合实用、经济、美观的原则。

（2）露天矿。《煤炭工业露天矿设计规范》（GB 50197）有如下规定。

1）露天煤矿水土保持设计，应按项目所在地国家或地方划分的水土流失区域，并结合当地地形地貌、气候条件和建设项目特点等采取相应的工程防护措施和生物防护措施。

2）场外道路及铁路专用线两侧应进行护坡和土地整治，对建设形成的裸露土地应及时恢复林草植被。

3）工业场地绿化系数不宜小于15%；除有规定要求外，居住区绿化系数不宜小于20%。

表8.1-1 绿化树木与建（构）筑物及地下管线的最小间距

建（构）筑物及地下管线名称	最小间距/m	
	至乔木中心	至灌木中心
建筑物外墙（有窗）	3.0～5.0	1.5
建筑物外墙（无窗）	2.0	1.5
挡土墙顶或墙脚	2.0	0.5
高不小于2m的围墙	2.0	1.0
标准轨距铁路中心线	5.0	3.5
窄轨铁路中心线	3.0	2.0
道路边缘	1.0	0.5
人行道边缘	0.5	0.5
排水明沟边缘	1.0	0.5
给水管	1.5	不限
排水管	1.5	不限
热力管	2.0	2.0
煤气管	1.5	1.5
氧气管、乙炔管、压缩空气管	1.5	1.0
电缆	2.0	0.5

注 1. 表中最小间距除注明者外，建（构）筑物自最外边轴线算起；城市型道路自路面边缘算起；公路型道路自路肩边缘算起；管线自管壁或防护设施外缘算起；电缆按最外一根算起。
2. 树木至建筑物外墙（有窗时）的距离，当树冠直径小于5m时采用3.0m，大于5m时采用5.0m。
3. 树木至铁路、道路弯道内侧的间距应满足视距要求。
4. 灌木中心系指灌木丛最外边的一株灌木中心。

5. 化工行业涉林标准

《化工企业总图运输设计规范》（GB 50489）有如下规定。

（1）产生有害气体、烟、雾、粉尘等大气污染物的化工企业与居住区之间的卫生防护距离，应符合国家现行标准《工业企业设计卫生标准》（GBZ 1）和《制定地方大气污染物排放标准的技术方法》（GB/T 3840）等的有关规定。在卫生防护距离内严禁设置经常居住的房屋，并应绿化。

（2）行政办公及生活服务设施的布置，建筑群体的组合及空间景观宜与周围的环境相协调，宜设置相应的绿化、美化设施。

（3）化工企业绿化设计应符合化工区总体布置要

求，应与工厂总平面布置、竖向设计及管线布置统一进行，并应合理安排绿化用地。

(4) 绿化设计应符合下列要求。

1) 应根据化工生产的性质、火灾危险性和防火、防爆、防噪声、环境卫生及景观对绿化设计的要求，并结合当地的自然条件和周围的环境条件，因地制宜进行绿化设计，应合理地确定各类植物的配置方式。

2) 绿化设计不应妨碍生产操作、设备检修、交通运输、管线敷设和维修，不应影响消防作业和建筑物的采光、通风。

3) 应充分利用厂区非建筑地段及零星空地进行绿化；应利用管架、栈桥、架空线等设施的下面及地下管线带上面的场地布置绿化。

(5) 工厂绿化，应以绿为主，并应符合下列要求。

1) 净化空气、减轻污染、保护环境、改善卫生条件。

2) 调节气温、湿度和日晒，抵御风沙，改善小气候。

3) 加固坡地堤岸、稳定土壤、防止水土流失。

4) 美化厂容，创造良好的工作、生活环境。

(6) 工厂绿化的植物选择，应满足下列要求。

1) 抗污染、衰噪和滞尘能力强，净化大气效果好。

2) 生长速度快、适应性强。

3) 易成活、移植、病虫害少和养护管理方便。

4) 树木形态美观、挺拔。

5) 符合防火、卫生和安全要求。

6) 选择苗木来源方便的乡土植物。

(7) 化工企业绿化设计指标应采用厂区绿地率，绿地率的计算方法应符合 GB 50489 附录 C 的规定。一般化工企业内的厂区绿地率不应小于 12%，且不应大于 20%；对环境洁净度要求高的化工企业，厂区绿地率不得大于 30%。在工业用地范围内不得设置集中绿地。化工工厂的厂区绿地率可按表 8.1-2 选用。

(8) 工厂的下列地段应重点进行绿化布置。

1) 工厂行政办公及生活服务设施区和主要出入口，以及主要道路两旁。

2) 洁净度要求高的生产设施周围。

3) 散发有害气体、粉尘及产生高噪声的生产设施周围。

4) 需改善建筑物西晒和卫生条件的地段。

5) 易受雨水冲刷的地段。

(9) 行政办公及生活服务设施区及工厂主要出入口的绿化设计，应符合下列要求。

表 8.1-2　化工工厂的厂区绿地率

绿化类别	化 工 工 厂	厂区绿地率/%
Ⅰ	制药厂、电影胶片厂、感光材料厂、磁带厂等对环境洁净度要求高的工厂	20～30
Ⅱ	化肥厂、油漆厂、染料及染料中间体厂、橡胶制品厂、涂料厂、颜料厂、塑料制品厂等	12～25
Ⅲ	石油化工厂、纯碱厂、合成橡胶厂、合成纤维树脂厂、合成塑料厂、有机溶剂厂、氯碱厂、硫酸厂、农药厂、焦化厂、煤气厂等	12～20

注　1. 当工厂所在地的土壤及气候条件利于绿化植物生长，且厂区用地许可时用上限；当工厂所在地的土壤及气候条件不利于绿化植物生长，或厂区用地不许可时用下限。

2. 当Ⅱ类厂设有酸类或氯碱生产装置时，厂区绿地率可按Ⅲ类选用。

3. 改建、扩建工厂当绿化用地困难时，其厂区绿地率可适当降低。

1) 行政办公及生活服务设施区绿化应以景观效果为主。绿化布置及植物选择应与建筑物造型、建筑群体布置形式相协调，应具有空间艺术效果、利于人流活动。

2) 工厂出入口的绿化应有利于出入交通。

3) 行政办公及生活服务设施区与生产区之间可设置绿化用地。

(10) 特殊规定。

1) 在洁净厂房及对大气有一定洁净度要求的设施周围，应种植对大气含尘、含菌不产生有害影响和不飞扬花絮或绒毛，且减滞粉尘能力强、净化大气效果好的树种，不宜种植花卉，其附近地面宜铺设草皮。对大气洁净度要求高的工厂厂区地面，不得有裸露的土地表面，应铺设草皮。

2) 散发有害气体的生产、储存和装卸设施周围，应种植对有害气体耐性及抗性强的植物，广植地被植物或草皮，稀植矮小乔木、灌木，不应混合密植乔木、灌木，并应在适当地点栽植相应敏感性植物。

3) 散发液化石油气及比空气重的可燃气体的生产、储存和装卸设施附近，绿化布置应注意通风，不应种植不利于较重气体扩散的绿篱及茂密的灌木丛。

4) 具有可燃、易爆特性的生产、储存和装卸设施及火灾危险性较大的区域附近，不应种植含油脂较多及易着火的树种，应选择水分较多、枝叶较密、根系深、萌蘖力强，且有利于防火、防爆的树种。其绿化布置，应保证消防通道的宽度和净空高度。

5）可燃液体、液化烃及可燃气体储罐区的绿化布置及植物选择，应符合下列要求。

a. 在可燃液体储罐组防火堤内，不得种植树木，可种植生长高度不超过15cm，且含水分多的四季常青的草皮。

b. 液化烃储罐组防火堤内严禁绿化。

c. 可燃液体、液化烃及可燃气体储罐组与周围消防车道之间，不应种植绿篱或茂密的灌木丛。

6）散发粉尘的生产、储存和装卸设施周围或有防尘要求的设施附近，宜栽植枝叶茂密、叶面粗糙、叶片挺硬、有绒毛、滞尘力强的常绿树，并宜种植地被植物或草皮。

7）产生环境噪声污染的车间、生产装置或对防噪声要求较高的建筑物周围，宜选用分枝点低、枝叶茂密的常绿乔木，并宜与灌木相结合，组成紧密结构的复层防噪声林带。

8）循环水冷却设施周围的绿化布置及植物选择，不应妨碍冷却设施的冷却效果，不应污染水质，应选择湿生植物，并应符合下列要求。

a. 冷却塔周围不应成排种植高大乔木，不应种植有绒毛、花絮的植物。

b. 冷却塔附近地面可铺草皮、栽植灌木，也可分散种植单株小的乔木，树木距冷却塔外壁应在2m以外。

9）污水处理场周围宜栽植高大的常绿乔木，曝气池周围的绿化布置不得影响通风，应选择抗性强的植物。

10）管廊或管架的两侧，宜种植耐修剪、根系浅的灌木及小乔木，其下方可种植花卉及草皮。

a. 埋地管线（热力管道、直埋电缆除外）上部地面可种植草皮、花卉或栽植根系浅的灌木，当管线顶部埋深大于1.5m时，可种植小乔木。

b. 地上及地下管线附近的绿化布置不得妨碍管线的使用及检修。

11）厂内道路的两侧应布置行道树，主干道两侧可由各类树木、花卉组成多层次的行道绿化带，并应与工程管线及管廊的布置相配合。道路交叉口、弯道内侧和道路与铁路平交道口处的绿化布置，应符合行车视距的有关规定。厂内铁路沿线的绿化布置，应符合现行国家标准《工业企业标准轨距铁路设计规范》（GBJ 12）的有关规定，并不得妨碍信号、照明的设置。

a. 挡土墙、护坡及适宜绿化的建构筑物外墙面宜进行垂直绿化。

b. 厂区围墙内宜沿周边道路种植行道树或设置绿化带。

c. 树木与建筑物、构筑物、管线等之间的最小水平间距，应符合表8.1-3的规定。

表8.1-3　树木与建筑物、构筑物、管线等之间的最小水平间距

建筑物、构筑物及管线等	最小水平间距/m	
	至乔木中心	至灌木中心
建筑物外墙（有窗）	3.0～5.0	1.5
建筑物外墙（无窗）	2.0	1.5
围墙	2.0	1.0
挡土墙顶内侧或墙脚（沟）外侧	2.0	0.5
栈桥和管架边缘及电杆中心	2.0	不限
道路路西边缘	1.0	0.5
人行道边缘	0.5	0.5
厂内铁路中心线	5.0	3.5
排水明沟边缘	1.0	0.5
管沟	3.0	1.5
给水管、排水管	1.0～1.5	不限
热力管	2.0	2.0
煤气管、天然气管、乙炔管	2.0	1.5
氧气管、压缩空气管	1.5	1.0
电缆	2.0	0.5

注　1. 表中间距除注明者外，建筑物、构筑物自最外边轴线算起；城市型道路自路面边缘算起；公路型道路自路肩边缘算起；管线自管壁（沟壁）或防护设施外缘算起；电缆按最外一根算起。
2. 灌木中心指灌木丛最外边的一株灌木中心。
3. 树木至建筑物外墙（有窗）的距离，当树冠直径小于或等于5m时采用3.0m，大于5m时采用5.0m。
4. 树木至铁路、道路弯道内侧的间距，应满足视距要求。

12）树木与架空电力线路之间的最小间距，应符合国家现行标准《66kV及以下架空电力线路设计规范》（GB 50061）和《110～500kV架空送电线路设计技术规程》（DL/T 5092）的有关规定。

13）卫生防护林带的设置和树种选择应符合下列要求。

a. 卫生防护林带的位置应符合化工区总体布置要求，并应纳入当地城市总体规划中统一考虑。

b. 卫生防护林带的位置、宽度、林带数量和结构型式，应根据工厂产生污染物的性质和浓度、当地大气扩散条件、污染物最大浓度落地位置，以及地形、地貌等自然条件确定。

c. 新建产生有毒、有害气体的工厂卫生防护林带宽度不得小于50m。

d. 卫生防护林带应垂直于由工厂污染源吹向居住区的主害风向。当不能垂直于主害风向时，林带与主害风向的交角不应小于45°卫生防护林带的结构型式。当林带较窄时，可采用紧密结构式；当林带有足够宽度时，可从工厂区一侧到居住区逐次采用通透式、半通透式、紧密结构式的复式林带。

e. 应选用生长健壮、抗污性和耐污性强、滞尘和衰噪性能好、病虫害少的树种。

f. 高大乔木应与低矮灌木相结合，常绿树应与落叶树相结合，乔木中常绿树比例不宜低于50%。

g. 喜阳树应与耐阴、喜阴树相结合。

h. 净化宜与美化相结合。靠工厂区一侧的树种应以净化空气为主，靠居住区一侧的树种在满足净化要求的同时，应多选用有观赏价值的树种。

14）受风沙危害的工厂，应在厂区受风沙侵袭季节的盛行风向的上风向，设置半通透结构的防风沙林带。林带的横断面宜为矩形，林带宽度不宜小于25m。防风沙林带应选用根系深、抗风沙性强、生长健壮、病虫害少的树种，且乔木应与灌木相结合，常绿树应与落叶树相结合，乔木中常绿树比例不宜低于50%。

15）厂区总平面布置宜列出下列主要技术经济指标。

a. 厂区绿化用地面积。

b. 厂区绿地率。厂区绿地率的计算规定见表8.1-4。

表8.1-4　厂区绿地率的计算规定

植物类别	用地计算面积/m²
单株大灌木	1.00
单株小灌木	0.25
单行绿篱	0.50L
多行绿篱	$(B+0.50)L$

注 1. 本表引自《化工企业总图运输设计规范》（GB 50489—2009）附录C。
2. 本表中L为绿化带长度，m；B为总行距，m。
3. 厂区绿化用地计算面积的起止界应为厂内道路、便道及人行道计算至路缘石外缘；建筑物、构筑物应距墙脚1.5m起计算；围墙应计算至墙脚。

6. 电力行业涉林标准

《电力设施保护条例实施细则》等有如下规定。

（1）在架空电力线路保护区内，任何单位或个人不得种植可能危及电力设施和供电安全的树木、竹子等高杆植物。

（2）架空电力线路建设项目和公用工程、城市绿化及其他工程之间发生妨碍时，按下述原则处理。

1）新建架空电力线路建设工程、项目需穿过林区时，应当按国家有关电力设计的规程砍伐出通道，通道内不得再种植树木。

2）架空电力线路建设项目、计划已经当地城市建设规划主管部门批准的，园林部门对影响架空电力线路安全运行的树木，应当负责修剪，并保持今后树木自然生长最终高度和架空电力线路导线之间的距离符合安全距离的要求。

3）根据城市绿化规划的要求，必须在已建架空电力线路保护区内种植树木时，园林部门需与电力管理部门协商，征得同意后，可种植低矮树种，并由园林部门负责修剪以保持树木自然生长最终高度和架空电力线路导线之间的距离符合安全距离的要求。

4）架空电力线路导线在最大弧垂或最大风偏后与树木之间的安全距离为：电压等级为35～110kV、154～200kV、330kV、500kV的最大风偏距离分别为3.5m、4.0m、5.0m、7.0m，最大垂直距离分别为4.0m、4.5m、5.5m、7.0m。对不符合上述要求的树木应当依法进行修剪或砍伐，所需费用由树木所有者负担。

（3）在依法划定的电力设施保护区内，任何单位和个人不得种植危及电力设施安全的树木、竹子或高杆植物。

7. 管线工程涉林标准

（1）《中华人民共和国石油天然气管道保护法》规定：在管道线路中心线两侧各5m地域范围内，禁止种植危害管道安全的乔木、灌木、藤类、芦苇、竹子或者其他根系深达管道埋设部位可能损坏管道防腐层的深根植物。

（2）《石油天然气管道保护条例》规定：在管道中心线两侧各5m范围内，取土、挖塘、修渠、修建养殖水场，排放腐蚀性物质，堆放大宗物资，采石、盖房、建温室、垒家畜棚圈、修筑其他建筑物、构筑物或者种植深根植物。

（3）《油气管道工程水工保护施工技术规范》（Q/SY GJX 138）有如下规定。

1）植被选用应根据防护目的、气候、土质等确定，宜采用易成活、便于养护、生长快、根系发达、适宜当地生长的多年生植物。

2）铺、种植被前，边坡应平整、密实、湿润、坡面土层不适宜植被生长时，应铺一层种植土，并采取适当的保土措施。

3）种草防护施工时，宜先将草籽与砂、干土或锯末混合后均匀撒播。边坡较陡或较高时，可通过试验采用草籽与含肥料的有机质泥浆混合，喷射于坡面。

4）铺、种植被后，应适时进行洒水、施肥等养护管理，直到植被成活，成活率应达到 90%。

5）植树坡面防护在管道埋设半径 5m 内，不宜采用深根树种。

8.1.3　设计基本要求

8.1.3.1　设计分类

生产建设项目植被恢复与建设布设于工程扰动占压的裸露土地以及工程管理范围内未扰动的土地，主要包括：弃土（石、渣）场、土（块石、砂砾石）料场及各类开挖填筑扰动面；工程永久办公生活区；未采取复耕措施的临时占地区和移民集中安置及专项设施复（改）建区。

根据生产建设项目建筑物、构筑物自身特点及其周边情况，其所涉及的植被恢复与建设工程的设计特点可以划分为以下三种类型。

1. 绿化美化类型

（1）生产建设项目管理区的绿化美化。

（2）生产建设项目线性工程沿线管理场站所周边的绿化美化。

（3）生产建设项目线性工程的交叉建筑物、构筑物，如桥涵、道路联通匝道、道路枢纽、水利枢纽、闸（泵）站等周边或沿线的绿化美化。

（4）生产建设项目涉及城镇或工程移民的，与城镇景观规划相结合的绿化美化。

（5）为展示工程建设风貌，面向公众的相关工程重要节点的绿化美化。

2. 植物防护类型

（1）由于生产建设项目施工造成的扰动坡面（特别是原有植被受到扰动的坡面），极易发生水土流失的，应根据土地整治后的具体条件，营造水土保持防护林。如矿山开挖汇水区、水库、水电站乃至塘坝等大、中、小不同类型工程流域的入库附近汇流区，交通沿线自然坡面，在涉及管理范围内有严重水土流失的，应营造水土保持防护林。

（2）在工程涉水范围，应根据实际需要，营造水土保持护岸防浪林；坝、堤、岸、渠、沟等坡面、交通道路等涉水边坡（迎水面常水位以上），应种植护坡草皮。

（3）在生产建设项目工程管理范围，工程管辖的道路两侧，厂（场）区周边等营造防护林带、防风林带或片林。

3. 植被恢复类型

生产建设项目的弃土（石、渣）场、土（块石、砂砾石）料场及各类开挖填筑扰动面，应根据土地整治后的具体条件（有土、少土），实施植树或植草，恢复植被；不具备土地整治条件的困难立地（少土和无土），如高陡裸露边坡等，可采用工程绿化技术或植被恢复工法，恢复植被。

8.1.3.2　工程级别及设计标准

植被恢复与建设工程建设的工程等级，应根据其附属的主要建筑物工程等级和绿化工程所处位置，按相关规范规定确定。

1.《水利水电工程水土保持技术规范》（SL 575—2012）的相关规定

（1）植被恢复与建设工程级别，应根据水利水电工程主要建筑物的等级及绿化工程所处位置，按表 8.1-5 确定。

表 8.1-5　水利水电工程植被恢复与建设工程级别

主要建筑物级别	植被恢复与建设工程级别	
	水库、闸站等点型工程永久占地区	渠道、堤防等线型工程永久占地区
1～2	1	2
3	1	2
4	2	3
5	2	3

注　1. 对于临时占用弃渣场和料场的植被恢复与建设工程级别宜取 3 级；对于工程永久占地区内的弃渣场和料场，执行相应级别。
2. 渠堤、水库等位于或通过 5 万人口以上城镇的水利工程，可提高 1 级标准。
3. 饮用水水源及其输水工程，可提高 1 级标准。
4. 对于工程永久办公和生活区，植被恢复与建设工程级别可提高 1 级。

（2）植被恢复和建设工程设计标准应符合下列规定。

1）1 级标准应满足景观、游憩、水土保持和生态保护等多种功能的要求。设计应充分结合景观要求，选用当地园林树种和草种进行配置。

2）2 级标准应满足水土保持和生态保护要求，适当结合景观、游憩等功能要求。

3）3 级标准应满足水土保持和生态保护要求，执行生态公益林绿化标准。

2.《水土保持工程设计规范》（GB 51018—2014）的相关规定

（1）生产建设项目的植被恢复与建设工程级别，应根据生产建设项目主体工程所处的自然及人文环境、气候条件、立地条件、征地范围、绿化要求综合确定，按表 8.1-6～表 8.1-12 的规定确定。工程项目区域涉及城镇、饮水水源保护区和风景名胜区的，应提高一级；弃渣取料、施工生产生活、施工交通等临时占地区域执行3级标准。

表8.1-6　水利水电项目植被恢复与建设工程级别

主要建筑物级别	植被恢复与建设工程级别		
	生活管理区	枢纽闸站永久占地区	堤渠永久占地区
1、2	1	1	2
3	1	1	2
4	2	2	3
5	2	3	3

表8.1-7　电力项目植被恢复与建设工程级别

电力项目	生活管理区	灰坝及附属工程	贮灰场
	1	2	2

注　发电、变电等主体工程区不设植被恢复与建设工程级别，其设计应首先符合主体工程相关技术标准对植被绿化的约束性要求。

表8.1-8　冶金类项目植被恢复与建设工程级别

冶金类项目	生活管理区	生产设施区，辅助生产、公用工程区	仓储运输设施区	排土场
	1	1	2	2

表8.1-9　矿山类项目植被恢复与建设工程级别

矿山建设规模	植被恢复与建设工程级别				
	生活管理区	采场区	废石场	尾矿库	排矸（土）场
大型	1	2	2	2	2
中型	1	3	3	3	3
小型	2	3	3	3	3

表8.1-10　公路项目植被恢复与建设工程级别

公路级别	植被恢复与建设工程级别		
	服务区或管理站	隔离带	路基两侧绿化带
高速公路	1	1	2
一级公路	2	2	3
二级及以下公路	3	—	3

表8.1-11　铁路项目植被恢复与建设工程级别

铁路级别	植被恢复与建设工程级别		
	铁路车站	路基两侧用地界	铁路桥梁、涵洞、隧道
高速铁路	1	3	3
Ⅰ级铁路	1	3	3
Ⅱ级及以下铁路	2	3	3

表8.1-12　输气、输油、输变电工程的植被恢复与建设工程级别

输气、输油、输变电工程	生活管理区	集配气站/变电站	原油管道、储运设施、输变电站塔	附属设施
	1	1	2	2

注　1. 管道填埋区绿化设计应首先满足其主体工程相关技术标准对植被绿化的约束性要求。
2. 储运设施、输变电站塔绿化设计应首先满足其主体工程相关技术标准对植被绿化的约束性要求。

（2）植被恢复与建设工程设计标准应符合下列规定。

1）1级植被建设工程应根据景观、游憩、环境保护和生态防护等多种功能的要求，执行工程所在地区的园林绿化工程标准。

2）2级植被建设工程应根据生态防护和环境保护要求，按生态公益林标准执行；有景观、游憩等功能要求的，结合工程所在地区的园林绿化标准，在生态公益林标准基础上适度提高。

3）3级植被建设工程应根据生态保护和环境保护要求，按生态公益林绿化标准执行；降水量为250～400mm的区域，应以灌草为主；降水量为250mm以下的区域，应以封育为主并辅以人工抚育。

8.1.3.3　立地类型划分

植树造林地的立地类型划分，包括立地区、立地亚区、立地小区、立地组、立地小组、立地类型等。其中，立地类型是最基本的划分单元。在生产建设项目的植被恢复与建设工程中，将立地类型作为基本的划分单元。立地类型划分就是把具有相近或相同生产力地块划为一类，按类型选用树草种，设计植树造林种草措施。

植树造林地的立地类型划分包括以下两个步骤。

第一步，应根据工程所处自然气候区和植被分布带，确定其基本植被类型区。根据GB/T 15776和GB/T 18337.1，基本植被类型区可以分为东北地区、三北风沙地区、黄河上中游地区、华北中原地区、长江上中游地区、中南华东（南方）地区、东南沿海及热带地区和青藏高原冻融地区等八个，具体涉及地区见表8.1-13。基本植被类型区是根据气候区划和中国植被区划确定的，不同地区有不同的基本植被类型，如东北寒温带落针叶林、华北暖温带的落针阔混交林等。

表8.1-13 植被恢复与建设工程基本植被类型区

区域	范围	特点
东北地区	黑龙江、吉林、辽宁大部及内蒙古东部地区	以黑土、黑钙土、暗棕壤为主，地面坡度缓而长，表土疏松，极易造成水土流失，损坏耕地，降低地力。区内天然林与湿地资源分布集中，因森林过伐，湿地遭到破坏，干旱、洪涝频繁发生，甚至已威胁到工业基地和大中城市安全
三北风沙地区	东北西部、华北北部、西北大部的干旱地区	自然条件恶劣，干旱多风，植被稀少，风沙面积大；天然草场广而集中，但草地“三化”（退化、沙化、盐渍化）严重，生态十分脆弱。农村燃料、饲料、肥料、木料缺乏，生产生存条件差
黄河上中游地区	山西、陕西、内蒙古、甘肃、宁夏、青海、河南的大部或部分地区	世界上面积最大的黄土覆盖地区，因气候干旱少雨，加上过垦过牧，造成植被稀少，水土流失十分严重
华北中原地区	北京、天津、河北、山东、河南、山西的部分地区及江苏、安徽的淮北地区	山区山高坡陡，土层浅薄，水源涵养能力低，潜在重力侵蚀地段多。黄泛区风沙土较多，极易受风蚀、水蚀危害。东部滨海地带土壤盐碱化、沙化明显
长江上中游地区	四川、贵州、云南、重庆、湖北、湖南、江西、青海、甘肃、陕西、河南、西藏的大部或部分地区	大部分山高坡陡、峡险谷深，生态环境复杂多样，水资源充沛、土壤保水保土能力差，人多地少、旱地坡耕地多。因受不合理耕作、过牧和森林大量采伐影响，导致水土流失日趋严重，土壤日趋瘠薄
中南华东（南方）地区	福建、江西、湖南、湖北、安徽、江苏、浙江、上海、广西、广东的全部或部分地区	红壤广泛分布于海拔500m以下的丘陵岗地，因人口稠密、森林过度砍伐，毁林毁草开垦，植被遭到破坏，水土流失加剧，泥沙下泄淤积江河湖库
东南沿海及热带地区	海南、广东、广西、云南、福建的全部或部分地区	气候炎热、雨水充沛、干湿季节明显，保存有较完整的热带雨林和热带季雨林系统。但因人多地少，毁林开荒严重，水土流失日趋严重。沿海地区处于海陆交替、气候突变地带，极易遭受台风、海啸、洪涝等自然灾害的危害
青藏高原冻融地区	青海、西藏、新疆大部或部分地区	绝大部分是海拔3000m以上的高寒地带，以冻融侵蚀为主。人口稀少、牧场广阔，东部及东南部有大片林区，自然生态系统保存完整，但天然植被一旦破坏将难以恢复

注 表中未列入台湾省、香港和澳门特别行政区。

第二步，宜按地面物质组成、覆土状况、特殊地形和条件等主要限制性立地因子确定立地类型。当线型工程跨越若干地域时，应以水热条件和主要地貌，首先划分若干立地类型组，再划分立地类型。

立地类型组划分的主导因子包括：海拔、降水量、土壤类型等。

立地类型划分的主导因子包括：地面组成物质（岩土组成）、覆盖土壤的质地和厚度、坡向、坡度和地下水等。

工程扰动土地限制性立地因子主要考虑以下几个方面。

（1）弃土（石、渣）物理性状：岩石风化强度、粒（块、砾）径大小、透水性和透气性、堆积物的紧实度、水溶物或风化物的pH值。

（2）覆土状况：覆土厚度、覆土土质。

（3）特殊地形：高陡边坡（裸露、遮雨或强冲刷等）、阳侧岩壁聚光区（高温和日灼）、风口（强风和低温）、易积水湿洼地及地下水水位较高等。

（4）沙化、石漠化、盐碱（渍）化和强度污染。

8.1.3.4 立地改良条件及要求

应根据工程扰动或未扰动两种情况，在充分考虑地块的植被恢复方向后，依据立地类型现状确定相应的立地改良要求。立地改良主要通过整地措施、土壤改良措施及工程绿化特殊工法等技术实现。

1. 整地措施

整地就是在植树造林（种草）之前，清除地块上影响植树造林（种草）效果的残余物质，包括非目的植被、采伐剩余物等，并以翻耕土壤为重要内容的技术措施。

整地措施仅涉及有正常土壤层的无扰动、轻微扰动和扰动后经土地整治覆土的待绿化土地。

植树造林（种草）整地的方式可划分为全面整地和局部整地两种。

2. 土壤改良措施

(1) 以土壤或土壤发生物质（成土母质或土状物质）为主的地块，宜依据其覆盖厚度和植树造林（种草）的基本要求，采取相应土壤改良措施或整地方式；碎石为主的易渗水的地块，覆土前可铺一层厚度30cm左右的黏土并碾压密实作为防渗层；裸岩地块易积水的，覆土前先铺垫30cm的碎石层做底层排水。

(2) 地表为风沙土、风化砂岩时，可添加塘泥、木屑等进行改良；以碎石为主的地块，且无覆土条件时，可采用带土球苗、容器苗或客土植树造林，或填注塘泥、岩石风化物等植树造林。

(3) 开挖形成的裸岩地块，且无覆土条件时，采取爆破整地、形成植树穴并采用带土球苗、容器苗或客土植树造林，或填注塘泥、岩石风化物等植树造林。

(4) pH值过低或过高的土地，可施加黑矾、石膏、石灰等改良土壤。

(5) 盐渍化土地，应采取灌水洗盐、排水压盐、客土等方式改良土壤。

(6) 优先选择具有根瘤菌或其他固氮菌的绿肥植物。必要时，工程管理范围的绿化区应在田面细平整后增施有机肥、复合肥或其他肥料。

通常，工程扰动土地的水分条件是限制植被恢复的限制因子。在缺乏灌溉补水条件时，应考虑抗旱技术，综合运用保水剂、地膜或植物材料、石砾覆盖、营养袋容器苗和生根粉等。

3. 工程绿化相关工法

对于生产建设建设项目施工扰动后形成的无正常土壤层地段、裸岩地段和过陡坡面，整地和常规土壤改良措施难以奏效，其绿化过程的相应措施应采用工程绿化领域的特殊工法处理。

8.1.3.5 适用条件和设计类型

1. 适用条件

植被恢复与建设工程主要布设于工程扰动或占压的裸露地以及工程管理范围内未扰动土地，包括主体工程辖区涉及的一切裸露土地，如施工生产生活区、厂区、管理区；弃土（石、渣）场、土（块石、砂砾石）料场及各类开挖填筑扰动面。

在进行植被恢复与建设工程总体布置时，应在不影响主体工程安全的前提下，尽可能增加林草覆盖的面积，宜遵循以下设计原则。

(1) 统筹考虑、统一布局，生态和景观要求相结合，工程措施与林草措施相结合。

(2) 各类开挖或填筑形成的高陡边坡，如道路工程的路堑、隧洞进出口边坡，水利水电工程的坝肩、上坝公路、水电站侧岸高边坡、隧洞进出口边坡、堤坡，以及各类土（块石、砂砾石）料场开挖坡面，在保证安全稳定的前提下，优先考虑林草措施或工程与林草相结合的措施。混凝土和砌石边坡等区域，有条件的应进行复绿。

(3) 涉及城镇的应与城镇景观规划相结合。

2. 林草措施设计类型

林草措施设计类型分为常规绿化、工程绿化及园林式绿化。

(1) 有正常土壤层的无扰动、轻微扰动和扰动后经土地整治覆土的待绿化土地经整地和土壤改良（根据需要）后，可采用常规的林草措施设计。具体内容见本章“8.2 常规绿化”。

(2) 对于生产建设项目施工扰动后形成的无正常土壤层地段、裸岩地段、过陡坡面、混凝土和砌石边坡等区域，以及部分经土地整治后亟待提高绿化效果的土地，根据景观需求可采用相应的工程绿化设计，见表8.1-14和表8.1-15所列，具体内容见本章“8.3 工程绿化”。

(3) 对于有景观要求的应结合主体工程设计将生态学要求与景观要求结合起来，采用园林绿化设计，使主体工程建设达到既保持水土、改善生态环境，又美化环境，符合景观建设的要求。具体内容见本章“8.4 园林绿化”。

表8.1-14　生产建设项目适宜开展工程绿化技术的主要绿化类型

类型	技术名称	技术形式	技术特点	适用范围
毯垫类	植生带	含植物种子的纸卷	覆盖表土稳固种子	微坡细土
	植生毯	含植物种子的植物纤维铺装毯	林下枯落层仿生产品	25°以下土质坡面
	生态垫	有机纤维织造的胶合毯	抗侵蚀种床	35°以下砾石土
枕袋类	植生袋	含种塑料网袋	植物生长初期的固土护坡	35°以下土石坡
	生态袋	耐候性土工无纺布袋组件	装填后堆叠成柔性支护种床	25°～55°土石坡
	植生模袋	耐候性土工无纺布连体袋组件	铺设灌装成柔性防护种床	25°～35°土石坡

续表

类型	技术名称	技术形式	技术特点	适用范围
喷播类	液压喷播	水力机械喷射播种	降低侵蚀、保护种子、优化表土	45°以下土质坡
	覆盖喷播	水力或风力喷射有机纤维覆盖		
	三维网喷播	三维网覆土与液压喷播结合	表土优化的液压喷播种植	55°以下生土或土石坡
	客土喷播	钢丝网锚固骨架喷覆客土种植	表土重建种植一体化	75°以下岩质坡
	厚层基材喷播	草炭腐叶土有机肥干法喷播	有机材料为主的轻质基材	
	高次团粒喷播	自然土团粒剂改良湿法喷播	通过团粒剂改善土壤性能抗侵蚀	
	有机纤维喷播	自然土有机纤维改良喷播	通过有机纤维雀巢骨架增抗侵蚀	
	喷混植生	改性水泥固结土壤喷播	通过水泥蜂巢骨架增加依附和抗侵蚀	85°以下岩质坡

表 8.1-15　生产建设项目工程护坡技术与工程绿化技术组合的综合护坡配置类型

类型	技术名称	技术形式	技术组合配置特点	适用范围
工程护坡类型	稳定土石坡的坡基硬砌护	生态棒、T形板水平格挡或金属网、土工格栅、主动防护网表面固结	喷混植生、有机纤维喷播、厚层基材喷播、客土喷播、三维网喷播	80°以下稳定岩质坡
	喷混凝土护坡	金属网、土工格栅、主动防护网或三维网表面固结		
	浆砌石护坡			
支护类型	干砌石骨架	干砌石骨架	生态袋技术、液压喷播、覆盖喷播、三维网喷播、客土植生	55°以下不稳定土石坡
	浆砌石骨架	浆砌石骨架		
	预制构件骨架	预制构件骨架	喷混植生、有机纤维喷播、厚层基材喷播、客土喷播、三维网喷播	75°以下不稳定岩质坡
	现场浇筑骨架	现场浇筑骨架		
	预制丝笼骨架	预制宾格网等骨架		
拦挡类型	预制构件拦挡	预制构件拦挡存蓄土水种植	生态袋技术、客土植生技术	65°以上稳定岩质崖坡
	现场浇筑拦挡	现场浇筑拦挡存蓄土水种植		
	锚固支架拦挡	锚固支架拦挡存蓄土水种植		

8.1.3.6 树种、草种选择与配置

1. 基本要求

(1) 根据基本植被类型、立地类型的划分、基本防护功能与要求、适地适树（草）的原则确定林草措施的基本类型。

(2) 根据林草措施的基本类型、土地利用方向，选择适宜的树种或草种。应采用乡土种类为主，辅以引进适宜本土的优良品种。

(3) 弃土（石、渣）场、土（块石、砂砾石）料场、采石场和裸露地等工程扰动土地，应根据其限制性立地因子选择适宜的树种、草种，见表8.1-16。

表 8.1-16　生产建设项目工程扰动土地主要适宜树种、草种

区域或植被类型区 \ 植物耐性	耐旱	耐水湿	耐盐碱	沙化（北方及沿海）/石漠化（西南）
东北区	辽东桤木、蒙古栎、黑桦、白榆、山杨；胡枝子、山杏、文冠果、锦鸡儿、枸杞；狗牙根、紫花苜蓿、爬山虎[①]	兴安落叶松、偃松、红皮云杉、柳、白桦、榆树	青杨、樟子松、榆树、红皮云杉、红瑞木、火炬树、丁香、旱柳；紫穗槐、枸杞；芨芨草、羊草、冰草、沙打旺、紫花苜蓿、碱茅、鹅冠草、野豌豆	樟子松、大叶速生槐、花棒、杨柴、柠条锦鸡儿、小叶锦鸡儿；沙打旺、草木樨、芨芨草

续表

植物耐性 区域或植被类型区	耐 旱	耐水湿	耐盐碱	沙化（北方及沿海）/石漠化（西南）
三北风沙地区	侧柏、枸杞、柠条、沙棘、梭梭、柽柳、胡杨、花棒、杨柴、胡枝子、沙柳、沙拐枣、黄柳、樟子松、文冠果、沙蒿；高羊茅、野牛草、紫苜蓿、紫羊茅、黄花菜、无芒雀麦、沙米、爬山虎①	柳树、柽柳、沙棘、胡杨、香椿、臭椿、旱柳、桑	柽柳、旱柳、沙拐枣、银水牛果、胡杨、梭梭、柠条、紫穗槐、枸杞、白刺、沙枣、盐爪爪、四翅滨藜；芨芨草、盐蒿、芦苇、碱茅、苏丹草	樟子松、柠条、沙棘、沙木蓼、花棒、踏郎、梭梭霸王；沙打旺、草木樨、芨芨草
黄河上中游地区	侧柏、柠条、沙棘、旱柳、柽柳、爬山虎①	柳树、柽柳、沙棘、旱柳、刺柏、桑	柽柳、四翅滨藜、柠条、紫穗槐、沙棘、沙枣、盐爪爪	侧柏、刺槐、杨树、沙棘、柠条、柽柳、杞柳；沙打旺、草木樨
华北中原地区	侧柏、油松、刺槐、青杨；伏地肤、沙棘、柠条、枸杞、爬山虎①	柳树、柽柳、沙棘、旱柳、构树、杜梨、垂柳、钻天杨、桑、红皮云杉	柽柳、四翅滨藜、银水牛果；伏地肤、紫穗槐	樟子松、旱柳、荆条、紫穗槐；草木樨
长江上中游地区	侧柏、马尾松、野鸭椿、白皮松、木荷、沙地柏；多变小冠花、金银花①、爬山虎①	柳树、桑、水杉、池杉、落羽杉、冷杉、红豆杉、芒草	欧美杨、乌柏、落羽杉、墨西哥落羽杉、中山杉；双穗雀稗、香根草、芦竹、杂三叶草	欧美杨、马尾松、云南松、干香柏、苦刺花、蔓荆；印尼豇豆
中南华东（南方）地区	侧柏、马尾松、黄荆、油茶、青檀、香花槐、藜蒴、桑树、杨梅；黄栀子、山毛豆、桃金娘；假俭草、百喜草、狗牙根、糖蜜草、铁线莲①、爬山虎①、五叶地锦①、鸡血藤①	桑、水杉、池杉、落羽杉、樟树、木麻黄、水翁、湿地松、榕树、大叶桉；铺地黎、芒草	木麻黄、南洋杉、柽柳、红树、椰子树、棕榈；苇状羊茅、苏丹草	球花石楠、干香柏、旱冬瓜、云南松、木荷、黄连木、清香木、火棘、化香常绿假丁香、苦刺花、降香黄檀；任豆；象草、香根草、五叶地锦①、常春油麻藤①
东南沿海及热带地区	榆绿木、大叶相思、多花木兰、木豆、山楂、澜沧栎；假俭草、百喜草、狗牙根、糖蜜草、爬山虎①、五叶地锦①	青梅、枫杨、水杉、喜树、长叶竹柏、长蕊木兰、长柄双花木	木麻黄、柽柳、椰子树、棕榈、红树类	砂糖椰、紫花泡桐、直干桉、任豆、顶果木、枫香、柚木

① 攀援植物。

2. 基本配置

(1) 山区、丘陵区的土（块石、砂砾石）料场和弃渣（土）场绿化应结合水土流失防治、水资源保护和周边景观要求，因地制宜配置水土保持林树种或草种、水源涵养林树种或风景林树种。

(2) 涉水范围需要植物防护的内外边坡，一般采用草皮或种草绿化，选用多年生乡土草种；条件允许地区在背水面也可灌草混交。如水利工程的护堤地绿化树种可选择护路护岸林、农田防护林和环境保护林树种。此外，涉水或近水范围的植树造林树种，应采用耐水湿乔灌树种，其余可酌情选择水土保持树种、护岸树种、风景林树种或环境保护树种。

(3) 平原取土场、采石场和弃渣（土）场绿化，应结合平原绿化，选择农田防护林树种、护路护岸林树种和环境保护树种。

(4) 草原牧区工程，选择防风固沙林树种和草牧场防护林树种。

(5) 穿越城郊和城区的工程项目，宜结合或配合城市绿化工程规划，以当地园林绿化树种为主。

具体树种、草种配置可参照表 8.1-17 和 GB/T 18337.3 附录 A 表 A1～表 C1。表格涉及：主要水土保持植树造林树种、主要水土保持灌草种、水源涵养林主要适宜树种、防风固沙林主要适宜树种、农田防护林主要适宜树种、草牧场防护林主要适宜树种、护路护岸林主要适宜树种、风景林主要适宜树种和环境保护林主要适宜树种。

表 8.1-17 水利水电工程常用水土保持树种、草种特性

植物名称	科名	植物性状	主要分布区	适宜生境	一般高/m	根系分布	生长速度	萌生能力	主要繁殖方法	适宜栽种区域
大叶相思 *Acacia auriculiformis* A. Cunn. ex Benth	含羞草科	常绿乔木	广东、广西、福建、海南	阳性、耐酸、耐旱瘠	10～15	浅根	快	强	播种	取土场、弃渣场、迹地、边坡
合欢 *Albizia julibrissin* Durazz.	豆科	落叶乔木	华北、华东、华南、西南	喜光、喜肥、喜排水良好土壤，耐旱瘠、耐砂质土及干燥气候	4～15	浅根	快	中	播种	堆土场
桂木 *Artocarpus nitidus* Trec. subsp. *lingnanensis* (Merr.) Jarr.	桑科	常绿乔木	广东、广西	喜光、喜肥，适应性强	15	根系发达	中	强	播种、扦插	堆土场
南洋杉 *Araucaria cunninghamii* Sweet	南洋杉科	常绿乔木	广东、福建、厦门、海南等	喜光、怕霜冻、不耐寒、忌干旱、抗污染、抗风、抗海潮，适生于土层深厚、疏松肥沃的土壤	40～60	根系发达	中	强	种子或扦插	滨海地区、迹地
木麻黄 *Casuarina equisetifolia* Forst.	大麻黄科	常绿乔木	南方沿海及海南岛	阳性、耐干旱、耐盐碱贫瘠土壤	10～20	深根，根系发达	快	中	播种、扦插	取土场、弃渣场、堤岸、山坡、路坡
山乌桕 *Sapium discolor* (Champ. ex Benth.) Muell. Arg.	大戟科	落叶小乔木或灌木	江西、浙江、福建、广东、广西、云南等	喜深厚湿润土壤、适应性强，耐寒、耐旱瘠	6～12	根系发达	快	强	种子	堆土场、取土场、迹地、边坡
台湾相思 *Acacia confusa* Merr.	豆科	常绿乔木	福建、广东、广西、海南	喜暖热气候、耐低温、喜光、耐半阴、耐旱瘠、耐短期水淹、喜酸性土	16	深根，根系发达	快	强	播种	边坡、弃渣（土）场、迹地
芒果 *Mangifera indica* Linn.	漆树科	常绿大乔木	华南地区	喜高温、干湿季明显且光照充足的环境，对土壤适应性较强	10～27	根系发达	快	强	种子、实生苗	管理区绿化、道路绿化
山楂 *Crataegus pinnatifida* Bge.	蔷薇科	落叶小乔木	东北、华北	喜光、耐寒、耐旱，能生长于沙土或石坡上	6	深根	中	强	种子、分根、嫁接、扦插	弃渣场、采石场、挖填边坡

续表

植物名称	科名	植物性状	主要分布区	适宜生境	一般高/m	根系分布	生长速度	萌生能力	主要繁殖方法	适宜栽种区域
板栗 *Castanea mollissima* Bl.	壳斗科	落叶乔木或灌木	各地，以华北及长江流域为集中	喜光、耐干旱、宜微酸土壤，不耐严寒，喜土层深厚、排水良好的砂质或砾质土	15～20	深根，根系发达	较快	强	播种、嫁接	堆土场
臭椿 *Ailanthus altissima*（Mill.）Swingle	苦木科	落叶乔木	东北、华北、华南、西北	喜光、不耐水湿、耐旱瘠、耐盐碱、酸碱度适应广	30	深根，主、侧根发达	快	强	播种、分根	取土场、迹地、弃渣场
楸树 *Catalpa bungei* C. A. Mey	紫葳科	落叶乔木	黄河及长江流域	喜光、喜温暖、喜深厚湿润肥沃土壤，对 SO_2、Cl_2 等有抗性	30	深根，须根少	中	强	播种、分蘖、埋根扦插	农田、道路、沟坎、河道等的防护，管理区绿化等
女贞 *Ligustrum lucidum* Ait.	木樨科	常绿灌木或小乔木	长江流域及以南、华北、西北	耐旱、怕涝	7～10	深根，须根发达	快	强	播种	管理区
五角枫 *Acer mono* Maxim	槭树科	落叶乔木	东北、华中、华北、长江流域	稍耐阴，对土壤酸碱度要求不严	12	深根	中	中	播种	道路两侧
梓树 *Catalpa ovata* G. Don	紫葳科	落叶乔木	长江流域及以北地区	喜光、稍耐阴、耐寒，适生于温带地区；喜深厚肥沃湿润土壤，不耐旱瘠，能耐轻盐碱土；抗污染性较强	15	深根，主根明显、侧根发达	较快	强	种子	迹地、道路防护
梧桐 *Firmiana platanifolia*（Linn. f.）Marsili	梧桐科	落叶乔木	南北各省	阳性、喜钙，极不耐湿，耐严寒，耐旱瘠，在砂质土壤上生长较好	15～20	深根	快	强	播种、扦插、分根	位于山地丘陵的取土场或堆土场
白蜡 *Fraxinus chinensis* Roxb.	木樨科	落叶乔木	华东、华南、华北、西南	喜光、喜温暖湿润环境，喜深厚肥沃排水良好土壤，对 SO_2、Cl_2、HF 等有抗性	15	深根	快	强	播种、扦插	位于平原的工程区
皂荚 *Gleditsia sinensis* Lam.	豆科	落叶乔木	东北、华北、华东、华南、西南	喜光、耐旱、耐寒，适土层深厚土壤	15	深根	中	强	播种	堆土场、取土场

续表

植物名称	科名	植物性状	主要分布区	适宜生境	一般高/m	根系分布	生长速度	萌生能力	主要繁殖方法	适宜栽种区域
杜松 *Juniperus rigida* Sieb et Zucc	柏科	小乔木或灌木	东北、华北、西北	阳性树，耐寒、耐旱瘠，对土壤适应性强	10～15	深根，主根长、侧根发达	中	弱	播种、扦插	道路边坡、管理区
湿地松 *Pinus elliottii* Engelm	松科	常绿乔木	淮河以南	阳性树，较耐寒、耐旱、耐盐、耐碱，抗风力强	20～30	深根	较快		播种	迹地、取土场、弃渣场
侧柏 *Platycladus orientalis* (Linn.) Franco	柏科	常绿乔木	各地	喜生于温暖、静风环境，耐旱瘠，对土壤酸碱适应性广	20	浅根，侧根发达	较慢	强	播种	道路边坡、管理区
悬铃木 *Platanus orientalis* Linn.	悬铃木科	落叶乔木	广泛栽培	阳性树，适生于微酸性或中性、排水良好的土壤，较耐寒、耐旱瘠，适应性较强	30	根系分布较浅	快	强	播种、扦插	堆土场
青杨 *Populus cathayana* Rehd.	杨柳科	落叶乔木	东北、华北、西北、西南	喜温凉湿润环境，较耐寒，对土壤要求不严，但不耐淹	30	深根	快	强	扦插、播种	取土场、堆土场、弃渣场
毛白杨 *Populus tomentosa* Carr.	杨柳科	落叶乔木	黄河、长江流域	宜凉爽湿润气候，喜光，较耐盐碱和干旱	30	深根	快	强	埋条留根、压条分蘖	取土场、堆土场、弃渣场
油松 *Pinus tabulaeformis* Carr.	松科	常绿乔木	黄河流域、华北、东北	喜光、耐寒、耐旱瘠，不耐高温、水涝和盐碱	20～30	深根，主、侧根发达	中		播种	采石场、迹地、挖填边坡
樟子松 *Pinus sylvestris* Linn. var. *mongolica* Litv.	松科	常绿乔木	东北、华北部分地区	喜光、耐寒、耐旱瘠	26～30	深根	中		播种	采石场、迹地、挖填边坡
扁桃 *Amygdalus communis* Linn.	漆树科	常绿乔木	云南、贵州、广东、广西、台湾	成年树喜光、温热和湿润环境	25～30	深根	中	中	播种、接木	道路两侧、取土场
桑树 *Morus alba* Linn.	桑科	落叶乔木	华南、华东、华北、西南、西北、东北	喜光、喜温暖湿润气候、宜湿润土，耐寒、抗风、耐烟尘、抗有毒气体	10～15	深根	快	强	扦插	管理区、道路两侧

续表

植物名称	科名	植物性状	主要分布区	适宜生境	一般高/m	根系分布	生长速度	萌生能力	主要繁殖方法	适宜栽种区域
刺槐 *Robinia pseudoacacia* Linn.	蝶形花科	落叶乔木	东北、西北、华北、华东	喜光，宜深厚、肥沃砂质土，抗有毒气体	20	浅根，侧根发达	快	强	播种、扦插	取土场、堆土场、管理区
旱柳 *Salix matsudana* Koidz.	杨柳科	落叶乔木	华北、东北、西北、长江流域	喜光、耐旱瘠、耐寒，适应性强、抗性强	20	深根，根系发达	快	强	扦插、播种	道路两侧、管理区
小叶杨 *Populus simonii* Carr.	杨柳科	落叶乔木	东北、华北、西北、华东、华中及西南各地	喜光、耐寒、耐水湿、耐瘠薄、耐旱，适应性强	20	深根	快	强	扦插、压条、播种	道路两侧、管理区
云杉 *Picea asperata* Mast.	松科	常绿乔木	陕西西部、甘肃南部、青海东部等	耐干冷，适生于土层深厚、排水良好的酸性棕色森林土	45	浅根	慢	弱	播种	取土场、堆土场
白皮松 *Pinus bungeana* Zucc. et Endl	松科	常绿乔木	河北、河南、山东、山西、湖北	喜光，适生石灰岩山地和酸性石山上，较耐旱瘠，抗性强	30	深根	慢	弱	播种	采石场、迹地、管理区
白榆 *Ulmus pumila* Linn.	榆科	落叶乔木	东北、华北、西北、华中、华东	喜光、耐寒、耐旱瘠、耐盐碱	25	深根，根系发达	快	强	播种、分蘖、扦插	采石场、迹地、弃渣场
枣树 *Ziziphus jujuba* Mill.	鼠李科	落叶灌木或小乔木	各地	喜光，适应性极强，耐旱、耐涝、耐热、耐寒	10	深根	慢	中	接木、扦插	道路两侧、管理区
苦楝 *Melia azedarach* Linn.	楝科	落叶乔木	黄河以南各省区	喜温暖湿润气候，耐寒、耐碱、耐瘠薄，以土层深厚、疏松肥沃、排水良好、富含腐殖质的砂质壤土栽培为宜	10～20	主根不明显，侧根发达	快	中	播种	公路两旁、管理区、库区
华山松 *Pinus armandi* Franch.	松科	常绿乔木	主产我国中部和西南部高山上，分布于西北、中南及西南各地	阳性，幼苗略喜一定庇荫，喜温和、凉爽、湿润气候，喜排水良好、深厚、湿润、疏松的中性或微酸性壤土	可达35	根系较浅，主根不明显，侧根、须根发达	中	中	播种	公路两旁、管理区

续表

植物名称	科名	植物性状	主要分布区	适宜生境	一般高/m	根系分布	生长速度	萌生能力	主要繁殖方法	适宜栽种区域
垂柳 *Salix babylonica* Linn. f. *babylonica*	杨柳科	落叶乔木	华北、东北、长江流域及其以南各省区平原地区	喜光、喜温暖湿润环境、喜潮湿深厚酸性及中性土壤，较耐寒，特耐水湿	3～10	深根	快	强	扦插或种子	公路两旁、管理区、堤岸
元宝枫 *Acer truncatum* Bunge	槭树科	落叶乔木	辽宁南部、河北、山西、山东、河南、陕西、安徽北部	稍耐阴，喜生于阴坡及山谷，喜温凉气候及肥沃湿润排水良好土壤，稍耐旱，不耐涝，耐烟尘及有毒气体	8～10	深根	快	强	播种	公路两旁、管理区
香椿 *Toona sinensis* （A. Juss.）Roem.	楝科	落叶乔木	我国中部和南部，尤以山东、河南、河北最多	喜光、喜温暖湿润环境，不耐严寒，耐旱性差，较耐水湿	可达25	深根	中等偏快	强	播种、根蘖	公路两旁、管理区
银杏 *Ginkgo biloba* Linn.	银杏科	落叶乔木	主要分布在山东、江苏、四川、河北、湖北、河南等地	喜光、喜温暖气候、耐低温、耐干旱	可达40	深根	慢	强	播种、萌蘖、扦插	公路两旁、管理区
槐树 *Sophora japonica* Linn.	豆科	落叶乔木	北自东北南部，西北至陕甘，西南至川滇，南至粤桂	适应较干冷气候，喜光，较耐瘠薄，喜温暖、湿润、肥沃、排水良好的沙壤土，对 SO_2、Cl_2、HCl等抗性强	15～25	深根	快	强	播种、扦插	公路两旁、管理区
苹果树 *Malus pumila* Mill.	蔷薇科	落叶乔木	华北和东北、华东、西北、西南等部分地区的平地、丘陵、低山、阳坡	喜光，喜干燥、冷凉气候，喜生于深厚肥沃、排水良好的石灰性砂土壤	3～5	深根	中	中	嫁接、播种	管理区、库区
核桃树 *Juglans regia* Linn.	胡桃科	落叶乔木	华北、华南、西北、华中、西南及东北部分地区	喜光、较耐寒、耐干旱，喜生于石灰性、中性肥厚湿润土壤	25	深根，主根发达	快	中	嫁接、播种	管理区、库区

续表

植物名称	科名	植物性状	主要分布区	适宜生境	一般高/m	根系分布	生长速度	萌生能力	主要繁殖方法	适宜栽种区域
柿子树 *Diospyros kaki* Thunb	柿科	落叶乔木	北自长城、南至长江流域各地	喜光、喜温暖、较耐旱、耐水湿、喜生于深厚肥沃土壤、抗 HF 强	10～14	深根，主根发达	较慢	中	嫁接、播种	管理区、库区
杜梨 *Pyrus betulaefolia* Bge.	蔷薇科	落叶乔木	东北南部至长江流域	喜光、耐寒、耐旱、耐涝、耐瘠薄	3～10	深根	慢	中	播种、压条	管理区、库区
泡桐 *Paulownia fortunei* (*seem.*) Hemsl.	玄参科	落叶乔木	多黄河流域、华北平原	喜光、耐寒性差、稍耐旱、怕积水、稍耐盐碱，喜生于石灰性深厚肥沃沙土壤	15～20	深根，侧根发达	强	强	插根、播种、留根	公路两旁、管理区
栾树 *Koelreuteria paniculata* Laxm.	无患子科	落叶乔木	黄河流域及长江流域下游	喜光、稍耐半阴、耐寒、耐旱瘠、耐盐碱，根强健、萌蘖力强	15	根系发达	中	强	播种、分蘖或根插	公路两旁、管理区、堤岸
玉兰 *Magnolia denudata* Desr.	木兰科	落叶乔木	原产我国中部各山区，自秦岭到五岭均有分布	阳性树，稍耐阴，稍耐寒，喜肥沃，宜湿润、中性、微酸性土，有较强的耐寒能力	2～5	深根	中	中	播种、扦插、压条及嫁接	管理区
山杏 *Armeniaca sibirica* (Linn.) Lam.	蔷薇科	落叶乔木	北方各省2500m以下的山地、黄土丘陵阴、阳坡均可	喜光、抗风、极耐寒、耐旱瘠，不择土壤，但在深厚的砂质土壤上生长最好	可达 8	深根，主侧根发达	较快	中	播种	管理区、库区
桂花 *Osmanthus fragrans* (Thunb.) Lour.	木犀科	常绿乔木	各地	喜光，但在幼苗期要求有一定的庇荫，喜温暖和通风良好的环境，耐高温、不耐寒	3～15	深根	中	中	播种、压条、嫁接和扦插	管理区、库区
马尾松 *Pinus massoniana* Lamb.	松科	常绿针叶乔木	分布极广，北自河南及山东南部，南至两广、台湾，东自沿海，西至四川中部及贵州	喜光、喜温暖湿润环境，耐旱瘠、不耐盐碱	可达 45	根系发达，主根明显，有根瘤	快	强	播种	弃渣场

续表

植物名称	科名	植物性状	主要分布区	适宜生境	一般高/m	根系分布	生长速度	萌生能力	主要繁殖方法	适宜栽种区域
雪松 *Cedrus deodara* (Roxburgh) G. Don	松科	常绿针叶乔木	华北至长江流域	喜光、幼年稍耐阴、喜温暖、不耐严寒、喜深厚肥沃土壤、耐干旱、不耐积水、对 SO_2 抗性弱	可达50	浅根性	中	中	播种、扦插	管理区
圆柏 *Sabina chinensis* (Linn.) Ant.	柏科	常绿乔木	北自内蒙古及沈阳以南，南达两广北部，西南至川西、滇、黔，西北至陕甘南部	喜光、较耐阴、喜凉爽温暖气候、忌积水，耐修剪，耐寒、耐热，耐旱，对土壤要求不严	可达30	深根，侧根也发达	中	中	播种、扦插、压条	管理区、库区
桃树 *Amygdalus persical*	蔷薇科	落叶乔木	广泛栽培	喜光、喜温暖气候、耐低温，喜生于排水良好的砂质土壤，不适黏土	3～8	浅根，但须根多且发达	快	强	播种、嫁接	管理区、库区
杏树 *Armeniaca vulgaris* Lam.	蔷薇科	落叶乔木	各地，以华北、西北和华东较多	喜光、耐低温、耐高温、抗寒，对土壤适应性强，耐干旱、不耐水涝	5～8	深根，根系发达	快	强	播种、嫁接	管理区、库区
梨树 *Pyrus spp*	蔷薇科	落叶乔木	河北、山西、山东、河南、陕西、甘肃、青海等	喜光，对土壤要求不严	5～8	根系发达，垂直根深可达2～3m以上，水平根分布较广			嫁接	管理区、库区
杜仲 *Eucommia ulmoides* Oliv.	杜仲科	落叶乔木	长江中游及南部各省，河南伏牛山区、陕甘等	喜光、喜温暖湿润环境、耐寒、较耐旱，适土层深厚、疏松、肥沃、排水良好的酸性土或微碱性土	可达20	深根，老根再生能力差	快	强	播种、分根	管理区、库区
石榴 *Punica granatum* Linn.	石榴科	落叶小乔木或灌木	华东、华中、华南、西北、西南，河南及陕西种植面积较大	喜光、喜温暖、稍耐寒、耐旱瘠，以排水良好湿润的砂壤土或壤土为宜	2～7	根际易生根蘖	中	强	压条、分株、扦插	管理区、库区

续表

植物名称	科名	植物性状	主要分布区	适宜生境	一般高/m	根系分布	生长速度	萌生能力	主要繁殖方法	适宜栽种区域
油茶 *Camellia oleifera* Abel.	茶科	常绿小乔木或灌木	长江流域及以南各省，河南南部商城、新县、信阳，陕西紫阳、勉县、南郑为分布北缘	喜光、怕寒冷、幼年稍耐阴，土壤以深厚湿润排水良好的酸性沙壤土为宜	2～6	根系发达	快	强	种子、扦插、嫁接	弃渣场
大叶黄杨 *Buxus megistophylla* Lévl	卫矛科	常绿灌木或小乔木	我国中部及北部各省，栽培甚普遍	喜光、较耐阴、喜温暖湿润环境、较耐寒，要求肥沃疏松的土壤，极耐修剪整形	可达8		快	强	扦插、播种、嫁接	管理区、库区
华北珍珠梅 *Sorbaria kirilowii* (Regel) Maxim.	蔷薇科	落叶灌木	河北、河南、山东、山西、甘肃、青海、内蒙古	中性树种，喜温暖湿润环境、喜光、稍耐阴、抗寒能力强，对土壤的要求不严，较耐旱瘠，喜湿润肥沃、排水良好之地	3		快	强	分蘖、扦插、播种	管理区、库区
花椒 *Zanthoxylum bungeanum* Maxim.	芸香科	落叶灌木或小乔木	海拔2000m以下的平地、山麓、低山、丘陵、阳坡，台湾、海南及广东不产	喜光、耐旱、耐寒、耐瘠薄、耐沙埋，除重盐碱土外，其他土壤均能生长	3～7	根系发达，有根瘤	快	强	植苗、播种	管理区、库区
夹竹桃 *Nerium indicum* Mill.	夹竹桃科	常绿灌木	各省区均有栽植，广植于亚热带及热带地区	喜光、喜温暖湿润环境、不耐寒、耐污染，对土壤要求不高	5	深根	快	强	扦插、分株、压条	管理区、道路绿化
千头柏 *Platycladus orientalis* (Linn.) Franco cv. Sieboldii Dallimore and Jackson	柏科	常绿灌木	华北、西北至华南	喜光、喜温暖湿润环境、耐严寒、耐干燥和瘠薄，对土壤适应性强，但需排水良好，不耐水湿	3～5	浅根，侧根发达	较慢	强	播种	管理区、库区

续表

植物名称	科名	植物性状	主要分布区	适宜生境	一般高/m	根系分布	生长速度	萌生能力	主要繁殖方法	适宜栽种区域
紫叶小檗 *Berberis thunbergii* var. *atroprupurea*	小檗科	落叶灌木	全国各地	耐寒、耐旱、不耐水涝、喜阳、耐半阴、耐修剪，适生于肥沃深厚、排水良好的土壤	2～3		快	强	播种或扦插、分株	边坡、临时道路、施工营造区
福建茶 *Carmona micarophylla* (Lam.) G. Don	紫草科	常绿小灌木	华南地区	喜强光、耐热、耐寒、耐旱、耐贫瘠、不耐阴	1～2		中至快	强	扦插、枝插、根插	管理区绿化
杜鹃 *Rhododendron simsii* Planch.	杜鹃花科	常绿或落叶小灌木	长江流域以南	耐干旱、耐贫瘠、不耐暴晒、喜凉爽湿润环境、喜酸性土壤	2	浅根	快	强	扦插、播种、嫁接、压条及分株均可	边坡、施工营造区、取土场
大红花 *Hibiscus rosa - sinensis* Linn.	锦葵科	常绿灌木	南方各省	喜光、喜暖热湿润环境、不耐寒	1～3		快	强	扦插、播种	道路两侧、管理区、临时道路、施工营造区
野牡丹 *Melastoma candidum* D. Don	野牡丹科	常绿灌木	浙江、广东、广西、福建、四川、贵州等	喜温暖湿润环境、喜光照，适生于酸性土壤	0.5～1.5		快	中	播种或扦插	边坡、公路边坡、取土场、山区临时道路
桃金娘 *Rhodomyrtus tomentosa* (Ait.) Hassk.	桃金娘科	常绿小灌木	我国南方热带、亚热带地区	喜阳光充足及温暖湿润环境，耐旱、耐贫瘠、耐酸性土壤	1～2		快	中	播种或扦插	边坡、取土场、山区临时道路
假连翘 *Duranta repens* Linn.	马鞭草科	常绿灌木	华南地区	喜温暖湿润环境，抗寒力较低，喜肥、耐水湿、不耐干旱	1.5～3	根系发达	快	强	播种、扦插	边坡、道路两侧、管理区
丁香 *Syzygium aromaticum*	桃金娘科	落叶灌木或小乔木	东北至西南均有分布	喜阳光充足、也耐半阴，适应性较强，耐寒、耐旱、耐瘠薄	2～8	浅	中	强	播种、分株	边坡、施工营造区、取土场、管理区
连翘 *Forsythia suspensa* (Thunb.) Vahl f.	木犀科	落叶灌木	河北、山西、山东、河南、陕西、安徽、湖北和四川等	喜光、耐阴、耐寒、耐干旱、怕涝、不择土壤	2～4	浅	快	强	扦插、播种、分株	施工营造区、取土场、管理区

续表

植物名称	科名	植物性状	主要分布区	适宜生境	一般高/m	根系分布	生长速度	萌生能力	主要繁殖方法	适宜栽种区域
杠柳 *Periploca sepium* Bunge	萝藦科	缠绕灌木	西北、东北、华北地区及河南、四川、江苏等省区	喜光、耐旱、耐寒、耐盐碱，有广泛的适应性，固沙、水土保持树种	0.4～1	浅	中	强	根蘖性强，常分株繁殖	边坡、山丘临时道路、施工营造区、取土场
梭梭 *Haloxylon ammodendron* (C. A. Mey.) Bunge	藜科	落叶灌木或小乔木	西北沙漠地区	喜光、沙生、不耐阴、耐旱	1～7	深根，根系发达	较快	中	植苗、播种	边坡、弃渣（土）场、迹地
花棒 *Hedysarum scoparium* Fisch. et May.	豆科	落叶灌木	西北沙漠地区	沙生、喜光、耐旱、耐贫瘠、抗风蚀	0.9～2	主、侧根系均发达	中	中	播种	边坡、弃渣（土）场、迹地
狼牙刺 *Sophora davidii* (Franch.) Skeels	豆科	落叶灌木	西北、华北、华中、西南	喜光、耐寒、耐旱、耐瘠薄	可达 2.5	根系发达	快	强	植苗、播种、分根	边坡、弃渣（土）场
月季 *Rosa chinensis* Jacq.	蔷薇科	常绿或落叶灌木	全国各地	喜光、耐寒、耐旱	0.4～2	浅	快	强	扦插、分株、压条	管理区
葡萄树 *Vitis vinifera* Linn.	葡萄科	落叶藤本	华北、西北、东北地区	喜光、耐旱、耐瘠薄	10～20	深	中	强	扦插	管理区、库区
黄刺玫 *Rosa xanthina* Lindl.	蔷薇科	落叶灌木	东北、华北至西北地区	喜光、稍耐阴、耐寒、耐旱瘠、稍耐盐碱、不耐水涝	2～3	浅	快	强	分株、扦插	边坡、弃渣场、迹地
虎榛子 *Ostryopsis davidiana* Decne	桦木科	落叶灌木	华北、西北及华东、华中部分地区的土石山区	耐寒、较耐旱、耐瘠薄，对土壤要求不严	1～3	根系发达	快	强	植苗、播种、分根	边坡、弃渣场、迹地
玫瑰 *Rosa rugosa* Thunb.	蔷薇科	落叶灌木	华北、西北和西南	喜光、耐旱、耐涝、耐寒冷，适宜生长在较肥沃的砂质土壤中	2		快	强	播种、分株、扦插	管理区
三裂绣线菊 *Spiraea trilobata* Linn.	蔷薇科	落叶灌木	黑龙江、辽宁、内蒙古、河北、山西、山东、河南、陕西、甘肃、安徽等	喜光、耐寒、喜肥沃土壤、耐旱、耐修剪	1～2		快	强	播种、分株、扦插	管理区、库区

续表

植物名称	科名	植物性状	主要分布区	适宜生境	一般高/m	根系分布	生长速度	萌生能力	主要繁殖方法	适宜栽种区域
铁杆蒿 *Artemisia sacrorum* Ledeb.	菊科	多年生草本或半灌木	除高寒地区外，几乎遍布全国	耐旱，具有一定耐寒性	0.3～1	根系发达	快	强	播种	迹地、弃渣场、取土场
榛子 *Corylus heterophylla* Fisch. ex Trautv.	桦木科	落叶灌木或小乔木	东北、华北及西北、西南部分地区的土石山区	喜光、耐寒、较耐旱、耐瘠薄	1～7	根系发达	快	强	播种、压条、分根	边坡、山丘临时道路、施工营造区
紫穗槐 *Amorpha fruticosa* Linn.	豆科	落叶灌木	东北、华北、西北、华东	耐旱、耐碱、耐瘠薄，适应性强	1～4	深根	快	强	播种、扦插及分株	采石场、迹地、弃渣场
华北卫矛 *Euonymus maackii* Rupr	卫矛科	落叶灌木或小乔木	我国北部、中部及东部	喜光、耐寒、耐旱、稍耐阴，也耐水湿	可达6	深根	慢	强	播种、扦插	河堤、库区
枸骨 *Ilex cornuta* Lindl. et Paxt.	冬青科	常绿灌木或小乔木	长江中、下游	喜光，适宜湿润沃土和温暖气候	3～4		慢	强	播种、扦插	管理区、道路两侧
柽柳 *Tamarix chinensis* Lour.	柽柳科	落叶小乔木或灌木	华北、西北、东北和华中部分地区，沙地、黄土丘陵及盐碱地	喜光、适应性强、极耐寒、耐旱、耐瘠薄、耐盐碱、耐水湿	可达8	深根	快	强	植苗、插条	迹地、弃渣场、取土场
枸杞 *Lycium chinense* Miller	茄科	落叶灌木	西北、华北、华东、华南、西南及东北部分地区	适应性强、喜光、耐寒、耐旱、耐瘠薄，在盐碱沙荒地上也能生长	0.5～1	主根发达，侧根少	快	强	植苗、播种、分根、压条	取土场、采石场
黄杨 *Buxus sinica* （Rehs. et Wils) M. Cheng	黄杨科	常绿灌木或小乔木	东北、西北、华中、西南	耐阴、喜光、喜湿润、耐旱、耐热、耐寒	1～7		慢	强	播种、扦插	管理区、山地丘陵区的挖填边坡
沙枣 *Elaeagnus angustifolia* Linn.	胡颓子科	落叶小乔木或灌木	东北、华北、西北	抗旱、抗风沙、耐盐碱、耐贫瘠	3～15	浅根，侧根发达，根幅很大	快	强	播种、扦插	道路两侧
胡颓子 *Elaeagnus pungens* Thunb.	胡颓子科	大型常绿有刺灌木	华北、华中、华东、华南	喜光、喜温暖湿润环境、耐干旱贫瘠、不耐水涝	3		中	中	播种、扦插	边坡、临时道路

续表

植物名称	科名	植物性状	主要分布区	适宜生境	一般高/m	根系分布	生长速度	萌生能力	主要繁殖方法	适宜栽种区域
红果仔 *Eugenia uniflora* Linn.	桃金娘科	常绿灌木或小乔木	广东、广西	喜光、宜温暖湿润环境	可达5	侧根发达	中	中	播种	边坡、取土场、堆土场
沙棘 *Hippophae rhamnoides* Linn.	胡颓子科	落叶小乔（灌）木	华北、西北及西南等地	耐瘠薄及水湿、耐盐碱，适宜干旱石质山地、黄土丘陵及沙地生长	2～10	根系发达	快	强	播种、根蘖、扦插	采石场、取土场、弃渣场
荆条 *Vitex negundo* Linn. var. *heterophylla*（Franch.）Rehd.	马鞭草科	落叶灌木	东北、华北、西北、华中、西南等省区	向阳干旱山坡、沟地、石砾地、沙荒地	0.6～2	根系发达	中	强	播种、分根	边坡、采石场、弃渣场
苦参 *Sophora flavescens* Ait.	豆科	落叶小灌木或半灌木	华北、西北、华中、西南地区，海拔300～1500m的丘陵、低山	适应性强、耐寒、耐旱、耐瘠薄、耐盐碱，对土壤要求不严	1～3	主根发达，侧根不明显	中	中	播种	弃渣场、取土场
柠条 *Caragana intermedia* Kuang et H. C. Fu	豆科	落叶灌木	西北黄土高原	喜光、耐旱、耐寒、耐瘠薄，对土壤要求不严	1～2	深根	快	强	播种	弃渣场、取土场
小叶锦鸡儿 *Caragana microphylla Lam.*	豆科	落叶灌木	东北、华北、山东、陕西和甘肃	喜光、抗寒、耐瘠薄、耐旱、忌涝	0.4～1	深	快	强	播种、扦插	边坡、道路、施工营造区
锦鸡儿 *Caragana sinica*（Buchoz）Rehd	豆科	落叶灌木	辽宁、河北、山西、河南、陕西、甘肃、江苏、浙江、四川等	喜光，常生于山坡向阳处，耐瘠薄、耐旱、忌涝	1～2	根系发达，有根瘤	快	强	播种	边坡、施工营造区
马桑 *Coriaria nepalensis Wall.*	马桑科	落叶有毒灌木或小乔木	西南、华中及西北部分地区海拔2000m以下的丘陵山地	喜光、稍耐寒、耐旱、耐瘠薄、稍耐盐碱，喜生于石灰性土壤	4～6	根系发达	快	强	插条、埋条、植苗、播种	边坡、山丘临时道路、施工营造区
文冠果 *Xanthoceras sorbifolia Bunge*	无患子科	落叶灌木或小乔木	东北、华北及陕西、甘肃、宁夏、安徽、河南等地	喜光、较耐寒、耐旱瘠	1～8	深根	快	强	植苗、直播压条、播种	边坡、弃渣（土）场

续表

植物名称	科名	植物性状	主要分布区	适宜生境	一般高/m	根系分布	生长速度	萌生能力	主要繁殖方法	适宜栽种区域
杞柳 *Salix integra Thunb.*	杨柳科	落叶丛生多年生灌木	东北地区及河北燕山	喜光、很耐寒、较耐旱、耐水湿、稍耐盐碱	1～5	主根少而深，侧根发达	快	强	扦插、播种	管理区、库区、堤岸、边坡
沙柳 *Salix psammophila* C. Wang et Ch. Y	杨柳科	灌木或小乔木	沙地、平地、河边	喜光、稍耐寒、耐旱、耐水湿、较耐盐碱	1～5	根系发达	快	强	扦插、播种	库区、堤岸、边坡
胡枝子 *Lespedeza bicolor Turcz.*	豆科	落叶灌木	华北和东北南部、华中、华东以及西北部分地区的土石山区，海拔2000m以下的沟谷、河岸、丘陵、低山、阴坡	极耐寒、耐旱、耐瘠薄、耐轻度盐碱	可达3	根系发达	快	强	播种和插条	边坡、弃渣（土）场、迹地、取土场
白刺花 *Sophora davidii* (*Franch.*) *Skeels*	豆科	落叶灌木	海拔1700m以下的土石山区和黄土地区	喜光、耐寒、耐旱、耐瘠薄	1～2	根系发达	快	强	植苗	边坡、弃渣（土）场、迹地、取土场
猪屎豆 *Crotalaria pallida* Ait.	豆科	多年生草本或直立矮小灌木	福建、台湾、广东、广西、四川、云南、山东、浙江、湖南等省区海拔100～1000m的荒山草地及砂质土壤之中	花期长，耐旱、耐瘠，抗逆性强，生长迅速，可涵养水土、提高地力	0.6～1	根系发达	快	强	种子	堤岸与道路边坡、河床地区
葛藤 *Pueraria lobata* (Willdenow) Ohwi	豆科	多年生草质藤本	秦岭、淮河以南，黄河流域及东北南部的荒谷、河岸、斜坡	喜温湿，对土壤要求不严，较喜偏酸性土壤	茎可达10～30	深根	快	强	植苗、播种、插条、压条	采石场、取土场、弃渣场
铺地柏 *Sabina procumbens* (Endl.) Iwata et Kusaka	柏科	常绿匍匐灌木	黄河流域至长江流域广泛栽培	喜光、稍耐阴，适生于滨海湿润气候，对土质要求不严，耐寒、不耐水湿	0.75		快	强	扦插	弃渣场、取土场

续表

植物名称	科名	植物性状	主要分布区	适宜生境	一般高/m	根系分布	生长速度	萌生能力	主要繁殖方法	适宜栽种区域
金丝桃 *Hypericum monogynum* Linn.	藤黄科	半常绿小灌木	河北、山东、河南、陕西及南方地区	喜光、稍耐阴，喜生于湿润砂壤土	0.5～1	根呈圆柱形	快	强	播种、扦插、分株	取土场、弃渣场
毛竹 *Phyllostachys heterocycla* (Carr.) Mitf. (P. pubescens Mazel)	禾本科	多年生常绿乔木状竹类植物	秦岭、淮河以南	耐酸、喜光、不耐寒，喜湿润肥沃土壤	可达25	根系集中稠密，须根发达	快	强	移竹、移鞭、移笋、播种	取土场、弃渣场
爬山虎 *Parthenocissus tricuspidata* (S. et Z.) Planch.	葡萄科	多年生落叶木质藤本	辽宁、华北、华东、中南等地	喜阴、耐寒，对土壤和气候适应性强	茎可达18		快	强	扦插、压条、播种	采石场、取土场、弃渣场
水栒子 *Cotoneaster multiflorus* Bge.	蔷薇科	落叶灌木	东北、华北、西北和西南	喜光、耐寒、耐阴，对土壤要求不严，其抗逆性很强，极耐干旱和瘠薄、耐修剪	2～4		快	强	播种、扦插或嫁接	取土场、弃渣场
东方乌毛蕨 *Blechnum orientale* L.	乌毛蕨科	多年生草本	江西、浙江、四川、贵州、广西、广东、湖南、海南、福建、台湾等	耐阴、喜酸性土壤	1～2	浅根	快	强	分根	山丘临时道路、较阴湿地区
大花美人蕉 *Canna generalis* Bailey	美人蕉科	多年生草本	东南沿海	喜高温炎热、好阳光充足、不耐寒、喜肥	0.6～1.5	浅根	快	强	分根	公路边坡、管理区绿化
南美蟛蜞菊 *Wedelia trilobata*	菊科	多年生常绿草本	东南沿海	喜温暖湿润环境、耐阴、耐旱	0.1～0.2	浅根	快	强	种子、分株或扦插	边坡、堤岸、桥底绿化
铁芒萁 *Dicranopteris linearis* (Burm.) Underw.	里白科	多年生草本	热带及亚热带地区	喜阳光充足、耐阴、喜湿润酸性土壤	0.4～1.2	浅根	快	强	分株、孢子	道路边坡、迹地
大叶油草 *Axonopus affonis*	禾本科	多年生草本	广东、福建、台湾	喜光、耐阴、不耐干旱、再生力强、耐践踏，宜在潮湿的砂土生长	0.15～0.35	浅根	快	强	根蘖	道路边坡、河堤、施工营造区

续表

植物名称	科名	植物性状	主要分布区	适宜生境	一般高/m	根系分布	生长速度	萌生能力	主要繁殖方法	适宜栽种区域
糖蜜草 *Melinis minutiflora* Beauv.	禾本科	多年生草本	海南、广东、广西、福建等	耐旱，为瘠薄砂壤、酸性土壤上的先锋草种，不耐霜冻和水渍	1	浅根，根系发达	快	强	种子或扦插	管理区、采石场、弃渣场等水土流失严重地区
五节芒 *Miscanthus floridulus*（Lab.）Warb. ex Schum et Laut.	禾本科	多年生草本	华东、华中、华南、西南	喜温暖湿润环境、耐阴、耐酸性土壤	1～4	深根，根系发达	快	强	分株	边坡、迹地
铺地黍 *Panicum repens* Linn.	禾本科	多年生草本	华南、华东、台湾	适应性强、耐旱、耐湿、耐践踏	0.3～1	浅根，根系发达	快	强	种子或根茎	水库、河堤等潮湿地带的边坡
百喜草 *Paspalum notatum* Flugge	禾本科	多年生草本	台湾、广东、江西等	不耐寒、耐阴、耐旱、耐盐，适于温暖湿润环境	0.8	浅根，根系发达	快	强	播种、扦插及分株	边坡、临时道路、施工营造区
红毛草 *Rhynchelytrum repens*（Willd.）Hubb.	禾本科	多年生草本	台湾、福建、香港、广东、海南	耐旱、适应性强	0.4～1	浅根	快	强	种子	边坡、迹地
香根草 *Vetiveria zizanioides*（Linn.）Nash	禾本科	多年生草本	热带及亚热带地区	耐旱、耐涝、耐贫瘠、再生能力强，在强酸或强碱的土壤中均能生长，抗污染	1～2	深根，根系发达	快	强	分株或分蘖	陡坡、堤岸、迹地、弃渣场
竹节草 *Chrysopogon aciculatus*（Retz.）Trin.	禾本草	多年生草本	长江流域以南	抗旱、耐湿，具有一定的耐践踏性，生长于山坡或旷野	0.2～0.5	浅根	快	强	播种、分根	边坡、施工营造区、临时道路
假俭草 *Eremochloa ophiuroides*（Munro）Hack.	禾本科	多年生草本	华东、华南、西南	喜光、耐阴、耐干旱、较耐践踏，湿润草地或旷野均能生长	0.1～0.3	浅根	中	中	分根、播种	临时道路、施工营造区、取土场
玉簪 *Hosta plantaginea*（Lam.）Aschers.	百合科	宿根草本	各地	性强健、耐寒冷、喜阴湿环境、不耐强烈日光照射、宜湿润沃土	0.3～0.8	浅根	中	中	分株、播种	河堤、取土场、堆土场

续表

植物名称	科名	植物性状	主要分布区	适宜生境	一般高/m	根系分布	生长速度	萌生能力	主要繁殖方法	适宜栽种区域
松叶牡丹 *Helianthus annuus* Linn.	菊科	1年生草本	各地	喜光、耐旱	1～3	主根入土较深，侧根上长有许多须根	中	强	播种	施工营造区、取土场、堆土场
红三叶 *Trifolium pratense* L.	豆科	多年生草本	淮河流域以南	喜湿润海洋性气候和钙质黏壤土	1	主根入土不深，侧根发达	中	强	播种	取土场、堆土场、弃渣场
凤尾丝兰 *Yucca gloriosa* Linn.	龙舌兰科	多年生木本	长江流域及以南	喜温暖湿润和阳光充足环境，耐寒、耐阴、耐旱、较耐湿	1	浅根	中	中	分株、扦插	道路两侧、管理区
结缕草 *Zoysia japonica* Steud.	禾本科	多年生草本	东北、山东、华中、华东与华南的广大地区	喜空气湿润的海洋性气候，要求疏松肥沃、排水良好、中性至微碱性的砂质壤土，宜光照充足，不耐阴、抗旱、抗寒、耐高温、耐践踏	0.1～0.2	须根较深，具坚韧的地下根状茎，能节节生根	快	强	播种、分根	边坡、河堤、管理区、道路两侧
狗牙根 *Cynodon dactylon* (Linn.) Persl	禾本科	多年生草本	黄河流域以南	喜光、耐干旱，适应性强	0.1～0.3	根系发达，匍匐状	快	强	播种、分根	边坡、河堤、取土场
草芦 *Phalaris arundinacea* Linn.	禾本科	多年生草本	温带地区，华中、华北及江苏、浙江等地	喜温暖湿润气候，常生于多水的湿地，抗寒性较强，在北京可越冬，在南京可越夏	1	根系发达，有根状茎	快	强	播种、分株	取土场、低洼弃渣场
小糠草 *Agrostis alba* L.	禾本科	多年生草本	温带地区，华北、长江流域及西南地区	适应性强、耐寒、抗热、喜湿润土壤、耐旱，对土壤条件要求不高，以黏壤土及壤土为佳，在较干的沙土上亦能生长，不耐阴，不怕践踏，耐牧性好	0.05～0.15	根茎繁殖蔓延很快，侵占性强	快	强	播种	取土场、弃渣场

续表

植物名称	科名	植物性状	主要分布区	适宜生境	一般高/m	根系分布	生长速度	萌生能力	主要繁殖方法	适宜栽种区域
草地早熟禾 *Poa pratensis* Linn.	禾本科	多年生草本	黄河流域、东北（黑龙江、吉林、辽宁）和江西、四川等地	喜温暖湿润的环境，抗寒力极强，也能耐旱，对土壤的适应性较强，在排水良好、疏松、肥沃的土壤生长特别繁茂，生长绿色期长	0.5～0.75	浅根	快	强	播种	取土场、弃渣场
苇状羊茅 *Festuca arundinacea* Schreb.	禾本科	多年生草本	北方暖温带的大部分地区及南方亚热带地区	适应性强，耐湿、耐寒、耐旱、耐热、耐酸、耐盐碱，在肥沃、潮湿、黏重的土壤上生长最佳，可与其他草种混播	0.5～0.9	根系发达而致密	快	强	播种	取土场、弃渣场
野牛草 *Buchloe dactyloides*（Nutt.）Engelm.	禾本科	多年生草本	西北、华北及东北	阳性、耐寒、耐瘠薄干旱、不耐湿	0.05～0.25	根系发达，匍匐状	快	强	播种、分根	临时道路、施工营造区
沙打旺 *Astragalus adsurgens* Pall.	豆科	多年生草本	东北、西北、华北和西南地区	抗寒、抗旱、抗风沙、耐瘠薄、较耐盐碱	0.5～0.7	主根长而弯曲，侧根发达	快	强	播种	迹地、弃渣场、取土场
白花草木樨 *Melilotus alba* Medic. ex Desr.	豆科	1年生或2年生草本	东北、华北、西北及西南各地	耐旱瘠、抗盐碱，生活力强	2	浅根发达	快	强	播种	边坡、弃渣场
紫花苜蓿 *Medicago sativa* Linn.	豆科	多年生草本	东北、西北、华北、淮河流域	喜温暖半干旱气候、耐强碱、喜钙	1.2	主根发达，侧根多	快	强	分株、播种	边坡、取土场、堆土场
山野豌豆 *Vicia amoena* Fisch. ex DC.	豆科	多年生草本	华北、东北、西北	耐寒性强、宜砂质土壤	0.8～1.2	侧根发达	中	中	播种、扦插	临时道路、施工营造区
红豆草 *Onobrychis viciifolia* Scop.	豆科	多年生草本	东北、华北、西北	喜干旱，适宜生石灰性土壤，适应性强	0.3～1.2	深根型，根系强大，主根粗壮	快	强	播种	边坡、施工营造区、临时道路

续表

植物名称	科名	植物性状	主要分布区	适宜生境	一般高/m	根系分布	生长速度	萌生能力	主要繁殖方法	适宜栽种区域
铺地木蓝 *Indigofera spicata* Forsk	豆科	多年生草本	福建、广东、广西、云南、台湾	喜温暖湿润气候，抗旱瘠，适宜沙滩、红黄壤土	1～1.5	主根粗，侧根发达，浅生小根多，贴地蔓节生不定根，根系密生根瘤	慢	强	播种、扦插	边坡、管理区绿化
紫云英 *Astragalus sinicus* Linn.	豆科	1年生或越年生草本	长江中下游	喜光、喜温暖湿润环境，耐湿性较强	1	主根肥大，侧根发达	中	中	播种	施工营造区、管理区绿化
多变小冠花 *Coronilla varia* L.	豆科	多年生草本	华北、华东、华中、西北等地	耐旱力强，适应性广，抗逆性强	0.25～0.5	根系粗壮，侧根发达，根上具不定芽、有根瘤	快	强	播种、扦插	边坡、弃渣场、迹地
白三叶草 *Trifolium repens* Linn.	豆科	多年生草本	中亚热带及暖温带地区	喜温暖湿润气候、不耐干旱和水渍、耐酸性土壤、耐践踏	0.3～0.6	主根较短，侧根发达，多根瘤	较慢	中	种子	河堤、道路边坡、管理区绿化
草木樨 *Melilotus officinalis* (Linn.) Pall.	豆科	1年生或2年生草本	东北、华北、内蒙古、西北、东部各地	耐旱、耐寒、耐盐、不耐潮湿	1～3	根系发达	快	强	播种	管理区、弃渣（土）场、取土场
葱兰 *Zephyranthes candida* (Lindl.) Herb.	石蒜科	多年生草本	常见黄河以南区域	喜光、耐半阴和低湿，适宜肥沃有黏性而排水好的土壤，较耐寒	0.3～0.4	浅	快	强	分株、播种	管理区
天堂草（矮生百慕大草） *Cynodon dactylon* C. *transadlensis* Tifdwarf	禾本科	多年生草本	温带地区，黄河流域以南各地	耐寒、耐旱、病虫害少，耐刈割、践踏	0.1	浅根	慢	中	播种、分根	取土场、弃渣场
白三叶 *Trifolium repens* L.	豆科	多年生草本	各地	喜温暖湿润环境，较耐旱、耐寒	0.3～0.4	浅	快	强	分株、播种	管理区、弃渣（土）场、取土场、施工营造区、边坡

(6) 工程绿化植物材料应根据其技术特点和当地气候条件酌情确定。

8.2 常规绿化

常规绿化设计主要适用于主体工程管理范围所涉及的有正常土壤层的无扰动、轻微扰动和扰动后经土地整治覆土的土地，包括施工生产生活区、厂区、管理区、弃土（石、渣）场、土（块石、砂砾石）料场及各种开挖填筑扰动面等各类土地的绿化美化、植被恢复和植物防护。

常规绿化设计是按照造林学的基本原理，通过适地适树的立地条件划分和树种选择开展造林设计，设计原理可参照本手册《专业基础卷》“11.2 造林学基础”。

8.2.1 设计要点

8.2.1.1 整地设计

生产建设项目所涉及平缓土地林草措施的整地措施，可采用全面整地和局部整地。生产建设项目所涉及一般边坡的林草措施整地工程，主要采用局部整地。造林密度及整地规格可参照GB/T 18337.3开展设计。

(1) 全面整地。平坦植树造林地的全面整地应杜绝集中连片，面积过大。

经土地整治及覆土处理的工程扰动平缓地，宜采取全面整地。一般平缓土地的园林式绿化美化植树造林设计，也宜采用全面整地。

北方草原、草地可实行雨季前全面翻耕，雨季复耕，当年秋季或翌春耙平的休闲整地方法；南方热带草原的平台地，可实行秋末冬初翻耕，翌春植树造林的提前整地方法；滩涂、盐碱地可在栽植绿肥植物改良土壤或利用灌溉淋洗盐碱的基础上深翻整地。

一般边坡确需采用全面整地时，要充分考虑坡度、土壤的结构和母岩等限定条件。花岗岩、砂岩等母质上发育的质地疏松或植被稀疏的地方，一般应限定在坡度8°以下，土壤质地比较黏重和植被覆盖较好的地方，一般坡度也不宜超过15°。坡面过长时，以及在山顶、山腰、山脚等部位应适当保留原有植被，保留植被一般应沿等高线呈带状分布。另外，在坡度比较大而又需要实行全面整地的地方，全面整地必须与修筑水平阶相结合。

(2) 局部整地。局部整地包括带状整地和块状整地。

带状整地可采用机械化整地。一般平缓土地进行带状整地时，带的方向一般为南北向，在风害严重的地区，带的走向应与主风方向垂直。有一定坡度时，宜沿等高走向。

块状整地包括穴状整地、鱼鳞坑整地等。

(3) 整地规格。造林整地规格可参照GB/T 18337.3和《水土保持综合治理技术规范 荒地治理技术》(GB 16453.2) 执行。

干旱、半干旱与半湿润地区无灌溉条件的绿化工程，其整地规格宜通过林木需水量确定整地设计蓄水容积，并进行相应整地断面计算。

干旱、半干旱与半湿润地区一般边坡的林草措施的整地深度等规格，应满足相应树种根系生长要求。具有抗旱拦蓄要求的坡面整地工程，其设计断面尺寸，应根据林木需水量和相关坡面水文计算。

具体计算方法可参照GB 51018。

生产建设项目植被恢复与建设工程的整地季节，应结合工程进度和土地整治进度进行安排。除了北方土壤冻结的冬季外，一般地区一年四季都能进行整地。

8.2.1.2 植树造林植草设计

(1) 立地分析。在平缓区域的立地类型划分中，立地类型组划分的主导因子包括：海拔、降水量、土壤类型等。立地类型划分的主导因子包括：地面组成物质（岩土组成）、覆盖土壤的质地和厚度、地下水等。

各类边坡的立地类型划分的主导因子中要补充坡向、坡度（急、陡、缓）两个因子。

(2) 树草种选择与配置。首先应根据生产建设项目植被恢复与建设工程等级，进行树草种选择与配置。

1) 绿化美化类型树草种配置。

a. 1级工程主要选用当地景观树种和草种，按景观要求配置设计。

b. 2级工程的主要景区采用当地景观树种和草种，按景观要求配置设计；一般区选用风景林树种、环境保护林树种和生态类草种，按略高于一般绿化的要求进行树草种配置和设计。

c. 2级以下工程采用水土保持草种、生态草种、风景林树种和环境保护林树种，干旱半干旱区以草灌为主、乔木为辅。

2) 植物防护类型树草种配置。在施工所造成的植被扰动坡面和在涉及管理范围内有严重水土流失的，应选择水土保持树种，营造水土保持防护林。

涉水范围的水土保持护岸防浪林，选择耐水湿灌木；迎水面常水位以上坡面需草皮护坡的，散铺草皮或撒播草籽。

生产建设项目管理地、生产建设项目管辖的道路两侧，选择护岸护路林树种或农田防护林树种，营造防护林带，行带混交；水利工程的压浸平台，选择纯林或带状混交，营造防护林带或片林。

1级工程中的护路林、护堤林主要采用护岸护路林乔木树种，园林灌木点缀。有景观要求的可适当选用当地园林树种或风景树种，乔、灌、草相结合，行带状配置、行带混交。

2级以下工程的护路、护堤林，主要采用护岸护路林乔木树种，乔、灌、草相结合，行带状配置、行带混交。

干旱半干旱区以水土保持灌草为主，块状混交、带状混交。

3）植被恢复类型树草种配置。弃土（石、渣）场、土（块石、砂砾石）料场及各类开挖填筑扰动面，根据立地特点，选择困难立地植树造林树种或灌草、块状混交或整齐坡面带状混交。

涉水管理范围有环境污染问题的，选择挺水植物和沉水植物，建立生态工程植被恢复区，减污滤泥。涉及湿地恢复的，选择耐水湿树种或水源涵养林树种。

（3）植苗造林设计。

1）苗木的种类、年龄、规格和质量的要求。生产建设项目植树造林所用的苗木种类主要包括：播种苗、营养繁殖苗和两者的移植苗，以及容器苗等。园林式绿化常采用容器苗，甚至是带土坨大苗；一般水土保持林用留床的或经过移植的裸根苗；防护林和风景林多用移植的裸根苗；针叶树苗木和困难的立地条件下植树造林常采用容器苗。

一般营造水土保持林常用0.5～3年生的苗木，防护林常用2～3年生的苗木，风景林常用3年生以上的苗木。按照树种确定苗龄，主要是考虑树种的生长习性，速生的树种，如杨树、泡桐等，常用年龄较小的苗木，而慢生的树种，如云杉、冷杉、白皮松等，用年龄较大的苗木。

2）苗木的保护和处理。生产建设项目植树造林主要采用大苗造林，为了保持苗木的水分平衡，在栽植前须对苗木采取适当的处理措施。地上部分的处理措施主要包括：截干、去梢、剪除枝叶、喷洒蒸腾抑制剂等制剂；根系的处理措施主要包括：浸水、修根、蘸泥浆、蘸吸水剂、蘸激素或其他制剂、接种菌根菌等。

3）栽植技术。

a. 植树造林密度：植树造林密度应根据当地的降水条件、树种特性等确定。造林初始密度可参照GB/T 18337.3或GB/T 15776执行。

b. 混交林配置：当两个以上树种行列状或行带状混交造林时，不同树种种植点的配置不一定一致，这时单位面积造林总密度计算宜采用一个恰好能安排不同树种的造林单元。这一造林单元的最小带长等于不同树种株距的最小公倍数，这时的造林单元面积为

$$A=L[b_1(n_1-1)+b_2(n_2-1)+\cdots+dM] \tag{8.2-1}$$

式中　A——造林单元面积，m^2；

L——最小带长，取两个以上树种株距的最小公倍数，m；

b_1，b_2，…——甲树种、乙树种……的行距，m；

n_1，n_2，…——甲树种、乙树种……的行数；

d——带间距，m；

M——混交带的数量（例如甲乙两树种混交，$M=2$）。

造林单元株数为

$$n=L/a_1+L/a_2+\cdots \tag{8.2-2}$$

式中　a_1，a_2，…——甲树种、乙树种……的株距，m。

造林密度为

$$N=\frac{n}{A}\times 10000$$

具体计算详见本章“8.2.2 案例”。

涉及初步设计确定某一造林面积的苗木株数时，还应考虑具体造林树种的常规成活率和造林施工过程的正常损耗，即

$$S=\frac{N(1+D)}{C} \tag{8.2-3}$$

式中　S——单位面积用苗量，株/m^2；

N——单位面积计划植苗数，株/m^2；

D——修正系数（经验值，以小数表示；造林施工过程的正常损耗含断根、折干和主干断顶芽等意外损耗）；

C——造林区造林苗木的常规成活率（经验值），%。

多出单位面积计划植苗数N的苗木，在造林结束后应选择一合适区域集中栽植，待造林地出现死苗后定期更换，以保证后期该片造林地林木生长整齐美观。

其他常规造林栽植技术及要点详见本手册《专业基础卷》“11.2 造林学基础”。

4）植苗植树造林季节和时间。

适宜的栽植植树造林时机，从理论上讲应该是苗木的地上部分生理活动较弱（落叶阔叶树种处在落叶期），而根系的生理活动较强和根系愈合能力较强的时段。

生产建设项目植被恢复与建设工程的造林时间，应根据工程进度、土地整治进度和整地时间进行安排，也可以随整随造。

（4）植草设计。

1）播种植草。广义上种草的材料包括种子或果

实、枝条、根系、块茎、块根及植株（苗或秧）等。普通种草和草坪建植均以播种（种子或果实）为主。播种是种草中的重要环节之一，主要包括以下一些技术要点。

a. 种子处理：大部分种子有后成熟过程，即种胚休眠，播种前必须进行种子处理，以打破休眠，促进发芽。

b. 播种量：根据种子质量、大小、利用情况、土壤肥力、播种方法、气候条件及种子用价以及单位面积上拥有额定苗数而定。

播种量是由种子大小（千粒重）、发芽率及单位面积上拥有的额定苗数决定的。

$$S=\frac{N\times W\times D\times 1000}{R\times E\times C} \qquad (8.2-4)$$

式中 S——单位面积播种量，g/m^2；

N——每平方米面积计划有苗数；

W——种子千粒重，g；

D——修正系数（经验值，以小数表示）；

R——种子纯度，%；

E——种子发芽率，%；

C——播区成苗率（经验值），%。

c. 播种方法：条播、撒播、点播或育苗移栽均可，播种深度2～4cm，播种后覆土镇压可提高种草成活率。

2）草皮及草坪建植。草皮及草坪建植，其草种选择通常包含主要草种和保护草种。保护草种一般是发芽迅速的草种，其作用是为生长缓慢和柔弱的主要草种提供遮阴和抵制杂草，如黑麦草和小糠草。在酸性土壤上应以剪股颖或紫羊茅为主要草种，以小糠草或多年生黑麦草为保护草种。在碱性及中性土壤上则宜以草地早熟禾为主，以小糠草或多年生黑麦草为保护草种。混播一般用于匍匐茎或根茎不发达的草种。

草坪草混播比例应视环境条件和用途而定。我国北方以早熟禾类为主要草种，以黑麦草作为保护草种，如采用早熟禾（40%）＋紫羊茅（40%）＋多年生黑麦草（20%）的组合。在南方地区宜用红三叶、白三叶、苕子、狗牙根、地毯草或结缕草为主要草种，以多年生黑麦草、高牛尾草等为保护草种。

播种建坪是直接在坪床上播撒种子，利用草坪草有性繁殖的一种建植技术。也是草坪建植中传统的、使用技术较易掌握的一种方法。播种建坪主要分为种子单播技术和种子混播技术。

种子单播技术是选择与建坪环境相适应的一种草种建植。单播草坪草常常可以获得一致性很好的草坪。种子混播技术是用多种草坪草品种混合播种形成草坪，可以使草坪更具有抗病性、观赏性、持久性。混播建坪根据草种的特性和人们的需要，按照一定的比例用2～10种草种混合组合，形成不同于单一品种的草坪景观效果。混播技术中的品种搭配合理、组合得当，最终形成极具观赏价值的草坪。

大部分冷季型草能用种子建植法建坪。暖季型草坪草中，假俭草、地毯草、野牛草和普通狗牙根均可用种子建植法来建植。

确定播种期的依据是草坪草的生态习性和当地气候条件。只要有适宜草种发芽生长的温度即可播种，暖季型草坪草适宜发芽温度范围为20～30℃，冷季型草坪草适宜发芽温度范围为15～30℃，选择春季、秋季无风的日子最为适宜。

播种量是决定合理密度的基础。播种量过大或过小都会影响草坪建植的质量。播种量大小因品种、混合组成和土壤状况以及工程的性质而异。混合播种的播种量计算方法：当两种草混播时，选择较高的播种量，再根据混播的比例计算出每种草的用量。常见草播种量见表8.2-1，常见草坪草生产特性见表8.2-2。

表8.2-1 常见草播种量

名 称	播种量/(kg/hm^2)
紫花苜蓿	11.50～15.00
沙打旺	3.75～7.50
白花草木樨	11.25～18.75
黄花草木樨	11.25～18.75
红豆草	45.00～60.00
多变小冠花	7.50～15.00
鹰嘴紫云英	7.50～15.00
百脉根	7.50～12.00
红三叶	11.25～12.00
春箭舌豌豆	75.00～112.50
无芒麦草	22.50～30.00
扁穗冰草	15.00～22.50
沙生冰草	15.00～22.50
苇状羊毛	15.00～22.50
老芒麦	22.50～30.00
鸭脚草	11.25～15.00
俄罗斯新麦草	7.50～15.00
苏丹草	22.50～30.00
山野豌豆	45.00～60.00
白三叶	7.50～11.25
籽粒苋	0.75～1.50
黄芪	11.25
披碱草	52.50～60.00
串叶松香草	4.50～7.50
鲁梅克斯	0.75～1.50
猫尾草	3.75
羊草	37.50～60.00

表 8.2-2 常见草坪草生产特性

草种名		每克种子粒数/(粒/g)	种子发芽适宜温度/℃	草播种子用量/(g/m²)	营养体繁殖面积比/(m²/m²)
寒地型草	小糠草	11088	20～30	4～6 (8)	7～10
	匍匐翦股颖	17532	15～30	3～5 (7)	7～10
	细弱翦股颖	19380	15～30	3～5 (7)	5～7
	欧翦股颖	26378	20～30	3～5 (7)	5～7
	草地早熟禾	4838	15～30	6～8 (10)	7～10
	林地早熟禾	5524		6～8 (10)	7～10
	加拿大早熟禾	5644	15～30	6～8 (10)	8～12
	普通早熟禾	1213	20～30	6～8 (10)	7～10
	早熟禾		20～30		
	球茎早熟禾		10		
	紫羊茅	1213	15～20	14～17 (40)	5～7
	匍匐紫羊茅	1213	20～25	14～17 (40)	6～8
	羊茅	1178	15～25	14～17 (40)	4～6
	苇状羊茅	504	20～30	25～35 (40)	8～10
	高羊茅	504	20～30	25～35 (40)	8～10
	多年生黑麦草	504	20～30	25～35 (40)	8～10
	1年生黑麦草	504	20～30	25～35 (40)	8～10
	鸭茅		20～30		
	猫茅	2520	20～30	6～8 (10)	6～8
	冰草	720	15～30	15～17 (25)	8～10
温地型草	野牛草	111	20～35	20～25 (30)	10～20
	狗牙根	3970	20～35	5～7 (9)	10～20
	结缕草	3402	20～35	8～12 (20)	8～15
	沟叶结缕草		20～35		
	假俭草	889	20～35	16～18 (25)	10～20
	地毯草	2496	20～35	6～10 (12)	10～20
	两耳草		30～35		
	双穗草		30～35	6～10 (12)	7～10
	格拉马草	1995	20～30		
	垂穗草		15～20		

注 1. 括号内是指为特殊草坪目的加大了的草播种子用量。若用于种族生产时，草播种子用量应适当减少。
2. 野牛草的草播种子用量包含头状花絮量。

3）铺草皮建植。草坪铺设法就是由集约生产的优良健壮草皮，按照一定大小的规格，用平板铲铲起，运至目的铺设场地，在准备好的草坪床上，重新铺设建植草坪的方法。是我国最常用的建植草坪的方法。该方法在一年中任何时间内都能铺设建坪，且成坪速度快，但生产成本高。

一般选择交通方便、土壤肥沃、灌溉条件好的苗圃地作为普通草皮的生产基地，铺草皮护坡常应用在边坡高度不高且坡度较缓的各种土质坡面，及严重风化的岩层和成岩作用差的软岩层边坡。

4）植株分栽建植。植株分栽建植技术是利用已经形成的草坪进行扩大繁殖的一种方法。它是无性繁殖中最简单、见效较快的方法。其主要技术特点是，根据草种繁殖生长特征，确定株距和行距以及栽植深度。植株分栽建植草坪技术简单，容易掌握，但很费工，所以在小面积建坪中应用较多。

5）插枝建植。插枝建植是直接利用草坪草的匍匐茎和根茎进行栽植，栽植后幼芽和根在节间产生，使新植株铺展覆盖地面。插枝法主要用于有匍匐茎的草种。

6）天然草皮移植。天然草皮移植是高山草甸地区，特别是青藏高原等地区的主要植被保护手段。

8.2.2　案例

8.2.2.1　行带混交设计

如图8.2-1所示，甲乙树种行带状混交，甲树种一带3行，乙树种一带2行；甲树种株行距分别为a_1和b_1，乙树种株行距分别为a_2和b_2，带间距为d。

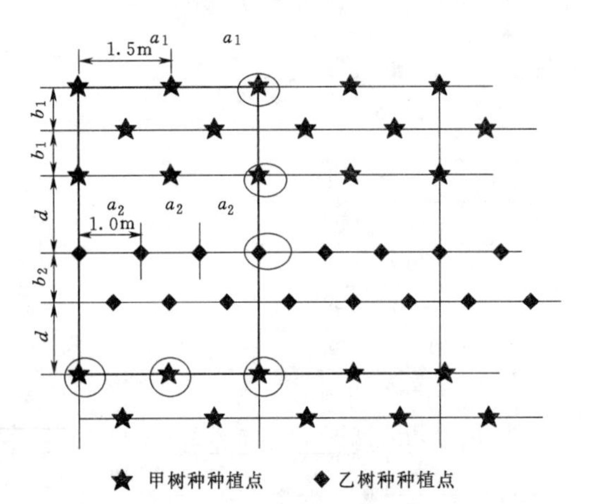

图8.2-1　行带混交树种株行距关系示意图

（1）假若a_1为1.5m、a_2为1.0m，则恰好满足其配置的最小带长为3.0m，即3.0m带长甲树种每行恰好可安排2株（株距1.5m+1.5m，3/1.5=2个种植点），乙树种每行恰好可安排3株（株距1.0m+1.0m+1.0m，3/1.0=3个种植点），甲树种三行6株、乙树种2行6株，造林单元共计12株。

（2）假若a_1为2.0m、a_2为1.5m，则恰好满足其配置的最小带长为6.0m，即6.0m带长甲树种每行恰好可安排3株（株距2.0m+2.0m+2.0m，6/2.0=3个种植点），乙树种每行恰好可安排4株（株距1.5m+1.5m+1.5m+1.5m，6/1.5=4个种植点），造林单元共计17株。

若两树种行距b_1、b_2均等于1.0m，带间距d为2.0m，则分以下两种情况进行计算。

情况一：

造林单元面积$A=L\times(b_1+b_1+d+b_2+d)\times L=3\times(1+1+2+1+2)=21(\text{m}^2)$或$A=L\times[b_1\times(n_1-1)+b_2\times(n_2-1)+M\times d]=3\times(1\times2+1\times1+2\times2)=21(\text{m}^2)$。

造林密度$N=12\times10000/21\approx5714$（株/$\text{hm}^2$）。

甲树种密度$=5714\times(6/12)\approx2857$(株/$\text{hm}^2$)；乙树种密度$=5714\times(6/12)\approx2857$(株/$\text{hm}^2$)。

情况二：

造林单元面积$A=L\times(b_1+b_1+d+b_2+d)=6\times(1+1+2+1+2)=42(\text{m}^2)$或$A=L\times[b_1\times(n_1-1)+b_2\times(n_2-1)+M\times d]=(1\times2+1\times1+2\times2)\times6=42(\text{m}^2)$。

造林密度$N=17\times10000/42\approx4047$(株/$\text{hm}^2$)。

甲树种密度$=4047\times(9/17)\approx2143$(株/$\text{hm}^2$)；乙树种密度$=4047\times(8/17)\approx1904$(株/$\text{hm}^2$)。

8.2.2.2　水电工程施工生产生活区植被恢复[1]

（1）设计条件。某水电工程施工生产生活区位于西北黄土高寒区，施工前场地以旱生型草本为主，有沙棘、中间锦鸡儿、短叶锦鸡儿等其他灌木分布或混生，呈零星灌丛状分布，盖度较低。草本植物主要有禾本科、蒿类、骆驼蓬、披针叶黄花等。黄土母质栗钙土，轻度土壤侵蚀；年降雨量在360mm左右，年平均气温在3.9～5.2℃之间，无霜期为102～120d。地势平缓。

（2）设计内容。

1）立地条件分析。黄土山前平缓台地和坡地，高寒、春季干旱。平缓台地为主要施工生产区，植被扰动严重；坡地堆放电力输送器材，轻微扰动。

2）整地。台地全面整地后块状深度整地，便于苗木防寒保温和减小土壤蒸发耗水；植树穴周边“回”字形集水整地，便于雨季降水集水于植树穴，抗旱植树造林。

坡面局部整地，连片坡面竹节式水平阶集水整地，其余不完整坡面鱼鳞坑整地。

3）植物措施设计。

a. 台面：行带混交；植树造林树种：祁连圆柏、紫花苜蓿、云杉；株行距：2m×3m；生根粉蘸根，施用菌根制剂和保水剂（保水剂用量为植树穴体积的1‰）。春季随起苗随植树造林。坡面种植紫花苜蓿，林木行间呈60cm宽带状播种。

b. 水平阶坡面：祁连圆柏、云杉。株行距：2m×4m。生根粉蘸根，施用菌根制剂和保水剂（用量为植树穴体积的1‰）。春季随起苗随植树造林。

c. 鱼鳞坑整地坡面：沙棘。株行距：2m×2m。生根粉蘸根，施用保水剂（用量为植树穴体积的1‰）。春季随起苗随植树造林。

不同形式整地的植树造林设计见表8.2-3～表8.2-5，相应的典型设计见图8.2-2～图8.2-4。

[1] 本案例由北京林业大学史常青提供。

表 8.2-3 “回”字形集水整地植树造林设计

项目	时间	方式	规格与要求
整地	秋季	“回”字形块状集水整地	块状整地，植树穴尺寸 1m×1m、深 0.6～0.8m。集水坡面拍光，集水面外围修筑宽 20cm、高 15～20cm 土埂并拍实，形成“回”字形微型集水区
栽植、林草复合	春季	植苗、播种	行带混交。植树造林树种：祁连圆柏、紫花苜蓿、云杉。株行距：2m×3m。生根粉蘸根，施用菌根制剂和保水剂（用量为植树穴体积的 1‰）。春季随起苗随植树造林。坡面种植紫花苜蓿，林木行间呈 60cm 宽带状播种
抚育	春季、夏季		植树造林后连续抚育 3 年

表 8.2-4 竹节式水平阶集水整地植树造林设计

项目	时间	方式	规格与要求
整地	秋季	竹节式水平阶	尽量不破坏周边原始植被，地埂拍实，熟土回填
栽植	春季	植苗	植树造林树种：祁连圆柏、云杉。株行距：2m×4m。生根粉蘸根，施用菌根制剂和保水剂（用量为植树穴体积的 1‰）。春季随起苗随植树造林
抚育	春季、夏季		植树造林后连续抚育 3 年

表 8.2-5 鱼鳞坑整地植树造林设计

项目	时间	方式	规格与要求
整地	秋季	鱼鳞坑	尽量不破坏周边原始植被，地埂拍实，熟土回填
栽植	春季	植苗	植树造林树种：沙棘。株行距：2m×2m。生根粉蘸根，施用保水剂（用量为植树穴体积的 1‰）。春季随起苗随植树造林
抚育	春季、夏季		植树造林后连续抚育 3 年

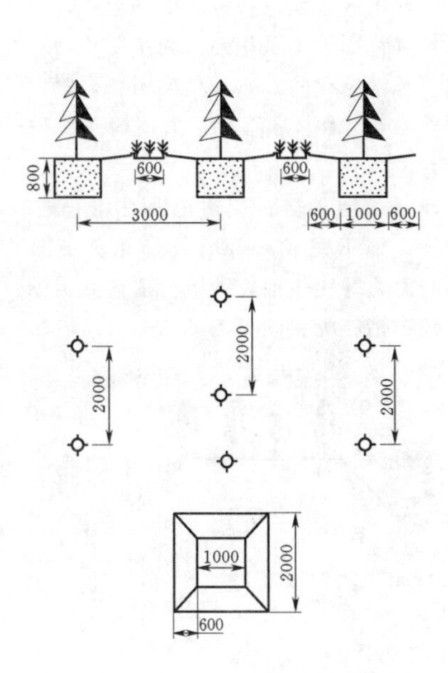

图 8.2-2 “回”字形集水整地典型植树造林设计图（单位：mm）

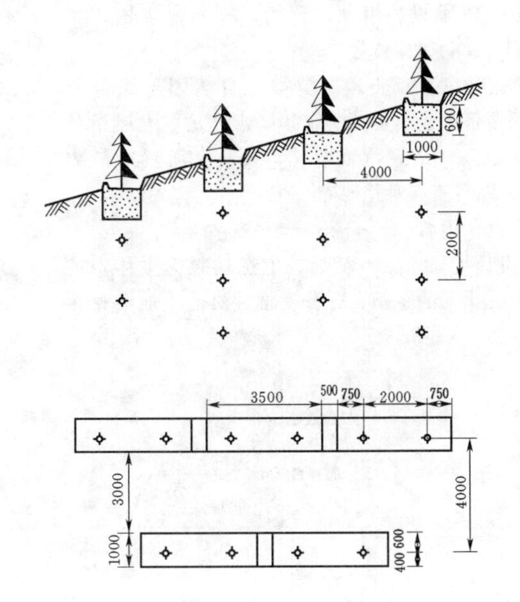

图 8.2-3 竹节式水平阶集水整地植树造林设计图（单位：mm）

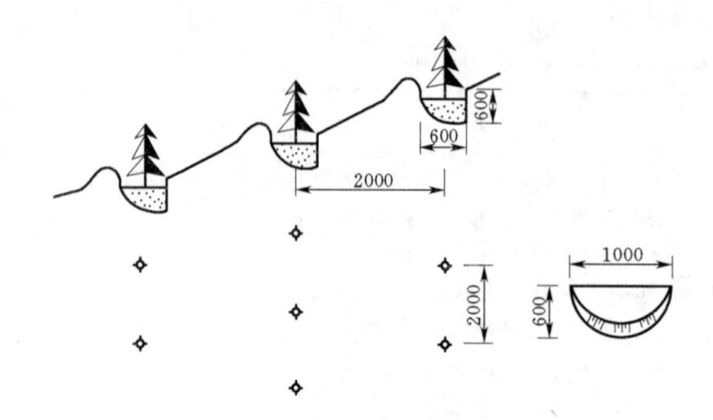

图 8.2-4　鱼鳞坑整地典型植树造林设计图（单位：mm）

8.2.2.3　南水北调某工程

（1）设计条件。南水北调某工程，防治区主要包括圩堤防治分区、河道防治分区、青坎防治分区、弃土防治分区、道路防治分区。

（2）立地分析。属亚热带季风气候区，冬季寒冷干燥，夏季炎热多雨。年平均气温介于 14～16℃之间，无霜期 220～240d，多年平均蒸发量 1060mm，多年平均降水量 1037mm。地貌类型为平原沼泽洼地，沿线地形比较平坦。土壤类别为水稻土和湖沼泽土壤，土地有机质含量较高，土壤肥沃。基本植被类型区为落叶常绿阔叶混交林地带，植被资源丰富，树林种类繁多，适合种植的主要品种包括：雪松、马尾松、落叶松、玉兰、柳杉、柏木、梧桐、棕榈、高山栎、枫香、樟树、女贞、栾树、海棠、白桦、枫杨、樱花、红椿、柳树、苦楝、苏铁、榆树、旱莲、黄连木、珙桐、鹅掌楸、川楝、黄杨、梓木、刺槐、女贞、山茶、杜鹃、慈竹等。

根据上述气候、土壤、植被等自然因子综合分析，工程项目区光热资源丰富，降水充足，土层相对较厚，立地条件适宜植物生长，采取全面整地耕翻 20cm 后，即可直接种植林草。

（3）设计内容。

1）设计指导思想。以营造生态景观为主体，贯穿“水利文化”的主题，充分发掘宝贵的土地资源潜力，在提高整体环境质量的同时体现地域特色。树立“以人为本、以绿养绿”的理念，为沿河镇区居民创造一个优美的休憩生活环境，经济林收入全部用于补植、养护和深度绿化。

充分利用疏浚河道的弃土，进行地形地貌改造，力求顺直，充分体现自然景观要素。对沿河大面积的绿地规划，引入生态园林景观的理念，以乡土树种为空间构架和以地被植物为平面体系，并引用景观效果好、适合本地区生长的植物品种，通过艺术加工，创造一个自然和谐的生态环境。在整个景观段中，沿河分布生态景观群，在设计风格上采用现代自然式植物景观为主体，并考虑与周围环境相协调。

2）植物措施设计。

a. 圩堤防治区：本着“以绿养绿”的原则，圩堤坡顶设计种植经济速生树种意杨，株距 4m×4m，采用梅花形种植。在靠近城镇段的河道，圩堤两侧改用垂柳、香樟等更具景观效果的树种。

b. 河道防治区：河坡设计水位以上考虑铺植狗牙根草皮防护，狗牙根属暖季型草坪草，匍匐茎发达，形成的草坪低矮强健，是优良的水土保持植物。

c. 青坎防治区：青坎防治区以铺植狗牙根草皮为主，但在靠近城镇的河段，考虑到河道的景观效果，河段沿河一线种植一排垂柳、碧桃、紫薇，株距 4m。

d. 弃土防治区：弃土区坡面撒播白三叶草籽防护，白三叶属豆科，多年生，具匍匐茎，蔓延快，耐贫瘠，后期基本不需养护，降低了后期林草管理养护费用。弃土区顶面以栽种欧美杨为主，但在砂土质弃土区，其稳固性不是很强，为了防止雨水冲刷，特别增加了顶部绿化防护，种植栾树、合欢、千头椿和银杏等乔木，株距 4m×3m，采用梅花形种植，形成防护林。

e. 道路防治区：交通道路在工程建设期作为施工便道，施工完成后为管理通道。中间 4m 宽为道路，两侧为绿化用地，种植行道树欧美杨，株距 4m。

植物措施配置图见图 8.2-5。

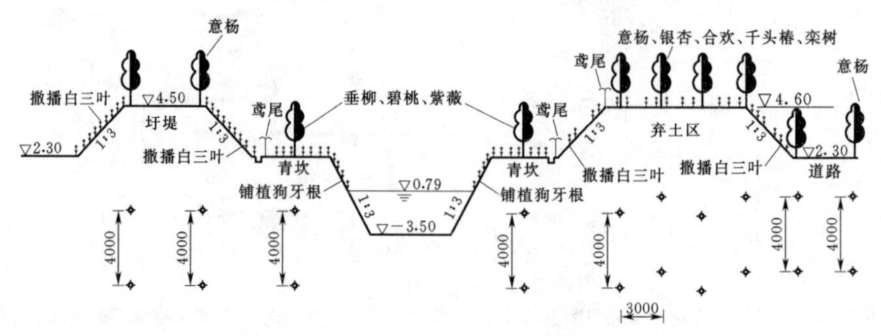

图 8.2-5　南水北调某工程植物措施配置图（高程单位：m；尺寸单位：mm）

8.2.2.4 拦河坝下游边坡绿化[1]

(1) 设计条件。拦河坝为堆石坝，下游边坡采用混凝土框格植草进行护坡。

(2) 设计内容。

1) 立地条件。措施实施前，本区为坝后堆石边坡，坡度1∶3。

2) 措施设计及实施。堆石坡面首先构筑混凝土框格梁，梁水平间距300cm、上下间距240cm，净高30cm。框格梁内覆土约20cm后种植红叶石楠、金叶女贞、小叶女贞、麦冬草等灌草植物种类，详见图8.2-6。

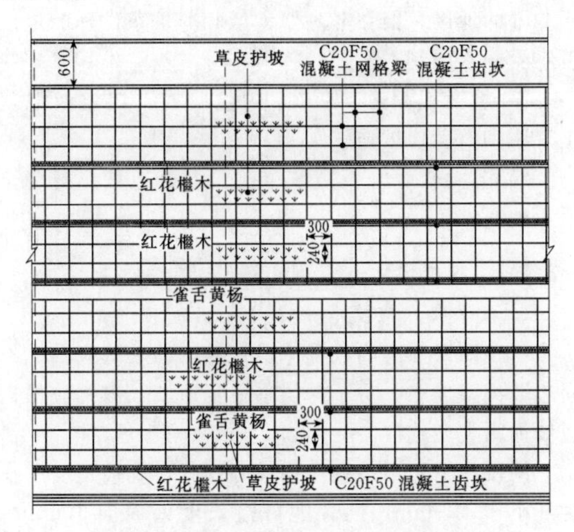

图8.2-6 拦河坝下游边坡绿化防护施工设计图（单位：cm）

8.2.2.5 一般土质边坡植树造林

(1) 设计条件。华光潭梯级水电站位于浙江省杭州市临安区（原临安市）的昌化江上游巨溪上。工程由2个梯级组成，其中因二级水电站及调压井施工，部分开挖土石方沿二级调压井下方的缓坡流失，对调压井下方坡面植被造成破坏，形成裸露边坡，边坡面积0.82hm²，需恢复植被。工程区多年平均降水量1794mm，多年平均气温15.3℃。地质情况良好，土壤以红壤为主，森林覆盖率达73.9%，乔木主要以马尾松等为主。水土流失以微度水力侵蚀为主，部分地方有沟蚀。

(2) 设计内容。

1) 立地条件：边坡坡顶（调压井平台）高程251.00m，底高程186.00m，最大坡高65m，平均坡度约25°，阳坡。坡面组成物质主要为施工初期开挖的表层覆盖层，其中夹杂少量石渣，可满足植被恢复需要，不需另覆土。

2) 植树造林设计：植树造林坡面位于二级水电站厂房后侧，没有园林景观要求，但需与周围环境相协调，尽可能使坡面恢复后不产生突兀感，设计选择针叶树种，采用种植湿地松进行坡面植被恢复。为便于坡面施工，不直接栽植较大的苗木，选用2年生苗，矩形配置，初植株行距1.0m×1.0m。工程区降雨丰富，除栽植初期需浇水外，不需布置永久浇灌设施。边坡植树造林设计见图8.2-7。

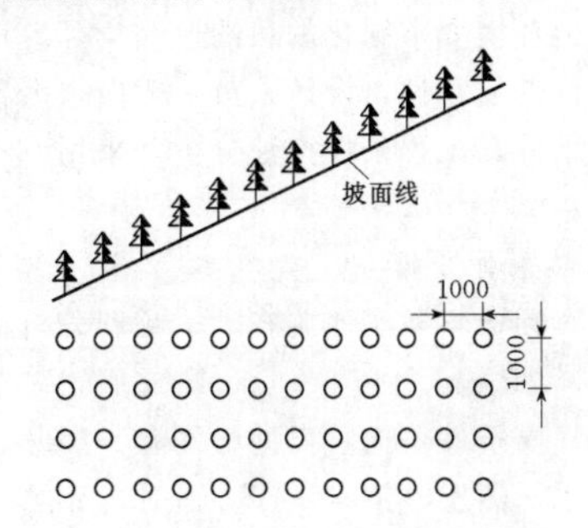

图8.2-7 华光潭二级水电站调压井下方边坡植树造林设计（单位：mm）

8.3 工 程 绿 化

工程绿化是指在水土保持工程中进行植被恢复建设时，由于立地条件较差，需要以土木工程措施为基础进行绿化的技术或方法。工程绿化技术广泛应用于控制水土流失的绿化、保护环境的绿化和美化风景的绿化。其技术体系由土木工程措施基础上的生境营造、形成稳定植物群落的植被营造和必要的维护管理三部分组成。工程绿化技术按照应用材料、技术形式、技术特点和适用范围有多种类型划分，常见工程绿化技术有客土喷播绿化、植被混凝土护坡绿化、植生毯绿化护坡、生态袋绿化护坡、生态型框绿化护坡、桩板挡土绿化护坡等。

工程绿化技术是在工程建设实践过程中根据水土保持、生态保护和景观的需要，研发并不断完善的新型绿化工法。现有技术规程、规范不能完全满足其设计与施工的要求。因此，在选择应用工程绿化技术进行设计时应遵循以下准则。

(1) 工程绿化边坡通过主体工程设计、治理达到稳定状态，工程绿化只是对坡体表面或浅层进行防护性绿化。

(2) 工程绿化措施所应用的材料，以及这些材料应用过程和形成的结构本身是安全和稳定的，工程绿

[1] 本案例由江苏水利勘测设计研究院有限公司陈航、谢凯娜提供。

化措施对坡体施加的荷载不会对边坡稳定产生不利影响。

(3) 工程绿化设计必需的结构和稳定计算方法应由技术、产品供应商在技术应用手册或产品手册中提供，工程绿化技术产品应满足安全稳定前提下的质量检验和评定规则要求。

作为工程绿化设计就是通过对绿化对象的勘察与分析，确定合适的工程措施和绿化方法，实现安全、稳定及其他环境要求绿化的目的。在实际应用中，由于项目条件的复杂性，设计人员一般应根据具体情况进行自然条件和工程条件论证分析，采用一种或多种组合技术。

1. 自然条件分析

通过查阅资料和实地调查，了解和分析项目区自然条件的详细情况。

(1) 气候条件：气候类型和气温、湿度、风向和风速、降水、蒸发、雷暴、雾、辐射、日照等。

(2) 土壤条件：土壤类型、质地、养分、肥力及盐分含量等。

(3) 水源条件：水源类型、水性、位置、流量等。

(4) 植被：主要植物种类、植物种群和群落类型等。

(5) 地形和地貌：地貌类型、坡度、集雨面积等。

2. 工程条件分析

对照设计要求，通过查阅工程设计资料和实地踏勘，了解和分析以下涉及工程条件的详细情况。

(1) 主体工程建设情况：建设标准、总体布局情况以及边坡稳定防护设计等。

(2) 绿化工程相关情况：绿化目标、施工时间、施工和养护条件、本地区常用绿化植物种类和种源、绿化投资等。

(3) 少数民族地区或者社会环境比较复杂的地区，设计者还应该考虑当地民俗、人文条件选择工程绿化技术及其物种配置。

8.3.1 客土喷播绿化

客土喷播是利用液压流体原理将草（灌、乔木）种、肥料、黏合剂、土壤改良剂、保水剂、纤维物等与水按一定比例混合成喷浆，通过液压喷播机加压后喷射到边坡坡面，形成较稳定的护坡绿化结构。具有播种均匀、效率高、造价低、对环境无污染、有一定附着力等特点，是边坡绿化基本技术。通常依据边坡基面条件不同分为直喷和挂网喷播。

8.3.1.1 适用条件

(1) 通用条件：各地区均可应用。在干旱、半干旱地区应保证养护用水的供给；边坡无涌水、自身稳定、坡面径流流速小于 0.6m/s 的各种土、石质边坡。

(2) 直喷：边坡坡度小于45°，坡面高度小于4m的土质边坡。

(3) 三维土工网：边坡坡度小于60°，边坡高度小于8m的土质或坡面平整的石质边坡。

(4) 金属网：边坡坡度小于75°，坡面高度大于8m，坡面平整度差、风化严重的石质边坡。

(5) 技术应用包括以下一些约束条件。

1) 年平均降水量大于600mm、连续干旱时间小于50d的地区，但在非高寒地区和养护条件好的地区可不受降水限制。

2) 坡度不超过 1：0.3 的硬质岩石边坡及混凝土、浆砌石面边坡。

3) 各类软质岩石边坡、土石混合边坡及贫瘠土质边坡。

8.3.1.2 技术设计

1. 技术要点与技术指标

(1) 锚钉与网的设计。锚钉与网的选型应根据不同边坡类型选取，对于深层不稳定边坡，锚钉应根据边坡加固类型选取。

网按从上到下的顺序铺设并张紧，上坡顶反压长度不小于500mm，网片的搭接长度为横向100mm。网与坡面间距保持2/3喷射厚度，否则用垫块垫起来。

锚钉一般采用梅花形布置，间距 1000mm×1000mm，边坡周边锚钉应加密1倍左右。坡顶或坡面较破碎及风化程度较严重的部位，锚钉应加粗、加大、加长。一般锚钉外露长度为喷射厚度的80%～90%，在离坡面50～70mm处与网绑扎。

(2) 基材混合物配比。一般基材种植土、绿化基质、纤维的配比（体积比）为1：0.2：0.2。

(3) 种子配比。可参考本章“8.3.2 植被混凝土护坡绿化”。

(4) 喷射厚度。考虑边坡类型、坡度和降水量等影响因素，具体可参考表8.3-1。

2. 材料选取

(1) 锚钉：对于深层稳定边坡，锚钉主要作用为将网固定在坡面上，长度一般为30～60cm；对于深层不稳定边坡，其作用为固定网和加固不稳定边坡，应根据边坡稳定分析结果选型。规格为直径12～25mm，长度300～1000mm。

(2) 网：依据边坡类型选择普通铁丝网、镀锌铁丝网或土工网。

表 8.3-1 常用约束条件下的基材混合物喷射厚度建议值

边坡类型	年平均降水量/mm	坡比	喷射厚度/mm
硬质岩石边坡	600～900	1∶0.3	10
		1∶0.5	10
	900～1200	1∶0.3	9
		1∶0.5	9
	>1200	1∶0.3	8
		1∶0.5	8
软质岩石边坡	600～900	1∶0.75	8
	900～1200	1∶0.75	7
	>1200	1∶0.75	6
土石混合边坡	600～900	1∶0.75	6
		1∶1.0	6
	900～1200	1∶0.75	5
		1∶1.0	5
	>1200	1∶0.75	4
		1∶1.0	4
贫瘠土质边坡	600～900	缓于1∶1.0	4
	900～1200	缓于1∶1.0	3

(3) 基材混合物：由种植土、绿化基质、纤维和植物种子等组成。

种植土一般选择工程所在地原有的地表耕植土，经晒干、粉碎、过 8mm 筛即可，含水量不超过 20%。基材由有机质、肥料、保水剂、稳定剂、团粒剂、消毒剂、酸度调节剂等按照一定比例混合而成，一般由现场试验确定配合比，也可采用有关单位的专利产品。纤维就地取材，秸秆、树枝等粉碎成 10～15mm 长即可。种子一般选择 4～6 种冷、暖型混合植物。

8.3.1.3 施工要求

1. 清坡

(1) 边坡坡面基本平整，坡比不大于 1∶0.75，坡顶与自然边坡圆滑过渡。

(2) 坡顶采取防冲蚀措施。顺向坡坡顶应修建截排水沟，排水沟距边坡大于 1m。反向坡坡顶如无汇水空间，可修防水垄。

(3) 对于回填边坡，其填方土应压（夯）实，超填应削坡。

(4) 沟槽及冲沟处理办法：在沟槽及冲沟底部做台状处理，用降解袋装土压实后，自下至上依边坡坡率逐袋叠放，用锚杆加以固定。喷播前割破包装袋表面，以利植物生根。

(5) 按照设计要求做好引排水设施。

2. 挂网

(1) 按设计标准严格使用质量合格的金属网或土工网。坚硬岩质崖坡，一般使用金属网网丝直径 2.5～3mm，网眼不大于 50mm×50mm。网长和幅宽根据边坡高度和宽度选定。土质和土石陡急险坡可使用网丝直径 2mm 的金属网。

(2) 边坡顶部安全包裹范围通常不得少于 60cm，根据坡体的稳定性和安全性可适当加宽包裹坡头的距离。

(3) 金属网铺设上下边缘整齐一致，纵向连接时，连接上下金属网的金属丝，必须环环缠绕串联，不得遗漏一环。

(4) 金属网横向连接时，两网重叠宽度不小于 8cm。覆在上面的金属网边缘需要全部打结，不得遗漏。金属网连接处应平整，边缘无突起的网丝。

3. 固网

(1) 土质边坡和土石边坡固网锚杆规格：主锚杆长 300mm，钢筋直径 10mm；辅锚杆长 200mm，钢筋直径 10mm。如遇沙质土边坡，主锚杆长度为 400～600mm。锚杆密度为（3 主锚杆+15 辅锚杆）/10m²。

(2) 坚硬岩质边坡固网锚杆规格：一般要求主锚杆长 300～400mm，钢筋直径 12～16mm；辅锚杆长 250mm，钢筋直径 12mm。锚杆密度为（2 主锚杆+13 辅锚杆）/10m²。

(3) 锚杆前端呈切割斜面，弯头处呈“「”形或“∩”形，弯头长度不小于 30mm。使用“「”形锚杆固定金属网时，锚杆沿网孔最上缘垂直钉入边坡，弯头朝坡头方向钉入边坡。使用“∩”形锚杆固定金属网时，锚杆开口向下沿网孔最上缘垂直钉入边坡。

(4) 当同时固定两幅金属网时，应将两幅金属网的金属丝同时固定在锚杆的弯头内。在两幅金属网搭接处，锚杆需将两幅网的铁丝同时压住。在坡头包裹处固定金属网，锚杆以 70°～80°角斜向钉入地面。

(5) 钉入坡体的锚杆要牢固且稳定。当边坡形态起伏时，可在边坡起伏拐点处增设锚杆，以保证网体与坡体平行。边坡锚固后的金属网要松紧适度，一般在锚杆固定的中间拉起 5～20cm 距离者为适度。岩质边坡固定金属网，可借助电锤打眼，然后放入锚杆。

（6）沙土质边坡固定金属网，由于其松散不易固定，可用木桩钉入坡体加以固定，木桩长短根据边坡情况而定。

4. 喷播

（1）根据边坡起伏特征试验确定均匀喷播技术方法。

（2）空压机带负荷作业压力保持在 6.5～7.3Pa。

（3）喷射管喷播作业角度为 75°～90°。单管喷射时，最大喷射距离不得超过 250m；双管喷播时，其中 1 支喷射管的最大喷射距离不得超过 140m。

（4）喷播厚度。

1）单层喷播。土质边坡和土石边坡喷播厚度为 5～8cm；坚硬岩质边坡喷播厚度为 8～15cm。

2）双层喷播。底层客土喷播厚度为 5～8cm；上层基材喷播厚度为 5～8cm。

8.3.1.4　管护要求

1. 挂遮阳网和无纺布

（1）每条喷播后立即挂网遮阳。阴坡面挂单层遮阳网，阳坡面先铺无纺布再挂遮阳网。

（2）无纺布、遮阳网应完全牢固地覆盖边坡，喷播面不可有裸露。

2. 初期浇水养护

（1）喷播基材初凝后第一次浇水建议在 12h 内完成。最长不宜超过 24h。

（2）浇水原则：边坡上部浇水量大于边坡下部，上部浇水时间应适当加长。在无自然降水补给时，在喷播后到禾本科植物发全苗前一定确保边坡水分供给，以保证喷播面湿润，避免形成板结影响出苗。

3. 摘网

摘网时间需根据阴、阳坡及施工季节不同而不同。建议草本类植物苗高在 3～5cm，豆科类植物苗高在 2～4cm（生真叶前）之间摘网，过早不利保墒，过晚会发生灼苗现象。

4. 补救

如喷播面出现出苗不好情况，及时分析原因，尽早采取补救措施。

8.3.1.5　同类技术

为克服客土喷播在抗冲刷性、耐候性等方面的不足，科技工作者在此技术基础上研发了厚层基材喷播绿化技术、有机纤维喷播绿化技术、高次团粒喷播绿化技术等。

1. 厚层基材喷播绿化

因基材质量轻，同等条件下可以在陡坡上形成更厚的植生层而得名。采用立式双罐干法喷射机、配料输送机等成套设备及其施工工艺规程。以草炭土、腐叶土、植物纤维为主材，与有机堆肥配制成植生基材，加入黏合剂等其他调理添加剂，依靠压缩气流输送喷覆在坡面上，借助锚固在坡面上的钢丝网包络骨架形成稳定的植生基质层。特点是纤维状材料在钢丝网上交织形成雀巢骨架结构，依靠黏合剂将粒状、卵状、片状有机材料稳固在坡面上，基材整体质量轻，固结厚度大。

（1）技术特点。在基地（或现场）以草炭土、腐叶土、有机物碎屑与有机堆肥按比例混合，有机质材料比重大于 60%；施工时可现场取无砾石土混配，沙粒含量应小于 10%。

锚杆直径随坡度增加而增加，锚杆长度随坡质硬度降低（或风化程度）而增加，较破碎的石质坡应增加锚杆密度，稳定性差的坡面应增加锚固措施。

（2）典型设计。厚层基材喷播典型剖面图和平面设计图见图 8.3-1。

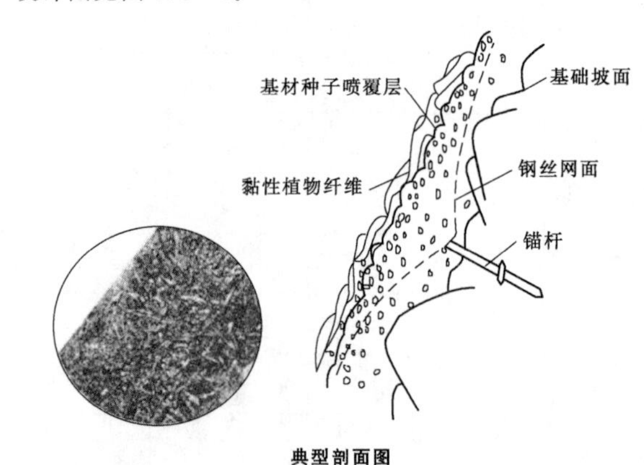

图 8.3-1　厚层基材喷播典型剖面图和平面设计图（单位：cm）

2. 有机纤维喷播绿化

有机纤维喷播绿化因有机纤维形成的雀巢骨架结构可以稳固客土而得名，其成套技术包括：植物胶、木纤维、软管泵泥浆喷播机械及其施工工艺规程。在实际应用中得到发展，生成混合（复合）纤维喷播技术以及连续纤维喷播技术。其原理是现场取自然土配制种植客土泥浆，加入木纤维、黏合剂与保水剂增稠，喷附到坡面上。随后木纤维、保水剂吸湿与黏合剂的增稠效果持续增加，借助锚固在坡面上的钢丝网包络骨架，土壤颗粒靠胶黏剂依附在木纤维交织成的雀巢骨架上形成稳定的植生客土层。其特点是通过较大长细比的有机纤维在钢丝网上交织形成雀巢骨架结构，再依靠黏合剂将土壤颗粒充满纤维之间，从而形成稳固的坡面。

(1) 技术特点。客土喷播有机纤维以1～2cm长的粗纤维为主，应具有一定的长细比和柔韧性，长纤维、中长纤维、短纤维、卵状纤维、粉状纤维纤维筛分值合理的比例为5：2：1：1：1。

有机纤维以强度高、韧性好、降解慢的木质纤维为佳，持水能力以干重量的6～10倍以上为宜。

(2) 典型设计。有机纤维喷播典型剖面图和平面设计图见图8.3-2。

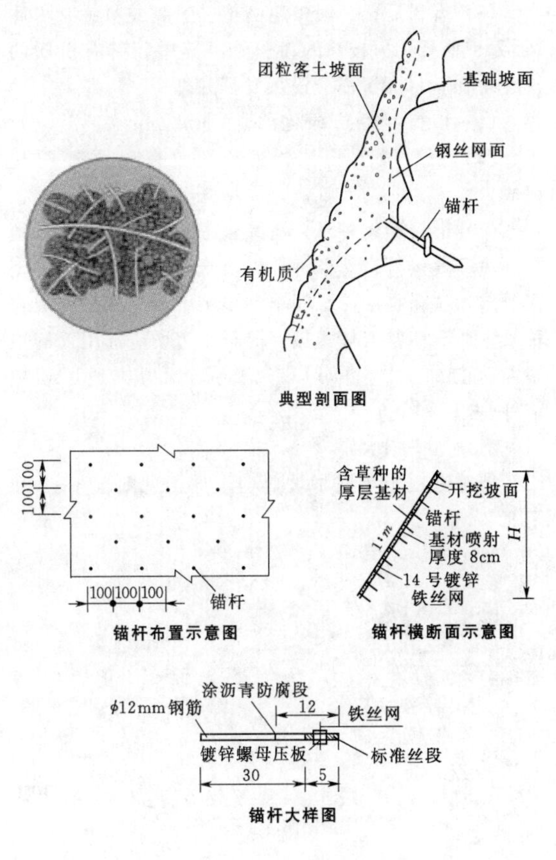

图8.3-2　有机纤维喷播典型剖面图和平面设计图（单位：cm）

3. 高次团粒喷播绿化

因高次团粒剂的特殊功效而得名。成套技术包括：团粒剂、双罐双轮离心泵喷播机、混合流喷枪及其施工工艺规程。其原理是现场取自然土，添加有机质材料及微量元素配制种植客土泥浆，在喷射枪口与团粒剂浆液充分混合发生化学反应，喷覆过程中产生絮桥吸附凝聚形成絮凝体析出水分，落到坡面时形成高次团粒絮凝泥块并逐渐交联长大，借助锚固在坡面上的钢丝网包络骨架形成稳定的植生客土层。特点是以自然土为主体的絮凝结构客土层，土壤稳固及抗侵蚀能力源于不同特性团粒剂絮桥交联作用，有机质材料的交织强度贡献较小。

(1) 技术特点。现场取无砾石自然土，沙粒含量应小于10%；有机材料添加物以稻糠、木屑、粗纸浆、有机堆肥为主；团粒剂絮凝速度应为5～8s；湿法施工，采用双罐体复合喷枪泥浆喷播机，喷播厚度为3～10cm，在表层2cm内加入种子。

(2) 典型设计。高次团粒喷播典型剖面图和平面设计图见图8.3-3。

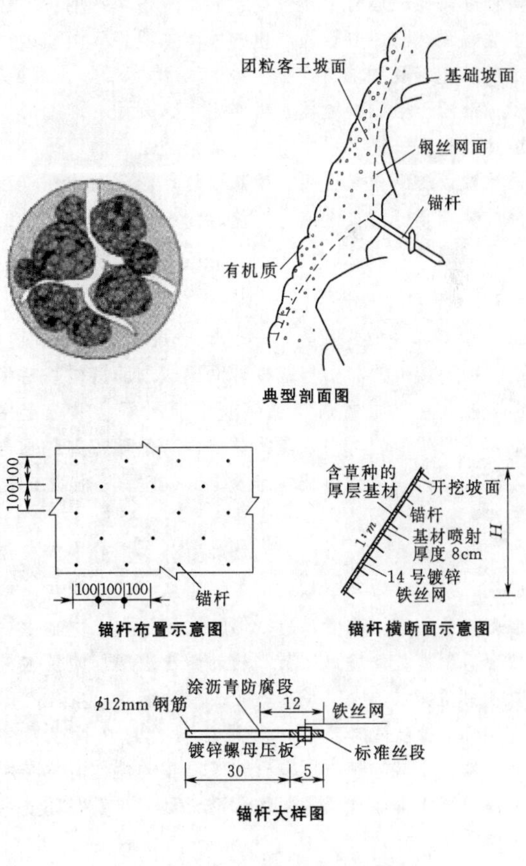

图8.3-3　高次团粒喷播典型剖面图和平面设计图（单位：cm）

8.3.2　植被混凝土护坡绿化

植被混凝土护坡绿化技术是指采用特定的混凝土配方、种子配方和喷锚技术，对岩石及工程边坡进行防护的一种新型生态性工程绿化技术。它运用喷混机械将土壤、水泥、有机质、性能改善材料（添加剂）、植物种子等按比例组成的混合干料加水拌和后喷射到坡面上，形成一定厚度的具有连续空隙的硬化体，在坡面上营造一个既能让植物生长发育又不被冲蚀的相对永久的多孔稳定结构，为植被恢复提供可持续自我调节的生境条件。采用植被混凝土技术可以对一定范围内的高陡硬质边坡以及受水流冲刷较为严重的坡体生境进行保护性重建及植被恢复。

8.3.2.1　适用条件

植被混凝土生态护坡技术主要适用于各类无潜在地质隐患，坡度为45°～80°的各种硬质、高陡边坡，以及受水流冲刷较为严重坡体的浅层防护与植被恢复重建。其中硬质边坡包括各种风化程度不一的岩石边坡、混凝土边坡、浆砌石与干砌石边坡等；各种高陡边坡除硬质边坡外，还包括土质高陡边坡、堆积体边坡等；受水流冲刷较为严重的坡体主要指降雨侵蚀严重的坡地以及湖泊、河流和水库的消落带等。因此，植被混凝土生态护坡技术可应用于因开挖、堆砌形成坡体的植被修复，采取工程护坡措施之后的坡体的植被重建，矿山与采石场的生态恢复，裸露山体和堆积体的快速复绿以及湖泊、河流、沟渠及水库消落带的植被建植等。

8.3.2.2　技术设计

1. 技术要点

（1）植被混凝土与锚杆挂网构成加筋植被基材型混凝土，在太阳暴晒及温度变化情况下基材稳定性好，不产生龟裂，与重建植被组合有效地防御暴雨与径流冲刷，在达到边坡生态复绿的同时具备显著的边坡浅层防护作用。

（2）植被混凝土技术的核心组分是混凝土绿化添加剂，它能有效调节基材的pH值，降低水化热，增加基材孔隙率，改变基材变形特性，建立土壤微生物和有机菌繁殖环境，调节基材的活化速率，使植被混凝土具备保水、保肥及水、肥缓释功能。

（3）植被混凝土技术表征由符合自然特点及生态、景观要求的植物形态反映。重建的植被群落与周边自然环境构成连续的生物廊道，且不对生态环境造成侵害与变异。

2. 技术指标

（1）植被混凝土配合比。通过对边坡坡体性质、坡度、高度及应用材料（水泥、砂壤土、水、腐殖质等）分析确定。

（2）植被混凝土无限侧抗压强度。7d 0.15～0.3MPa，28d 0.4～0.45MPa。

（3）植被混凝土容重要求为14～15kN/m^3，孔隙率为30%～45%。

（4）植被混凝土肥力综合指数不大于3.5。

（5）植物生长指标。多年生先锋植物发芽率不小于90%、覆盖率不小于95%，植物持续本土化。

3. 材料选取

（1）铁丝网。一般可选择14号镀锌（对于完整岩体边坡、混凝土边坡应采用包塑）活络铁丝网，网孔5cm×5cm。

（2）锚钉（杆）。采用直径12～20mm螺纹钢，其具体型号及长度可根据边坡地形、地貌及地质条件确定。

（3）砂壤土。就近选用工程所在地原有地表土经干燥粉碎过筛而成，要求土壤中砂粒含量不大于5%，最大粒径小于8mm，含水量不大于20%。

（4）水泥。采用P42.5普通硅酸盐水泥。

（5）有机质。一般采用酒糟、醋渣或新鲜有机质（稻壳、秸秆、树枝）的粉碎物，其中新鲜有机质的粉碎物在基材配置前应进行发酵处理。

（6）植被混凝土绿化添加剂。由保水剂、速效肥、缓释肥、微生物、水泥特性改良物质等配比组成。

（7）混合植物种子。应综合考虑地质、地形、植被环境、气候等自然条件，以及水土保持与景观等工程要求，选择搭配冷、暖季型多年生耐受性强的混合种子（对于完整岩体边坡、混凝土边坡应选用匍匐根系发达的种子），并可以考虑适当配置本地可喷植草种。

4. 典型设计图

植被混凝土生态护坡典型设计图见图8.3-4和图8.3-5。

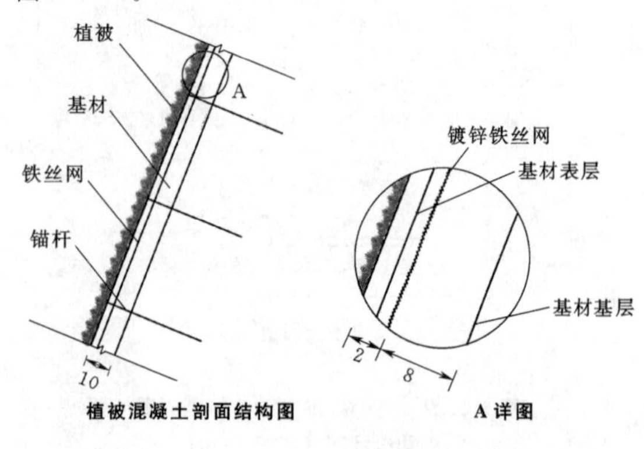

图8.3-4　植被混凝土生态护坡典型设计图（单位：cm）

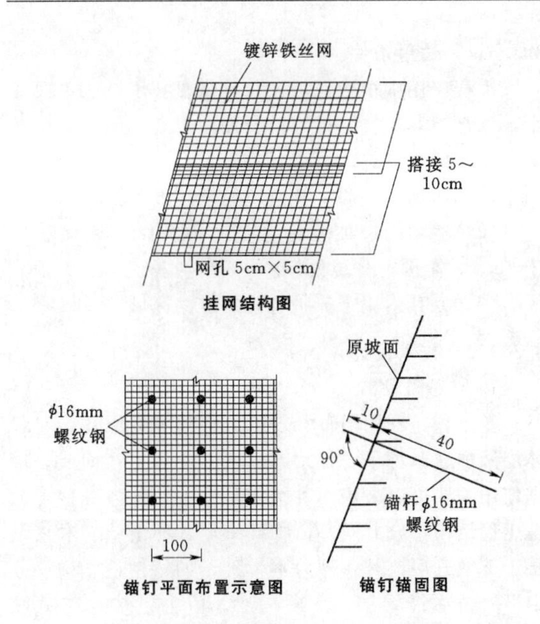

图 8.3-5 植被混凝土生态护坡锚固及挂网典型设计图（单位：cm）

8.3.2.3 施工要求

1. 清理坡面

将坡面有碍施工的障碍物按以下要求清理干净并做适当修整。

（1）植被结合部清理。清理坡面开口线以上原始边坡的接触面，清理宽度 1.0～1.5m，铲除原始边坡上植物枝干，无需对地下根茎进行挖除，此部分作为工程与原坡面的过渡。

（2）坡面修整。清除坡表面的杂草、落叶枯枝、浮土浮石以及明显不稳定或凸出部分，对于明显凹进的地段，采用土石进行填补牢固。

（3）结合边坡排水设计，做好与排水沟边结合部位的处理。

2. 挂网

网片从植被结合部的顶部由上至下铺设，加筋网铺设要张紧。网片上下需进行不小于 10cm 的搭接。网片左右需进行不小于 5cm 的搭接，所有网片之间及与锚钉接触处应使用 18 号镀锌铁丝绑扎牢固。网片与坡面保持 6～7cm 的距离，可在网片与坡面之间使用垫块支撑。

3. 锚固

（1）锚杆直径。一般锚杆直径不小于 12mm，坡顶锚杆直径不小于 18mm，坡面高度超过 30m 时，锚杆直径不小于 16mm。

（2）锚杆长度。根据坡体性质及结构确定，硬质岩石边坡为 30～45cm，软质岩石边坡为 45～60cm，土石混合边坡、瘠薄土质边坡为 50～80cm。

（3）锚杆间距。根据边坡坡度确定，边坡坡度小于 60°，锚杆间距 100cm×100cm，边坡坡度 60°～80°，锚杆间距 75cm×75cm。

固定锚杆时，锚杆外露 9～10cm。对坡体顶部以及部分岩石风化严重处，视情况对锚杆进行加长处理。采用钻孔植入和直接击入方式固定锚杆，锚杆与坡面夹角为 75°～85°，锚杆锚固必须稳定牢靠。

4. 植被混凝土喷植施工

喷植按基层和表层分次沿坡面从上到下进行，总喷植厚度约 10cm，基层为 8～9cm，表层为 1～2cm（含混合植物种子），其施工要领包括以下两点。

（1）植被混凝土采用机械现场搅拌均匀，坍落度以喷射时不堵管、喷射到坡面结合紧密但不流淌为准。

（2）植被混凝土拌合料输送高度在 60m 以下采用 $12m^3$ 空压机，输送高度在 60～100m 时可采用 $17m^3$ 空压机，超过 100m 时应采用分级加压泵送。

8.3.2.4 管护要求

1. 强制性养护

养护时间为喷植结束后 2 个月内。喷植结束后，视情况进行覆盖保墒（覆盖材料：可采用无纺布、遮阳网及其他材料进行覆盖保墒），采用人工洒水或建立喷灌系统洒水养护。在此期间应注意植物种子出芽均匀度和出芽率，对局部出芽不齐和没有出芽的坡面进行补植，及时更换或补种没有成活的苗木。对可能出现的病虫害要进行病理分析，有针对性地采取防治措施。

2. 常规性养护

养护时间为强制性养护结束后 1 年内。在此期间，监测植物生长过程中的抗逆性能，并在极端气候（强暴雨、长时间干旱、高温、低温等）情况下根据植物生存态势采取对应措施（补植、修剪、支护、间伐、补水、补肥等）以保证植物成活，及时发现并处理病虫害隐患。为了更好地适应环境，在补种或栽植时尽量采集本地植物，另外还需注意防止人为偷挖、放牧对植物的破坏。

8.3.2.5 同类技术

植被混凝土护坡绿化技术在坡度不大于 50°、坡体稳定、无潜在地质隐患的裸露边坡上进行改进，形成了防冲刷基材护坡绿化技术，亦称 PEB（Preventing Erosion Basis Material）生态护坡技术。该技术将整个边坡按基材层、加筋层和防冲刷层分别施工，并最终达到保持边坡稳定和防止水土流失及生态修复的目的。

1. 技术要点

基材层可以使用现场无砂砾自然土加有机质、复合肥混合制备。加筋层由加筋网配合垂直边坡的锚固构件组成，将整个生态护坡层连成整体，以提高稳定性。防冲刷层采用植被混凝土基材配比模式，实现边坡的生态复绿并具备防冲刷能力。

加筋网可以使用土工网。边坡质地较软时，可采用锲形木桩钉锚固。防冲刷层材料可直接使用植被混凝土基材，或与生物膜、纤维植生带、其他黏结材料混合土壤形成胶结体。

2. 典型设计图

防冲刷基材护坡绿化技术设计图见图 8.3-6。

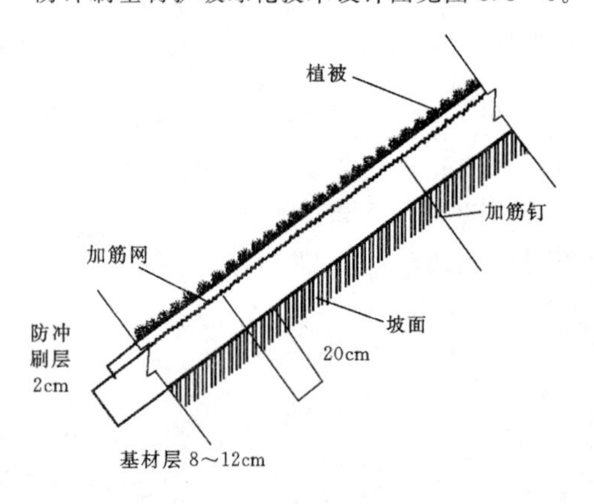

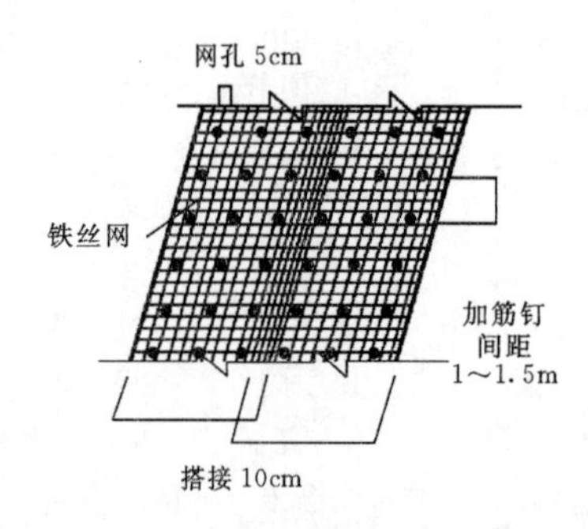

图 8.3-6　防冲刷基材护坡绿化技术设计图

8.3.3　植生毯绿化护坡

植生毯坡面植被恢复绿化技术是利用工业化生产的防护毯结合灌草种子进行坡面防护和植被恢复的技术方式。坡面覆盖植生毯能固定坡面表层土壤，增加地面糙率，减缓径流速度，分散坡面径流，减轻雨水对坡面表土的溅蚀冲刷。该技术施工简单易行，保墒效果好，后期植被恢复效果也好，水土流失防治效果明显。

8.3.3.1　适用条件

工程应用中植生毯坡面植被恢复技术既能单独使用，也常与其他技术措施结合使用，是其他坡面植被恢复技术措施良好的覆盖材料。

(1) 适用于土质、土石质挖填边坡。

(2) 适用的边坡坡比为 1∶4～1∶1.5。坡长大于 20m 时需进行分级处理。

(3) 尤其适用于养护管理困难的区域。

8.3.3.2　技术设计

1. 材料与结构

植生毯是利用稻草、麦秸、椰丝等为原料，在载体层添加灌草种子、保水剂、营养土等生产而成。根据使用需要可以采用两种结构型式，一种为带种子的植生毯结构，分上网、植物纤维层、种子层、木浆纸层、下网五层；另一种为不带种子的植生毯结构，分上网、植物纤维层、下网三层。植生毯结构图见图 8.3-7。

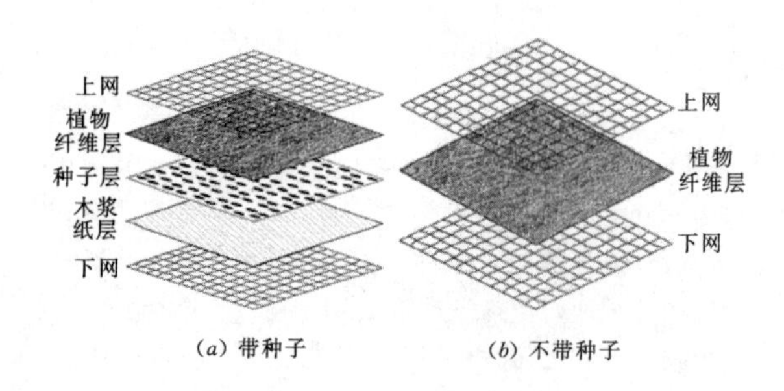

图 8.3-7　植生毯结构图

2. 技术要点

(1) 与主体工程的截排水系统协同布设。

(2) 植生毯规格可根据坡面尺寸、形状及使用目的选定，一般选用长 10m 或 50m，宽 1m 或 2.4m，厚 0.6～5cm。

(3) 对于施工地点相对集中、立地条件相仿，且能够提前设计、定量加工的项目，可以直接采用五层结构的植生毯；对于施工地点分散且立地条件差异大、运输保存条件不好的项目，可以直接播种后再覆盖三层结构的植生毯。

(4) 植生毯种子层中的或植生毯下撒播的植物种一般选用乔灌草植物种混合配方，植物种子的选配根据工程所在项目区气候、土壤及周边植物等情况确定，优先选择抗旱、耐瘠薄的植物种。

(5) 与种子层（含种子表土）结合利用。

3. 典型设计图

植生毯坡面植被恢复绿化典型设计图见图 8.3-8。

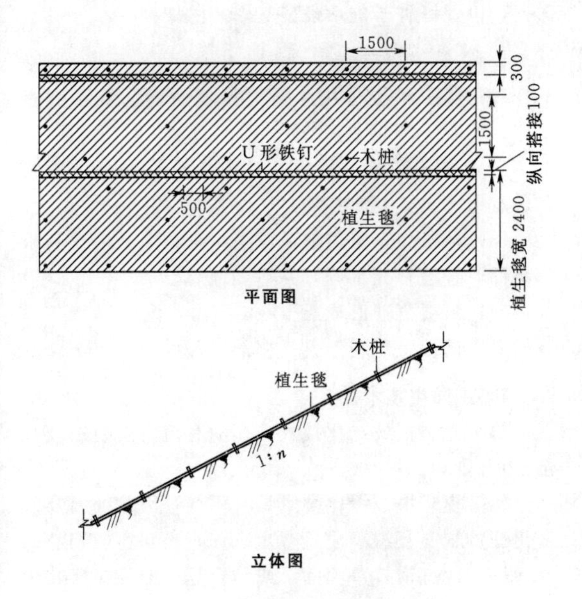

图 8.3-8 植生毯坡面植被恢复绿化典型设计图（单位：mm）

8.3.3.3 施工要求

(1) 植生毯铺设前进行坡面整理、土壤改良、坡面排水等相关工作。

(2) 植生毯应随用随运至现场，尤其要做好含种子的五层结构植生毯的现场保存工作。

(3) 植生毯铺设时应与坡面充分接触并用U形铁钉或木桩固定。毯之间要重叠搭接，搭接宽度不小于5cm。根据坡长确定植生毯的铺设方式。坡长小于10m的坡面，自左向右或自右向左铺设；坡长大于10m的坡面，自上而下铺设，铺设时从距坡顶外10cm处开始，坡脚处预留5cm，做好埋压。

(4) 固定木桩应选用直径2～5cm、长40～70cm的规格。固定时木桩外露10cm左右。U形铁钉或木桩在坡面呈梅花形布置，间距1.5m×1.5m；坡顶、坡脚、两毯搭接处布置一排，间距1m。

8.3.3.4 管护要求

(1) 施工后立即喷水灌溉，保持坡面表层2～3cm土壤湿润直至种子发芽。出苗期浇水量不宜太大，避免水资源浪费。

(2) 遇大风天气，需及时进行检查，防止大风将植生毯刮起；并注意明火防范。

(3) 植被覆盖保护形成后前2～3年内，对灌草植被组成进行人工调控，以利于目标群落的形成。

8.3.3.5 同类技术

为了提高作业效率，在植生毯基础上产生了植生带绿化护坡技术。该技术是把纤度为3～50丹尼尔的纤维无纺织成孔隙率达70%～90%的纤维棉，把灌、草种子和其生长所需养分固定在纤维棉内形成多功能绿化植生带，并将其用于边坡生态护坡的技术。该技术具有运输方便、操作简单、播种均匀、抗冲力强、水土流失治理效果好等特点，且可以在植生带中添加保水剂、肥料、土壤改良剂等，将土壤改良与植被建植一次完成。该技术有以下特点。

(1) 植生带由针刺法和喷胶法生产，所需的原材料包括无纺布、高孔隙率纤维棉、种子、有机肥料及强化尼龙方格编织网等。

(2) 纤维棉的单位重量为50g/m²，厚度为5～20mm、幅宽102cm，每卷50～200m。

(3) 强化尼龙方格网，宽度为102～105cm。

(4) 灌草植物种按适地适生选用根系发达、管理相对粗放的植物种合理混配。

(5) 绿化辅料选用有机质、保水剂、溶岩剂和肥料等按一定比例选配。

8.3.4 生态袋绿化护坡

生态袋具有退水不透土的过滤功能，既能防止填充物（土壤与营养成分混合物）流失，又能实现水分在土壤中的正常交流，植物生长必需的水分得到有效保持和及时补充。同时，植物可以通过生态袋体自由生长。三维排水联结扣使单个的生态袋体联结成为一个整体的受力系统，有利于结构的稳定和抵抗破坏。生态袋及其组件具备在土壤中不降解、抗老化、抗紫外线、无毒、抗酸碱盐及微生物侵蚀的特点。

通过在坡面或坡脚以不同方式码放生态袋，起到拦挡防护、防止土壤侵蚀，同时恢复植被。该技术对坡面质地无限制性要求，尤其适宜于坡度较大的坡面，是一种见效快且效果稳定的坡面植被恢复方式。

8.3.4.1 适用条件

(1) 适用于立地条件差，坡比为1:0.75～1:2的石质坡面，也常用于坡脚拦挡和植被恢复。

(2) 对于较陡的坡面，坡长大于10m时，应进行分级处理。

(3) 适用于需要快速绿化以防止水土流失的坡面。

在实际应用中，生态袋可直接码放进行护脚、护坡；也常结合加筋格栅、钢筋笼等加筋措施，应用到更大范围上。从目前广泛应用的各类工程来看，效果稳定，防护作用明显。但要合理选择施工季节，合理搭配灌草种，注意乡土植物的使用，以利于目标群落的形成。

8.3.4.2 技术设计

1. 技术特点

可在0°～90°之间建造一定高度任何坡角的边坡；与土木工程有良好的匹配性和组合性，使结构稳定和生态植被同步实现；对外界冲击力有吸能缓冲作用，从而保证边坡稳定；不产生温度应力，无须设置温度缝；植被的发达根系与坡体结合成一个同质整体，使其形成自然的、有生命力的永久生态工程；不对边坡结构产生反渗水压力；因地制宜选择适生物种；施工简便。

2. 材料选取

(1) 生态袋是由聚丙烯或聚酯纤维为原料制成的双面熨烫针刺无纺布加工而成的袋子，具有抗紫外线，耐腐蚀、不易降解、易于植物生长等优点。

(2) 生态袋附件包括工程扣、联结扣、扎口线或者扎口带，常结合格栅、铁丝网使用。

(3) 生态袋中主要填充种植土，并按一定比例加入草种、肥料、保水剂等材料，搅拌混合均匀。也可采用表面预先植入种子的生态袋。

(4) 植物配置采取灌、草结合方式，优先选用乡土物种。

3. 典型设计图

生态袋护坡典型设计图见图8.3-9。

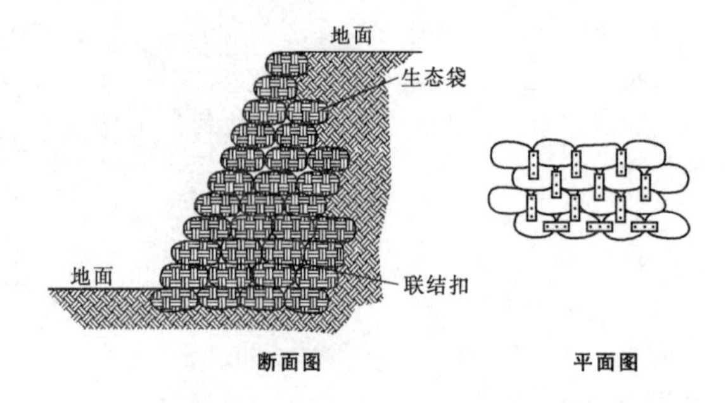

图8.3-9 生态袋护坡典型设计图

8.3.4.3 施工要求

(1) 分析立地条件，根据坡体的稳定程度、坡度、坡长来确定码放方式和码放高度。

(2) 对坡脚基础层进行适度清理，保证基础层码放的平稳。

(3) 根据施工现场土壤状况，在生态袋内混入适量弃渣，实现综合利用。

(4) 码放中要做到错茬码放，且坡度越大，上下层生态袋叠压部分越大。

(5) 生态袋之间以及生态袋与坡面之间采用种植土填实，防止变形、滑塌。

(6) 施工中注意对生态袋的保管，尤其注意防潮保护，以保证种子的活性。

8.3.4.4 管护要求

(1) 施工后立即喷水，保持坡面湿润直至种子发芽。

(2) 种子基本发芽后，对未出苗部分，采用打孔、点播的方式及时补播。

(3) 植被完全覆盖前，应根据植物生长情况和水分条件，合理补充水分，并适当施肥。

(4) 植被覆盖形成后2～3年内，注意对灌草植被的人工调控，以利于目标群落的形成。

8.3.4.5 同类技术

与生态袋护坡绿化技术类似的有植生模袋护坡绿化技术。

植生模袋护坡绿化技术是利用棉等天然纤维及人工化纤带状交互编织成具有规则分布相互连通袋囊的模型垫，通过锚钉单独铺设或结合框格铺设在裸露边坡，将具有流动性的植生基质机械灌注并充满全部袋囊，进行边坡防护及植被恢复。具有涵养水源、防风化、防冲刷及稳固植物根系的效果。

1. 技术特点

(1) 植生模袋袋体材料保水保湿、透气性好，其疏松的空隙有利于植物的萌发，人造纤维坚固耐用、柔韧有弹性（图8.3-10）。

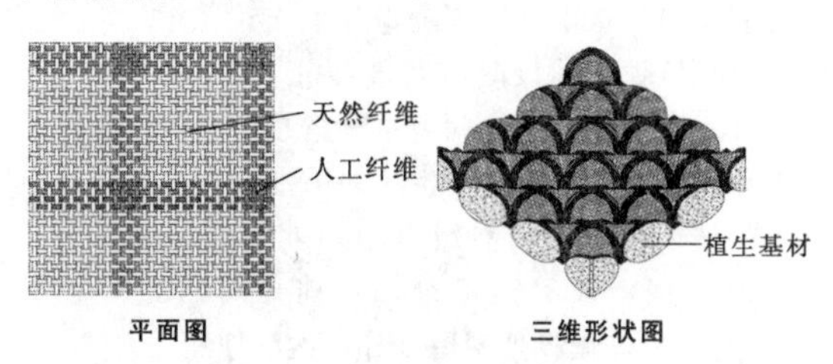

图8.3-10 植生模袋结构

(2) 双层袋体人工纤维线纵向与横向相互交织形成植生区，包裹植生基材。

(3) 植生基材由砂质土、保水剂、肥料等物质构成，能够固定植物并为其提供生长所需的水分和养分。植生基材通透性佳、质地松软，促进植物根系发展。

(4) 植生模袋护坡绿化技术的连续式框体结构，能提供足够植生基盘的支撑力，覆盖在边坡上，防止雨水渗蚀以及地表水淘刷而引起水土流失。

(5) 植生模袋材料柔韧，袋内注入植生基材后，在凹凸不平地形或者不规则边坡、复杂斜坡也可进行良好的均厚施工。

(6) 施工速度快，可在短时间内完成施工，且不受气候影响。

2. 技术指标

(1) 植生模袋袋体的物理特性见表 8.3-2。

表 8.3-2 植生模袋袋体的物理特性

项 目		测定值
断裂强力/N	经向	≥1800
	纬向	≥1300
断裂伸长率/%	经向	≤40
	纬向	≤30

注 测定方法见《纺织品 织物拉伸性能 第1部分：断裂强力和断裂伸长率的测定（条样法）》（GB/T 3923.1—2013）。

(2) 植生基质的标准配比见表 8.3-3。

表 8.3-3 植生基质的标准配比 单位：kg/m^3

项目	砂质土	腐殖土	保水剂	化学肥料	有机肥料
用量	1700	100	0.1	2	25

3. 典型设计图

植生模袋袋体可依地形定制，由人工纤维和天然纤维交织而成，有固定点和植生区，灌注后平均厚度10cm，最大厚度12cm。植生模袋结构见图 8.3-11。

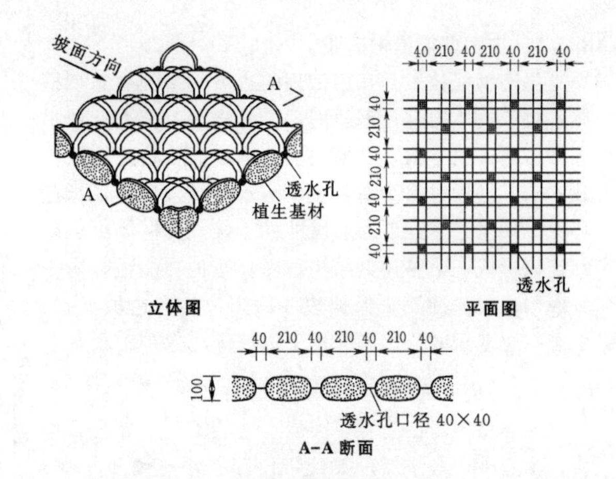

图 8.3-11 植生模袋结构图（单位：mm）

(1) 坡度不大于45°，斜率不大于1∶1时，使用植生模袋整治，并用钢筋桩稳固，见图 8.3-12。

(2) 对于坡度不小于45°且不大于51.2°，斜率1∶1～1∶0.8时，可与框格梁加固措施配合使用，见图 8.3-13。先在坡面制成框架并用锚杆将框架固定在坡面上，形成连续网格。利用框架的作用，维持植生模袋的稳定。

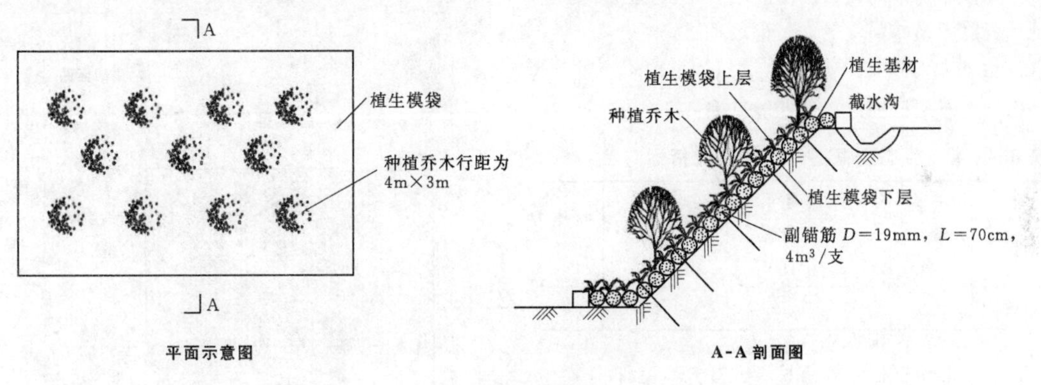

图 8.3-12 植生模袋整治方案示意图（一）

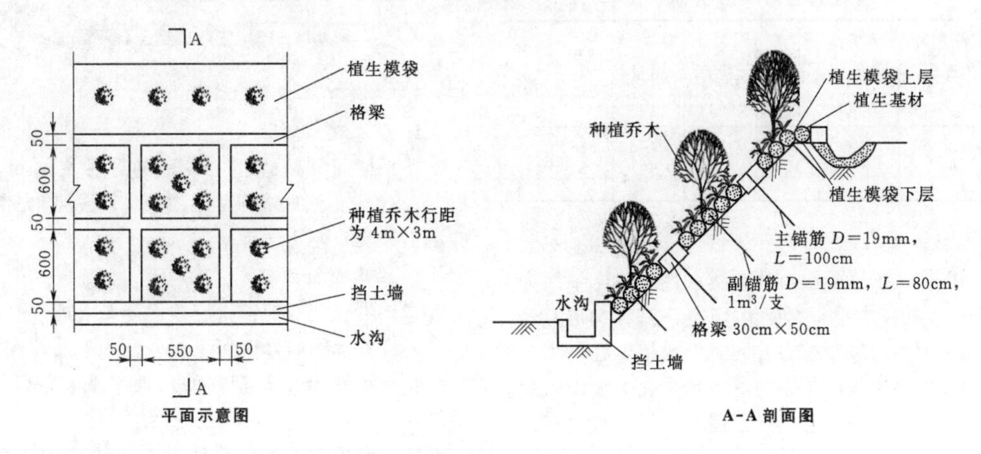

图 8.3-13 植生模袋整治方案示意图（二）（单位：cm）

8.3.5 生态型框绿化护坡

生态型框技术是在需治理的边坡上拼铺生态型框体，再于框体内铺设钢筋网，接着浇灌混凝土、抹平表面后剪开植生槽，在槽内填土种草的一种边坡保护技术。其框体材料为高强度、防水的纸浆模塑，绿色环保。质量轻、强度大、缓冲性能好。各框体由钢筋网连接形成一个整体，结构稳固，防护功能强，防止坡面雨水径流冲刷，保护边坡稳定，具有边坡保护、生态绿化双重效果。可应用于边坡绿化保护工程。

8.3.5.1 适用条件

生态型框工法适合多类岩土地质情况，如岩石地质；土、砂、黏质层；破碎带；碎石层；硬质土壤、软岩层；荒漠化地带；适合坡度不大于45°，斜率不大于1：1，坡长不大于10m。对于坡长超过10m需要进行分级处理。

8.3.5.2 技术设计

1. 技术要点

(1) 框体材料为废纸、草本植物纤维浆等，绿色环保、质量轻、强度大、缓冲性能好。

(2) 框体集中铺设、全面灌注、一次成型，其整体钢筋混凝土结构强度更大、稳定性更高。

2. 技术指标

(1) 生态型框框体物理性能见表8.3-4。

表8.3-4　生态型框框体物理性能指标

物理性能指标	质量偏差/%	含水率/%	防水时间/h	抗压强度/(kN/m)	抗压指数
参数	≤5	≤11	24	≥178	≥80

(2) 生态型框框体规格见表8.3-5。

表8.3-5　生态型框框体规格指标

规格指标	钢筋混凝土厚度/cm	钢筋直径尺寸/mm	面积/m^2	回填土用量/m^3	混凝土用量/m^3	植生面积/(m^2/组)
技术参数	15	12	0.36	0.0122	0.0418	0.0767

3. 材料选取

(1) 框体：纸浆模塑，具有防水性，单体平面为60cm×60cm的正方形，厚度为15cm。其结构能有效分散荷载，增加边坡摩擦力。同时形成植生孔，用于种植植物，提高边坡的生态功能。植生孔上表面为封闭状态，待施工过程中混凝土凝固后，用刀具割开以填充种植土。

(2) 钢筋网：钢筋网格规格为20cm×20cm，以直径12mm的钢筋焊接而成。强化防护能力，将各生态型框连成一个稳定整体。

(3) 混凝土：采用C25及以上标号混凝土，凝固后与生态型框、钢筋网形成一个牢固的整体。

(4) 土壤：植生孔中填入土壤为砂质土与腐殖土以5：1比例混合而成，填入土量为0.034m^3/m^2。

(5) 植物种子：根据当地地质、地形、植被环境、气候等自然条件，以及水土保持与景观等工程要求，采用适宜植物种类，草本和小灌木均可。

4. 典型设计图

生态型框典型设计图见图8.3-14～图8.3-16。

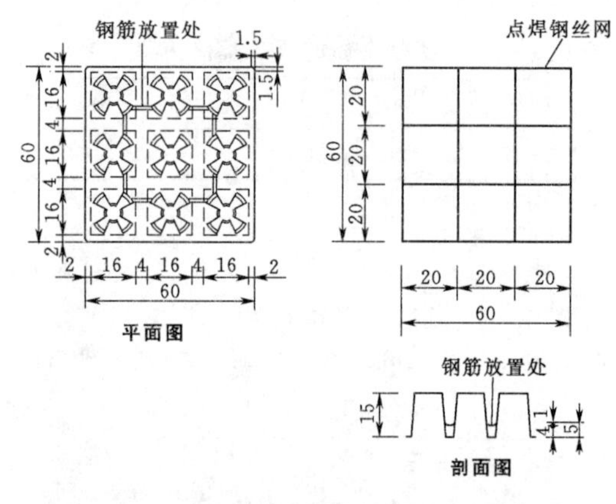

图8.3-14　生态型框单体设计图（单位：cm）

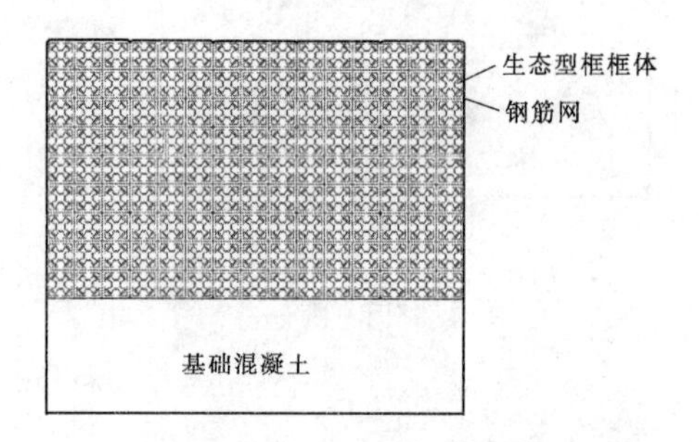

图8.3-15　生态型框工程平面图

8.3.5.3 施工要求

1. 整理坡面

整平坡面并清理施工场地的各种突起物，如树根、岩石、锐利的碎石类等，孔洞、淤泥和凹陷体处应填土夯实，使边坡平整。

2. 生态型框施工

(1) 生态型框的铺设应按设计要求进行放样，控制平面位置及标高，确保生态型框水平及垂直方向对齐，并使每一个生态型框的顶面平顺，以保证工程质量。

(2) 点焊钢筋网铺设间距20cm，排放高度至少

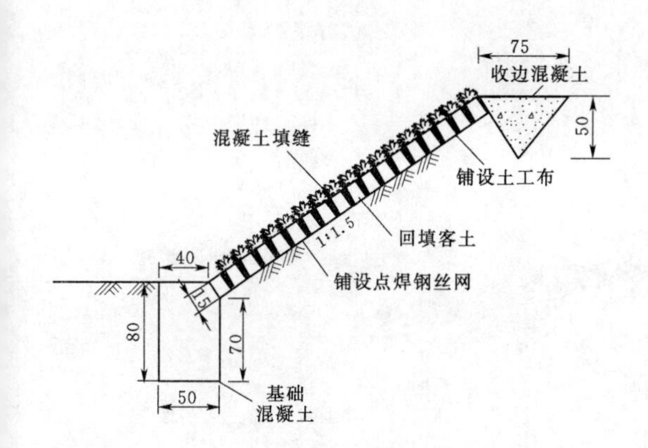

图 8.3-16 生态型框工程剖面设计图（单位：cm）

离坡面 5cm。

(3) 浇筑填充混凝土，混凝土表面抹平。

3. 植生孔土壤回填

混凝土表层硬化后，将植生孔顶面剪开，回填种植土，草籽播种于植草孔隙内。

8.3.5.4 管护要求

施工完成后，依照一般植生管护规定方法处理。

8.3.5.5 同类技术

生态砖作为生态型框的一种构件形式，也被用于边坡生态防护。生态砖植草护坡是在修整好的边坡坡面上拼铺生态砖，连接固定后，在砖内填充种植土进行植被恢复的边坡防护技术。该技术适合不同坡度的高陡边坡防护，具有增强边坡稳定性、绿化美化环境的效果。另外，生态砖可在预制场批量生产，施工简单快速，外观整齐，造型美观大方。生态砖护坡典型设计及生态砖详图见图 8.3-17。

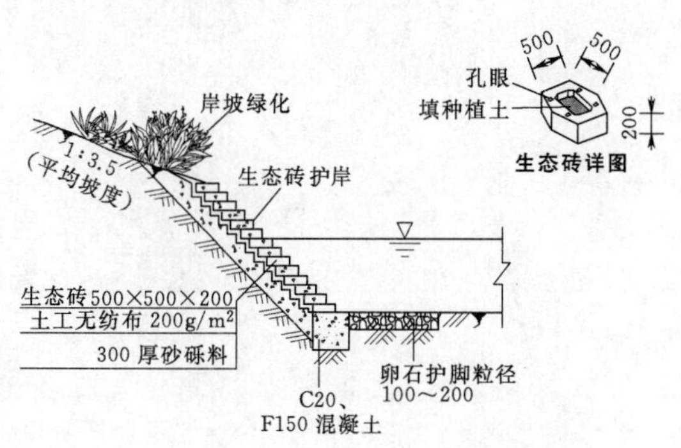

图 8.3-17 生态砖护坡典型设计及生态砖详图（单位：mm）

8.3.6 桩板挡土绿化护坡

桩板挡土是用桩或板结构在反坡梯田外沿形成支护，达到调整坡降，阻缓地表径流，有效防止坡面蠕动滑移的目的。多适用于有植被生长、坡度小于 45°的土质疏松坡面。桩板挡土作业不需大动土方，在保持坡面植被完好的条件下，反坡筑田、挖沟设桩、水平拦挡，防止坡面沟蚀与崩塌，在不稳定土体条件下也能够施工。其形式多由桩或板组成，根据工程的具体要求可采用多种材料（木材、石材等）搭建，然后再以此为基础，种植适宜的植物。桩板挡土绿化工程可以提高坡面稳定性，保持坡面原有植被，能够顾及周围景观和自然环境，做到工程防护与绿化美观相结合。

8.3.6.1 适用条件

(1) 适用于河湖岸边的填土坡面、公路边坡的切削坡面、隧道口边坡的仰坡坡面等对景观要求较高的建设项目边坡。

(2) 适用于土质和土石结合边坡。

(3) 适用于不稳定土体厚度在 2m 以下，且坡度小于 45°的坡面。

8.3.6.2 设计要点

1. 技术要点

(1) 设计中主要考虑的是其防止坡面滑动、缓解冲刷的能力。因此，要选择合适的材质和相对应的结构设计，在阻截坡面径流的同时还能抵抗坡面的滑动力。

(2) 立地条件较差的坡面，需要对植物种植部位进行土壤改良，保障植物生长所需要的基本土壤肥力条件。

(3) 在绿化植物的选择上要尽量使用乡土植物，其次是美观性、经济性的考虑；此外，乔木类载重较大，应该避免在坡面种植大型乔木，防止造成坡面的不稳定。

2. 材料选取

(1) 木桩一般使用末端直径 7～15cm 的圆木，或使用 10cm×10cm 左右的方木。

(2) 桩与板的材料根据设计需要可分为木材、石材、金属材料、工程塑料等，在保证结构强度的同时还要具有自然、美观的特点。

(3) 植物的选择要能适应当地的气候条件，生命力强，便于人工管护，另外要考虑其景观价值。

3. 典型设计图

桩板挡土绿化典型设计图见图 8.3-18。

8.3.6.3 施工要求

(1) 木桩的间隔根据板材长度确定，一般为80～150cm。横板高度控制在 45cm 左右。

(2) 在塌陷地段采用回填砂砾石料置换方法处理，防止出现二次事故。

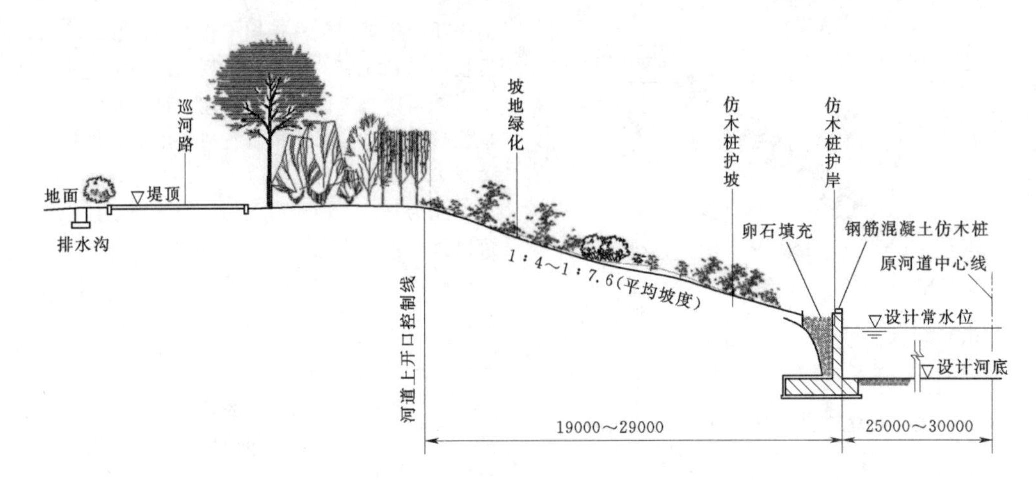

图8.3-18 桩板挡土绿化典型设计图（单位：mm）

（3）基础面必须平整坚实，不得有突起、松动块体、虚土浮渣等缺陷。基础面完工后必须进行必要的保护。

（4）作业时要注意对施工地点植被的保护，对已破坏的要做补植修复。

（5）对出现坡面渗水的部位，提前做好截水、排水设施稳固岸坡后再施工。

8.3.6.4 管护要求

（1）播种或栽植苗木后及时洒水养护，洒水时采用雾化水，防止冲散表层土壤，使水均匀湿润地面。养护期间应根据坡面土壤水分、植物生长状况适时适度补充水分。

（2）种子出苗或草皮成活后，对稀疏区域或无植被区及时进行补播、补植。

（3）对有景观要求的区域，应注意对杂草进行人工控制。

（4）对桩板的牢固性进行定期检查，如有松动需要加固和更换。此外，在施工完毕后还要加强对坡面滑动情况的监测。

8.3.6.5 同类技术

与桩板挡土绿化类似的技术还有板槽飘台蓄土绿化和合成树脂网挡土护坡绿化技术。

1. 板槽飘台蓄土绿化

针对高陡岩石边坡，可以采用现浇混凝土拦蓄土结构，即板槽飘台蓄土绿化技术。该技术采取在坡面上形成多道稳定的蓄土板槽，槽内种植小乔木或灌木和攀爬植物，以达到遮挡及覆盖裸露边坡的效果，同时可减少水土流失和延缓坡面风化。

（1）技术指标。

1）种植槽顶宽1200～1500mm，槽内的营养土厚度800～1000mm。

2）种植槽每隔3000～4000mm设置一道加强筋板；坡面上每隔10～15m（垂直间距）布置一道槽带。

3）土槽内填入营养土；槽内靠近坡面侧种植上攀植物，临空边缘种植下垂植物。

（2）受力分析及计算：飘台横截面近似1m^2，按照GB 50330进行计算。

（3）典型设计图板槽飘台蓄土绿化示意设计图见图8.3-19。

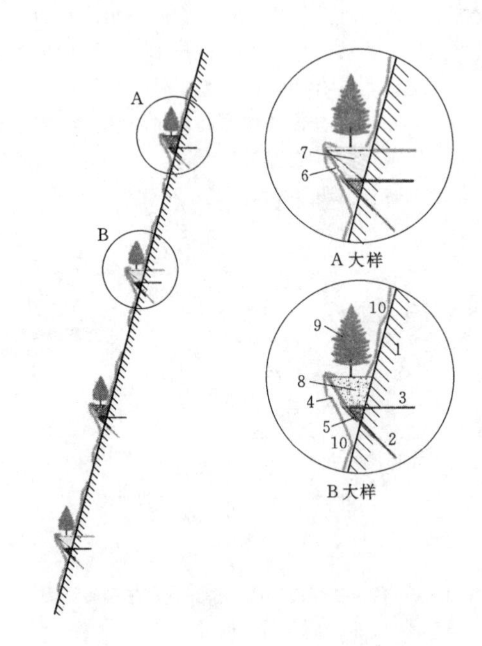

图8.3-19 板槽飘台蓄土绿化示意设计图

1—岩石边坡；2—斜向锚杆；3—水平锚杆；4—钢筋；5—现浇混凝土；6—喷射混凝土槽板；7—喷射混凝土筋板；8—营养土；9—乔木；10—攀援植物

(4) 施工要求。

1) 坡面钻孔注浆，安装锚杆，孔直径 42mm，孔深 $L=1.5\sim2$m；锚杆采用直径 18mm 钢筋，长 $L=1.8\sim2.3$m；钻孔灌注 M30 水泥浆并安装锚杆。

2) 焊接锚杆钢筋。

3) 基础支模，现浇 C25 混凝土。

4) 焊接槽板钢筋、筋板钢筋、锚固端部钢筋。

5) 安设波形模板（石棉瓦），喷射 C25 混凝土，喷射厚度为 100mm。

6) 槽内填入配制好的营养土，种植生长缓慢的常绿低矮乔木，如松柏树等。土槽内外侧种植攀援植物。

2. 合成树脂网挡土护坡绿化

合成树脂网挡土护坡绿化技术与蜂巢格室覆盖固土绿化技术在材料应用上有相似之处。该技术是采用加工生产密度聚乙烯土工格栅和经编土工格栅，以其作为拉筋材料所构成的挡土结构，亦称为加筋土挡土墙。其构成包括墙面板、拉筋和填料，以这一复合结构抵挡加筋土体后部的土压力，利用填料与拉筋间的摩擦作用，把侧向土压力传递给拉筋，使土体保持稳定，从而保持整个结构的稳定。

(1) 技术特点。加筋土挡土墙的设计，应结合工点工程地质条件确定填料来源及性质、选择合适的筋材，视工程用途和环境条件的不同，设计成相应的墙型，满足工程需要。

1) 墙背填料及地基条件的确定原则。加筋土挡土墙的填料一般应采用砂类土（粉砂、黏砂除外）、砾石类土填料，不得采用中、强膨胀土和块石类土，不宜采用弱膨胀土，严禁使用淤泥质土、冻胀土、盐渍土和含有大量有机物的填料。

加筋土挡土墙地基的工程地质条件应通过地质勘察予以查明，主要获取地基的抗剪强度及承载力指标，以分析外部整体稳定。

包裹式加筋土挡土墙的包裹压载体一般采用塑料编织袋或草袋装砂夹砾石，它同时还起到反滤层的作用，位于地面以下的包裹压载体应装填黏性土用作防渗层。

2) 墙面板的设计要求。组合式墙面板的作用是阻挡填土侧向挤出、传递土压力，保证填料、拉筋和墙面构成一个整体。面板应具有足够的强度和刚度，能承受土压力和拉筋拉拔力作用而不会破裂，能够抵挡活载的震动和冲击作用；还应使组合式墙面结构具有一定的柔性，以适应加筋土体因地基沉降和在自重及荷载作用下填料沉落密实所带来的变形。因此，墙面板应满足坚固、美观以及运输与安装方便等要求。

整体面板用于阻止填料流失和防止加筋材料受日照老化，美化墙体外观。因此，包裹式加筋土挡土墙也宜设置墙面板。

(2) 材料选取。加筋土挡土墙拉筋因承受单向拉拔力，故多采用单向拉伸塑料土工格栅，有条件时也可采用双向土工格栅，使加筋土体的整体性更好。目前，国内厂家生产的土工格栅产品种类很多，其中可用于支挡结构的为高密度聚乙烯塑料（HDPE）土工格栅和高强度经编涤纶纤维土工格栅（双向）。所以，土工合成材料拉筋的技术性能指标应符合现行规范的相关规定。

(3) 典型设计图。合成树脂网挡土护坡绿化见图 8.3-20。

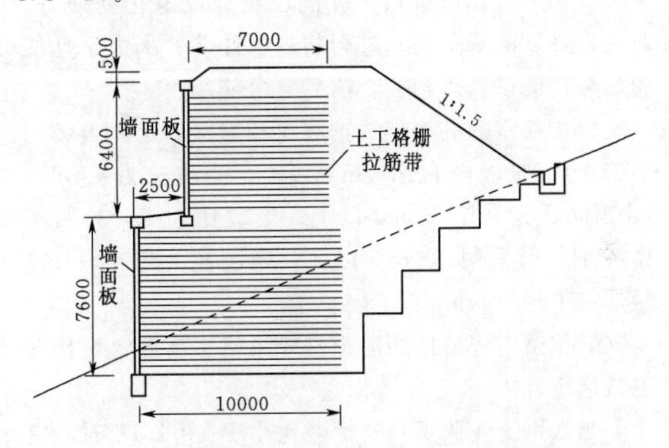

图 8.3-20　合成树脂网挡土护坡绿化横断面（单位：mm）

8.3.7　蜂巢格室覆盖固土绿化

蜂巢格室覆盖固土绿化技术是将高强度蜂巢格室展铺、锚固在基础或坡面上，并向其中回填土、集料等填料，在基础上形成柔性保护层。当所用填料为土时，可在格室内种植植物，达到保持水土和景观绿化的双重效果。

8.3.7.1　适用条件

蜂巢格室覆盖固土绿化技术适用于坡度不大于 1∶1 的土质边坡、岩质边坡、土石混合边坡的防护，以及硬质护坡如混凝土护坡、浆砌石护坡等的生态修复，广泛应用于道路边坡防护和绿化、河湖护坡、河湖硬质驳岸生态修复、排水沟或水渠修建、矿山边坡防护、生态停车场等领域。

8.3.7.2　技术设计

1. 蜂巢格室设计与加工

蜂巢格室是一种新型高强度土工合成材料，呈三维网状格室结构，膜片打孔。该结构伸缩自如，运输时折叠，施工时张拉成网形成蜂窝状的立体网格，填入泥土、碎石、混凝土等松散物料，构成具有强大侧向限制和大刚度的结构体。由有孔膜片组成的蜂巢格室护坡透水、透气性强。蜂巢格室结构示意图见

图 8.3-21。

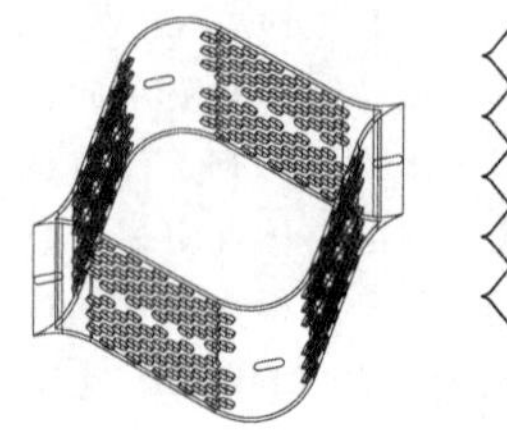
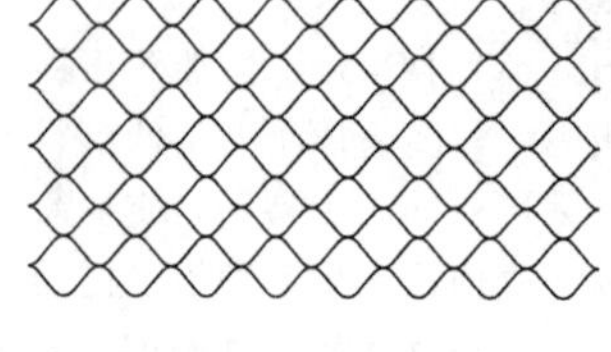

图 8.3-21　蜂巢格室结构示意图

蜂巢格室应有出厂合格证和质量检测报告，并进行复检，合格后方可使用。外观检查有没有疵点、厚薄不均匀，有没有裂口、孔洞、裂缝或退化变质等，对每批进货的蜂巢格室进行物理学性能、水力学性能和耐久性能试验，抽检合格后方可使用。

蜂巢格室的高度应根据坡比和填料选定。当坡比小于 1∶6 时，宜采用 50mm 以上；当坡比为 1∶6～1∶3 时，宜采用 75mm 以上；当坡比为 1∶3～1∶1.75 时，宜采用 100mm 以上；当坡比大于 1∶1.75 时，宜采用 150mm 以上。

蜂巢格室焊缝间距应根据蜂巢格室高度、坡比和填料选定。

当采用土作为填料时，坡比小于 1∶1.75 时，宜采用焊缝间距为 712mm 以下；坡比大于 1∶1.75 时，宜采用焊缝间距为 445mm 以下。

采用集料作为填料时：焊缝间距可根据蜂巢格室高度及集料最大粒径按表 8.3-6 选择。

表 8.3-6　集料填充格室焊缝间距　单位：mm

<table>
<tr><td>蜂巢格室高度</td><td>50</td><td>75</td><td>100</td><td>120</td><td>150</td><td>200</td><td>可选择的焊缝间距</td></tr>
<tr><td rowspan="6">集料最大粒径</td><td rowspan="2">25</td><td rowspan="2">37.5</td><td rowspan="2">50</td><td rowspan="2">65</td><td colspan="2">65</td><td>330</td></tr>
<tr><td colspan="2">75</td><td>356</td></tr>
<tr><td rowspan="4">50</td><td rowspan="4">75</td><td rowspan="4">100</td><td>100</td><td colspan="2">100</td><td>445</td></tr>
<tr><td>115</td><td colspan="2">115</td><td>600</td></tr>
<tr><td rowspan="2">120</td><td colspan="2">125</td><td>660</td></tr>
<tr><td colspan="2">150</td><td>712</td></tr>
</table>

2. 锚杆设计

锚杆可采用热轧带肋钢筋与限位帽组合成专用锚杆，外形结构见图 8.3-22，也可将热轧带肋钢筋一端弯折成 J 形。锚杆直径和长度遵循下列规定：专用锚杆有效锚固长度应不小于 0.5m 或 3 倍格室高度中的大值，强冻胀土边坡按取值的 1.5 倍计，锚杆直径 12～14mm；热轧带肋钢筋 J 形钩有效锚固长度应不小于 0.5m 或 3 倍格室高度中的大值，强冻胀土边坡按取值的 1.5 倍计，锚杆直径 10～18mm。

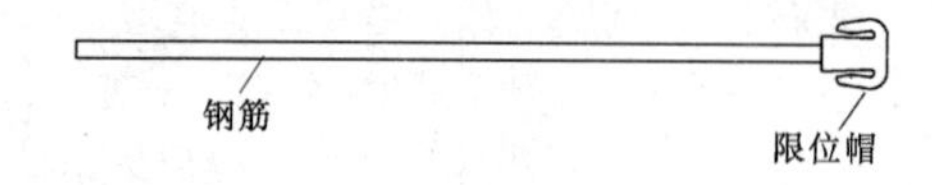

图 8.3-22　专用锚杆结构示意图

锚杆布设密度：当坡比小于 1∶1.5 时，锚杆布设密度 1.0～1.2 个/m²，强冻胀土边坡按 1.5 倍取值；当坡比小于 1∶1.5～1∶1.0 时，锚杆布设密度 1.2～1.5 个/m²，强冻胀土边坡按 1.8 倍取值；当坡比小于 1∶1.0～1∶0.5 时，锚杆布设密度 1.5～1.8 个/m²，强冻胀土边坡按 2.0 倍取值。

当护坡稳定需要采取锚杆措施时，应按照式（8.3-1）、式（8.3-3）进行计算。

（1）锚固的判断。是否需要采取锚固措施用式（8.3-1）判断：如果 F 是负值，则蜂巢格室和土壤之间的摩擦力足以维持整个系统稳定，如果 F 是正值，则需要采取措施。

$$F=k(Hl\gamma+lp)(\sin\beta-\cos\beta\tan\varphi) \quad (8.3-1)$$

式中　F——单位宽度净滑动力，kN/m；
k——安全系数，取 1.5～2.0；
H——格室高度，m；
l——坡长，m；
γ——格室填料容重，kN/m³；
p——附加静荷载，kN/m²；
β——坡度，(°)；
φ——填料的内摩擦角，(°)。

（2）坡顶压固计算。坡顶压固宽度按式（8.3-2）计算：

$$L=\frac{F}{\gamma_1(D+H)\tan\varphi_1} \quad (8.3-2)$$

式中　L——埋压长度，m；
γ_1——压顶填料容重，kN/m³；
D——埋压厚度，m；
φ_1——填料和基础土内摩擦角的低值，(°)。

（3）锚杆计算。每延米锚杆数量按式（8.3-3）计算：

$$N_A=\frac{F}{P_p} \quad (8.3-3)$$

式中　N_A——单位宽度锚杆的数量，根/m；
P_p——锚杆抗拔力，应小于格室的焊接强度，kN。

（4）锚杆选用。热轧带肋钢筋的性能应符合《钢筋混凝土用热轧带肋钢筋》（GB 1499.2）的要求。

（5）连接固定构件。连接固定构件主要有限位帽和连接键。

1）限位帽：材质为高分子材料，外形尺寸见图 8.3-23，用于加筋带锚固系统中的荷载传导节点上绑扎加筋带形成荷载传导机制或与锚杆组合成专用锚杆。

2）连接键：材质为高分子材料，外形尺寸见图 8.3-24，用于蜂巢格室膜片的快速连接。

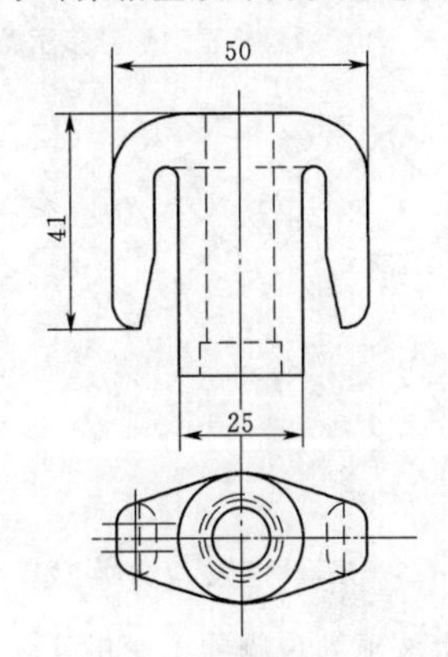

图 8.3-23 限位帽示意图（单位：mm）

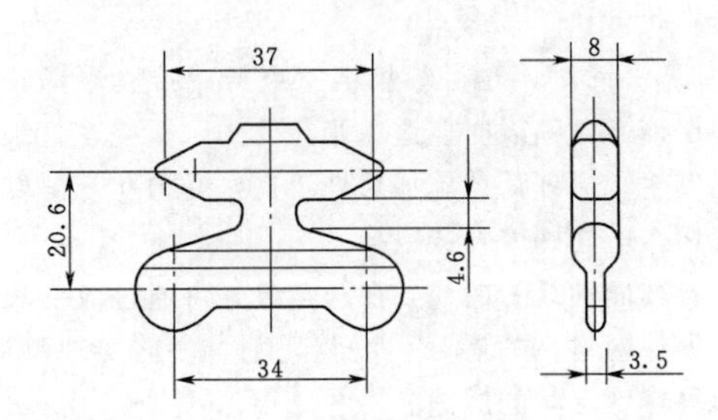

图 8.3-24 连接键示意图（单位：mm）

3. 加筋带设计

在不宜使用锚杆锚固的情况下可使用加筋带，宜采用 1～2 根/m，加筋带应为整根，不可有接头。加筋带应在坡顶用锚杆锚固。

根据需要可选用高强度聚酯纤维工业长丝单丝编织带、芳纶纤维工业长丝编织带或聚丙烯三股纽绳，具体见图 8.3-25 和图 8.3-26。

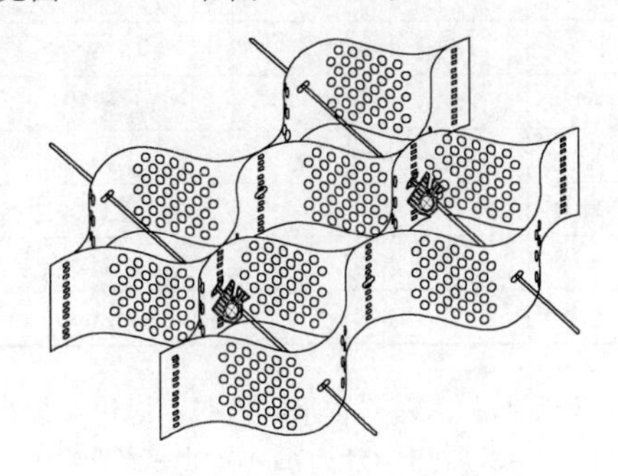

图 8.3-25 加筋带与蜂巢格室的连接示意图

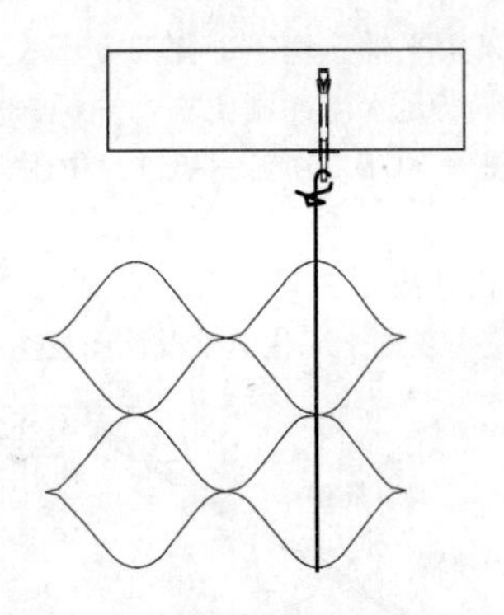

图 8.3-26 加筋带端部锚固示意图

当护坡稳定需要采取加筋带措施时，每延米加筋带数量按式（8.3-4）计算：

$$N_R=\frac{F}{T_t} \tag{8.3-4}$$

式中 N_R——每延米加筋带的数量，根/m；

T_t——最小断裂力，kN。

4. 填料设计

(1) 土。设计流速不大于 2m/s 时可采用土填充。采用土填充时，上部应覆盖 3～5cm 厚的腐殖土。膨胀土、分散土等特殊土质不应用作填充材料。

(2) 集料。粒组划分按照《土的工程分类标准》(GB/T 50145) 中表 3.0.2 执行。当设计流速 $v\leqslant$ 1m/s 时，宜按流速在细砾到中砾组选用。当 1m/s$<v\leqslant$2m/s 时，宜按流速在中砾到粗砾组选用。当 2m/s$<v\leqslant$3m/s 时，宜按流速在卵石（碎石）组中选用。

(3) 组合填充。根据工况，不同部位可采用不同填料的组合填充形式。

5. 垫层设计

采用天然建筑材料时，被保护土、垫层、填料间应满足反滤要求，反滤设计按《碾压式土石坝设计规范》(SL 274—2001) 附录 B 执行。采用土工织物时，应满足《土工合成材料应用技术规范》(GB 50290—1998) 中 4.2、4.3 或《水利水电工程土工合成材料应用技术规范》(SL/T 225—1998) 中 4.2、4.3 的规定。采用土工膜时，应满足 GB 50290—1998 中 5.2、5.3 或 SL/T 225—1998 中 5.2、5.3 的规定。

6. 封顶及坡脚防护设计

若护坡稳定满足要求，封顶可采用常规封顶型式，封顶宽度不小于一个格室长度。

当护坡稳定不满足要求时，可以用坡顶压固或坡顶锚固与坡面锚杆或加筋带措施相结合，加长压顶或坡顶锚固，计算参照式（8.3-2）和式（8.3-4）进行。

坡脚可采用平铺、埋压、叠砌等形式，不论采用何种形式均需满足水流冲刷要求，冲刷深度按《河道整治设计规范》（GB 50707—2011）中附录B.2的方法计算。

7. 典型设计图

蜂巢格室覆盖固土绿化典型设计图见图8.3-27。

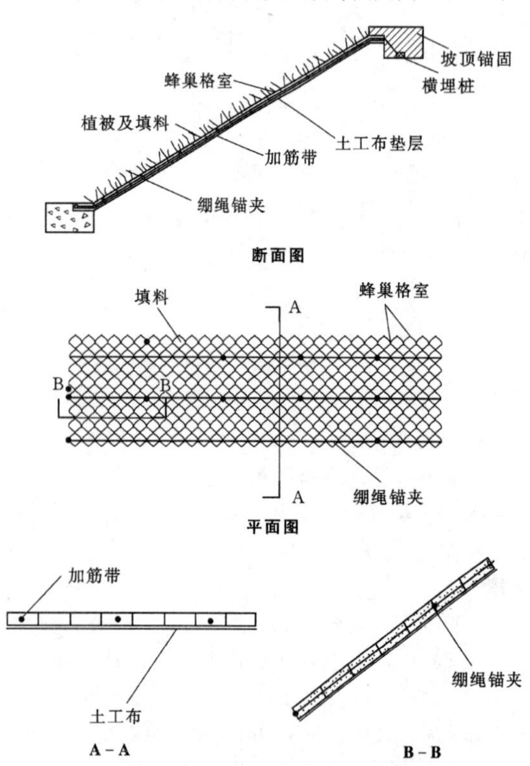

图8.3-27 蜂巢格室覆盖固土绿化典型设计图

8.3.7.3 施工要求

(1) 特殊土质的边坡如膨胀土、分散土等，应结合工程处理方案，合理选用。冬季无输水要求的渠道应做好排水。

(2) 基面应清理干净，无树根、杂草，无尖角等杂物。表面处理平整、密实。

(3) 铺设土工垫层，按《堤防工程施工规范》(SL 260—2014) 中8.8和《水利水电工程土工合成材料应用技术规范》(SL/T 225—1998) 中4.5、4.6执行。

(4) 格室连接。格室拼接应在格室宽部方向进行，有飞边搭接、膜片切断搭接两种基本方法（图8.3-28、图8.3-29）。飞边搭接使用连接键进行格室连接。对设有加筋带的格室应预穿加筋带。

(5) 铺设蜂巢格室。

1) 先通过画线或者使用放样工具确定格室展开的位置。蜂巢格室的铺筑坡度（纵横向）应与坡面走向平行，格室展开方向应与坡面走向垂直。

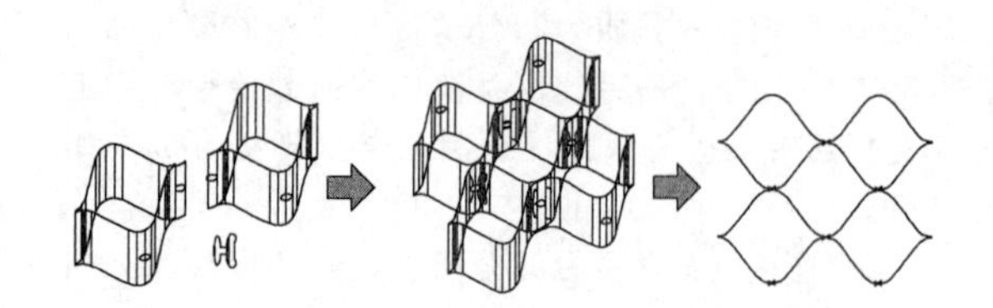

图8.3-28 蜂巢格室飞边搭接示意图

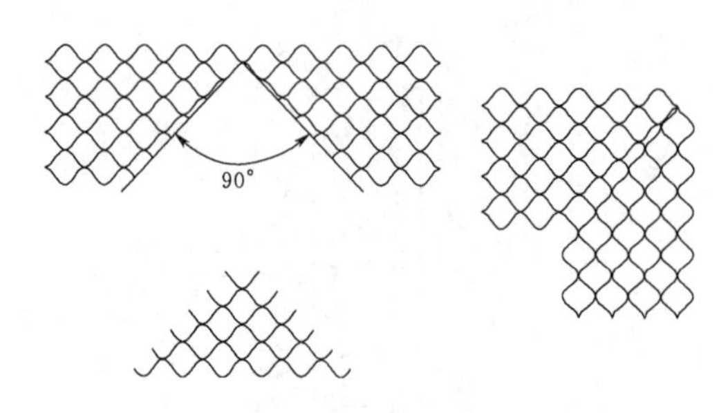

图8.3-29 蜂巢格室膜片切断搭接示意图

2) 应按由坡顶到坡脚的施工顺序，预先确定好单片格室的铺设中心线位置，将格室块顺坡向下拉展到指定长度。

3) 展铺时，先将蜂巢格室展开、拉直平顺，紧贴垫层铺平，铺设时应避免张拉受力、折叠、打皱等情况发生，保证荷载施加后处于良好受力状态。发现有损坏，应立即修补或更换。

若坡面轴线为曲线，在圆角处，可通过改变长度或宽度方向格室的展开程度及切割、裁剪实现弧形、锥形等特殊形状的展铺。

由于坡面的坡度或朝向的变化，使坡面发生转折，坡面上展铺的格室需进行垂直弯曲以适应坡面转折，并应由锚杆进行定形，使之紧贴于坡面。坡面转折处的最小垂直弯曲半径应符合表8.3-7的要求。

表8.3-7 格室高度与最小垂直弯曲半径 单位：mm

格室高度	长向最小垂直弯曲半径	宽向最小垂直弯曲半径
50	300	400
75	400	600
100	600	1000
120	720	1200
150	900	1500
200	1200	2000

4) 在坡面端头需要折角处理时，应留足够余料。铺设完成后，及时用锚杆固定，防止被风吹起，防止下滑。尽量缩短蜂巢格室暴露时间，铺设后12h内覆盖腐殖土。雨雪天气禁止铺筑。

(6) 填料回填。蜂巢格室铺设及锚固施工完成后，应及时填筑填料，以避免其受到阳光过长时间的直接暴晒。

土及集料填充作业应遵循以下原则。

1）按照从坡顶到坡脚的施工顺序，填料铺填要均匀。

2）填料投放高度应小于0.5m。

3）当采用土作为填料时，超填高度不应小于50mm。

8.3.7.4 管护要求

优先选择多年生、根系发达的乡土植物。应优选多种植物互补搭配，形成高低覆盖互补，深根与浅根互补，防虫与防病互补。

植物选择应符合工程目标和养护条件，符合GB 50433—2008中13.3及其他相关标准规范的要求，本章表8.1-17也可作为参考。

草本植物覆盖率应达到95%以上（允许偏差−3%），撒播密度不小于80kg/hm²。播种前应对草籽进行现场发芽试验，以确定合适的草籽和播种量。

8.3.7.5 同类技术

草皮加筋绿化护坡又称为三维植被网草皮护坡。是在铺草皮护坡存在易受强降雨或常年坡面径流形成冲沟、引起边坡浅层失稳和滑塌等缺陷的基础上发展起来的一种生态护坡技术，其表面有波浪起伏的网包，对覆盖于网上的客土、草皮有良好的固定作用，可减少雨水的冲蚀。同时，由于网包层的存在，缓冲了雨滴的冲击能量，减弱了雨滴的溅蚀，网包层的起伏不平，使风、水流等在网表面产生无数小涡流，减缓了风蚀及水流引起的冲蚀。

三维植被网的基础层和网包层网格间的经纬线交错排布黏结，对回填客土起着加筋作用，且随着植草根系的生长发达，三维植被网、客土及植草根系相互缠绕，形成网络覆盖层，进一步增加边坡表层的抗冲蚀能力。三维植被网垫具有良好的保温作用，在夏季可使植物根部的微观环境温度比外部环境温度低3～5℃，在冬季则高3～5℃，因此，三维植被网在一定程度上解决了逆季施工的难题，有利于促进植被均匀生长。

1. 技术特点

三维植被网护坡技术在我国各地区均可应用，但在干旱、半干旱地区应保证养护用水的持续供给。适用的边坡类型有各类土质边坡、强风化岩质边坡、路堤、路堑等深层稳定边坡以及经处理后的土石混合路堤边坡。常用坡比为1∶1.0～1∶1.5，一般不超过1∶1.25，坡比超过1∶1.0时慎用，一般每级坡高不超过10m。施工季节应在春季和秋季进行，尽量避免在暴雨季节施工。

2. 典型设计图

草皮加筋绿化护坡典型设计图见图8.3-30。

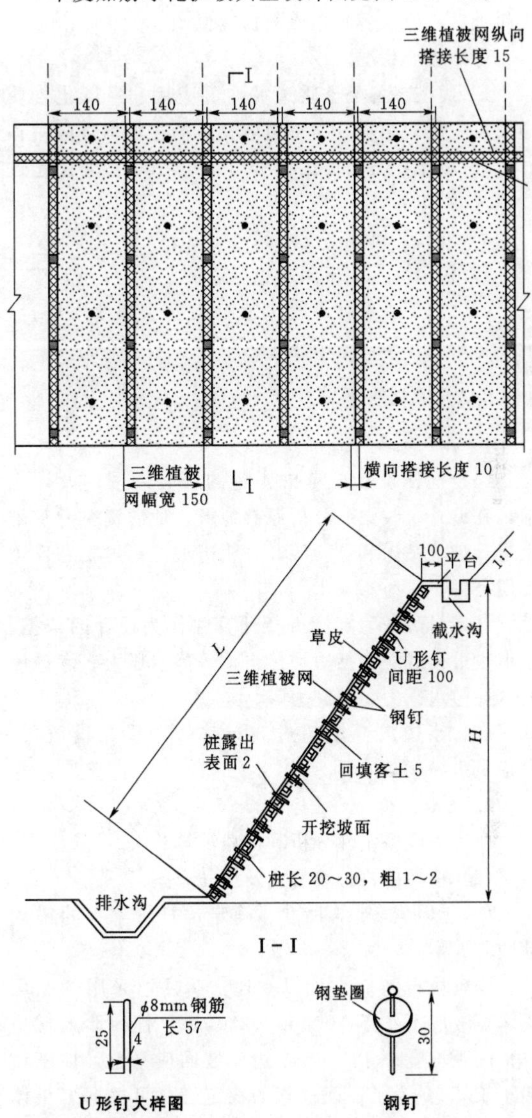

图8.3-30 草皮加筋绿化护坡典型设计图（单位：cm）

8.3.8 浆砌石骨架植草护坡

浆砌石骨架植草护坡是指采用浆砌片石或空心砖在坡面形成框架，结合铺草皮、三维植被网、土工格室、喷播植草、栽植苗木等方法形成的一种护坡技术。浆砌片石骨架根据形状的不同，可以分为方格形、菱形、拱形、“人”字形等。

8.3.8.1 适用条件

浆砌石骨架植草护坡适用于各类土质路堤、路堑边坡及渣场边坡，强风化岩质边坡也可应用，但要求每级坡高不超过 10m，同时要求边坡深层必须稳定。

（1）应用地区。各地区均可应用，但在干旱、半干旱地区应保证养护用水的持续供给。

（2）边坡状况。

1）类型：各类土质边坡均可应用、强风化岩质边坡可应用，路堤、路堑边坡及渣场边坡均可应用。

2）坡比：常用坡比 1∶1.0～1∶1.5，坡比超过 1∶1.0 时慎用。

3）坡高：每级高度不超过 10m。

4）稳定性：用于深层稳定边坡。

（3）施工季节。一般施工应在春季和秋季进行，应尽量避免在暴雨季节施工。

8.3.8.2　技术设计

1. 技术要点

（1）框格设计应考虑工程的服务期限。设计之前，在调查、收集、分析原有地形、地质资料的基础上进行现场钻探和试验等，查明边坡工程地质和环境地质条件。

（2）对边坡稳定性进行计算并作为设计的依据。边坡设计荷载应包括边坡体自重、静水压力、渗透压力、孔隙水压力、地震力等。

（3）当边坡高度超过 30m 时，须设马道放坡，马道宽 1.5～3.0m。

2. 技术指标

（1）边坡稳定性分析和荷载计算。

（2）选择框格护坡型式及加固方案。

（3）拟定框格的尺寸、确定锚杆（索）的锚固荷载。

浆砌块石断面设计以类比法为主。采用的断面高×宽一般不小于 300mm×200mm，各种形式框格水平间距均应小于 3.0m，边坡坡面应平整，坡度一般小于 35°。为了保证框格的稳定性，可根据岩土体结构和强度在框格节点设置锚杆，长度一般 3～5m，全黏结灌浆。若岩土体较为破碎和易溜滑时，可采用锚管加固，全黏结灌浆，注浆压力一般为 0.5～1.0MPa。

（4）锚杆（索）的设计计算；框格内力计算及结构设计。

（5）加固后边坡的稳定性验算。

结构的计算方法参考 GB 50433—2008 中斜坡防护工程部分相关内容。

3. 材料选取

材料为浆砌块石框格，框格的常用形式有以下四种。

（1）方形：指顺边坡倾向和沿边坡走向设置的方格状框格。框格水平间距对于浆砌块石框格应小于 3.0m，见图 8.3-31（*a*）。

（2）菱形：沿平整边坡坡面斜向设置的框格。框格间距应小于 3.0m，见图 8.3-31（*b*）。

（3）“人”字形：按顺边坡倾向设置浆砌块石或混凝土条带，沿条带之间向上设置“人”字形浆砌块石拱或混凝土拱。框格横向或水平间距对于浆砌块石框格应小于 3.0m，对于现浇钢筋混凝土框格应小于 4.5m，见图 8.3-31（*c*）。

（4）弧形：按顺边坡倾向设置浆砌块石，沿条带之间向上设置弧形浆砌块石拱。框格横向或水平间距均应小于 3.0m，见图 8.3-31（*d*）。

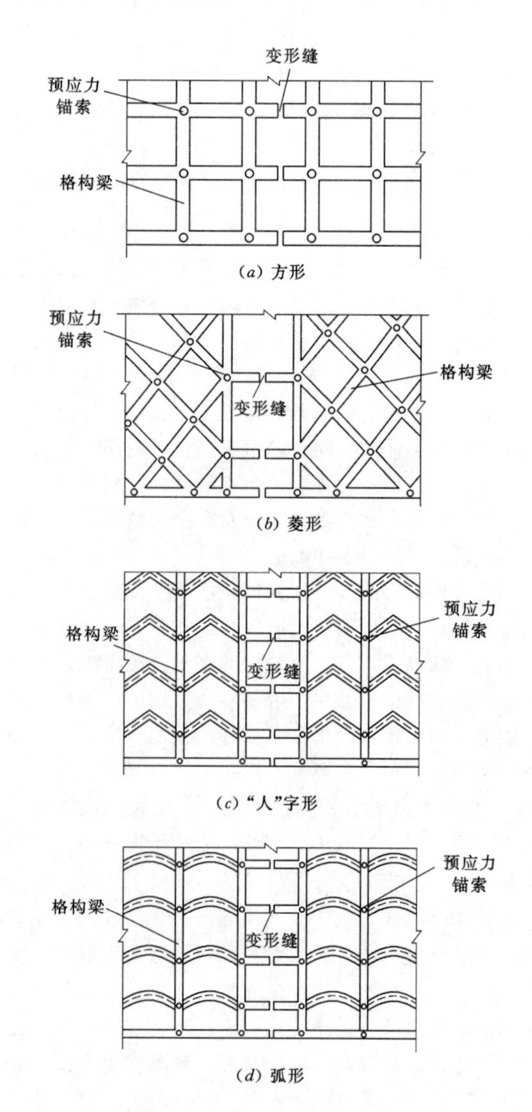

图 8.3-31　框格的常用形式

4. 典型设计图

浆砌石骨架草皮护坡典型设计图见图 8.3-32～图 8.3-34。

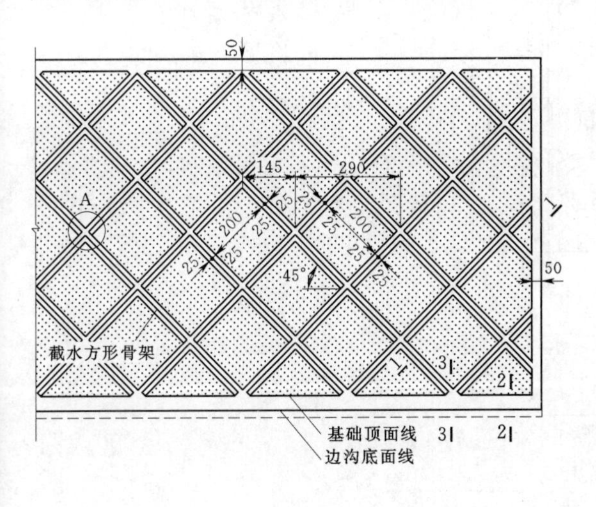

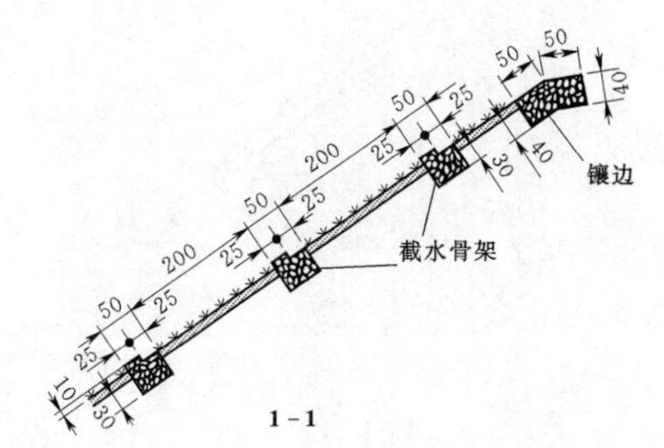

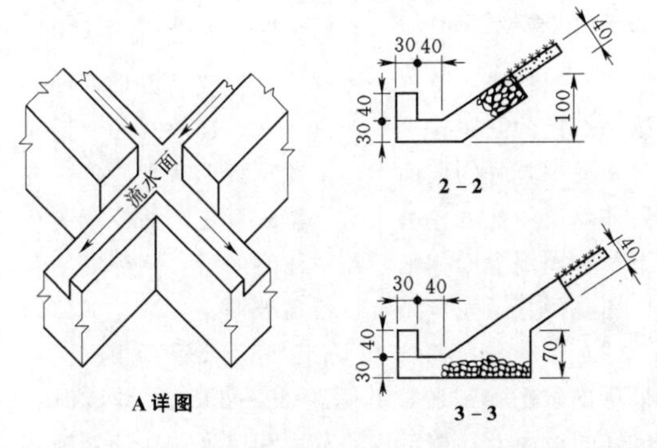

图 8.3-32　方形框格植草护坡设计图（单位：cm）

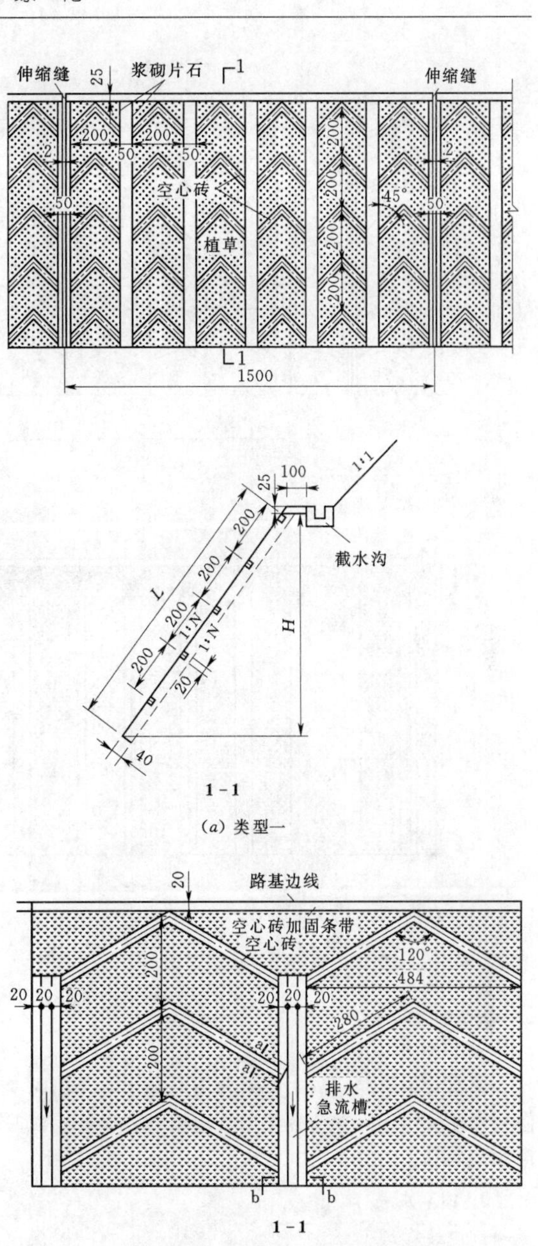

图 8.3-33　“人”字形框格植草护坡设计图（单位：cm）

8.3.8.3　施工要求

浆砌石骨架护坡施工工序包括：平整坡面→浆砌片石骨架施工→回填客土→铺草皮施工→盖土工织物。

1. 平整坡面

按设计要求平整坡面，清除坡面危石、松土、填补坑凹等。

(1) 做好每条骨架起讫点的控制放样，然后开挖骨架沟槽，其尺寸根据设计而定。

(2) 在骨架底部及顶部和两侧范围内，应用水泥砂浆砌片石镶边加固。

(3) 自下而上逐条砌筑骨架，骨架衔接处平顺，骨架应与边坡密贴，骨架流水面应与草皮表面平顺。

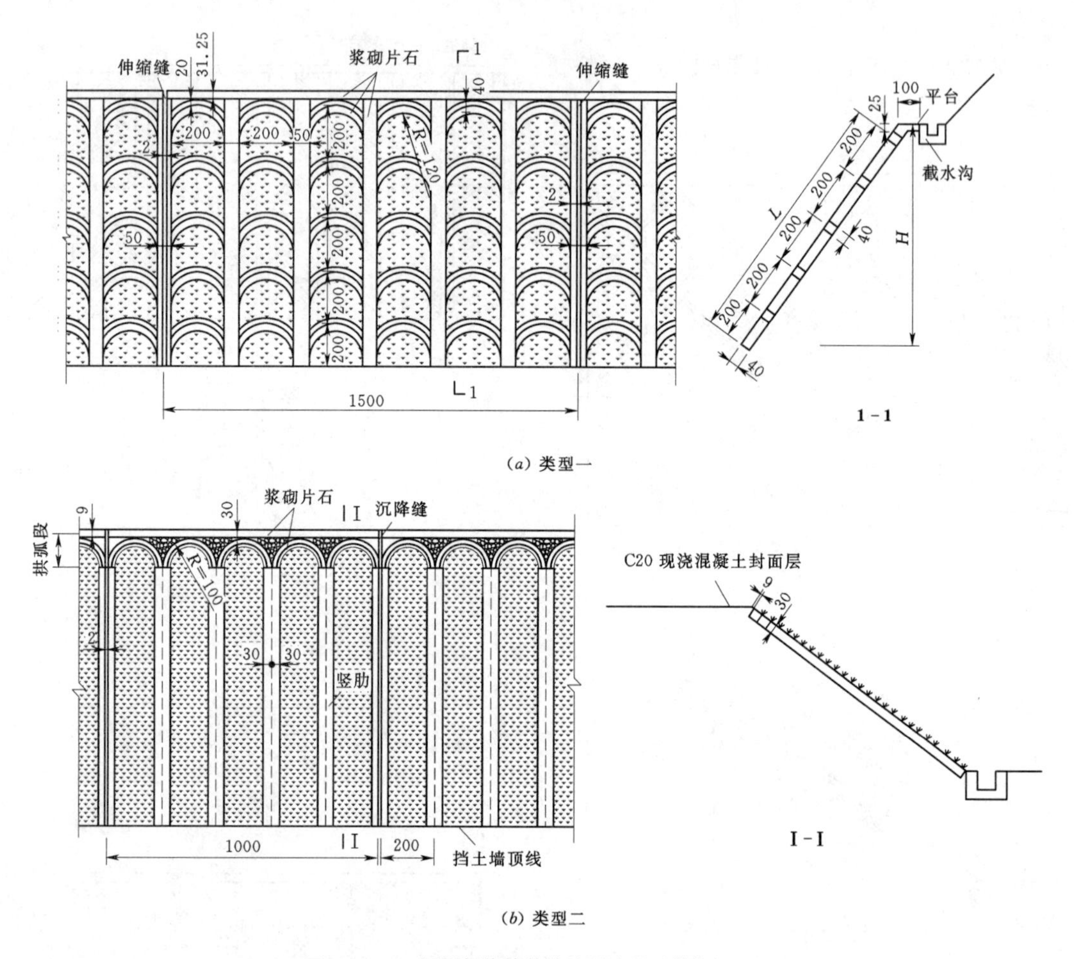

图 8.3-34　弧形框格植草护坡设计图（单位：cm）

2. 回填客土

片石骨架砌筑好后，骨架内填充客土，充填时要使用振动板压实，并与骨架和坡面密贴。靠近表面时用潮湿的黏土回填。

3. 铺草皮施工

草皮块在坡面顺次平铺，草皮块与块之间应保留5mm的间隙，以防止草皮块状运输途中失水萎缩，遇水浸泡后出现边缘膨胀，块与块之间的间隙填入细土。铺好的草皮在每块草皮的四角用尖桩固定，尖桩为木质或竹质，长 20～30cm，粗 1～2cm，尖桩应与坡面垂直，露出草皮表面不超过 2cm。铺草皮结束后用木榧将草皮全面拍一遍，使草皮与坡面密贴。在坡顶及坡边缘铺草皮时，草皮应嵌入坡面内，与坡缘衔接处平顺，以防止水流沿草皮与坡面间隙渗入，使草皮下滑。草皮应铺过坡顶肩部 100cm，坡脚应作砂浆抹面处理。

为节约草皮，利用草坪分蘖和匍匐茎蔓延的特点，也可采用间铺法和条铺法。

（1）间铺法。草皮块切成正方形或长方形，铺装时按照一定的间距排列，如棋盘式、铺块式等。铺草皮时要在平整好的坡面上，按照草坪形状和厚度，在计划铺草皮的地方挖去土壤，镶入草皮，并使草皮块铺下后与周围土面相平，经一段时间后，草坪匍匐茎向四周蔓延直至完全结合，覆盖坡面。

（2）条铺法。将草皮切成 6～12cm 宽的长条，两根草皮条平等铺装，其间距 20～30cm，铺装时在平整好的坡面上，按草皮的宽度和厚度，在计划铺草皮的地方挖去土壤，镶入草皮，保持与周围土面相平，经一段时间后，草皮即可覆盖坡面。

8.3.8.4　管护要求

1. 前期养护

（1）洒水。草皮从铺装到适应坡面环境健壮生长期间每天都需要及时进行洒水，每次的洒水量以保持土壤湿润为原则，每日洒水次数视土壤湿度而定，直至出苗成坪。

（2）病虫害防治。当草苗发生病害时，应及时使用杀菌剂防治病害，常用喷射药剂有代森锰锌、多菌灵、百菌清、福美双等。使用杀菌剂时应采用适宜的喷洒浓度。为防止抗药菌丝的产生，可以用几种效果相似的杀菌剂交替或复合使用。对于常发生的虫害如地老虎、蝼蛄、草地螟虫、蛴螬、粘虫等，可采用生物防治和药物防治（常用有机磷化合物杀虫剂）相结合的综合防治方法。

(3) 追肥。为了保证草苗能茁壮成长，在条件允许的情况下，可根据草皮生长需要及时追肥。

2. *后期管理*

工程养护期限视坡面植被生长状况而定。养护期间应根据植物生长情况和水分条件，合理补充水分。

8.3.8.5 同类技术

在实际应用中，砌石草皮护坡、现浇网格生态护坡和层叠铅丝石笼插柳护坡均以稳定的护坡构造为基础进行植被恢复建设。

1. *砌石草皮护坡*

在坡度小于1∶1、高度小于8m的土质边坡、强风化岩质边坡或坡面有涌水的坡段，适合采用砌石草皮护坡技术。砌石草皮护坡有两种形式，一种是在坡面下部1/2～2/3采取浆砌石护坡，上部采取草皮护坡；另一种是坡面从上到下每隔3～4m沿等高线修一条宽30～50cm的砌石条带，条带间的坡面种植草皮。砌石部位一般安排在坡面下部的涌水处或松散地层显露处，在涌水较大处需设反滤层。

(1) 技术特点。砌石草皮护坡技术在我国各地区均可应用，但在干旱、半干旱地区应保证养护用水的持续供给。适用的边坡类型有土质边坡、强风化岩质边坡、路堤、路堑边坡等深层稳定边坡。常用坡比为1∶1.0～1∶1.5，坡比超过1∶1.0时慎用，一般每级坡高不超过4m。施工季节应在春季和秋季进行，尽量避免在暴雨季节施工。

(2) 典型设计图。砌石草皮护坡设计图见图8.3-35。

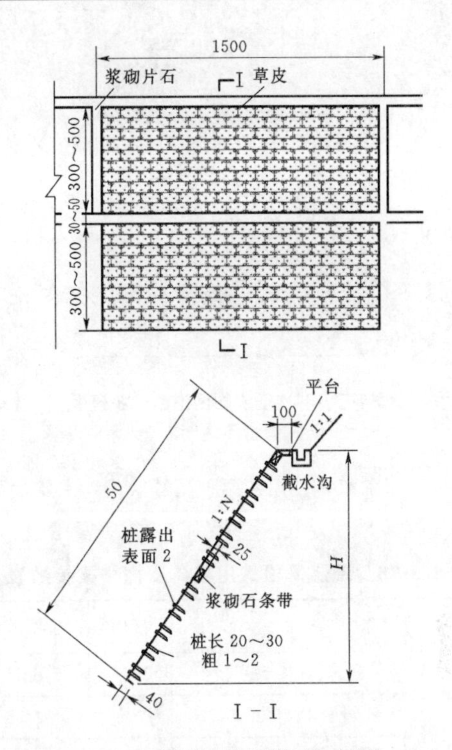

图8.3-35 砌石草皮护坡设计图（单位：cm）

2. *现浇网格生态护坡*

现浇网格生态护坡技术适用范围较广，特别是针对北方高寒干旱半干旱恶劣气候条件地区极为适用。采用现浇网格生态护坡模板，在边坡上现场浇筑护坡网格，坡内加设锚杆，形成具有三维稳定结构，外观整齐一致的鱼鳞坑形立体网格护坡系统，并在网格内种植护坡植物，表面铺设抗冲刷基质材料，达到边坡稳固、水土保持、植被恢复目标。

现浇网格生态护坡骨架结构型式与浆砌石骨架结构型式基本相同，主要有方形、菱形、“人”字形、弧形等。根据坡面稳定性确定现浇网格材料、形式等。各种结构型式的现浇网格尺寸均可为（3.0～5.0）m×（3.0～5.0）m。（钢筋）混凝土网格断面设计以类比法为主，网格断面宽度20～40cm、厚度40～50cm、钢筋直径12～16mm。现浇网格生态护坡典型结构见图8.3-36。

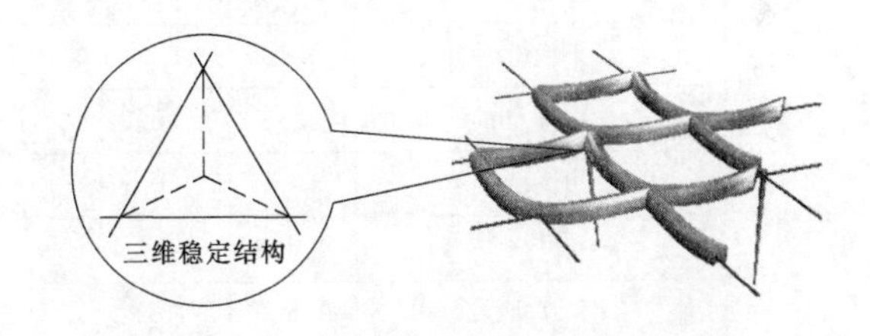

图8.3-36 现浇网格生态护坡典型结构

(1) 技术特点。现浇网格生态护坡技术是在目的边坡稳定，不会产生崩塌、滑坡及不均匀沉降的情况下采用的，应用该技术之前，要进行边坡稳定性分析。对于不稳定的边坡，需要处理边坡稳定后，方可采用现浇网格生态护坡技术。

(2) 技术指标。

1) 现浇网格生态护坡模板参数调整计算。以目的边坡坡角为基础，模板浇筑的网格梁底部的高度应做相应调整。各参数关系见图8.3-37，调整量按照式（8.3-5）计算：

$$\angle C=90°+\alpha-\beta \tag{8.3-5}$$

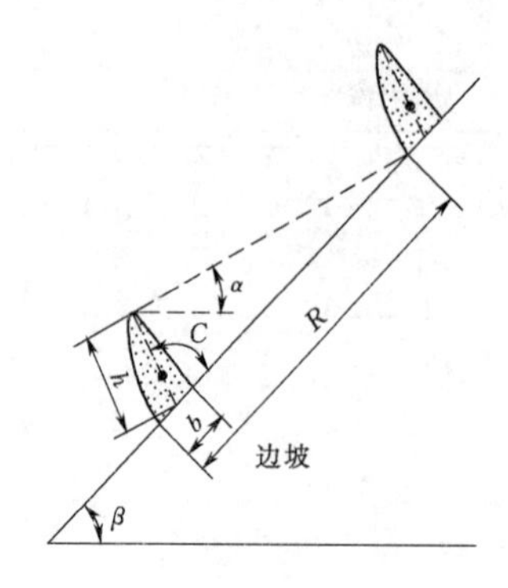

图 8.3-37 现浇网格生态护坡模板参数示意图

针对目前最常使用的两种型号模具，主要参数见表 8.3-8。

表 8.3-8 现浇网格常用模具及框格梁参数表

分类	型号	Ⅰ号模具	Ⅱ号模具
模具参数	模具长/m	1.18	1.24
	模具宽/m	0.8	0.75
	模具面积/m^2	0.94	0.56
	模具框格底梁面积/m^2	0.44	0.23
	模具绿化面积/m^2	0.50	0.33
	框格梁长度/m	2.76	2.94
	框格梁断面面积/cm^2	120.00	176.00
框格梁参数	上底/m	0.03	0.04
	下底/m	0.16	0.15
	中高/m	0.15	0.22
	边高/m	0.11	0.15
	体积/m^3	0.036	0.046
	重力/kN	0.885	0.923
	框格梁面积/m^2	0.47	0.41
	绿化面积/m^2	0.53	0.59
	钢筋长度/m	2.94	2.63

2）边坡的护脚设计。护脚常规使用的有三种类型，与不同型号的模具配套用（表 8.3-9、表 8.3-10）。

表 8.3-9 护脚适用条件

模具型号 \ 边坡坡角 α	＜35°	35°～60°	＞60°
Ⅰ号	A 型	A 型	B 型
Ⅱ号	B 型	B 型	C 型

表 8.3-10 护脚参数

类型	上底宽/m	下底宽/m	高/m	背坡坡比	纵筋	箍筋
A 型	0.3	0.5	0.55	1：0	4ϕ4mm HPB235	ϕ6mm @300mm HPB235
B 型	0.4	0.6	0.55	1：0	4ϕ4mm HPB235	ϕ6mm @250mm HPB235
C 型	0.5	0.8	0.65	1：0	6ϕ4mm HPB235	ϕ6mm @200mm HPB235

3）边坡锚杆设计。目的坡面不稳定的边坡，必须设置锚，锚杆设计考虑边坡坡面斜长、边坡坡度、土质类型、模具型号等因素，锚杆倾角 10°，锚杆自由段长度根据锚杆所在位置取 0.6～1.2m，锚固体直径（200±20）mm（表 8.3-11）。

表 8.3-11 锚杆自由段长度取值 单位：m

锚杆排数 \ 位置	第 1 排	第 2 排	第 3 排
1 排	1.0	—	—
2 排	1.2	0.6	—
3 排	1.2	0.9	0.6

注 锚杆位置从坡顶至坡底按顺序编号。

实际工程中边坡长度小于 6m，按 6m 考虑；边坡长度大于 6m 小于 10m，按 10m 考虑；边坡长度大于 10m，需要每 10m 增加一级放坡，不足 10m 的按 10m 考虑，并且相邻两级坡之间应设马道，马道宽度不宜小于 2.0m。如果坡长大于 10m 且不允许二级放坡，锚固情况需要另行计算。

（3）典型设计图。生态护坡典型设计图见图8.3-38。

3. *层叠铅丝石笼插柳护坡*

层叠铅丝石笼插柳护坡是采用铅丝石笼结合扦插柳条等进行坡面防护和植被恢复的技术。该技术具有良好的变形能力，透水性好、耐久性强，结合种植旱柳等植物可达到很好的生态效果。另外，填充物可就地取材，施工简单易行，后期易于养护。

（1）技术特点。

1）铅丝石笼具有高渗透性，允许自由排水，可显著增强边坡的稳定性。同时具有补强特性和抗冻、抗老化特性，可大大提高工程在恶劣自然环境下的耐久度。

2）结合种植旱柳等植物可达到较好的生态效果。

3）填充物可就地取材，施工简单易行、对环境冲击小，后期植被恢复效果好，可大大减少后期的养

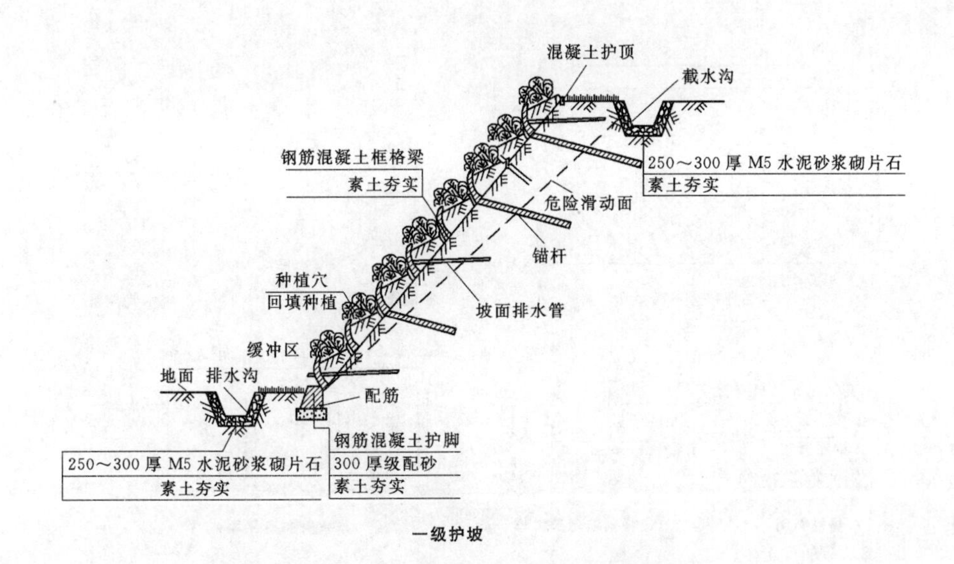

一级护坡

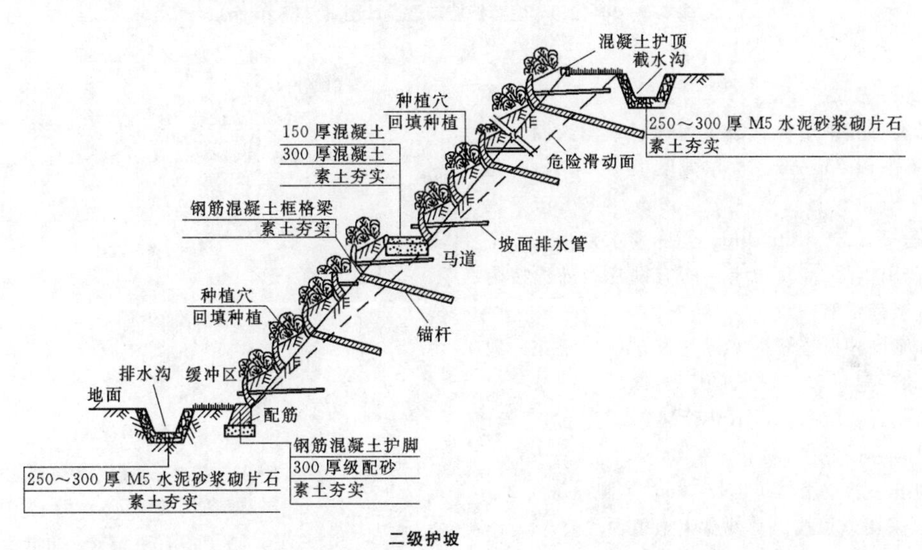

二级护坡

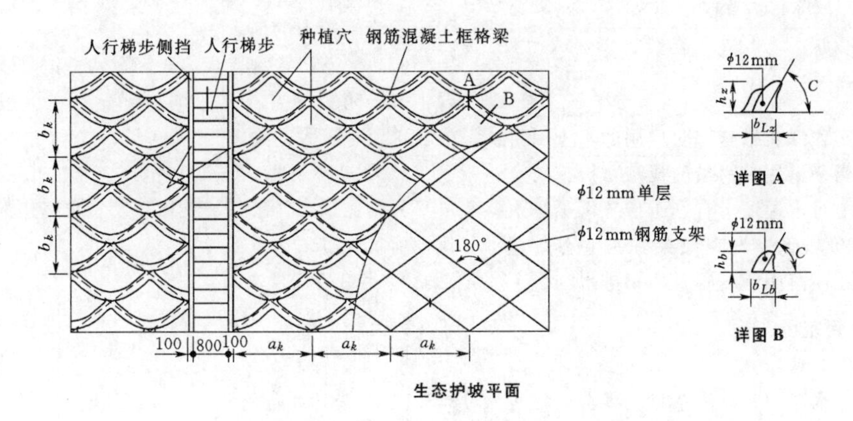

生态护坡平面

图 8.3-38（一） 生态护坡典型设计图（单位：mm）

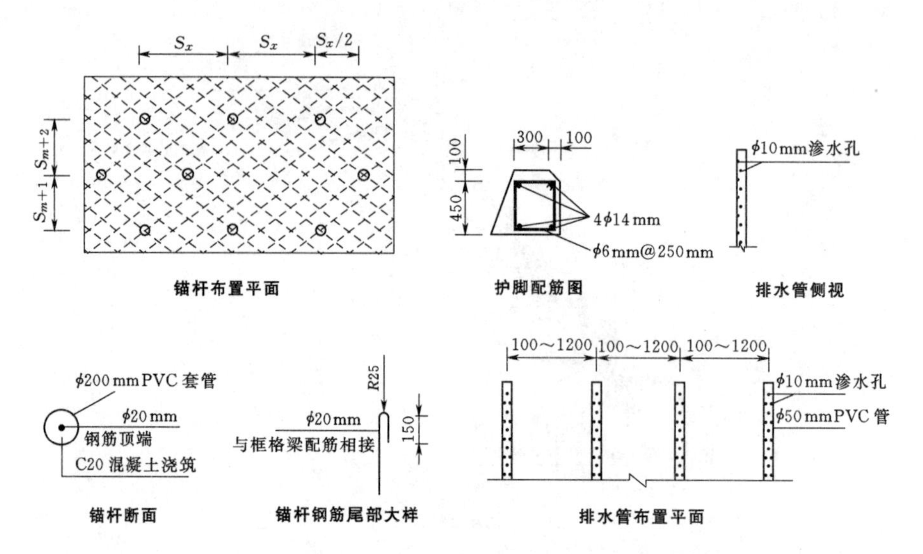

图8.3-38（二） 生态护坡典型设计图（单位：mm）

护管理工作量。

（2）材料选取。

1）铅丝石笼采用机编或手编镀锌铁丝编制，铅丝镀锌量不小于75g/m²，抗拉强度大于40MPa，延伸率大于12%，网目尺寸一般为80mm×120mm，网格最大对角线（200±20）mm。笼体要求韧性强、坚固耐久，使用年限20年以上。所有网片的外边棱为直径6mm镀锌钢筋。

2）单笼尺寸根据坡面实际情况进行确定：一般为长1～2m、宽0.5～1m、高0.5～1m。

3）填充石块应坚硬，不易碎裂，以直径在10～35cm之间的毛石为宜。

4）柳条一般选用当年生长50cm旱柳，每穴2～3根，也可采用紫穗槐等其他易生根植物代替。

4. 典型设计图

铅丝石笼插柳护坡绿化示意设计图见图8.3-39。

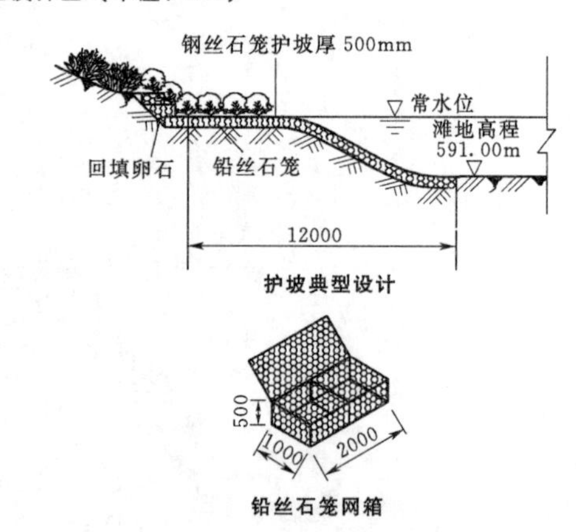

图8.3-39 铅丝石笼插柳护坡绿化示意设计图（单位：mm）

8.3.9 生态排水沟

8.3.9.1 定义

生态排水沟是工程绿化措施综合应用的水土保持设施，是在沟底及沟壁采用植物措施或植物措施结合工程措施防护的地上排水通道。有别于传统圬工排水沟，生态排水沟造价较低、景观效果好、生态效益高；但生态排水沟适用范围广度不及圬工排水沟。

8.3.9.2 分类及适用范围

1. 分类及特点

（1）草皮水沟。水沟沟底及沟壁只以草本植物防护的生态排水沟，可设置在纵坡坡度较小、流量较小的地方。

（2）生态袋水沟。水沟沟底及沟壁以草本植物结合防护生态袋的生态排水沟，可设置在纵坡坡度较大、水流量较大的地方。

（3）生态砖水沟。水沟沟底及沟壁以草本植物结合生态砖防护的生态排水沟，可设置在纵坡坡度较大、水流量较大的地方。

2. 适用的开发建设项目种类

公路、铁路、水利、农林开发、城镇建设等开发建设项目种类。

3. 适用的气候及土壤条件

主要用于湿润、半湿润气候区，抗蚀性弱的土壤类型区不推荐使用。

8.3.9.3 设计要点

1. 设计分析

除按照工程绿化设计需要进行的一般设计分析

外，生态排水沟设计还应该重视汇水面积、水沟预留宽度、土壤类型及纵向坡度等。

在上述基础上按照设计流量大小结合纵坡大小选定生态排水沟种类、断面形状、植物种类，并进行典型设计，提出施工、管护等各项要求。

2. 水沟规格设计

(1) 断面形状。常见的水沟横断面类型包括：矩形、梯形、三角形及碟形等，根据纵坡及设计大小结合生态排水沟的种类确定断面形状。

(2) 设计径流量。设计径流量按式 (8.3-6) 计算：

$$Q_1 = 16.67 q\psi F \tag{8.3-6}$$

式中 Q_1——设计径流量，m^3/s；

q——设计降雨重现期和降雨历时内的平均降雨强度，mm/min；

ψ——径流系数；

F——汇水面积，km^2。

设计重现期标准、汇流时间、径流系数的确定查阅《公路排水设计规范》(JTG/T D33)；降雨强度查阅当地气象资料，缺乏相关资料的区域查阅 JTG/T D33 中的降雨强度等值线图。汇流面积根据路面宽度、坡面长度及出水口间距确定。

(3) 水道的排水能力。排水能力按式 (8.3-7) 计算：

$$Q_2 = vA \tag{8.3-7}$$

式中 Q_2——排水能力，m^3/s；

v——流速，m/s；

A——水道断面面积，m^2。

流速按式 (8.3-8) 计算：

$$v = \frac{R^{\frac{2}{3}} I^{\frac{1}{2}}}{n} \tag{8.3-8}$$

式中 R——水力半径；

I——水力坡度；

n——草皮排水沟的糙率。

相关参数的确定及计算方法可查阅 JTG/T D33。

(4) 横断面规格。假设设计径流量等于边沟泄水能力，即 $Q_1 = Q_2$，算出水道断面面积，根据预留水道宽度和断面形状，确定水道深度。按照 JTG/T D33 的要求，应在此基础上，再将沟槽的顶面高度提高，高出设计水位 0.1～0.2m，并以此确定水力半径等相关计算参数。

(5) 设计合理性检验。检验沟渠设计合理需满足以下两个条件。

1) 沟渠的泄水能力不小于设计流量。

2) 沟渠水流速度不小于防淤流速，且水流速度不大于沟渠的冲刷流速。若流速小于产生淤积的流速，则应增大沟渠的纵坡，以提高流速。反之，则应采取加固措施，或设法减小纵坡以降低流速。

(6) 边界条件。草皮排水沟最大纵坡不宜超过 4.0%，纵坡过大则水流速度大，会导致对水沟内侧的冲刷加剧，从而破坏生态排水沟。

若不良地质及易受水蚀的土壤类型路段采用生态排水沟，应做相应的防护处理措施，避免边沟渗水。

3. 材料选取

(1) 植物习性要求。应选用适应当地气候及土壤条件的草本植物；此外，还应具备根系发达、茎矮叶茂、生长迅速、绿期长的优良性状；水道边坡的草种应具有较强的抗干旱性能，水道沟底的草种应具有较强的浸水性能。

(2) 植物种类。根据生态排水沟种植草皮时对植物习性的要求，本章表 8.2-1 和表 8.2-2 列出了全国各区域适宜的草种供设计者参考。在选择草种时，除草种习性外还应注意：优先考虑本地区的乡土草种；宜优先选用根茎型草本植物；应使用优势互补的混播组合，植物种类 2～3 种；在南方地区，宜选用常绿型草种。

(3) 其他工程材料要求。

1) 生态袋：防老化聚丙烯织造土工织物，装入种植土后封好袋口。

2) 生态砖：混凝土预制空心砖，可直接填充种植土也可由土工网包裹后填充。

8.3.9.4 工艺流程及施工要求

(1) 工艺流程。以草皮排水沟为例，其工艺流程：开挖水沟→(水沟底部防渗)→铺装三维土工网(或生态袋、生态砖)→种植土回填、拍实→植草→覆盖→管护。

(2) 施工要求。

1) 水沟底部防渗：用混凝土、砂浆、碎石等材料对水沟底部进行防水加固，厚度 2～5cm，碎石可铺在三维网之上。是否需要加固水沟底部，视工程实际情况（地质、土壤、纵坡等）而定。

2) 铺装三维网：沿水流方向向下平贴铺装，不得有皱纹和波纹，水沟顶端预留 20cm 用于三维网的固定，三维网底部也需固定。

3) 生态袋的铺装：按照设计尺寸分层码放生态袋，生态袋与坡面及生态袋层与层之间用锚杆固定。

4) 生态砖的铺装：码放时植草的一端向外，层与层之间用水泥砂浆黏结。在平地培育植物，待植物长到一定高度后码放生态袋效果更佳。

8.3.9.5 管护要求

生态排水沟建成的养护工作主要有浇灌、补播、病虫草害防治、生态袋（生态砖）稳固措施的维护等，具体包括以下内容。

(1) 苗期应及时浇灌，保持土壤湿润，直至植被基本覆盖。

(2) 苗期后揭去覆盖材料（草帘等易分解材料除外），根据草种生长情况和土壤干湿状况合理浇灌，用人工方式或除草剂除去双子叶类杂草。

(3) 第二年返青期间浇灌 1～2 次，返青后根据覆盖情况及时补播，并合理浇灌。

(4) 每年雨季初及雨季末各检查一次生态袋和生态砖的稳固性，如有隐患及时补救。

8.3.10　岩溶地区坡面喷播灌木绿化

岩溶地区坡面喷播灌木绿化是针对岩溶地区土壤贫瘠、岩石裸露的坡面喷播种植适宜岩溶地区生长的灌木等进行防护治理和石漠化综合改善的一项技术，人工创造出与自然界表土结构相似的“人工土壤”，利用“人工土壤”及各种配套的灌木护坡植生构件，能在岩溶地区岩石坡面上人工营造出一个既能让植物生长发育，而又不被冲刷的多孔稳定基质结构，而且利用灌木生长迅速，能有效地减少岩溶地区坡面易受雨蚀影响的情况，防治水土流失，使植被得以快速恢复，并在短期内形成一个稳定的多样化、具有自然演替功能的植物群落。

8.3.10.1　适用条件

岩溶灌木护坡技术配制的人工土壤具有保水、透水、透气性能，能够有效抵抗雨蚀和风蚀，防止水土流失。适用于岩溶地区植物生长困难的裸露岩质自然边坡、公路或铁路上下边坡及水利水电工程边坡、采石场边坡、矿山矿区边坡及风电场边坡等工程边坡的护坡。

8.3.10.2　技术设计

1. 技术要点

(1) 除按照工程绿化对于项目条件一般性分析外，重点调查和分析边坡工程的稳定性、人工土壤与育苗基质喷播厚度的经济性和施工可行性。

(2) 设计要点。

1) 对不同的边坡类型、坡比、坡高需要分别设计，采用不同的护坡方式，使工程措施与灌木护坡有机结合。

2) 灌木种子选配与当地环境及其已有植物种群一致，使其在施工后较短时间内能融入当地自然环境。

(3) 施工时，先喷播人工土壤，再喷播育苗基质。

2. 技术指标

依据边坡类型、边坡坡比，防护方式选择按表 8.3-12 确定。

表 8.3-12　护坡方式

边坡类型	边坡坡比	防护方式
硬质岩（$R_c>30$）	1：0.00～1：0.25	植生格挂网直喷
	1：0.25～1：0.50	植生格挂网直喷或 T 形植生板挂网直喷
	1：0.50～1：1.00	T 形植生板挂网直喷或挂网直喷
	1：1.00～1：1.25	挂网直喷或直喷
软质岩（$R_c\leqslant30$）	1：0.25～1：0.50	植生格挂网直喷
	1：0.50～1：1.00	植生格挂网直喷或 T 形植生板挂网直喷
	1：1.00～1：1.25	T 形植生板挂网直喷或挂网直喷
	1：1.25～1：1.50	挂网直喷或直喷

3. 材料选取

(1) 护坡构件。护坡构件由 T 形植生板或植生格、固定网、锚固件以及扎丝等组成。T 形植生板适用于坡比为 1：0.00～1：0.50 的边坡，植生格适用于坡比为 1：0.25～1：1.00 的边坡。

(2) 注浆材料。主锚固件材料需要水泥系注浆材料加固的，水泥采用普通硅酸盐水泥。

(3) 人工土壤配置。根据岩溶地区特点，通常选用泥炭土、植物纤维、植物粉、肥料、岩溶灌木护坡添加剂等作为人工土壤配置材料，人工土壤配比设计见表 8.3-13。

表 8.3-13　人工土壤配比设计

材　　料	用量/(kg/m³)	配比/%
土壤	550.0	42.93
泥炭土（或人工腐殖质）	58.0	4.53
植物纤维	25.0	1.95
植物粉	40.0	3.12
肥料	5.8	0.45
岩溶灌木护坡添加剂	2.5	0.20
水	600.0	46.83

(4) 育苗基质配置。育苗基质配比设计见表 8.3-14。另外，植物比例根据植物种子的千粒重、发芽率、每平方米播种量来确定用量。

表 8.3-14　育苗基质配比设计

材　料	用量/(kg/m³)	所占比例/%
土壤	550.0	41.50
泥炭土（或人工腐殖质）	100.0	7.55
植物纤维	30.0	2.26
植物粉	30.0	2.26
肥料	10.5	0.79
岩溶灌木护坡添加剂	4.4	0.33
混合植物种子	自行确定	不算作比例范围
水	600.0	45.30

(5) 植物种子选配。种子选配以适生灌木树种为主，不少于5个种类，形成常绿和落叶灌木、观花和观叶灌木以及抗逆性强的小乔木组合，植物种子选配参考表8.2-1及表8.2-2。

4. 典型设计图

人工土壤喷植示意图见图8.3-40，岩溶灌木护坡示意图见图8.3-41。

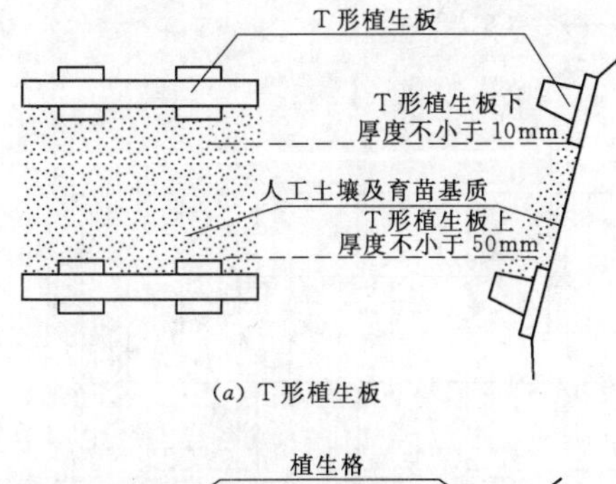

(a) T形植生板

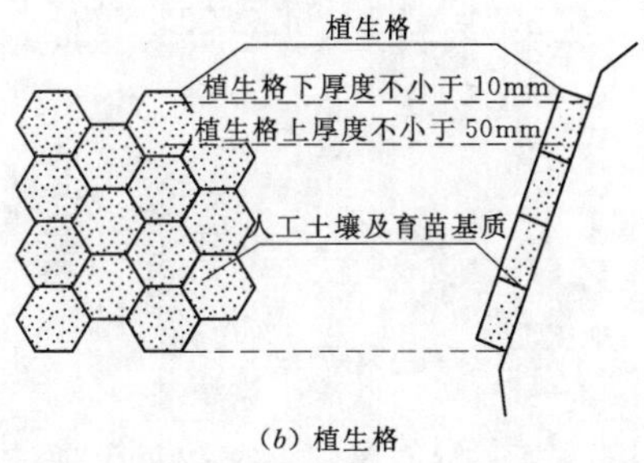

(b) 植生格

图8.3-40　人工土壤喷植示意图

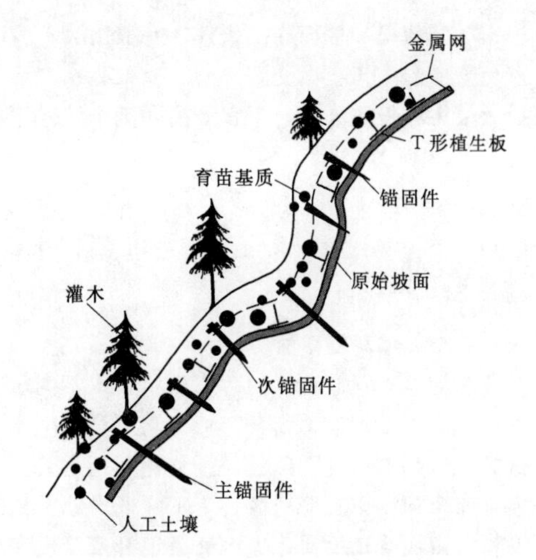

图8.3-41　岩溶灌木护坡示意图

8.3.10.3　施工要求

1. 坡面整理

坡面整治技术参见本章“8.3.2 植被混凝土护坡绿化”相关内容。

2. 护坡构件布置

(1) 护坡固定网由坡顶至坡底贴近坡面铺挂，边坡边界用主锚固件固定。坡面固定网采用主、次锚固件固定。

(2) 固定网采用绑扎搭接连接。

(3) T形植生板、植生格与固定网或锚固件绑扎牢固，其尺寸根据设计图纸和现场坡面实际凹凸情况确定。

(4) 在施工过程中，如设计图纸中T形植生板、植生格尺寸设置与坡面实际凹凸形状尺寸相差较大时，可根据施工现场实际情况，对构件尺寸进行适当调整，以满足现场需要。

3. 人工土壤与育苗基质喷播

(1) 人工土壤与育苗基质制备。

1) 人工土壤配置的投料顺序：水→土壤→泥炭土（或人工腐殖质）→植物纤维→植物粉→肥料→岩溶灌木护坡专业添加剂。搅拌应采用机械均匀搅拌，搅拌时间以材料拌和均匀并达到喷播要求为准，搅拌时间不少于60s。

2) 育苗基质配置的投料顺序：水→土壤→泥炭土（或人工腐殖质）→植物纤维→植物粉→肥料→喀斯特灌木护坡专业添加剂→混合植物种子。搅拌宜采用机械搅拌，搅拌时间以材料拌和均匀并达到喷播要求为准，搅拌时间不少于60s。

(2) 人工土壤与育苗基质喷播。

1) 先喷播人工土壤，再喷播育苗基质。喷播分段、分层依次进行，喷播顺序自上而下；一次喷播的厚度不宜过大，尤其是对未铺设固定网的坡面，否则会影响喷播人工土壤的黏结力。

2) 向喷播设备供料应连续均匀；喷播设备正常运转时，料斗内应保持足够的存料；喷播作业完毕或因故中断喷播时，必须将喷播设备和输料管内的积料清除干净。

根据气候情况和坡面施工条件，一般雨天不宜施工，避免喷播的人工土壤受到冲刷，减少黏结力，影响喷播效果；在极端天气，不宜喷播人工土壤，不应喷播育苗基质。

8.3.10.4 管护要求

管护要求参见本章“8.3.2 植被混凝土护坡绿化”相关内容。

8.3.11 高原草甸草皮移植

高原草甸生态脆弱地区的草皮移植技术不同于一般园林工程人工草坪的移植，特指在高原草甸生态脆弱地区施工过程中一种特殊的表土移存利用方式。

在高原草甸生态脆弱地区，为了降低对原有地表土壤及植被造成扰动损坏，先将地表土壤及草皮完整铲切后存放，施工完毕后再将草皮铺回原地，是一种有效的植被生态保护和裸露边坡植被恢复方式。通常采用人工或机械的方法，将草本植物连根铲切下来，草皮面积较小的铲为块状，较大且质量上乘的可以大面积铲下作为草皮卷供以后铺设。草皮铲出后，将其铺设到坡面上，然后经过踩压浇水，使草皮与土壤紧密接触，受损伤植物根系就会再次萌发新生根，使草本植物成活，并在坡面形成植物覆盖，达到植被恢复的目的。

8.3.11.1 适用条件

相比采用种植的方式恢复植被，草皮移植是一种更为快捷的方法，可以保护原有植被，并且基本不受时间和季节的限制，只要管理得当，在一年之中的任何植物生长季节都可以移植，移植后可以迅速在坡面形成植被覆盖。

8.3.11.2 设计要点

1. 技术要点

(1) 影响移植后效果的关键因素是草皮的质量，因此在铲切的过程中要注意保护好植物的根系。

(2) 草皮卷和草皮块的运输、堆放时间不能过长，未能及时移植的草皮要存放在遮阴处，注意洒水保持草皮湿度。

2. 技术指标

通常来说，草皮移植分为两种：草皮块移植、草皮卷移植。

(1) 草皮块移植。将草皮按一定规格切成块状，然后移植到坡面上。具有匍匐茎草种的草皮，由于草本的匍匐茎容易伸展并能较快覆盖坡面，因此其草皮规格可以小一些，例如10cm×10cm，可以成分散状移植；没有匍匐茎草种的草皮，其草皮规格要大一些，例如30cm×30cm，要一块接一块地铺满整个坡面（草皮块之间的间隙为0.5～1cm）。

(2) 草皮卷移植。将成坪的草皮铲切成长条形，卷成草皮卷后移植到坡面上。草皮卷的规格可根据坡面特征调整，容易施工的缓坡，草皮卷规格可以为1.2m×(5～10)m；不容易施工的陡坡，草皮卷规格可以为0.4m×1m。

3. 材料选取

(1) 设备。移植草皮不需要专用机械设备，通过人力使用锹、镐、锤等常规工具就可以进行移植。

(2) 材料。移植草皮使用的主要材料有草皮块或草皮卷、固定草皮块或草皮卷用的签子（竹签、木棍、锚钉、锚杆等）、过筛壤土、肥料、土壤改良剂等。

4. 典型设计图

高原草甸草皮移植典型设计图见图8.3-42。

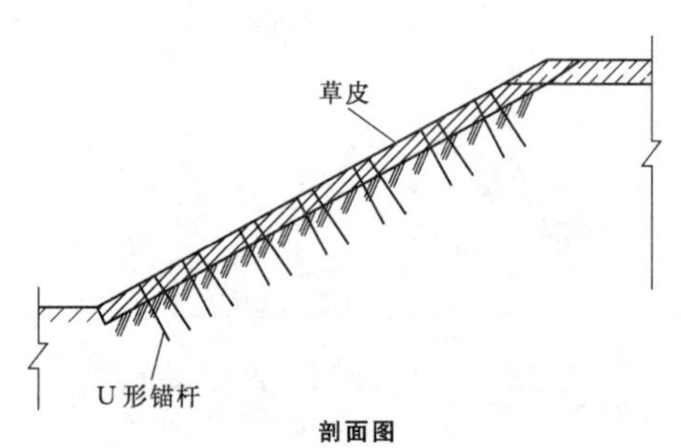

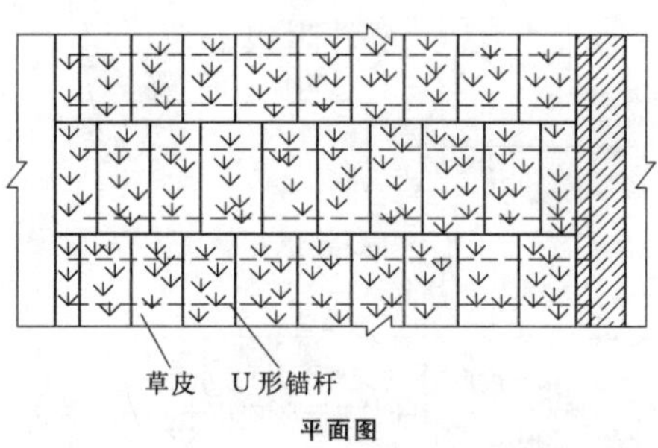

图8.3-42 高原草甸草皮移植典型设计图

8.3.11.3 施工要求

施工步骤：清坡→铺设草皮→养护。

(1) 去除坡面的碎石及其杂物，保证坡面平整，清坡时要着重于坡面土质的调整，包括松土、耧细、耙平、施底肥、浇水保墒等，形成有利于草皮生长的土壤层。

(2) 铺设时各草皮（草块）间可稍留缝隙，不能重叠，草块与其下的土壤必须密接，可用碾压、敲打等方法，由中间向四周逐块铺开。

(3) 尽量缩短草皮铲切与移植之间的时间间隔，最好是当天铲切当天移植，铺完后需及时浇水，并保持土壤湿润直至新叶开始生长。

8.3.11.4 管护要求

移植后的草皮较为脆弱，需要度过一定的适应期，因此这段时间内要及时养护。每次浇水时应确保浸透草皮层，保持草皮与坡面之间的土壤处于湿润状态，促进受损根系的修复。浇水次数要视季节、天气情况及时调整，以保证土壤湿润为准。补水的同时也要及时追肥，加速草本植物的生长，使其根植于坡面，与其紧密相连。

8.3.12 典型技术应用案例

8.3.12.1 客土喷播绿化

项目位于浙江省湖州市吴兴区埭溪镇某工程枢纽的管理中心后侧开挖边坡，应业主要求对该边坡进行植被恢复的复绿设计。

1. 设计条件

管理中心后侧边坡绿化工程位于水库主坝右坝头办公楼后，为防止裸露岩石坡面风化、落石，并美化周边环境而实施。

措施实施前，该区为风化和半风化岩石坡面，坡度45°～60°，最大坡高13m左右。

2. 设计内容

措施设计及实施：挂网喷播前首先清除坡面杂物及松动岩块，使坡面达到基本平整（图8.3-43）。挂网喷播的植物种子主要包括狗牙根、黑麦草、胡枝子、白三叶等。管理中心后侧边坡绿化施工与效果见图8.3-44和图8.3-45。

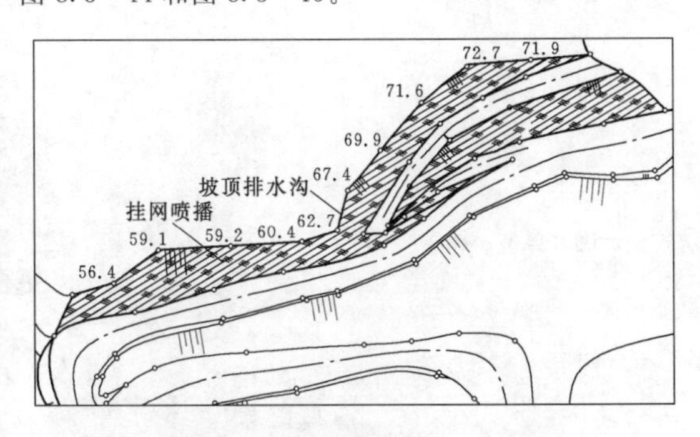

图8.3-43 边坡绿化施工图设计

图8.3-44 管理中心后侧边坡绿化施工

图8.3-45 管理中心后侧边坡绿化效果

8.3.12.2 厚层基材喷播绿化

1. 工程概况

该工程位于浙江省宁波市境内，厂区场地平整采用挖山填海方式，开挖边坡现状地形坡度25°～35°，地形较完整，坡面植被发育良好。

山体开挖后形成长约1.5km、面积约8万m^2、最高处达80m的大型边坡，边坡开挖采用阶梯状，每级高度15～20m，各级边坡间设3m宽马道。以最高边坡W3区为例，坡高80m，共分为五级。其中，第一级边坡高程6.50～21.50m，坡比1∶0.5；第二级高程21.50～36.50m，坡比1∶0.5；第三级高程36.50～51.50m，坡比1∶0.6；第四级高程51.50～66.50m，坡比1∶0.6；第五级高程66.50～86.50m，强风化岩层坡比1∶1，中风化层坡比1∶0.75。

2. 边坡加固设计

根据边坡的具体位置和地质条件，在对边坡施打系统锚杆的基础上，根据各开挖面破碎情况，采取随机锚杆及局部混凝土或砂浆置换加强支护，确保坡体稳定。

3. 边坡复绿设计

（1）测量：测量坡度和土石质情况，便于合理修坡和布置桩钉。

（2）锚杆：包括定位、成孔、置筋、注浆、桩钉防腐设计。桩钉采用直径14～16mm L形钢钉材料，长度25～30cm，嵌入固定，局部可采用灌注水泥砂浆固定，桩钉间距为50cm，呈梅花形布置。

（3）挂网：菱形铁丝网，网孔5cm×5cm，丝径不小于3mm，外侧覆PVC镀层防腐或根据规范《建筑防腐蚀工程施工规范》(GB 50212) 要求进行防腐处理。丝径允许偏差0.02mm，铁丝抗拉强度不低于300MPa，PVC镀层耐老化试验检测结果满足永久工程要求。铺网时保证坡面全部覆盖，相邻网片间搭接宽度不小于10cm，搭接处所有接头采用拧结，以连成整体网片结构；上下两张网搭接时，下面的网要放在底层；接网的结以梅花形排列，网与坡面距离要控制在限定范围内，以利喷播，一般以3～5cm为宜。

(4) 基质成分：由黏合剂、草纤维、木纤维、保水剂、客土、木屑、土壤改良剂、微生物肥、植物催芽剂等组成。

(5) 草种组配：冷季为高羊茅、白三叶等；暖季为弯叶画眉草等；灌木为火棘、小叶女贞、胡枝子、紫穗槐等，种子总量以20g/m²为宜。

(6) 基质和营养土厚度：要求平均厚度为8cm，最低不低于6cm。对于基质和营养土，要求其化学成分中有机碳不宜低于120g/kg，有机质不宜低于220g/kg，全氮含量不宜低于6g/kg，全磷含量不宜低于1.0g/kg，钾含量不宜低于1.6%，pH值宜控制在5.3～6.7之间，并不得含有对生物生长有害的物质。

工程开挖边坡防护设计图见图8.3-46。

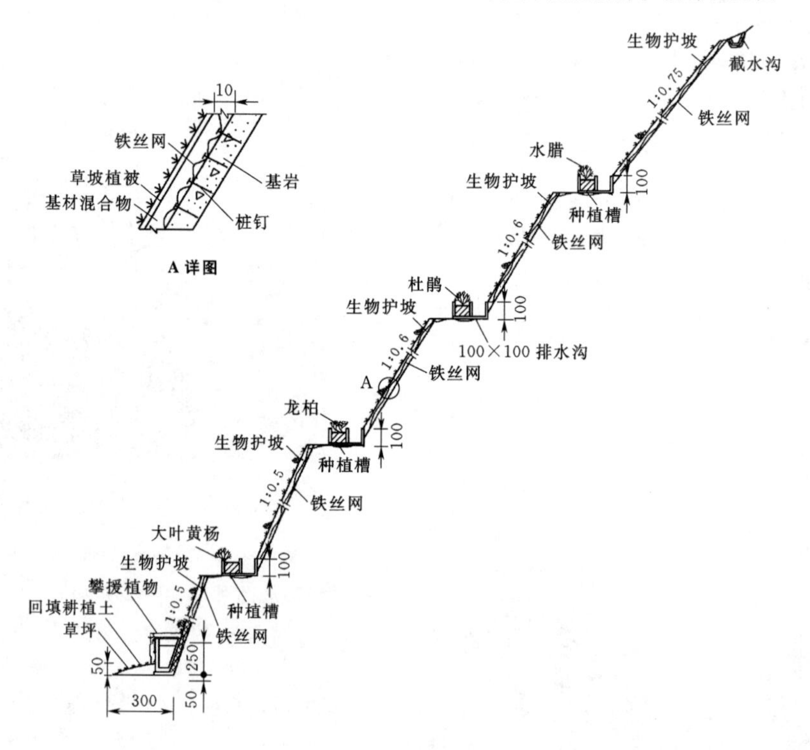

图8.3-46　工程开挖边坡防护设计图（单位：cm）

4. 实施效果

工程实施后，使开挖形成的高边坡得到综合治理，不仅实现了边坡区域安全稳定，控制了水土流失，同时使约8万m²的岩质边坡裸露面全部复绿，体现了生态景观建设与工程建设相协调的设计理念。边坡治理效果见图8.3-47和图8.3-48。

图8.3-47　边坡治理效果（实施半年后）

8.3.12.3　有机纤维喷播绿化

1. 项目概况

燕塞湖风景区山体生态恢复项目位于河北省秦皇岛市山海关城西北3.5km的峡谷间。主坡面坡高约110m，坡底线长约350m，面积约4万m²，坡面以陡立裸岩和开采弃石陈旧堆积坡复合组成。裸露历时

图 8.3-48　边坡治理效果（实施两年后）

30余年，虽然此后再无人为干扰，囿于气候条件，自然恢复能力十分有限，植物仍寥寥无几，覆盖度不足3%。

2. 措施设计

（1）项目作为生态恢复示范工程在2004年秋季和2005年春季分两期实施，每期施工面积约8000m²。客土配方为山脚冲积黄土、东北泥炭土、机制木纤维（粗）、黏合剂、保水剂、缓释复合肥等。有机质含量达97%。

（2）作业面满坡铺设锚固钢丝网，钢丝网采用丝径2.5mm、网孔5cm×5cm的热镀锌编织网，主锚杆采用直径12mm，长度45cm螺纹钢；辅锚杆采用直径8mm，长度25cm螺纹钢。

（3）将黄土、木纤维、泥炭、有机肥、复合肥、保水剂、黏合剂、种子和水等制成有一定黏稠度的泥浆，通过移动式泥浆喷播机喷射到已完成钢丝网铺设的裸露基坡表面上。

3. 工程施工

（1）机械：PZ8078型泥浆喷播机。

（2）工法：有机纤维客土喷播。

（3）覆盖厚度：7～10cm。

（4）植物种子：草、花、灌混合植物配方。

（5）施工方法：分区进行，泥浆架枪喷射。

4. 实施效果

由于配制客土加入了大量的草炭土、生物复合肥等添加物，土壤的肥力、活力明显高于周边地区，因此，恢复区的植被生长势态好于周边地区。尤其是以碎石为主的45°以下坡面，植物根系有充分的伸展空间，植被生长密度和植株个体高度都较周边地区更强势。通过三个年度的观察发现，在首个生长季内先锋草种和波斯菊生长较旺盛，灌木类植物出芽较缓，生长较慢；次年春季，草本植物和灌木类植物返青时的情况旗鼓相当，初期生长势态基本均衡，时至夏季灌木的优势更显突出，草本植物的生长受到抑制；第三年春季植物返青时，灌木类植物生态位已经明显占据优势，草本植物数量与灌木植物的数量对比产生根本性的改变，植物植株总量也明显减少，一些弱势灌木植株也逐步退化衰亡。与此相反，坡面上的植物覆盖度持续增加，生物总量持续增加。

8.3.12.4　植生模袋护坡绿化

1. 项目概况

该项目位于山东莱城区口镇工业园区的公司办公楼建设区域，因地基开挖产生的土石方，废弃后堆积形成人工边坡，需要生态恢复治理。

项目区属暖温带大陆性季风气候。气候属于暖温带半湿润季风气候，四季分明，冬季寒冷干燥，春季温暖多风，夏季炎热多雨，秋季凉爽晴朗。多年平均降水量700mm，年极端最高气温36.7℃，年极端最低气温－14.5℃，终霜日期3月10日，初霜日期10月28日，无霜期231d。项目区海拔210m。土壤以棕壤为主。当地植被以农作物为主，其次是道路及农田防护林。

2. 措施设计

设计施工时段以夏季6月中旬开始施工为宜，雨季丰富的降水，有利于提高种植植被的成活率和保存率。按照《水土保持规划编制规程》（SL 335—2006）、《开发建设项目水土保持技术规范》（GB 50433—2008）（斜坡防护工程部分）、《山东省城市建设管理条例》及《山东省城市绿化管理办法》等政策文件和设计规范进行设计。

针对工程进场道路在建设过程中产生的开挖边坡，对边坡进行水土保持防护工程设计，主要措施为植生模袋工程。

（1）测得项目区填方边坡坡度为43°，坡长为3.3m。使用植生模袋整治，并用钢筋桩稳固。

（2）坡面整理。整平坡面，并对坡面残存的树根、突起的石块等进行清理，孔洞、凹陷体处进行填土夯实，使边坡平整。

（3）植生基材配制。供给植物生长所需的营养，是由种植土、肥料、保水剂、有机质、缓释肥等物质按照一定的配比混合而成。根据当地地质、地形、植被环境、气候等自然条件，以及水土保持与景观等工程要求，选取适宜的植物组合。本次选取黑麦草和早熟禾混播，按18g/m²配制。

（4）坡面植生模袋铺设及固定。袋体依地形定制，由人工纤维和天然纤维交织而成，有固定点和植生区，灌注后平均厚度10cm。辅材锚杆用于加固，促使植生模袋在边坡上保持稳定，直径19mm，从模袋上的每个固定点沿垂直地面方向钉入。将植生模袋按顺序排放于预定施工的垂吊桩上方指定位置，上下左右展开，在植生模袋上端缝制垂吊用钢管的管孔，将钢管通穿一列，垂吊植生模袋于边坡坡面上。垂吊桩的间隔约以2m为标准，垂吊的间隔以2.5～3.0m为标准。模袋之间需进行搭接与手动缝合。

(5) 灌注施工设计。

1) 灌注顺序：底部→坡面→顶端。

2) 底部植生模袋先从接近左右隅角部位灌注入口开始灌注，然后逐渐移至中部。

3) 坡面灌注中事先依坡面所需要的长度标记植生模袋；从接近坡脚的灌注入口开始灌注，然后渐渐延伸到顶端；在灌注中要将植生模袋用手摇吊车适当调整。

4) 坡面灌注顶端时，待植生基材脱水后，放松垂吊植生模袋用的器材。并将植生模袋与顶端宽度对齐，再渐渐地灌注植生基材至饱满即告完成。

(6) 养护。考虑到充分利用降水，选择在6月施工，雨量逐渐趋于丰富，种植完毕后浇透1～2次水，间隔7d，通常可实现过渡，保持土壤水分满足发芽需要。如遇特殊干旱天气，需多次浇水。

3. 实施效果评述

工程实施后，达到了预期的水土保持防护和绿化景观效果。一方面，坡面稳定，未见垮塌或冲蚀现象；另一方面，坡面恢复了植物绿化，长势良好，达到了《开发建设项目水土流失防治标准》(GB 50434) 中防治指标的要求，稳定长效地发挥了水土保持防护功能和景观效应，见图8.3-49。

图8.3-49 植生模袋护坡效果图

8.3.12.5 生态型框护坡绿化

1. 项目概况

大风丫口风电场水土保持工程位于云南富民县永定镇和西山区团结街道办事处交界的松子房山山脊上。项目区属北亚热带和暖湿带混合型气候，多年平均气温为15.8℃。多年平均降雨量1008.5mm，5—10月为雨季。多年平均蒸发量1958.8mm。大风丫口风电场所处地区的大风季节主要集中于每年的12月至次年5月。年平均风速2.8m/s，瞬时最大风速28m/s，主频风向为SW。无霜期245d。项目场址处于云南高原中北部，为滇中红土高原区和滇东喀斯特高原区地貌单元的接壤地带，属构造溶蚀中山地貌。区内山脉和主干河流受构造控制明显，山川呈南北延伸，东西排列，呈现出山原峡谷交替出现的地貌景观。

项目区土壤类型主要为黄红壤。植被类型属于亚热带中山半湿润常绿阔叶林和亚热带暖性针叶林。植被主要可分为云南松林、旱冬瓜林和毛蕨菜草丛三种类型，其中以毛蕨菜草丛分布面积最大，该植被类型一般分布于山顶剥夷面，地形坡度较缓，是当地人为开辟牧场烧山、砍伐之后形成的次生植被类型。

项目建设过程中，由于新建道路工程进行开挖活动，形成大量硬质土壤边坡，亟待治理。

2. 设计理念、遵循的原则、设计标准

大风丫口风电场水土保持工程以保持边坡稳定、治理水土流失为核心，以优化生态环境为重点，以工程、植物措施相结合，景观设计为指导的工作思路。针对项目地的地形地貌特点，边坡高度、使用期限，并考虑与植物措施的结合，提出相应的水土流失防治对策和防护措施。主要目的：一是有效治理水土流失，保护生态环境；二是保证边坡植物的稳定；三是改善区域环境，促进当地社会经济发展。

设计施工时段以夏季6月中旬开始施工为宜，借助雨季丰富的降水，有利于种植植被的成活率和保存率。

按照GB 50433（斜坡防护工程部分）、GB/T 15776等其他有关的设计规范及技术标准进行设计。

3. 措施设计

针对工程进场道路在建设过程中产生的开挖边坡，对边坡进行水土保持防护工程设计，主要措施为生态型框工程。

(1) 生态型框适用坡度不大于45°，即坡比不大于1∶1。因此，应对坡度大于45°的地段进行削坡，从而减缓坡面。

(2) 坡面整理。整平坡面，并对坡面残存的树根、突起的石块等进行清理，孔洞、凹陷体处进行填土夯实，使边坡平整。

(3) 坡面截水工程。在坡面外围布置截水沟，以保证生态型框实施区域免受地表径流的冲刷。根据汇水面积大小，截水沟断面规格采用30cm×30cm，壁厚25cm，沟底混凝土硬化厚度为20cm。

(4) 坡脚稳定工程。采用生态景观预铸块作为基础，保障坡面生态型框工程的稳定，防止下滑位移。生态景观预铸块单体重量367kg，大致呈长方体，对应长、宽、高分别为62.5cm、70cm、55cm，中空结构，填土种植草本和藤本植物。

(5) 坡面生态型框铺设。框体单块面积为0.36m²，即60cm×60cm，沿坡面自下而上进行铺设，放置钢筋网（按型框规格要求已完成固定制作），然后人机配合，进行混凝土浇筑。隔2日后，混凝土基本凝固成型，便可剪去植生孔顶面材料，露出孔穴。将制作好的种植土填入植生孔，然后点播草籽，播种量约20g/m²。草种为黑麦草和狗牙根，按1∶1混合。

(6) 养护。由于本地6月雨量丰富，种植完毕后浇透1～2次水，间隔3天后通常可实现过渡，土壤水分满足发芽需要。如遇特殊干旱天气，需多次浇水。

4. 实施效果评述

生态型框工程实施后，达到了预期的防护效果。一方面，坡面稳定，未见垮塌或冲蚀现象；另一方面，坡面恢复了植物绿化，长势良好，达到了GB 50434中防治指标的要求。稳定长效的发挥了水土保持防护功能和景观效应。项目顺利通过水土保持验收，有效地防止了水土流失，营造了丰富的绿色景观，植物成活率达到90%以上，植被覆盖率达到92%以上，确保绿地植被、土壤、水分能构建成一个稳定和谐的生态系统。

8.3.12.6 桩板挡土绿化

1. 项目概况

"5·12"汶川地震引发了大面积滑坡，大量的森林植被遭到破坏，森林受损面积达87.94km²。震后，国家及地方政府紧急开启了一系列的植被恢复工程，促进滑坡等次生灾害迹地的植被恢复，以减少水土流失及滑坡的再次发生。四川地区的雨水较多，一般来说自然恢复植被较为可行，但是自然恢复植被所需时间较长。在恢复过程中还要经历诸如滑坡、崩塌、泥石流等次生灾害的不断扰动，加剧了自然恢复的难度，也加重了水土流失。因此，采用必要的人工措施恢复灾害迹地植被迫在眉睫。桩板挡土绿化措施作为一种生态景观型防护技术，被运用于四川省地震灾后森林植被恢复之中。

2. 措施设计

桩板挡土绿化设计是用圆木作为挡体的材料，并建成栅板形式，回填土壤形成水平阶，然后恢复植被。原则上是在整理后的坡面上用于防止土壤流失，或是用于营造植物栽植的基础。适宜在需要考虑自然协调性的坡面使用。具体有以下设计要求。

(1) 木桩的长度为80～150cm，末端直径宜为7～15cm。

(2) 木桩的间隔不宜过长，一般要在50～100cm范围内，最终需要根据现场地形及地质条件确定最适间隔。

(3) 木桩要打入2/3左右，至少也要将1/2以上打入地下，地表上留30～50cm。

(4) 栅板的高度要根据每排的上下间隔、坡度、土质情况等决定，一般以30～50cm为标准，适时调整高度，以保证拦挡足够的土量来供应植物生长。

(5) 根据需要，可在栅板背面铺草席，防止土壤流失。

(6) 植被尽量采用乡土植物，并且以灌木和草本植物为主。

桩板挡土绿化措施典型设计图见图8.3-50。

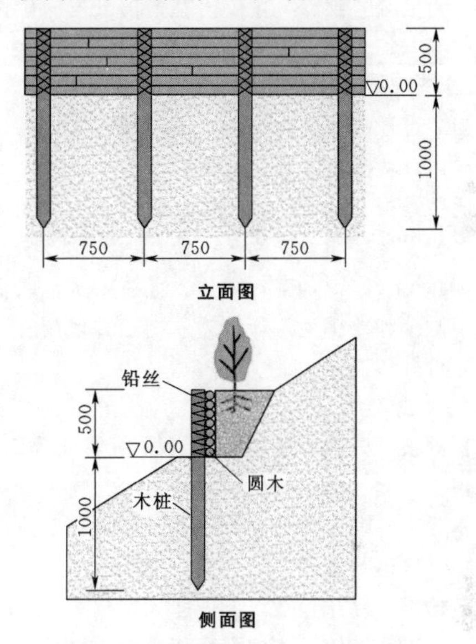

图8.3-50 桩板挡土绿化措施典型设计图（单位：mm）

3. 实施效果

施工治理之前坡面均存在着不同程度水土流失的情况，植被受到不同程度的损坏，有些地段还有着坡面滑动崩塌的危险。通过规划治理，已经消除安全隐患，并且通过植物措施的运用，植被已逐渐恢复，坡面的生态系统逐渐趋于稳定，工程实施效果如图8.3-51所示。

8.3.12.7 板槽瓢台蓄土绿化

1. 项目概况

滦县椅子山采石场复绿治理综合工程位于河北省滦县榛子镇，在京哈高速和迁西高速支线的可视范围内，北临102国道。项目区属暖温带大陆性季风气候，多年平均气温11.3℃，平均降水量611.96mm，平均日照时数2693h。该地区属燕山南麓的丘陵地区，周围山坡上原生植被较少。

图 8.3-51 工程实施效果

项目区基岩裸露，主要岩性为白云岩。矿区边坡陡峭，高差较大。

2. 设计目的和设计原则

(1) 设计目的：针对矿山的不同地形地貌，实施多种矿山环境治理工艺，通过对多种恢复治理工程手段的优劣进行验证和总结。优选出适合于本地区的见效快、成本低、质量好的矿山恢复治理的方法。

(2) 设计原则：宜林则林、宜耕则耕，以消除地质灾害隐患和改善生态环境为原则，因地制宜、经济合理、可操作性强。

3. 措施设计

根据项目区地质环境，设计采用削坡分级绿化、挡墙覆土绿化、混喷植生、板槽飘台、喷浆护坡、钻孔爬藤绿化、铺设草毯、铺设植生袋等11种治理方法对项目区进行治理。

板槽飘台绿化包括以下一些关键技术。

(1) 锚筋一体：锚杆钢筋和槽板钢筋是一根长钢筋，在锚杆下料时一并计入，以减少接头，增强钢筋的承载能力。

(2) 槽板和筋板的无缝喷混凝土：槽板和筋板喷混凝土时，交互作业，整体成型，并加固好应力较为集中的转角部位。

4. 实施效果

国内各地的采石场，大多为山体裸露、植被破坏、水土流失、扬尘滚石，甚至威胁到当地居民的生命安全，矿山环境亟待恢复治理。河北地质二队将隧道施工中处理软弱围岩的锚网喷工艺应用于高陡边坡的飘台法施工中，板槽蓄土种植乔藤植物，在椅子山采石场项目中，取得了当年复绿并覆盖30%左右、两年后覆盖80%以上的良好效果，见图8.3-52。

图 8.3-52 板槽飘台蓄土绿化图

8.3.12.8 现浇框格生态护坡

1. 项目概况

项目区位于乌拉特中旗海流图镇乌不浪口，主要针对乌不浪口省道212线及溢流坝水库矿山边坡进行生态防护，总计防护面积为46322.5m²。乌拉特中旗属大陆性干旱气候区，具有高原寒暑剧变的特点。干燥多风，降雨量少而蒸发量大。

乌不浪口段道路边坡均为公路建设时挖方形成，土质边坡，土质为黏土，坡角为35°～55°，坡段最大坡面斜长为15m，平均坡面斜长为9m，见图8.3-53(*a*)；溢流坝水库矿山边坡为乌不浪水库河道修整开挖形成，存在部分矿山开采后破碎石质边坡，主要为残坡积物、强风化砂岩、全风化大理岩及花岗岩等岩石组成，最大坡角76°，见图8.3-53(*b*)。

(*a*) 公路边坡

(*b*) 矿山边坡

图 8.3-53 原始边坡

2. 设计目标

(1) 稳固坡体结构。项目区边坡坡度最高达80°以上，远大于该土质土体自然安息角，坡面裸露，坡体处于不稳定状态，存在滑坡、坍塌等安全隐患。通过针对性的治理措施，使坡体结构达到稳固，消除安全隐患。

（2）防治水土流失。通过治理措施，固土保水、拦蓄径流，实现治理坡面水土流失，改善生态环境的目标。

（3）边坡生态恢复。恢复边坡植被生长，植被覆盖率的增加，能将部分地表径流转变为土壤水或地下水，可有效涵养地下水源，对保护水资源具有很大作用。多层次的植物配置可降低风速，减轻风力对土壤表层的侵蚀，同时成为阻挡风沙的绿色屏障，减轻风沙污染，改善空气质量。

3. 总体措施设计

（1）土质边坡。对于由碎石、砂砾等构成的残坡积物形成的坡体，需要至少按照坡比为1∶0.75进行削坡（相当于坡角为53°），首先确保坡体自身的稳定性。工程土质边坡坡角14°～78°，变化较大。当坡角小于50°时，在清理平整坡面的基础上直接采用现浇网格生态护坡技术进行边坡生态治理。当坡角大于50°时，边坡整体稳定性较差，需要进行边坡工程治理，保证边坡安全稳定。具体治理措施包括削坡及复合土钉墙支护等。首先考虑削坡，如果削坡后坡角在50°以下，在清理平整坡面的基础上可直接采用现浇网格生态护坡技术进行边坡生态治理；如果受到场地条件影响，削坡后坡角仍大于50°，需要进一步采取复合土钉墙支护，之后再采用现浇网格生态护坡技术进行边坡生态治理。

（2）岩质边坡。岩质边坡整体稳定性较好，在清理表面松散岩块的基础上可直接采用现浇网格生态护坡技术进行边坡生态治理。

4. 护坡参数设计

（1）网格参数确定及模板选用。根据坡体坡度、坡长、坡质等数据综合分析，确定现浇网格生态护坡模板及网格参数，见表8.3-15。

表8.3-15　生态护坡模板及网格参数

模板规格		护坡网格规格		单位面积网格参数	
长/m	1.70	中高/m	0.25	体积/m³	0.08
宽/m	0.62	翼高/m	0.20	重量/kg	1.84
高/m	0.30	顶宽/m	0.03	截面积/cm²	390.00
面积/m²	1.05	底宽/m	0.25	钢筋用量 ϕ10mm HPB300/m	2.00
绿化率/%	0.55	弧长/m	2.08	绿化面积/m²	0.55

岩质边坡网格采用ϕ18mm HRB400钢筋，土质边坡采用ϕ14mm HPB300钢筋，混凝土采用C20混凝土。

（2）锚杆设计。锚杆采用ϕ20mm HRB400螺纹钢，水平间距3.4m，岩质边坡锚杆钢筋通过植筋胶与岩石固定，锚固体直径30mm，倾角15°（与水平方向夹角）；土质边坡锚杆通过C20混凝土固定，混凝土形成的锚固体直径200mm，倾角15°，生态护坡锚杆参数见表8.3-16。

（3）护脚设计。生态护坡底端设置钢筋混凝土护脚，护脚截面为直角梯形，与护坡网格相接部分进行45°倒角处理，倒角斜长等于所采用的模具网格梁的中部高度。具体参数见表8.3-17。

表8.3-16　生态护坡锚杆参数

分区	锚杆长度/m	排数	备　注
岩质边坡	2.5、3.5、4.5	3	锚杆排数按坡面斜长15.0m计算，坡面斜长每减少3.8m，排数减少1排
土质边坡	2.5、3.2、3.9、4.5	4	锚杆排数按坡面斜长16.7m计算，坡面斜长每减少3.3m，排数减少1排

注　1. 坡面1.5m稳定性保护在该技术的适用范围之内。
2. 对于边坡本身存在不稳定因素，造成边坡整体滑坡的，不属于该技术的保护范围。

表8.3-17　护脚参数

参数	上底宽/m	下底宽/m	高/m	纵筋	箍筋
参数值	0.4	0.6	0.55	4ϕ14mm HPB300	ϕ6mm@250mm HPB300

（4）护顶设计。在护坡上边界设置钢筋混凝土护顶，对护坡进行保护，截面宽度为200mm、高度为300mm。

（5）人行梯步。沿坡长方向每隔100m设置一处人行梯步，采用混凝土浇筑，宽度为600～800mm，梯步两侧侧挡高度与网格护坡立面最高点齐平。踏步宽度为300～350mm、高度为150～200mm，踏步宽度和高度的比例关系与坡度保持一致。

（6）截水沟。截水沟设置在坡顶，距坡顶边缘5m以上。坡顶截水沟材料采用浆砌片石，防渗要求严格的地段采用混凝土；混凝土截水沟每间隔10～15m设置一道变形缝，变形缝宽度2cm，缝内用沥青麻丝或涂沥青模板填塞，表面用水泥砂浆抹平。

（7）种植设计。护坡植物选择原生植被类型，适应区域生态环境，抗逆性强，耐寒耐旱耐贫瘠，根系发达，植物品种选择小樟子松、小云杉、柠条、丛生火炬、丁香等。

1）植物种植：待护坡网格凝固后，清理护坡网格内的混凝土渣等杂物，按护坡植物的设计种类规格要求人工种植。

2）植物养护：种子处于发芽期或育苗期需用喷灌养护，保证植物有足够的水分正常生长。种植草、灌、乔等规格较大的苗木植物，用水管或喷灌浇水养护。养护时间为1年。养护执行当地城市园林绿化养护管理标准的有关规定。

5. 实施效果

边坡植被恢复效果见图8.3-54。

图8.3-54　边坡植被恢复效果

通过现浇网格生态护坡生态治理技术的实施，有效控制了公路边坡的水土流失，增强了边坡的稳固性，提高了公路行车安全；完工当年绿化覆盖率达到50%，植物成活率达到95%以上，第二年覆盖率达到85%，并发现有当地野生植物物种入侵，公路边坡的林草覆盖率和郁闭度增加，改善了项目区域的生态环境，固沙滞尘，空气质量显著提高，空气湿度增加，小气候明显改善，生态环境日渐趋好。

8.3.13　工程绿化技术综合应用案例

8.3.13.1　植被混凝土+防护网+板槽+植生笼

1. 项目概况

某砂石料场位于福建省厦门市集美区，荒置多年，坡面为中风化灰岩，坡面陡峭，缺乏植被生长的土壤条件，山体裸露且坡面裂隙发育，部分处于稳定状态，局部有滑坡现象和失稳隐患。面层在自然气候的长期作用下，存在风蚀和崩塌的可能，业主方曾先后两次对坡面进行整治，都因采石场环境条件恶劣，达不到预期的效果。据勘测，项目边坡坡比大都为1∶0.5～1∶0.2，局部处于倒悬状态，部分坡体高度达90m，属高陡边坡，平均高度为50～60m，坡脚长度约为1000m，需要治理面积约为7.45万m^2。

项目所在地区属南亚热带季风海洋气候，年平均气温21℃，最高月平均气温28.5℃，最低月平均气温12.5℃，极端最低气温2℃，极端最高气温38.5℃；气候湿润，相对湿度为77%，年平均降水量1143.5mm，5—8月雨量多，平均降雨日为122d；主导风为东北风，夏季为东南风，风力为3～4级，每年平均受5～6次台风的影响，多集中在6—9月。项目所在地地貌主要由丘陵、台地、平原组成，海拔高度10～200m，呈波状起伏，主要由花岗岩风化层组成。地质结构稳定，历史上未发生过破坏性的地震。项目区主要植被类型有常绿阔叶林、常绿针叶林、混交林、经济林和灌丛草被等五类。

2. 设计理念

(1) 以生态为本，尊重自然、保护自然、恢复自然。

(2) 形成稳定的边坡，坡体稳定是生态修复的基本前提。

(3) 设计方案具有可操作性和可持续性，不过分强调全面完整的复绿，以与周边环境的自然和谐统一为原则。

(4) 植物造景应该同时兼顾科学性和合理性。

3. 措施设计

根据岩面陡峭程度，岩石结构特征、山形复杂状况等因素，拟将坡面初步划分为坡脚弃渣坡面、一般稳定坡面、缓坡坡面、松动危险坡面、高陡坡面、直坡及倒坡坡面六种类型，见图8.3-55。针对不同的类型，提出不同的治理办法。

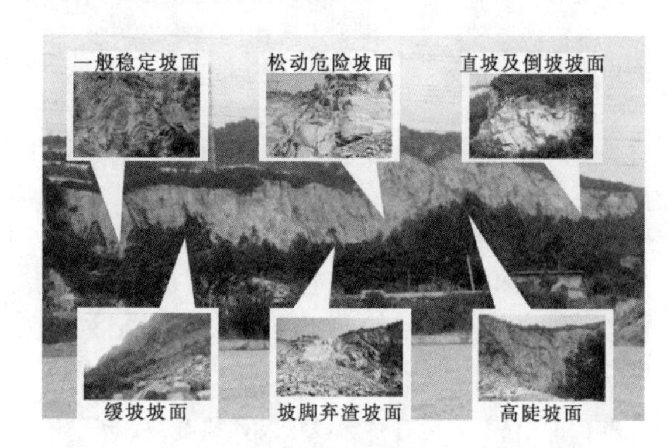

图8.3-55　某砂石料场坡面分类

(1) 坡脚弃渣坡面治理。对于已经形成稳定群落的坡脚，考虑到该部分已与周围环境相容，可不进行处理，尽量保留原有植被，避免对原有植被的砍伐和破坏。对于山体下部无植被覆盖的裸露坡面，如坡脚洒落石块较小且已成堆的选择直接喷播植被混凝土，如坡脚洒落的石块较大而且分布较散乱的则采用种植木本植物的措施进行视觉遮挡。

在坡脚弃渣石块整平（微倾5°～15°，以避免积水）后，坡脚人工种植木麻黄、相思树，地面种植蟛蜞菊等生长迅速且耐阴性较强的植物，对于需要修筑挡土墙的坡脚，可利用坡脚现有石料修筑梯级干砌石挡土墙。

（2）一般稳定坡面、缓坡坡面治理。一般稳定坡面、缓坡坡面的治理以植被混凝土绿化技术为整治基础。其中，对于一般坡面和排险加固后的松动危险坡面，进行植被混凝土挂网喷植绿化，技术设计详见本章“8.3.2 植被混凝土护坡绿化”相关内容。对于特别凸出的山石，建议不覆盖植被，使其自然外露，在清除危岩和浮石后，用沥青油或石灰处理岩面，以显山形的自然形态，使整体效果与自然环境更加协调。以上施工过程见图 8.3-56。

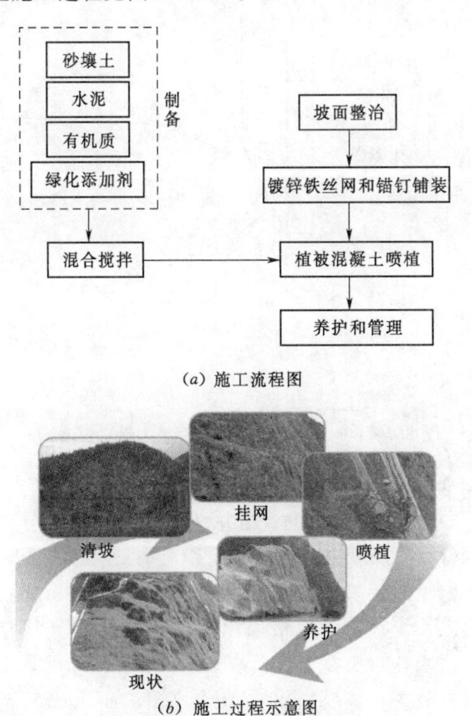

图 8.3-56 植被混凝土绿化技术施工过程

（3）松动危险坡面治理。由于山体上部存在裂隙，并且时有碎石滑落，为了彻底排除山体滑坡、坍塌，对山体中松动危险坡面进行排险处理，以彻底消除地质灾害隐患。在排险措施中，由于爆破会造成大量落石，且易形成新的松动点，不利于坡面的稳定。故对于该坡面建议采用 SNS 主动柔性防护网（图 8.3-57和图 8.3-58）并结合人工凿除为主，清理后的碎石因地制宜使用，部分可用于修砌挡土墙、种植板槽、截水沟，或堆积后平整覆土绿化，不能利用的碎石及崩落岩块需清运出施工场地。

对于排险后的坡面，根据其坡面特点选用相应的绿化技术。如排险后的坡面较平整，则在柔性防护网的基础上喷播植被混凝土以进一步稳定坡面。

（4）高陡坡面治理。主要指坡高较大、坡度极陡、分布于 60m 以上的上层坡面。因考虑山体承载

图 8.3-57 SNS 主动柔性防护网

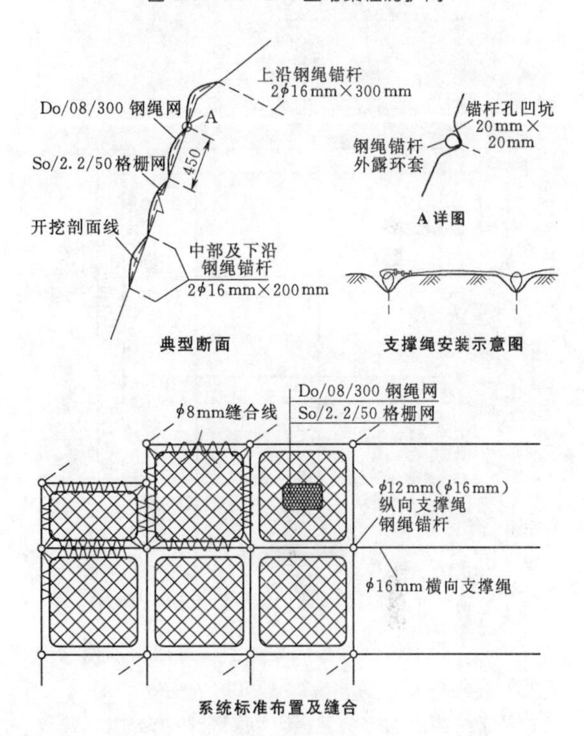

图 8.3-58 SNS 主动柔性防护网施工标准（单位：mm）

能力和气候因素，该类型的坡面的绿化措施主要以挂设绿色罩面网，结合种植板槽绿化技术，以种植藤蔓植物为主，见图 8.3-59。在连续稳定的坡面布设钢筋锚固，就地以石块和水泥浇筑混凝土种植板槽，回填种植土、施加基肥，种植紫色大本三角梅、迎春、爬山虎、油麻藤、牵牛花、炮仗花等攀援藤蔓植物，使其附顺山岩之势或向上攀爬或向下覆盖。

对坡顶容易形成雨水径流的部分地区，设计引流排水方案，截收山顶直接下泄的水量，顺山势分流或引至喷（滴）灌系统蓄水池，一方面避免较大的水量直接冲灌坡面，另一方面也可实现自然蓄水灌溉，节约管护成本。

（5）直坡及倒坡坡面治理。因此类坡体受力复杂，治理极为困难，对于结构稳定坡面，应力求保持

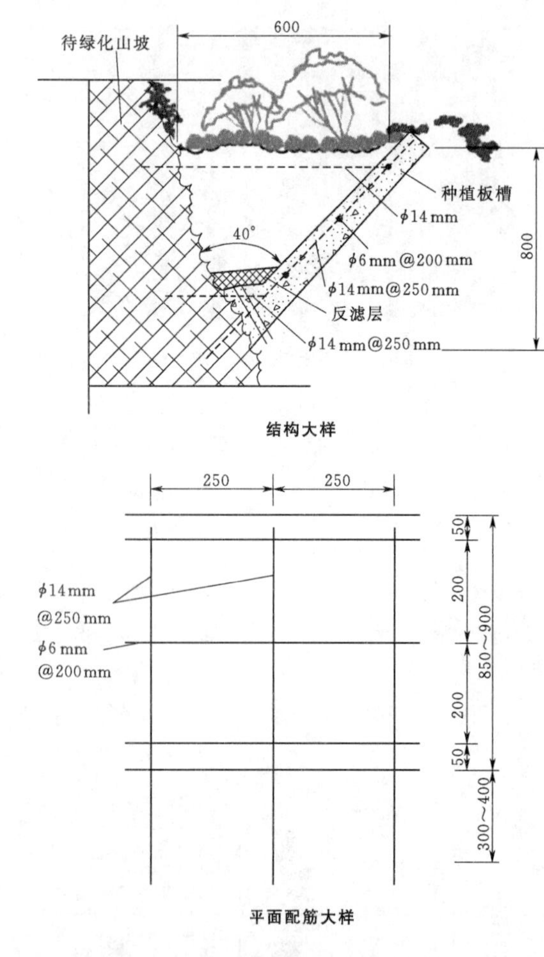

图 8.3-59　种植板槽绿化结构图（单位：mm）

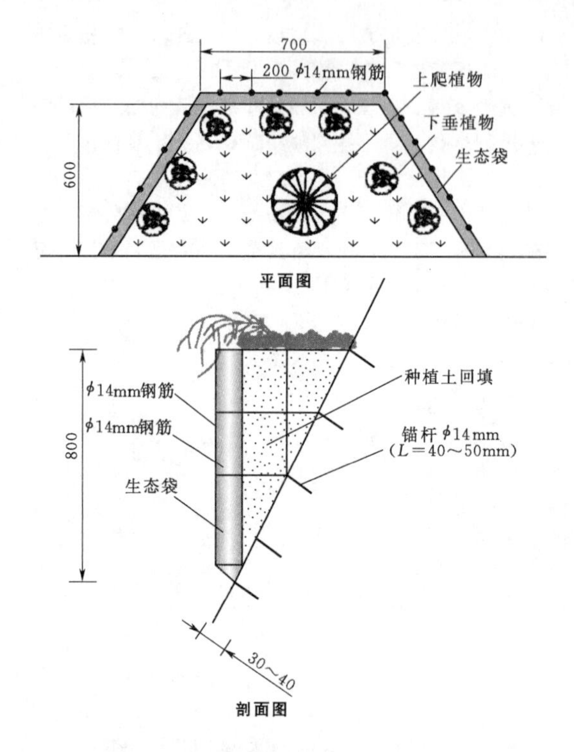

图 8.3-60　植生笼绿化结构图（单位：mm）

原有状态，避免进行二次破坏，治理方法为罩面网＋植生笼绿化技术，以种植藤蔓植物为主，见图 8.3-60。对于结构不稳定的坡面，以安全防护为主，建议采用 SNS 柔性防护网＋系统锚杆进行表面防护。SNS 柔性防护网采用钢丝绳网＋钢丝格栅双层防护网。同时在较为平缓的坡面架设植生笼，种植爬山虎、山毛豆、牵牛花、炮仗花等植物。同时也根据山形，营造小平台，在其上点缀小型木本植物。突出对山体的立体装扮效果，提高物种和景观的多样性。

（6）管养设计。项目区晴天占全年 51%，造成久旱不雨的可能性较大，因此为植被生长提供水源，建立有保障的灌溉系统尤为重要。喷（滴）灌系统的设计、安装等包括以下内容。

1）组成：喷（滴）灌系统由水源、主供水管道、供水支管、摇臂喷头、水龙头和控制组件组成。

2）水源：因现场无自来水水源，需从外部引水，修建蓄水池和离心泵养护房。离心式高扬程高水压水泵，动力系统由当地接入 380V 电源使用，扬程大于 150m。

3）管网布设：主管采用 $R50$，由左向右分组排列，管径大小变化应保证规定距离内的有效水压，以免影响喷灌效果；植被混凝土坡面按 8m×8m 布置自动喷灌系统；支管规格采用 $R25$（或 $R20$），用摇臂喷头喷灌，喷头在支管上按 8m×8m 间距布置，全圆控制，喷头与坡面呈 90°，距离高出坡面 30cm，部分地形复杂、无法喷灌到的坡面区域，可适当增设喷头，或者布设滴灌系统；种植板槽、植生穴/笼坡面布设微滴灌系统，水管在坡面按 5m×3m 布置，规格为 $R25$，滴孔间距为 30cm。根据绿化点的位置合理布局管网，按需供水养护，避免水资源的浪费，实现节能减排。

4）使用周期：喷（滴）灌系统设计使用周期为两年以上。

4. 实施效果评述

未治理坡面存在危岩崩塌等安全隐患，紧邻其下的地区受到严重威胁，前期基本荒置，一直未体现该地段土地价值。通过治理，消除危岩滑坡，一方面确保人民生命财产安全；另一方面使得该片地块可以重新规划，大大提升土地利用价值。项目实施以来，周边环境得到持续改善，治理后的坡面逐步形成层层叠叠的绿化屏障，大大美化城市景观，提升当地整体形象，进一步吸引游客，增加旅游收入。该废弃采石场生态修复治理试点，取得了采石场矿山地质环境治理经验，树立示范工程，实现了经济效益和社会效益兼顾并行。

根据后续观测调查，受损边坡的生态系统得到极大程度修复，边坡持续稳定，前期先锋物种的快速绿化，后期本地乡土物种的逐渐进入，破坏的生态系统逐步从修复到亚稳定再到稳定过渡。

8.3.13.2 浆砌石骨架植草护坡

1. 工程概况

（1）基本情况。武乡电厂南山边坡防护工程位于山西长治市武乡县城西南方向2km处、涅河南岸，是为满足武乡电厂防洪要求而对涅河进行拓宽形成的开挖边坡，北与武乡电厂隔河相望，南为阳城村，东侧有榆长公路，涅河北岸有南沁公路通过。

根据山体现状，由东向西，整个山体可分为四个部分：①石渣塌方山坡区，位于南山边坡东部，长度120m；②规则山坡区，坡度比较陡，长度100m；③不规则山坡区，长度110m，垂直山体部分高度约26m；④乱石区，位于南山边坡西部，长度188.3m。

（2）地质。南山边坡位于武乡电厂南约300m处的涅河右岸，为建设武乡电厂的取土料场。该岸坡地处涅河中上游，涅河流向近东，左岸形成较宽阔的河漫滩，正在建设中的武乡电厂就选址在涅河漫滩处，河流主河床靠右岸，宽50～100m，右岸岸坡较陡，主要为土质岸坡。现南山边坡位于涅河右岸，为取土后形成的人工边坡，边坡走向N65°E，倾向河谷，坡度40°～55°，坡高20～42m，坡顶高程971.00～982.00m，坡长约520m，坡脚至主河床距离为50～100m，较平坦，地面高程939.50～940.20m。组成南山边坡的地层岩性为三叠系中统二马营组，上部为中厚层砂岩，下部为暗紫红色泥岩夹黄绿色中细粒砂岩，主要分布于南山边坡西部。第四系全新统坡积碎石土，碎块石粒径大小不均匀，一般粒径4～10cm，含漂石，厚度1～15m，分布于南山边坡的东部。经地质调查和竖井揭露，一般情况下岸坡岩土体在自然条件下坡体不含水，整体处于稳定状态。但在汛期雨水和洪水的作用下局部已产生了坍塌。

2. 工程等级及标准

由于紧邻涅河，根据堤防的级别确定工程等级为5级，防洪标准采用10年一遇。

3. 工程设计

（1）工程布置。护岸堤脚轴线顺现状坡脚线布置，对坡比大于1∶1.5的弱胶结粉砂岩和碎石土边坡、坡比大于1∶1的土质边坡进行削坡处理，对现存缓坡上局部不平整处进行平整。边坡防护高程按10年一遇洪水标准设计，设计顶高程以下采用浆砌石贴坡和浆砌石仰斜式挡土墙。考虑工程区对岸正在建设的武乡发电厂防洪标准较高（100年一遇），岸坡稳定直接关系到该段河槽的行洪能力，因此对设计高程以上的边坡同时进行防护处理，岩质边坡采用浆砌石网格护坡，土质边坡采用植物防护措施，确保南山边坡的稳定。

南山边坡总长度518.4m，按边坡材料和分布高程采用四种形式的护坡，由高到低依次为植物措施防护的土质岸坡、浆砌石网格护坡、浆砌石贴坡和浆砌石仰斜式挡土墙。以下分析只考虑浆砌石网格护坡部分。

高程742.80m至岩土分界面采用浆砌石网格护坡，网格为拱形，净宽2.0m，净高2.0m。坡比大于1∶1.5的坡面进行削坡处理，坡比小于1∶1.5的坡面只需把表面整平，然后砌筑M7.5浆砌石网格骨架，骨架高度50cm、宽度30cm，网格内填土50cm，间植黄刺玫和紫穗槐，呈梅花形布设，间距100cm，排距50cm，并遍撒无芒雀麦。黄刺玫和紫穗槐采用1年生苗穴植，每穴2株。网格护坡设竖向分缝，缝间距与其下部浆砌石护岸一致。

武乡电厂南山边坡浆砌石网格护坡工程量见表8.3-18，效果图见图8.3-61。

表8.3-18 武乡电厂南山边坡浆砌石网格护坡工程量

措施类型	项目名称	数量
工程措施	坡顶土方开挖/m³	13815
	基础卵石混合土开挖/m³	3771
	基础弱胶结粉砂岩开挖/m³	2067
	岸坡卵石混合土开挖/m³	8724
	岩质岸坡平整/m²	5751
	土质岸坡平整/m²	4865
	土石方回填/m³	4189
	沥青麻丝/m²	935
	M7.5浆砌石挡墙/m³	3330
	M7.5浆砌石贴坡/m³	1202
	M7.5浆砌石网格骨架/m³	2490
	M7.5浆砌石台阶/m³	37
	PVC排水管（ϕ110mm）/m	1388
	土工布/m²	173
	覆土/m³	6347
	河床整治/m³	1646
植物措施	无芒雀麦/hm²	1.28
	黄刺玫/株	39104
	紫穗槐/株	39104

图8.3-61 武乡电厂南山边坡浆砌石网格护坡效果图

(2) 水文计算。工程区10年一遇设计洪峰流量为933m^3/s，设计洪水位940.48～942.18m，断面流速1.58～4.27m/s；100年一遇设计洪峰流量2680m^3/s，设计洪水位942.91～943.15m。

(3) 水力计算。根据《堤防工程设计规范》(GB 50286—2013) 计算浆砌石护岸顶部超高为0.62m，设计洪水位取工程区内10年一遇洪水各断面水位，浆砌石护岸顶高程应为941.10～942.80m，因南山边坡长度不大，该段河床由上游至下游逐渐抬高，使浆砌石护岸高度越来越小，从美观角度考虑，整个边坡浆砌石护岸顶取为同一高程942.80m。

水流平行于岸坡产生的冲刷深度为0.25m。考虑当地最大冻土深度达83cm，确定基础埋深1.0m。

4. 工程施工

(1) 坡面整理。南山边坡坡面杂草丛生，表层土结构松散，上游端坡面岩石风化严重，下游端坡面凹凸不平，所以进行边坡防护前应对坡面进行整理：对坡度符合设计要求的部分坡段应清除坡面杂草及松散土层，上游端岩质岸坡清除坡面强风化岩石，平均清除厚度20cm，下游端按设计坡度整平坡面。

(2) 土石方开挖。要求自上而下进行，边坡顶部土方开挖后统一堆放在临时堆放区，供网格中覆土使用。仰斜式浆砌石挡土墙的基础埋深根据施工中开挖的实际地质情况进行适当调整，保证挡土墙坐落在稳固的持力层上。

(3) 浆砌石砌筑。浆砌石包括三部分：浆砌石挡土墙、浆砌石贴坡、浆砌石网格。

1) 材料要求。用于砌筑的材料应满足《浆砌石坝施工技术规定》(SD 120)(试行)。浆砌石的容重应不小于2.2t/m^3。

2) 砌筑。基础验收合格后，方可进行砌筑工序的施工。根据常规方法砌筑。

进行砌石护坡前，应先做好坡面削坡工作，待坡面达到设计要求后再进行砌筑，并应按设计要求做好护坡的封顶工作。

砌体的结构尺寸和位置必须符合施工详图规定，表面偏差不得大于20mm。

(4) 边坡绿化。南山边坡经整平、砌筑浆砌石网格后，在浆砌石网格内覆土50cm，作为绿化林地，覆土采用山坡顶部开挖土方。

草种选择当地优势群种如无芒雀麦。树种选择抗旱、萌发力强、生长快、成活率高的紫穗槐。

5. 实施效果

该边坡防护工程已通过验收，现边坡稳定性完好，植被生长良好。

8.3.14 岩溶地区灌木护坡绿化

1. 项目概况

都新高速公路起于贵州省黔南布依族苗族自治州都匀市白岩，终点新寨，全程118.783km，地处贵州高原向广西丘陵的过渡地段，岩溶发育强烈，水土流失严重，特殊的自然因素加上毁林、毁草、坡地开荒、基础设施修建等人为因素，加速了石漠化的形成和发展。该地区属亚热带季风湿润气候，雨量充沛，年平均降雨量1431.1mm，雨季集中在5—8月，雨热同季，年平均气温16.1℃。

都新高速公路沿线地貌类型总体上属于岩溶化山原地貌，道路的修建导致岩溶地貌形成了大量的裸露石质边坡，产生了大量无法恢复植被的石质边坡。

2. 设计理念

为了本项目解决石质边坡的绿化问题，进一步减小高速公路建设对生态的破坏，实现建设生态型高速公路的目标，对裸露的石质坡面进行岩溶灌木护坡，扩大绿化范围，使公路沿线形成连续而浓郁的绿带，达到永久的生态恢复。

3. 措施设计

(1) 都新高速岩溶地区灌木护坡设计流程见图8.3-62。

(2) 护坡方式。根据现场的边坡类型、坡率及坡高，对不同分段采取不同的方式护坡（T形植生板、植生格或挂网）。

(3) 灌木种子选配。根据对当地适生物种的调查，选择多花木兰、刺槐、盐肤木、胡枝子、马棘、紫穗槐、金叶女贞等进行植被恢复。

4. 实施效果评述

喷播后进行养护，各物种生长态势良好，能在自然条件下生长，能形成自身生物群落，达成自我演替功能。灌木护坡后1年，植被郁郁葱葱，并在水土流失防治中起到了关键性作用。这些灌木植物已完全能够脱离养护，适应当地生长环境，自行供给营养，实现了自然演替功能。与此同时，这些灌木植物已经与原始植被融为一体，实现了水土保持与景观协调发展。都新高速岩溶地区灌木护坡实施效果见图8.3-63。

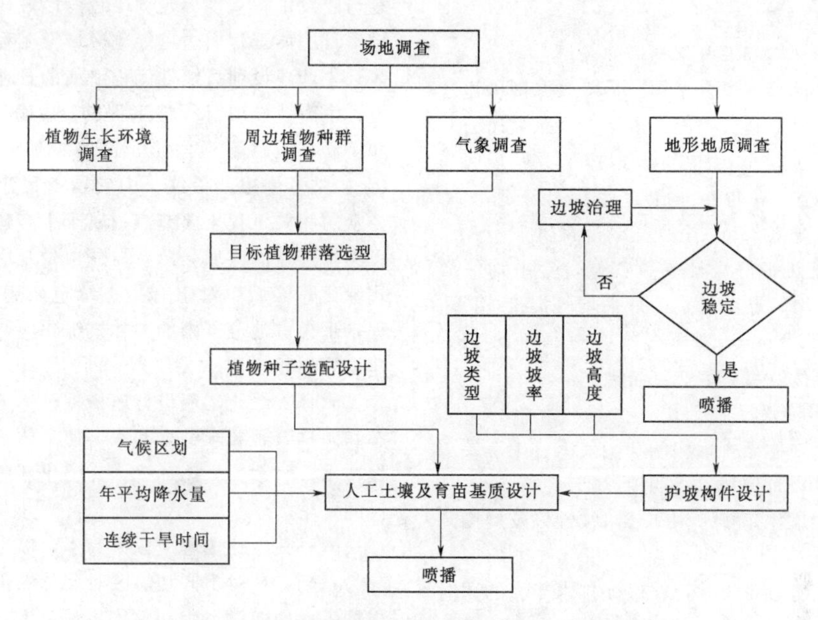

图 8.3-62　都新高速岩溶地区灌木护坡设计流程

(*a*) K159+960～K160+160 段原始坡面

(*b*) 设置护坡构件设计后进行喷播施工

(*c*) 施工后 3 个月效果

(*d*) K159+960～K160+160 段施工 4 年后效果

图 8.3-63　都新高速岩溶地区灌木护坡实施效果

8.3.15 生态排水沟

1. 工程建设及项目区概况

渝湛高速公路广东段是全国高等级公路网国道主干线中重庆至湛江高速公路的一段，是广东高速公路网的重要组成部分，全长约73km；按平原微丘区高速公路标准设计，双向四车道，计算行车速度为120km/h，路基宽度28m，全立交，全封闭。

项目区属亚热带海洋性季风气候，年平均气温22.8℃，1月平均气温15℃，7月平均气温28.4℃；年平均降雨量1678mm，雨季多集中在每年的4—9月；地带性土壤为赤红壤、砖红壤类。

2. 生态排水沟设计

项目综合考虑生态排水沟的功能要求、生态要求和景观要求，其设计遵循以下四项原则。

（1）优先考虑生态排水沟和公路线性以及周围环境的配合。

（2）因地制宜设计尺寸，在保证排水能力的同时减少占地。

（3）提高沟底的标高，加强水沟的防护设计，提高水沟的强度和安全。

（4）优化设计降低维护成本。

3. 工程效果

工程实施后景观效果良好，排水能力及抗冲刷能力强。经暴雨冲刷检验表明：生长20d的草皮边沟即可抵抗300mm/h作用的降雨半个小时，且没有遭到明显的破坏，没有观察到明显的冲沟；降雨结束后10min，径流消失，不存在由积水导致的雨水下渗从而影响边坡稳定性的问题。渝湛高速公路生态排水沟工程效果见图8.3-64。

图8.3-64 渝湛高速公路生态排水沟工程效果

8.4 园林式绿化

园林式绿化工程设计，主要适用于主体工程管理范围所涉及的有园林景观要求的土地，特别是植被恢复与建设工程级别界定为1级的区域，包括：生产建设项目主体工程周边可绿化区域及工程永久办公生活区；生产建设项目线性工程沿线的管理场站所周边环境；生产建设项目线性工程的交叉建筑物、构筑物，如桥涵、道路联通匝道、道路枢纽、水利枢纽、闸（泵）站等周边或沿线；为展示工程建设风貌，面向公众的相关工程重要节点；属于生产建设项目工程移民集中迁建的区域，以及与周边景观协调需采取园林式绿化等区域。对于有生态绿色廊道建设要求的工程，永久占地范围内的园林式绿化应与生态绿色廊道建设规划相协调。

园林式绿化工程设计应依据主体工程设计，将生态和园林景观要求结合起来，使主体工程建设达到既保持水土、改善生态环境，又美化环境，符合景观建设的要求。

园林式绿化工程应以人为本，以主体工程功能划分为基础，针对不同功能区对园林绿化要求，以突出主体工程的建设风貌和整体景观及生态防护为主要内容，以达到优化空间结构、充分利用土地资源、绿化美化主体工程及有效发挥服务功能的目的。

本手册中涉及的园林式绿化工程以植物种植为主，如风景林、花卉、草坪等，适当布设必要的园林道路、设施小品等，总体布局中应尽量考虑工程所处地域的人文历史与文化特点，达到突出工程特色、提升整体形象、体现区域文化的目的。

8.4.1 总体布设基本要求

工程布设既要满足工程设计要求，还要满足不同园林设计类型的要求。

8.4.1.1 工程对园林式绿化布置的要求

1. 点型工程

（1）点型工程主体工程区和生产管理区园林式绿化布置要符合行业设计的要求。如水利上土坝下游为防止植物死亡后根系造成坝坡松动和便于检查渗漏情况，坡面不能选用乔灌木和株型高大的花草；核电厂出于对空气质量和防火要求，植物必须采用耐火性常绿树种，并且不得使用散布花絮和油脂含量高的树种；有防火、隔尘要求的厂矿企业应结合防火林带或卫生林带布设开展相应园林绿化布局。

（2）水利工程要与水景观结合。水库枢纽工程一般建成后为水利风景区，则主体工程区的园林式绿化要依据水库枢纽整体布局、突出主体工程特点、满足游览观光的要求，植物品种选择应突出观赏特征和季相的特点，在坝后开阔地带的可选择高大乔木和花灌木建设坝后公园，泄洪洞进出口等高陡边坡宜选用攀援植物覆盖。

(3) 园林式绿化设计要结合工程特色并突出工程的特点。如烈士陵园、会堂等场馆种植雪松、侧柏等常绿乔木突出庄严肃穆的特点；高速公路服务区要种植高大乔木形成绿荫、增加坐凳等休憩服务设施。

(4) 水利枢纽、闸站工程规划布置应充分结合周边景观及后期运行管理要求，并为园林绿化创造条件。

(5) 工业区和生活区立地条件和环境较差，土壤瘠薄，辐射热高，尘埃和有害气体危害大，人为损伤频繁。宜选择耐瘠薄土壤、耐修剪、抗污染、吸尘、防噪作用大，并具有美化环境的树种。

2. 线型工程

(1) 渠道、堤防、输水等线型工程穿越城镇、重要景区、城镇的绿化设计，要满足相关区域总体规划的要求，如绿地系统规划、生态廊道的规划要求，以不降低所穿区域绿化设计标准为前提。

(2) 线型工程的园林式绿化布置也要符合行业设计的要求。如在高速公路上，对安全驾驶视野范围内的植被高度的布置，要突出节奏感和层次感，用以避免司机视觉疲劳。绿化带从高速公路向两侧采用近花草、中灌木、远乔木的布局，也可以采用两种或多种树木交叉种植的方式。在植被选择上应考虑到既净化空气、减小噪声，又美化环境的绿色观赏植物；高速公路中央分隔带植物的高度一般控制在1.5m，过高则影响驾驶人员观察对面车辆情况，过矮也难以遮掩灯光，失去防晕眩效果；高等级公路两侧行道树应选择品种丰富，高大整齐、抗污染、吸尘、降噪的乔木，中间用花灌木营造繁花似锦的气氛。根据洪水期堤防巡查需要，河道堤防背水坡不应采用乔木等深根性植物；当无防浪要求时，不宜在迎水侧种植妨碍行洪的高杆阻水植物。

饮用水输水明渠两侧的绿化树种，应尽量选择常绿、少落花落叶、不结果树种，避免枯落物、农药进入水体影响水质。

(3) 道路绿化树种应选择形态美观、树冠高大、枝叶繁茂、耐修剪，适应性和抗污染能力强，病虫害少，没有或较少产生污染环境的种毛、飞絮或散发异味的树种。

(4) 公路绿化树种要求：抗污染（尾气）、耐修剪、抗病虫害，与周边环境较为协调且形态美观。树种选择应注重常绿与落叶、阔叶与针叶、速生与慢生、乔木与灌木、绿化与美化相结合，特别是长里程公路，每隔适当距离可变换主栽树种，增加生物多样性和绿化景观。

3. 生活区、厂区道路绿化设计要求

(1) 工业区和生活区道路绿化具有组织交通、联系分隔生产系统或生活小区，防尘隔噪、净化空气、降低辐射、缓和日温的作用。

(2) 工业区和生活区绿化，应与交通运输、架空管线、地下管道及电缆等设施统一布置。综合协调植物生长与生产运行及居民生活之间的关系，避免相互干扰。

8.4.1.2 不同园林绿化形式的设计要求

1. 风景林设计

生产建设项目结合游览休憩活动的风景林设计，其疏密配合应恰当，疏林下或林中空地，可结合布置草地或园林小品；宜适当配置林间小路，使其构成幽美环境；风景林树种的组成及其色彩、形态的搭配，以及如何应对周围环境和地形变化等应在园林绿化布局中综合考虑。

2. 花境设计

生产建设项目的广场中心、道路交叉口、建筑物入口处及其四周，可设花坛或花台；在墙基、斜坡、台阶两旁、建筑物空间和道路两侧，可设置花境；对需装饰的构筑物或墙壁可采用以观赏为主的攀援植物覆盖，可建成花墙。

3. 水生植物种植设计

开发建设项目涉水河道、湖泊、水库等工程，为丰富视觉色彩、净化水质、弱化水体与周围环境生硬的分界线，使水体景观自然的融入整体环境中，在河道两侧、湖库浅水区种植挺水植物，在水底种植沉水植物，构建生态平衡系统。

4. 草坪设计

生产建设项目较大面积的草坪设计应与周围园林环境有机结合，形成旷达疏朗的园林景观，同时还应利用地形的起伏变化，创造出不同的竖向空间环境。

草坪的地面坡度应小于土壤的自然稳定角（小于30°）。如超过则应采取护坡工程。运动场草坪排水坡度宜为0.01左右，游憩草坪排水坡度宜为0.02～0.05。最大不超过0.15。

铺设草坪的草种，应具有耐践踏、耐修剪、抗旱力较强等特性。北方地区还应重视草种的耐寒性。

5. 攀援植物种植设计

在开发建设项目高陡边坡及需要垂直绿化的驳岸、墙壁等部位，可布设攀援植物，且攀援植物可以和建筑墙面、棚架、绿廊、凉亭、篱垣、阳台、屋顶等构筑物结合，形成绿色空间景观效果。

6. 绿篱设计

开发建设项目园林式绿化中，根据不同的高度和功能，绿篱可以起到分隔不同功能的空间、屏障视线及组织游人的游览路线的作用。高绿篱主要用于分隔隔离空间、屏蔽山墙、厕所等不宜暴露之处；中绿篱高度不超过1.3m，常用于街头绿地、小路交叉口，或种植于公园、林荫道、分车带、街道和建筑物旁；矮绿篱主要用于围护草地、花坛等。

8.4.2　园林式绿化设计

8.4.2.1　种植设计

种植设计应根据不同条件，分别采取孤植、对植、列植、丛植、群植、带植和绿篱等多种形式。

1. 孤植

(1) 单株树木孤植，要求发挥树木的个体美，作为园林构图中的主景；也可将数株同一树种密集种植为一个单元，起到相同的效果。

(2) 孤植位置。孤植树木的四周应留出最适宜的观赏视距，一般配置在大草坪及空地的中央地带，地势开阔的水边、高地、庭园中、山石旁，或用于道路与小河的弯曲转折处。

(3) 孤植树种。孤植树木宜选用树体高大、姿态优美、轮廓富于变化、花果繁茂、色彩艳丽的树种，如油松、雪松、云杉、银杏、香樟、七叶树、国槐等。

(4) 孤植的要点。

1) 孤植并不意味着孤立，要与周围景物取得均衡和呼应，与整个园林构图相统一，与周围景物互为配景。

2) 孤植的树木四周要空旷，不仅保证树冠有足够的生长空间，而且要保证一定的观赏视距以及观赏点，一般适宜的观赏视距为树木高度的4倍左右。

3) 在开阔水边或可以眺望远景的山顶、山坡上孤植时，应考虑以水和天空为背景，树的体量应较大，色彩要与背景有差异，以此突出孤植树的姿态、体形和色彩。

4) 孤植的树木在园林风景构图中作为配景应用时（如作为山石、建筑的配景），此类孤植树的姿态、色彩要与所陪衬的主景既有对比又能协调。

5) 为尽快达到孤植树的景观效果，最好选胸径20cm以上的大树，能利用原有古树名木更好。只有小树可用时，要选用速生快长树。同时设计出两套孤植树种植方案，如近期选毛白杨、垂柳、楝树为孤植树时，可同时安排白皮松、油松、桧柏等为远期孤植树栽入适合位置。

2. 对植

(1) 采用同一树种的树木，垂直于主景的几何中轴线作对称（对应）栽植。

(2) 对植位置。常用于大门入口处或桥头等地。

(3) 对植的灵活处理。自然式园林布局，可采用非对称种植，即允许树木大小姿态有所差异，与中轴线距离不等。但须左右均衡。如左侧为一株大树，则右侧可为两株小树。

3. 列植

(1) 将乔灌木按一定的株行距成列种植，形成整齐的景观效果。

(2) 列植位置。多应用于道路两侧、规则式园林绿地中以及自然式绿地的局部。

(3) 列植宜选用树冠形状比较整齐的树种，如圆形、卵圆形、倒卵形、塔形等。行道树种的选择条件首先需对道路上的种种不良立地条件有较高的抗性，在此基础上要求树木冠大、荫浓、发芽早、落叶迟而且落叶延续期短，花果不污染街道环境，干性强、耐修剪、干皮不怕强光暴晒，不易发生根蘖、病虫害少、寿命较长、根系较深等条件。

孤植、对植、列植常用树（草）种见表8.4-1。

表8.4-1　孤植、对植、列植常用树（草）种

类型	常用树（草）种
大乔木	雪松、白皮松、罗汉松、油松、黑松、香樟、侧柏、棕榈、大叶女贞、广玉兰、银杏、悬铃木、龙爪槐、楸树、鹅掌楸、枫杨、栾树、黄山栾、白蜡、重阳木、三角枫、五角枫、元宝枫、水杉、乌桕、七叶树、馒头柳、垂柳、旱柳、青桐、巨紫荆、合欢、柿树、核桃、千头椿
小乔木及大灌木	枇杷、石楠、白玉兰、紫玉兰、二乔玉兰、山茱萸、山楂、木瓜、日本晚樱、垂丝海棠、西府海棠、山樱花、紫薇、紫叶李、桂花、红枫、鸡爪槭、黄栌、梅花、榆叶梅、碧桃
小灌木及观赏草类	腊梅、八仙花、火棘、枸骨、红叶石楠、小叶女贞、大叶黄杨、海桐、木香、紫藤、凌霄、细叶芒、斑叶芒、蒲苇、荻、拂子茅

4. 丛植

(1) 将两株至十几株乔木加上若干灌木栽植在一起，以表现群体美，同时表现树丛中的植物个体美。

(2) 丛植树种。以庇荫为主时，树种全由乔木组成，树下配置自然山石、座椅等供人休憩。以观赏为主时，用乔木和灌木混交，中心配置具独特价值的观赏树。

5. 群植

(1) 将二三十株或更多的乔木、灌木栽植于一处，组成一种封闭式群，以突出群体美。林冠部分与林缘部分的树木，应分别表现为树冠美与林缘美。群植的配置应具长期的稳定性。

(2) 群植位置。主要布置在有足够视距的开阔地段，或在道路交叉口上。也可作为隐蔽、背景林种植。

6. 带植

(1) 设计成带状树群，要求林冠外轮廓线有高低起伏，林缘线有曲折变化。

(2) 带植位置。布设于园林中不同区域的分界处，划分园林空间，也可作为河流与园林道路两侧的配景。

(3) 带植树种。用乔木、亚乔木、大小灌木以及多年生花卉组成纯林或混交林。

丛植、群植、带植常用树（草）种见表8.4-2。

表8.4-2　丛植、群植、带植常用树（草）种

类型	常用树（草）种
观花	稠李、巨紫荆、合欢、石楠、白玉兰、紫玉兰、二乔玉兰、山茱萸、山楂、木瓜、日本晚樱、垂丝海棠、西府海棠、山樱花、紫薇、紫叶李、桂花、黄栌、梅花、榆叶梅、丁香、花石榴、碧桃、郁李、木槿、贴梗海棠、棣棠、黄刺玫、珍珠梅、腊梅、八仙花、金银木、红花檵木、大花醉鱼草、连翘、迎春、火棘、小叶女贞、凤尾兰、夹竹桃、丰花月季、金钟花、藤本月季、黄素馨、蔷薇、胡枝子、锦鸡儿、金银花、牡丹、芍药、美人蕉、大花萱草、金娃娃萱草、鸢尾、玉簪、白三叶、红花酢浆草、葱兰、麦冬、二月兰、波斯菊
观叶	雪松、白皮松、油松、黑松、香樟、侧柏、棕榈、龙柏、大叶女贞、银杏、悬铃木、国槐、刺槐、楸树、鹅掌楸、枫杨、栾树、黄山栾、白蜡、重阳木、三角枫、五角枫、元宝枫、水杉、乌桕、丝棉木、七叶树、旱柳、垂柳、馒头柳、青桐、金丝柳、千头椿、巨紫荆、合欢、柿树、火炬树、枇杷、蚊母、石楠、山楂、木瓜、紫叶李、桂花、红枫、鸡爪槭、黄栌、珊瑚树、红瑞木、木槿、棣棠、珍珠梅、枸骨、红叶石楠、大叶黄杨、小叶女贞、海桐、凤尾兰、八角金盘、夹竹桃、金叶女贞、金森女贞、铺地柏、阔叶十大功劳、南天竹、紫叶小檗、扶芳藤、五叶地锦、常春藤、白三叶、葱兰、麦冬、狼尾草、细叶针茅、拂子茅、斑叶芒、细叶芒、蒲苇、淡竹、刚竹、早园竹
观果	柿树、火炬树、大樱桃、山楂、木瓜、石榴、金银木、火棘
闻香	白玉兰、紫玉兰、二乔玉兰、桂花、梅花、丁香、腊梅、小叶女贞、金银花

7. 绿篱

(1) 绿篱种类根据绿篱高度有下列四类：绿墙高1.6m以上；高绿篱高1.2～1.6m；中绿篱高0.5～1.2m；低绿篱高0.5m以下。

(2) 根据绿篱的树种。有下列五类：常绿篱由常绿灌木组成；落叶篱由带叶灌木组成；花篱由开花灌木组成；果篱由赏果灌木组成；蔓篱是将种植的蔓生植物缠绕在制好的钢架或竹架上。

(3) 建造绿篱应选用萌蘖力和再生力强、分枝多、耐修剪、叶片小而稠密、易繁殖、生长较慢的树种。

(4) 绿篱植物的选择总的要求是该种树木应有较强的萌芽更新能力和较强的耐阴力，以生长较缓慢、叶片较小的树种为宜。

(5) 绿篱的栽植要点。

1) 栽植时间一般在春天，在植株幼芽萌动之前。

2) 栽植密度取决于苗木的高度和将来枝条伸展的幅度。如果苗木的高度为0.6m，则栽植的株距约为0.3m。

3) 栽植时，根据苗木现有枝条的情况，仔细考虑其栽植的位置，以及伸展过长的枝条或与邻近植株交叉的枝条。

4) 栽植时挖沟，应清除杂草、石块、垃圾、其他植物的根等。若土壤贫瘠，应以肥土置换，同时注意土壤的排水。

5) 为防止苗木倒伏，可采用简单的篱笆或竹竿支撑。回填土壤后应立即浇透水。

6) 较难移植的植物，应使用容器苗。

(6) 绿篱的养护。

1) 绿篱成型前的养护。

栽植后的第一年，应及时剪去徒长枝。栽植后的第二年及以后的修剪，则保留新萌发枝条1/3～2/3的长度以及2～3个芽，其余全部剪去，这样可使植株之间不留空隙，植物顶部生长比下部生长旺盛，所以顶部须重剪。

翌年春季补植更换枯死的苗木，及时补充肥料。

每年修剪两次，时间在6—8月底。

绿篱定型前，应修剪下部的枝条，以保证萌发一定数量的新枝条，修剪就是为了确保绿篱有美丽整齐的外观。

植物的生长速度因各类而异，从幼苗长成标准绿篱需3～4年时间。

2) 绿篱成型后的养护。

整形：主要应用于规则式绿篱上，使绿篱内外两侧、顶部及转角处是平直的。修剪顶部时，先在目标高度的位置拉线，确保这条线呈水平，然后根据这条水平线进行修剪。修剪绿篱内外侧平面时，一般先修剪中部，然后是上部，最后是下部。

剪枝：调整徒长枝、弱枝、过密枝和缠绕枝的生长。对于自然式绿篱、半规则式绿篱和藤蔓绿篱，这些措施都是必需的。

施肥：为了确保绿篱植物的生长，在植株处于休眠期的时候应及时施用缓效化肥。

篱植、片植常用树种见表8.4-3。

表8.4-3 篱植、片植常用树种

类型	树种
观花	红花檵木、火棘、小叶女贞、海桐、夹竹桃、南天竹、丰花月季、珍珠梅、八仙花、大花醉鱼草、连翘、迎春、金钟花、紫穗槐、藤本月季、黄素馨、蔷薇、扶芳藤、金银花、棣棠、珍珠梅
观叶	枸骨、红叶石楠、大叶黄杨、小叶女贞、海桐、凤尾兰、八角金盘、夹竹桃、金叶女贞、金森女贞、龙柏、铺地柏、阔叶十大功劳、南天竹、紫叶小檗、扶芳藤、五叶地锦、常春藤、红瑞木、阔叶箬竹
观果	金银木、火棘、枸骨、阔叶十大功劳、南天竹、紫叶小檗
闻香	小叶女贞、金银花
强修剪篱	红花檵木、火棘、小叶女贞、红叶石楠、大叶黄杨、金叶女贞、金森女贞、龙柏、海桐
弱修剪篱	阔叶十大功劳、凤尾兰、夹竹桃、南天竹、红瑞木、枸骨

8.4.2.2 花卉设计

1. 花坛

(1) 花坛图案设计要符合视觉原理。设计花坛的平面图案时，要考虑到人的视线夹角与距离的关系。如果是图案花坛，面积不宜过大，短轴不要超过9m，游人可以在一侧看清所处一侧的一半图案，到另一侧又能看清另一半。图案简单的花坛，也可以使中间部分简单粗犷些，边缘4.5m范围内的图案则精细一些。

(2) 选择合适的植物。根据花坛的作用、形式、周边环境、图案等选择合适的植物。如低矮紧密而株丛较小的花卉，适合于表现花坛平面图案的变化；高大整齐的花卉，适合作为遮挡及背景。

(3) 花坛类型。花坛的类型见表8.4-4。

2. 花境

(1) 花境园林不仅增加了自然景观，还有分隔空间和组织游览路线的作用，一次种植后可多年使用，四季有景。

(2) 花境的类型与风格并没有固定的模式，取决于环境特点、植物材料以及设计者个人的喜好及理解。花境的类型及特点见表8.4-5。

表8.4-4 花坛的类型

分类依据	类别	特点
依花材分类	盛花花坛（花丛花坛）	主要由观花草本植物组成，表现盛花时群体的色彩美或绚丽的景观。可由同种花卉不同品种或不同花色的群体组成，也可由不同花色的多种花卉的群体组成
	模纹花坛	(1) 毡花坛：是由各种观叶植物组成的精美的装饰图案，植物修剪成同一高度，表面平整，宛如华丽的地毯； (2) 浮雕花坛：依花坛纹样变化，植物高度有所不同，部分纹样凸起或凹陷。凸出的纹样模多由常绿小灌木组成，凹陷面多栽植低矮的草本植物。也可以通过修剪，使同种植物因高度不同而呈现凸凹，整体上具有浮雕的效果； (3) 彩结花坛：是花坛内纹样模仿绸带编成的绳结式样，图案的线条粗细一致，并以草坪、砾石或卵石为底色
	现代花坛	常见2种类型相结合的形式。例如，在规则式几何形植床中，中间为盛花的布置形式，边缘用模纹式；或在立体花坛中，立面为模纹式，基部为水平的盛花式等
依空间位置分类	平面花坛	花坛表面与地面平行，主要观赏花坛的平面效果，包括沉床花坛或稍高出地面的花坛
	斜面花坛	花坛设置在斜坡或阶地上，也可以布置在建筑的台阶两旁或台阶上，花坛表面为斜面，是主要观赏面
	立体花坛	立体花坛向空间伸展，具有竖向景观，是一种超出花坛原有含义的布置形式，它以四面观为多。常包括造型花坛、标牌花坛等形式

表 8.4-5　花境的类型

分类依据	类别	特点
以观赏形式分类	单面观赏花境	单面观赏花境是传统的花境形式，花境常以建筑物、矮墙、树丛、绿篱等为背景，前面为低矮的边缘植物，整体上前低后高，供一面观赏
	双面观赏花境	这种花境没有背景，多设置在草坪上或树丛间，植物种植是中间高两侧低，供两面观赏
	对应式花境	在园路的两侧、草坪中央或建筑物周围设置相对应的两个花境，这两个花境呈左右二列式。在设计上统一考虑，作为一组景观，多采用拟对称的手法，以求有节奏和变化
以植物选材分类	宿根（球根）花卉花境	此类花境全部由可露地越冬的宿根或球根花卉组成，是花境中色彩最为亮丽的部分，也是花境营建的主体，尤其适合初夏至秋季观赏，在其他时间则显得过于空落。但其丰富的季相变化，也给设计者提供了很大的想象空间
	灌木花境	有很多灌木可以作为花境中的设计元素，如低矮的种类、具有一定蔓生性的灌木，或观赏性较好的花灌木都可成为花境中的一部分。灌木花境在选择时应考虑植物的花期与花色、叶色与叶形、季相变化以及株形。因灌木在种植后都会呈现出一个固定的形态结构，体现出一种恒定的状态
	一、二年生草花花境	一、二年生草花一直多作为花坛的材料，但因其有着非常长的花期，而且色彩范围非常广，可以组合成各种观赏图案或色彩效果，所以也逐渐受到花境设计师的青睐。通过移栽处于开花期的一年生花卉，可以在很短的时间内就装点出一个灿烂的花境，遮盖裸露的花床
	混合式花境	混合式花境是目前逐渐流行的一种花境形式。它能使设计者更好地将各类植物优化组合，在景观效果上更趋丰富。而且通过灌木、树木形成较为恒定的景观结构，同时以色彩鲜艳的草本植物进行主题色彩的创造与细节及造型上的丰富，使花境形成变化而又持久的景观。混合式花境的种植材料仍以宿根花卉为主，配置少量的花灌木、球根花卉或一、二年生花卉
	专类花卉花境	由同一属不同种类或同一种不同品种植物为主要种植材料的花境。做专类花境用的宿根花卉要求花期、株形、花色等有较丰富的变化，从而体现花境的特点，如百合类花境、鸢尾类花境、菊花花境等

（3）花境设计时的基本构图单位是一组花丛。每组花丛通常由5～10种花卉组成，一种花卉集中栽植。平面上看是各种花卉的块状混植，立面上看是高低错落，犹如林缘野生花卉交错生长的自然景观。花丛内应由主花材形成基调，次花材作为配调，由各种花卉共同形成季相景观。

（4）花境植物材料以耐寒的、可在当地越冬的宿根花卉为主，间有一些灌木、耐寒的球根花卉，或少量的一、二年生草花。

（5）花境色彩设计中主要有单色系、类似色、补色、多色四种配色方法。

（6）花境的季相是它的特征之一。理想的花境应四季有景可观，寒冷地区可做到三季有景。花境的季相是通过种植设计实现的，利用花期、花色及各季节所具有的代表性植物来创造季相景观。如早春的报春、夏日的福禄考、秋天的菊花等。植物的花期和色彩是表现季相的主要因素，花境中开花植物应连续不断，以保证各季的观赏效果。花境在某一季节中，开花植物应散布在整个花境内，以保证花境的整体效果。

8.4.2.3 水生植物设计

1. 水生植物的组成

水生植物是园林水景营建的重要组成部分，见图8.4-1。一般包括水缘植物、湿生植物、挺水植物、漂浮植物、浮叶植物和沉水植物等。

图 8.4-1　水生植物类型

2. 水生植物的种植设计原则

（1）构建水景生态平衡。想营建一个较理想的生态水景，关键在于营建出正确的生态平衡系统。营建正确的生态平衡的关键在于初始阶段各要素之间能有一种比较和谐的比例。

（2）适当的空间及比例。在水体中进行植物种植时，事先须对整体的安排深思熟虑，并根据情况进行调整。当大体的生态平衡的模式定下来后，可以在一定范围内在植物配置的细节和植物种类上进行选择与调整，其中浮叶植物、沉水植物的种植数量是有一定限制的，但岸边的植物种植可以有较大的自由度。

(3) 合理配置边缘植物。水体周围也是非常重要的场所，如何处理将会影响到整体的观赏质量和效果。在一个非常规则的岸边，可用进行限制性栽植，可以保证有足够的水面来产生倒影，增添景观的层次感与情趣。而不规则的岸边一般有着湿地性的边缘，可以种植植物，形成一定的群植景观，但要有疏有密，保证人们在某些区域可以直接到达水面。

3. 植物与水位的关系

各类水位条件下的适生植物见表 8.4-6。

表 8.4-6　　各类水位条件下的适生植物

类　型	品　　种
50 年一遇水位以上（耐旱，极少被淹）	雪松、白皮松、油松、黑松、龙柏、侧柏、广玉兰、枇杷、银杏、国槐、元宝枫、杂交马褂木、红花刺槐、青桐、泡桐、毛白杨、榆树、构树、杜仲、巨紫荆、白玉兰、紫玉兰、二乔玉兰、合欢、山茱萸、山楂、木瓜、柿树、刚竹、箬竹、桂花、石楠、火棘、枸骨、红叶石楠、小叶黄杨、小叶女贞、大叶黄杨、日本晚樱、山樱花、榆叶梅、无花果、黄刺玫、紫薇、紫荆、白丁香、紫丁香、花石榴、垂丝海棠、西府海棠、贴梗海棠、腊梅、梅花、木槿、黄栌、红枫、鸡爪槭、金银木、红花檵木、黄荆、山茱萸、溲疏、大花醉鱼草、金叶女贞、金森女贞、铺地柏、沙地柏、南天竹、紫叶小檗、丰花月季、袖珍月季、金焰绣线菊、藤本月季、蔷薇、五叶地锦、木香、胡枝子、锦鸡儿、凌霄、芍药、牡丹、虞美人、玉簪、石竹、波斯菊、白三叶、早熟禾
20～50 年一遇水位（耐湿、喜湿或岸边常用品种，有可能被淹）	罗汉松、圆柏、香樟、大叶女贞、白蜡、三角枫、五角枫、七叶树、火炬树、榉树、麻栎、梨树、核桃、枣树、樱桃、淡竹、早园竹、珊瑚树、蚊母、海桐、凤尾兰、夹竹桃、碧桃、珍珠梅、郁李、柽柳、红瑞木、海州常山、八仙花、阔叶十大功劳、连翘、迎春、金钟花、紫穗槐、黄素馨、扶芳藤、常春藤、鸢尾、二月兰、狼尾草、红花酢浆草、狗牙根、马尼拉
常水位至 20 年一遇水位（耐湿或耐短淹，水边常用品种，经常被淹）	枫杨、栾树、悬铃木、重阳木、水杉、乌桕、丝棉木、旱柳、垂柳、馒头柳、金丝柳、楝树、朴树、构树、柿树、棕榈、紫叶李、棣棠、金银花、紫藤、美人蕉、金娃娃萱草、大花萱草、花菖蒲、旋覆花、麦冬、葱兰、金边过路黄、紫萼、细叶芒、黑麦草、匍匐剪股颖、花叶芒、红蓼、石菖蒲
水陆交接带（水深 0～20cm，挺水植物）	黄菖蒲、西伯利亚鸢尾、菖蒲、水生美人蕉、香蒲、再力花、千屈菜、风车草、水葱、灯心草、茭白、慈姑、泽泻、芦苇、芦竹、花叶芦竹、水芹、荻
浅滩（水深 50～80cm，浮水植物）	荷花、睡莲、芡实
浅滩以下（水下沉水植物）	凤眼莲、苦草、眼子菜、菹草、黑藻、狐尾藻

8.4.2.4　攀援植物设计

攀援植物由于茎较细软，它们自身不能直立生长，需要依附它物进行向上的攀援。这个特性使园林绿化得以从平面向立体空间延伸，大大增加了绿化率。攀援植物作为空间垂直绿化的主要组成部分，有草本、木本（包括落叶及常绿种类）之分，具有很高的生态学价值及观赏价值，如可用于降温、减噪、观叶、观花、观果等。而且攀援植物没有固定的株形，具有很强的空间可塑性。可以营造不同的景观效果，现在已被广泛地用于建筑墙面、棚架、绿廊、凉亭、篱垣、阳台、屋顶等处。

1. 攀援植物的分类

根据不同的攀援能力和方式，将攀援植物分成缠绕类、卷须类、吸附类、蔓生类几大类型。

2. 攀援植物的造景功能

(1) 美化功能：攀援植物具有生长迅速、易于造型、易于与环境统一、类型多样的特点，能够很快形成景观，并改善生态环境。攀援植物没有固定的株形，具有很大的可塑性，可以按照人们的需要而营造出不同的景观效果。

(2) 实用功能：很多攀援植物具有多种经济价值，有许多造景形式，除了美化作用外，还可起到降温、反射光线等改善小环境气候的作用。除此以外还能分隔空间、组织浏览路线、营造休息环境，有时还可以起到障景的作用。

(3) 防护作用：同其他植物一样，攀援植物也具有改善气候、降低噪声、净化空气的生态效益。攀援植物覆盖墙面可以有效地滞尘、降温、增湿、减噪，而且还可减缓墙面本身的风化，对建筑有利。在斜坡地段运用，还可以护坡，防止水土流失。

(4) 增加绿地面积，扩大绿化空间作用：在城市越来越拥挤的空间内，攀援植物可以在垂直面上增加绿地的面积；可以运用于立交桥、过街天桥、墙面、阳台、护栏的绿化，将平面绿化和立面绿化结合在一起，增加绿化率。

3. 攀援植物种植设计的要点

（1）植物的生态学特点。在利用攀援植物造景时，必须首先考虑相关种类的生态学特点。也就是说要根据攀援植物自身攀援能力的强弱、适应能力、生态学要求以及相关环境的立地特点进行植物选择。

1）攀援能力。不同的植物由于攀援能力和方式不同，适用的地点也不同，如攀爬能力较强的吸附类植物最适于楼房、墙面、假山石、柱体等的垂直绿化；缠绕类和卷须类可应用于篱垣式、棚架式等；蔓生类可用于矮墙、栅栏等处进行造景，也可应用于建筑物高台等处，体现其自然俯垂的特点。

2）立地条件。要分析项目的立地条件，如光照、水分、温度、土壤等环节，然后进行植物选择，如喜光的有凌霄、叶子花、紫藤、使君子以及多数一年生草本攀援植物（如丝瓜、牵牛、茑萝、葫芦等），可用于阳光充足的环境中；耐阴的有蔓长春花、绿萝、络石、薜荔、常春藤、南五味子等，适于在林下和建筑的阴面等处进行造景。

（2）造景目的。不同的造景形式有不同的造景目的，如篱垣式造景大多以观花为主要目的，故宜选择花色美丽者。而棚架式造景供观赏的同时兼供遮阴，应当选择大型藤本，并以木质藤本为主。

（3）植物体积、重量及支撑物关系。攀援植物多数都需要支撑物，有时是固定的建筑物，如亭、廊、花架、栏杆等，有时应是临时的支架。这些支撑物和它们所处的空间有着固定的大小，而且不同的攀援植物所需的生长空间和覆盖能力都不一样。在选择植物时要考虑到空间尺度与植物最终体积的大小比例，空间过于拥挤或比例过于失调，都会影响到景观的整体效果。

（4）植物搭配。考虑到单一种类观赏上的缺陷，在攀援植物造景中，应当尽可能利用不同种类之间的搭配以延长观赏期，创造出四季景观。

在进行种间搭配时，重点应利用植物本身的生态特性，如速生与慢生、草本与木本、常绿与落叶、喜阴性与喜阳性，深根与浅根之间的搭配，同时还要考虑观赏期的衔接。如果用几种花期衔接，配合协调的植物按照生长速度、喜光性、攀援能力等因素合理配植，会取得良好的景观效果，真正达到四季有花。

（5）维护要求。这里的维护是指两方面的内容：一是对植物的维护，二是对支撑物的维护。不同的攀援植物对维护的力度有着不同的要求。如果一种攀援植物要求定期除草、捆扎或修剪，那么最好种植在人较易到达的地方。

（6）攀援植物的引导。引导是攀援植物造景中一个重要的方面。攀援植物的总体造型效果可通过修剪达到，但植物的生长方向和枝条位置的确定则需要细心地设计和引导，以形成完美的效果。在引导时要考虑位置的确定、枝条的伸展、合适的方法几个方面。

4. 攀援植物的造景应用方式

（1）建筑墙体垂直绿化。利用攀援植物装饰建筑物墙面称为墙面绿化。因为攀援植物具有茂密的枝叶，能起到防止风雨侵蚀和烈日暴晒的作用。而且墙面绿化以后，还能创造一个凉爽舒适的环境。经测定，在炎热季节，有墙面绿化的室内温度比没有墙面绿化的要低2～4℃。用于墙面绿化的攀援植物基本上都属于吸附类攀援植物。适于做墙面绿化的攀援植物品种很多，目前墙面绿化常用的有爬山虎、地锦、常春藤、扶芳藤、薜荔、凌霄、络石、藤本月季等。

（2）花架的绿化。花架是指园林环境中的一种棚架式建筑小品，除了装饰以外，多是用来支撑攀援植物的藤蔓的，是极富园林特色的建筑形式。它既具有廊的功能，又比廊更接近于自然，而且造型灵活，富有变化，与植物搭配更富有一种生动的韵味。花架一般多设于广场周边、出入口、山地、与亭廊结合处、休憩空间、水边、草坪一角、园路的一部分。

常用的观赏性棚架攀援植物品种很多，如紫藤、木香、凌霄、藤本蔷薇、猕猴桃、油麻藤、金银花、葡萄、三角花以及一年生草本，如牵牛、茑萝、瓜类、扁豆等。

（3）篱笆与围墙绿化。篱笆和围墙除了分隔外，还有防护作用。无论竹篱笆或金属网眼篱笆，都可选用攀援植物来装饰美化。如藤本月季、藤本蔷薇、云实、木香、金银花、常春藤等都是常用的木本攀援植物。一、二年生攀援植物如茑萝、牵牛以及豆类、瓜类等品种，见效快，但冬季植株枯黄后，篱笆显得单调。围篱和围墙边种植攀援植物时，要留1m宽种土带，株距1m左右，加强肥水管理，当年就能使绿篱郁郁葱葱。墙篱种植攀援植物以后，可降低外部噪声，篱墙内的庭园将会显得幽静而且充满生机。带刺的攀援植物，能进一步发挥篱墙的防护作用。

（4）栏杆绿化。为了保护、美化绿地，往往设置高低不同的栏杆。利用栏杆种植攀援植物要根据不同情况分别对待。目前使用的栏杆结构有竹木栏杆，金属栏杆、链索栏杆、水泥栏杆等。装饰性矮栏杆高度一般在50cm以下，设计有花纹和图案，这类栏杆不宜种植攀援植物，以免影响原有装饰。保护性高栏杆一般在80cm以上，如结构粗糙的水泥栏杆、陈旧的金属栏杆和阳台、晒台栏杆等，这些都可种植攀援植物加以美化。藤蔓可由下向上攀援，也可由上向下垂挂。围栏边可选用常绿开花多年生攀援植物，如藤本蔷薇、金银花、常春藤、藤三七等，同时也可选用一年生攀援植物如牵牛花、茑萝等。需要注意的是金属栏杆需经常刷油漆，宜种植一年生攀援植物。

(5) 护坡绿化及其他。攀援植物是护坡绿化的好材料。在路旁的陡坡上栽植藤三七、爬山虎等覆盖表土或岩石，可起到良好的水土保持和美化作用。常春藤、络石、石血等攀援植物，在河堤旁栽植，作为地被植物覆盖堤岸，也十分美观。

8.4.2.5　草坪设计

1. 草坪类型

(1) 自然式草坪。按照原有地形、土壤等条件，种植草类并配置花卉、乔灌木，形成与周围环境协调的绿色景观。

(2) 规则式草坪。绿地内按照规则的几何图案布置草地、道路、花坛、丛林、水体等园林建筑观赏景物。

(3) 单纯草坪。种植早熟禾、野牛草等单一草种而成的草坪，适用于小面积绿地种植。

(4) 混合草坪。由紫羊茅、欧剪股颖和黑麦草等多种类草坪植物混合播种而成。适用于大面积的草坪。

(5) 缀花草坪。由禾本科植物与少量低矮但开花鲜艳的草花植物组成。草坪点缀植物有秋水仙、石蒜、韭兰等。此类草坪适用于自然草坪。

2. 草坪植物选择

草坪植物大部分为多年生禾本科植物（少量为莎草科植物），应具有耐践踏、植株矮小、枝叶茂密、耐旱、抗病性强、水平根茎发达、花叶观赏期长等特点。中国各植被区的主要草坪草种见表8.4-7。

表8.4-7　中国各植被区的主要草坪草种

植被区	主要草坪草种类
寒温带区	羊茅属、早熟禾属、剪股颖属、薹草属等耐寒性强的草坪草
温带区	羊茅属、早熟禾属、剪股颖属、薹草属草坪草，个别地方使用结缕草
温带草原区	羊茅属、早熟禾属、剪股颖属、野牛草、落草、薹草属草坪草，个别地方使用结缕草、狗牙根属及黑麦草属、冰草属草坪草
温带荒漠区	羊茅属、早熟禾属、剪股颖属、落草属、冰草属、黑麦草属、獐毛属、野牛草属、薹草属、碱茅属草坪草，部分地区使用结缕草、狗牙根等
暖温带区	结缕草属、狗牙根属、野牛草属、薹草属等草坪草面积大，早熟禾亚科草坪草也有一定面积
亚热带区	结缕草属、狗牙根属、假俭草属、雀稗属、地毯草属、钝叶草属草坪草的面积很大。冬春季节和气候温和的地方早熟禾亚科草坪草生长良好
热带区	结缕草属、狗牙根属、假俭草属、雀稗属、地毯草属、钝叶草属草坪草的面积很大。冬春季节早熟禾亚科草坪草生长良好
青藏高原高寒地区	早熟禾亚科耐寒性强的草坪草

8.4.3　案例

8.4.3.1　新郑市黄水河郑韩湿地文化园综合治理工程[1]

1. 总体方案

(1) 工程概况。新郑市位于河南省中部，隶属省会郑州。历史文化源远流长，历来被誉为黄帝故里、中华第一古都。新郑市黄水河郑韩湿地文化园综合治理工程是一项集防洪、排涝、弘扬历史文化、改善生态环境等多种功能于一体的综合性生态治理工程。

新郑市黄水河郑韩湿地园综合治理工程位于中华路桥以南，裴大户寨溢流坝以北的黄水河河道区域内，河道沿河中心线全长2560m，河道比降为1/500。该项目总占地53.9hm^2，其中水域面积约为30.8hm^2，绿地面积约为23.1hm^2。工程内容主要包括河道疏挖工程、边坡工程、湿地景观工程。

(2) 设计理念。以湿地生态功能为核心，以改造、修复为手段，拓展现有湿地空间，发掘湿地体验、湿地观光等功能，融入区域特色文化，最终形成主题突出、功能完善、环境优美的城市景观空间。

[1] 本案例由河南省水利勘测设计研究有限公司何滢、安增强、刘杰提供。

1）开发模式：项目设计采用串珠式水系开发模式，形成多主题、多辐射、多空间的景观带。

2）季相景观：兼顾洪水期、常水期和枯水期的三大季相景观，随水位高低产生不同功能和景观变化的景观空间。

3）文化内涵：以水文化（水与人、水与城市、水与文化、水与自然的关系）、黄帝文化和郑韩文化为主体，结合其他文化元素，构成文化内涵框架，形成地方文化特色浓郁的现代化景观空间；景观设计中紧扣地方特色，融郑韩悠久的历史文脉于景观之中。

4）生物防护：减少人类活动对生物（尤其是动物）生存空间的干扰和影响，最大限度保护生物生境。

（3）基本要求。

1）体现自然河道的功能，紧扣河流自身的功能，突出湿地景观功能。

2）体现河湖的个性。避免千河一面、重复雷同的水系景观。

3）体现河道及景观时间的变化、季节的变化、气象的变化。

（4）设计方案。本工程方案以湿地生态功能为核心，以改造、修复为手段，拓展现有湿地发展空间，发掘湿地体验、湿地观光等景观功能，融入区域特色文化，形成主题突出、功能完善、环境优美的城市景观空间。

景观空间结构为两廊道、八景点：两廊道为生态景观廊道、生物防护廊道；八景点左岸由上游至下游分别为溱水新滨、溪亭日暮、三岛聆鹤，右岸由上游至下游分别为云栖花影、泽兰洲岛、疏岛环径、藕香塘池、陌上烟柳，见图8.4-2和图8.4-3。

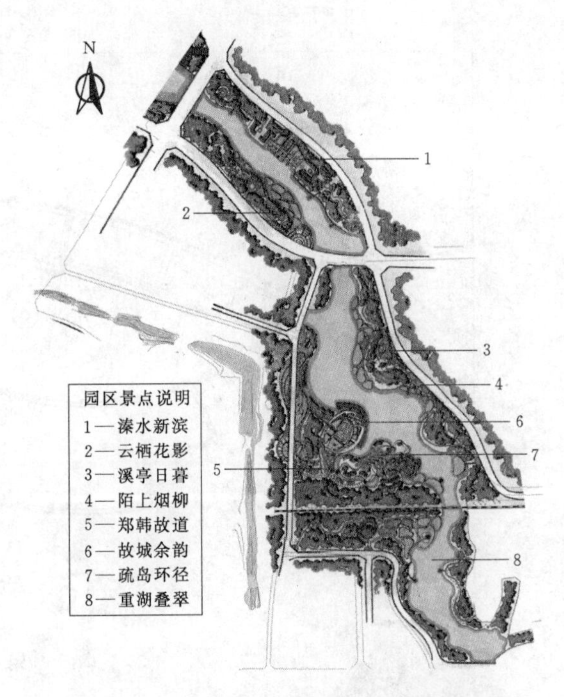

图8.4-2 新郑市黄水河郑韩湿地文化园方案平面图

图8.4-3 新郑市郑韩湿地园鸟瞰图

2. 细部要素

以疏岛环径节点景观设计为例，见图8.4-4～图8.4-6。

本河段位于学院路至新密铁路桥段，是园区的主入口，其中广场面积约为6200m^2，竖向高差约6m，绿地设计则结合原有地形因地制宜，将场地设计为三层台地形式。上层为入口广场及周边林地，高程为106.00～108.00m，通过园路组织交通，集散人流，复合式栽植的植物群落，形成良好的视觉背景；中层为疏林草地及坡面种植带，高程为103.00～105.00m，中心位置通过红色景观框架与石质浮雕墙及台阶广场形成景观核心，周边大片的乔灌草花、藤本绿篱勾勒出色彩斑斓、层次丰富的种植效果，此处设置服务建筑一组，建筑面积约为350m^2；下层设计4个水生植物种植池，面积约为6000m^2，高程约为102.00m，结合现状条件，以生态净化、湿地体验、科普教学、生物防护为主题，景观效果着重表现自然野趣，形成生态湿地景观带组团。

湿地景观工程主要包括水系周边的绿地植被、集散广场、文化景墙雕塑柱、园路、庭廊、码头、汀步、栈桥、滨水游步道等。种植包括乔、灌、藤本、地被、水生等植物栽植。

8.4.3.2 鹤大高速公路景观绿化设计

鹤大高速纵贯黑龙江、吉林、辽宁三省，主要承担区域间、省际间以及大中城市间的中长距离运输，是区域内外联系的主动脉。它的建成将开辟黑龙江和吉林两省进关达海的一条南北快速通道，扩大丹东港的影响区域，同时也将成为东部边疆地区国防建设的重要通道。

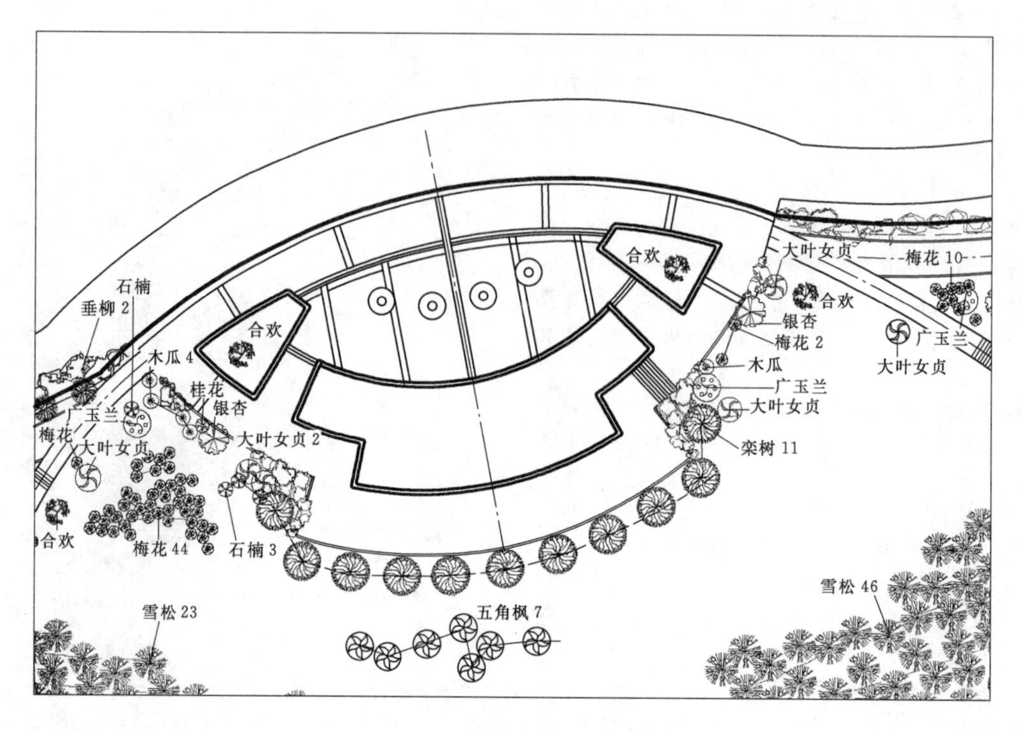

图 8.4-4　疏岛环径局部乔木种植设计平面图

（注：图中数字表示株数）

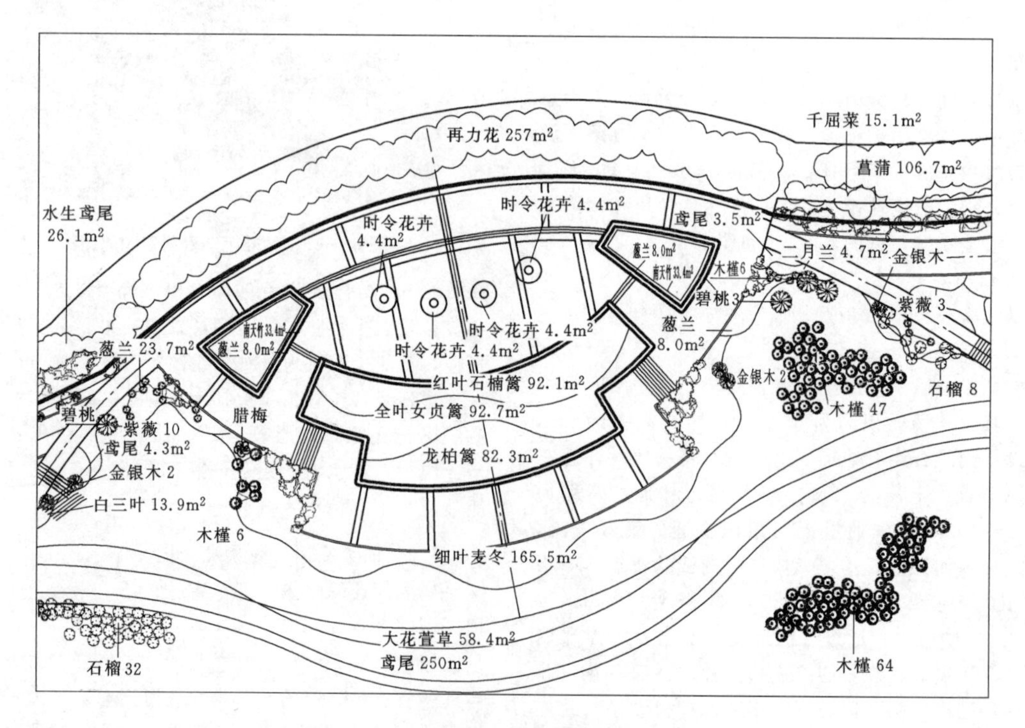

图 8.4-5　疏岛环径局部植物设计平面图

（注：图中无单位的数字表示株数）

图 8.4-6　工程实景照片

鹤大高速在吉林省境内共分 4 段分期进行建设，本案例涉及鹤大高速路中的两段，一是小沟岭到抚松段，长约 232km；二是靖宇到通化段，长约 107km。其中吉林省段（小沟岭—抚松）为长白山区高速公路，被交通运输部列为“资源节约循环利用科技示范工程”，又是部“绿色循环低碳公路主题性项目”，是目前全国唯一一条新建的双示范高速公路。两段线路均贯穿长白山腹地，沿线动植物自然资源丰富、水系发达、土壤肥沃，途经了众多的自然保护区和森林公园，是吉林省重要的生物多样性分布区，为最大限度保护沿线生态环境和景观资源，鹤大高速公路生态环保、景观设计与主体设计同步开展。

景观设计定位：将鹤大高速公路景观设计成为凸显生态、环保、旅游、文化的长白山腹地南北大动脉。

1. 总体方案

根据鹤大高速公路途径的保护区和景区以及周边用地性质，将其分为九大景观段，分别为雁鸣湖景观段（K521＋550～K540＋000）、田园景观段（K540＋000～K580＋000）、城镇景观段（K580＋000～K590＋000）、水源地保护区段（K590＋000～K630＋000）、山谷溪流景观段（K630＋000～K670＋000）、松花江三湖保护区段（K670＋000～K753＋598）、矿泉水保护区段（K266＋181～K285＋000）、乡村景观段（K285＋000～K310＋000）、哈尼河保护区段（K310＋000～K372＋006）。针对每个景观段，设计中给出不同的环保设计和植物种植选择方案，使鹤大高速公路的每个段落都独具特色，增加司乘人员的行车乐趣。

2. 细部要素

细部要素以隧道、互通节点景观绿化设计为例，见图8.4-7。

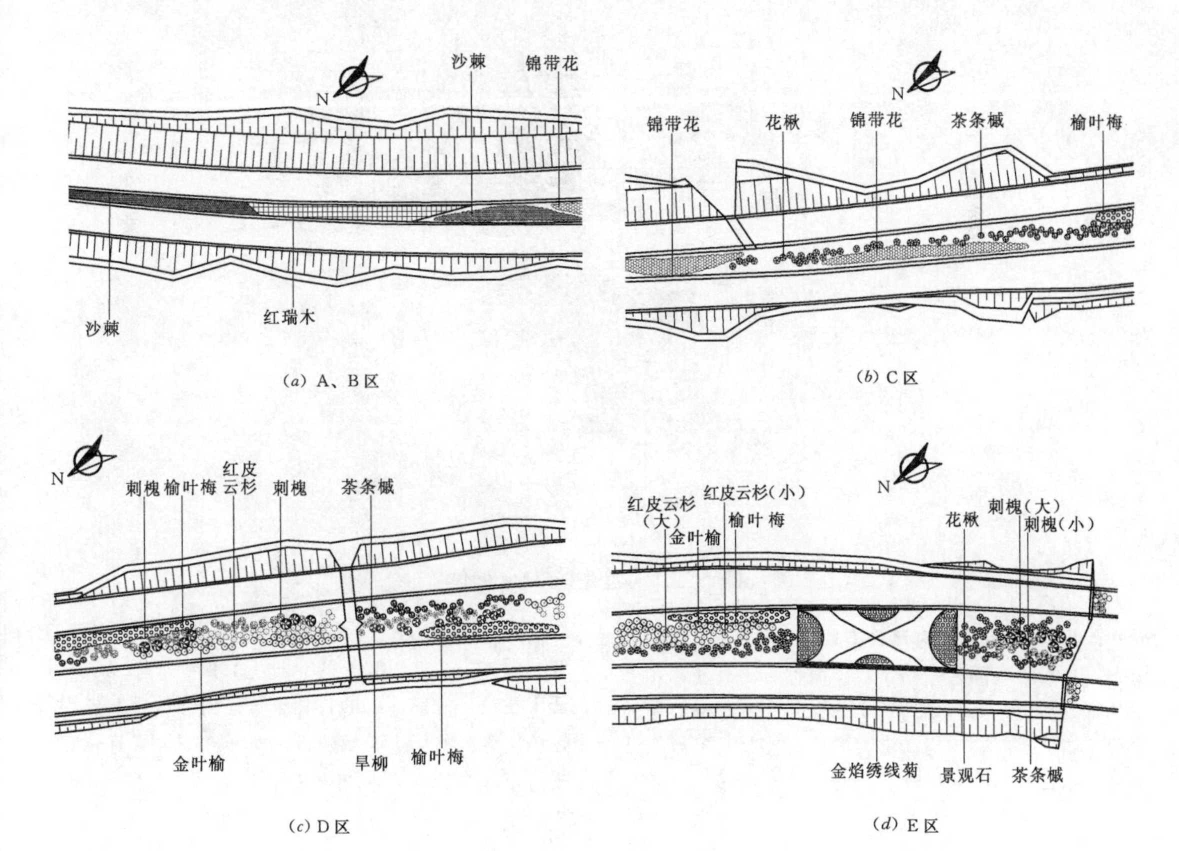

(*a*) A、B区　(*b*) C区　(*c*) D区　(*d*) E区

图 8.4-7　二道岭隧道景观绿化典型设计平面图

（1）隧道出入口景观绿化设计。隧道出入口景观工程主要包括洞门景观及分离式车道间的绿化景观两个部分。其中洞门景观主要体现“隐”的理念，弱化人工痕迹，在洞门上方回填种植土，尽量恢复原有地形地貌，然后模仿周围植被进行生态景观修复；而分离式车道间绿化景观则主要是在填平的基础上结合周边环境进行景观地形设计。在树种选择方面选用彩叶树以丰富隧道三角区色彩，缓解驾驶疲劳。

以二道岭隧道景观绿化设计为例，隧道周边以林地为主，栽植的乔木种类包括刺槐、茶条槭、花楸、金叶榆、旱柳、红皮云杉；灌木种类包括沙棘、锦带花、榆叶梅、红瑞木。以彩叶树为特色，提高行驶车辆的注意力，营造山林景观，与周边环境相结合。布置自然置石以突显山地特色，设置景观石刻写隧道名称。

（2）互通式立交景观绿化设计。互通式立交在勘察设计的野外调查工作中充分了解各立交的地方特征、风土人情，设计时通过设计、植被覆盖，力求使立交的绿化设计与当地的人文景观融为一体。注重行车视觉的动态效果，在保证视距的前提下，通过设计、植被覆盖，尽可能避免各匝道之间以及匝道与主线之间不必要的相互通视，尽可能使驾乘人员感觉到汽车是行驶在自然环境之中。

以露水河互通景观设计[1]为例，该互通位于K706＋000～K707＋100，占地类型为林地，周边是以杨桦、红松为主的山林。设计时重点体现“保护”的设计理念，尽最大可能保留匝道内的原生植被，保护其自然的山林景观。在迫不得已破坏的位置，也使用与周围环境相同的自然树种进行恢复，达到理想的绿化景观效果。立交绿化设计服从立体交叉的交通功能，使司机有足够的安全视线。在弯道内侧留出一定的视距，栽植低于司机视线的灌木、绿篱、草坪、花卉等，在弯道外侧种植成行的高大乔木，以便引导司机的行车方向，增强行车安全感。

栽植乔木种类有红皮云杉、白桦、拧筋槭、五角枫、山杏、花楸、旱柳、大青杨，灌木种类有连翘、黄刺玫、珍珠绣线菊、红瑞木、沙棘、东北珍珠梅，其中白桦、拧筋槭、五角枫为主要树种，以再现原有林地景观为主要特色，条块结合栽植以引导交通。

露水河互通景观绿化设计平面图见图8.4－8。

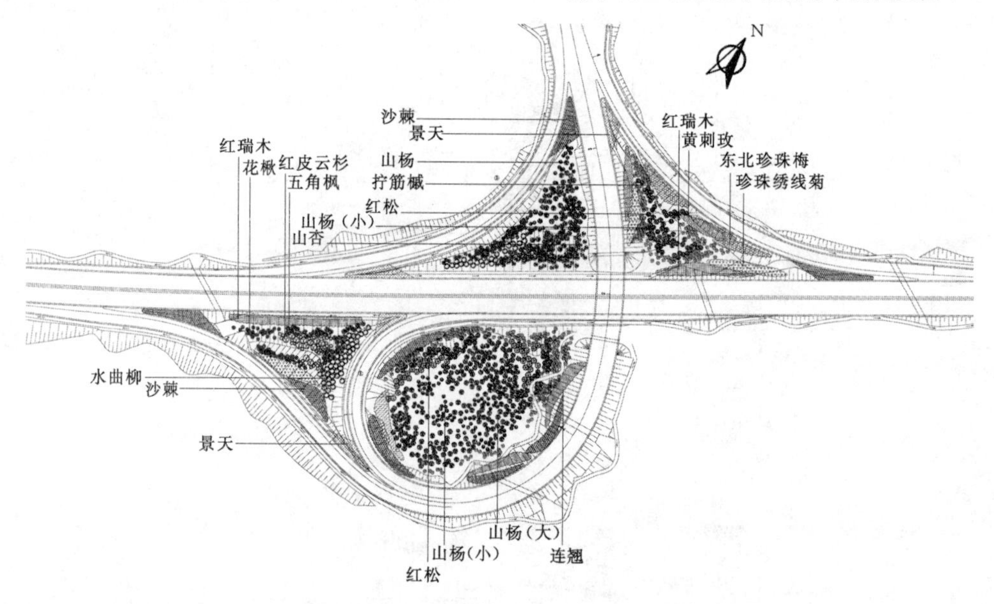

图8.4－8　露水河互通景观绿化设计平面图

8.4.3.3　吉林至延吉高速公路景观绿化工程

吉林至延吉高速公路（以下简称吉延高速）位于吉林省东部山区，吉延高速全长284.7km，路线跨越松花江、牡丹江、图们江三大流域，穿越老爷岭、威虎岭、牡丹岭、哈尔巴岭、英额岭等崇山峻岭。共建有大中桥51座、隧道5座、互通9处、分离立交31处、天桥181处、服务区6处。工程于2003年10月开工建设，先期开工的吉林至黄松甸和敦化至延吉段按照一级公路标准半幅建设，至2005年10月，开始改为全幅高速公路标准修建，2006年8月，黄松甸

[1] 本案例图件由交通运输部科学研究院周剑绘制，文稿由陈琳整理提供。

至敦化段开工建设，全线于 2008 年 9 月建成通车。吉延高速从设计到完工历时近 10 年时间。

吉延高速沿线地形地貌变化大，跨越多个水系和流域，沿线有大量天然林分布区，平坦低凹之地则分布着大片农田，沿线自然景观丰富，沿线土壤表土层深厚、肥沃，有机质含量高，有利于植被恢复。同时项目区位于我国温带最北部，接近亚寒带，区域植物生长期很短，景观设计时一方面要充分考虑植物的耐寒性，另一方面要考虑冬季效果。

吉延高速景观设计紧紧围绕“打造安全、生态、景观、旅游路”的目标，以生态恢复为主线，充分发挥植物在造景、柔化硬质构筑物、遮挡工程创伤等方面的功能。对全线景观进行系统规划，对路内景观和路侧外景观进行全面设计，以动态景观为主，以静态景观为辅，抓住重点（如路堑边坡），突破难点（如窗式护面墙），呈现亮点（如观景台），顺势而为，保持自然景观的完整性，使工程建设顺应自然、融入自然。

1. 总体方案

在详细调查公路沿线现状的基础上，通过分析路域景观特征、自然植被的演替规律，对全线林草景观工程进行了系统规划设计，将吉延高速划分为生态恢复示范段、老爷岭、拉法山、红叶谷、白桦林、田园牧场、灌丛湿地、高寒山林和民族风情等 9 个景观段，根据绿化、景观和水土保持需要，合理配置林草植物措施，见图 8.4-9。

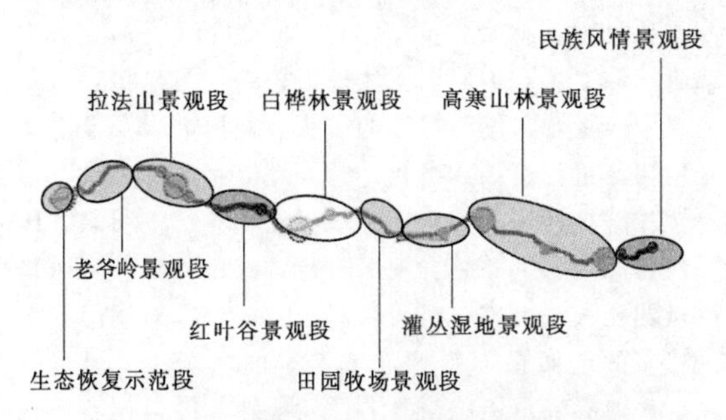

图 8.4-9　吉延高速林草景观工程总体布局

(1) 生态恢复示范段。该段位于项目的起始位置，地形破碎，以微丘地貌为主，以微丘杂木林和农田相间为沿线主要景观特色，公路路堑边坡多为连续矮土坡，部分边坡已采取了叠拱防护，少量坡面已栽紫穗槐，坡面均已回填表土，植被恢复条件较好，视野开阔；边沟、排水沟已完成施工，人工痕迹浓厚，极大地影响了公路的绿化景观效果。

该段景观规划的要点包括：①为体现吉延高速整体设计思想，进行重点设计，拆除不必要的截水沟、叠拱防护，并进行绿化；②边沟采用铺设草皮或回填卵（碎）石的方案加以改造，提高路侧行车安全性，改善景观；③在项目起点附近设置旅游标牌，标示沿线主要旅游景点；④路堑边坡采用普通喷播形成缀花草地；⑤结合江密峰服务区规划，建筑风格采用田园风格；⑥路堤边坡距坡顶 2m 处不再栽植紫穗槐，以免遮挡视线，影响司乘人员欣赏沿线景色。

(2) 老爷岭景观段。该段处于微丘地貌向老爷岭山地地貌过渡地带。K42 处是天岗互通立交，K45 处和 K65 处分别位于木匠沟隧道和老爷岭隧道。老爷岭一带植被繁茂、色彩艳丽、景色优美。路堑边坡以土质为主，采取了叠拱防护，部分坡面已栽植紫穗槐，个别路堑边坡采用窗式护面墙防护并回填种植土。

该段景观规划的要点包括：①对窗式护面墙护坡进行重点处理，窗格内栽植景天，并适当栽植地锦，减轻硬质景观的不良视觉影响；②对隧道口洞门上部开挖坡面采用客土喷播恢复植被，特别对老爷岭隧道周围破坏的坡面进行重点恢复（拆除不影响仰坡稳定的锚浆防护后客土喷播），入口三角区采取隔离树丛的形式进行重点绿化设计；③天岗互通立交根据天岗镇的特色进行绿化景观设计，重点表现石文化。

该段为体现老爷岭一带山地植被特征，在规划设计时以老爷岭隧道周围的植被恢复为重点，尽量使之与自然植被相一致，并弱化隧道构造物的不良视觉影响。

(3) 拉法山景观段。该段位于著名的拉法山风景区，可以把景区风光纳入公路，强化公路景观效果。该段的路堑边坡坡体较矮、坡度较缓，多为不加工程防护的土质边坡，同时有少量叠拱防护、挡墙护坡和窗式护面墙。该段包括新站、蛟河两个立交，并在 K88 处设置蛟河服务区。

该段景观规划的要点包括：①突出借景和视线诱导，把拉法山景色纳入公路；②位于拉法山视线的路堤边坡距坡顶 2m 范围不再栽植紫穗槐，采取植草防护以保证视线通畅；③立交区绿化要弱化自身景观，并通过诱导栽植引导观赏拉法山；④蛟河服务区充分利用周围环境，营造山地建筑，并在适当位置设置观景亭，便于游客观赏拉法山景观。

该段景观规划设计的重点是突出路外拉法山景区景观，弱化公路自身景观；亮点是借景和视线诱导设计，以及蛟河服务区的观景亭设计等。

(4) 红叶谷景观段。该段位于红叶谷区域，秋季红叶鲜艳，五彩缤纷，景色十分秀丽，是江延高速公路的一个景观特色带。路堑边坡有土质、土夹石、石质等类型，土质边坡部分采用叠拱防护，部分石质边坡采用了 SNS 防护，另外一些边坡采用了挡墙护坡。本段的结尾是黄松甸互通立交。

该段景观规划的要点包括：①边坡植被恢复采用茶条槭、悬钩子等秋色叶树种；② K117 处的大挖方边坡（包括其他 SNS 防护边坡）以裸岩景观为主，坡面采用普通喷播使岩石缝隙点缀抗逆性强的植物，在碎落台植草，局部进行丛式栽植。其余石质边坡采用客土喷播方式尽量恢复植被；③挡墙防护的边坡在碎落台采用秋叶变红的地锦进行攀援；④黄松甸互通采用秋色叶树种进行绿化美化，与周围环境相融合，并体现红叶谷特色。

该段景观规划设计的重点是路堑边坡（包括石质和土质）的植被恢复，为突出红叶谷的景观特征，植物种类选用当地的秋色叶树种；难点是 K117 处大挖方边坡的植被恢复。

（5）白桦林景观段。该段位于熔岩台地，周围自然植被以白桦林密林为主。公路线位多处与 302 国道并行，路堑边坡不大。该段有黄泥河互通立交和黄泥河服务区。

该段景观规划的要点包括：①在公路施工时要加大保护力度，重点做好表土资源和自然植被的保护，对不影响施工的树木尽量予以保留；②边坡绿化采用普通喷播技术，形成草灌木结合的群落，做到不遮挡白桦林景观和路外风景；③与 302 国道并行和交叉的路段要充分考虑公路外部景观效果，做好边坡、锥坡部位的绿化和遮挡，减轻高速公路对外部景观的不良影响，绿化树种尽量多用白桦；④黄泥河服务区在施工前要做好对周围白桦林的保护，并把白桦林纳入服务区景观规划，实现与周围环境的协调。

该段景观规划设计的重点是对生态（表土资源、自然植被等）的保护和与 302 国道并行路段的外部景观设计；亮点是通过保护白桦林并在植被恢复中栽植白桦，突出该段特色。

（6）田园牧场景观段。该段周围以农田景观为主，呈现一派田园风光。该段处于农耕区，表土层深厚肥沃。该段路堑边坡不大，多为土质边坡。公路线位多处与 302 国道并行。

该段景观规划的要点包括：①在公路施工时要加大保护力度，重点是做好表土资源和自然植被的保护，表土要尽量剥离予以保留；②路堑边坡绿化采用普通喷播技术种植缀花草地，并适当点缀胡枝子；③填方边坡绿化采用普通喷播技术种植，形成草花结合的群落；④与 302 国道、铁路并行和交叉的路段做好边坡、锥坡部位的绿化和遮挡，减轻高速公路对外部景观的不良影响，实现与周围环境的和谐。

该段景观规划设计以表土资源及自然植被保护为重点，并考虑外部景观效果；植被恢复以草本为主，开辟透景线，展现田园风光。

（7）灌丛湿地景观段。该段处于平原区或微丘区，视野开阔，以农田、河流和湿地景观为主，山间湿地较多，是吉延高速水体景观最丰富的区域。K3 和 K20 处分别是敦化互通立交和大石头互通立交。

该段景观规划的要点包括：①在地势开畅、景色宜人的位置（K32 左右两侧）设置观景台和临时停车区，以便游人驻足，饱览秀丽风光；②路堤边坡距坡顶 2m 范围不再栽植紫穗槐，采取植草防护，以便于观赏沿线河流、湿地及农田景观；③利用 K9 左侧的弃土场，形成临时停车带。

该段景观规划设计的亮点是湿地、水体景观的利用，通过开辟透景线、设置观景台把景色宜人的湿地及水体景观呈现在游人面前。

（8）高寒山林景观段。该段为山地地貌，植被茂密，以蒙古栎、落叶松、白桦、槭树类等混交林为主，夏季满目葱茏、秋季色彩缤纷，景观效果十分突出，是吉延高速公路景观特色带之一。该段路堑边坡数量多，边坡种类有土质和石质，防护形式包括叠拱防护、护面墙、挡墙、窗式护面墙等。K37 处设置东明服务区，K67 处为安图互通立交，另外还有新交洞、下庆沟、梅花洞三个隧道，是景观规划的重点。

该段景观规划的要点包括：①石质边坡采用客土喷播方式恢复植被，与该段山林景观相一致；②土质边坡采取灌草结合，并在坡顶位置栽植灌木或小乔木实现与外部环境的协调；③边坡植物种类采用茶条槭、蒙古栎、胡枝子等秋色叶植物种类，增强公路沿线山林景观效果；④一级碎落台自然式栽植灌木和小乔木树种，二级以上碎落台自然式栽植灌木，护面墙、挡墙、窗式护面墙采用攀援植物进行遮挡，减弱公路硬质景观；⑤对挡墙的端头、迎面坡以及排水沟栽植树丛进行遮挡和美化；⑥安图立交区绿化设计以自然式种植为主，与周围环境相协调；⑦东明服务区要保持原地形，并结合地形进行详细设计；⑧隧道口尽量弱化人工痕迹，努力恢复山林气氛，对洞门上部已喷浆的坡面在不影响仰坡稳定的情况下，尽量拆除，采取乔灌草予以恢复，并对梅花洞隧道口石质挡墙进行重点美化和柔化，减轻视觉污染；⑨对取土场留下的山坡裸露面予以植被恢复和遮挡。

该段景观规划设计的重点是路堑边坡、隧道口以及取土场的植被恢复；难点是隧道口洞门上部的喷网喷锚坡面、梅花洞隧道口石质挡墙、取土场裸露岩石坡面等的植被恢复和美化。为突出山林气氛，该段植被恢复以木本植物为主，并尽量采用一些秋色叶树种。

（9）民族风情景观段。该段位于项目的结尾，处于延吉盆地，以农田为主，自然景观比较平淡，人文特色显著。路堑边坡以土质为主，防护形式有叠拱护坡、挡墙护坡及锚索框架护坡。该段包括朝阳川、延吉两个互通立交区，在 K100＋300 处设置有延吉服务区。

该段景观规划的要点包括：①对较矮的土质边坡尽量放缓，植被以自然恢复为主，以利于展现沿线朝鲜族民居等特色；②在项目终点附近设置旅游标牌，标示沿线主要旅游景点；③锚索框架护坡已栽植紫穗槐，再点缀一些其他灌木或小乔木打破呆板的绿化形式，并在碎落台采取自然式种植乔灌木树种；④延吉服务区、互通立交的景观设计重点体现朝鲜民族特色和朝鲜族人文特征，彰显民族风情。该段景观规划设计以边坡自然恢复和展示朝鲜民族风情为重点。

2. 细部要素

根据吉延高速的工程特点和总体景观规划方案进行细部景观设计，通过植物造景柔化已有的硬质防护工程的人工痕迹，以下以路堑边坡、窗式护面墙、观景台的节点景观设计为例进行介绍。

(1) 路堑边坡景观设计。吉延高速全线路堑边坡面积大、立地条件迥异、防护形式多种多样，是全线景观和生态恢复设计重点。路堑边坡的设计、树种选择按照各景观段落的特点结合边坡现状的差异分别设计。路堑边坡类型有无工程防护的土质边坡、叠拱防护、窗式护面墙防护、SNS柔性网防护、裸露的石质边坡、挡墙防护、护面墙防护多种防护形式，部分边坡已栽植紫穗槐。

1) 无工程防护土质边坡设计。将坡顶、坡脚做圆弧形自然过渡处理，见图8.4-10。已栽植紫穗槐的边坡插种刺槐、榆树，对未栽植紫穗槐的边坡采用普通喷播植草，并加入当地表土和草花种子，形成比较自然的草地景观。对无防护的土质边坡，采用普通喷播植草，并加入草花种子，形成类似缀花草地的景观，见图8.4-11。采用野花种子如蒲公英、紫花地丁、点地梅、月见草，形成开放的、自然的、生态的缀花草地景观。

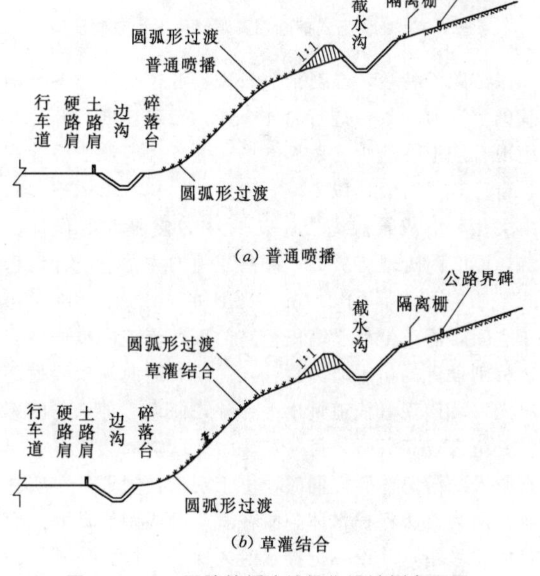

图8.4-10 无防护缓边坡绿化设计侧立面图

图8.4-11 无防护缀花草地边坡景观设计效果图

2) 叠拱防护边坡。主体设计在强风化岩石（碎石状）夹泥路段和高度大于3m的土质路堑边坡，采用了叠拱防护，这类边坡原采用栽植紫穗槐的绿化形式。景观绿化变更为在坡顶土壤条件较好的位置，自然式栽植一些乔木。在边坡上栽植灌木种类要与所处路段的主题相呼应，栽植如胡枝子、悬钩子等灌木。如白桦林景观段叠拱防护边坡按照每400m^{2}种植1棵的密度点缀白桦，栽植白桦的位置在坡面2/3高度以上，见图8.4-12和图8.4-13。

(2) 窗式护面墙景观设计。将窗格填入种植土和有机肥，栽植适应性强的景天和藤本植物，窗式护面墙的窗孔部分采用植生袋，栽植绿景天，沿窗孔边缘间距30cm栽植地锦；在窗式护面墙的一级碎落台采用小乔木或灌木行列式栽植，碎落台内种植藤本植物，攀援覆盖护面墙面，二级及二级以上碎落台栽植适应性强的灌木树种，内侧种植藤本植物，见图8.4-14和图8.4-15。

(3) 观景台的节点景观设计[1]。为了体现景观路

[1] 本案例图件由交通运输部科学研究院周剑绘制，文稿由陈琳整理提供。

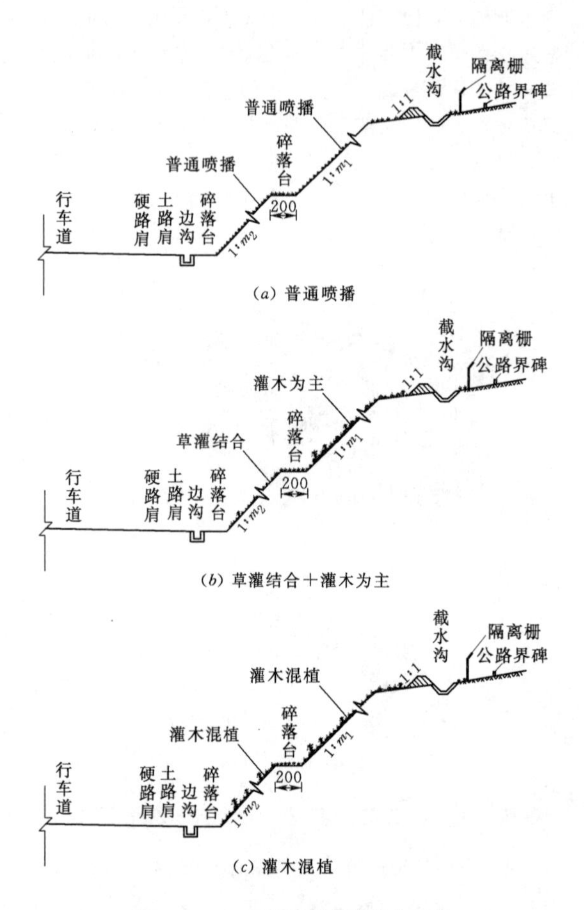

(*a*) 普通喷播

(*b*) 草灌结合+灌木为主

(*c*) 灌木混植

图 8.4-12　路堑叠拱边坡绿化设计侧立面图（单位：cm）

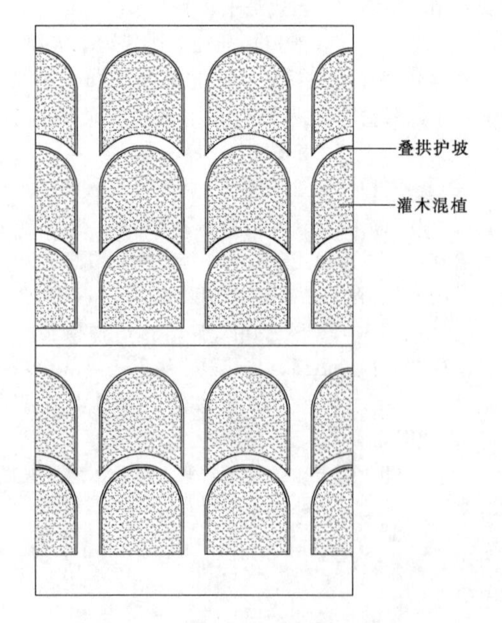

图 8.4-13　叠拱防护边坡设计立面图

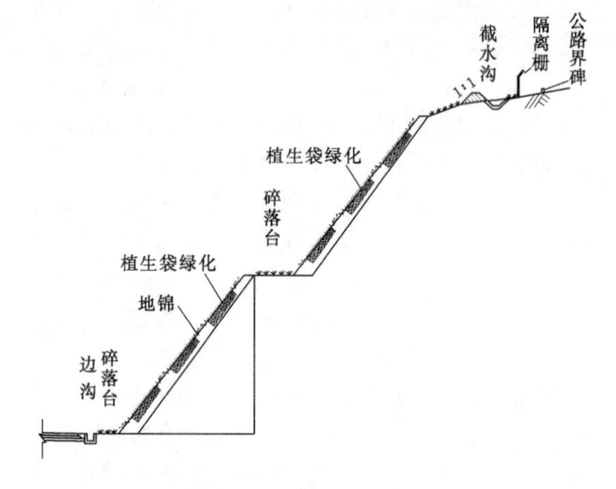

图 8.4-14　窗式护面墙坡面绿化设计侧立面图

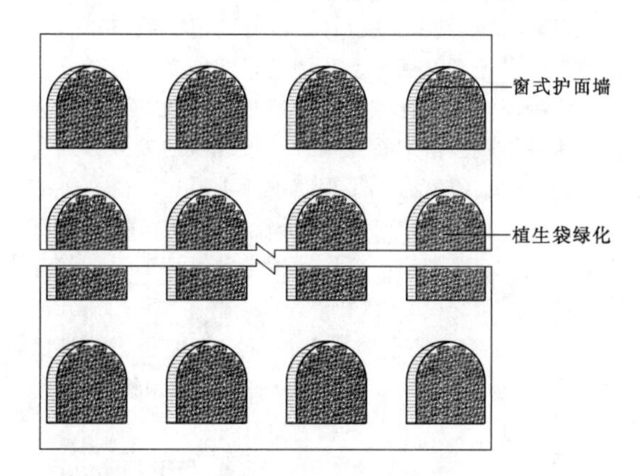

图 8.4-15　窗式护面墙景观绿化设计立面图

和旅游路的特色，在对沿线景观资源进行充分调查的基础上，对观景台进行总体布局，合理规划。充分利用现有地形、地貌和取弃土场、服务区等地方设置观景台。观景台设计以木、石为主要材料，以体现长白山文化，形成景观亮点。以K32右侧服务区设计为例，K32附近地势较高，可鸟瞰周围树林，设计均将两侧临时停车带的2.5m向路外扩6m，作为临时停车空间，停车带外设高出公路的人行步道，步道外安装特别设计的仿木防撞栏杆，并留有通向观景栈道的出入口。该观景栈道挑出平台外，使人有种悬空的感觉。游人登高远眺，可一览无余地欣赏周边美景，丰富游人的游览体验。同时，由于观景台附近的东明林场沙河为二级保护水体，故在观景台周围设计一定数量的垃圾箱，并设标记提示游人保护水体，勿乱扔垃圾，见图8.4-16和图8.4-17。

8.4.3.4　赣韶铁路景观绿化工程

1. 工程简介

工程设计范围为京九线南康站至京广线韶关站，

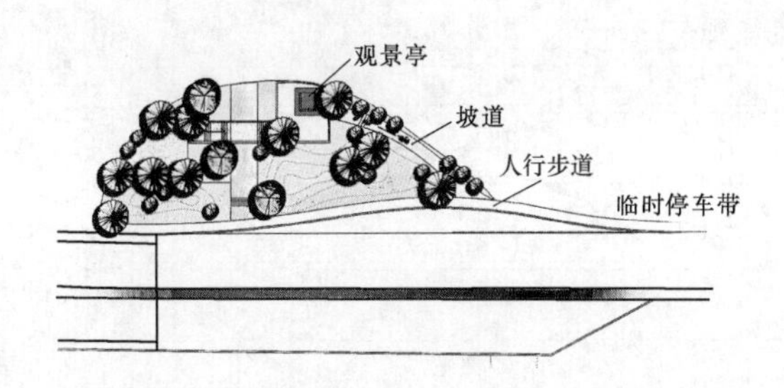

图 8.4-16 观景台景观设计平面图（单位：m）

图 8.4-17 观景台景观设计效果图

包括赣州、韶关地区相关配套工程。新建正线全长179.083km（江西省境内62.223km，广东省境内116.860km）、南康下行疏解线6.254km、韶关上行疏解线8.780km。本次绿色通道设计包括正线、疏解线区间两侧路基边坡外至铁路用地界内的绿化，以及沿线站场的绿化设计。

2. 设计方案

（1）绿色通道。

1）路堤段：路基侧有排水沟的路段，在坡脚至排水沟内，栽植两行灌木，排水沟外至用地界栽植一行乔木；无排水沟地段，在坡脚外栽植两行灌木，一行乔木。路堤段绿化断面设计见图8.4-18。

2）路堑段：路堑顶有天沟的路段，在堑顶至天沟内栽植两行灌木，天沟外至用地界栽植一行乔木；无天沟地段，在堑顶外栽植两行灌木，一行乔木。路堑段绿化断面示意图见图8.4-19。

赣韶铁路项目不同路段绿色通道绿化设计图见图8.4-20。

（2）站场。

1）沿站场征地界种植一行乔木，两行灌木，乔木株距为3m，灌木株距为1m，乔灌木行距为1.5m，灌木行距为1m。

2）对站场内集中绿化区域采取自然式种植观赏植物，提升站场内景观效果。

3）站场内道路两侧种植行道树种，株距为3m。

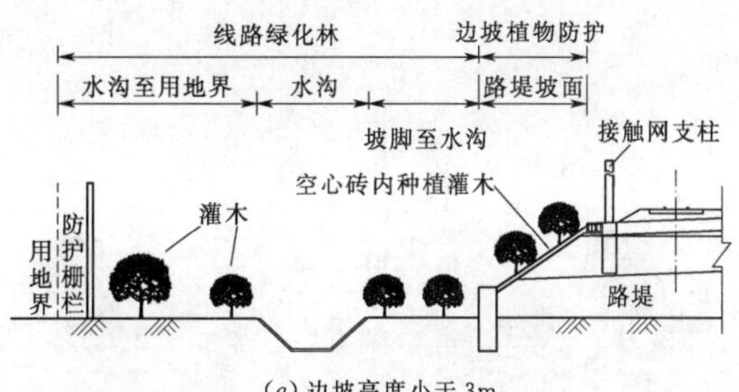

(a) 边坡高度小于3m

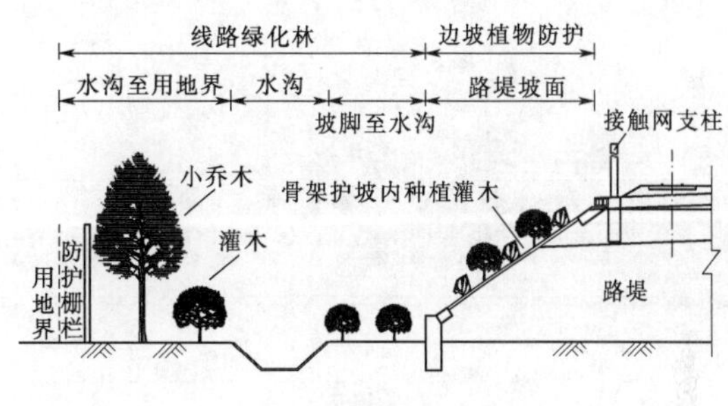

(b) 边坡高度3～6m

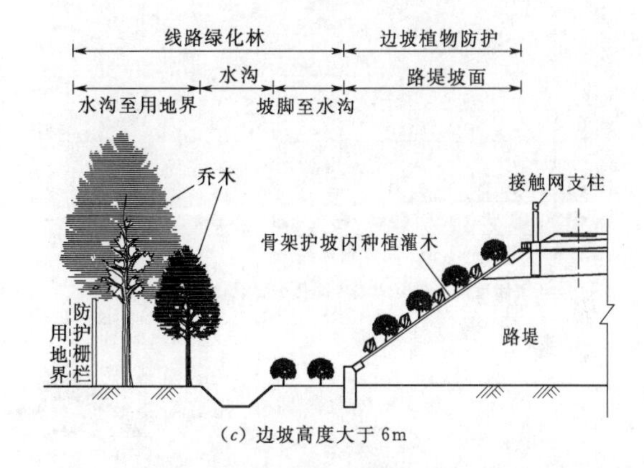

(c) 边坡高度大于6m

图 8.4-18 路堤段绿化断面设计图

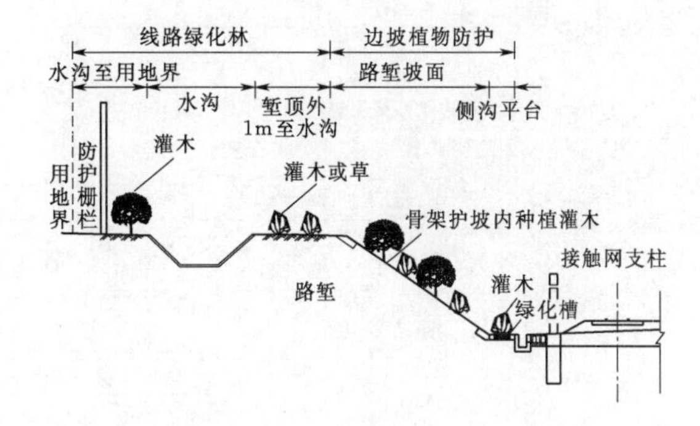

图 8.4-19 路堑段绿化断面示意图

赣韶铁路项目站场绿化设计图见图8.4-21，路堤边坡外至用地界绿化实景照片（有排水沟）见图8.4-22。

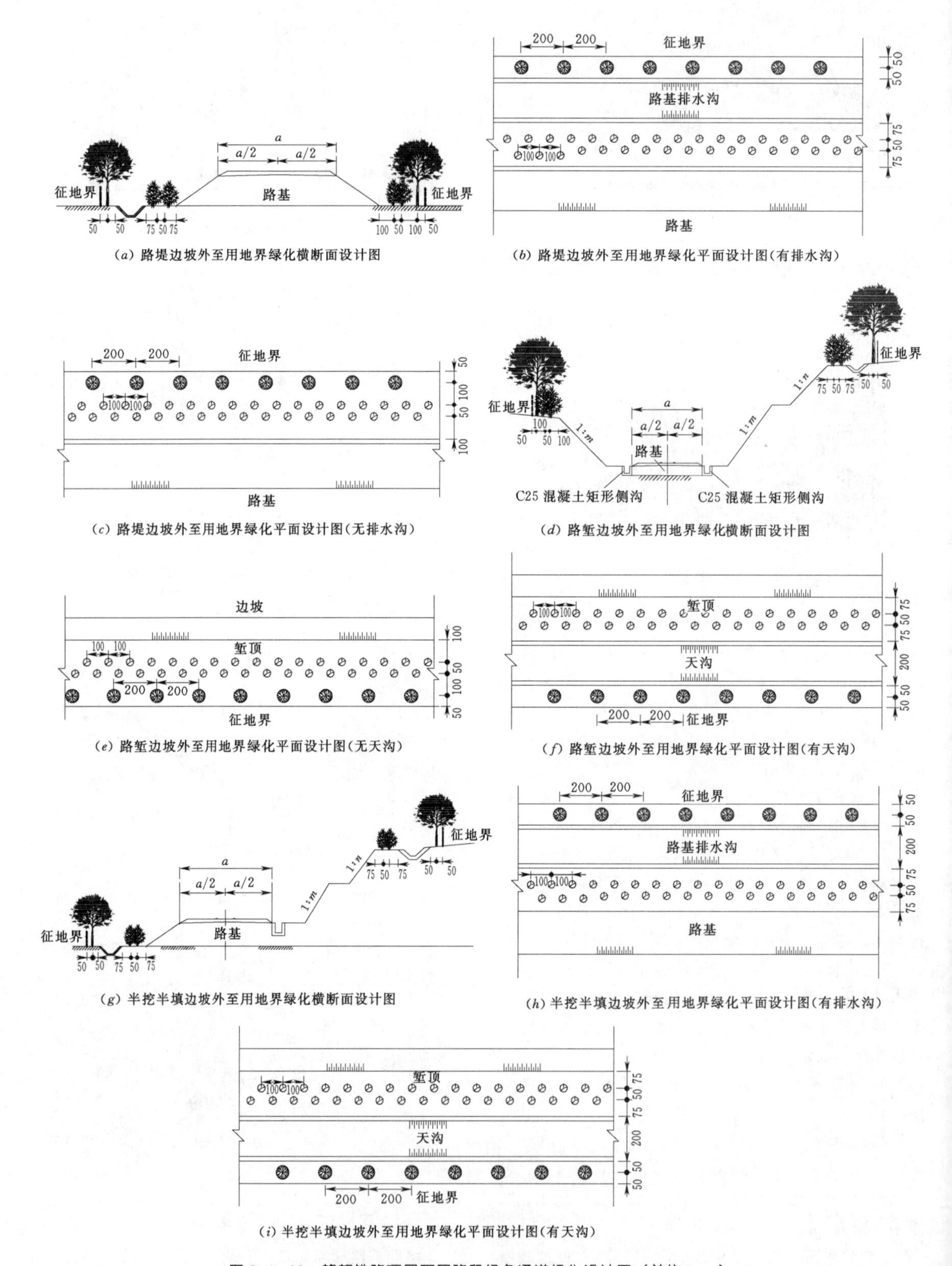

(*a*) 路堤边坡外至用地界绿化横断面设计图

(*b*) 路堤边坡外至用地界绿化平面设计图(有排水沟)

(*c*) 路堤边坡外至用地界绿化平面设计图(无排水沟)

(*d*) 路堑边坡外至用地界绿化横断面设计图

(*e*) 路堑边坡外至用地界绿化平面设计图(无天沟)

(*f*) 路堑边坡外至用地界绿化平面设计图(有天沟)

(*g*) 半挖半填边坡外至用地界绿化横断面设计图

(*h*) 半挖半填边坡外至用地界绿化平面设计图(有排水沟)

(*i*) 半挖半填边坡外至用地界绿化平面设计图(有天沟)

图 8.4-20　赣韶铁路项目不同路段绿色通道绿化设计图（单位：cm）

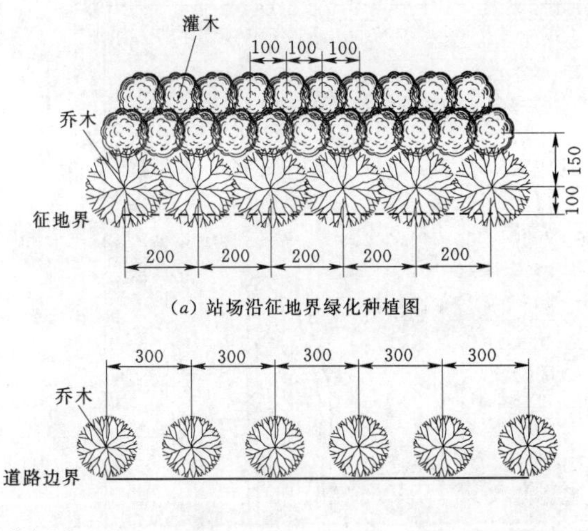

(a) 站场沿征地界绿化种植图

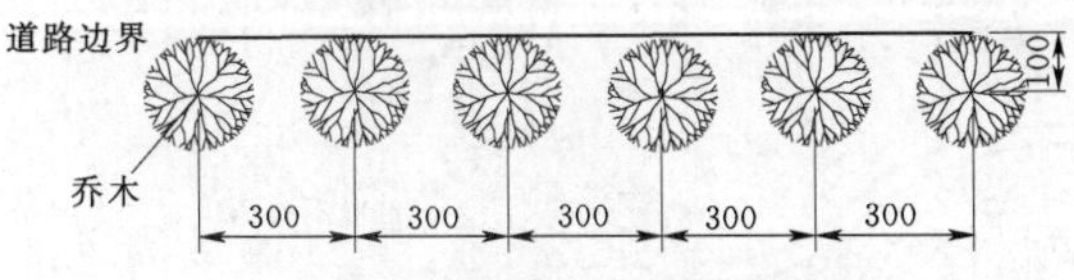

(b) 站场内道路两侧绿化种植图

图 8.4-21 赣留铁路项目站场绿化设计图（单位：cm）

图 8.4-22 路堤边坡外至用地界绿化实景照片（有排水沟）

8.4.3.5 安徽淮水北调工程固镇泵站绿化设计

1. 项目概况

安徽省淮水北调工程位于安徽省蚌埠市、宿州市、淮北市 3 市 7 县（区）。工程等别为Ⅱ等大（2）型工程，属安徽省“三横三纵”水资源配置体系的跨区域骨干调水工程，兼有工业供水、灌溉补水和减少地下水开采、生态保护等综合效益。

从淮河到宿州市萧县岱山口闸，调水线路总长 268.0km，其中从淮河至淮北市黄桥闸上输水干线长 227.0km；从黄桥闸上至萧县岱山口闸输水支线长 41km。全线除埋设约 6km 输水箱涵外，其余均利用现有河道、大沟和湖泊输水，仅需对局部输水河道进行疏浚。主要建设内容包括疏浚河道 36.1km，新建压力箱涵 6.0km。建筑物工程包括新建扩建提水泵站 8 座、节制闸和过水涵闸 17 座、沟口涵闸 33 座、桥梁 23 座。固镇泵站为其中一单项工程。

2. 设计理念

（1）建筑规划为沿河道布置，绿化区域集中设置，休闲设置点式处理；使运行管理人员获得更大的绿地接触面和休闲的自由空间，感受到厂区的现代色彩和浪漫情调。

（2）在绿化处理上，彰显庭院式结构型式，使绿化尽可能通透及有层次感。利用河道的水域，改造和升级沿河绿化，使区内及区外环境相结合，增强厂区的舒适感和温馨感。

3. 设计原则

在输水线型工程且建筑物管理范围，设有永久办公及生活区，按 1 级标准设计，满足景观、游憩、水土保持和生态保护等多种功能的要求。设计充分结合景观要求，选用当地的园林树种和草种进行配置。对泵站工程施工所在堤防护坡已采用堤坡生态护坡、草皮护坡进行恢复，管理区布设排水沟并进行绿化。

（1）以河道线型景观为主，结合泵站点状工程特点，营造点、线、面相结合的全方位环境景观。

（2）乔灌草藤本结合绿化，园林绿化因地制宜、各有特色、主题突出，有一定的思想或视觉冲击力。站区创造不同特色的环境景观氛围，例如，紫藤廊道、香樟小径、桃李果园、竹荫小道等。

（3）树种组合搭配合理，考虑时空因素，四季常青、四季有花，针叶落叶平衡，色彩搭配合理。根据各站区地势高低及栽植区域不同，选择适合各自栽植地的绿化树种，结合考虑当地气候及耐旱、耐湿、喜光、喜阴等因素。

（4）根据管理区面积及实际需求布局，考虑布置停车位、硬质铺装、廊道、山石等小品建筑及观赏休闲小路等，考虑场区排水系统。

4. 总体方案

固镇站属安徽省管泵站，管理区总用地为 $25751m^2$，园林绿化面积为 $22315m^2$，条件良好，交通便利。固镇站管理区植物总平面图（部分）见图 8.4-23，固镇站及管理区景观绿化效果图见图 8.4-24。

（1）管理区形态的首要决定要素是道路结构，根据功能结构分析，车行道外界宽 8m，在进场入口处改为宽 6m，厂区内设宽 3.5m 检修路，路面均为水泥路面（约 $1395m^2$）；主、副厂房等建筑物东侧设有合欢园、樱花园、竹园等特色园林绿化区域，并增设具备停车场功能的休闲广场、廊架、健身场等；在压力箱涵调压井周边增设石材铺装，以及两级景观台阶，以强调突出其改建景观效果；在绿化区域内设置宽 1.5m（透水砖路面）环形道路，在西南红线增加范

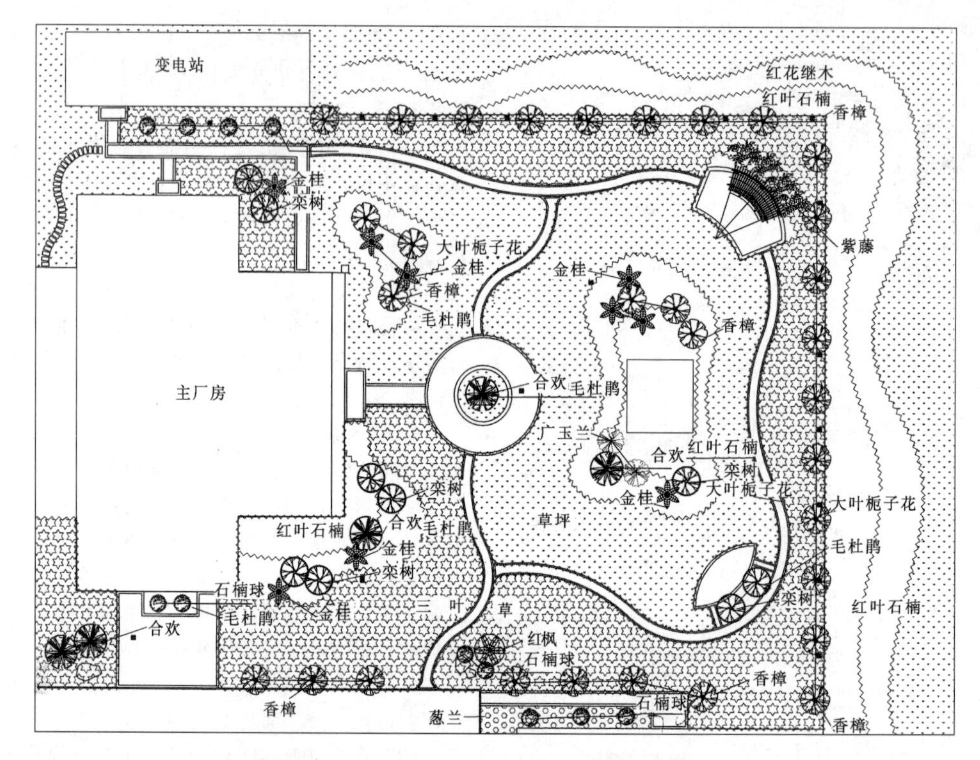

图 8.4-23 固镇站管理区植物总平面图（部分）

图 8.4-24 固镇站及管理区景观绿化效果图

围内设置 1.5m 园路，总硬质铺装面积约为 1490m²（包括 1.5m 园路铺装面积），以便使绿化更集中布局，从而让管理人员有更多的空间漫步、休闲。

（2）管理区内南侧配置 9 个停车位（约 148.5m²），生活楼西南侧设一组廊架，主要服务于生活楼的休闲娱乐功能。

（3）管理区室外给水管为 DN100（约 340m），室外雨水管为 DN400（约 350m），污水管为 DN300（约 250m），雨水井 12 个，污水井 10 个；设置庭院灯 30 个，敷设照明电缆 700m。

（4）管理区围墙均采用铁艺（长度约 630m）。

（5）管理区入口大门使用成品电子推拉门 1 个。

（6）固镇泵站工程范围及管理所永久征地范围内可绿化区域采取美化绿化，给工程管理人员创造良好的生产生活环境。建筑物整体闲置地种植草坪和地被植物，草皮选用狗牙根和马尼拉草，地被植物选择葱兰和三叶草。在房前屋后空闲地适当栽种观赏性强的树木予以点缀，采用孤植或丛植的种植方式，管理区道路两侧种植行道树和绿篱，乔木树种选用香樟、广玉兰、黄山栾树、合欢、金桂等。灌木选用红枫、石楠球等。绿篱选用红花檵木、金森女贞、红叶石楠、大叶栀子花、毛杜鹃等。廊架攀援植物选用紫藤。

8.4.3.6 张北风电基地主题公园生态景观设计

1. 项目概况

张北县地处京津冀经济圈的边缘地带，风电能源是它的新兴产业基础。随着风电基地建设的大力推进和规模化发展，基地管理区向风电基地主题公园转型的开发建设成为延展风电产业链条、拓宽生态休闲旅游附加产业带的核心。

项目位于张北县城以西约 20km、海流图乡境内的小岳岱山上，南临张尚线，东倚海流图路。项目规划占地面积约 3km²。场地以山体为中心向四周展开，平均坡度为 8%，总体较为平坦，山顶海拔最高约 1643m 左右，高差在 100m 左右。

2. 设计理念

项目设计在挖掘张北历史文化和地域特色的基础上，刻意展现小岳岱的火山自然景观，围绕风电主题，在增加场地标志性特征的同时，结合草原风光特色，以草花地被覆盖作为水土流失防治措施，用大地艺术的表现方式打造具有地域特征的休闲、观赏、体验空间，集转化环境，公园创意、游憩体验、科普教育、游客接待综合职能于一体。

3. 设计原则

(1) 结合火山遗址与风电场地特色，注重对风、光等自然因素利用。

(2) 借既有地形、地势，依风电主题合理布局公园功能区，协调展现大地艺术景观特色。

(3) 以生态学理论为指导，尊重自然物竞天择、遵从自然因势利导、回归自然和谐共生。

(4) 以火山岩构建地带放射线和阶梯线景观构图脉络、体现调控地表径流的地域特色。

(5) 以大尺度景观为主，线条骨架风格粗犷，创造浓郁的草原文化氛围。

4. 总体方案

张北风电基地主题公园分为入口区、风电展示区、中心景观区、会所区、生态展示区五类功能区，见图 8.4-25～图 8.4-27。

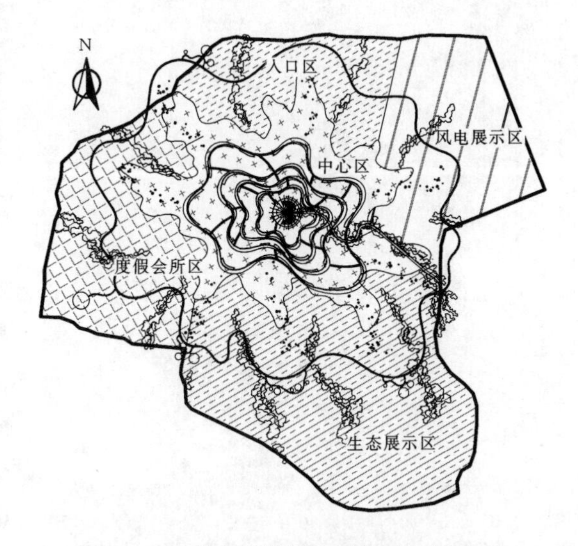

图 8.4-25　张北风电基地主题公园功能分区图

图 8.4-26　张北风电基地主题公园场区生态景观修复效果图

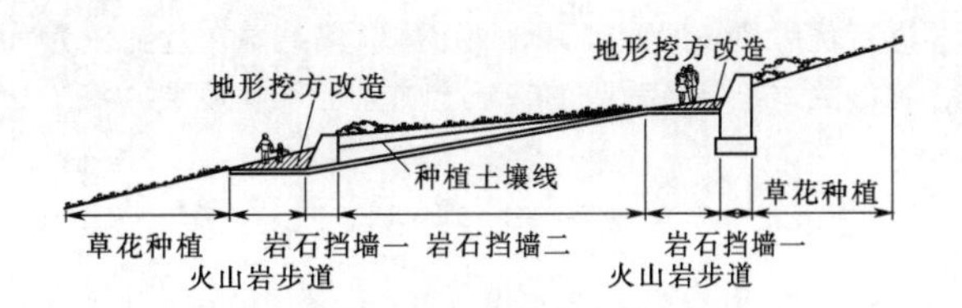

图 8.4-27　张北风电基地主题公园场区生态修复纵向剖面图

入口区位于小岳岱山山脚东南侧，建筑和场地围绕一号风机展开，布设办公、售票、餐饮售卖点、电瓶车存放区等服务设施。由于人流较大，场地基本以硬质铺装为主。景观植被以自然低矮灌木和草本为主，加强优势物种之间的配合，降低水土流失的隐患。在道路交汇处，点缀场地内收集的火山石，不规则排列，烘托入口气氛，增加导向性。

风电展示区主要为风电控制和管理设施，拓展出观光功能区，利用现状高压线间空地，在靠近入口区及两公路交叉口处，布置风电设备展示园，以进行风电知识、节能环保知识的科普教育。景观以塑造微地形暗喻张北的草原丘陵地貌，并在地形上摆放不同时代的风机设备及太阳能板表达自然与社会的时代变迁。

中心景观区主要围绕风电观光塔，对现有广场进行改造，形成山丘顶观景驻留空间。设计遵循“水保为主，景观为辅”的原则，选择主根深、须根发达的植物组合成固土效果好的景观植被。充分体现水土保持对建设主体的约束性理念，就地取材，减少外来土方及物种，尽量避免破坏原有的植被群落。

在广场外围，利用张北草花地被形成花海，同时利用小岳岱山散落的火山石，在花海周围进行堆叠，呈现出放射状火山岩浆流的概念，既能够展现小岳岱古火山的历史，也可增强火山石的赤色、草原的绿色、天空的蓝色、云朵的白色的色彩对比，打造视觉、听觉、嗅觉、触觉等多感官全息大地艺术景象。在周边空地，布置一处观光风车以增强景物虚实对比效果。

度假会所可提供夏日休闲避暑的接待功能。在小岳岱山向阳坡，呈阶梯状进行植被种植，选取抗逆性优且景观效果好的乔灌草植被进行合理配置，与草原风光相呼应。度假会所以草原特有的蒙古包为设计元素，通过现代简约设计手法表达出草原幔帐的独特风情。以特色植被和风光借景为主，通过自然植被对视线的引导，实现水土保持与大地景观的理念和谐统一。

生态展示区则是结合小岳岱山的地理走势，遵循“因地制宜”的水土保持原则，利用山坳汇水避风区进行优势植被的配置，增加山体纵深感，在达到较为良好的水土保持效果的基础上加强了景观效果。

参考文献

［1］ 赵世伟．园林植物种植设计与应用［M］．北京：北京出版社，2006.
［2］ 赵世伟，张佐双．中国园林植物彩色应用图谱［M］．北京：中国城市出版社，2004.

第9章 泥石流防治工程

章主编　陈晓清　韩　鹏　陈华勇

章主审　崔　鹏　赵心畅　李　嘉　王忠合

本章各节编写及审稿人员

节次	编写人	审稿人
9.1	陈晓清　陈华勇　赵万玉　邹兵华	崔　鹏 赵心畅 李　嘉 王忠合
9.2	陈华勇　陈晓清　赵万玉	
9.3	陈晓清　赵万玉　陈华勇	
9.4	陈华勇　赵万玉　陈晓清	
9.5	陈华勇　陈晓清　赵万玉	
9.6	韩　鹏　黄炬斌	
9.7	刘晓路　纪　强	
9.8	陈晓清　陈华勇　闫俊平　赵万玉	

第9章 泥石流防治工程

9.1 概 述

泥石流是山区特有的一种突发性的自然灾害现象。它常发生在山区小流域，是一种饱含大量泥沙石块和巨砾的固液两相流体，呈黏性层流或稀性紊流等运动状态，是地质、地貌、水文、气象、土壤、植被等自然因素和人为因素综合作用的结果，是山地环境恶化的产物。泥石流具有明显的阵发性、浪头（龙头）特征、直进性和高搬运能力，历时短，来势凶猛，破坏力极大，是水土流失危害最严重的形式。

典型的泥石流沟谷，从上游到下游可分为三个区，即形成区、流通区和堆积区（图9.1-1）。

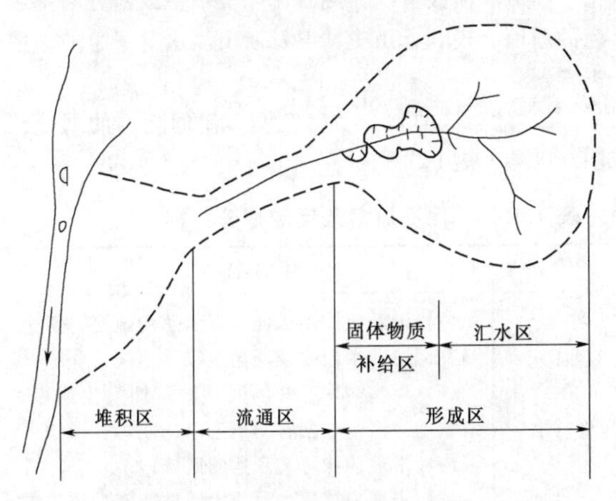

图9.1-1 典型泥石流沟谷分区图

9.1.1 泥石流防治体系

泥石流防治体系包括预防体系和防治体系。预防体系主要包括报警设施、行政管理措施等；防治体系主要包括工程措施、植物措施和管理措施。

一般针对泥石流的形成区、流通区和堆积区的特点采取不同的防治措施，通过工程措施和植物措施配置达到预期的防治目的。

（1）防止泥石流产生的防治工程。泥石流形成区的防治工程与水土保持小流域综合治理工程相似，是通过工程措施和植物措施配合进行综合治理。主要包括：坡面治理、荒坡荒地治理、沟道治理（沟头防护、谷坊、淤地坝、沟底防冲等）等工程。通过坡面及沟道治理，以及实施行政管理与法令措施，增加植被覆盖，增强坡面和沟道的稳定性，控制水土流失，减少松散固体物质形成并控制其输移，防止泥石流的发生。其中，谷坊工程是防止泥石流形成的有效措施之一。

（2）控制泥石流运动的防治工程。泥石流流通区的防治工程主要采用工程措施，通过采取一定的拦挡、调节和排导工程，使得泥石流发生时能够顺利通过，到达预定的场所。防治工程中格栅坝、桩林、拦沙坝等，主要作用为拦截泥石流中粗大石砾和其他固体物质，削弱其破坏力；防治工程中的排导槽、渡槽等工程，主要作用是安全的将泥石流输送到停淤区，保护周边的公共设施和生命财产不受泥石流危害。

（3）泥石流安全停淤的防治工程。泥石流堆积区的防治工程为停淤工程。通过布设完善的防护工程，比如设置拦挡围堤、拦挡坝和导流堤等，形成停淤场，使输送到停淤场的泥石流稳定堆积，达到对保护区不造成危害的目的。

除此以外，还需加强对泥石流易发区的监测、管理和预警。通过政府职能规范生产建设行为，控制对泥石流易发区的扰动，避免人为诱发产生泥石流；加强对泥石流易发区的预警预报，应制订完善的避险预案，使泥石流发生时能够妥善应对。

9.1.2 泥石流勘查

9.1.2.1 泥石流调查

泥石流调查的主要目的是对生产建设项目工程区范围内潜在的泥石流开展调查，以确定泥石流沟道的地形地貌特征、工程地质条件、人为活动影响因素等，对泥石流险情、灾情、危害性作出判断，进而开展泥石流灾害性评价工作，为生产建设项目施工和运营安全提供技术支撑。

1. 资料收集

在现场调查之前，应收集调查区的气象水文、地形地貌、地层岩性、地质构造、地震活动、泥石流发生的历史记录、前人调查研究成果、已有勘查资料和泥石流防治工程文件、与泥石流有关的人类工程活动等资料，以此作为调查工作的基础。

2. 自然地理调查

(1) 地形（工程区的1:1000～1:10000地形图，工程点的1:500～1:1000地形图）：量测流域形状、流域面积、主沟长度、沟床比降、流域高差、谷（山）坡坡度、沟谷纵横断面形状、水系结构和沟谷密度等地形要素。

(2) 气象：主要收集或观测降水、气温资料。降水资料主要包括多年平均降水量、降水年际变化、年内降水量分配、年降水日数、降水地区变异系数和最大降水强度，尤其是与暴发泥石流密切相关的暴雨日数及其出现频率、典型时段（24h、60min、10min）的最大降水量及多年平均小时降雨量。

(3) 水文：收集或推算各种流量、径流特性，主河及下游高一级大河水文特性等数据。

(4) 植被与土壤：调查流域植被类型与覆盖程度，植被破坏情况；调查土地利用类型、土壤特性和侵蚀程度等。

3. 地质调查

(1) 地层岩性：查阅区域地质图或现场调查流域内分布的地层及其岩性，尤其是易形成松散固体物质的第四系地层和软质岩层的分布与性质。

(2) 地质构造：查阅区域构造地质图或现场调查流域内断层的展布与性质、断层破碎带的性质与宽度、褶曲的分布与岩层产状，统计各种结构面的方位与频度。

(3) 新构造运动与地震：历史上地质构造变化状况、地震烈度及影响范围；从区域地质构造及流域地貌分析新构造运动特性，从《1:400万中国地震烈度区划图》（地震出版社，1990）查知地震基本烈度。

(4) 不良地质体与松散固体物质：调查流域内不良地质体与松散固体物质的位置、储量和补给形式。

(5) 水文地质：调查地下水尤其是第四系潜水及其出露情况，岩溶负地形及消水能力。

4. 人为活动调查

主要调查与泥石流形成有关的人类活动。

(1) 泥石流活动范围内人类生产、生活设施状况：特别是沟口、泥石流扇上居民点及工农业相关基础设施、泥石流沟槽挤占情况。

(2) 水土流失：主要调查由于植被破坏、毁林开荒、陡坡垦殖、过度放牧等造成的水土流失状况。

(3) 弃土（石、渣）：主要调查弃土（石、渣）场位置、占地类型、环境状况及其挡护措施。

(4) 水利工程：应对可能溃决形成泥石流的病险水库及输水线路安全性、发生原因、条件、危害性进行详细调查。

5. 泥石流活动性、险情、灾情调查

(1) 泥石流特征。查阅历史资料和通过现场访问，调查暴发泥石流的时间、次数、持续过程、有无阵发性、堵溃、断流、龙头高度、流体组成、石块大小、泥痕位置、响声大小等特征。

(2) 引发因素。发生泥石流前的降雨时间、雨量大小、冰雪崩滑、地震、崩塌滑坡、水渠渗水、冰湖和水库溃决等引发因素。

(3) 堆积扇。调查堆积扇的分布、形态、规模、扇面坡度、物质组成、植被、新老扇的组合及与主河（主沟）的关系，堆积扇体的变化，扇上沟道排泄能力及沟道变迁，主河堵溃后上游、下游的水毁灾害。

(4) 既有防治工程。调查既有泥石流防治工程的类型、规模、结构、使用效果、损毁情况及损毁原因。

(5) 泥石流危险性分析。

1) 危害作用方式。调查泥石流侵蚀（冲击、冲刷）的部位、方式、范围和强度，泥石流淤埋的部位、规模、范围和速率，泥石流淤堵主沟的原因、部位、断流和溃决情况，泥石流完全堵塞或部分堵塞主河的原因、现状、历史情况及溃决洪水对下游的水毁灾害。

2) 危险区的划分。确定泥石流危险区的划分范围，可参考表9.1-1。

表9.1-1 泥石流危险区的划分范围

危险分区	判别特征
极危险区	(1) 泥石流、洪水能直接到达的地区，历史最高泥位或水位线及泛滥线以下地区； (2) 河沟两岸已知的及预测可能发生崩塌、滑坡的地区，包括有变形迹象的崩塌、滑坡区域内和滑坡前缘可能到达的区域； (3) 堆积扇挤压大河或大河被堵塞后诱发的大河上游、下游的可能受灾地区
危险区	(1) 最高泥位或水位线以上加堵塞后的壅高水位以下的淹没区，溃坝后泥石流可能到达的地区； (2) 河沟两岸崩塌、滑坡后缘裂隙以上50～100m范围内，或按实地地形确定； (3) 大河因泥石流堵江后在极危险区以外的周边地区仍可能发生灾害的区域
影响区	高于危险区与危险区相邻的地区，它不会直接与泥石流遭遇，但却有可能间接受到泥石流危害的牵连而发生某些级别灾害的地区
安全区	极危险区、危险区、影响区以外的地区

(6) 泥石流灾情调查。调查每次泥石流危害的对象，造成的人员伤亡、财产损失；估算间接经济损失，评估对当地社会、经济的影响，预测今后可能造成的危害；估计受潜在泥石流威胁的对象、范围和程度，按预测的危险区评估其危害性。

9.1.2.2 泥石流活动性、危险性调查评判

在一般调查的基础上，为对泥石流活动性、危险性进行评判决策，开展进一步调查。根据服务对象，可分为区域性泥石流活动性评判、单沟泥石流活动性判别、泥石流危险性评估等三类调查评判。

1. 区域性泥石流活动性评判

(1) 评判方法。根据对暴雨资料的统计分析，按24h雨量（H_{24}）等值线图分区，并结合前述泥石流形成的相关地质环境条件进行区域性泥石流活动综合评判量化，按表9.1-2中的项目进行统计分析，确定泥石流活动性分区。

表 9.1-2　区域性泥石流活动综合评分表

地面条件类型	量级划分							
	极易活动区	评分	易活动区	评分	轻微活动区	评分	不易活动区	评分
综合雨情 R	>10.0	4	4.2～10.0	3	3.1～4.2	2	<3.1	1
阶梯地形	两个阶梯的连接地带	4	阶梯内中高山区	3	阶梯内低山区	2	阶梯内丘陵区	1
构造活动影响	大	4	中	3	小	2	无	1
地震 M_s	≥7级	4	7～5级	3	<5级	2	无	1
岩性	软岩、黄土	4	软、硬相间	3	风化和节理发育的硬岩	2	质地良好的硬岩	1
松散物贮量/(万 m^3/km^2)	>10（很丰富）	4	10～5（丰富）	3	5～1（较少）	2	<1（少）	1
植被覆盖率/%	<10	4	10～30	3	30～60	2	>60	1

注　表中 R 为暴雨强度指标，可根据《泥石流灾害防治工程勘查规范》(DZ/T 0220—2006) 附录B的推荐公式计算。

(2) 区域性泥石流活动量化分级标准。

1) 极易活动区：总分28～22分。

2) 易活动区：总分21～15分。

3) 轻微活动区：总分14～8分。

4) 不易活动区：总分小于8分。

2. 单沟泥石流活动性判别

(1) 调查范围。以泥石流发育的小流域周界为调查单元。主河有可能被堵塞时，则应扩大到可能淹没的范围和主河下游可能受溃坝水流波及的地区。

(2) 调查的主要内容。

1) 确认诱发泥石流的外动力。诱发泥石流的外动力包括：暴雨、地震、冰雪融化及堤坝溃决等。其中，暴雨资料包括：气象部门或泥石流监测专用雨量站提供的该沟或紧临地区的年、日、时和10min最大降雨量及多年平均年降雨量，前期降雨及前期累计降雨量等；对冰川泥石流地区，应增加日温度、冰雪可融化的体积、冰川移动速度、可能溃决水体最大流量的调查。

2) 沟槽输移特性。实测或在地形图上量取河沟纵坡、产沙区和流通区沟槽横断面、泥沙沿程补给长度比值、各区段运动的巨石最大粒径和巨石平均粒径，现场调查沟谷堵塞程度、两岸残留泥痕。

3) 地质环境。根据地质构造图了解震级和区域构造情况、按表9.1-3实地调查核实并按流域环境动态因数综合分级确定构造影响程度。现场调查流域内的岩性，按软岩、黄土、硬岩、软硬岩互层、风化节理发育的硬岩等五类划分。

表 9.1-3　泥石流严重程度判别因素分析表

序号	影响因素	权重	量级划分							
			严重 (A)	得分	中等 (B)	得分	较微 (C)	得分	一般 (D)	得分
1	崩塌、滑坡及水土流失（自然和人为）严重程度	0.159	崩塌、滑坡等重力侵蚀严重，多层滑坡和大型崩塌，表土疏松、冲沟十分发育	21	崩塌、滑坡发育，多层滑坡和中小型崩塌，有零星植被覆盖冲沟发育	16	有零星崩塌、滑坡和冲沟存在	12	无崩塌、滑坡、冲沟或发育轻微	1

续表

序号	影响因素	权重	量级划分							
			严重（A）	得分	中等（B）	得分	较微（C）	得分	一般（D）	得分
2	泥沙沿程补给长度百分比	0.118	＞60%	16	60%～30%	12	30%～10%	8	＜10%	1
3	沟口泥石流堆积活动程度	0.108	河形弯曲或堵塞，大河主流受挤压偏移	14	河流无较大变化，仅大河主流受迫偏移	11	河形无变化，大河主流在高水位偏移，低水位不偏移	7	无河形变化，主流不偏移	1
4	河沟纵坡坡度	0.090	＞12°	12	12°～6°	9	6°～3°	6	＜3°	1
5	区域构造影响程度	0.075	强抬升区，6级以上地震区，断层破碎带	9	抬升区，4～6级地震区，有中小断层或无断层	7	相对稳定区，4级以下地震区有小断层	5	沉降区，构造影响小或无影响	1
6	流域植被覆盖率	0.067	＜10%	9	10%～30%	7	30%～60%	5	＞60%	1
7	河沟近期一次变幅	0.062	2m	8	2～1m	6	1～0.2m	4	0.2m	1
8	岩性影响	0.054	软岩、黄土	6	软硬相间	5	风化强烈和节理发育的硬岩	4	硬岩	1
9	沿沟松散物贮量	0.054	＞10万m^3/km^2	6	10万～5万m^3/km^2	5	5万～1万m^3/km^2	4	＜1万m^3/km^2	1
10	沟岸山坡坡度	0.045	＞32°	6	32°～25°	5	25°～15°	4	＜15°	1
11	产沙区沟槽横断面	0.036	V形谷、U形谷、谷中谷	5	宽U形谷	4	复式断面	3	平坦型	1
12	产沙区松散物平均厚度	0.036	＞10m	5	10～5m	4	5～1m	3	＜1m	1
13	流域面积	0.036	0.2～5km	5	5～10km	4	10～100km	3	＞100km	1
14	流域相对高差	0.030	＞500m	4	500～300m	3	300～100m	2	＜100m	1
15	河沟堵塞程度	0.030	重	4	中	3	轻	2	无	1

4）松散物源。调查崩塌、滑坡、水土流失（自然和人为）等的发育程度，不稳定松散堆积体的处数、体积、所在位置、产状、静储量、动储量、平均厚度，弃土（石、渣）类型及堆放形式等。

5）泥石流活动史。调查发生年代、受灾对象、灾害形式、灾害损失、相应雨情、沟口堆积扇活动程度及挤压大河程度，并分析当前所处的泥石流发育阶段，见表9.1-4。

表9.1-4　泥石流发育阶段的识别表

识别标记	形成期（青年期）	发展期（壮年期）	衰退期（老年期）	停歇或终止期
主支流关系	主沟侵蚀速度不大于支沟侵蚀速度	主沟侵蚀速度大于支沟侵蚀速度	主沟侵蚀速度小于支沟侵蚀速度	主支沟侵蚀速度均等
沟口地段	沟口出现扇形堆积地形或扇形地处于发展中	沟口扇形堆积地形发育，扇缘及扇高在明显增长中	沟口扇形堆积在萎缩中	沟口扇形地貌稳定
主河河型	堆积扇发育逐步挤压主河，河形间或发生变形，无较大变形	主河河形受堆积扇发展控制，河形受迫弯曲变形，或被暂时性堵塞	主河河形基本稳定	主河河形稳定

续表

识别标记		形成期（青年期）	发展期（壮年期）	衰退期（老年期）	停歇或终止期
主河主流		仅主流受迫偏移，对岸尚未受到威胁	主流明显被挤偏移，冲刷对岸河堤、河滩	主流稳定或向恢复变形前的方向发展	主流稳定
与老扇形地关系		新老扇叠置不明显或为外延式叠置，呈叠瓦状	新老扇叠置覆盖外延，新扇规模逐步增大	新老扇呈后退式覆盖，新扇规模逐步变小	无新堆积扇发生
扇面变幅/m		0.2～0.5	>0.5	≤±0.2	无或成负值
松散物贮量/(万 m^3/km^2)		5～10	>10	1～5	0.5～1
松散物存在状态	高度 H/m	10～30	>30	<30	<5
	坡度 ϕ/(°)	32～25	>32	15～25	≤15
泥沙补给		不良地质现象逐步扩展	不良地质现象发育	不良地质现象逐步缩小	不良地质现象逐步稳定
沟槽变形	纵	中强切蚀，溯源冲刷沟槽不稳	强切蚀、溯源冲刷发育，沟槽不稳	中弱切蚀、溯源冲刷不发育，沟槽趋稳	平衡稳定
	横	纵向切蚀为主	纵向切蚀为主，横向切蚀发育	横向切蚀为主	无变化
沟坡		变陡	陡峻	变缓	缓
沟形		裁弯取直、变窄	顺直束窄	弯曲展宽	自然弯曲、展宽、河槽固定
植被覆盖率/%		<10（以荒坡为主）	30～10（覆盖率在下降）	30～60（覆盖率在增长）	>60（覆盖率较高）
触发雨量		逐步变小	较小	较大并逐步增大	较大并逐步增大

6）防治措施现状。调查防治建筑物的类型、建设年代、工程效果及损毁情况。

7）泥石流活动强度。单沟泥石流活动强度按表9.1-5进行判别。

表 9.1-5　　单沟泥石流活动强度判别表

活动强度	堆积扇规模	主河河形变化	主流偏移程度	泥沙补给长度百分比/%	松散物贮量/(万 m^3/km^2)	松散体变形量	暴雨强度指标 R
很强	很大	被逼弯	弯曲	>60	>10	很大	>10.0
强	较大	微弯	偏移	60～30	10～5	较大	4.2～10.0
较强	较小	无变化	大水偏移	30～10	5～1	较小	3.1～4.2
弱	小或无	无变化	不偏	<10	<1	小或无	<3.1

3. 泥石流危险性评估

泥石流危险性评估是在泥石流活动性调查的基础上进行。

(1) 泥石流危险性评估的核心是通过调查分析确定泥石流活动的危险程度或灾害发生的几率。

暴雨泥石流活动危险程度判别式：危险程度或灾害发生的几率 D=泥石流的综合致灾能力 F/受灾体（建筑物）的综合承（抗）灾能力 E。

1）$D<1$：受灾体处于安全工作状态，成灾可能性小。

2）$D>1$：受灾体处于危险工作状态，成灾可能性大。

3）$D\approx1$：受灾体处于灾变的临界工作状态，成灾与否的几率各占50%，要警惕可能成灾的那部分。

(2) 泥石流的综合致灾能力 F 按表 9.1-6 中四因素分级量化总分值判别。

1) F=16～13：综合致灾能力很强。

2) F=12～10：综合致灾能力强。

3) F=9～7：综合致灾能力较强。

4) F=6～4：综合致灾能力弱。

表 9.1-6　　致灾体的综合致灾能力 F 分级量化表

指 标	量 级 划 分							
活动强度	很强	4	强	3	较强	2	弱	1
活动规模	特大型	4	大型	3	中型	2	小型	1
发生频率	极低频	4	低频	3	中频	2	高频	1
堵塞程度	严重	4	中等	3	轻微	2	无堵塞	1

注　泥石流活动强度、活动规模、发生频率和堵塞程度根据 DZ/T 0220 的相关规定确定。

(3) 受灾体（建筑物）的综合承（抗）灾能力 E 按表 9.1-7 中四因素分级量化总分值判别。

E=4～6：综合承（抗）灾能力很差。

E=7～9：综合承（抗）灾能力差。

E=10～12：综合承（抗）灾能力较好。

E=13～16：综合承（抗）灾能力好。

表 9.1-7　　受灾体（建筑物）的综合承（抗）灾能力 E 分级量化表

指 标	量 级 划 分							
设计标准	<5 年一遇	1	5 年一遇～10 年一遇	2	20 年一遇～50 年一遇	3	>50 年一遇	4
工程质量	较差，有严重隐患	1	较差，有严重隐患	2	合格	3	良好	4
危险分区	极危险区	1	危险区	2	影响区	3	安全区	4
防治工程和辅助工程的工程效果	较差或工程失效	1	存在较大问题	2	存在部分问题	3	较好	4

注　危险分区根据表 9.1-1 确定。

9.1.2.3 泥石流防治工程查勘

1. *工程地质测绘*

(1) 遥感解译。从卫星图像和航空影像解译泥石流的区域性宏观分布、地貌和地质条件；有条件时可用不同时相的影像图解译，对比泥石流发展过程、演化趋势，应尽可能采用高精度遥感图像，编制遥感图像解译图。

(2) 填图要求。所划分的单元在图上标注的尺寸最小为 2mm。对小于 2mm 的重要单元，可采用扩大比例尺或符号的方法表示。

(3) 地质地貌测绘。对全流域及沟口以下可能受泥石流影响的地段，调绘与泥石流形成和活动有关的地质地貌要素，编制相应地貌图与地质图，填绘纵剖面图与横断面图。测绘内容主要是流域外围的地形地貌、岩性结构、松散堆积层成因类型、厚度及斜坡稳定性等。同时结合钻探、物探和坑槽探成果，沿工程轴线实测并绘制工程地质剖面。

2. *水文勘查*

(1) 暴雨洪水。泥石流小流域一般无实测洪水资料，可根据较长的实测暴雨资料推求某一频率的设计洪峰流量。对缺乏实测暴雨资料的流域，可采用理论公式和该地区的经验公式计算不同频率的洪峰流量。有关计算公式见当地水文计算手册。

(2) 溃决洪水。包括水库溃决洪水、冰湖溃决洪水和堵河（沟）溃决洪水。溃决洪水流量据溃决前水头、溃口宽度、坝体长度、溃决类型（全堤溃决或局部溃决，一溃到底或不到底）采用理论公式计算或据经验公式估算，并结合实际调查进行校核。有关计算公式见《溃坝水力学》（山东科学技术出版社，1993）。

(3) 冰雪消融洪水。冰雪消融洪水可根据径流量与气温、冰雪面积的经验公式来计算；在高寒山区，一般流域均缺乏气温等资料，常采用形态调查法来测定，下游有水文观测资料的流域，可用类比法或流量分割法来确定。

3. *泥石流流体勘查*

(1) 泥痕测绘。选择代表性沟道量测沟谷弯曲处泥石流爬高泥痕、狭窄处最高泥痕及较稳定沟道处泥痕。据泥痕高度及沟道断面计算过流断面面积，据上、下断面泥痕点计算泥位纵坡，作为计算泥石流流速、流量的基础数据。

(2) 泥石流流体试验。

1）浆体容重测定。泥石流流体容重可根据泥石流流体样品采用称重法测定。泥石流流体样品一般难以采到，可根据泥痕和堆积物特征进行配制，采用体积比法测定。

2）粒度分析。对泥石流流体样品中粒径大于2mm的粗颗粒进行筛分，粒径小于2mm的细颗粒用比重计法或吸管法测定颗粒成分。对泥石流流体中固体物质的颗粒成分，从堆积体中取样测定。取样数量应结合粒径来确定。

3）黏度和静切力测定（必要时进行）。用泥石流浆体或人工配制的泥浆样品模拟泥石流浆体，其黏度可采用标准漏斗1006型黏度计或同轴圆心旋转式黏度计测定，其静切力可采用1007型静切力计量测。

（3）泥石流动力学参数计算。

1）流速。据勘查所得泥石流流体水力半径、纵坡、沟床糙率及重度等参数计算，也可按泥石流的性质和所在地域，选择适合的地区性经验公式计算。

2）流量。泥石流流量可采用形态调查法（据泥痕勘测所得的过流断面面积乘以流速）或雨洪法（按暴雨洪水流量乘以泥石流修正系数）确定。暴雨小径流的地区性经验公式较多，暴雨洪水流量应采用适用的经验公式计算。

3）冲击力。计算泥石流整体冲击力、泥石流中大石块冲击力。

4）弯道超高与冲高。泥石流流动在弯曲沟道外侧产生的超高值和泥石流正面遇阻的冲起高度。

（4）堆积物试验。通过调查、实验，按《土工试验方法标准》（GB/T 50123）确定泥石流堆积物的固体颗粒比重、土体重度、颗粒级配、天然含水量、界限含水量、天然孔隙比、压缩系数、渗透系数、抗剪强度和抗压强度等参数，供治理工程比选和设计使用。

（5）泥石流的形成区、流通区和堆积区测绘。

工程治理区实测剖面至少按一纵三横控制；重点区应有1～3个探槽或探坑（井）控制。

4. 勘探试验

（1）勘探。勘探工程主要布置在泥石流堆积区和可能采取防治工程的地段。勘探工程以钻探为主，辅以物探和坑槽探等轻型山地工程。受交通、环境条件的限制，在泥石流形成区，一般不采用钻探工程。当存在可能成为固体物源的滑坡或潜在不稳定斜坡而必须采用时，勘探线及钻孔布置可参照有关滑坡防治工程勘查规范规定执行。

（2）钻探。泥石流防治工程场址，主勘探线钻孔应尽可能在工程地质测绘和地球物理勘探成果的指导下布设，孔距应能控制沟槽起伏和基岩构造线，间距一般为30～50m。由于松散堆积层深厚而不必钻穿其厚度时，孔深应是设计建筑物最大高度的0.5～1.5倍；基岩浅埋时，孔深应进入基岩弱风化层不小于5m。

（3）物探。在施工条件较差、难以布置或不必布置钻探工程的泥石流形成区、流通区、堆积区，可布置1～2条物探剖面，对松散堆积层的岩性、厚度、分层、基岩面深度及起伏情况进行推断。

（4）坑槽探。结合钻探和物探工程，在重点地段布置一定探坑或探槽，揭露泥石流在形成区、流通区和堆积区不同部位的物质沉积规律和粒度级配变化，了解松散层岩性、结构、厚度和基岩岩性、结构、风化程度及节理裂隙发育状况，现场采集具有代表性的原状岩、土试样。

（5）试验。对坝高超过10m以上的实体拦挡工程宜进行抽水或注水试验，获取相关水文地质参数，在孔内或坑槽内采取岩样、土样和水样，进行分析测试，获取岩土体的物理力学性质参数，对于水样一般只做简要分析；拟建的防治工程则应增加侵蚀性测定内容。

5. 各类防治工程的主要设计参数

（1）各类拦挡坝。覆盖层和基岩的重度、承载力标准值、抗剪强度，基面摩擦系数，泥石流的性质与类型，发生频次，泥石流体的重度和物质组成，泥石流体的流速、流量和设计暴雨洪水频率，泥石流回淤坡度和固体物质颗粒成分，沟床清水冲刷线。

（2）其他工程。桩林着重于其锚固段基岩深度、风化程度和力学性质；排导槽、渡槽着重于泥石流运动的最小坡度、冲击力、弯道超高和冲高；导流堤、护岸堤和防冲墩着重于基岩的埋藏深度和性质、泥石流冲击力和弯道超高、墙背摩擦角；停淤场着重于淤积总量、淤积总高度和分期淤积高度。

6. 施工条件勘查

（1）结合可能采取的泥石流防治工程，调绘施工场地、工地临时建筑和施工道路的地形地貌，并进行地质灾害危险性评估，测图范围和精度视现场情况而定。

（2）了解泥石流防治工程周围的天然建筑材料分布情况，对砂石料质量和储量进行评价。如天然骨料缺少或不符合工程质量要求，须对就近的料场或人工料源进行初查。

（3）了解泥石流防治工程周围的水源状况并采样分析，对防治工程及生活用水的水质、水量进行评价，提出供水方案建议。

7. 监测

在勘查阶段，只要求进行简便的常规监测。必要时，根据流域大小，在流域内设置1～3个控制性自记式雨量观测点，定时巡视观测。观测点的设置要避免风力影响和高大树木的遮掩。有条件时，可进行泥位和流速观测。出现泥石流临灾征兆时，应及时报告有关部门进行预警预报。

9.1.3 泥石流防治标准

规模大的泥石流，具有大的破坏作用，但是由于受灾对象不同，造成的危害不一定大；而规模小的泥石流，由于受灾对象重要，也可能酿成大灾。所以，根据泥石流规模与受灾对象重要性的不同，泥石流防治的标准也有所差异。泥石流防治工程安全等级标准见表9.1-8，泥石流防治主体工程设计标准见表9.1-9。

表9.1-8　泥石流防治工程安全等级标准

泥石流灾害	防治工程安全等级			
	一级	二级	三级	四级
受灾对象	省会级	地、市级	县级	乡、镇级及重要居民点
	铁道、国道、航道主干线及大型桥梁隧道	铁道、国道、航道及中型桥梁、隧道	铁道、省道及小型桥梁、隧道	乡、镇间的道路桥梁
	大型的能源、水利、通信、邮电、矿山、国防工程等专项设施	中型的能源、水利、通信、邮电、矿山、国防工程等专项设施	小型的能源、水利、通信、邮电、矿山、国防工程等专项设施	乡、镇级的能源、水利、通信、邮电、矿山等专项设施
	一级建筑物	二级建筑物	三级建筑物	普通建筑物
死亡人数	＞1000	1000～100	100～10	＜10
直接经济损失/万元	＞1000	1000～500	500～100	＜100
期望经济损失/(万元/a)	＞1000	1000～500	500～100	＜100
防治工程投资/万元	＞1000	1000～500	500～100	＜100

注　表中的一级、二级、三级建筑物是指《水泥混凝土路面施工及验收规范》(GBJ 7—89)中一级、二级、三级建筑物。

表9.1-9　泥石流防治主体工程设计标准

防治工程安全等级	重现期	拦挡坝抗滑安全系数		拦挡坝抗倾覆安全系数	
		基本荷载组合	特殊荷载组合	基本荷载组合	特殊荷载组合
一级	100年一遇	1.25	1.08	1.60	1.15
二级	50年一遇	1.20	1.07	1.50	1.14
三级	30年一遇	1.15	1.06	1.40	1.12
四级	10年一遇	1.10	1.05	1.30	1.10

9.1.4 泥石流防治工程可行性方案

9.1.4.1 泥石流防治可行性方案报告内容

可行性方案报告包括正文（含附件）及副本（副件）两个部分，应同时提交。

1. 可行性方案报告正文

正文内容要求文字简单、明了，说明下述11个方面的内容。

(1) 可行性方案区名称及地理位置。

(2) 可行性方案任务依据，包括：主管机关文件、文号，设计任务书及合同书文号等。

(3) 可行性方案工作过程简述。

(4) 自然地理概况。

(5) 泥石流发生原因、性质、危害及发展趋势分析结果。

(6) 山洪泥石流在各种设计频率时的洪峰流量、固体物质量等水文计算结果。

(7) 可行性方案原则及防治标准。

(8) 已拟定各可行性方案的概略内容、工程项目及主要技术经济指标、优缺点的简要说明。

(9) 推荐方案优缺点说明及有关社会、经济和环境生态效益的综合论证。

(10) 可行性方案总投资概算结果与说明。

(11) 下一步工作安排、问题及建议。

2. 可行性方案报告副本

副本应该包括以下几个详细的专题报告。

（1）泥石流综合调查报告。应说明泥石流发生的原因、活动历史、规模及类型特征，危害范围及严重程度，泥石流体物理力学性质及有关指标测试结果，泥石流发展趋势定性、定量分析等。

（2）山洪泥石流水文分析报告。包括山洪泥石流的历史洪峰值调查分析，设计频率下洪峰流量的计算及论证。

（3）综合地质报告。包括可行性方案区的地质条件说明，防护措施布置段的工程地质及水文地质报告。

（4）工程防治可行性方案报告。包括各类单项工程结构型式、控制尺寸及工程材料选择比较，各拟订方案的详细说明与论证比较。

3. 可行性方案资料和设计图件

（1）资料图件。

1）泥石流分布图。图中包含泥石流沟道、松散固体物质补给图。

2）泥石流主要沟道纵剖面图。

3）流域地质、构造，单项工程布设段工程地质与水文地质图。

4）流域现有森林、植被、土壤分布图。

（2）设计图件。

1）防治工程可行性方案总图。

2）各类单项工程平面、立面、剖面图。

3）植物措施可行性方案立地条件类型图。

4）其他必要设计图件。

9.1.4.2 可行性方案设计投资估算

可行性方案设计投资估算应遵循国家、地方及相关行业关于工程造价方面的编制规定和办法。鉴于泥石流防治工程目前尚未编制专门的工程概预算定额，故可借用水利水电建筑工程预算定额或者土建工程概预算定额进行编制。除大型泥石流防治工程外，一般以当地中等施工取费标准为依据。费用构成包括：①工程直接费；②施工管理费；③独立费用；④其他费用。

9.2 泥石流防治工程初步设计

9.2.1 初步设计目的和要求

初步设计是在批准的可行性方案设计基础上，对拟建工程及其投资估算等，作进一步的分析计算和方案比较，最后加以确定。由于泥石流防治工程点的情况一般随时间变化较大，因此在可行性方案阶段确定的工程项目、位置、规模和经济效益分析等，应根据实际情况进行调整。但是其投资总概算一般不能超过可行性方案估算的15%，最大也不能超过20%，否则整个防治工程需要重新论证。

9.2.2 初步设计基本内容和步骤

（1）泥石流工程水文计算。通过有关资料分析和计算，进一步确定相应频率下的泥石流洪峰流量、径流总量及特征泥位等。

（2）对泥石流规模、发展趋势、物质组成、运动特征、物理力学性质作进一步的调查实验分析，对一些重大关键性工程，还需要做专门的整体或局部模型实验。

（3）对工程的类型、规模等，作进一步的技术和经济分析、比较。

（4）确定工程总体布置及各建筑物位置、型式和尺寸，并按一定比例制图。

（5）对有关工程项目进行设计、计算和制图。

（6）根据当地的造林立地条件、造林经验及造林后的效益估计，选择合适的树种，设计整地、造林方法及抚育管理措施，同时进行必要的造林典型设计。

（7）制定行政管理措施。主要是通过有关行政命令，制约人们不合理的经济活动，控制和消除引起泥石流的人为因素。

（8）进行工程环境影响及效益评价。

（9）确定工程实施步骤，提出主要建筑材料及有关设备计划。

（10）编制工程投资概算。

（11）编写初步设计文件，根据需要可附加相应的专题报告。

9.2.3 初步设计文件

1. 初步设计报告

要求简明扼要地说明设计内容中必须说明的问题，编写形式以条款式为宜，其主要内容如下：

（1）总论。

1）工程建设地点。

2）工程的目的和由来。

3）泥石流的发生条件分析。

4）泥石流的性质和规模。

5）泥石流危害的主要对象及其严重程度。

6）设计依据。

7）设计基本资料。

8）防治标准。

9）总体设计内容和投资总概算。

10）工程效益分析（含方案比较）。

（2）泥石流工程水文计算。

1）设计暴雨计算结果。

2）设计洪水流量计算结果。

3）设计泥石流流量计算结果。

4）用形态调查法推算泥石流流量的结果。

5）设计泥石流流量的有关说明。

（3）各类单项工程设计说明。

1）拦沙坝。

2）排洪道及分水、截水工程。

3）其他单项泥石流防治工程。

（4）造林设计说明。

1）当地的自然、社会经济特点。

2）造林设计措施和依据。

3）造林典型设计和施工方法。

4）植树造林设计投资概算。

（5）行政管理措施。

1）地方政府应下达的有关命令和条例。

2）其他具体的管理措施。

（6）其他问题说明。上述内容包括不了，又必须在设计中加以说明的问题。

（7）初步设计投资总概算。

（8）实施步骤和安排意见。

（9）设计文件和附件目录。

2. 初步设计图纸

（1）工程位置图（1：10000～1：50000）。

（2）工程总体布置平面图(1：2000～1：10000)。

（3）泥石流沟道纵剖面图（比例尺：横剖面1：500～1：5000；纵剖面1：200～1：1000）。

（4）单项工程平面布置图和结构图。

（5）其他必要设计图件。

3. 初步设计投资概算

初步设计投资概算内容和格式，与可行性方案设计估算内容和格式基本相同。

9.3 泥石流防治工程施工图设计

9.3.1 施工图设计的目的和要求

施工图设计是在审批的初步设计或可行性方案设计基础上进行。在此阶段中要提出工程的施工图纸，提出施工工艺技术要求，确定设备购置清单等。施工图设计时，如对审定的初步设计或可行性方案设计项目有重大变更，需经原审批单位同意。

9.3.2 施工图设计基本内容和步骤

（1）根据初步设计或可行性方案设计审查意见，对已批准的工程项目进行现场实际布置。如发现有不安全、不经济、不合理之处，应作适当调整。

（2）进行单项工程的结构计算。

（3）绘制施工图。包括：工程的总体图，单项工程的平面图、立面图、剖面图，以及有关的细部结构图。

（4）编制工程组织设计说明。

（5）编制工程施工工艺要求和施工注意事项。

（6）提出工程运行管理指导性意见。

（7）编制施工图设计预算。

9.3.3 施工图设计文件

1. 施工图设计说明（提纲）

（1）设计的基本指导思想和主要技术措施等。

（2）单项工程施工图设计分述。

（3）施工图设计工程投资总预算说明。

（4）其他问题说明。上述内容之外的、需要补充说明的主要问题。

（5）施工须知。说明工程施工工艺要求和施工注意事项，明确施工质量要求，工程施工结束时应提交的基本资料和验收有关事项。

（6）运行管理须知。其中，应包括对各项工程的检查、维修制度，工程运行方式及有关规定等。

2. 施工图设计图纸

（1）工程总体平面布置图。比例尺可根据工程布置范围大小确定，一般为1：2000～1：10000。

（2）沟床纵剖面图。其中，纵、横比例尺可以不一致，一般横比例尺为1：500～1：2000，纵比例尺为1：200～1：500。

（3）单项工程施工图。

1）单项工程平面布置图：比例尺一般为1：200～1：500。

2）单项工程立面图、剖面图：比例尺一般为1：200或1：100。

3）单项工程细部结构图：包括部件加工安装图、钢筋布置图等，比例尺一般为1：10～1：100。

4）其他必要的设计资料图件：包括各单项工程的工程地质、水文地质的平面图和剖面图，大型崩塌、滑坡平面图和剖面图等。

3. 施工图设计投资预算

（1）施工图设计投资预算编制原则、依据、内容和格式与初步设计概算的相同。

（2）施工图设计投资总预算，一般不得超过初步设计总概算的5%，若地形、地质等资料与初步设计相差很大，则最高不超过10%。

9.4 泥石流运动特征参数计算

9.4.1 泥石流流量计算

1. 雨洪法

假定泥石流与暴雨洪水同频率并同步发生，计算断面的暴雨洪水流量全部变成泥石流流量，根据这种假定所建立的泥石流流量计算方法称为雨洪法。计算步骤是首先按水文方法计算断面的不同频率的小流域暴雨洪峰流量，再按下述情况计算泥石流流量。

（1）不考虑泥石流土体的天然含水量，其计算公式为

$$Q_c=(1+\Phi_c)Q_w \quad (9.4-1)$$

$$\Phi_c=(\gamma_c-\gamma_w)/(\gamma_s-\gamma_c) \quad (9.4-2)$$

式中　Q_c——与 Q_w 同频率的泥石流流量，m^3/s；

Φ_c——泥石流流量增加系数；

Q_w——某一频率的暴雨洪水设计流量，m^3/s；

γ_c——泥石流容重，t/m^3；

γ_w——清水容重，t/m^3；

γ_s——固体颗粒容重，t/m^3。

（2）考虑泥石流土体的天然含水量，其计算公式为

$$Q_c=(1+\Phi'_c)Q_w \quad (9.4-3)$$

$$Q'_c=(\gamma_c-1)[\gamma_s(1+P_w)-\gamma_c(1+\gamma_s P_w)] \quad (9.4-4)$$

式中　Φ'_c——考虑泥石流土体天然含水量的流量增加系数；

P_w——泥石流土体的天然含水量，kg/m^3；

其他符号意义同前。

表9.4-1列出各种土的平均实体容重和天然含水量，这些数值系若干资料的平均值，可供计算 Φ_c 和 Φ'_c 值时参考，在工作中应对野外土的含水量进行测定。

表9.4-1　土的实体容重和天然含水量

土的名称		卵石土	砾石土	砾砂（粗砂）	中砂	细砂	粉砂	轻黏砂土	重黏砂土	轻中砂黏土	重砂黏土	轻黏土	重黏土
平均实体容重/(t/m³)		2.65～2.80	2.65～2.80	2.66	2.66	2.66	2.66	2.70	2.70	2.71	2.71	2.74	2.74
天然含水量	稍湿	<0.090	<0.090	<0.095	<0.095	<0.095	<0.095	<0.095	<0.125	<0.155	<0.135	<0.225	
	潮湿	0.090～0.240	0.090～0.240	0.095～0.210	0.095～0.210	0.095～0.210	0.095～0.240	0.095～0.160	0.125～0.195	0.155～0.325	0.185～0.355	0.225～0.525	0.265～0.865
	饱和	>0.240	>0.240	>0.210	>0.210	>0.210	>0.240	0.160	>0.195	>0.325	>0.355	>0.525	>0.865

（3）考虑堵塞，其流量计算公式为

$$Q_c=(1+\Phi_c)Q_wD_m \quad (9.4-5)$$

$$Q_c=(1+Q'_c)Q_wD_m \quad (9.4-6)$$

$$D_m=0.87t_d^{0.24}$$

式中　D_m——泥石流堵塞系数；

t_d——堵塞时间，s；

其他符号意义同前。

2. 地区经验公式

（1）西藏古乡沟泥石流流量计算公式。古乡沟泥石流属冰川型泥石流。根据观测资料分析，泥石流流量与3d降雨量总和有关。

$$Q_c=\{[0.526(\gamma_s-1)/(\gamma_s-\gamma_c)](0.58P_3-14)+0.5\}A_b \quad (9.4-7)$$

式中　P_3——发生泥石流前3d降雨量总和，mm；

A_b——流域面积，km^2。

古乡沟的泥石流流域面积 $20km^2$，泥石流设计容重 $2.08t/m^3$，固体颗粒容重 $2.7t/m^3$，据降雨频率统计，100年一遇的 $P_3=213mm$，按式（9.4-7）计算得 $Q_c=3170m^3/s$；50年一遇的 $P_3=193mm$，相应的 $Q_c=2835m^3/s$。

（2）北京地区泥石流流量计算公式。北京市政设计院根据怀（柔）丰（台）公路1969年8月10日及20日两次泥石流调查资料，推算出该地区泥石流流量计算公式为

$$Q_c=[14(\gamma_c-1)^{2.92}+1]Q_w \quad (9.4-8)$$

式（9.4-8）可作为稀性泥石流沟的泥石流流量计算参考。

（3）云南大盈江浑水沟泥石流流量计算公式。中国科学院成都山地所根据云南大盈江浑水沟泥石流观测资料，认为该沟泥石流流量与10min降雨量相关，其计算公式为

$$Q_c=(1.93R_{10}-3.37)[(\gamma_c-1)/(\gamma_s-\gamma_c)]A_b \quad (9.4-9)$$

式中　R_{10}——设计频率的10min最大降雨量，mm；

其他符号意义同前。

浑水沟流域面积 $4.5km^2$，设计泥石流容重 $\gamma_c=2.25t/m^3$；固体颗粒容重 $\gamma_s=2.7t/m^3$，100年一遇的 $R_{10}=27.6mm$，按式（9.4-9）计算 $Q_c=850m^3/s$；50年一遇的 $R_{10}=25.5mm$，相应的 $Q_c=780m^3/s$。

9.4.2　泥石流流速计算

1. 黏性泥石流流速计算公式

（1）云南东川蒋家沟泥石流流速计算公式。式

(9.4-10) 根据1965—1967年和1973—1975年间共101次泥石流3000多阵次的观测资料整理得出：

$$V_m=(1/n_c)H_c^{2/3}I_c^{1/2} \quad (9.4-10)$$

式中 V_m——泥石流断面平均流速，m/s；

n_c——泥石流河床糙率；

H_c——计算断面的平均泥深，m；

I_c——泥石流水力坡度，一般可用河床纵坡坡降代替。

(2) 云南东川大白泥沟、蒋家沟泥石流流速计算公式。式 (9.4-11) 根据153阵次泥石流观测资料整理得出：

$$V_c=KH_c^{2/3}I_c^{1/5} \quad (9.4-11)$$

式中 V_c——泥石流表面流速，m/s；

K——黏性泥石流流速系数，用内插法由表9.4-2查找；

其他符号意义同前。

表9.4-2　　黏性泥石流流速系数 K 值

H_c/m	<2.5	3	4	5
K	10	9	7	5

(3) 甘肃武都地区泥石流流速计算公式。式 (9.4-12) 根据100多阵次泥石流观测资料分析得出，该式亦可用于限制条件下的稀性泥石流：

$$V_c=M_cH_c^{2/3}I_c^{1/2} \quad (9.4-12)$$

式中 M_c——稀性泥石流流速系数，用内插法由表9.4-3查找；

其他符号意义同前。

表9.4-3　　稀性泥石流流速系数 M_c 值

沟 床 特 征	H_c/m			
	0.5	1.0	2.0	4.0
黄土地区泥石流沟或大型的黏性泥石流沟，沟床平坦开阔，流体中大石块很少，纵坡坡降为2%～6%，阻力特征属低阻型		29.0	22.0	16.0
中小型黏性泥石流沟，沟谷一般平顺，流体中含大石块较少，沟床纵坡坡降为3%～8%，阻力特征属中阻型或高阻型	26.0	21.0	16.0	14.0
中小型黏性泥石流沟，沟床狭窄弯曲，有跌坎；或沟道虽顺直，但含大石块较多的大型稀性泥石流沟，沟床纵坡坡降为4%～12%，阻力特征属高阻型	20.0	15.0	11.0	8.0
中小型稀性泥石流沟，碎石质沟床，多石块，不平整，沟床纵坡坡降为10%～18%	12.0	9.0	6.5	
沟道弯曲，沟内多顽石、跌坎，床面极不平顺的稀性泥石流沟，沟床纵坡坡降为12%～25%		5.5	3.5	

(4) 西藏古乡沟、云南东川蒋家沟、甘肃武都火烧沟泥石流流速计算公式。根据199次泥石流3000多阵次观测资料分析得出：

$$V_c=(1/n_c)H_c^{2/3}I_c^{1/2} \quad (9.4-13)$$

式中 n_c——黏性泥石流沟床糙率，用内插法由表9.4-4查找；

其他符号意义同前。

表9.4-4　　黏性泥石流河床糙率

泥石流体特征	沟床状况	n_c	$1/n_c$
流体呈整体运动；石块粒径大小悬殊，一般为30～50cm，2～5m粒径的石块约占20%；龙头由大石块组成，在弯道或河床展宽处易停积，后续流可超越而过，龙头流速小于龙身流速，堆积呈龙岗状	沟床极粗糙，沟内有巨石和挟带的树木堆积，多弯道和大跌水，沟内不能通行，人迹罕见，沟床流通段纵坡坡降为10%～15%，阻力特征属高阻型	0.445 (H_c>2m)，0.270 (平均值)	2.25，3.57
流体呈整体运动，石块较大，一般石块粒径20～30cm，含少量粒径2～3m的大石块；流体搅拌较为均匀；龙头紊动强烈，有黑色烟雾及火花；龙头和龙身流速基本一致；停积后有龙岗状堆积	沟床比较粗糙，凹凸不平，石块较多，有弯道、跌水；沟床流通段纵坡坡降为7.0%～10.0%，阻力特征属高阻型	0.050～0.033 (H_c<1.5m)，0.040 (平均值)	20～30，25
		0.050～0.100 (H_c>1.5m)，0.067 (平均值)	10～20，15

续表

泥石流体特征	沟床状况	n_c	$1/n_c$
流体搅拌十分均匀；石块粒径一般在10cm左右，挟有个别2～3m的大石块；龙头和龙身物质组成差别不大；在运动过程中龙头紊动十分强烈，浪花飞溅；停积后浆体与石块不分离，向四周扩散呈叶片状	沟床较稳定，河床质较均匀，粒径10cm左右；受洪水冲刷沟底不平而且粗糙，流水沟两侧较平顺，但干而粗糙；流通段沟底纵坡坡降为5.5%～7.0%，阻力特征属中阻型或高阻型	0.043 ($0.1m<H_c<0.5m$)	23
		0.077 ($0.5m<H_c<2.0m$)	13
		0.100 ($2.0m<H_c<4.0m$)	10
	泥石流铺床后原河床黏附一层泥浆体，使干而粗糙的河床变得光滑平顺，利于泥石流体运行，阻力特征属低阻型	0.022 ($0.1m<H_c<0.5m$)	46
		0.038 ($0.5m<H_c<2.0m$)	26
		0.050 ($2.0m<H_c<4.0m$)	20

2. 稀性泥石流流速主要经验公式

(1) 铁道部第三勘测设计院建立的经验公式。

$$V_c=(15.5/a)H_c^{2/3}I_c^{1/2}$$

$$a=1(1+\Phi_c\gamma_s)^{1/2}$$

$$\Phi_c=(\gamma_c-\gamma_w)/(\gamma_s-\gamma_c) \qquad (9.4-14)$$

式中符号意义同前。

(2) 北京市政设计院根据北京地区公路泥石流调查资料建立的公式。

$$V_c=(M_w/a)R^{2/3}I_c^{1/10} \qquad (9.4-15)$$

式中 M_w——河床外阻力系数，见表9.4-5；

R——河床计算断面的水力半径；

其他符号意义同前。

表9.4-5　河床外阻力系数 M_w 值

河床特征	$I_c>0.015$	$I_c\leqslant0.015$
河段顺直，河床平整，断面为矩形或抛物线形的漂石、砂卵石，或黄土质河床，平均粒径为0.01～0.08m	7.5	40.0
河段较为顺直，由漂石、碎石组成的单式河床，河床质较均匀，大石块直径为0.4～0.8m，平均粒径为0.2～0.4m，或河段较为弯曲、不太平整的1类河床	6.0	32.0
河段较为顺直，由巨石、漂石、卵石组成的单式河床，大石块直径为0.1～1.4m，平均粒径为0.1～0.4m，或河段较为弯曲、不太平整的2类河床	4.8	25.0
河段较为顺直，河槽不平整，由巨石、漂石组成的单式河床，大石块直径为1.2～2.0m，平均粒径为0.2～0.6m，或河段较为弯曲、不平整的3类河床	3.8	20.0
河段严重弯曲，断面很不规则，有树木、植被、巨石严重阻塞河床	2.4	12.5

(3) 西南地区现行公式。

$$V_c=(M_c/a)R^{2/3}I_c^{1/2} \qquad (9.4-16)$$

式中 R——水力半径，天然河床一般可以用平均水深 H_c 代替；

M_c——泥石流沟粗糙系数，见表9.4-6；

其他符号意义同前。

表9.4-6　泥石流沟糙率系数 M_c 值

沟槽特征	M_c 值		坡比
	极限值	平均值	
沟槽糙率很大，槽中堆积不易滚动的棱石大块石，并被树木严重阻塞，无水生植物，沟底呈阶梯式降落	3.9～4.9	4.5	0.375～0.174
沟槽糙率较大，槽中堆积有大小不等的石块，并有树木阻塞，槽内两侧有草木植被，沟床坑洼不平，但无急剧突起，沟底呈阶梯式降落	4.5～7.9	5.5	0.199～0.067

续表

沟 槽 特 征	M_c 值		坡比
	极限值	平均值	
较弱的泥石流沟槽，但有大的阻力，沟槽由滚动的砾石和卵石组成，常因有稠密的灌木丛而被严重阻塞，沟床因有大石块突起而凹凸不平	5.4～7.0	6.6	0.187～0.116
在山区中下游的光滑的岩石泥石流沟槽，有时具有大小不断的阶梯跌水的沟床，在开阔河段有树枝，砂不停积、阻塞，无水生植物	7.7～10.0	8.8	0.220～0.112
在山区或近山区的河槽，由砾石、卵石等中小粒径和能完全滚动的物质组成，河槽阻塞轻微，河岸有草木及木本植物，河底降落较均匀	9.8～17.5	12.9	0.090～0.022

9.4.3 泥石流一次冲出总量计算

泥石流一次冲出总量一般采用计算法和实测法估算。

1. 计算法

根据泥石流历时和最大流量，按泥石流暴涨暴落的特点，将其过程线概化为五边形，见图9.4-1，通过计算断面的泥石流一次冲出总量按下式计算：

$$U_c=19TQ_c/72 \tag{9.4-17}$$

式中 U_c——泥石流一次冲出总量，m^3；

T——泥石流历时，s；

Q_c——通过计算断面的最大流量，m^3/s。

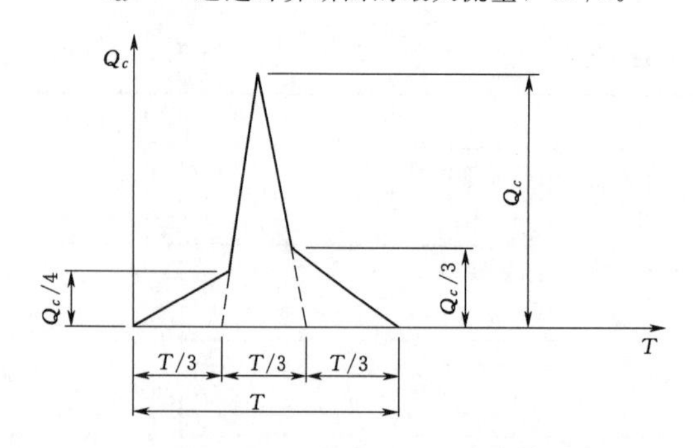

图9.4-1 概化泥石流流量过程线

泥石流一次冲出固体物质总量按式（9.4-18）计算：

$$U_s=C_yU_c=(\gamma_c-\gamma_w)U_c/(\gamma_s-\gamma_w) \tag{9.4-18}$$

式中 U_s——通过计算断面的固体物质实体总量，m^3；

其他符号意义同前。

例：1981年7月9日，成昆铁路利子依达沟泥石流历时20min，$Q_c=2685m^3/s$，$\gamma_c=2.35t/m^3$，γ_s按$2.70t/m^3$计，由式（9.4-17）计算得$U_c=85$万m^3；按式（9.4-18）计算得$U_s=67.5$万m^3。

2. 实测法

如果一次泥石流冲出的固体物质基本上都堆积在扇形地上，可以采用地形测量的方法实测其堆积体积，同时采样测定泥石流土体和堆积物土体的颗粒大小分配曲线并按下式估算一次泥石流一次冲出总量：

$$U_c=(\alpha_sV_s\beta_c/\beta_{cs})(\gamma_s-\gamma_w)/(\gamma_c-\gamma_w) \tag{9.4-19}$$

式中 α_s——堆积物的松散体积系数，一般可取0.8；

β_c——堆积物中粗颗粒所占的百分比，从堆积物土体的颗粒大小分配曲线查得；

β_{cs}——堆积物粗颗粒在泥石流土体中所占的百分比，由泥石流土体的颗粒大小分配曲线查得；

其他符号意义同前。

9.4.4 泥石流冲刷和淤积

1. 河床冲刷与淤积

泥石流冲刷和淤积主要取决于河床坡度与流体及河床质特征。

实际河床坡度$\tan\theta_b$大于泥石流运动的最小坡度$\tan\theta_m$，且达到某一临界值时，泥石流将对河床产生冲刷。

河床坡度小于泥石流运动的最小坡度时，泥石流将在河床中淤积。

河床坡度一般变化不大，但通过的泥石流体的土粒组成、容重及流量常常发生较大变化，因而泥石流运动的最小坡度亦发生较大变化，从而造成河床冲淤变化无常。

黏性泥石流由于河床坡度变缓会出现整体淤积，形成垄岗或舌状体。

一般泥石流冲刷要相继进行，直至不产生冲刷为止，冲刷过程一般由表层到下层，从冲刷上游至下游推移。若河床质大体与泥石流土体一致时，则往往出现整体性冲刷，即该段河床质成为泥石流体向下游运动。

一般泥石流沟的流通段坡度，可以作为该沟泥石流运动的平衡坡度。

泥石流运动的最小坡度大于水流动所需的坡度，按泥石流排导设计的排导沟，通过夹沙水流和清水时会产生严重冲刷，需要采取防冲措施。

泥石流河床坡度受侵蚀基准面控制，修建排导沟时若不能满足泥石流运动的最小坡度，需要在上游适当地段修建拦挡或停淤工程，以减小泥石流中的土体颗粒粒径和容重，使其能在河床中顺畅流动，防止淤积。

处于平衡坡度的泥石流河床，由于情况发生变化，如侵蚀基准面下降或上升、流域产沙量减少或增多、上游植被变好或变坏等，也会出现冲刷或淤积。因此，在设计泥石流排导槽或泥石流沟道整治工程时，要考虑到出现这种情况时应采取的相应措施。

当泥石流通过时，河床受剪切力如图 9.4-2 所示，泥石流运动剪切力 τ_c 为

$$\tau_c=\rho_c g H_c \sin\theta_b \quad (9.4-20)$$

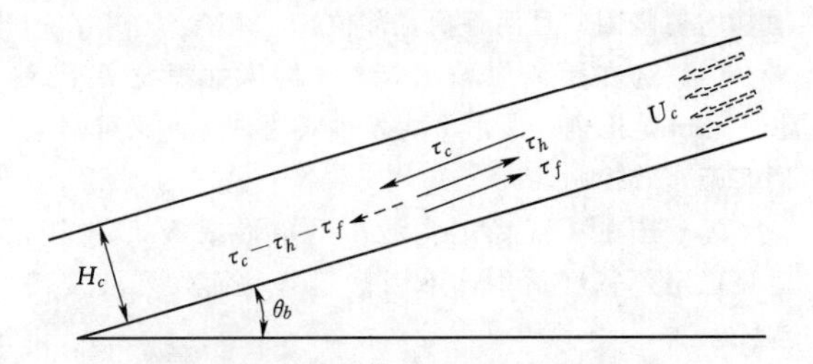

图 9.4-2 泥石流河床受剪切力示意图

τ_c—泥石流运动剪切力，N/m²；τ_h—泥石流运动阻力，N/m²；τ_f—表层土体的抗剪强度，N/m²；H_c—泥石流深度，m；U_c—泥石流平均流速，m/s；θ_b—河道底坡坡度，(°)

泥石流运动阻力为

$$\tau_c=C_v H_c(\gamma_s-\gamma_y)g\cos\theta_b\tan\phi_m+\tau_0 \quad (9.4-21)$$

式中 C_v——泥石流中土体的体积深度，%；

γ_s——土体实体容重，N/m³；

γ_y——泥石流体容重，N/m³；

ϕ_m——泥石流中土体的动摩擦角，(°)；

τ_0——泥石流浆体静剪切强度，N/m²；

其他符号意义同前。

河床质表层土体的抗剪强度 τ_f（不计河床质的黏结力 C）为

$$\tau_f=f_p\tan\phi_s \quad (9.4-22)$$

$$f_p=C_v H_c(\gamma_s-\gamma_y)g\cos\theta_b \quad (9.4-23)$$

式中 f_p——河床表层以上的泥石流中土体的压力，N/m²；

ϕ_s——河床质饱和状态下的内摩擦角，(°)。

当泥石流的运动剪切力 τ_m 克服其阻力 τ_c 后的余值，大于河床质的抗剪强度 τ_f 时，河床质产生运动而形成冲刷，满足式（9.4-24）：

$$\tau_m-\tau_c>\tau_f \quad (9.4-24)$$

将式（9.4-20）～式（9.4-22）代入式（9.4-24），经整理得河床冲刷坡度 $\tan\theta_b$ 为

$$\tan\theta_b>\frac{C_p(\gamma_s-\gamma_y)\tan\phi_s}{\gamma_c}+\frac{C_v(\gamma_s-\gamma_y)\tan\phi_m}{\gamma_c}+\frac{\tau_0}{\gamma_c g H_c\cos\theta_b} \quad (9.4-25)$$

若式（9.4-25）右边第三项甚小时，可以忽略，并近似取 $\phi_s=\phi_m$，得河床冲刷坡度为

$$\tan\theta_b>2C_v(\gamma_s-\gamma_y)\tan\phi_s/\gamma_c \quad (9.4-26)$$

2. 过坝泥石流冲刷公式

过坝泥石流对下游河床会产生严重的局部冲刷，其冲刷示意图见图 9.4-3，冲刷深度和长度的计算公式列举如下。

（1）利地格（Riediger）公式。

$$h_t=h_{t_0}[\gamma_{c_1}/(3\gamma_{c_2}-2\gamma_{c_1})] \quad (9.4-27)$$

$$h_{t_0}=2h_d$$

式中 h_t——跌落泥石流贯入深度或称冲刷深度，m；

h_{t_0}——上、下游流体密度相等时的贯入深度，m；

h_d——上、下游水位差，m。

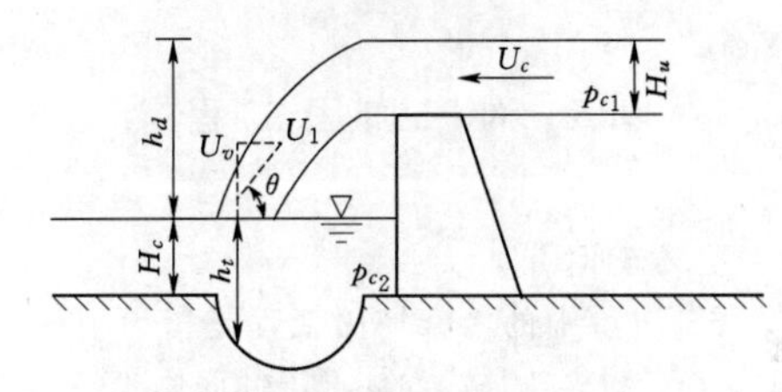

图 9.4-3 过坝泥石流冲刷示意图

H_u—泥石流平均深度，m；h_t—跌落泥石流贯入深度或冲刷深度，m；h_d—拦沙坝上、下游水位落差，m；H_c—拦沙坝下游泥石流深度，m；p_{c_1}—贯入流体的密度，kg/m³；p_{c_2}—下游侧流体的密度，kg/m³；U_c—泥石流平均流速，m/s；U_1—泥石流流速水平分量，m/s；θ—泥石流过坝流速与水平速度分量的夹角，(°)；U_v—泥石流流速垂直分量，m/s

（2）肖克里特希（Schohlitsch）实验公式。

$$h_t=(4.75/D_s^{0.32})h_d^{0.2}q_c^{0.57} \quad (9.4-28)$$

式中 D_s——河床砂石的标准粒径，即 90% 的颗粒小于该粒径，10% 的颗粒大于该粒径，mm；

q_c——单宽流量，m²/s；

其他符号意义同前。

（3）伏谷伊一氏实验公式。

$$h_t=(0.095/D_s^{0.2})[102.04q_cV_{w0}-0.0139(G_s-G_w)D_s^{1.63}]^{0.42} \quad (9.4-29)$$

式中 V_{wo}——下游水面的流速，m/s；

G_s——砂石的容重，N/cm³；

G_w——水的容重，N/cm³；

其他符号意义同前。

（4）柿德市简化式。

$$h_t=0.6h_d+3H_c-1.0 \quad (9.4-30)$$

（5）按跌落石块的动能计算冲刷坑深度公式。

如图9.4-4所示，冲刷坑深度 H_s 为

$$H_s=\frac{1}{12}g^2H_ch_d\gamma_s/\sigma_s \quad (9.4-31)$$

式中 γ_s——跌落石块的密度，kg/m³；

σ_s——坝下游河床质的允许承载力；

其他符号意义同前。

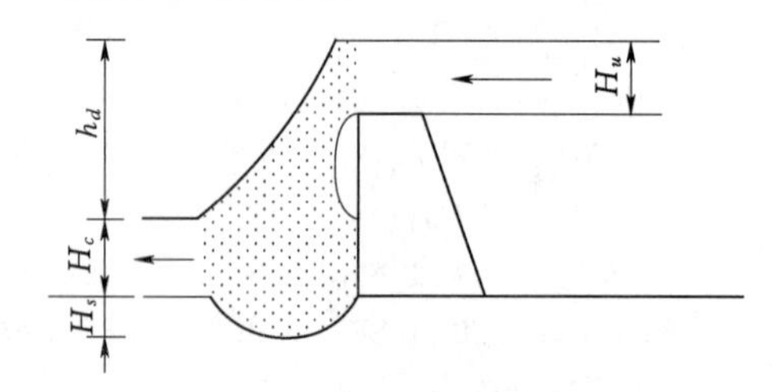

图9.4-4 过坝跌落石块冲击示意图

9.5 沟床加固工程

9.5.1 定义与作用

泥石流防治中的沟床加固工程是指为了稳固沟床，防止或者减轻沟坡或沟底遭侵蚀而修建的一类水工构筑物。其主要目的是为防止含沙水流或者泥石流对河床纵向及横向侵蚀；稳固河床，加强山坡坡脚的稳定性，防止沟岸崩塌。

9.5.2 分类与适用范围

根据河床加固工程布置形式的不同主要可以分为三类：谷坊工程、护坡工程和护底工程。谷坊工程是修建于沟道上游的梯级拦截低坝，可以淤高沟床，抬高沟床的侵蚀基准面；防止沟道下切，提高坡脚稳定性；减缓沟床比降，降低泥石流速度；削减泥石流峰值，减少沟床冲刷。谷坊工程适用于绝大多数泥石流沟的固床护坡。护坡工程一般采用浆砌石，沿遭冲刷的坡脚进行表面护砌，适用于一定距离范围内的沟坡护砌，不适用于流域内大范围支沟的护砌。护底工程采用浆砌石对沟床底部进行铺砌，铺砌厚度不低于0.5m，适用于一定距离范围内的沟床护砌，不适用于流域内大范围支沟的护砌。

9.5.3 工程设计

相对于护坡工程和护底工程，谷坊工程在泥石流防治中的运用更为普遍，是泥石流减灾治灾的重要工程。下面针对谷坊工程的设计、施工作详细说明。

9.5.3.1 谷坊坝坝址布置和坝高拟定

1. 谷坊坝坝址布置

利用中比例尺或大比例尺地形图（1：2000～1：10000），结合现场踏勘布置谷坊坝坝址。

（1）从拦沙坝回淤末端上溯，至形成区上游第一处崩塌、滑坡体下游（缘）附近，或沟床质集中堆积段下游附近，属于梯级谷坊布设的区段。

（2）拦沙坝无法控制的泥石流支沟，自下而上，沿重力侵蚀-物源供应段，均属于支沟谷坊群及支沟梯级谷坊布设地段。

（3）谷坊坝轴宜选在口狭肚阔的地形颈口，或上窄下宽的喇叭形入口处；选在两肩对称，岸高足够，地基均匀坚固，且河谷稳定部位。

（4）选在距离崩塌、滑坡和沟床堆积龙头下缘30～50m范围内，既避开突发性灾害冲击，又可对它们实施有效控制。

（5）选在顺直稳定沟段，呈矩形或V形沟槽，过流稳定，宽度适中，不因修建谷坊而强烈演变的沟段。

（6）谷坊下游存在冲刷或侧蚀隐患的，须加设潜槛或其他导流-消能措施来保护。

2. 坝高拟定

（1）单个谷坊应按上游掩埋限制高程并以设计回淤纵坡推算谷坊坝坝高。

（2）按单位坝高最大效益和投资增长率最佳组合确定谷坊坝坝高。

（3）通常溢流段净坝高宜定在5～8m，称为合理坝高。

（4）梯级谷坊或谷坊群，应对不同平面布置及相应坝高方案进行比较，选定其中优化组合方案作为单个谷坊的推荐坝高。

（5）谷坊、梯级谷坊和谷坊群之间无法控制的危险沟段，可增设一定数量的潜槛来补充。

9.5.3.2 坝体结构设计

重力式谷坊是最常用、修建最多的谷坊坝型，常采用梯形横断面，其下游坝坡比为1：0.05～1：0.10，上游坝坡比为1：0.4～1：0.5，坝顶宽1.00～2.00m。坝高小于5m者不带基础尾板，坝高大于5m结构受力分析达不到稳定和强度要求的，应适当加设基础尾板，以便增加淤积土重量，改善坝体的稳定和地基耐压力状况。用于拦挡稀性泥石流和水石流的谷坊，可根据流体中固相物质粒度组成及地基渗透状况，采用筛子坝、梳齿坝，钢筋混凝土格栅坝等类型

谷坊，在受力分析计算中将流体渗透压力作适当折减。

9.5.3.3 细部设计

(1) 通常只在溢流至非溢流段设两道沉陷-伸缩缝。

(2) 一般情况下，下游端布设基础齿墙即可满足抗滑及抗冲刷要求，齿深为1.5～2.5m。

(3) 溢流堰顶采用开敞式溢流堰，特殊要求下可在堰上加设梯形或矩形锯齿槽拦阻泥石流中的巨石。

(4) 梯级谷坊坝坝身汰沙排水孔面积和梳齿缝宽度应自上而下呈渐缩式，或布置一定数量的大尺度排水孔和梳齿缝，以防堵塞和方便清淤。这种布置方式可确保各梯级谷坊能均衡淤积，合理负担，避免出现上游淤满，下游空库的状况。

(5) 非溢流段留够坝顶超高，坝肩至溢流口做成倒“八”字下降斜坡，高差为0.5～1.0m，避免绕坝肩溢流引起肩部冲刷破坏。

(6) 为防止排泄黏性泥石流时，在溢流口的某一侧堆积并造成漫溢，可在溢流口上游增设“八”字导流墙引导入流，墙的末端伸入岸坡并嵌入岸基深0.50～0.80m，以免冲毁坝肩。

(7) 坝肩嵌入深度为0.50～1.20m，可根据地基密实度确定，松散层取大值，坚土取小值。

9.5.3.4 消能工设计

(1) 一般情况下，采用梯级谷坊相互成串逐级消能，即下游谷坊的顶部大致与上游谷坊基部等高，见图9.5-1。越坝洪流在齿墙前端形成冲刷坑，应控制上游溢流堰的单宽流量和溢流深，将冲刷坑最大深度限定在齿墙埋深线以内，控制齿墙基底侵蚀基准不再下切，待后续泥石流重新建造回淤末端并将冲坑填平。

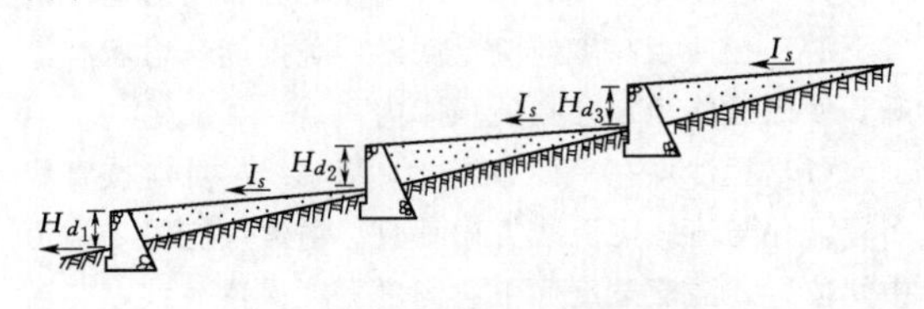

图9.5-1 梯级谷坊坝系示意图

(2) 对下游存在沟床冲刷和侧蚀的谷坊，应在侵蚀范围内或冲刷坑的下端修建潜槛，潜槛的堰顶与齿墙底齐平或略高，可以控制沟床侵蚀基准，并在潜槛与谷坊之间形成冲刷坑。

潜槛与谷坊之间间距为

$$l=(2\sim3)H \qquad (9.5-1)$$

式中 l——槛谷间距，取15～25m；

H——谷坊坝落差，m。

(3) 对狭窄的V形沟槽，两侧为陡峻岸坡或不稳定的堆积层斜坡时，可顺沟槽修建箱形导流侧墙，中嵌肋板消能，箱形槽宽与溢流堰相等或略宽，肋间距10～15m，结构和排导槽类似。

9.5.4 施工要求

1. 定线清基

按规划的谷坊群坝址顺序及各谷坊的设计平面和断面图实地定线校线，把坝基坝肩虚土、草皮、树根与含腐殖质较多的杂土清理干净。清基深度应达0.3m以上，清至坚实的土基或较完整的岩基。同时，沿轴线开挖结合槽，宽深各0.5～1.0m。

2. 岩基沟床清基

应清除表面的强风化层。基岩面应凿成向上游倾斜的锯齿状，两岸沟壁凿成竖向结合槽。

3. 谷坊修筑

根据设计尺寸，从下向上分层筑坝，逐层向内收坡，坝身要用粗料石干砌或浆砌，大块石铺底，块石首尾相接，错缝砌筑，大石压顶。要求料石厚度不小于30cm，接缝宽度不大于2.5cm，同时做到“平、稳、紧、满”。

9.6 拦 挡 工 程

9.6.1 重力式拦沙坝

9.6.1.1 定义与作用

重力式拦沙坝依靠本身的自重来保持稳定，平面上做成“一”字形，构造简单，施工简易，是目前使用最广泛的一种坝型，见图9.6-1和图9.6-2。

9.6.1.2 分类与适用范围

根据重力式拦沙坝的建筑材料分为浆砌石坝和混凝土（含钢筋混凝土）坝及干砌石坝等。

(1) 浆砌石坝和混凝土坝：浆砌石坝和混凝土坝是我国泥石流防治中最常用的坝型。适用于各种类型及规模的泥石流防治。其中，浆砌石坝在石料充足的地区，可就地取材，施工技术条件简单，工程投资较少。

(2) 干砌石坝：干砌石坝适用于小规模泥石流的防治，要求断面尺寸大，坝前应填土防渗及减缓冲击，过流部分应采用一定厚度（>1.0m）的浆砌块石护面。坝顶最好不过流，而另外设置排导槽（溢洪道）过流。此类坝型包括定向爆破砌筑的堆石坝。

9.6.1.3 重力式拦沙坝的布置及结构设计

1. 坝址布置

(1) 拦沙坝最好布置在泥石流形成区的下部，或

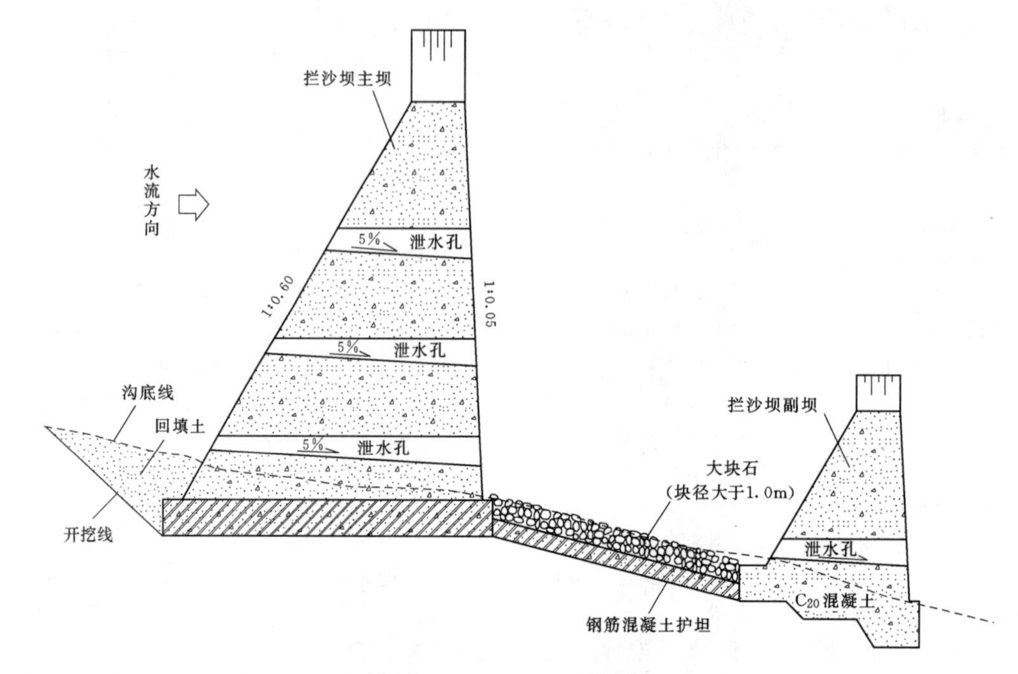

图9.6-1　重力式拦沙坝示意图

(*a*) 汶川县张家坪沟拦沙坝

(*b*) 汶川县磨子沟拦沙坝

图9.6-2　重力式拦沙坝的工程实例

置于泥石流形成区至流通区的衔接部位。

(2) 从地形上讲，拦沙坝应设置于沟床的颈部（峡谷入口处）。坝址处两岸坡体稳定，无危岩、崩滑坡体存在，沟床及岸坡基岩出露、坚固完整，具有很强的承载能力。在基岩窄口或跌坎处建坝，可节省工程投资，对排泄和消能都十分有利。

(3) 拦沙坝应设置在能较好控制主沟、支沟泥石流活动的沟谷地段。

(4) 拦沙坝应设置在靠近沟岸崩塌、滑坡活动的下游地段，应能使拦沙坝在崩滑体坡脚的回淤厚度满足稳定崩塌、滑坡的要求。

(5) 从沟床冲刷下切段下游开始，逐级向上游设置拦沙坝，使坝上游沟床被淤积抬高及展宽，从而达到防止沟床继续被冲刷，进而阻止沟岸崩塌、滑坡活动的发展。

(6) 拦沙坝应设置在有大量漂砾分布及活动的沟谷下游，拦沙坝高度应满足回淤后长度能覆盖所有漂砾，使漂砾能稳定在拦沙坝库内。

(7) 拦沙坝在平面布置上，坝轴线尽可能按直线布置，并与流体主流线方向垂直。溢流口应居于沟道中间位置，溢流宽度和下游沟槽宽度保持一致，非溢部分应对称。坝下游设置消能措施，可采用潜槛或消力池构成的软基消能工。

(8) 若拦沙坝本身不过流时，应在坝的一侧设置排导槽（溢洪道）工程。

2. 拦沙坝高与间距

拦沙坝的高度除受控于坝址段的地形、地质条件外，还与拦沙效益、施工期限、坝下消能等多种因素有关。一般说来，坝体越高，拦沙库容就越大，固床护坡的效果也就越明显。但工程量及投资则随之急增，因此，应选择合理坝高。

(1) 按工程使用期多年累计淤积库容确定坝高，计算公式为

$$V_s = \sum_{i=1}^{n} V_{si} = nV_{sy} \qquad (9.6-1)$$

式中 V_s——多年泥沙累计淤积量，m^3；

n——有效使用年数；

i——年序；

V_{si}——第 i 年的淤积量，m^3；

V_{sy}——多年平均年来沙量，m^3。

当淤积库容等于 V_s 时的坝高即工程设计所要求的坝高。

(2) 按预防一次或多次典型泥石流的泥沙来量计算式为

$$V_s = \sum_{i=1}^{n} V_{si} \qquad (9.6-2)$$

式中 i，n——次数；

其他符号意义同前。

(3) 根据坝高与库容关系曲线拐点法确定。该方法与确定水库坝高类似，不同点是水库水面基本是水平的，而拦沙坝上游库区表面则是与泥石流性质有关的斜线或折线。因此，计算得到的总库容大于同等坝高的水库库容。

(4) 对于以稳定沟岸崩滑坡体为主的拦沙坝坝高，可按回淤长度或回淤纵坡及需压埋崩滑体坡脚的泥沙厚度确定。即淤积厚度下的泥沙所具有的抗滑力，应大于或等于崩滑体的下滑力。计算泥沙淤积厚度（H_p）的公式为

$$H_p^2 \geqslant \frac{2Wf}{\gamma_s \tan^2(45° + \phi/2)} \qquad (9.6-3)$$

式中 W——高出崩滑面延长线的淤积物单宽质量，kg；

f——淤积物内摩擦系数；

γ_s——淤积物的容重，N/cm^3；

ϕ——淤积物内摩擦角，(°)。

拦沙坝的高度（H）可按式（9.6-4）计算：

$$H = H_p + H_l + L(i - i_0) \qquad (9.6-4)$$

式中 H_l——崩滑坡体临空面距沟底的平均高度，m；

L——回淤长度，m；

i——原沟床纵坡坡降；

i_0——淤积后的沟床纵坡坡降；

H_p——泥沙淤积厚度，m。

(5) 根据坝址及库区的地形地质条件，按实际所需的拦淤大小确定坝高。

(6) 当单个坝库不能满足防治泥石流的要求时，可采用拦沙梯级坝。在布置中，各单个坝体之间应相互协调配合，使梯级坝能构成有机的整体。梯级坝的总高度及拦淤量应为各单个坝的有效高度及拦淤量之和。

泥石流拦沙坝的坝下消能防冲及坝面抗磨损等技术问题，一直未能得到很好解决。故从维护坝体安全及工程失效后可能引发的不良后果考虑，在泥石流沟内松散层上修建单个拦沙坝的坝高最好小于 30m，对于梯级坝的单个溢流坝，应低于 10m。对于强地震区及具备潜在危险（如冰湖溃决、大型滑坡）的泥石流沟，更应限制坝的高度。

拦沙坝的间距，由坝高及回淤坡度确定。在布置时，可先根据地形、地质条件确定坝的位置，然后计算坝的高度。

拦沙坝建成后，沟床泥沙的回淤坡度（i_0）与泥石流活动的强度有关。可采用比拟法，对已建拦沙坝的实际淤积坡度与原沟床坡度 i 进行比较确定：

$$i_0 = ci \qquad (9.6-5)$$

式中 c——比例系数，可依表 9.6-1 确定，若泥石流为衰减期，坝高又较大时，则用表内的下限值。反之，选用上限值。

表 9.6-1　c 值 表

泥石流活动程度	特别严重	严重	一般	轻微
c	0.8～0.9	0.7～0.8	0.6～0.7	0.5～0.6

3. 拦沙坝的结构

(1) 拦沙坝的断面型式。对于重力拦沙坝，从抗滑、抗倾覆稳定及结构应力等方面考虑，比较有利的合理断面是三角形或梯形。在实际工程中，坝的横断面的基本形式如图 9.6-3 所示，下游面近乎垂直。

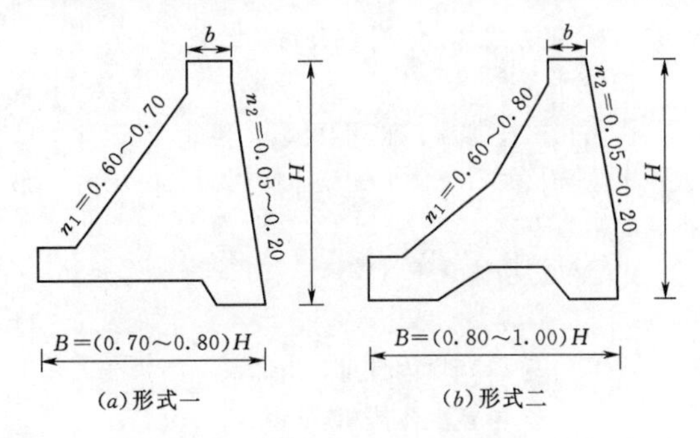

图 9.6-3　重力式拦沙坝横断面示意图

B—坝体底部宽度；H—坝体总高度；b—坝顶宽度；n_1—上游面边坡坡比；n_2—下游面边坡坡比

1) 当坝高 H＜10m 时，底宽 $B=0.7H$，上游面边坡 $n_1=0.5$～0.6，下游面边坡 $n_2=0.05$～0.20。

2) 当坝高 10m＜H＜30m 时，底宽 $B=(0.7$～

0.8)H，上游面边坡 $n_1=0.60\sim0.70$，下游面边坡 $n_2=0.05\sim0.20$。

3）当坝高 $H>30$m 时，底宽 $B=(0.8\sim1.0)H$，上游面边坡 $n_1=0.60\sim0.80$，下游面边坡 $n_2=0.05\sim0.20$。

为了增加坝体的稳定，坝基底板可适当增长，底板的厚度 $\delta=(0.05\sim0.1)H$，坝顶上游、下游面均以直面相连接。

（2）坝体其他尺寸控制。

1）非溢流坝坝高（H）。非溢流坝坝高（H）等于溢流坝高（H_d）与设计过流泥深（H_c）及相应标准的安全超高（H_{tc}）之和：

$$H=H_d+H_c+H_{tc} \tag{9.6-6}$$

2）坝顶宽度（b）。坝顶宽度（b）应根据运行管理、交通、防灾抢险及坝体再次加高的需要综合确定。低坝 b 值应为 1.2～1.5m，高坝 b 值应为 3.0～4.5m。

3）坝身排水孔。对于一般的单个排水孔的尺寸，可用 0.5m×0.5m。孔洞的横向间距，一般为 4～5 倍的孔径；纵向上的间距则可为 3～4 倍的孔径，上下层之间可按"品"字形分布。起调节流量作用的大排水孔，孔径应大于 1.5 倍的最大漂砾直径。

4）坝顶溢流口宽度。坝顶溢流口宽度可按相应的设计流量计算。为了减少过坝泥石流对坝下游的冲刷及对坝面的严重磨损，应尽量扩大溢流宽度，使过坝的单宽流量减小。

5）坝下齿墙。坝下齿墙起增大抗滑、截至渗流及防止坝下冲刷等作用。齿墙深视地基条件而定，最大可达 5m。齿墙为下窄上宽的梯形断面，下齿宽度多为 0.10～0.15 倍的坝底宽度。上齿宽度可采用下齿宽度的 2.0～3.0 倍。

9.6.1.4 重力式拦沙坝荷载及结构计算

1. 基本荷载

作用在拦沙坝上的基本荷载，包括单宽坝体自重、土体重及泥石流体重、流体侧压力、扬压力、泥石流冲击力等。

（1）单宽坝体自重（W_d）。

$$W_d=V_b\gamma_b \tag{9.6-7}$$

式中 W_d——单宽坝体自重，kg；

V_b——单宽坝体体积，m³；

γ_b——坝体材料的密度，对于浆砌块石 $\gamma_b=2.4\text{kg/m}^3$。

（2）土体重（W_s）及泥石流体重（W_f）。

1）W_s 为溢流面以下堆积物垂直作用于上游坝面及延伸基础面上的重力，对于不同容重的堆积土层，则应分层计算，并求其和。

$$W_s=\sum_{i=1}^{n}V_{s_i}\gamma_{s_i} \tag{9.6-8}$$

2）W_f 为泥石流体作用在坝体上的重力，为流体的体积与其对应的容重相乘积。

$$W_f=V_f\gamma_f \tag{9.6-9}$$

（3）流体侧压力（F_d）。流体侧压力就是流体作用于坝体迎水面上的水平压力。

1）对于稀性泥石流体的侧压力（F_{dl}）：

$$F_{dl}=\frac{1}{2}\gamma_{ys}h_s^2\tan^2\left(45°-\frac{\varphi_{ys}}{2}\right) \tag{9.6-10}$$

式中 γ_{ys}——泥石流容重，N/cm³；

h_s——稀性泥石流堆积厚度，m；

φ_{ys}——浮沙内摩擦角，(°)。

2）对于黏性泥石流体的侧压力（F_{vl}），按土力学原理计算：

$$F_{vl}=\frac{1}{2}\gamma_c H_c^2\tan^2\left(45°-\frac{\varphi_u}{2}\right) \tag{9.6-11}$$

式中 γ_c——黏性泥石流容重，N/cm³；

H_c——流体深度，m；

φ_u——泥石流体的内摩擦角，一般为 4°～10°。

3）对于水流而言，侧压力 F_{vl} 按水力学计算：

$$F_{vl}=\frac{1}{2}\gamma_w H_w^2$$

式中 γ_w——水体的容重，N/cm³；

H_w——水深，m。

（4）扬压力（F_y）。坝下扬压力取决于库内水深 H_w，迎水面坝踵处的扬压力，可近似按溢流口高度乘以 0～0.7 的折减系数而得。

（5）泥石流冲击力（F_c）。泥石流的冲击力包括泥石流体的动压力荷载及流体中大石块的冲击力荷载两种。

1）对于泥石流体动压力荷载 F_{c_1}：

$$F_{c_1}=\frac{k\gamma_c}{g}V_c^2 \tag{9.6-12}$$

式中 γ_c——泥石流体的容重，N/cm³；

V_c——泥石流体的流速，m/s；

k——泥石流不均匀系数，其值为 2.5～4.0，亦有专家建议用泥深代替 k 值。

2）对于泥石流体中大石块的冲击力 F_{c_2}：

$$F_{c_2}=F_{c_1}=\frac{WV_a}{gT} \tag{9.6-13}$$

式中 W——大石块的重量，N；

V_a——大石块的运动速度，m/s；

T——大石块与坝体的撞击历时，s。

3）按简支梁或悬臂梁的情况计算 F_{c_2}：

$$F_{c_2}=\sqrt{\frac{48EJV_c^2W}{gl^3}}\text{（简支梁）} \quad (9.6-14)$$

或

$$F_{c_2}=\sqrt{\frac{3EJV_c^2W}{gl^3}}\text{（悬臂梁）} \quad (9.6-15)$$

式中 E——构件的弹性模量，Pa；

J——惯性力矩，kg·m²；

V_c——泥石流或大石块的流动速度，m/s；

W——石块质量，kg；

l——构件长度，m。

作用在拦沙坝上的其他特殊荷载，包括地震力、温度应力、冰冻胀压力等的计算，可参阅相关规范或手册。

2. 荷载组合

根据不同的泥石流类型、过流方式及库内淤积情况，荷载组合如图 9.6-4 所示。

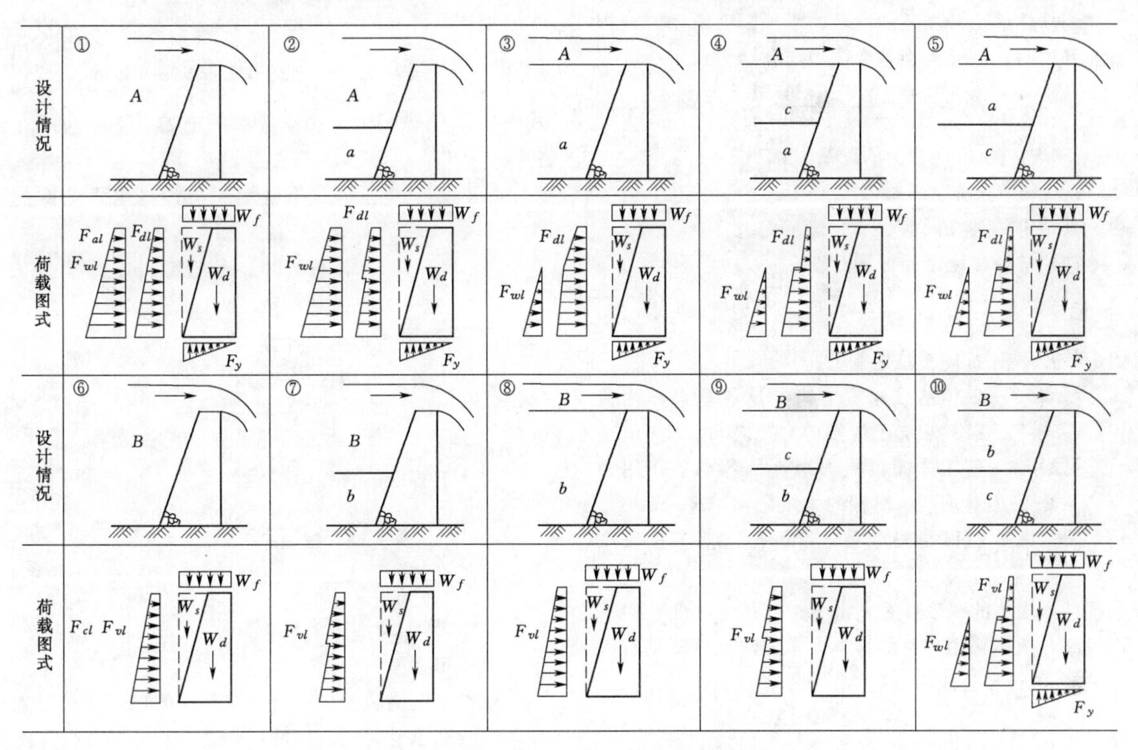

图 9.6-4 泥石流拦沙坝的 10 种荷载组合

A—稀性泥石流；a—稀性泥石流堆积物；B—黏性泥石流；b—黏性泥石流堆积物；c—非泥石流堆积物；①，⑥—空库；②，⑦—未满库；③，④，⑤，⑧，⑨，⑩—满库

对于稀性或黏性泥石流荷载组合，均可分为空库过流、未满库过流及满库过流三种情况，共计 10 种组合类型。当坝高、断面尺寸、坝体排水布设、基础形状大小均相同时，经对比计算分析，可以得出以下几点结论。

(1) 对于任何一种泥石流来说，空库过流时的荷载组合，对坝体安全威胁最大。特别是对于稀性泥石流过坝，危险性更大。相反，满库过流，则偏于安全。对于未淤满库过流，则介于空库与满库之间。

(2) 当过流方式相同时，稀性泥石流比黏性泥石流对坝体安全的威胁更大。

(3) 当不同容重的堆积物呈层分布时，若下层为黏性泥石流堆积，则对坝体安全有利。若整个堆积物均为黏性泥石流堆积物，坝体就会更安全。

3. 稳定性验算

拦沙坝类型不同，其稳定性验算的计算方法也不同。本节仅介绍重力式拦沙坝的稳定性验算，主要包括抗滑稳定性计算、抗倾覆稳定性计算及坝体的强度计算。

(1) 抗滑稳定性计算。抗滑稳定性计算对拟定坝的横断面型式及尺寸起着决定性的作用。坝体沿坝基面滑动的判别公式为

$$K_c=\frac{f\sum W}{\sum F}\geqslant[K_c] \quad (9.6-16)$$

式中 K_c——抗滑稳定系数；

f——砌体同坝基之间的摩擦系数（可查表或通过现场实验确定）；

$\sum W$——作用于单宽坝体计算断面上各垂直力

的总和（如坝体重、水重、泥石流体重、游积物重、基底浮托力及渗透压力等），N；

$\sum F$——作用于计算断面上各水平力之和（含水压力、流体压力、冲击力、淤积物侧压力等），N；

$[K_c]$——抗滑安全系数，可按防治工程安全等级和荷载组合取值。

当坝体沿切开坝踵和齿墙的水平断面滑动，或坝基为基岩时，应计入坝基摩擦力与黏结力：

$$K_c=\frac{f\sum W+CA}{\sum F} \qquad (9.6-17)$$

式中 C——单位面积上的黏结力；

A——剪切断面面积；

其他符号意义同前。

(2) 抗倾覆稳定性计算。

$$K_y=\frac{\sum M_y}{\sum M_0}\geqslant[K_y] \qquad (9.6-18)$$

式中 K_y——抗倾覆稳定系数；

$\sum M_y$——坝体的抗倾覆力矩，是各垂直作用荷载对坝脚下游端的力矩之和，N·m；

$\sum M_0$——使坝体倾覆的力矩，是各水平作用力对坝脚下游端的力矩之和，N·m；

$[K_y]$——抗倾覆安全系数，可按防治工程安全等级和荷载组合取值。

(3) 坝体的强度计算。由于拦沙坝的高度一般都不很高，故多采用简便的材料力学方法计算。垂直应力（σ）的计算公式为

$$\sigma=\frac{\sum W}{A}+\frac{\sum M\cdot X}{f} \qquad (9.6-19)$$

或

$$\sigma=\frac{\sum W}{b}\left(1\pm\frac{6e}{b}\right) \qquad (9.6-20)$$

式中 $\sum W$——各荷载的垂直分量之和，N；

$\sum M$——截面上所有荷载对截面重心的合力矩，N·m；

X——各荷载作用点至断面重心的距离，m；

b——断面宽度，m；

e——合力作用点与断面重心的距离，m。

为了满足合力作用点应在截面的$\frac{1}{3}$之内（$e\leqslant\frac{b}{6}$），满库时在上游面坝脚或空库时在下游面坝脚的最小压应力σ不为负值，则需满足：

$$\sigma_{\min}=\frac{\sum W}{b}\left(1-\frac{6e}{b}\right)\geqslant 0 \qquad (9.6-21)$$

坝体内或地基的最大压应力$\sigma_{\max}$不得超过相应的允许值，即

$$\sigma_{\max}=\frac{\sum W}{b}\left(1+\frac{6e}{b}\right)\leqslant[\sigma] \qquad (9.6-22)$$

1）边缘主应力计算。

坝体上游面的一对主应力：

$$\sigma_{a_1}=\frac{\sigma-\gamma_c\cdot y\cdot\cos^2\theta_{a_1}}{\sin^2\theta_{a_1}},\sigma_{a_2}=\gamma_c\cdot y \qquad (9.6-23)$$

坝体下游面的一对主应力：

$$\sigma_{b_1}=\frac{\sigma''}{\sin^2\theta_{a_2}},\sigma_{b_2}=0 \qquad (9.6-24)$$

式中 σ''，σ——同一水平截面的上游、下游边缘正应力，N/m^2；

θ_{a_1}，θ_{a_2}——上游、下游坝面与计算水平截面的夹角，(°)；

y——计算断面以上的泥深，m；

γ_c——泥石流容重，N/m^3。

2）边缘剪应力τ的计算。

坝体上游面的边缘剪应力：

$$\tau_a=\frac{\gamma_c y-\sigma'}{\tan\theta_{a_1}} \qquad (9.6-25)$$

坝体下游面的边缘剪应力：

$$\tau_b=\frac{\sigma''}{\tan\theta_{a_2}} \qquad (9.6-26)$$

其中，τ_a、τ_b应低于筑坝材料的允许应力值。

9.6.1.5 施工及维护注意事项

1. 总体原则

(1) 泥石流防治工程应具有足够的稳定性和耐久性，应能够承受泥石流的冲击、磨蚀和抗御各种自然因素的影响。泥石流防治工程必须精心施工，确保工程质量。

(2) 防治工程应按照设计要求施工，在确保工程质量的原则下，应因地制宜，合理利用当地材料。

(3) 泥石流防治工程施工应在符合工艺要求和质量标准的条件下积极采用经过鉴定的新材料、新技术、新工艺。

(4) 泥石流防治工程施工期应选择在泥石流未暴发的季节。

(5) 泥石流防治工程施工必须遵守国家有关土地管理法规，应节约用地，保护耕地和农田水利设施。

(6) 泥石流防治工程施工应保护生态环境，尽量少破坏原有植被地貌。清除的杂物必须分类堆放，对不能使用的部分予以妥善处理，避免由此诱发次生地质灾害或造成河流淤埋堵塞等环境问题。

(7) 泥石流防治工程施工，必须贯彻安全生产的方针，制定技术安全措施，加强安全教育，严格执行

安全操作规程，确保安全生产。

(8) 泥石流防治工程施工，尚应符合国家及部颁的有关规范、标准及规定。

2. 施工前的准备

(1) 施工前，施工单位应全面熟悉设计文件，在设计交底的基础上，进行现场核对和施工调查，据此进行施工组织设计，报请监理工程师审批。

(2) 施工组织设计时，须考虑下列两个问题：注意泥石流突发所造成的影响，编制有效的防灾避灾预案；注意环境保护问题，合理设置废弃物堆放场地。

(3) 业主在施工前完善征地拆迁等事宜，为泥石流防治工程的顺利实施做好准备。

(4) 施工前应做好施工测量工作，包括泥石流防治工程的控制要点坐标、水准点的测量复核及施工放样。

(5) 防治工程施工中，应设置临时截排水沟及相应防护工程。

(6) 完善施工人员组织和项目管理结构，施工人员须具备相应资质。

(7) 应按施工要求做好原材料和机具设备准备工作，并报监理工程师审批。

3. 一般规定

(1) 拦沙坝的施工在温湿气候区不宜安排在雨季或暴雨季节，在寒冷气候区不宜安排在融雪期，应避免发生安全事故，提高工程质量。

(2) 当泥石流沟内水深较浅时，拦沙坝施工过程中可采用泥土围堰，若水深大于1.0m，则应采用草袋围堰，且应设置必要的施工导流设施，防止溪水流入基坑影响施工。

(3) 在基坑开挖时，严禁松动拦沙坝地基，若地基存在裂隙应采用灌浆等防渗措施进行处理。

(4) 在拦沙坝施工过程中，应监测岸坡的变形情况，避免滑坡、塌岸等次生地质灾害产生。

(5) 拦沙坝迎冲面应按设计要求采用抗冲消能材料，结构表面需密实光滑。

(6) 基坑、边坡开挖后，裸露时间不宜过长。

(7) 在多级拦沙坝施工时，应先施工泥石流沟上游的拦沙坝，逐级施工下游的拦沙坝。

4. 坝基施工

(1) 在坝基开挖过程中，应监控开挖基坑边坡变形。

(2) 坝基开挖必须按设计要求和规范的有关规定实施，基槽边坡不得大于设计值，若设计无规定时，基坑开挖边坡不得大于1：0.75，当基坑深度大于5.0m时，边坡应设置台阶，台阶宽度不应小于1.0m。

(3) 在坝基开挖过程中，在基槽底部不影响施工作业的地点应设置集水坑汇集基槽内的渗入水，保持基底的干燥，确保施工有序进行，避免积水软化土质，恶化地基土的物理力学参数。

(4) 坝基开挖至设计标高后，应进行地基承载力测试，承载力满足要求以后，才能进行基础施工。

(5) 土地基承载力测试可采用触探法，岩石地基承载力测试应采用试压法，若为比较完整的中风化或弱风化岩石地基可不进行地基承载力测试。

(6) 当地基承载力不满足设计要求时，应停止施工，并立即通知设计单位修改设计。

(7) 对坝基应进行坝基岩体结构面检查，应采用动态设计、信息法施工。

(8) 在膨胀地段坝基开挖至设计标高且地基承载力满足要求后，应及时采用标号不低于拦沙坝主体结构混凝土强度的混凝土封底，避免由于暴露在大气中受到风化而降低地基承载能力。

5. 坝肩施工

(1) 在坝肩施工中，必须做好边坡防护，确保施工安全和工程质量。

(2) 在坝肩开挖施工中，应检查基坑内及边坡上出现的岩体结构面及其不利组合，避免产生安全事故。

(3) 在坝肩施工中，应根据基坑及边坡上出现的岩体结构面及其组合的检查情况，进行动态设计，按信息法施工。

6. 拦沙坝坝体施工

(1) 在拦沙坝坝体施工过程中，应有效防治坝基渗漏，避免产生管涌、流沙等次生灾害。

(2) 当拦沙坝较长需采用分段施工时，施工临时缝应设在永久缝的位置，以便减少施工缝的处理，加快工程进度，提高工程质量。

(3) 必须按规范规定和设计要求设置沉降缝和温度缝，缝面须竖直，缝宽大体一致，表面密实平整，在永久缝处必须设置足够的传力钢筋传递剪力。

(4) 永久缝的止水可采用沥青麻绳或橡胶止水带，若采用沥青麻绳止水时，应在永久缝墙体的内外侧设置，且止水沥青麻绳外侧还应用沥青灌缝，沥青灌缝深度不得小于2.0cm。

(5) 拦沙坝主体结构迎冲面和泄水孔的圬工抗冲磨消能材料应满足设计要求。

9.6.1.6 算例分析

设一拦沙坝，坝高10m，迎水坡坡比为1：17，背水坡垂直，坝体布有3层排水孔，坝底水平，下游无水。对此坝的10种荷载组合进行了稳定计算，结果见表9.6-2。

表 9.6-2　　某拦沙坝10种荷载组合的稳定计算值

泥石流类型			稀性泥石流					黏性泥石流				
图 9.6-4 中的荷载组合编号			1	2	3	4	5	6	7	8	9	10
稳定计算值	抗滑稳定系数 K_c		0.76	1.00	3.03	2.11	2.16	1.16	1.51	4.06	3.86	2.32
	抗倾稳定系数 K_y		1.18	1.54	4.20	3.32	3.33	2.81	2.70	8.11	7.27	3.77
	坝底应力值/(t/m^2)	σ_{max}	69.90	75.00	41.58	45.31	45.31	82.17	61.54	41.42	42.47	41.59
		σ_{min}	−28.40	−23.56	10.07	5.89	5.89	−25.03	−4.56	14.92	13.41	10.07

从表 9.6-2 可以得出以下结论。

(1) 坝前空库时，泥石流对坝体安全最为不利；坝前淤满时，泥石流过坝偏安全；坝前尚未淤满时，泥石流对坝体的影响介于二者之间。坝体的稳定计算值分别见表 9.6-2 中的编号 1～3，6～8。

(2) 过流方式相同者，稀性泥石流较之黏性泥石流对坝体安全更为不利。稀性泥石流和黏性泥石流稳定计算值分别为表 9.6-2 中编号 1 与 6，2 与 7，3 与 8，4 与 9，5 与 10。

(3) 当不同容重的堆积物呈层分布时，若下层为黏性泥石流堆积物，就对坝体安全有利，稳定计算值见表 9.6-2 中编号 9 与 10。

(4) 总的来说，空库时有稀性泥石流过境对坝体安全最为不利（稳定计算值见表 9.6-2 中编号 1），满库后整层为黏性泥石流堆积物，过流就较为安全（稳定计算值见表 9.6-2 中编号 8）。

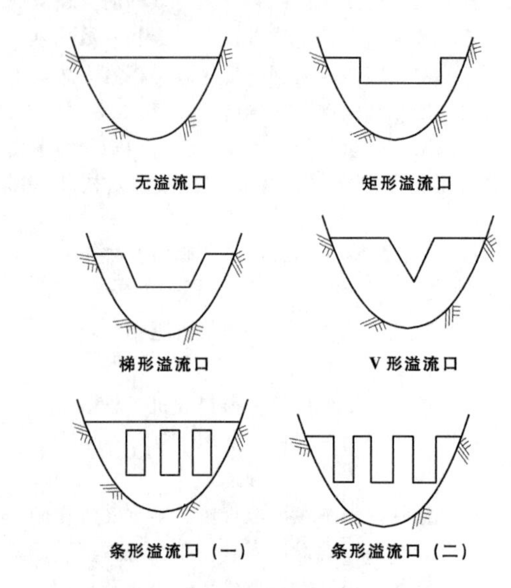

图 9.6-5　拦挡坝溢流口演化示意图

9.6.2　格栅坝（含耙式格栅坝）

9.6.2.1　定义与作用

格栅坝是指具有（横向或竖向）格栅、网格（平面或立体）和整体格架结构等拦挡坝的总称。它是由实体重力坝的溢流口不断演变而形成的（图 9.6-5），包括梁式（梳齿式、耙式）格栅坝、切口坝、筛子坝和格子坝等多种型式。

与实体重力式拦沙坝相比，格栅坝具有受力条件好，节省材料和投资，施工便利，拦石排水效果好，有利坝库维护管理等优点。目前，由于在过流与结构计算方法和使用可靠性方面，尚有一些问题未获解决，其坝高一般不超过 20m。

9.6.2.2　分类与适用范围

格栅坝的种类和类型很多，可以从不同的角度予以分类。

1. 按结构型式与构造分类

格栅坝包括在实体圬工重力坝上开切口或布置过流格栅而形成的切口坝、缝隙坝、梁式坝、梳齿坝、耙式坝和筛子坝以及由杆件系统（立柱、锚索和框架等）组成的格子坝和网格坝等（图 9.6-6）。

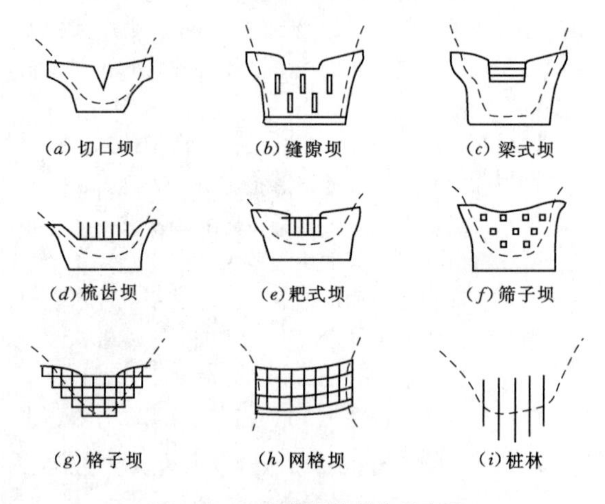

图 9.6-6　格栅坝的结构示意图

2. 按几何形态分类

按几何形态分为平面形态和立体形态。平面形态指垂直于流向的格栅或格构为平面形，如图 9.6-6 (c)、(d)、(e) 和 (g) 所示，用于沟谷狭窄或坝高较低，泥石流规模和作用荷载均较小的情况；立体形态指垂直于流向的格栅或格构为立体形并沿坝高逐渐增厚的形态，如图 9.6-6 (*a*)、(*b*)、(*f*)、(*h*) 和 (*i*) 所示，用于坝较高，泥石流规模较大，因而作用于荷载和格构的空间尺寸均较大的情况。

3. 按使用材料和受力状况分类

按使用材料可分为刚性格栅坝和柔性格栅坝。刚性格栅坝使用的材料有浆砌石、混凝土、钢管、钢轨、钢筋混凝土构件等；柔性格栅坝使用的材料主要为高弹性钢丝网、钢索等。

格栅坝最适合于拦蓄含巨石、大漂砾的水石流、稀性泥石流和挟带大量推移质的高含沙洪水，也可布置在黏性（结构性）泥石流与洪水相间出现的沟道；而不适用于拦挡崩滑体和间发性黏性泥石流。

对坝型方案作技术经济比较时，不仅要比较一次性投资，还要比较坝库的重复使用率、维护管理费用、加工制作、材料供应、运输条件和施工技术水平等。

确定采用格栅坝坝型后，根据坝址的自然条件和使用要求，从总体布置、结构受力与过流、施工与管理等方面进一步选定格栅坝的坝型结构与构造。

9.6.2.3 梁式格栅坝

在圬工重力式实体坝的溢流段或泄流孔洞或以支墩为支承的梁式格栅，形成横向宽缝梁式坝，或竖向深槽耙式坝。格栅梁用预应力钢筋混凝土或型钢（重型钢轨、H 型钢、槽型钢或组合钢梁等）制作，是目前泥石流防治中应用较多的主要坝型之一，见图 9.6-7～图 9.6-9。这类坝的优点是梁的间隔可根据拦渣效率大小进行调整，既能将大颗粒砾石等拦蓄起来，又使小于某一粒径的泥沙石块排入下游，使下游段沟床不至于大幅度降低。堆积泥沙后，如将梁卸下来，中小水流能将库内泥沙自然带入下游，或可用机械清淤。

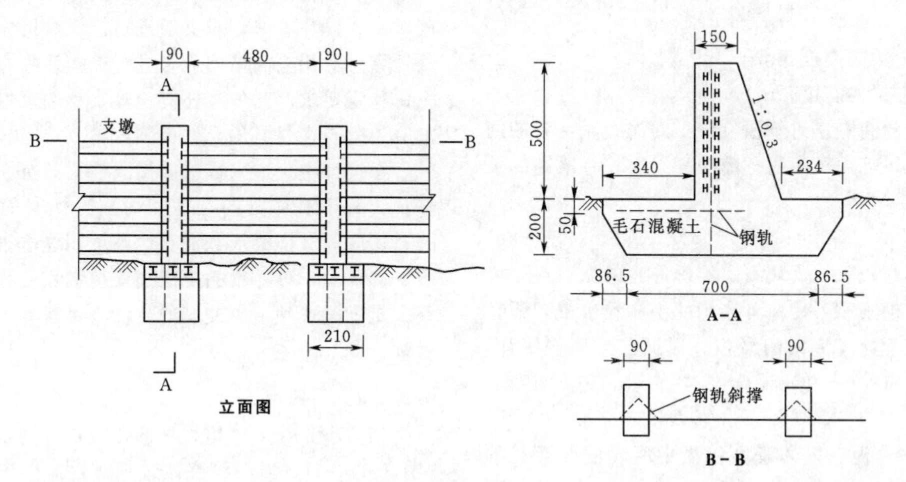

图 9.6-7 钢轨梁式格栅坝（单位：cm）

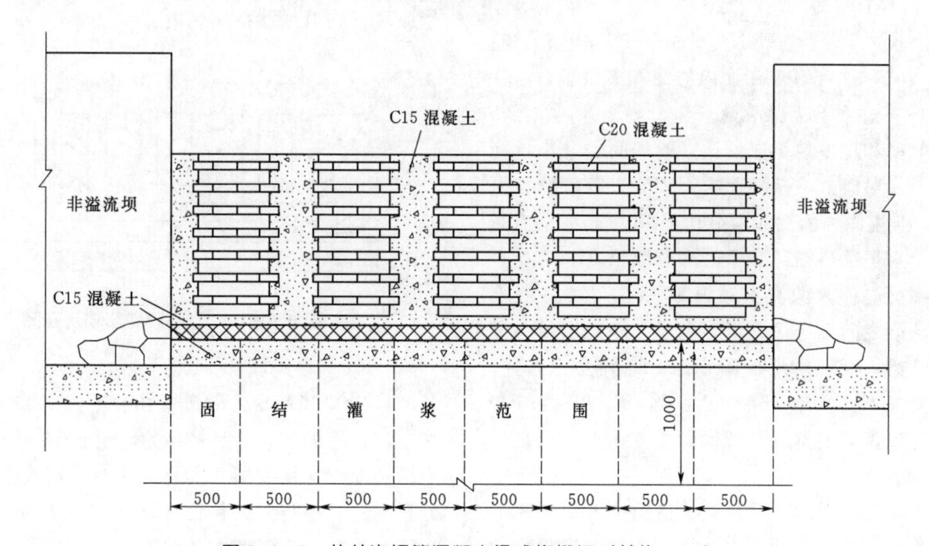

图 9.6-8 盐井沟钢筋混凝土梁式格栅坝（单位：cm）

图9.6-9 九寨沟诺日朗沟梁式格栅坝

1. 梁的形式和布置

(1) 梁的断面形式。对于钢筋混凝土梁，断面形式为矩形。型钢梁则多为“工”字钢、H型及槽型钢，用型钢组成的桁架梁等。

当格梁为矩形断面时，可采用：

$$\frac{h}{b}=1.5\sim2.0 \tag{9.6-27}$$

式中 h——梁的高度，m；

b——梁的宽度，m。

(2) 梁的间隔。对于颗粒较小的泥石流，梁的间隔不宜过大，可用梁间的空隙净高（h_1）与梁高的关系控制，即

$$h_1=(1.0\sim1.5)h \tag{9.6-28}$$

对于颗粒较大（大块石、漂砾等）的泥石流，将会因大块石的阻塞，使本可流走的小颗粒也被淤积在库内，从而加速了库内的淤积。根据已建工程统计，建议采用式（9.6-29）计算：

$$h_1=(1.5\sim2.0)D_m \tag{9.6-29}$$

式中 D_m——泥石流体及堆积物中所含固体颗粒的最大粒径。

(3) 筛分效率（e）。

$$e=U_1/U_2 \tag{9.6-30}$$

式中 U_1——一次泥石流在库内的泥沙滞留量；

U_2——过坝下泄泥沙量。

筛分效率和堵塞效率成反比，梁的间隔愈小，筛分效果愈差。对梁式格栅坝而言，当流失颗粒粒径为$0.5D_m$时，滞流库内的泥沙百分比最好为20%。当间隔相同时，水平梁格栅比竖梁的筛分效果高30%。

水平横梁应伸入两侧支墩内10～20cm，一般都不固定死，梁之间用压块支承、定位。靠近坝顶的横梁用压块（梁）及地脚螺栓固定。考虑到受力条件，梁的净跨最好不要大于4m。布设时，梁的高度应与流体方向一致，梁的宽度及长度则与流体方向垂直。

2. 受力分析

(1) 格栅梁承受的主要荷载。格栅梁承受的水平荷载主要为泥石流体的冲击力及静压力（含堆积物的压力），泥石流体中大石块对横梁的撞击力等。垂直荷载包括梁的自重及作用在梁上的泥石流体重量（含堆积物重量）。

在各荷载作用下，根据横梁实际布设情况，可按简支梁或两端固定梁及悬臂梁（竖向耙式坝）计算内力，然后按钢筋混凝土结构构件或钢结构构件的有关计算方法进行，详见SL 191、《水工钢结构设计规范》(EM 1110-2)。

(2) 梁端支墩承受的主要荷载。泥石流作用在支墩上的水平荷载包括泥石流体的动压力及静压力。大石块的冲撞力。垂直作用力则包括支墩的重力、基础重力、泥石流体与堆积物压在支墩及基础面上的重力等。

横梁作用在支墩上的荷载包括横梁承受荷载后传递到两端支墩上的所有水平力、弯矩及垂直力等。

支墩受力条件确定后，就可按重力式结构（或水闸墩）的计算方法，对支墩进行抗滑、抗倾覆稳定校核计算。对相应的结构应力进行校核计算，应达到安全、稳定要求。此外，还应验算支承端抗剪强度和局部应力是否在材料的允许范围内。

在设计中，应采取措施增大横梁的抗磨蚀能力及抵抗大石块对横梁的冲撞能力。当横梁的跨度较大时，还应验算横梁承载泥石流及堆积物垂直重力的能力。必要时，可在梁的中间加支撑墩，使梁的跨度减小。对于梁式坝下游冲刷的防治，可参考重力实体拦沙坝。

9.6.2.4 切口坝

切口坝是在实体重力坝的过流顶部开条形的切口（图9.6-10），当一般流体过坝时，流体中的泥沙能自由地由切口通过。而在山洪泥石流暴发期间，则大量泥沙石块被拦蓄在库区内。

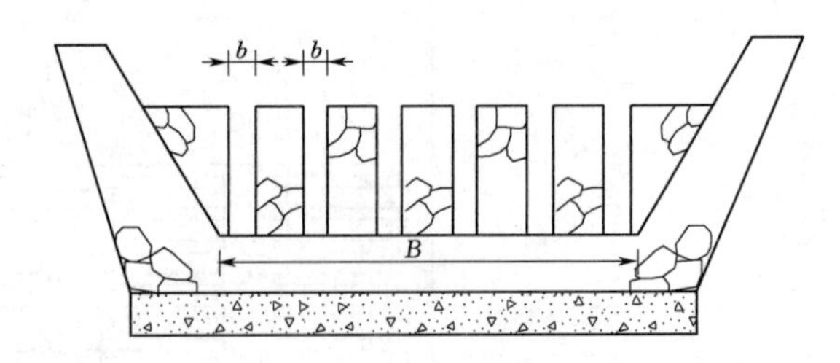

图9.6-10 泥石流切口坝剖面图

b—切口宽度；B—墩体宽度

1. 切口坝的堵塞（闭塞）条件

切口坝的切口一旦被堵塞，就会与一般的实体重力拦沙坝无任何差别。实验证明：堵塞条件与粒径的分布无关，但与最大粒径（D_m）和切口宽度（b）的比值有关。发生堵塞的条件为

$$\frac{b}{D_m}\leqslant 1.5 \qquad (9.6-31)$$

当$\frac{b}{D_m}>2.0$时，则切口部位不会发生堵塞。对于不同性质和规模的泥石流而言，$\frac{b}{D_{m_2}}\leqslant 1.5$时，切口坝可以充分发挥拦渣、节流和调整坝库淤积库容的效果。其中，D_{m_1}为中小洪水可挟带的最大颗粒粒径，m；D_{m_2}为大洪水可挟带的最大颗粒粒径，m。

2. 切口深度的确定

切口深度与切口宽度有密切关系，若b值愈大，h值就愈小，坝库上游停淤区可输沙距离就愈近，反之则愈远。切口深度通常取值为

$$h=(1\sim 2)b \qquad (9.6-32)$$

式中　h——切口深度，m；

b——切口宽度，m。

3. 切口密度的选取

切口密度大小对切口坝调节泥沙效果影响很大。当$\frac{\sum b}{B}=0.4$时，切口坝的泥沙调节量是非切口坝的1.2倍；当$\frac{\sum b}{B}>0.7$或$\frac{\sum b}{B}<0.2$时，则切口坝与非切口坝的调节效果是一样的。因此，切口密度应按下式选择：

$$\frac{\sum b}{B}=0.4\sim 0.6 \qquad (9.6-33)$$

式中　$\frac{\sum b}{B}$——切口密度；

B——总宽度，m；

b——单个切口宽度，m。

坝体上开切口或留缝隙，应不得影响坝体的整体稳定性，因此切口不宜过宽、太深，缝隙亦不能太大，通常采用如下形式：

切口坝：

$$L\geqslant 1.5b$$

缝隙坝：

$$B\geqslant 1.5b$$

式中　L——坝体沿流向的长度，m；

b——切口或缝隙宽度，m；

B——墩体宽度，m。

4. 切口坝设计计算

(1) 切口坝应按重力坝的要求进行稳定计算和应力计算。

(2) 切口坝的基本荷载中，水压力、泥沙压力可由切口底部开始计算，对经常清淤的区间，可用1.4倍水压力计算。应计入大石块对齿槛等的冲击力。

(3) 按悬臂梁验算切口齿槛的抗冲击强度和稳定性，验算齿槛与基础交接断面的剪应力，若不满足要求，应加大断面尺寸或增加局部配筋量。

(4) 对迎水面及过流面应加强防冲击、抗磨损处理。

9.6.2.5 施工及维护的注意事项

格栅坝的施工及维护注意事项与重力坝相同，这里不再赘述。

9.6.3 桩林

9.6.3.1 定义与作用

它是介于拦沙坝和停淤场之间的一类拦挡建筑物，又和透水格栅坝停淤作用有相类似的机理，属于预防灾害的一种临时或半永久、可拆卸的应急性工程设施。

9.6.3.2 工程设计

1. 坝段（址）选择

(1) 用于流域中上游，泥石流形成至流通段沟道狭窄、顺直且沟床纵坡较陡，一旦发生泥石流就直泄而下的稀遇泥石流沟。

(2) 坝位选在堆积扇上部，流通段下部，泥石流扩散散流的关键部位，即突然变宽的宽槽处或渐扩的喇叭段出口处。这是减速抗冲击及停积泥石流固体物质的最佳位置。

(3) 对历经多次构造抬升，有高低两段形成区的古泥石流沟，坝位宜选在低位老泥石流堆积扇（由现代泥石流二次搬运造成的形成区内）。利用宽槽段修建桩林抗冲并停淤。

(4) 利用堆积扇中上部扇面低地、扇间凹地或岔流沟槽修建桩林。

(5) 宜远离人为活动频繁的堆积扇危险区，至少与上述堆积扇灾害区之间应保持足够的安全距离，或在桩林下游再采取相应的防范措施，确保万无一失。

2. 桩数与布置

(1) 用单桩承载的桩林，成横排纵列布置，排数多为2～3排，应不小于2排，对流速较高，含有较多碎屑与细颗粒的泥石流可采用多排布置。

(2) 桩位布置横向成行，纵向交错成列，按正三角形-菱形或梅花形（多角形）排列。

(3) 横排桩林的轴线与主流线垂直，沿沟中轴成两侧对称布置，全排均匀布置或两侧稀、洪流中槽密集布置。

(4) 从扇颈以下，按安全扩散角（与流速和该段沟槽及扇面纵坡有关）确定桩林谷坊坝的坝肩和轴线长度，即坝肩泛滥区宽度。

(5) 按设计停淤最大颗粒粒径（D_m）和桩的排距、行距确定桩林布置密度及桩数：

$$b/D_m=1.5\sim 2.0 \qquad (9.6-34)$$

式中　D_m——设计停淤最大颗粒粒径，m。

地面外露部分桩高为

$$h=(2\sim4)b \tag{9.6-35}$$

式中　h——外露桩高，m；

b——桩间距，m。

(6) 根据工程重要性，包括泥石流性质、类型及防灾要求等确定桩的排数 n，进而可确定桩林谷坊的总需桩数量 N。

(7) 在特殊条件下，桩林谷坊的轴线和平面布置可按下凸折线形或弧形布置。

3. 拦淤量计算

(1) 规划可研阶段采用 1∶2000～1∶1000 实测地形图或用 1∶10000 航测图复印放大后计算泛滥区范围及停淤量。

(2) 设计阶段采用 1∶1000～1∶500 实测地形图或实测横断面等高线法或断面法计算停淤量。

(3) 作出沿沟床和滩面、扇面的地面纵坡线，应取 3～5 个沿流向纵断面作为计算断面。

(4) 根据现场实地调查及同类地区泥石流堆积扇统计、类比，确定泥石流回淤纵坡。

(5) 用等高线法分层累加，或用纵横断面法分段叠加，可算出桩林谷坊的停淤量。

上述几种方法的计算结果，其精度均可满足设计要求。

4. 泛滥区界定

(1) 通常，桩林谷坊泛滥区可按泥石流堆积扇模式界定泛滥区两侧周界，即按扇形或三角形定出底边线，确定泛滥区主要部分的图形。

(2) 两侧泛滥线夹角 θ 按安全扩散角控制，可根据现场实地调查或同类地区泥石流堆积扇统计、类比，确定 θ 取值。

(3) 对沟道和扇面都极不规则的特殊地形，或利用宽槽、扇间凹地修建桩林谷坊坝的，可进行实地调查并勾绘泛滥线。

5. 受力分析

(1) 桩林谷坊的单个构件为钢管悬臂桩或“人”字架悬臂桩，后者比前者顺流向抗剪断面和抗弯断面惯性矩要大得多，属于加强型桩林谷坊，用于坝高和冲击力更大的桩林工程。

(2) 上述钢管悬臂桩和“人”字架悬臂桩均以固定端形式嵌入钢筋混凝土基础内。钢筋混凝土基础以扩大的方形、矩形或条形墩（柱）体埋入地基深部，起固定端支承作用。

(3) 在通常情况下，泥石流顺流向（与“人”字架纵轴一致）垂直作用于单个构件，而在有些情况下应考虑流向与纵轴夹角为 α 时，构件承受侧向冲击荷载的强度和稳定性。

(4) 计算单个构件承受泥石流最大颗粒冲击力时，沿钢筋混凝土基础底面的稳定性，沿固定端或构件薄弱断面的抗剪、抗弯强度是否满足要求。

(5) 验算结构构件与连接件的最大局部应力是否在材料允许应力范围内，冲击点的局部应力应考虑动荷作用，并乘以相应的系数。

6. 桩位横断面及桩长设计

(1) 桩位平面布置应满足使用密度要求，桩基应埋入冲刷线以下且地下埋置深度不应小于总桩长的 1/3。

(2) 地面外露部分桩高除满足拦淤量之外，一般限定在 3～8m 范围内。

(3) 桩身横断面采用钢轨、圆形钢管或“工”字钢、槽钢组合断面，依照泥石流性质、类型及工程重要性与使用要求来选用。还可在大直径圆形钢管内灌注混凝土，以增加结构的自重与强度。

(4) 注入混凝土的钢管，可依照复合断面计算法，按折算断面法计算相应的单一材料横断面面积和相应的抗剪强度、抗弯刚度及应力。

7. 锚固端与桩间联结设计

(1) 桩林单个构件均按悬臂梁设计。因此，钢管、钢构件应伸入混凝土基础内 1/2～2/3 基础厚度且不小于钢管直径或构件最小边长。有特殊要求的应加设扩大头嵌入锚固端，或加法兰嵌入锚固端，或增加拉锚钢筋。

(2) 实际工程中常把单个构件的根部和头部，用横向联结构件联成一整体，以增加其侧向稳定性，使桩林谷坊成为一个整体空间结构。

(3) 多数钢构件系由工厂按图加工，现场连接或组装，必要时部分构件可拆卸或更换维修；基础部分则以钻孔、挖孔方法施工，现场浇筑钢筋混凝土成形。

9.6.3.3　施工及维护的注意事项

1. 一般规定

(1) 桩位控制点和水准基点应设在不受施工影响的地方，开工前，经复核后应妥善保护，施工中应经常复测。

(2) 若采用挖孔桩，应防止塌孔。

(3) 若采用挖孔灌注桩，当地下水位较高时，宜采取措施有效降低地下水位以后，再进行桩孔开挖，避免发生安全事故。

(4) 护筒直径、高度等几何尺寸和护筒结构的强度、刚度均必须满足相关设计要求和规范规定。

(5) 若采用摩擦桩基础，需按设计要求控制桩孔的底标高、孔径和桩孔的垂直度，而端承桩还得控制孔底地基的承载能力，只有满足设计要求以后才能进行基础施工。

(6) 水下混凝土浇筑漏斗的体积宜采用 1.5～2.0m³、导筒直径宜用 20～25cm。

(7) 钻孔灌注桩自开始至水下混凝土浇筑结束，宜采用连续不间断的施工方法。

2. 群桩施工

(1) 在群桩施工过程中，应高度重视迎冲面第一、第二排桩的施工质量监控，并通过施加抗冲消能材料增强桩的抗冲击性能。

(2) 群桩的施工应从泥石流沟上游至下游顺序实施。

(3) 桩的受压钢筋接长需采用接触对焊接头，加强钢箍必须与主筋焊接，螺旋箍筋应绑扎在主筋上，不得有箍筋与主筋连续两个交叉点漏扎的现象存在。

(4) 水下混凝土应采用连续浇筑的方法施工，如果不可避免地存在浇筑间隔，则间隔时间不宜超过 30min。

(5) 混凝土浇筑导管最小埋深不得小于 1.5m，而最大埋深不宜超过 6.0m，在混凝土浇筑施工过程中严禁将泥浆灌入导管里。

(6) 泥石流过后，应及时清除停留在桩林之内的巨石。

9.7 排 导 工 程

把流域上游输送下来的泥石流通过防护区排向下游，不使其产生危害的工程均属于排导工程，是泥石流工程防治项目中的重要工程之一，包括排导槽、渡槽、排导沟等，多建于泥石流沟谷的流通段-堆积区。其结构简单，部署范围小，效益明显，施工及维护方便，使用期长，造价低。

排导沟是对天然沟道进行改善、加固，使其具有排泥石流功能的人为排泄沟。排导槽是具有规则的平面形状，采用人工砌护横断面的开敞式槽形过流建筑物。此外还有可以单独使用或与急流槽配合使用的导流堤、束流堤、护岸工程等，在沟道局部防护中使用，其功能及使用要求和排导槽基本相同。

9.7.1 泥石流排导槽

9.7.1.1 排导原理、使用条件及适用性

1. 排导原理

在泥石流沟的中下游，选择合理纵坡，配以最佳水力横断面，以最低输移力损耗，将泥石流排出危险区以外。其实质是以排导槽减小流动阻力，提高输移力，变原堆积区为流通段，即把流通段向下延伸。以此避免对建筑物造成冲刷、冲击、磨蚀、沉陷断裂等危害，防止由累积性淤积侵占过流断面，降低过流能力而导致漫溢、淤埋等灾害。

2. 使用条件

(1) 排导槽全程各段输移力应大于泥石流流动阻力：设计需加大排导槽纵坡；选用适宜的水力横断面，减小床面阻力，以适应各类设计规模的泥石流输送。

(2) 排导槽出口处主河应有足够的输移力，能及时地把支沟送下的泥石流带走，不致长期堆积于汇口处，甚至回淤造成排导槽淤积。设计期内主河河床演变（主流摆动及河床累积上涨）不危及汇口处槽体安全及泥石流排泄；主河水情变化均能及时把支沟输送的泥石流带走，不至于造成主河阻塞、倒灌、回淤排导槽等潜在性危害。

3. 适用性

(1) 山前区：主河阶地或支沟泥石流扇形地场地宽阔、山口与主河距离较远、排导工程线路长、纵坡缓，受输移力限制，单纯用排导槽难以解决好泥石流输送问题，应采取必要的辅助措施，如修拦挡坝或停淤场，以弥补排导槽输移力不足。

(2) 准山前区：主河阶地或泥石流扇形地范围有限、排导工程线路短、纵坡陡，输移力一般能满足要求，可采用单一排导措施输送泥石流，关键是处理好沟河汇口的衔接问题。

(3) 峡谷区：堆积扇发育不全或扇体缺失，对采用排导槽方案输送泥石流最为有利。

9.7.1.2 结构型式与布置

1. 平面布置

根据防护区范围，利用沟河有利地貌，在选好进出口衔接段的基础上，总体走线应顺直、纵坡陡、长度短、安全可靠，能通畅地入流和下泄；兼顾节约土地，降低造价，便于施工和建成后运行管理。

走线以沿最陡坡、走扇脊的方案最优。沿扇间洼地或沿宽谷河漫滩方案基本可行，经多方案综合比较后，选择最佳走线方案。此外，走线还应符合危险区防灾总体规划，妥善处理与现有建筑物的关系。

(1) 进口段。进口段分为控制入流和自由入流两种方式：①控制入流是通过控流设施，将泥石流由渐变进口段引入排导槽。重要防灾工程中采用拦挡坝、溢流堰、闸、低槛等圬工结构，是控制入流的永久性设施；铅丝笼、堆石围堰、土石混合堰堤属临时设施。②自由入流利用泥石流运动的直进性，通过峡口、凹岸产生泥位超高有利引流。据此将引流口布置在稳定的河弯、崖岸、峡口处凹岸一侧，并在沟底修横潜槛护底防冲，开挖引道。

(2) 急流段。急流段为排导槽主体部分，多按等宽直线形布置，折线段槽体应以大钝角转折，并用较大弯道半径连接。排导槽与道路、水渠、堤防立交或槽底纵坡变化处应采用渐变段连接，无论扩散角或收缩角均应严格限制为小锐角。

(3) 出口段。出口段有自由出流和非自由出流两种方式。对输移力较强的泥石流沟应适当抬升槽尾高度，为出口堆积多留储备，保证在各种设计频率下实现自由出流；对输移力较弱的泥石流沟宜降低槽尾高度，加大纵坡，并使出流轴线与主河呈锐角斜交。

尽量使排导槽总体上成轴对称布置，在轮廓变化处应实行渐变过渡。

2. 纵断面

沟道纵坡为泥石流运动提供底床和能量条件。若纵断面提供的输移力与流动阻力相等，泥石流进入排导槽后将维持定常流动，此沟道纵坡是维持泥石流运动的主要条件。在松散堆积床面上，泥石流均衡输移时体积浓度为

$$C=\frac{\gamma\tan\beta}{(\sigma-\gamma)(\tan\alpha-\tan\beta)} \tag{9.7-1}$$

式中 γ、σ——固体颗粒、液相介质的密度，t/m^3；

α——固体的内摩擦角，(°)；

β——床面纵坡坡度，(°)。

沟床纵坡是影响泥石流输移力的主要因素。

泥石流堆积扇危险区地势虽有起伏，但相对高度变化不大。由于流通段末端相对稳定，工程使用期内，沟河汇口侵蚀基准变化不大；受主河累积上涨影响将迫使出口高度上抬，导致出口段纵坡变缓。

排导槽设计有按合理纵坡选线和按最大地面纵坡选线两种方法。

(1) 按合理纵坡选线。将各种不同排导纵坡的组合方案进行比较，其中最利于泥石流输送且造价节省、施工方便的纵坡，即为排导槽合理纵坡。泥石流排导槽合理纵坡坡降见表9.7-1。

表9.7-1 泥石流排导槽合理纵坡坡降

泥石流性质	稀性						黏性		
密度/(t/m^3)	1.3～1.5		1.5～1.6		1.6～1.8		1.8～2.0		2.0～2.2
泥石流类型	泥流	泥石流	泥流	泥石流	泥流	泥石流	水石流	泥石流	泥石流
纵坡/‰	30	30～50	30～50	50～70	50～70	70～100	50～150	80～120	100～180

(2) 按最大地面纵坡选线。排导槽具有规则外形和平整的接触面。就形状阻力和摩擦阻力而言，排导槽都比天然沟道小，同等情况下当排导槽纵坡减小10%～15%时，流动输移力不减。因此，当选用最佳水力横断面时，多数泥石流堆积扇具有修建排导槽的地貌条件。

按最大地面纵坡选线时，短槽可以设计成一坡到底形式；长槽则必须考虑实际地貌、地物和施工条件进行分段，最大地面纵坡为各分段相应的地面最大坡度。

无论用哪种方法选线，排导槽纵坡均应大于泥石流输移的临界纵坡（流动最小纵坡）。当这一条件不能满足时，说明不能单纯依靠排导槽，而应采用拦挡、停淤与排导相结合的综合工程措施来防治泥石流。若灾害十分严重，防护对象要求很高，需要对流域实施综合治理，以确保下游排导槽使用的可靠性。

3. 横断面

用于下游危险区防护的排导槽，由于受纵坡限制，常为淤积问题所困扰。如何减小阻力、提高输沙效率是横断面设计的关键。不同形状的过流横断面具有不同的阻力特性，当纵坡及糙率不变时，在各种人工槽横断面中梯形断面、矩形断面、带三角形或弧形底部的复式断面具有较大的水力半径，输移力较大，应予优先采用。

流通段历经多年各种泥石流作用，其横断面规整，纵坡稳定，可看作泥石流冲淤平衡段；若把排导槽当作流通段的延伸考虑，按照流动连续性原理，可将流通段和排导槽两者的边界条件和运动要素进行类比，根据式(9.7-2)可以确定排导槽过流断面尺寸的范围：

$$B_f=\frac{I_f}{I_b}B_b \tag{9.7-2}$$

式中 B_f——排导槽的设计宽度，m；

I_f——排导槽的纵坡坡降，%；

B_b——同一沟道流通段的宽度，m；

I_b——同一沟通流通段的纵坡坡降，%。

在此范围内按通过最大流量，控制允许流速，计算过流段面积，并留够安全超高加以设计；还要验算黏性泥石流残留层、稀性泥石流或水石流可能造成的局部淤积，能否被交替出现的洪水或常流水清淤。其累积性淤积不得危害槽体安全过流，且淤积数量应在人工清理允许的范围内。

此外排导槽的底宽、槽深不宜过小，对转弯部位亦作了如下限制：

最小底宽：

$$B_{\min} \geqslant 4 \text{ 且 } B_{\min} \geqslant (2.5 \sim 2.0) D_m$$

最小槽深：

$$H_{\mathrm{mix}} \geqslant 1.2 D_m + \Delta$$

进出弯道的过渡段长：

$$l = (0.5 \sim 1.0) / l_b$$

弯道凹岸处槽深：

$$H = H_c + h_s + h_{\Delta}$$

式中 $B_{\min}$——最小槽底宽，m；

D_m——泥石流中含有的最大石块直径，m；

Δ——安全超高，m；

l_b——弯道长度（在中泓线上量算），由平面布置确定，m；

H_c——平均淤积厚度，m；

h_s——泥石流深度，m；

h_{Δ}——由离心作用产生的弯道泥位超高，m。

4. 其他特殊问题

(1) 主河输移力与衔接。主河输移力不足，则需采取必要的辅助措施予以弥补；即使主河的输移力较强，由于主河洪峰与支沟泥石流输沙过程不同时相遇，在泥石流暴发后一段时间内，汇口处泥沙暂时堆积往往是无法避免的。主河的输移力越强，泥沙堆积的数量和延续时间越短。当主河输移力不足而支沟输移力相对较强，为避免槽尾堆积、回淤顶托而影响出流，应当使排导槽末端高于主河床，并预留一定高度，保证出现局部堆积时仍可自由出流。

堆积预留高度可据主河输移力大小，按一次泥石流过程所冲出的碎屑物总量的20%～50%考虑；或槽底预留高度按保证率 $P=5\%\sim10\%$ 洪水位仍能自由出流设计。

(2) 黏性泥石流残留层。对黏性泥石流沟或偶尔发生黏性泥石流的沟，在设计排导槽深度时应留有余地。

根据黏性泥石流起动条件：

$$g \gamma_c h J > \tau_0$$

得出残留层厚度：

$$h = \tau_0 / g \gamma_c J \tag{9.7-3}$$

式中 g——重力加速度，m/s^2；

γ_c——密度，kg/m^3；

J——流面纵坡坡降；

τ_0——泥石流屈服强度，N/m^2。

由于黏性泥石流的发生频率较低，残留层常被后续洪水冲刷难以累加，可根据黏性泥石流的实际发生频率来预留残留层的累计高度，通常将上述计算值扩大1～2倍使用。

5. 结构型式

排导槽多为规则的棱柱形槽体，可按平面问题处理，主要结构型式如下。

(1) 整体式框架结构。由侧墙和护底构成整体式框架。间隔一定距离加扶臂支撑，多用钢筋混凝土构成空间整体结构，用于填方段或基础土层较软弱的半挖半填段。

(2) 分离式挡土墙-护底组合结构和分离式挡土墙-肋槛组合结构。侧墙与护底分离，侧墙为重力式挡土墙，用圬工制作。底为混凝土或浆砌石全铺砌，或沿天然沟床设等间距肋槛，用于坚硬密实的冲洪积或泥石流堆积层地基，护底及肋槛应砌筑在挖方段上。

(3) 分离式护坡-肋槛组合结构和全断面护砌轻型结构。以浆砌石、混凝土或钢筋混凝土制作，用于坚硬密实地基及城镇工矿区排导槽工程。

(4) 带侧向齿槛（单侧或双侧）的防护结构。齿槛成正挑或斜挑布置，压缩沟宽，约束流路。槛后以间断护堤或连续护堤拱护，防止泥石流流向改变或抄后路。齿槛以浆砌块石或毛石混凝土制作构成独立结构。它用于排导沟或堆积扇宽阔沟道。受冲段或凹岸作单侧布置，顺直段按双侧成对称布置。

6. 不同型式排导槽的使用条件

不同型式排导槽的适用条件包括：①矩形槽适用于一切类型和规模的山洪泥石流排泄；②梯形槽适用于一切类型流体排泄，对纵坡有限的半挖半填土堤槽身更为有利；③三角形槽适用于频繁发生、规模较小的黏性泥石流和水石流排泄；④带齿肋单侧护堤适用于宽浅沟槽的凹岸，或汊流发育、两岸有陡坎的河床防护；⑤复式断面适用于间歇发生、规模相差悬殊的山洪泥石流排泄，其宽度可调范围较大。

9.7.1.3 常用排导槽体型

1. 软基消能排导槽

(1) 软基消能排导槽原理。对于泥石流密度大、流速大，具有很大的冲刷力、有磨蚀作用的泥石流，其动能较之水流的动能高出数倍。软基消能泥石流排导槽，称为“东川型泥石流排导槽”，通过饱含碎屑物的泥石流与沟床质激烈搅拌，耗掉运动余能，以维持均匀流动；肋槛保持消力塘中碎屑物体积浓度，使冲淤达到平衡，基础不被掏空；通过槛后落差消长，自动调整泥位纵坡和流速，使沿程阻力和局部阻力协调，保持泥石流密度和输移力的恒定。

(2) 软基消能排导槽设计要点。

1) 排导槽走线应尽可能顺直，通常沿堆积扇最短路径布置，使落差和输移力均达最大，以利于泥石流输送。

2）全长各分段纵坡坡降均应大于泥石流起动临界纵坡：黏性泥石流为0.05，稀性泥石流和水石流为0.035。

3）纵坡应与横断面优化组合。如纵坡较陡，宜选用矩形、U形等宽浅断面或复式断面，利用加糙、减小水力半径来消除运动余能，避免冲刷；如纵坡与临界纵坡接近，则应选用梯形或三角形窄深断面减小阻力，降低运动能耗，以避免淤积。

4）肋槛消能工是导槽的关键部件，可据纵坡坡降在10～25m范围内选用间距（表9.7-2）。槛高以1.50～2.50m为宜，按潜没式布置，外露部分占槛高的20%～25%，当按最小坡度回淤时，埋深为33%～50%。

表9.7-2　泥石流排导槽肋槛布置

纵坡坡降	>0.10	0.10～0.05	0.05～0.03
间距/m	10	10～15	15～25
槛高/m	>2.50	2.50～2.00	2.00～1.50

侧墙和潜槛按分离式布置，槛顶溢流面防磨层用钢筋混凝土或料石制作。

2. V形槽

（1）V形槽排导原理。当沟道纵坡一定时，将排导槽平面布置、流动纵坡与横断面形状三要素进行最优组合，使流体质量集中、受力集中，形成平面收缩、纵横方向集中的流动最大矢量，沿流动轴向产生集中冲力。在排导任何规模的泥石流时均能保持稳定、高效的输沙能力。

平面收缩与V形槽底部收缩叠加，在流体重心处形成强有力的惯性流动中心，从而一举解决平底槽排泄小流量时，因流深小、阻力大，导致流速低、易淤积的问题，也解决排泄小流量大孤石无法起动的难题。

V形槽集中冲沙机理：①尖底能架立大孤石，形成点接触、线摩擦、易滚动、阻力小，尖底架空部位的空隙中被浆体充满，产生润滑作用和浮托力，利于孤石运动；②不同规模的流量均能在横断面中轴线上形成重心很低的惯性流动中心，称为重力束流的集流冲沙中心；③泥石流运动时，流体中的固相物质有沿重力坡和横断面底部斜坡集中的趋势，固相物重心与集流冲沙中心趋向一致，于输沙十分有利。

重力束流坡与槽底纵横坡有如下关系：

$$I_{束}=(I_{纵}^2+I_{横}^2)^{1/2} \tag{9.7-4}$$

式中　$I_{束}$——V形槽重力束流坡坡降，‰；

$I_{纵}$——V形槽槽底纵坡坡降，‰；

$I_{横}$——V形槽槽底横坡坡降，‰。

据实验工程分析，当$I_{纵}=350‰$时，$I_{横}=0$的平流槽也有较好的排泄效果。但泥石流沟的中下游纵坡都达不到这一数值，因此需对平流布置和槽底形状采取束流措施，以提高排泄泥石流的“束流攻沙”能力。

（2）V形槽设计要点。V形槽适用于山前区纵坡较陡的小流域泥石流排导。

1）平面布置。从上到下采用渐变收缩的喇叭形，上喇叭口与山口沟槽平顺地连接。沿长度方向作小角度转折时，最小曲线半径应为槽宽的1/10～1/20。出口轴线与主河轴线斜向下游相交，交角宜控制在45°～75°范围内。

山坡泥石流排导槽的延伸段长度常以30m为限，按自由出流排泄，防止散流漫淤。

2）纵断面。平面宽度不变时，尽可能选用上缓下陡或单一坡度；若采用上陡下缓纵坡，须按输沙平衡流速，配以渐变收缩的喇叭形平面。

自上而下纵坡不宜突变，相邻两段纵坡坡降差不小于0.05时，纵坡转折处须用竖曲线连接。

纵横坡的最佳组合范围：$I_{束}\geqslant 200‰$，$I_{纵}=15‰\sim350‰$，$I_{横}=100‰\sim300‰$不得在槽尾出口附近设防冲消能措施，以免产生顶托回淤，阻碍排泄。

3）横断面。槽的宽深比用1∶1～1∶3为宜，设计流速$V_c>V_{max}$（最大石块起动流速），设计水深$H_c>D_m$（最大石块直径），最小槽底宽$B>2D_m$。无论竖直的或倾斜的边墙均与铺底成整体连接。$V_c\leqslant 8m/s$时槽体用一般浆砌石结构；$V_c>8m/s$时槽体应采用钢纤维混凝土护面或铸石镶面进行防磨蚀处理，并在槽底中部顺流向布置废旧钢轨抵抗磨蚀。

9.7.2　泥石流渡槽

泥石流渡槽是用于跨越铁路、公路、水渠、管道或其他线性设施所采用的一种排导泥石流的交叉构筑物。

9.7.2.1　排泄原理、使用条件及功能特点

1. 排泄原理

泥石流渡槽充分利用有利的地貌与地基条件，在小范围内集中落差，选用最佳水力断面，以全程加速流动的方式沿有限长度、高效率地排泄泥石流，达到高速、安全、短距、节省的防护效果，是泥石流排泄工程中受地貌地质条件限制较大的一种特殊类型设施。通常渡槽修在泥石流堆积扇上部。布置在地面坡度突变处，用长度很短的急流槽与铁路、水渠、管道等线性建筑物构成立体交叉。渡槽的防护范围小，单位长度造价高，但总造价却相对节省。渡槽具有功能可靠、使用期长、施工及维护较为方便等优点，是一

种安全可靠的长效排泄建筑物。在地貌条件具备、地基基础与河相关系有利的地方，应作为线路跨越的首选排泄方案来考虑。

2. 使用条件

采用泥石流渡槽有以下必要条件。

（1）能满足输移泥石流所必需的相对高度。渡槽跨越处沟底与线路之间的相对高度应能保证车辆、列车、行人等通行无阻，并留有足够的安全超高（净空）。通常渡槽的使用跨度 12～30m，相对高度 8～10m。

（2）渡槽进出口范围内地层稳定，地基均匀密实，出口处主河河床坚固耐冲。地基能满足建筑物基础对强度和稳定性要求，不使造价增加过多或给运用管理带来很大负担。

（3）渡槽出口附近有输移力很强的主河便于排泄，或存在储淤泥石流的宽阔的地貌条件，可供泥沙存蓄或临时停淤，再设法送走。

（4）在线性工程与悬沟交叉，与山坡泥石流交叉，或线路从堆积扇上部以路堑通过的情况下，可优先考虑采用渡槽排泄方案。

（5）沟槽迁徙不定的泥石流沟，可能发生大规模崩塌型、滑坡型、溃决型的泥石流沟，不得采用渡槽排泄泥石流，以免因超载毁坏结构而导致重大灾害。强地震区选用渡槽时要慎重。

3. 功能特点

（1）渡槽是在短距离内输送泥石流的设施，在结构允许的使用条件下尽量加快流速，实现全过程超临界流动。为此渡槽槽底纵坡不仅应陡于泥石流临界纵坡，也可等于或陡于泥石流沟的流通段平均纵坡。这样渡槽能以较小的过流断面，较快的流速和输沙率排泄，流动始终保持急流状态直至排泄到出口以外。

（2）适宜渡槽排泄的泥石流为最大流量不超过 $200m^3/s$ 的中小规模稀性泥石流（明洞渡槽例外），或粒度均匀、最大颗粒直径不超过 1.5m 的水石流。黏稠的结构性泥石流不宜直接进入渡槽排泄，除非有拦挡措施，并加以稀释后再进入渡槽排泄。

（3）渡槽主体（包括进出口和槽身）部分系采用分离式基础的架空支承结构。无论是结构整体性、技术复杂性与施工难度，渡槽都是所有排导工程中技术要求最高的。

（4）渡槽因过流机会少、时间短，一般不设槽口交通道。特别重要的渡槽可加设旁侧式人行道，供巡检人员使用。

（5）渡槽一旦失事将造成严重灾害，修复也很困难。因此，应有可靠措施预防槽身严重淤积；要创造条件，增加预测预警措施和相应的保护措施（事故临时排泄道），以防范突发性意外事件。

9.7.2.2 结构型式与计算步骤

1. 平面布置

（1）渡槽由进口段、槽身（急流段）和出口段组成。渡槽沿纵轴向上游、下游延伸，并与沟道衔接良好。

（2）渡槽较短，沿程阻力小而能量损失有限，其流位落差主要消耗于进出口形状阻力损失；为了提高排泄效率，应当尽量减少形状阻力的能耗，因此进口应采用小锐角的渐变收缩段，以获得“束流攻沙”效果。

（3）槽身按等宽布置，使流态平稳，出口向外扩张，以利于下游消能；槽身宽 $B_c>2.5D_m$（最大粒径），且应尽量使 B_c 与泥石流沟流通段底宽相近。

（4）渡槽长度应“宁长勿短，留有余地”，以确保安全。

2. 纵、横断面

（1）槽底设计纵坡 I_b 应等于或接近天然沟道流通段平均纵坡，可按下式计算选用。严防泥石流淤积、漫溢而造成灾害。排泄山坡泥石流的渡槽槽底纵坡应大于淤积纵坡。

$$I_b \geqslant \left(\frac{B_c}{B_b}\right)^{1/2} I_c \qquad (9.7-5)$$

式中 B_c——流通段平均宽度，m；

B_b——渡槽槽身宽度，m；

I_c——流通段平均纵坡坡降。

（2）沿渡槽全长槽底纵坡可设计成一坡到底，或按上缓下陡的形式过渡，以产生加速流。但进口与槽身两段相邻纵坡差值不宜过大，且都应大于临界纵坡。不同类型泥石流的临界坡降，按表 9.7-3 选用。

表 9.7-3 不同类型泥石流临界坡降

类　型	黏性泥石流	稀性泥石流	水石流
临界坡降	0.050～0.01	0.03～0.05	0.05～0.08
平均值坡降	0.08	0.04	0.065

（3）选用水力半径较大的横断面，按合理流速计算断面面积，并拟定相应的断面尺寸，即可验算设计流速和设计流量。

3. 计算步骤

（1）采用合理流速计算所需的设计过流面积。根据结构类型及造价分析，初选渡槽合理流速建议按以下数值计算。

1）浆砌石结构：$v=4\sim6m/s$。

2）钢筋混凝土结构：$v=5\sim8m/s$。

（2）据以上设计纵坡、横断面形式、尺寸，验算通过设计流量时的泥深和流速，该流速应接近或等于结构抗冲流速，断面总高等于设计泥深加安全超高，并计入临时性淤积厚度。

（3）验算满槽过流是否满足要求：

$$Q_{max} \geqslant 1.3Q_p \qquad (9.7-6)$$

式中 Q_{max}——满槽流量，m^3/s；

Q_p——设计流量，m^3/s。

（4）验算通过小流量 $Q_{min}=0.3Q_p$ 时，槽的平均流速，判断是否出现严重淤积；若出现严重淤积，则应对设计方案进行修改，重新计算，直到各项要求都得到满足为止。

9.7.2.3 结构计算简述

1. 计算图形

（1）渡槽为沿纵轴成横向对称的空间结构，纵轴为主受力方向，沿竖直平面可化为梁式结构（简支梁、悬臂梁）和拱式结构（单拱、双曲拱）。

（2）槽身上部根据采用横断面型式不同，可化为钢筋混凝土整体式结构、圬工侧墙与底板分离式结构。

（3）槽体下部为排架支撑、圬工重力式挡墙及墩台支撑，并设置相应的基础。

（4）整个渡槽自上而下分层，按不同结构型式进行结构整体计算，并逐一计算组成该结构的各个部分：侧墙、底板、肋箍、腹拱、竖墙、排架、立柱和基础，结构强度和稳定性应满足要求，钢筋混凝土过流部分的抗裂性也应满足要求。

2. 应用特点

（1）梁式排架渡槽单跨跨径有限，多选用钢筋混凝土材料做成轻型结构，可采用预制安装构件进行施工，用于规模较小的泥石流排泄；拱式重力式墩台支撑结构适用于大跨径、高净空的使用条件，其自重和结构承受的总荷载均较大，采用浆砌石现场砌筑，用于排泄规模较大的泥石流。

（2）结构受力分析与水工输水渡槽基本相同，不同之处在于泥石流流体重量、流体静压力计算应选用设计密度，泥石流动荷计算不仅要考虑密度，还应乘上1.3的冲击系数。若受冲构件（槽底、侧墙及墩台）沿受冲击方向背后有厚达1m以上填土时，可不计算抗冲击强度。

（3）由于渡槽纵坡较陡（$i>0.1$），沿纵断面中轴结构与受力均不对称，高速运动的泥石流给槽体作用以很大拖曳力，整个结构沿流向承受一个很大的水平分力，对由此产生的纵向稳定性应作专门计算。在基础设计中，通常采用加大出口端结构尺寸，使渡槽保持纵向稳定。

（4）渡槽过流部分易被高速流动的泥沙磨损，钢筋混凝土和高强砂浆均难以抗御，年均磨蚀深达5～15cm，因此必须进行专门的防磨蚀处理，对过流面采用钢纤维混凝土、铸石处理，或用废旧钢轨、钢板进行护面处理。

9.7.3 泥石流明洞渡槽

泥石流明洞渡槽是中国山区铁路、公路在山口穿过泥石流沟处采用上跨越方式（上槽下洞）排泄泥石流的一种新型建筑物。列车和车辆在明洞中通过，具有更好的隐蔽性和安全性；泥石流从明洞顶部排泄。由于渡槽进口做了特殊处理，提高了工程防护的可靠性，避免了泥石流改道侵入线路，或因阻塞、淤积而漫溢入洞引起灾害。

1. 使用条件

（1）傍河线路从泥石流沟的山口下方通过，采用上跨越方案修建渡槽没有足够净空，需要抬升渡槽进口标高的沟道。

（2）线路从山坡泥石流堆积扇边缘切过，该泥石流近期内发展趋势平稳，泥石流流量及流体组成适合用渡槽排泄的沟道。

（3）线路以深路堑从泥石流沟堆积扇中穿过，堆积扇前缘窄，上涨快，两侧被山嘴挟持，有停淤条件的沟道。

（4）线路通过堆积扇的两端均为隧洞，堆积扇前缘上涨快，改线较为困难的路段。

2. 结构与功能

（1）若地貌条件适合，将明洞上游一侧洞身与拦挡坝相结合，成为一个整体的坝式洞渡槽与空腹式拦挡坝。该组合结构类似于坝身设廊道的溢流坝，廊道过车，上游拦沙，顶部溢流，具有为交通提供便利和拦排泥石流等多种功能。

（2）若地貌条件不具备时，也可将明洞渡槽和拦挡坝分别修建。拦挡坝将明洞两侧缺口封闭，形成停淤场，坝的中段与明洞相接，明洞顶部建渡槽溢流。

在拦挡坝的停淤范围内，待淤至渡槽进口处，再修建导流堤引导入流。同时为避免事故、保证安全，在拦挡坝非溢流段坝身增设泄洪洞。

（3）根据不同线路工程的重要性与安全要求，铁路明洞渡槽上游洞墙和坝身，无论组合式或分离式均采用圬工重力式结构，具有较高的强度和稳定安全储备。公路明洞渡槽根据道路等级不同，或采用重力式挡墙，或采用直墙式挡墙，均用圬工结构。

9.8 停淤场工程

9.8.1 定义与作用

停淤场是一种临时性的泥石流防治建（构）筑物，能够将泥石流导入预定场地，使流体中的泥沙在预定场地内堆积，而水体则下泄或自然蒸发。

它的主要减灾作用有：①削减泥石流峰值流量，当大规模泥石流发生时，减轻下游排导工程的负担；②促使泥石流中砾石和漂木落淤，以降低泥石流密度，防止泥石流堵塞桥涵和排导槽，减小排导工程泥沙淤积量，减轻泥石流对工程的冲击、磨蚀等破坏；③拦截部分泥沙，降低排导工程出口处河床的上涨速度，延长工程使用年限。此外，一些停淤场还可以开辟为当地沙、石料的采集地，变害为利。

9.8.2 适用范围

泥石流停淤场受地形和已有人工建筑物的限制，一般在满足下列条件时才能在防治工程中应用。

（1）主河与泥石流支沟汇合段为宽谷，河谷中有停积泥沙的空间。

（2）沟道型泥石流沟，且主沟下游纵坡平缓，沟谷开阔。

（3）在预定位置有足够大的空间以容纳大量的泥沙，附近无重要的人工建筑物或大量农田，拦泥停淤不产生新的潜在灾害威胁。

9.8.3 工程设计

9.8.3.1 停淤场的选址

停淤场址的选择是停淤场设计的首要环节。地形条件和土地利用现状是选择停淤场址最重要的两个因素。

（1）地形条件。天然地形条件是停淤场选址的决定性因素。由于泥石流沟冲淤变化很快，通常是通过野外实地踏勘在沟道下游寻找适宜的场址。泥石流沟下游可能适合布置泥石流停淤场的区域有以下三类。

1）泥石流沟下游开阔的宽谷段，可利用谷底较低一侧设置停淤场。

2）大型泥石流堆积扇上地势低洼的部分，如老泥石流沟槽、堆积垄岗间的洼地等。

3）泥石流堆积扇两侧地势较低的主河滩地。

（2）土地利用现状。泥石流停淤场要占用大量土地，同时停淤场设计标准较低，在山洪泥石流规模较大时，拦淤堤出现局部溃决的可能性较大，因此在对停淤场进行选址时还应考虑当地的土地利用现状。一般情况下，停淤场址只能设在尚未开发利用的泥石流滩地或大规模泥石流暴发后难以恢复的荒地上，同时场址下游没有重要的建筑物和居民点，避免人为工程不当产生新的灾害。

停淤场址初步选定后，应粗略估算停淤场建成后所具有的停淤量，一般停淤场的停淤量应大于泥石流年设计输沙量的1/2。

9.8.3.2 停淤量计算

停淤总量可用式（9.8-1）和式（9.8-2）估算。

对于沟道内停淤场的淤积总量：

$$\overline{U}_s = B_c h_s L_s \tag{9.8-1}$$

对于堆积扇停淤场的淤积总量：

$$\overline{U}_s = \frac{\pi\alpha}{360} R_s^2 h_s \tag{9.8-2}$$

式中 $\overline{U}_s$——停淤总量，m^3；

B_c——停淤场平均宽度，m；

h_s——平均淤积厚度，m；

L_s——沿流动方向的淤积长度，m；

α——与引流口对应的停淤场圆心角，(°)；

R_s——以引流口为圆心的停淤场半径，m。

停淤场的使用年限与泥石流的规模、暴发次数、停淤场的容积等直接相关。首先应正确估计其年平均停淤量，再按停淤场的总容积除以年平均停淤量即得使用年限。

9.8.3.3 停淤场工程布置

根据不同的地形条件，选择修建侧向停淤场、正向停淤场或凹地停淤场。

1. 侧向停淤场

当堆积扇和低阶地面较宽、纵坡较缓时，将堆积扇径向垄岗或宽谷一侧的山麓做成侧向围堤，在泥石流前进方向构成半封闭的侧向停淤场。以下是侧向停淤场的布置要点。

（1）入流口选在沟道或堆积扇纵坡变化转折处，并略偏向下游，使上部纵坡坡降大于下部纵坡坡降，便于布置入流设施，获得较大落差。

（2）在弯道凹岸靠上游布设侧向溢流堰，在沟底修建浅槛，以实现侧向入流和分流。要求既能满足低水位下洪水顺沟道排泄，又有利于在超高水位时，也能侧向分流，使泥石流的分流与停淤达到自动调节。

（3）停淤场入流口处沟床设横向坡度，使泥石流进入后能迅速散开，避免在堰首发生拥塞、滞流，堵塞入流口。

（4）停淤场具有开敞、渐变的平面形状，消除阻碍流动的急弯和死角。

2. 正向停淤场

当泥石流出沟处前方有公路或其他需保护的建筑

物时，在泥石流堆积扇的扇腰处，垂直于流向修建正向停淤场。正向停淤场有如下的布设要点。

(1) 正向停淤场由齿状拦挡坝与正向防护围堤结合而成，拦挡坝的两端有出口；齿状拦挡坝与公路、河流之间建防护围堤，形成高低两级正向停淤场。

(2) 拦挡坝两端不封闭，两侧留排泄道（疏齿状溢流口)，在堆积扇上形成第一级高阶停淤场，具有正面阻滞停淤、两侧泄流的功能，加快停淤与水土（石）分离。

(3) 在齿状拦挡坝下游河岸（公路路基上游）修建围堤；沿堆积扇两侧开挖排洪沟，引导围堤截流的洪水排入河道。

3. 凹地停淤场

在泥石流活跃、沿主河一侧堆积扇有扇间凹地的，修建凹地停淤场。

(1) 在堆积扇上部修导流堤，将泥石流引入扇间凹地停淤。凹地两侧受相邻两个堆积扇挟持约束，形成天然围堤。

(2) 根据凹地容积及泥石流的停淤场总量，确定是否需要在下游出口处修建拦挡工程及拦挡工程的规模。

(3) 在凹地停淤场出口以下开挖排洪道，用于排导泥石流中分离出的水体，将停淤后的洪水排入下游河道。

9.8.4 案例

蒋家沟位于云南省东北部，系金沙江水系小江右岸的一条支沟，是我国最著名的泥石流沟，每年都暴发数次到数十次泥石流。蒋家沟停淤场位于沟口红山嘴上游宽阔的沟谷中（图 9.8-1)，1972 年动工修建，次年投入使用。工程由两道停淤堤，两座拦挡坝和少量分流建筑物组成。现有停淤场由导流斜堤、停淤堤、拦挡坝三部分组成。导流斜堤位于老蒋家沟口上游的三块石，高约 5m，堤身斜向下游堵断原沟床将泥石流引入停淤区。停淤堤设在红山嘴上游泥石流堆积滩地上，主要停淤堤有两道，其间距约为 200m。每道堤高约 5m，长约 600m，上游、下游边坡分别为 1:2.0 和 1:1.5。导流斜堤和停淤堤均由泥石流堆积体筑成。拦挡坝结构与重力式拦沙坝相似，坝体为浆砌块石。溢流坝与停淤堤相接并拦断沟谷，形成停淤库容。拦挡坝共两座，从下向上分别称为 1 号和 2 号坝。2 号坝现高于河床约 5m。1 号坝高 18m，下部已被淤埋，现仅高出沟床 4m，坝下游设有三座潜坝与排导沟进口衔接，将停淤场与导流堤连成一体。

停淤场最早是导流堤受泥石流淤积严重威胁时采用的应急措施，投入使用后效果非常明显，大量固体物质停积在停淤库内。停淤库回淤顶点已向上游移动到离红山嘴约 2.6km 处。1972—1982 年沟内共停淤泥沙约 800 万 m^3（表 9.8-1)。按每年蒋家沟输入小江泥沙 250 万 m^3 计算，10 年内约有 1/3 的泥沙被拦截在沟内。

表 9.8-1　停淤场泥沙停淤量 (1972—1982 年)

沟段 \ 项目	面积 /km^2	停淤量 /万 m^3	原沟床纵坡坡降	淤积纵坡坡降
拦挡坝—查箐沟口	0.383	506	0.064	0.052～0.060
查箐沟口—泥得坪引水渠首	0.286	286	0.067	0.062
泥得坪引水渠道—门前沟与多照沟汇口	0.0325	13	0.090	0.088

拦挡坝实际上起到三个作用：宣泄停淤后的泥石流体；控制泥石冲刷沟床，防止落淤泥沙被泥石流重新启动；抬高沟床为排导沟创造必需的落差。

在停淤场使用过程中，排导沟的淤积量逐年递减，其清淤量也逐年减少。可见停淤场起到了调节泥石流流量和容重、减轻排导沟压力和延长排导沟使用年限的作用。由于停淤场已基本淤满，须增设新停淤场或改造现有停淤场以增加停淤库容。

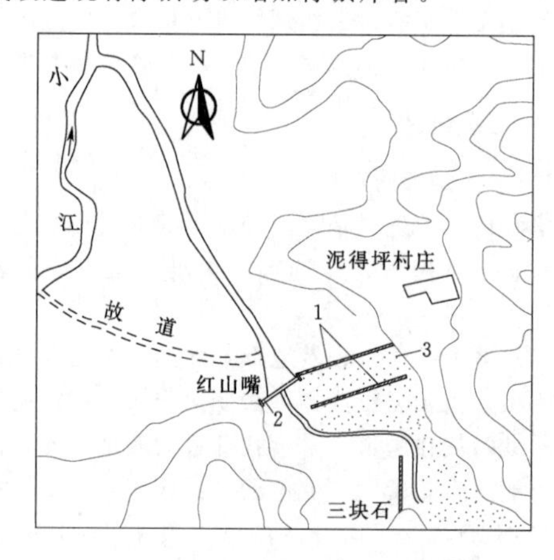

图 9.8-1　蒋家沟泥石流停淤场

1—导流斜堤；2—溢流坝；3—停淤区

参考文献

[1] 唐邦兴．中国泥石流［M］．北京：商务印书馆，2000.

[2] 周必凡，李德基，罗德富，等．泥石流防治指南［M］．北京：科学出版社，1991.

[3] 国土资源部标准化研究中心，四川地矿厅地质环境管

理处，成都理工学院地质灾害防治与地质环境保护国家专业实验室，等．泥石流灾害防治工程设计规范：DZ/T 0239—2004［S］．北京：中国标准出版社，2004.

［4］甘肃省交通科学研究所，中国科学院兰州冰川冻土研究所．泥石流地区公路工程［M］．北京：人民交通出版社，1981.

［5］谢任之．溃坝水力学［M］．济南：山东科学技术出版社，1993.

［6］吴积善，康志成，田连权，等．云南蒋家沟泥石流观测研究［M］．北京：科学出版社，1990.

［7］陈光曦，王继康，王林海．泥石流防治［M］．北京：中国铁路出版社，1983.

［8］中国科学院兰州冰川冻土研究所，甘肃省交通科学研究所．甘肃泥石流［M］．北京：人民交通出版社，1982.

［9］中国科学院水利部成都山地灾害与环境研究所．第二届全国泥石流学术会议论文集［M］．北京：科学出版社，1991.

［10］周必凡，李德基，罗德富，等．泥石流防治指南［M］．北京：科学出版社，1991.

［11］中国科学院兰州冰川冻土研究所．中国科学院兰州冰川冻土研究所集刊第4号（中国泥石流研究专辑）［M］．北京：科学出版社，1985.

［12］远藤隆一．砂防工学［M］．日本：共立出版株式会社，1958.

［13］国家防汛总指挥办公室，中国科学院水利部成都山地灾害与环境研究所．山洪泥石流滑坡灾害与防治［M］．北京：科学出版社，1994.

［14］中国科学院水利部成都山地灾害与环境研究所，西藏自治区交通科学研究所．川藏公路典型山地灾害研究［M］．成都：成都科技大学出版社，1999.

第10章 土地整治工程

章主编 苗红昌 孟繁斌

章主审 白中科 王春红

本章各节编写及审稿人员

<table>
<tr><th>节次</th><th>编写人</th><th>审稿人</th></tr>
<tr><td>10.1</td><td>苗红昌 纪　强 张立强 邹兵华</td><td rowspan="4">白中科
王春红</td></tr>
<tr><td>10.2</td><td>闫俊平 张立强 苗红昌 王江天</td></tr>
<tr><td>10.3</td><td>孟繁斌 张立强 苗红昌 王余彦 韩　伟 寇　许
贾洪文 刘冠军 姜　楠 王　芳</td></tr>
<tr><td>10.4</td><td>王　伟 邬春龙 侯杰萍 郭明凡 韩　伟 苏　翔
王金满 陈　琳 任桂镇 石兆英 张陆军 卢晓杰
王江天</td></tr>
</table>

第10章 土地整治工程

10.1 概述

10.1.1 定义与作用

土地整治是指对低效利用、不合理利用和未利用的土地进行整治，对生产建设破坏和自然灾害毁损的土地进行恢复利用，提高土地利用效率的活动。

生产建设项目中的土地整治工程主要是指在项目建设和运营过程中，对扰动破坏的土地、建设裸地进行平整、改造和修复，使之达到可利用状态的水土保持措施。

在生产建设项目建设和运营过程中，因开挖、填筑、取料、弃渣、施工等活动破坏的土地，以及工程永久征地内的裸露土地，在植被建设、复耕之前应采取土地整治措施。土地整治措施包括土地平整和改造（挖填、推平、削坡、土层松实处置等）、田面平整和翻耕、土壤改良，以及水利配套设施恢复。土地整治措施的主要作用：①控制水土流失；②充分利用土地资源；③恢复和改善土地生产力。

表土资源保护与利用主要是针对腐殖质含量丰富的表层土；在土壤匮乏地区心土层、底土层亦应是保护与利用对象；在青藏高原等地区，草皮的保护与利用亦属于表土资源保护与利用的范畴。

10.1.2 土地整治的适用范围

土地整治的适用范围应为工程征占地范围内需要复垦（复耕、植被恢复）或采取地面防护的扰动及裸露土地。

10.2 表土资源保护与利用

10.2.1 表土资源分析与评价

表土资源分析与评价的主要指标包括土壤厚度、质地、pH值、有机质含量、土壤污染情况等。依据表土资源的调查结果，开展剥离区和回覆区的表土质量分析与评价；当上述指标不符合下列规定时，应进行剥离利用方案的经济性分析，并提出应对措施。

（1）土壤剥离厚度不宜小于10cm。

（2）土壤质地以壤土为主，土壤中物理性砂粒含量不应大于60%，物理性黏粒含量不应大于30%。

（3）土壤pH值宜为5.0～9.0。

（4）土壤中有机质含量应不低于当地耕地土壤的最低限值。

（5）土壤环境指标主要包括铅、镉、汞、砷、铬、铜、六六六、滴滴涕等物质含量，各项指标值应满足土壤环境质量规定值。

在表土资源匮乏区域还应调查分析心土层和底土层土壤资源，必要时可将心土层和底土层土壤改良后作为覆土土料来源。

10.2.2 表土剥离

根据建设项目施工时序和工程占地区表土调查分析结果，选择剥离范围，确定剥离面积和厚度。原地类为耕地的，表土剥离厚度一般为50～80cm；原地类为林草地的，剥离厚度一般为20～30cm；黄土覆盖地区可不剥离表土；高寒草原草甸地区，应对表层草甸土进行剥离。表土资源匮乏区可剥离至心土层，必要时可剥离至底土层。各地区表土剥离厚度参考值见表10.2-1。

表10.2-1 各地区表土剥离厚度参考值

分区	表土剥离厚度/cm
西北黄土高原区的土石山区	30～50
东北黑土区	30～80
北方土石山区	30～50
南方红壤区	30～50
西南土石山区	20～30

10.2.3 表土资源利用

根据土地利用方向，确定表土回覆区范围、面积和厚度。

对于不能做到“即剥即用”的表土，应暂时堆存保护。表土堆存保护区应综合考虑堆放安全、回填便利与运输成本低等因素，并远离村庄、集镇等人群密集区。

10.2.4 表土平衡分析

表土回覆原则上要与表土剥离平衡。针对某个生产建设项目，应做好各个防治区表土剥离与利用平衡分析，本区的表土余量应调配到其他防治区利用，尽量做到工程之内剥离和利用平衡；确有剩余的表土量，应与当地土地等部门协同规划利用；若本工程剥离的表土不能满足复垦需求时，需要采取合法合理的方式获取，并明确相应的水土流失防治责任。

覆土厚度应根据当地土质情况、气候条件、植物种类以及土源情况综合确定。一般种植农作物时覆土50cm以上，耕作层不小于20cm。用于林业时，在覆盖厚度1m以上的岩土混合物后，覆土30cm以上，可以是大面积覆土，土源不够时也可只在种植穴内覆土。植草时覆土厚度为20～50cm。

各地区覆土厚度参考值见表10.2-2。

表10.2-2 各地区覆土厚度参考值 单位：cm

分区	覆土厚度		
	耕地	林地	草地（不含草坪）
西北黄土高原区的土石山区	60～100	≥60	≥30
东北黑土区	50～80	≥50	≥30
北方土石山区	30～50	≥40	≥30
南方红壤区	30～50	≥40	≥30
西南土石山区	20～50	20～40	≥10

注 1. 黄土覆盖地区不需覆土。
2. 采用客土造林、栽植带土球乔灌木、营造灌木林可视情况降低覆土厚度或不覆土。
3. 铺覆草坪时覆土厚度不小于10cm。

10.2.5 草皮保护与利用

高山草甸（天然草皮）作为一种重要的草地生态系统类型，在保持水土、涵养水源和净化空气等方面生态功能显著；因此，在青藏高原等地区开展生产建设项目，应对高山草甸（天然草皮）进行剥离、保护和利用。

草皮剥离前应查明草皮的类别，掌握其生物特性，选取生长旺盛、品质高的草块。剥离的草皮如果不能及时利用，应及时妥善保存，做好假植、养护措施。剥离草皮的临时防护措施见本书“12.5 草皮移植保护措施”。

1. 草皮剥离技术要求

（1）放样量测出草皮切割的范围和地块大小，以便保证草皮切割的规则性和完整性。草皮地块规格一般有0.4m×0.4m、0.4m×1.0m；施工条件好的地块，草皮规格可以为1.2m×(5～10)m，切割成草皮卷。

（2）切割草皮时，应根据根系深入地下的深度，确定所取草皮的厚度，以保证根系的完好性；草皮剥离厚度一般为20～30cm。

（3）草皮剥离时，应将草皮下土壤一并剥离，利于草皮养护、移植及回铺。

2. 草皮保护利用要求

（1）草皮回铺利用前，应根据草皮的平均厚度和施工面的平整度，采取打桩放线的方式，平整出基底面，然后在基底面覆一层厚20～30cm的有机土层，坡面要求不小于10cm；根据有机土中营养物质的种类、含量及草皮再生需求情况，在有机土里掺入有机肥及化肥，并洒水使有机土层保持湿润。

（2）选取已成活的草皮回铺和利用；草皮铺设时，顶面要求平顺，草皮块厚度不一时，采用基底有机土层找平；草皮块之间缝隙用有机土填塞，并要求塞实，起到根部保湿和土壤衔接的作用。

（3）在有坡度的地方，严格按从下至上的顺序进行，边铺边用竹签将草皮进行固定。

（4）草皮回铺完工后，应定时进行浇水和施肥养护。初期每天浇水次数不少于2次，水温宜控制在10～20℃；施肥以商品复合有机肥或化肥为宜。

10.3 土地整治设计

在土地整治前应先确定土地的用途，根据土地用途采用适宜的土地整治措施。土地整治设计即根据土地用途，确定土地整治原则和标准，进行相应的土地整治措施设计。

10.3.1 设计原则

（1）土地整治应符合土地利用总体规划。土地利用总体规划一般确定了项目所在区的土地利用方向，土地整治应与土地利用总体规划一致。若在城市规划区内，还应符合城市总体规划。

（2）土地整治应与蓄水保土相结合。土地整治工程应根据施工迹地、坑凹与弃渣场等的地形、土壤、降水等立地条件，按“坡度越小、地块越大”的原则划分土地整治单元。按照立地条件差异，将坑凹地与弃渣场分别整治成地块大小不等的平地、缓坡地、水平梯田、窄条梯田或台田。对土地整治形成的田面应采取覆土、田块平整、打畦围堰等蓄水保土工作，把两者紧密结合起来，达到保持水土、恢复和提高土地生产力的目的。

（3）土地整治与生态环境改善、景观美化相结合。土地整治应明确目的，以林草措施为主，改善和美化生态环境，也可改造成农业用地、生态用地、公共用地、居民生活用地等，并与周边景观相协调。整治后的土地利用应注意生态环境改善，合理划分农林牧用地比例，尽力扩大林草面积。在有条件的地方宜布置农林草各种生态景观点，改善并美化生态环境，使迹地恢复与周边生态环境有机融合。

(4) 土地整治应与防洪排导工程相结合。坑凹回填物和弃渣都是人工开挖、堆置形成的松散堆积体，易产生凹陷，加大产流、汇流。必须把土地整治与坑凹、渣场本身及其周边的防洪排导工程结合起来，才能保障土地的安全。

(5) 土地整治应与主体工程设计相协调。主体工程设计中有弃土和剥离表土等，土地整治应首先考虑利用主体工程的弃土和剥离表土。

(6) 土地整治与水土污染防治相结合。应按照国家有关排污标准，对项目排放的流体污染物和固体污染物采取净化处理，然后采取土地整治工程，防止有毒有害物质污染土壤、地表水和地下水，影响农作物生长。

10.3.2 土地利用方向确定

土地利用方向在符合法律法规及区域总体规划的基础上，根据征占地性质、原土地类型、立地条件和使用者要求综合确定，并与区域自然条件、社会经济发展和生态环境建设相协调，宜农则农，宜林则林，宜牧则牧，宜渔则渔，宜建设则建设。

工程永久征地范围内的裸露土地和未扰动土地一般恢复为林草地；工程临时占地范围内原土地类型原为耕地的，一般恢复为耕地，其他一般恢复为林草地，也可根据土地利用总体规划改造为水面养殖用地或其他用地。

10.3.3 土地整治标准

(1) 恢复为耕地的土地整治标准。经整治形成的平地或缓坡地（坡度一般在15°以下），土质较好，覆土厚度0.5m以上（自然沉实），覆土pH值一般为5.5～8.5，含盐量不大于0.3%，有一定水利条件的，可整治恢复为耕地。用作水田时，地面坡度一般不超过3°；地面坡度超过5°时，按水平梯田整治。

(2) 恢复为林草地的土地整治标准。受占地限制，整治后地面坡度大于15°或土质较差的，可作为林业和牧业用地。对于恢复为林地的，坡度不宜大于35°，裸岩面积比例在30%以下，覆土厚度不宜小于0.3m，土壤pH值5.5～8.5；对于恢复为草地的，坡度不宜大于25°，覆土厚度不小于0.3m，土壤pH值5.0～9.0。

(3) 恢复为水面的土地整治标准。有适宜水源补给且水质符合要求的坑田地可修成鱼塘、蓄水池等，进行水面利用和蓄水灌溉。塘（池）面积一般为0.3～0.7hm²，深度以2.5～3.0m为宜；有良好的排水设施，防洪标准与当地标准一致。

(4) 其他利用的土地整治标准。根据项目区的实际需要，土地经过专门处理后可进行其他利用，如建筑用地、旅游景点等，整治标准应符合相关要求。

10.3.4 土地整治内容及要求

根据工程扰动破坏土地的具体情况，以及土地恢复利用方向确定相应的土地整治内容。主要包括表土剥离、扰动占压土地的平整及翻松、表土回覆、田面平整和犁耕、土壤改良，以及水利配套设施恢复。不同利用方向的土地整治内容可参考表10.3-1。

表10.3-1　不同利用方向的土地整治内容

利用方向		整治内容				
		坡度	平整	蓄水保土	改良	灌溉
耕地	平地坡地	不大于15°	场地清理，翻耕，边坡碾压	改变微地形，修筑田埂，增加地面植物覆盖，增加土壤入渗，提高土壤抗蚀性能，如等高耕作、沟垅种植、套种、深松等	草田轮作、施肥、秸秆还田等	设置坡面小型蓄排工程
	台地梯田	不大于2‰	场地清理，翻耕，粗平整和细平整	修筑田坎，精细整平		利用机井或渠道灌溉
草地	撒播	一般小于1∶1	场地清理，翻松地表，粗平整和细平整	深松土壤增加入渗，选择根系发达，萌蘖力、抓地力强的多年生草种	选豆科草种自身改良、施肥、补种	喷灌或人工喷水浇灌
	喷播	一般不小于1∶1	修整坡面浮渣土，凿毛坡面增加糙率	处理坡面排水、保留坡面残存植物	施肥、施保水剂	人工喷水浇灌或采用滴灌
	草皮	小于1∶1时可自然铺种；不小于1∶1时坡面需挖凹槽、植沟等进行特殊处理	翻松地表，将土块打碎，清除砾石、树根等垃圾，整平	深松土壤增加入渗，选择抓地力强的草种	施肥、补植或更新草皮	人工喷水浇灌或采用滴灌

续表

分类		整治内容				
		坡度	平整	蓄水保土	改良	灌溉
林地	坡面	一般不大于35°	场地清理，翻松地表，一般采用块状整地和带状整地	采用块状整地，如采用鱼鳞坑、“回”字形漏斗坑、反双坡或波浪状等	施肥，与豆科草类混植	设置坡面小型蓄排工程
	平地		场地清理，翻松地表，一般采用全面整地和带状整地	深松增加入渗，林带与主风向垂直，减少风蚀；选择根系发达、蒸腾作用小、抗旱的树种		人工浇灌
草灌地		一般不大于1∶1.5	翻松地表、粗平整和细平整	密植，草灌合理搭配和混植，增加土壤入渗	选豆科草种自身改良	人工浇灌
鱼塘		水面下1∶(2.5～1.5)；水面上1∶(1.0～1.5)	场地清理、修筑防渗塘，塘深一般2.5～3m，矩形，长宽比以5∶3为最佳，在最高蓄水位以上筑0.5m高堤埂	定期检查和修补防渗工程	保持鱼塘清洁，定期清塘消毒，防止病原体和病毒、农药、盐渍污染	有适宜的水源补给和排水设施，水质符合标准

10.3.4.1 表土剥离设计

1. 表土剥离设计要点

(1) 表土剥离前需清除石块、杂物、地表附属物等，并规划好堆存区域，一般就近剥离、就近堆存，需要跨区域堆存时，剥离前还需设计好运输道路和车辆。

(2) 表土剥离时应避开雨季或大风季节。

(3) 表土剥离厚度需根据表层熟化土厚度确定，应优先选择土层厚度不小于30cm的扰动区域。一般对自然土壤可采集到灰化层，农业土壤可采集到犁底层。

2. 草皮剥离设计要点

(1) 放样量测出草皮切割的范围和地块大小，草皮地块规格一般为0.4m×0.4m（以人工能搬运、能回铺为准），以便保证草皮切割的规则性和完整性。

(2) 切割草皮时，应根据根系深入地下的深度，确定所取草皮的厚度，需保证根系的完好性；草皮剥离厚度一般为20～30cm。

(3) 要求将草皮下土壤一并剥离，利于草皮养护、移植及回铺。

10.3.4.2 扰动占压土地平整及翻松设计

扰动后凸凹不平的地面要采用机械削凸填凹进行平整，平整时应采取就近原则，对局部高差较大处由铲运机铲运土方回填，开挖及回填时应保证表土回填前田块有足够的保水层。扰动后地面相对平整或经过粗平整、压实度较高的土地应采用推土机的松土器进行耙松。

1. 适用条件

平整包括粗平整和细平整，弃渣场、土（块石、砂砾石）料场区粗平整和细平整工作都有，主体工程区、施工生产生活区、工程管理区等一般只有细平整一项工作，这里的平整主要指粗平整。

2. 设计要点

粗平整包括全面成片平整、局部平整和阶地式平整三种型式，有以下适用范围。

(1) 全面成片平整是对弃渣场区、料场区等全貌加以整治，多适用于种植大田作物，整平坡度一般小于1°（个别为2°～3°）；用于种植林木时，整平坡度一般小于5°。

(2) 局部平整主要是小范围削平堆脊，整成许多沟垄相间的平台，宽度一般为8～10m（个别为4m）。

(3) 阶地式平整一般是形成分层平台（地块），平台面上成倒坡，坡度为1°～2°。

不同类型土地平整见图10.3-1。

10.3.4.3 表土回覆设计

土地平整结束之后，开展表土回覆工作，把剥离的表土填铺到需要绿化、复耕的地块表层；覆土厚度需依据土地利用方向确定，复耕土地回覆表土厚度50～80cm，林草地回覆表土厚度20～30cm，园林标准的绿化区可根据需要确定回覆表土厚度。

覆土要有顺序地倾倒，形成“堆状地面”。若作为农作物用地，必须进一步整平，进行表土层松实度处理；若为林业、牧业用地，可直接采用“堆状地面”种植。

表土回覆应考虑以下因素。

(1) 充分利用预先剥离收集的表土回填形成种植层，若表土不足时，在经济运距之内寻求适宜土源，

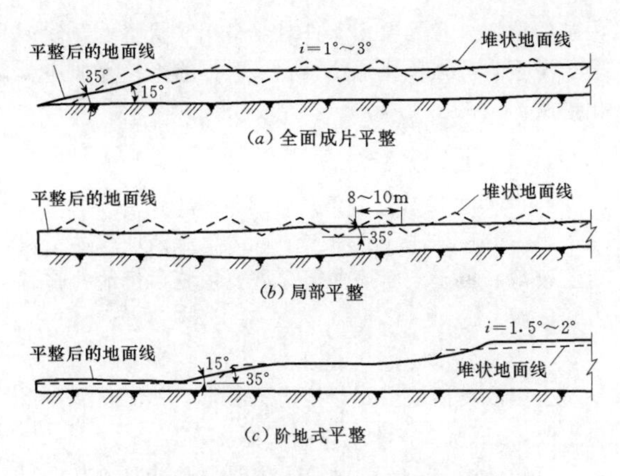

图 10.3-1 不同类型土地平整示意图

可借土、购土覆盖。

(2) 在土料缺乏的地区，可覆盖易风化物如页岩、泥岩、泥页岩、污泥等；用于造林时，只需在植树的坑内填入土壤或其他含肥物料（生活垃圾、污泥、矿渣、粉煤灰等）。

(3) 对剥离的心土层、底土层土料以及未达到相应标准的表土，应进行土壤改良，使土料理化指标达到相应利用方向的要求。

10.3.4.4 田面平整和犁耕

粗平整之后细部仍不符合耕作要求的要进行细平整，也就是田面平整，包括修坡、建造梯地和其他田面工程。恢复为林草地的，可采取机械或人工辅助机械对田面进行细平整，并视具体种植的林草种采取犁耕。恢复为耕地的，应采取机械或人工辅助机械对田面进行细平整、犁耕。全面整地耕深一般为0.2～0.3m。

1. 田面平整标准

田面平整后既要满足田面灌溉技术要求，又要便于耕作和田间管理。

对于恢复为耕地的，平整后的田面要求坡度一致，一般畦灌地面高差小于±5cm，水平畦灌地面高差在±1.5cm以内，沟灌地面高差小于±10cm。

2. 设计要点

田面平整包括坡度大于15°的坡面和坡度不大于15°的坡面与平台面的平整，可根据土壤成分和土地利用方向进行平整。

(1) 坡度大于15°的坡面，一般恢复为林草地。以土壤或土壤发生物质（成土母质或土状物质）为主的坡面，采用水平沟、水平阶地、反坡梯田整地；以碎石为主的地块，采用鱼鳞坑、穴状或块状整地。以下列出各种整地的规格。

1) 水平沟挖深、底宽、蓄水深等尺寸及边坡坡比根据土层厚度、土质、降雨量和地形坡度确定，一般挖深与底宽为0.3～0.5m，挖方边坡1：1，填方边坡1：1.5，蓄水深0.7～1.0m，土埂顶宽0.2～0.3m，水平沟沿等高线开挖，每两行水平沟呈“品”字形排列，每个水平沟长3～5m。

2) 水平阶地阶长4～5m，阶宽有0.7m、1.0m、1.5m三种。

3) 反坡梯田田面一般宽2～3m，长5～6m。

4) 鱼鳞坑包括大鱼鳞坑和小鱼鳞坑，大鱼鳞坑尺寸（长径×短径×坑深）：1.0m×0.6m×0.6m、1.5m×1.0m×0.6m；小鱼鳞坑尺寸（长径×短径×坑深）：(0.6～0.8)m×(0.4～0.5)m×0.5m。

5) 穴状整地规格（穴径×坑深）一般包括：30cm×30cm、40cm×40cm、50cm×50cm、60cm×60cm。

6) 块状整地规格（边长×边长×坑深）一般包括：30cm×30cm×30cm、40cm×40cm×40cm、50cm×50cm×50cm、60cm×60cm×60cm。

(2) 坡度不大于15°的坡面和平台面，若恢复为耕地，按耕作要求进行全面精细平整；若恢复为林草地，按林草种植要求进行平整。

1) 恢复为耕地的土地平整。

a. 坡度小于5°的地块。在粗平整之后要对田面进行细平整，即实施田间整形工程，整形时田块布置与田间辅助工程如渠系、道路、林带等结合，田块形状以便于耕作为宜，最好为长方形、正方形，其次为平行四边形，尽量防止三角形和多边形；田块方向与日照、灌溉、机械作业及防风效果有关，与等高线基本平行，并垂直于径流方向；田块规格与耕作的机械要求和排水有关，拖拉机作业长度1000～1500m，宽度200～300m，或更宽些，另外，土壤黏性越大，排水沟间距越小，则田块宽度越小，如黏土一般80～200m，宜透水覆盖层或底部有砂层则可宽到200～600m，最高可达1000m。田块两头和局部洼地高差不大于0.5m。

b. 坡度大于5°的地块。先在临空侧布置挡水土埂，田块沿等高线布设，机耕田块宽度一般20～40m，长度不小于100m，田块之间修建土埂。土埂高度按最大一次暴雨径流深、年最大冲刷深与多年平均冲刷深之和计算，地埂间距可按水平梯田进行设计。在缺乏资料时，土埂高度取0.4～0.5m，顶宽0.4m，边坡1：1～1：2。坡度大于5°的地块设计图见图10.3-2。

土埂内侧高度按式（10.3-1）计算：

$$H_1=h+\Delta h \tag{10.3-1}$$

式中 h——地埂最大拦蓄高度，m；

Δh——地埂安全加高，可采用0.5m。

地埂最大拦蓄高度 h 可根据单位埂长的坡面来洪

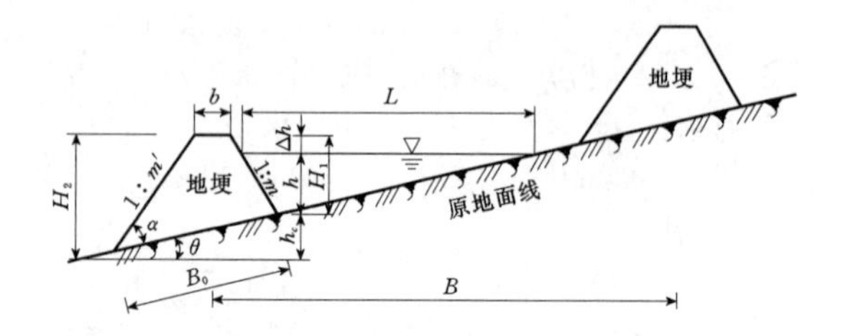

图 10.3-2 坡度大于5°的地块设计图

量 Q（包括洪水及泥沙）及最大拦蓄容积 V 确定。

来洪量按式（10.3-2）计算：

$$Q=B(h_1+h_2)+V_0 \tag{10.3-2}$$

式中 B——地埂水平间距，m；

h_1——最大一次暴雨径流深，m；

h_2——最大冲刷深度，m；

V_0——三年耕作翻入埂内的土方量，m^3/m。

最大冲刷深度 h_2 可按年最大冲刷深 $h_{大}$ 与多年平均冲刷深 $h_{平}$ 计算：

$$h_2=h_{大}+2h_{平} \tag{10.3-3}$$

年最大冲刷深 $h_{大}$ 因自然条件（地面坡度、土质、降雨等）不同，各地有所差别，应通过实验调查确定。

每米埂长最大拦蓄容积按式（10.3-4）计算：

$$V=\frac{1}{2}Lh=\frac{1}{2}h^2\left(m+\frac{1}{\tan\theta}\right) \tag{10.3-4}$$

式中 L——最大拦蓄高度时的回水长度，m；

m——地埂内侧坡坡率；

θ——田面坡度，(°)。

地埂最大拦蓄高度 h 可按式（10.3-5）计算。

设计时取 $Q=V$，故：

$$h=\sqrt{\frac{2V\tan\theta}{1+m\tan\theta}} \tag{10.3-5}$$

所以，地埂内侧高度：

$$H_1=\sqrt{\frac{2V\tan\theta}{1+m\tan\theta}}+\Delta h \tag{10.3-6}$$

地埂铺底宽度：

$$B_0=[b+H_1(m'+m)]\frac{\sin(\theta+\alpha)}{\sin\alpha} \tag{10.3-7}$$

式中 m'——地埂外侧坡坡比；

α——地埂与田面的夹角，(°)。

地埂外侧高度：

$$H_2=H_1+h_0=H_1+B_0\sin\theta \tag{10.3-8}$$

2）恢复为林草地的土地平整。整地方式主要有全面整地、水平沟整地、鱼鳞坑整地、穴状（圆形）整地、块状（方形）整地等，以土壤或土壤发生物质（成土母质或土状物质）为主的地块，宜依据其覆盖厚度和造林种草的基本要求，采取全面整地；以碎石为主的地块，且无覆土条件时，采用穴状整地，砂页岩、泥页岩等强风化地块，宜采取提前整地等加速风化措施。

10.3.4.5 土壤改良

1. 适用条件

土壤改良适用于土壤贫瘠、无覆土条件或表土覆盖层较薄、覆土土料瘠薄但又需要恢复为耕地的临时占地区域。

2. 改良措施

土壤改良措施主要包括增肥改土、种植改土和粗骨土改良三种。

（1）增肥改土。增肥改土主要是通过增加有机肥如厩肥、沤肥、土杂肥、人畜粪尿等实现土壤培肥。增施有机肥有助于改良土壤结构及其理化性质，提高土壤保肥保水能力。

（2）种植改土。种植改土主要是指种植绿肥牧草和作物以达到改良土地的目的。在最初几年先种植绿肥作物改良土壤、增肥养地，然后再种植大田作物。种植绿肥牧草品种如苜蓿、草木樨、沙打旺、箭舌豌豆、毛叶苕子、胡枝子等，作物如大豆、绿豆等。也可实行草田轮作、草田带状间作、套种等改良土壤。

1）草田轮作。草田轮作是在一个轮作周期内，先种植一段时间牧草再种植农作物的改良土壤措施。轮作制度和轮作周期根据具体情况确定，一般先种植2～3年牧草后再种植3～5年农作物。

2）草田带状间作。在坡长较长的缓坡地上，为了保持水土，减少冲刷，可进行等高草田带状间作，即在坡地沿等高线方向，一般坡度不大于10°以20～30m、大于10°以10～20m间距划分为若干等高条带，每隔1～3带农作物种植一带牧草，形成带状间作，以拦截、吸收地面径流和拦泥挂淤，改良土壤。

（3）粗骨土改良。对覆盖土含有大量粗砂物质和岩石碎屑及风沙土的区域，土壤结构松散、干旱、贫瘠、透水性强、保水保肥能力差，有效养分含量低，要通过掺黏土、淤泥物质和一些特殊的土壤改良剂，如泥炭胶、树胶、木质等以达到土壤改良的目的。粗骨土改良还要结合施用有机肥，翻耕时注意适宜的深度，避免将下部大粗砂石砾翻入表土；同时利用种植牧草和选择耐干旱、耐贫瘠的作物合理种植，以达到综合改良目的。

3. 设计要点

地表有土型的土壤改良，主要是通过增肥改土和种植植物等种植改土措施，实现土壤培肥。恢复为耕地的，应采用增施有机肥、复合肥或其他肥料的增肥改土措施；恢复为林草地的，优先选择具有根瘤菌或其他固氮菌的绿肥植物进行种植改土，必要时，工程管理范围的绿化区应在田面细平整后采用增施有机肥、复合肥或其他肥料的增肥改土技术。

地表无土型土壤改良，一般用易风化的泥岩和砂岩混合的碎砾作为土体，调整其比例，在空气中进行物理和化学风化，如添加城市污泥、河泥、湖泥、锯末等改良物质；对于pH值过低或过高的土地，施加化学物料如黑矾、石膏、石灰等改善土壤；盐渍化土地，应采取灌水洗盐、排水压盐、大穴客土等方式改良土壤。

10.3.4.6 灌溉设施

灌溉的范围主要为永久征占地范围内的绿化区域及弃渣场区、料场区土地整治后恢复为耕地或林草地的区域。灌溉范围内采用渠道灌溉的参考《水工设计手册》（第2版）第9卷《灌溉、排水》部分，本节内容主要指节水灌溉技术。

改良盐碱地采取蓄淡压盐、灌水洗盐及大穴客土，下部设隔离层和渗管排盐等水利和其他措施。

1. 适用条件

目前，国内常用的节水灌溉技术主要有渠道防渗、低压管道输水、改进地面灌溉技术、喷灌与微灌等。

喷灌与微灌可根据植物需水状况，适时适量的供水，一般不产生深层渗漏和地面径流，且地面湿润均匀，灌溉水利用系数可达0.8以上。与地面灌溉相比，可节约水量30%～50%，并具有对地形和土质适应性强、保持水土等特点。综合考虑生产建设项目区水源、气候、土壤、种植、地形和社会经济发展水平等因素，主体工程区、工程管理区的绿化区域及弃渣场区、料场区土地整治后恢复为耕地或草地的区域优先选择喷灌技术，弃渣场区、料场区土地整治后恢复为林地的区域可选择微灌技术。

2. 喷灌工程设计

(1) 喷灌系统的组成。喷灌系统一般由水源、动力、水泵、管道系统和喷头组成。水源依据当地水源条件确定，可以是河道、引水渠、水库、蓄水池、井泉。动力机有电动机和柴油机。水泵可为离心泵、专业喷灌泵和潜水泵等。管道系统有铝合金管、薄壁钢管、PVC塑料管等。喷头型式很多，常用旋转式喷头。

(2) 喷灌系统的类型。喷灌系统通常分为固定式喷灌系统、半固定式喷灌系统和移动式喷灌系统。

固定式喷灌系统所有组成部分是固定的，不能移动。水泵和动力机安装在泵房，输水管道埋设在地下，喷头安装在竖管上，可以拆卸。适宜安装在主体工程区、工程管理区的绿化区或需要灌溉的经济作物区。

半固定式喷灌系统是泵房及输水干管固定，喷洒支管可以移动。

移动式喷灌系统的特点是动力、加压泵、喷洒管道都可移动，适宜地块不大、水源分散、来水量较小的区域。

(3) 喷灌系统设计。

1) 设计灌水定额和灌水周期。

最大灌水定额的计算公式为

$$m_{max}=0.1h(\beta_1-\beta_2) \tag{10.3-9}$$

或

$$m_{max}=0.1\gamma h(\beta_1'-\beta_2')/\gamma' \tag{10.3-10}$$

式中 m_{max}——最大灌水定额，mm；

h——计划湿润层深度，cm；

β_1——适宜土壤含水量上限（体积百分比），%；

β_2——适宜土壤含水量下限（体积百分比），%；

γ——土壤容重，g/cm^3；

β_1'——适宜土壤含水量上限（重量百分比），%；

β_2'——适宜土壤含水量下限（重量百分比），%；

γ'——水容重，g/cm^3。

设计灌水定额应根据作物的实际需水要求和试验资料按式（10.3-11）选择：

$$m\leqslant m_m \tag{10.3-11}$$

式中 m——设计灌水定额，mm。

设计灌水周期可按式（10.3-12）计算：

$$T=m\eta/ET_a \tag{10.3-12}$$

式中 T——设计灌水周期，d；

η——喷洒水利用系数；

ET_a——作物灌水临界期日需水量，mm/d；

其他符号意义同前。

2) 喷头选型与组合。

a. 计算允许的喷头最大喷灌强度。喷头的运行方式包括单喷头喷洒、单行多喷头喷洒和多行多喷头喷洒三种。喷头的喷洒方式有全圆喷洒、扇形喷洒、带状喷洒等，除了在田边路旁或房屋附近使用扇形喷洒外，其余全部采用全圆喷洒。喷头的组合型式有矩形组合和平行四边形组合，一般采用矩形组合。

组合喷灌强度可按式（10.3-13）～式（10.3-15）计算：

$$\rho=K_wC_\rho\eta\rho_{允} \tag{10.3-13}$$

$$C_\rho=\pi/\left[\pi-(\pi/90)\arccos(a/2R)+(a/R)\sqrt{1-(a/2R)^2}\right] \tag{10.3-14}$$

$$a=K_aR \tag{10.3-15}$$

式中 ρ——组合喷灌强度，亦称设计喷灌强度，mm/h；

K_w——风向系数，反映风对ρ的影响；

C_ρ——布置系数，反映喷头组合型式和作业方式对 ρ 的影响；

η——喷洒水利用系数，$\eta=0.85$；

$\rho_{允}$——允许喷灌强度（各类土壤允许喷灌强度见表 10.3-2），mm/h；

a——喷头组合间距，m；

K_a——喷头间距射程比；

R——初选喷头射程，m。

表 10.3-2　各类土壤允许喷灌强度

土壤类别	允许喷灌强度/(mm/h)
砂土	20
砂壤土	15
壤土	12
黏壤土	10
黏土	8

注　有良好覆盖时，允许喷灌强度数值可提高20%。

b. 选择喷头。喷头的选择包括喷头型号、喷嘴直径和喷头工作压力的选择，这些参数取决于作物种类、喷灌区的土壤条件，以及喷头在田间的组合情况和运行方式，要求所选喷头的喷灌强度小于计算的喷灌强度允许值，一般选择中、低压喷头，灌溉季节风比较大的喷灌区应选用低仰角喷头。

c. 喷头的组合间距。喷头的组合间距与所选喷头有关，目前常将喷头组合间距的确定和喷头选型工作一起进行，即先根据喷灌区自然条件和拟定的喷头组合形式及作业方式，确定满足喷灌水质要求的参数，然后根据这些参数选择喷头并确定其组合间距。喷头组合间距受风速的影响较大，具体选择要求见表 10.3-3。

表 10.3-3　喷头组合间距

序号	设计风速/(m/s)	组合间距	
		垂直风向	水平风向
1	0.3～1.6	(1.1～1)R	1.3R
2	1.6～3.4	(1～0.8)R	(1.3～1.1)R
3	3.4～5.4	(0.8～0.6)R	(1.1～1)R

注　R 为喷头射程。

3）田间管道系统布置。根据田块的形状、地面坡度、耕作与种植方向、灌溉季节的风向与风速、喷头的组合间距等情况进行田间管道系统的布置。

4）拟定喷灌工作制度。

a. 喷头在一个喷点上的喷洒时间。喷头在一个喷点上的喷洒时间按式（10.3-16）计算：

$$t=abm/(1000q) \qquad (10.3-16)$$

式中　t——喷头在一个喷点上的喷洒时间，h；

a——喷点间距，m；

b——支管间距，m；

m——设计灌水定额，mm；

q——喷点设计流量，m^3/h。

b. 喷头每日可工作的喷点数。喷头每日可工作的喷点数就是指每日可工作的支管数量，即

$$n=t_r/t \qquad (10.3-17)$$

式中　n——喷头每日可工作的喷点数，次/d；

t_r——喷头每日喷灌作业时间，即设计日净喷时间，h；

t——喷头在一个喷点上的喷洒时间，h。

c. 每次同时工作的喷头数。喷灌系统每次同时工作的喷头数可按式（10.3-18）计算：

$$n_p=N/(n\times T) \qquad (10.3-18)$$

式中　n_p——每次同时工作的喷头数，个；

N——喷灌区内总喷点数，个；

n——喷头每日可工作的次数，一般情况下就是指每根支管每日可移动的次数，次/d；

T——设计灌水周期，d。

d. 编制轮灌顺序。根据计算出需要同时工作的喷头数，结合系统平面布置图上喷点分布情况编制轮灌组并确定轮灌顺序。

5）管道系统设计。包括管材选择、管径确定、管道纵剖面设计、管道系统结构设计及管道系统各控制点压力确定。

a. 管材选择。用于喷灌的管道种类很多，应根据喷灌区的地形、地质、气候、运输、供应以及使用环境和工作压力等条件结合管材的特性确定，一般地埋管采用硬聚氯乙烯管（UPVC管），对于地面移动管道，优先选用带有快速接头的薄壁铝合金管。

b. 管径确定。

a）支管管径，按《喷灌工程技术规范》（GB/T 50085）要求，同一条支管上任意两个喷头之间的工作压力差应在设计喷头工作压力的20%以内，则喷灌系统多口出流的支管管径可按式（10.3-19）计算：

$$h'_f=\frac{FfLQ^m}{d^b}\leqslant 0.2h_p+\Delta Z \qquad (10.3-19)$$

式中　h'_f——多喷头支管沿程水头损失，m；

F——多口系数；

f——摩阻系数，塑料硬管取 $f=0.948\times10^5$；

L——支管长度，m；

Q——支管流量，m^3/h；

m——流量指数，塑料硬管取 $m=1.77$；

d——支管内径，mm；

b——管径指数，塑料硬管取 $b=4.77$；

h_p——喷头设计工作压力水头，m；

ΔZ——同一支管上任意两喷头的进水口高程差（顺坡铺设支管时 ΔZ 的值为负，逆坡铺设支管时 ΔZ 的值为正），m。

b）干管管径，喷灌系统的干管管径计算公式。

当 $Q<120\text{m}^3/\text{h}$ 时：

$$D=13\sqrt{Q} \tag{10.3-20}$$

当 $Q\geqslant 120\text{m}^3/\text{h}$ 时：

$$D=11.5\sqrt{Q} \tag{10.3-21}$$

式中 D——干管内径，mm；

Q——干管流量，m^3/h。

c. 管道纵剖面设计和管道结构设计。管道纵剖面设计主要是根据各级管道平面布置和计算的管道直径，确定各级管道在立面上的位置及管道附件位置。纵剖面设计应力求平顺、减少折点、避免产生负压。

管道系统结构设计包括镇墩、支墩、阀门井、竖管的高度等。

d. 管道系统各控制点压力确定。管道系统各控制点压力包括支管、干管入口和其他特殊点的测管水压力。支管入口压力的计算是系统中其他各控制点压力计算的基础，常采用以下方法近似计算。

当喷头与支管入口的压力差较大时，按支管上工作压力最低的喷头推算：

$$H_{支}=h'_f+\Delta Z+0.9h_p \tag{10.3-22}$$

式中 $H_{支}$——支管入口的压力水头，m；

h'_f——多口系数法计算的支管相应管段的沿程水头损失，m；

ΔZ——支管入口地面高程到工作压力最低的喷头进水口的高程差，顺坡时为负值，m；

h_p——喷头设计工作压力水头，m。

当支管沿线地势平坦且支管上喷头数较多（$N>5$）时，按较低 $0.25h_{f_{首末}}$ 计算：

$$H_{支}=h'_f+\Delta Z+0.9h_p-0.25h_{f_{首末}} \tag{10.3-23}$$

式中 $h_{f_{首末}}$——支管首末两端喷头间管段的沿程水头损失，m；

其他符号意义同前。

支管入口压力求出后，再根据系统在各轮灌组运行时的流量，分别计算各分干管、干管的沿程水头损失和局部水头损失，最后，计算出各控制点在各轮灌组作业时的压力。

6）水泵选择。

a. 喷灌系统设计流量。喷灌系统的设计流量就是设计管线上同时工作的喷头流量之和，再考虑一定数量的损失水量，可按式（10.3-24）计算：

$$Q=\sum_{i=1}^{n}q_i/\eta_c \tag{10.3-24}$$

式中 Q——喷灌系统设计流量，m^3/h；

n——同时工作的喷头数目；

q_i——设计工作压力下的喷头流量，m^3/h；

η_c——设计管线输水利用系数，取0.95。

b. 水泵设计扬程。喷灌系统设计扬程是在设计管线中的支管入口压力水头的基础上，考虑沿设计管线的全部水头损失、水泵吸水管的水头损失及支管入口与水源水位的地形高差等，可按式（10.3-25）计算：

$$H=Z_d-Z_S+h_S+h_P+\sum h_f+\sum h_j \tag{10.3-25}$$

式中 H——喷灌系统设计水头，m；

Z_d——典型喷点的地面高程，m；

Z_S——水源水面高程，m；

h_S——典型喷点的竖管高度，m；

h_P——典型喷点喷头的工作压力水头，m；

$\sum h_f$——由水泵吸水管至典型喷点之间管道的沿程水头损失，m；

$\sum h_j$——由水泵吸水管至典型喷点之间管道的局部水头损失，m。

c. 水泵选型。水泵是喷灌工程的重要设备，其选型应符合以下原则。

a）其流量和扬程应与喷灌系统设计流量和扬程基本一致，且当工作点变动时，水泵始终在高效区范围内工作，既不能产生气蚀，也不能使动力机过载。

b）在相同流量和扬程的条件下，应尽量选择一台大流量水泵，因其运行效率比若干小泵高，且设备、土建和管理费用均可相应减少，但水泵的台数也不能太少，否则难以进行流量调节。当系统流量较小时，可只设一台水泵，但应配备足够数量的易损零件，以备随时更换。

c）如有几种泵型都满足设计流量和扬程要求时，首先应选择其中气蚀性能好、工作效率高、配套功率小，便于操作、维修，并使总投资较小的泵型，其次要推荐采用国优与部优产品。

d）同一喷灌系统安装的水泵，尽可能型号一致，以方便管理和维修。

3. 微灌工程设计

（1）微灌系统组成。微灌系统由水源工程、首部枢纽、输配水管网和灌水器组成，其特点是灌水流量小，一次灌水延续时间较长，灌水周期短，需要的工作压力较低，能够精确地控制灌水量，能把水和养分直接地输送到作物根部的土壤中。

微灌系统的水源依据当地水源条件确定，同喷灌工程。首部枢纽通常由水泵及动力机、控制阀门、水质净化器、施肥装置、测量和保护设备等组成。输配水管网按灌溉控制面积分为干、支、毛管道，一般均埋入地面以下一定深度。灌水器有滴头、微喷头、涌水器和滴灌带等多种形式。

(2) 微灌系统类型。根据微灌工程中毛管在田间的布置方式、移动与否以及进行灌水的方式不同，微灌系统可以分为地面固定式微灌系统、地下固定式微灌系统、移动式微灌系统和间歇式微灌系统四类。

1) 地面固定式微灌系统是毛管布置在地面，在灌水期间毛管和灌水器不移动的系统。这种系统的优点是安装、拆卸、清洗方便，便于检查土壤湿润和测量滴头流量变化情况，缺点是毛管和灌水器易于损坏和老化。

2) 地下固定式微灌系统是将毛管和滴水器全部埋入地下，与地面固定式微灌系统相比，免除了作物种植和收获前后的安装和拆卸工作，延长设备使用寿命，缺点是不能检查土壤湿润和灌水器堵塞情况。

3) 移动式微灌系统是在灌水期间，毛管和灌水器在地表一个位置灌水完毕后移向另一个位置继续进行灌水。

4) 间歇式微灌系统又称脉冲式微灌系统，工作方式是系统每隔一定时间喷水一次，灌水器的流量比普通滴头的流量大4～10倍。

(3) 微灌系统规划设计。

1) 最大净灌水定额和灌水周期。最大净灌水定额的计算公式为

$$m_{\max}=0.001\gamma zp(\theta_{\max}-\theta_{\min}) \quad (10.3-26)$$

或

$$m_{\max}=0.001zp(\theta'_{\max}-\theta'_{\min}) \quad (10.3-27)$$

式中 $m_{\max}$——最大净灌水定额，mm；

γ——土壤容重，g/cm^3；

z——计划湿润土层深度，m；

p——设计土壤湿润比，%；

$\theta_{\max}$、$\theta_{\min}$——适宜土壤含水率的上限、下限（占干土重量的百分比），%；

$\theta'_{\max}$、$\theta'_{\min}$——适宜土壤含水率的上限、下限（占土壤体积的百分比），%。

设计灌水周期应根据资料确定。在缺乏试验资料的地区，可参照邻近地区的试验资料并结合当地实际情况按式（10.3-28）计算确定：

$$T=(m/E_a)\eta \quad (10.3-28)$$

式中 T——灌水周期，d；

m——灌水定额，mm；

E_a——耗水强度，mm/d。

设计时，灌水器允许流量偏差率应不大于20%。灌水小区内灌水器流量和工作水头偏差率的计算公式为

$$q_v=\frac{q_{\max}-q_{\min}}{q_d}\times100\% \quad (10.3-29)$$

$$h_v=\frac{h_{\max}-h_{\min}}{h_d}\times100\% \quad (10.3-30)$$

式中 q_v——灌水器流量偏差率，%；

$q_{\max}$——灌水器最大流量，L/h；

$q_{\min}$——灌水器最小流量，L/h；

q_d——灌水器设计流量，L/h；

h_v——灌水器工作水头偏差率，%；

$h_{\max}$——灌水器最大工作水头，m；

$h_{\min}$——灌水器最小工作水头，m；

h_d——灌水器设计工作水头，m。

2) 设计流量与设计水头。

a. 微灌系统某级管道的设计流量计算公式为

$$Q=\sum_{i=1}^{n}q_i \quad (10.3-31)$$

式中 Q——某级管道的设计流量，L/h；

q_i——第 i 号灌水器设计流量，L/h；

n——同时工作的灌水器个数。

b. 微灌系统及某级管道的设计水头（最不利条件下）计算公式为

$$H=Z_p-Z_b+h_0+\sum h_f+\sum h_w \quad (10.3-32)$$

式中 H——系统或某级管道的设计水头，m；

Z_p——典型毛管的进口高程，m；

Z_b——系统水源的设计水位或某级管道的进口高程，m；

h_0——典型毛管进口的设计水头，m；

$\sum h_f$——系统或某级管道进口至典型毛管进口的管道沿程水头损失，m；

$\sum h_w$——系统或某级管道进口至典型毛管进口的管道局部水头损失，m。

c. 水头损失计算。水头损失计算包括管道沿程水头损失和管道局部水头损失两项，其计算与喷灌水力计算相似。

a) 管道沿程水头损失计算公式为

$$h_f=f\frac{Q^m}{d^b}L \quad (10.3-33)$$

式中 h_f——沿程水头损失，m；

f——摩阻系数；

Q——流量，L/h；

m——流量指数；

d——管道内径，mm；

b——管径指数；

L——管长，m。

各种管材的 f 值、m 值、b 值，按表10.3-4选用。

表 10.3-4 管道沿程水头损失计算系数、指数表

管材			f	m	b
硬塑料管			0.464	1.77	4.77
微灌用聚乙烯管	$d>8$mm		0.505	1.75	4.75
	$d\leqslant 8$mm	$Re>2320$	0.595	1.69	4.69
		$Re\leqslant 2320$	1.750	1.00	4.00

注 1. Re 为雷诺数。
2. 微灌用聚乙烯管的 f 值相应水温为 10℃，其他温度时应修正。

当微灌系统的支管、毛管为等距多孔管时，其沿程水头损失可按式（10.3-34）计算：

$$h'_f=\frac{fSq_d^m}{d^b}\left[\frac{(N+0.48)^{m+1}}{m+1}-N^m\left(1-\frac{S_0}{S}\right)\right]\quad (N\geqslant 3) \tag{10.3-34}$$

式中 h'_f——等距多孔管沿程水头损失，m；
S——分流孔间距，m；
q_d——单孔设计流量，L/h；
m——流量指数；
N——分流孔总数；
S_0——多孔管进口至首孔的间距，m。

b）管道局部水头损失计算公式为

$$h_w=6.376\times 10^{-3}\zeta Q^2/d^4 \tag{10.3-35}$$

式中 h_w——局部水头损失，m；
ζ——局部水头损失系数；
Q——流量，L/h；
d——管道内径，mm。

当缺乏资料时，局部水头损失也可按沿程损失的一定比例估算，支管为 0.05～0.10，毛管为 0.10～0.20。

10.3.5 不同场地土地整治模式

生产建设项目水土流失防治分区一般划分主体工程区、弃渣场区（包括尾矿、粉煤灰、排土等场地）、料场区、施工道路区、施工生产生活区、塌陷区等。本章依据水土流失防治分区进行土地整治措施阐述。

10.3.5.1 主体工程区

征占地范围内除建（构）筑物占地之外的空闲地，以及从工程安全运行角度考虑采取防护措施以外的裸露面，一般采取植被措施。

建设场地平整前、建筑（构）物施工前剥离表土，集中堆放保存；建筑（构）物施工结束后，对建设形成的土石边坡，如土坝坡面、堤防坡面、路基坡面、各种工矿场地的堆垫坡面和开挖坡面等，实施植物护坡的坡面需凿毛表面，再铺筑一定厚度的表土进行整治；对工程永久占地内的管理区，施工结束后地面裸露，视具体情况按照水土流失防治和林草种植的需求，采取必要的土地整治措施，采取Ⅰ级绿化标准的区域应按照园林绿化要求进行整地；主体工程区剥离的余量表土用于植物绿化区微地形整治和覆土。

10.3.5.2 弃渣场区

弃渣场土地整治应结合土地利用方向，一般要考虑弃渣性质、弃渣场类型、占地类型等因素。

1. 按弃渣性质确定土地整治模式

（1）弃渣为土料或土石混合料。弃料堆放时要求将土石放在下部，顶面恢复为耕地的先铺一层厚度不小于 30cm 的黏土并碾压密实作为防渗层，表面按复耕作物的种植要求或地理位置确定回覆表土的厚度。对于渣体的坡面一般不可耕种，按林草种植要求放坡整治，恢复林草。

（2）弃渣为石料。覆盖土料充足时，回覆表土复耕；土料匮乏时，按灌草种植要求放坡整治，恢复成灌草地。

弃土石渣场整治示意图见图 10.3-3，弃石场整治示意图见图 10.3-4。

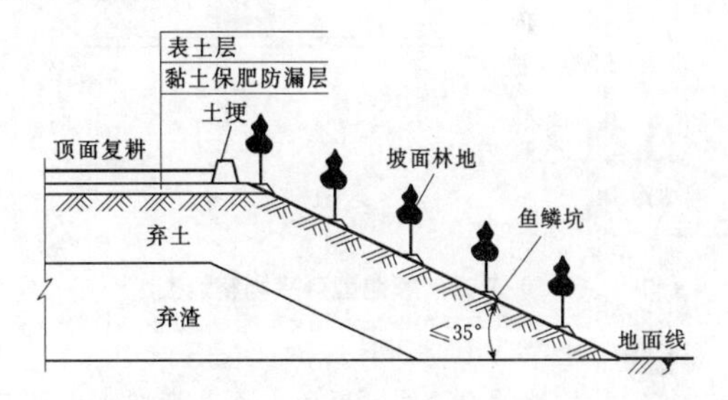

图 10.3-3 弃土石渣场整治示意图

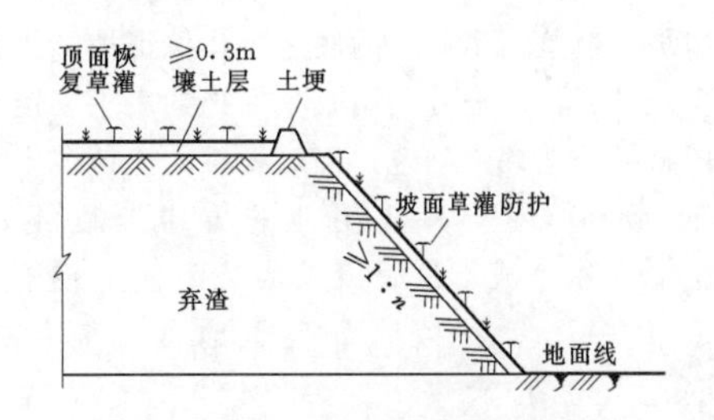

图 10.3-4 弃石场整治示意图

2. 按弃渣场类型确定土地整治模式

（1）坑凹地渣场。堆放时在工程附近寻找如窑坑、沟头、废弃沟道、取料坑、开采沉降塌陷坑等坑凹地，将弃土弃渣填入坑凹至与附近地面齐平，并预留一定沉降高度，按复耕整治或林草恢复要求对其进行平整。

沟道型渣场先修建拦挡建筑物，然后采用分阶后退方式回填坑凹，降水量大、集流面积大的地方要配套排水工程。

（2）平地型渣场。施工按照“表土剥离→拦挡→弃料排放→整平→覆土”的顺序进行，堆渣至最终高

度时，渣面应大致平整，以利改造利用。

弃渣场表面平整后，先铺一层黏土并碾压密实作为防渗保肥层，再覆表土。在顶面临空四周筑土埂挡水，防止雨水冲刷坡面，保持水土。作为耕地用的，一般覆土0.5～0.8m；作为林地用的，一般覆土0.5m以上；作为草地用的，一般覆土0.3m以上。在土源缺乏的地方，可铺垫一层风化碎屑，改造为林草用地。

(3) 坡地型渣场。沿斜坡和沟岸倾倒形成的坡地弃渣场，除对弃渣自然边坡及坡脚采取护坡工程外，弃渣场顶部应平整，外沿修筑截排水工程，内侧修建排水系统。

将渣场顶面根据土地利用方向整修成为田块，然后覆土改造，临空侧修筑土埂挡水种植灌草恢复植被；坡面根据坡度、恢复利用方向进行整治。

坡地型弃渣场整治见图10.3-5。

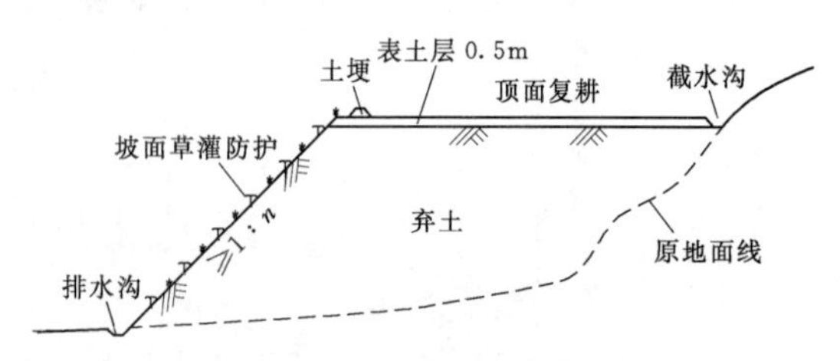

图10.3-5 坡地型弃渣场整治图

3. 按占地类型确定土地整治模式

临时性征地的弃渣场，原侧上不改变原来土地功能进行土地整治和恢复。经过土地整治后，弃渣场平台和边坡应覆盖一定厚度的底土层，保证植物具备良好的生长基质，应充分利用收集保护的表土。覆盖土层厚度根据土地用途确定；一般复耕的土地覆土厚度不小于0.8m；用于林业用地的覆土厚度不小于0.3m，表土匮乏或不足时可采用坑内换土栽植（坑内换成腐殖土）；种植灌草类土地覆土厚度不小于20cm。

对未达到相应指标的表土应进行土壤改良，使土料各方面理化指标达到复垦土地要求；复垦的土地，应恢复或配套必要的生产作业路、灌排水设施。

10.3.5.3 料场区

工程建设过程中取料造成的坑凹地形，尽量利用工程弃渣填筑，并按土地利用方向采取平整、覆土等土地整治工程，覆土时需高出四周地面，预留一定的沉降高度；不能填筑的坑凹地，底面需恢复耕地的要做好截排水工程，坡面采用植物护坡工程；山坡坡地在距开挖边缘线一定距离布置截排水工程，避免取土上方地表径流对边坡坡面的冲刷，截排水工程设计见本书“第6章 截洪（水）排洪（水）工程”相关内容。滩地取土坑可进行淤地整平恢复耕地，地下水位高或水利条件好的取土坑凹可整治恢复为鱼塘。

1. 土料场区

(1) 凹形取土场。对干旱、半干旱地区且无地下水出露的凹形取土场，采用生土填平坑凹，表层按农林草用地要求铺覆熟化土，覆土厚度根据土地利用方向确定。若取土场周边无熟化土，则采取深耕、深松、增施有机肥、种植有机物含量高的农作物或草类等耕作措施改良土壤。

对降水量丰沛、地下水出露地区，当土壤、水分等符合农林草类植物种植要求时，采取土地平整、覆土措施，将取土场改造成为耕地或林地，并种植适宜农作物或乔灌木，同时在周边布置截排水工程和边坡防护工程。

当取土场内外水量丰富、水质较好，适合养殖水产品或种植水生植物时，可用黏土、砌石、混凝土等材料做好防渗处理，并修筑引水排水工程，将其改造成为养殖场或水生植物种植场。

(2) 山坡地取土场。应分台阶取土，每台高度不大于6m，台阶宽度不小于2m。取土前应清理表层熟化土，集中堆放并采取临时防护措施；取土结束后应对形成的坡面和平台面进行削坡、平整，根据林草种植要求覆熟化土、整地。

(3) 平地取土场。取土深不宜超过1.5m。取土前应清理表层熟化土，集中堆放并采取临时防护措施；取土结束后应对形成的坡面和平底面进行削坡、平整，根据农作物或林草种植要求覆熟化土、增施有机肥及整地等。

地下水位高或水利条件好的取土坑凹可改造为鱼塘或水景观。

平地深挖取土场整治示意图见图10.3-6，山坡地取土场整治示意图见图10.3-7。

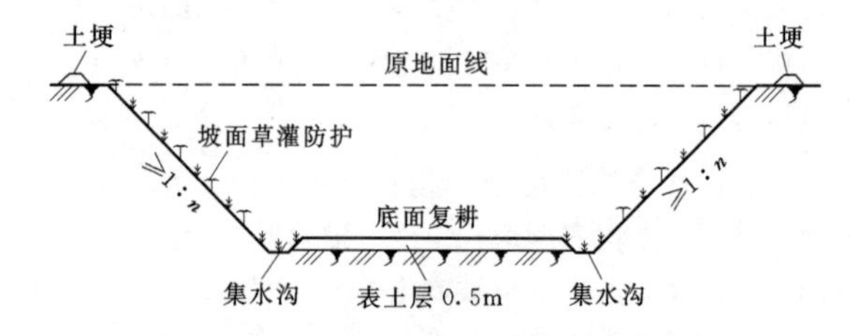

图10.3-6 平地深挖取土场整治示意图

2. 砂砾料场区

砂砾料场开采前应将表土全部剥离，集中堆放保存，用于植被恢复。

河道内砂石坑取料结束后对料场进行土地平整，尽量利用采砂后的废弃料回填，回填应满足河道管理部门规划设计河底线高程的要求。

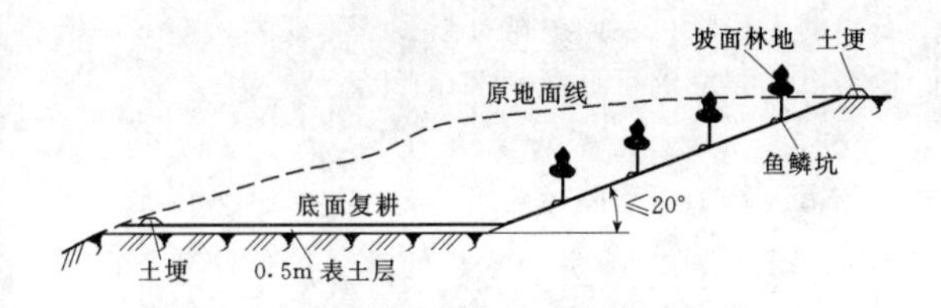

图 10.3-7 山坡地取土场整治示意图

有景观要求的取料区域，可将坑内堆料清除，蓄积降雨形成水面。

3. 采石场区

采石场宜分区、分台阶采石，台阶高度不宜超过12m；采石前应剥离表层土，集中堆放并采取临时防护措施；采石结束后，应对场顶平台及坡面进行整治。

坡面整治主要是用机械铲去浮石、松动悬岩，修整平台、覆土整治。

采石场坑凹首先利用岩石碎屑填充平整；在黄土区或有取土条件的地方，对平整土地表面进行覆土；在土料缺乏的地区，可先铺一层易风化岩石碎屑；改造为农耕地应铺覆 0.3m 厚的黏土防渗层。

在降水量丰沛、地下水出露地区，可将其改造成蓄水池（塘）作为水产养殖用地。

10.3.5.4 施工道路区

施工结束后进行场地清理，拆除清运建筑垃圾、生活垃圾，平整和翻松土地，根据迹地恢复方向如农作物种植、林草植物栽植要求整地。

10.3.5.5 施工生产生活区

工程结束后，应拆除临建设施、清除建筑垃圾、翻松土地，根据林草和作物种植要求覆土、整地。

10.3.5.6 塌陷区

1. 总体要求

已形成的塌陷凹地，根据其塌陷深度采取相应整治措施。塌陷深度小于 1m 的，可推土回填平整恢复为农业用地；深度为 1～3m 的，可采取挖深垫高措施，挖深区可蓄水养鱼、种藕或进行其他利用，垫高区进行农业开发利用。

采空塌陷区裂缝（漏斗）治理宜采取填充措施，填平后恢复植被或种植农作物。

积水塌陷盆地可有计划地改造为水域，供养殖或其他用途。漏水盆地应因地制宜进行整治，恢复为林地、草地或梯田等。

2. 塌陷凹地土地整治设计

（1）预防控制措施。采取以预防为主的方式，通过改进矿井开拓部署、合理选择开采方法、优化布置开采工作面、实行保护性开采、条带开采等措施，减小地表塌陷损毁。采用矸石不出井工艺，利用井下掘进矸石，经过筛选破碎后作为填充材料，直接充填采空区，这样既减少了矸石排到地表占用土地，又达到了控制地表塌陷的目的。从源头控制因开采造成的土地资源损毁，对于矿区土地资源保护和综合利用具有重要意义。目前普遍采用的开采技术主要有以下几种。

1）留设保护煤柱。由于地下采矿开采范围大、开采层数多而开采深度有限，开采的影响一般都能发展到地表，波及上覆岩层与地表的一些与人类生产和生活有密切关系的对象。因此，必须采取措施进行防护，以减少或者完全避免地下开采的有害影响。留设保护煤柱就是其中的措施之一。

保护煤柱是指专门留在井下不予采出的、旨在保护其上方岩层内部与地表的保护对象不受开采影响的那部分有用矿物。留设的原理是在尽可能采出有用矿物的前提下，使其周围的开采对保护对象不产生有危险性的移动和变形。

留设保护煤柱需要的资料：保护对象的特征及使用要求，矿区的地质条件及矿层埋藏条件；符合精度要求的必要的图纸资料，如井田地质剖面图、煤层底板等高线图、井上下对照图；矿区地表移动参数以及断层、背向斜等地质构造情况。

2）充填采空区。充填法可分为水砂充填、风力充填、水力充填、矸石自留充填等，其中以水砂充填效果最好。用作矿井充填料或是充填组分的材料有四种：脱泥尾矿料、天然砂、矿山废石碎块和类似大小的无黏结力材料、胶结剂。充填法可使地表下沉量大大减小，从而使得地表变形也显著减小。

但充填法生产工艺复杂，需要充填设备、充足的充填材料等，会使开采强度和产量降低，成本提高；因此，应综合进行经济技术比较来决定是否采用充填法开采。

3）覆岩离层注浆。离层注浆是在开采过程中，覆岩出现离层之后，钻孔通过高压把粉煤灰等工业废料制成的料浆注入覆岩中，充填离层空间，使分离的岩层胶结起来，使岩层整体结构强度得到加强，从而提高了岩层的力学强度和抗变形能力，达到控制和减少地表沉陷的目的。

4）协调开采方法。协调开采方法指的是在同时开采两个临近煤层或同一个煤层不同工作面时，通过在推进方向上合理的布置工作面之间的最佳距离或工作面的相互位置及开采顺序，使地表变形值不产生累加，甚至能抵消一部分变形值。协调开采技术一般用于潜水位低的矿区。

（2）土地整治措施。

1）表土剥离。此处表土是指能够进行剥离的、有利于快速恢复地力和植被生长的表层土壤或岩石风化物。不限于耕地的耕作层，园地、林地、草地的腐殖质层。表土剥离的厚度根据原土壤表土层厚度、土地利用方向及土方需要量等确定。

动态充填表土剥离需要根据拖式铲运机宽度，由外到里（塌陷中心）预算出每一拖式铲运机宽度范围内的土方量，然后将土地整理区域划分成不同的条带和取土区，每一条带大致为拖式铲运机宽度的整数倍数，最后由外向里层层剥离。该工艺主要适用于地下潜水位较高，需要“挖深垫浅”的采矿区。在划分造地区、条带、取土区时，需结合塌陷预计结果进行合理划分，按开采时序划分工期进行施工。此时划分的条带数与划分工期数一致，即每一工期进行一条带的施工，地表坡向应与沉降方向相反，以满足塌陷后整平。

2）表土堆存与覆盖。表土堆存与覆盖与一般生产建设项目表土堆存与覆盖要求一致。

3）裂缝充填。地表受开采沉陷影响后一个明显的损毁特征是地表出现裂缝，严重时还将有塌陷台阶出现，地表裂缝发生的地段主要集中分布在煤柱、采取边界的边缘地带，以及煤层浅部地带。土地平整过程中要对地表裂缝填堵与整治，对沉陷台阶进行土地平整，以恢复原土地功能，防止水土流失。

裂缝治理工程可采用人工治理和机械治理两种方法进行。人工治理方法土方量小，土地类型和土壤理化性质基本不变；机械治理工序复杂，工程量较大，土地整治后，土地类型和土壤理化性质会有改变。无论采取何种治理方式，都需保证不降低原土地生产能力，分期分区治理，特别是在施工过程中要加强临时防护措施。

对于宽度较小的裂缝（一般小于10cm），裂缝一般未贯穿土层，可以采用人工治理的方法，就地填补裂缝，然后采用平整的措施，将裂缝挖开，填土夯实即可。

对于宽度较大的裂缝（一般大于10cm），需按反滤层的原理去填堵裂缝、孔洞。首先用粗矸石或砾石填堵孔隙，其次用次粗砾，最后用砂、土填堵，向裂缝中填倒。当充填高度距剥离后的地表1.0m左右时，开始用木杠第一次捣实，然后每充填0.4m左右捣实一次，直到与剥离后的地表基本平齐为止。对于裂缝分布密度较大的区域，可在整个区域内剥离表土并挖深至一定标高，再用煤矸石或废土石统一充填并铺垫，每填0.3～0.5m夯实一次，夯实土体的干容量达到1.4g/m^{3}以上。用反滤层填堵后，可防止水土流失，不影响耕种。

根据不同类型强度的裂缝情况其充填土方（矸石）的工程量也不同。设沉陷裂缝宽度为a（m），则地表沉陷裂缝的可见深度W的计算公式为

$$W=10\sqrt{a} \tag{10.3-36}$$

设塌陷裂缝的间距为c（m），每公顷的裂缝系数为n，则每公顷面积塌陷裂缝的长度U的计算公式为

$$U=\frac{10000}{c}n \tag{10.3-37}$$

每公顷塌陷地裂缝充填土方量V（m^3/hm^2）的计算公式为

$$V=\frac{1}{2}aUW \tag{10.3-38}$$

每一图斑塌陷裂缝充填土方量M_{ui}（m^3）可按下式计算：

$$M_{ui}=VF \tag{10.3-39}$$

式中 F——图斑面积，hm^2。

4）塌陷地充填。塌陷地充填技术一般是利用土壤和容易得到的矿区固体废弃物，如煤矸石、坑口和电厂的粉煤灰、尾矿渣、垃圾、沙泥、湖泥、水库库泥和江河污泥等充填采矿沉陷地，恢复到设计地表面高程后综合利用土地。沉陷地的应用条件是有足够的充填材料且充填材料无污染或可经济有效地采取污染防治措施。

沉陷地充填是利用土壤或固体废物回填沉陷区至可利用高程，但一般情况下很难得到足够数量的土壤，这既处理了废弃物，又治理了沉陷损毁的土地。按照主要充填物料不同，充填土地技术主要类型包括：粉煤灰充填、煤矸石充填、河湖淤泥充填与尾矿渣充填等土地综合利用技术等。

充填技术的优点是既解决了沉陷地的整治问题，又进行了煤矿固体废弃物的处理，其环境经济效益显著。其缺点是土壤生产力一般不是很高，并可能造成二次污染。

5）挖深垫浅。挖深垫浅技术即将沉陷区下沉较大的区域再挖深，形成水塘，用于养鱼、种植莲藕或蓄水灌溉，再用挖出的泥土垫高开采下沉较小的地区，经适当平整后作为耕地或其他用地，从而实现水产养殖和农业种植并举的目的，一般是用于局部或季节性积水的塌陷区，且沉陷较深，有积水的高、中潜水位地区，同时，“挖深区”挖出的土方量应不小于“垫浅区”充填所需土方量，使再利用后的土地达到期望的高程。根据整治设备的不同，可以细分为泥浆泵整治技术、拖式铲运整治技术、挖掘机整治技术。

拖式铲运机实质为一个无动力的拖斗，在前部用推土机作为牵引设备和匹配设备进行铲运土作业。能将土方从“挖深区”推或拉至“垫浅区”，对“垫浅区”进行回填。拖式铲运机在整治土地时，首先将“挖深区”

和“垫浅区”的熟土层剥离堆放；其次将“挖深区”分成若干段，多台机械同时进行挖掘回填；然后待回填到一定标高后，再将熟土回填到整治土地上，使“垫浅区”达到设计标高；最后进行推平，再进行松土整理，建立田间水利灌溉系统，培肥后即可种植。

挖掘机技术是用挖掘机挖取土方，并配合运输机械以便达到整治土地的一种工艺。其技术特点是把“挖深区”和“垫浅区”划分成若干块段，并对“垫浅区”划分的块段边界设立小土埂以利于充填；将土层划分为两个层次，一是上部的表层土壤，二是下部的心土层；用分层剥离、交错回填的土壤重构方法可以使整治后的土层厚度增大，使整治后土地明显优于原土地。

（3）土壤改良。对于充填煤矸石、粉煤灰、尾矿渣、垃圾等充填物后的塌陷地，可通过掺黏土、淤泥物质和一些特殊的土壤改良剂等进行粗骨土改良，并在最初几年种植绿肥作物改良土壤、增肥养地。对于充填沙泥、湖泥、水库库泥和江河污泥等充填物后的塌陷地，可通过增加有机肥、掺黏土等实现土壤培肥，并种植能吸附重金属、抗污染性强的植物进行改良。

10.3.6 施工技术要求

1. *表土剥离*

（1）放线。将不同的剥离单元进行画线，标明不同单元土壤剥离的范围和厚度。当剥离单元内存在不同的土层时，应分层标明土壤剥离的厚度。

（2）清障。实施剥离前，应清除土层中较大的树根、石块、建筑垃圾等异物。

（3）剥离。在每一个剥离单元内完成剥离后，应详细记载土壤类型和剥离量。在土壤资源瘠薄地区，如需进行犁底层、心土层等分层剥离，应增加记载土壤属性。

（4）临时堆放。剥离的表土需要临时堆放时，应选择排水条件良好的地点进行堆放，并采取保护措施。

（5）其他方面的要求如下：

1）当剥离过程中发生较大强度降雨时，应立即停止剥离工作。在降雨停止后，待土壤含水量达到剥离要求时，再开始剥离操作。因受降雨冲刷造成土壤结构严重破坏的表土面应予清除。

2）禁止施工机械在尚未开展土壤剥离的区域运行；应确保施工作业面没有积水。

3）对剥离后的土壤应进行登记，详细载明运输车辆、剥离单元、储存区或回覆区、土壤类型、质地、土壤质量状况、数量等，并建立备查档案。

2. *覆土与田面整治*

（1）放线。在回覆区确定后，应通过画线，明确回覆区范围；并根据作物种植要求和耕作田块设计，划分回覆单元（条带），确定每个回覆单元的覆土范围和厚度。区域较大时，应划分网格，确定分区卸土的范围。各分区应明确回覆土壤的来源和数量。

（2）清障。应清除回填区域内土壤中的树根、大石块、建筑垃圾等杂物，保证回填区域的清洁。

（3）田面平整。按照耕作田块的设计高程，减去设计覆土厚度，以此确定覆土前的田面高程。根据该高程，计算出覆土前的田面平整标高。在田间灌排设施修筑完成后，再进行田面平整。

（4）卸土、摊铺、平整。表土回覆应在土壤干湿条件适宜的情况下进行。应按照作物的种植方向逐步后退卸土，土堆要均匀，摊铺厚度以满足设计覆土厚度为准。边卸土边摊铺，在摊铺完成后，采用荷重较低的小型机械或耙犁进行平整。当覆土厚度不满足耕作层厚度时，应用人工进行局部修复。

（5）翻耕。表土回覆后，视土壤松实程度安排土地翻耕，使土壤疏松，为作物根系生长创造良好条件。同时通过农艺措施和土壤培肥，不断培肥地力，逐步达到原耕地的地力水平。

（6）其他要求。避开雨期施工，必要时在回覆区开挖临时排水沟。

3. *草皮剥离与利用*

（1）草皮剥离选在每年的5—8月，此时草地植物贮藏的营养物质含量相对较高，利于草皮存活。

（2）草皮切割后，用挖掘机按照切割尺寸掘松，并配合人工搬运草皮。草皮搬运时，应尽可能保证草皮的厚度和完整性。

（3）草皮剥离挖掘前，要通过人工将有害杂草清除干净。

（4）草皮在搬运过程中，应轻取、轻装、轻放，不能随意切割草皮，以保证草皮的完整性。

（5）起挖的草皮要及时移植，防止水分蒸发等降低草皮成活率。

10.4 案 例

10.4.1 鹤岗—大连高速公路（靖宇—通化段）取土、弃土场表土保护和利用[1]

（1）工程概况。鹤岗—大连高速公路靖宇—通化段工程（简称“靖通高速”）位于吉林省东南部白山

[1] 本案例由交通运输部科学研究院邬春龙提供、陈琳整理。

市下辖的靖宇县、江源区、八道江区和通化市下辖的柳河县、通化县境内，起点设在营松高速公路板房子互通（不含互通立交），终点设在通化市（二密镇），与鹤大高速公路通化—新开岭段的起点顺接，线路呈东北一西南走向。路线全长107.168km。设特大桥2座（2712m），大桥30座（9062m），中小桥22座（1308m），隧道9座（15941m），互通立交3处，服务区2处，收费站3处，管理处2处，永久占地面积759.00hm²。

工程由路基工程区、桥梁工程区、隧道工程区、立交工程区、附属工程区、取土场区、弃土场区、施工生产生活区及施工便道区组成。

工程于2014年4月开工建设，2016年11月建成通车。

（2）项目区概况。靖通段位于吉林省东南部的长白山区，沿途地貌类型由中山、低山、丘陵、沼泽组成，沿线所经地区沟谷发育，路线多在沟谷中展布。项目区属中温带大陆性季风气候区，四季变化明显，春季干燥多风，夏季炎热多雨，每年6—9月是雨季，多年平均气温2.9～5.2℃，多年平均年降水量737.9～863.8mm。

项目区地带性土壤为灰棕壤，受地形和母岩等因素的影响，土壤类型多样，山地土壤多为灰棕壤、白浆土、石灰岩土，河谷与沟谷土壤主要有草甸土、泥炭土和水稻土；线路沿线200m范围内以灰棕壤为主，其次为白浆土，局部分布沼泽土，零星分布泥炭土。灰棕壤、白浆土是项目区两种重要的农耕土壤，土壤肥力较好，土层深厚，土壤厚度多为10～40cm。

（3）取土、弃土场表土保护与利用。工程布设取土场9处，占地面积共计26.99hm²；全部占用林地。取土场占地面积、表土厚度、挖深、边坡高度及取土量见表10.4-1。

表10.4-1　取土场特性

序号	桩号及位置	占地面积/hm²	表土厚度/cm	挖深/m	边坡高度/m	取土量/万m³
1	K269+200左侧758m	3.25	30	18.00	20.00	40.00
2	K299+000左侧800m	3.44	30	16.00	16.00	23.00
3	K302+800右侧2700m	1.94	30	14.00	14.00	18.00
4	K324+400左侧1000m	3.17	30	18.00	18.00	21.00
5	K331+800右侧700m	2.92	30	15.00	15.00	25.00
6	K334+900左侧700m	2.55	30	13.00	13.00	17.00
7	K335+200左侧1500m	3.87	30	11.00	11.00	28.00
8	K352+000右侧2000m	2.97	30	15.00	1100	22.00
9	K357+350右侧1500m	2.88	30	16.00	10.00	14.00
合　计		26.99				208.00

本工程设置弃土场6处，占地面积共计15.74hm²，占地全部为林地。弃土场占地面积、表土厚度、平均堆高、弃渣数量、边坡高度、弃土场类型情况见表10.4-2。

表10.4-2　弃土场特性

序号	桩　号	占地面积/hm²	表土厚度/cm	平均堆高/m	弃渣数量/万m³	边坡高度/m	弃土场类型
1	K270+720左侧400m	4.17	30	12.00	50.00	10.00	洼地
2	K287+000右侧3000m	4.09	30	11.00	45.00	10.00	坡地
3	K293+600右侧100m	3.64	30	11.00	40.00	11.00	坡地
4	K300+400左侧500m	1.33	30	6.00	8.00	6.00	洼地
5	K330+100左侧200m	0.33	30	6.00	2.00	6.00	沟道
6	K343+370右侧600m	2.18	30	11.00	24.00	8.00	沟道
合　计		15.74			169.00		

1）表土剥离与保护。

a. 取土场剥离面积、厚度。以 K357＋350 右侧 1500m 取土场为例，取土场属于坡地取土，占地类型为林地，表层熟化土厚度为 30cm，确定表土剥离厚度 30cm，表土剥离采用机械结合人工剥离方式，剥离面积 2.18hm^2。剥离的表土堆放在取土场周边，并撒播草籽防止水土流失。

b. 弃土场剥离面积、厚度。以 K287＋000 右侧 3000m 弃土场为例，弃土场属于坡地弃土，占地类型为林地，表层熟化土厚度为 30cm，确定表土剥离厚度 30cm，表土剥离采用机械结合人工剥离方式，剥离面积 4.09hm^2。剥离的表土堆放在弃土场周边，并撒播草籽防止水土流失。

2）表土利用。

a. 取土场表土回填利用、调配利用。以 K357＋350 右侧 1500m 取土场为例，剥离的表土堆放在取土场四周，取土结束后，表土回填取土场表面，平均填土厚度 30cm。

取土场剥离的表土全部回填，回填面积 26.99hm^2，厚度 30cm。剥离的表土集中堆放在取土场一侧，施工结束后回填取土场表面。取土场表土利用情况见表 10.4－3。

表 10.4－3　　取土场表土利用情况

序号	桩号及位置	表土回填面积/hm^2	表土回填厚度/cm	边坡功能恢复情况
1	K269＋200 左侧 758m	3.25	30	表土已回填，边坡栽植乔木
2	K299＋000 左侧 800m	3.44	30	
3	K302＋800 右侧 2700m	1.94	30	
4	K324＋400 左侧 1000m	3.17	30	
5	K331＋800 右侧 700m	2.92	30	
6	K334＋900 左侧 700m	2.55	30	
7	K335＋200 左侧 1500m	3.87	30	
8	K352＋000 右侧 2000m	2.97	30	
9	K357＋350 右侧 1500m	2.88	30	
合　计		26.99		

b. 弃土场表土回填利用、调配利用。以 K287＋000 右侧 3000m 弃土场为例，剥离的表土堆放在弃土场四周，弃土结束后，表土回填弃土场表面，平均填土厚度 30cm。

弃土场剥离的表土全部回填，厚度 30cm。剥离的表土集中堆放在弃土场一侧，施工结束后回填弃土场顶部及坡面。弃土场表土利用情况见表 10.4－4。

表 10.4－4　　弃土场表土利用情况

序号	桩　号	占地面积/hm^2	表土厚度/cm	边坡功能恢复情况
1	K270＋720 左侧 400m	4.17	30	表土已回填，边坡栽植乔木
2	K287＋000 右侧 3000m	4.09	30	
3	K293＋600 右侧 100m	3.64	30	
4	K300＋400 左侧 500m	1.33	30	
5	K330＋100 左侧 200m	0.33	30	
6	K343＋370 右侧 600m	2.18	30	
合　计		15.74		

（4）施工注意事项。

1）取土场施工。

a. 施工前。施工前需要对取土场区域内树木、灌丛、草本植被进行移植，移植的植被可直接用于超挖路基区域的植被恢复，或者留待对取土场的恢复。为保障对取土场原生植被的保护利用，要做好移植植被和恢复植被工作间的衔接。

b. 表土剥离、存放。在清表土之前，应制定表土资源保护、剥离、存放及利用计划，根据现场情况确定表土剥离厚度。根据取土场占用的土地进行地形测量，进行工程量计算，表土剥离时既要保证剥离的表土具有充足的肥力，还要将剥离的表土性状改变控制在最小范围内，尽量不改变土壤团粒结构，并保证在被剥离的表土堆放时间内，不发生新的水土流失。在一般的边坡区域，表土剥离厚度一般在20cm左右；在表土资源丰富的路段，如旱地、林地区域，表土剥离厚度可达30cm以上。原则是剥离全部营养丰富的腐殖土、耕作土。将剥离的表土存储在预先确定的临时堆放地点，堆放高度一般不高于5m，为防止水土流失和土壤风化，堆放的表土应压实，坡脚设装土编织袋临时拦挡，土堆上苫盖塑料薄膜或撒播植草等以防止雨水冲刷。一般每隔5km设置一个表土存放场。取自旱地的表土和取自山地的表土需要分开存放，按照以后的利用方向进行回覆利用。表土堆放的位置以不影响施工为原则。

c. 表土利用。为减少表土存放时间，避免水土流失和表土资源浪费，加快植被恢复速度，实行公路主体工程与植被恢复工程同步施工。表土回覆利用前需先对扰动后凸凹不平的取土场进行粗平整，平整型式结合地形进行，平整后立即覆盖上表土，迅速完成植被恢复。

d. 施工管理。落实"最小的扰动就是最大程度的保护"的建设理念，对表土资源进行合理化利用。建立表土资源管理机构，明确责任，设立奖惩制度，把工作逐级落实到人。建立项目业主单位、监理单位、设计单位、科研单位、施工单位等多方联动机制。实现多方联动参与、各负其责，努力做到动态设计、动态施工、动态监理、动态管理，遇到与建设理念相违背的做法及时反馈、及时纠正。结合工程项目的特点，开展对管理人员、设计代表、环保监理人员和施工人员的现场培训，让表土利用、土地整治工作内容切实得到落实。

2）弃土场施工。

a. 施工前注意事项同取土场。

b. 表土剥离、存放方式同取土场。

c. 表土回覆利用。弃土场要求回填表土20～40cm，坡面覆土以不超过20cm为宜，保证降水均匀分布而不积聚，防止出现新的水土流失。

弃土场的堆放应和周围地形融为一体，边角弧线化，不宜呈现方方正正、棱角明显的人工痕迹。

（5）实施效果。鹤岗—大连高速公路（靖宇—通化段）取土、弃土场表土保护和利用效果图见图10.4-1。

10.4.2　长洲水利枢纽三线四线船闸工程白沙村弃渣场土地整治[1]

（1）工程概况。长洲水利枢纽位于广西梧州市浔江干流上，是一座以发电为主，兼有航运、灌溉和养殖等综合利用效益的大型水利枢纽。本期扩建三线四线船闸，按Ⅰ级船闸设计和建设，项目建设施工总占地438.58hm^2。

白沙村弃渣场位于船闸上游3km的山坳，占用的土地类型以林地、荒地为主，坳底高程为15.44～30.00m，四周山顶高程在80.00m以上，弃渣场容量约1250万m^3，实际堆渣量740万m^3，堆渣顶部高程为75.00m和110.00m，占地面积63.06hm^2。

（2）项目区概况。项目区地貌为浔江沿岸阶地，场地覆盖土层主要为第四系人工堆积土、冲积土和残积土；项目区属亚热带季风气候，多年平均气温21.1℃，多年平均年降水量1376.2mm、蒸发量1331.1mm、风速1.5m/s；弃渣场区土壤类型主要为水稻土和赤红壤，土壤呈酸性，有机质含量较高，适宜种植。

（3）整地方式。根据项目区地形、气候、水文、土壤质地、土层厚度、地面堆积物等若干因素分析，本着因地制宜，"宜农则农、宜林则林"的原则，并结合当地土地利用规划、临时用地原使用功能及当地农民的意愿，确定白沙村弃渣场恢复方向为旱地和林草地。

恢复为旱地的土地整治标准：覆土厚度不小于60cm，局部起伏高差控制在±10cm以内，地面横坡坡降在5°以内，覆土层内不含障碍层，耕作层内砾石含量不大于10%，土壤pH值5.0～8.0，有机质含量不小于10g/kg，碱解氮含量不小于30g/kg，有效磷含量不小于3g/kg，速效钾含量不小于30g/kg，无害元素含量应满足土壤环境质量Ⅱ级标准的要求。

恢复为林草地的土地整治标准：覆土厚度在

[1] 本案例由广西泰能咨询有限公司侯杰萍提供，任桂镇整理。

30cm 以上，边坡坡度为 25°以下可用于一般林木种植，边坡坡度为 15°～20°可用于果园和其他经济林，林草地应以防治水土流失为主。林草地土壤无害元素含量应满足土壤环境质量Ⅲ级标准的要求。

(*a*)K269＋200 左侧 758m 取土场表土剥离

(*b*)K299＋000 左侧 800m 取土场表土剥离

(*c*)表土临时堆存及防护（一）

(*d*)表土临时堆存及防护（二）

(*e*)K302＋800 右侧 2700m 取土场表土回覆

(*f*)K352＋000 右侧 2000m 取土场表土回覆

图 10.4－1　鹤岗—大连高速公路（靖宇—通化段）取土、弃土场表土保护和利用效果图

白沙村弃渣场土地整治平面图见图 10.4－2，Ⅰ-Ⅰ剖面图见图 10.4－3。

（4）典型设计。

1）表土剥离及防护。弃渣场占地中旱地、园地、林地等区域土壤较肥沃，弃渣前对场内表层土进行剥离，剥离厚度 20～80cm，总剥离土方量为 23.38 万 m^3。剥离表土在施工期集中堆放到弃渣场内，并用装土编织袋进行挡护，后期用作表层覆土。

2）覆土整治。弃渣场顶面恢复为旱地，坡面恢复为林草地。顶面复耕面积 39.29hm^2，弃渣完毕后，复耕区先覆 30cm 厚黏土层（覆黏土总量 11.79 万 m^3），然后再覆 60cm 厚表层土（覆表层土 23.57 万 m^3）。弃渣场边坡及马道恢复林草地面积 16.79hm^2，为满足植被生长要求，需覆 30cm 表层土（覆表土 5.42 万 m^3）。覆土不足部分利用主体工程建设区的剥离表土，黏土主要来源于主体工程建设区开挖土方。

弃渣边坡植草护坡并栽植乔木，树种选择巨尾桉和马尾松。采用块状整地，规格为 40cm×40cm×30cm，回填土为拌入有机肥的表层土。

3）土壤改良熟化。由于弃渣场表层覆土土壤肥力相对较低，土地生产力较低，不能满足种植要求，因此，需对覆土进行熟化，熟化期 4 年。在熟化期间，主要通过施有机肥、种植绿肥、施用化肥等来提高土壤肥力。该弃渣场需对复耕区 39.29hm^2 进行熟化，对恢复林草区 16.79hm^2 进行抚育管理。

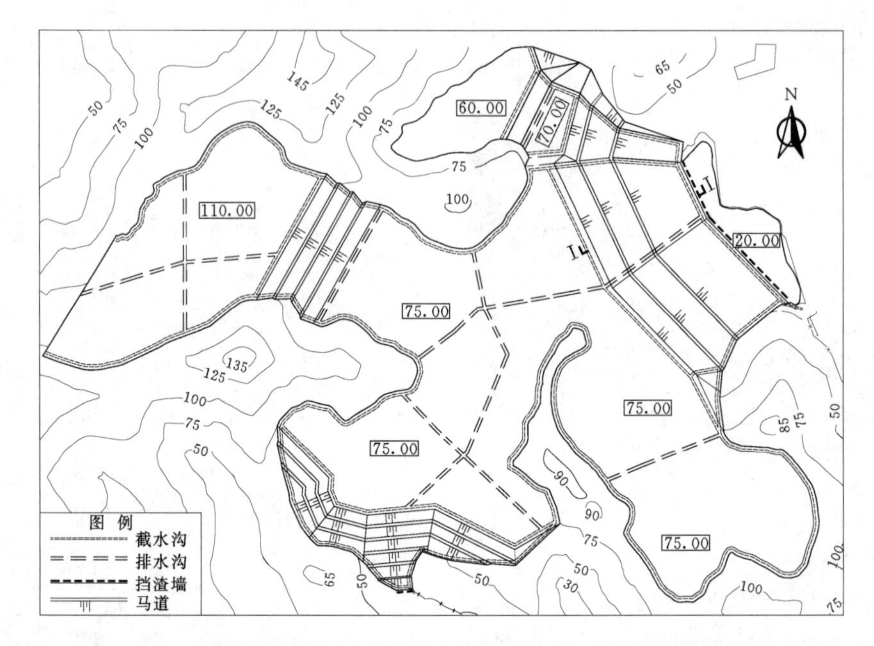

图 10.4-2 白沙村弃渣场土地整治平面图（单位：m）

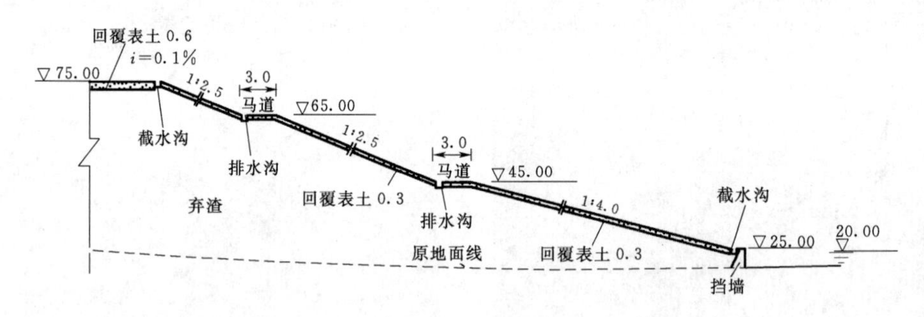

图 10.4-3 白沙村弃渣场土地整治Ⅰ-Ⅰ剖面图（单位：m）

复耕区土壤熟化首先施基肥（有机肥），根据当地的肥源情况，主要选用厩肥和饼肥等肥料，按 20t/(hm^2·a）进行施肥；然后是种植绿肥，按 60kg/(hm^2·a）撒播，根据当地气候特征，主要选紫云英、黄花苜蓿、三叶草、蚕豆、竹豆和豌豆等植物，这些植物具有固氮、耐贫瘠等特点，同时其茎叶也是良好的绿肥源料，每年翻耕时秸秆直接还田，以提高土壤肥力；在生长期施化肥，化肥施肥结构为氮(N)：磷(P_2O_5)：钾（K_2O）=12：4：9，按每年 2 次、每次 450kg/hm^2施化肥；熟化期为 4 年，每年土地翻耕 39.29hm^2，施有机肥 785.8t，撒播三叶草面积 39.29hm^2（草籽 2357.4kg），施用化肥 35361kg。

弃渣场边坡及马道恢复为林草地，在覆表层土时按 20t/hm^2拌入有机肥，共需有机肥 335.8t。林草栽植完毕后需进行养护，按每年 2 次、每次 450kg/hm^2施化肥，林草恢复面积 16.79hm^2，需化肥 15111kg。

(5) 实施效果。通过对白沙村弃渣场实施土地整治措施，有效地保护和利用了原有表层土，改造了弃渣场的立地条件，提高了土地质量，恢复土地生产力，有利于后续复耕和植被恢复措施的实施。方案实施后，该弃渣场可恢复耕地 39.29hm^2，恢复林草地 16.79hm^2，保证了区域耕地的占补平衡，实现了水土保持和土地复垦的生态效益和经济效益。

(6) 施工注意事项。弃渣场土地整治工序为平整渣面→铺设黏土层（不透水层）→平铺耕植土→表层细平。弃渣前，应进行表土剥离及防护。弃渣时，严格按照设计进行分层堆放，每层不高于 100cm，底层压实后，再堆上一层，采用压路机碾压，压实度不小于 0.85；同时采用分级放坡，每隔 20m 设一个台阶，第一级坡比为 1：4，其余为 1：2.5，台阶之间设 3m 宽马道。弃渣后，渣面铺设的黏土防渗层采用 18t 振动碾碾压，压实度不小于 0.85。表土回覆采用推土机和铲运机对场地进行粗平，再用平地机、平地刮板进行细平，以达到农田耕作或种植要求。

10.4.3 南水北调中线工程邯邢段取土场土地整治案例❶

（1）工程概况。东小屋取土场是南水北调中线一期工程总干渠邯邢段取土场之一，位于河北省磁县东小屋村，占地 32.30hm^2，取土量 80.78 万 m^3，原土地类型为水浇地。

（2）项目区概况。东小屋取土场地处太行山山前平原区，地形较平缓，取土前地类主要为水浇地。土壤有棕壤土、褐土、新积土、石质土、粗骨土、潮土和水稻土 7 个土类，土壤 pH 值为 7.0～8.0。

磁县属北暖温带半湿润大陆性季风气候，四季分明，年平均气温 13.5℃，最冷月份（1 月）平均气温 −2.3℃，极端最低气温 −23.6℃，最热月份（7 月）平均气温 26.9℃，极端最高气温 42.5℃；年降水量 521.4mm，全年无霜期 200d，年日照 2557h。该地区气候具有雨热同季的特点，春季干旱多风，夏季炎热多雨，秋季温和凉爽，冬季寒冷降水量稀少。

（3）整地方式。东小屋取土场取土后计划仍恢复为水浇地。取土场使用前将用地范围内耕作层表土清运并集中堆放，取土结束后运回表层耕作层均匀垫铺并施肥。土地整治后按原规模、原标准恢复田间道路和灌溉设施。

（4）典型设计。剥离耕作层表土厚度为 30cm，规划在取土场征地内堆放，分块倒运。

取土结束后运回表层耕作层均匀垫铺，并利用部分总干渠渠道清表土，耕作层铺垫厚度为 30～40cm，回填后进行土地细整平并均匀施撒复合肥，施撒量为 100kg/hm^2。

（5）实施效果。东小屋取土场目前已实施土地整治，恢复田间道路及灌溉设施，总体实施效果较好，恢复了部分地力，预计通过 2～3 年的熟化期基本能恢复到土地使用前的地力。

（6）施工注意事项。保证土地整治效果最重要的先决条件是表层熟化土的剥离与保护，施工取土前必须严格按照设计要求的范围及深度剥离表层土，并集中堆存和保护，施工取土结束后回覆表层土。

10.4.4 安徽响水涧抽水蓄能电站工程土地整治及复垦❷

（1）工程概况。响水涧抽水蓄能电站工程位于安徽省芜湖市三山区峨桥镇响水涧行政村。电站上水库建于响水涧山沟源头的山坳中，下水库位于响水涧山麓东侧的洼地，临近泊口河。

响水涧抽水蓄能电站工程属大（2）型二等工程，电站枢纽建筑物由上水库、下水库、输水系统、地下厂房洞室群和地面开关站等部分组成。上水库设计正常蓄水位 222m，总库容（正常蓄水位以下）1748 万 m^3；下水库正常蓄水位 14.60m，总库容 1435 万 m^3。总装机容量 1000MW，年发电量 17.62 亿 kW·h，年抽水耗电量 22.74 亿 kW·h。

（2）项目区概况。响水涧抽水蓄能电站地处安徽省芜湖市三山区峨桥镇，工程区域地貌为丘陵山区及湖荡洼地。浮山为本区平地拔起的高山，主峰高程 435.20m。

上水库位于浮山东部的响水涧沟源山坳地，四周山岭环绕，高程在 230.00m 以上，仅南北两侧的垭口高程稍低，高程分别为 178.50m 和 206.50m。库岸除局部地形较陡外，一般坡度为 25°～30°，多基岩裸露，边坡较稳定。主坝址建于响水涧沟源冲沟中，沟底处高程 120.00～150.00m，沟口地形狭窄。

下水库位于响水涧沟口山脚下荒滩荒地，地势平坦，地面高程 5.50～7.00m，从中间流过的泊口河河床底高程 4.80～5.40m，下水库北、东、南三边为人工围堤，仅西边为山麓地带，但边坡平缓，土壤密实，库岸稳定。

泊口河流域处在亚热带湿润季风气候区北缘，气候温和湿润，四季分明，雨量适中，无霜期较长，湿度大，光照充足。全年有三个明显降雨期，4—5 月春雨，6—7 月梅雨，9—10 月秋雨；响水涧站址多年平均年降水量为 1215.5mm（1959—2003 年），最大年降水量 1858.5mm（1991 年），最小年降水量 678.2mm（1978 年）。降水量多集中在 4—7 月，占全年降水量的 51.4%；其中尤以 6 月最大，多年平均年降水量为 207.3mm，可占全年降水量的 17.05%。全年降水日数为 145.3d，多年平均气温为 15.8℃。多年平均水面蒸发量为 836.5mm（1957—2003 年），最大年水面蒸发量为 1055.4mm（1978 年），最小年水面蒸发量为 540.7mm（1993 年）。多年平均最大风速 13.6m/s（1957—1980 年、1989—2003 年），多年平均风速为 2.2m/s，全年最多风向为 NE。

项目区表层的耕植土多为水稻土，土壤的熟化程度较好，氮、磷、钾及有机质含量较高，pH 值平均为 6.1，有机质含量最高达 28.3g/kg。土壤毛管孔隙度及团聚体结构较好，土质肥沃，适宜南方各种作物生长；弃土场土壤以地带性土壤水稻土为主，还有少

❶ 本案例由河北省水利水电第二勘测设计研究院石兆英提供，韩伟整理。

❷ 本案例由上海勘测设计研究院有限公司卢晓杰提供，苏翔、张陆军整理。

量非地带性土壤；临时施工道路、临时施工场地土壤大部分区域以黄红壤和黄棕壤为主，小部分区域为水稻土，多适宜林草生长，小部分适宜旱地。

项目区内有泊口河及其支流构成的密集河网，河网内水源丰富，且水量充足；复垦为耕地的弃土场均位于泊口河两岸，灌溉水源较有保障；由于弃土场堆土后高程达8.50～11.00m，比原地面高程高2.50～5.00m，且弃土场周边有泊口河或其小支流，排水条件较好，如遇到大雨，地块内的涝水可方便排入泊口河，然后通过泊口河闸汇入漳河。

(3) 整地方式。

1) 复垦目标任务。土地复垦实施方案达到的目标是：重建永久景观、恢复土地生产能力、提高土地利用率、增加土地收益、恢复和改善土地生态环境。

项目涉及弃土场、弃渣场、临时施工道路和施工场地，总面积共计166.26hm²。其中，弃土场占用土地面积138.59hm² [包括耕地74.91hm²、坑塘水面(废弃水塘) 54.74hm²、水工建筑用地2.86hm²、沟渠2.09hm²、交通运输用地3.99hm²]，弃渣场占用林地面积3.30hm²，临时施工道路占用林地面积4.24hm²，临时施工场地占用土地面积20.13hm² (包括耕地4.13hm²、林地16.00hm²)。

根据表土资源分析与评价、土地利用现状分析、土地利用因素分析和土地复垦可行性评价结果，做好表土保护和利用、土地整治和土地功能恢复。临时施工道路和弃渣场可直接复垦为林地，恢复面积为7.54hm²。临时施工场地可复垦为林地面积16.00hm²，可复垦为耕地（旱地）面积4.13hm²。复垦的弃土场土地中，复耕面积133.53hm²，其中坑塘水面（废弃水塘）等土地进行开发整理增加的耕地面积为63.68hm²；规划交通用地、水利设施等用地3.93hm²，林地1.13hm²，其他0.24hm²。

通过土地复垦可行性评价，综合沟、路、渠等农田基础设施布置，可新增耕地面积共计58.62hm²，新增耕地率为36.07%。项目区复垦前后土地利用结构变化见表10.4-5。

2) 复垦标准。

a. 土地平整标准。本项目主要根据《土地复垦技术标准（试行）》《土地开发整理规划编制规程》(TD/T 1011) 及《土地开发整理项目规划设计规范》(TD/T 1012) 确定土地平整标准。

表10.4-5　复垦前后土地利用结构调整表

土地分类		复垦前		复垦后		增减	
		面积/hm²	比例/%	面积/hm²	比例/%	面积/hm²	比例/%
耕地		79.04	47.54	137.66	82.80	58.62	35.26
林地		23.54	14.16	24.67	14.84	1.13	0.68
交通运输用地	农村道路	3.99	2.40	1.87	1.12	−2.12	−1.28
水域及水利设施用地	沟渠	2.09	1.26	0.47	0.28	−1.62	−0.97
	水工建筑用地	2.86	1.72	1.35	0.81	−1.51	−0.91
	坑塘水面（废弃水塘）	54.74	32.92		0	−54.74	−32.92
坡坎等其他用地				0.24	0.15	0.24	0.14
合计		166.26	100.00	166.26	100.00		

弃土场各斑块土地复垦方向为耕地，在弃土场表面已覆有较厚的弃土层基础上，进行场地平整，然后覆耕植土，覆土厚度为自然沉实土壤0.50m以上；覆土后场地平整，地面坡度不超过3°。

1号公路弃渣场复垦方向为林地，原渣场表面具有一定厚度表层土，覆土厚度为自然沉实土壤0.30m以上，进行场地平整后，地面坡度一般不超过25°，具体以原坡度为准。

临时施工道路复垦方向为林地，进行场地平整后，覆土厚度为自然沉实土壤0.30m以上；地面坡度一般不超过25°，具体以原坡度为准。

临时施工场地复垦方向为耕地（旱地）和林地，进行场地平整后，复垦为耕地（旱地）的部分覆土厚度为自然沉实土壤0.50m以上，地面坡度不超过3°；复垦为林地的部分覆土厚度为自然沉实土壤0.30m以上，地面坡度一般不超过25°，具体以原坡度为准。

b. 道路工程技术标准。参考交通等部门相关道路设计标准。项目区内的道路体系，按主要功能和使用特点可分为田间道和生产路。

a）田间道与生产路设施设计原则：①道路中心线以平直线为主，路长最短，联系简便；②道路坡度、转弯角度等技术指标应符合有关技术要求；③应与田、村、渠、沟等布局相协调，有利于田间生产管理；④保护生态环境，防止水土流失。

b）田间道与生产路技术要求。

田间道：主要为货物运输、作业机械向田间转移及为机器加油、加水、加种等生产操作过程服务。路宽宜为3～4m，高出地面0.3～0.5m。

生产路：为人工田间作业和收获农产品服务。路宽宜为1～2m，高出地面0.30m。

另外，在施工期，各临时用地地块附近已建设了对外连接道路，见表10.4-6。

表10.4-6 各临时用地地块与周边道路连接表

编号	名 称	对外连接道路名称	道路等级	路面宽/m	路基宽/m	路面类型
1	1号公路弃渣场	1号公路	水电工程场内三级	8.0	9.5	水泥混凝土路面
2	“丁”字坝弃土场	进厂公路	水电工程场内三级	8.0	9.5	水泥混凝土路面
3	北驼龙埕弃土场	进厂公路	水电工程场内三级	8.0	9.5	水泥混凝土路面
4	联合弃土场	进厂公路	水电工程场内三级	8.0	9.5	水泥混凝土路面
5	临时施工道路	1号公路	水电工程场内三级	8.0	9.5	水泥混凝土路面
6	临时施工场地	1号公路	水电工程场内三级	8.0	9.5	水泥混凝土路面
项目区对外连接道路		新缪公路	三级公路	—	—	沥青混凝土路面

c. 灌排工程技术标准。

a）田间灌排沟渠布置。田间灌排沟渠包括斗、农级固定沟渠及其所包围田块内部的临时沟渠（毛渠、毛沟及输水垄沟等），前者沿田块边界配置，后者设置于田块内部。根据本项目的特点，复垦区田间基本采用灌排相邻布置形式：浇灌渠道与排水沟相邻布置。

b）灌溉泵站设计标准。灌溉泵站设计应对扬程、流量、泵的规模和配套动力数量进行计算，泵址应根据地形、地质、水流、动力源等条件确定。灌溉泵站设计按《泵站设计规范》（GB/T 50265）和《灌溉与排水工程设计规范》（GB 50288）执行。

c）涵管设计标准。渠道跨越道路时，可在路下设置涵管。涵管设计轴线宜短而直，并宜与道路中心线正交，进口、出口应与上游、下游渠道平顺连接。按GB 50288执行。

d）灌溉标准。根据GB 50288中的灌溉标准，项目区灌溉保证率取90%。

e）排水标准。根据GB 50288规定，设计暴雨重现期为10年一遇，设计暴雨历时和排涝时间采用24h暴雨，3d排至作物耐淹水深。

（4）典型设计。项目土地复垦斑块包括联合弃土场、北驼龙埕弃土场、“丁”字坝弃土场、1号公路弃渣场、临时施工道路和临时施工场地。联合弃土场、北驼龙埕弃土场等斑块为造田区，“丁”字坝弃土场复垦为耕地和林地，耕地开发整理为水田，需进行覆土、场地平整、布置农田水利工程和田间道路；临时施工场地斑块复垦为耕地和林地，由于斑块地势较高，因此耕地为旱田，不布设灌排设施；1号公路弃渣场和临时施工道路两斑块复垦为林草种植区，进行覆土、场地平整后植树种草。

1）“丁”字坝弃土场。该斑块位于泊口河西岸，1号公路北侧，斑块狭长，形状弯曲，与其他斑块不相连，并有泊口河相隔，相对独立，后期将设置公路桥与泊口河对岸的北驼龙埕地块相连。“丁”字坝弃土场土地整治平面见图10.4-4。

a. 土地平整工程及土壤改良。“丁”字坝弃土场平整覆土后，按高程分4块，考虑将该斑块设置成反坡梯田形式。但为保证复垦后斑块耕作需要，必须进行土地平整，达到具备灌溉条件、适应机耕需要。在进行土壤重构和地形重塑工作中，进行土地平整，平整面积14.03hm²。土壤重构主要为覆耕植土，Ⅰ号斑块、Ⅱ号斑块、Ⅲ号斑块中2.63hm²土地利用方向为耕地，斑块覆土厚度为自然沉实0.50m，Ⅳ号斑块以及Ⅲ号斑块中靠近冲沟的0.15hm²土地利用方向为林地，覆土厚度为自然沉实0.30m。

本次设计复垦面积14.03hm²，根据建设标准，设计复垦为耕地部分场地平整标准为地面坡度不超过3°，复垦为林地部分场地平整标准为地面坡度不超过25°。考虑地形条件及灌排要求，分Ⅰ号、Ⅱ号、Ⅲ号共3个斑块进行整地，将该斑块设置成反坡梯田形式。耕植土覆土厚度为自然沉实0.50m，覆耕植土后

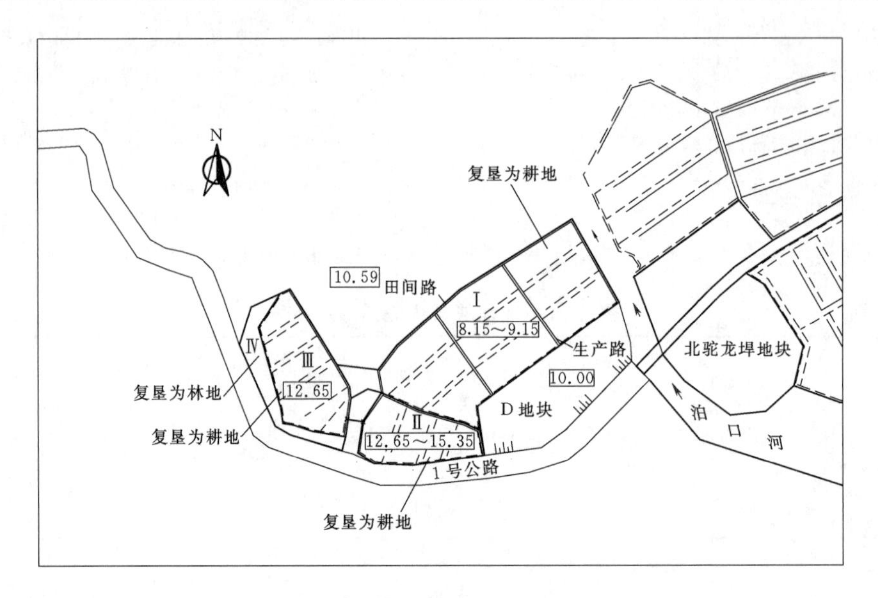

图 10.4-4 "丁"字坝弃土场土地整治平面图（单位：m）

Ⅰ～Ⅳ—斑块编号

高程根据实际开挖和回填情况确定，依次控制在约8.15～9.15m、12.65～15.35m、12.65m，3个斑块覆土量8.49万m^3，土地平整面积13.05hm^2。根据该图斑地形条件，设计耕地采用格田形式，设计耕地田块宽度约50m，长度约200m，田埂顶宽0.20m，底宽0.40m，高0.20m。

Ⅳ号斑块复垦为林地，场地平整标准为地面坡度不超过25°，设计耕植土覆土厚度为自然沉实0.30m。Ⅳ号斑块覆土量0.38万m^3，土地平整面积0.98hm^2。

"丁"字坝弃土场土地平整工程量见表10.4-7。

表 10.4-7 "丁"字坝弃土场土地平整工程量

图斑号	土地复垦斑块	面积/hm^2	土地平整/hm^2	覆土厚度/m	覆土量/万m^3
1	Ⅰ号	8.00	8.00	0.50	5.20
2	Ⅱ号	2.27	2.27	0.50	1.48
3	Ⅲ号	2.78	2.78	0.50	1.81
4	Ⅳ号	0.98	0.98	0.30	0.38
合计		14.03	14.03		8.87

弃土场堆土较多为淤泥土，并含有电站施工过程中挖掘产生的弃渣，有机质含量较低，土壤的理化性质较差，土地平整中虽然进行覆土，但由于耕作中的深翻等生产作业，影响土壤质量，需进行适当的土壤改良，可通过增加有机肥、掺黏土等实现土壤培肥，加速其熟化过程。

b. 道路工程。

a）田间路。根据工程布局方案，该斑块相对独立，周边无其他交通道路。为便于机械化作业，设计沿Ⅰ号、Ⅱ号、Ⅲ号斑块北侧边界各布设一条田间路，Ⅰ号和Ⅱ号斑块间进行放坡处理后设置缓坡形式的田间路、新设的田间路北侧和南侧分别与Ⅰ号和Ⅱ号斑块的田间路相连，西侧与跨沟桥梁连接，跨沟桥梁连通Ⅲ号斑块北侧的田间路。后期Ⅰ号斑块内将在泊口河上架设连通外界的公路桥，各斑块内道路最终通过该公路桥连通外界。

将连接Ⅰ号、Ⅱ号、Ⅲ号斑块的机耕路按田间路标准进行拓宽处理，机耕路由于被变电站沟道隔断，需跨沟铺设简易盖板连接，盖板采用钢筋混凝土预制板结构，总宽3.5m，跨度5.0m，并须满足机耕设备通行荷载要求。田间路路面结构型式为泥结石路面，路面宽3.0m，高出田面0.5m（泥结石路面厚0.2m，路基夯填土厚0.3m），总长度1435.5m。田间路断面图见图10.4-5。

b）生产路。为便于耕作及浇灌，在Ⅰ号斑块内垂直于北侧边界设置2条生产路，贯穿Ⅰ号斑块南北两侧，北侧分别与田间路相连。2条生产路间距约150m，将Ⅰ号斑块分成3个2级田块。生产路路面结构型式为素土路面，路面宽2.0m，高出田面0.3m，总长度363m。生产路与田间路一起形成便捷的对内、对外交通网络。生产路断面图见图10.4-6。

"丁"字坝弃渣场道路工程量见表10.4-8。

c. 灌排工程。

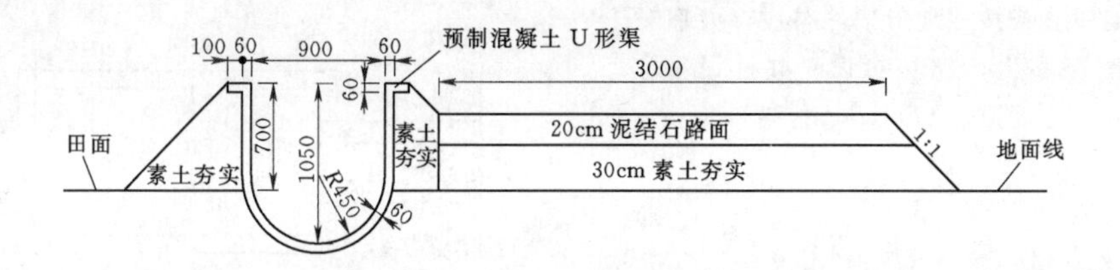

图 10.4-5　田间路断面图（单位：mm）

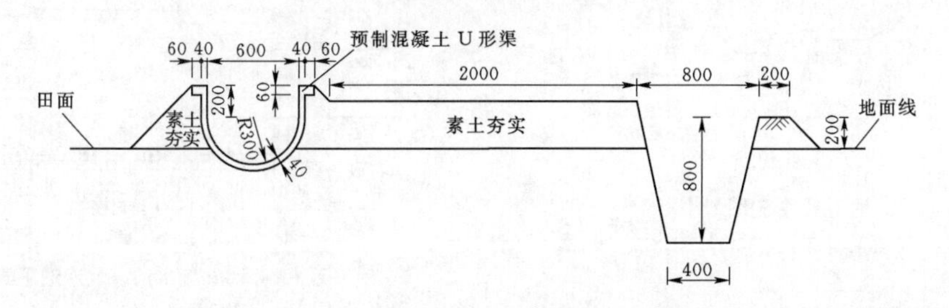

图 10.4-6　生产路断面图（单位：mm）

表 10.4-8　"丁"字坝弃土场道路工程量

图斑号	土地复垦斑块	桥梁		田间路（宽 3.0m）		生产路（宽 2.0m）	
		跨度/m	长度/m	土方回填夯实/m³	泥结石路面（厚 20cm）/m²	长度/m	土方回填夯实量/m³
1	Ⅰ号	5	673.0	1070.1	2019.0	363	272.3
2	Ⅱ号		282.5	449.2	847.5		
3	Ⅲ号		422.0	671.0	1266.0		
合计		5	1435.5	2190.3	4132.5	363	272.3

a）基本要求。弃土场堆土后高程会比原地面高 5m 左右，只要布置好排水渠道，排水将不构成问题，因此土地复垦中要重点考虑灌溉工程。考虑到弃土场位于泊口河两岸，灌溉水源条件相对较好，弃土场复垦区内可采用灌溉提水、自流排水的灌排方式，设置灌排分用渠道。

复垦为耕地的斑块主要以种植水稻等粮食作物为主，灌溉方式采用地面灌溉形式，设计灌溉保证率为 90%。本项目涉及的永久灌溉渠道采用混凝土预制件结构型式，永久排水沟采用浆砌石衬砌结构型式。

由于复垦为耕地的斑块在堆土及覆耕植土后高于周边地块，一般不会受淹，因此排水工程只考虑排田间水。根据 GB 50288 规定，排涝标准采用设计暴雨重现期为 10 年一遇，设计暴雨历时和排涝时间采用 24h 暴雨，3d 排至作物耐淹水深。项目区排水沟设计按 10 年一遇最大 24h 暴雨量 202mm 计算。

根据工程布局方案，在"丁"字坝弃土场北侧居中位置与泊口河相连的水塘边布设一座灌溉泵站，在泵站处引地下输水管道，沿斑块内田间路边铺设，引水灌溉Ⅱ号斑块。地下管道连接及出水断面图见图 10.4-7。泵站出水口处设农渠引水灌溉Ⅰ号斑块，农渠沿斑块内田间路布设。输水管道出口处设毛渠引水灌溉Ⅱ号斑块，毛渠沿斑块内田间路布设。Ⅱ号斑块西侧拐角处设渡槽引水灌溉Ⅲ号斑块，在Ⅲ号斑块渡槽出口处沿东侧边界设置毛渠。沿Ⅰ号、Ⅱ号、Ⅲ号斑块东、西、南侧三面布设排水沟，集水汇流后分东西两边排水，分别排入与泊口河相通的河道内。

b）灌排工程设计。

灌溉渠道："丁"字坝复垦区面积较小，且狭长，固定渠道只布设灌溉农渠，Ⅱ号斑块设地下输水管道引水灌溉。地下输水管道总长度约 60m，材料采用 ϕ110mm PVC 管，地下埋深 1m，土方开挖量 36m³，管道铺设后将开挖土方回填；布设农渠 1 条，长度 305.5m。渠道设计灌溉流量 0.024m³/s，渠深 0.5m，下底宽 0.3m，上底宽 0.6m，采用 B60U 形渠铺设，土方填筑工程量约 120m³，U 形渠铺设长度 305.5m。

田间毛渠与农渠垂直或按照地形条件布设，为临时土质结构，沿田间路和生产路边布设，共计设毛渠5条，渠深0.25m，下底宽0.25m，上底宽0.35m，总长度784m，土方填筑工程量235.2m³。

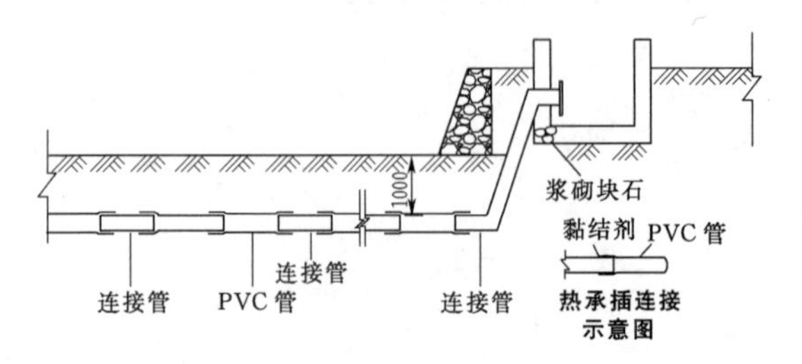

图10.4-7 地下管道连接及出水部分剖面图（单位：mm）

灌溉泵站：该斑块设机灌站一座，泵站设2处出水口，泵站设计流量为0.03m³/s，扬程为10m。

排水及沉沙设施：Ⅰ号斑块汇水面积较大，考虑斑块西侧和南侧排水沟汇水量较大，分别设置排水农沟，排水农沟采用土质梯形断面结构型式，深0.8m，下底宽0.4m，上底宽0.8m。排水农沟总长度541m，土方开挖工程量259.7m³。在Ⅰ号斑块沿田间路和生产路边设置排水毛沟，在Ⅱ号、Ⅲ号斑块东、西、南侧3面沿路边设排水毛沟，水流通过斑块边界的排水沟排入斑块外的河道内，排水毛沟采用土质梯形断面结构型式，下底宽0.2m，上底宽0.4m，沟深0.5m，总长度930m，土方开挖工程量140m³。

在排水沟出口处做局部拓宽挖深，设置沉沙池，沉沙池尺寸为4.0m×2.0m×1.7m（长×宽×深），两个出口处各设1个，共设置沉沙池2个，土方开挖量40m³，砌砖量16m³。排水沟、沉沙池平面及断面图见图10.4-8。

另外，根据工程实际，还布设了输水及排水管涵、渡槽、分水闸、阀门、跌水坎、消力池等灌排配套工程。

2）临时施工道路。临时施工道路斑块分布于电站工程周边区域，待电站工程完工后，清除垃圾，场地平整之后进行种草、种树绿化，以保持水土、改善工程破坏的生态环境。

临时施工道路斑块土地复垦方向为林地，土地平整及翻松，翻松厚度0.30m，土地平整面积4.24hm²。

3）临时施工场地。临时施工场地斑块分布于电站工程周边区域，待电站工程完工后，清除垃圾，场地平整之后进行覆土，一小部分恢复为旱地，覆耕植土后自然沉实0.50m，其他恢复为林地，以保持水土、改善工程破坏的生态环境。

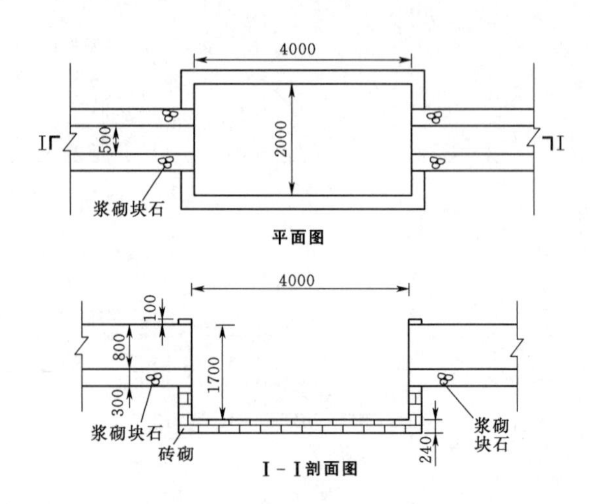

图10.4-8 排水沟、沉沙池平面及剖面图（单位：mm）

斑块土地复垦方向为旱地和林地，土地平整面积20.13hm²。复垦为旱地部分面积为4.13hm²，设计耕植土覆土厚度为自然沉实0.50m，覆土量2.68万m³。

（5）实施效果。项目方案调整后复垦区域涉及土地166.26hm²，其中开发整理土地面积62.55hm²，复垦土地面积103.71hm²。复垦土地中道路及灌排渠道等交通、水域及水利设施用地3.93hm²，复垦为耕地的斑块为临时占地中的联合弃土场、进厂公路北侧驼龙埕弃土场、“丁”字坝弃土场大部分区域和临时施工场地小部分区域，总面积137.66hm²，其中弃土场本身占用耕地面积74.91hm²，新增耕地面积58.62hm²。复垦后的耕地交付当地农民使用，可缓解当地用地矛盾；通过复垦措施完善了项目区农田水利设施、交通设施等，大大改善了农业生产条件，提高了劳动生产率，增加了农民的农业收入，改善了农民生活条件，保障了当地农业经济健康发展。

复垦为林地的斑块面积24.67hm²，复垦后土地不但重新变绿，还将美化电站工程相关区域的环境，改善生态，为响水涧抽水蓄能电站建成生态旅游区，发展旅游业提供基础条件。经不断恢复，依靠复垦区景观、景点及独特的区位环境，增加项目区的经济收入，实现复垦土地的经济价值。

（6）施工注意事项。

1）项目土地开发及复垦涉及范围广，施工前根据不同的土地复垦方向，制定好表土资源利用的计划，合理做好表土剥离、堆存及回覆。

2）项目涉及的灌溉与排水工程类型较多，施工时须严格按照相关规范执行。

10.4.5 山西平朔矿区安家岭露天煤矿排土场土地整治[1]

（1）工程概况。山西平朔是我国目前规模最大、多项指标位居全国领先水平的露井联采的特大型煤炭矿区，是我国主要的动力煤基地和国家确立的晋西北亿吨级煤炭生产基地。经过30多年的建设发展，现已拥有3座年生产能力2000万～3000万t的特大型露天矿，分别是安太堡、安家岭和东露天煤矿。安家岭露天煤矿位于安太堡露天煤矿南面，年产量2500万t。

（2）项目区概况。矿区属典型的温带半干旱大陆性季风气候区，冬春干燥少雨、寒冷、多风，增温较快，夏季降水集中、温凉少风，秋季天高气爽。项目区多年平均年降水量为428.2～449.0mm，年最大降水量757.4mm，年最小降水量195.6mm。降水集中分布在7—9月，占全年总降水量的75%。年蒸发量1786.6～2598.0mm，最大蒸发月为5—7月，超过降水量的4倍。栗钙土是项目区地带性土壤，分布在洪积、冲积平原及河流二级阶地或沟台地，其成土母质多为黄土性的冲积物、洪积物、坡积物，也有部分地带性的风积物，多数为花岗岩、片麻岩的风化产物，因而土壤的物理风化强烈，土体干旱，通气良好，有机质分解快而积累少，含量一般在0.5%～0.8%。项目区土壤有机质含量低，腐殖质层薄，土壤肥力差，土地生产力低。

项目区为黄土丘陵地貌，境内自然地理环境复杂多样，地形以山地、丘陵为主，占到总面积的60%以上。地势北高南低，一般标高为1200～1350m，地形受地表水切割剧烈，切割深度一般为30～50m，以V形沟道居多，形成典型的黄土高原地貌景观。

（3）整地方式。基于微地形蓄水原理进行排土场土地整治，包括以下步骤：首先，排土场排土到位后对土地进行局部平整，修筑坡肩挡水墙，通过在平台上布设田间道和生产路将平台划分成大田块；其次，利用田埂将大田块分割为若干小田块；再次，用推土的方法进行地表整形，保证外围小田块地面标高依次高于内部小田块；最后，修筑道路蓄水沟以及排土场边坡蓄水沟，形成环状连通式进行蓄水。该方法以微地形改造技术减少排土场地表径流的产生并增加水分入渗，避免水流汇集发生水土流失，在确保排土场稳定性的同时，更高效地利用有限的水资源。排土场顶部平台和坡间平台微地形蓄水单元设计图分别见图10.4-9和图10.4-10。

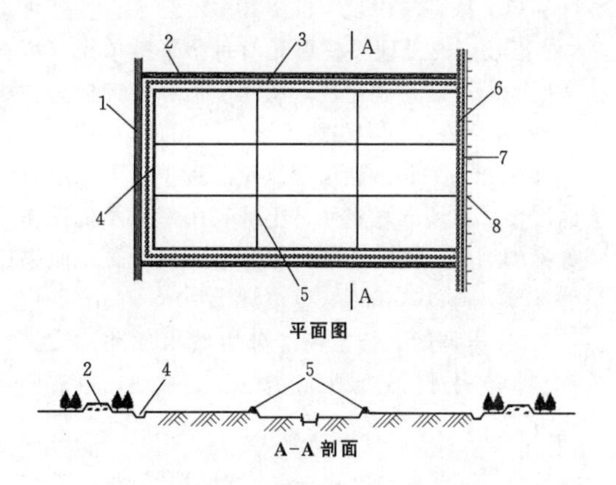

图10.4-9 排土场顶部平台微地形蓄水单元设计图

1—田间道；2—生产路；3—道路防护林；4—道路蓄水沟；5—田埂；6—坡肩防护林；7—挡水墙；8—边坡坡肩线

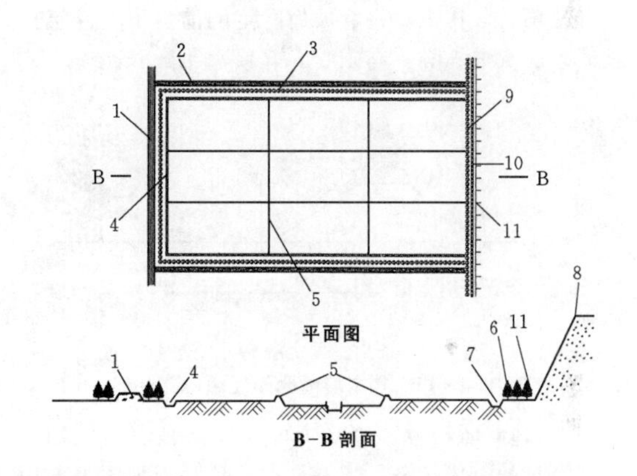

图10.4-10 排土场坡间平台微地形蓄水单元设计图

1—田间道；2—生产路；3—道路防护林；4—道路蓄水沟；5—田埂；6—坡脚防护林；7—挡水墙；8—边坡坡肩线；9—边坡防护林；10—边坡蓄水沟；11—边坡坡脚线

1）土地平整。根据项目区的地形特点，土地平整工程的平面布局在项目区内部以现有地形布置；为便于机耕，田块的长度设计为200～300m，田块宽度设计为100～150m。田块的长度受着地形条件和田面的纵向比降的影响，设计田面相对高差为3～5m。根据项目区的地形条件和生产、生活的要求，田块依据现有地形布设，布设为呈带状的长条形。

根据地面起伏程度划定排土场整治区域的明显挖

[1] 本案例由中国地质大学王金满提供，白中科整理。

方区和填方区，考虑填土沉降，整治后平台坡度小于3°。依据设定的土地平整单元对每个平整单元（不含挖方区和填方区）利用散点法初步估算设计标高。

2）田埂修筑。在田块内部修筑田埂，田埂的长、宽设计为30～70m。在田埂修筑过程中，考虑项目区地面坡度、田埂的稳定性、土地利用率以及机械作业等方面的因素，同时为减少土方量，尽量维持原来田块的宽度，所以将田埂宽度设计为30～40cm。

3）土方调配。排土场部分边坡出现冲沟，需要进行整治。另外，边坡坡底需恢复为林地，也需要运输土方。

（4）典型设计。

1）挡水墙修筑。外排土场的剥离土料经重型机械层层碾压后，密实度加大，不利于雨水的入渗，加之平台及边坡坡面集水面积较大，当出现短历时高强度的暴雨时，入渗少、产流多，有可能产生集中径流冲刷平台及边坡。挡水墙断面图见图10.4-11。

在项目区排土场平盘坡肩稳定的前提下，修筑挡水墙，底宽3.50m，高1.00m，顶宽1.00m。

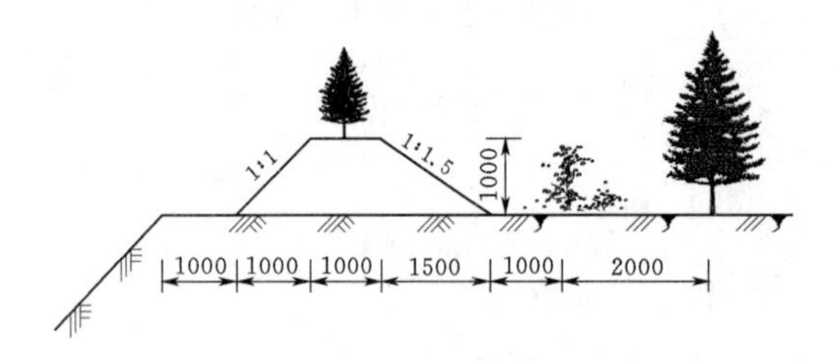

图10.4-11 挡水墙断面图（单位：mm）

2）道路防护林。道路防护林规划是农田规划和生产布局的组成部分，特别是在防护林规划中带有原则性的重要问题，如防护林的类型分布、林木覆盖率、占地比例等都应在农田规划中确定下来，以此进行防护林规划设计。

防护林树种选择：根据矿区所在地的气候及植被生长特点，选取先锋树种：新疆杨、油松、柠条。

防护林布局：道路防护林工程一般可考虑布置在田间路与生产路的两侧，这样既可以美化环境，又可以防风固沙、防止水土流失、调节农田小气候。

在林带结构设计中，采用疏透型结构，林路结合，树种选用新疆杨、油松与柠条；观光道实行两侧3行，田间道和生产路实行两侧双行；设计林带疏透度为35%～60%；林带走向应与当地主害风向垂直。

林带宽度是影响林带防风效果的重要因素。根据当地的实际，林带的行距设计为2.0m。乔木株距设计为2.0m，灌木株距设计为1.50m。

3）边坡防护林。边坡防护林包括挡水墙防护林和坡脚防护林。边坡防护林规划是排土场复垦规划设计和生产布局的组成部分。

防护林树种选择：根据矿区所在地的气候及植被生长特点，选取先锋树种：新疆杨、油松、柠条。

防护林布局：边坡防护林工程一般布置在排土场边缘的挡水墙的一侧和坡脚，可以美化环境、防风固沙、防止水土流失、保证边坡的稳定。

在林带结构设计中，采用疏透型结构，林路结合，树种选用油松、刺槐与柠条；环项目区周边的挡水墙坡肩与坡脚防护林采用单侧3行，设计林带疏透度为35%～60%；林带走向应与当地主害风向垂直。

林带宽度是影响林带防风效果的重要因素。根据当地的实际，林带的行距设计为2.0m。乔木株距设计为2.0m，灌木株距设计为1.50m。

4）边坡种植。排土场边坡的植被能起到改善矿区生态环境，防止水土流失，增加土壤肥力的作用。考虑到平台边坡的稳定性，采用薄层覆土沿坡逐坑下移回坑法，按照等高带状从上往下种植。根据矿区的气候条件以及植被的生长特点，边坡植被种植选择乔灌草混交方式，乔木选择油松；灌木选择柠条；草本选择紫花苜蓿。

5）道路设计。根据当地的地形条件，该项目区的道路工程设计包括观光道、田间道与生产路的设计。

对于项目区道路的设计尽量利用现有的道路，同时，结合实际地形，科学配置观光道、田间道与生产路，满足项目区生产和生活的需求。

观光道设计：观光道是为便于矿区各排土场之间的联系而设置的道路。在此设计中是指项目区联系安家岭西排土场与主干道路的交通道路。在本项目中，新建观光道，路面采用砂砾石路面，总长为2353.39m。路基宽度5.0m，路堤坡度1：1.2，路基填土高0.50m，铺30cm厚素土、20cm厚煤矸石垫层、10cm厚砂砾石路面。观光道横断面设计图见图10.4-12。

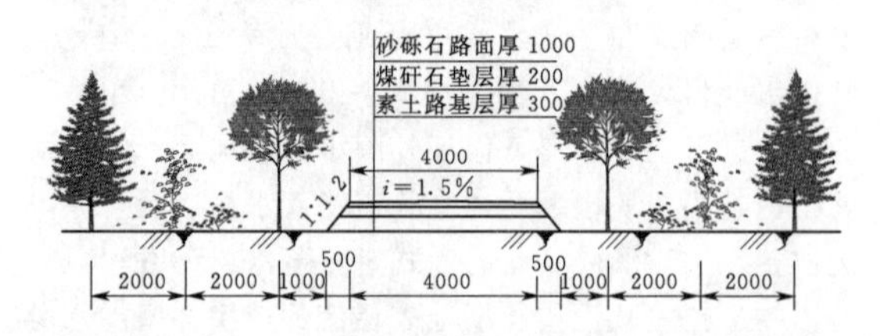

图10.4-12 观光道横断面设计图（单位：mm）

田间道设计：修建田间道3157.74m，采用砂砾石路面。路基宽度5.0m，路基填土高0.50m，路堤坡度1：1.2，铺30cm厚素土、20cm厚砂砾石路面。田间道横断面设计图见图10.4-13。

生产路设计：新修生产路5792.77m，路面均采用泥结碎石路面。路基宽度2.6m，路基填土高

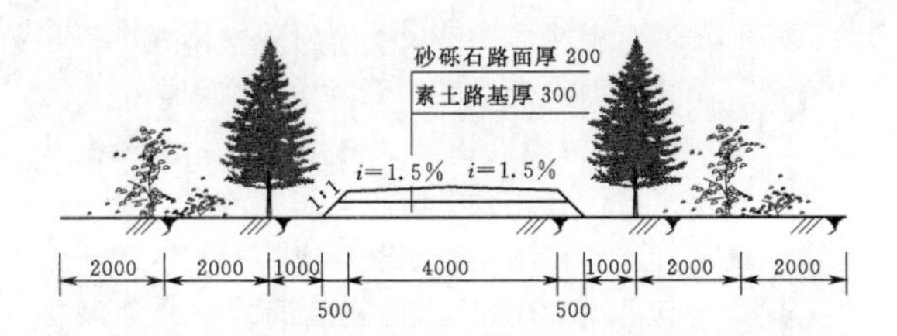

图 10.4-13　田间道横断面设计图（单位：mm）

0.30m，路堤坡度 1∶1.2，铺 15cm 厚素土、15cm 厚砂砾石路面。生产路横断面设计图见图 10.4-14。

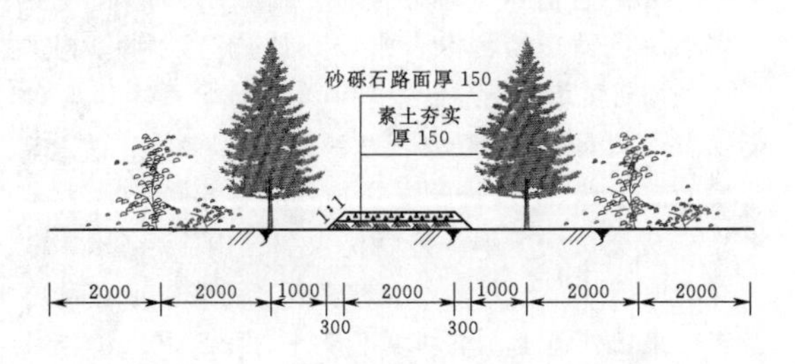

图 10.4-14　生产路横断面设计图（单位：mm）

6）蓄水沟设计。在排土场顶部平台中部和台阶平台的内侧设排水沟，采用明沟蓄水的方式，蓄水沟设计防御标准为 20 年一遇 24h 的暴雨量。

蓄水明沟设计两级，在排土场道路两侧和边坡坡脚修筑蓄水沟，蓄水沟分两种类型。道路两侧蓄水沟顶宽 0.54m，深 0.40m，底宽 0.30m；坡脚蓄水沟顶宽 0.81m，深 0.60m，底宽 0.45m。

（5）实施效果。该项目实施后，通过对废弃地的复垦、土地平整、田间道路规划建设、水利设施配套、防护林网建设，形成田成方、林成网、路相通的耕地，取得了良好的社会、生态和经济效益。

安家岭内排土场 2011 年复垦区域是排土场微地形改造技术示范样地，到目前为止，排土场在水土保持方面收到良好的效果。通过对比样地改造前后土壤的水蚀程度和透水性，经过微地形改造的排土场平台0～40cm 土层土壤平均含水量提高 12.5%；水分稳渗率由原来的 0.18mm/mm 提高到 0.25mm/mm，土壤侵蚀模数由 $3200t/(km^2 \cdot a)$，降低到 $1300t/(km^2 \cdot a)$。与未进行微地形改造区相比，边坡未发现大冲沟，小冲沟的数量明显减少，未发现滑坡塌方的区域。排土场土地整治效果图见图 10.4-15。

（6）施工注意事项。

1）注意排土场整治工程与矿区排土工程相结合。对排土场内土地合理整治及节地利用起到很大的效果，改善了项目区的生态环境。通过整治，不仅可以

图 10.4-15　排土场土地整治效果图

改善排土场内凌乱堆放的弃土，美化空间，还可保证弃土堆的安全，减少因不合理堆放弃土给生态环境及人民群众生命带来的威胁。另外，可以避免二次倒土，大大节约土地整治成本。

2）及时进行土壤培肥，加快熟化过程。矿区应通过各种农艺措施，使土壤的耕性不断改善、肥力不断提高。应通过人为措施加速岩石风化和生土熟化的过程，从而使土壤的颗粒、物理、化学、生物等性状逐渐趋于正常化。对于平朔矿区来说，主要通过施有机肥、化肥及生物培肥措施来提高肥力状况。

3）加强剥离表土保护措施。在表土剥离时应选择合适的时间，用合适的方法剥离一定厚度、面积和类型的表土。在剥离过程中尽量减少对土壤理化性状的破坏。并且剥离出的表土要适时地运至其他地点，严格按照相关要求进行存贮以备后用。在进行排土场复垦时，要适时合理地将此前剥离并存放的表土回填。

10.4.6　江苏徐州市贾汪区潘安采煤塌陷地土地整治[1]

（1）工程概况。江苏省徐州市贾汪煤田是徐州煤田的重要组成部分，东起贾汪镇泉东村，西与青山泉镇连成一片，北至江庄镇，南接紫庄镇、大吴镇，含煤面积 $38.28km^2$。

贾汪区采煤塌陷地为徐州矿务集团有限公司、华润天能徐州煤电有限公司以及地方煤矿造成的塌陷、压占以及挖损地，主要分布在贾汪镇、青山泉镇、大吴镇、紫庄镇等四个乡镇，涉及 49 个村。因采煤而造成大量耕地、村庄等塌陷，危及当地居民生活、生产和安全，原土地平整，水利设施配套齐全的良田，因塌陷而被破坏，地面高低不平，农作物旱涝不保，甚至大片田块成了坑塘水面。

（2）项目区概况。潘安采煤塌陷综合整治项目区位于贾汪城区西南部，主要为原权台矿和旗山矿地下采煤塌陷区域。项目区位于贾汪区大吴镇、青山泉镇两镇境内，东至潘吴路，西至青马路，北至屯头河，南至 310 国道；涉及大吴镇的潘安村、西段庄社区、

[1] 本案例由中国地质大学王金满提供。

西大吴村、青山泉镇的白集村、马庄村、唐庄村共六个行政村以及部分国有土地。项目区地貌为冲积平原，其海拔为27～30m，地势西高东低，北高南低。项目区内土壤主要以潮土类黄潮土亚类二合土和淤土为主，耕作层平均厚度为18cm，有机质含量为0.91%，全氮含量为0.067%，碱解氮为0.0069%，全磷含量为0.061%，有效磷含量为0.0004%，磷素供应强度为0.72%，pH值为8.28。项目区种植作物以水稻、小麦为主，其次是玉米、大豆等。自然生长的植被有侧柏、刺槐林等。

项目整治规模1160.87hm²；塌陷地总面积561.08hm²，其中耕地面积为297.55hm²、其他农用地为182.73hm²、居民点及独立工矿用地为80.80hm²。

（3）整地方式。

1）土地利用布局。根据贾汪区城市总体规划及涉及乡镇的村镇规划，结合项目区的地形特征和采煤塌陷地沉降幅度，遵循“宜农则农、宜居则居、宜生态则生态”的原则，将项目区分为现代高优农业区、生态整治区两大功能区。对塌陷深度小于1.5m的区域，原则上一律划归为高优农业区；对塌陷深度大于1.5m不适合充填的集中连片水面，划归为生态整治区，构建水域生态系统。

现代高优农业区大部分位于项目区北部，仅有小部分位于项目区中南部靠近310国道区域，现状为缺乏排灌条件的旱地、积水较浅的塌陷耕地，规划通过工程措施削高填低、修复整平，并配套农田灌排基础水利设施，复垦治理恢复耕种，发展优质高产农业。

生态整治区位于项目区南部的大部分区域，现状为常年积水较深的塌陷区，大片水面与众多小块坑塘交错混杂，水位高低错落，利用率极低。规划进行整治，使其集中连片，达到既修复生态，又能深水养殖、浅水种植，种养结合、立体开发的效果。

通过综合整治，最终形成土地利用功能分区相对明晰的高优农业区、浅水种植区、深水生态湖和生态孤岛，充分体现了“宜农则农、宜居则居、宜生态则生态”的原则和城市总体规划的意图。对现有农村居民点和独立工矿用地，将结合下一轮规划修编进行布局调整，发展都市农庄，优化整体用地结构。

2）不同土地利用工程分区整地方式。土地平整规划包括现代高优农业区平整、生态整治区平整、废弃坑塘填平、坑塘整修四个部分。

a. 农业区平整。根据项目区地形特征及灌溉排水的要求，对局部高差较大的115.65hm²土地进行平整，先进行表土剥离，再进行底土平整，最后将剥离的表土回填。

b. 生态整治区平整。生态整治区内大片水面与众多小块坑塘交错混杂，水位高低错落，利用率极低。规划对坑塘进行整治，使其集中连片，达到既修复生态，又能深水养殖、浅水种植，种养结合、立体开发的效果。

c. 废弃坑塘填平。将高优农业区内26.49hm²的废弃坑塘填平，土方来自生态湖整治平整、河道清淤及青山泉镇外运土，坑塘填平设计高程29.00m。

d. 坑塘整修。因唐庄村规划对项目区西南部一工矿用地和水域进行都市农庄开发，为很好地与其衔接，故在本次整治中对部分坑塘进行整修。

田块宽度应满足机械作业、灌溉排水等方面的要求。根据项目区的地形特点及排涝和机械化耕作的要求，设计条田的长度为300～600m，宽度为100～150m。

稻田一般要求在田间保持有一定深度的水层，所以设计在条田内修筑田埂，将条田划分为若干格田。格田的长度即条田的宽度，为100～150m，格田的宽度取20m。设计田埂的高度定为0.3m，考虑埂顶兼作田间行走道路，设计埂顶宽度为0.3m。

（4）典型设计。

1）堤防工程。农业区地势低洼，田面高程为27.00～29.00m，生态湖防洪设计水位30.00m，为保证生态湖水不漫入农业区，设计在田块边界新建土质圩堤。圩堤堤顶宽度为6m，黏土心墙顶部宽度为2m，边坡系数为1.5，迎水坡采用M10浆砌块石护坡，河道底部采用M10浆砌块石护底，护底宽度5m。圩堤设计图见图10.4-16。

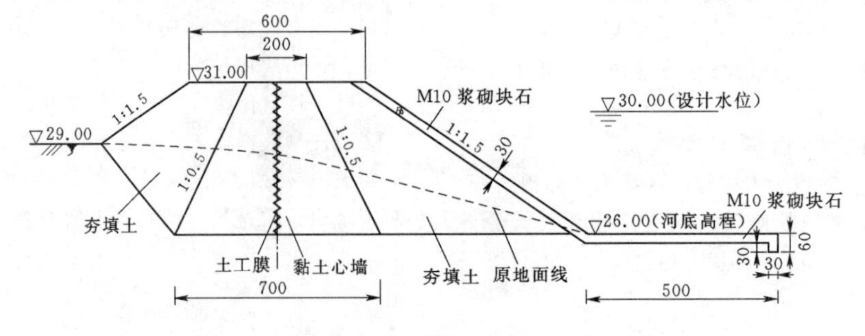

图10.4-16　圩堤设计图（高程单位：m；尺寸单位：cm）

此外，为保证生态湖孤岛护岸稳定，需对其进行护砌，护砌长度为6923m。生态湖孤岛护坡结构图见图10.4-17。

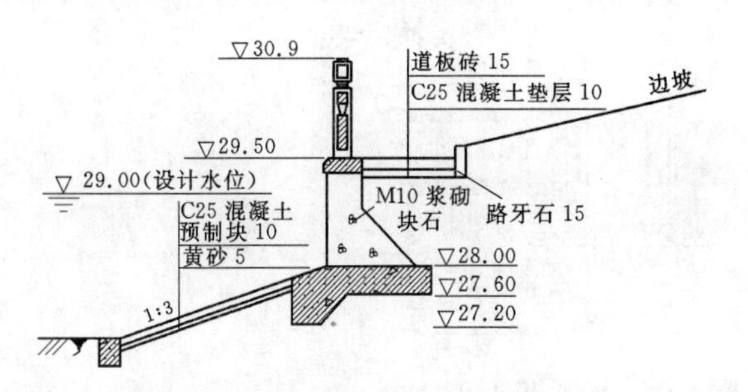

图10.4-17 生态湖孤岛护坡结构图
(高程单位：m；尺寸单位：cm)

2）土体重构技术。采用粉煤灰、煤矸石、湖泥和建筑垃圾四种方案对采煤塌陷地进行充填，充填完毕后覆盖60cm以上的表土进行复耕，见图10.4-18。

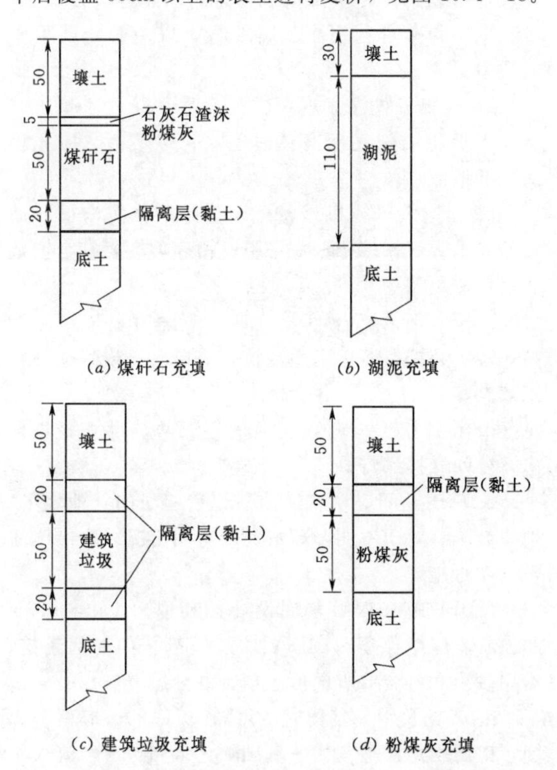

图10.4-18 采煤塌陷地土体重构方案（单位：cm）

3）灌溉排水工程。通过新建圩堤将农业区分成7个小型圩区，灌溉水源为西引粮河、东引粮河、支渠及规划后的生态湖；该区新建10座固定灌溉泵站提水灌溉，采用低压灌溉管道输水，规划灌溉管道为干、支两级，在干管首部、干管和支管连接处设置控制阀，支管每隔40m设置1个放水阀。灌溉泵站设计图见图10.4-19。

考虑到项目区由于采煤塌陷，总体地势低洼，区内涝灾严重，区内297.55hm^2的耕地常年积水，农作物产量低。规划通过新建排涝泵站，新建排水沟解决项目区的排涝问题，最终将涝水强排至屯头河，见图10.4-20。

4）道路工程。项目区道路分为沥青路和水泥路，规划道路规格为6m宽沥青路和4m宽水泥路两种。一级田间道标准设计6m宽沥青路和4m宽水泥路。设计整修道路1条，位于项目区东部的潘吴路，现状为水泥路，路面状况差，由于潘吴路是本次规划的主要对外连接道路，故在设计中拆除其破损的混凝土面层，重新铺设10m宽的沥青混凝土面层和水泥稳定碎石基层。整修10m宽沥青路1764m，新建6m宽沥青路2728m，新建4m宽水泥路41667m。

（5）实施效果。

1）有效增加耕地面积并提高耕地质量，受损耕地质量提升1～2个等别。增加粮食产量，新增耕地年净收益为1.32万元/hm^2。

2）有效削减了煤矸石、粉煤灰和垃圾等的堆置引发的占压土地和环境污染等影响。

3）改善了农民生产生活条件，综合整治使村庄集中、路渠得到改善，林草覆盖率增加了0.86%，促进了生态建设。

4）促进农村水土节约、集约利用。改变了项目区田块零星破碎、利用不充分、土地无序利用、功能紊乱的状况，科学合理规范用地，农田地表水利用效率提高8.8%。

采煤塌陷地土地整治效果见图10.4-21。

（6）施工注意事项。施工顺序一般为先修道路，后修排水沟及渠道，排水沟挖出的土方可用于土地平整。

1）土地平整工程。用0.5m^3挖掘机挖土、118kW推土机推运及3.5t自卸汽车运输相结合的方式进行土地平整。推土机运距为10～40m，自卸汽车运输运距为3km以内，表土层剥离回填厚度20cm。

2）土方开挖及回填工程。土方开挖前，先进行场地清理，清除开挖区域内的全部杂草、垃圾、不可利用的表土及其他障碍物，运至指定地点堆放；无使用价值的可燃物，运至指定地点烧毁；无法燃尽的残渣，运至指定的地点掩埋，覆盖层不小于0.6m；对于可用表土应进行收集、堆放、回覆，以免表土流失。

开挖测量放线必须准确，误差应在允许的范围内。开挖之前应对测量控制点及放线位置进行校核；开挖边线应有足够数量标志桩，并注意防止损毁和移位；在开挖过程中，采取适当措施，防止已建成的地

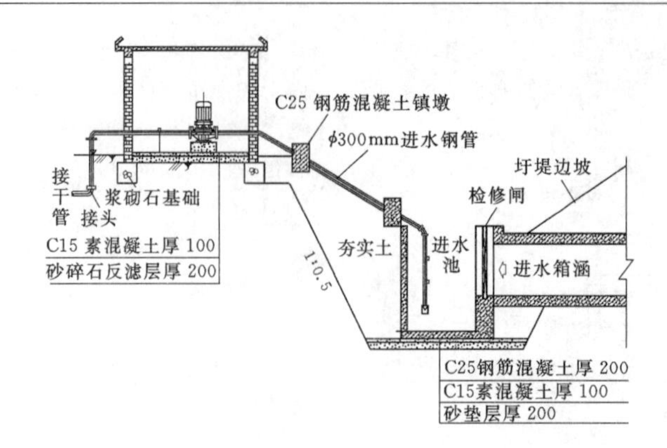

图 10.4-19 灌溉泵站设计图（高程单位：m；尺寸单位：mm）

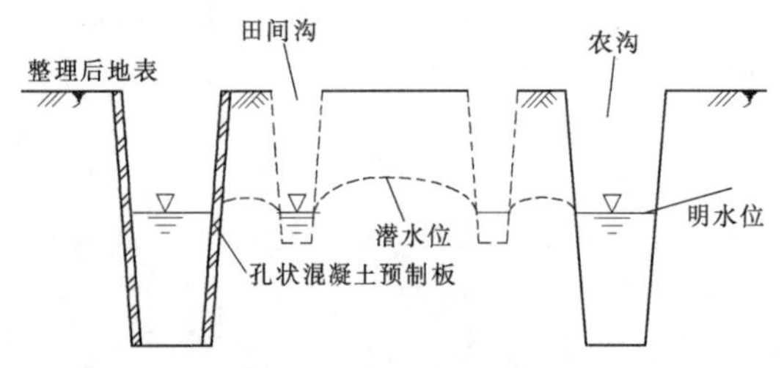

图 10.4-20 排水断面设计图

(*a*) 整治前

(*b*) 整治后

图 10.4-21 采煤塌陷地土地整治效果图

下构筑物被破坏。

开挖边坡较高的部位均设置警示牌和护栏，防止人员和车辆靠近；每层开挖时在开挖区内侧，沿开挖区底部外侧设深 20～30cm、宽 20cm 的排水沟。挖出的土运至施工场地及施工道路以外的空闲场地堆放，可利用土尽量堆放于附近，以靠近填方部位。可利用土与不可利用土不得混放，以免影响回填土的质量。

3）基槽开挖注意事项。

a. 开挖的槽底标高在地下水位以下时，应先设法降低地下水位。

b. 无论人工或机械挖土，都应严格按沟槽断面尺寸要求进行，基槽壁应平整，槽底坡度要符合图纸要求，避免超挖。

c. 开挖到接近槽底深度时，应随时复核槽底标高，避免超挖，若已发生超挖，应以碎石或其他骨料回填夯实。

d. 在开挖土方时，在沟槽施工两端设立警告标志，夜间悬挂红灯。

e. 施工期间应注意保护与管道相交的其他地上、地下设施。对于不明障碍物，应查明情况采取措施清除后才可施工。

f. 开挖基槽时，基底设计标高以上 0.2～0.3m 的原状土应予保留，砌石前人工清理，如局部超挖，需用砂土和符合要求的原土填补并分层夯实。

g. 开挖长距离基槽时，每隔 50～100m 应留一土埂，以防雨水浸泡基槽使基础软化；如遇雨水流入基槽，应尽快采取措施排干，确保基础稳定。

4）土方回填施工。土方回填用料应按建设单位指定地点选取，土方回填应分层夯实，每层厚度控制在 40cm 左右，密实度不应小于 90%。

10.4.7 青海木里煤田聚乎更矿区草皮剥离保护[1]

（1）工程概况。木里煤田聚乎更矿区位于青海省

[1] 本案例由青海省水利水电勘测设计研究院王江天提供。

天峻县木里乡境内，矿区地处祁连与刚察两县交界处的大通河上游，区内地形以低山丘陵及广阔的沼泽草甸为主，交通十分不便。

矿区海拔3700～4200m，区内广覆多年冻土，气候寒冷，气温最高为19.8℃，最低为－35.6℃，年平均气温在0℃以下；多年平均年降水量为477.1mm；多年平均年蒸发量为1049.6mm；四季多风，风速最大可达18m/s，平均风速为3.7m/s。

（2）项目区概况。项目区土壤类型以高山草甸土和沼泽土为主。土壤剖面可分为草皮粗有机质层、浅育层、永冻层三个发育层，草皮粗有机质层的厚度为10～30cm。由于地处高原，土壤冻结期长，土壤水分主要由高山冰融水和大气降水补给，水分充足，加之土体永冻层阻隔作用，透水不良，土壤处于长期或季节性积水状态。夏季气温满足植物生长要求，水分充足，植物生长旺盛，生物积累较多。由于冷湿气候和冻土的共同作用，有机质分解缓慢，多有泥岩层，剖面下部有冻土层。表面土壤腐殖质化、草甸化，有机质积累量大。

（3）植被恢复措施选择。由于项目区地处青藏高原，具有高寒、干旱、缺氧、大风等气候特征，导致环境的自我恢复能力极低，恶劣的生存环境条件使生态系统中的物质循环和能量转换的过程缓慢，长期的低温和短暂的生长季节致使植被一旦被破坏，其恢复周期十分漫长，极容易引起冻土退化、草场沙化和水土流失，也使种草成活率低和生产成本过高；另外，现阶段缺乏在高原高寒地区人工种草的工程经验和科研成果，无法提供可靠的技术支持。在以往的人工种草实验中，种草的难点是成活率低、工序复杂、返工严重、生产成本过高。

在青藏铁路施工过程中，对多年生草地植物的再生特性、影响牧草再生能力的因素、青藏高原气候情况和地表径流情况进行综合研究，对草皮移植养护、回铺成活进行了试验，并对符合条件的浆砌石排水沟和路基边坡进行草皮防护替代试验，发现草皮成活率高、再生能力强、植被恢复快，利用草皮移植防护完全能满足路基防护的技术要求。草皮移植回铺技术现已在青藏铁路唐南段（共575km）的路基边坡、排水沟、取弃土场、施工便道、施工营地区、预制场和桥涵等破土裸露处的植被防护和植被恢复中，得到了广泛的应用。

此项技术的应用，能保证植被及时恢复和生态链条的衔接，极大地缩短了施工工期，最大限度地减少了对生态环境的破坏扰动，同时也造福了当地牧民，取得了较好的社会效益和经济效益。

鉴于草皮移植技术在青藏铁路施工过程中积累的成功经验，综合工程区地形因子、土壤因子和气象因子，该工程植被恢复措施采取草皮剥离移植及回铺，主要包括排矸场草皮剥离及移植措施、矿区道路两侧边坡草皮剥离及移植措施、矿区行政区边坡草皮剥离及移植措施。

1）排矸场草皮剥离及移植。木里煤田排矸场分为南排矸场、北1排矸场、北2排矸场。南排矸场采用移植草皮坡面绿化防护技术。排矸场草皮剥离与移植见图10.4－22。

图10.4－22　排矸场草皮剥离与移植

2）矿区道路两侧边坡草皮剥离及移植措施。矿区道路边坡设计采用移植草皮坡面绿化防护技术。路基边坡修整至1∶1.5，覆土10cm后进行植被恢复。道路边坡草皮剥离与移植见图10.4－23。

图10.4－23　道路边坡草皮剥离与移植

3）矿区行政区边坡草皮剥离与移植措施。行政区边坡防护措施采用网格护坡，网格内栽植草皮。空闲地植被恢复措施均采用移植草皮坡面绿化防护技术。矿区行政区边坡草皮剥离与移植见图10.4－24。

图 10.4-24　矿区行政区边坡草皮剥离与移植

参考文献

[1]　水利部水利水电规划设计总院，黄河勘测规划设计有限公司．水土保持工程设计规范：GB 51018—2014 [S]．北京：中国计划出版社，2014.

[2]　水利部水土保持监测中心．开发建设项目水土保持技术规范：GB 50433—2008 [S]．北京：中国计划出版社，2008.

[3]　水利部水利水电规划设计总院．水利水电工程水土保持技术规范：SL 575—2012 [S]．北京：中国水利水电出版社，2012.

[4]　陈伟，朱党生．水工设计手册：第3卷　征地移民、环境保护与水土保持 [M]．2版．北京：中国水利水电出版社，2013.

[5]　中国水土保持学会水土保持规划设计专业委员会．生产建设项目水土保持设计指南 [M]．北京：中国水利水电出版社，2011.

[6]　国土资源部土地整治中心．土地复垦质量控制标准：TD/T 1036—2013 [S]．北京：中国标准出版社，2012.

[7]　北京工业大学继续教育学院（原华北水利水电学院北京研究生部），中国水利水电科学研究院．喷灌工程技术规范：GB/T 50085—2007 [S]．北京：中国计划出版社，2012.

[8]　水利部农田灌溉研究所，华北水利水电学院研究生部，水利部水利水电规划设计总院．灌溉与排水工程技术规范：GB/T 50288—99 [S]．北京：中国计划出版社，2012.

第11章 防风固沙工程

章主编 任青山 张 芃 邹兵华 屈建军

章主审 纪 强 闫俊平 曹 波

本章各节编写及审稿人员

节次	编写人	审稿人
11.1	张 芃 唐 涛 邹兵华	纪 强 闫俊平 曹 波
11.2	张 芃 任青山 邹兵华 唐 涛 于铁柱 王亚东	
11.3	张 芃 邹兵华 于铁柱 王亚东	
11.4	任青山 邹兵华 于铁柱 王亚东 张 淼	
11.5	任青山 张 芃 于铁柱 王亚东 屈建军 谢吉海	
11.6	屈建军 王艳梅 于铁柱 王亚东	

第11章 防风固沙工程

11.1 定义及适用范围

防风固沙工程主要是对修建在沙地、沙漠、戈壁等风沙区遭受风沙危害的河道工程、水闸工程、水库枢纽、水电工程、风力发电、光伏发电、输水工程、机场、公路、铁路、输变电工程等生产建设项目和工业园区、工矿企业、居民点等工程，以及因工程建设产生的料场、弃渣场、施工生产生活场地、施工道路等容易引起土地沙化、荒漠化的工程扰动区域，所采取的以防风固沙为目的的生态建设活动。

11.2 防风固沙措施分类及措施体系

11.2.1 措施分类

防风固沙措施按照治理方式可分为工程固沙措施、化学固沙措施和植物固沙措施。工程固沙措施通过采取沙障、网围栏等抑制风沙流的形成，达到防风固沙的目的；化学固沙措施是在流动的沙丘上喷洒化学胶结物质，使沙体表面形成一层具有一定强度的防护壳，达到固定流沙的目的；植物固沙措施则通过人工栽植乔木、灌木、种草，封禁治理等手段，提高植被覆盖率，达到防风固沙的目的。

防风固沙措施按照作用和性质又可分为固、阻、输（导）等类。生产建设项目中主要应用的是固沙和阻沙类治理措施，通常以固为主，固阻结合。以固为主的措施主要是在可流动沙体表面设置隔断层形成保护面，缓解或避免风沙流动及风沙危害，主要措施包含部分以覆盖沙体表面为主要功能的工程固沙措施和化学固沙措施等；以阻为主的措施则是通过在沙面上设置各种形式的障碍物进行阻滞消能，减缓风沙危害，包含有工程固沙措施中的沙障、栅栏等；营建阻沙林带以及工程固沙与植物固沙措施的结合则体现了固阻结合的治理类型。

11.2.2 措施体系

在沙地、沙漠、戈壁等风沙区开展生产建设项目时，建设生产活动会扰动地面、损坏植被、引发或加剧土地沙化，应布置防风固沙工程。根据我国风沙区分布特点，具体细化为干旱风蚀荒漠化区、半干旱风蚀沙化区、半湿润平原风沙区、南方湿润沙化土地区和高寒干旱荒漠、高寒半干旱风蚀沙化区等。生产建设项目防风固沙工程通常根据项目所在区域不同而采取不同的防风固沙措施体系。

11.2.2.1 干旱风蚀荒漠化区

干旱风蚀荒漠化区多年平均年降水量小于200mm，植被以旱生和超旱生的荒漠植被为主。按地貌可分为戈壁、沙漠、绿洲。戈壁地貌主要分布于新疆、青海、甘肃、内蒙古西部地区，地势平坦。沙漠地貌主要由塔克拉玛干沙漠、古尔班通古特沙漠、库姆达格沙漠、柴达木沙漠、巴丹吉林沙漠、腾格里沙漠、乌兰布和沙漠、库布齐沙漠组成。戈壁与沙漠间分布着绿洲，风蚀与风积并存。

干旱风蚀荒漠化区防风固沙体系应以工程措施为主，植物措施为辅。宜采取砾质土（砾石）覆盖、化学固沙、沙障固沙、营造防风固沙林带等水土保持工程措施。具体应结合区域地貌特点及开发建设项目特点布设适宜的防风固沙体系。

（1）对于涉及绿洲的生产建设项目，应在与沙漠交接处，对现有荒漠植被进行封禁保护；在工程外围一定范围采取沙障固沙、化学固化等措施，可配置灌草措施，形成系统的防风固沙体系。

（2）对于涉及戈壁的生产建设项目，对工程裸地裸坡、施工开挖迹地、料场采掘迹地等，应采取砾（石）质土覆盖措施；对于弃土（渣）场应采取混凝土（浆砌石）网格框架覆砾（石）质土压盖措施，砾（石）质土厚度4～8cm。

（3）对于公路、铁路、机场、输水工程等的防风固沙带布设，外围宜设立高立沙障阻沙带，其内侧宜配置沙障或化学固化带及林草带，内侧设置输导带。

（4）金属矿、非金属矿、煤矿、煤化工、水泥、居民点的防风固沙带布设，外围宜建立天然林草封育带，其内侧宜配置沙障和人工林草带。

（5）对于风电、输变电等项目的防风固沙，宜采取砾石覆盖或沙障固沙。

（6）营造防风固沙林带应建设与之相配套的水利

灌溉设施，宜配套建设网围栏。

（7）严格控制扰动范围，树立“最小的扰动就是最好的保护”的工程设计理念。

11.2.2.2 半干旱风蚀沙化区

半干旱风蚀沙化区多年平均年降水量为200～500mm，属典型草原植被类型。主要分布在浑善达克沙地、科尔沁沙地、毛乌素沙地、呼伦贝尔沙地。因地表植被覆盖率的不同，而呈现固定沙地、半固定沙地和流动沙地三种形态。

半干旱风蚀沙化区在采取必要的措施保护好现有植被的基础上，其防风固沙措施体系以植物措施为主，工程措施为辅。外围宜建设天然林草封育带，其内侧宜配置沙障或化学固化带和人工林草带。

（1）处于流动沙地的公路、铁路、机场、水利、金属矿、非金属矿、煤矿工程的防风固沙带，外围宜建设天然林草封育带，内侧设置沙障、人工灌草和乔灌林带。

（2）处于固定及半固定沙地的生产建设项目等扰动较重的防风固沙带，应视地表植被覆盖物而配置沙障，种植乔灌草；宜采用窄林带、宽草带，灌草结合。

11.2.2.3 半湿润平原风沙区

半湿润平原风沙区多年平均年降水量为500～800mm，该区域主要分布在豫东、豫北、鲁西南、冀中黄泛平原，苏北黄河故道，以及永定河、海河古河道。区域降水、积温条件适于植物生长。

半湿润平原风沙区防风固沙措施主要以固、阻结合为主，通常采取植物措施，通过营造防风固沙林带或增加区域植被覆盖度等实现固沙、阻沙，一般不设置沙障。林分构成上可采取混交林、林草、林苗、林菜、林药、林菌等多种立体栽培模式，防止单一的树种结构引发病虫危害。

（1）对水利、公路、铁路、机场、金属矿、非金属矿、煤矿工程、移民安置点营造防风固沙林带，在林分构成上可采用用材树种与经济树种相间的设计。

（2）对料场、弃渣场、施工生产生活区、施工道路宜采用土地整治，植树种草。

11.2.2.4 南方湿润沙化土地区

该区域多年平均年降水量不小于800mm，主要分布在闽江、晋江、九龙江入海口及海南文昌等沿海，以及鄱阳湖北湖湖滨，赣江下游两岸新建、流湖一带。

湿润气候带的防风固沙体系以营造河湖、滨海及海岸防风固沙林带为主。对生产建设项目的防风固沙林带，外围营造草本植物带，其内侧宜配置灌木带及乔木带。应以固为主，在林分构成上可采用速生树种与经济树种相间的设计。若土壤为盐土，宜采用客土植树的方法，营造海岸防风固沙林带。

11.2.2.5 高寒干旱荒漠、高寒半干旱风蚀沙化区

高寒干旱荒漠、高寒半干旱风蚀沙化区主要位于北方风沙区即新甘蒙高原盆地区的部分区域以及青藏高原高寒地带，区域海拔较高，而且由于高寒与干旱的共同作用，生态环境极为脆弱，植被一旦破坏就极难恢复。

高寒干旱荒漠、高寒半干旱风蚀沙化区防风固沙体系在全面保护区域天然林和天然草原的基础上，外围宜建立天然林草封育带，其内侧宜配置沙障（化学固沙）和人工林草带。根据自然条件选择植物措施或工程措施。

（1）电力、水利、水电、金属矿、非金属矿、煤矿、煤化工、居民点等防风固沙带，外围应建立封禁带，内侧应设置天然植被封育带、沙障和人工灌草固沙带。

（2）高寒干旱荒漠化区的公路、铁路、机场等防风固沙带，外侧宜配置多排高立式沙障，内侧宜设置沙障、人工灌草带和输导带。

（3）在高寒半干旱风蚀沙化区的公路、铁路、机场等防风固沙带，外侧宜建设封沙育草带，内侧宜设置沙障、人工灌草带和输导带。

11.3 防风固沙工程级别及设计标准

按照GB 51018，防风固沙工程级别应根据风沙危害程度、保护对象、所处位置、工程规模、治理面积等因素，通过表11.3-1确定。

表11.3-1 防风固沙工程级别

工程级别		危害程度		
		严重	中等	轻度
绿洲规模	≥20000hm²	1	2	3
	666～20000hm²	2	3	3
	<666hm²	2	3	3
公路等级	高速及一级	1	2	3
	二级	2	3	3
	三级及等外	3	3	3
铁路等级	国铁Ⅰ级及客运专线	1	1	2
	国铁Ⅱ级	1	2	3
	国铁Ⅲ级及以下	2	3	3
输水工程	≥100m³/s	1	2	3
	5～100m³/s	2	3	3
	<5m³/s	3	3	3

续表

工程级别		危害程度		
		严重	中等	轻度
园区	国家级	1	2	3
	省级	2	3	3
	地方	2	3	3
工矿企业	大型	1	2	3
	中型	2	3	3
	小型	3	3	3
居民点	县（市）	1	2	3
	镇	2	3	3
	乡村	3	3	3

按照GB 51018，生产建设项目防风固沙带宽度应根据防风固沙工程级别、所处风向方位通过表11.3-2的规定选用。

表11.3-2　　防风固沙带宽度

防风固沙工程级别	防风固沙带宽度/m	
	主害风上风向	主害风下风向
1	200～300	100～200
2	100～200	50～100
3	50～100	20～50

注　对防风固沙带宽度大于300m的工程项目，应经论证确定其宽度。

11.4　工 程 固 沙

工程固沙主要通过采取沙障、围栏等抑制风沙流的形成，达到防风固沙的作用。

11.4.1　沙障

沙障是用作物秸秆、活性沙生植物的枝茎、黏土、卵石、砾质土、纤维网、沥青乳剂或高分子聚合物等在沙面上设置各种形式的障碍物或铺压遮蔽物，平铺或直立于风蚀沙丘地面，以增加地面糙度，削弱近地层风速，固定地面沙粒，减缓和制止沙丘流动，从而起到固沙、阻沙、积沙的作用。

11.4.1.1　分类

（1）根据沙障的配置形式，可分为带状沙障、方格状（或网状）沙障。

1）带状沙障在地面呈带状分布，排列方向大致与主风向垂直。

2）方格状（或网状）沙障由2个不同方向的带状沙障交织而成，在地面呈方格状（或网状）分布形状。主要用于风向不稳定，还有较强侧向风的地方。

（2）根据沙障所用材料不同，可分为柴草沙障、黏土沙障、合成材料沙障、沙生植物沙障、苇秆沙障、卵石沙障、砾质土沙障、纤维网沙障、砌石沙障、化学沙障等。

柴草沙障由沙生灌木或作物秸秆组成，是铺设沙障的主要材料；黏土沙障用黏土堆成土埂作为沙障。

（3）根据沙障对流沙的作用和高出地面的高度，可分为高立式、低立式和平铺式沙障。

1）高立式沙障：沙障材料长70～100cm，高出沙面50cm以上，埋入地下20～30cm。

2）低立式沙障：沙障材料长40～70cm，高出沙面20～50cm，埋入地下20～30cm。

3）平铺式沙障：是用柴、草、秸秆、卵石、黏土等材料覆盖于沙体表面，防止或减少风蚀的发生。铺设厚度根据使用材料的不同而不同，柴、草、秸秆等材料表面需设置压条进行固定。

11.4.1.2　适用范围

适用于年降水量100～500mm的沙地、沙漠、戈壁风沙区。

11.4.1.3　沙障工程设计

1. 基本资料

（1）内业工作。内业工作搜集地形图、遥感影像、土地利用现状图等资料。

1）地形图：1∶1000～1∶10000。

2）卫片数据：大型工程宜采用TM影像或SPOT影像，采用每年8月的影像。

3）地理信息软件：大型工程宜应用ArcGIS等软件解译。

（2）野外调查工作。

1）地表覆盖物调查：戈壁、沙地（流动沙地、半固定沙地、固定沙地）、沙丘（流动沙丘、半固定沙丘、固定沙丘）、甸子地、地表结皮（膜）、林地（灌木林、乔木林）、草地。

2）植被类型调查：超旱生植被、旱生植被、沙生植被。

3）沙丘及风蚀强度调查：沙丘前进速度、沙丘形状、土壤风蚀强度。

4）防风固治现状调查：治理措施，包括工程措施、植物措施、化学措施等；人为因素的影响；治理情况收集。

（3）气象资料。

1）气象：应调查起沙风速、起沙风速历时及在各月的分布、主风向、次风向，年沙尘暴日数，绘制风向玫瑰图。

2）社会和经济资料：包括该区域的人口、牲畜、支柱产业、土地利用、交通等。

2. 沙障布局

（1）沙障设置方向应与主风向垂直。

（2）沙障的配置可采用行列式配置、方格式配置、菱形式配置。在风向稳定，以单向起沙风为主的区域及新月形沙丘迎风坡1/2处采用行列式沙障；在主风向不稳定区域，采用方格式沙障；护坡采用菱形式沙障。

（3）沙障间距。

a. 在坡度小于4°的平缓沙地进行条带状配置时，相邻两条沙障的距离应为沙障高度的10～20倍。

b. 在沙丘迎风坡配置时，下一列沙障的顶端应与上一列沙障的基部等高。

c. 沙障间距按式（11.3-1）计算：

$$d=h\cot\theta \tag{11.3-1}$$

式中　d——沙障间距，m；

h——沙障高度，m；

θ——沙丘坡度，(°)。

（4）沙障固沙带宽度。根据GB 51018，防风固沙带宽度应根据防风固沙工程级别、所处风向方位，按照表11.2-3选定。

3. 沙障设计

（1）高、低立式沙障。黏土沙障是低立式沙障的一种，一般布设在沙丘迎风面自下向上约2/3的位置。用黏碱土堆成土埂，高0.15～0.20m，底宽0.6～0.8m，埂顶呈弧形，土埂间距2～4m。

栅栏沙障是高立式沙障的一种。按材料可分为枝条（芦苇）栅栏、尼龙网栅栏、高立式石条板，高度宜取1.2～2.0m，间距宜取高度的7～12倍，固沙带的宽度宜取20～50m。

（2）平铺式沙障。柴草沙障是将柴草横卧平铺在地面，并在其上压枝条，用沙土或用小木桩固定，沙障厚度3～5cm。

卵石、砾质土沙障是将卵石、砾质土等平铺在地面，铺设厚度宜为4～8cm。

（3）网状沙障。网格边长为沙障出露高度的6～8倍，根据风沙危害的程度选择1m×1m、1m×2m、2m×2m等不同规格，详见图11.4-1。麦草、稻草、芦苇等常用方格沙障以1m×1m为主。

11.4.2　围栏

围栏按材料分为机械围栏和生物围栏两大类。常用的机械围栏包括刺丝围栏、网围栏、枝条围栏及石（土）墙围栏等。生物围栏由栽植的灌木及乔木组成。

机械围栏由固定桩和铁丝网片（刺丝）组成，并在必要位置设置出入门。固定桩通常采用的材料有混凝土桩和角钢桩。

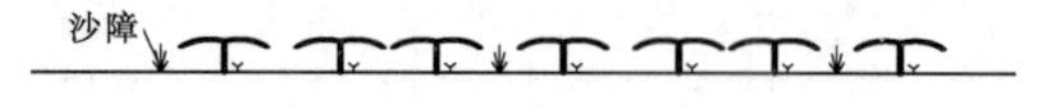

剖面图

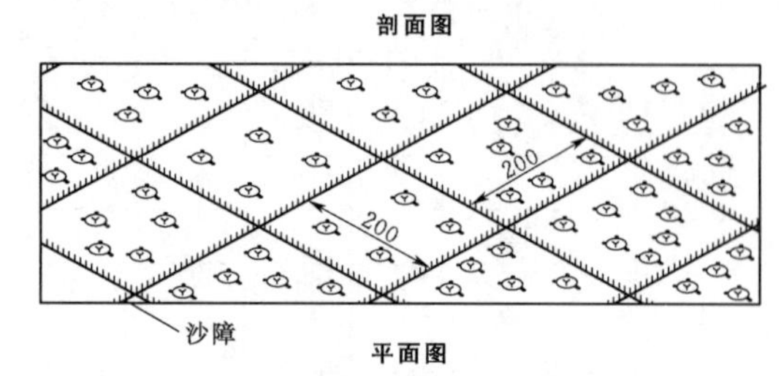

平面图

图11.4-1　网状沙障设计图（单位：cm）

1. 固定桩

围栏固定桩采用预制混凝土桩，固定桩分为两种，一种为直线桩，通常尺寸为10cm×10cm×（150～180cm），地下埋深40～50cm，桩间距400～1000cm，用于沿线固定网片；另一种为转点桩及大门固定桩，尺寸为15cm×15cm×（180～200cm）。围栏设置标准见表11.4-1。

表11.4-1　围栏设置标准

项目	规格/(cm×cm×cm)	埋深/cm	地面以上高度/cm
直线桩	10×10×(150～180)	40～50	110～130
转点桩	15×15×(180～200)	60	120～140
斜撑桩	10×10×200		
网片	(5～7)×90×60		
刺丝	5×120		

2. 铁丝网片

规格常采用（5～7）cm×90cm×60cm，5～7道铁丝，间距15cm，每60cm加一道纵丝，用线卡和横丝相连，铁丝网片高度105cm；刺丝采用12～14号铁丝，设置5道横丝，横丝间距20cm，再在两桩间沿对角线设交叉丝2道。

3. 出入门

出入门根据需要布置，门宽一般2.5～4m，门高1.2～1.5m。门扇根据门的使用频率和位置重要程度，可选择钢框铁丝网门，也可选择木框刺丝门。围栏结构设计图见图11.4-2。

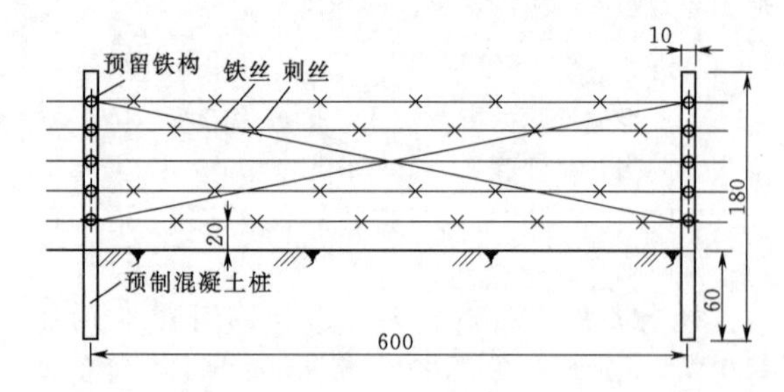

图11.4-2　围栏结构设计图（单位：cm）

11.4.3 案例

1. 概况

新建铁路兰州至乌鲁木齐第二双线（新疆段）烟墩风区某段，位于天山东脉北山山前剥蚀平原区，地形平坦开阔，地势略有起伏。该处属于戈壁大风区，沿线主导风向为NE、ENE，线路通过小草丘地，为固定-半固定沙丘，呈轻度沙漠化。起风时有风沙流活动，地表为细砂、细圆砾土及泥岩风化层，在风力作用下，部分砂粒容易被风蚀搬运，因此本段路基设计了防风沙措施。

此段地层为第四系上更新统—全新统洪积细砂、细圆砾土，第三系古新统—始新统泥岩、砂岩、砾岩，未见地表水及地下水。地震动峰值加速度0.05g（相当于地震基本烈度Ⅵ度），土壤最大冻结深度127cm。

2. 措施设计

(1) 线路右侧为主导风向侧，在该侧离路堤坡脚（或路堑堑顶）外约100m处，设置不同透风率的高立式PE网沙障（透风率为30%、40%、50%）和不同高度的插板式混凝土挡沙墙（高1.5m、2m、2.5m），在地形变化时适当调节修改各设施与路堤坡脚（或路堑堑顶）的距离，见图11.4-3。

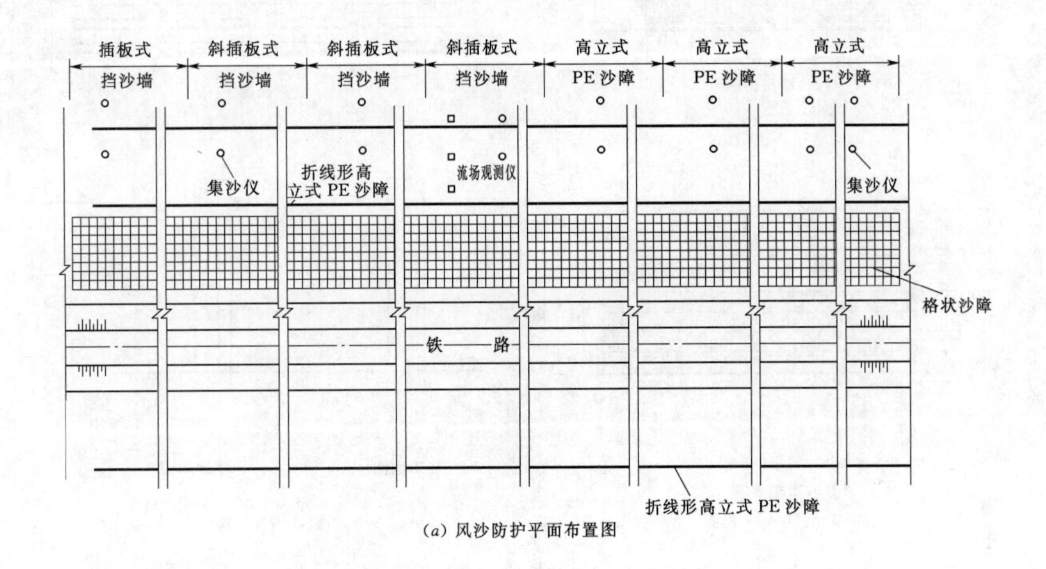

(a) 风沙防护平面布置图

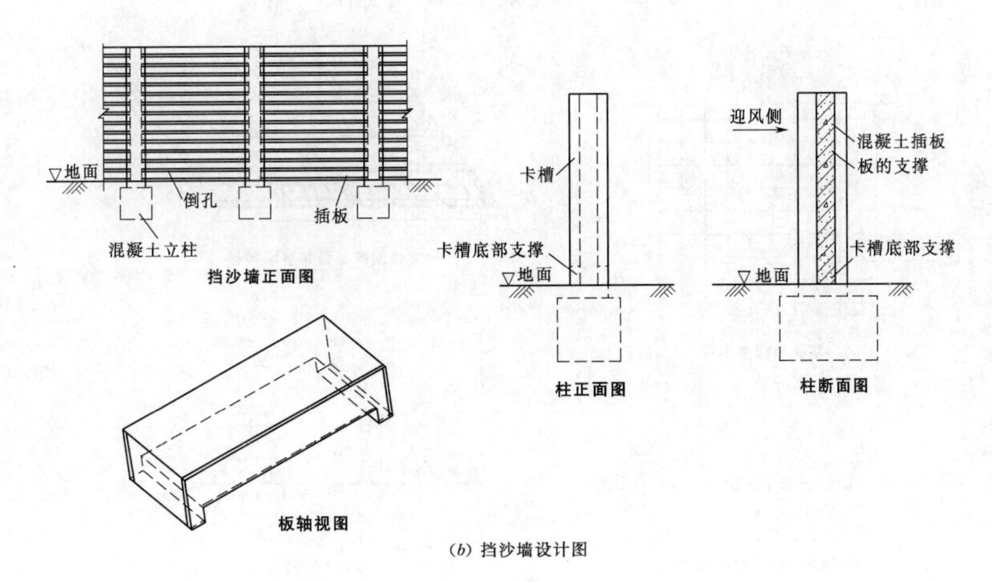

(b) 挡沙墙设计图

图11.4-3 风沙防护平面布置及挡沙墙设计图

（2）线路右侧，路堤坡脚（或路堑堑顶）外，离路基约50m处，设置一道透风率为40%的折线形沙障，同时在背风侧离路基约50m处设置一道透风率为40%的折线形沙障；在遇地形变化时适当调整各设施与路堤坡脚或路堑堑顶的距离，见图11.4-4。

（3）路堤两侧坡脚（或路堑两侧堑顶）外10m范围内平铺卵砾石土固沙，厚度0.2m，并兼作维修便道。卵砾石土粒径大于20mm颗粒的质量超过总质量的50%，以浑圆状为主。

（4）在迎风侧内侧高立式沙障与路基坡脚之间，设置了1.0m×1.0m的固沙剂固结格状沙障和1.0m×1.0m的石方格沙障，沙障高出地表约为20 cm，见图11.4-5。

3. 实施效果

防风固沙措施实施后效果图见图11.4-6。

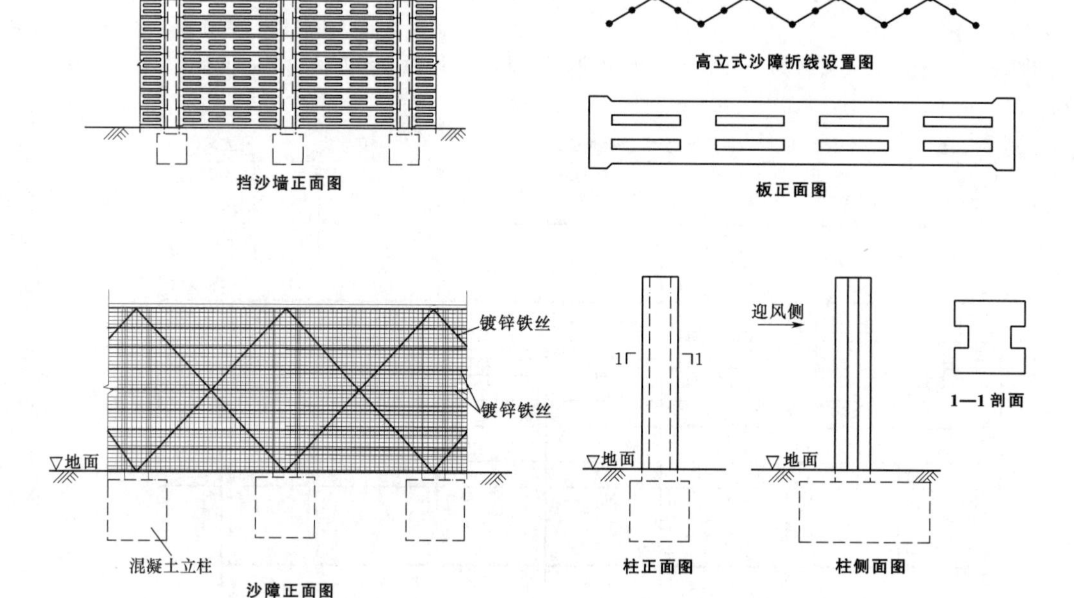

(*a*) 高立式沙障平面图　　(*b*) 挡沙墙设计图

图11.4-4　高立式沙障及挡沙墙设计图

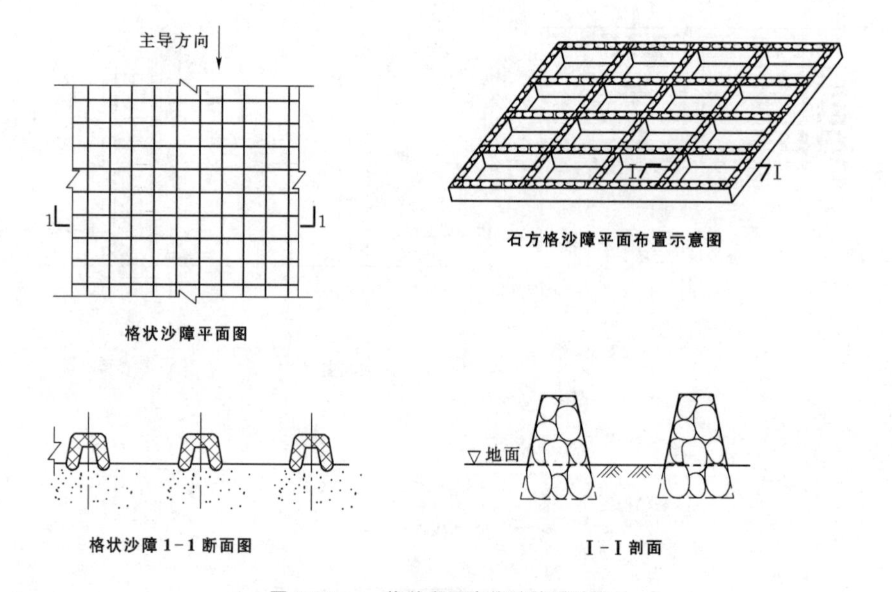

图11.4-5　格状和石方格沙障设计图

(a)石方格沙障

(b)插板式混凝土挡沙墙

(c)挡沙墙

(d)高立式PE网沙障

图11.4-6 防风固沙措施实施后效果图

11.5 化学固沙

11.5.1 作用

化学固沙是在流动沙地上喷洒化学胶结物质，使其在沙地表面形成一层有一定强度的防护壳，避免气流对沙表的直接冲击，以达到固定流沙的目的。这种措施见效快，便于机械化作业，但与植物固沙和机械沙障固沙相比成本高，多用于严重风沙危害地区生产建设项目的防护，如铁路、公路、机场、国防设施、油田等。在具备植物生长条件的风沙区，化学固沙多作为植物固沙的辅助性和过渡性措施，选用化学胶结物时应考虑沙地的透水透气性，尽可能与植物固沙措施结合布置。

目前，国内外用作固沙的胶结材料主要是石油化学工业的副产品。常见的化学胶结物有油叶岩矿液、合成树脂、合成橡胶等，也可使用一些天然有机物，如褐煤、泥炭、城市垃圾废物、树脂等。此外，高分子吸水剂可以吸附土壤和空气中的水分，供植物吸收，也有助于固沙。我国一般常用沥青乳液，它在常温下具有流动性，便于使用，价格也较低。

化学固沙措施是在不具备植物生长条件的区域，在流动沙地上喷洒化学胶结物质，主要起覆盖地表、改变地表粗糙度、改变近地表风速、控制地表蚀积过程，保障保护目标物安全的作用，同时也具有促进和保护植被恢复进程的作用。

11.5.2 分类与适用范围

1. 按原料的来源分类

(1) 天然化学固沙材料：系天然物质和已有化工产品，勿需加工即可直接治沙，如泥炭、黏土、水泥、高炉矿渣、原油、渣油、沥青、纸浆废液等。

(2) 人工配制化学治沙材料：需进行一般化学处理或乳化而成，如硅酸盐乳液、乳化石油产品等。

(3) 合成化学固沙材料：是利用现代合成化工技术将某种或几种材料单体聚合或缩合而成，如聚丙烯酰胺、尿甲醛树脂、聚醋酸乙烯乳液、甲基丙烯酸酯、丙烯酸酯、聚乙烯醇、水解聚丙烯腈、聚酯树脂、聚氨酯树脂、合成橡胶乳液等。

2. 按原料性质分类

(1) 无机胶凝治沙材料：又可分为水硬性胶凝材料（如水泥、高炉矿渣）和气硬性胶凝材料（如泥炭、黏土、水玻璃、纸浆废液等）。

(2) 有机胶凝治沙材料：属于石油产品类的有原油、重油、渣油、沥青及其乳液等；属于高分子聚合物类的有聚丙烯酰胺、尿甲醛树脂、聚醋酸乙烯乳液、甲基丙烯酸酯、丙烯酸酯、聚乙烯醇、聚酯树脂、聚氨酯树脂和橡胶乳液等。

3. 按成分分类

(1) 硅酸盐类：如硅酸钠、硅酸钠乳液、硅酸钾、硅酸钾乳液。

(2) 硅铝酸盐类：如黏土、泥炭、水泥、高炉矿渣。

(3) 木质素类：如纸浆废液。

(4) 石油馏分类：如原油、重油、渣油、沥青等及其乳液。

(5) 树脂类：如脲甲醛树脂、酚醛树脂、丙烯酸钙树脂、聚酯树脂、聚氨酯树脂、聚醋酸乙烯乳液、聚丙烯酰胺、聚乙烯醇、甲基丙烯酸酯、丙烯酸酯。

(6) 橡胶乳类：如氯丁胶乳、丁苯胶乳、丁腈胶乳。

(7) 植物油类：如棉子油料、各种植物油渣。

4. 按形成保护层性质分类

(1) 刚性结构：如水泥、泥炭、黏土、水玻璃、纸浆废液、聚乙烯醇、聚丙烯酰胺、尿甲醛树脂、聚醋酸乙烯乳液、聚酯树脂、聚氨酯树脂等。

(2) 塑性结构：如石油产品及其乳液。

(3) 弹性结构：如橡胶乳液、丙烯酸钙。

5. 按与水作用性能分类

(1) 亲水性：如聚乙烯醇、聚丙烯酰胺、水解聚丙烯腈、聚醋酸乙烯乳液、油-水型乳液等。

(2) 疏水性：如石油产品、聚氨酯树脂、聚酯树脂等。

11.5.3 施工注意事项、施工要求及工程维护

11.5.3.1 施工注意事项

(1) 在水源条件较好的风沙区，可先用水或乳化剂的稀溶液湿润沙面，既稳定沙面又克服沙粒间的强吸附作用和电性作用，以加速化学治沙液的渗透。

(2) 喷洒速度不宜太快，也不应太慢，使喷出的化学治沙液能均匀渗入沙层。

(3) 喷洒时要求与沙面保持一定距离。当距离太远时喷洒力度不够，沙面会形成小麻点；距离太近时，因力度太强，沙面会形成凹凸不平的小坑。喷洒时还须使喷出液与沙面保持一定角度，避免垂直落下。

(4) 喷洒应在无风天气下进行，如遇小风要注意风向，不能顺风和逆风，顺风时将造成液珠飘落，致使沙面出现不均匀麻点；逆风时会造成操作不安全，此时应以侧风向喷洒。

(5) 选择在较热季节喷洒，以保持沙面有足够温度，使治沙液有较好的渗透速度和渗透深度。

(6) 喷洒形式分为全面喷洒和局部喷洒（带状或格状），在沙面形成0.5cm左右厚的结皮层。喷洒时要边喷边退，注意保护已喷沙面。

11.5.3.2 施工要求

1. 沥青类固沙

平铺沥青沙前应平整沙面，铲除凸起物，使地面变得平顺，然后采用10%～20%热沥青与80%～90%（质量比）的风积沙混合物热料，平铺并拍实。

2. 固沙剂固结沙面

(1) 宜在静风或微风天气施工。

(2) 小面积固沙用手摇泵施工，大面积固沙用喷洒车施工。

3. 施工流程

(1) 平整沙面或形成沙埂，确保固沙剂能均匀渗透，形成均匀厚度的结块。

(2) 沙面喷水，渗透厚度以1～3cm为宜。

(3) 喷洒固化剂。

(4) 沙面固结前后严谨踏踩、碾压。

11.5.3.3 工程维护

(1) 所有防沙工程禁止车辆碾压和人为践踏。

(2) 所有防沙工程随破坏随修补，严重风蚀地带应加密修补。

11.5.4 案例

1. 基本情况

某工程位于三江源区玛多县的星星海、长江源区的曲麻莱县两处防沙治沙示范区，采取化学固沙结合生态固沙技术进行防沙治沙。这一地区的荒漠化土地总体是沿河滩、湖滩、古河床、洪积扇及山麓呈环状分布，由于草地严重退化和土地沙漠化的形成，这一类地区植被覆盖度极低，在次生裸地和流动沙丘外围的沙化草地上，植被覆盖度一般为5%～10%，物种结构简单，主要是旱生或超旱生的沙生植被。该区生态异常脆弱，处于生态环境恶化的逆行演替中。

2. 措施设计

(1) 技术要点。

1) 耙磨：使用人工钉耙耙磨，尽量保护原生植被。

2) 镇压：使草种更紧密结合土壤并保墒。

3) 喷涂机械设备的主要技术关键在于喷水泵与喷药泵要有一个比较准确的压力与流量比例配合，即泵的压力要适宜、流量要准确（如喷洒95～97L/min的水，则药量必须控制为3～5L/min）。同时，不能造成水向药泵的回流。混合部分的长度要适当，喷嘴直径要保证有一定的雾化效果。

(2) 技术指标（含计算）。

1) 亲水性聚氨基甲酸酯固沙剂溶液浓度为3%～5%。

2) 通过添加少量的紫外线降解可控剂，对固沙层的降解周期（0.6～30年）进行有效的控制，当加入0.05%的紫外线降解可控剂后基本上再不产生

降解。

3）喷涂机械设备雾化指标需达到3000以上。

（3）材料选取。

1）亲水性聚氨基甲酸酯（制造商为东邦化学工业株式会社）。

2）紫外线降解可控制。

3）喷涂机械设备（构件包括：电源、药箱、水箱、泵、减速机、混合器、喷头）。

（4）典型设计见图11.5-1。

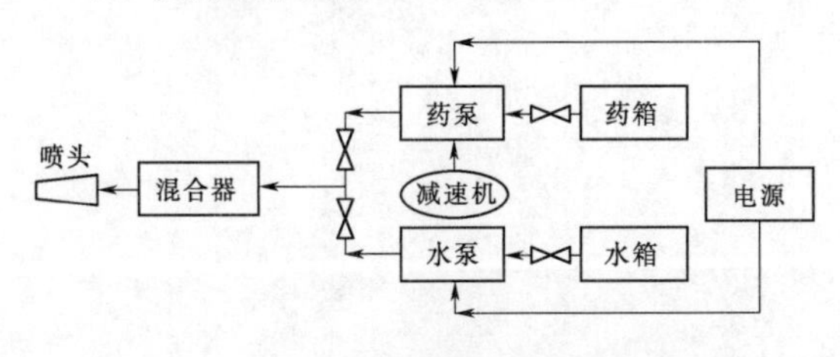

图11.5-1 化学固沙结合生态固沙工艺设计图

（5）实施效果。通过沙地直播植生固沙、沙障化学治理等技术措施，示范区沙化状况得到了有效的控制。治理前后植被状况完全不同。据统计，玛多县星星海沙方格沙障植被覆盖度从0增加到13.52%，网围栏保护人工补植恢复植被的959.5亩，植被覆盖度达到35.22%，比对照地增加26.51%。

11.6 植 物 固 沙

11.6.1 防风固沙林设计

11.6.1.1 树种选择原则

以选择适合当地生长，有利于发展农业、牧业生产的乡土树种为主。乔木树种应具有耐瘠薄、干旱、风蚀、沙割、沙埋，生长快，根系发达，分枝多，冠幅大，繁殖容易，抗病虫害等优点。灌木选择防风固沙效果好，抗旱性能强，不怕沙埋，枝条繁茂，萌蘖力强的树种。

11.6.1.2 干旱沙漠、戈壁荒漠化区

（1）林带结构：紧密结构、通风结构、疏透结构，见图11.6-1。

（2）林带宽度：建设防风固沙基干林带，带宽20～50m，可采取多带式。

（3）林带间距：防风固沙基干林带，带间距50～100m。

（4）林带混交类型：乔灌混交、乔木混交、灌木混交、综合性混交。

（5）树种选择：①乔木有小叶杨、新疆杨、胡杨、白榆、樟子松等；②灌木有沙拐枣、头状沙拐枣、乔木状沙拐枣、花棒、羊柴、白刺、柽柳、梭梭等。

（6）株行距：乔木(1～2)m×(2～3)m；灌木(1～2)m×(1～2)m。

(a)紧密结构

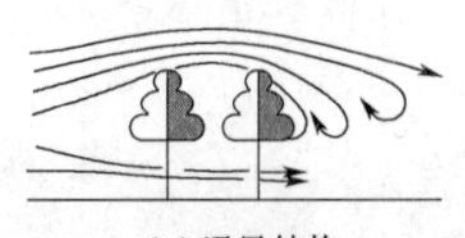

(b)通风结构

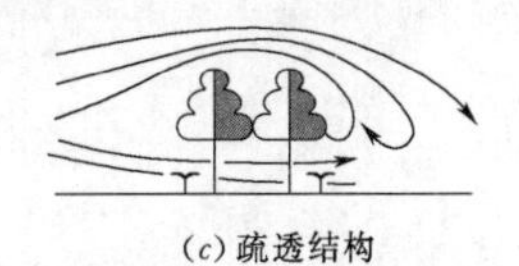

(c)疏透结构

图11.6-1 林带结构示意图

11.6.1.3 半干旱风蚀沙地

（1）林带结构、林带宽度、林带间距、林带混交类型、株行距等同本章“11.6.1.2 干旱沙漠、戈壁荒漠化区”。

（2）树种选择：①乔木有新疆杨、山杏、文冠果、刺槐、刺榆、樟子松等；②灌木有柠条、沙柳、黄柳、胡枝子、花棒、羊柴、白刺、柽柳、沙地柏等。

11.6.1.4 半湿润黄泛区及古河道沙区

（1）林带结构、林带宽度、林带间距、林带混交类型、株行距等同本章“11.6.1.2 干旱沙漠、戈壁荒漠化区”。

（2）树种选择：油松、侧柏、旱柳、国槐、枣、杏、桑、黑松、臭椿、刺槐、紫穗槐等。

11.6.1.5 南方湿润沙化土地区沙地、沙山及沿海风沙区

（1）林带结构、林带宽度、林带间距、林带混交类型、株行距等同本章“11.6.1.2 干旱沙漠、戈壁荒漠化区”。

（2）树种选择：木麻黄、相思树、黄瑾、路兜、内侧湿地松、火炬树、加勒比松、新银合欢、大叶相思等。

11.6.2 防风固沙种草设计

在林带与沙障已基本控制风蚀和流沙移动的沙地上，应进行大面积成片人工种草合理利用沙地资源，草种选择如下。

11.6.2.1 干旱沙漠、戈壁荒漠化区

干旱沙漠、戈壁荒漠化区选择沙米、骆驼刺、籽蒿、芨芨草、草木樨、沙竹、草麻黄、白沙蒿、沙打旺、披肩草、无芒雀麦。

11.6.2.2 半干旱风蚀沙地

半干旱风蚀沙地选择查巴嘎蒿、沙打旺、草木

椰、紫花苜蓿、沙竹、冰草、油蒿、披肩草、冰草、羊草、针茅、老芒雀麦等。

树草栽培、整地方式详见本书“第8章 植被恢复与建设工程”“第10章 土地整治工程”相关内容。

参考文献

[1] 水利部水利水电规划设计总院，黄河勘测规划设计有限公司．水土保持工程设计规范：GB 51018—2014 [S]．北京：中国计划出版社，2014.

[2] 陈伟，朱党生．水工设计手册：第3卷 征地移民、环境保护与水土保持 [M]．2版．北京：中国水利水电出版社，2013.

[3] 中国水土保持学会水土保持规划设计专业委员会．生产建设项目水土保持设计指南 [M]．北京：中国水利水电出版社，2011.

第12章　临时防护工程

章主编　白中科　贾洪文　纪　强
章主审　孟繁斌　王春红　赵心畅

本章各节编写及审稿人员

节次	编写人	审稿人
12.1	纪　强　白中科　贾洪文　王鹿振　任青山　邹兵华	孟繁斌 王春红 赵心畅
12.2	王守勤　贾洪文	
12.3	白中科　唐　涛　王鹿振　钱顺萍　鲍寿福　王　芳	
12.4	王鹿振　钱顺萍　张永军	
12.5	贾洪文　张永军　王　芳	

第12章　临时防护工程

临时防护工程主要针对施工中临时堆料、堆土（石、渣，含表土）、临时施工迹地等，为防止降雨、风等外营力在其临时堆存、裸露期间冲刷、吹蚀，而采取相应的临时拦挡、临时排水、临时覆盖、临时植物、草皮移植保护等措施，分述如下。

12.1　临时拦挡措施

12.1.1　定义与作用

施工建设中，在施工边坡下侧、临时堆料、临时堆土（石、渣）及剥离表土临时堆放场等周边，为防止施工期间边坡、松散堆体对周围造成水土流失危害，采取填土草袋（编织袋）、土埂、干砌石挡墙、钢（竹栅）围栏等材料将堆置松散体限制在一定的区域内，防止外流并在施工完毕后拆除的措施统称为临时拦挡措施。

12.1.2　分类与适用范围

临时拦挡措施根据使用材料不同有填土草袋（编织袋）、土埂、干砌石挡墙、钢（竹栅）围栏等。结合具体情况，遵循就地取材、经济合理、施工方便、实用有效等原则选定防护形式。不同的临时拦挡措施有如下适用范围。

（1）填土草袋（编织袋）适用于生产建设项目施工期间临时堆土（石、渣、料）、施工边坡坡脚的临时拦挡防护，多用于土方的临时拦挡。

（2）土埂适用于生产建设项目施工期管沟和沉淀池等开挖的土体、流塑状体等临时拦挡防护，施工简易方便，具有拦水、挡土作用。

（3）干砌石挡墙适用于生产建设项目施工期施工边坡、临时堆土（石、渣、料）的临时拦挡防护，多用于石方的临时拦挡。

（4）钢（竹栅）围栏适用于生产建设项目施工期施工边坡、临时堆土（石、渣、料）的临时拦挡防护，多用于城区附近的产业园区类项目及线型工程，具有节约占地、施工方便、可重复利用和减少项目建设对周边景观影响等优点。

12.1.3　工程设计

12.1.3.1　填土草袋（编织袋）

1. 材料选择

就近取用工程防护的土（石、渣、料）或工程自身开挖的土石料，施工后期拆除草袋（编织袋）。

2. 断面设计

填土草袋（编织袋）布设于堆场周围、施工边坡的下侧，其断面形式和堆高在满足自身稳定的基础上，根据堆体形态及地面坡度确定。一般采用梯形断面，高度宜控制在2m以下。填土草袋（编织袋）临时拦挡典型设计见图12.1-1。

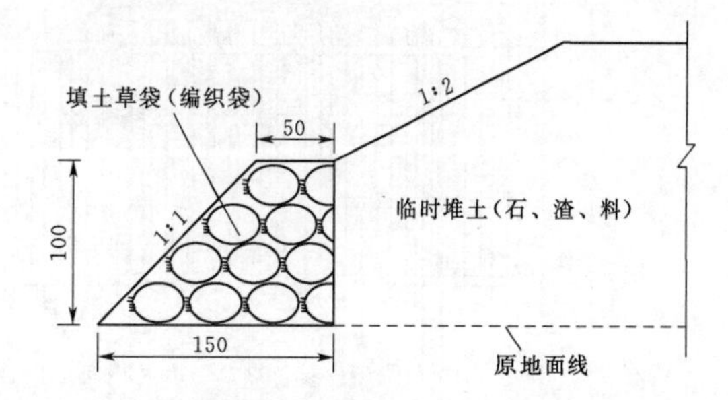

图12.1-1　填土草袋（编织袋）临时拦挡典型设计（单位：cm）

12.1.3.2　土埂

1. 材料选择

一般就地取材，利用防护对象自身开挖的土体。

2. 断面设计

考虑土体的稳定性并满足拦挡要求，土埂一般采用梯形断面，埂高宜控制在1m以下，一般采用40～50cm，顶宽30～40m。土埂临时拦挡典型设计见图12.1-2。

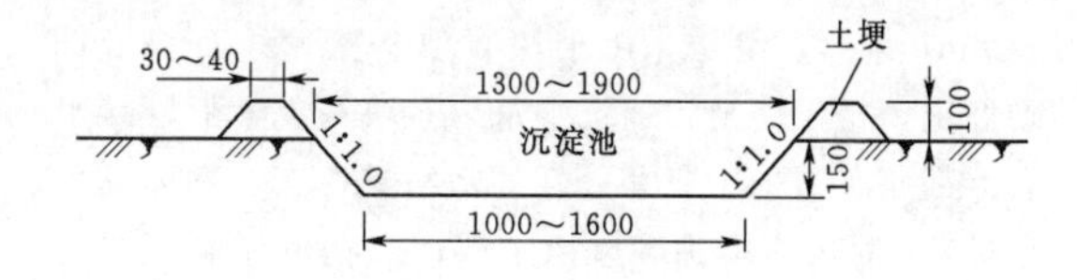

图12.1-2　土埂临时拦挡典型设计（单位：cm）

12.1.3.3 干砌石挡墙

1. 材料选择

宜采用防护石料或工程本身开挖石料进行修筑。

2. 断面设计

干砌石挡墙宜采用梯形断面，坡比和墙高在满足自身稳定的基础上，根据防护堆体形态及地面坡度确定。干砌石挡墙（含基础）典型设计见图12.1-3。

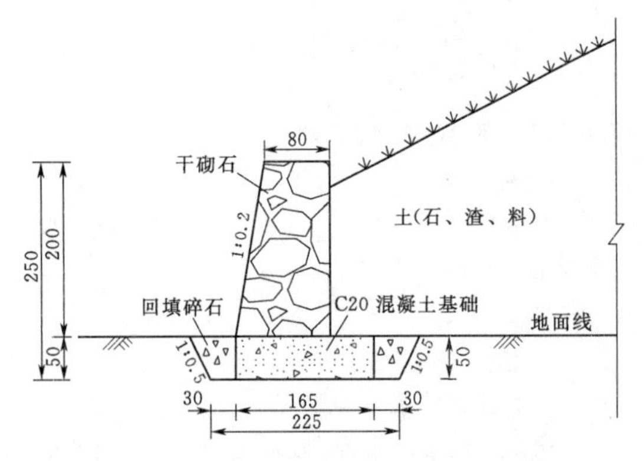

图12.1-3 干砌石挡墙（含基础）典型设计（单位：cm）

12.1.3.4 钢（竹栅）围栏

1. 材料选择

根据拦挡和施工要求，可选择彩钢板、竹栅等形式。

2. 布置形式

在平原地区，围栏沿堆场周边布设。为保证其拦挡效果，在堆体的坡脚预留约1m距离，围栏高控制在1.5～2.0m范围内；在山地区，围栏布设于施工边坡下侧，高度根据堆体的坡度及高度确定。围栏底部基础根据堆场周边地质条件及环境要求，选择混凝土底座、砖砌底座或脚手架钢管作为支撑。竹栅围栏典型设计见图12.1-4。

12.1.4 施工及维护

12.1.4.1 填土草袋（编织袋）

填土草袋（编织袋）交错垒叠，袋内填筑料不宜太满，一般装至草袋（编织袋）容量的70%～80%为宜，袋口用尼龙线等缝合，使草袋（编织袋）码放紧贴、平顺。

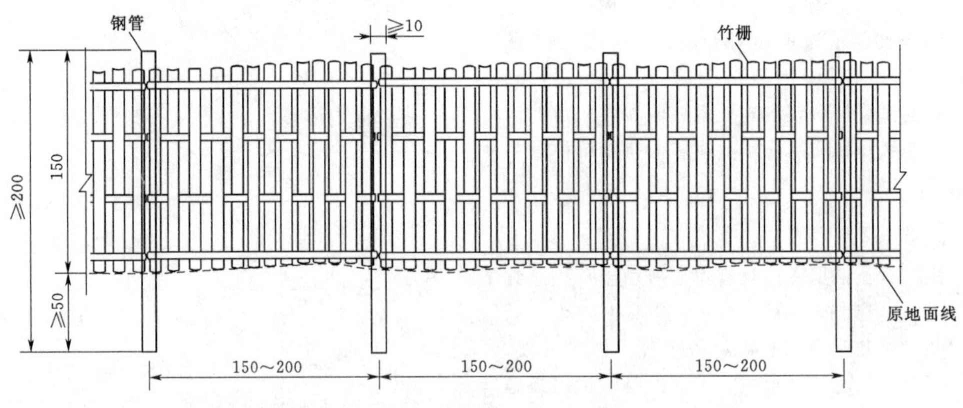

图12.1-4 竹栅围栏典型设计（单位：cm）

12.1.4.2 土埂

土埂修筑时将土体堆置于防护对象外侧，对土体表面进行拍实。在使用过程中，随时对土体进行修整，保证其拦挡防护要求。

12.1.4.3 干砌石挡墙

干砌石挡墙基础或底层应选用较大石块，分层错缝砌筑，各层应大致水平。表面砌缝宽度应不超过25mm，前、后缝隙采用小块石填塞紧密。石块应铺砌稳定，相互锁结，铺筑中每一石块在上、下层接触面上都应有不少于三个分开的坚实支撑点。砌体高度超过6m时，为增加砌体稳定性，应在砌体高度方向每隔3～4m设置水平肋带，其砂浆标号不低于M7.5，宽度不小于50cm。

12.1.4.4 钢（竹栅）围栏

对于混凝土、砖砌底座围栏，先平整场地，后浇筑混凝土或砌砖，粉刷构筑护栏基础，制作、安装立杆，安装彩钢板，使用结束后拆除。

对于脚手架钢管围栏，先打入脚手架钢管，后将彩钢板或竹栅等用铁丝捆绑在钢管上，使用结束后拆除。

12.1.5 案例

1. 工程概况

某露天井工煤矿项目位于内蒙古自治区鄂尔多斯市境内，由原煤矿与勘探区及其外围无矿权争议的边角地段进行整合，规模为60万t/a。为将生产能力提高为120万t/a，需对煤矿进行改扩建。改扩建工程仍利用已建成的60万t/a井工煤矿主副井工业场地和风井场地，并在原主副井工业场地内新增地面设施，主副井工业场地占地面积 4.54hm²。

2. 露天矿剥离表土临时防护措施设计

(1) 临时挡水土埂。为了保证排土过程安全，沿北 1 号排土场西侧沟道分水岭修建 700m 长临时挡水土埂，防止周边汇水进入排土场。挡水土埂顶宽 1.0m，高 1.0m，两侧边坡坡比 1∶1.5，底宽 4.0m。土埂土方来自采掘场弃土。

(2) 草袋临时拦挡。外排土场建设期剥离表土 14.0 万 m³，存放在外排土场空地，用于之后排土场边坡及平台绿化覆土。由于剥离表土结构松散，易受到风蚀及水蚀侵害，在其周边外坡脚采用草袋垒砌挡土墙作临时拦挡。临时堆土场占地面积为 3.50hm²，设计土料堆放长度为 200.0m，宽度为 175.0m，堆放高度为 4.0m，设计草袋拦挡高 2.0m，顶宽 0.5m。其他裸露面采用撒播草籽进行植物防护，草籽为草木樨。共需草袋 750m³，草木樨 52.5kg。

12.2 临时排水措施

12.2.1 定义与作用

在施工建设过程中，为减轻施工期间降雨及地表径流对临时堆土（石、渣、料）、施工道路、施工场地及周边区域的影响，通过汇集地表径流并导引至安全地点排放以控制水土流失的措施称为临时排水措施。

12.2.2 分类与适用范围

临时排水措施根据排水沟材质的不同，可分为土质排水沟、砌石（砖）排水沟、种草排水沟等形式，各类型排水沟有如下适用范围。

(1) 土质排水沟。具有施工简便、造价低的优点，但其抗冲、抗渗、耐久性差，易坍塌，运行中应及时维护，适用于使用期短、设计流速较小的排水沟。

(2) 砌石（砖）排水沟。施工相对复杂，造价高，但其抗冲、抗渗、耐久性好，不易坍塌，适用于石料（砖）来源丰富、排水沟设计流速偏大且建设工期较长的生产建设项目。

(3) 种草排水沟。施工相对复杂，造价较高，其抗冲、抗渗、耐久性较好，不易坍塌，适用于施工期长且对景观要求较高的生产建设项目。

12.2.3 工程设计

12.2.3.1 土质排水沟

1. 布置及设计要求

(1) 排水沟应布置在低洼地带，并尽量利用天然河沟。

(2) 排水沟出口采用自排方式，并与周边天然沟道或洼地顺接。

(3) 根据 GB 50288 中相关规定，排水沟设计水位应低于地面（或堤顶）不少于 0.2m。

(4) 排水沟设计应满足占地少、工程量小、施工和管理方便等要求；与道路等交会处，应设置涵管或盖板以利施工机具通行。

(5) 平缓地形条件下设置的排水沟，其断面尺寸可根据当地经验确定；必要时，在排水沟末端设置沉沙池。

(6) 排水沟沟道比降应根据沿线地形、地质条件、上下级沟道水位衔接条件、不冲不淤要求以及承泄区的水位变化等情况确定，并应与沟道沿线地面坡度接近。

2. 断面设计

(1) 断面型式。土质排水沟多采用梯形断面，其边坡系数应根据开挖深度、沟槽土质及地下水情况等条件经稳定性分析后确定。土质排水沟最小边坡坡比按表 12.2-1 取值。

表 12.2-1　土质排水沟最小边坡坡比

土　质	排水沟开挖深度/m	
	<1.5	1.5～3.0
黏土、重壤土	1∶1.0	1∶1.25～1∶1.5
中壤土	1∶1.5	1∶2.0～1∶2.5
轻壤土、砂壤土	1∶2.0	1∶2.5～1∶3.0
砂土	1∶2.5	1∶3.0～1∶4.0

(2) 流量估算。排水沟的设计流量按式（12.2-1）计算：

$$Q_{设}=16.67\varphi qF \qquad (12.2-1)$$

式中　$Q_{设}$——设计径流量，m³/s；

φ——径流系数，按表 12.2-2 确定，若汇水面积内有两种或两种以上不同地表种类时，应按不同地表种类面积加权求得平均径流系数；

q——设计重现期（一般采用 1～3 年）某一降水历时内的平均降水强度，mm/min；

F——汇水面积，km²。

(3) 断面确定。拟定排水沟纵坡，依据流量、水力坡降（用沟底坡度近似代替），通过查表或计算求得所需断面尺寸。

1）查表法。常用梯形断面土质排水沟流量可查表 12.2-3 确定。

2）计算法。

表 12.2-2　　径流系数参考值

地表种类	径流系数 φ	地表种类	径流系数 φ
沥青混凝土路面	0.95	起伏的山地	0.60～0.80
水泥混凝土路面	0.90	细粒土坡面	0.40～0.65
粒料路面	0.40～0.60	平原草地	0.40～0.65
粗粒土坡面和路肩	0.10～0.30	一般耕地	0.40～0.60
陡峻的山地	0.75～0.90	落叶林地	0.35～0.60
硬质岩石坡面	0.70～0.85	针叶林地	0.25～0.50
软质岩石坡面	0.50～0.75	粗砂土坡面	0.10～0.30
水稻田、水塘	0.70～0.80	卵石、块石坡地	0.08～0.15

表 12.2-3　　梯形断面土质排水沟流量　　单位：m^3/s

底宽/m	水深/m	边坡坡比											
		1∶1				1∶1.5				1∶2			
		沟底坡度/%											
		0.1	0.5	1.0	2.0	0.1	0.5	1.0	2.0	0.1	0.5	1.0	2.0
0.40	0.20	0.048	0.107	0.150	0.210	0.056	0.125	0.175	0.245	0.064	0.141	0.198	0.277
0.60	0.30	0.140	0.313	0.443		0.161	0.357	0.502		0.187	0.418	0.587	
0.80	0.40	0.291	0.649	0.917		0.358	0.790	1.114		0.403	0.896	1.261	
0.90	0.50	0.555	1.223			0.651	1.433			0.730	1.630		
1.10	0.60	0.891	1.988			1.046	2.331			1.181	2.635		
1.30	0.70	1.352	3.014			1.578				1.784			

注　1. 粗线左方处于不冲流速以内，粗线右方超出不冲流速。
2. 本表引自《水土保持手册》（中国台湾中华水土保持学会，2005）。

a. 平均流速计算。排水沟平均流速可按式（12.2-2）计算：

$$v=\frac{1}{n}R^{2/3}i^{1/2} \qquad (12.2-2)$$

式中　v——沟道的平均流速，m/s；

n——沟床糙率，应根据沟槽材料、地质条件、施工质量、管理维修情况等确定，也可根据 GB 50288，通过沟内流量大小查表 12.2-4 确定；

R——沟道的水力半径，m；

i——水力坡降，用沟底比降近似代替。

表 12.2-4　　不同流量的沟床糙率

流量/(m^3/s)	糙率 n
<1	0.0250
1～20	0.0225
>20	0.0200

b. 平均流速校核。平均流速 v 为不冲不淤流速，保证正常运行期间不发生冲刷、淤积和边坡坍塌等情况，排水沟最小流速不应小于可能发生淤积的流速 0.3m/s。根据 GB 50288，黏性土质排水沟、非黏性土质排水沟的允许不冲流速见表 12.2-5 和表 12.2-6。

表 12.2-5　　黏性土质排水沟允许不冲流速　　单位：m/s

土　质	允许不冲流速
轻壤土	0.60～0.80
中壤土	0.65～0.85
重壤土	0.70～0.95
黏土	0.75～1.00

注　表中所列允许不冲流速为水力半径 $R=1.0$m 时的情况；当 $R\neq1.0$m 时，表中所列数值应乘以 R^a。指数 a 值可按下列情况采用：①疏松的壤土、黏土，$a=1/3$～$1/4$；②中等密实和密实的壤土、黏土，$a=1/4$～$1/5$。

c. 流量校核。排水沟可通过流量 $Q_{校}$ 按式（12.2-3）计算：

$$Q_{校}=Av \qquad (12.2-3)$$

式中　$Q_{校}$——校核流量，m^3/s；

A——断面面积，m^2；

v——平均流速，m/s。

表 12.2-6 非黏性土质排水沟允许不冲流速 单位：m/s

土质	粒 径/mm	水 深/m			
		0.4	1.0	2.0	≥3.0
淤泥	0.005～0.050	0.12～0.17	0.15～0.21	0.17～0.24	0.19～0.26
细砂	0.050～0.250	0.17～0.27	0.21～0.32	0.24～0.37	0.26～0.40
中砂	0.250～1.000	0.27～0.47	0.32～0.57	0.37～0.65	0.40～0.70
粗砂	1.000～2.500	0.47～0.53	0.57～0.65	0.65～0.75	0.70～0.80
细砾石	2.500～5.000	0.53～0.65	0.65～0.80	0.75～0.90	0.80～0.95
中砾石	5.000～10.000	0.65～0.80	0.80～1.00	0.90～1.10	0.95～1.20
大砾石	10.000～15.000	0.80～0.95	1.00～1.20	1.10～1.30	1.20～1.40
小卵石	15.000～25.000	0.95～1.20	1.20～1.40	1.30～1.60	1.40～1.80
中卵石	25.000～40.000	1.20～1.50	1.40～1.80	1.60～2.10	1.80～2.20
大卵石	40.000～75.000	1.50～2.00	1.80～2.40	2.10～2.80	2.20～3.00
小漂石	75.000～100.000	2.00～2.30	2.40～2.80	2.80～3.20	3.00～3.40
中漂石	100.000～150.000	2.30～2.80	2.80～3.40	3.20～3.90	3.40～4.20
大漂石	150.000～200.000	2.80～3.20	3.40～3.90	3.90～4.50	4.20～4.90

注 表中所列允许不冲流速为水力半径 $R=1.0$m 时的情况；当 $R\neq1.0$m 时，表中所列数值应乘以 R^a。指数 a 值可采用 1/3～1/5。

经计算：若排水沟可通过的校核流量 $Q_{校}$ 与设计流量 $Q_{设}$ 相等或稍大，则为适宜的设计；若校核流量 $Q_{校}$ 小于设计流量 $Q_{设}$，则排水沟断面过小，应改用较大断面重新计算，至排水沟足以通过 $Q_{设}$；若排水沟 $Q_{校}$ 过大，则为不经济的断面设计，应减小断面后重新计算，至适当为止。

12.2.3.2 砌石（砖）排水沟设计

1. 布置及设计要求

（1）排水沟应布置在低洼地带，并尽量利用天然河沟。

（2）排水沟出口采用自排方式，并与周边天然沟道或洼地顺接。

（3）按照 GB 50288 的规定，排水沟设计水位应低于地面（或堤顶）不少于 0.20m。

（4）排水沟设计应满足占地少、工程量小、施工和管理方便等要求；与道路等交会处，应设置涵管或盖板以利施工机具通行。

（5）平缓地形条件下设置的排水沟，其断面尺寸可根据当地经验确定；必要时，需在排水沟末端设置沉沙池。

（6）排水沟沟道比降应根据沿线地形、地质条件、上下级沟道水位衔接条件、不冲不淤要求以及承泄区的水位变化等情况确定，并应与沟道沿线地面坡度接近。

（7）上、下级排水沟应按分段流量设计断面；排水沟分段处水面应平顺衔接。因地形坡度较陡及流速较大等原因，沿排水沟长度方向每隔适当长度及最下游，视需要设置跌水等消能设施。

2. 断面设计

（1）沟面材料及断面形状确定。沟面衬砌材料及断面形状根据现场状况、作业需要及流量等因素确定。沟面护砌材料包括砖、石等，砌石排水沟可采用梯形、抛物线形或矩形断面，砌砖排水沟一般采用矩形断面，见图 12.2-1。

砌石沟材料应符合以下要求：使用的块石应大小均匀、质坚耐用、表面清洁无污染且无风化剥落、裂纹等结构缺陷；宜选用具有一定长度、宽度及厚度不小于 15cm 的片状石料。

（2）径流量估算。排水沟的设计径流量按式（12.2-1）计算。

（3）断面确定。拟定排水沟纵坡，依据径流量大小、水力坡降（用沟底比降近似代替），通过查表或计算求得所需断面大小。

1）查表法。常用断面由表 12.2-7～表 12.2-9 查得，表 12.2-7～表 12.2-9 引自《水土保持手册》（中国台湾中华水土保持学会，2005）。

2）计算法。计算方法及公式同土质排水沟设计相关内容。由于材质不同，糙率和不冲流速等参数会有所变化。砌石（砖）排水沟糙率 n 参考 GB 50288，按表 12.2-10 取值。

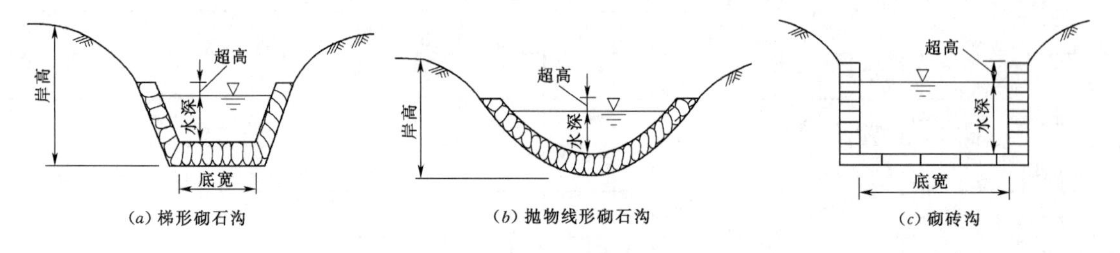

（a）梯形砌石沟　（b）抛物线形砌石沟　（c）砌砖沟

图 12.2-1　砌石（砖）排水沟示意图

表 12.2-7　梯形断面干砌块石沟流量（边坡坡比 1∶0.3）　单位：m^3/s

底宽/m	水深/m	沟底坡度/%															
		0.1	0.5	1.0	5.0	10.0	15.0	20.0	25.0	30.0	35.0	40.0	45.0	50.0	55.0	60.0	65.0
0.30	0.15	0.100	0.022	0.030	0.067	0.097	0.119	0.137	0.152	0.167	0.179	0.192	0.204	0.216	0.225	0.234	0.325
0.50	0.25	0.038	0.084	0.118	0.259	0.377	0.459	0.530	0.589	0.648	0.669	0.742	0.789	0.836	0.872	0.907	0.246
0.70	0.35	0.091	0.202	0.285	0.627	0.912	1.112	1.233	1.425	1.568	1.682	1.769	1.910	2.024	2.109	2.195	0.954
0.90	0.45	0.181	0.401	0.565	1.242	1.807	2.203	2.542	2.824	3.106	3.332	3.558	3.784	4.010	4.180	4.349	2.309
1.10	0.55	0.308	0.684	0.960	2.121	3.085	3.760	4.338	4.820	5.302	5.688	6.073	6.459	6.845	7.133	7.423	7.808
1.30	0.65	0.481	1.068	1.505	3.311	4.815	5.869	6.771	7.523	8.276	8.877	9.473	10.082	10.683	11.134	11.586	12.188
1.50	0.75	0.710	1.570	2.200	4.850	7.050	8.590	9.910	11.030	12.130	13.010	13.890	14.770	15.640	16.300	16.960	17.840

表 12.2-8　梯形断面干砌块石沟流量（边坡坡比 1∶0.5）　单位：m^3/s

底宽/m	水深/m	沟底坡度/%															
		0.1	0.5	1.0	5.0	10.0	15.0	20.0	25.0	30.0	35.0	40.0	45.0	50.0	55.0	60.0	65.0
0.30	0.15	0.011	0.024	0.034	0.074	0.107	0.131	0.151	0.168	0.185	0.198	0.211	0.225	0.238	0.248	0.258	0.325
0.50	0.25	0.043	0.094	0.132	0.290	0.422	0.514	0.539	0.659	0.725	0.778	0.831	0.883	0.936	0.976	1.016	1.260
0.70	0.35	0.103	0.230	0.323	0.712	1.035	1.261	1.456	1.617	1.780	1.908	2.038	2.167	2.297	2.394	2.491	2.939
0.90	0.45	0.202	0.449	0.633	1.393	2.026	2.469	2.849	3.165	3.482	3.735	3.988	4.241	4.494	4.684	4.874	6.939
1.10	0.55	0.346	0.767	1.081	2.378	3.460	4.216	4.865	5.405	5.946	6.378	6.811	7.243	7.676	8.000	8.324	10.169
1.30	0.65	0.540	1.198	0.686	3.710	5.396	6.577	7.590	8.432	9.276	9.950	10.623	11.299	11.974	12.479	12.989	14.829
1.50	0.75	0.790	1.760	2.480	5.440	7.900	9.530	11.120	12.360	13.580	14.580	15.560	16.550	17.530	18.280	19.020	23.560

表 12.2-9　矩形砌砖沟流量　单位：m^3/s

底宽/m	水深/m	沟底坡度/%															
		0.1	0.5	1.0	5.0	10.0	15.0	20.0	25.0	30.0	35.0	40.0	45.0	50.0	55.0	60.0	65.0
0.25	0.13	0.011	0.025	0.035	0.076	0.111	0.136	0.156	0.174	0.191	0.205	0.219	0.233	0.247	0.257	0.268	0.282
0.40	0.20	0.039	0.087	0.123	0.270	0.393	0.479	0.553	0.614	0.675	0.725	0.774	0.823	0.872	0.909	0.946	0.995
0.50	0.25	0.071	0.158	0.223	0.463	0.714	0.870	1.004	1.116	1.227	1.317	1.406	1.495	1.584	1.651	1.718	1.807
0.65	0.33	0.144	0.318	0.448	0.984	1.432	1.745	2.014	2.237	2.461	2.640	2.819	2.998	3.177	3.311	3.445	3.624
0.85	0.43	0.292	0.652	0.918	2.019	2.575	3.578	3.728	4.584	5.047	5.414	5.581	5.747	6.515	6.790	7.066	7.433
1.00	0.50	0.455	1.007	1.418	3.118	4.035	5.527	5.823	7.082	7.795	8.362	8.929	9.496	10.603	10.488	10.913	11.480
1.20	0.60	0.734	1.635	2.308	5.059	6.649	8.902	9.564	11.509	12.667	13.588	14.509	15.430	16.352	17.042	17.734	18.655
1.35	0.68	1.008	2.236	3.148	6.926	10.075	12.279	14.167	15.741	17.315	18.574	19.834	21.093	22.352	23.297	24.242	25.501

表 12.2-10 砌石（砖）排水沟糙率

衬砌类别	糙率 n	衬砌类别	糙率 n
浆砌料石、石板	0.015～0.023	干砌块石	0.025～0.033
浆砌块石	0.020～0.025	浆砌砖	0.012～0.017

砌石（砖）排水沟允许不冲流速可根据实际情况，按表 12.2-11 取值。

表 12.2-11 砌石（砖）排水沟允许不冲流速

防渗衬砌结构类别			允许不冲流速/(m/s)
砌石	干砌卵石（挂淤）		2.5～4.0
	浆砌块石	单层	2.5～4.0
		双层	3.5～5.0
	浆砌料石		4.0～6.0
	浆砌石板		2.5
砌砖			3.0

12.2.3.3 植草排水沟

1. 布置及设计要求

（1）在复式草沟设计中，一般沟底石材或植草砖宽度取 0.6～1.0m，混凝土厚度取 0.1～0.2m，块石厚度不小于 0.15m，糙率 n 以植草部分和构造物部分所占长度比例折算。

（2）排水沟应布置在低洼地带，并尽量利用天然河沟。

（3）排水沟出口宜采用自排方式，与周边天然沟道或洼地顺接。

（4）每隔适当长度，应视需要设置跌水消能设施。

2. 断面设计

（1）断面形式。断面形式根据现场状况、作业需要及流量等条件确定。草沟断面宜采用宽浅的抛物线梯形断面，一般沟宽大于 2m 时，超高 0.1～0.2m，见图 12.2-2。

（2）径流量估算。排水沟的设计径流量按式（12.2-1）计算。

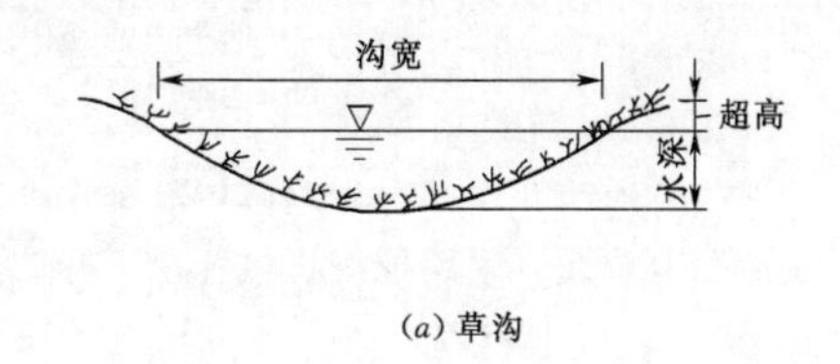

(a) 草沟

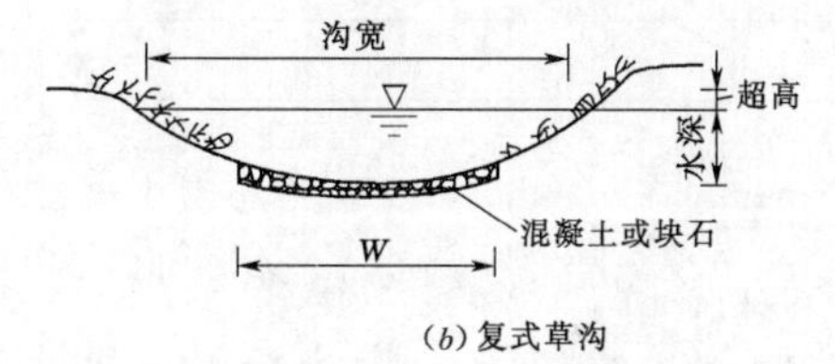

(b) 复式草沟

图 12.2-2 种草排水沟断面示意图

（3）断面确定。拟定排水沟纵坡，依据径流量大小、水力坡降（用沟底比降近似代替），通过查表和计算求得所需断面大小。

1）查表法。常用断面可由表 12.2-12 查得。

2）计算法。

a. 平均流速计算。排水沟平均流速按式（12.2-2）计算。式中的糙率 n 参照表 12.2-13 确定。

常用草类参考糙率 n：百喜草 0.067、假俭草 0.055、类地毯草 0.05。

对于抛物线断面，其水力半径按式（12.2-4）计算：

$$R=\frac{bd^2}{1.5b^2+4d^2} \qquad (12.2-4)$$

式中 b——沟宽，m；

d——水深，m。

b. 平均流速校核。排水沟的最小流速应不小于可能发生淤积的流速 0.3m/s；允许不冲流速视草种及生长情况取 1.5～2.5m/s，当水流含沙量较大时，可适当加大。

c. 流量校核。流量校核同土质排水沟流量校核。对于抛物线形种草排水沟，可通过式（12.2-5）计算流量 $Q_{校}$：

$$Q_{校}=Av=\frac{2}{3}dbv \qquad (12.2-5)$$

（4）沟面材料。沟面防护以植草为主，当为复式植草沟时，沟底应采用硬式防护材料进行护砌。

1）草种。匍匐性草类，如百喜草、假俭草、类地毯草等。

2）复式沟沟底铺设材料。沟底的铺设材料以当地出产的天然石材为主，须质地坚硬，无明显风化、裂缝、页岩夹层及其他结构缺点。若当地材料不足时，可用其他硬式材料（如植草砖）代替。一般而言，主要石材的粒径应不小于 7.5cm；填缝所使用的石子粒径应为 0.5～3cm。

3）肥料。原则上应使用有机肥。

表 12.2-12　抛物线形断面种草排水沟流量　单位：m^3/s

沟宽/m	水深/m	沟底坡度/%															
		0.1	0.5	1.0	2.0	3.0	4.0	5.0	6.0	7.0	8.0	9.0	10.0	125.0	15.0	175.0	20.0
1.0	0.10	0.0051	0.0136	0.0161	0.0227	0.0278	0.0321	0.0359	0.0394	0.0485	0.0455	0.0482	0.0508	0.0568	0.0623	0.0672	0.0719
1.2	0.14	0.0088	0.0198	0.0280	0.0396	0.0485	0.0559	0.0625	0.0685	0.0741	0.0792	0.0840	0.0855	0.0990	0.1084	0.1171	0.1252
1.4	0.18	0.0187	0.0419	0.0593	0.0838	0.1027	0.1186	0.1325	0.1452	0.1568	0.1677	0.1778	0.1874	0.2096	0.2296	0.2518	0.2651
1.6	0.22	0.0298	0.0677	0.0942	0.1333	0.1633	0.1885	0.2108	0.2309	0.2494	0.2666	0.2828	0.2976	0.3333	0.3651	0.3943	0.4216
1.8	0.26	0.0442	0.0987	0.1396	0.1975	0.2419	0.2793	0.3122	0.3402	0.3694	0.3949	0.4189	0.4416	0.4937	0.5408	0.5841	0.6245
2.0	0.30	0.0621	0.1389	0.1964	0.2777	0.3402	0.3928	0.4392	0.4811	0.5196	0.5555	0.5892	0.6211	0.6944	0.7606	0.8216	0.8783
2.2	0.34	0.0840	0.1878	0.2655	0.3755	0.4599	0.5311	0.5938	0.6504	0.7205	0.7510	0.7966	0.8397	0.9388	1.0284	1.1108	1.1875
2.4	0.38	0.1100	0.2460	0.3479	0.4920	0.6206	0.6958	0.7779	0.8522	0.9204	0.9840	1.0434	1.1001	1.2300	1.3474	1.4554	1.5558
2.6	0.42	0.1406	0.3144	0.4447	0.6288	0.7702	0.8894	0.9943	1.0892	1.1764	1.2578	1.3340	1.4061	1.5721	1.7221	1.8601	1.9887
2.8	0.46	0.1760	0.3935	0.5564	0.7869	0.9638	0.1128	1.2442	1.3630	1.4722	1.5738	1.6693	1.7596	1.9673	2.1550	2.3277	2.4884
3.0	0.50	0.2164	0.4838	0.6842	0.9676	1.1850	1.3683	1.5298	1.6758	1.8101	1.9351	2.0525	2.1635	2.4189	2.6497	2.8621	3.0597

注　横粗线左方均在不冲流速以内，横粗线右方超出不冲流速；$n=0.067$。

表 12.2-13　种草排水沟糙率 n 取值表

沟底特征	n	平均值
稀疏草地	0.035～0.045	0.04
全面密植草地	0.040～0.060	0.05

12.2.4　施工及维护

12.2.4.1　土质排水沟

（1）挖沟前应先整理排水沟基础，铲除树木、草皮及其他杂物等；填土不得含有树根、杂草及其他腐蚀物。

（2）挖掘沟身时须按设计断面及坡降进行整平，便于施工并保持流水顺畅。

（3）填土部分应充分压实，并预留高度10%的沉降率。

12.2.4.2　砌石（砖）排水沟

1. 施工注意事项

（1）挖沟前应先整理排水沟基础，铲除树木、草皮及其他杂物等。

（2）挖掘沟身时须按设计断面及坡降进行整平，便于施工并保持流水顺畅。

（3）块石施工时，应先将块石洗涤润湿；完工后需经常洒水以防止龟裂。

（4）红砖在使用前应充分润湿，形状不良的红砖宜用于沟底。各层红砖应尽量平行，垂直接缝应相互交错并与墙角成直角。

（5）砂浆随拌随用，保持适宜稠度。在拌和3～5h后使用完毕。在运输过程或存贮过程中如发生离析、泌水，砌筑前应重新拌和，已凝结的砂浆不得再使用。

（6）排水沟的弃土和局部取土坑应结合筑渠、修路和土地平整加以利用。填土堆放位置应事先合理安排，以免再度搬移，减少水土流失。

2. 施工方法

（1）沟槽开挖。首先用白灰沿排水沟沟底、边线在地面上放线，采用挖掘机械开挖，开挖至距设计尺寸10～15cm时，改以人工挖掘。人工挖掘不得扰动沟底及坡面原土层，不允许超挖。

（2）片石砌筑。沟槽检验合格后，先用木桩每10m处钉一砌石位置，挂好横、纵断面线后按线砌筑。

（3）沟体片石砌筑。排水沟采用挤浆法分层砌筑，各分层高度约10～15cm（2层卧片石），分层间的砌缝应大致找平，相互错开，不得贯通。遇几段同时砌筑时相邻高差不大于1.2m，各段水平砌缝保持一致。在砂浆凝固前将外缝勾好，勾缝深度不小于20mm，所有缝隙均应填满砂浆。

（4）沉降缝的设置。施工段以20～50m长度分段砌筑，每隔10～15m设置沉降缝，用沥青麻絮或其他防水材料填充。

（5）勾缝及养护。勾缝一律采用凹缝，砌体勾缝嵌入砌缝20mm深，缝槽深度不足时，应凿至深度后再勾缝。每一段砌筑完毕，待砂浆初凝后，用湿草帘覆盖，定时洒水养护，需覆盖养护7～14d。

12.2.4.3　植草排水沟

1. 施工注意事项

（1）挖沟前应先整理排水沟基础，铲除树木、草皮及其他杂物等。

(2) 挖掘沟身时须按设计断面及坡降进行整平，以利于施工并保持流水顺畅。

(3) 施工过程中应尽可能避免大规模整地开挖，以减少对周围生态环境的破坏，减少水土流失。

(4) 施工材料应以就地取材为原则，且应选用天然材料。

(5) 种植的草本植物应优先选择适合施工地自然环境的草种，尤其是当地原生草种。

(6) 养护作业时，应避免使用农药、化学肥料，宜采用客沃土、补植或使用有机肥、绿肥等进行维护。

2. 整地

(1) 草沟位置应视现场地形、地貌决定，尽可能选择天然排水沟或低洼位置，或顺坡降适度修顺，避免大幅开挖整地。

(2) 在预定草沟中心线上、下端各立一桩，并以此为基准，每隔 5～10m 定桩。草沟若是直线，则应使各桩在上、下端两桩连接线上，再按地形调整至平顺曲线即草沟中心线。

(3) 草沟两边的界线（草沟宽度）确定后，移除中心线的桩，按预定形状及深度进行整地，利用水准仪、手持水准仪及皮尺等工具，随时检查并校正各部分深度及宽度。

(4) 挖掘成形后，应去除杂物，锄松、耙平种植面土壤，并回填表土。每隔 10～20cm 挖一横向植沟，以分株法种植，再行覆土并充分拍实。

(5) 如铺植草皮，则自下游向上游方向进行。对于宽 20～25cm 的草皮，重叠 2cm 接缝铺植，并覆土拍实，也可进行带状铺植。

3. 沟底铺设石材或植草砖（复式草沟）

(1) 铺设石材的宽度约为 60～100cm，厚度约为 10～20cm。

(2) 选用石材应大小均匀且耐用，施工时将石材洗涤润湿，分层逐次铺设，先于底层铺设粒径较小的石子，略整平后铺设主要石材，最后再于表层铺一层填缝用石子。铺设完成的沟底应平整，其石材颗粒应呈紧密状态排列，并于完工后洒水保持湿润。

(3) 沉降缝的设置。施工段以 20～50m 长度分段砌筑，每隔 10～15m 设置沉降缝，用沥青麻絮或其他防水材料填充。

4. 草沟植生

(1) 草沟的植生方法包括混播、喷植、植草苗、铺植草皮等。

(2) 使用的草种以匍匐性草类为佳，并以当地草种为主。根据项目区的气候、土壤状况，任选 3～5 种混播植生。若使用外来草种，需考虑相关植物的演替规律。

(3) 草本植物的有效土层厚度为 15～30cm，若有效土层的土壤状况不良，在植生前可使用约 0.5kg/m^2 的草木灰等有机肥予以改善土壤肥力。

(4) 干旱地区需覆盖稻草以保持土壤水分，稻草重叠 5～10cm，并以竹签固定，防止飞散。

(5) 草类覆盖良好前，应将径流分散，并视需要采用透明塑料布或其他防冲材料覆盖，待草类覆盖良好后，再行排水。

5. 养护

(1) 浇水。

1) 种植完成后，应适当浇水，使土壤保持湿润状态；至草类完全生长覆盖后，视气候状况再适时浇水。

2) 浇水需注意气候状况、水温、水质及水量，浇水水源不得使用工业废水或有毒性污水。

(2) 施肥。

1) 应依设计图或视需要予以施肥，一般而言，养护期开始后的第 60d 及第 100d 各追肥一次，施用量因肥料种类而异，以鸡粪为例，约施用 0.5kg/m^2 即可。

2) 肥料用量及施用时期因栽植的植物种类而异。施肥应注意平均散布，否则会产生萌芽不均的现象；施肥后应立即洒水，以免肥料附着在叶片上。

(3) 追播、补植。种子播种或喷植后，若种子出现不发芽或发芽后枯萎、生长不良等现象，即无法达到预期成活率时，须进行追播或补植。

(4) 植草后应防牲畜践踏。

12.2.5 案例

1. 工程简况

河南省某河道拦河闸工程基坑开挖的土方需临时堆存，以便后期用于回填基坑，施工期约 2 年。开挖土方临时堆存在河道右岸，紧靠堤防背水侧堆放，堆放区为耕地，占地面积 2.28hm^2，堆放土方 9.6 万 m^3，堆高 4.2m，堆放边坡坡比 1：3。根据 SL 575 的规定，临时堆土区等级为 5 级。回填土临时堆存区原地表土壤多是中、重粉质壤土，局部为轻粉质壤土，厚度 3～6m；工程区地处淮河冲积平原，为平原河谷地貌形态，区内地势西北高、东南低，地面高程 32.00～33.00m，地面平均坡降约为 1‰。为排除临时堆土区地表径流，在堆土区占地边界周边设临时排水沟，排水沟出口控制高程为 32.00m。施工结束后，对临时占地区进行复耕。

工程区属暖温带季风气候区，多年平均气温 15℃。降雨受季风影响，年内、年际变化很大，多年平均年降水量为 885mm，但降雨时空分布不均匀，

6—9月降水量占年降水量的56%，最小年降水量为560.4mm，最大年降水量为1488.2mm。

2. 临时排水沟设计标准

根据SL 575的规定，确定堆土区临时排水沟设计洪水标准为5年一遇。

3. 临时排水沟设计流量计算

临时排水沟设计排水流量采用小流域面积设计流量计算。通过查《河南省山丘区中小河流暴雨洪水图集》中的河南省年最大10min点雨量均值图，可知工程所在区的均值为17.5mm，经计算5年一遇10min降雨量为1.97mm。淮河流域一般降雨历时选择60min，5年一遇60min降雨历时转换系数C_t查SL 575为0.45，$C_p=1.0$，设计降雨强度q为

$$q=C_pC_tq_{5,10}=1.0\times0.45\times1.97=0.886(\text{mm/min})$$

临时堆土区为一般耕地，通过查表，取径流系数$\varphi=0.50$，堆土区周边汇水面积$F=0.0228\text{km}^2$。

根据式（12.2-1）计算排水沟设计流量$Q_设$为

$$Q_设=16.67\varphi qF=16.67\times0.5\times0.886\times0.0228=0.17(\text{m}^3/\text{s})$$

4. 排水沟断面设计

因工程区地形基本为平地，土壤为中、重粉质壤土，结合当地排水经验，初步选定排水沟设计断面为梯形，拟定三个方案断面尺寸底宽均为0.4m，水深分别为0.3m、0.4m、0.5m，边坡坡比均为1∶1.5，土质排水沟糙率取0.025，水力坡降取0.001，按明渠均匀流流量公式进行过流能力验算。临时排水沟各方案设计参数见表12.2-14，过流能力验算成果见表12.2-15。

表12.2-14 临时排水沟各方案设计参数

方案	设计流量/(m³/s)	排水沟断面设计			水力坡降	糙率
		沟底宽/m	水深/m	边坡坡比		
1	0.17	0.4	0.3	1∶1.5	0.001	0.025
2	0.17	0.4	0.4	1∶1.5	0.001	0.025
3	0.17	0.4	0.5	1∶1.5	0.001	0.025

表12.2-15 各方案过流能力验算

方案	底宽 B/m	水深 H/m	过流面积 A/m²	湿周 X/m	水力半径 R/m	谢才系数 C	流量 Q/(m³/s)	流速/(m/s)	不冲流速/(m/s)
1	0.40	0.30	0.255	1.48	0.17	29.83	0.10	0.39	0.51
2	0.40	0.40	0.400	1.84	0.22	31.01	0.18	0.46	0.51
3	0.40	0.50	0.575	2.20	0.26	31.98	0.30	0.52	0.51

查GB 50288，中壤土渠不冲流速为0.65～0.85m/s，取0.7m/s，经过计算，不冲流速为0.51m/s。

$$v=0.7R^{1/4}=0.7\times0.217^{1/4}=0.51(\text{m/s})$$

排水沟最小流速不小于可能发生淤积的流速0.3m/s，同时排水沟的流速不大于不冲流速0.51m/s。经验算，方案1的排水能力为0.10m³/s，小于设计排水能力0.17m³/s，流速满足不冲不淤要求；方案2排水沟的过流能力为0.18m³/s，略大于设计排水流量0.17m³/s，满足设计排水要求，同时设计流速为0.46m/s，满足不冲不淤要求；方案3的排水能力为0.30m³/s，大于设计排水能力0.17m³/s较多，流速0.52m/s大于不冲流速0.51m/s，不满足不冲要求。经过分析，选定方案2作为设计方案。各方案参数对比分析结果见表12.2-16。

表12.2-16 各方案过流能力和不冲不淤流速对比分析

方案	过流能力/(m³/s)	是否满足设计流量要求	是否满足不淤流速要求	是否满足不冲流速要求	综合分析结果
1	0.10	不满足	满足	满足	不满足
2	0.18	满足	满足	满足	满足
3	0.30	满足，但不经济	满足	不满足	不满足

由于选定的方案2排水沟过流能力大于设计排水流量，又因施工期仅两年时间，故排水沟深度不设超高，水深即为沟道深度。土质临时排水沟设计断面示意图见图12.2-3，土质排水沟工程实例见图12.2-4。

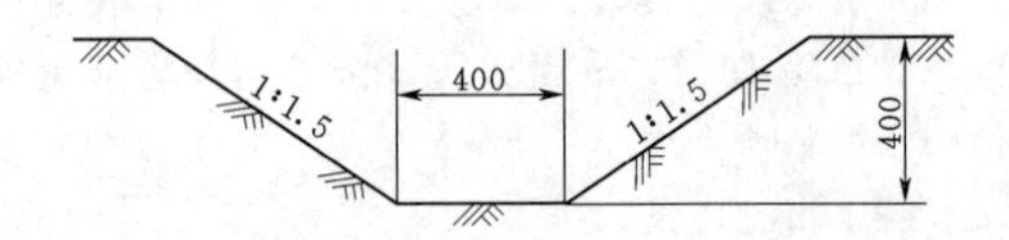

图12.2-3 土质临时排水沟设计断面示意图（单位：mm）

临时排水沟开挖工程量是排水沟长度与断面面积的乘积，排水沟长度取堆土区周长为428m，根据设计阶段乘扩大系数后得开挖土方工程量为180m³。

图 12.2-4 土质排水沟工程实例

12.3 临时覆盖措施

12.3.1 定义与作用

临时覆盖措施指采用覆盖材料防止水土流失，减少粉尘、风沙、土壤水分蒸发，增加土壤养分和植物防晒的防护措施。覆盖材料包括土工布、塑料布、防尘网、砂砾石、秸秆、青草、草袋、草帘等。

12.3.2 分类与适用范围

根据覆盖材料不同，临时覆盖措施可分为草袋覆盖、砾石覆盖、棕垫覆盖、块石覆盖、苫布覆盖、防尘网覆盖、塑料布覆盖等。临时覆盖措施适用于风蚀严重地区或周边有明确保护要求的生产建设项目的扰动裸露地、堆土、弃渣、砂砾料等的临时防护；也用于暴雨集中地区建设项目控制和减少雨水溅蚀冲刷临时堆土（料）和施工边坡；还可以用在生态脆弱、植被恢复困难的高山草原区、高原草甸区的建设工程中，来隔离施工扰动对地表草场和草皮的破坏。

12.3.3 工程设计

（1）对临时堆放的渣土采用土工布、塑料布、抑尘网等覆盖，避免水土流失。

（2）风沙区部分场地可采用草、树枝或砾石等临时覆盖。

12.3.4 施工及维护

施工时在覆盖材料四周和顶部应放置石块、砖块、土块等重物镇压，以保持其稳定。运行中要定期检查覆盖材料的破漏情况，及时修补。极端天气前后一定要检查其完整情况。

12.3.5 案例

1. 工程及工程区概况

托克逊风电场二期工程位于新疆托克逊县。工程建设内容主要包括安装 33 台风力发电机组及配套箱式变压器、集电线路、场内检修道路等。工程等别为Ⅱ等大（2）型，机组塔架地基基础建筑物设计级别为 2 级，建筑物结构安全等级为二级。

工程区地貌上属山前冲积、洪积平原，地貌单一，地形较平坦，地势西北高、东南低，坡降约为 1.88%，海拔为 390～510m。工程区气候类型属于极端干旱的温带大陆性干旱气候，其主要特征包括：光热充足、降雨稀少、蒸发强烈、无霜期长、风大风多、夏季炎热、冬季严寒、日较差大；工程区多年平均气温 13.8℃，极端最高气温为 48℃，极端最低气温为－9.3℃，多年平均年降水量为 8.8mm，多年平均蒸发量为 3744mm，多年平均风速 2.43m/s，年平均大风日数 108。工程区土壤主要为棕漠土，地表为砾石覆盖，无植被覆盖。工程区为中度风蚀区，土壤侵蚀模数背景值为 3000t/(km^2·a)，土壤容许流失量为 2000t/(km^2·a)。

2. 临时覆盖措施设计

（1）设计理念。风电场位于荒漠戈壁区，场址区基本无植被覆盖，当地降水稀少，水源缺乏，风力强劲，砾石资源丰富，水土保持措施考虑充分利用当地的砾石资源。

（2）措施设计。

1）在风电机组区对永久建筑物以外的施工扰动区域，在施工完毕后实施砾石压盖措施。压盖的砾石主要来源于风机基础、箱式变压器基础原有地表所覆盖的砾石层，覆盖厚度约 20cm。

2）在吊装场施工扰动区域施工结束后进行土地平整和砾石压盖措施。砾石压盖利用风机基础、箱式变压器基础开挖剥离的砾石，压盖厚度约 20cm。

3）集电线路区电缆沟施工对地表破坏比较严重，在大风下易引起扬尘，产生水土流失。施工结束后，对施工扰动区域采取土地平整和砾石压盖措施，压盖厚度 20cm 左右。

砾石覆盖工程实例见图 12.3-1，密目网苫盖工程实例见图 12.3-2。

图 12.3-1 砾石覆盖工程实例

图 12.3-2　密目网苫盖工程实例

12.4　临时植物措施

12.4.1　定义与作用

在建设过程中，对堆存时间较长的土方可采取临时撒播绿肥草籽的方式，既防治水土流失，美化区域环境，又可有效保存土壤中的有机养分，以达到后期利用的目的。对于施工期扰动后裸露时间较长的区域，可通过植树、种草等方式进行临时绿化，通过增加地表植被盖度控制水土流失，涵养土壤地力，并改善环境。临时种草和临时绿化统称为临时植物措施。

12.4.2　分类与适用范围

临时植物措施分为临时种草和临时绿化两类。其中，临时种草适用于施工过程中临时堆存的表土，也可用于临时弃渣堆存场；临时绿化主要适用于工期较长的施工生产生活区。

12.4.3　工程设计

12.4.3.1　临时种草工程设计要点

（1）草籽采用撒播方式，播种前将表土耙松、平整，清除有害物质等。

（2）植物种类的选取，以适地适草为原则，主要选择具有绿肥作用的豆科草本植物，如红三叶、苜蓿、草木樨等。

12.4.3.2　临时绿化工程设计要点

由于临时绿化区域在施工结束后将会重新进行整治，临时绿化树草种一般选择常见、价格低的品种；对于施工区环境有特殊要求的，也可适当结合景观要求选择树草种，但需要注意经济合理性。

12.4.4　施工及维护

12.4.4.1　临时种草

1. 施工要求

施工期应选择在雨季或雨季即将来临之前。撒播草籽前，对种草区域进行松土，需施足底肥，保证土壤湿度，为草籽正常生长创造良好条件。

撒播种草采用人工整地、撒播草籽的方式种植。草籽要选用检疫检验合格、成熟好、颗粒饱满、无病虫害、无霉变、出苗率较高的种子。

2. 管护要求

（1）播种时间。最佳为春秋季节，一般选在雨季来临之前10～15d较好，水源充足地区也可在非雨季期间通过人工灌溉进行种植。

（2）覆盖。草种撒播后应及时根据当地的气候状况进行管护。当气温偏高时，应进行必要的秸秆、稻草等覆盖，起到防晒、保水作用，并根据土壤潮湿程度进行洒水养护。

（3）浇水。除了在出苗前洒水外，苗期也应根据土壤墒情进行浇水养护，但强度不能过高。

（4）施肥。肥料种类包括磷肥、微肥（硼、镁、锰、锌等）及复合肥。应根据草种生长的不同阶段、不同特点选择不同肥料进行及时施肥，施肥后一般要浇水，避免草种烧伤。

12.4.4.2　临时绿化

1. 施工要求

种植苗木要尽可能在当地苗圃选购满足《主要造林树种苗木质量分级》（GB 6000）所规定的壮苗，苗木宜带土栽植，栽植时应做到随起随栽，起苗后因故不能及时栽植，应采取假植措施，并应适当密植。

草种要选用检疫检验合格、成熟好、籽粒饱满、无病虫害、无霉变、出苗率较高的种子。

2. 管护要求

（1）浇水。根据不同生长季节、不同植物种类和不同树龄适当浇水。春季干旱少雨，应经常浇水，保持树种湿润。夏季气温偏高，空气湿度大，故不需多浇水，遇雨水过多时还应注意排水，同时防止植物枝叶晒伤，浇水时间以上午9：00以前，下午4：00以后为佳。秋季树木准备过冬，为使树木生长更充实，充分木质化，增强抗性，一般情况下不宜再多浇水，应减少水量，以免引起徒长，但也要注意保持植物根部的湿度。在干燥天气下，要检查是否有缺水现象。冬季浇水应注意灌封冻水。

（2）修剪。考虑树种在萌芽期、花期等的生长特点，一般在叶芽和花芽分化前进行修剪，以避免把叶芽和花芽剪掉，使其枝繁叶茂，并将病枝、枯枝及扰乱树形的枝条剪除。对观花树种可在花后修剪老枝并保持理想树姿。枝条稠密的，可适当疏减弱枝、病枝，用重剪进行枝条的更新，用轻剪维持树形。

造林种草完成后，应对幼林和草地加强抚育管理，及时对幼林病虫害、兔鼠害进行防治，确保临时绿化发挥作用。

12.4.5 案例

1. 工程简况

龙口水利枢纽位于黄河中游北干流托克托至龙口段尾部、山西和内蒙古的交界地带，是历次黄河流域规划和河段规划确定的黄河北干流梯级开发工程之一。

2. 临时绿化设计情况

由于工程弃渣场土壤瘠薄、堆渣时间较长，为了保障后续植被恢复和景观再造，工程设计中考虑进行临时绿化、防护渣场顶面并改良土壤。设计结合当地乡土植物调查及立地条件，选择沙棘、柠条、紫花苜蓿等临时绿化物种，所选植物均具有较强的适应能力、固氮能力，根系发达，有较快的生长速度，且栽植容易，成活率高。

(1) 植物种类选择。在弃渣场顶部客土临时种植沙棘、柠条、紫花苜蓿。

1) 沙棘：落叶灌木，喜光耐寒、耐风沙及干旱气候，对土壤适应性强，因此广泛用于水土保持。

2) 柠条：落叶灌木，喜光耐寒、耐高温。在冬季-32℃和夏季55℃都能生长；并耐干燥瘠薄，在黄土丘陵沟壑、半固定沙地生长良好。

3) 紫花苜蓿：多年生豆科牧草，具有耐寒、耐旱、耐盐碱、耐瘠薄等特点。近几年在西北、内蒙古等地开展了治沙和水土保持试验，成效显著。

(2) 整地方式。弃渣场顶部：沙棘、柠条行间混交，块状整地，株行距1.5m×1.5m；弃渣场边坡：撒播紫花苜蓿（3g/m^2）。

(3) 造林方法。春、夏、秋三季均可栽植，植苗造林，随起苗、随造林；为防止冬季风害和冻害，适当深栽和埋实，覆土防寒。

(4) 幼林抚育。造林初期做好松土除草工作，改善土壤蓄水保墒作用，进行约3年时间。

3. 实施效果

(1) 弃渣场初期采取临时绿化措施，种植豆科绿肥作物，对改善土壤理化性质和改良培肥有显著效果，同时可增加地面覆盖，减轻风蚀，保护水分。

(2) 通过种植绿肥作物，加强生物积累过程，培育肥力，为牲畜提供饲料。

(3) 后期经全面整治，结合周边景观绿化效果进行植被再造。

12.5 草皮移植保护措施

12.5.1 定义与作用

将剥离的草皮搬运到固定场地堆放，并采取必要的水土流失防治措施，待主体工程完工后，再将其回铺利用。

12.5.2 分类与适用范围

草皮移植保护措施适用于高寒地区有草甸草皮的各类生产建设项目。

12.5.3 工程设计

1. 选取草皮移植时机

选择在草地植物贮藏的营养物质含量相对较高的时期，即每年的5—8月之间。草皮挖出后，草地植物进入根部的有机物质被暂时中断，依靠其地下器官贮藏的营养物质维持其再生，草地植物贮藏的营养物质含量越高，草皮成活率就越高。

2. 假植

草皮挖取后，如果不能及时回铺，需要布置场地暂时堆存，并采取防护措施。若有足够的场地可采取假植平铺，有效改善草皮附着土壤的通气条件，提高土壤的透水性和透气性，要求草皮与草皮的接缝处，用掘取草皮后的浮土塞实，以便保证草皮间生态的衔接和防止水分的蒸发。

3. 养护

草皮移植后，由于草皮离开了它吸取营养物质所依托的土壤环境条件，因此须加强草皮的养护，保证草皮成活再生。根据草皮的成活和生长情况，定时进行浇水和施肥养护。移植初期每天浇水次数不少于2次，水温宜控制在10～20℃之间。施肥以商品复合有机肥或化肥为宜。

12.5.4 施工及维护

草皮移植前，应根据草皮的平均厚度和施工面的平整度，采取打桩放线的方式，平整出草皮移植的基底面。然后，在基底面上铺一层0.2～0.3m厚有机土层（有机土为草皮的生长土层，可在掘取草皮时，挖除一层腐殖土，随草皮现场堆放），同时，根据有机土中营养物质的种类、含量及草皮再生需求情况，在有机土里掺和一些适宜所选草类生长的有机肥及化肥，并洒水使有机土层保持湿润，再移植草皮。

移植的草皮在搬运过程中，应轻取、轻装、轻放，不能随意切割草皮，以便保证草皮的完整性，草皮要及时移植，最好不要过夜，以防止草皮裸露处根系被冻死和水分蒸发。

草皮移植保护措施在高寒地区各类生产建设项目中广泛应用，工程案例详见本书“10.4.7 青海木里煤田聚乎更矿区草皮剥离保护”。

参 考 文 献

[1] 水利部水利水电规划设计总院，黄河勘测规划设计有

限公司．水土保持工程设计规范：GB 51018—2014 [S]. 北京：中国计划出版社，2014.
[2] 中国水土保持学会水土保持规划设计专业委员会．生产建设项目水土保持设计指南 [M]. 北京：中国水利水电出版社，2011.
[3] 陈伟，朱党生．水工设计手册：第3卷 征地移民、环境保护与水土保持 [M]. 2版．北京：中国水利水电出版社，2013.

第 13 章　水土保持监测设施设计

章主编　李世锋　纪　强　王春红

章主审　孟繁斌　邹兵华

本章各节编写及审稿人员

节次	编写人	审稿人
13.1	纪　强　李世锋　徐小燕	孟繁斌 邹兵华
13.2	王春红　李世锋　唐　涛　应　丰　朱春波	

第13章 水土保持监测设施设计

生产建设项目水土保持监测通过设立典型观测断面、观测点、观测基准等，对生产建设项目在生产建设和运行初期的水土流失及其防治效果进行监测。一般地，水土保持监测点配置的设施（及其必要的设备）主要以短期、临时性的设施为主，设施建设尽量简便易行、或者利用实地相关设施、或者采用测量设备现场直接观测。本章在介绍监测内容与方法的基础上，主要说明需设置相对固定土建设施的监测点中的径流小区、控制站、沉沙池和简易风蚀场等设施的设计。

13.1 监测任务、内容与方法

13.1.1 监测任务

生产建设项目水土保持监测的主要任务包括：①及时、准确掌握生产建设项目水土流失状况和防治效果；②落实水土保持方案，加强水土保持设计和施工管理，优化水土流失防治措施，协调水土保持工程与主体工程建设进度；③及时发现重大水土流失危害隐患，提出防治对策建议；④提供水土保持监督管理技术依据和公众监督基础信息。

13.1.2 监测内容

生产建设项目水土保持监测内容主要包括扰动土地情况、取土（石、料）弃土（石、渣）情况、水土流失情况、水土保持措施等。

(1) 扰动土地情况监测的内容包括：扰动范围、面积、土地利用类型及其变化情况等。

(2) 取土（石、料）弃土（石、渣）情况监测的内容包括：取土（石、料）场、弃土（石、渣）场及临时堆放场的数量、位置、方量、取（弃）时间、表土剥离、防治措施落实情况等。

(3) 水土流失情况监测的内容包括：土壤流失面积、土壤流失量、取土（石、料）弃土（石、渣）潜在土壤流失量和水土流失危害等。

(4) 水土保持措施监测的内容包括：措施类型、开（完）工日期、位置、规格、尺寸、数量、林草覆盖度（郁闭度）、防治效果、运行状况等。

13.1.3 监测方法

常规水土保持监测方法包括：地面观测、遥感监测和调查监测三种。一般的生产建设项目多选用地面观测法和调查监测法进行监测，遥感监测主要用于区域的水土流失及其防治情况的监测，在大型生产建设项目中应用较多。

(1) 地面观测法通常采用设置地面观测设施或设备的方法，来获取某一区域的土壤侵蚀强度，一般较适合点状区域水土流失强度监测。

(2) 遥感监测法常采用某地区或流域的航空照片（或卫星影像）、无人机等进行调查，对航片中的生产建设项目进行现场调查，以获取土壤侵蚀因子、土壤侵蚀状况和水土流失防治现状等。

(3) 调查监测法包括收集资料、询问公众、典型调查、抽样调查、巡查、普查等。对于土壤侵蚀量仅能获得某一数量级范围内数值，主要用于数据精度要求相对较低的区域的水土流失强度监测。

除以上方法外，近年来同位素示踪法也较多的应用于生产建设项目土壤侵蚀监测，通过对土壤侵蚀的空间变化、土壤不同层次的形成年代、土壤迁移的空间分配进行研究，估算较长时间的土壤侵蚀量。与传统观测方法相比，可减少监测人员工作量以及现场监测设施投资。

13.2 监测设施（土建）设计

在生产建设项目建设过程中，比较常用的监测设施建筑物有径流小区、控制站、沉沙池、简易风蚀场等。

13.2.1 径流小区

1. 适用范围

坡面径流小区是一种多用途的坡面径流场，可以进行坡面产流量、土壤流失量、治理措施及其控制径流、泥沙等内容的监测。适用于扰动面、弃土弃渣等形成的水土流失坡面的监测。不适用于纯弃石组成的堆积物的监测。

2. 选址与规格

(1) 小区所在的坡面应具有代表性、可比性，且交通方便、观测便利。

（2）小区包括标准小区、全坡面小区或简易小区等类型。可根据具体情况调整规格，但应具有与原地貌小区资料的可比性。岩石风化物、砂砾状物、砾状物其坡长应加长至25～30m或更长。

1）标准小区：垂直投影长20m、宽5m的矩形小区，坡度5°或15°，坡面经耕耙整理，纵横向平整，无植被覆盖。

2）全坡面小区：上游无来水，小区长为整个坡面长度，宽度可为3～10m。

3）简易小区：条件受限时，根据坡面情况确定小区的长和宽，但面积不应小于10m²，小区形状尽量采用矩形。

（3）若邻近地区有与之相同或相近地貌类型的水土流失观测资料，并能够代表原地貌的水土流失情况时，可不设原地貌（面）观测小区；若无此条件的应分别设置原地貌观测小区和扰动地貌（面）观测小区，原地貌（面）小区应为标准小区，若受地形条件限制，面积可根据实际情况调减。

3. 组成

径流小区由小区边埂、集流槽、分流设施、径流和泥沙集蓄设施、保护带及排水系统等组成。常用的径流小区典型布置及主要构件见图13.2-1。

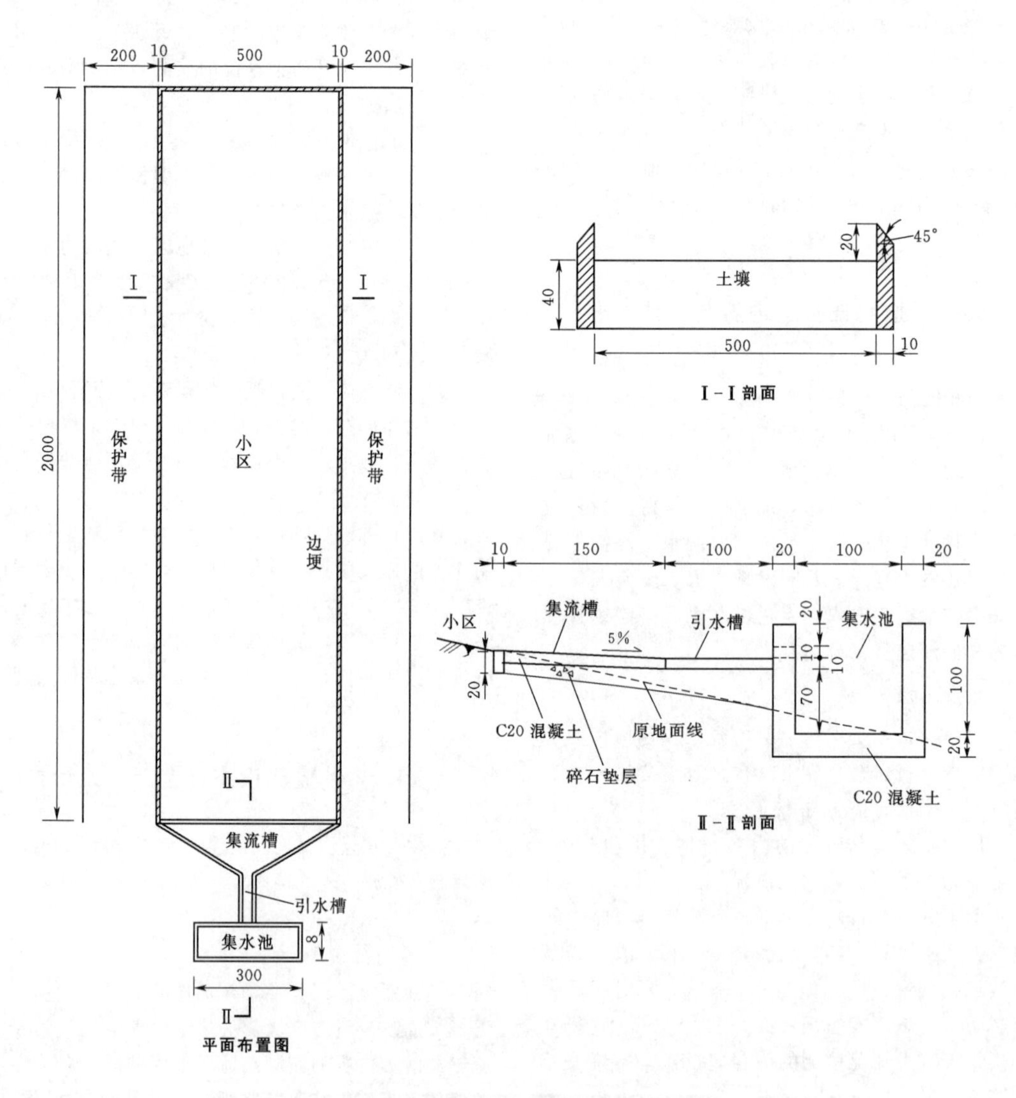

图13.2-1　径流小区的平面布置及主要构件（单位：cm）

（1）小区边埂。边埂由水泥板、砖或金属板等材料围成矩形，高出地面10～20cm，埋入地下30～40cm。边埂上缘顶端断面通常为向小区外呈60°倾斜的刃形。小区边埂埋设完毕后，应将边埂两侧的土壤夯实，尽量使小区土壤与边埂紧密接触，防止小区内径流直接流出小区或小区外径流流入小区。

（2）集流槽。可设计为矩形或梯形，面积一般不超过径流小区面积的1%。集流槽表面光滑，上缘与地面同高，槽底向下、向中间同时倾斜，以利于径流和泥沙汇集。小区和集流设施之间由导流管或导流槽连接。岩石风化物、砂砾状物、砾状物坡面的集流槽、引水槽尺寸应加宽，引水槽比降应为2%～3%或更大。

（3）分流设施。分流设施为可选构件，根据降水强度确定是否需要。次降水量较大则需要设置，次降水量较小则可不设置。采用分流设施需计算分流系数，计算产流产沙总量。为防止径流中携带的杂草阻塞导流管，在分水设施内应安装纱网或其他过滤设施。

（4）径流和泥沙集蓄设施。常用的径流和泥沙集蓄设施有集流桶和集水池，宜采用便于清除沉积物的宽浅池。为防止降水和沙尘直接进入集蓄设施内，一般要安装盖子。同时，为排放径流，集流和分流设施底部应设置可节制的放水孔等设施。

13.2.2 控制站

1. 适用范围

适用于地貌扰动程度大，弃土弃渣基本集中在一个或几个流域（或集水区）范围内的生产建设项目。

2. 选址与布设

（1）生产建设项目区邻近地区有地貌较为一致的控制站时，可不设原地貌控制站；若无相关控制站，则应选择设置1个原地貌控制站。扰动地貌控制站的布设和数量应根据实际情况论证确定。

（2）要避开变动回水、冲淤急剧变化、分流、斜流、严重漫滩等妨碍监测进行的地貌、地物，并选择沟道顺直、水流集中、便于布设监测设施的沟道段。

（3）若需与未扰动原地貌的流失状况对比时，可选择邻近的水土保持监测网络的小流域控制站。

（4）选址时要考虑交通条件和观测条件。

3. 设计与建设

（1）扰动地貌控制站建设与常规控制站的设计原理相同。

（2）要根据沟道基流情况确定观测基准面。

（3）水尺要坚固耐用，便于观测和养护，所设最高、最低水尺应确保最高、最低水位的观测。

（4）要根据水尺断面测量结果，对水位与流量关系进行率定。

（5）断面设计时要注意测流槽尾端堆积结构设计和建筑材料选择，要保证测流断面坚固耐用，防止弃土弃渣的冲击破坏。

（6）需要配备量水建筑、水位测量和泥沙测量三项基本设施。

1）常用的量水建筑物有多种，视流量大小、河床特性及排沙情况而定，较常用的有巴歇尔量水槽、薄壁量水堰。

2）巴歇尔量水槽在我国水土保持监测中采用较多，最适于含沙量大的河沟使用，测流范围0.006～$90m^3/s$。标准的巴歇尔量水槽由进水段、喉道和出水段三部分组成。

3）薄壁量水堰的测流范围在$1m^3/s$以下，测流精度较高，量水堰由溢流堰板、堰前引水渠及护底等组成。按出口形态分为三角形、矩形、梯形等。水土保持监测中多采用三角形堰（顶角90°）和矩形堰。

4. 设计实例

（1）设计条件。某控制站汇流面积为$0.11km^2$，地貌类型属典型的黄土丘陵沟壑区，流域植被主要是人工植被，属干旱、半干旱大陆性季风气候，春季干旱多风，冬季寒冷干燥，年平均气温6.8℃，多年平均年降雨量为400mm，20年一遇246h最大降雨量为119.4mm；多年平均年径流深45mm。控制站位置及汇流范围见图13.2-2。

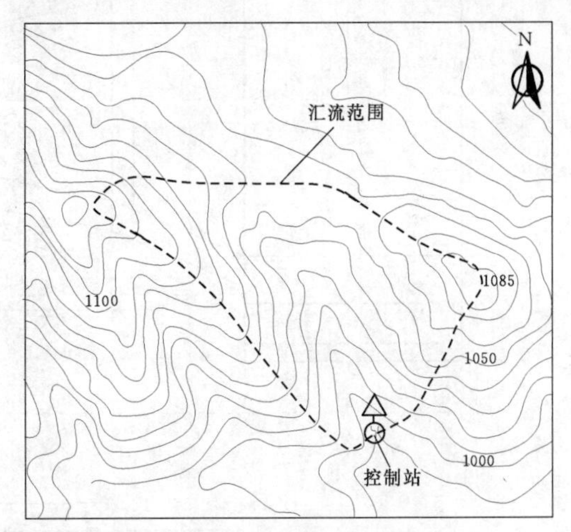

图13.2-2 控制站位置及汇流范围（单位：m）

（2）设计标准。根据《水土保持监测设施通用技术条件》（SL 342），控制站按20年一遇最大24h降雨径流量设计。

（3）建设内容。控制站汇流沟口较窄且具有一定的平直段，基本满足设置控制站的条件，其建设内容主要是建巴歇尔量水槽1座及相关配套设施。根据建设要求，槽上游建浆砌石顺水段50m连接量水槽，下游建浆砌石出水段30m。

（4）设计。控制站流域面积较小，计算20年一遇洪峰流量为 0.84m³/s。

根据《水工建筑物与堰槽测流规范》(SL 537)，设计喉道宽一般宜为行进河槽宽的 1/2～1/3。量水槽所处沟口平均宽 3m，因此选用 10 号标准巴歇尔槽。翼墙高根据地形加高到 1.50m。巴歇尔量水槽各部位尺寸见表 13.2-1、设计见图 13.2-3。

表 13.2-1　　巴歇尔量水槽各部位尺寸

部位	喉道					进口段				出口段			
名称	喉宽 b	喉长 L	下游进水管位置坐标 X	下游进水管位置坐标 Y	堰高 P	进口宽 b_u	进口长 L_1	翼墙斜长 l_1	测井至堰顶距离 l_a	出口宽 b_L	出口长 L_2	堰顶至逆坡顶高差 P_L	翼墙高 D
尺寸/m	1.500	0.600	0.050	0.075	0.230	2.280	1.950	1.993	1.329	1.800	0.920	0.080	1.500

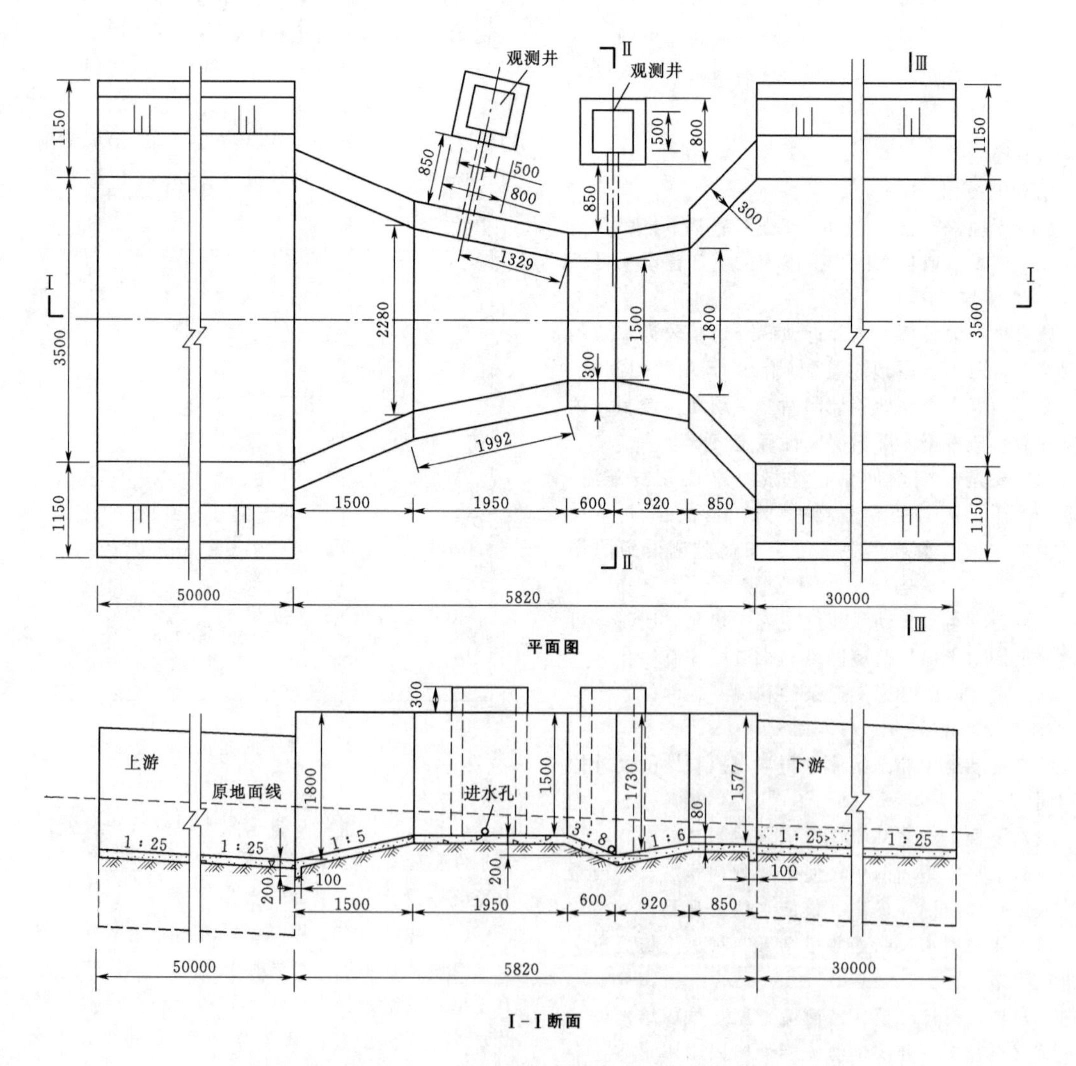

图 13.2-3（一）　巴歇尔量水槽设计图（单位：mm）

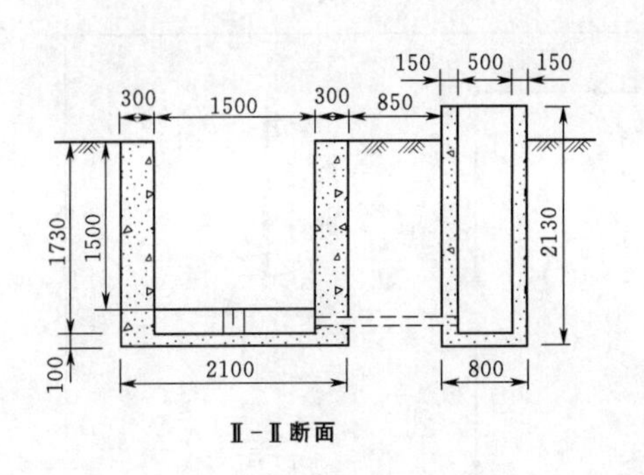

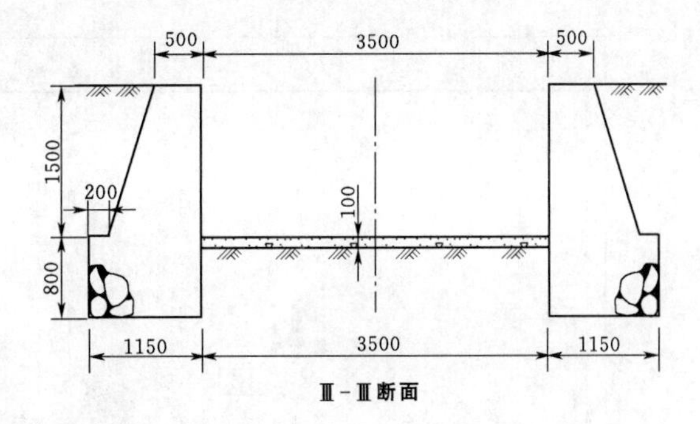

图 13.2-3（二） 巴歇尔量水槽设计图（单位：mm）

13.2.3 沉沙池

1. 选址

沉沙池一般修建在坡面下方、堆渣体的坡脚周边等部位，或利用主体工程的沉沙池。

2. 规格

根据沉沙池的控制集水面积、降水强度等确定沉沙池规格。在土壤颗粒细小的地区，沉沙池的容积应较大，以便有效收集泥沙。

沉沙池的集水范围可大可小，坡度、形状不受限制，可以是任意边坡上的简易小区（10m^2左右）、标准小区（100m^2），亦可以是面积更大的集水区。

沉沙池的大小则需根据集水区的面积和一定的排水设计频率确定，保证沉沙池能够收集一次或短期内连续数次降雨所形成的全部径流和泥沙。当集水区较大时，根据场地等条件设置沉沙池的座数及格数，宜采取整流、分流措施，以减小沉沙池的规格。根据沉沙池的观测值和分流系数，推算集水区范围内的流失量。

3. 案例

在建设项目水土保持监测实践中，广泛使用这种监测方法，称之为简易控制站或沉沙池法，应用效果普遍比较满意。

某公路典型路堑段土壤流失监测沉沙池平面布置图见图 13.2-4。

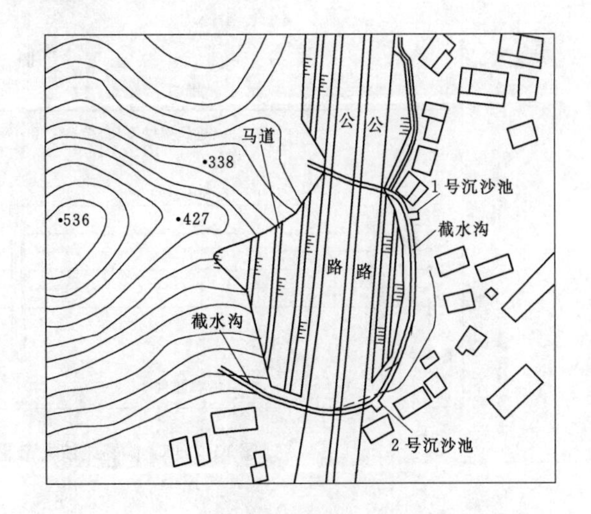

图 13.2-4 某公路典型路堑段土壤流失监测沉沙池平面布置图（单位：m）

13.2.4 简易风蚀场

1. 选址

简易风蚀场一般选在具有代表性、无较动干扰的地面。风蚀场一般布置为长方形或正方形小区，沿主风向每隔 1m 或 2m 布设一测钎。

2. 规格

简易风蚀场面积可根据监测区域的布置条件确定，一般不宜小于 10m^2。简易风蚀场测钎一般按网格状进行布设，测钎一般直径小于 0.5cm，长 50cm 左右，类似钉子形状。简易风蚀场内布设测钎数量一般不宜少于 9 根，间距不宜小于 1m，埋入地面下 10～15cm，地面出露 35～40cm。

3. 组成

简易风蚀场由围栏、测钎、集尘缸、标志牌等组成。

（1）围栏。围栏一般由钢管桩、刺铁丝材料围成矩形，高出地面 110cm，埋入地下 70cm，防止监测小区内测钎受到非自然因素的干扰。

（2）测钎。一般直径小于 0.5cm，长 50cm 左右，类似钉子形状，结合钢尺使用。

（3）集尘缸。集尘缸一般为内径 30cm、高 50cm 的圆筒形器皿，埋设于地面，沿口与地面齐平，风沙途经集尘缸时近地表尘土会落入集尘缸，多和测钎配合使用。

（4）标志牌。标志牌一般采用铝合金板材，规格为 80cm×50cm，采用双柱式支撑，立柱采用角铁（0.4cm×0.4cm）2 根，现场安装，喷漆写字。

简易风蚀场布置及主要构件图见图 13.2-5。

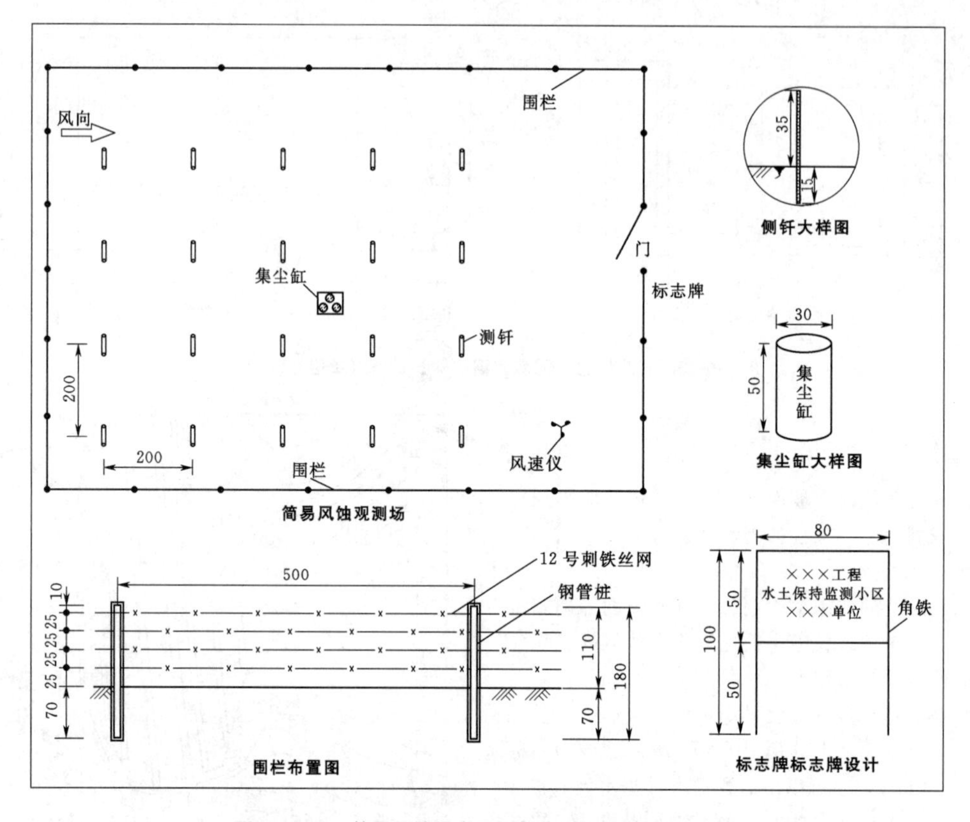

图 13.2-5　简易风蚀场布置及主要构件图（单位：cm）

参 考 文 献

［1］ 水利部水土保持监测中心．开发建设项目水土保持技术规范：GB 50433—2008［S］．北京：中国计划出版社，2008.

［2］ 水利部水土保持司，水利部水土保持监测中心．水土保持监测技术规程：SL 277—2002［S］．北京：中国水利水电出版社，2002.

［3］ 水利部水土保持监测中心．水土保持监测设施通用技术条件：SL 342—2006［S］．北京：中国水利水电出版社，2006.

［4］ 水利部水文局．水工建筑物与堰槽测流规范：SL 537—2011［S］．北京：中国水利水电出版社，2011.

［5］ 水利部水利水电规划设计总院．水利水电工程水土保持技术规范：SL 575—2012［S］．北京：中国水利水电出版社，2012.

［6］ 水利部水土保持监测中心．水土保持遥感监测技术规范：SL 592—2012［S］．北京：中国水利水电出版社，2012.

［7］ 陈伟，朱党生．水工设计手册：第 3 卷　征地移民、环境保护与水土保持［M］．2 版．北京：中国水利水电出版社，2013.

［8］ 中国水土保持学会水土保持规划设计专业委员会．生产建设项目水土保持设计指南［M］．北京：中国水利水电出版社，2011.

［9］ 李世锋，朱晓莹，朱春波．浙江省华光潭梯级水电站水土保持监测实践［J］．中国水土保持，2008，(9)：48-51.

索 引

说 明

1. 本索引按词条首字的汉语拼音字母（同音字按声调）顺序排列，同音同调按第二个字的字母音序排列，依次类推。

2. 词条后的数字表示内容所在页的页码，字母 a、b、c 分别表示该页左栏的上、中、下部分，字母 d、e、f 分别表示该页右栏的上、中、下部分。

《水土保持设计手册》编辑出版人员名单

总 责 任 编 辑：胡昌支

副总责任编辑：黄会明　李丽艳

项目总负责人：李丽艳

项目总执行人：王若明

《水土保持设计手册　生产建设项目卷》

责任编辑：王若明

文字编辑：王若明　夏　爽

索引制作：夏　爽

封面设计：李　菲

版式设计：吴建军　孙　静　郭会东　丁英玲　聂彦环

插图设计：樊啟玲

责任校对：梁晓静　黄　梅　张伟娜

责任印制：焦　岩　王　凌

排　　版：中国水利水电出版社微机排版中心